我认为，假如我们打算在世界上生活得更安适，那末我们就必须在思想中不仅承认亚洲在政治方面的平等，也要承认亚洲在文化方面的平等。我不知道，这种事将要引起什么变化，但是我确信，这些变化将具有极其深刻和极其重要的意义。

——伯特兰·罗素 (Bertrand Russell)，
《西方哲学史》(1946 年)，第 420 页

李 约 瑟

中国科学技术史

第二卷 科学思想史

李 约 瑟 著

王 铃 协助

科 学 出 版 社

上 海 古 籍 出 版 社

图字：01-2018-4245 号

Joseph Needham
SCIENCE AND CIVILISATION IN CHINA
Volume II
HISTORY OF SCIENTIFIC THOUGHT
The Syndics of the Cambridge University Press, 1980

图书在版编目（CIP）数据

李约瑟中国科学技术史. 第二卷，科学思想史/（英）李约瑟（Joseph Needham）著；何兆武等译. —北京：科学出版社，2018.7

书名原文：Science and Civilisation in China Volume 2 History of Scientific Thought

ISBN 978-7-03-058172-3

I.①李… Ⅱ.①李…②何… Ⅲ.①自然科学史-中国-古代②科学思想-思想史-中国-古代 Ⅳ.①N092

中国版本图书馆 CIP 数据核字（2018）第 139687 号

责任编辑：吴伯泽
责任印制：赵 博／封面设计：无极书装
编辑部电话：010-64035853
E-mail：houjunlin@ mail. sciencep. com

科学出版社
上海古籍出版社 出版
北京东黄城根北街 16 号
邮政编码：100717
http://www. sciencep. com
三河市春园印刷有限公司印刷
科学出版社发行 各地新华书店经销
*
2018 年 7 月第 一 版 开本：787×1092 1/16
2025 年 1 月第五次印刷 印张：47 3/4
字数：852 000
定价：**345. 00 元**
（如有印装质量问题，我社负责调换）

中國科學技術史

李約瑟 著

莫朝鼎

第二卷　科学思想史

凡　例

1. 本书悉按原著迻译，一般不加译注。第一卷卷首有本书翻译出版委员会主任卢嘉锡博士所作中译本序言、李约瑟博士为新中译本所作序言和鲁桂珍博士的一篇短文。

2. 本书各页边白处的数字系原著页码，页码以下为该页译文。正文中在援引（或参见）本书其他地方的内容时，使用的都是原著页码。由于中文版的篇幅与原文不一致，中文版中图表的安排不可能与原书一一对应，因此，在少数地方出现图表的边码与正文的边码颠倒的现象，请读者查阅时注意。

3. 为准确反映作者本意，原著中的中国古籍引文，除简短词语外，一律按作者引用原貌译成语体文，另附古籍原文，以备参阅。所附古籍原文，一般选自通行本，如中华书局出版的校点本二十四史、影印本《十三经注疏》等。原著标明的古籍卷次与通行本不同之处，如出于算法不同，本书一般不加改动；如系讹误，则直接予以更正。作者所使用的中文古籍版本情况，依原著附于本书第四卷第三分册。

4. 外国人名，一般依原著取舍按通行译法译出，并在第一次出现时括注原文或拉丁字母对音。日本、朝鲜和越南等国人名，复原为汉字原文；个别取译音者，则在文中注明。有汉名的西方人，一般取其汉名。

5. 外国的地名、民族名称、机构名称，外文书刊名称，名词术语等专名，一般按标准译法或通行译法译出，必要时括注原文。根据内容或行文需要，有些专名采用惯称和音译两种译法，如"Tokharestan"译作"吐火罗"或"托克哈里斯坦"，"Bactria"译作"大夏"或"巴克特里亚"。

6. 原著各卷册所附参考文献分A（一般为公元1800年以前的中文书籍），B（一般为公元1800年以后的中文和日文书籍和论文），C（西文书籍和论文）三部分。对于参考文献A和B，本书分别按书名和作者姓名的汉语拼音字母顺序重排，其中收录的文献均附有原著列出的英文译名，以供参考。参考文献C则按原著排印。文献作者姓名后面圆括号内的数字，是该作者论著的序号，在参考文献B中为斜体阿拉伯数码，在参考文献C中为正体阿拉伯数码。

7. 本书索引系据原著索引译出，按汉语拼音字母顺序重排。条目所列数字为原著页码。如该条目见于脚注，则以页码加＊号表示。

8. 在本书个别部分中（如某些中国人姓名、中文文献的英文译名和缩略语表等），有些汉字的拉丁拼音,属于原著采用的汉语拼音系统。关于其具体拼写方法,请参阅本书第一卷第二章和附于第五卷第一分册的拉丁拼音对照表。

9. p. 或pp. 之后的数字,表示原著或外文文献页码;如再加有ff. ,则表示所指原著或外文文献中可供参考部分的起始页码。

谨以本卷献给

剑桥大学的三位学者

前神学教授
弗朗西斯·克劳福德·伯基特

前波斯语教授
爱德华·格兰维尔·布朗

三十多年前，他们关于摩尼教和伊朗医学的激动人心的演讲，向一名医科学生展示了学问的伟大和思想史的史诗般的风彩

汉 语 教 授
古斯塔夫·哈伦

他的友谊和教诲使作者深感荣幸

目　　录

插　图　目　录

列　表　目　录

缩 略 语 表

以下为正文中使用的缩略语。对杂志及类似的出版物所用的缩略语收于参考文献部分。

B Bretschneider, E., *Botanicon Sinicum*。

B&M Brunet, P. & Mieli, A., *Histoire des Sciences* (*Antiquité*)。

CIB *China Institute Bulletin* (New York)。

CSHK 严可均辑,《全上古三代秦汉三国六朝文》(1836 年)。

CTCS 李光地辑,《朱子全书》。

CTYL 黎靖德汇编,《朱子语类》。

ECCS 徐必达编,《二程全书》,包括《河南程氏遗书》和《外书》,《伊川易传》,《粹言》等。

G Giles, H. A., *Chinese Biographical Dictionary*。

HCCC 严杰编,《皇清经解》。

HWTS 程荣辑,《汉魏丛书》;初版于明代。

K Karlgren, B., *Grammata Serica* (dictionary giving the ancient forms and phonetic values of Chinese characters)。

KSP 顾颉刚和罗根泽编著,《古史辨》;文集。

M Mathews, R. H., *Chinese−English Dictionary*。

N Nanjio, B., *A Catalogue of the Chinese Translations of the Buddhist Tripiṭaka*, with index by Ross (3)。(南条文雄,《英译大明三藏圣教目录》)。

R Read, Bernard E. (1—7),李时珍《本草纲目》的某些章节的索引,译文及摘要。如果查阅植物类,见 Read (1);如果查阅哺乳动物类,见 Read (2);如果查阅鸟类,见 Read (3);如果查阅爬行动物类,见 Read (4);如果查阅软体动物类,见 Read (5);如果查阅鱼类,见 Read (6);如果查阅昆虫类,见 Read (7)。

RP Read & Pak (1),《本草纲目》中矿物类章节的索引,译文及摘要。

SCTS 《钦定书经图说》(1905 年)。

SPTK 《四部丛刊》本。

TH Wieger, L. (1), *Textes Historiques*。

TPYL 李昉编,《太平御览》(983 年)。

TSCC 《图书集成》(1726 年)。索引见 Giles, L. (2)。

TT Wieger, L. (6),《道藏目录》。

TTC 《道德经》。

TW Takakusu, J. & Watanabe, K., *Tables du Taishō Issaikyō* (*nouvelle édition* (*Japonaise*) *du Canon bouddhique chinoise*), Indexcatalogue of the Tripiṭaka.(高楠顺次郎和渡边海旭,《大正一切经目录》)。

YHSF 马国翰辑,《玉函山房辑佚书》(1853 年)。

志　谢

承蒙热心审阅本书部分原稿的学者姓名录

这份表仅适用于本卷，其中包括第一卷 pp. 15—16 的姓名录所列与本卷有关的学者。

艾德勒(S. Adler)博士(剑桥) 　　　　　　　　　本卷各章

沙克尔顿·贝利(Shackleton Bailey)先生(剑桥) 　　佛教

白乐日(Etienne Balazs)博士(巴黎) 　　　　　道教，儒学和自然法则

德克·卜德(Derk Bodde)教授(费城) 　　　　　自然法则

玛格丽特·布雷思韦特(Margaret Braithwaite) 　墨家，名家和理学家
　　夫人(剑桥)

班以安(Derek Bryan)先生(剑桥) 　　　　　　本卷各章

宾格尔(K. Bünger)教授(蒂宾根) 　　　　　　自然法则

郑德坤博士(剑桥) 　　　　　　　　　　　　本卷各章

孔兹(E. Conze)先生(伦敦) 　　　　　　　　佛教

多布森(W. A. C. H. Dobson)教授(多伦多) 　　道教

多兹(E. R. Dodds)教授(牛津) 　　　　　　　自然法则

多萝西·埃米特(Dorothy Emmet)教授(曼彻斯特) 　本卷各章

马莎·尼尔(Martha Kneale)夫人(牛津) 　　　　基本思想和理学

阿诺德·科斯洛(Arnold Koslow)先生(纽约) 　　本卷各章

莱斯利(D. Leslie)先生(剑桥) 　　　　　　　本卷各章

廖鸿英女士(班以安夫人)(剑桥) 　　　　　　本卷各章

龙彼得(P. van der Loon)博士(剑桥) 　　　　儒学

鲁桂珍博士(巴黎) 　　　　　　　　　　　　本卷各章

斯蒂芬·梅森(Stephen Mason)(牛津) 　　　　基本思想

蒙蒂菲奥里(H. W. Montefiore)牧师(剑桥) 　　儒学

沃尔特·帕格尔(Walter Pagel)博士(伦敦) 　　　道教

卢恰诺·佩泰克(Luciano Petech)教授(罗马) 　　本卷各章

普利布兰克(E. Pulleyblank)教授(剑桥) 　　　本卷各章

多萝西娅·辛格(Dorothea Singer)博士(帕) 　　道教

奥托·范·德·斯普伦克尔(Otto van der Sprenkel)博士(伦敦)	本卷各章
韦德(E. S. Wade)教授(剑桥)	法家和自然法则
阿瑟·韦利(Arthur Waley)博士(伦敦)	自然法则
伍杰(J. H. Woodger)教授(伦敦)	本卷各章
吴世昌博士(牛津)	本卷各章
颜慈(W. P. Yetts)教授(阿默舍姆)	基本思想(语源)

此外,我们也非常感谢邓洛普(D. M. Dunlop)先生在阿拉伯人名和波斯人名发音上所给予的帮助,沙克尔顿·贝利先生在梵文标音上的帮助,洛伊(R. L. Loewe)先生在希伯来文方面的帮助,以及麦克埃文(J. R. McEwan)先生在日文音译方面的帮助。

作者的话

我们深知，这一卷涉及的范围很广，但是由于中国文化史和欧洲文化史一样复杂，我们无法再缩减篇幅了。读者的兴趣如果是在对比旧大陆东、西两端的思想的一般发展，就会感到这部交响乐中并没有一个多余的音符。但是我们也不能不考虑到，某些读者或许自己就是繁忙的试验者，他们想在极有限的时间内弄清楚古代和中世纪中国的科学思想同古代希腊和中世纪欧洲的科学思想的差别究竟有多大。对于这样的读者来说，首要之点是应该懂得，中国的自然主义具有很根深蒂固的有机的和非机械的性质。这首先表现在公元前 4 世纪的道家[见第十章(c)]、墨家(见第十一章)和阴阳家[自然主义哲学家，见第十三章(c)]身上。它在中国中世纪的世界观中得到了系统的阐述和稳定的表现[见第十三章(f)]。中国人原来主题的新鲜性被佛教的贡献所加强了[见第十五章(e)]，而在公元 12 世纪的理学中完成了它那确切的综合体系[见第十六章(d)及第十八章(f)第 10 段]。还有两点与自然科学家特别有关之处：怀疑论的强而有力的传统[第十四章(b—i)]，即中国人把法律和"自然法则"作类比的态度(第十八章)。对于哲学读者来说，这最后一点也和有机自然主义的传统同样重要，它确实值得特殊注意，因为它揭示了中国人关于秩序的概念怎样能够和实际上(像葛兰言(Granet)巧妙地述说的那样)积极地排除了关于法的概念。至于中国究竟在多大程度上影响了莱布尼茨(Leibniz)的思想以及欧洲的有机自然主义的发展，我们也把它当做问题提了出来[见第十三章(f)第 1 段，第十六章(f)]。最后，几乎全部中国自然哲学的最重要的特点之一，是它那对欧洲人关于有神论与机械唯物论的无休止的辩论的免疫性——这一对立命题在西方是还没有完全解决的问题。

第八章 导 言

现在一切必要的前言已经交待清楚,我们就可以自由地探讨中国哲学对于科学思想发展的作用了。人们往往认为,在中国,即使"哲学"这个词的含义,也并不完全像它在欧洲所具有的那样,因为它的伦理道德和社会的含义远远多于它的形而上学的含义。然而,道家和墨家提出了极为重要的自然主义世界观;名家也开始了逻辑的研究,但可惜没有发展下去。我们将首先探讨古代、即战国时代(公元前4世纪和前3世纪)[1] 中国哲学思想的各种学派。

我们将从儒家开始[2],以示尊崇,因为它在后来一直支配着整个中国的思想,虽然它对于科学的贡献几乎全是消极的。从儒家很容易转向它的劲敌道家。道家对自然界的推究和洞察完全可与亚里士多德以前的希腊思想相媲美,而且成为整个中国科学的基础。其所以有必要强调常被人们所忽视的这两家的政治对立方面,是因为儒家思想是承认封建社会的,而道家则强烈予以反对。第三是法家,它以编订"法律"为务,并认为自己的主要责任是以封建官僚国家来代替封建体制。他们倡导的极权主义颇近于法西斯,正如我们在前面[第六章(b)]已经提到的,后来当秦朝因做得过头而为汉朝所取代时,法家遭到了失败。最后的官僚意识形态和社会结构已是法家和儒家原则的综合体系[3]。再后便是墨家,墨家重视科学方法,甚至以军事技术为实验,他们是一些崇尚侠义的军事和平主义者。然后是名家,人们往往将他们的悖论和定义比之于希腊的诡辩学派。另外还有一些较小的学派。最后,但并非无关紧要的一派是自然主义学派(阴阳家),这一学派发展了一 种有机的自然主义哲学,并且赋予中国的原始科学思想以特有的基本理论。

再往后几章讨论的是怀疑派理性主义的传统,其最主要的代表是汉朝的王充;其次是佛教哲学,因为它信仰因果作用而有利于科学,但又以其虚幻的教义而敌视

---

1) 这些学派的同时代和几乎同时代的某些文献已经流传下来,颇值一读。其中最早的是: (1)《荀子·非十二子》[译文见 Dubs (8), p.77],约写于公元前 250 年;(2)伪作《庄子·天下第三十三》[译文见 Legge (5), vol.2, p.214 和 Chhen Tai-O (1)]似乎也不会晚很多。但最好的是: (3)史学家司马迁之父司马谈(卒于公元前 110 年)的论著,保留在公元前 90 年司马迁所著《史记》卷一百三十中[译文见 Chavannes (1), vol.1, pp.ixff.; Porter (1), p.51]。此外还有: (4)刘歆在公元前 6 年左右完成的《七略》(*Catalogue raisonné*),其中也概述了各个哲学学派;此书以摘录形式收编在大约公元 100 年时的《前汉书·艺文志》中[译文见 Porter (1), p.57]。

2) "Confucians"和"Confucianism"是西方人的称法,"儒"就是指"学者"。孔子的弟子被认为是卓越的学者。

3) 参见下文 pp.29, 212, 215, 以及 Dubs (10)。

科学;还要讨论宋代的理学,这一派使中国的"亘久常青的哲学"(*philosophia perennis*)达到最高的体现,并且在许多方面成为现代有机自然主义的先导。本卷的最后部分讨论了王阳明的反科学的唯心主义、17 世纪王船山的历史唯物论以及新哲学、即实验哲学的确立,并且概论了中国和欧洲的自然法则概念的发展[1]。

1) 最详细阐述中国哲学史的英文著作,是冯友兰[Fêng Yu-Lan (1)]所著;而较为简明的探讨,应推荐胡适[Hu Shih (3)]的精彩论文。提纲和书目见 Porter (1) 和 Chen Jung-Chieh (3)。

第九章 儒家与儒家思想

(a) 引　言

如前所述[第五章(c)]，中国铁器时代的早期(公元前6世纪)，正是青铜时代原始封建制度(proto-feudalism)开始衰落的时候。封建国家竞相使用战争和外交策略来兼并其他国家，而最后是秦国获得成功。封建朝廷的瓦解和重新组成，引起那些为数不多的中层专业人士的骚乱，因为他们以往世世代代在国都中都有相当稳固的地位[1]。这是一些史官、巫祝、乐师和军人，以及金木工匠。其中有些人可能是商朝遗民的后裔，而到了周朝却被排除在封建等级和社会显贵之外。公元前3世纪时，这些人被习称为"儒"，此名称原先在某种意义上可能指"懦者"，但此时已成为人们引以为荣的称号[2]。随着时代的变迁，这些周游四方的专业人员，因才智出众而处于能左右世袭贵族的地位。从"诸子时期"名传至今的先秦诸子，就是由此而来。除遁迹山林过着隐居生活的早期道家外，所有这些人都想得到封建朝廷的录用。其中有些人也许在孔子之前就传授过类似孔子的学说，但没有人由于性格和思想的独创性，而能像孔子那样以他们的观念和人格影响所有的后代。

关于孔子的生平的传说，我们拥有不少材料；唯一的困难是辨别出哪些是可信的。不过，许多方面是无可置疑的。孔是他的姓，丘是他的名，仲尼是他的字。但后人都尊称他为孔夫子，即孔老师；因此，西方把这一称呼用拉丁文写成Confucius。公元前552年[3]孔子出生于鲁国(今山东省境内)，先世是住在宋国的商王室的后裔，他一生致力于发展和传播一种公正与和睦的处世哲学。他不断地寻找从政的机会(没有取得多大成功)，以便在有利的当政地位上贯彻他的学说[4]。大约从公元前495年起，他确曾有若干年被迫离开鲁国，率弟子周游列国，在诸侯间进行游说，指望获得一个施展他的伟大才能的机会。他一生的最后三年是在鲁国从事学术工作与教授弟子；他死于公元前479年。虽然他的一生在当时看来有些失败，但他后来的影响是如此深远，无怪乎人们常常称之为中国的"无冕

---

1) 这一点在《论语·微子第十八》第九章中有清楚的反映，冯友兰[Fêng Yu-Lan (3)]也已指出。

2) 参见胡适(8)或该书德文译本 Hu Shih (8)。

3) 或下一年。

4) 关于直到最近才被普遍接受的孔子生平，在卫礼贤[R. Wilhelm (5)]的著作中作了叙述。

皇帝",即所谓"素王"[1]。

关于孔子究竟是否担任过什么官职,人们的意见极不一致。有人接受传统的说法,说他最初当过看管仓库和管理公地的小官吏。后来他离开齐国回鲁国后,约在公元前 501 年曾暂任司寇与司空[2]。另有一些人不同意这种说法,他们只承认孔子在公元前 5,6 世纪之交可能担任过名义上的顾问[3]。如果某些传说可信,则孔子的一生集中在两件要事上。其一,他以出色的外交手腕在鲁君与齐侯会晤时,成功地从仪礼的"皮罗斯"(Pyrrhus)舞蹈者的伏击下解救了鲁君的危难[4]。其二,是导致他出国流亡的事件;当时他试图拆除鲁国的一些城堡,以恢复鲁君君权和削弱三家大贵族所保持的那种类似日本"幕府"的势力[5]。此后,这三家便长时间对孔子抱着敌视态度。值得注意的是,有些背叛自己封建主的家臣,曾经两次愿意给孔子以权位,孔子虽然拒绝了,但却颇为迟疑[6]。这些人显然也是反对封建势力,主张维护君主政权的。

现代学术界已不再坚持孔子编定《诗经》[7]或《书经》的说法。他也没有写过《易经》[8]、《礼记》或《春秋》[9]中的任何部分,更不用说早已失传的《乐经》[10]了。毫无疑问,孔子曾经利用这些古书或当时已有的这类古书的某些原始部分作为他的教材[11]。《论语》一书肯定是在他死后不久写成的,并且保存了有关他的最可信的资料,因此我们在后面将常加引用[12]。相反,司马迁和他父亲在《史记》中有关孔子的长篇记载则受人怀疑,因为有人认为它有些部分意存讥刺。司马父子这两位伟大

---

1) 说孔子曾(在原则上)接受过帝王的天命,这是董仲舒提出来的,见 Fêng Yu-Lan (1), vol.2, pp.65, 71, 129.

2) 对于这一看法的详细阐述,见 Dubs (9).

3) 这一看法的详细阐述,见 Creel (4).

4)《左传·定公十年》[Couvreur (1), vol.3, p.558]. 见 Granet (1), pp.171 ff., 其中叙述了这些舞蹈者的古代仪礼巫术背景以及他们的献祭情况。

5)《左传·定公八至十年》;有关的描述见 Dubs (9).

6) 第一次是在大约公元前 500 年时,公山弗扰以一邑叛季孙氏(《论语·阳货第十七》第五章);另一次是大约在十年后发生的,即有关佛肸召孔子的事(《论语·阳货第十七》第七章). 见 Creel (4), pp.41, 56.

7) 孔子可能重新编订过其中各章的次序(参看《论语·子罕第九》第十四章).

8)《论语·述而第七》第十六章,可能是后人窜加的[Dubs (17)],无论如何,这是一节有待确定的异文。

9) 据孟子说,孔子作过《春秋》(《孟子·滕文公章句下》),但在《论语》成书的时代并没有人知道这一桩公案。孔子与经典文字的关系迄今仍在聚讼纷纭。

10) 特别要参看 Fêng Yu-Lan (1), p.46, (4)以及冯友兰 (2).

11) 儒家后来把《诗经》(基本上是周代古民歌集)解释为伦理风化的象征,其方式颇似基督教神学家对待旧约《圣经》中的《雅歌》那样[见 Ku Chieh-Kang(4);胡适 (2)]. 孔子本人便是第一个这样做的(《论语·学而第一》第十五章和《八佾第三》第八章).

12) 通常认为,《论语》中的《季氏》、《阳货》、《微子》和《尧曰》成于其他各篇之后,这四篇包含有道家的材料。关于中西学者讨论《论语》各章真伪的材料,可参看 Creel (4).

的历史学家都同情道家,当他们不得不在著作中为孔子立传时,他们便用轻描淡写地颂扬几句的方式来对当时伪善的儒术加以贬抑[1]。更不可信的是大约公元3世纪初王肃编成的《孔子家语》。此书含有许多明显的道家思想材料和已与阴阳家混杂在一起的汉代儒学所特有的思想[见本书第十三章(c)]。那么,孔子本人及其门徒的儒学的实质究竟是什么呢?

(b) 儒家学派的一般特点

儒家学说是一种重视现世、关心社会的学说。孔子所追求的是想在封建或封建官僚式的社会秩序体制之内实现社会正义。他大概不太相信他那个时代的弊病可以在封建制度之外得到医治[2],甚至还认为应该倒退到最纯洁的古代的"圣王之道"[3]。在他那个时代用传说的历史权威来装扮伦理的见解,当然是很自然的事。孔子把自己称作是转述者,而不是创作者[4]。

要了解孔子,应该先了解他所处的时代[5]。孔子所关心的是井然有序地管理事务,这似乎令人觉得枯燥乏味。但是,他是生活在一个大动乱的环境里:诸侯混战,小国沦为大国的战场;法纪荡然,人们只是靠个人的力量、武装的随从与阴谋诡计来自行其是;贵族的娱乐、狩猎、战争和骄奢的生活使得平民不堪负担;人命不值钱,各个阶层都如此。对于孔子所处的时代来说,他的思想是革命的。《论语》中的许多言论在今天说来,犹如是对贵族和统治者们的"迂阔的说教"。但只要我们了解这个时代背景,我们就会懂得,这是"针对当时的缺点(且不说是罪恶)的中肯的谴责,而孔子矛头所向的那些人物,是会像打死一个苍蝇那样将他置于死地的"[6]。

孔子无疑是一位最伟大的教育家。在他之前,人们只知道有习射的学校。正

---

1) 参看 Creel (4),pp.9, 266 ff.。孔子的传记见《史记》卷四十七[译文见 Chavannes (1),vol.5, pp.283ff.]。

2) 然而必须承认,作为这种对封建主义依恋的论据的某些篇章(如《论语·季氏第十六》第二章),其真实性是很有问题的[见 Creel (4),pp.159, 239],特别是这一章,似乎是法家之言(见下文第十二章)。

3) 这是指封建诸侯对周天子的从属关系,诸侯都是周天子的支派,或者诸侯的家族原来就是周天子的支持者;根据宗法制度,长子有继承权,别的儿子则获得封地。

4) 《论语·述而第七》第一章。

5) 欧洲人主要通过中国典籍的某些旧译文来接触儒家思想,因而往往感到不必要的迷惘。现在已经有了一些好的参考资料,如冯友兰著作[Fêng Yu-Lan (1)]中的有关篇章,以及修中诚[Hughes(1)]的选录和解释。必须承认,我本人从梁启超[Liang Chhi-Chhao(1)]和许仕廉[Hsü Shih-Lien (1)]的两本书中得到很多帮助,尽管后者有很多错误。吴泽霖[Wu Tsê-Ling (1)]的几篇文章也值得一读。最近,顾立雅[Creel (4)]给我们提供了一篇详尽的研究文章,然而它只是为了证明一个特殊问题。

6) 这一段的思想和某些字句的写成,得益于 Creel (4),pp.3, 14, 17ff.。

如人们通常指出的那样[1]，他是第一个明确指出在教育上应该没有阶级差别的人[2]。孔子认为，对于接受孔子所给予的行政和外交训练的人，无须考虑家庭出身。由此我们可以看出官僚制度的起源，在这种制度下，任何一个可教的和有志于学的人，不问他家庭的社会地位如何，都能成为一个学者，为他的君主(后来为帝国)服务。孔子很称赞这样的官吏。他对弟子的一般教诲，可从他的大弟子曾参的一段话里见其一斑[3]：

> 君子[4]在遵循"道"的时候，对三件事看得最为珍贵。在态度和姿势上要除去一切激烈和傲慢的痕迹；面部的表情要表示真诚；每句话都不要显得粗俗。[5]

〈君子所贵乎道者三：动容貌，斯远暴慢矣；正颜色，斯近信矣；出辞气，斯远鄙倍矣。〉

在另一处[6]，孔子对完美的爱(爱他人)下了这样的定义：

> 当你出门的时候，对每个人都要象接待贵宾一样；使用人民时就象你参加盛大祭典一样；自己不愿意遭到的事，不要加之于别人身上。不管在家还是在外，都要无所怨尤。[7]

〈出门如见大宾，使民如承大祭。己所不欲，勿施于人。在邦无怨，在家无怨。〉

孔子早期的弟子多任封建列国的高级官员，后期弟子一般成为教师和社会哲学家，其中有许多人都留名后世[8]。

要使教育摆脱特权和社会等级的一切障碍，这无疑是革命性的学说；虽然它导致了封建官僚政治中的做官思想，但也包含着近代民主思想的某些要素。关于孔子究竟有多大程度的自觉的"民主"思想，意见极不一致，可是此事对我们来说并非

---

1) 如 Fêng Yu-Lan (1), p.49。

2) 《论语·卫灵公第十五》第三十八章："子曰：有教无类。"

3) 见本卷下文 pp.11, 268。

4) 象"道"字一样，我得出的结论是，"君子"这样的词也最好不译。其原意指诸侯或统治者，而理雅各等人极其不能令人满意地把它译为"上等人"(superior man)，韦利则译为"绅士"(gentleman)。在整个中国历史上，"君子"是指这样的人：有恻隐之心，学识渊博，道德高尚，因而他可以是名门之后、学者、官吏、战士或烈士(尽管这些特性没有一个是原意所必不可少的)。我们只要指出欧洲某些个别人士，例如托马斯·莫尔(Thomas More)爵士，就可以说明君子的含义。与此相对的是"小人"，但它指的不仅仅是社会地位低下的人，而且还有卑贱、粗俗等等之意(参照 villein, villain 等等)。翻译这些词语的极大困难，已经在郑天锡[Chêng Thien-Hsi(1)]的书中表明了。参见 Boodberg(3)。

5) 《论语·泰伯第八》第四章，由作者译成英文，借助于 Legge (2), Creel(4)。这段文字接着说："至于祭祀方面的细节，可交给员吏去做。"("笾豆之事，则有司存。")我们由此首先见到，儒家对技术是采取漠然态度的。

6) 《论语·颜渊第十二》第二章。

7) 由作者译成英文，借助于 Legge(2)。

8) 前者如冉求，在鲁国居高官；后者如有若，他可能是继承了孔子而成为这一学派的领袖，并将这一学派的传统传给了孟轲。见下文 p.16。

无关重要,因为民主与自然科学在社会学上有着密切的联系[1]。顾颉刚(7)认为孔子基本上是拥护封建主义的;梅思平(1)则认为他是大反革命。在中国,这个问题自然与当代政治问题以及守旧派尊崇传统儒家思想有密切关系。但是,其他学者如郭沫若[2],则强调孔子的生活和学说中的革命思想,例如他指出,孔子对拿起武器反对封建贵族的官吏表示过同情。孔子的门徒确实曾被指责为煽动骚乱(见《墨子》和《庄子》),而墨家和道家是最了解在民不聊生时才发生叛乱的。当陈胜首先发动反秦起义立号为张楚王[3]时,他就任用了孔子的八世孙为顾问。陈胜在公元前208年失败时,这位学者(孔鲋)也和他一起死去。儒家和墨家曾纷纷投奔到陈胜麾下[4]。

孔子似乎主张,政府应以全民的福利和幸福为真正的目标,而要达到这一目的,不应当严厉地诉诸专横的法律,而是要善于运用公认为良好的而又合乎自然法[5]的风俗习惯。为了实现这样的治理,就必须有具有真正的才智、同情心和学识的人,因此必须广为搜罗这样的人才。治国之才是无需凭借出身、财富和地位的;它唯一的依据应该是品德和学识,而这些品质仅能产生于良好的教育。因此,教育必须普及[6]。

由此可以得出一个对科学十分重要的结论。如果人人都是可教的,那么每个普通人就都能和别人一样地判别真理,而可以增加他判别能力的条件则只有教育、经验和才能。这样,他就可以成为"观察者群体"中的一员。儒家学派理解这种知识上的民主。其次,孔子本人也时常告诫人们不要妄作判断;他说,要存疑[7],而在沿用旧籍时应遵循良好的旧范例,宁可阙疑,也不要杜撰不实之辞[8]。

> 孔子说:"(仲)由,我来告诉你什么是知识吧。你知道一件事,就说你知道它;你不知道一件事,就承认你不知道它——这才是真正的知识。"[9]
>
> 〈子曰:"由!诲女知之乎!知之为知之,不知为不知,是知也。"〉

的确,对于任何一个现代的科学院来说,这也是一句满好的题铭。然而,与对待人

---

1) 这一点将在后面与道家有关的地方作更充分的讨论(见本卷 pp.103, 130ff.)。

2) 郭沫若(1),第63页以下。

3) 即扩张楚国之王,亦称陈王。参看本书第一卷,p.102,第六章(a)。

4) 关于汉以前这位起义失败了的先驱者陈胜的全部史实,见《史记》卷四十八[译文见 Haenisch (1)]。卷四十七第三十页提到了孔鲋其人[Chavannes (1), vol.5, p.432]。

5) 关于这一点,见下文第十八章。

6) 这一节的思想部分取自顾立雅[Creel (4), pp.177ff.]一书中的高见。参看 Creel (6)。

7)《论语·为政第二》第十八章。参看《孟子·尽心章句下》所作的著名论述:"如果完全相信史书上的一切话,那就不如没有这部史书为好。"("尽信书,则不如无书。")

8)《论语·卫灵公第十五》第二十五章。

9)《论语·为政第二》第十七章。译文见 Legge (2),经修改。

世事务相反,早期儒家对于自然科学极少兴趣。孔子推荐学习《诗经》时,除了列举其他理由以外,认为这还可以扩充有关鸟、兽、草、木之名的知识[1]。他说,他同意南方人的一句谚语;没有恒心的人是不可以作巫作医的[2]。有迹象表明[3],孔子的大弟子之一曾参是具有科学兴趣的,可以与后来的阴阳家相比拟,但也仅此而已。

儒家相信宇宙的道德秩序("天")[4],他们使用"道"一词,主要地——如果不是唯一地——是指人类社会里的理想道路或秩序。这在他们对待精神世界和知识的态度上表现得很明显。他们固然没有把个人与社会人分开,也没有把社会人与整个自然界分开,可是他们向来主张,研究人类的唯一适当对象就是人本身。因此,在整个中国历史上,儒家反对对自然进行科学的探索,并反对对技术做科学的解释和推广。

9

        樊迟请求学农,孔子说:"我比不上老农民。"他又请求学园艺,孔子说:"我比不上老园丁。"[5]

       〈樊迟请学稼,子曰:"吾不如老农。"请学为圃,曰:"吾不如老圃。"〉

这本来可以认为是对传统技术人员的谦虚态度,然而不幸的是:

        樊迟走后,孔子说:"樊迟真是一个眼界狭窄的人! ……如果一个君主或官长喜好良好的习俗、正义和真诚,人民就会背负着他们的孩子从各地都来归附他。这样,他还需要知道怎样去务农吗?"

       〈樊迟出,子曰:"小人哉! 樊须也! 上好礼……好义……好信……则四方之民襁负其子而至矣,焉用稼?"〉

可是,两千年的历史却表明,(象爱国主义那样)好礼、好义和好信都不足以解决人类的一切问题。

虽然如此,孔子的见识仍有其伟大之处。这里再引用几则文字,说明孔子对社会的关心。

        叶公[6] 问到政府问题。孔子说:"当邻近的人都表示高兴而远方的人都乐意归顺的时候,这样的政府就是好政府。"[7]

       〈叶公问政。子曰:"近者说,远者来。"〉

---

1)《论语·阳货第十七》第九章。
2)《论语·子路第十三》第二十二章。
3) 见本卷下文 p.268。
4) 孔子认为天"是一种非人格的伦理力量,一种人的伦理感的宇宙对应物,一种使宇宙本性与人的正义感有某种感应的保证";见 Creel (4),p.126。又见 Creel(5)。
5)《论语·子路第十三》第四章,译文见 Legge(2),经修改。
6) 楚国的一个封建领主,孔子大约与他遇于蔡。参见本书第一卷 pp.92、94 和本卷下文 p.545。
7)《论语·子路第十三》第十六章,译文见 Legge (2)。

孔子去卫国时,冉求给他驾车。孔子说:"人民是这样的众多!"冉求说:"既然是这样的众多,还应该为他们做点什么呢?"孔子回答说:"使他们富足起来。"冉求说:"当他们已经富足以后,还应该做什么呢?"孔子说:"使他们受教育。"[1]

〈子适卫,冉有仆。子曰:"庶矣哉!"冉有曰:"既庶矣,又何加焉?"曰:"富之。"曰:"既富矣,又何加焉?"曰:"教之。"〉

樊(子)迟(樊须)问到仁慈问题。孔子说:"对人要爱。"又问到知识,孔子说:"对人要了解。"[2]

〈樊迟问仁。子曰:"爱人。"问知。子曰:"知人。"〉

可见,在早期的儒家思想中,伦理和政治是没有区别的。政府是家长式的政府。如果君主有德,人民也会有德。至于德行、和平和正义究竟是什么,这是不成问题的。后期儒家(仍在汉代以前)以《论语》的某些篇章[3]为依据,阐述了"正名" 学说,即对行为与关系给出精确的定义[4]。这一学说特别是与公元前3世纪的荀子(荀卿[5])学派相联系着的[6]。正名的精微之处见之于传统的《春秋》本文中所列举的事实,在其中所记三十六例君主被弑的事件中,有的称作"被弑"(含有杀人者有罪之意),另一些称为"被杀"(含有杀人的行为合法之意)[7]。杀人的行为之所以被认为合法,是因为儒家思想中有着民主思想,认为君主(后来则是帝王)的权力主要来自体现了天命的人民的意志。过了大约一百年以后,儒家的伟大使徒孟子对此大有发挥[8]。由此可见,对于公元16,17世纪时欧洲神学家们所争辩的是否有"反抗非基督教君主"的权利,早在两千年前儒家就已有了定论。它那革命倾向与主张维护现存秩序的要求相结合(后来的大多数儒家都如此主张),也许就使得后来习儒的官吏在每一次改朝换代中都能占优势,并成为新统治者推行其政策的唯一可行的工具。不过,它的民主因素却也是真实的。

右侧页码标注: 10

---

1) 《论语·子路第十三》第九章,译文见 Legge (2) 及 Ku Hung-Ming (1)。

2) 《论语·颜渊第十二》第二十二章,译文见 Legge (2),经修改。

3) 如《论语·颜渊第十二》第十一和第十七章。《子路第十三》第三章长期以来被怀疑是后人窜加的。

4) 这可以说是直言不讳之意,不管有多大的势力想要称它为其他什么东西。这一点在中国文化中尤为重要,因为社交礼节自古以来就把言辞委婉提到了一种艺术的高度。但是在早期两方的诡辩家中,特别是公元前5世纪凯奥斯岛的普罗狄柯(Prodicus of Ceos)便有与此类似之处;见 Freeman (1),p.372。再者,边沁(Jeremy Bentham)的"拟制原理"(Theory of Fictions)也与此相去不远。

5) 见下文 pp.19,26 ff.。参看 Boodberg (3)。

6) 《荀子》著名的第二十三篇的篇名是《正名篇》。特别要参看 Duyvendak (4)。法家也接受了这种学说(见下文 pp.204 ff.),这从《商君书·定分第二十六》和《韩非子·存韩第二》可以看出。

7) 对历史典籍的这些解释,主要是由董仲舒加以系统化的[参见 Fêng Yu-Lan (1),vol.2,p.71]。这种解释在《穀梁传》和《公羊传》中也很显著。

8) 此处根据《孟子·梁惠王章句下》第八章;参见《离娄章句上》第二章。见下文 p.16。

下列几段引文,可以做为说明:

　　季康子向孔子请教治理国家的艺术。孔子说:"治理就是要矫正。如果你带引大家走正路,有谁敢走弯曲的道路呢?"[1]

　　〈季康子问政于孔子。孔子对曰:"政者正也。子帅之正,孰敢不正?"〉

　　季康子被盗贼问题所困扰。他问孔子该怎么办。孔子回答说:"只要你能摒除欲望,他们即令可以因盗窃而得到你的赏赐,也不会去偷盗了。"[2]

　　〈季康子患盗,问于孔子。孔子对曰:"苟子之不欲,虽赏之不窃。"〉

　　季康子问孔子应该怎样施政,他说:"如果杀掉一切没有'道'的人以便能帮助那些有'道'的人,你认为怎样?"孔子回答说:"你应该为人民治理国家,而不是杀人。如果你期待美好的东西,人民也会是美好的。君子的品德象风一样,人民的品德象草一样,风吹过草上的时候,草一定会偃伏的。"[3]

　　〈季康子问政于孔子曰:"如杀无道,以就有道,何如?"孔子对曰:"子为政,焉用杀?子欲善,而民善矣。君子之德风,小人之德草,草上之风,必偃。"〉

　　子游说:"以前我听夫子说过:'君子学好了道就会爱人,小人学好了道就容易接受领导'。"[4]

　　〈子游对曰:"昔者偃也闻诸夫子曰:'君子学道则爱人,小人学道则易使也。'"〉

　　定公问,有没有用一句话就足以救国家的。孔子回答说:"没有这样的话。但有一句近似的话。人们常说:'做君主很难,做臣子也不容易。'一个统治者如果知道为君的难处,他就接近于用一句话来救他的国家了。"定公说:"是否有一句话足以亡国的呢?"孔子说:"没有这样的话。但有一句近似的话。人们常说:'除非能任意说话而没有人敢违抗他,否则,为君还有什么乐趣呢?'只要他说的是好的,那自然就是好的而不应该加以反对。但如果他说的是坏的,那不就接近于以一句话而亡国了吗?"[5]

　　〈定公问:"一言而可以兴邦,有诸?"孔子对曰:"言不可以若是其几也。人之言曰:为君难,为臣不易。如知为君之难也,不几乎一言而兴邦乎?"曰:"一言而丧邦,有诸?"孔子对曰:"言不可以若是其几也。人之言曰:'予无乐乎为君,唯其言而莫予违也。'如其善而莫之违也,不亦善乎?如不善而莫之违也,不几乎一言而丧邦乎?"〉

孔子懂得如何训练封建官吏,至于他们的荣誉,则可以引用下列几段有趣的话:

---

1)《论语·颜渊第十二》第十七章,译文见 Waley (5)。
2)《论语·颜渊第十二》第十八章,译文见 Waley (5)。
3)《论语·颜渊第十二》第十九章,由作者译成英文,借助于 Legge (2),Waley (5)。
4)《论语·阳货第十七》第四章,由作者译成英文,借助于 Legge (2)。
5)《论语·子路第十三》第十五章,译文见 Waley (5)。

　　子路问孔子应该怎样为君主服务。孔子说:"当你必须反对他的时候,要当面顶住他,不要假意逢迎。"[1]

　　〈子路问事君。子曰:"勿欺也而犯之。"〉

　　孔子说:"有志之士和爱人[2]的人,不会为了谋求生存而有损于爱。他们甚至不惜丧失生命去成全爱。"[3]

　　〈子曰:"志士仁人,无求生以害仁,有杀身以成仁。"〉

我们现在看到,儒家所说的"道",意味着社会人类生活的正当道路,例如:

　　孔子说:"参呀,我的道贯穿着一个原理。"曾参表示同意。孔子走后,在场的人们问他,孔子的话是指什么。曾子说:"夫子的道不外乎忠诚与宽恕,仅此而已。"[4]

　　〈子曰:"参乎! 吾道一以贯之。"曾子曰:"唯。"子出。门人问曰:"何谓也?"曾子曰:"夫子之道。忠恕而已矣。"〉

换言之,这是一种关于合作社会的学说,在这种社会里,人们的利益是相辅相成而没有冲突的。但这被认为包含在整个自然的范围之内,所以人的善良和社会道德是与宇宙间的最高权力的意志相一致的;到了孔子时代,这种权力已失去它在远古所具有的任何人格性,而被称为令人敬畏的所谓"天"。孔子自己认为,天"知道"并且"赞许"他的作为。在《中庸》[5]那本书里,把宇宙的统一性说得很明白:

12

　　·　天地之道可用一句话来说完——它没有任何二重性;所以天地造物是深奥莫测的。天地之道是广博的、雄厚的、高大的、光辉的、悠远的、持久的。我们现在看到的天,只是一片光亮,但是从它的漫无边际看来,中间悬挂着日月星辰,而且覆盖着万物。我们面前的地似乎只是一撮土,但从它的广度和厚度看来,它负载着华和岳这样的大山而不觉其重,包容着海与河而不使之泄漏。我们面前的山看来只是一块石头,但是想到它那体积的巨大,我们就看到草木怎样生长在上面,禽兽怎样居住在上面,珍奇的东西怎样藏在里面。水也

---

　　1)《论语·宪问第十四》第二十三章,由作者译成英文。

　　2) 在这里,汉字为"仁",这又是一个几乎不可译的词。理雅各译为 benevolence 或 virtue。但这两个词太没有色彩了;韦利译为 goodness,据我看,这个词没有表达出那个概念的亲切感,这种亲切感很接近于福音书中的"对邻居之爱"(ἀγάπη τοῦ πλησίον)。我发现格拉夫[Graf (2),vol.1,pp.83,266 ff.]在这方面支持了我,他提出把宋儒用的这个词(参见下文 p.484)译为 humanitas 和经院哲学家的 amor。陈荣捷[Chhen Jung-Chieh (5)]和周毅卿[Chou I-Chhing (1)]使用了一个可接受的词 human-heartedness。参见 Boodberg (3)。

　　3)《论语·卫灵公第十五》第八章,由作者译成英文。

　　4)《论语·里仁第四》第十五章,由作者译成英文,借助于 Waley (5),Creel (4)。

　　5)《中庸》一书的某些部分至今还被认为是孔子的孙子所作,但是我们在这里摘引的一节可能是出自秦朝(公元前 3 世纪中叶)的一位佚名的儒家学者之手。书中含有不少法家资料,也属于这一时期。

许只不过是一勺,但是当我们想到它那莫测的深度,有大龟、蛟龙、鱼类等等生长在其中,还有种种财富和贵重的东西……[1]

〈天地之道,可一言而尽也。其为物不贰,则其生物不测。天地之道:博也,厚也,高也,明也,悠也,久也。今夫天,斯昭昭之多,及其无究也,日月星辰系焉,万物覆焉。今夫地,一撮土之多,及其广厚,载华岳而不重,振河海而不泄,万物载焉。今夫山,一卷石之多,及其广大,草木生之,禽兽居之,宝藏兴焉。今夫水,一勺之多,及其不测,鼋鼍、蛟龙、鱼鳖生焉,货财殖焉……〉

由这幅大自然的景象,我们还应该接着读一读下面的话:"人生来就应该是正直的,如果他不正直而又能活下去,那只是由于他侥倖。"[2]("人之生也直,罔之生也幸而免。")这是人性善或性恶的那场大辩论的开端,后来的许多中国哲学家参与了这场思想论战。我们不久将回到这个问题上来,因为它与科学思想有很大的关系。

(c) 对待科学的矛盾态度

现在可以看出,儒家有两种根本自相矛盾的倾向,一方面它助长了科学的萌芽,一方面又使之受到损害。因为就前一方面来说,儒家思想基本上是重理性的,反对任何迷信以至超自然形式的宗教,下面(pp.365, 386 ff.)我们将列举不同时期的许多例子来说明这种倾向;就后一方面来说,儒家思想把注意力倾注于人类社会生活,而无视非人类的现象,只研究"事"(affairs),而不研究"物"(things)。因此,对于科学的发展来说,唯理主义反而不如神秘主义更为有利;这在历史上并不是最后一次,而且也不仅在中国是如此。关于这一点,我们即将有许多事实证明,这里我只需说明上述的论点。

13   下面两段是关于鬼神问题的。

樊迟问什么是智慧。孔子说:"把为人民主持正义和公正看作自己的当务之急,对鬼神要尊敬而又应远离他们,这样就可以叫做智慧。"[3]

〈樊迟问知。子曰:"务民之义,敬鬼神而远之,可谓知矣。"〉

季路问到侍奉鬼神的事。孔子说:"如果你还不能服侍人,怎能服侍鬼神呢?"季路又大胆地问到死者。孔子说:"你还不知道生者,怎么会知道死者

---

1)《中庸》第二十六章,译文见 Legge (2)。

2)《论语·雍也第六》第十七章,译文见 Legge (2)。

3)《论语·雍也第六》第二十章,译文见 Legge (2),经修改。Waley (5) 和 Creel (4) 把这段话译成"敬神灵者,辄远神灵"("he who by respect for the Spirits keeps them at a distance"),从而使它的意思转了向。如同在世界其他地方一样,这种 *do ut abias*(置身局外)的准则无疑常见于中国古代宗教思想,所以韦利的译法倒也说得过去。但是,我则宁可保留理雅各的译法(即 while respecting the gods and demons, to keep aloof from them),因为"远"鬼神而并不断然否认其存在的观念,此后始终是儒家学说的一大特色。

呢?"[1]

〈季路问事鬼神。子曰:"未能事人,焉能事鬼?"曰:"敢问死。"子曰:"未知生,焉知死?"〉

我们再举两段有关"礼"的论述。一段说明关于礼仪的功效,孔子远远没有一种 *ex opere cperato*(敬礼祈福)的理论。的确,他这一学派一直相信礼对于参加礼拜的活人的价值,但并不相信它们具有能影响祖先和地方性的次要鬼神的魔力[2]。

孔子说:"如果一个人没有人类应有的美德,他和礼能有什么关系呢? 一个人没有人类应有的美德,他能和音乐有什么关系呢?"[3]

〈子曰:"人而不仁,如礼何? 人而不仁,如乐何?"〉

第二段虽然长了一些,但值得全文转录,因为它很好地表现了孔子与其弟子之间的关系,以及孔子对传统礼仪的性质的深刻认识[4]。

有一次子路、曾晳、冉有和公西华陪坐在孔子身边,他说:"你们认为我比你们年长一点吧。现在暂且不要以为我是这样。目前你们没有任职,感到自己的优点得不到赏识。但如果有人赏识你们的优点,你们将选择什么样的职务呢?"

子路很有信心地立即回答说:"给我一个有一千辆战车的国家,被强大的敌人所包围,或是甚至受到敌军的侵犯,再加上灾荒——在三年之内,我能使人民鼓起勇气,并教给他们正确行为的方向。"

夫子向着他微笑了一下,说:"你怎么样,求?"

冉求回答说:"给我一块范围五十到七十里的领地,在三年之内,我可以使百姓富足起来。至于礼仪和音乐方面的事情,我必须留交给一位真正的君子去做。"

"赤,你怎么样?"

公西华回答说:"我不说我能做到这样的事;但是我愿意去学。在宗庙的典礼上,在诸侯朝见天子的时候,我愿意穿戴着端庄的黑色长袍和黑色亚麻帽充当一名小小的助手。"

"点,你怎么样呢?"

曾晳把他轻弹的琵琶放在一边,站起来说:"我的话恐怕不及他们三位说

14

---

1)《论语·先进第十一》第十一章,译文见 Legge (2),经修改,又见 Waley (5)。

2) 参见《荀子》[见 Dubs (7), pp.144, 152]。

3)《论语·八佾第三》第三章,译文见 Legge (2) 和 Waley (5)。

4) 这也就是说,当这种礼通过了他那先进的人道主义道德的测验的时候。在《论语·八佾第三》第二十一章中有一节关于更古时期社祭中人殉的文字,孔子甚至不愿讨论此事。

得那么好。"

孔子说:"那有何妨呢?重要的是,每个人都应说出自己的意愿。"

曾皙说:"在春季之末,当春装已经做成的时候,同五六个刚加冠的青年和六七个儿童到沂河里洗浴,迎着求雨舞坛之间的微风,一路歌唱而归。"

夫子叹息了一声,说:"我赞同点的想法。"[1]

〈子路、曾皙、冉有、公西华侍坐。子曰:"以吾一日长乎尔,毋吾以也。居则曰:'不吾知也!'如或知尔,则何以哉?"子路率尔而对曰:"千乘之国,摄乎大国之间,加之以师旅,因之以饥馑,由也为之,比及三年,可使有勇,且知方也。"夫子哂之。"求!尔何如?"对曰:"方六七十,如五六十,求也为之,比及三年,可使足民。如其礼乐,以俟君子。""赤!尔何如?"对曰:"非曰能之,愿学焉。宗庙之事,如会同,端章甫,愿为小相焉。""点!尔何如?"鼓瑟希铿尔舍瑟而作,对曰:"异乎三子者之撰。"子曰:"何伤乎?亦各言其志也。"[曾皙]:"莫春者,春服既成。冠者五六人,童子六七人,浴乎沂,风乎舞雩,咏而归。"夫子喟然叹曰:"吾与点也!"〉

这一段文字使我们领会到儒家思想是如何以浪漫精神与理性精神相结合,从而代表着整个中国文化的特色。儒家思想偏爱甚至强调传统的礼仪,但也坚决地怀疑和反对任何一种超自然主义。这就是前面所说的有利于科学世界观发展的因素。不过,这也被儒家对于知识的态度所抵消,因为他们毫不动摇地认为,只有人和人类社会才值得研究。请看下面的几段话:

孔子常谈的话题是:诗,历史和对于礼的维护。这些是他经常谈到的。[2]

〈子所雅言,诗、书、执礼,皆雅言也。〉

孔子教授的科目有四项:文化(文学),事务的处理,对在上者的忠诚和守信。[3]

〈子以四教:文、行、忠、信。〉

孔子从来不谈论的事情有:异常的事物(自然界的奇观),反常的力量,(自然界的)失调,鬼神。[4]

〈子不语怪,力,乱,神。〉

上面第三段尤为重要,对自然界现象的关注最初乃是由自然界不正常的惊人现象所引起的,诸如彗星、地震或火山爆发、怪胎、异常的生态分布、夏天降雪、枭鸟昼鸣、晴空霹雳,等等。许多有关这方面的观察例证,将在后面几章提到(第二十、二十一、四十三章);在所有古代文化中都有类似情况。由于用低级神灵来解释自

15

---

1)《论语·先进第十一》第二十五章,译文见 Legge (2) 和 Waley (5),经修改。

2)《论语·述而第七》第十七章,译文见 Legge (2)。还有一种解释:"雅"意为"正",而不是"常";韦利[Waley (5)]采用此说,意谓孔子在背诵经典时,不是用鲁国的方言,而是用正确的发音。我们沿用传统的解释。

3)《论语·述而第七》第二十四章,译文见 Waley (5)。参见《论语·先进第十一》第二章的另一类似说法。

4)《论语·述而第七》第二十一章,由作者译成英文。在这里,我们与一般的注疏家的解释有所不同。

然现象,"怪"、"乱"、"神"这些字眼是很容易理解的。但是"力"字经常被解释为"力气",看来这是没有意义的,因为它与儒家的任何其他论点都毫无关系,所以肯定是指自然界的异常力量,如地震、潮汐、雪崩、温泉或者喷泉,等等。孔子无意谈论这些现象,因为它们与人类社会的问题无关。两千年来,使道家和方技家感到非常扫兴的是,孔子的信徒们都对孔子亦步亦趋。

《论语·微子第十八》普遍地被认为是后来道家窜入的传说。不过,其中有两个故事可以简化我们即将从儒家转向道家的讨论。第一个讲的是楚国的狂人。

> 楚国狂人接舆经过孔子身边,边走边唱着:
>
> "啊,凤呀,凤呀,
>
> 你的力量多么衰弱呀!
>
> 对于过去的事,责备也无用,
>
> 至于将来,是还可以补救的。
>
> 唉! 完啦!
>
> 现在的从政者是多么危险啊!"
>
> 孔子从车上下来,想要同他说话,但狂人急步走开,因此孔子未能如愿。[1]
>
> 〈楚狂接舆歌而过孔子曰:"凤兮! 凤兮! 何德之衰? 往者不可谏,来者犹可追。已而,已而! 今之从政者殆而!"孔子下,欲与之言。趋而避之,不得与之言。〉

第二个是关于逍遥隐者的故事:

> 长沮和桀溺[2]在一起种田。孔子路过那里,打发子路问他们何处可以渡河。长沮说:"你给他赶车的那个人是谁呀?"子路回答说:"是孔丘。""怎么,是鲁国的孔丘吗?"子路表示同意。长沮说:"那样的话,他已经知道哪里是过河的渡口了。"子路又转向桀溺……(但他只肯说):"天下的人没有不被同样的洪水冲 16 走的。世界就是这样的,谁能改变它呢? 至于你,与其跟随一个逃避某人的人走,不如跟随一个逃避整个世代的人走。"接着他又不停地用耰䢂盖种籽。
>
> 子路把他们的话告诉了孔子,孔子叹了一声说:"和鸟兽相处在一起是不可能的。如果我不与人相交往,又能和什么别的东西相处呢? 如果世界是它本来应该的那个样子(直译为:如果普天之下实现了社会生活的真正的道),那我就不用想着去改变它了。"[3]
>
> 〈长沮、桀溺耦而耕,孔子过之,使子路问津焉。长沮曰:"夫执舆者为谁?"子路曰:

---

[1] 《论语·微子第十八》第五章,译文见 Waley (5)。

[2] 就这个假想人物的滑稽命名来看,这个故事出自道家是很显然的。这种有趣的习惯,我们以后还会遇到。

[3] 《论语·微子第十八》第六章,译文见 Legge (2) 和 Waley (5),经修改。

〈"为孔丘。"曰:"是鲁孔丘与?"曰:"是也。"曰:"是知津矣。"问于桀溺……[桀溺只肯说]"滔滔
者天下皆是也,而谁以易之? 且而与其从辟人之士也,岂若从辟世之士哉?"耰而不辍。子
路行以告。夫子怃然曰:"鸟兽不可与同群,吾非斯人之徒与而谁与? 天下有道,丘不与易
也。"〉

我们对于孔子在这一段中所表达得非常之优美的社会改革者或革命者的真正心
情,不能不寄予同情。但是就这些隐士来说,我们可以立即看出他们是道家或早期
的道家,他们虽然对社会是不负责的,但远没有显出道家的真正本色。不论如何,
道家出世的部分原因就在于他们的兴趣是研究自然,这将在下面论及。

至此,我们本可以立即开始对道家的叙述,但在这之前还必须说一说儒家学说
在后期的发展。虽然,除了不利的影响而外,儒家后期的发展与科学几乎毫无关
系,但仍有一部分有关人性的儒家思想值得申述。这有两个方面:一是人性本善或
本恶的的辩论;二是关于人性与动植物本性的关系的思想的发展。

(d) 人 性 学 说

孟轲(孟子,约公元前 374—前 289 年)是孔子最伟大的弟子,虽然他诞生在孔
子去世之后一百多年。孟子出生于邹,即鲁国南边的一个小国,他大半生的时间是
在梁国和齐国讲学,给它们的君主当顾问。就我们关心的问题来说,他没有什么新
的学说[1]。他发挥了民主思想,认为政府必须重视人民的意志,并且强调了《书
经》[2]中的名言,即天按照人民所看到的来看,按照人民所听到的来听[3]。("天视自
我民视,天听自我民听。")人民的声音比其他劝谏更为重要[4];另外,在一个国家中
人民是最为重要的,土神和谷神次之,君主最不重要[5]。("民为贵,社稷次之,君为
轻。")礼仪习俗本来是为人而制订的,而不是相反[6];礼仪如果成为了空洞的俗套,
象在"乡原"[7]手里那样,那就变糟了。人民反叛暴君的权利被孟子以最坚定不移
的方式肯定下来[8]。

17　　　　但是对于科学思想史来说,孟子最令人感兴趣的方面乃是他的人性学说。

1) 见袁卓英的书[Yuan Cho-Ying (1)]。
2) 《泰誓》,译文见 Legge(1)p.128.
3) 《孟子·万章章句上》第五章。
4) 《孟子·梁惠王章句下》第七章,第十章。
5) 《孟子·尽心章句下》第十四章。
6) 《孟子·离娄章句上》第十七章。
7) 《孟子·尽心章句下》第三十七章。
8) 《孟子·万章章句下》第九章,见理雅各[Legge (3),p.48]的精彩论文。

孟子说:"任何人都有一种不忍看到别人受苦的心情。古代帝王就有这种恻隐之心,于是他们自然而然就有一种恻隐的政府。如果是照此办理,治理帝国就象在手里捻弄什么东西一样地容易了。我之所谓任何人都有一种不忍看到别人受苦的心情,这句话是可以这样来说明的——比如现在,当人们蓦然看到一个孩子将要落井的时候,都会无例外地感到惊恐和悲痛。他们之有这种感觉,不是因为要讨好于孩子的父母,也不是想要得到邻居和朋友的表扬,也不是不愿意得到一个无动于衷的名声。由此可见,恻隐之心对人是根本的;羞恶之心对人是根本的;谦让之心对人是根本的;是非之心对人也是根本的。"[1]

〈孟子曰:"人皆有不忍人之心。先王有不忍人之心,斯有不忍人之政矣。以不忍人之心,行不忍人之政,治天下可运之掌上。所以谓人皆有不忍人之心者,今人乍见孺子将入于井,皆有怵惕恻隐之心——非所以内交于孺子之父母也,非所以要誉于乡党朋友也,非恶其声而然也。由是观之,无恻隐之心,非人也;无羞恶之心,非人也;无辞让之心,非人也;无是非之心,非人也。"〉

由此可见,孟子认为人有向善的禀性。但是,关于这个见解,他不得不与他的同时代人进行争辩,正如从下面引文中我们可以看到的:

告子说:"人性就象柳树一样,正义就像一只杯子或碗一样。从人性塑造仁义,犹如用柳木塑造杯和碗一样。"

孟子回答说:"你能塑造杯、碗而不触动木头的本性吗? 你必然要伤损柳木,才能制成杯和碗[2]。……

根据你的原则,你必然也要同样地伤损人性才能塑造出仁义来。……果然如此,人们就会把这看作是祸患了。"

告子说:"人性就象漩流着的水。在东面开个缺口,它就向东流;在西面开个缺口,它就向西流。人性不分何者为善与何者为恶,就象水不分东和西一样。"

孟子回答说:"流水是不分东和西的,但它也能不分上和下而流动吗? 人性的向善,就象流水的向下一样。……如果击水使之向上,它会越过你的头顶;如果筑坝引水,你可以迫使它上山。但是,这样的流动合乎水的本性吗? 不,这是强制的结果。如果使人做不好的事,对人性也是一种强制。"

告子说:"生来如此,这就是性。"[3]

---

1)《孟子·公孙丑章句上》第六章,译文见 Legge (3).

2) 应该注意这里孟子的思想与道家类似,见下文 pp.106 ff..

3) "生之谓性"被认为是中国所有古代典籍中含义最为不明的句子之一. I. A. Richards (1),p.23 对此有详细讨论。

孟子回答说:"你说生来如此就叫做性,就象白就叫做白一样吗?"

"是的",他说。

18　　孟子接着说:"白羽毛的白就象白雪的白,而白雪的白就象白玉的白吗?"

"是的",他说。

"好吧",孟子说,"狗的本性和牛的本性一样吗? 牛的本性和人的本性一样吗?"

告子回答说:"饥饿和性欲都是人的本性。"[1]

〈告子曰:"性,犹杞柳也;义,犹桮棬也。以人性为仁义,犹以杞柳为桮棬。"孟子曰:"子能顺杞柳之性而以为桮棬乎? 将戕贼杞柳而后以为桮棬? 如将戕贼杞柳而以为桮棬,则亦将戕贼人以为仁义与? 率天下之人而祸仁义者,必子之言夫!"

告子曰:"性,犹湍水也,决诸东方则东流,决诸西方则西流。人性之无分于善不善也,犹水之无分于东西也。"孟子曰:"水信无分于东西,无分于上下乎? 人性之善也,犹水之就下也。人无有不善,水无有不下。今夫水,搏而跃之,可使过颡;激而行之,可使在山,是岂水之性哉? 其势则然也。人之可使为不善,其性亦犹是也。"

告子曰:"生之谓性。"孟子曰:"生之谓性也,犹白之谓白欤?"曰:"然。""白羽之白也,犹白雪之白;白雪之白,犹白玉之白欤?"曰:"然。""然则犬之性,犹牛之性;牛之性,犹人之性欤?"告子曰:"食色,性也。"〉

各种不同的意见是这样加以概括的:

弟子公都说:"告子说人性既不善,也不恶。有人说可以使人性变好,也可以使人性变坏。所以在文王和武王之下,人民喜欢善良;在幽王和厉王之下,人民喜欢残暴。又有人说,有些人的本性是好的,另一些人的本性是坏的。所以在尧这样(好的)君王之下,还出了(恶人)象;有瞽瞍(这样坏的父亲),还出了(贤良的)舜王;有(暴虐的)纣(帝)为君,还出了象微子启和王子比干(这样的贤人)。"[2]

〈公都子曰:"告子曰:'性无善无不善也。'或曰:'性可以为善,可以为不善;是故文武兴,则民好善;幽厉兴,则民好暴。'或曰:'有性善,有性不善;是故以尧为君而有象;以瞽瞍为父而有舜;以纣为兄之子且以为君,而有微子启,王子比干。'"〉

对此,孟子再一次发挥了他的观点说,如果人们做了坏事,那不能归咎于他们天赋的能力。

综上所述,孔子本人也曾明白地说过,人生来正直,是很相近的,但他们的实践和经验则各异其趣[3]。("性相近也,习相远也。")告子则断言人在道德上是中性的,

---

1)《孟子·告子章句上》第一、二、三章,译文见 Fêng Yu-Lan (1), vol.1, pp.125, 145; Legge (3),经修改。

2)《孟子·告子章句上》第六章,译文见 Fêng Yu-Lan (1), vol.1, p.147; Legge (3)。

3)《论语·阳货第十七》第二章,参见 Dubs (15)。

认为要发扬社会美德的行为,必须有社会继承上的教育和熏陶。孟子大胆地主张人性偏向于善,这不仅更易于进行教育,而且也可对人类社会抱乐观态度。最后,其他一些没有提及姓名的思想家则认为,事实上每个人各有不同的资质,有的向善,有的向恶。

这样,我们便看到了整个欧洲历史和中国历史上所进行的广泛论战的一切要点的萌芽形式[1]。在西欧历史上,如奥古斯丁主义(Augustinianism)之对贝拉基主义(Pelagianism),18 世纪的乐观主义之对神学悲观主义,新拉马克主义(Neo-Lamarchianism)之对孟德尔遗传学(Mendelian genetics),在人类生物学上对于先天与后天作用不同的估计——所有这些,至今仍是热烈争论的问题,其中至少有一种是来自古代中国的这一场大辩论。我们必须记住,除了现代争论的问题以外,所有这些争论都是在对有机进化学说缺乏明确了解的情况下进行的。按照生物进化论和现代心理学的观点,我们可以假定说,反社会的(丑恶)动机和行为来自人类的动物遗传性[2],而合乎社会的(善良)动机则起因于人性特有的合群的倾向。告子对两者都没有认识到,而把一切都归之于后天的教养。孟子只看到后者;至于前者,则有待于别人加以强调,从而采取了与欧洲神学家在发展基督教对人类堕落和原罪教义方面相似的立场。这个贡献属于荀子。在叙述荀子之前,我想把上面提到的周代第四派哲学家的态度(他们认为人的禀赋是混合的)和在中古代欧洲流行的概念作一比较,即见之于宾根的圣希尔德加德(St Hildegard of Bingen,1098—1180 年)想象中的那种情况:魔鬼与天使在配制尚未出生的人的各自的体质,有的给以强,有的给以弱;有的给以善,有的给以恶[3]。我要接着指出,在中国历史过程中,中国人没有现代进化论的帮助,自己最后认识了人类心理学中的人性和"兽性"的成份,因而使周朝诸派哲学家的观点得以融为一体,所缺少的只是时间因素。现在先说荀子。

荀卿(约公元前 298—前 238 年),赵国(今山西省)人,他像周代的其他思想家一样,游说于封建诸侯之间。他曾在楚国南部任兰陵令,而以著书和教学见称于时[4]。在他的哲学见解中,"教养"(Nurture)[5]是一个特有的词,因为他认为人的

19

---

1) 有关中国性善、性恶争论史的著作,有傅斯年(2)和江恒源(1),还有伊瑙耶[Inouye(1)]和劳[Lau(2)]的有趣论文,以及格雷厄姆[A.C.Graham (1),pp.134 ff.]的精彩论述。

2) 参看丁尼生(Tennyson)的《让猿与虎都死去》。

3) 她的《知彻录》(*Liber Scivias*);见 Singer (3,4,Fig.106)和 Needham (2),p.66,Fig.7。这是孟德尔遗传学思想的先驱者,不过我们今天所了解的发展中的生物的遗传基因作用总是受制于环境因素。基因型从不充分体现于表现型。

4) Fêng Yu-Lan (1),vol.1,pp.279 ff.;并见 Dubs (7)。

5) Dubs (7),p.xiii。

本性是向恶的,任何好事都决定于教育——广义的教育。但是他与加尔文主义(Calvinism)不同,因为他相信所有的人都有朝着善的方向发展的无穷的能力。然而《荀子》第二十三篇却以"性恶"做标题,此文一开头就说:

20

> 人性是恶的——人的善是通过训育而得到的。今天人的本性是追求利益。如果顺从这种欲望,就产生了互相争夺,丧失了辞让[1]。人本来是妒忌和天然憎恶别人的。如果顺从这些倾向,就产生了互相残害,破坏了忠信。人本来具有耳目的欲望,喜欢赞扬而好色。如果顺从这些,就产生了淫乱,废弃了礼义和文理。所以,顺从人的本性和感情,必然会导致争夺和贪婪,并违反礼仪和乱来一气,而归于暴乱。因而教师和法律的感化,礼仪和正义的诱导,是完全必要的。这样就出现了辞让,看到了良好的行为,结果就有好的政府。根据这种论断,显然可以看出人性是邪恶的,而人的善则是后天获得的。[2]

> 〈人之性恶,其善者伪也。今人之性,生而有好利焉,顺是,故争夺生而辞让亡焉。生而有疾恶焉,顺是,故残贼生而忠信亡焉。生而有耳目之欲,有好声色焉,顺是,故淫乱生而礼仪文理亡焉。然则从人之性,顺人之情,必出于争夺,合于犯分乱理而归于暴。故必将有师法之化,礼仪之道,然后出于辞让,合于文理,而归于治。用此观之,然则人之性恶明矣,其善者伪也。〉

到了汉代,如怀疑派思想家王充(27—97 年)还在继续探讨这些重大问题[3]。这里,我们看到了这样的意见:人类生来就兼有善恶两种天性,即人性不全是善(孟子),也不全是恶(荀子),也不是中性(告子),也不是说整个人类要么就全是善,要么就全是恶(一个未指名的学派)。这种科学探讨仍在发展着。王充说,这个新的论点是周朝哲学家世硕提出的。关于世硕,我们几乎一无所知,虽然传说他也被列为孔子的弟子。

> 世硕认为,人性是既有部分的善,又有部分的恶。如果培养善的,善就增多,但是如果培养恶的,恶就增多。[4]

> 〈周人世硕,以为人性有善恶。举人之善性,养而致之则善长;性恶,养而致之则恶长。〉

这一观点可以上溯到王充的前一代;因为扬雄(公元前 53—公元 18 年)曾在他的《法言》中讨论过这个问题。他写道:

> 人性是善与恶的混合物。如果培养善的那一部分,他就成为善人;培养恶

---

1) 这两个字的字面意思是"推辞"和"退让"。"让"是中国的一个非常古老的概念,在周朝无论什么学派的哲学家那里都能找到这个概念,特别是在道家那里,这在下文(p.61)将会看到。

2) 译文见 Dubs (8) 和 Chêng Chih-I (1)。

3)《论衡·本性篇》。

4) 译文见 Fêng Yu-Lan (1), vol.1, p.147; Forke (4), vol.1, p.384。与世硕有关的几位哲学家是:宓子贱、漆雕开和公孙尼子。参见郭沫若(1),第 127 页。

的那一部分,就成为恶人。(驭)气(*pneuma*)就好象骑马一样,可以使之向善,也可以使之向恶。[1]

〈人之性也善恶混,修其善则为善人,修其恶则为恶人。气也者,所以适善恶之马也欤。〉

此前一个世纪,董仲舒[2]就谈到每个人都有"善质",但是如果不加教养,善质就不能充分表现出来。

后人曾不断深入研究这个问题,我们只需提及唐代的著名儒家学者韩愈(762—824年)[3],他的《原性篇》由理雅各[4]翻译出来[5]。在这一著作中,韩愈改编了《论语》的话,说人性可分为三个等级:上等者无论环境如何总是为善;中等者按其教育与环境之不同而可以为善,也可以为恶;下等者则为恶到底,不可救药。他认为孟子所说的是第一等,而荀子所说的是第三等(这一定命论是对荀子的误解),扬雄所说的则是中间一等。这种划分实在并不高明,因为在此之前的公元190年[6],荀悦在他的《申鉴》[7]中就曾作过类似的尝试。

更为重要的事实是,西方把奥古斯丁视为正统,把贝拉基派视为异端,而在中国正好与之相反,孟子成为正统,荀子则成了"异端"。荀子被宋代理学正式贬责,这可能如德效骞所说的[8],因为"性"(nature)字在那时已具有宇宙的意义,而荀子用来指"人为教养"的"伪"字也可以意味着虚假、曲解或谎言[9]。总之,对整个中国文化来说,这个差异是一个基本之点,我们将在后面再来申述(第四十九章)[10]。

---

1)《扬子法言·修身卷第三》[参见 Forke (12),pp.60,90],由作者译成英文。

2)《春秋繁露·深察名号第三十五》,末页[参见 Forke(12),p.59]。

3) G 632。

4) Legge (3),p.[92]。

5) 据《韩昌黎先生全集》卷十一,第七页。韩愈的学说被称为"性三品说"。

6) 事实上,《申鉴》不过是汉代不少著作中都有的一种思想发展,例如《淮南子·修务训》、《春秋繁露·深察名号第三十五》以及《论衡·本性篇》即是。有趣的是,许多这些学说都认为,居中间的是大多数,远较性善和性恶这两头为多。这岂不是直觉地承认高斯分布曲线所提出的那种现象吗?

7)《申鉴·杂言下第五》[参见 Forke (12),p.133]。

8) Dubs (7),p.82。

9) 参见 Fêng Yu-lan (1),又见于 Bodde (3),p.32;以及本卷下文,pp.109,393,450。

10) 孟子学说已被具体体现在如著名的《三字经》这种通用的私塾课本中。它是一种问答式的韵文,每三个字一句,便于记忆,是宋代王应麟(1223—1296年)所撰(G 2253)。《三字经》开宗明义便宣称:"人之初,性本善;性相近,习相远"[译文见 H.A.Giles (4)]。在后来的思想中,邹守益(1491—1562年)持一种独特的态度,他认为恶行属于病态范畴,即类似于阻碍视线的眼疾的一种失常状态[参见 Forke(9),p.407]。这个看法很现代化,欧洲文明直到现在才正在达到这种观点。在 17 世纪初当利玛窦(Matteo Ricci)开始与中国学者交谈时,他在解释原罪学说过程中便遇到了不少的困难[Trigault (1),译文见 Gallagher (1),p.341]。

(e) "灵魂阶梯"理论

为了研究在宋末(公元 13 世纪)出现的另一种与人性相关的问题,即"灵魂阶梯"论,我们还必须回到荀子的时代。

正如屡经解释的那样,亚里士多德采用了 $\psi v \chi \acute{\eta}$(psyche,心灵)这个词作为区分生物与无生物的准则;但是,他不得不得出结论说:"心灵"或"灵魂"是有不同类别和等级的。根据亚里士多德著作而产生的并且支配了整个后世生物学的这一学说,植物便只具有生长和营养灵魂,而动物在这之外还具有动物性或感受性灵魂;人则更进一步赋有理性的灵魂。如果说这些术语已不为现代科学所使用,那只是因为实验和术语日趋精确,从而使它们成为不必要的,而不是因为它们的含义不大符合生物活动的各种表现。

表 10 "灵魂阶梯"说

亚里士多德(公元前 4 世纪)	
植物 生长灵魂($\psi v \chi \grave{\eta} \; \theta \rho \varepsilon \pi \tau \iota \kappa \acute{\eta}$)	
动物 生长灵魂+感性灵魂($\psi v \chi \grave{\eta} \; \theta \rho \varepsilon \pi \tau \iota \kappa \acute{\eta} \; \psi v \chi \grave{\eta} \; \alpha \grave{\iota} \sigma \theta \eta \tau \iota \kappa \acute{\eta}$)	
人 生长灵魂+感性灵魂+理性灵魂($\psi v \chi \grave{\eta} \; \theta \rho \varepsilon \pi \tau \iota \kappa \acute{\eta} \; \psi v \chi \grave{\eta} \; \alpha \grave{\iota} \sigma \theta \eta \tau \iota \kappa \acute{\eta} \; \psi v \chi \grave{\eta} \; \delta \iota \alpha \nu o \eta \tau \iota \kappa \acute{\eta}$)	
荀子(公元前 3 世纪)	
水与火	气
植物	气+生
动物	气+生+知
人	气+生+知+义
刘昼(公元 6 世纪)	
植物	生
动物	生+识
王逵(公元 14 世纪)	
天、空、雨、露、霜、雪	气
地	气+形
植物(及某些矿物)	气+形+性
动物	气+形+性+情
人	气+形+性+情(+义)

我们认为,迄今尚无人指出[1] 中国人也曾经有过极其类似的说法。在表 10 中,我们把它与亚里士多德的说法作了一个比较。下面是选自《荀子》的一段话,可

---

1) 除鲁桂珍和李约瑟 [Lu & Needham (1)]以外[见 Sarton (1), vol.3, p.905]。

以说明这个道理。

　　水和火有气(有点近似于希腊的 *pneuma*)[1]，但没有生命。植物和树木有生命，但没有知觉。鸟类和动物有知觉[2]，但没有正义感。人有气，有生命，有知觉，还加上有正义感；所以人是世界万物中最可贵的。论气力他不如牛，论奔跑他不如马，而它们都为他所用，这是怎么回事？人能够形成社会组织(群)，而牛马则不能。人为什么能这样呢？因为他们能合作地各尽其职，各守其份。他们为什么能这样做呢？因为正义使他们融为一体，从而产生力量，并最后导致胜利。[3]

　　〈水火有气而无生，草木有生而无知，禽兽有知而无义，人有气、有生、有知、亦且有义，故最为天下贵也。力不若牛，走不若马，而牛马为用，何也？曰：人能群，彼不能群也。人何以能群？曰：分。分何以能行？曰：义。故义以分则和，和则一，一则多力，多力则强，强则胜物。〉

前面已经提到的那些令人困惑的时代对比问题，这里又是一个例证，因为亚里士多德在世时间(公元前 384—前 322 年)只是略早于荀子(约公元前 305—前 235 年)。由于在时间上比丝绸之路的开辟早一个半世纪，我认为很难相信，他们两人的学说是谁源出于谁。我宁愿假定，尽管有相似之处，两者是彼此独立的，是对同样现象进行思考的结果。中国人思想的特点是这样的：人所独有的特征不在于推理的能力，而在于他所具有的正义感。

　　在后来的中国文献中，有许多类似观点的论述[4]，其中最出色的一篇文章是明代生物学家王逵在 14 世纪末的一部著作《蠡海集》中的一段话：

　　天有气，但是这种气没有自然的性[5]或情；雨、露、霜、雪也没有性或情。地有形。有形的物质可能有性而无情；因此，草、木和某些矿物都是有性而无情的。天和地相交泰使气与形相结合，于是就兼有性和情了。鸟、兽、虫、鱼因此都 24 有性与情。它们的排泄和分泌液，象天的气一样；它们的羽毛鳞甲，象地的形一样。我们怎么能否认，气与形必须相结合，才可以一起出现性与情呢？[6]

　　〈天赋气，气之质无性情。雨露霜雪，无性情者也。地赋形，形之质有性而无情。草木土石，无情者也。天地交则气形具，气形具则性情备焉。鸟兽虫鱼，性情备者也。鸟兽虫鱼

---

1) 见下文 pp.228,242,250,275。

2) "知"在此若译为"本能"(instinct)也许较好，也许荀子意指的是不自觉的反射作用。

3) 《荀子·王制篇》，第十三页，由作者译成英文，借助于 Dubs (8)，p.36；Hughes (1)，p.246。

4) 正如在欧洲著作中那样，例如巴托洛迈俄斯·安格利库斯(Bartolomaeus Anglicus，鼎盛于 1230 年)；Sarton (1)，vol.2，P.586。

5) 例如，大黄的通便作用就是它的性。尤其是下文 p.569。"性"一般地(不知其然地)被译为"本性"(nature)，但是这里我们必须把它看作是某种"能动的原则"(active principle)或"突出的性质"(outstanding property)。

6) 《蠡海集·气候类》，由作者译成英文。

之涎涕汗泪,得天之气;鸟兽虫鱼之羽毛鳞甲,得地之形。岂非其气形具而备性情乎?〉
这段话似乎远远不止是荀子思想的发挥。

应该看到,作为前后的联结,我们把刘昼(519—570 年)的说法列入了表中,他的著作《刘子》收录在《道藏》中(no.1018)。他所用的"识"一词显示了佛教的影响,因为它是十二因缘之一(见本卷 p.400) [1]。在刘昼和王逵之间的时代,理学对这个问题做了大量思考(见本卷 p.568)。程颐采用了与荀卿和刘昼相同的说法,对动物和人的"知"加上了"良能"。朱熹持有更复杂一些的观点 [2](见本卷 pp.488,569)。除了构成万物的气或物质–能量(matter–energy) [3] 以及普遍组织原则"理"而外,无机之物只具有实质和性质(形、质、臭、味)。植物于此之外还有生气。但在人与动物,则还有血气和血气知觉。

在王逵时代以后,这一问题继续被人讨论,如薛瑄(1393—1464 年)怀疑植物的气是否即是"主宰心" [4]。顾宪成(1550—1612 年)与佛教徒辩论过这些问题 [5]。

现在我们可以察看一下戴埴在 13 世纪后半期所提出的综合论点。很显然,人性的构成比正统哲学所想像的要复杂得多。戴埴在他的著作《鼠璞》 [6](约成书于1235 年)中认为,人的更加高度群居的倾向是人所独有的,而他的反社会群居的倾向则与他本性中同中低等动物共有的那些因素有关。他写道:

25

> 人们谈论人性——有的说性善,有的说性恶。一般都是肯定孟子的观点,否定荀子的观点。我在读过他们两人的书以后意识到,孟子讲的是天性,而他所谓的人性之善是指它的(固有的)正直和伟大。他想要促进它。这就是《大学》所谓的"诚意"。
>
> 但是荀子所谈的是物质性,而他所谓的人性之恶,是指它的(固有的)邪恶和粗暴。他想要补救和克制它。这就是《中庸》所谓的"强矫"。……因而孟子的学说是加强原有的纯洁,从而使污点自行趋于消失。而荀子的学说则是以积极的方式消除污点。两种学说对后代的学者同样都是有帮助的。 [7]
>
> 〈世之论性者二,恶、善而已。人往往取孟而闢荀。予合二书观之。孟子自天性见,所

---

1) 关于刘昼的更多情况,见 Forke (12),p.250。

2) 见《朱子全书》卷四十二,第三十页;译文见 Bruce (1),p.69。

3) 后面我们将讨论"气"在理学家中的地位;我们对"气"的这一译法,说明了从荀卿到朱熹这段时间中发展的情况。

4) 参见 Forke (9),p.327。

5) Forke (9),p.427。

6) 这个奇怪的书名来源于一个古代关于讲不同方言的人混淆了"鼠"和"璞"二物的故事,因此,它使人感到必须使语词标准化。

7)《鼠璞·性善恶》,由作者译成英文。

〈谓善,必指其正大者,欲加持养之功,《大学》诚其意之谓也。荀卿自气性见。所谓恶,必指其缪戾者,欲加修治之功,《中庸》强哉矫之谓也。……然则孟子之学,澄其清而滓自去;荀子之学,去其滓而水自清。有补于后觉则一。〉

现在所缺的就只是时间因素了,这只能是由生物进化的知识来提供[1]。但是,虽然还有某些将在后面(本卷 p.78)提到的思想萌芽,中国文化却从来未能独自发展这方面的知识。戴埴并不是沿着这条路线思考的唯一的宋代学者。黄晞(约卒于1060 年)在他的《聱隅子歔欷琐微论》[2]中以孟子内在的善和草木的无害作了比较。他说,荀子只看到了人性中与虎狼凶暴成性相似的那种成分。扬雄的抑恶扬善,又有着过份的干扰。黄晞似乎采取了道家的立场,认为如果任其自然发展,则万物皆趋于善.

或许在最早期的作家中,关于这个综合论点已有某些预感。冯友兰[3],提示了《孟子》中一段晦涩难解的话[4],他区别了人的大者和小者[5];前者纯属于人类,后者则与动物共有。约在公元前 135 年,董仲舒在他的《春秋繁露》(参见上文 p.20)的论述中,已经是离题不远了。他说:

当今之世,人们对人性有不同的看法,而又都说不清楚。……人的自然之资可以叫作(先天的)性或质。怎么才能使它合乎事实而称之为善呢?……

如果联系禽兽的(天生的)性来考虑人的质,那末,人的质就是善的;但如果联系人类社会之道的善来考虑,那它就是不善的了。……我所认为是(天生的)性的那种质,与孟子所说的不同。他把质向下比之于鸟兽的行为,所以称之为善。但是我把质向上比之于圣人的作为,所以称之为未臻于善……。

给(先天的)性以正确的命名,不应使用过高或过低的(标准),而要取其合乎中道。性和蚕茧或鸡蛋一样,鸡蛋有待变化而成为小鸡,蚕茧有待卷绕而成为丝。(先天的)性有待(权威的)教导才能为善。这个(潜在的状态)就是所谓的真正的自然性(真天)。[6]

〈今世闇于性,言之者不同。胡不试反性之名。……自然之资谓之性,性者质也。诘性之质于善之名,能中之与? 既不能中矣,而尚谓之质善,何哉? ……

质于禽兽之性,则万民之性善矣。质于人道之善,则民性弗不及也。……吾质之命性者,异孟子。孟子下质于禽兽之所为,故曰性已善。吾上质于圣人之所善,故谓性未善。……

26

---

1) 参见 S.F.Mason (1)。

2)《聱隅子歔欷琐微论·仁者篇》。

3) Fêng Yu-Lan (1),vol. 1,p.122。

4)《孟子·告子章句上》第十四章和十五章;参见《离娄章句下》第十九章。

5) 分别为“大体”和“小体”。

6)《春秋繁露·深察名号第三十五》,第十四页;译文见 Hughes (1),p.304,经修改;参见卜德所译Fêng Yu-Lan (1),vol.2,p.36。

...

> 名性不以上,不以下,以其中名之。性如茧如卵,卵待覆而为雏,茧待缫而为丝。性待
> 教而为善,此之谓真天。〉

这段话的相对性,反映了一个深受道家影响的儒者董仲舒的特色[1]。不过,他的见
解有点偏离人性思想的发展和灵魂阶梯的主线。

这里的讨论已远离了儒家学派的主流。下面还要再说几句有关荀子的贡献。

(f) 荀卿的人文主义

前面着重讲过儒家对于科学的矛盾态度,荀子便是个极好的例子。他一方面
宣传一种不可知论的唯理主义,甚至否定神灵的存在[2];另一方面,他强烈反对名
家和墨家致力于探索科学的逻辑,主张技术的实际应用,否认理论研究的重要性。
这样,他由于过多和过早地强调科学的社会关系网络而打击了科学的发展。

他的怀疑论调可以从下面一段话中看出:

> 人在黑暗中行走时,会把一块平放的石头当作一只躺卧的老虎,并把一丛
> 耸立的树木当作直立的人。黑暗歪曲了他的锐利的目光。醉酒的人越过一条
> 百步之宽的渠道,以为是半步之宽的沟;他低下头来走出城门,把它当作是私
> 宅的小门——这是酒错乱了他的神智。一个人用手指挡着眼睛,一件物体就
> 呈现为两件;把耳朵掩盖起来,就会在无声之中听到隆隆的杂音——这是周围
> 情况扰乱了他的感官。所以从山上往下看,一头牛就象是一只羊(但是要羊的
> 人都懂得不要下山去把它牵走)——这是距离使大小变得模糊了。[3] 从山下往
> 上看,一棵六丈高的树就像一根筷子(但是,要筷子的人不会上去把它折下来)
> ——这是高度使长度变得模糊了。当水移动的时候,影子就会摇动;人们不能
> 决定自己是美是丑——这是因为水被搅乱了。……

> 夏水以南有一个叫涓蜀梁的人,此人愚笨而胆小。他在明月之下行走的
> 时候,低头看见了自己的影子,以为有鬼在跟踪着他。他抬头看见自己的头
> 发,以为它是站着的妖魔。他转身就跑,回家后就咽气而死。这不是太不幸了
> 吗?

27

---

1) 在论述中国科学思想基本概念的那一章中,我们还要论及董仲舒;参看 Wieger (2),p.181。董仲舒
说,动物所想的只是自我保存("生")和自身利益("利");他还把人的利己主义("贪")和利他主义("仁")与
阴阳的影响,分别作了对比。

2) 参见 Dubs (7),pp.65 ff.。

3) 参见 Lucretius, *De Rerum Natura*, II, 317—322。

　　　凡是说有鬼的人,必然是在他们突然受惊或神志不清的时候,才断定是这样的。这是把没有的事认为是有,或者把有的事认为没有,就这样作出了判断。

　　　于是由于受潮而得了风湿的人,就敲鼓并煮小猪(用以祭神以求痊愈),这样必然要造成破坏鼓和丧失猪的浪费,而他又得不到康复的快乐。所以虽然他并不住在夏水以南,他和涓蜀梁也没有什么两样。[1]

　　〈冥冥而行者,见寝石以为伏虎也,见植林以为(后)[立]人也,冥冥蔽其明也。醉者越百步之沟,以为蹞步之浍也;俯而出城门,以为小之闺也;酒乱其神也。厌目而视者,视一以为两;掩耳而听者,听漠漠而以为哅哅;势乱其官也。故从山上望牛者若羊,而求羊者不下牵也,远蔽其大也。从山下望木者,十仞之木若箸,而求箸者不上折也,高蔽其长也。水动而景摇,人不以定美恶,水势玄也。……

　　夏首之南有人焉,曰涓蜀梁。其为人也,愚而善畏。明月而宵行,俯见其影,以为伏鬼也;仰视其发,以为立魅也;背而走,比至其家,失气而死。岂不哀哉!凡人之有鬼也,必以其感忽之间、疑玄之时定之。此人之所以无有而有无之时也,而己以正事,故伤于湿而痹,痹而击鼓烹豚,则必有敝鼓丧豚之费矣,而未有俞疾之福也。故虽不在夏首之南,则无以异矣。〉

这就是儒家的不可知论的唯理主义,它本应该是有利于早期科学的,而且《荀子》中有一整篇[2]用以攻击当时的一种迷信——相术,即根据人的相貌来算命的方术[参见后面第十四章(a)]。

　　不过,荀子的人文主义是过份偏重人文了。他深受道家影响,乃至有时用"道"字来表示大自然的秩序,包括人类社会的正道[3];然而,他又把表示礼仪、良好风俗、传统习惯的精髓的"礼",崇之为宇宙原则,就好象在人类社会中人们只不过是在自己那一级地位上模仿着星辰和季节的神圣舞蹈而已[4]。因此他说:

　　　由于"礼"的缘故,天和地因此相联合,日和月因此放光明,四季便有了秩序,星辰便各行其道,江河因此奔流,万物从而昌盛,爱和憎都有所节制,喜和怒也适得其宜。它使下层人民顺从,上等阶层显赫;不因万变而迷失途径。偏离了它,就要身败名裂。"礼"岂不是至高无上的原理吗?[5]

　　〈凡礼……天地以合,日月以明,四时以序,星辰以行,江河以流,万物以昌,好恶以节,喜怒以当,以为下则顺,以为上则明,万变不乱。贰之则丧也。礼岂不至矣哉!〉

这种泛神论的说法,令人回想起古希腊神秘的叙事诗把爱说成是宇宙的推动力;那

---

1)《荀子·解蔽篇》第十五页,译文见 Dubs (8),p.275,经修改。

2)《荀子·非相篇》。

3) 例如在《荀子·天论篇》中。

4) 参见 Dubs (7),p.52;Boodberg (3);特别是本卷下文 pp.151,283,287ff.,488,548。

5)《荀子·礼论篇》第七页,译文见 Dubs (8),p.223。

些诗可能出自苏格拉底之前的哲学家之手,如恩培多克勒(Empedocles)[1],而且又重现于像在希腊化时代的《爱神及其恋人》(*Daphnis and Chloe*)[2]中的俄耳甫斯式赞歌(Orphic hymn),至今仍不失为早期思想家对宇宙进程的吸引力和排斥力的深刻见解。在一种有机的世界观中,正如后来在中国所发展的以及我们今日所具有的那样,荀卿把人类社会视为宇宙秩序[3]的一部分的概念是可以充分接受的,而且确实不无高明之处[4]。

28

　　然而,这对于荀子时代的科学所可能有的任何价值,却完全毁于他之拒绝承认进行细微而枯燥的科学推理与研究的必要性,尽管他是推崇技术的社会价值的。在一节针对道家的著名韵文中,他写道:

　　　　你崇奉天而对它沉思默想,
　　　　为什么不驯化它和调节它?

　　　　你顺从天而歌颂它,
　　　　为什么不控制它和利用它?

　　　　你敬重四季的节序而袖手旁观,
　　　　为什么不按季节活动而去适应它们?

　　　　你依赖万物并大加赞叹,
　　　　为什么不施展才能去改造它们?

　　　　你思索是什么使得万物成其为万物,
　　　　为什么不整理好万物而不要浪费它们?

　　　　你徒劳地探索万物产生的原因,

---

　　1) B &M,p.137; Diels—Freeman (1),pp.51ff.。

　　2) 参见 Needham (3),p.39。

　　3) 他选用"礼"这个术语来描述他的宇宙原理,乍看起来有点奇怪;但是也可以不觉得那么奇怪,如果我们记得公元 100 年左右,刘熙在《释名》这部字典中从字源论证了"禮"与"體"有关,并释义为"得其事体也"。在这里,这种思想就接近于认为社会是超人的有机体这种观念。现在我们知道,实际上联系这两个字的是它们右侧的偏旁;"豊"是一个装有某种物品的礼器的古代图画(参见本卷 p.230 表 11 中的第 77 条)。但这并不影响荀卿和刘熙思想中所表现的有机性质(参见下文 pp.294ff.)。

　　4) 把"礼"作为宇宙原理的这些段落是否真为荀卿所写,尚有疑问。这些段落几乎一字不易地又出现在《礼记》和《大戴礼记》中。因此,有些人按照杨筠如的意见,倾向于认为这些篇章乃是出于汉代议礼者之手而最后并入《荀子》中的[例如 Bodde (14),p.78]。然而为了方便起见,我们仍认为这些话是荀子所说。

为什么不占有它们并享受其成果?

因此我要说:如果忽视了人而只思考着天,

那就要曲解宇宙间的事实了。[1]

〈大天而思之,孰与物畜而裁之?

从天而颂之,孰与制天命而用之?

望时而待之,孰与应时而使之?

因物而多之,孰与骋能而化之?

思物而物之,孰与理而勿失之也?

愿于物之所以生,孰与有物之所以成?

故错人而思天,则失万物之情。〉

问题的关键在于倒数第一行上。荀卿说,庄子只看到天而看不到人。[2]荀子认为,名家和道家的论证充满了谬误。他说:

一切由人炮制而与真理公然矛盾的邪说异端,都可以归之于(他方才描述的)三种谬论(中的任何一种)。贤明的君主明知如此,所以并不想费心去争辩。他们知道人民可用王者之道联合起来,但不能指望人民以同样方式对事物进行推理。所以贤明的君主对人民树立权威,用道理来指导他们,时时用法令来唤醒他们,用文章给他们把道理说清,并且用刑罚阻止他们犯法。这样,人们就能奇迹般地受到道理的感化。哪里还用得着论证和辩论呢?[3]

〈凡邪说辟言之离正道而擅作者,无不类于三惑者矣。故明君知其分而不与辨也。夫民,易一以道而不可与共故,故明君临之以势,道之以道,申之以命,章之以论,禁之以刑。故其民之化道也如神,辨说恶用矣哉!〉

因而,权威是用以正名的最后手段。他又说:

凡是与正确和错误、真实和虚假、善政和暴政之分或与人类之道无关的事,知道它们于人无益,不知它们也于人无害,⋯⋯这些事是堕落时代的妄人的猜测。⋯⋯*

〈若夫,非分是非,非治曲直,非辨治乱,非治人道,虽能之,无益于人;不能,无损于人。⋯⋯此乱世姦人之说也。⋯⋯〉

至于物体和空间的位移,白色和坚实性的分隔,或者一致和分歧的区别,它

---

1)《荀子·天论篇》,第二十三页,译文见 Hu Shih (2),p.152。这几行诗总使我想起罗忠恕(译音)博士,他对这几行的评价在很早以前就给我留下很深刻的印象。

2)《荀子·解蔽篇》,第五页[译文见 Dubs (8),p.264]。

3)《荀子·正名篇》,第九页。译文见 Hu Shih (2),p.168。

* 《荀子·解蔽篇》。——译者

们是耳目的能力所不及的事,即使是雄辩家也说不清,即使是圣人的智慧也不总是可以理解的。君子不知道这些事,也不失为君子;小人知道了它们,也仍然是小人。没有它们,工匠仍然是巧匠。而圣人没有它们也能善于治国。[1]

〈若夫,充虚之相施易也,"坚白"、"同异"之分隔也,是聪耳之所不能听也,明目之所不能见也,辩士之所不能言也。虽有圣人之知,未能偻指也。不知,无害为君子;知之,无损为小人。工匠不知,无害为巧;君子不知,无害为治。〉

所以,这里只有传统技术的地位,而没有科学的地位。荀子虽然显示出法家学说的倾向,却使尔后一切儒家的立场凝固化了。儒家的根本错误不在于相信国家应该按照自然法则来组织(如程知义很好地所表达的那样)[2],而在于坚信这些自然法则只有通过研究人文传统和历史才能加以确定。我们即将看到,对于荀子有关技术的社会意义的意见,道家是如何看待的(本卷 p.98)。胡适[Hu Shih (2)]说得对,荀子把儒家观点变为固定教条,这是中国思想最光辉时代的衰落的征兆。在把儒家的正名移交给政治权威时[3],荀子的主张已十分接近于法家。因此,他的弟子李斯成为头号独裁者秦始皇的丞相,也就不足为奇了。

30
(g) 作为封建官僚主义正统思想的儒学

我们在历史导论中已经说过,儒家思想在汉代已成为官僚社会的正统学说[4]。虽然我们对当时及以后几个世纪里儒家思想家研究得较少,然而看不出其创始人的学说有什么根本的改变,至少在涉及科学与科学思想的地方是如此。他们的趋向是综合前期的对立思想,并接受道家与佛教的新影响。这一时期的学者是折衷主义的注疏家,而不是创新的哲学家[5],如马融(79—166 年)[6]、郑玄(127—200 年)[7] 和贾逵(30—101 年)[8]。他们不患无官可做,因而趋向于华而不实的形式主义,忘掉了儒家学说中原有的关于教育与平等的部分,把心思集中在官僚政治的权术上。由此逐渐分化为怀疑论的唯理主义(最大代表是公元 1 世纪的王充,将有专章论述),或者受道家和阴阳家的影响,成为多少是迷信的半政治性的象数

---

1)《荀子·儒效篇》,译文见 Hu Shih (2),p.169。
2) Chêng Chih-I (1),p.55;参见 Pott(1)。
3) 参见戴闻达[Duyvendak (4)]的《荀子·正名篇》译文。
4) 见本书第一卷,pp.103ff.。参见 Nagasawa (1),pp.109ff.,125ff.。
5) 参见 Nagasawa (1),pp.131ff.,135ff.。
6) G1475。一位伟大的教育家。
7) G274。一位著名的注疏家。
8) G323。也是一位天文学家。

神秘主义和五行学说与《易经》六爻的方术(见后面 pp.380ff.,谶纬之学的兴起)。

在中世纪早期,儒家学者能合法从事研究的真正科学是什么呢? 在一定程度上说,数学对水力工程的设计和管理是必要的,但从事这一行的人可能只是低级官员。搞天文学的人则有迁升的希望。行医是可能的,农业研究则一直受到尊重。但是,炼丹术却深为人们所鄙弃;至于掌握铁匠、水磨匠或其他手艺人的技术,则被认为有失儒者体统。

公元 171 年,受汉灵帝之命,儒家经典著作第一次被刻在石上;而当这些石刻经文被毁失传以后,在三国曹魏时(约 245 年左右)[1],又重刻了这些经文。第三次刻石是在唐代(837 年),恰在唐宋之间的第一次雕版之前不久。唐代的儒学表现为恢复老的形式,但道德说教多于哲理[2],在"怀疑论传统"一节中我们将论及它最大的代表韩愈。当然,在论及宋代时,我们将看到被称为理学的那个第二次繁荣时期。由于它对科学和宇宙观的重要性,这将需要专用一章予以叙述。

(h) 作为一种"宗教"的儒学

儒学之发展成为一种"宗教",不在本书讨论的范围内,所以只能简略涉及。对于把孔子当成举国崇拜的对象,其起因与发展已经由著名学者顾颉刚(3)和 J.K. 施赖奥克[Shryock (1)]等作过很透彻的研究,我们愿向读者推荐他们的优秀著作。有关儒学在清代的地位的最佳著作是理雅各[Legge (6)]的著作,有关近代中国的则是庄士敦[Johnston (1)]的著作。有人相信鲁国有祭孔之举,根据的是《史记·孔子世家》[3]的记载(写于他死后四个世纪有余)。但可以肯定的是,汉高祖在公元前 195 年曾至孔氏家庙为纪念这位圣人而隆重设过祭,司马迁也曾到过那里[4],但是直到公元 37 年孔子的后裔才受封。公元 59 年,汉明帝诏令全国学校正式祭祀孔子。J.K.施赖奥克说:"正是这一行动把对孔子的祭祀移出了孔氏家族,并把他从学者们的先师变成了他们的至圣。"于是多少世纪以来,在全国各地一直都奉祀孔子,对孔子的崇拜成为一种对英雄的顶礼膜拜,而在他山东家乡的圣墓、圣庙所在地则更为隆重[5]。同时在社会结构中,祀孔也成为文人这个非世袭的社会集团的权力和威望的象征。这种崇拜是由敬神和祭祖这两方面因袭而来的。

---

1) 参见 Nagasawa (1),p.136。

2) 参见 Nagasawa (1),p.175。

3)《史记》卷四十七[Chavannes (1),vol.5,p.428]。

4)《史记·孔子世家》[Chavannes (1),vol.5,p.435]。

5) 有关人民群众对儒教的信仰,见 Doré (1),pt.Ⅲ,vols.13,14,Maspero (11)和 Watters (2)。

多少世纪以来,每个城市就都有了孔庙或文庙。由于儒家思想中根本没有专职祭司集团这个概念,因而执事和主祭自然不外乎是地方上的学者和官吏[1]。孔庙的性质缓慢地摇摆于敬神和祭祖的两极之间,因此从 8 世纪到 16 世纪,孔子和他的七十二弟子先以塑象来代表,其后则为刻有名氏的装金神主牌位所取代。把祀孔视为一种宗教,当然要取决于所采取宗教的定义是什么。若以神圣[即奥托(Rudolf Otto)的 numinous]的意义作为标准,那末,世界上再没有比孔庙更为肃穆和美丽的地方了(虽然近代往往疏于管理)。孔庙由一连几进的庭院组成,围以中国式的廊庑,并有着前代石碑或一些从前来访者住过的空房;庭院每一进都递高一层,最高一层庭院经过台阶上达平台,大成殿就在这里,里面供奉着孔子及其弟子的牌位[2]。院里有花园,半圆形的泮水池[3] 上有小桥,通常还有不少古树。早年的孔庙常有藏书室,供当地学者聚会[4] 及设塾课徒之用。时至今日[5],地方官员和学者仍然每年一度在孔子诞辰之际,在天将破晓时聚集在这里,举行太牢祭礼(一牛,一羊,一豕),诵读祭文和听讲演。祭典中还有音乐和庄严的舞蹈。

前面所引的施赖奥克,也像慕稼谷[G.E.Moule (2)]一样,曾有机会数次在孔庙参观一年一度的祭祀,有一次还担任了主祭的助手。J.K.施赖奥克有一篇令人难忘的文章,对于那些曾多次在这些华丽的建筑物中逗留过的人(如本书作者)[6] 来说将会特感兴趣,其中描述的即是祭礼的盛况。

有关 14 世纪祀孔仪式的叙述,大部分是很乏味的,而实际上它是最使人难忘的一种精心设计的典礼。黎明前的寂静,富丽堂皇的殿宇,伸向星空的飞檐,挺立于庭前的千年古树,深沉的钟声——所有这一切景象,即使在它已经衰微之际,也是令人难于忘怀的。在忽必烈大汗时代,祭典的豪华庄严只有像英国诗人柯尔律治那样的文笔才能写得绘声绘色。深夜里发出的隆隆鼓声,随从人员的火炬闪耀于窗壁之间,官吏们的丝绣长袍在黑暗中微微闪亮……大殿内,太牢中的牛头对着孔子的神像摆着。祭坛上烛光闪烁,反射到金碧辉煌、雕金镂彩的巨大穹顶上。人群徐徐走入大殿,主祭开始就位,在"万世师表"圣人像前奉献酒醴。音乐庄严肃穆……在殿外的庭院中,舞蹈者摆起了姿势,随着颂乐的起落而挥动着羽箭。很难设想有比这更为庄严、更为优美的仪

---

1) 见 Biallas (1)。

2) 有些照片见 Needham (4),Figs.6,17,82—85。赫特[Hett (1)]有机会拍摄了直至最近朝鲜还在举行的隆重祭祀仪式的一些照片。

3) 这是仿效古代的泮宫,即培养封建官吏的学校。

4) 参见图 37。

5) 指第二世界大战刚结束之时。

6) 我深悔未能利用一次邀请的机会去贵州湄潭参加孔庙祭典(1944 年)。

图 版 一 四

图 37　云南呈贡孔庙的一进院落（原照摄于 1945 年）。

式了!

可是 J.K.施赖奥克又说,他确信没有人会比孔夫子本人对这种场面更感惊讶乃至更为震骇的了!

但是,所有这些都与科学史毫不相干。儒学作为一种"宗教",并不拥有那些能够抗拒科学的世界观渗入其禁区的神学家们。它只不过遵从它那个学派创建者的态度,避而不谈自然界和对自然界(天)的研究,而把一千多年来的兴趣集中在人类社会,而且仅仅集中在人类社会上。

第十章　道家与道家思想

(a)　引　言

现在我们来看一下孔子的反对者对世界的看法,这些人也就是前面已经提到的"楚国狂人"和"逍遥隐者"这类人物。道家思想体系,直到今天还在中国人的思想背景中占有至少和儒家同样重要的地位。它是一种哲学与宗教的出色而极其有趣的结合,同时包含着"原始的"科学和方技。它对于了解全部中国科学技术是极其重要的。按照一种众所周知的看法(我记得在成都听冯友兰博士本人说过),道家思想是"世界上唯一并不极度反科学的神秘主义体系"。

道家思想有两个来源。首先是战国时期的哲学家,他们探索的是大自然之道[1],而非人类社会之道。因此,他们不求见用于封建诸侯国的朝廷,而是隐退于山林之中,在那里沉思冥想着自然界的秩序,并观察它的无穷的表现。我们在前面已经遇到过这样的两个人,而从儒家观点来看是两位不负责任的隐士。但是研究大自然之道[2]的这些哲学家,可以说是"在骨子里"就感到(因为他们从未能予以充分表达)要是对于人类社会以外和超出人类社会的大自然没有更多的知识和了解,就不可能象儒家所力求做到的那样,去治理人类社会。他们攻击"知识",但他们所攻击的是儒家关于封建社会的等级和礼法的学究式的知识,而不是关于大自然之道的真正的知识。儒家的知识是一种男性的阳刚知识,道家谴责这种知识;道家追求一种女性的阴柔知识,它只能来自对自然界的观察采取一种被动的和顺从的态度。这些差异我们不久将加以分析。

道家思想的另一根源是一批古代萨满和术士们:他们很早就分别从北方和南方部族进入中国文化[参看本书第五章(b)],其后集中于东北沿海地区,特别是齐国和燕国。在"巫"和"方士"[3]的名称下,他们作为一种原始宗教和方术(主要是萨满

---

1) 我完全同意佛尔克[Forke(13),p.271]和其他人的意见,即"道"字只能不加翻译。"道"字古写是一个"首"(头)和一个表示"走"的符号,因而意指"道路",但这个字很早就成了一个被赋与哲学和神秘意义的专门术语了。

2) "自然"(Nature)一词有多种含义,其中不止一个含义适用于道家。参看 Lovejoy (2)和 Lovejoy & Boas (1) p.447 所作的考察。

3) 见下文 pp.132ff.。

34 教)的代表,在中国古代生活中起过重要作用。他们与人民群众有密切联系[1],而反对儒家提倡的那种尊天的国教。

中国古代这两种不同的成分能如此完全地结合而形成后来的道教,乍看起来,也许是难以理解的。但实际上并不困难。科学与方术在早期是不分的。道家哲学家由于强调自然界,在适当的时候就必然要从单纯的观察转移到实验上来。后面,我们将研究在炼丹术这一纯道家的原始科学的历史中的初始情况。而且医学和药物学的开端也都和道家思想有密切联系。不过,当观察一旦转移到实验(其实这不过是改变了条件并再进行观察),这就迈出了决定性的一步,使它跳出了封建贵族哲学以及后来的官僚学者的狭窄的文化圈子,因为实验必须包含有手工操作。这样,人们就无从区分道家哲学家(他们以老子和庄子的高度抽象观念为基础,却又烧炉炼丹并通过沉思阴阳五行的作用以求得内心的和平)和道教方士(他们是为了控制神龙而书写咒文或从事礼拜仪式)了。方士和早期的科学家一样,都坚信可能通过手工操作来掌握大自然,世界就这样分为相信这种观点的神秘操作家和不相信这种观点的理性主义者。区分方术和科学,只有到了人类社会历史的较晚时期才有可能,因为这有赖于把试验条件充分坚持下去,并对实验抱充分的怀疑态度,坚定地注意各种操作的真实效果。甚至英国皇家学会在早期也难以区分科学和现在应该叫做魔术的东西。在 16 世纪,科学一般被称为"自然魔术"。开普勒就是作为一个星占家而活动的,甚至牛顿也不无道理地被称作"最后的一位魔法师"[2]。的确,科学和魔术的分化,是 17 世纪早期现代科学技术诞生以后的事 —— 而事实上这一点却是中国文化所从未独立达到过的。以上种种考虑可以帮助我们了解道家哲学家是怎样和巫术合流而形成道"教"的。

必须指出的是,由于这样或那样的原因,道家思想曾几乎完全被大多数欧洲翻译者和作家误解了。道教被人们所忽视,道家方术被视为迷信而被一笔勾销;道家哲学被说成是纯粹的宗教神秘主义和宗教诗歌。道家思想中属于科学和"原始"科学的一面,在很大程度上被忽略了,而道家的政治地位则更加是这样[3]。谁也不想

35 否认,古代道家思想中具有强烈的宗教神秘主义的成分[4],而道家的最重要的思想家都处在历史上最出色的作家和诗人之列。但是,道家不仅退出了封建诸侯的宫廷 —— 在那里,儒家的人道主义说教与法家为专制政体的辩护进行着斗争;而且

---

1) 艾德[Eitel (3)]在七十多年以前,已经确认了道教中的萨满因素。

2) Keynes (1).

3) 在西方汉学家中,对道家政治方面作了公正评论的,几乎只有白乐日[Balazs (1)]一人.

4) 参看斯波尔丁[Spalding, (1)]所揭示的几种类似情况.

道家还对整个封建制度展开了尖锐而激烈的抨击。为了弄清他们抨击的确切内容，我将在下面加以阐明。但是这种强烈的反封建特点，却为西方的以至于大多数中国的道家思想注释家所忽略。这里，还有另一条理由说明道家哲学和方术的相结合，因为如前所说，萨满教的一些代表人物同古代大多数民间习俗有着密切联系，而对那种更为理性的对于天和上帝的崇拜则具有几分敌意。说道家思想是宗教的和诗意的，诚然不错；但它至少也同样强烈地是方术的、科学的、民主的，并且在政治上是革命的。

我们随后将要引用一些道家哲学的原始材料，这里不妨简要地讨论一下它们成书的年代。《道德经》[即"道"(在力量、甚至在超自然力量那种意义上)的、"德"的经书]普遍被认为是中国语言中最深奥的、最优美的著作[1]，其作者老子是中国历史上最模糊的人物之一。关于他的年代问题，曾进行过广泛的讨论[2]。冯友兰[Fêng Yu-Lan (1)]的权威意见是：旧时的记载(如《史记》卷六十三)把老子说成是公元前 6 世纪与孔子同时代的人，这种说法应予放弃；必须把《道德经》看作是战国时代的文献。它的年代不能比这更晚，因为韩非子(卒于公元前 233 年)注释过它，荀子(公元前 298—前 238 年)评论过它，庄子(公元前 369—前 286 年)把它引为同道。冯友兰[Fêng Yu-Lan (1)]认为，司马迁是把一个历史人物李耳和一个传奇人物老聃弄混淆了。在最新近的一篇讨论中，德效骞[Dubs (11)]暂把老子的儿子定为魏国的一位将领段干宗，此人鼎盛于公元前 273 年。这样，老子就出身于河南的一个世家，但他拒不接受那种世袭地位。随后的讨论[3]是值得一读的；不过总的结论是把老子的生平放在公元前 4 世纪之内，《道德经》的年代不会超过公元前 300 年以前很久，即大约亚里士多德已到老年而伊壁鸠鲁(Epicurus)和芝诺(Zeno)还很年轻的时候。

36

----

1) 经文往往隐晦不明，而且，像一切其他中国典籍一样有些讹误之处。晚近对《道德经》考订最精审的是高亨(1)的书，它对理解《道德经》是有帮助的。《道德经》几乎已经译成了现在一切活着的语言。在我已故的朋友范・马南先生(J. van Manen)的加尔各答图书馆里，我查得的译本数目有三十多种。如戴闻达[Duyvendak,(5)]所说，"大批的半瓶醋学者肆意曲解《道德经》，以便使它说出最合乎他们胃口的话来"，这番话我们应铭记在心里。我们目前的解释是否是另一种这样的主观说法或者是另外的什么东西，还有待于进一步的调查研究。下面是我觉得可以采用的译文版本，其中多半是韦利的；但埃克斯[Erkes (6)]对韦利译文的评论是应予参考的。我们感到遗憾的是，迄今未能见到吴经熊的译文。关于"德"字，可参见 Boodberg (3)。

2) 有关这一问题的主要论文集是《古史辨》，其中收有胡适、梁启超以及很多最出色的中国学者的论文。见《古史辨》，第四册，第 303 页以下。

3) Dubs (12)；Bodde (2)。

　　道家中仅次于《道德经》的巨著是庄周的《庄子》[1]。庄周的年代刚才已经谈过，这使《庄子》一书的问世与《道德经》同时或稍晚。另外两部重要典籍就更难确定其年代了。以半传说的作者列御寇命名的《列子》[2]肯定是后来之作，一部分出于汉代以后，但它被认为包含有许多战国时期(公元前 5 世纪到前 3 世纪)的材料[3]。资料来源最庞杂的是《管子》一书，它是以孔子时代以前的政治家、历史人物管仲(卒于公元前 645 年)命名的，但实际上可能是公元前 300 年以前由齐国稷下学宫的学者们汇集的，后又经过汉代人的窜改[4]。因此，最好是在所引的资料接近于某些特殊学派的著名论点而足以保证其可作为旁证时，再加以引用。至于《吕氏春秋》和《淮南子》这些资料，则有较为准确的年代可考，这两部书对于道家思想的科学方面，都是极其重要的。两者都是由多少具有道家色彩的科学家会聚在一个有力人士的庇护之下编纂而成的；前者是在与秦始皇有关的吕不韦(卒于公元前235 年)的庇护下，后者则在西汉淮南王刘安(卒于公元前 122 年)[5]的庇护下。

(b) 道家的道的观念

　　前面已经阐明，对道家来说，"道"(或道路)不是指人类社会中正确的生活之道，而是指宇宙的运行之道，换言之，即大自然的秩序[6]。下面就是老子关于造物和道的论述：

---

　　1) 自公元 742 年以来被称为《南华真经》，带集注的最新版本是刘文典(1)的本子。关于《庄子》各章的真伪问题，众说纷纭。所谓《内篇》，一般认为是真的；其余各篇中有些被认为是出于后来的作家，但均不迟于汉初。参见傅斯年(1)，罗根泽(2)，胡芝新(1)。

　　2) 自公元 472 年以来称作《冲虚真经》。

　　3) 参见 Forke (13)，p.287。

　　4) 参见本书第一卷，p.95。佛尔克[Forke (13)，p.74]评论了《管子》各章的内容和可能的年代。格鲁贝[Grube (4)]研究了它的风格。谭伯甫(音译，Than Po-Fu)等人进行了不完全的翻译。

　　5) 带集注的最新版本是刘文典(2)的本子。

　　6) 赞同这种解释的西方作家几乎只有沃特斯一人，他的论文[T. Watters (3)]是 1870 年写的，但今天仍然值得一读。俄国的早期汉学家俾邱林(N.Y.Bichurin)可能同意他的意见。但在本章写成后很久，我们高兴地看到格拉夫[Graf (2)]赞同我们的解释；而且最近杨兴顺[Yang Chin-Shun (1)]对这种解释做了有力的论述。黄方刚(1)的著作是以更为形而上学的观点对这一概念的最好的分析之一；他把"道"和巴门尼德(Parmenides)的"一"放在赫拉克利特(Heracleitus)的"事物流变"之下作了对比[Freeman (1)，p.140]。冯友兰的阐述也基本上属于这一类。米施[Misch (1)]沿着这条路走得更远，把"道"描绘成形而上学的"绝对"，甚至认为即"纯行动"(Pure Act)，而这便相当于欧洲哲学家所说的"有"(Being)(参见本卷 pp.180, 209)。我们的倾向与此恰恰相反；我们认为，千百年来中国人的头脑总的说来并没有感觉到形而上学的需要；物理的"大自然"(及其在最高层次上所含有的一切)就已经够了。中国人极端不愿把"一"从"多"中分开，或把"精神的"与"物质的"分开。有机的自然主义乃是他们的"亘久常青的哲学"。尽管"道"字意指"道路"，但它与基督教和伊斯兰教神秘主义者所说的"道路"没有共同之处，这一点几乎无需指出[见 Maspero (13)，p.213]。

道使它诞生，

(道的)德对它进行养育，

(内在)物质赋予它形状，

(外部)影响使它达到完善。

所以，万物没有不尊重道和不崇敬德的，而对道的尊重，对德的崇敬，从来用不着什么命令。

这永远都是自发的。

所以，(既然)道生下它们，道的德养育它们，使它们生长，抚育它们，庇护它们，催化它们，给它们以滋养并孵化它们 ——（那末，人们也就必须）

养育它们而不是据为己有，

管理它们而不依赖它们，

作它们的首长而不统御它们；

这就叫作不可见的德。[1]

〈道生之，德畜之，物形之，势成之。是以万物莫不尊道而贵德。道之尊，德之贵，夫莫之命而常自然。故，道生之，德畜之，长之育之，亭之毒之，养之覆之。生而不有，为而不恃，长而不宰，是谓玄德。〉

这里立刻响起了我们将要反复听到的一些调子。这种作为大自然的秩序的"道"，使得万物发生并且支配万物的一切活动，而这种支配更多地不是靠强制力，而是靠一种空间和时间的自然曲率；这种道使我们想起了以弗所的赫拉克利特的那种支配有秩序的变化过程的宇宙法则 —— 逻各斯(Logos)[2]。赫拉克利特是与孔子同时代的人，但是如前所说，虽然老子的时代较晚，道家思想却无疑是萌芽于公元前5世纪初，或甚而更早[3]。圣人应取法于这种道：它的运行是看不见的，而且也并不主宰什么。他通过顺应，而不是以他的先入之见强加于大自然，就能够观察和理解，因而也就能支配和控制。

老子又说：

那至高无上的道啊，它是如何弥漫于四面八方！

这里，那里，没有它不到的地方。

万物都要依靠它为生，而它从不推辞；

---

1)《道德经》第五十一章。译文见 Waley (4), Duyvendak (18), Chhu Ta-Kao (2), 经修改。关于否认任何"命"的论述，见下文 p.561。

2) Diels-Freeman (1), pp.24 ff.; Freeman (1), pp.115, 116; 参见 Rémusat (8); Amiot (3), pp.208 ff.; 并见本卷下文 p.476。也可以读一下怀特海[Whitehead (2), p. 192]关于柏拉图(Plato)的"容器"所说的话。

3) 例如参见 Fêng Yu-Lan (1), vol. 1, p.135。

　　　　而当它大功告成时，它却一无所有。

　　　　它覆盖和营养着万物，而又从不君临其上。

38　　　因为它对万物无所要求，

　　　　所以它可列入低品位事物；

　　　　但由于万物都毫无强制地遵从它，

　　　　所以它又可被推为至尊。

　　　　但它从不妄自尊大，

　　　　这样，它就实现了它的伟大。[1]

　　　〈大道氾兮，其可左右。万物恃之而生而不辞，功成不名有。衣养万物而不为主，常无欲可名于小；万物归焉而不为主，可名为大。以其终不自为大，故能成其大。〉

或者，用庄子的话来说：

　　　道有实体和验证，但没有行为和形状。它可以传播，但不能容受。它可以得到，但不能看见。它依靠并通过它自身而存在。它在天和地形成以前就已经存在，而且实际上是永恒不变的。它使神灵成为神圣的，使世界得以产生。它位于天顶之上而不很高，处于地底以下而不很低。它虽出生于天地之先，但为时不久；虽比最古的还古但并不老。[2]

　　　〈夫道，有情有信，无为无形；可传而不可受，可得而不可见；自本自根，未有天地，自古以固存。神鬼神帝，生天生地；在太极之先而不为高；在六极之下而不为深；先天地生而不为久；长于上古而不为老。〉

因此，我们在这里看到的是一种强调自然界运行的统一性和自发性的自然主义泛神论。道家的典籍中充满了对于自然界的疑问。《庄子》中这样说：

　　　天是如何（不停息地）运转啊！地是如何（恒定地）静止不动啊！太阳和月亮是在那里争夺各自的位置吗？是谁在那里支配和指挥这些事情？是谁把它们联结在一起的？是谁毫不操神费力地在促动它们并维持它们？或者是否有某种秘密的机制，使它们不得不如此呢？是否它们必须运转而不能自已呢？那末，云是怎样变成雨，雨是怎样又形成云的呢？是什么东西能如此丰沛地洒下雨来？是有一位无所事事的人为了取乐而驱使它们去做所有这些事情吗？风起于北方，有的刮向西，有的刮向东，更有的扶摇上升，方向不定。它究竟这样地在吮吸和嘘吹着什么呢？是不是有什么人无事可干而偏要震撼世界呢？

------

1)《道德经》第三十四章．译文见 Hughes (1); Chhu Ta-Kao(2); Waley (4); Duyvendak (18); 经修改。

2)《庄子·大宗师第六》．译文见 Fêng Yu-Lan (5), p.117.

我要斗胆地问一个究竟。[1)]

　　〈天其运乎? 地其处乎? 日月其争于所乎? 孰主张是? 孰维纲是? 孰居无事推而行是? 意者其有机缄而不得已耶? 意者其运转而不能自止耶? 云者为雨乎? 雨者为云乎? 孰隆施是? 孰居无事淫乐而劝是? 风起北方,一西一东,有上彷徨。孰嘘吸是? 孰居无事而披拂是? 敢问何故?〉

在假想的一次老子和孔子的有名的会见之中:

　　孔子对老子说:"今天我们有一些时间,请你谈谈大道,好吗?"老子回答道:"你须进行斋戒来清洗一下你的心,纯洁一下你的精神,扔掉你那些圣人的智慧! 道是隐晦的、难以捉摸、难于描述的。不过,我可以给你讲个大概。光明("昭")来自黑暗("冥"),秩序("有伦")来自无形。道产生活力("精神")[2)],这种活力使各种(有机)形态得以诞生;万物(繁育其类)都在形形相生[3)]。因之,凡具有九窍的动物都是胎生,八窍的都是卵生。生命存在并没有可见的起源,它又消失在无限之中。它存在于广阔的太空之中,没有可见的出口、入口或隐蔽处所。而那些寻求并遵循(道)的人,他们身体健壮,头脑清楚,视听敏锐。他们不以烦恼劳累其心,能够灵活地顺应外部条件。天不能不高,地不能不广,日月不能不环行,万物不能不生长繁育。这就是道的作用。最渊博的'知识'不一定知道它,'推理'也不会使人们对它有所了解。圣人则避免这些东西。对于道,无论你怎样添加,它也不会增多;无论你怎样减损,它也不会缩小—— 这就是圣人们所说过的话。它像海一样深不可测。它使人敬畏,永远在循环中周而复始。它供养万物而自身永不衰竭。与道相比,'君子们'的教导不就仅仅是些(表面的)外部东西吗? 赋予万物以生机而自身永不衰竭——这就是道。"[4)]

　　〈孔子问于老聃曰:"今日晏閒,敢问至道?"老聃曰:"汝斋戒,疏瀹而心,澡雪而精神,掊击而知。夫道,窅然难言哉! 将为汝言其崖略:夫昭昭生于冥冥,有伦生于无形,精神生于道,形本生于精,而万物以形相生。故九窍者胎生,八窍者卵生。其来无迹,其往无崖。无门无房,四达之皇皇也。邀于此者,四肢强,思虑恂达,耳目聪明,其用心不劳,其应物无方。天不得不高,地不得不广,日月不得不行,万物不得不昌,此其道与! 且夫博之不必知,辩之不必慧,圣人以断之矣! 若夫益之而不加益,损之而不加损者,圣人之所保也。渊渊乎其若海,巍巍乎其终则复始也,运量万物而不匮,则君子之道,彼其外与! 万物皆往资焉而

---

1) 《庄子·天运第十四》,译文见 Legge (5),vol.1,p.345;Lin Yü-Thang (1),p.146。

2) 以这些中国的概念与斯多葛学派的精液(*semina*)和精液的逻各斯相对比,可以写出一篇有价值的专论。

3) 在这几个字里,庄子凝缩了对下述事实的确认:动植物的个体生命周期可包含有几个阶段(卵,幼虫形状,种籽,球根,等等),这些阶段在形体和外貌上与习见的已成熟的成体有着几乎是不可辨认的差别。

4) 《庄子··知北游第二十二》,译文见 Legge (5),vol. 2,pp.63,64;Lin Yü-Thang (1),p.65,经修改。

不匮。此其道与!"〉

这样,生物也和无机物一样,都被纳于万物之"道"的运转之中。在这一段文字中加进了一个新内容(后面将作更细致的考察),即它把这种真正的知识和那种封建学者肤浅烦琐的社会知识作了对比。而且"必然性"象阿那克西曼德[1] (Anaximander,公元前6世纪中叶)、巴门尼德[2]和恩培多克勒[3](公元前5世纪中叶)的"必然"(anangke, ἀνάγκη)一样,统治着一切。另一个新内容(以后还会经常遇到)是涉及修道者所取得的体质上以及精神上的好处。后来这就形成了道教的很大一部分内容,具体化为长生不死的追求,使身体得以保存和净化,从而可以位列仙班("仙"或神仙,此字是不可译的,见下文 p.141)。为了这个目标,道教的方士们采用了药物和炼丹配方,以至于瑜珈的吐纳、房中术和导引术。

《庄子》中如下一段话,使人想起了恩培多克勒[4]曾预言式地把"爱与恨"——"吸引与排斥"——列为大自然作用中最重要的力量;

少知[5]说:"在宇宙四方和六合范围之内,万物是怎样发生的?"大公调回答说:"阴和阳彼此相互反映,相互包容并相互作用[6]。四季逐次相代,逐次相生,并逐次相终。于是,喜爱('欲')和憎恨('恶')避开这个('去')和趋向那个('就'),便明显地产生了,从而出现了雌雄的分离和结合。这样,时而为安,时而为危,安危错综变化;祸福相互产生;慢过程与快过程相互摩盪,而聚合(或凝聚,'聚')和分散(或疏散,离散,'散')运动得以确立。这些名称和过程是能够加以考察的,同时,不管怎样微细,也是可以被记录的。决定它们依次递变的原理,它们的相互影响,时而是直接作用,时而是迂回,以及它们在衰竭时又怎样复苏,怎样终止而又重新开始——这些都属于事物的固有特性。言语能够描述它们,知识能够通晓他们,但不能超过自然世界的极限。研究'道'的人们知道,他们对这些变化不能穷究到底,也不能找出它们最初的开端——议论必须到此为止。"[7]

〈少知曰:"四方之内,六合之里,万物之所生恶起?"大公调曰:"阴阳相照相盖相治,四时相代相生相杀。欲恶去就,于是桥起。雌雄片合,于是庸有。安危相易,祸福相生,缓急相摩,聚散以成。此名实之可纪,精微之可志也。随序之相理,桥运之相使,穷则反,终则

1) Diels-Freeman (1), p.19; Freeman (1), p.63。

2) Diels-Freeman (1), p.44; Freeman (1), p.152。

3) Freeman (1), p.187。

4) Diels-Freeman (1), p.51; Freeman (1), pp.182 ff.。

5) 对照库萨的尼古拉(Nicholas of Cusa)笔下的对话人物爱迪奥塔(Idiota,白痴)。

6) 对照柏拉图的静观优于行动。

7)《庄子·则阳第二十五》。译文见 Legge (5), vol. 2, p.128,经修改。

始,此物之所有。言之所尽,知之所至,极物而已。视道之人,不随其所废,不原其所起,此议之所止。"〉

这里,我们不仅看到与恩培多克勒的"爱"(*philia*, φιλία)相似的"欲",以及与他的"憎"(*neikos*, νεῖκος)相似的"恶",而且还发现了流行于由阿那克西米尼(Anaximenes,鼎盛于公元前 546 年)所开始的前苏格拉底学派中的凝聚和稀疏的概念[1]。凝聚(*pyknosis*, πύκνωσις)在这里表现为"聚",稀疏(*manosis*, μάνωσις)则表现为"散"。所以,在所有物理学的发现中,最古老而又最重要的表现之一,即密度的差别,似乎是古代中国和古代希腊各自独立发现的,因为鉴于前面所述的一切(第七章),很难想像在公元前 1 世纪以前就有这种思想的传播。同时,正像这个概念流传于后世欧洲思想界一样,它在中国后来也有发现(如在张湛公元 4 世纪的《列子》注疏中)[2],并且 11 世纪时宋代理学家的宇宙生成论也曾借助于这种聚散理论(见本卷 pp.273, 414, 483)[3]。此外,在上节中还可看到一个特点,即对形而上学的厌恶;极始和极终都是"道"的秘密,人所能做的一切只是对现象的研究和描述;这确实是自然科学的一纸信仰宣言。

作为这段论述的注释,我们可引《列子》一书中关于杞人忧天的故事:

杞国有个人生怕宇宙会崩毁而坠落粉碎,使他无处容身,以致他睡不着,吃不下。另有一个人对他这种苦恼表示怜悯,因而去开导他说:"天只不过是一种空气('气')的积聚('积'),而这种空气是无处不有的。它就好像在天上不断地进行着屈伸和呼吸一样,所以,你为什么怕它崩毁呢?"这个人回答说:"倘若上天真只是空气的积聚,那么,为什么太阳、月亮和星宿不掉下来呢?"那个开导他的人答复说:"这些发光的天体本身也只是些凝聚的空气本身而已,即使真的掉了下来,也不会伤人的。""但是,倘若大地本身要崩毁了呢"?"大地也只是物质('块')的积聚('积');这种物质充满了空间的四极,无一处没有它的存在。它就在你走动着的脚底下。你成天在地面上不停地践踏它。所以,你为什么怕它崩毁呢?"于是,这个人解除了他的忧惧,非常高兴。开导他的人也感到很高兴。

长卢子听到这件事便笑了。对他们两个人说:"虹霓、云雾、风雨、四季,这些都是空气积聚('积')的形态,并因之形成了天。山岳、河海、金石、火木,这些都是物质积聚的形态,并构成为大地。既然知道它们都是这样形成的,谁能

⁴¹

---

1) Diels—Freeman (1), p.19; Freeman (1), pp.65 ff.。

2) 见《列子·天瑞第一》,第九页。

3) 不仅如此,而且这种思想还继续存在于现在中国哲学家的体系中[见 Chhen Jung—Chieh (4), pp.37, 247, 248, 258]。

说它们就永远不毁灭呢？天和地在太空之中不过是微细的事物,但它们在现有的万物中是最巨大的。纵令它们的性质是难测难知的,但肯定它们会慢慢地到达末日。怕天地可能崩毁的人,实在是离题太远了;但另一方面,说天地不会毁灭的人,也没有掌握真理。天和地必然会有尽头。面临这种末日的人,倒是值得忧惧的。"

列子听到这些议论后,微笑着说:"说天和地终将消逝和持相反见解的人,双方都是错误的。天和地是否消逝,这是我们永远不会知道的事情。如果天地运转,我们也将随之运转,如果大地停滞,我们也将随之停滞(而不知其终极)。生和死,往和来,彼此互不知道对方的状态。我们为什么要忧虑世界会不会毁灭呢?" [1]

〈杞国有人,忧天地崩坠,身亡所寄,废寝食者;又有忧彼之所忧者,因往晓之。曰:"天,积气耳。亡处亡气。若屈伸呼吸,终日在天中行止,奈何忧崩坠乎?"其人曰:"天果积气,日月星宿,不当坠耶?"晓之者曰:"日月星宿,亦积气中之有光耀者;只使坠,亦不能有所中伤。"其人曰:"奈地坏何?"晓者曰:"地,积块耳。充塞四虚,亡处亡块。若躇步跐蹈,终日在地上行止,奈何忧其坏?"其人舍然大喜,晓之者亦舍然大喜。长卢子闻而笑之曰:"虹蜺也、云雾也、风雨也、四时也,此积气之成乎天者也。山岳也、河海也、金石也、火木也,此积形之成乎地者也。知积气也,知积块也,奚谓不坏?夫天地空中之一细物,有中之最巨者。难终难穷,此固然矣;难测难识,此固然矣。忧其坏者,诚为大远。言其不坏者,亦为未是。天地不得不坏,则会归于坏,遇其坏时,奚为不忧哉?"子列子闻而笑曰:"言天地坏者亦谬,言天地不坏者亦谬。坏与不坏,吾所不能知也。虽然,彼一也,此一也。故生不知死,死不知生;来不知去,去不知来。坏与不坏,吾何容心哉?"〉

我们在这里又一次遇到了"聚"和"散"这样的字眼。从列子对宇宙生成论和世界末日论、对"创世"和"末日事物"(Last Things)所表现的反感来看,他是典型的道家;他强调"道"在此时此地的作用。长卢子代表科学头脑的冷静思考,既看到积成,也准备面对解体。但是,杞人和他的安慰者则是所有的人中最有趣的,因为他们显示的心地平静,至少是从提出了有关自然界的一些假说和理论而来的。关于这一点,我们不久还要回过头来再谈。

绝不能设想,所有的古代道家作者都像庄周那样卓越和高明,或者像《列子》一书的作者那样引人入胜。为了举例来说明他们所生活的那个时代的更多的思想格局,我们选用了《管子》[2]的第三十九篇《水地》。同时,这也给我们提供了与前苏格拉底的希腊哲学家的另一种对比,因为这一篇的主要内容是说,水是万物的原始元素和变化的根基;换句话说,它是一种类似于第一个前苏格拉底的自然哲学家、

42

---

1) 《列子·天瑞第一》,第十六页。由作者译成英文,借助于 L.Giles (4), p.29; Wieger (7), p.79.
2) 《管子》的重要性是我已故的朋友哈隆(G.Haloun)教授最先引起我的注意的。

米利都的泰勒斯(Thales of Miletus, 鼎盛于公元前 585 年)的观点的学说[1]。虽然大致可以肯定,《管子》一书最后是在汉代成书,而且,下面所引的一段文字[2]也不大可能早于公元前 5 世纪;但是(根据本书有关"接触"的第七章所述),我仍不相信这里会有任何东西方思想传播的问题。他们以类似的心思研究类似的问题,就会有可能达到相类似的结果。

(1) 大地("地")是万物的本源,一切生命的根苑,以及美丑、好坏、智愚等一切事物得以生存的地方。而水则是大地的血气,像在肌肉血管里那样(在其体内)流行[3]。所以,我们说水是制备万物的原材料("具材")。

我们怎样知道是这样的呢?

答案是:水是温顺、柔弱而洁净的,它喜欢洗掉人们的污秽,这(可称之为)它的"仁"。它有时看着是黑的,有时是白的,这(可称之为)它的"精";当你测量它时,你不能(在上边)强把它弄平,因为当容器注满时,它自身就会变平,这(可称之为)它的"正"。没有什么地方是它流不到的,而当它流平时它就停止,这(可称之为)它的"义"[4]。

人们都喜欢往高处走,但水却是尽可能向低地流,这种下注到底层的原则就是"道"的殿堂,是(真正的)统治者的手段;而最底层就是水所流向和居住的所在[5]。

水准仪("准")是五种量器的祖先;白(或无色)是五色的基础;淡是五味的中心。因之,水是万物的平准("准")和一切生命的共同因素。它是一切得和失借以发生的媒质("质")[6]。所以,没有水不能注满和留居的东西。它汇集("集")于天上、地上,并储藏("藏")于一切事物之中。它产生于金属和岩石中间[7],汇集于所有的活体中。因之,它是一种神秘而具有魔力("神")的东西。它汇集于草木之中,草木的根就能有节度地生长,花卉就开得丰茂适度,将实就得到恰当的成熟。(它汇集在)鸟兽体内,鸟兽就能成其躯肉、羽毛和明晰的

43

1) Diels-Freeman (1), p.18; Freeman (1), p.49.

2) 因为这一节很长,我们将只限于在脚注中加以评论。各节的标号是我们加的。由作者译成英文,借助于 Than Po-Fu *et al.* (1)。

3) 如果这不是来来窜加的,那末,它必然是风水理论的最早陈述[见下文第十四章(a)]。

4) 伦理的基调。水无偏私地占据各种形体的空间,并且知道在什么地方停下来。

5) 对照道家在科学观察中用水来象征阴性的感受性,以及在政治理论中象征平等(见本卷 pp.57 ff.,444)。

6) 对照蛋破裂后的干化或成熟李子的膨胀。

7) 在山泉中。

纤维脉络[1]。

这样,就没有不能完成其生机("幾")[2]的东西。

〈地者,万物之本原,诸生之根菀也,美恶、贤不肖、愚俊之所生也。水者,地之血气,如筋脉之通流者也。故曰:水,具材也。何以知其然也? 曰:夫水淖弱以清,而好洒人之恶,仁也。视之黑而白,精也。量之不可使概,至满而止,正也。唯无不流,至乎而止,义也。人皆赴高,己独赴下,卑也。卑也者,道之室,王者之器也,而水以为都居。准也者,五量之宗也。素也者,五色之质也。淡也者,五味之中也。是以水者,万物之准也,诸生之淡也。违非得失之质也。是以无不满、无不居。集于天地,而藏于万物。产于金石,集于诸生。故曰水神。集于草木,根得其度,华得其数,实得其量。鸟兽得之,形体肥大,羽毛丰茂,文理明著。万物莫不尽其机。〉

(2) 使得玉宝贵的九德都是些什么呢? 玉温和、适意而富于恩惠,(这可以说是)它的"仁"[3]。它的纹理相邻,来往返复,交会井然,这(可以说是)它的"智"。它很坚硬,但不过于致密("礜"),这(可以说是)它的"义"。它很锐利,但棱角并不伤人,这(可以说是)它的"行"。它新鲜明亮,但不沾染污垢,这(可以说是)它的"洁"。它可以被粉碎,但不可被人弯曲,这(可以说是)它的"勇"。它的缺点瑕疵都呈现在外面,这(可以说是)它的"精"(即它不试图掩盖弱点)。它那华丽、光辉而使人快意的光彩,交互相映,但并不彼此冒犯,这(可以说是)它的"容"。扣击它时,它就发出一种响彻远方的清脆声音,但并非尖叫,这(可以说是)它的"辞让"。这些就是统治者为什么欣赏它、宝贵它,用它来制造符玺的原因。

〈夫玉之所贵者,九德出焉:夫玉温润以泽,仁也。邻以理者,知也。坚而不礜者,义也。廉而不刿,行也。鲜而不垢,洁也。折而不挠,勇也。瑕适皆见,精也。茂华光泽,并通而不相陵,容也。叩之,其音清搏彻远,纯而不杀,辞也。是以人主贵之,藏之以为宝,剖以为符瑞。〉

(3) 人体由水组成。男精女气相结合,于是水就流动,从而形成新的形体[4]。

(胎儿的嘴)三个月时,就已经能起作用了[5]。它是怎样起作用的呢? 它

---

1) 这里对水在生物体中的重要性的正确认识是惊人的。对照阿瑟·希普利爵士(Sir Arthur Shipley)的名言:"连一位主教也不过是百分之八十的水而已。"

2) 在《庄子》论"进化"的著名篇章中,我们还会再遇到这个字。参见下文 pp.78,469,470,500。

3) 下面列出的九种性质说明,古代道家学者在怎样努力解决科学术语的问题。当时,除了在技术上使用人类社会已经熟悉的道德名词以外,他们还想不出更好的词汇,这肯定同以下事实有关,即对生物和无生物之间做出关键性的区别出现得相当晚,不仅在人类智力发展上,而且在人类个体发生方面都是如此。人格并没有被投射到事物之中,只是被理解为人而已。参见 Frankfort (1) 和 Gordon Childe (14)。

4) 在本书第四十三章中,我们还将谈到这段有关胚胎学的文字。

5) 照字义说是已经能够咀嚼和吞吸。文章作者的心目中一定隐约地有着一个脐带,因为九窍据说是很晚才形成的。

容受着五味。什么是五味呢？五味来自五脏。酸主宰脾，咸主宰肺，辛主宰肾，苦主宰肝，甘主宰心。五脏先形成，然后发育筋肉[1]。脾产生膈，肺产生骨，肾产生脑，肝产生皮，心产生肌肉。当五肉完成后，然后出现（"发"）身体的九窍。鼻出自脾，眼出自肝，耳出自肾，其他孔窍出自肺。胎儿五个月完成体形，十个月出生。出生后，婴儿用眼看，用耳听，用心思维。他的眼不仅能看到大山，而且也能看到细小暗昧的东西；他的头脑（"心"）不仅能思维粗糙（"矗矗"）的事物，而且也能思维微妙（"微眇"）的事物。仔细研究这些事实，我们就会得到重要而不可思议的秘密。

〈人，水也。男女精气合，而水流形。三月如咀。咀者何？曰五味。五味者何？曰：五藏。酸主脾，咸主肺，辛主肾，苦主肝，甘主心。五藏已具，而后生肉。脾生膈，肺生骨，肾生脑，肝生革，心生肉。五肉已具，而后发为九窍。脾发为鼻，肝发为目，肾发为耳，肺发为窍。五月而成，十月而生。生而目视，耳听，心虑。目之所以视，非特山陵之见也，察于荒忽。耳之所听，非特雷鼓之闻也，察于淑湫。心之所虑，非特知于矗矗也，察于微眇。故修要之精。〉

(4) 这样，当水聚集成玉时，就呈现出玉的九德。倘若它凝结（"凝蹇"）而形成人体，就产生出九窍和五官。这些都是（水的一部分）精髓。这种精髓既厚且粘，所以能继续生存而且不死[2]。

44

〈是以水集于玉，而九德出焉。凝蹇而为人，而九窍五虑出焉，此乃其精也。精矗濁蹇能存而不能亡者也。〉

下边涉及两种神话中的动物，它们提供了一个新范畴，从逻辑上说是很有趣的。

(5) 有两种东西看上去好像已经死了，但它们却能够继续活着，它们就是（卜）龟和龙。龟虽然生活在水中，但当（把它的壳）放在火上烤时，它能正确地预示出一切事物是祸是福。龙也生活在水中，但它获得了水的五色，因而就变成了一种神灵。它要变小时，就能使自己小到像蚕或蠋一样；另一方面，它要变大时，就能使自己大到可以覆盖整个世界。它要上升时，就能飞驰于云层之中；它要下降时，就能沉入最深的泉水之下。它能够不停地变化着，想上则上，想下则下。……

〈伏闇能存而能亡者，蓍龟与龙是也。龟生于水，发之于火。于是为万物先，为祸福正。龙生于水，被五色而游，故神。欲小，则化如蚕蠋；欲大，则藏于天下；欲上则凌于云气；欲下则入于深泉。变化无日，上下无时，……〉

接着还引征了一些例子，进一步说明水的作用，这些例子是从《山海经》式的民间宗教怪异传说中引来的。

---

[1] 这是对我们现代所谓胚胎发育中诱导现象概念的出奇的预见。

[2] 这里应该注意，具体特性的表现依赖于在一种普遍介质中所进行的潜在过程。

(6) 另外有两种东西,是人们有时可以看到的。一种是庆忌,另一种是
蚄。庆忌生于终年有水的沼泽地带,形状像人,长四寸,黄衣黄帽,骑着小马疾
驰。倘若你用它的名字呼唤它,它在一天之内就可从距离千里的地方来到你
这里。这是水沼的精灵。

另一方面,蚄[1]生于干涸的河床。它有一个头和两个身子,形状像一条
八尺长的蛇。倘若你用它的名字呼唤它,你可使它捕获鱼鳖[2]。这是干涸河
床的精灵。

〈或世见,或世不见者,生蚄与庆忌。故涸泽数百岁,谷之不徙,水之不绝者,生庆忌。
庆忌者,其状若人,其长四寸,衣黄衣,冠黄冠,戴黄盖,乘小马,好疾驰。以其名呼之,可使
千里外一日反报。此涸泽之精也。涸川之精者生于蚄。蚄者,一头而两身,其形若蛇,其长
八尺。以其名呼之,可以取鱼鳖。此涸川水之精也。〉

作者在这里暗示:虽然蚄从来没有见过水,但它仍有一种魔力,因为它属于水的精
灵。

(7) 水的质地是浓浊凝滞的("蠢浊蹇")[3],它能延续生命而不死亡。它
可产生出玉、龟、龙、庆忌和蚄。这一切都与水有关。人们都饮水,但只有我把
水当作准则。人们都具有水的成份,但只有我知道如何利用它。我们为什么
称水是制备万物的元素呢?因为万物都由水而生。所以,只有知道水依赖于
什么的人,才能知道水制备万物的真正方式。人们问水是什么?水是万物之
源,是一切生命的祖庙。一切美的、丑的、善的、恶的、愚蠢的、聪明的,都是由
水生成的。

〈是以水之精蠢浊蹇,能存而不能亡者,生人与玉。伏闇能存而亡者,蓍龟与龙。或世
见,或不见者,蚄与庆忌。故人皆服之,而管子则之。人皆有之,而管子以之。是故具者何
也?水是也,万物莫不以生。唯知其托者能为之正。具者,水是也。故曰:水者何也,万物
之本原也,诸生之宗室也,美恶,贤不肖,愚俊之所产也。〉

现在,作者就力图确立居住环境和居民性格之间的相互关系[4]。

(8) 怎么能表明是这样的呢?

45　　　齐国的水流得很急,而且总是回旋地流驶(于岩谷曲径之间);所以,那里
的人贪婪、粗野而勇敢。楚国的水软弱而纯净,所以,那里的人轻快而自信。

---

1) 参见 Granet (1),p.317。
2) 这在那种地方是很方便的。
3) 像上面第(4)段的引文一样,文章作者的心目中有着我们今天基本上称为原生质浓度的概念。
4) 参见希波克拉底的《空气、水与地区》(*Airs, Waters and Places*)[译文见 F. Adams (1)]。参见下文
p.84。《淮南子·坠形训》[译文见 Erkes (1),p.64]和《古微书》卷三十二第七页有类似的篇章。参见晁错公元
前 160 年左右的上皇帝书(《前汉书》卷四十九,第十二页)。

越国的水浑浊而重,浸润土地,所以,那里的人愚蠢、不健康而肮脏。秦国的水带有沉积、混浊,而且泥沙充塞,所以,那里的人贪婪、欺诈而好弄阴谋。齐西晋东的水多低浅,沉滞而无光泽。所以,那里的人谄谀、巧诈而急于求利。燕地的水多聚集于低地,但水性弱,流动慢而且浑浊,所以,那里的人简单、贞洁、迅捷而乐于效死。宋国的水轻劲而纯净,所以,那里的人沉静、悠闲而喜欢把事情处置得当。[1]

〈何以知其然也?夫齐之水道躁而复,故其民贪麤而好勇。楚之水淖弱而清,故其民轻果而贼。越之水浊重而洎,故其民愚疾而垢。秦之水泔而稽,垤滞而杂,故其民贪戾罔而好事。齐晋之水枯旱而运,垤滞而杂,故其民谄谀[而]葆诈,巧佞而好利。燕之水萃下而弱,沉滞而杂,故其民愚戆而好贞,轻疾而易死。宋之水轻劲而清,故其民闲易而好正。〉

(9)因此,圣人改变世界是从解决水的问题着手的[2]。倘使水统一了,人心就会得到纠正。

倘使水纯洁而干净,那末,人心就易于统一而企求清净。倘使人们的心被改变了,他们的行为也就不会邪恶了。所以,圣人治世,不在于要人们家喻户晓,(其工作的)关键就在于水。

〈是以圣人之化世也,其解在水。故水一则人心正,水清则民心易。一则欲不污,民心易则行无邪。是以圣人之治于世也。不人告也,不户说也,其枢在水。〉

这一有趣的篇章以一种较好的展望提出了最优秀的道家人物对他们当时环境的一些深刻的论述[3]。

假如还有谁怀疑道家的"道"字系指"自然秩序"的话,我愿请他参考《淮南子》(第一篇)开头一段宏伟、恣肆的论述;但可惜它太长了,不能在这里引述[4]。这里我倒愿意另引一段话,其中表明"道"不仅被认为是笼统地充斥于万物,而且是各种具体和个别类型的事物的自然性和结构。这段话就是有名的梁惠王的庖丁的故事。

梁惠王的屠夫丁正在宰牛。他的手的每一挥击,肩的每一耸动,脚的每一步伐,膝部的每一冲撞,劈肉的每一声音,以及屠刀运动的每一节奏,都是完美的和谐,——那节奏有如"桑林"之舞,那和谐有如"经首"之弦乐。

惠王说:"真妙啊!你真有技术!"

---

1)你能由此得出结论说,文章作者是燕人或宋人吗?

2)其含意是蓄水和水利工程吗?

3)"水"这个主题见之于中国历代作品中,其部分原因可能是由于道家学者选用它作为一种象征(见本卷 pp.57 ff.);例如,在苏东坡(1036—1101年)的著作中[见 Forke(9),p.142]和叶子奇(鼎盛于1378年)的《草木子》中[见 Forke(9),p.331],都是如此。

4)译文见 E.Morgan(1),pp. 2 ff.;de Harlez(3),pp.174 ff..

　　厨师放下他的屠刀说："主公，臣所爱好的是'道'，道比单纯技术更高，当我初次开始宰牛时，我眼前看到的都是完整的躯体。宰了三年牛以后，我再也看不到全牛了。现在我工作时是用心而不是用眼，我的心神已不再需要由感觉来支配。遵循着天然的结构[1]，利用着已有的形势，我的屠刀潜行于深深的镂隙之间，滑动于大腔窝之内。我的技艺是避开腱结，对大骨当然是要避开。一个好厨师一年换一次厨刀，因为他的方法是割。一个普通的厨师一个月就要换一把新刀，因为他的方法是砍。我这把刀已经用十九年了，在这个期间，虽然我宰过几千头牛，但刀刃还好像是新磨过的一样。因为躯体各部分的结合处是有间隙的，而刀刃又没有厚度，所以，刀可以很容易地进入这些间隙，并且还大有余裕，……不过，每当我遇到错综复杂的关节，看到有些困难时，我总是谨慎从事。我用眼盯住它。慢慢地移动。最后轻轻一刀，那一部分就迅速被剥离下来，好像土一样撒在地面上。然后我提刀起立，环视四周，带着胜利的神色停下来。然后我擦刀入鞘。"

　　惠王高声喊道："真了不起！从庖丁的话中，我们可以学到如何养生的方法"。[2]

　　〈庖丁为文惠君解牛。手之所触，肩之所倚，足之所履，膝之所踦，砉然向然，奏刀騞然，莫不中音。合于桑林之舞，乃中经首之会。文惠君曰："嘻，善哉！技盖至此乎?"庖丁释刀对曰："臣之所好者道也，进乎技矣。始臣之解牛之时，所见无非全牛者；三年之后，未尝见全牛也。方今之时，臣以神遇而不以目视，官知止而神欲行。依乎天理，批大郤，导大窾，因其固然。技经肯綮之未尝，而况大軱乎！良庖岁更刀，割也；族庖月更刀，折也。今臣之刀十九年矣，所解数千牛矣，而刀刃若新发于硎。彼节者有间，而刀刃者无厚。以无厚人有间，恢恢乎其于游刃必有余地矣。……虽然，每至于族，吾见其难为，怵然为戒。视若止，行为迟；动刀甚微，谋然已解，如土委地。提刀而立，为之四顾，为之踌躇满志，善刀而藏之。"文惠君曰："善哉！吾闻庖丁之言，得养生焉。"〉

这样，牛的解剖和解剖者的技巧，与星体的运动一样，同样也是自然秩序的一部分。万事万物在"道"中都有自己的份。

(c) 自然界的统一性与自发性

　　假如有一种观念是道家比对其他观念更为强调的话，那就是自然界的统一性，

---

1) 即天理.

2)《庄子·养生主第三》。译文见 Legge (5)，vol. 1, p.198; Fěng Yu-Lan (5)，p.67; Lin Yü-Thang (1)，p.216; Waley (6)，p.73; 经修改。有关庖丁的"无厚"说，见后文第十九章(h); 这是墨家学派几何学家的一个概念。关于最后几个字的意义，见下文 p.143.

以及"道"的永恒性与自发性。在《道德经》第二十二章中我们可以读到:

> 所以圣人信奉(宇宙)一体性的观念,以此作为检验天下一切事物的工具(testing-instrument)[1]。[2]

> 〈是以圣人抱一为天下式。〉

这一概念在道家著作中到处都有反映。例如,这里可以引用《管子·内业》的一段话:

> 只有君子[3]固守"一"的观念("君子得一之理"),才能促成事物的变化。倘若固守而不失,他就能够统御万物。君子役使物而不被物所役使,因为他把握了"一"的原理。[4]

> 〈惟执一之君子能为此乎?执一不失,能君万物。君子使物,不为物使,得一之理。〉

还有许多这类例子可以引征。

这些章节一般被认为是对宗教神秘主义的肯定,与伊斯兰教和基督教神秘主义者所用的那些字面上类似的表达一样。但问题在于,在中国思想发展的这个早期阶段,我们所谈的是宗教和科学分化之前的情况。在这些早期的中国陈述中,无疑地会带有一种神秘的因素;但鉴于我们对道家所了解的其他全部情况,我们更倾向于把这些陈述解释为对自然界统一性的确认,而这种统一性则是自然科学的基本前提。但我们一定不要忘记,其中还可能有第三种因素、即政治因素的存在。正如我们将要看到的,道家是赞成原始未分化的社会形态,而反对分化了的封建形态的。这里,我顺便提到这一点,是想使读者心里有数,以便对后面这方面的分析有较好的理解。

"道"的统一性贯穿着万物。《庄子》说:

> 夫子(也许是指老子)说:"道在最大的事物中也不穷竭,在最小的事物内也不会不存在;因之,它是完整地散布于一切事物之中。它是多么的无所不包啊! 它是多么的深不可测啊!"[5]

> 〈夫子曰:"夫道,於大不终,於小不遗,故万物备。广广乎其无不容也,渊渊乎其不可测也。"〉

而更富有想像力的是:

---

1) 我们将"式"字的译文作了这样的改动,是因为正如后面将要看到的那样,"式"字在远古可能指占卜家的案子,而且是发明磁罗盘的本源。见第二十六章(i)。戴闻达[Duyvendak (18)]也赞成此说。

2) 译文见 Waley (4),经修改。

3) "君子"一词的使用,说明这一节文字一定是早期的残篇。

4) 译文见 Haloun (2)。

5)《庄子·天道第十三》,译文见 Legge (5),vol. 1,p.342。

东郭顺子问庄子说:"这种所谓的道究竟在那里?"

庄子答道:"无处不在。"

东郭说:"你必须举出一个具体的例子。"

庄子说:"就在这些蚂蚁中。"

东郭说:"那一定是它最低的表现了。"

庄子说:"不,它也在这些杂草中。"

东郭说:"还有更低的例子吗?"

庄子说:"就在这块瓦片中。"

"砖瓦一定是它最低的所在了吧?"

"不,也在这些屎尿中。"

对此,东郭子就不再说什么了。[1]

〈东郭子问于庄子曰:"所谓道,恶乎在?"庄子曰:"无所不在。"东郭子曰:"期而后可。"
庄子曰:"在蝼蚁。"曰:"何其下耶?"曰:"在稊稗。"曰:"何其愈下耶?"曰:"在瓦甓。"曰:"何
其愈甚耶?"曰:"在屎溺。"东郭子不应。〉

从这里,我们再一次得出那种严格地仅仅为科学所特有的观点,即没有任何事物是
在科学探索领域之外的,不论它是多么讨厌,多么不愉快或多么琐碎。这的确是一
条非常重要的原则,因为道家在走向最后有可能导致现代科学的方向中,他们必将
对一切为古往今来所有儒家所极端鄙视的事物都发生兴趣 —— 诸如那些似乎毫
无价值的矿物、野生动植物、人体各部分及其排泄物等等。

　　某种与此相似的想法,也许包含在经常出现于道家著作的另一个术语中,即圣
48　人必须毫无私心、毫无偏爱地"遍覆万物"[2]。例如,《庄子》第十七篇:

　　要严肃和严格,像一个国君那样,不因偏爱而滥施赏赐("无私")。要谨严
和温厚,像土地神和谷神那样,无偏心地接受祭品并降福于人("无私")。要心
地广阔,像空间那样,它那四个方向都是无限的,并不形成任何特定的范围
("无所畛域")[3]。要兼爱万物而不特别偏好或赞助任何事物。这就叫做没有
任何局部的或部分的考虑,一切事物都同等对待,它们之间没有长短之分。[4]

〈严乎若国之有君,其无私德;繇繇乎若祭之有社,其无私福;泛泛乎其若四方之无穷,
其无所畛域。兼怀万物,其孰承翼,是谓无方。万物一齐,孰短孰长?〉

---

1)《庄子·知北游第二十二》。译文见 Legge (5),vol. 2,p.66。
2) 当然,儒家也使用这一短语,但着重于人道主义的含义。
3) 也许这又是一个政治影射(参见下文 pp.109 ff.)。
4) 译文见 Legge (5),vol. 1,p.382。

有时也使用"虚"这个字,如"虚心以受万物"[1]。这接近于《荀子》对这个字的用法,表示在进入争论以前先要清除偏见[2]。但常用的是我们刚才碰到的那个"私"字,意味着与公众利益相对立的私人利益;在自然现象的观察上,它又指与人们可以看到的自然现象的全部范围而一无遗漏的情况相对立的个人偏见和先入成见。《管子·心术下第三十七》中这样写道:"所以圣人像天那样没有偏私地覆盖一切("无私覆也");像地那样没有偏私地支撑一切"("无私载也")[3]。这样的例子还可引出很多。

从这里走到把伦理学断然摒弃于当时正在形成的科学世界观之外,只不过是很小的一步。这对儒家以及实际上对一切其他学派,都是一个正面攻击。它是道家思想中的相对主义态度的一部分,这一点我们以后还要谈到;同时,道家典籍永远不疲倦地坚持人类的(及个人的)标准并不是唯一的标准。《道德经》毫不犹豫地说:

> 天和地都是不仁慈的,
> 它们对待万物像对待草狗[4]一样。
> 圣人也是不仁慈的,
> 对他们来说,老百姓也只是草狗。
> 然而天和地以及天地之间的一切,
> 就像是一个风箱,空虚而不衰竭,
> 你越鼓动它,出来的也就越多。
> (无穷无尽! 缄默无言!)
> 语言的力量很快就消失,
> 最好还是坚守内在的(实在)。[5]

> 〈天地不仁,以万物为刍狗;圣人不仁,以百姓为刍狗。天地之间其犹橐籥乎? 虚而不屈,动而愈出。多言数穷,不如守中。〉

对于这一段,除非能体会到自然科学在其发展中排除伦理的评价乃是必不可少的　　49

---

1)《庄子·人间世第四》。译文见 Fêng Yu-Lan (5) p.80。

2) Dubs (7), p.92。

3) 译文见 Haloun (2)。

4) 草狗("刍狗")是古代祭祀仪式中的一部分,也许是用以代替更古时作牺牲用的活兽。祭祀时,将刍狗庄重地供上,然后就把它扔掉。

5)《道德经》第五章。译文见 Waley (4);Carus (1), p.99;Strauss (1), p, 28;Hughes (1);Duyvendak (18)。参看《庄子·天运第十四》。关于"道"的静默,见下文 pp.70,448,546,563,564。

一步[1]，否则便不能理解其含义。尽管寻求真理本身就是一种伦理价值，但自然界却不可能划分为可以明文规定有益于教化的那一方面和避而不谈无益于教化的另一方面。自然现象不能分为高贵的和卑贱的;伦理标准不适用于社会关系之外;科学必须在理论上是中性的。道家虽然渊源于以理论为其特征的文化，但他们却看到了这点，这是值得赞扬的。想到现代医学和传染病学，虽然以"仁"为全部最终目的，但为了得以增加人类的知识(从而也就是增加人类的力量)。所以，逻辑上就必然要采用实验方法[2]。这就使人不禁想起《老子》第五章的第三、四行来。最终的仁可能要求暂时的不仁。

对自然界的一些更为可厌和可怕的方面进行考察时要把偏见和人类的弱点排除在外，对自然界进行探索时要把人类伦理标准和先入之见排除在外，这样就自然会认识到，人类标准在人群之外是完全不适用的。《庄子》中有几则描写这一点的寓言，例如，《齐物论第二》中有一段关于善恶标准的讨论:

> 人若睡在湿地上，就要得腰痛病甚或致死。但鳗鱼怎么样呢? 生活在树上是可怕的和劳损筋骨的。但猴子怎么样呢? 什么住所能说是"绝对的""妥善"呢? 还有，人吃肉，鹿吃草，蜈蚣吃小虫，猫头鹰和乌鸦则喜欢吃小鼠。谁的口味是"绝对""妥善"的呢? 猴与猿为偶，麋与鹿交配，鳗与鱼伴游，人则叹赏毛嫱、丽姬这样的美人。鱼见了这些女人就沉入水底，鸟见了就高飞，鹿见了就疾驰远去。谁能说什么是美的"妥善"的标准呢? 在我看来，仁义的学说和是非的途径，都是混淆不清的。我怎么能区别它们呢?[3]

> 〈民湿寝则腰疾偏死，鳅然乎哉? 木处则惴慄恂惧，猨猴然乎哉? 三者孰知正处? 民食刍豢、麋鹿食荐，蝍蛆甘带，鸱鸦耆鼠，四者孰知正味? 猨、猵狙以为雌，麋与鹿交，鳅与鱼游。毛嫱、丽姬，人之所美也，鱼见之深入，鸟见之高飞，麋鹿见之决骤。四者孰知天下之正色哉? 自我观之，仁义之端，是非之途，樊然殽乱，吾恶能知其辩?〉

---

1) 如同我在别处曾试图解释的[见 Needham (5), pp.104, 170]。德效骞[Dubs (19)]恰当地摘引了斯宾诺莎(Spinoza)在《伦理学》(*Ethics*)一书中的一句话: "事物的完美只能根据其本性和力量来评定;也不因……有益或有损于人性，而在完美程度上有多寡之分。"(第一部分，附录)老子肯定意识到了人类事务在与宇宙的广阔性相形之下的渺小性。

2) 这里可以提到辛克莱·刘易斯(Sinclair Lewis)的小说《阿罗史密斯》(*Martin Arrowsmith*)的主题。其中详细叙述了只对半数的流行病患者使用一种新疫苗的实地试验;因为要取得对有效性的科学证明，就需要进行对比实验。参看贝弗里奇的著作[Beveridge (1), p.18]，以及德·克吕夫[de Kruif(1)]所作的通俗阐述。

3) 译文见 Legge (5), vol. l, p.192; Fêng Yu-Lan (5), p.59; Lin Yü-Thang (1), p.259.

同样的话在《庄子》[1]和别的著作中还有。不能像是儒家所想像的那样,把人作为万事万物的尺度。

以上我们论述了自然界的统一性,以及其对人类标准的独立性,但是,自然界也是自足的,而非创造出来的。这里的关键用语是"自然"[2],即自生自发、自然而然的意思。《老子》中有一段"经典引文"(*locus classicus*):

50

> (最初)有一种尚未分化("混")但却完整("成")的东西,
>
> 产生在天、地之前,
>
> 寂寞! 空虚!
>
> 本身自足! 永不变化!
>
> 不停息地周转,永无穷尽。
>
> 它很可以是天下万物的母亲。
>
> 我不知道它的名字,
>
> "道"是我们给它的尊称,
>
> 倘使我强行把它分类的话,我将称它为"大";
>
> 所谓"大",就是遍布(于时空)[3],
>
> 所谓遍布,就是无远不至,
>
> 所谓无远不至,也就是要回复到原始的起点……
>
> 人的一切方式取决于地,地的一切方式取决于天,天的一切方式取决于"道",而"道"是自行发生的。[4]

〈有物混成,先天地生,寂兮寥兮,独立而不改,周行而不殆,可以为天下母。吾不知其名,字之曰道,强为之名曰大。大曰逝,逝曰远,远曰反。……人法地,地法天,天法道,道法自然。〉

这种肯定的说法,是对科学自然主义的基本肯定。这使我们想起了卢克莱修[5]的话:

> Quae bene cognita si teneas, natura videtur
>
> libera continuo dominis privata superbis
>
> ipsa sua per se sponte omnia dis agere expers。[6]

---

1) 《庄子·至乐第十八》[Legge (5), vol. 2, p.8]。
2) 尤其是要注意这个词的政治意义,后文还要加以解释。
3) 此处系一双关语。
4) 《道德经》第二十五章。译文见 Waley (4);Hughes (1);Lin Yü-Thang (1) p.145。
5) Lucretius,公元前 99—前 50 年,所以是司马迁的较年幼的同时代人。
6) *De Rerum Natura* II, 1090—1092。

　　（从一切暴主之下解放出来，

　　因而自由了的自然

　　就能被看到

　　是独立自主地做它一切的事情，

　　不受神灵的干预。）

下面是庄子对风声的自然主义的叙述,这些现象对古人来说最容易被认为是某些精灵、水神、林神的活动：

　　子綦说："宇宙的呼吸称作风。有时它不动。但当它发作时,便从亿万孔穴中发出激荡的噪声。它那震耳欲聋的怒吼,你没有听见过吗? 在山林的悬崖上,在百围粗的大树中,孔穴就像鼻孔、口腔、耳朵一样,就像梁的榫眼、杯子、臼或水池、水洼一样。而风像急流、响箭一样迅猛地穿过它们,咆哮,猛击,震响,悲鸣,怒吼,打涡漩,啸叫于前而回荡于后;有时是凉风而柔和,有时是旋风而尖叫,一直要等到这种风暴和孔穴完全空虚（而静止）。你没有看到树枝是怎样地在摇动和颤抖、扭曲和盘绕吗?"

　　子游说："这样,大地的音调不过是来自它那亿万孔穴的音调,人的音调可与（发自）竹管的音调相比。那末,请问天的音调是怎样的呢?"

　　子綦答道："在刮（风）时,发自亿万孔穴的声音是各不相同的;风停时,这些声音也就自己停止了（自已）。这两者都是自己产生的,那里能有什么其他因素在激动它们呢?"[1]

　　〈子綦曰："夫大块噫气,其名为风。是唯无作,作则万窍怒呺。而独不闻之翏翏乎? 山林之畏隹,大木百围之窍穴,似鼻,似口,似耳,似枅,似圈,似臼,似洼者,似污者;激者、謞者、叱者、吸者、叫者、譹者、宎者、咬者。前者唱于,而随者唱喁;泠风则小和,飘风则大和;厉风济则众窍为虚。而独不见之调调之刁刁乎?"

　　子游曰："地籁则众窍是已,人籁则比竹是已。敢问天籁。"

　　子綦曰："夫吹万不同,而使其自已也。咸其自取;怒者其谁耶?"〉

其后,"自然"一词就被普遍用来说明各种自然现象了,如《淮南子》有这样一段：

　　依从"道"的途径,（"脩道理之数"）,遵循天地的自然过程（"因天地之自然"）,就可以很容易处理整个世界了。大禹就是这样,他遵循了水的性质并用它来作为他的指南（"因水以为师"）,他就能开建河渠。神农也是这样,他在播种中遵循种子萌发的本性,并由之而获得教益（"因苗以为教"）。水草置根于水中,树木置根于土中,鸟飞在空中,兽行在地上,鳄龙生活在水里,虎豹栖处

---

[1] 《庄子·齐物论第二》。译文见 Legge (5), vol. 1, p.177; Lin Yü-Thang (1), p.141.

在山中 —— 这些都是它们固有的本性（"性"）。木片摩擦生热，金属遇火熔化，轮子转动，空心的东西漂浮。一切事物都有其自然的趋势（"自然之势也"）。……因之，一切事物本来都自然是如此的（"万物固以自然"）。[1]

〈脩道理之数，因天地之自然，则六合不足均也。是故禹之决渎也，因水以为师；神农之播谷也，因苗以为教。夫萍树根于水，木树根于土，鸟排虚而飞，兽蹦实而走，蛟龙水居，虎豹山处，天地之性也；两木相摩而然，金火相守而流，员者常转，窾者主浮，自然之势也。……由此观之，万物固以自然。〉

显而易见，道家已接近于正确地评价因果关系的问题，虽然他们从未象亚里士多德派那样，把它作为正式的主张提出来。在这方面，《庄子》第二篇中的一段也许是最好的说明：

半影问影子说："有时你动，有时你不动。有时你坐下，有时你站起来。为什么没有固定的目的？"

影子答道："我是否必须依赖促使我这样做的某一件事物呢（"吾有待而然者耶"）？而那一件事物反过来是否也必须依赖促使它那样做的另外一件事物呢（"吾所待又有待而然者耶"）？我的这种依赖是否（更像）蛇鳞和蝉翼（的那种无意识活动呢）？人们怎么能说活动究竟是从属的还是独立的呢？"[2]

〈罔两问景曰："曩子行，今子止；曩子坐，今子起。何其无特操与？"
景曰："吾有待而然者耶？吾所待，又有待而然者耶？吾待蛇蚹蜩翼耶？恶识所以然？恶识所以不然？"〉

这里，庄子勾画了一种非机械的因果关系的原理。下面他揭示了一种真正的有机哲学。从动物或人体内不受意识控制的自然活动过程中，他设想在整个宇宙内，"道"并不需要意识去完成它的一切效果。   52

看起来似乎有一个真正的主宰，但我们没有发现他存在的任何迹象。人们可能认为他会有所作为，但我们没有看到他的形体。他准是（必须）有情而无形[3]。但现在人体的成百个部位及其九窍六腑，都很齐全地各居其位。人们应偏爱哪一个部位呢？你对它们全都一视同仁吗？还是你更喜欢其中的某些部位呢？它们全都是仆从吗？这些仆从不能互相控制而需要另外一个统治者吗？还是它们轮流当统治者和仆从呢？在他们自身之外是否还有一个真正

---

1)《淮南子·原道训》，第五页，译文见 Morgan (1)，p.9，经修改。
2) 由作者译成英文，借助于 Legge (5)，vol. 1, p.196; Lin Yü-Thang (1)，p.255。亦见本书论光学的第二十六章(g)。
3) 请根据前面(pp.22 ff.)讨论过的"灵魂阶梯"的观点，注意这一说法的悖论性质。

的统治者呢?[1]

〈若有真宰,而特不得其朕。可行己信,而不见其形,有情而无形。百骸、九窍、六藏,赅而存焉。吾谁与为亲? 汝皆说之乎? 其有私焉。如是皆有为臣妾乎? 其臣妾不足以相治乎? 其递相为君臣乎? 其有真君存焉?〉

当我们想到现在已知的关于有机体及其发育过程中刺激物与反应器官的复杂相互关系,或内分泌系统腺体的相互影响时,就会感到这些话确实是很惊人的[2]。这样的论调也经常在别的地方出现,如《管子·九守第五十五》中就有这样的话:"心(意识)虽然不调节九窍,而九窍却井然有序。"[3]("心不为九窍,九窍治。")道家的结论是:不论在小宇宙还是大宇宙,都不需要假设一个有意识的操纵者。关于道家思想的有机观,以后还要详述[4],它是中国流行思潮的构成部分。

关于道家这种有机的、自发的和无意识的"道"与希腊人的"自然"(physis,φύσις)[5]之间的类似之处,有必要进行比这里更为深入的研究。至少在盖伦(Galen)的论述中,生物体内的"自然力"是一种推进与投射,供给与接受、但也是完全无意识地和不教而能地(adidaktos, ἀδίδακτος)活动着的内在动因。但世界创造者(demiurge)或"逻各斯"(logos)的观念却始终和这种希腊思想相去不远,所以,任何那样的概念都有损于道家所追求的纯粹的有机主义(organicism)[6]。

53   **(1) 自动装置和庄周的有机主义哲学**

在这一点上,我们似乎可以悖论式地探讨一下道家的一些关于自动装置的寓言的意义。据说,发明家制成了一种人体模样的自动装置,但把这些装置打开后,

---

1)《庄子·齐物论第二》,译文见 Fêng Yu-Lan (5),p.46; Legge (5) vol. 1, p.179; Wieger (7),p.217。参看 Hughes (7),p.225;该书译文这里没采用。关于这一节出色的文字,最好是意识到其上下文的含意。它出自开头描述山林风暴的那一篇(刚才已引用过,见 p.50)。从子游提出的有关天籁的问题,然后转而讨论到人籁,人的飞逝着的心情和感情以及他的见解和信念。子綦表明这些事物是怎样有机地联系着的:"如果没有别人,就会没有'我';如果没有'我',他们也就是不可理解的。这便接近于真理,但我们不知道它怎么会这样产生的。"("非彼无我,非我无所取。是亦近矣,而不知其所为使。")然后,在对有人格性的造物主的观念进行了研讨并加以拒绝之后,他作了一种生物有机体的类比,即它的所有各部都是(正常地)"为了好而一起活动",没有任何有意的疏忽。这一篇(它是全书最好的篇章之一)的其余部分是专门讨论相对性和辩证逻辑的。

2) 庄周关于有机体的观点在《庚桑楚第二十三》中有发展。荀卿坚持心是身体的绝对主宰[《荀子》第十七篇,第十七页;第二十一篇,第九页;Dubs (8),pp.175, 269],以此来与庄子进行论战。

3) 译文见 Haloun (5)。

4) 见本卷 pp.77, 153。

5) 特别是见 Heidel (1) 和 Pagel (7)。

6) 参见下文 pp.302 ff.。

显露出来的便只是机械结构而已。这是否意在暗示庄子的有机主义的观念呢？这类故事中最出色的是值得引用的《列子》中如下的一段话：

> 周穆王到西方作了视察旅行。……在返回途中，尚未到达中原时，有人向他推荐一位名叫偃师的匠人。穆王接见了他并问他会做些什么。偃师回答说，他愿做穆王命令他做的任何事，并说他已做成了一种工艺品，愿给穆王看一看。穆王说："明天你把它带来，我们一起来看吧。"于是，第二天偃师来了，晋谒了穆王。穆王问道："陪同你一起来的那个人是谁呀？"偃师回答道："那就是我自己的手工制品。他能唱歌，又能动作。"穆王惊奇地注视着那个人形。它快步行走，头也上下活动；以致任何人都会把它当作是个活人。偃师触动它的下颌，它就开始唱了起来，而且完全合乎音调。触动一下他的手，它就开始做某种姿势，而且完全合乎节拍。凡想像所及的各种动作，它都做得出来。穆王和他的爱妾以及其他美人一起观看，很难使他自己认为它不是真的。当表演即将结束时，那个机器人使眼色并向穆王的侍妾走去；穆王因此大怒，要当场处死偃师，要不是偃师由于极端恐惧而马上拆卸了那个机器人，让他看看究竟是什么的话。果真，它原来只不过是用一些蓝、白、红、黑各种不同颜色的皮革、木头、粘胶、油漆构造而成。穆王详细地观看，看到有全副的内脏器官 —— 肝、胆、心、肺、脾、肾和肠胃；在这些东西的上面还有肌肉、骨骼、四肢、关节、皮肤、牙齿和毛发 —— 这些全都是人造的，没有一个部分不是做得其精巧；在把它们重新装配起来时，又出现了一个和初进来时相貌一样的人形。穆王试着拿走它的心脏，发现它的嘴就不能再说话了；取掉肝脏，眼就不能再看了；取下肾脏，腿就失去了活动的能力。穆王很高兴，深深地叹了一口气，大声说："人的技能竟能和造物主（"造化者"）的技巧媲美吗？"于是，他下命令另备两辆车，把偃师和他的制品与穆王自己一起载回去。当时，班输有云梯，墨翟有飞鸢，他们都认为自己已达到了人类成就的极限。但当他们知道偃师的制品后，这两位哲学家就不敢再谈论他们的机械技巧，并且当他们拿起曲尺和圆规时，往往迟疑不决。[1]

> 〈周穆王西巡狩。……反还，未及中国，道有献工人名偃师。穆王荐之。问曰："若有何能？"偃师曰："臣唯命所试。然臣已有所造，愿王先观之。"穆王曰："日以俱来，吾与若俱观之。"翌日，偃师谒见王。王荐之曰："若与偕来者何人邪？"对曰："臣之所造能倡者。"穆王惊视之，趋步俯仰，信人也。巧夫锭其颐，则歌合律；捧其手，则舞应节。千变万化，惟意所

---

1)《列子·汤问第五》，第二十页以下。译文见 Giles (4)，p.90。这段记述后来常被提到，如公元 6 世纪的《金楼子》卷五，第十四页。

〈适。王以为实人也,与盛姬内御并观之。技将终,倡者瞬其目而招王之左右侍妾。王大怒,立欲诛偃师。偃师大慑,立剖散倡者以示王,皆傅会革、木、胶、漆、白、黑、丹、青之所为。王谛料之,内则肝、胆、心、肺、脾、肾、肠、胃,外则筋骨、支节、皮毛、齿发,皆假物也,而无不毕具者。合会,复如初见。王试废其心,则口不能言;废其肝,则目不能视;废其肾,则足不能步。穆王始悦而叹曰:"人之巧乃可与造化者同功乎!"诏贰车载之以归。夫班输之云梯,墨翟之飞鸢,自谓能之极也。弟子东门贾禽滑釐,闻偃师之巧,以告二子,二子终身不敢语艺,而时执规矩。〉

如果说这段文字不是在宣示对于生命现象的自然主义解释的信仰,那末,看来也是非常相近的。倘若这段记载出自公元前 3 世纪(这是有可能的),那末,我们就不能坚持把有机主义概念和机械主义概念清楚地区分开来,因为那时候还没有发展出确定的关于无机世界的科学,因而还不可能提出有机和无机之间的关系问题。这段记载的实质在于否认了小宇宙中存在着有意识的指导。所谓的"道",不论是组成公牛关节的结构,还是指导天体的运行,都不需要是有意识的。

这种思想也很引人注目地出现在(可能是 8 世纪的)《关尹子》一书中,它说:

> 干枯的龟壳没有意志("无我"),但它能预测未来。磁石没有意志,但它能行使巨大的吸引力。钟和鼓也没有意志,但它们能够发出宏大的音响。船和车也没有意志,但它们能够远途旅行。我们的身体也是一样的,我们能够感觉、行动、走动和谈话,这一事实并不证明我们具有某种(与我们对外部世界的反应相区别的)内在意志。[1]

〈枯龟无我,能见大知;磁石无我,能见大力;钟鼓无我,能见大音;舟车无我,能见远行。故我一身,虽有智、有力、有行、有音,未尝有我。〉

《列子》在另一处[2]记载了一个奇妙的故事,是关于半传奇人物医生扁鹊的,说他做了一次置换两个人的心脏的手术,这一过程中交换了这两个人的心思,但使他们的外貌和意志力保留不变。这一定也属于这种很古老的机械主义-自然主义的传统[3]。

提到墨翟和他的人造飞鸟(木鸢)是特别有趣的[4],因为塔兰托的阿契塔(Archytas of Tarentun)恰好也有同样的故事[5]。他们的年代很接近;阿契塔的成

---

1)《关尹子·六匕篇》,第十九页。由作者译成英文,借助于 Wieger (2),p.342。这种思想引人注目地预示了现代生理学中"反射"学派("reflexological" school)的思想,这个学派的创始人之一是捷克的乔治·普罗哈兹卡(George Prochaska,1749—1820 年)。

2)《列子·汤问第五》第十六页以下,译文见 Wieger (7),p.141。

3) 而且,这一主题继续存在。参看戴遂良[Wieger (8),no.64]所说的在不同身体之间奇妙地调换器官的故事。

4) 在本书第二十七章(j)论机器工程时将再谈到木鸢。究竟它是一个风筝还是一种火箭,还只能是一种推测。

5) 见 Freeman (1),p.234;Sarton (1),vol.1,p.116;Feldhaus (1),col.46。主要参考书是 Aulus Gellius, *Noctes Atticae* x, 12, ix ff.。

名时期差不多就在墨翟去世(公元前 380 年)前后。《墨子》[1]中有关这个故事的说法是:那个在高空停留了三天的自动飞行器是公输般发明的,是公输般把它连同其他战争器械交给墨翟看的。另一种说法见于《韩非子》[2],据说是墨子自己造的。这些故事,劳弗[Laufer (4)]在关于航空前史的一篇有趣的论文中讨论过,也许把它们看得太认真了。这里的问题在于,这些故事发生在古代那些正在发展着一种科学世界观的思想家们中间,其中既有希腊的前苏格拉底学者,也有中国的道家及其他学者,这是很自然的事[3]。

(2) 道家思想,因果关系和目的论

55

于是,"察其所以"(*cognoscere causas*)就成了道家的座右铭。历经秦始皇帝国大一统时期由封建官僚制取代封建制引起的骚动,他们一直在追求这一目标。这里,《吕氏春秋》是一部特别有趣的书,因为它表明了更为强大的儒家伦理文化如何迫使道家自然主义或则与它混合,或则完全转入地下。在这部书里(其中第一部分完成于公元前 239 年),正如我们将要看到的,虽然有很多科学论据,但它一般地总是以应用于人类社会为归趋,例如,它说:

> 一切现象都有其原因。一个人如果不知道这些原因,尽管他(对于某些事实)也会碰巧是正确的,但他看来还是一无所知,结果将会是困惑不解。古代的圣王、名士和学者之所以与众不同,就是由于他们有这种知识。水出于山而注于海,并不是由于它不喜欢山而爱好海,而是地势高低所造成的结果。小麦生长于平原而收藏于仓库,并不是它有这个意愿,而是因为人要用它才这样的。……

> 至于国家的存续或覆灭,个人的好或坏,这一切也都是如此。每一事物必定有它的原由。因之,圣人不推问存亡善恶,而是要考究其原因。[4]

> 〈凡物之然也必有故。而不知其故,虽当与不知同,其卒必困。先王名士达师之所以过俗者,以其知也。水出于山而走于海,水非恶山而欲海也,高下使之然也;稼生于野而藏于仓,稼非有欲也;人皆以之也。……

> 国之存也,国之亡也,身之贤也,身之不肖也,亦皆有以。圣人不察存亡贤不肖,而察其

---

1)《墨子·鲁问第四十九》。译文见 Mei Yi-Pao (1),p.256。

2)《韩非子·孤愤第十一》,第二页。

3) 此外,在印度[参见 Levi (3);Tawney & Penzer (1),vol.3,pp.56 ff.,281]和吐火罗(Tocharia)也有类似情况;但是,为寻找说明这一主题的例子而查考世界各地的民间传说,会使我们离题太远。这一问题值得深入探讨而写出专题论文。同时参看本书论机械玩具的第二十七章(b)。

4)《吕氏春秋·审已》,译文见 R.Wilhelm (3),p.111;由作者译成英文。

　所以也。〉

这段文字中对一般目的论的否认,也反映在《列子》[1]的一个生动的故事中。其中谈到在一次宴会上,一位长者自鸣得意的讲话被一个十二岁的"爱磨难人的孩子"所打断,这个孩子大胆地提出意见说:人不过是世界上各种动物中的一种,鱼和野味并不是为人创造的,正像人并不是为蚊子和老虎创造的一样。这种反人类中心论(用戴遂良的话来说)是典型的道家对儒家的["讽刺性批评"(*coupe de patte*)]:

　　　　齐国的田氏在他的厅堂里举行一次祭祖宴会,应邀到会的有一千多人。当他坐在他们中间时,很多客人都来向他献上鱼和野味,他以赞许的目光看着客人们,很带感情地大声说:"上天对人是多么慷慨啊! 上天生长五谷和生育鱼鸟,专供我们享用。"所有田氏的客人都对这种看法报以采声,只有一个十二岁的鲍氏男孩例外。他不管那些长辈的反应会怎样,走上前说道:"事情不是像阁下所说的那样。(宇宙中的)万物和我们自己都属同一个部类,即生物的部类;而在这个部类中没有什么贵贱之分。某一种生物对另一种生物恃强凌弱,或某一种以另一种为食物,只不过是由于大小、力量或用智巧的原故。它们任何一种都不是为了另外其他动物所享用而产生的。人捕食那些宜于(他们)食用的东西,但怎么(能说)上天是为了人而产生它们的呢? 蚊虫吸吮人血,虎狼吞食人肉,但我们并不因此认为上天是为了蚊虫之口福或为了供虎狼之食用而生出人来的。

　　　　〈齐田氏祖于庭,食客千人。中座有献鱼雁者,田氏视之,乃叹曰:"天之于民厚矣! 殖五谷,生鱼鸟,以为之用。"众客和之如响。鲍氏之子年十二,预于次,进曰:"不如君言。天地万物与我并生,类也。类无贵贱,徒以小大智力而相制,迭相食;非相为而生之。人取可食者而食之,岂天本为人生? 且蚊蚋嘬肤,虎狼食肉,非天本为蚊蚋生人,虎狼生肉者哉? 〉

下面的一段引文,表明在《吕氏春秋》中存在着更为明晰的科学思想的痕迹:

　　　　那些了解"道"的明达之士认为,从近的推知远的,从新的推知老的,这种方法是很有价值的,他们据此可以从已见过的东西认识没有见过的东西。这样,倘若你考究一下院子里的日影,你就会知道日月的行程和明暗的变化。倘若你看到容器里有冰,你就知道整个大地已经冻起来了,鱼和龟都藏起来了。倘若你选一块肉尝一下,你就会知道全锅里所有炖肉的味道了。[2]

　　　　〈有道之士,贵以近知远,以今知古。以益所见,知所不见。故审堂下之阴而知日月

<hr>

1)《列子·说符第八》,第二十二页以下,译文见 R.Wilhelm (4),p.108;L. Giles (4),p.119,经修改。

2)《吕氏春秋·慎大览第三·察今》,译文见 R.Wilhelm (3),p.231;由作者译成英文。应当在这里指出的是,尽管《吕氏春秋》是道家著作,但其背景却相当特殊,它属于秦汉时期趋于繁盛的早期城市原始工商集团;关于这点在下面还要提到(第四十八章)。因制盐或制造铁器而积累了大量财富的那些人,由于技术上的原因而与道教有密切的关系。历史上的怪事之一是,那些并非不公正地常被叫做公元前 3 世纪和 2 世纪的"资本家"的那些人,对集体主义的道家比之对封建官僚更为接近。相形之下,所有其他道家著作都显示出一种更强烈的小农经济性质。

之行,阴阳之变;见瓶水之冰,而知天下之寒,鱼鳖之藏也;尝一脟肉,而知一镬之味,一鼎之调。〉

这就使得我们要对道家显示其观察自然的教义的那些颇为特殊的箴言,做出更为细密的观察。

(d) 对自然的态度;科学观察的心理

正如马伯乐[Maspero (11)]曾经提醒我们的,道教的庙宇若干世纪以来一直都叫作"觀",这个事实是很有意义的;其他宗教所用的一些名称如"寺"、"庙"等等,从来不用于道教的庙宇。"觀"[1]的原意是"观看"。它是部首"雚"和"見"的结合。"觀"的最古形式是一个鸟的象形,这种鸟或许是鹳。因此,这个字的含义主要是观察鸟的飞行,其目的无疑是从所得的朕兆中作出预言来。"觀"字在《左传》中就已经具有瞭望塔的意思,并用它来正式表示为占卜而对自然现象进行的观察。后来从隐居者返观自身的冥思中派生出来的"觀"的一些解释,都是次要的,也是想象出来的[2]。因之,体现在今天道观这个普遍名称中的,乃是对自然界进行观察的古义。同时,由于方术、占卜和科学在其初期是不可分的,因此,对于中国的大部分科学思想都必须在道家中去寻根究底,也就不足为奇了[3]。除了满足君主和封建贵族想要知道未来吉凶的愿望以外,古代道家哲学家还希望从观察自然现象可以得到什么好处,这在下面很快就要谈到。

(1) 水的象征与阴性象征

与对待社会问题相反,观察自然所需要的不是命令式的主动性,而是感受式的被动性;不是要坚持一套社会信念,而是要免除一切先验的理论。正是在这种意义上(虽然这无疑不是唯一的意义),我们就可以解释"水"和"阴性"的象征,它们对早期道家学派是如何之可贵,而对后来的注释家却又如此之混乱。后来的注释家之所以不了解这类篇章,很可能是因为实验科学在中国没有发展起来的原故,而中国注释家的不了解反过来又把西方的解说者几乎毫无例外地引上了歧路。《道德经》

---

1) K 158i。

2)《事物纪原》(卷八,第三十三页)的宋代作者已经很知道我们在这里对"觀"字所做的解释,并且是会加以赞同的。

3) 道家观察自然对中国艺术所发生的巨大影响,这里限于篇幅不能详述。但我们不得不提到它,读者可参考珀特律西[Petrucci, (2)]有关本题的专论。

这样说：

> 最高的善就像水那样。水的善在于它有益于万物，但它自身却不争吵，甘愿处于一切人都嫌弃的位置。正是这一点才使得它很近于道。[1]

〈上善若水。水善利万物而不争，处众人之所恶。故几于道。〉

水是柔顺的，容器是什么形状，它就成为什么形状，它浸透一切看不见的孔隙，它那镜子般的表面可反映自然界的一切[2]。还可和该书第四十三章比较一下：

> 在天下一切事物中，最柔顺的
>
> 可以制伏最坚硬的，
>
> 它没有质体，所以能甚至进入那毫无缝隙的地方。
>
> 这就是我何以知道无为这一行为的价值[3]。
>
> 但对于不言之教，
>
> 对于无为这一行为的价值，
>
> 能够理解的人是太少了。[4]

〈天下之至柔，驰骋天下之至坚；无有入无间。吾是以知无为之有益。不言之教，无为之益，天下希及之。〉

58   水还流入溪谷，容纳各种污秽，但它却能洁净自身，永不受污[5]。

水和阴性的象征不仅具有哲学上的意义，而且也有重大的社会意义。和儒家或法家的那种自上而下进行领导的概念不同，这里我们达到道家由内及外进行领导的原则。例如：

> 江和海是怎样取得它们支配百川的王权的？
>
> 是通过它们比百川为低的优点；这就是它们得到王权的方法。
>
> 因之，圣人为了居于人民之上，
>
> 说话就得仿佛自己低于人民似的；
>
> 为了指导人民，
>
> 他就必须置身在人民之后。
>
> 这样，当他在上时，人民就没有负担；
>
> 当他在前时，人民也没有觉得受损。

---

1) 《道德经》第八章，译文见 Strauss (1)，Waley (4)。

2) 参看《庄子·应帝王第七》[Legge (5)，vol. 1，p.266]和上文所引《管子》的那一篇。

3) 下面将提出证据，说明作者这里心目中所指的是在染色或腐烂时所进行的缓慢而又不被觉察的化学变化，亦即物质浸泡在溶液中，或者像在用水或酒从植物或矿物中提取药物时那样（见下文 p.383 和第三十一、三十二、四十五各章）。

4) 译文见 Waley (4)，经修改。这一主题在《道德经》第七十八章中重见。

5) 关于古代宗教中水的象征主义的比较研究，见 Eliade (2)，pp.168ff.。

因而天下的一切事物都喜欢受他的指导而不觉得(他的领导)可厌。

圣人是不争的[1]，

因而没有人和他相争。[2]

〈江海所以能为百谷王者，以其善下之，故能为百谷王。是以欲上民，必以言下之；欲先民，必以身后之。是以圣人处上而民不重，处前而民不害，是以天下乐推而不厌。以其不争，故天下莫能与之争。〉

在进一步分析这一错综复杂的思想之前，必须举一些阴性象征的例子。常引的章句是《老子》的第六章。

"谷神"是永远不死的。

它被称之为"神秘的女性"。

而这神秘女性的门口

就是天地(所从出)的根源。

它是永远在编织着的线；

谁使用它，就能完成一切事物。[3]

〈谷神不死，是谓玄牝。玄牝之门，是谓天地根。绵绵若存，用之不勤。〉

还有第二十八章：

知道雄而固守雌的人，

就可成为一个类似容纳天下万物的谿谷[4]，

(由此)永恒的德行从不泄漏。

这就是返回到婴儿期的状态。

知道白而固守黑的人，

就成为以之检验万物的准仪("式")，

(因而具有)一种永不会出差错的常德。

这就是回归到"无限"。

知道荣誉而又固守耻辱的人，

就可成为一个类似容纳天下一切事物的峡谷，

对于他永常不变的德是全足的。

59

---

1) 这一主题在《道德经》第二十二章中重见。

2)《道德经》第六十六章，译文见 Waley (4)；Chhu Ta-Kao (2)；Duyvendak (18)。

3) 译文见 Waley (4)，经修改。"谷神"这个概念引起了后来中国注疏家[他们的见解经 Neef (1)收集了起来]和西方汉学家无休止的缺乏创见的讨论。埃克斯[Erkes (7)]曾提请人们注意公元 8 世纪时吕岩的一首诗，它表明，"谷神"一词，那时已有了炼丹的含意。

4) 这也见于《庄子·天下第三十三》[Legge (5)，vol. 2，p.226]。象征主义的两性的方面，即阳性的凸状与阴性的凹状的对比，是不应该忽视的。

这是回复到那种未分化的状态("朴")[1]。

而当那种未分化的状态破裂("散")时,它就分散而成为不同的器物("器")。

但倘若圣人应用它,就可成为一切官吏的首长。的确,"最伟大的雕刻师就切割得最少"。[2]

〈知其雄,守其雌,为天下溪。为天下溪,常德不离,复归于婴儿。知其白,守其黑,为天下式。为天下式,常德不忒,复归于无极。知其荣,守其辱,为天下谷。为天下谷,常德乃足,复归于朴。朴散则为器,圣人用之则为官长。故大制不割。〉

其他使用阴性象征的章节还可以汇集很多[3]。

对于这种心理上的象征主义,后世的人是大为不解的。道家在表现这种心理象征中所用的诗歌水平确实很高,可与歌德的"永恒的女性"(ewig weibliche)[4] 相媲美,虽然他们确有可能是立足于古代中国的创造女神"原始母亲"(Urmutter)的神话[5],但这种论证并没有触及问题的核心。这里的要点是,他们直观地达到了科学和民主二者的根源。儒家和法家的社会伦理思想复合体是阳性的、管理的、强硬的、统治的、进取的、理性的和赐予的;道家则是通过强调阴性的、宽容的、柔顺的、忍耐的、退让的、神秘的和承受的,以之根本而彻底地与它决裂[6]。他们对"谷神"的称颂正是对儒家的一种侮辱,因为《论语》说过:"上等人恶居下流的地位,因为天下所有的恶都要流入到那里。"[7]("是以君子恶居下流,天下之恶皆归焉。")同时,道家在自然观察中愿意展示的那种阴性的承受性,是和他们认为必须在人类社会关系中占主导地位的阴性的柔顺性分不开的。他们必然是和封建社会相对立的,因为他们所相信的那种柔顺性是和这种社会不相容的;它适合于一种合作的集体主义的社会,同时在真正的意义上也是这种社会的诗意的表现[8]。这种社会在青铜时代原始封建社会的贵族、祭司、武士还没有完全分化之前的原始集体村社内,曾经一度存在过;在

60

---

1) 这个词的用法以及结尾几句,参照下文(p.114)道家的政治倾向,应予以特别注意。

2) 译文见 Waley (4);Chhu Ta-Kao (2);Duyvendak (18),经修改。

3) 例如《庄子·天下第三十三》[Legge (5), vol.2, p.226]。

4) 实际上这可上溯至帕拉采尔苏斯(Paracelsus)。

5) 有关宇宙生成论的《道德经》第四十二章,见下文 p.78,以及 Conrady (3);Forke(13),p.265。

6) 比较一下霍金[W.E.Hocking (1)]的出色论述,他在对公元 12 世纪理学家的经验论理性主义哲学(见下文 p.474)的一项研究中说:"把 16 世纪以来的整个现代科学的努力,认为是受伦理考虑而引起的一种努力,这是十分可能的。经验主义本身就是自我否定的一种形式,一种让对象自己说话的道德意志。经验主义认为,如果我们让对象说话,它就会这样做,也就是说,真理是可以得到的。实用主义则不然。"

7)《论语·子张第十九》第二十章,译文见 Legge (2)。

8) 中国古代社会是否母权社会,一直是众说纷纭。下面我们即将再谈这一问题(见 pp.108, 134, 151)。

道家思想兴起之前的几个世纪之内,在中国文化的边沿地区仍然可能有这种社会存在[1];而且这种社会还要再度出现(尽管道家不能知道,人类在重新回到他们的理想以前,必须要经历几千年之久)。道家的洞察力是如何之深邃,可见之于美国大昆虫学家惠勒(William Morton Wheeler)[2]和伯格曼(Ernst Bergmann)的精采论文,其中极力主张,清算男性的进取性乃是促使合作集体主义社会成功的最重要因素之一,而随着最高社会组织的范围和潜力的继续增长,这种社会乃是人类不可避免的方向[3]。我们暂时必须用这些话[4]来表明以上《老子》引文中所体现的社会真理,因为由于道家思想在整个中国科学思想发展史上的巨大重要性,我们还需要回到道家的政治地位上来。道家进行了两千年坚持社会主义立场的活动并且被谴责为永恒的异端之后,道家思想却仍然必须把其中所孕育的科学以最充分的意义保留下来。

《管子》一书有若干章句进一步阐明了圣人在有关自然界方面的作用。

第三十七篇《心术下》:事物一般带着它们的名称出现,圣人就依照这些名称来判断它们(由于了解它们的真实名称而半巫式地掌握它们)。因为这样无害于实际,所以自然界就不会出现混乱,而天地也都将被纳入秩序(被控制住)。

〈凡物载名而来,圣人因而财之,而天下治。实不伤,不乱于天下,而天下治。〉

第五十五篇《九守》:圣人顺从事物,所以就能控制它们。[5]

〈圣人因之,故能掌之。〉

第三十七篇《心术下》:汇集和选择是对事情评级的方法,变化至极乃是对各种事物作出反应的手段。

〈慕选者所以等事也;极变者所以应物也。〉

第三十七篇《心术下》:圣人役使事物而不为事物所役使。(重见于该书第四十九篇)

---

1) 参看玛格丽特·米德[Margaret Mead (1)]的著名作品,其中对几个很不相同的原始氏族的态度作了比较。可以带有一定保留地这样说:道家学者是会强烈地赞成阿拉佩什人(Arapesh)的社会的,也许他们确实知道一些具有那种性质的原始社会:它们是合作的、安分守己的和善于反应的。

2) 我喜欢回忆的是,另一位美国大生物学家亨德森(Lawrence J.Henderson)说过,惠勒是他所遇到的人当中唯一能够、而且也配得上和亚里士多德进行交谈的人。

3) 我在另一处详细论述了这一点[Needham (6),p.194]。

4) 还可以比较一下当代另一位最优秀的美国生物学家哈钦森[G.Evelyn Hutchinson (1)]所说的话:"……除非我们文化中某些过度男性的、虐待狂的和操纵的态度用比较接近于阿拉佩什人的那种观点纠正过来;否则,大多数发明将成为巧妙地设计出来用于破坏的发明,这并不是由于发明人的心肠恶毒或者发明本身有破坏性,而是因为现代世界是如此之甚地使各项发明有'明显'的用武之处。"

5) 在《鬼谷子》和《邓析子》中有几乎与此完全相同的说法,这两部书主要是法家著作。哈隆[Haloun (5)]把这一句译为"圣人顺从(事物),所以他能与它们相当。"他宁愿用"当",而不用"掌",但我还是保留他早先的观点。

〈圣人裁物，不为物使。〉

61   第四十九篇《内业》：“精神的最高阶段是清楚了解万物。”[1]

〈……神明之极，照乎知万物。〉

读了以上第二条，使我们想起了培根的话：“我们不能命令自然，只有服从自然。”[2]也想起一位现代哲学家所说的，人类从必然王国步入自由王国要靠对必然性（自然法则）本身的研究[3]。联系到道家思想，人们可以深思一下赫胥黎下面的一段话[4]：

在我看来，科学似乎是以最高和最强而有力的方式，把完全屈从于上帝旨意的基督教概念中所体现的伟大真理教给了人们。在事实面前，要象小孩子一样地坐下来，准备放弃一切先入之见，谦逊地顺从大自然引导你到不管是什么地方，什么深渊，否则你就会什么也学不到。

任何一个古代的道家哲学家都可以写出这些话来，而任何儒家都不会理解它[5]。

(2) “让”（退让）的概念

倘若把阴和阳分开并不是不可思议的话（从中国人的观点看来），那末可以说，道家思想是一种阴性的思想体系，而儒家思想则是一种阳性的思想体系[6]。但这种不可分性却被诸子百家共有的一个基本概念所充分证实，那就是由“让”字表示的阳性所具有的那种阴柔性。这个字的字典含意是谦让、让与、放弃较好的位置，以至引伸为劝请。关于这个字，高本汉[Karlgren (1)]没有提供甲骨文体，但葛兰言[Granet (1)]却从神话和民俗学的观点对这个概念做了彻底的查考，其结论是：

62 “馈赠”(potlatch)的风俗在中国远古社会中一定占有很重要的位置。这种风俗在一些部族社会中现今仍然存在[7]。按照这种风俗，一个首领的威望取决于他在定

---

1) 译文见 Haloun (2)。

2) 拉丁原文是：“Hominis autem imperium in res, in solis artibus et scientiis ponitur; Natura enim non imperatur, nisi parendo”[*Novum Organum, aphorism* 129].

3) 这个哲学家就是恩格斯。他的原话[Engels (2), p.82]是：“人类从必然王国上升到自由王国。”普列汉诺夫[Plekhanov (1), p.87]作了这样的解释：“人如果（在粮食生产方面）能够不费力地满足他的需要，那么他就会更自由一些。哪怕当人强迫自然来为他的目的服务时，人也要服从自然。但是，这种服从是人得到解放的条件。通过服从自然，人就增加了他支配自然的力量，这样就扩大了他的自由。”这不是含有道家的口气吗？纯科学中每一种实验，难道不正是对自然服从，从而赢得在每一种技术事业中所见到的那种力量吗？参看 Marx (1), vol.3, pt.2, p.355。

4) L.Huxley (1), vol.1, p.316. 这段话是赫胥黎 1860 年 9 月 23 日写给查尔斯·金斯利(Charles Kingsley)的那封精采的信中的一部分。该信是对因赫胥黎四岁幼子去世而收到的慰问信的复信。

5) 关于道家对大自然的谦虚态度，唯一有所理解的汉学家是陈荣捷[Chhen Jung-Chieh (1), p.255]。

6) 在写完这一节之后，我很感兴趣地发现林同济[Lin Tung-Chi (1)]也曾作过这种同样的比较。

7) 参看 Benedict (1), ch.6。

期或季节性的聚会上所能分赠给全体部族的食物或其他物品的数量。在中国，由谦让和退让而得来的不可思议的美德、社会声望以及最后的"面子"，已成为这个文化中的统治因素。关于这一点，凡是在中国居住过，并亲身经历过和一群人一起走过一个门道时的那种困难，或亲眼见过学者们在一次宴会上是怎样积极争相推让上座的人，都很了解。世界上其他地方，由于缺少同样根深蒂固的传统，就显得差一些。倘若这种传统起源于"馈赠"习俗的话，那末，它在道家著作中就得到了最高的表现，尽管它不是道家所独有的[1]。

"让"的概念在《老子》中达到了最高点：

> …由此可知，圣人
>
> 置自身于后而总是在前；
>
> 置身于外，而总是在此。
>
> 不正是因为他不争任何私人目的，
>
> 才完成了他全部的私人目的吗？[2]

〈……是以圣人后其身而身先；外其身而身存。非以其无私耶？故能成其私。〉

再如该书第六十八章中说："最伟大的征服者不用参与争执就能致胜；最会使用人的人总把自己看做比别人低一等。"（"善胜敌者不与；善用人者为之下。"）同样的教训以各种不同的形式反复出现[3]。"你要保全自己，你就要委曲自己；你要使自己伸直，就要使自己弯曲。"（"曲则全，枉则直。"）这种观点扩大到了国家之间的相互关系：大国要赢得小国的依附，就不要用武力去吞并它们或统治它们[4]。

从这种退让，这种为取而与、为了不丧失而舍弃、这种深刻的非占有欲，到道家学者的拒不出仕，只不过是相去一步。"我不愿做主教"（*nolo episcopari*），这在整个

---

1) 例如，这个观念还见于《孟子·公孙丑章句上》第六章，《荀子·性恶篇第二十三》。

2)《道德经》第七章，译文见 Waley (4)。我们不禁要想起一些基督教的悖论诗句，例如"无所有而无所不有"。还有圣方济各 (St Francis) 的诗：

C'est en donnant qu'on reçoit;

C'est en s'oubliant qu'on trouve;

C'est en pardonnant qu'on est pardonné;

C'est en mourant qu'on ressuscite à l'éternelle vie!

（正由于与，才得到取；

正由于忘却，才得到发现；

正由于宽恕，才得到被宽恕；

正由于死，人才复活于永生！）

3)《道德经》第二、二十二、三十六章。真正的道家是叶芝《诗集》(Yeats, Collected Poems, p.294) 中的"疯狂的简恩" (Crazy Jane)。

4)《道德经》第六十一、六十九、七十三章。

历史中已成为道家的口号。《庄子》一书中就有过许多这方面的著名故事[1]；公元 4
世纪的《列仙传》又提供了许多道家圣人拒绝官职的特有情节的例子[2]。

63   有一两位作者已接近于理解到道家是主张前封建的社会形式，但他们没有加
以充分说明。德效骞[3]认为老子是向后看的，但他只满足于这样一个推想，即认
为老子所向往的是类似于希腊神话中所看到的那种传奇式的"黄金时代"。卫德
明[4]作了进一步的具体说明，他认为道家代表那些介乎周朝贵族和农民大众之间
的小小的中产阶级，这个阶级来源于被征服的商代贵族的残余。可以肯定的是，
"商"这个字后来是指商人的意思。卫德明指出，这批文人书吏发展成为各种专家，
即哲学家和技士、巫觋和祭司，以及他们的世界观崇尚谦虚退让的美德，这都是很
自然的事。但当他说到他们所回顾着的社会形式实际是商朝，以及他们迷信着有
一个伟大的商朝帝王能够再来"使天下大治"的时候，这就使人难以苟同了。道家
学说比这要激进得多，虽然可以认为道家在一定程度上有商朝的社会根源，但是他
们对封建社会连根带枝进行彻底的攻击，已经远远不止于此了。

(3)　静　心

  现在我们可以提出一个中心问题了：道家哲学家喜爱从事自然观察的主要动
机是什么？几乎可以肯定，那是为了要对围绕和渗透人类社会的脆弱结构的各种
可怕的自然现象，找出一种哪怕是暂时的理论或假说，从而得到心情上的安静。不
论这些现象是地震、火山爆发、风暴、洪水等自然灾害，还是各种各样的疾病，在科
学初始的道路上，只要一旦对它们进行了辨别、分类，特别是指定了它们的名称，并
提出有关它们的起源、性质以及未来发生率的自然主义的理论时，人就会感到较为
坚强和更有信心了。这种具有原始科学特色的心地平静，中国人就称之为"静
心"。德谟克利特和伊壁鸠鲁的原子论派则称之为 $\alpha\tau\alpha\rho\alpha\xi\iota\alpha$ 或 atataxy，即宁
静[5]。我们前面已提到《列子》中杞人忧天的故事，这个寓言一点也不是很多人所

---

 1)《庄子·秋水第十七》[译文见 Legge (5)，vol.1，p.390]和《让王第二十八》整篇。

 2) 参看下文 p.114。在其他文化中也有与这种事情中的某些事例相类似的情况；例如，见温辛克
[Wensinck (1)]论述希伯来-阿拉伯传统中"拒绝高位"的文章。

 3) Dubs (7)，p.209。

 4) 见 H.Wilhelm (1)，p.50，他与胡适[Hu Shih (8)]的论点相似，而与冯友兰[Fêng Yu-Lan (3)]的相反。

 5) Freeman (1)，pp.293，316，325 ff.，330 ff.，336，351；Needham (3)，p.9；(5)，p.33。在西方有关道
家学说的作者中，唯一重视道家"静心"的科学性质的，是捷克的拉德尔(Emanuel Rádl)。在这方面，我们
不能忽视人类思想中有一个很古老的组成部分，即相信一旦了解事物和过程的"真实名称"，就可以获得控
制它们的魔力，参看埃杰顿[Edgerton (1)]有关《奥义书》的论述。而这种魔力的保证则会导向静心。

认为的那种笑话;那些不满足于儒家集中精力于人类社会事务的善于思考的人们,迫切需要有一种确切的保证,而道家便象伊壁鸠鲁派一样决心要"越过世界的火焰般的壁垒"[1] 去寻求它。

64

《道德经》中有关的最重要篇章是第十六章:

> 要进入极度的空虚,
>
> 要保持不可动摇的平静,
>
> 所有万物都在活动和工作,
>
> (而)我们能看到(它们必然要)复归于(空虚)。
>
> 所有万物,不管它们多么繁茂,
>
> 也都要回到所由以出发的根源。
>
> 这种回到根源就称为"静",
>
> 它是对"必然性"的确认,
>
> 那就叫作"不变"。
>
> (现在)了解这"不变"就意谓着"明",
>
> 不了解它就意味着盲目地走向灾难。……[2]

〈致虚极,守静笃。万物并作,吾以观复。夫物芸芸,各复归其根。归根曰静,静曰复命,复命曰常,知常曰明。不知常,妄作,——凶。……〉

再如《庄子》说:

> 古时遵循"道"的人,是用恬静来培养他们的知识,而终生不把他们的知识用之于(违反自然的)行为。再者,也可以说他们是用知识培养了他们的恬静。[3]

〈古之治道者,以恬养知。知生而无以知为也,谓之以知养恬。〉

其他地方也是如此,如《庄子·天道第十三》[4] 或《大宗师第六》[5],其中说:"古之真人"在醒着的时候没有烦恼,忘了对于死的一切恐惧("古之真人……其觉无忧……不知恶死"),以及"镇静自若地去和镇静自若地来"("翛然而往,翛然而来")。或者如《至乐第十八》,其中叙述庄子死了妻子也不哀悼[6],还谈到两个虚构人物支离叔

---

1) 这是卢克莱修《物性论》在谈到伊壁鸠鲁时所说的(*De Rerum Natura*, I, 73)。

2)《道德经》第十六章,由作者译成英文,借助于 Waley (4);Hughes (1);Chhu Ta-Kao (2);Duyvendak (18)。

3)《庄子·缮性第十六》,译文见 Legge (5), vol.1, p.368。

4) Legge (5), vol.1, pp.330ff.。

5) Legge (5), vol.1, p.238。

6) Legge (5), vol.2, p.4。

和滑介叔如何恬静的故事[1]。道家著作中描述这种静心的地方不胜枚举,最好的例子是关于老子死时的一个想象的场面[2]。秦失进了屋子,用敷衍了事的态度哭了几声,一个门人责问他,他回答说:

> 所有这些(过度的)悲伤,都是"违背自然原理"("遁天")而成倍地加深了人的感情的,忘记了我们所受之于自然的东西。这在古人叫做违背自然原理而受惩罚。夫子来到世上,是因为他碰到那机缘降生。夫子去世,那只不过是顺从正常的进程。在适当的时刻保持安静("安")并顺从自然进程的人,就不会为哀乐所动。这样的人,古时候被认为是由(上)帝解除了束缚的人("古者谓是帝之悬解")。[3]

> 〈是遁天倍情,忘其所受,古者谓之遁天之刑。适来,夫子时也。适去,夫子顺也。安时而处顺,哀乐不能入也,古者谓是帝之悬解。〉

65 这同伊壁鸠鲁派和卢克莱修相类比,的确是非常之近似的和不容置疑的。《物性论》把科学说成是解除人们各种恐惧的唯一良药:

> nobis est ratio, solis lunaeque meatus
>
> qua fiant ratione, et qua vi quaeque gerantur
>
> in terris, tum cum primis ratione sagaci
>
> unde anima atque animi constet natura videndum,
>
> et quae res nobis vigilantibus obvia mentes
>
> terrificet morbo adfectis somnoque sepultis,
>
> cernere uti videamur eos audireque coram,
>
> morte obita quorum tellus amplectitur ossa.[4]

> (那末我们要用稳健的头脑去捕捉
>
> 天的意图,日月运行背后的规律;
>
> 审视那些促进地上一切生命的力量;
>
> 但最重要的是用明智的眼光,
>
> 去看精神和灵魂是由什么构成,
>
> 以及什么东西这样可怕地袭击着
>
> 睡眠之中的我们,在疾病中唤醒着我们,
>
> 直至我们就象看见和听见在我们面前

---

1) Legge (5), vol.2, p.5。
2) 《庄子·养生主第三》。
3) 译文见 Fêng Yu-Lan (5), p.70。
4) *De Rerum Natura*, I, 128 ff., 英译文见 Leonard (1)。

有着那些早已被大地埋藏了他们白骨的死人。)

卢克莱修在他的长诗中反复重复(至少三次)的那一段,很可以当作最早的科学大军的战歌:

> hunc igitur terrorem animi tenebrasque necessest
> non radii solis neque lucida tela diei
> discutiant, sed naturae species ratioque。[1]
> (能驱散这些恐怖,这心灵中黑暗的,
> 不是初升太阳眩目的光芒,
> 也不是早晨闪亮的箭头,
> 而只是自然的面貌和它的法则。)

庄子的这种议论在下述一系列篇章[2](这类篇章在其他道家著作中也有[3])达到了其最高峰,其中他谈到了"乘天地之正"或乘"自然之无穷",以此来描写那些摆脱了人类社会无价值的纠纷而与大自然合一的人所能得到的一种解脱感。庄子的这种合一无疑含有一种强烈的宗教因素,因为如上所说,这时宗教经验还没有从自然统一性的科学信念中分化出来。但其中也有方术的成分,即对至圣者能够真的乘云御风的一种半信半疑的心理,也就是一种满足愿望的心理,它体现了培根那种关于今后自然研究者可能得到征服自然的能力这一断言的鲜明风格。这种方术成分当然投合了那些混入道家的萨满教士,并且在这些"方士们"接替了道家哲学之后,这个成分的重要性也就随之增加了[4]。这里所说的那些篇章可以名之为"乘"篇,因为"乘"是其中一切的关键字,虽然还有一个与其相关的术语"游"字[5]。

这个观念是这样加以介绍的:

> 船可藏在小河湾里,捕筐可藏在湖里。这可以说是足够安全了吧。但也许在半夜被一个强壮的人背走,无知的人不明白不管你把东西藏得多好,把小的藏在大的里头,总还是有丢失的机会。但倘若你把宇宙藏在宇宙之中,那就不会再有丢失的余地。这是一个伟大的真理。获得了人的形态,是一种喜

---

1) *De Rerum Natura*, I, 146; III, 91; VI, 39, 译文见 Leonard (1)。

2) 例如《逍遥游第一》、《齐物论第二》[Legge(5),vol.1,p.192]、《徐无鬼第二十四》[Legge(5), vol.2, p.96]、《列御寇第三十二》[Legge (5), vol.2, p.212]。

3) 例如,《淮南子·原道训》第三页[Morgan (1)], p.5]有很详尽的一段,《道德经》第十章。

4) 的确,这一整个观念很可能是萨满教提出来的,因为正如埃利亚德[Eliade (3)]在他对这一课题的全面研究中所表明的,到天上游历、邀游于天空、飞升、魔术飞行等等,一向是亚洲萨满教思想和信仰中的一个突出的因素。

5) 韦利[Waley (6)], p.60]说得好:就儒家学者而言,"游"字意为哲学家们在各个封建朝廷之间进行游说。

悦。但是在无限的变化中,有着千万种其他同样好的形态。经历这无数的变化("万化")是何等之无比的幸福啊!因之,圣人遨游于事物之不可逃避的所在,所以他们永远都存在着("故圣人将游于物之所不得遁,而皆存")。[1]

〈夫藏舟于壑,藏山于泽,谓之固矣!然而夜半有力者负之而走,昧者不知也。藏小大有宜,犹有所遯。若夫藏天下于天下而不得所遯,是恒物之大情也。特犯人之形而犹喜之。若人之形者,万化而未始有极也。其为乐可胜计邪?故圣人将游于物之所不得遯而皆存。〉

庄子在这里指出,除了自然的整体以外,对任何事物倾注感情都是不明智的。只有静观自然,才能使人摆脱恐惧,摆脱失望。只有那种能够投身于自然,对自然界的任何事物,不管它是多么琐细、多么令人苦恼、多么可厌和多么可怕、以致不值得命名和研究的东西,都毫不畏避的人,才能征服恐惧,成为不可伤害的人,才能"乘云"。因此:

列子能够乘风。他可以沉着而熟练地连续浮游十五天再返回来。他之所以能够得到这种快乐,是因为他并不整天去追求它。不过,虽然他能够免去步行,但他仍要依赖某种东西(风)。设若有一个人,他能乘宇宙之正,驱使(四季)六气之变作为车驾驰驶于前,因而遨游于无穷之城,那他还需要依赖什么呢? [2]

〈夫列子御风而行,泠然善也,旬有五日而后反。彼于致福者,未数数然也。此虽免于乎行,犹有所待者也。若夫乘天地之正,而御六气之辩,以游无穷者,彼且恶乎待哉?〉

为了不使上述这种解释可能被认为是古代道家原来所没有而是强加到他们思想上去的,这里再引一段《淮南子》的确实无误的论述。因为它对这一情况有着明白的阐述,毫无诗情的想像:

本性聪明的人,是不为自然界的任何作用所吓倒的,凭经验而明智的人,是不为任何奇怪现象所惊扰的。圣人由近知远,认为万物都是基于一个原理。[3]

〈明于性者,天地不能胁也;审于符者,怪物不能惑也。故圣人者,由近知远,而万殊为一。〉

67　　　而且这一主题从来没有从道家思想中消失,不管在它的哲学上被多少方术和迷信所覆盖。公元 3 世纪的思想家如何晏和钟会就主张圣人无情的学说。许多年以后的《关尹子》(可能是 8 世纪的道家著作)也说:

终日萦绕于吉凶祸福的心思,可能遭致魔鬼的侵袭和控制。终日萦绕于

---

1)《庄子·大宗师第六》,译文见 Fêng Yu-Lan (5), p.116; Legge (5), vol.1, p.242.

2)《庄子·逍遥游第一》,译文见 Legge (5), vol.1, p.168; Fêng Yu-Lan (5), p.33; Lin Yü-Thang (1), p.96,经修改.

3)《淮南子·本经训》,第三页;译文见 Morgan (1), p.84。

情欲问题的心思,可能遭到淫鬼的袭击。终日忧惧深水的心思,可能受到溺鬼的支配。总是倾向于放荡的心思,可能受到狂鬼的袭击。终日用之于诅咒的心思,可能受到巫鬼的袭击。终日集中于药物和珍馐(字意为"饵")的心思,可能受到物鬼的袭击。这些鬼或采取阴影形、风形、气形、土偶形,或采取彩画形,老兽形,旧器物形。……心智被神鬼纠缠住的人,有时候见到奇事异物,甚或见到吉象,并借以成功地预知一切。他们往往自鸣得意,说他们身上没有鬼,而是有一种特殊的"道",可是后来他们或死于木,或死于金,或死于绳,或坠于井中。只有圣人能支配鬼神,而不为鬼神所支配。只有圣人才能利用一切事物,掌握其机制,联系万物,分散万物,保卫万物,因为圣人每天都面对着自然事实,而他的心灵是不受困扰的。[1]

〈心蔽吉凶者,灵鬼摄之。心蔽男女者,淫鬼摄之。心蔽幽忧者,沈鬼摄之。心蔽放逸者,狂鬼摄之。心蔽盟诅者,奇鬼摄之。心蔽药饵者,物鬼摄之。如是三鬼,或以阴为身,或以幽为身,或以风为身,或以气为身,或以土偶为身,或以彩画为身,或以老畜为身,或以败器为身,……为鬼所摄者,或解奇事,或解异事,或解瑞事。其人傲然,不曰鬼于躬,惟曰道于躬。久之,或死木,或死金,或死绳,或死井。惟圣人能神神而不神于神,役万物而执其机。可以会之,可以散之,可以御之。日应万物,其心寂然。〉

在以儒家和斯多葛派为一方与以道家和伊壁鸠鲁派为另一方之间的类比,已不是新鲜的事[2]。但是在作这种类比时,对伊壁鸠鲁主义也要有所区分:有严肃的、原子论的、卢克莱修派意义的伊壁鸠鲁主义;也有追求快乐、回避痛苦、庸俗意义的伊壁鸠鲁主义。这后一派的伊壁鸠鲁主义在古代中国似乎确有其代表人物,这就是与杨朱或阳生(生于孟子前不久,他的学说曾遭到孟子的猛烈攻击)的名字相联系着的一派。传统对杨朱的观点所作的说明见于《列子》第七篇,理雅各[Legge (3)]作了部分翻译[3],佛尔克[Forke (2)]则作了全译。但冯友兰极力主张,《列子》中的《杨朱篇》是公元 3 世纪后期窜入的[4],同时,根据他从其他书中保留的有关杨朱的残篇所得的看法[5],他认为杨朱是最早的道家之一:此人隐遁世外,只为自己着想,因为他认为生活中最重要的事是保持个人的心神安静和身体健康。这种学说以"全生"而闻名,即"保持不受损害的生活"。它不是禁欲主义,因为它的目的在于一切感官功能的和谐,既避免了减损,也避免了过度。它认为一切哪

---

1)《关尹子·五鉴篇》,第八页,由作者译成英文。应注意其中隐然所指的精神病的恐怖以及佛教的影响。

2) 参看 Dubs (7),p.176。

3) pp.[95] ff.。

4) Fêng Yu-Lan (1), vol.1, pp.133 ff., vol.2, pp.195 ff.。

5)《孟子·尽心章句上》第二十六章;《吕氏春秋·审分览·不二》;《韩非子·显学第五十》;《淮南子·氾论训》。

怕是再粗野、再不可原谅的倾向，也总比为了争取统治、权力和权威而干涉别人的
那种邪恶倾向要好。但是，杨朱的学说中并没有那种使道家在我们现在的论题中
显得如此之重要的对自然界的兴趣，因此这里就不详细论述了。它与科学发展的
唯一可能的联系，是它或许促进了医药卫生的实践活动；但是，对于这一点我们尚
缺乏证据。

(4) 违反自然的行为("为")及其对立面("无为")

上面我们谈了道家的静观，但是，道家的行为又是怎样呢? 前几页曾引用《庄
子》的一段话说，那些"以恬静培养其知识"的人，"终生不用其知识从事违反自然的
行为"。译文中"违反自然的"这几个字是用括号括起来的，因为理雅各在"生而无
以知为也"这一句的英译文中没有这几个字；而问题的焦点却就在"为"这个字的翻
译上。实际上，每个翻译者和注释者都采用了不加修饰的 action(行为)这个词，以
致成为道家最大口号之一的"无为"就变成了 non-action(无所作为)或 inactivity
(不活动)了。我相信，大多数汉学家在这里是都弄错了[1]；就早期原始科学的道家
哲学家而言，"无为"的意思就是"不做违反自然的活动"(refraining from activity
contrary to Nature)，亦即不固执地要违反事物的本性，不强使物质材料完成它们
所不适合的功能；在人事方面，当有识之士已能够看到必归于失败时，以及用更巧
妙的说服方法或简单地听其自然倒会得到所期望的结果时，就不去勉强从事。为
了支持这一论点，我要引用《淮南子》中的下述一段话：

> 也许有人以为，以无为精神行事的人，是深沉寡言和冥思不动的，这种人
> 呼之不来，推之不去。于是就把这种态度假定为另一个得道者的形象。我不
> 同意对"无为"作这样的解释。我从来没有听到哪一位圣人有过这样一种解
> 释。……

> 大地的形势使水向东流，但人们还必须开凿河渠使之流入运河。谷物在
> 春季萌芽，但还必须加上人工劳动来促进它们生长和成熟。倘若一切都留给
> 大自然，听任其繁殖和生长，不加人工，那么，鲧和禹[2] 就完成不了任何功绩，
> 后稷[3] 的知识就使用不上。因之我认为，"无为"的意思是不要以个人偏见
> (或私人意志)去干扰宇宙之"道"("私志不得入公道")，不要以嗜欲邪念把真

---

1) 然而我可以说，佛尔克[Forke (12)，p.39]是和我站在一边的，此外，在某种程度上还有戴闻达
[Duyvendak (7)]。

2) 重要的是，在这里鲧像禹一样，被说成是有功的；见本卷下文 p.117 和第二十八章(f)。

3) 稷神，古代一位农业方面的民间英雄。

正的技术过程带入歧途（"嗜欲不得枉正术"），理性（"理"）[1] 必须指导行动（"事"），为的是可以按照事物的内在本性和自然趋势（"自然之势"）来使用权力。……

　　假若有这样的事情，譬如用火去烘干水井，或者引淮河的水向上灌溉山头，那末，这种事物就是个人的行事，是违反自然的行为（直译为"背自然"）。这可以称之为"有为"（劳而无功的行为）。但是，水上用船，沙地用滑板，泥地用橇，山路用轿，为夏洪挖掘河道，为冬寒设置防护，在高地造田，变低地为池——这些活动就都不能称之为"为"（或"有为"）的活动。圣人的一切活动方法都是遵循"事物的本性"的。[2]

　　〈或曰：无为者，寂然无声，漠然不动。引之不来，推之不往。如此者乃得道之像。吾以为不然。尝试问之矣。……

　　夫地势，水东流，人必事焉，然后水潦得谷行。禾稼春生，人必加功焉，故五谷得遂长。听其自流，待其自生，则鲧禹之功不立，而后稷之智不用。若吾所谓无为者，私志不得入公道，嗜欲不得枉正术，循理而举事，因资而立[功]权[推]自然之势。……

　　若夫以火熯井，以淮灌山，此用己而背自然，故谓之有为。若夫水之用舟，沙之用鸠，泥之用辁，山之用蔂。夏渎而冬陂，因高为田，因下为池，此非吾所谓为之。圣人之从事也，殊体而合于理。〉

假如所有道家著作有关"无为"的篇章都用这一观点重新加以检察，我们就会发现，它们和这一学派的原始科学的一般特性是很符合的。因而《道德经》以它那常见的珠玉般的简洁语气说道："不要有（违反自然的）行为，那末，就没有任何事情是治理不好的"（"无为，则无不治"）[3]。对于这种不违反自然的活动，即"无为"，《庄子》[4]称它是一切盛名之主，一切计划的宝库，能够胜任一切职能，并使实行它的人成为一切智慧之主。在论及古代帝王时，他说，他们如果不做（违反自然的）事，便能使整个世界为自己所用，而且还能做到绰绰有余；但是他们如果要做（违反自然的）事，那就不能充分尽到世界对他们所要求的职责了[5]。（"无为也，则用天下而有余；有为也，则为天下用而不足。"）

　　《管子》一书中也说："上天帮助那种按照上天（的意思）而行事的人，但反对那

1）后面还要详细论述这个字的全部含义。这里，我们暂从莫安仁（E. Morgan）的译法（指"理"字英译为 reason——译者），尽管有些译法，例如译为 natural pattern，要好得多。参见本卷 pp. 472 ff.。

2）《淮南子·脩务训》，第一页，第三页以下。译文见 E. Morgan (1)，pp. 220, 224, 225，经修改。《文子》一书也有类似说法，参见 Forke (13)，p. 345。

3）《道德经》第三章，由作者译成英文。

4）《庄子·应帝王第七》，Legge (5)，vol. 1，p. 266。

5）《庄子·天道第十三》，Legge (5)，vol. 1，p. 333。

种违犯上天(的意思)而行事的人。"[1] ("其功顺天者,天助之;其功逆天者,天违之。")这使我们想起了一位基督教教父希波利图斯(Hippolytus)给魔鬼下的定义,说他是"抗拒宇宙过程的人"。大约在公元 300 年时,郭象在其《庄子注》中说道:"无为并不是指不做任何事情并保持沉默。让万物都做它们自然会做的事情,从而使它们的本性可以得到满足。"[2] ("无为者,非拱默之谓也。直各任其自为,则性命要点")《淮南子》把这和对大宇宙-小宇宙学说的叙述联系起来,说:"如果搞不顺从上天意志的计划,那是戕贼人的自己的本性。"[3] ("做举事而不顺天者,逆其生者也。")

郭象的观点,在《晋书》有关公元 4 世纪的一个巫师幸灵的有趣故事[4]中被夸大了。当幸灵是个孩子的时候,他的父亲要他去看护稻苗以防止牛的糟蹋,但他没有看守好,后来却把毁坏了的禾苗重新插起来。当受到责备时他说,牛的本性是要吃,同样地,稻的本性是要长;因此他就听任自然各行其是,并尽他所能来弥补损失。

这种不违反物性——违反物性只能使人劳而无功——乃是有意识地取法于自然之道本身的运行,它虽然无所作为,但却能完成一切。因而《庄子》说道:

> 天地(以其)最美妙(的方式在运行),但从来不谈论它们。四季遵循着最清楚明白的规律,但从来不议论它们[5]。一切事物都具有其内在的原理,但从来不提它们。圣人们探索天地的美妙(的运行),并深入于万物的内在原理。所以圣人不做(违反自然的)事情,圣人不做(违反自然的)发明,他们把天地看作自己的楷模。[6]

> 〈天地有大美而不言,四时有明法而不议,万物有成理而不说。圣人者,原天地之美,而达万物之理。是故至人无为,大圣不作,观于天地之谓也。〉

我在下一阶段[7]将提出,这种"无为"概念的最深沉的根源之一可能在于原始农民生活的无政府性:植物没有人干涉就生长得最好,人没有国家干涉就最昌盛。

其他学派通常也使用这个术语,但赋予它以一种不同的意义。例如,法家把

---

1)《管子·形势第二》,第一页,由作者译成英文。
2)《庄子·在宥第十一》,译文见 Dubs(19);另见《天道第十三》。德效骞认为这是后来的一种解释,而不是像我认为的那样,从一开始就存在於道家思想家的心目之中。
3)《淮南子·天文训》,第十六页,译文见 Chatley (1)。
4)《晋书·艺术列传》,第十页。
5) 我们是根据理雅各的译法这样写的,但关于这句看似单纯的话,我们还要多谈,见下文关于自然法则的第十八章(p.546)。
6)《庄子·知北游第二十二》,Legge (5),vol.2,p.60;Lin Yü-Thang (1),p.68,经修改。
7) 见本卷论述自然法则的一章(p.576)。

"无为"解释为君主的无所作为,他把他的权力转交给他的高级官员,或者依成文法来自动处理纠纷[1]。汉朝的儒家则在"无为"中强调不做出努力的品质[2]。后来由于使用上的庸俗化,同时受到佛教坐禅方式的影响,"无为"确实含有避免一切活动的意思。史书中对公元前193年的曹参[3]或公元前134年的汲黯[4]这类政治家,也做了很多描述,说曹参空坐府中,公事至简("府中无事")。在许多情况下,"放任无为"的方法无疑地是比积极主动的策略更有成效,但对"无为"这个词的这种极端误解,毫无疑问导致了它被滥用,并玷污了道家的声誉。不过,公元3世纪的向秀和郭象对《庄子》的注却维护了这一真正的观点,他们说,一切事物都必须使之顺从其自然的趋势,例如工匠的"无为"即在于他对自己技艺的追求[5]。

(5) 道家的经验主义

71

"为"就是不考虑事物的内在原理,凭藉别人的权威,为了个人私利而对事物加以"强制"。"无为"则是听任事物按照其内在的原理而得出自己的命运。能够实践"无为",这就意味着要通过基本上是科学的观察而取法自然。因此,我们已经不知不觉地转到那条对中国整个科学技术发展至为重要的经验主义线索的开端了。这里有两段文字,虽然长些,但不能不引。一段是《淮南子》的,以攻击法家开始,对于这种攻击,参考后面法家一章(p.204)将会理解得更好些:

> 至于申(不害)、韩(非子)和商鞅的治国方法,他们是把事物连根拔起,不考虑事物的本源(原因,"本"),也不彻底研究事物存在的来由。他们为什么这样做呢?他们把五刑加重到违背道德之本的程度("背道德之本"),他们削尖其武器,像斩蒿似的斩杀大部分人民。他们自鸣得意,认为已经把世界治理好了。但这正像是火上加薪,或企图把一个不息的源泉变干一样。环井植梓[6]以致使水桶不能上下,沿河植柳以致使船舶不能通行——这些树木不出三个月就将被砍掉。

> 为什么犯这样的错误呢?这些狂妄专横的人全不考虑本源。(黄)河虽然有九曲,但总是流向海里,因为它在昆岺山有个不竭之源。洪水虽然漫溢田

---

1) Fêng Yu-Lan(1),vol.1,pp.292,330ff.。

2) Fêng Yu-Lan(1),vol.1,p.375。

3) TH,p.312。

4) TH,p.431。

5)《庄子补正·德充符第五》,第五页,译文见 Fêng Yu-Lan (1),vol.2,p.216。

6) 梓属,BⅡ,508;Ⅲ,319。其枝或根对水井会有干扰。

野，但倘若十天或一个月不下雨，它就要干涸，因为它没有源，比如，射手羿向西王母¹⁾求不死之药，但（他的妻子）嫦娥偷吃了它并飞上月宫；他对他这一不可弥补的损失是非常悲伤的。为什么呢？因为他不知道不死之药生长在什么地方？所以，与其向人求火，不如自己有一个阳燧火镜；与其从别人井里汲水，不如自己掘一口井。²⁾

〈今若夫申韩商鞅之为治也，㧑拔其根，芜弃其本，而不穷究其所由生。何以至此也？凿五刑，为刻削，乃背道德之本，而争于锥刀之末。斩艾百姓，殚尽太半，而忻忻然常自以为治。是犹抱薪而救火，凿窦而出水，夫井植生梓而不容瓮，沟植生条而不容舟，不过三月必死。

所以然者何也？皆狂生而无其本者也。河九折，注于海而流不绝者，昆仑之输也。潦水不泄，沟浍极望，旬月不雨，则涸而枯，泽受瀵而无源者也。譬若羿请不死之药于西王母，姮娥窃以奔月。怅然有丧，无以续之。何则？不知不死之药所由生也。是故乞火不若取燧，寄汲不若凿井。〉

换句话说，严酷的法家统治方法基本上违反了人类行为的主流，因此是注定要失败的。那些对自然界中可以查明的原因和内在原理不给予足够重视的人，在企图做出不可能的事的时候，会把自己弄得筋疲力尽。射手羿就是想依仗权威才进行长途跋涉，而不死之药却一直生长在他的屋门外面。他本应该调查一下近在手边的东西，不用进行徒劳的远行去找西王母³⁾。他实践了"为"，他的妻子则实践了"无为"。最后，还是求助于自然而不要求助于权威吧：去生你自己的火，掘你自己的井吧。

第二段文章是一篇经验主义的出色论述，它出自《吕氏春秋》，可以看做是古代道家的技术家反对当时政治家和诡辩家的最精彩的论断：

知道自己的无知——这是上智。那些犯错误的人们的毛病就在于，当他们不知道的时候却以为自己知道。在很多情况下，许多现象都似乎是属于同一类（相像），但实际上却很不相同。这就造成了很多国家的衰亡和很多生命的损失。

菜蔬中有莘⁴⁾，有蘦⁵⁾。假如你只吃某一种，你可能会死。假如你把它们和其他菜蔬混杂起来，它们可能使你长寿。假如把许多种堇⁶⁾（毒芹）混合在

---

1) 传说中的西方女神。

2)《淮南子·览冥训》，第十页，由作者译成英文。

3) 托马斯·布朗爵士（Sir Thomas Browne）在几百年后说："我们自身就带有我们在身外去寻找的那些奇迹"，"在我们身内就有全部的非洲及其珍奇"。

4) 细辛属，BⅢ，40。

5) 悬钩子属，BⅡ，131。

6) 乌头属，BⅡ，134。

一起,这种混合物是没有毒的。

漆是液体,水也是液体;但当你把两者混合在一起时,你就得到一种固体。这也就是说,假如你把漆弄湿,它就会干。铜是柔软的,锡也是柔软的,但你把这两种金属混合在一起时,它们就变得很硬。假如你对它们加热,它们又会变成液体。所以,假如你弄湿一样东西,它就会变得干硬,假如你加热一样硬东西,它就会变成液体。因此可以看到;你不能仅仅由於知道(事物组成部分的)种类的特性,就可推知某一件事物的特性("类固不必可推知也")。

一个小方形和一个大方形同属于一类,一匹小马和一匹大马同属於一类。但小知和大知却不是同一类。在鲁国有个叫公孙绰的人,他说他能起死回生,当人们问他怎么能够时,他回答说:"我能治半身不遂(中风)。假如我把这种药的剂量加倍,就能起死回生了。"但是,事物中有些能有小规模的效应,但没有大规模的效应;而另有一些则是对于一半而不是对整体是有效的。

一位制剑的工匠说:"白色金属(锡)使剑硬,黄色金属(铜)使剑有弹性。黄白混合在一起,剑就既硬且有弹性,这是最好的剑。"有人和他辩论说:"白的是剑所以没有弹性的原因,黄的是剑所以不硬的原因。假如你把黄白两种金属混合在一起,剑就不可能是又硬而又有弹性的了。此外,假如剑柔,就易弯曲;假如剑硬,就易折断。这种易弯易折的剑,怎么能说是一种锋利的好剑呢?"剑的性质并没有改变,但有人说它是好剑,有人说它是坏剑,这只不过是一个见解问题。假如你知道如何区别论辩中的好坏,就不会有废话了。假如你不知道的话,那么,尧和桀[1]也就没有差别了。这正是忠贞的官吏们所经常在忧虑着的事,也是何以有许多好人被革职的原因。……

高阳应让人给他盖房子。他的泥瓦匠说:"用那些太绿的木料不行,涂上泥后就要翘曲。用新木头盖房子,短时间内可能好看,但过不多久它一定要倒塌的。"高阳应回答说:"和你的说法(正相反),房子决倒不了。木料越干就越硬,灰泥越干就越轻。假如你把越来越轻的东西和越来越硬的东西配在一起,它们是不可能彼此损害对方的。"那位匠人对此不知如何回答,于是就接受命令盖起了房子。房子刚盖好时是很好的,但不久就落得七零八碎的。高阳应喜欢弄这类小聪明,但完全不懂得(自然界的)大道理("不通乎大理也")[2]。

假如骥骜和绿耳(两匹最快的马)朝着正西飞跑,从而把太阳丢在背后,但傍晚到来时,它们都将发现太阳已到了它们的前头。因此,有些事情是眼睛看

73

---

1) 一个好皇帝和一个坏皇帝的典型。
2) 这位匠人一定会理解维特鲁威(Vitruvius)在其《建筑十书》(Ⅶ,i,2)中的看法的。

不见的,是理智体会不了的,也是不能用数目计算的。我们不知道它们如何是这样和为什么会这样。(因而)圣人遵循(自然)建立社会秩序,而不从自己的头脑里发明原理("圣人因而兴制,不事心焉")。[1]

〈知不知,上矣。过者之患,不知而自以为知。物多类,然而不然,故亡国僇民无已。

夫草有莘有藟,独食之则杀人,合而食之则益寿。万堇不杀。

漆淖水淖,合两淖则为蹇,湿之则为干。金柔锡柔,合两柔则为刚,燔之则淖,或湿而干,或潘而淖,类固不必可推知也。小方,大方之类也;小马,大马之类也;小智,非大智之类也。

鲁人有公孙绰者,告人曰:"我能起死人。"人问其故,对曰:"我固能治偏枯,今吾倍所以为偏枯之药,则可以起死人矣。"物固有可以为小,不可以为大,可以为半,不可以为全者也。

相剑者曰:"白所以为坚也,黄所以为牣也,黄白杂则坚且韧,良剑也。"难者曰:"白所以为不牣也,黄所以为不坚也。黄白杂则不坚,且不牣也。又柔则锩,坚则折,剑折且锩,焉得为利剑?"剑之情未革,而或以为良,或以为恶,说使之也。故有以聪明听说,则妄说者止;无以聪明听说,则尧桀无别矣。此忠臣之所患也,贤者之所以废也。……

高阳应将为室,家匠对曰:"未可也。木尚生。加涂其上,必将挠。以生为室,今虽善,后将必败。"高阳应曰:"缘子之言,则室不败也。木益枯则劲,涂益干则轻,以益劲任益轻,则不败。"匠人无辞而对,受令而为之。室之始成也善,其后果败。

高阳应为小察,而不通乎大理也。

骥骜绿耳,背日而西走,至乎夕则日在其前矣。目固有不见也,智固有不知也。数固有不及也,不知其说所以然而然。圣人因而兴制,不事心焉。〉

当我们研究中国冶金学和工程学史的时候,我们将再次想到那个比与他们进行辩论的诡辩家们知道得更高明的制剑师和泥瓦匠。不管逻辑推理主义的马跑得多快,自然界最后总要赶到它们的前面,使它们陷入混乱,从而证实道家的经验主义是对的。

这一主题一直荡漾在多少世纪以来的中国思想之中,在相传为慎到(战国时期一位不太著名的哲学家,稍早于庄子)所著、但大部分可能系后世[2](可能为汉唐间的某个时期)撰写的《慎子》一书中,我们看到:

至于那些防护和治理九河四湖堤坝河道的人,他们在各个时代都一样,他们并不向大禹学习业务,而是向水学习。[3]

〈治水者,茨防决塞,九州四海,相似如一。学之于水,不学之于禹也。〉

还有,在唐代道家著作《关尹子》(可能写于公元 8 世纪)中是这样说的:

_____

1) 《吕氏春秋·似顺论·别类》,德译文见 R.Wilhelm (3),p.434,由作者译成英文,经修改。
2) Fêng Yu-Lan (1),vol.1,p.155。
3) 《慎子·佚文》,第十一页,由作者译成英文。

那些善射的人是学之于弓,而非学之于羿。那些善驾船的人是学之于船,而非学之于奡(传说中一位非凡的船工)。那些善于思考的人,是自己学来的,而不是向圣人学来的。[1]

〈善弓者师弓,不师羿。善舟者师舟,不师奡。善心者师心,不师圣。〉

就在这同一时候,我们看到关于艺术家韩幹的著名的故事。韩幹是唐代画马的大画家,年轻时曾被皇帝召进宫里去。皇帝请了当时最好的画家来教他,但他拒绝了那些名画家,只要求经常到御马厩去[2]。下面在考察道家著作中一系列奇妙的"技巧"章节时(p.121),我们很快就要回到这个主题上来。无论如何,必须把它看作是整个中国文化强调实用技术甚于抽象科学的重大问题;同时,把它和中国文化在公元后最初十三个世纪期间所给予西方的伟大贡献联系在一起,也决非是无稽的想象。

74

(e) 变、化和相对性

道家既然把兴趣集中于自然,那就不可避免地要纠缠于变化这个问题。这个问题也涉及其他一些学派,特别是阴阳家和名家,关于它们,我们还将在后面论述(pp.232,185)。于是,一些术语就发展出来了,诸如"变"、"化"、"反"、"还",但这些术语的确切意义有时是难以划分的[3]。"反"和"还"都有"反应"(reaction)或"返回"(return)的意思,譬如以前的一个作用引起了某种逆反的变化,或一个循环过程把现象带回到与初始状态相类似或相同的状态。"变"和"化"的严格区别或许更难确定。在现代汉语用法中,"变"倾向于表现逐渐的变化、转变或变形;而"化"则倾向于表示突然和彻底的突变或改变(如在快速化学反应中那样)——但这两个字之间并没有严格的界限。"变"可以用于天气变化、昆虫蜕变[4]或个性的缓慢转变;"化"可以指溶解、液化、熔化等的过渡点,乃至于彻底的腐化。"变"倾向于与"形"相关,而"化"则与"质"相关。雪人消融时,雪"化"而形"变"。据宋代程颐的解释,"变"系指内部变化,外部形态或形状还全部或部分地保存着;而"化"则是根本的变化,连外表也改变了[5]。当然,困难在于,这种区别究竟在多大程度上适用于公元前4世

---

1)《关尹子·五鉴篇》第十一页,由作者译成英文。

2) 联系到这一点,我要感谢老友冀朝鼎。关于韩幹的部分绘画,见 Siren (6),vol.1,pl.60,61,62。

3) 对于这一段文字的阐述,我得感谢白乐日(E.Balazs)博士和鲁桂珍博士。另一个字"改",我们将在下文中讨论。

4) 但在古代,"化"字也用来表示一切生物变态(参见《抱朴子·内篇》的《论仙卷第二》和《对俗卷第三》;李昉《太平御览》第八八七、八八八卷)。

5) Forke (9),p.93。

纪道家哲学家所使用的这个术语。这个问题似乎和戴密微[Demiéville (3c)]在全
部中国思想史中所观察到两种趋向有关,即和他所谓"突变"(subitisme)和"渐进"
(gradualisme)有关;它们后来可能表现为相对于缓慢发展的社会革命,或更经常
地表现为相对于儒家的敬慎和入世态度的顿悟(如在佛教和道教中的表现那
样)[1]。

这里引用《管子·内业》中的一个典型的句子:"圣人⋯⋯变而不化"。这句话
我们是应该解释为"圣人内心变化而外形不变"呢?还是解释为"缓慢而慎重地变
化,但不匆匆得出结论"呢?那篇文章接着说:他遵循事物(的结果),但不放弃他以
前的一切原则("从物而不移")。这可能含有这样的意义:圣人按照经验行事,使自
己逐渐适应於自然界,但不改变其根本观点。但道家所集中注意的是自然界的变
化更甚于圣人的变化。循环性的变化给他们的印象特别深刻,这不仅仅是四季和
生死的变化,而且还有见之于各种可观察到的宇宙和生物现象的变化。这就是侯
外庐所称的"循环异变论"。

我们可以立刻再次找到老子和卢克莱修的相似之处。《道德经》说:

　　⋯⋯在世界上的各种动物中间,有的前行,有的后随;

　　有的吹热气,有的却在吹冷气;

　　有的感觉精力旺盛,有的却疲惫不堪;

　　有的正在负载东西,有的却正在交卸重担;

　　因此之故,圣人摒弃那种"绝对"的、"无所不包"的"极端"的东西。[2]

〈⋯⋯故物或行或随,或虚或吹,或强或羸,或挫或隳。是以圣人去甚,去奢,去泰。〉

而《物性论》说:

omnia migrant,

omnia commutat natura et vertere cogit.

namque aliut putrescit et aevo debile languet,

porro aliut clarescit et e contemptibus exit.[3]

　　(万物皆消逝,

　　因为自然改变一切,强使一切改变;

　　看,这个腐朽了,

　　因为年深月久而衰弱无力;

---

1) 参见 Fêng Yu-Lan (1), vol.2, pp.283, 387。

2)《道德经》第二十九章,译文见 Waley (4)。

3) *De Rerum Natura*, V. 830 ff., 英译文见 Leonard (1)。参看 Needham (3), p.191。

　　　　那个却从卑微中之出现，

　　　　又一次光辉昌盛。）

这是自然辩证法的一部分，即在任何一定阶段上，总是有衰老因素和新生因素之间的不断重现的对立。康福德[1] 还从希腊作家中举出了更多的明显的类似思想。

　　《道德经》以确定的措词描述了循环变化。例如第五十八章写道：

　　　　荣福倒向祸患，幸运来自不幸。谁能知道这一极端的转折点？因为它不承认正常这种东西（"无正"）。正常变为不正常（"正复为奇"）。善的变成恶的。人类被这些变化所困惑，为时是太久了。……[2]

　　　　〈祸兮，福之所倚，福兮，祸之所伏。孰知其极？其无正？正复为奇，善复为妖，人之迷，其日固久。……〉

另外，第四十章说：

　　　　"返回"是道（所特有）的运动（"反者道之动"）。

　　　　〈反者，道之动。〉

《庄子》也强调这一点：

　　　　生是死的随从，死是生的先行。但谁知道它们的周期（以及它们之间的联系，也就是"道"）？人的生命是由于气的凝聚，气散了，人也就死了。这样，既然生和死彼此相伴相随，我为什么把它们（中的某一种）看成是祸患呢？……把（生）看成是美好的，不外因为它像是神奇的。把（死）看成是可憎的，因为它是恶臭腐败的。但这种恶臭腐败的转过来又变为神奇的，然后又再一次出现逆反的变化。所以说，整个宇宙通体就是一个"气"。因之，圣人重视这种统一性。[3]

　　　　〈生也死之徒，死也生之始，孰知其纪？人之生，气之聚也，聚则为生，散则为死。若死生为徒，吾又何患！……是其所美者为神奇，其所恶者为臭腐，臭腐复化为神奇，神奇复化为臭腐。故曰："通天下一气耳。"圣人故贵一。〉

人们可以看到一种倾向，即把对于这些变化的重视和顺从体现为对自然的理解，这就是道家静心、或心地恬静的基础[4]。道是伴随其他一切事物，并适应其他一切事物的。当这些事物衰亡时和当这些事物臻于完善时，"道"都是存在着的，它是位于一切事物"变动"中心的"平静"[5]。它产生充盈和空虚（"盈虚"），但它既非盈，也非

76

---

1) Cornford (1), p.165.

2) 作者根据侯外庐的解释译成英文。戴闻达[Duyvendak (18)]作了类似的翻译。

3)《庄子·知北游第二十二》，译文见 Legge (5) vol.2, p.59.

4) 更明确的论述见于《庄子·大宗师第六》[Legge (5), vol.1, p.249]和《庄子·寓言第二十七》[Legge (5), vol.2, p.144]。其中有些地方把"禅"字用作接近各种变化的系列的术语。

5)《庄子·大宗师第六》[Legge (5), vol.1, p.246].

虚。它产生衰败和肃杀("衰杀"),但它既非衰,也非杀。它产生了根和枝("本末"),但它既非根,也非枝。它产生积聚和消散("积散"),但它本身既非聚,也非散[1]。在《列子》[2]、《管子》[3]、《淮南子》[4]中还可找到许多这类论述,如《列子》中说,每个"终点"都应看作是另一事物的"开端"。

关于变化,最大的困难是无从知道何时已经越过一个范畴的限度而进入另一个范畴。因此,这种不可觉察的转变,一直成为形式逻辑背上的芒刺。关于这一点,当我们把维多利亚时代科学的强制成规和今天虽似悖论但颇为有力而且可用数学表示的科学概念加以比较,或者再远一点,把17世纪科学的灵活性和它成功地挣脱了的那种中世纪僵硬的亚里士多德的形式主义加以比较,就可以明白了[5]。在更高一级的结合中,矛盾得到了辩证的统一,这在科学中是常见的;而在道家著作中,特别是在《庄子》的第二篇,对此有着明确的论述[6]。在无数的肯定和否定中间,圣人不站在某一方,而是认为真理可能分布于许多意见之中,因而参照上天来形成他的判断[7]("是以圣人不由,而照之于天")。那些提出各种意见的人,并未了解一切都是部分正确的和部分错误的,一切意见只能以"道"为"轴心"来判断,整个自然界都是围绕着它在运转的[8]。各种互相冲突的意见,只可在天的冥冥运行之中找到协调,并循此而追溯到无限的过去[9]。关于这个论题的"经典引文"(*Locus classicus*),是那篇关于猴子的寓言。

为了使事物一致而费尽精力和智能,却不知道事物早已是一致的——这叫作"朝三"。这个"朝三"是什么意思呢?有一个养猴的人说,每天给猴子的胡桃定量是早晨三个,晚上四个。但猴子们对这个办法很恼怒。于是,这个养猴的又说了:那末,就早晨给四个,晚上给三个吧。对于这个安排,猴子们非常高兴。他的这两种方法实质上是一样,但一个使得猴子们很恼怒,另一个却使它们很高兴。因此,圣人调和"是"与"非"的论断,而止于天的自然平均作用("是以圣人和之以是非,而休乎天均")。这就叫做"同时遵循两种途径"("是

---

1)《庄子·知北游第二十二》[Legge (5), vol.2, p.67]。
2)《列子·汤问第五》,第一页[Giles (4), p.82]。
3)《管子·内业第四十九》。
4) 特别是《淮南子·原道训》。
5) 参见 Needham (3)。
6) 参见 Waley (6), p.26。
7) Legge (5), vol.1, p.183。
8) Legge (5) vol.1, p.184。
9) Legge (5) vol.1, pp.195, 196。

之谓两行")。¹⁾

> 〈劳神明为一,而不知其同也,谓之"朝三"。何谓"朝三"? 曰:狙公赋芋,曰:"朝三而暮四。"众狙皆怒。曰:"然则朝四而暮三。"众狙皆悦。名实未亏,而喜怒为用,亦因是也。是以圣人和之以是非,而休乎天均,是之谓两行。〉

庄子以及一般道家的这种辩证性,是唐君毅[Thang Chün-I (1)]的一篇有趣论文的主题,他试图把它同黑格尔(Hegel)作详细的比较。庄周和黑格尔两人都会同意变化是永恒的,而把现实视为过程;两人也都会攻击那种企图否定变化的现实或者仅以一种不变的永恒来解说它的永恒哲学。后面,在墨家学派的逻辑中,我们至少也还将看到这种承认过程和辩证法的类似迹象;对于这些倾向,我们应该记在心里,以便在结束本书时最后进行清帐。例如,那时我们将要讨论到,中国语言结构本身在多大程度上鼓励了古代思想家发展到接近于不仅通常称作黑格尔派的思想类型,或近似于怀特海(Whitehead)的思想类型,而且甚至更为根本,更确切地说,已经近似于现在在组合逻辑(combinatory logic)名目之下正在研究的一些东西。

总的说来,道家避免搞一套宇宙生成论,而是聪明地认为,"道"的原始创造性活动一定是永远不可知的。不过,《道德经》有一段体现了宇宙起源的神话(该书第四十二章):

> 道产生一,一产生二,二产生三,三产生万物(所有事物)。万物都是背靠着阴而怀抱着阳²⁾(即处于这两种力量之间),由空虚的"气"来进行调和。……减损一种事物("损")往往倒使它增多("益"),使它繁盛常常又导致它的衰败。……³⁾

> 〈道生一,一生二,二生三,三生万物。万物负阴而抱阳,冲气以为和。……故物,或损之而益,或益之而损。……〉

除了涉及生成和消逝的循环变化的话使我们再次想到亚里士多德的生成消灭论($\pi\varepsilon\rho\grave{\iota}$ $\gamma\varepsilon\nu\acute{\varepsilon}\sigma\varepsilon\omega s$ $\kappa\alpha\grave{\iota}$ $\phi\theta o\rho\hat{\alpha}s$)而外,这一篇论述的意义一点也不明确。埃克斯[Erkes (3)]曾特别注意这段文字,发现其中有涉及宇宙卵(Cosmic Egg)的观念,

78

---

1)《庄子·齐物论第二》,译文见 Legge (5) vol.1, p.185; Fêng Yu-Lan (5), p.52; Lin Yü-Thang (1), p.224,经修改。

2) 韦利[Waley (4)]认为,老子的书时代过早,不可能受到阴阳学说的影响,因之他将"阴""阳"译为"向阳一边"(Sunny side)和"背阴一边"(shady side)。我们将在王逵的思想中遇到对这种观念的一个反响(参见后面论动物学的第三十九章)。

3) 作者根据侯外庐的解释译成英文。参见 Duyvendak (18)和 Waley (4)。

这种观念就像在古代欧洲思想中一样,存在于古代中国人的思想中[1]。关于宇宙生成论的另一段文字是在《淮南子·俶真训》的开头,但这段话更长,有些杂乱。这些古老的观念,似乎还没有得到详细的比较研究和阐明。

在现代中国人中间流传着一个故事,说的是一个和尚在快要饿死的时候,接受别人施舍的一个鸡蛋。他很长时间都不肯吃它,但最后还是吃了,并在墙上写了下面的偈语:

> 混沌乾坤一口包,
>
> 也无皮血也无毛。
>
> 老僧带尔西天去,
>
> 免在人间受一刀![2]

从科学的观点看来,更加有趣的是下述这一事实,即道家提出了一种非常接近进化论的论述。至少,他们坚决否认物种的固定不变性。这方面主要的一段话见于《庄子·至乐第十八》。它曾经使翻译者感到头痛,幸而我们有出自胡适这位大师手笔的译文:

> 一切物种("种")都含有(某种)胚芽("几")[3]。这些胚芽在水里就变成了
> "藚"[4]。在水陆交界处就变成了(地衣或藻,类似我们称之为)"蛙、蠙之衣"的那种东西。在岸上就变成了"陵舄"[5]。"陵舄"得到肥沃的土壤就变成"乌足"[6]。"乌足"的根生长出蛴螬[7];叶变成"蝴蝶,"[8]或胥[9]。"蝴蝶"其后变成一种昆虫,生在灶下,有新形成的一层表皮,名叫"鸲掇"[10]。在一千天后,"鸲掇"变成一种鸟,名叫"干余骨"[11];它的唾液变成"斯弥"[11]。斯弥变成一种酒蝇("食醯")[11],又从这种酒蝇中生出"颐辂"[11]。"黄轵"[11]生于"九猷"[11]。蚊子

---

1) 中国方面的情况,见 A. Kühn(1),p.29;W.Eberhard (6)。它显然与极为重要的"混沌"这一概念有联系,见下文 p.115。关于俄耳甫斯式 (Orphic) 的宇宙印,参看 Needham (2),pp.9, 10,其中提到 A.B.Cook (1),以及 Freeman (1) 和 Diels-Freeman (1)。

2) 这是我们作者之一(王铃)从他的祖父那儿听来的(此偈见于《随园诗话》,补遗卷一,第 17 条——译者)。见下文 pp.107, 313。

3) 不用说,germ("几")一词不带有任何确切的现代含义,如"细菌"。

4) 没有进一步定义的一种小生物,象丝纤维的横断面一样小。

5) 如果是植物的话,那已是一种现在无法鉴别的植物。

6) 字面意思是"乌鸦的脚",但这种植物现已无法识别。

7) 这一名字组合现用来指一种钻木头的小甲虫,但庄子时期它究竟指的什么,已不可知。

8) 现泛指凤蝶科或粉蝶科的蝴蝶。庄子也许注意到(并误解了)某些鳞翅目昆虫所表现的叶子的拟态。

9) 现在是指一种腌蟹法,在这里也许是指用于腌制的特种蟹。

10) 无从解释。从公元 16 世纪以来,"鸲"即指一种鸟(八哥的一种),参看 R296。

11) 无从鉴别。其所变成之动物,大概都是昆虫。

("瞀芮")生于腐"蠸"[1]。"羊溪"[1]与"不笋久竹"[2]配对而生"青宁"[3],"青宁"又生"程"[4],"程"(最后)生马,马(最后)生人,人又回入到胚芽[5]。万物来自胚芽,又回到胚芽。[6]

〈种有几,得水则为䗵。得水土之际则为蛙蝛之衣。生于陵屯,则为陵舄。陵舄得郁栖,则为乌足。乌足之根为蛴螬,其叶为胡蝶。胡蝶,胥也,化而为虫,生于灶下,其状若脱,其名为鸲掇。鸲掇千日为鸟,其名曰干余骨。干余骨之沫为斯弥,斯弥为食醯。颐辂生乎食醯,黄𫐉生乎九猷。瞀芮生乎腐蠸。羊奚比乎不笋,久竹生青宁。青宁生程,程生马,马生人。人又反入于机。万物皆出于机,皆入于机。〉

道家观察者肯定对昆虫变态这类现象很熟悉,并且像早期欧洲人一样,从昆虫出现在腐败物体之中而肯定得出了同样不正确的结论("自然发生论")[7]。然后,他们又把他们从自然界可能发生的那些奇异变形中得出的概念扩大到其他一些更为臆想、更少根据的例证上去[8],这一点我们将在后面第三十九章中加以论述。彻底变形的这个信念一经确立,就离缓慢的进化变异这一信念不远了,即一个动植物的种是从另外一个种演变来的。从上面刚刚引用过的那段论述中,可以清楚地看出这一观念,同时,这一观念也被应用于(如《淮南子》中所示)[9]地球内的矿苗和金属通过相继变化而进行的缓慢生长和发生的过程。把这种转化概念应用于我们现在称之为无机界的情况,在欧洲思想中也能找到。不过它在中国出现得很早,并把庄子的生物概念和企图以主观的干涉来加速这些变化的炼丹术联系起来了(见本书第三十三章)[10]。在这一段中值得注意的另一点是使用了"几"("胚芽")这个词来表示可想像的最小的有生命的物质的种子。这里所用的"几"这个术语是不常见的,但它出现在《易经》中,意义是事物微小的胚胎开端,善恶都是从这里面来

80

---

1) 见上页注 11)。

2) 寄生于竹的一种昆虫。

3) "青宁"二字原文未加"虫"偏旁。如都加上"虫"偏旁。则"蜻"即"蜻蜓","蛉"即"蝉"。庄子心目中究竟指什么昆虫不得而知。

4) "程"字后来是指"豹";参见 R352。

5) 原文"机",读作"几"。

6) 译文见 Hu Shih (2),p.135;参见 Legge (5),vol.2,p.9。《淮南子·坠形训》第十一页有与此极为相似的一节[译文见 Erkes (1),p.77],但动植物名称却大不相同。还有《列子·天瑞第一》,第六页[译文见 Wieger (7),p.73];但被卫礼贤[R.Wilthelm(4)]删去,这里,动植物名称一致,但文字有增补。

7) 见后文 pp.481,487 关于相信此说的论述((朱熹)。关于各种当前的观点,见 Pirie (1)。

8) 《太平御览》第八八七、八八八卷中列有范围更广的表。

9) 《淮南子·坠形训》,译文见 Erkes (1),p.79。

10) 注意伟大的道家炼丹家葛洪(300 年左右)怎样竭力驳斥物种固定说,并强调许多半传说的动物转化,以支持他认为有可能改变(即延长)人类自然寿限的信念[见《抱朴子·论仙卷第二》,译文见 Feifel (1),pp.142 ff.]。

的[1]。在字源上,这个字是从表示两个胚胎的图形演变来的。鉴于中国人思想中一般不存在原子论的观念,这个问题以后还要讨论[第二十六章(b)],所以庄子对这个字的使用是很重要的。

以上还不是在《庄子》中可以找到的有关生物变异的全部内容[2]。有些篇章对由于适应不同的环境而产生出不同的习性表示承认,如《秋水第十七》(骐骥骅骝、狸狌、鸱鸺)[3],以及我们已引用过的(p.49)《齐物论第二》("正处")。甚至还有一种接近于自然选择的观念。这出现在那些指出了无用之物的优点的段落中[4]。树木长得粗大而长寿,只是由于它没有用处,因而避免了被人斫伐。另外还提到一种古老的祭祀仪式,即禁止使用有缺陷的人或动物作为祭品。一头灵龟本来可以享受它的平静生活,但它的外壳被认为对占卜有用,因此就被弄死并悬挂在太庙里。猪与其被喂肥了,以便以它们的躯体作为主要的祭品,倒不如吃坏的饲料而活着。虽然这些论述无疑是道家为了从积极的社会生活中引退而进行辩护的一部分,但也表现出对"适者生存"的一定理解[5]。

我们怀疑,这些古老的道家思想是否曾被那些写进化论史的人考虑过[6]。

在那些给了道家以特别深刻印象的生物世界的各个方面中,还有着它们的形态和机能之间的巨大差别。对某一事物是好的东西,对另一事物却是坏的(参看已引征的生态学篇章,其中表明人类中心论的判断在用之于人类以外的世界时是荒谬的),同时也认识到各个不同动物种的世界和时间标尺是极为不同的。对人类中心论的这种否定,在《庄子》一书开宗明义的一段著名的论述(《逍遥游第一》)中表现得最为强烈:

> 北海里有一种鱼,名字叫鲲,它的大小有好几千里[7]。这种鱼通过变化形态就成为一种鸟,名字叫鹏,鹏的背有几千里宽。当这种鸟升起飞翔时,它的翅膀就象云一样,遮蔽了天空。当它在海里运动时,它就准备着前往南海天

81

---

1)《易经·系辞下》第五章[译文见 R.Wilhelm (2), vol.2, p.261];见 Hu Shih (2), p.34。

2) 斯塔德尔曼[Stadelmann (1)]写有短篇专论,从题目来看,似乎是重视道家学者强烈的生物学兴趣的;可惜这篇文章多属幻想,没有很大用处。

3) Legge (5), vol.1, p.381。

4)《庄子·逍遥游第一》[Legge (5), vol.1, p.174];《人间世第四》[Legge (5), vol.1, pp.217, 220];《秋水第十七》[Legge (5), vol.1, p.390];《达生第十九》[Legge (5), vol.2, p.18];《山木第二十》[Legge (5), vol.2, p.27];《外物第二十六》[Legge (5), vol.2, p.137]。另外,《墨子·亲士第一》中有类似的一段话[Mei (1), p.3]。

5) 参见《列子·说符第八》和《论衡》[Forke (4), vol.1, pp.92, 105; vol.2, p.367],其中我们可以看到对自然界中生存竞争的清晰理解,如尖爪子或跳得快对生存是可贵的。后来的西藏民间文学中也有这种反响[见 R.Cunningham (1), p.53]。梁元帝(公元 550 年)在《金楼子》卷四,第十九页对此有所阐述。

6) 如 Osborn (1)。不过,道家思想的这些方面已经被中国的哲学家指出来了,例如胡适(3),另外,地质学家章鸿钊(2)在他论达尔文和庄子的文章中也指出过。

7) 现在,一里等于半公里,不论在庄子时代一里有多长,他意在说明这种鱼是庞大得不可想像。

池。一位记载奇闻异事、名叫齐谐的人说："当鹏移住南海时,它击水达三千里。然后它乘旋风而上,高达九万里,飞行历六个月。"(它的活动自然得像)田野的尘旋风("野马"),(日光中的)尘埃,或在空中被风吹动而相撞击的生物。我们不知道,(例如)天空的蓝色是不是它的本色,或者只是由于它无限之高而呈蓝色。鹏从上面所看到的(如大地),(或许)正如(我们从下面看到的天空)一样。

没有足够的水,就不能浮起一条大船。但是把一杯水倒在一个小穴里,就能漂浮起一粒芥籽。试图让它浮起个杯子,杯子就要留住不动,因为水太浅而支持不起那样一个大容器。没有足够的密度("积厚",字面意思是积聚的厚度),风就支持不住大的翅膀。因此,(当鹏上升到)九万里的高度时,风全部都在它的下面。于是,它就背负青天,前无障碍,乘风南行。

一只蝉和一只小鸠嘲笑鹏说:"我们一使劲,就飞到树上。有时还到不了树,就半道落在地上。为什么要冲天九万里飞向南方去呢?"但这两个小东西知道些什么呢?小知是不可以和大知相比的,寿命短的也不可以和寿命长的相比。早晨的菌类不知月初和月终之间都发生了什么事情;蟪蛄[1]也不知道春和秋的变换。这些都是寿命短的一些例子。但是,在楚国的南边有一种"冥灵"[2],它的春天是五百年,秋天也是五百年。古时候有一种"大椿",它的春季和秋季都是八千年。而在人类,彭祖[3]是以长寿而特别闻名的——要是所有的人都希望和他相比,那他们不就够可怜的吗?[4]

〈北冥有鱼,其名为鲲。鲲之大,不知其几千里也。化而为鸟,其名为鹏。鹏之背,不知其几千里也。怒而飞,其翼若垂天之云。是鸟也,海运则将徙于南冥。南冥者,天池也。

齐谐者,志怪者也,谐之言曰:"鹏之徙于南冥也,水击三千里,抟扶摇而上者九万里,去以六月息者也。"

野马也,尘埃也,生物之以息相吹也。天之苍苍,其正色邪? 其远而无所至极邪? 其视下也,亦若是则已矣。

且夫水之积也不厚,则其负大舟也无力。覆杯水于坳堂之上,则芥为之舟,置杯焉则胶,水浅而舟大也。风之积也不厚,则其负大翼也无力。故九万里则风斯在下矣。而后乃今培风,背负青天而莫之夭阏者,而后乃今将图南。

蜩与学鸠笑之曰:"我决起而飞,枪榆枋,时则不至,而控于地而已矣,奚以之九万里而南为?"……之二虫又何知? 小知不及大知,小年不及大年。奚以知其然也? 朝菌不知晦朔,蟪蛄不知春秋,此小年也,楚之南有冥灵者,以五百岁为春,五百岁为秋。上古有大椿者,以

---

1) 自16世纪以来,"蟪蛄"这个词已经固定专指蝼蛄;庄子这里是否确指蝼蛄,不得而知。
2) 可能是树名,现在无从鉴别。
3) 中国的玛士撒拉(Methuselah)。
4) 译文见 Fêng Yu-Lan (5),pp.27ff.,经修改。

八千岁为春,八千岁为秋。而彭祖乃今以久特闻,众人匹之,不亦悲乎!〉

82 《列子》中有一个相似的段落[1],但文字更长而不那么有趣。同时,还可引用其他书中一些同样内容的记载[2]。这里有不容忽略的一点,就是这种相对主义可能含有的政治意义以及科学意义,即不分大小的区别,万物各以其自然性而自由发挥它的功能(见下文 p.103)。

相对性就这样被了解为部分地是观察者的立足点的问题[3]。关于这一点,《吕氏春秋》说了很多:

> 如果一个人登上山去,山下面的牛看起来就像是羊,羊就像是刺猬。然而它们的真实形状却迥然不同。这是一个观察者的立足点的问题。[4]
>
> 〈夫登山而视牛若羊,视羊若豚。牛之性不若羊,羊之性不若豚。所自视之势过也。〉

因此,道家观察者是很清楚观察上错觉的危险性的。他们所说的话,王充在公元80 年以后所写的《论衡》[5]中曾加以采用,其中可以看到这种论辩和早期天文学上关于天体与地球的距离的推测有密切关系。这里回忆一下卢克莱修在他那优美的诗篇一开头所提出的非常类似的警告,是很有趣的:

> nam saepe in colli tondentes pabula laeta
>
> lanigerae reptant pecudes quo quamque vocantes
>
> invitant herbae gemmantes rore recenti,
>
> et satiati agni ludunt blandeque coruscant;
>
> omnia quae nobis longe confusa videntur
>
> et velut in viridi candor consistere colli……[6]
>
> (……常常在一个山坡上,
>
> 绒一样的羊群在享用它们的美食,
>
> 向缀满鲜露的牧草在招引它们的地方缓缓移动,
>
> 羔羊吃得饱饱的,正在欢跃角斗着嬉戏;
>
> 但这一切,我们看来却非常模糊不清——
>
> 那只是一片柔和的白色憩息在青山上……)

83   还值得注意的是这样一个矛盾,即一方面道家欣赏变化、转变、"进化",甚或欣

---

1)《列子·汤问第五》[R.Wilhelm (4), p.49]。

2) 公元 6 世纪的《金楼子》卷四第十九页有一段很精彩的文字。

3) 早期道家思想的这一方面和其他方面的原始科学意义,早就在中国受到重视,例如我们可以从林语堂的出色小说《京华烟云》(Moment in Peking, p.714)看到,其中通过一个人的讲话说出了这一点。

4)《吕氏春秋·壅塞篇》,译文见 R.Wilhelm (3), p.413。

5)《论衡·贵直论·说日》,译文见 Forke (4), pp.262, 274。

6) De Rerum Natura, II, 317. 英译文见 Leonard (1)。

赏社会演化[1];而另一方面,儒家-法家则相信稳定和永恒。这一点有些评论家已经指出过[2]。比如荀子就认为,事物只是看起来在变化,而实际上并未变,各种名称术语所代表的事物古往今来都是一样的,人性是不变的,在古代和现代之间没有实质的差异。另外,道家否认人类中心论,这同其他某些人把兴趣集中于人类社会并把人当作万物的尺度,是极端相对立的[3]。

(1) 道家思想和方术

按照上述情况来看,我们就能够更好地了解道家和方术之间所发展起来的密切关系了。刚才已经提到了炼丹术的开端,这一点在适当的地方我们还要再加考察。这里暂不预先谈到后面要说的话,但怎么强调也不算过分的是,方术和科学在其初始阶段是无从区别的。控制和统计分析的复杂程序——只有这种程序才能区别各种不同手工操作的实效性——是很晚才出现的。

这里我们只需注意一点,即自然变化的哲学早在战国时期就已经和自然变化的实验联系在一起了。这里有历史学家司马迁的记载为证[4],这些记载将在后面[第十三章(c)]谈到邹衍和与道家有密切关联的阴阳家时引用。炼丹术就起源於这两个学派。它还与这样一个信念有关,即相信东海有住着仙人的岛屿,这些仙人掌握了长生不死之药,并且可以被诱劝传授这种药的奥秘。对这些被认为是方术知识巨大宝库所在的岛屿的寻找,到公元前 219 年秦始皇派出探险队时达到了顶点[见本书第十章(h)、第十三章(c)以及第三十三章]。颜慈[Yetts (4)]把它同迦太基人寻找"幸福岛"的情况作了类比,这二者都是有事实根据的。迦太基人到了马德拉群岛和加那利群岛,正像中国人到了日本。但这里的要点是,道家思想同实际方术和技艺很早就有了联系。(我们今天所见到的)《西京杂记》虽然可能是 6 世纪的书,但被认为收集了不少东汉史实,书中说:

> 淮南王刘安喜欢(在他周围有)方士,这些方士都是以各种技术("术")而出名的。有的能在地上简单地划条线而形成江河,有的能撮集土壤而形成高山悬崖,有的用呼吸影响气温,随意招来冬天和夏天,还有的用打喷嚏、咳嗽来

84

---

1) 见下文 p.167。
2) Hu Shih (2), p.153; Dubs (7), p.75; Chêng Chih-I (1), p.56。
3) 特别是属于贵族的人。道家对人类中心论的否定与其社会态度有关。
4)《史记·封禅书》,第十页以下。

形成雨或雾。最后，淮南王随着这些方士一起不见了。[1]

〈淮南王好方士，方士皆以术见。遂有画地成江河，撮土为山岩，嘘吸为寒暑，喷嗽为雨雾。王亦卒与诸方士俱去。〉

陈梦家想从这类早期方术-科学传说大多来自东海岸齐、燕两国这个事实中找出某些含义来，这似乎是有道理的。邹衍的阴阳学派就是从那里传播开来的，汉武帝周围的多数方士也是出身于东部沿海各地。海对于秦始皇本人来说具有不可抗拒的吸引力，公元前210年他将死的时候，他还在黄河口射杀了被认为是阻碍人接近那些仙岛的想像中的海怪[2]。陈梦家说，沿海人民的观念来自长年对於海洋的多变景象的观察，他们自然倾向于集中注意自然变化的重要性。内陆居民从来没有经受过那样大量的水的突然而可怕的运动，因此他们的思想就自然地倾向于稳定。这样，那些博学而长生的岛上居民的不变性就和对海和海岸的不稳定的奇想，形成为一种对立。这里我们不禁想起海洋在希腊以及整个欧洲发展中所起的作用：变化着的海洋无疑地激励了沿海居民和航海者去认识变化和研究变化。

但是，道家始终没有发展出类似于亚里士多德对于自然界所作的那种系统的理论说明。阴和阳，各种形式的气以及五行，都不足以完成分派给它们的任务。但这并没有妨碍一切实际技术的巨大发展，虽然这种发展继续浸透着明显的方术信念。思想上缺乏科学背景的技术家有着根据错误理由而做出正确事情的习惯，这一点在中国是很真实的。

下面引自《庄子》的一段话似乎表明，道家正在放弃对自然界作出详细理论解释的可能性，退而观察在应用之中所发现的事情的特性，以便将来得以进一步应用：

分离（"分"）导致完成（"成"），完成（而后）消亡（"毁"）。但一切事物，不管是完成还是消亡，都要重新返回到（自然的）统一。只有远见卓识的人，才能知道怎样在这种统一中认识事物。既然这样，就让我们不要再墨守自己（先入）之见，而去遵从那些"普通的"和"通常的"见解吧，因为这些见解是根据事物的应用而来的。研究这种应用可以导致对事物的理解，这就保证了成功。获得了这种成功，我们就接近（我们所探索的事物）；同时我们（必须）就此停止。当我们已经停止但还不了解其所以然时，我们就具有了所谓的"道"。[3]

---

1) 《西京杂记》卷三，第一页，由作者译成英文。葛洪的《神仙传》（公元4世纪）中有一段与此类似但较长的描述，译文见 L.Giles (6)，p.42。关于后代相传有关淮南王及其方士的大量神话，见 Doré(1)，pt.Ⅱ，vol.9，pp.582,604；又见 Maspero (11)。"哼"、"哈"二将的法术，显然导源于练气术（见下文 p.143）。

2) *TH*, vol.1, pp.222, 223。参见本书第三十章 (h)。

3) 《庄子·齐物论第二》，译文见 Legge (5)，vol.1，p.184。着重号系作者所加。

〈其分也，成也；其成也，毁也。凡物无成与毁，复通为一。唯达者知道为一，为是不用而寓诸庸。庸也者，用也；用也者，通也；通也者，得也。适得而几矣。因是已。已而不知其然，谓之道。〉

那种只要技术而不要理论科学的精神，似乎在道家哲学本身之中就可找到。试比较一下《庄子·天运第十四》中经过精心炮制的下面一段逸事：

孔子去见老聃，老聃说："听说你是北方的一位聪明人，你也发现了道吗？"孔子回答说："还没有。"老聃说："你是怎样去寻求它的呢？"孔子回答说："我曾在度量和数目中寻找它，但经过了五年仍然没有得到它。""那末，以后你又是怎样去寻找的呢？""我又在阴阳中去寻求，但又经过了十二年，还是没有找到。"老聃说："正是这样。假如道能够由人互相赠送，那末，人人都会把它呈献给他们的君主的，假如它能（在碗里）盛上来的话，人人都会把它呈献给自己的父母的；假如它能够谈论的话，每个人都会告诉自己的兄弟的；假如它能够遗传的话，人人都会把它传给自己的子孙的。但谁也不能做（任何这类的事）。因为假如你在自身中还没有得到它的话，你是无法接受它的。……[1]

〈孔子……见老聃。老聃曰："……吾闻子，北方之贤者也！子亦得道乎？"孔子曰："未得也。"老子曰："子恶乎求之哉？"曰："吾求之于度数，五年而未得也。"老子曰："子又恶乎求之哉？"曰："吾求之于阴阳，十有二年而未得。"老子曰："然，使道而可献，则人莫不献之于其君；使道而可进，则人莫不进之于其亲；使道而可以告人，则人莫不告其兄弟；使道而可以与人，则人莫不与其子孙。然而不可者，无佗也，中无主而不止。……〉

即使按照一般的看法，认为《庄子》的这一篇是后人窜入的，以及这次想像中的会见的记载是某个受佛教坐禅和道家神秘主义中更加蒙昧主义的方面所影响的人写的，这段文字仍不失为关于道家思想本来可能发展成为一场伟大的科学运动的墓志铭。

看一下这些思想在很久以后所出现的情况，往往是很有趣的。下面的一段话是道家对自然变化的原始科学观察在宋代的遥远反响。可以看到，庄子的那种高超的思想已经被冲淡而流于身体体质锻炼和气象谚语了。不过，原有的学说还保留有了它的胚芽。叶梦得在1156年的《避暑录话》中写道：

世界上（自然界）的真理每天都呈现在我们面前，而且是人们可以清楚地理解的。但人们为外界（社会）事务所奴役，以致看不到它们；他们熙来攘往，什么也注意不到。只有静观的人才能得到真理。当我年轻时，我经常和道家谈论"养生"[2]，并和方士们讨论子午时刻气的升降。讨论了很久以后，他们还

----

1) 由作者译成英文，借助于 Legge (5), vol.1, p.355; Lin Yü-Thang (1), p.316。

2) 修养身体的术语，见上文 pp.46, 47; 下文 p.143。

86

是有些不肯告诉平常人的秘密。我认识一位道士,他笑着说:"那是很容易的,我在坐禅入静时经常感到气这时在我体内上下升降,正像饥饱相继一样。我也不了解它们是怎么一回事,但倘若虚其心灵,(人就会体会到这些事情了)。同样的情况也适用于以疾病来袭击人的寒热燥湿。"我亲自试验了这些,相信他说的是对的。当我住在山上时,常常看到老农能够预报晴雨,十有七八是准确的。我问他们的方法,但是他们说什么也没有,只是经验而已。倘若你问住在城市里的人,他们对此就一无所知了。因为那时我有充分的闲暇时间,于是我也往往早晨很早起来,虚心地集中注意于一切云、山、河、野以及树木的秀美,并发现我也能十之七八准确地预测气象。……因之,我认识到只有在静中才能观察宇宙,才能感觉到自身的气质,才能得到真正的真理。[1]

〈天下真理,日见于前,未尝不昭然与人相接。但人役于外,与之俱驰,自不见耳。惟静者乃能得之。余少常与方士论养生,因及子午气升降,累数百言,犹有秘而不肯与众共者。有道人守荣在旁笑曰:"此何难? 吾常坐禅,至静定之极,每子午觉气之升降往来于腹中,如饥饱有常节。吾岂知许事乎? 惟心内外无一物耳!非止气也,凡寒暑燥湿有犯于外而欲为疾者,亦未尝悠然不逆知其萌。"余长而验之,知其不诬也。在山居久,见老农候雨阳,十中七八。问之无他,曰:"所更多耳。"问市人则不知此。余无事,常早起,每旦必步户门,往往僮仆皆未兴。其中既洞然无事,仰视云物景象与山川草木之秀,而志其一日为阴为晴,为风为霜,为寒为温,亦未尝不十中七八……乃知惟一静,大可以察天地,近可以候一身,而况理之至者乎?〉

(f) 道家对知识和社会的态度

现在我们就来探讨道家的政治立场这个问题。这个问题和上述那些原始科学倾向是分不开的。如果这些倾向几乎被欧洲一切解说道家学说的人所忽视,那末,道家的政治实质也就没有被人了解过。

道家是"出世"的。《庄子》[2]中假托孔子的话说:他们"是游于人世之外的",而"我是游于人世之内的。这两种生活方式没有共同之处"("彼游方之外者也,而丘游方之内者也,外内不相及")。他们是"遨游于尘世之外的"[3]("而游乎尘垢之外")但是,如果道家真的如此,那不仅是因为他们希望摆脱社会生活的累赘和琐碎以便观察自然,而且也是因为他们完全反对封建社会的那种结构,他们的隐退就是对那个社会进行抗议的一部分。

---

1) 《避暑录话》卷二,第十七页,由作者译成英文。
2) 《庄子·大宗师第六》,译文见 Fêng Yu-Lan (5),p.124。参见《天道第十三》[Legge (5),vol.1,p.340]。
3) 《庄子·齐物论第二》[Lin Yü-Thang (1),p.154]。

让我们首先看看那些处于科学和政治分界线上的问题,其中最重要的是道家对"知识"的态度问题。研究道家典籍的人,经常对其中那些痛斥"知识"的大量字句感到困惑,并轻易地得出结论说,这只能解释为非难理性思想和经验知识的那种传统意义上的宗教神秘主义。《道德经》中至少有七章[1]为这种看法提供了例证。例如第三章中说(这里,"知识"一词我都加上了引号,理由见后面的论述):

> 因之,圣人统治(人民)的方法是:
> 空虚他们的心智,充实他们的口腹,
> 减弱他们的野心,健壮他们的筋骨,
> 尽量使他们没有"知识",没有(谋求私利的)欲望。
> 这样,即使有任何有"知识"的人,
> 他也要注意使他们不来干预。[2]

87

〈……是以圣人之治,虚其心,实其腹,弱其志,强其骨,常使民无知无欲。使夫智者不敢为也。〉

同时在第十九章中说:

> 弃绝"智慧",放弃"知识",
> 人民将受益百倍。
> 弃绝"仁爱",放弃"道德",
> 人民将尽责而富同情。
> 弃绝"技巧",抛弃"私利",
> 盗贼就将息迹。……[3]
> 弃绝"学识",就将不再有忧虑。[4]

〈绝圣弃智,民利百倍;绝仁弃义,民复孝慈;绝巧弃利,盗贼无有;……绝学无忧。〉

又如第六十五章说:

> 古时那些最善于行道的人们,
> 不是用道去启发人民求得"知识",
> 而是使他们回复到"简朴"。
> "知识"多的人民是难于治理的,

---

1) 《道德经》第三、十九、二十、四十八、六十五、七十一、八十一章。
2) 译文见 Chhu Ta-Kao (2); Waley (4),经修改。
3) 译文见 Waley (4)。正象在前一节一样,某些词所加的引号,是我加的,不是所引的英译文原有的。
4) 这末一行是第二十章的第一行。

因之,增进人民的"知识"就要毁灭国家。…… [1]

〈古之善为道者,非以明民,将以愚之。民之难治,以其智多。故以智治国,国之贼。……〉

这些论述显然与前面所说的道家对自然知识的兴趣发生明显的矛盾。但只要读一下《庄子·齐物论第二》,就可立刻找到谜底。虚假的社会"知识"和真正的自然知识是相对立的。

庄子说:

人们一般都奔走劳碌;圣人似乎不学("愚"),且又无"知"("芚")。……当人们做梦的时候,他们不知道是在做梦。他们甚至在梦中还可以解释梦。只有他们醒来以后,他们才开始知道是做了梦。慢慢地,大觉醒来,这时我们才发现生活本身就是一场大梦。而那些愚人却一直以为他们是清醒的,认为他们有知识。他们做出了微妙的分辨,就区分了君王和马夫("君乎牧乎!")。这是多么愚蠢啊! [2]

〈众人役役,圣人愚芚。……方其梦也,不知其梦。梦之中又占其梦焉,觉而后知其梦也。且有大觉而后知此其大梦也,而愚者自以为觉,窃窃然知之。君乎牧乎,固哉!〉

庄子轻蔑地把儒家的烦琐社会知识描述为不过是"君牧之分";这种"知识"与道家所追求的有关道和自然界的真正知识是有区别的。我们一经掌握了这条线索,许多原来使人困惑的章节就可以解释清楚了。这种解释一定是正确的,因为在反封建最强烈的篇章之一《胠箧第十》中又出现了同样的观念,其中说,如果弃绝(儒-法的)"圣"和"智",大盗就将停止出现 [3]("故绝圣弃知,大盗乃止")。同时,庄子还从这个角度引用了《道德经》[4]。他痛斥儒学是"先王之陈迹" [5],并说是"俗学"、"俗思" [6]。他又借一个虚拟人物的口吻说:"以道观之,何贵何贱?" [7] 因之,对"知识"的这些攻击就不是反理性的神秘主义,而是原始科学在反对经院哲学。在欧洲学者当中,对这个关键问题有些了解的几乎只有武尔夫[Wulff(1)],他谈到封建哲学的"虚伪无用的琐碎废物",并确认道家的这些论述是对"儒学及其伦理的抨

---

1) 译文见 Chhu Ta-Kao (2),经修改。
2) 译文见 Fêng Yu-Lan(5),p.62。
3) Legge(5),vol. 1,p. 286。
4) 《庄子·在宥第十一》;Legge(5),vol.1,p.297。
5) 《庄子·天运第十四》;Legge(5),vol.1,p.361。
6) 《庄子·缮性第十六》;Legge(5),vol.1,p.368。
7) 《庄子·秋水第十七》;Legge(5),vol.1,p.382。

击"。而在这一点上,甚至连那些出色的学者也受蒙蔽了 [1]。

我并不是说道家思想中并没有一种极其强烈的神秘因素,而只是说关于道的运行的某些知识被认为是可以获得的,而儒-法家的社会经院哲学对此则决无俾益。《淮南子》中说:"与见解狭隘的学者谈伟大的道是没有用的,因为他们囿于成见,并拘于自己的(正统的)教条。" [2]("曲士不可与语至道,拘于俗、束于教也。")它又说:"那些遵循自然秩序的人是游行于道的潮流之中。那些跟随着别人的人就陷入了世俗的社会" [3]("循天者与道游者也,随人者与俗交者也"),而且不免陷入"平凡的世俗知识"之中 [4]("俗世之学")。有时候儒家是被点了名的("儒") [5]。而关于"道",庄子则说 [6]:"最渊博的'知识'不一定知道它;推理不会使人对它变得聪明些" [7]。("博之不必知,辩之不必慧。")

《道德经》第三章说过"虚其心,实其腹"的话,我们已经引用过了。如果把它解释为是指应当教育人民抛弃一切成见或偏见;如果能做到这一点,则其结果之增加对自然的了解,就会使现有的真正知识成倍地增加,从而也就确实会使粮食成倍增加——那末,许多愿意舍弃对这些话的通常解释(即把这些话认为是为崇尚无知)的人,也可能认为我们引伸得太多了。不过,宋朝末年的学者林景熙就是这样解释的。他在《霁山文集》中写道:

> 古时的学者说过,心本来就是空虚的,而只是由于这一点,它才能无偏见地(字面上是"迹",即遗留下来而影响到以后视觉的痕迹)对自然事物产生反应("应物") [8]。只有空的心灵("虚心")才能对自然界的事物产生反应。虽然一切事物都和心发生共鸣,但心应当好象是没有发生过共鸣似的,使事物不应留存于心中。但是,心一旦接受了自然事物(的印象),它们就要留下来而不消失,这样就在心中留下了迹象,(这些迹象影响以后的观察和思维,以致心不能是真正"空虚"和无偏见的)。心应当象河谷上面有雁飞过;河没有任何愿望要

---

1) 例如戴闻达[Duyvendak(7)]、顾立雅[Creel(4)]和马伯乐[Maspero(2),p.493]。另外,马伯乐在另一部书[Maspero(26),p.73]中还提出:道家所痛斥的那种"知识",是《易经》占卜者和与阴阳学派有关的其他集团认为可能的那种"前知"(见下文 p.234)。这些人的预言凡属于社会事务的,道家肯定不会发生兴趣;凡是他们对《易经》的研究似乎有助于说明宇宙性质的,道家就会采用,以后的事实正是如此。

2)《淮南子·原道训》,第七页[译文见 Morgan(1),p.11]。

3)《淮南子·原道训》,第六页[译文见 Morgan(1),p.11];亦见《俶真训》,第四页[译文见 Morgan(1),p.36]。

4)《淮南子·俶真训》,第十页[译文见 Morgan(1),p.48]。

5)《淮南子·精神训》,第十一页[译文见 Morgan(1),p.75]。

6)《庄子·知北游第二十二》;Legge(5),vol.2,p.64。

7) 类似的话也见于《道德经》第八十一章和《吕氏春秋·君守》。

8) 对这个其技术意义为"共鸣"的词,其用法是很重要的。参见下文 p.304 页和第二十六章(h)。

留下雁,但雁的行程却由它那影子而完全无遗地被描绘了出来。再比如,一切
事物不论美丑,都可完全反映在镜子中:镜子从不拒绝映现任何事物,在映现
以后它也不存留任何事物。它永远是"空虚的"。心就应当是这样……老子曾
写过要"虚心实腹",人们常常批评这种说法,说他怎么能同时既要求虚,又要
求实。答案是:正因为虚心似乎没有任何自然的事物("无物"),所以实腹才能
拥有世界上的一切事物("万物")。那意思是通过虚而达到实。老子的话确实
体现了自然界的真正原理("理"),虽然他没有把他的这种思想充分发挥出
来。……1)

〈闻之先儒曰:心兮本虚,应物无迹。惟虚心,故能应物。虽无物不应,而若未尝应,不
留物也。应物而物不免留,留则有迹,岂所谓虚? 如雁过渊,渊无留雁之情,而雁无不见之
影。岂惟渊哉? 众物妍丑,毕陈于镜。镜未尝拒,亦未尝留。倏然而空,镜体故在·心犹是
也。……老氏尝有虚心实腹之论。既欲其虚,又欲其实,何也? 曰:虚心似无物,实腹似万
物。皆备言虚致实,其言最近理而少密。……〉

所以,"虚心"的意义并不是要从心里除去庄子以关于封建社会差别的伪知识与之
对比的那种真正的自然知识;而是要除去一切歪曲的记忆、偏见和成见,从而使真
正实用的知识发达起来,这样,丰富的一切都会接踵而至2)。这一套思想的绝对验
证在中国古代各种伟大发明中都可以见到3),水力的利用即是一例。

(1) 神秘主义和经验主义的类型

对于这种情况,如果不和欧洲文艺复兴时期所出现的某些类似情况相比较,就
不能了解其充分的含义。在现代科学中,理性和经验之间的关系似乎是非常明显
的,但在过去却并不总是这样。帕格尔(W.Pagel)在他的《十七世纪医药生物学的
宗教动机》这篇现在已成为经典的专论中,考查了 16 世纪和 17 世纪存在于神秘主
义和实验科学之间的联系,并表明近代科学在其初始阶段是怎样必须向经院哲学
的理性主义进行斗争。当时,理性推断和经验观察的正式结合还没有大功告成。
当时认为[用波义耳(Robert Boyle)的讽刺话来说]4):"先天地发现事物要比后天

90

---

1)《霁山文集·虚心堂记》,由作者译成英文。

2) 当然,在这一段文字中,林景熙对保存那些适用于正确判断自然界事物的必要记忆,并没有能做到
公正;不过他似乎出色地理解了发明家和博物学家的那种"锐敏的眼光"。

3) 参见后面论机械工程的第二十七章(f)。

4) *Sceptical Chymist*(1661 年),p.20. 凡是和我的机敏的朋友、皇家学会会员皮里先生(N.W.Pirie)在
实验室共过事的人,没有一个人会忘记这句极富有道家色彩的话,他很欣赏这句话。

地发现事物更加高明并更富于哲理性。"

帕格尔在他的专论中表明,在那两个世纪中,现代科学是在四种成分(或趋势)之间的斗争中开始的;这四种成分是每一边两种。首先是神学的哲学和亚里士多德的理性主义结成联盟(经过正统经院哲学的综合,它只能如此)来反对近代科学最初的黑暗中的摸索。其次是实验经验主义反对这种知识上的傲慢,它在宗教的神秘主义里找到了一个同盟者。这种分裂情况一旦被充分理解,那末,许多如果不这样就会难以解释的事情便在近代科学的早期历史中都有了自己的地位。基督教神学由于当时普遍地主宰着人心,所以可想而知是同时居于这一斗争的两方面;但理性的神学是反对科学的,而神秘的神学却证明是拥护科学的。对这个明显的矛盾可以这样解释:理性的神学是反方术的,而神秘的神学则倾向于赞成方术。同时,根本的分裂不是存在于那些准备利用理性的人和那些感觉理性全然不足的人之间,而是存在于那些准备使用双手的人和那些拒绝动用双手的人之间。过去,有些神学家受到邀请时,也不屑于使用伽利略(Galileo)的望远镜来窥视一下,他们肯定是经院哲学派,因为他们认为自己已经掌握了有关物质世界的充分知识[1]。如果伽利略的发现符合于亚里士多德和圣托马斯(St Thomas)的理论,那就无需使用望远镜了;如果不符合的话,那就必然是错误的。但当时也有另外一些神学家,他们(虽然充满了有关巫术、感应作用等等之类在我们现在看来是最原始、最愚昧的观念)却十分愿意去看望远镜,并且根据当时的观测所得来判断他们见到的东西。这一番说明可以解释许多奇怪现象,例如,波尔塔(J.B.da Porta)的一部含有许多科学材料的著作却是以《自然魔术》(*Natural Magic*)为书名;英国皇家学会早期所感兴趣的一些东西,我们今天看来都是些方术;而象托马斯·布朗爵士和坚决反对亚里士多德的格兰维尔(Joseph Glanville)的观点都是巫术;还有,17世纪的生物学家沉醉于犹太教神秘主义"喀巴拉"(Kabbalah)体系,相信它那古代神秘主义也许含有对他们有价值的观念[2]。

91

这个时期最为典型的是法兰德斯的化学家范·海尔蒙特(John Baptist Van Helmont, 1577—1644年),帕格尔[Pagel (2, 3, 8)]曾对他进行过深入的研究。范·海尔蒙特是生物化学的奠基人之一,他是最早在定量实验中使用天平的人。他设计了最早的温度计,证实了胃酸和十二指肠碱,并且通过引进"气体"的概念和

---

1) 实际上,这个故事讲的是克雷莫尼乌斯(Cremonius),他是阿威罗伊(Averroist,即伊本·路西德)的一个追随者,他早已怀疑亚里士多德,以致他怕会证实他的恐惧;关于这一点,我得感谢帕格尔博士。但当时正统派的态度就是象上文所说的那样。

2) 关于象罗伯特·弗拉德(Robert Fludd)、阿格里帕·冯·内特斯海姆(Agrippa of Nettesheim)、奎耳刻塔努斯(Quercetanus)等等的例子,读者可参考 Pagel (1)。

进行发酵实验而开创了意义至为广泛的气体化学。然而,他却是一个极其反对"理性"的人物,用帕格尔的话说,他体现着一种"宗教的经验主义"。他的著作(1662年由钱德勒译成英文)有两整章是抨击那种烦琐入微的形式逻辑的[1],他认为形式逻辑与实际全然无关,只是使人的头脑在兜圈子,而没有教给人任何新的东西。因此,他强烈反对经院哲学[Logica est inutilis ad inventionem scientiarum (逻辑学对科学发明是无用的)][2]。他也反对对传统思想进行理论的公式化。他反对亚里士多德四要素不亚于反对炼丹术三原理(因而预告了波义耳的出现)。他不喜欢盖伦的体液说和体质说,也不喜欢原子说。他反对那种认为疾病是由于体内缺乏一种"体液混合"(*Krasis*)的观念,而采用了一种特定的体外物、外来酵母、"传染毒素"(*Contagium vivum*)的概念来解释疾病[参看 Singer(7)]。在积极的方面,他特别强调活机体的特异性(现代免疫学和蛋白化学的先声),但他认为各种形式的气体(gas,这里他首次指出这种气体和一般的空气不同,而是一些处于气体状态的不同物质)是这种特异性的物质载体[3]。这种气化了的"形式"使物质可以失去其粗糙实体性而在中途和类似气味似的酵母相遇合。它包含有"具体的胚芽",这个概念无疑是来自斯多葛学派的"种子",并注定了要通过他的儿子 F.M.范·海尔蒙特来构成为莱布尼茨的单子(monads)[4]。总之,范·海尔蒙特是一个具有显著道家色彩的人物,如果一定要在品质上找出他(以及以他为典型代表的其他 17 世纪的科学家)和道家的最大不同之处,那就是他强烈地信仰着一个人格化了的上帝[5]。

因此可以说,在欧洲近代科学的创始阶段,神秘主义的路数常常比理性主义更有帮助。在中国古代诸子百家时期,我们所遇到的就是这样一种完全相同的现象[6]。很清楚,它不是一个纯知识的问题,而是取决于对手工操作的估价。象范·海尔蒙特这样的人,他既是一个积极的实验室工作者,又是一个思想家和作家。在佛罗伦萨至今还可看到伽利略和托里拆利(Torricelli)所用的仪器。儒家的社会经院哲学,和将近两千年后的理性主义的亚里士多德派与托马斯主义者一样,对于手工操作既没有同情,也不感兴趣。因之,科学就和巫术一起不分青红皂白地被打成神秘的异端邪说了。

为了完成与道家的全面对比,还必须说明,至少是神秘的自然主义在 16 世纪

---

1) 第 8 章和第 9 章。

2) 这整句话是培根的,但"逻辑学是无用的"这几个字被范·海尔蒙特用作一章的标题。

3) 这使人强烈地想到那种通常是以"凝"的状态(见上文 p.43)但又能以高度微妙的状态而存在的"理"和"气";后面我们在讨论受道家影响的宋代理学家的时候,将要遇到这个问题(见下文 pp.472ff.)。

4) 这不能不使人想到道家所说的"精"(参见本卷 pp.38,146)。

5) 如果仔细研读了谈论自然法和自然法规的那一章,这一点的意义就能体会得更好。

6) 唯一对这个事实有一点哪怕是模糊认识的汉学家就是卫礼贤[R.Wilhelm (1),p.248]。

西方的一些主要人物都表现了革命的政治倾向。我们这里不能过多地论及新科学或实验科学与宗教改革中新旧两派冲突的复杂关系，不过有大量的证据说明，北欧的大多数有科学头脑的人当时都站在基督教新教的清教徒一边，拥护其全部进步的政治主张[1]。但是对神秘自然主义的一位杰出人物帕拉采尔苏斯(Paracelsus)，研究一下他的社会倾向还是可能的，因为他的一些社会、伦理和政治论著最近都已汇集出版，并由戈尔达默(Goldammer)作了注释。现在我们可以看到，帕拉采尔苏斯这位提倡把炼丹术应用于医学的旗手，这位不顾盖伦派的一切反对的矿物药品引用者，这位第一个观察矿工职业病的人，乃是一个平等主义者，几乎是一个再洗礼派，实际上又是一个基督教社会主义者。他当然对基于经济理论的社会主义毫无所知，但他反对当时公认的各种制度，因为他憧憬着一个财产公有的、基督教博爱的共和政体的千年福社会。他本人是一个强烈的个人主义者，但他看到要使社会得救，只有沿着集体主义的道路来一次彻底的改革。他(与庄周不谋而合地)说："贵族和平民的存在并不是神的旨意；神的旨意是要求人人都是兄弟。"同大多数16、17世纪左翼民主主义的领袖一样，他反对新兴的商人阶级和封建贵族，因而(虽然属于基督教新教运动的一部分)同情某些中世纪的观念，其中包括诸如对财富本身的怀疑以及对高利贷的谴责。他不怕弑戮暴君，也不怕进行反对不义君主的正义战争；但在某些情境下帕拉采尔苏斯又是一个强烈的和平主义者，而且就我们现在所知，他还是最早反对死刑的人之一。有时候他在写作中也对皇帝表示善意，指望他能实施根本的土地改革，但他决不认为君权是神授的。公元16世纪30年代，帕拉采尔苏斯在萨尔茨堡作为一个政治领袖从事活动，后来幸而得以逃命；但其后不知他是否又和再洗礼派、胡特尔兄弟会(Hutterian Brethern)以及农民战争的其他共产主义组织建立过任何密切的联系。很明显，帕拉采尔苏斯和道家炼丹术士们有很多共同之处。

一般人并没有认识到，这些趋向有些是在近代科学的伟大创始人培根的思想里就可以清楚地看到的。常常加在他身上的那句带有18世纪风趣的令人赞叹的古话，即"他是号召智慧的钟声"，也许掩盖了他思想中深刻的宗教特性。这里法林顿[Farrington(6)]是有功的，他在最近的一本书中揭示了这一情况，其中谈到了培根对特别是亚里士多德、并在某种程度上也对除德谟克利特和其他一些前苏格拉底派学者[2]而外的一切希腊人抱有极度的敌意。法林顿写道[3]：

1) 参见迈阿尔的名著[L.C.Miall(1)]。

2) 这里培根和斯宾诺莎极为相似；见范·弗洛滕和兰德编辑的书信集中致博克塞尔[Hugo Boxel]的信(1674年)[van Vloten & Land(1), Letter no.60]。

3) Farrington(6), pp.146.ff。

据我们观察,他所责难的似乎不是他们知识上的(即哲学上的)立场,而是道德上的立场;但它的根源还没有弄清楚。在一本称为《时间的阳性起源》(*The Masculine Birth of Time*) [1] 的奇异作品——应当承认这是一本激烈而放肆的作品——中,他把他同希腊哲学的关系说成是一种污染。他说这话是什么意思呢? 当他谈到柏拉图和亚里士多德时,他说对他们巨大的罪行进行任何谴责都是不够的(*pro ipsorum sontissimo reatu* [2]),他这又是什么意思呢? 答案很简单。他认为,他们所代表的那种哲学是对上天所允许的人事上的革命的巨大障碍。他们阻碍了成其为培根所热烈祈求的主题的那种赐福。下面这段文字是见于他的文稿中的话:

"我们对圣父、圣道、圣灵倾诉我们卑微而炽热的祈祷,求他们关怀人类的苦痛,关怀我们这个受尽磨难的人生朝圣的旅途,并为了拯救我们的苦难而重新开启他们那慈悲的清新源泉."

为了有资格接受这种赐福,培根相信必须拒绝希腊人的伪哲学。

因为——不管是怎样地不公正——培根确认亚里士多德和其他那些哲学家在某种意义上是有罪的。在《哲学的批驳》(*Refutation of Philosophies*)中以及在《学术的进展》(*De Augmentis*)中,他甚至把亚里士多德比作反基督者。亚里士多德的哲学是有罪的,它应得的惩罚就是劳而无功。有几段文字界定了罪行的性质。在《学术的进展》中,他援引了所罗门(Solomon)和圣保罗(St Paul)的话作证:一切不兼有爱的知识都是腐败的,而在哲学中爱的证据就是,它设计出来不是为了心智的满足,而是为了产生工作实效。

这同一个问题也就是他的《神圣的沉思录》(*Sacred Meditations*)第二篇的主题。他在这里论证说,虽然耶稣的教义是为了灵魂的好处,但他的一切神迹都是为了肉体的好处。"他使跛者恢复行走,盲者恢复光明,哑者恢复说话,病者恢复健康,癫者恢复清醒,着魔者恢复正常,死者得以复生。没有任何审判的奇迹,一切都是出于慈爱,而且一切都是施之于人的肉体." [3]

那末,使亚里士多德主义和如此之多的希腊哲学的其他部分成为于事无补的这种罪行,其性质究竟是什么呢? 那就是知识的骄傲,它表现在对事物本性的知识不肯耐心地在大自然这本书里去寻找,反而要从自己的头脑中猜出来那种狂妄的努力。培根在他的几乎是最后出版的文稿《风的历史》(*History*

---

1) 参见法林顿所作的专门研究[Farrington (7)]。
2) 显然是一句拉丁法律文字。
3) 对照道家坚持的物质和身体的长生不老。

of Winds, 1623 年)的序言中,详细地写出了他对这个问题的看法。

"毫无疑问,我们正在为我们始祖的罪恶和正在模仿这种罪恶付出代价。他们想要以神灵自居;我们这些他们的后裔,更是这样。我们创造出大千世界。我们给自然界制定各种法则,并用它们主宰自然界。我们不是要所有的事物符合于神的智慧,符合于它们在自然界的地位,而是要使它们符合我们的愚昧。我们把自我形象的烙印强加在上帝的创造物上,而不是黾勉以求地要发现上帝打在事物上的烙印。因此,我们也就理所应得地从我们对被创造的世界的统治地位上堕落下来;虽然在人类的堕落之后依然存在着对那难以驾御的自然界的某些统治——至少在可用真实可靠的技艺对之加以控制的范围之内,但甚至这一点也由于我们的傲慢而丧失殆尽,因为我们想要以神灵自居并遵循自己理性的命令。"[1]

他的态度是再清楚不过的了。伪哲学出自人的知识的傲慢,这是由人的始祖遗传下来的,所得的惩罚则是失去了对自然界的统治。这是何等强烈地响应了庄子对儒家的攻击,儒家事实上比亚里士多德派更糟,因为他们的理性主义只限于人类社会,甚至不承认自然世界值得进行理论研究。在上面所引的同一篇序言中,培根以无比的雄辩大声疾呼:

因之,只要对造物主还存有一点谦卑,对他的创造物还存有一点尊敬和赞美;只要对人类还存有一点仁爱,并真诚地想减轻他们的匮乏和苦难;只要对自然事物的真理还存有任何的爱和对黑暗还存有任何的憎,还有任何对知性纯洁化的愿望——我们就要反复地恳求人们暂时放弃或者至少是搁下那些荒诞无常的哲学,因为这些哲学重论题而轻假设,使经验成为俘虏,并且践踏了上帝的创造物;他们应该谦虚地并带有几分崇敬的心情去接近那本创世纪的大书;他们应该在那里停下来,对它加以沉思,然后在沐浴洗净之后,他们应该在纯洁和高尚之中使它脱离人们的意见。这是一种直通到大地的各个尽头的语言,没有受到通天塔的喧嚣的损害[2]——人们必须学习它,并且返老还童,再象一个孩子那样地屈尊就教,从它的字母学起[3]。

因此,培根所极力主张的科学改革,就是作为基督教的神秘解释的一个部分而诚心诚意地提了出来的。他在下面一段著名论述中,提出他对中世纪基督教经院哲学理性主义的反对:

---

1) 即不受对自然界的虚心观察所制约的合理化。参见 Farrington (14)。
2) 这对现存于各国科学家中间的普通理解,是一个最引人注目的预言。
3) 参见上文 p.61 引用的赫胥黎的话。

这种腐败的学问的确统治了经院哲学家;他们有锐敏而坚强的智力、富裕的闲暇时间、种类不多的读物(正象他们这些人是封闭在修道院和学院的密室之内一样,他们的智力也被封闭在少数作家——主要地是他们的独裁者亚里士多德——的密室之内),他们对历史,不管是自然史还是时代史,都知道得很少,他们没有大量材料,全靠机智力的无限激动,就给我们织出了那些辛勤的学问之网,这就是他们著作中现有的东西。因为人的心智如果是作用于物质,即静观上帝的创造物,那就要按照素材工作,并且也就受它的限制;但如果它作用于其自身,象蜘蛛结网那样,那末它就是无穷无尽的,确实也能产生出学术的蛛网来,织工和网线的精细固然可以赞美,但它们却既无内容,又无实益。[1]

95

由此可见,在近代(文艺复兴以后)科学的奠基之始,就有着自然神秘主义和科学的联系。

对于这个主题,如果要在欧洲史上追溯它的起源,那就使我们走得太远了;但是应该提一下普罗提诺(Plotinus)和大法官丢尼修(Dionysius the Areopagite)这两个人。在培根时代以前,有不少反对理性正统思想的先驱,例如在其《论有学识的无知》(De Docta Ignorantia)一书中提出"相反性的一致性"(coincidence of contraries)的库萨的尼古拉(Nicholas of Cusa, 1401—1464年),以及特别值得一提的布鲁诺(Giordano Bruno, 1548—1600年),最近 D.W. 辛格(D.W.Singer)写了一本有关他的很出色的书。布鲁诺的作品中充满了道家的论调[2]。

人们或许要问,除欧洲和中国以外的其他文化中是否也出现过类似的情况?回答是肯定的。在伊斯兰教文化中,神秘的神学是和科学初期的一些发展密切相关联的。在 950 年前后,在现代伊拉克境内的巴士拉地方开始了一个运动,它很快就发展成为一个组织,叫作"精诚兄弟会"(Ikhwān al-Ṣafā', the Brethren of Sincerity)[3]。这个半秘密的会社也象道家一样,同时兼有神秘的、科学的和政治的三种倾向。汇集到这个会社的人们承认有超理性的神秘存在,并且相信手工操作的实效。在科学的这个早期神秘阶段,一切科学家都承认,特殊的手工操作会产生出效果来,尽管我们还不能确切地说明其过程或原因;同时他们认为,应该积累有关这些事物的信息。而他们的反对者,即那些理性主义者,不管是基督教徒、回教徒还是儒家,则都认为只靠推理就可以掌握宇宙的性质,而且有关自然的充分信息也

---

1) *Advancement of Learning*, 1605 年。

2) 例如他的"固有的必然性",矛盾的连续性,变化和运动的普遍性;以及他的"愚鲁赞"(即面对大自然时心灵的单纯和谦恭)。D. Singer (1), pp.84, 122。

3) Al-Jalil (1), p.180; Hitti (1), p.372; Sarton (1), vol.1, p.660。

早已由圣人所提供了;同时不管怎样,使用双手操作是一个号称学者的人所不屑为的。早期的科学家处在两难的困境,因为他们必须要么建立一种由显然是不适宜的理论而构成的自己的理性主义,要么就停留在这样一个简单的论点上:"贺拉斯啊,天地间的东西比你的哲学所梦想到的要多得多!"只有经过长期的实验和假设,才能摆脱这个困境。我们前几页中所引的想象中的孔子和老聃的会见,也许可以从这个角度来加以解释。

精诚兄弟会的思想和实验结果体现在他们一系列的信简《精诚兄弟会书简》(Rasā'il Ikhwān al-Ṣafā')[1] 中,这些书简对伊斯兰教思想产生过重大影响,并一直流传到现在。其中除伦理学和形而上学外,还包括几乎所有各种科学的作品,如数学与音乐[2]、星占天文学[3]、地质学与矿物学[4](在这方面他们大大走在时代的前头)、物理学与化学。他们的一般哲学被人称为折衷的诺斯替主义 (eclectic gnosticism),无疑地他们有着非常广泛的来源:希腊的、希伯来的、叙利亚的、伊朗的和印度的等等。

但也很清楚,精诚兄弟会具有强烈的政治性[5]。当时回教国家的王位虽然仍属于阿拔斯王朝,但布韦希王朝的埃米尔们(或将军们)已经当权,该会的兴盛正是在这个时期。他们可能都是些激进的什叶派和伊斯玛仪派,并肯定是同情卡尔马特派[6]的。卡尔马特主义是一种极端的社会主义甚至是共产主义的运动;它开始于 890 年,在整个 10 世纪中与回教国王进行了连续的战争。甚至在 11 世纪初被粉碎以后,它还把大量的平等主义学说传给了埃及的法蒂玛后裔、黎巴嫩的德鲁兹人和新伊斯玛仪派。卡尔马特派强调宽容和友爱,在工人和匠人中组织行会,他们自己也有一种行会的仪式。精诚兄弟会的作品留下了有关穆斯林协会现存的最早记载。当时在神秘主义的科学家和有组织的工人之间竟然存在着这种联合会,是毫不足奇的,因为不必一再重复指出的是,当时的大分裂是存在于那些准备从事手工操作的人和那些认为君子不屑于手工操作的人之间的。在工艺技术和巫术处方之间,并没有多大距离。下面我们就要看到,在道家和民众之间存在着与此相似的那种联盟关系达到什么程度。

最后,精诚兄弟会还和伊斯兰教中被称作苏非主义的整个神秘主义运动有密

96

---

1) Sarton (1), vol.1, p.661。没有英文译本;德文译本[Dieterici (1)]仅是节译本。

2) Hitti(1), p.427。

3) Hitti(1), p.373。

4) Hitti (1), p.386。

5) 关于他们的一般背景,见 Gibb(2)。

6) Hitti(1), p.445。

切关系。这个运动的中心虽在 864 年后转到了巴格达,但它最初的起源确切地说却是在巴士拉[1],是 728 年前后由哈桑·巴斯里(al-Ḥasan al-Baṣrī)发起的。精诚兄弟会在巴格达和巴士拉两地都曾盛行过。苏非派运动[2]一直继续到公元 11 和 12 世纪[3],不过这时它已经多少脱离了科学潮流。

但是,这种分裂从来没有成为彻底的分裂。赛亚德·努鲁尔·哈桑(Sayyad Nurul Ḥasan)曾把印度的神秘主义者和苏非派写成是科学的传播者。例如,公元 12 世纪后期在穆罕默德·伊本·图格拉克(Muḥammad Ibn Ṭughlaq)的统治下,德里的一位神秘主义学者哈兹拉特·尼扎姆丁·奥利亚(Hazrat Niẓām ud-Dīn Aulia)讲述运动法则的方式有点预示着牛顿的定律。

1948 年秋在黎巴嫩的时候,我在一次国际会议上碰巧和一位印度朋友阿卜杜勒·拉赫曼(Abdul Rahman)讨论到科学和神秘主义的这种联系。那天晚上,我们和当时印度驻开罗大使赛义德·侯赛因(Syed Hossain)共进晚餐,侯赛因即兴地纵论起回教概念中的"真正的医生"(true hakim)的性质。他说:"'真正的医生'固然是一位医生,同时也是一位职业哲学家,一位自然研究者,确实是一个苏非派,一个神秘主义者。……拉赫曼和我彼此莞尔相视,盛赞这位大使从他思想的自然背景,证实了我们那天下午的结论。

当然,本节所谈的神秘自然主义,和其他形式纯宗教的、专注于上帝或神灵的神秘主义是有很大差别的。前者的全部特点是它坚称,宇宙中有许多超越此时此地人类理性之上的东西;而由于它重经验、轻理性,因之它又认为,只要人们谦虚地发掘隐藏于事物内部的特性和关系,就可以逐渐减少事物的不可知性。但(通常意义上的)宗教的神秘主义则大为不同,它溺爱那种武断性的残渣,并力求贬低或否定研究自然现象的价值[4]。

于是,这里就可以提出这样的问题:在什么社会条件下神秘主义和理性主义[5]才能各自起到社会进步力量的作用? 我们通常认为,理性主义是一种独特的进步因素,它反对迷信和非理性主义——当非理性主义成为保护不合理特权的习惯性的屏障时。法国大革命前的西欧,大致就是这种情况。而特别有意义的是,正是在那个时候,儒教冲击着百科全书派,而对于复活了的贝拉基派的乐观主义和对于不

---

1) Al-Jalil(1),p.147。

2) Massignon(1,2);Arberry(1);R.A.Nicholson(1)。

3) Al-Jalil(1),p.185。

4) 大概已不必再提英(Inge)和詹姆斯(James)论述宗教神秘主义的经典著作了。

5) 我的朋友艾德勒(S.Adler)先生提出使用"形式主义"是否更好一些。理性主义体系有时候给不可理喻的武断性("宇宙的不合逻辑的核心")的办法留有余地。那样的话,真正的对比就是在形式化的正统主义和自由派的开明头脑之间进行了。

要超自然主义的道德概念都做出了不少帮助。但也许存在过完全不同的情况，那时神秘主义[1]也起过进步的社会力量的作用。当某一套理性主义思想和一种僵硬的、过时的社会制度无可挽回地拴在了一起，并和它所强加的社会控制与制裁联系在一起时，神秘主义就会变成革命性的了。法律作为一个整体，可以被当作是理性主义和反动势力这种联合的一个特例，因为它通常是秘传的、拥有权力的和不可接近的，其功能一般都是对于不可避免的变化起一个阻止作用[2]。与此相反的神秘主义和社会革命运动的联合，在欧洲历史中是屡见不鲜的，例如早期基督教中的启示录说、千年至福说或千年太平说等等倾向，后来又有多纳图斯派和其他教派，波希米亚的胡斯派和塔波尔派，德国农民战争时的再洗礼派，17 世纪英国的平均派，以及倡导平等、谴责私产的掘地派，等等[3]。在伊斯兰教的历史中，正如我们上面刚刚看到的，一个突出的例子是卡尔马特派[4]。同时正如前面已经指出的，在世界历史上的一定时期，帮助实验科学成长的正是否定权威的神秘主义，而不是理性主义。

经过了不可避免的高潮之后，当社会进步活动的浪潮被统治势力所击败，统治势力反过来也往往受到它所镇压的叛乱的冲击而有所改变，这时神秘主义体系就倾向于转入纯宗教的出世形式了。因之，从英国革命(国内战争和克伦威尔共和，1649—1660年)中的平均派的社会主义学说到贵格派的平等主义的宗教神秘主义，其间并没有多大的距离。例如，我们知道，平均派的最伟大领袖之一利尔伯恩(John Lilburne)就是作为公谊会(the Society of Friends)的创始人之一而终其余年的。

从革命的社会活动到宗教的神秘主义的这种过渡(它并未放弃自己对世界和社会的理想，但当时在世的信奉者已经放弃了在有生之年实现这一理想的可能性的希望)，对于中国古代道家所发生的情况有着非常直接的关系。道家实质上是一种反封建力量，当形势越来越表明不可能再回到他们的理想，而封建官僚制度注定要成为中国社会的特有形式时，他们就不知不觉地逐渐滑进了一种异端的宗教神秘主义中去。从这种分析来看，正如我们将要看到的，道教在一千多年来总是和一切力图推翻现有秩序的叛乱牵扯在一起，也就毫不足怪了。

我在以上各节中是想表明，在科学史的初始阶段，科学和神秘的信仰之间可能有一种密切的关系。这些考虑出自这样一个论点：即道家严格区分了两种知识，一种是儒家和法家的社会"知识"，这是理性的，但却是虚假的；一种是他们想要获得

98

---

1) 可理解为非蒙昧主义的神秘主义。
2) 这句话出自 Eggleston(1)。当然，法律程序可能是一种变化的媒介。
3) 参见 Lewis &Polanyi(1)；Needham(6)，p.14，etc.。
4) Massignon(3)。

的自然的知识,或洞察自然的知识,这是经验的,甚或是可能超越人类逻辑的,但却是非个人的、普遍的和真实的。

(2) 科学和社会福利

这种对比可以见之于《庄子》的某些篇章,它们采取的形式几乎使人想起现代有关科学和社会福利的讨论。这些寓言和假想的对话似乎确实蕴涵着这样的意思:利用科学以造福于人类还为时过早,而儒家如果真想利用人类知识来改善人的生活条件的话,他们就应该变成道家,并首先致力于观察自然。不了解自然而想对人类有所帮助是不可能的。所以,《在宥第十一》说:

黄帝[1] 在位已十九年,他的政令通行全国;他听说广成子[2] 居住在空同山上,就到那里去见他。

99　　黄帝说:"听说先生对于至道有深刻研究。请问什么是至道的精髓?我想取天地的精华来帮助五谷(的生长),来(改善)人民的营养。我还想支配阴阳(的运行),以确保一切生灵的安泰。我应当怎么办?"

广成子答道:"你所问的是事物的物质基础("物之质也");而你想要控制的只能是这些事物的残余("物之残也"),(它们已被你以前的干涉破坏了)。按照你对世界的治理,云气不等汇集起来就要下雨;草木不等变黄就要落叶;日月之光也要加快熄灭。你有一个善辩者的浅薄的头脑,不配让我和你谈至道。"[3]

〈黄帝立为天子十九年,令行天下,闻广成子在于空同之上,故往见之。曰:"我闻吾子达于至道,敢问至道之精。吾欲取天地之精以佐五谷,以养民人。吾又欲官阴阳,以遂群生。为之奈何?"

广成子曰:"而所欲问者,物之质也。而所欲官者,物之残也。自而治天下,云气不待族而雨,草木不待黄而落。日月之光,益以荒矣。而佞人之心翦翦者,又奚足以语至道!"〉

广成子责备黄帝对自然界的浅薄态度,急于从事物的残余之中获得利益。他暗示,真正为人类社会谋福利的唯一途径是退而阐明自然界的基本原理。黄帝的态度被比作一个对自然界的贪婪的掠夺者,他不是等待找到自然界的基本原理并加以应用,而是不许云气和五谷成熟。联想到人类今天在有关水土保持和自然保护方面的知识,以及我们在理论科学和应用科学之间的正当关系方面所获得的一切经验,

---

1) 传说中的帝王。
2) 假想的隐者。
3) 译文见 Legge (5),vol.1,p.297,经修改。所有的人都忽略了这一点的意义;所以林语堂[Lin Yü-Thang (1)]把这一节与谈论生死和黄帝怎样长生不死的那些篇章放在一起。

庄子的这段论述不亚于他所写过的其他篇章,似乎是既深刻而又有预言性的。这一篇的后面部分还有一个类似的故事,是说云将往见鸿蒙,向鸿蒙提出了类似黄帝向广成子提出的问题,遭到了更粗暴的拒绝[1]另外,《外物第二十六》还载有庄子与惠子关于"无用之为用"[2]的讨论。

(3) 返回到原始合作社会

道家对社会是什么态度呢? 他们对于人类社会有没有某种不同于儒家的理想呢? 他们是有的,而且是乍看起来有点古怪的理想。其经典的描述见之于《道德经》第八十章:

> 姑举人口不多的小国来说。在圣人治理之下可以出现这样的局面:虽有节约劳动十倍或百倍以上的器械,人们却不使用它们[3]。圣人能使人民准备为自己的国家再死去两次以上而不愿迁徙出境。虽然也可以有船有车,但没有人去乘用它们。虽然也可以有战争的武器,但没有人去操练它们。他同时能使人民(从文字)返回到结绳记事[4],满足于他们的饮食,喜爱他们的衣服,满意他们的居室,欣赏他们的工作和习俗。邻国可能很近,可以听到它那里鸡鸣狗吠的声音,但人民即令老死也从不费力想到那里去。[5]

> 〈小国寡民,使有什伯之器而不用,使民重死而不远徙。虽有舟舆,无所乘之。虽有甲兵,无所陈之。使人复结绳而用之。甘其食,美其服,安其居,乐其俗。邻国相望,鸡犬之声相闻,民至老死,不相往来。〉

再度寻味这段文字,我心目中联想起我们英国 17 世纪的平均派(或者毋宁说是掘地派)思想家温斯坦利(Gerrard Winstanley)的话,他说:"世界的一切罪恶都来自买卖的阴谋诡计。"[6] 的确,在古代道家时代,人们从一国到另一国的唯一机遇就只有买卖交易,或者是在某一封建诸侯率领之下去打仗。因之,这段论述给了我们一个线索,说明道家是某种原始的土地集体主义的代言人,他们既反对封建贵族,也反对商人。意味深长的是,司马迁在《史记》卷一二九论述秦汉工商业家的《货殖

---

1) Legge(5),vol.1,p.301。

2) Legge(5),vol.2,p.137。"不知用之用,无以知有用之用"("知无用,而始可与言用矣")[Lin Yü-Thang(1),p.88]。这些观念似乎与前面(p.80)提的"自然选择"主题无关。参见 Fêng Yu-Lan(5),p.93。

3) 见下文 p.124。

4) 对照美洲印第安人的结绳文字。参见下文 pp.327,556。

5) 译文见 Waley(4);Hughes(1)。引号内的文字亦见于《庄子·胠箧第十》[Legge(5),vol.1,p.288]。

6) 见 Sabine ed.p.511。

列传》中,一开头就引用了老子的这些话[1]。

(g) 对封建制度的抨击

道家不仅敌视儒家思想,而且敌视整个封建制度,这一点并不曾更广泛地为人所理解,这是很奇怪的。一般认为,道家是一些表达"东方智慧"的软弱无力的神秘主义者,但他们言辞之极端激烈乃至狂暴,却和这种看法很不相称。

在《道德经》中,至少有十五章具有明确的政治意义[2]。第一章一开头就说,可以讨论的(人类社会的)道,并不是不变的(自然界的)常道,这暗示着法家那种不变的法(见下文 p.250)乃是不可能的[3]。它的第九章警告封建诸侯说:

当青铜碧玉堆满厅堂的时候,就再也守不住了。财富和地位孕育着骄横,而随骄横而来的是毁灭。……

〈金玉满堂,莫之能守。富贵而骄,自遗其咎。……〉

101　　第五十三章中提到,财货就是掠夺。

只要宫廷井然,(统治者们就甘心)让田野荒芜,仓廪空虚;他们穿着刺绣华丽的服装,佩着锐利的宝剑;酒食填满了口腹,财货用之不尽——这是匪徒("盗")的行径,而不是"道"。

〈朝甚除,田甚芜,仓甚虚。服文绮,带利剑,厌饮食,财货有余,是谓盗(夸)[竽]。非道也哉!〉

在第五十八章我们又读到:"当统治者面有忧色的时候,人民就感到快乐和满意;当统治者显得活跃而自恃的时候,人民就将挑剔而不满。"("其政闷闷,其民淳淳。其政察察,其民缺缺。")它的第七十九章说道:

当认为大错得到纠正的时候,后面必然还留有一些怨恨。这怎么能成就任何好事呢?(即在封建制度下事物是不可能摆正的。)因之,圣人手持左边的符契(不大受尊敬或低贱的一边)[4](即站在人民一边),并且不向人民要求那

---

1) Swann(1),p.419.

2)《道德经》第一、九、十三、十四、十六、十七、二十四、三十八、三十九、四十九、五十三、五十七、五十八、七十四、七十九等章。除最后一章外,本节所引译文均见 Waley(4)。

3) 至少这是一个被广泛接受的解释。戴闻达[Duyvendak(18)]提出了另一种解释,虽然很吸引人,但不完全有说服力。

4) 关于古代中国有关左和右的长期讨论,参见 Granet(5),pp.364(6),pp.261 ff.。友人斯普伦克尔博士(Dr.O.v,d.Sprenkel)从《前汉书》中给我指出证据说,在先秦时期穷人住在村庄的"左"边,[正如某些人所称之为"出身贫苦的"(Wrong side of the railroad tracks)],称为"闾左"。见《史记·陈涉世家》(卷四十八,第一页),以及 Dubs(2)vol.1,p.123。

些不可能的事。有(道)德的(统治者)就像施赈大吏那样仁慈;没有(道)德的(统治者)则(象)税收审计官(那样的压榨者)。天道没有好恶,哪里有善人,它就在他们那里。[1]

〈和大怨,必有余怨,安可以为善? 是以圣人执左契,而不责于人。有德司契,无德司彻。天道无亲,常与善人。〉

道家的态度在《庄子》一书中说得更直截了当。其中《盗跖第二十九》全篇都是记述孔子和当时著名大盗跖的一次假想的会见。跖当时率领九千人,横行天下,毁灭田舍,抢劫浮财,并虏获人们的妻女。孔子决定去见他,并以忠言劝告他。在以讥讽的口吻说明了王者的由来以后,孔子就被写成是这样说的:

将军如果愿意听从我,我就愿作你的使者,南边去吴国、越国,北边去齐国、鲁国,……西边去晋国、楚国。我将劝说他们给你造几百里的大城,其下建立数十万居民的邑镇,尊奉你为那里的诸侯。这样,你就可以重新开始你的生涯,罢兵休战,遣散队伍,收养你的兄弟,和他们共同祭祀你们的祖先——这才是与圣人和有才的官员相称的道路,也可以满足天下人的愿望。[2]

〈将军有意听臣,臣请南使吴越,北使齐鲁,……西使晋楚,使为将军造大城数百里,立数十万户之邑,尊将军为诸侯,与天下更始,罢兵休卒,收养昆弟,共祭先祖。此圣人才士之行,而天下之愿也。〉

但是跖毫不理会孔子的这些建议,在以浓厚的道家气味的长篇大论训斥了孔子以后,他就使孔子在狼狈不堪之中被打发走了。通过这些几乎不加掩饰的寓言故事,道家是在讥诮儒家趋附在最坏的强梁周围并竞相充当其谋士的那种倾向。在该篇的后一部分中,满苟得[3] 说:"无耻者成了富人,善谈者成为高官,……小盗被捕入狱,大盗却成了封建诸侯;而正是在这些诸侯的门里可找到你们的'正直的学者'。"[4]("无耻者富,多言者显,……小盗者拘,大盗者为诸侯。诸侯之门,义士存焉。")这些话使人想起英国18世纪如下的一段韵文:

从平民那里偷走鹅的男女,

他们受到法律的制裁;

---

1) 作者根据侯外庐(1)的解释译成英文。

2) 译文见 Legge(5),vol.2,p.169。

3) Legge(5),vol.2,p.177。满苟得进而举出了一些详细例子。理雅各认为,满苟得是一个虚构的名字,其意是"充满了苟且得来的东西"。参见同一篇后文中"无足"与"知和"之间的对话。

4) 译文见 Lin-Yü-Thang(1),p.80。试比较圣奥古斯丁的话,他说(De Civ.Dei,IV.4):那个海盗对俘虏了他的伟大的马其顿王亚历山大的回答是高雅而优美的。亚历山大王问他怎么敢在海上扰乱,他以一种自然的神情答道:"你怎么敢扰乱全世界呢? 因为我只用一只小船来扰乱,我就被叫做贼;而你用庞大的海军来扰乱,却被尊称为帝王!"

但从鹅身边抢走平民的大盗，

他们却消遥法外！

诚然，有些人认为《庄子》的第二十九篇是后来窜入的[1)]。但正如理雅各所指出，司马迁专门引述了这一篇，所以，它即使不是出自庄子，也一定是前人的手笔。但对于《庄子》的第十篇则没有任何怀疑，这一篇也表述了完全相同的意见，篇名为《胠箧》(即撬开箱箧)，庄子很快就谈到了要害：

那些被世俗称为知者的人们，不都证明是为大盗充当聚敛者吗？("世俗之所谓知者有不为大盗积者乎？")而那些被认为是圣人的人们，不都证明是大盗利益的卫护士吗？("所谓圣者有不为大盗守者乎？")[2)]……这里有一个人(为他的腰带)偷了一个带扣，他因之而被处死。但另一个人盗窃了一个国家，他却成了那个国家的君王。而我们看到，正是在这些君王的门里，仁义才叫喊得最响——这不是在盗窃仁义和圣智吗？这样，他们转眼成为大盗，取得王侯领地，盗窃了仁义以及由使用斗、斛、权、衡、符契、印玺而产生的一切利益[3)]。……因之，如果弃绝了"圣"与"智"，大盗就会绝迹的。……[4)]

〈世俗之所谓知者，有不为大盗积者乎？所谓圣者，有不为大盗守者乎？……彼窃钩者诛，窃国为诸侯。诸侯之门，而仁义存焉。则是非窃仁义圣知邪？故逐于大盗，揭诸侯，窃仁义，并斗斛权衡符玺之利者。……故绝圣弃知，大盗乃止。……〉

鉴于这段文字如此之激烈，几乎无须再强调这一论点了。

103 庄子还采用了《道德经》(第七十九章)中的论旨，即真正的圣人是与人民共同行动的，"这样的人最紧密地和人民生活在一起，和人民并肩而行"("托生与民并行")[5)]。他们"埋身"于人民之中("是自埋于民")[6)]。"低贱但必须听其自然的，是物；卑微但必须加以遵从的，是人民"("贱而不可不任者，物也；卑而不可不因者，民也")[7)]。对于人民，决不能把他们当作仿佛是"物"那样来对待[8)]。借助于"轩冕"以"肆志"的那种野心，乃是一种歪曲了的野心[9)]。下面一段文字把这个论点的许多线索都连在一起了——由于发展与原始民主相联盟的科学而把经院哲学的封建

1) 参见 Forke, (13), p.312.

2) Legge(5), vol.1, p.281. 这个主题在该篇中逐字逐句地被重复。

3) 注意这个说法，因与下文有关(p.124)。

4) 译文见 Legge (5), vol.1, pp.281, 283, 285, 286; Vacca(10)，经修改。

5)《庄子·天地第十二》[Legge(5), vol.1, p.321]；参看《淮南子·原道训》[Morgan(1), p.19]。

6)《庄子·则阳第二十五》[译文见 Legge (5), vol.2, p.121; Waley (6), p.83]。这也是欧洲宗教实用主义者如帕拉采尔苏斯等人的特点。

7)《庄子·在宥第十一》[Lin Yü-Thang (1), p.77]。

8)《庄子·在宥第十一》[Legge (5), vol.1, p.304, 亦见 p.378]。

9)《庄子·缮性第十六》[Legge (5), vol.1, p.372, 亦见 p.379]。

伦理排除在外,以及对相对主义的宇宙观的肯定:

> 河神说:"当我们考虑事物的外表或者它们的内涵时,我们怎样来区别它们之间的贵贱或大小呢?"北海神答道:"当我们按照道来看它们时,它们就都没有贵贱。在它们之间,各自认为自己贵而鄙视其他。按通常意见来说,它们的贵与贱并不决定于它们本身。但在考察它们的差别时,倘若我们称那些比别的大的东西是大的,那就没有不是大的东西了,依同样的道理,也没有不是小的东西了。如果知道天和地不比一粒最小的稻米更大,一根头发的尖端和一座山丘是一样大——那就是理解了各种标准的相对性("则差数睹矣")。再者,在考察它们的功用时,倘若我们称那些(在某一特定用途上)比别的更有用的东西是有用的,那末就没有一件东西不是有用的;同样地,也没有什么东西不是没有用的。同样,我们也知道东和西彼此正相反,但其中一个(的概念)不能离开另一个(的概念)而存在——事物间的相互功效就是这样被定下来的("则功分定矣")。……[1]

> 〈河伯曰:"若物之外,若物之内,恶至而倪贵贱?恶至而倪小大?"北海若曰:"以道观之,物无贵贱;以物观之,自贵而相贱;以俗观之,贵贱不在己。以差观之,因其所大而大之,则万物莫不大;因其所小而小之,则万物莫不小。知天地之为稊米也,知毫末之为丘山也,则差数睹矣。以功观之,因其所有而有之,则万物莫不有;因其所无而无之,则万物莫不无。知东西之相反,而不可以相无,则功分定矣。……〉

道家的攻击,使我们想起了例如欧洲封建主义鼎盛时期大阿尔伯特(Albertus Magnus)的生物学论述,他说,雄鸡是从最圆的蛋中孵出来的,因为球形是立体几何中"最尊贵的"图形[2]。道家反对把贵贱的概念应用于自然界,同时也反对把它们应用于人类。这样,他们就同时肯定了他们的科学和他们的民主。正如自然界中没有真正的大小,人类社会也应该没有。重点应该在于相互为用。

(1) 道家对阶级分化的谴责

104

那末,道家提议用什么来取代封建社会呢?他们没有提出任何新东西。他们不是向前看,因此严格地说,他们不是革命的。他们是向后看的,他们想要返回的那种社会类型只能是原始部落的集体制。他们的理想是青铜器时代初期那种尚未分化的"自然"生活状态,那时私有制尚未确立,原始封建制及其贵族、王侯、祭司、

---

1)《庄子·秋水第十七》,译文见 Legge(5),vol.1,p.379;Lin Yü-Thang(1),p.50;Wieger(7),p.341,经修改。

2) 参见 Needham(5),p.170;Balss(2),p.67。

工匠、卜祝等尚未出现。这种存在于阶级发展之前的[1]、古老的社会团结感居然能充分持久不衰而使道家心向往之，如果说这是难以相信的话，那末我们就可以想想在进入封建时期很久以后，在中国社会的边缘地区，一直都还存在着这种生活方式的群体[2]。毫无疑问，封建诸侯们频繁与之作战的那些"野蛮人"，就过着这种生活。

　　道家的理想社会是合作的，而不是占取的。在古代社会中，人民并不服从封建贵族的指令并从事劳役，而是按照风俗习惯进行他们共同的活动[3]。行业之间还没有那么分化乃至在房屋建造这类任务上排除了共同协作。人民自动地聚集到那些年年举行的择偶节日盛会[这些节日由葛兰言（Granet(2)）根据中国古代民歌作了详细的描述]，而不是被征召去参加封建贵族定期举行的社稷祭祀活动。在古代社会中，很少有劳动分工的需要；所以如果把青铜冶金业的引进看作是巨大转折点，大概是不会有大错的，因为其中所用的一套复杂技术都和制造优质武器有关。上古的人不需要武器，因为没有有组织的战争；他们也不需要舟车等类运输工具，因为那时还没有商业，也不需要旅行。他们的首领是半带歉意地从内部实行领导，在馈赠仪式上竞相分赠他们的狩猎品和农产品，而不象封建诸侯那样喜爱高高在上地施行暴政。这里是自动的合作，而没有强制的力量——这里我们岂不是区别了"为"与"无为"的最古老的奥秘吗[4]？最后，古代社会极有可能是母权社会——这岂不就是（我们已经谈到的）道家所崇尚的那种女性征象所遗留下来的最古老的含义吗？

105

　　关于那种原始社会，只要打开任何一本人类学著作，就可得知梗概，例如福德（Forde）在这方面的著作，其中就描述了食物采集、狩猎、农业和畜牧业的各种原始社会的广泛多样性。这里我们可以看到从集体所有制的状况向封建占有和私有财产的过渡，以及随之而来的租佃与地租、拥有土地的贵族和无地的农奴。道家心目中的那种社会，可暂比拟为类似于米德（Mead）所描述的那种阿拉佩什人的新几内亚社会，这是极端重视互不侵犯的社会。我们无需重提那些与摩尔根和恩格斯

---

　　1) 艾伯华[Eberhard (9)]根据现在文化遗迹断定，龙山文化（见本书第一卷，p.83）是最早表明阶级分化的。

　　2) 马伯乐[Maspero (12), p.156]曾对印度支那泰族的择偶节日作过亲身的观察，这些节日仪式与据信曾存在于周代的风俗极为相似。的确，从许多时代的中国作家那里都能引证到这种材料，他们用对周围民族习俗的观察来印证他们自己的古代。1221 年，道士邱长春应成吉思汗之召穿越中亚细亚时，他对所遇到的蒙古部落的人民留有很深的印象。他说："他们的确保存了原始时代的纯朴。"[《长春真人西游记》，译文见 Waley (10), p.68]。

　　3) 关于古代中国社会的社会人类学的分析，见 Quistorp (1)。

　　4) 参见《道德经》第二十九章："将欲取天下而为之，吾见其不得已。天下神器，不可为也。为者败之，执者失之。"

的名字连在一起的有关"原始共产主义"的争论[1]；我们只需要承认在青铜器时代的原始封建制发展和私有财产确立之前，有一个早期的社会阶段；而这一早期社会的理想，就是给了道家以灵感的那些理想。此外，在欧洲也有过与中国这种情况相类似的现象，汤姆森在一本出色的著作[George Thomson(1)]中表明：希腊的民主制度，部分地就是出自平民主张重新实现他们失去了的部落平等；而希腊的悲剧，当人们对它们充分了解时，就显示出存在着这些记忆和这些过程的充分证据。下面我们就将看到，这种说法是否可以为道家自己说过的话所证实。

我们现有的最早资料是《诗经》——其中很多诗歌肯定是远远早于公元前 600 年的，里面就有对封建诸侯的怨诉。这里可举出两首：

> 别人有田土，
> 你(封建诸侯)反而把它们占有；
> 别人有民人，
> 你反而把他们劫走。
> 这个人应该无罪，
> 你倒把他拘留；
> 那个人应该有罪，
> 你反而把他放走。[2]

> 〈人有土田，女反有之；
> 人有民人，女覆夺之。
> 此宜无罪，女反收之；
> 彼宜有罪，女覆说之。〉

> 坎、坎，我伐檀木的斧声铿锵，
> 把我砍下的檀木放在河岸边，
> 啊，河水流得多么清彻，微波荡漾！
> 而你(封建诸侯)既不播种又不收割，
> 哪里得来的这三百庄田的禾粮？
> 你从不出去打猎，
> 怎么我们看到有这么些鹿反挂在你的厅堂？

106

---

1) 关于最近重新检讨这些争论的情况，见 Stern (1)。
2) 《诗经·瞻印》，译文见 Legge (8)，经梅贻宝[Mei Yi-Pao (2)]修改；参见 Karlgren (14)，p.236。

你是一位君子,

并且(你说)你不白吃空粮![1)]

〈坎坎伐檀兮,

置之河之干兮,

河水清且涟漪。

不稼不穑,胡取禾三百廛兮?

不狩不猎,胡瞻尔庭有悬貆兮?

彼君子兮,不素餐兮!〉

大鼠,大鼠,

不要再吃我们的麦子!

三年来我们一直为你工作,

但你却鄙视我们。

现在我们就要离开你,

去到一个比这快乐的地方;

乐土,乐土,

那里我们将找到我们所需要的一切。[2)]

〈硕鼠硕鼠,

无食我黍!

三岁贯女,

莫我肯顾。

逝将去女,

适彼乐土。

乐土,乐土!

爰得我所!〉

这是一种永远活跃着的反抗传统。

但道家保持了对某种更美好的事物的传统。这里是《庄子》对原始集体主义的描述:

(古时候,)人民有一种不变的天性,他们自己织布做衣服,自己耕地种粮食。这就是我们所说的那种共同生活的美德("是谓同德")。他们联合起来,

---

1)《诗经·伐檀》,译文见 Legge (8),经梅贻宝[Mei Yi-Pao(2)]修改;参见 Karlgren (14),p.71。这些诗歌当然是很难翻译的,但是使人惊奇的是,韦利在其《诗经》译本[Waley (1)]中,却把这首诗译成对封建诸侯的赞美。下面我们将举一些突出的例子,说明由于对(往往是模棱两可的)中国典籍所持的观点不同,译文也就可以怎样地不同。

2)《诗经·硕鼠》,译文见 Legge (8),经艾黎[Alley (2)]修改;参见 Karlgren (14),p.73。

形成一个单一的群体("一而同党"),(而不分裂为不同的阶级);这就是我们所说的那种天然的自由("命曰天放")。……在那完美的德行的时代,人们和鸟兽同居,并和一切生物形成一个大家族——他们哪里能知道"王侯"和"贱民"("君子","小人")这些区别呢? 所有的人都没有"知识",他们信守着他们(通往)天然美德的道路。这就是我们所说的"纯朴"状态。在那种状态中,人们保持着他们"不变的天性"。但当"圣人"出现时,这些圣人卑鄙诌佞地把"仁"强加于人,摩肩翘足地强制人们行"义",于是人们就开始到处感觉猜疑了。随着奢靡的乐队和矫揉造作的礼仪,人们就开始彼此分离了("天下始分矣")。木头的纯洁完整("纯朴")就被砍削来制造祭器。白玉就被损坏来制作祭酒杯子的把手。(大道的)德为了"仁"、"义"而被禁止了。天然的本性为了礼乐而被背弃了。五色被混淆起来制造各种装饰图案。五音被混杂起来编制六律。因此,砍劈原材料的纯洁完整("朴")来制造器皿,就是"巧匠"的罪行;而为了强制推行"仁"、"义"而损坏了大道的德,则是"圣人"的罪过。[1]

〈彼民有常性,织而衣,耕而食,是谓同德。一而不党,命曰天放。……夫至德之世,同与禽兽居,族与万物并。恶乎知君子小人哉! 同乎无知,其德不离;同乎无欲,最谓素朴。素朴而民性得矣。及至圣人,蹩躠为仁,踶跂为义,而天下始疑矣。澶漫为乐,摘僻为礼,而天下始分矣。故纯朴不残,孰为牺樽! 白玉不毁,孰为珪璋! 道德不废,安取仁义! 性情不离,安用礼乐! 五色不乱,孰为文采! 五声不乱,孰应六律! 夫残朴以为器,工匠之罪也;毁道德以为仁义,圣人之过也。〉

(2)　"朴"与"浑沌"(社会的均同一致性)

上面我们看到了道家关于原始集体主义及其解体过程的叙述[2]。就那些"圣人"来说,把由生产关系的变化和各种发明的进步所引起的不可避免的社会变化都归咎于他们,也许是失之过苛了;但道家对儒家自鸣得意的一套社会"智慧"的谴责,似乎是有充分根据的。这里请读者特别注意上节中的"朴"字。它是道家政治思想中最重要的术语之一,我们很快还要遇到它。"分"字可以比之于希腊文的 moira (命运)[μοῖρα: Cornford (I), pp.12 ff.; Thomson (1), p.38],意指社会中分派给每个人所应起的作用,或分配给每个人的那份财物;但是用在这里(和其他周代书籍如《邓析子》以及被称为《尸子》的公元前 4 世纪的残篇中),它是指统治者或

---

1) 《庄子·马蹄第九》,译文见 Legge (5), vol.1, pp.277 ff.; Vacca (10);经白乐日与作者修改。
2) 参见《庄子·天地第十二》中类似的一节[Legge (5), vol.1, p.315]。

贵族分配给人们的义务,虽然"分"字的原义仅仅是分开的意思[1]。

下面引自《淮南子》的一段话继续发挥了庄子的同一学说:

> (真正的)圣人呼吸阴阳之气,凡是有生气的莫不以同样的心情仰仗他们的美德。那时没有特殊的统治权威发号施令,人民都过着完全隐退的生活,事物都自行成熟。整个世界是一个未分化的统一体("浑浑苍苍"),那种纯粹的集体性("纯朴")还没有破碎、分崩,各种不同的人形成为一体,天地万物都繁茂异常。因之,即使具有羿那种"知识"的人出现,社会也无法使用他。……(后来,由于社会复杂性的增加)那种集体性就开始破碎了("散朴")。[2]

> 〈是故圣人呼吸阴阳之气,而群生莫不颠颠然仰其德以和顺。当此之时,莫之领理决离,隐密而自成。浑浑苍苍,纯朴未散。旁薄为一,而万物大优。是故虽有羿之知而无所用之。及世之衰也……散朴。〉

这里又向我们提出了另一个"浑"字,这个字更常与"沌"字连用(有几种不同的写法:混敦、混沌、浑敦、浑沌),这也是一个重要的术语。

庄子在其《在宥第十一》中又回到原始社会的瓦解上来,这时他不仅第一次提到那些成为儒家说教中典型的传说式的仁君圣王,而且还有那些民间传说中游荡着的可诅咒的半兽半人的怪物,"圣王们"讨伐他们并把他们处死。这里先提一提他们,后面再加讨论。

> 古时候,黄帝是第一个玩弄"仁"、"义",并以此扰乱人心的。其后尧、舜努力养育世界,弄得自己腿毛磨尽,臂肌消瘦。他们刻苦生计强制推行"仁"、"义",竭其血气制订法令。但即使是这样,还是没有成功。于是尧就把驩兜囚禁在崇山,把三苗人("三苗")驱逐到三峗山,把共工流放到幽都——这并不是真正征服天下。……当大德失掉了它的共存性时,人们的生活就被搅得七零八落。当人们都普遍涌向"知识"时,人们的贪婪就超过他们的所有。于是以后的事情就是发明斧锯,并以象木匠的墨线那样设置起来的法令去杀人,用锤子、凿子去毁损他们。整个世界鼎沸不安,而罪责就在那些干扰人心(的自然的善)的人们身上。因之,有德的人们就逃避到山岩中去,大国的统治者们则

---

1) Moira,在希腊思想中意为命运,并被认为高于诸神之上。康福德[Cornford (1)]说:Moira 作为命运在自然界中是至高无上的,高出于人和神的一切从属意志,因为她作为例行的公有分配(Customary Communal Distribution)首先在人类社会中是至高无上的,而人类社会则被认为是自然界的继续。所以,我们看到刘安说:"昼者阳之分,夜者阴之分"(《淮南子·天文训》,第十页)。但"分"并没有这样成功的业绩,它从未占有或可以等同于"道"或"命"的地位。见后文 pp.109,112,461,479,528,550。参见 Demiéville (3b)。

2)《淮南子·俶真训》,由作者译成英文,借助于 Morgan (1)pp.46,47。注意"散"这个术语的用法,如我们已在前面(p.40)物理的自然主义推测中遇到过的。

坐在他们祖先的庙堂之上战战兢兢。而现在,当死者相互枕尸狼藉的时候,当带刑枷的囚犯拥挤成群的时候,当被判刑的"罪犯"触目皆是的时候,儒、墨之徒却攘臂奔走于带着手铐的人群之中。唉,他们真不知羞耻,真不知什么是脸红啊![1]

〈昔者黄帝始以仁义撄人之心,尧舜于是乎股无胈,胫无毛,以养天下之形。愁其五藏以为仁义,矜其血气以规法度。然犹有不胜也。尧于是放讙兜于崇山,投三苗于三峗,流共工于幽都,此不胜天下也夫。……大德不同,而性命烂漫矣;天下好知,而百姓求竭矣。于是乎釿锯制焉,绳墨杀焉,椎凿决焉。天下脊脊大乱,罪在撄人心。故贤者优处大山嵁岩之下,而万乘之君忧慄乎庙堂之上。今世殊死者相枕也,桁杨者相推也,形戮者相望也,而儒墨乃始离跂攘臂乎桎梏之间。意,甚矣哉! 其无愧而不知耻也甚矣!〉

在《盗跖第二十九》中有类似的一节,其中描绘了甚至连衣服还没有发明以前的原始生活。那时的人民天真无邪,和平相处,相互合作。他们是"民知其母,不知其父"(注意:这是庄周在谈母系社会,而他并不是一个现代的理论考古学家)[2]。

这是完美的德行的时代。但黄帝不能达到这种状况。他和蚩尤(另一个传说中的叛逆人物)战于原野,直到血流百里。尧、舜兴起后,他们设置了大量的官吏,……从这时起,强者就凌虐弱者,……统治者一向都是骚动和混乱的推动者。……[3]

〈此至德之隆也。然而黄帝不能致德,与蚩尤战于涿鹿之野,流血百里。尧舜作,立群臣。……自是之后,以强陵弱。……皆乱人之徒也。……〉

最后,《淮南子》中还有一节[4],因篇幅太长而不宜引用,但必须提到。它在大力描述了原始集体主义之后,接着叙述由后世社会日趋复杂而产生的一切恶果。在提到冶金技术的引用以及对自然界的大为增加的榨取时,它指出了这样一种对比,说是尽管有这一切,但"人民的工具还是不够用,而(统治者的)仓廪却装得满满的("人械不足,蓄藏有余"),富者("积")只想致富("为利"),似乎是没有什么东西能满足统治者的欲望("未能澹人主之欲也")。然后它说道:

对山脉、河流进行疆界划分("分"),对居民进行人口普查,建城市,挖城壕,设壁垒,并制造武器以便防卫。任命各级官吏,把人民分成"贵"、"贱"等级("异贵贱"),并组织赏罚。于是,士兵和武器出现了,争夺和战争兴起了。对

109

---

1) 由作者译成英文,借助于 Legge (5),vol.1,p.295;Lin Yü-Thang (1),p.126;Waley (6),p.104.

2) 公孙鞅在《商君书·开塞第七》的开头处,在简短地谈到社会进化时(从法家的观点看来),也说了完全一样的事[参见 Duyvendak (3),p.225]。看来,在古代中国很可能有过母权制度;参看 Erkes (15)和 Rousselle(3)。

3) 译文见 Legge (5),vol.2,p.171.

4)《淮南子·本经训》的篇首处[Morgan (1),p.81]。参见《俶真训》[Morgan (1),p.35]和《氾论训》[Morgan (1),p.144]中类似的文字。

无罪者任意杀戮,对无辜者进行惩罚和处死。……[1]

〈及至分山川谿谷,使有壤界。计人多少众寡,使有分数。筑城掘池,设机械险阻以为备。饰职事,制服等,异贵贱,差贤不肖,经诽誉,行赏罚,则兵革兴而分争生。民之灭抑天隐,虐杀不辜,而刑诛无罪,于是生矣。……〉

我们无须进一步发挥这个主题或援引更多的证据。这一切都由老子做了总结(《道德经》第十八章)[2]:

当大道衰微的时候,

"仁"、"义"就兴起了:

当"知识"、"智慧"出现的时候,

开始有了大谎话。

只有到六亲不和的时候,

才谈论"孝慈";

只有到邦家因纷争而昏乱的时候,

我们才听到有"忠臣"。[3]

〈大道废,有仁义。智慧出,有大伪。六亲不和,有孝慈。国家昏乱,有忠臣。〉

《道德经》中在这方面还有其他一些很有趣味的章节,我忍不住要提到它们,因为它们表明,用不同的观点进行翻译,其间可以有多大的鸿沟[4]。例如第十七章,韦利[Waley (4)]的著名译文为:

对于最上者,人民只知有这样一个存在;

其次者,他们亲近他,赞美他;

再次者,他们回避他,畏惧他,但辱骂他。

的确,"正是由于不相信人民,你就把他们变成说谎者"。

但从圣人那里,任何代价也难得他一句话,

当他功成业就时,全国的人都说:

"那完全是自行发生的。"

110　修中诚(Hughes)、初大告和其他人的译法实质上与此无异。但有一位现代中国学者领会了刚才勾画的见解后,把他的认识表达在如下译文中:

---

1)《淮南子·本经训》,译文见 Morgan (1), pp.82,83.

2)《文子》等书中有类似的反响[参见 Forke (13), p.347].

3) 由作者译成英文,借助于 Waley (4); Duyvendak (18).

4) 下面所引侯外庐的译文可能很容易被认为过于"牵强",甚至把显然是现代的观念塞入了原文。然而,我认为冒险说得过分一些是值得的,这样才能矫正一下迄今为止过分侧重的另一种译法。

上古时候,(人民)不[1]知道有私有财产;

其后,各家有了私有财产并很珍重它;

再其后,这引起了恐惧和咒骂。

的确,不信赖人民就产生了互不信任。

寡言的圣人们(距此是何等地遥远)!

因为在他们功成业就的时候,

全国的人都说:"这一切来得十分自然。"[2]

〈太上,下知有之,其次亲而誉之,其次畏之,其次侮之。信不足焉,有不信焉! 悠兮,其贵言。功成事遂,百姓皆谓"我自然"。〉

不管对他的词汇选用作何想法,这种选择在以下这个范围内是有道理的,即"太上"的意思或指最高,或指最古[3];而"有"字的意思,可能是存在,也可能是享有。这里还有另一个例子。对《道德经》第十一章,韦利的译文采用了通常的神秘意义:

我们把三十根辐装在一起,称它为轮,

但正是那空无所有的空间在决定着轮的效用。

我们把粘土加工成容器,

但正是那空无所有的空间在决定着容器的效用。

我们凿出门窗建成屋室,

但正是那空无所有的空间在决定着屋室的效用。

因之,正象我们利用"有"那样,

我们必须认识"无"的效用。

侯外庐的解释则迥然不同:

三十根辐合成轮,

当没有私有财产时车的制造是为了使用的。

粘土制成容器,

当没有私有财产时容器是制造来为了使用的。

门窗用来建成屋室,

当没有私有财产时屋室是建造来为了使用的。

因之,有了私有财产就使(封建诸侯)得利,

而没有私有财产则使(人民)得用。[4]

---

1) 将"下"改为"不"。初大告[Chhu Ta-Kao (2)]和戴闻达[Duyvendak (18)]也是如此。

2) 由作者译成英文,根据侯外庐(1)(第164页)的解释。

3) 侯外庐这里所作的解释,后来也为戴闻达所采纳。

4) 由作者译成英文,根据侯外庐的解释(1946年3月的私人谈话)。

〈三十辐共一毂,当其无,有车之用。埏埴以为器,当其无,有器之用。凿户牖以为室,
当其无,有室之用。故有之以为利,无之以为用。〉

这段译文也许被认为有点奇怪,或许作者在其中无意识地认识到"利"和"用"的对
立,这在传统译文中一般是模糊不清的,并把"有"和"无"分别解释作"有"和"没有"
(私有财产),而不解释作"存在"和"不存在"。当然应当承认,传统的译法是中国历
代注释家所认可的,但可以毫无疑问地看出究竟哪种译释才更符合古代道家的总
的政治立场[1]。

在对上述术语的含意予以最后确定之前,我们可先看一下《列子》一书及其贡
献。该书的有关章节重复不多,所采取的也是这一思路。《黄帝第二》与《汤问第五》
两篇愉快地描述了道家理想的天堂,那里没有阶级差别,人们不知道有统治者,他
们以长生不老之躯邀游于生命之渊[2]。《天瑞第一》篇有一段关于财产的重要论述,
甚至于否认人自己的身体是自己的财产,更不用说其他"财物"了——一切都属于
天[3]。然后谈到了一个故事,因为它具有科学上和政治上的意义,这个故事可名之
为"盗天不盗人":

齐国有位国氏很富,宋国有位向氏很穷。向氏从宋国到齐国去问国氏致
富的秘密。国氏说:"那是因为我善于为盗。我在开头的一年就得到了一些东
西,第二年就足够用了,第三年就有了大量土地。最后整乡整区都为我所有。"
向氏听了很高兴,但只了解字面而未了解含义。于是他就开始爬墙越垣,凿壁
入室,凡眼能看到和手能拿到的东西都攫取无遗。但过了不久,他的盗窃行为
就使他遭到灾祸,甚至连他以前所有的也都被剥夺了。他认为是国氏卑鄙地
欺骗了他,就去狠狠地抱怨他。国氏问他是怎样出去为盗的,当他解说一番
后,国氏说:"唉,这是多大的误会!现在我告诉你怎么去做吧。我听说天有它
的四时,地增多它的产益。我所盗的是这些云雨的水气,山谷的膏腴,用来生
长我的禾苗,丰熟我的作物,筑我的墙,盖我的屋。我从陆地上盗窃禽兽猎物,
从水中盗劫鱼鳖。没有我不盗窃的东西。因为所有这些,都是大自然的产物,
我怎么能要求它们是我的私有财产("有")呢?但这种盗窃是不会不吉利的。
另一方面,金、玉、宝石、(封建占有所取得的)仓谷、丝绸以及其他财产,这是人
们所积累的,而非上天的恩赐。因之,如果盗窃这些东西的人遭致灾祸,他又

---

1) 武尔夫[Wulff (1)]也反对通常的解释,并按"在由辐制成的车轮出现之前,车已经在使用了"这种思
路提出了另外的解释,暗示着这段文字是反对不必要的奢侈或复杂的——这仍然带有一种政治基调。武尔
夫同意侯外庐强调"利"和"用"的对照。
2) 译文见 R.Wilhelm (4),p.53;见本卷下文 p.142。
3) 译文见 R.Wilhelm (4),p.9。

能抱怨谁呢?"

向氏越发感到困惑,并怕再次被国氏引入歧途,于是就去找东郭先生请教。东郭对他说:"就你自己的身体来说,你不就已经是一个盗贼了吗?你偷窃阴阳的协调来维持生命,并保持你的身体形状。这样,就身外之物来说,你不就更加是一个盗贼了吗?的确,天地和自然界的万物是分不开的。要求其中的任何东西成为私有财产("有"),都表示思想的混乱。国氏是以共同生活之道("公道")的精神来进行盗窃的,因之不会带来恶报;但你是以自私("私心")的精神来进行盗窃的,因而使你遭到灾祸。那些把自己的私人利益和公共福利结合在一起的人("有公私"),(在某种意义上说)就是盗贼;而那些不如此的人("亡公私"),(在完全另一种意义上说)也是盗贼。公有培养公有,自私则培养自私,这就是天地的原理。如果我们了解这个原理,我们难道不能说谁是(真正所谓的)盗,谁是(虚假地所谓的)盗吗?"[1]

〈齐之国氏大富,宋之向氏大贫;自宋之齐请其术。国氏告之曰:"吾善为盗。始吾为盗也,一年而给,二年而足,三年大攘。自此以往,施及州间。"向氏大喜,喻其为盗之言,而不喻其为盗之道。遂踰垣凿室,手目所及,亡不探也。未及时,以赃获罪,没其先居之财。向氏以国氏之谬己也,往而怨之。国氏曰:"若为盗若何?"向氏言其状。国氏曰:"嘻!若失为盗之道至此乎?今将告若矣。吾闻天有时,地有利。吾盗天地之时利,云雨之滂润,山泽之产育,以生吾禾,殖吾稼,筑吾垣,建吾舍。陆盗禽兽,水盗鱼鳖,亡非盗也。夫禾稼、土木、禽兽、鱼鳖,皆天之所生,岂吾之所有?然吾盗天而亡殃。夫金玉珍宝,谷帛财货,人之所聚,岂天之所与?若盗之而获罪,孰怨哉?"

向氏大惑,以为国氏之重罔己也,过东郭先生问焉。东郭先生曰:"若一身庸非盗乎?盗阴阳之和以成若生,载若形;况外物而非盗哉?诚然,天地万物不相离也。认而有之,皆惑也。国氏之盗,公道也,故亡殃;若之盗,私心也,故得罪。有公私者,亦盗也;亡公私者,亦盗也。公公私私,天地之德。知天地之德者,孰为盗邪?孰为不盗邪?"〉

这段引人注目的论述,其教诲显然是在说,为了整个社会的福利而取用自然财富是合法的,而为私利积聚财富则是封建诸侯的一种反社会特性,并且只能引起真盗贼的出现,他们消灭他们的前辈并使自己成为封建诸侯。这段文字的现代风味,使它值得和庄子关于"纯粹科学和应用科学"的篇章并列,它指向了二千多年以后社会主义与资本主义之间关于为利润而生产还是为使用而开发自然的论争。

由此可见,道家是谴责社会的阶级分化的。他们把这种分化过程正确地和生活的日益人工化和复杂化联系在一起,并积极地主张返回于纯粹的原始的团结一致状态("纯朴")。肯定就是在这个意义上,我们应该引用《庄子·应帝王第七》末尾的一段有名的寓言,这段寓言通常总是被人以一种神秘意义加以解说:

---

1) 译文见 R.Wilhelm (4),p.10。由作者译成英文,借助于 L.Giles (4),p.32。

南海的统治者叫"倏"(变化无端),北海的统治者叫"忽"(不确定性),中土
的统治者叫"浑沌"(原始性)。倏与忽经常在浑沌的领土上相会,浑沌一直待
他们很好,他们决定报答他的这种善意。他们说:"所有的人都有七窍,用以
视、听、吃、呼吸等等。只有浑沌没有。"他们就试着给他凿几个窍。他们就每
一天凿一个窍,但到第七天浑沌就死了。[1]

〈南海之帝为倏,北海之帝为忽,中央之帝为浑沌。倏与忽时相遇于浑沌之地,浑沌待
之甚善。倏与忽谋报浑沌之德,曰:"人皆有七窍,以视听食息。此独无有。"尝试凿之,日凿
一窍,七日而浑沌死。〉

凿七窍象征着阶级的分化、私有财产的形成和封建制度的建立。心目中有了这些,
我们才能懂得《道德经》的第五十六章:

塞上"洞"

闭上(倏与忽在浑沌身上凿开的)"门",

弄钝(武器的)锋刃,

解除封建的阶级差别("分"),

协调起才华(社会上有才智的人),

联合起尘埃(社会上的群众),

这就叫做"玄同"。

(因为在这个社会里)不可能有喜欢和讨厌,

不可能有利和害,

不可能有"贵人"和"贱人",

因而它才是天下最可贵的。[2]

〈塞其兑,闭其门,挫其锐,解其纷,和其光,同其尘,是谓玄同。故不可得而亲,不可得
而疏,不可得而利,不可得而害,不可得而贵,不可得而贱,故为天下贵。〉

如果看一下传统的译法,例如韦利的译文[Waley (4)],就会表明怎么可能以纯粹神
秘的默思来解释这类的篇章了。这个观点的局限性太大,虽然一经失去原义,就自
然不可避免地会出现这种情况[参见上文 p.98 和下文 p.140]。

这一切都提示,道家相信在他们那个时代恢复纯朴性状态是实际可行的。和
其他学派一样,他们所寻求的是愿意把他们的原理付诸实施的统治者——当然不
用说他们是大为失败的。但正如《道德经》第十四章中所说:"掌握了古时的道("执

---

1) 译文见 Fêng Yu-Lan(5),p.141。韦利[Waley (6)],p.97将此两帝的名字译为"Fuss"(骚动)和
"Fret"(烦恼)。

2) 作者根据侯外庐的解释译成英文。

113

古之道"），你就可以驾驭今天的私有财产的时代（"以御今之有"）"。而在第五十七章中他还制订了一个全盘的计划：

（儒家说）治国必须矫正，

（他们说）战场上用兵需要战略，

但只有心中无私念（"无事"）的人才能取得天下一致的支持。

我们怎么知道是这样的呢？是由于观看事实。

禁忌越多，人民就越贫穷，

谋私利的手段（"利器"）越多，整个国土就越愚昧，

精巧的工匠越多，发明品也就越邪恶，

法令发布得越多，盗贼也就越多；

所以圣人说过：

如果我们不做（追求私利和违反自然的）事（"无为"），人民就会自发地被感化，

如果我们爱好心灵的恬静，人民就会自己进入正轨，

如果我们不进行（追求私利的）活动，人民就会自发地繁荣起来，

如果我们没有个人野心（"无欲"），人民就会自发地达到合作式的纯朴（"民自朴"）。[1]

〈以正治国，以奇用兵，以无事取天下。吾何以知其然哉？以此：天下多忌讳而民弥贫；民多利器，国家滋昏；人多伎巧，奇物滋起；法令滋彰，盗贼多有。故圣人云："我无为而民自化，我好静而民自正，我无事而民自富，我无欲而民自朴。"〉

现在我们已经到了可以理解"朴"和"浑沌"这些术语的地步了，而对于这些术语，大多数中国的和所有欧洲的道家评论者都未能体会。把"朴"和"浑沌"联系在一起的关键性的一节，是《庄子·天地第十二》[2]，其中谈到孔子的弟子子贡在一次旅途中遇到了一位道家农夫，关于这个农夫，我们以后在另一处（p.124）还要再次提到。庄子说：

当他回到鲁国后，他把这次会见和谈话告诉了孔子。孔子说："那个人是假装修炼原始一致性学派法术的（"彼假修浑沌氏之术者也"）。他熟悉第一（阶段），但不知道第二（"知其一，不知其二"，即他只懂得原始集体主义的社会，而不懂得封建社会）。他能够调理他自身以内的事情（即他自身的合作性），但不能调理他自身以外的事情（即对人的治理）。他懂得怎样是不矫揉造

114

---

1) 作者根据侯外庐的解释译成英文。后来戴闻达的译法[Duyvendak (18)]也差不多。

2) 我们在上文 p.107《淮南子·俶真训》的引文中已看到同样的二者并列。

作("入素"),怎样避免违反自然界的行动("无为"),怎样返回到原始未分化的状态("复朴");他体现着他的本性和怡养着他的精神,作为人民之一漫游于人民之中("以游世俗之间者")——对他的堕落你很可能感到惊奇吧。但是,关于原始一致性学派的技术,你我还能发现什么值得了解的东西呢?"[1]

〈(子贡)返于鲁,以告孔子。孔子曰:"彼假修浑沌氏之术者也。识其一,不识其二;治其内而不治其外。夫明白入素,无为复朴,体性抱神,以游世俗之间者,汝将固惊邪?且浑沌氏之术,予与汝何足以识之哉?"〉

这些讽刺话当然是庄周或伪托庄周的作者借孔子之口说出的。现在已经十分清楚,这里我们所探讨的是一种明确的政治体系,它可能是为了防止封建贵族的敌意而使用了一些必要的半伪装的术语。的确,对于作为封建王室的总参议的孔子来说,在这个原始一致性学派的政治体系中,什么是他应该觉得值得了解的呢?

在字典上,"朴"字的意思是"朴实","质朴","事物的雏形","粗糙的东西"。这个字在《道德经》[2]中至少出现六次。它被韦利[Waley (4),(6)]一般地英语化成一种带有纯神秘意味的"未经雕凿的木头"(uncarved block),这种译法得到了不少人的赞许。与此相反,我认为这个字虽然后来无疑地是被人这样理解的,但其原义却含有强烈的政治因素,是指原始集体主义的那种团结性、一致性和质朴性。这在第十五章中确实可以看到,其中把"古时候的好领导人"("古之善为士者")[3]描述为"像原始团结一致的时代那样诚实"("敦兮其若朴")[4],"具有像河谷那样的容受力"(参考"谷神不死"),并"像浊流那样囊括一切"(在其一致之中悬浮着一切微粒,"混兮其若浊")[5]。第十九章中,力劝人民珍惜这种团结性("抱朴"),第二十八章中又力劝圣人再返回到团结性的原则("复归于朴");第三十二章中说:

道是永存的,但没有名声("名",封建荣誉)。

至于平等者的共和体("朴"),虽然微不足道,

但天下没有人能轻视它。

假若王侯愿意守护它,

万物都将会自发地向他们致敬。

---

1) 由作者译成英文,借助于 Legge (5),vol.1,p.322。

2) 见《道德经》第十五、十九、二十八、三十二、三十七、五十七各章。

3) 韦利当然译为"古时宫廷中那些最好的官吏"(Of old those that were the best officers of Court)。我们这里译成"领导人"(leaders)时颇有些迟疑;也许其含意只是"有智慧的人"(wise men)。

4) 韦利[Waley (4)]将此句译成"朴素得像一块未经雕凿的木头"(blank, as a piece of uncarved wood)。注意:此句中的"敦"即"浑敦"之"敦"。

5) 韦利[Waley (4)]将此句译成"阴暗如混水"(murky, as a troubled stream)。注意:此句中之"混"即"混沌"之"混"。

　　天地也将合成一体,降下甘露,

　　无须法律或强制,人们就会和谐相处。[1]

〈道常无名。朴虽小,天下莫能臣也。侯王若能守之,万物将自宾。天地相合,以降甘露,民莫之令而自均。……〉

这个字在别的地方的用法也十分相似。它在《吕氏春秋》中出现过两次,在《淮南子》中出现过九次,都是这同一个意思[2]。

这个字经常和"浑沌"[3]相联系,"浑沌"一般译为 Chaos (开天辟地时的混沌状态),但它也有"混杂"、"混乱"、"无秩序"等含义。我相信这个词也像"朴"字一样,是古代道家的一个政治术语;含义是"未分化的"、"混同的",因此也是指封建前原始集体主义的那种状态。"浑"和"沌"的用法之或分或合,在《道德经》中出现数次,在《淮南子》中至少出现五次,差不多都是这同一个含义。葛兰言[4]提出证据说,"浑沌"的含意之一是指最早的冶金家用的鞴或风箱(类似于下面将谈到的"驩兜"一词)[5]。

(3) 传说中的叛逆者

这里极为有趣的是,如上所述,在道家的典籍中,还谈到了另一组专门词汇,它们实际上是一些神话人物的名字;这些神话人物也就是那些传说中最早的帝王对之征战和加以诛戮的一些叛逆者。葛兰言[Granet(1,2,4,)]、高本汉[Karlgren(2)]和马伯乐[Maspero(8)]都收集了有关这些人物的大量资料。虽然对这些人物的起源、他们在神话中的确切地位以及与他们有关的各种祭祀,还存在着分歧的看法,但他们在古代中国宗教思想和实践中所起的重要作用,则是无可怀疑的(图38)。现在把他们排列如下:

　　(1)蚩尤(前面已经提过):黄帝的大臣和敌手,牛头怪物或海龙,传说中系冶金和金属武器的发明者和九黎、三苗有某些关系(见下文)[6]。见 Granet (1),p.351,etc;Karlgren (2),p.283;H.Maspero (8),pp.55,79。他为黄帝

117

---

1) 由作者译成英文,借助于 Waley (4)。这里我们都不自觉地坠入威廉·朗格兰(William Langland)的韵律之中,不过我想他不完全否认自己也具有老子的情调。

2) 参见 Wieger (2),p.333。

3) 这个词有几种不同的写法,像前边已提到的,如"混敦"、"混沌"、"浑敦"、"浑沌"即是。

4) Granet (1),pp.543 ff。

5) 风箱的鞴又叫做"橐"。这个词在道家传统中很晚的时候还出现过,如在《道藏》的一些书名中,这也许是颇有意义的。

6) 蚩尤后来被奉为神,成为汉代受欢迎的武神[刘铭恕(1)]。

116

图 38　晚清时的一幅传说中的叛逆者(自左至右:三苗、共工、伯鲧和驩兜)被放逐的画像。采自《钦定
书经图说·舜典》[Karlgren (12), p.5]。当然,其中的军装并非上古之制。

所诛。

(2)驩兜(前面已经提过):被认为即是浑沌,系黄帝所放逐的怪物。见 Granet (1),pp.240,248,258,267,etc;Karlgren (2),pp.249,254。

(3)鲧:大禹的父亲,在他治水失败后,大禹成功地建成了必要的水利工程[1]。他是黄帝的大臣,背叛了黄帝,后被黄帝所逐,被诛并被碎尸。他变成了各种动物(熊,黄龙),并被各种动物(枭、龟)所吃掉。传说中他是堤和墙的发明者。见 Granet (1),pp.240—273,etc;Karlgren (2),pp.249,254。

(4)梼杌:黄帝放逐的怪物,有时被认为和鲧是同一个人。见 Granet (1),pp.240 ff.;Karlgren (2),p.248。

(5)共工(前面已经提到过):工匠的首领("工师"),被舜或禹所逐杀。见 Granet (1),pp.240,318,368,523,etc;Karlgren (2),pp.218,309,349;H. Maspero (8),pp.54,75。

(6)饕餮:为黄帝所杀,和三苗有联系,并与冶铜技术有关。被描绘为牛形或枭形。见 Granet (1),pp.240,244,248,258,491,etc;Karlgren (2),p.248。

(7)九黎:与蚩尤有关系的部族,为黄帝所征服,是时序和历法的扰乱者。见 Granet(1),pp.242,350,etc。

(8)三苗(前面已经提过):少数民族的部落或团体,为传说中不同的帝王所征服和驱逐。是时序和历法的扰乱者;与蚩尤、饕餮有联系;并和冶金业有关;以一头三身的枭为象征。见 Granet (1),pp.239—269,494,515,etc;Karlgren (2),pp.249,254;H.Maspero (8),pp.97 ff.(见图 39)。

非常有趣的是,这些名字中有的声调很类似于上面刚讲到的那些术语。"驩兜"从字义上讲是"和平的风箱"的意思,这里"兜"字的意思是空囊,即含有均质空气的空囊;他(或它)被认为就是"浑沌",即均质的 chaos。"梼杌"的原义是指未加整饰的木桩、柱、梁或原木。其他名字都和劳动人民有着明显的关系。"共工"的字义是"共同劳动"的意思;"饕餮"一贯的译法是贪食者,这很可能是封建诸侯对人民大众所用的称呼,认为人民大众对可得到的农产品的耗量过多。其后这个名称成了一个专门术语,表示青铜、玉石、金属扣带等物上的装饰设计[Ferguson (2),p.9;Bushell (2);Lemaitre (1)],并且直到今天还存留在西藏的宗教艺术中[Cammann (1)]. 亨策[Hentze (3)]的研究表明,它一定是熊的头和毛皮,经过剥皮之后,下颚分裂为二,并向里面收缩;这无疑是萨满教人在其祭礼时所穿戴的——这又同原始

---

1) 在有关水利工程的论述中,我们还将遇到鲧[本书第二十八章(f)]。

118

图 39 晚清时的一幅三苗结盟明誓的画像。采自《钦定书经图说·吕刑》[Karlgren (12), p.74]。

的道家有关联[Hopkins (33)]。

因之，作为进一步研究的假设，我建议在这些传说中的象征背后，应当看到那 119
些前封建时期集体主义社会的领袖人物，他们曾抗拒把原始社会转变为封建的或
原始封建的阶级分化的社会。三苗和九黎可能是代表金属加工的部族团体。引人
注目的是，每一种传说都把叛逆人物说成是著名的金属制造工。更引人注目的是，
蠹或槖又占有突出的位置，因为大量的古代民间传说都集中在那种原始的器械上，
很多都与槖有关，而槖似乎是中国最早的冶金家所忌讳的动物。所以，前封建集体
主义社会的领袖人物当时可能企图反抗最早的封建诸侯，并阻止他们获得金属制
品来做为他们权力的基础。从鲧的失败和禹的成功可以看出，那个相对无组织的
集体部族社会是完成不了蓄水防洪工程的最低要求这一任务的，而为了完成这个
任务，就必须建立一种强迫的徭役劳动。在汉代和汉以前的典籍中可以找到大量
的民间传说，而要彻底弄清这里提出的各种观点，就要涉及多种多样的主题，诸如
中国原始封建社会的市镇起源[1]，图腾崇拜和宗教仪式舞蹈的地位，初期青铜铸工
的秘密会社，人祭和其他祭品，鼓的使用，部族的馈赠仪式，神裁法，呼风唤雨术，等
等。

葛兰言根据他的研究结果，深信青铜制作的开端和中国原始封建主义的兴起
有关，但他没有注意到传统中的叛逆者和以后道家典籍中对他们的善意称引之间
的关系。高本汉未敢提出解释性的假说，但他强烈批评了葛兰言的方法，说他没有
区分汉代和汉以前的各种传说，但是把全部中国古代的民间传说看作一个整体，或
许也有可说的道理。中国学者的一些近期著作，例如徐炳昶(1)对这里提出的问题
没有加以更进一步的阐明，但侯外庐(1)和郭沫若(3)则对这一说法有某些提示；而
我知道，这两位中国学者和其他一些学者一样，是一般地同意我们这里所勾绘的道
家的政治立场的。近来杨兴顺有一本很有兴趣的书[Yang Chin-Shun (1)]也支持
这一论点。

早在汉代以前，继而在以后若干世纪之内，这些传说中的叛逆者就已经成了受
崇拜和受祭祀的各种神灵，到了公元4世纪，"浑沌"和"梼杌"在《神异经》中变成
了神异动物。公元4世纪的大道家葛洪就以"抱朴"[2]为名("抱朴子")，不过那时
"朴"字原有的政治意义很可能已经存留不多了[3]。例如，"浑沌"一词用以表示原
始的浑沌状态，见于9世纪的《本起经》[4]，而到13世纪则已经变成了表示一种稀 120

---

1) 后面还要谈到这个问题，见第四十八章。

2) "抱朴"，意为"拥抱"或"保持"质朴。

3) 他可能是从安期生的浑号学来的，安期生是秦始皇时的制药术士。见下文 p.134。

4) Wieger (2), p.342。

薄物质的专门术语,从这种物质中,道家方士可以结合精与气,通过气功和其他锻炼,在自己的体内形成不死之胎(《叔苴子》)[1]。

(4) "掘地派",许行和陈相

如果道家确实持有我所提示的那种政治观点,那就可望在他们和劳动人民之间找到某种密切关系的痕迹。这种痕迹是有的。在许行和陈相(出现在《孟子》中的两个"哲学家",因之他们的年代必定略早于公元前300年)的事迹中,我们可以依稀看到合作农业单位的遗迹,它使人想到17世纪英国革命中的掘地派运动(Digger Movement)[2]。《前汉书·艺文志》的编纂者把和这些人有关的学派列为一个独立的学派,名之为"农家",但我们可以看到,他们一定是极其接近道家的。

有一个号称按照神农[3]的话行事的许行,从(南方的)楚国来到滕国。他直接来到滕文公的官门前,向文公说:"我是一个远方人。听说君侯你实行仁政,我愿领受一个住处,成为你的人民。"文公给了他一个住处。他的徒弟有几十人,都穿着粗糙的麻布衣服,以编麻鞋和织席为生。

与此同时,陈良的徒弟陈相和他的弟弟陈辛也都背着犁把、犁头从宋国来到滕国(也照样定居下来)。……陈相成了许行的信从者。

在一次和孟子的会见中,陈相这样报道了许行的话:"滕君的确是一位可尊敬的君主,但是他没有听说过'道'。真正的领导者和人民一起耕地和吃饭。他们制做自己的早餐和晚餐,同时又治理国家。但现在滕君有他的谷仓、财府和武库,这是压迫人民来奉养自己。怎么能把他认为是个真正的领导者呢?"[4]

〈有为神农之言者许行,自楚之滕,踵门而告文公曰:"远方之人闻君行仁政,愿受一廛

---

1) Wieger (2), p.349. "混沌"遗留下来的最奇怪的痕迹,是中国人至今还在食用的"馄饨",这两个字都加上了"食"字偏旁。馄饨是一种汤食,是用很薄的面皮包肉做成的食物。1260年,戴埴在《鼠璞》(第八页)中考察了它的起源问题。他只追溯到唐代,自从那时起"馄饨"就日渐大众化了。但是,他知道有一本药书(未指明何书)中说道,如果将"馄饨"与驱除一切邪气的艾(Artemisia vulgaris, BIII, 72)同煎,则其效果更大。戴埴认为,这说明,"馄饨"与古代"混沌"观念必定有联系。换句话说,其中必然包含有某种祭祀或被除的习俗。今天享受这种食品的人,有几个知道它那远古的根源呢!(这一节文字见《说郛》卷九十九,第三页。)参看《唐语林》卷八,第二十八页。

2) 在时间上与此更为接近的类似学说,是埃利斯的希皮亚斯(Hippias of Elis,鼎盛于公元前5世纪)的"自给自足"学说;见Freeman (1), p.381; Lovejoy & Boas (1), p.115. 李麦麦(1)强调了许行的信徒们的社会意义。

3) 传说中的一位农耕英雄。

4)《孟子·滕文公章句上》第四章,译文见Legge (3),经修改。

而为氓。"文公与之处,其徒数十人,皆衣褐,捆屦、织席以为食。陈良之徒陈相与其弟辛,负
耒耜而自宋之滕。……陈相见许行而大悦,尽弃其学而学焉。陈相见孟子,道许行之言曰:
"滕君,则诚贤君也;虽然,未闻道也。贤者与民并耕而食,饔飧而治。今也滕有仓廪府库,
则是厉民而以自养也,恶得贤?"〉

孟子然后和陈相论辩劳动分工的事,说正象一个人不能同时既是工匠、又是农民一
样,所以必然有一些人要劳心(治人),而另一些人要劳力,两者都有获得日用口粮
的权利。他掩盖了报酬的不平等,毫不迟疑地辱骂许行是"南蛮鴃舌之人"。但陈
相进行了还击,说如果依照许行的学说行事,市场上就会价格一致,没有欺诈。孟
子便说这样的话来封住他的口:"不平等的品质就是事物的本性。"("夫物之不齐,
物之情也。")《前汉书·艺文志》的编纂者提到农家的信徒时说:"他们认为圣王是
无用的。他们希望君臣在田野并耕,推翻上下等级的秩序。"("以为无所事圣王,欲
使君臣并耕,诽上下之序。")他开列了九种农家的书。但所有这些书都早已遗失
了;毫无疑问,其中有些书是技术性的。

　　无论如何,在其后若干世纪中,物质生产和手工劳动一直是道家社会的一个特
点[1]。

(5) "技巧章节"和技术

　　道家与手工劳动和技术的另一关系,可见于某种类型的故事中,这些故事是如
此常见,以致我们可以把它们称为"技巧章节"(knack-passages)。它们的总的要
点是,精湛的技艺是不能教导也不能传授的,只有对周流于各种自然物体的"道"加
以细心凝思,才能得到。《庄子》中关于梁惠王的疱丁的故事,就是这种"技巧章节"
的一个典型(参见上文 p.45)。但还有很多,内容涉及乐师[2]、捕蝉者[3]、船夫[4]、游
水者[5]、制刀剑者[6]、钟架雕刻者[7]、制箭者[8] 和车匠[9]。《列子》中充满着这类故事,

---

　　1) 参见 Chhen Jung-Chieh (4), pp.148, 150。作者还清楚地记得陕西省庙台子的翻砂厂,它是庙台子
道观的一个重要部分,作者在第二次世界大战期间曾到那里访问过几次。
　　2)《庄子·齐物论第二》[Legge (5), vol.1, p.186]。这一节中包括对名家学者的批判,因为他们自己不
通晓技术而强行诡辩。
　　3)《庄子·达生第十九》[Legge (5), vol.2, p.14]。
　　4)《庄子·达生第十九》[Legge (5), vol.2, p.15]。
　　5)《庄子·达生第十九》[Legge (5), vol.2, p.21]。
　　6)《庄子·知北遊第二十二》[Legge (5), vol.2, p.70]。
　　7)《庄子·达生第十九》[Legge (5), vol.2, p.22]。
　　8)《庄子·达生第十九》[Legge (5), vol.2, p.23]。
　　9)《庄子·天道第十三》[Legge (5), vol.1, p.343]。

谈到了动物驯养者[1]、船夫[2]、捕蝉者[3]、游水者[4]和数学家[5]。《淮南子》又补充了一个带扣制造者的故事[6]。这个反复出现的主题,其确切的用意何在,最初很难看出,但不能忽略它和我们前面已经谈到的那种经验主义的关系(上文 p.73),这种经验主义一直到唐代,例如在《关尹子》中还有其反响。对于显示了这些技艺的人,道家也许在他们身上看到一种令人称羡的忘我精神,这种精神是由于同自然过程极为密切接触而产生的。这或许就是他们对希腊人的那种理论的和分析综合的研究方法的代替品,人们也不可能脱离中国早期的伟大技术贡献这个背景来观察它。再者,道家还感到这些手脑并用的劳动者有很多东西可以教给社会的统治者。

桓公和轮匠的故事,鉴于其在技术上和政治上双方相联系的重要意义,这里需要引述一下。这个故事在《庄子》[7]和《淮南子》[8]中都有记述,我这里要引用《庄子》:

　　(齐)桓公(有一次)坐在厅堂上读书,轮匠扁在厅堂下(院子里)制造车轮。扁放下他的木槌和凿子,走上台阶说:"敢问主公读的是什么?"桓公说:"圣人的言论。"扁接着问:"那末,这些圣人还活着吗?"桓公说:"他们已经死了。"扁说:"那末,主公读的只是一些已经过世的人的糟粕而已。"桓公生气地说:"对于我读的书,你一个轮匠怎么可以议论呢? 如果你能说出道理来,那还很好,如果你说不出,就得处死!"轮扁说:"臣下是从自己的技艺的观点来看事物的。如果我砍得太慢,那末工具就吃得深,但不稳固;如果太快,那就稳固但又不深。那种不(太)慢不(太)快的合适速度,才是手对于心(所施加的影响)的反应。但我用言语说不出(怎样做到这一点)——其中有一种技巧。我不能把这种技巧教给我的儿子,他从我这里也学不到它。所以,我虽然七十岁了,(还是)自己在制造车轮。但是这些古人以及他们所不能传授的东西,都已死去了——因此,主公你所读的不过是他们的糟粕而已!"[9]

〈桓公读书于堂上,轮扁斫轮于堂下,释椎凿而上,问桓公曰:"敢问公之所读者何言

---

1)《列子·黄帝第二》[L. Giles(4),p.47]。在这里,那位专家解释了他的方法。
2)《列子·黄帝第二》[R.Wilhelm(4),p.18]。
3)《列子·黄帝第二》[R.Wilhelm(4),p.19]。
4)《列子·黄帝第二》[R.Wilhelm(4),p.19]。
5)《列子·说符第八》[R.Wilhelm(4),p.107]。
6)《淮南子·道应训第十二》[Morgan(1),p.125]。
7)《庄子·天道第十三》。
8)《淮南子·道应训第十二》[Morgan,pp.114,116]。
9)译文见 Legge(5),vol.1,p.344;Waley(6),p.32,经修改。

邪?"公曰:"圣人之言也。"曰:"圣人在乎?"公曰:"已死矣。"曰:"然则君之所读者,古人之糟
粕已夫。"桓公曰:"寡人读书,轮人安得议乎? 有说则可,无说则死!"轮扁曰:"臣也以臣之
事观之。斫轮,徐则甘而不固,疾则苦而不入;不徐不疾,得之于手而应于心。口不能言,有
数存焉于其间。臣不能以喻臣之子,臣之子亦不能受之于臣,是以行年七十而老斫轮。古
之人与其不可传也死矣。然则君之所读者,古人之糟粕已夫!"〉

在这段引人注目的章节中,道家匠人劝告了封建主。遵从事物之"道",就能获得那
种不可言喻的技巧,所以不要看那些儒家死人的书,而要研究人民的"道",并获得
治理的技巧,从内部进行领导的技巧。要视人民之所视,听人民之所听,不要妨碍
人民满足他们自然的人生需要和愿望。不要置身于人民之上,而要回到共同生活
的理想。凡是曾一度担负过发号施令重任的人,都会承认轮扁这些话的真理
性[1]。

对于这些"技巧章节"的理解,于阿尔[Huard,(2)]曾对我们有过贡献。他指
出,在现代机械工艺中,对生产程序的科学已经了解得如此之深化,以致相对地说
很少有可能偏离正规,从而得不出预期结果。打乱了生产程序的神秘原因,差不多
已消除殆尽[2]。技术控制的掌握,以一种不因人而异的客观方式由师傅传给学
徒。但是,在道家推究哲理的时代,也就是在古技艺依靠匠心经营的时代,情况则
完全不同;今天可由机器以自动流程方式倾吐出来的产品,那时却必须通过个人技
巧和资质的极度努力才能生产出来。由于缺乏对生产过程进行科学分析的结果,
道家工匠就不得不固守那些经验秘诀和"手艺"(*tours-de-main*),而这常常是很难
用逻辑语言讲解给他们的学徒的;他们在传说和神话背景的帮助之下,必须靠着默
思和想像的技巧,培养起一种紧张的情绪状态和一定要胜利完成的钢铁意志。作
业前往往要先举行宗教仪式,日本的铸剑师直到近代还是这样[3]。正如许多早期
民族中的冶炼家一样,庄周时代的中国冶金匠人肯定也是事先举行洁身和苦行仪
式的。鉴于此,技术和技艺的代代相传自然要涉及对学者的身心的全面教育。显
然,这种关注和态度的综合体是和道家的世界观有着很多共同之处的。

1) 参见《庄子·则阳第二十五》中的一段文字,那段文字似乎是这种观点的继续[Legge(5),vol.2,
p.123]。另外,在《天运第十四》中[译文见 Waley(6),p.37],把"先王"比做了"刍狗"(参见本卷 p.48),而刍狗
是在祭祀之后应予抛弃的。关于更晚近的另一段记载,见下文 p.577。

2) 单是围绕着这个主题几乎就可以写出全部的技术史。第二次世界大战中使飞机发生故障的那种
"小妖精"(gremlins),就是这类不可理解、未加分析的"差错"的最晚近的例子;这些"差错"多少世代以来一
直在死缠着生产。发酵工业自然会对那些靠经验成长起来的、似乎是很奇怪的生产程序,提供大量的说明
(参见本书第三十四章和第四十章)。随着英国皇家学会和狄德罗百科全书派出现了最后的阶段,这时候其
自身大都出于生产技术的自然科学,就奠定了对生产技术的永久统治。技艺和方术、礼仪和技术,都是自
然科学的根源[参见 Childe(14)]。

3) 参见 Inami(1),pp.78,91。

此外，从根本上说，工匠和道家一致坚信"道"存在于自然事物之中，而不是什么彼世的、超越的东西，邓牧在他的《洞霄图志》一书中，为我们保存了13世纪刻于杭州道教洞霄观中的铭文，其中有一段是道教徒沈多福（关于此人的其他事迹不详）1289年在一个殿中的题记。它写道：

> 穷年累月的全部（建筑）劳动，都是致力于处理自然事物。但人们说，受奴役于自然事物（"役于物"）并不是正道。然而我相信，正确的道正在于作自然界事物的奴仆。不然的话，人民就不知道使用一切简单的日用品了。就连儒家学者也不能片刻脱离实际的事物。……[1]

> 〈穷岁月之力，以役于物。为役于物，非道也。不役乎物，亦岂所以为道乎？百姓不知于日用，儒者不离于须臾。……〉

124 　　和道家重视工匠技艺的情况相反，他们的典籍却显示出一种反对技术与发明的明显偏见，这乍看起来似乎非常奇怪。同他们对"知识"的态度问题一样，这也使许多人产生误解，因为这似乎很难和道家的自然主义哲学以及已知的道教与科学技术的关系相调和。我们在几处引文中已经注意到了它的迹象，它往往采取这样的表现形式："各种发明越发机巧，也就出现更多的罪恶。"[2]（"人多伎巧，奇物滋起。"）从《淮南子》[3]和其他书中[4]可以引出许多例子，但典型的常引章句是《庄子·天地第十二》[5]中关于提水的桔槔[通常多以它的阿拉伯名称 shadūf 而知名，见本书第二十七章（e）]的记述：

> 子贡在南方楚国漫游后返回晋国，在经过汉水北边的一个地方时，看到一个老人正在菜园里干活。在掘了水道之后，他继续下井去用甕往外运水。这使他很费力气而效果不大。子贡对他说："有一种器械（"械"），用它一天可灌溉一百畦地，用力少而功效大。你老人家不愿意试试它吗？"那位农民抬头看着他说："那种器械怎样工作？"子贡说："它是一种用木头做的杠杆，后重前轻，它汲水很快，以致水可以滔滔不断地流进水渠，浪花滚滚。它的名字就是'槔'。"那位农民马上变了脸色并大笑道："我听我的老师说过，凡有机巧装置的人，必定在办他们的事务中也用机巧；凡在他们事务中使用机巧的人，必定有机巧的心。这种机巧意味着纯朴的丧失。这种丧失导致心神不安，对于这

---

1) 《洞霄图志》卷六，第四十五页，由作者译成英文。
2) 参见《道德经》第五十七章。
3) 尤其是《淮南子·本经训》的开头部分[Morgan(1), pp.81ff.].
4) 如《文子》[Forke(13), p.349].
5) 亦见《庄子·秋水第十七》[Legge(5), vol.1, p.384]；《庄子·马蹄第九》[Legge(5), vol.1, p.279]；《庄子·肤箧第十》[Legge(5), vol.1, pp.286ff.].

种人,道是不会同他在一起的。我(对桔槔)知道得很清楚,但我耻于使用它。"[1]

〈子贡南游于楚,反于晋,过汉阴,见一丈人方将为圃畦,凿隧而入井,抱甕而出灌,搰搰然用力甚多而见功寡。子贡曰:"有械于此,一日浸百畦,用力甚寡而见功多,夫子不欲乎?"为圃者仰而视之曰:"奈何?"曰:"凿木为机,后重前轻,挈水若抽,数如泆汤,其名为槔。"为圃者忿然作色而笑曰:"吾闻之吾师,有机械者必有机事,有机事者必有机心。机心存于胸中,则纯白不备。纯白不备,则神生不定。神生不定者,道之所不载也。吾非不知,羞而不为也。"〉

实际上,这种态度背后的道理是不难找到的。如果封建主义的势力是依靠诸如青铜制作和灌溉工程这些特殊技艺(事实上也正是这样),如果(象我们已看到的)道家把对他们当时社会的不满概括成为对全部"人为性"(artificiality)的憎恨,如果阶级分化是和技术的发明携手并进的,那末,把这些东西都包括在谴责之列,不是很自然的吗?

这里最有价值的线索,已经在前面引用的章节中提到了,如关于封建诸侯"获得了由于使用斗、斛、权、衡、符契、印玺而产生的一切利益"(p.102),以及"发明斧锯,按照那些类似木匠的墨线设置起来的法令去杀人,用锤子、凿子去毁损形体……"(p.108)[2]。事实上,人们可以看到,机械发明总是带有双面刀刃的,其效果如何,取决于人们用它们干什么。埃斯皮纳斯[Espinas(1)]和舒尔[Schuhl(1)]曾经指出希波克拉底的关节论的作者如下的论述,即脱臼复原用的器械是非常厉害的,以致任何人倘要用它不作好事而作坏事的话,他就具有一种几乎无法抗拒的力量,可以胡作非为。事实上,这就是拉肢刑架的起源。这就难怪道家要满怀狐疑了。他们的疑惧来自一种(并非没有道理的)印象,即一切机械都是些凶残的机器,或者很容易成为凶残的机器。

清代学者张金吾在他的《广释名》[3]中,注意到了包含在中国文学结构中的一个显著的例子。"械"(读 chiai, hsieh, hsiai 等音)是一种用具的意思,并与其他字联用而组成"机械"、"器械",但其原义是指"脚镣"或"手铐"。其音来自"戒"(Chieh或 Chiai)(K990),意指"警戒"(在殷商时代),由双手加上斧匕组成,因之再加上木字边就意味着一种物质的"警戒者"。这种警戒的含义在"诫"字中更加强了,而加上马字边时("骇")则成为"恐吓"、"威吓"的意思。这是表明

K 990

1) 译文见 Legge(5),vol.1,p.320;Lin Yü-Thang(1),p.267;经修改。在汉代刘向的《说苑》卷二十中,有一段几乎完全相同的故事,其中的主要人物是邓析子。

2) 参见卢克莱修(De Rerum Natura,Ⅲ,1017)的"Verbera carnifices robur pix lammina taedae"(鞭子、刽子手、拷问台、油锅、炮烙、燃松枝),这是一组吓人的名词,其社会含义是一样的。

3)《广释名》卷二,第十六页。

125

机械本身和社会统治集团利益之间的精神联系的再好不过的例证了。这种联系在这个特例中是怎样形成的,虽然没有说明,但是可以推测是和锁匠工艺有关,因为最早的"机械"是用以拘禁抗命农民的扣锁。

道家的这种反技术心理情绪,肯定代表了这样一种普遍情绪,即不管引用了什么机械或发明,都只会有利于封建诸候;它们若不是骗取农民应得之份的量器,就是用以惩治敢于反抗的被压迫者的刑具[1]。在古技术时代虽然不可能存在技术失业问题,但在西方 19 世纪初机器破坏者的骚乱时期,原来的社会模式在某种意义上又重复出现[2],而且我们肯定可以发现其他类似的情况。尽管道家有这方面的情况,但后世的技术家们仍继续崇奉那些其名字已与各种技艺联系在一起的道教神仙;同时正像炼丹术和其他原始科学的突起所表明的那样,各种人工操作——不论是巫术的或是具有实际目的的操作——之间不可避免的联盟,仍在继续进行下去。

当我们考虑到后世佛教地狱中那些神经性的入魔状态达到登峰造极时也存在有很大的"技术"因素时,这种相互关联就变得更有说服力了。五十多年前,缪勒[F.W.K.Müller, (2)]已能表明,炽热铁丝这种苦刑是直接从亚洲木匠所用的带有墨汁、线轴的墨线演变而来的[3]。最近,戴闻达[Duyvendak(20)]研究了一些中国典籍,它们描写阴曹地府与但丁《神曲》中最为有名的那些地狱见闻极其相似。在折磨罪犯肉体的方法中,这里还能鉴定出大量的人类技术,不仅是钳、夹、压、砍、刺、捣,而且还有许多旋转运动。所有这一切并非中国人所特有,因为在其他许多文化中(伊朗、印度、伊斯兰世界、欧洲)也很容易找到类似情况,而且其渊源是很早的,似乎不可避免地是起源于埃及或美索不达米亚。但问题的关键是,那些鬼魔在地下世界中所做的只不过反映了"当权者"的奴才们在人世间的作为而已。道家作为合作性社会的代表,对于强权专制社会可以用来维护自身利益的那些技术持有一种矛盾心理的态度,这是情有可原的。他们看到,用以统御无生命界的工具可以转过来对付工具创造者的血肉之躯。他们的洞察力是人与机器的整个关系史的一部分:这种关系有时是增进人的健康的,有时是压抑人的,有时又是致人于死命的。这是一直到今天还没有得出公正论断的、最大的社会主题之一[4]。

---

1) 下面的事实进一步支持了这种解释,即(在《庄子》书中)子贡把关于桔槔这件事报告给孔子,从而引出了那段把"朴"和"混沌"连在一起的文字(见前面 p.114)。那个反技术的农民据说是属于原始一致性学派的人。后来的中国作者们对这些事情的理解并不比现代欧洲人更好,所以 12 世纪的《蒙斋笔谈》(卷一,第十四页)就很严厉地责备那个老农,力言桔槔或其他节省劳力的器械不会有什么害处。

2) 新近的一种解释[Hobsbawm(1)]表明,这些运动对劳动阶级并不像通常所想像的那样不利。

3) 本书第二十七章(a)将进一步提到这个问题。

4) 我们见到斯图尔特 · 蔡斯(Stuart Chase)恰好有一篇精彩的介绍。

老子本人并不想谴责那些技工。在《老子》第七十四章中,有以下一段巧妙而有预见的话:

> 人民是不怕死的。那末,用死刑来恐吓他们,又有什么用呢?即使假定他们是怕死的,而且那些制造精巧器械的人可以被拘捕或杀戮,但谁敢这样去做呢?有一位杀戮之主(Lord of Slaughter)总是在准备执行这种任务;而要代他去做,就像是强占大匠的地位,代他去砍伐一样。谁要试图这样做,如果他能不砍伤自己的手,就够幸运了。[1]

> 〈民不畏死,奈何以死惧之?若使民常畏死,而为奇者,吾得执而杀之,孰敢?常有司杀者杀。夫代司杀者杀,是代大匠斫。夫代大匠斫,希有不伤其手者矣。〉

从上述这一切来看,说道家是一个激烈的和平主义学派,也确实是很自然的。《道德经》中的这类有关章节[2]是人所共知的,无须再引证了。这里可参考汤姆金森[Tomkinson(1)]关于中国古代和平主义学说的一篇很有趣味的专著。汉代有一个令人瞩目的例子,见于淮南王刘安在公元前135年[3]上皇帝的奏章中,它确实成为当时儒、道两家思想的综合的一个重大因素,而且影响到其后的一切思想。

127

(6) 欧洲的类似情况;“黄金时代”

前面通过考察近代科学运动初期欧洲的形势——科学得力于神秘主义的信仰而受阻于经院哲学的理性主义——我们对道家对于“知识”的态度有了一些了解。现在,在观察道家对社会的态度的几个方面,他们对原始集体主义的向后看的忠诚以及对当时封建制度的憎恶时,我们似乎又发现有一种对欧洲思想史学者来说并非完全陌生的味道。他们所谓的“原始主义”可以说采取了三种突出的形式:(1)犬儒学派和斯多葛学派对文明生活的摒弃;(2)基督教有关人的堕落的学说;(3)18世纪对“高贵的野蛮人”的赞美。

洛夫乔伊和博厄斯[Lovejoy & Boas(1)]汇集了大量文献来说明这些思潮[4]。从欧洲远古的古典作品中,可以找到与道家如此赞美的那种原始集体主义的大部分特性相类似的情况。欧洲的作者称之为“黄金时代”,或农神(Saturn)时代,或岁时神(Cronos)时代。对于这些观念,洛夫乔伊和博厄斯虽然没有考虑它们任何具体基础的可能性,但是说它们无论如何在某种程度上是起源于对原始集体主义社

---

1) 译文见 Waley(4)和 Duyvendak(18),后者对《老子》这一章有极好的论述。
2) 特别是《道德经》的第三十、三十一、四十六章。
3) *TH*, p.419.
4) 还可以参见 Eliade(2), pp.338ff..

会的回忆,看来并不是没有道理的[参看 G.Thomson(1)]。在希腊和罗马,这种回忆似乎由于某些祭祀仪式而一直保留下来了,如岁时神祭(Cronia)和农神祭(Saturnalia)[1] 的场合中就有一种暂时的、甚至包括奴隶在内的社会平等,而且在此期间禁止算账。根据古典文献的记载,土地在古代是公有的[2],没有圈地[3] 或土地测量者[4],而且总是夜不闭户[5](参看下文 p.167 所引墨家的一段话)。采矿活动、城墙、堡垒和界石的建立,被看成是社会日益堕落的象征[6]——"凶兆"(omne nefas)(参看上文 p.109 所引《淮南子》的一段话)。某些古希腊、罗马时期的作家,也像中国的道家一样,期望回到那种原始集体主义的时代,最有名的例子是维吉尔(Virgil)的《第四牧歌》。虽然这首牧歌的确切意义及其来源都还难以确定[见 Mayor(1)],但还有类似的其他作品存在[7]。原始主义的伦理由犬儒学派[8],并由伊壁鸠鲁学派以一种更加有组织的方式充分地实践了[9]。这种价值的格局由斯多葛学派延续了下来,他们以苏格拉底的自足理想结合了顺应自然的准则[10]。

我们研究的文明越古老,就期望越遥远地回溯这种对已消失的合作和集体主义社会形式的惋惜的痕迹。奥尔布赖特[Albright(1)]的研究表明,在公元前第三千纪末期以来恩吉杜(Engidu)的苏美尔人的故事和乌图(Uttu)的诗中便记载有这些痕迹。他们描述当时的那种生活状态是:没有运河,没有傲慢的监工,没有说

---

1) 洛夫乔伊和博厄斯[Lovejoy & Boas(1)]pp.66,67 对此有描述和丰富的参考资料。

2) Virgil, *Georgics*, I, 125—155; Seneca, *Epist.Mor.*XC, 34。

3) Tibullus, Elegies, I, iii, 35—46。

4) "Communemque prius, ceu lumina solis et auras, cautus humum longo signavit limite mensor" (Ovid, *Metamorphoses*, I, 76—215, esp.lines 135, 136)。(把以前如阳光和空气那样的大地,用很长的线划分开了。")

5) Tibullus, *Elegies*, I, iii, 43, 44。

6) Pseudo-Seneca, *Octavia*, 388—488; Maximus Tyrius, *Diss.*XXXVI。

7) *Oracula Sibyllina*, III, 743—759, 787—795; 大约为公元前 2 世纪中叶。

8) Love joy & Boas(1), pp.117, 145。

9)《物性论》第五卷的整个后半部所描述的,首先是古代的部族生活(第 925—1104 行),然后是阶级分化社会的形成(第 1105—1457 行)。关于这一点,法林顿已有所论述[Farrington(9—13)]。卢克莱修并没有把原始社会理想化,然而他似乎认为,以后的社会更坏,例如,有了有组织的战争。其中第 999—1001 行多年来一直在我心头萦绕[英译文见 Leonard(1)]:
> 但在那古远古的时候
> 却不会仅仅一天就葬送了成千上万
> 在战旗下进军的士兵,
> 也不会有大海的汹涌的浪涛
> 把整个船队和水手们撞在礁石上。

伊壁鸠鲁派和道家学者一致认为,强制的秩序取代了相互的协定,即以 justitia(法制)代替了 concordia(和谐),这就使社会变得更坏了。

10) Lovejoy & Boas(1), pp.260 ff.。我们不能在这里探讨后来欧洲文学中的黄金时代这个主题,但是可以说,在莎士比亚《暴风雨》第二幕第一场中可以找到和《道德经》第八十章极为相似的说法。

128

谎者,没有疾病,也没有衰老。这个传统朝着一个方向传入了印度,即杜蒙(Dumont)见到的从由迦(Yuga)到迦利由迦(Kaliyuga)的各时代退化的相续;而朝着另外一个方向,它可能是以色列人思想中人的堕落的概念[见 Begrich(1)],以及像阿摩司(Amos)那些预言家的某些论旨[Roll(1)]所产生的根源。由此,这些思想传入了基督教,成为基督教教义的世袭财产,并在基督教中和希腊-罗马的原始主义融合在一起[1]。关于这个传统在中世纪的情况,博厄斯的研究[Boas(1)]为我们汇集了一批有趣的资料。正如当时所熟知的,那时一个犬儒派哲学家无论在思想上还是在外观上都无须有什么改变就可以转变成一个基督教的僧侣。从这个观点来说,早期教会的共产主义[2],或拉克坦提乌斯(Lactantius)[3]、安布罗斯(Ambrose)[4]的共产主义,可以认为是扭转人类历史堕落趋势的一种尝试,与道家改良社会的类似愿望是十分相像的。

如前所述,道家很可能熟悉当时比较原始的"野蛮人"的社会组织,这些人相当于今天的苗族、罗罗人、嘉戎等等,他们居住在中国文化发达区的边缘地区或境内。欧洲文化与此类似之处,无疑是上述三种原始主义中的第三种,即对"高贵的野蛮人"的赞赏。这种思潮并不像一般常说的是开始于 18 世纪,而是早在古代的古典作家中就有表现[5]。在荷马(Homer)[6]、品达(Pindar)[7]、贺拉斯(Horace)[8]、普利尼(Pliny)[9]、卢奇安(Lucian)[10]和其他人的作品中,亦即从公元前 6 世纪以来,即出现了"幸福鸟"或"极乐鸟"这类主题,提示着有某种原始集体主义的生活继续存在于世界的某个遥远的地区。很多作家都把极北人[Hyperboreans[11],参见第七章(e)]、西徐亚人[12]、阿卡迪亚人(Arcadians)[13]等等描述成有着伟大德行的人。这种传统在中世纪仍然继续着[14],而且具有这样一种倾向,即认为这种地上天堂的居民是居住在东方的某个地方。伪卡利斯忒涅斯(Pseudo-Callisthenes)的《亚历

129

---

1) Lovejoy & Boas(1),p.381。

2) A.Robertson(sen.)(1); Needham(10)。

3) Boas(1)pp.33,91。

4) Lovejoy(4)。

5) Lovejoy & Boas(1),pp.287ff.。

6) *Odyssey*,Ⅳ,561—568。

7) *Olymp.*,Ⅱ,68—76。

8) *Epod.*,ⅩⅥ,第 40 行到末尾。

9) *Nat.Hist.*Ⅵ,202—205,32(37)。

10) *Verae Narr.*,Ⅱ,4—16。

11) 见 Lovejoy & Boas(1),pp.304ff.。

12) 见 Lovejoy & Boas(1),pp.315ff.。

13) 见 Lovejoy & Boas(1),pp.344ff.。

14) Boas(1),pp.129 ff.。

山大事迹》（*Gesta Alexandri*）一书年代不详，它是构成后来《亚历山大故事》（*Alexander Romance*）一连串故事中的第一个环节；这部作品使得印度的婆罗门从公元 4 世纪起就占有像西徐亚人对希腊人所曾有过的那种地位[1]。其后，还有整套关于布伦丹乐园（Brendan's paradise, 6 到 10 世纪）[2]、特努格达乐园（Tnugdal's Paradise, 12 世纪）[3] 的故事，以及关于祭司王约翰的国家（Country of Prester John）的动人的传奇（此传奇首次出现于 1145 年）[4]。

18 世纪的原始主义，即对"高贵的野蛮人"的赞赏，乃是反古典传统的浪漫主义的重要组成部分之一。这种原始主义是更为人所熟悉的，并且已有许多思想史家描述过了[Whitney(1); Gonnard(1); Lovejoy(1), etc][5]。最早表现这种原始主义的作品之一是德·莱里（de Léry）的《巴西航海记》（*Voyage au Brésil*, 1556—1558），其登峰造极则可能是狄德罗（Denis Diderot）的美妙而机智的《布干维尔航海补记》[*Supplement to the Voyage of Bougainville*, 1772, 英译文见 Stewart & Kemp(1)]。19 世纪初，德·夏多布里昂（de chateaubriand）关于纳切斯印第安人（Natchez Indians）的作品中，这种思潮仍然是很有生气的[参看 Honigsheim(1)]。

因之，本章所说关于道家的社会政治态度，在某种方式上可以看作是把原始主义的史学家的工作扩展到中国文化领域之中。但是和西方历史中的任何类似集团相比，道家却表现了某些不同的特点。他们形成了一个比犬儒学派和斯多葛学派更为有组织的体系，而且他们以政治上的反封建主义与科学运动的萌芽相结合，这一点在西方是没有人可比拟的。这在一定程度上是可以理解的，即希腊-罗马的原始主义者是生活在城邦文明的环境中，而这是中国没有什么可以与之相比的。这种城邦文明，正如我们后面将要看到的，基本上是有利于科学发展的，而希腊-罗马的原始主义者却加以反对。因此，他们的反知识主义就是完全不同的另一种类型了，因为道家所攻击的只是社会的和传统的"知识"，在对自然现象的研究上却留有余地，而犬儒学派和斯多葛学派则只承认一种伦理的和个人的哲学。犬儒学派的反知识主义变成了 Cultus ignorantiae（崇尚无知）——即"一切技术和科学都

---

1) Baas(1), p.139.

2) Boas(1), p.158.

3) Boas(1), p.166.

4) Boas(1), p.161;参见本书第六章(h)（第一卷, p.133）。

5) 它与道家思想类似之处，部分地说明目前日本学者对卢梭（Rousseau）之所以感兴趣的原因[如在桑原武夫(1)编的《卢梭研究集》中]。

是虚荣"[1] 的中世纪基督教教义(或者说只是一种趋势,因它从来没有成为正统);这种教义的发展可以从德尔图良(Tertullian)一直跟踪到克莱尔沃的贝尔纳(Bernard of Clairvaux)的顶峰时为止。道家与此很少有、或者完全没有共同之处。

(7) 科 学 和 民 主

这冗长的一节现在可以结束了。道家思想乃是中国的科学和技术的根本,但由于道家对"知识"的自相矛盾的态度,以致这一点往往不能为人所理解,这种态度导致神秘因素居于主导地位并一直存在至今。因此,为了说明道家所赞成的是哪种知识,就必须说明他们反对的是哪种知识,而不阐明他们的政治立场,就做不到这一点。

但是对道家的反封建态度另外也还有一种很大的内在兴趣,因为它提出了科学与民主之间的关系这一普遍的问题(不管是古代部族集体主义式的民主,还是近代代议制的或社会主义的民主)。正如上面已经提到的,在希腊民主制的基础中有着原始部族集体主义的因素[2]。有几位学者曾指出伊奥尼亚学派和米利都学派的前苏格拉底科学的兴起与希腊城邦民主(即使是商人的民主)特性之间的相应关系[3]。归纳思维的产生,如克劳瑟(Crowther)所说的,除了其他原因之外,可能是由于在一个平等主义的社会中必须进行说服工作的缘故。接受权威的主张,在原始封建社会或封建社会的环境中也许是行得通的,但对一个合作的社会实体来说却是无法接受的,不管这种社会是由希腊的市民商人还是由中国的村夫农民所组成的都一样。

关于科学与民主之间在理论上的关系,一定有很多人想过和写过这个问题,我在第二次大战期间被迫逗留在中、缅边界上的云南瓦窑时(当时手边完全无书),有机会把自己关于这个题目的思考做过一番整理[4]。从历史上来看,近代科学和近代民主显然是同时发展起来的,它们是包括文艺复兴、宗教改革和资本主义兴起在内的那场伟大的欧洲发展运动的组成部分。希腊的民主与希腊的科学之间的某种关系,早已为人所知。现在我们对它可以再补充一个从中国科学技术的根基上所得出的新的类似情况。但更有趣味的则是理论上的、甚至是心理上的关系,在这方

---

1) Boas(1), pp.121 ff.。

2) G. Thomson(1)。

3) Far ington(1—5); Crowther (1), etc。

4) 参见 Needham(7)。

面我要提到以下两点。第一，自然界是不考虑人的。一个观察者只要有能力，他的身份是与我们今天所说的年龄、性别、肤色、信仰或种族等等无关的。古代中国人
131　就理解到这一点。权威——即使是作为封建中国的一国之主——是不够的。武力达不到目的。君主和圣贤都不能违抗或逆转大自然的"道"。《吕氏春秋》说：

> 如果你强使一个人笑，他不会由此感到愉快；如果你强迫使一个人哭，他并不由此感到悲伤。……如果你用猫去引诱老鼠，用冰去引诱苍蝇，你只会自找苦头，而肯定不会成功，……诱饵不能用以驱走东西。当桀、纣这些暴君试图用恐怖来统治人民的时候，他们可以随心所欲地把刑罚制订得无比严酷；但这没有好处。在寒冷的季节，人民力图使自己温暖；而在酷热的季节，他们则寻求凉爽。……凡是想做这个世界的统治者的人，如果不考虑人民行事所依据的原理，就会失败。[1]

> 〈强令之笑不乐，强令之哭不悲。……以狸致鼠，以冰致蝇，虽工不能。……以致之之道去之也。桀纣以去之之道致之也，罚虽重，刑虽严，何益？大寒既至，民煖是利；大热在上，民清是走。……欲为天子，民之所走，不可不察。〉

在这一整段文字中，"不可"、"不可"[2]的字样像钟鼓楼上的钟声一样一再重复着，发出了道家独特的信息，即不仅"最卑贱"的人可以和"最高贵"的人一样地观察自然，而且即令是"最高贵"者，如果违反了自然而动（与"无为"相反的"为"），也必然自取灭亡。还可以说，中国人在他们敬老传统中陷入了道家所力图防止其社会效应的那个陷井；但是人们却始终承认，一个人不管多么德高望重，都不能逃避"为"和"无为"的后果。例如，《吕氏春秋》又写道[3]：

> 虽然封建君主是受尊敬的，但如果他把白的说成黑的，他的臣仆也不会听他的。虽然父亲是受儿子尊敬的，但如果他把黑的说成白的，儿子也不会听他的。

> 〈君虽尊，以白为黑，臣不能听。父虽亲，以黑为白，子不能从。〉

如果年长和圣洁都不能改变自然界的事实，那末，这些事实也不取决于不同的人之间的差异。《淮南子》说得很好：[4]

> 目前秤和天平、方尺和圆规，都以一种统一不变的式样固定下来（"一定而不易"）。不管是秦人或楚人，都不能改变它们的特性；不管是北方的胡人或南方的越人，都不能改变它们的外貌。这些东西是始终如一而并不突然转向的，

---

1)《吕氏春秋·功名》（卷一，第二十一页），译文见 R.Wilhelm (3)，p.25；由作者译成英文。
2) 参见下文 p.175。
3)《吕氏春秋·仲春纪·名类》，译文见 R.Wilhelm (3)，p.162；由作者译成英文。
4)《淮南子·主术训》，第五页（译文见 Escarra & Germain，p.23，由作者译成英文，经修改）。

它们是遵循直道而从不迂回的("常一而不邪,方行而不流")。它们在一天之内就形成起来,而可传之于万世。形成它们的那种行为就是无为("一日刑之,万世传之,而以无为为之")。

〈今夫权衡规矩,一定而不易。不为秦楚变节,不为胡越改容。常一而不邪,方行而不流。一日刑之,万世传之,而以无为为之。〉

第二,科学的产生要求把学者和工匠之间的差距弥合起来。这一点我们还将回过头来讨论,但这里必须提一下,因为儒家完全站在士大夫一边[1],对工匠艺人和体力劳动者缺乏同情。道家则不然,正如我们前边已看到的,他们和上面说的那些人有着密切的联系(这是和前苏格拉底时期的自然哲学家又一个相类似之点)。道家的这种态度贯穿于其后的全部中国历史中。葛洪为了要在安南收集他炼丹用的丹砂,曾要求到安南去当一个比他本该被任命的职位低得多的官职。陶弘景采集和鉴别草药,给那些甘愿脱离儒家官僚的等级体系而靠卖草药为生的许多学者开了先例。

还可以提出一些其他的有关之点,但这里所说的已足以表明:古代道家既和早期的中国科学技术有关,也和前封建的中国古代平等主义的社会理想有关,这或许并非偶然。

(h) 萨满、巫和方士

现在我们转向道家思想发展中的另一个大为不同但却几乎是同等重要的因素,这就是道家和北部亚洲人的那种最原始的巫术之间的关系。萨满教(shamanism)这个词是指从白令海峡一直到斯堪的纳维亚边界的乌拉尔-阿尔泰人,包括拉普人和爱斯基摩人的土生土长的宗教。人类学家也常称美洲土人中的行医者为萨满,这也不无道理,因为两者的行事很相似。正如今天仍可在许多部族中看到的,萨满教崇拜的是一种多神教或多鬼教的自然崇拜,有时有一个至高无上的神,但往往是没有。它的"教士"的装备最有特征的是一套鼓、矛和箭[2],主要是以法术治病(驱走使病人着魔的邪)和占卜(仍用胛骨卜法)。这些萨满被看成是人

---

1) 听说友人李方训教授曾指出这样一个事实:在中国绘画中,儒家圣人和学者的画像一向是把手笼在长袖中,而道家圣人和学者的画像则往往是手持宝剑、搧炼丹炉或进行其他手工操作。这种传说是很有根据的。马伯乐[Maspero(13),p.64]描述过公元3世纪竹林七贤之一的嵇康是怎样亲自锻铁的。这件事使得来访嵇康的儒家学者大为震惊。

2) 生物学家会记得林耐(Linnaeus)的著名画像,他身穿萨满的服装,手持他访问拉普兰时所搜集到的祭器。

132

和神之间的居间人,他们借助于一种精神异常或癫痫似的状态而进入自我催眠,这时他们就被认为是旅游于神、鬼的所在;然后回来宣布他们和鬼神谈话的结果。在萨满教仪式中,舞蹈始终是一种特别重要的因素,但似乎也使用腹语术以及那些教士们借以自释其束缚的各种幻术手法[1]。

关于 Shaman(萨满)这个词的起源和它的中文音译,一直都有若干争论。毫无疑问,中文的"沙门"是梵文 śramaṇa 的音译,这个字的意思在佛教以前是指一种苦行者,后来就指佛教的和尚[2]。米罗诺夫和史禄国[mironov & shirokogorov(1)]认为,这个词很早就从印度传到塔里木盆地,其后传布于亚洲北部的各部族,成为专指他们的土著医士的术语。但我发现这种说法是不可信的,我宁愿取劳弗的观点[Laufer(5)],即 Shaman 是一个很古老的通古斯语的词;而把它和"沙门"相等同却是 18 世纪的一个错误。我相信我的说法是正确的,即中文从来也没有混淆过这两个词[3],从来也没有用"沙门"[或"释门"——梵文释迦牟尼(Śākyamuni)中文音译的变体]来表示道家术士、祭司或驱邪巫师的例子。在中世纪和近代,道家的各种最通用的名称当然是"道士"。劳弗认为通古斯语的"shaman"在波斯语中为"saman"(如在 Firdausī 中),同时内梅斯(Nemeth)则把它追溯到突厥语和回鹘语中的"kam-"。

如果劳弗的见解是正确的,我们很可能在汉语中找到 shaman 这个词的早期音译。虽然我还没有看到有人提出这方面的见解,但我们似乎可以认为,"羡门"就是这个字的音译[4]。"羡门"这个词在秦汉时期的重要典籍中屡有出现,《史记》[5]和《前汉书》[6]都说有一位羡门高是邹衍巫术科学的阴阳学派的弟子。他来自远在北方的燕国,在《史记》中称他为羡门子高,这可能说羡门是姓,子高是名,或者说他是羡门的大师高。他的年代大概是在公元前 4 世纪的后半叶。但其后这个词似乎具有一种更一般化的意义,这就提示着它原来一直就有这个含义。在《史记》的同

---

1) 对萨满教的最简单的概述是 McCullogh(1),但许多有趣的资料也见于 Shirokogorov(1),Mikhailovsky(1),Nioradze(1),Ruben(1),Ohlmarks(1),以及 König, Gusinde, Schebesta & Dietschy(1)。大概最方便的书是埃利亚德最近的一本书[Eliade(3)]。

2) 亚历山大里亚的克雷芒(Clement of Alexandria)所说的"samanaei"肯定是指佛教徒。参见本书第七章(f)(第一卷,p.177)。

3) 见 Schott(1)的有趣的论文。

4) 我的朋友李安全在谈话中曾表示赞同此点。白乐日博士后来向我指出了德·拉库佩里[Terrien de Lacouperie(1)]早已提出的看法,即"羡门"就是梵文"śramaṇa"的音译,而沙畹[Chavannes(1),vol.2,p.165]对此有过批评。值得注意的是,这个梵文词的首次音译(《后汉书·光武十王列传》第六页,参见下文 p.398)用的是"桑门",这个译法一直用到公元 6 世纪[Ware(4),p.114]。

5)《史记·封禅书》,第八页。

6)《前汉书·郊祀志上》,第十页。

一卷中，司马迁说："于是始皇遂东游海上，行礼祠名山大川及八神，求仙人羡门之属。"[1] 这样，这个词在这里又具有和我们下面即将讨论的那种"仙"[2]（K193）相并列的意义了，并很可能是指掌握超自然力量的术士。公元前215年，秦始皇又派卢生往山中寻求羡门子高（以为他还活着），而这位使者届时却带回来了一封关于秦王朝即将覆灭的信[3]。到了汉武帝时代，这个词可能变成了一种称号，因为公元前113年栾大[见本书第二十六章(i)]说他遇见过安期生和羡门[4]。

如果这个词确曾具有萨满教士的含义，它也似乎已被完全遗忘了，因为伯希和[Pelliot(11)]的研究表明，当公元1139年需要音译女真人对本族一个叫做完颜希尹的重要人物时，都使用了"珊蛮"这两个汉字。在清代，满洲皇室的萨满教士被称为"司祝"。

其实对shaman这个词，中国人有他们自己的称号，即"巫"。而有趣的是，舞蹈的概念是贯穿在所有这些词中的。金璋[Hopkins(2)]的研究表明，"巫"（K105）和"舞"（K103）的字形在甲骨文中是一样的，都是表现一个男的或女的萨满手执羽毛或其他法器起舞作法[5]。有时作为驱邪者，他还带有熊的面具[Hopkins(33)][6]。而同样的观念也出现在表示跳跃或起舞的"僊"（"仙"字的变体）字中。同时由于"僊"这个字音在这里是表示向空中翩翩起舞的意思，因之不禁使人想起至今尚存的英国乡民们的信仰，即认为摩里斯舞蹈者（morris-dancers 向空中跳得越高，收成就会越好。在中国似乎有两种巫，一种是正式的巫，是女性；一种叫觋，是男性。鉴于：(1)道家的理想社会与母系社会的记忆有关，(2)道家的女性象征，(3)道家强调性的技巧（见下文 p.146)，这里突出女性的地位似乎是很有意义的。《说文》的作者说，所有各种巫都和以召鬼或念咒为业的"祝"相似[7]。再剩下的唯一重要名词就是"方士"了，这个词有人喜欢译为"具巫术秘方的人士"，但我们认为他们就是直截了当的术士。这里应当指出的是，鉴于萨满教的驱邪术和早期医学有密切关系，"医"字最早写法为"毉"（no.146)，这是很有趣的，我们看到，"毉"这个字的字根是"巫"而不是"酒"。在后来的用法中，"巫"又和"言"字旁(no.149)结合成"诬"，获得了欺诈的意思。

K103

134

---

1) 由作者译成英文。

2) 已获得长生不老的术士。

3) *TH*, p.214.《史记·秦始皇本纪》第二十、二十一页；Chavannes(1), vol.2, pp.164, 167.

4)《前汉书·郊祀志上》第二十三页。安期生传说是住在东海海岛上的一个方士。

5) "無"字也是由此衍生的。但不清楚是借用巫字的音，还是因为方士做完法事之后邪恶就将不再来了。

6) 汉代萨满的头饰等物，曾在朝鲜的古墓中发现。见 Hamade & Umebara(1); Hentze(2)。

7) 关于这一全部主题，见 Schindler(1)。

关于"巫"的性质和活动，哥罗特(de Groot)的巨著中选集有大量的有关译文[1]，因此这里只要概述一下主要的引证就够了。马伯乐的书中也有一篇出色的概括[2]，另外还有翟林奈[L.Giles(7)]和其他人的文章。我们刚刚提到，甲骨文中有"巫"字，还有更多的证据说明此字可以上溯至中国最远古的时代，因为在《书经》中至少有两次提到它[3]。其中第二次提到它，表明曾经有过国家巫师的存在；这一点被后来的《周礼》所证实[4]，《周礼》的记载清楚说明在国家宗教中使用了"巫"。鉴于北方的大草原或许是中国文化中这一因素的组成部分，所以值得注意的是，有一些关于有一种专门护理和治疗马的"巫"的记述[5]。孔子在《论语》[6]中就曾以赞许的口吻引用南方的谚语说：一个人无恒心，就既不能成为一个良"巫"，也不能成为一个良医。

"巫"肯定是和祈雨术(甲骨文中称为"赤")有关，《左传》[7]中记载有公元前638 年一个封建君主的故事，他为了解除旱灾，要把一个或数个巫曝置于酷日或烈火之下，但被劝止了。其后，在《礼记》[8]中也提到有类似的事情。最近谢弗[Schafer (1)]对这种巫术进行了详尽的研究；这种巫术包括有裸体仪式(这种社会现象在中国历史上延续之久是引人注目的——一直延续到唐代)[9]，还有或许是烈日下在火环之中舞蹈的"巫"大汗淋漓，这是一种交感巫术。人们希望汗珠会引下来雨珠。这种仪式是使裸巫进行曝晒("暴"或"露")或焦烤("焚")，同时仪式上似乎还有一种替王赎罪的羔羊("尪")[10]。在以后的若干世纪中，这种传统是如此之盛行，在需要的时候，甚至连儒家士大夫也要举行这种仪式。

----

1) de Groot(2)，vol.6，pp.1187 ff.．在《通报》(TP，pp.93，118 ff.)有压缩过的描述(当然没有参考文献)。大量的汉文资料收集在《图书集成》中(《艺术典》卷八〇九，卷八一〇；《神异典》卷二八三至卷二九一)。亦见翟兑之(1)所作的概述。

2) Maspero(2)，pp.187 ff.．

3) 例如《书经·伊训》[Medhurst(1)，p.142]和《书经·君奭》[Medhurst(1)，p.268；Karlgren(12)，p.61]。

4)《周礼》卷十七[Biot(1)，vol.1，pp.412，413]，卷二十五[Biot(1)，vol.2，pp.102 ff.]；卷二十八和卷三十二[Biot(1)，vol.2，pp.157，259]。

5) "巫马"成为一个姓。孔子的一个弟子就姓巫马。"巫"当然也是姓，传说中的医学奠基者、帝尧的医生就叫巫彭；另外，公元前 4 世纪时的三大星象家之一[见本书第二十章(f)]就采用了一个传说中的大臣巫咸的名字。

6)《论语·子路第十三》。参见《孟子·公孙丑章句上》第七章中的记载。

7)《左传·僖公二十一年》[Couvreur(1)，vol.1，p.327]；另见公元前 543 年的一则记载[Couvreur(1)，vol.2，p.520]。

8)《礼记》第四篇[Legge(7)，vol.1，p.201]。

9) 谢弗还提到西方和其他地方的类似情况。

10) 参见《博物志》卷五，第二页。

　　《山海经》中关于"巫"的记述[1]特别有趣,因为其中把"巫"和长生不死仙丹以及一般药物连在一起。例如,我们看到[2]在开明的东边有一个地方居住着六个"巫",他们"夹窫窳[3]之尸,皆操不死之药以拒之"。另一处[4]则开列了住在某一座山里的十个"巫",山里"百药爰在"。第三处[5]提到北方的一个国度有很多"巫",那个国名取自《书经》中一个巫"官"的名字。于是,这里就存在着药物学与炼丹术之间的密切关系。而"巫"与某些毒药有关的这一声名也证实了这一点。古代中国人对于称为"蛊"的一种毒物似乎特别害怕。远在公元前 540 年[6],最早(即使不是第一次)在一个封建国君和一位医生的谈话中就已经提到它了。在《易经》中它是第十八卦(见下文 p.316)。公元前 91 年,在汉武帝宫廷里发生过一场可怕的搜捕巫人的案件,很多涉及制毒嫌疑的人都被处死[7]。按照李时珍《本草纲目》(16世纪的药典)记载的传统说法,这种毒剂的制法是把许多毒虫放在一个密闭容器中,让它们当中的一个最后把其余的都吃掉,然后就从活着的这个虫身上提取毒素[8]。陈藏器在大约 725 年前后撰写的《本草拾遗》中作了同样的记述,并增加了一则特别有趣的报道,说是"蛊"可用于治疗或预防,这表明有人已偶然发现了一种免疫疗程[9]。不管怎样,在道家圈子以外所知道的确切的内情久已失传了,它只是在道家术士之间私相传授。现在只能说,它一向激起人们的严重的恐惧。比如,598 年皇帝曾下诏禁止使用它[10]。这里要注意的是,"巫"和道家同药物学和炼丹术的关系是同样密切的[11]。

　　当我们查阅《史记》[12]和《前汉书》[13]时,其中有大量关于"巫"和"方士"的记述,有些已经引用过了(p.83);以后还要引用一些[本卷 p.240,本书第二十六章(i),以

136

---

1) 关于这点,见本书第二十二章(b)地理学部分。

2)《山海经·海内西经》,第五页。

3) 一种吃人的龙[参见 Granet(1),p.378,etc.]。

4)《山海经·大荒西经》,第三页。

5)《山海经·海外西经》,第五页。

6)《左传·昭公元年》[Couvreur (1),vol.3,p.39]。

7) *TH*,p.467;Dubs(2),vol.2,p.114;参见普菲茨迈尔的著作[Pfizmaier(40)]中有关蛊的故事集。

8) 想来也奇怪,现代已用同样的方法,成功地分离出能抗结核菌的土壤细菌菌株[迪博斯和埃弗里(Dubos & Avery)的短杆菌肽]。

9) Read(7),no.99。蛊可能含有很多种毒素,如蝎子毒液和蜈蚣毒液。陈藏器说,从那些不被人怀疑会引起中毒的动物体中提取的蛊,可用作解毒药。最早说明制蛊的医书,似乎是巢元方的《诸病源候论》(成书于 607 年前后)的卷二十五第一页。

10) de Groot (2) vol.5,p.825。关于进一步的背景情况,主要是民间传说,见 Fêng Han-Chi & shryock(2)。

11) 参见 Harvey(1),pp.143,155。

12)《封禅书》及《孝武本纪》。

13)《郊祀志上》和《武五子传》。参见陈槃(7)。

及第三十三章),特别是要提到公元前 2 世纪与汉武帝周围那群术士中开始出现的炼丹术和磁学知识有关的材料。不过,并不是所有的皇帝都相信有关"巫"和"方士"的那些说法,或对他们的技术感到兴趣。而且到了汉代,当儒教受到皇家官僚制度的尊崇而越发有影响的时候,对于从事巫术和实验的道家就更加不利。哥罗特曾一再注意到,"巫"和统治当局的关系并不总是很好的[1],所以,道家体系中的巫术及其政治哲学的那些方面,不可避免地要把它推向与政府全面对立的位置。在某些方面,例如以魏国的西门豹在公元前 415 年前后禁止牺牲民女为河伯娶妇[2]的习俗这个著名事例来说[3],人们就必然要同情儒家的理性主义者,他们也一定经常有机会以这样的方式来显示他们的人道主义。

从王符的《潜夫论》[4],我们知道,公元 2 世纪时女巫还是非常之多的,他对当时许多妇女从事这一行业痛加贬斥。《晋书》[5]记载 4 世纪时有几个关于女巫的有名故事,从这些故事来看,那时的"巫"一般是参与进行家庭祭祖的,很像是聘用道士(至少在最近以前还是这样)在葬仪和其他家祭中作法事一样。从这时起,关于"巫"的记载越来越和一些神奇的故事掺杂在一起,特别是和仙人的故事混为一谈(见后文 p.141)。460 年前后,南朝刘宋的一个皇帝请巫来召他亡妃的魂,得到了部分的成功,正像公元前 2 世纪少翁为汉武帝所做的那样,这个有名的故事我们在下文还要提到(第二十六章(g)),它无疑地激发了这次新的尝试。这时的"巫"合并到道家体系究竟到什么程度,现在还不清楚,但他们在唐代还称为"巫"[6]。在唐代,我们看到一个清楚表明女巫使用腹语术的故事[7],时间是在 825 年;此外还有很多驱邪祛病的记载[8]。但是到了 472 年,巫就被排除于国家祀典之外了。虽然皇帝和正统儒家官僚断绝对巫的使用的过程是颇为缓慢的,但到唐末它几乎已经完全绝迹了。到了宋代,太守和县令确实对巫加以迫害[9],一直到清末,刑典中还载有禁止巫师的条文[10]。

于是,道教中"巫"的这一方面就越来越被赶入地下,走向采取民间秘密会社的

---

1) 特别是 de Groot (2), vol.6, pp.1188, 1199.

2) 有意义的是,古代中国萨满与其神灵之间的一般关系是情侣的关系;参见: Waley (23), pp.13 ff., 19, 40, 49.

3) 《史记·滑稽列传》,第一〇页; TH, p.155; de Groot (2), vol.6, p.1196.

4) 《潜夫论·浮侈第十二》[译文见 de Groot (2), vol.6, p.1210].

5) 《晋书·隐逸列传》[译文见 de Groot (2), vol.6, p.1213].

6) 《新唐书·藩镇魏博列传》[译文见 de Groot (2), vol.6, p.1217].

7) 见李复言的《续幽怪录》.

8) De Groot (2), vol.6, p.1228。还有作法事的技巧[van Gulik (4)].

9) De Groot (2), vol.6, p.1238.

10) Staunton (1), pp.175, 179, 273, 548.

形式,这在以后若干世纪的中国人民生活中起了重大的作用。早在公元前 3 世纪,就曾对西王母[1] 流行过一种希腊人对狄俄尼索斯酒神那样狂纵求解脱的崇拜仪式,但为时很短,德效骞[Dubs (13)]对此曾进行过研究[2]。在随后的各个世纪中,在改朝换代之际,道教总是和那些在颠复活动中起过重要作用的历代秘密会社有关系[3]。《后汉书》中记述有"赤眉"[4],而"赤眉"在王莽篡汉之后开始是组成恢复汉室军队的一部分,后来又继续叛乱[5]。后来到公元 184 年出现了"黄巾",使后汉王朝大为削弱[6]。在随后的若干世纪中,有些秘密会社的政治活动似乎是以与道教以外的其他宗教有密切联系的形式作为掩护的,诸如与摩尼教、佛教等等(例如"白云"、"白莲"等教[7])。这类秘密会社在一些具有明显民族主义的运动中也起过重要作用,例如为元朝的覆灭和明王朝的兴起开辟道路的"红巾"[8] 以及上一个世纪的太平军。在 12 世纪时,有大量道教会社兴起,形成了一种反金(女真族)的地下运动[9]。在我们现代则有"哥老会"的活动,特别是在四川省。凡是革命前在中国住过一段时期的人,都一定会以这样或那样的方式接触到"红帮"和"青帮"的踪迹[10]。

可惜无疑地由于这个问题的困难,对这些秘密会社未能作出彻底的研究以阐明它们的古代道家根源[11]。另外还必须记住,萨满教在中国还不断受到来自北方原始宗教的加强,比如建立了辽国的契丹人就是这样[参见 Wittfogel, Fêng Chia-Shêng et al. (1)]。而且还经常受到具有强烈萨满教传统的相邻地区——如西藏——的影响[Li An-Chê (1)]。

至于后来萨满教"巫"的实践,很清楚的是他们无形中与各种伪科学(占卜、星占、算命、堪舆、占梦等等)混在一起,对于这些,我们将分别加以研讨[12]。在这些活

139

---

1) 也许是古代的一位母神,在中国神话中肯定是一个显要人物。参见 H.A.Giles (5), vol.1, pp.1, 298。

2)《前汉书·哀帝纪》和《前汉书·五行志上》。

3) 这一点是傅斯年教授 1943 年在李庄同我的谈话中特别强调的。在 12 世纪理学家的著作中可以找到对后代道家所起的这种政治作用的承认,比如朱熹就同意张文潜的说法,认为道家学说导致了叛乱和权诈(见《图书集成·经籍典》卷四三三,第十页)。

4)《后汉书·刘玄刘盆子列传》。

5) TH, p.623。亦见 Bielenstein (2)。

6) TH, p.773。

7) 参见 Chhen Jung-Chieh (4), pp.158 ff.。景教可能促进了"金丹"教的形成。

8) TH, P.1734。

9) 参见 Chhen Jung-Chieh (4), pp.148 ff.。

10) 参见 Chhen Jung-Chieh (4), pp.170 ff.。

11) 我们这里只能列出下述有关专著和论文:Favre (1);Ward & Stirling (1);Stanton (1);Glick & Hung Shêng-Hua (1);de Korne (1);Brace (1)。

12) 见下文 pp.346 ff.。

动中占重要位置的是制作符箓[参看 Chhen Hsiang-chhun (1)], 多雷(Doré)曾为此汇集了一大卷资料[1]。至于对中国近代社会中萨满教的"巫"的遗迹的研究(这方面还须进行大量研究), 则必须借助多雷[Doré (1)][2]、戈尔茨[v.d.Goltz (1)]、何乐益[Hodous (1)]、德呢克[Dennys (1)]等人的著作。E.D.哈维(E.D.Harvey)的著作作为一部有素养的社会学家的研究, 是很有趣味的, 他曾在中国住过若干年。在中世纪末和近代, 萨满教"巫"的活动被定名为祛魔除邪的"妖道"、"法术"、占卜技术的"邪术"、"邪法"[参见 Chatley (5,6)]。这些名称反映了儒家的正统思想和理性主义。

(i) 道家的个人目标: 成为长生不死的"仙"

道家思想从一开始就迷恋于这样一个观念, 即认为达到长生不老是可能的。我们不知道在世界上任何其他一个地方有与此近似的观念[3]。这对科学的重要性是无法估量的, 因为后面(本书第三十三章)将会看到, 这种理想促进了炼丹术的发展, 几乎可以肯定, 这在中国比在任何其他地方为早。但在这种个人修炼[4]和本章在前面所说的强调社会集体主义的道家哲学之间, 似乎存在着一种矛盾, 这不禁使人感到惊奇。可疑的是, 在道家思想缓慢发展的那些世纪里这一悖论或许并不一贯这一点, 是否曾被人感到过。可以毫不迟疑地说, 它是由于道家的双重起源所致, 即道家是以神秘自然主义的隐士哲学家为一方, 和以部族的萨满术士为另一方之间的奇异的结合。两者都始终反对封建诸侯以及后来的官僚, 因为这些人的"绅士"心态中没有哲学家们所推崇的原始集体主义的余地; 而他们以儒教为国教的正统, 也不喜欢萨满的技术。道家哲学愈是无力解放整体的中国社会, 道家方士及其解放个人的方法就愈益获得成功。

道家迷恋于肌肉坚实、肤色丰美的青春, 他们相信可以找到能够用以遏止衰老

---

1) Doré (1), Pt. I, vol.2.

2) Doré (1), Pt. I, vol.4, pp.332 ff..

3) 当然, 我们会立刻想到基督教和伊斯兰教从犹太教继承下来的人体复活说。但是尽管在某些形式中, 例如穆斯林的天堂, 幸福可能是物质性的, 然而这种幸福必须经过灵魂和肉体长期间的绝对分离后才能体验到, 而且世界上的任何地方都决不会成为它的舞台所在。灵魂和肉体最终重新结合这一信念就构成在拉丁教会对火葬的反对以及正统犹太教对解剖的反对之中。另一方面, 对长寿的兴趣, 在欧洲也不是全然没有, 这可见之于罗杰·培根(Roger Bacon)和维勒讷沃的阿诺德(Arnold of Villanova)的有关著作中[参见 Förster(1)]; 但其含义又各不相同。有趣的是, 某些古典作家将非凡的长寿归之于 Seres(中国人), 这可能是道家观念的一种反响[strabo, xv, i, 34, 37; Lucian, *Makrobioi*, 5; Coedès(1), pp.xii, xxvi, 7,75]。

4) 本节是论述养身之术的; 但从前面有关的论述可以明显地看出, 养心(诸如静心、无为等等)也具有同等重大的作用。

过程或返老还童的技术。在《道德经》第五十五章中有一段关于人类有机体发育初期的思索,它写道:

> 具有丰厚品德的人可以比做赤子。
> 毒虫不会螫他,
> 猛兽不会侵袭他,
> 鸷鸟不会搏击他[1]。
> 他的骨骼屏弱,
> 他的筋肉柔软,
> 但他的手却握得很牢;
> 他不知道什么男女结合,
> 但他的阴茎有时勃起,
> 表明其活力是完好的;
> 他可以终日号哭而不至于沙哑;
> 表明他的协和是完备了的;
> 了解这种协和,就是(了解)经久不衰的(活力);
> 了解这种经久不衰,就是得到了启蒙。
> 现在通过强化其(世俗)生活,(人们就会招致)不祥;
> 让心神(的情感)支配生息(气),人们就会陷于僵(死)。
> 凡具有强力和暴烈的东西都将消耗衰败,
> 因(精力过盛)是与道相违反的,
> 凡是违反道的东西都要被消灭。[2]

〈含德之厚,比於赤子。毒虫不螫,猛兽不据,攫鸟不搏。骨弱筋柔而握固。未知牝牡之合而峻作,精之至也。终日号而不嘎,和之至也。知和曰常,知常曰明。益生曰祥,心使气曰强。物壮则老,谓之不道,不道早已。〉

在后世的说法中,例如中世纪《道藏》中所记述的,把衰老的内在因素"人格化"为"三虫"或"三尸"。一切修练技术的伟大目的之一,就是要从人体中把这些三虫驱   141

---

1) 对于那些在修仙的道路上取得某些进展的人,有一种最古老的观念,认为他们会免於人和野兽的侵袭。这在《道德经》中(参见第五十章)不止出现过一次,在《庄子》[Legge(5),vol.1,pp.192,237,383;vol.2,p.13]、《淮南子》[Morgan(1),p.66]和其他类似的书中,也常出现。如果这是迷信,而不是试图描述某种与大自然神秘合一的心理状态,那末,这种迷信却持续存在了很久,并在秘密会社的信仰中重新出现(如"义和拳"等)。参见 Waley(6),pp.74ff.,其中谈到了印度的类似情况。另见 Berthold(1)。
2) 译文见 Huang Fang-Kang(1),经修改。

除出去[1]。成"仙"或成为"真人",就是指以青春之躯在一种人间乐园中长生下去。"仙"的形象,一般多以羽化人形来表示,这在汉代艺术中并不罕见。人的躯体看来是留在棺中了,但它是事先以特殊仪式准备好了的宝剑或竹片等模拟物来代替的。这就是所谓"尸解"或"炼魂"。这种过程被认为有似于昆虫的变态[2]。所以由张君房于 1000 年前后汇集、而由张萱于 17 世纪编纂的《雲笈七籤》[3] 中说[4]:"当一个人用宝剑解脱肉体时,那就是形态转化的最高形式"("世人用宝剑以尸解者,蝉化之上品")[5]。

羽化的仙人。细川(Hosogawa)所藏青铜盘上的花纹画像[采自 Rostovtzev (3), Pl.XII]。

　　除了这些最后的仪式而外,这种完美化的躯体,还需要像母腹中的胎儿那样,经过终身的实际修炼。这些修炼有些可能相当于印度人或欧洲人的苦行主义概念,有些则不是;但不论怎样,祭祀受虐狂的基本概念(有如美洲土著阿兹特克人和其他土人中的那种),或驾驭神鬼的魔力(有如印度圣仙者的那种),以及专诚禁欲以取悦最高神灵(有如犹太教或基督教神学的斋戒)——这些在道家都是没有的。道家修练的目的,是为了准备在"死后"再生下去,这种生命也同样是有形体的,但却更精妙、更纯洁、神圣而且美好,还兼有一个人此生所能有的一切舒适经验的形式,而无须担心疾病和老死。成仙之后被想像为也可以多少随意重履尘世,但他们自己的神仙世界却更为称心如意。凡是能够促成这种转变的方法,都要遵循。这里不可能不引用一段有关道家乐园的描述,由此可以窥见完美化了的仙人境界。《列子》[6] 中有两段话,第一段是更加苦行的一种——仙必须清除一切欲念;但第二

142

---

1) Maspero(13), pp.20, 98. 马伯乐指出,道家的素食主义与释家的大不相同。道家不像释家那样,不是出于为了戒杀,而是出于相信血肉元气对于存在于体内的精神不利,并且会助长衰老因素。参见窦德忠(1)。

2) 参见下面的图 47。

3) TT 1020。

4)《雲笈七籤》卷八十四,第四页。

5) 蝉,即昆虫蝉的普通名称。普菲茨迈尔[Pfizmaier (88)]译出了《太平御览》中有关蝉化的四卷。

6)《列子·黄帝》和《汤问》。

段则是颇富于诗意的[1]。

　　大禹治理好了水土后,他迷了路,来到北海北边的一个国家[2]。这个国家说不清离齐国究竟有几千万里远。国名叫"终北",它的国境线在哪里也不清楚。但这个国家里,既无风,无雨,也无霜无露。它也不出产(和我们同样品种的)鸟、兽、虫、鱼、草、木。它的四周似乎都高耸入云霄。国土中间有一座山,叫做"壶领",形状象个花瓶。山顶上有一个圆环形的开口,称作"滋穴",因为水流从中不断涌出。这就叫作"神泉"。这里的水的气味比兰、椒还更为芳香,味道比醇酒还好。泉水分作四条河流从山上流下,润泽着整个国土。土气是柔和的,不散发任何致病的毒性。人民都是温良的,遵循自然而不争吵;他们都心地温和,体态优美;傲慢和猜嫉都和他们无缘。老幼都愉快地生活在一起,没有王侯。男女自由地成群结伴漫游,不知道有婚姻计划或婚约。他们居住在河的两岸,既不耕种,也不收获;同时由于土"气"温暖,他们不需要穿着织物。他们都活到一百岁才死,没有疾病和夭亡。因而他们生活得愉快而幸福,没有私有财产;他们生活得美好而快乐,没有衰老,也没有悲哀或痛苦。他们特别爱好音乐。他们彼此携起手来舞蹈并合唱,甚至直到深夜唱声还不停止。当感到饥饿疲乏时,他们就喝那些河里的水,于是觉得自己的精力重新恢复了。倘若他们喝得过多,他们就像喝醉了一样颓倒下来,可能睡上十天才醒。他们在那些水里洗澡、游泳,出水之后皮肤柔滑丰润,甚至十天之后还香气可闻。

　　周穆王北游时也发现了这个国度,并且在三年当中完全忘记了他的王国。当他回到家里以后,他对这个国度极为恋慕,以致对他周围的一切完全丧失了意识。他对酒肉都不感兴趣,也不愿和他的那些嫔妃仆役接触。过了好几个月,他才恢复过来。[3]

　　〈禹之治水土也,迷而失塗。谬之一国。滨北海之北,不知距齐卅几千万里。其国名曰终北,不知际畔之所齐限,无风雨霜露,不生鸟兽、虫鱼、草木之类。四方悉平,周以乔陟。当国之中有山,山名壶领,状若甗甑。顶有口,状若员环,名曰滋穴。有水涌出,名曰神瀵,

---

　　1) 这种憧憬在欧洲也可以找到类似的例子,如 1490 年前后博斯(Hieronymus Bosch)的一张三联画"人间乐园"(Garden of Earthly Delights)即是。弗伦格[Fränger(1)]最近分析了它那象征意义,认为它是为了给"智慧的人们"(Homines Intelligentiae,或称作"自由精神兄弟姐妹会")画的,这个中世纪晚期的教派认为要通过归真返朴和半升华了的广泛的性行为才能得救。倘若对这些运动进行充分研究,我们就不会惊异可以从中找到密宗,并因而最后在其中找到道家的因素(参见下文 pp.427,151)。

　　2) 即邹衍所描述的中国以外的其他各州之一(见下文 p.236)。颇有意义的是,大多数这种"乐园传说"都是说距离齐国有多远,而齐国是邹衍的故乡,又是方士、道家、阴阳家的大本营。

　　3) 译文见 R.Wilhelm(4);p.53;由作者译成英文。

臭过兰椒,味过醪醴。一源分为四埒,注于山下。经营一国,亡不悉编。土气和,亡札厲。
人性婉而从物,不竞不争。柔心而弱骨,不骄不忌;长幼侪居。不君不臣;男女杂游,不媒不
聘。缘水而居,不耕不稼。土气温适,不织不衣;百年而死,不夭不病。其民孳阜亡数,有喜
乐,亡衰老哀苦。其俗好声,相攜而迭谣,终日不缀音。饥惓则饮神瀵,力志和平。过则醉,
经旬乃醒。沐浴神瀵,肤色脂泽,香气经旬乃歇。

　　周穆王北游过其国,三年忘归。既反周室,慕其国,憮然自失。不进酒肉,不召嫔御者,
数月乃复。〉

无怪乎道家矢志于仙道的,需要经过大量的修炼了。

　　道家的这种修炼功夫分为下述几种:

　　(1)练气术;

　　(2)日疗术;

　　(3)导引术;

　　(4)房中术;

　　(5)炼丹与药物技术;

　　(6)饮食法。

　　最后两种将留到炼丹术和营养学两章中去讲,这里只简要地谈谈其余几种。
在这方面,所有的学者都应感谢马伯乐[H.Maspero(7)],他在一系列的经典性论文
中,开始对道教的浩瀚文献《道藏》中所包含的大量暧昧难解的资料初步作了整理
并做出了解说[1]。所有这些技术方法统称之为"养气"或"养性"[2]。其中有些方法
肯定是很古老的,因为《庄子》[3]中有一段是明显反对炼气术的,在《淮南子》[4]中
也是如此,但另一方面,《道德经》则似乎是推荐它们的(第十章)。

(1) 炼 气 术

　　首先,气功锻炼在中国无疑可上溯至远古。卫德明[H . Wilhelm(6)]指出,刻
在十二片玉石上的一篇铭文,可能原是一根棒上圆头的一部分,其年代肯定是周
代,可能早在公元前6世纪的中叶。铭文如下:

---

1) 戴遂良的《道藏目录》[Wieger(6)]也是很必需的。这里提到《道藏》中的书时,就用它的编号,如
TT 223。翁独健的索引(《引得》第25号)也很重要。现行的《道藏》成书于宋代;但其后又进行了一些修
订。最早的印刷本出现在大约1190年宋金之时;其后又出现于元代和明代,约为1445年。最近用西方文
字对这些道教文献作出了最好的分析的是 Gauchet(2, 3)和 Maspero(13)。道家书籍的最早目录是在《抱
朴子内篇·遐览卷第十九》中。

2) 普菲茨迈尔[Pfizmaier(89)]译出了《太平御览》中与此相关的四卷。

3) 《庄子·刻意第十五》[Legge(5), vol.1, p.364]。

4) 《淮南子·精神训》[Morgan(1), p.67]。

炼气必须按(如下)方法进行。先持(气),使之聚集。聚集则扩张。扩张则向下而行。向下而行则安。安则固。固则萌发。萌发之后则生长。生长中则复被推回(至上部)。当其被推回时,则将上达头顶。于是,在上面它将压向头顶;在下面它将向下冲压。

144

顺此者则生,逆此者则死。[1]

这里,我们看到一种独具风格的连锁推理(参见本书第四十九章),非常类似于五行理论的最早的铭文记载,即在本卷 p.242 上引用的剑铭。象剑铭一样,这里的结语也是"顺之者昌,逆之者亡"。

炼气的主要目的是力图回复到胎儿在子宫内的呼吸方式。道家对母体与胎儿之间的气息并无所知,所以这对他们只能是一种空想。他们力求使呼吸保持尽可能的平静,而最重要的是"闭气",时间越长越好。不容置疑,他们所体验的和认为对自己是如此之有益的主观效果,大都是由于一种血缺氧症,因为他们有着窒息、耳鸣、眩晕和发汗的症状。《道藏》中有许多书论及炼气术,特别要提到的是年代不详的《胎息经》[2];还有一个重要的来源是 4 世纪初葛洪的《抱朴子》[3]。到了唐代,练气的观念,大有修改,其详细情况可参考马伯乐的著作。以前认为吸入的气兼有滋养和呼吸的作用;后来则发展了一种特殊的"内气"观念;内气的循环与变化必须靠想象力的默思来实现和促进[4]。不用说,关于炼气的确切时间和地点都有许多教诫[5]。

---

1) 译文见 H · Wilhelm(6),由作者译成英文。

2) *TT*.127,译文见 Balfour(1);参见 Forke(9),p.456。

3) *TT* 1171—1173.《内篇 · 释卷第八》,第二页;《外篇 · 逸民卷第二》,第七页[参见 Forke(12),p.219]。

4) 清代的一部手册《太一金华宗旨》(显然是 17 世纪的作品)已由卫礼贤译出,并由一位出色的心理学家荣格(C.G.Jung)作了精细的注释。这部合作的著作也有英译本。那文字显然和道教的一个秘密会社"金丹教"有关。

5) 道家的这些和其他一些修行与印度的瑜伽术的关系即使存在,也是一个极其困难的问题[见本卷第七章(b)]。马伯乐[Maspero(13)],p.194]指出,佛教的做法是要求缓慢而有规律的呼吸,不象道家那样要求把气留在肺中越久越好。有关印度瑜伽教派的一些事实是很难捉摸的,因为具体作法是在师徒之间私相传授,局外人无法窥知其奥秘。关于瑜伽派的新近概述,见 Abegg,Jenny &Bing (1)(附有参考文献);另外,也可参见以下著作:Garbe(1),Woodroffe(1,2),Behanan(1),Rele(1),J.H.Woods(1)。有大量文献是用现代生理学来解释瑜伽教派修炼功夫的,其中只想提一下 Laubry & Brosse(1)这篇有趣的论文。瑜伽派的参禅训练似乎包括催眠术、自我催眠术,特别是对自主神经系统有意识地加强控制。道家修炼方法与瑜伽派被相当可靠地证实了的现象(例如停顿呼吸运动和心跳等)究竟类似到什么程度,尚有待于确定。在生理学上,这些现象毕竟并不比例如某些痴癫症中所常见的忧郁症更为奇特;唯一引人注目的是,一个正常人可以随意产生它们的那种力量。马伯乐经过熟思后的意见是:道家的修炼方法是古代呼吸生理学在本土的发展,而非源出于与印度瑜伽派相接触[见 Maspero(4),p.46]。

145

(2)　日　疗　术

第二,道家似乎发现了日光浴疗法的某些好处,这是欧洲医学直到我们的时代以前所未曾认识的。所谓"披上日光的方法"("服日芒之法")就是使人体暴露于日光之下,手持一个字(加围框的日字),用红色笔写在绿纸上。根据他们的看法,女性方家则是合乎逻辑地暴露于月光下,也是手持一个字(加围框的月字),用黑色笔写在黄纸上——可惜这样一来,妇女们就不能增加多少维生素 D 了。《道藏》中有关这些方法的主要著作是《上清握中诀》[1](据认为是后汉范幼冲所著),以及 5 世纪后期陶弘景的《登真隐诀》[2]。从前面(p.135)我们所讲的关于萨满求雨的裸体仪式来看,这种日疗术很可能是古代巫术的一种发展。这种作法一直流传到现代[3]。

(3)　导　引　术

第三,道家还实行各种柔软体操锻炼,称之为"导引",即身体的伸缩。这或许是从求雨的萨满的舞蹈变来的。后来也称为"功夫"和"内功"。其渊源正如希腊医学那样,无疑地是来自古老的中国医学观念,即身体的毛孔容易阻塞,从而引起壅滞和疾病(见本书第四十四章)。同时也采用了按摩("摩")。关于导引术有大量的文献,我们可以引征其中主要的,首先是《太清导引养生经》[4],年代不详;第二是高濂于 1591 年所著《遵生八戋》。德贞[Dudgeon(1)]对后一书作了长篇的分析,并
146 描述了有关导引的一些次要著作[5]。中国的拳术("拳搏")规则和西方拳击完全不同,它包含有某种礼仪舞蹈的成分(参看 H.A.Giles)[6],也许是来源于道家体育锻炼的一个方面。

整个这一主题在后面医学一章中还要谈到,不过这里应当指出的是,中国的医疗体操知识在 18 世纪传入欧洲,并在现代卫生、医疗方法的发展上似乎起过重要

---

1) *TT* 137.
2) *TT* 148。
3) 这是甘肃省山丹县西部祈连山中山观的一位老道士说的。[由艾黎(R.Alley)先生告诉作者]。
4) *TT* 811。
5) 如 1506 年胡文焕的《保生心鉴》和王祖源 19 世纪晚期的小册子《内功图说》,1952 年作者在北京碰巧购得了这两部书。
6) H.A.Giles(5),vol.1,p.132。

作用[Dudgeon(1)，McGowan(2)，Peillon[1]]。这主要是通过耶稣会传教士钱德明(J.J.Amiot)于 1779 年写的一篇精采的文章[2]，它激起了瑞典医疗体操的先驱者林格(P.H.Ling)的工作。中国导引书上的一些姿势，使人强烈地联想到现代医学中广泛使用的体操姿势[3]。这里人们不禁要想到，由耶稣会传教士同类的文章和书籍所传至西方的道家日光浴疗法的观念，是否也影响了现代生理疗法的发展[4]。

(4) 房 中 术

第四，还有房中术。由于儒家和佛教的反对，这方面大部分一直处于最隐蔽的状态，但它们却具有很大的生理学意义[5]。由于阴阳理论已被普遍接受，因此在宇宙的背景下考虑人类的两性关系，并认为它确实和整个宇宙机制具有密切关系，这是十分自然的[6]。道家认为，性远不是成仙的障碍，而且还可能以某些重要的方式有助于它。私下练习这种技术，称为"阴阳养生之道"，其基本目的是尽可能地保存"精"与"神"，特别是通过"还精"。同时，体现于每个人身上的这两大力量，在滋养上是相互不可缺少的[7]。正如《玄女经》所说，这是"一阴一阳相须"。

147

《道藏》中所有关于这类技术的书籍在明代(倘若不是更早的话)即已散佚，但在日本 10 世纪以后的医学著作中还保存有不少很长的残篇。其中最重要的是丹波康赖的《医心方》，成书于 982 年，但直到 1854 年才印行。现在中文中的主要资料是叶德辉在 1903 年收集的一批书籍和残篇，即《双梅景闇丛书》。在近代《道藏》

---

1) Peillon(1)，特别见 p.639。

2) "Notice du Cong-Fou des Bonzes Tao-Sse"（"论道士的功夫"），载于 *Mémoires concernant l'Histoire，les Sciences … des Chinois*，vol.Ⅳ。

3) 例如，德贞在《论"功夫"》[Dudgeon(1)，p.492]中所示的那种姿势，很像支气管溃烂时从肺部往外排脓的姿势。

4) 参见 Delherm & Laquerrière(1)。近代利用辐射能形式的疗法是从 18 世纪才开始的。

5) 远在高罗佩关于中国人性生理和性行为的观念的精采著作[van Gulik(3)]出版之前，本章文字就已基本上以目前形式定稿。高罗佩之有意进行这项研究，是由于他发现了一套彩色春宫画书籍的印版，制于 1560-1640 年间的明代。这就是 1610 年的《花营锦阵》，已由高罗佩复制和翻译出来。我们的结论的唯一不同是，我认为高罗佩在他的书中(如 pp.11，69)对道家的理论与实践的估计，总的说来否定过多；偏差之论倒是不多，而且是个别的例外。现在，高罗佩和我两人(经过私人通信)对这个问题已取得一致意见。

6) 参见《庄子·田子方第二十一》中所描述的老子的想法[译文见 Waley(6)，p.34]。不要忘记，在上文 p.23 论述"灵魂阶梯"的时候，我们已指出，王逵认为天地相合才能产生高级生命。

7) 把中国有关性的观念与印度和日本的观念加以比较，是有益处的。关于印度的，可参见施密特的著作[R.Schmidt(1，2，3)]，其译文见 Basu(1)，Tatojaya(1)，Ray(1)等；关于日本的，可参见克劳斯、佐藤和伊姆[Krauss，Sato & Ihm(1)]的著作，下文在谈到印度密宗时，还将讨论印度关于性的某些观念。印度密宗可能部分地起源于中国。

中仅幸存有一卷(这可能是因为它仅是单卷而不是全书),这就是《养生延命录》的第六卷[1],被认为是 5 世纪的陶弘景和 7 世纪的孙思邈的撰述。在叶德辉汇集的这些残篇中有《素女经》、《玄女经》、《玉房秘诀》、《洞玄子》和《天地阴阳大乐赋》。其他的古代残篇主要见于日本的辑本《玉房指要》[2] 中。

在道家特有的技巧和道家以及别人所传授的一般俗人的房中术之间,并没有明确的界线。高罗珮[van Gulik (3)]曾正确地强调指出,所讨论的典籍中完全没有诸如虐待狂和受虐狂之类的病理变态,只是在后来的书籍中才确实出现了一些被认为是不寻常的和辅助性的技巧,但也不是反常的。早期典籍中多次提到一些神话中的帝王或其他帝王,这提示着某些技术可能是起源于古代的王侯,因为根据习俗,他们拥有大量妃嫔。在较小的程度上,这种习俗也在一切世家大族中持续了若干世纪,因为在多妻制的家室中如何组织健康的性生活必然是一个非常现实的问题。

148 　　这些典籍中有些是古老的,这没有什么疑问。《前汉书·艺文志》列举出八本有关的书,现已全部失传,这些书在公元前 1 世纪一定曾经流行过。其中两本的书名为《阴道》,但我们对它们的作者容成和务成毫无所知。其他各书则以各个古代帝王命名。有些被认为是精于此道的人,他们的名字留传至今,特别是冷寿光,他是公元 3 世纪名医华陀的同时代人和共事者[3],还有甘始,此人大约也生活于同一时代[4]。值得注意的是,这些书的重点都放在长生之术的价值上。所有文献中最典型的也许是《素女经》这部著作,其体裁明显地十分类似于汉代的医学经典《黄帝内经》(参见本书第四十四章)。这部书虽不见于汉代书目,但它必定曾以某种形式在公元 1 世纪存在过,因为王充[5]和张衡[6]两人都曾提到过它。到了葛洪的时

---

1) *TT* 831.

2) 这些书的某些通俗本在中国的租书摊上仍在流通(或者是直到不久以前为止),另一些则在私下流传。在成都有一位深研道教的人给我的回答使我难以忘怀;当我问他有多少人照此教诫行事时,他说:"四川的士绅淑女或许有半数以上是这样做的。"

3)《后汉书·方术列传》第十页。

4)《后汉书·方术列传》第十八页。东汉和三国时代其他精于此术的人有东郭延年、封君达、王真以及著名的方士左慈。

5)《论衡·命义篇》[译文见 Forke (4), vol.1,p.141],在提到素女时颇有贬词。他说:"无瑕的少女向黄帝讲述五女做爱的方法,(指出它)不仅伤害父母的身体,也有损于男女孩子的本性。"("素女对黄帝陈五女之法,非徒伤父母之身,乃又贼男女之性。")[译文见 Leslie (1)]。王充没有解释他指的是什么。

6) 见其优美的婚歌《同声歌》,略早于公元前 100 年。从这首诗里可以清楚看到,汉代新娘被给予一卷交媾姿势的图画,附有文字说明。《道德经》第六十一章隐喻地提及其中一个姿势。

代(4 世纪初),有其他三个聪明的女人被提到过 [1],其中包括采女 [2],这就提示 [3] 她们可能原来都是属于女巫这一行的。

隋朝的官方书目(公元 7 世纪)开列了 7 本书,其中有《玉房秘诀》,这部书我们现在还有。《洞玄子》[4] 这部书虽然一直到唐代的书目中才出现,但它的文字颇为古老,并且和其他的书一样,有精密的解释,在医学上和生理学上是健全的 [5]。在一些最值得注意的文献中,有白居易的弟弟白行简(卒于 826 年)写的《天地阴阳大乐赋》,这篇文献一直以手稿的形式存放在敦煌的藏经中,直到近代才被重新发现 [6]。

《云笈七籤》[7] 有着显著的亚里士多德的声调 [8],它说精贮于腹部下部("下丹田")的"精室"中;男人的精液贮于此处,女人体内的相应部分则贮聚月经("男人以藏精,女子以月水")。道家技术的目的就是要靠性的刺激来尽量增加养生之"精" 149的数量,同时又要尽量避免损失它。此外,如果男人不断地以阴的力量补阳的力量,则不仅可以健康长寿,而且他那强劲的男性可以保证当射精时所得的孩子一定是男性。道家认为禁欲不仅是不可能的,而且是不适宜的,是违反大自然的伟大的韵律的,因为大自然中的一切事物均具有阴阳的特性。独身生活(后来为佛教异教徒所倡导)只能产生神经机能病。因此,这种技术首先就是频繁的 *coitus reservatus* [9](交而不泄),即多次与一连串的对方交接才有一次射精 [10]。女性的情欲高潮("快")可增强男性的生命力,因之男性的动作要尽可能延长,以便尽可能多地以阴补阳 [11]。乍一看来,把 *coitus reservatus* (交而不泄)看成有益于精神健康是令人惶惑的,因为 *coitus interruptus*(交而中断)作为一种避孕方法在现代医学上受到普遍的责难。但是当时的心理状态是完全不同的;其目的不是要避孕,而是要确

---

1)《抱朴子内篇·微旨卷第六》。
2) 采女也是皇帝妃嫔中地位最低的。
3) Van Gulik (3),p.15。
4) 译文见 van Gulik (3)。
5) 描述了三十种姿势。
6) 高罗佩[van Gulik (3)]以意译方式作了概述。
7)《云笈七籤》卷五十八,第六页。
8) 参见 Needham (2),pp.24 ff.。
9) 高罗佩误为 *coitus interruptus* (交而中断)。
10)《素女经》,第一页;《玉房指要》,第一页。
11)《素女经》,第二页和第四页。不论对古代中国理论持什么见解,这种做法在生理学上的健全性是无需说明的。

保两种力量的滋补,特别是阳[1]。道家特别强调一连串的对方,并有许多(互相矛盾的)进行选择的方法;但由于季节、月相、气候、星占状况等等的一大套禁忌,所以对道教方士来说,适当的吉期不是常有的。一般家庭不以成仙为主要目标,也就很少注意时间和季节了。

　　另一种方法是"还精",这包括一种有趣的技术,在其他许多民族中用来作为避孕的一种手段[2],至今还散见于欧洲的居民中间[3]。这是在射精时刻,压迫阴囊和肛门之间的会阴,从而使精液转入膀胱,随后由这里和尿一起被排出体外。但道家不知此事,他们以为这样能使精液上升,并使身体上部精力焕发——于是就有所谓"还精补脑"之说[4]。这里应当注意,"还精"与"闭气"之间有极其相近似之处。由于在道家的生理学中脊髓被认为有似黄河下泄的营养作用,所以这个过程可以见之于"黄河逆流"这一名词,它在后世书中可以找到[5]。所有这些在《太上黄庭外景玉经》中都被隐喻地描述过[6];此书在《列仙传》和《抱朴子》中均曾提及,所以必定不会晚于公元2或3世纪。但最早提到它的,可能是《后汉书》[7],书中说冷寿光修客成之术而长寿。注释中引《列仙传》说:"御妇人之术,谓握固不泄,还精补脑也。"[8]

　　道家的这种哲学-宗教行为最使人感到惊奇的方面(大多数现代中国人也感到惊奇),就是它包含有公开仪式与通常的婚姻生活和修仙者的私下功夫。这些仪式称为"中气真术",又称为"合气"("合气"、"混气"[9]、"和气")。据说它们起源于公元2世纪伟大的道教家族张氏(即"三张"),至400年前后在孙恩的领导下,它们肯定是被普遍采用了。我们今天所知道的一切大多来自数学家甄鸾(鼎盛于566年),他由道教皈依佛教,著有《笑道论》一书。这种仪式的目的是要"释罪"[10],在斋

150

1) 由于修仙的妇女也采用同样的技术,我们就可以了解哥罗特[de Groot (2), vol.6, p.1235]从《旧唐书·王屿列传》中发掘出来的一个关于巫的例子:此巫"盛年而美",奉圣旨游祭各地的神灵,以"恶少年"数十自随。

2) 特别是在突厥人、亚美尼亚人、马克萨斯岛人中间[摘自与韦尔特菲什博士(Dr.Gene Weltfish)的私人通信]。17世纪的医生,诸如圣托里奥(Sanctorius),也建议病人要交而不泄。

3) 参见 Griffith (1), p.95。

4) 《素女经》,第二页;《玉房指要》,第一页;《抱朴子内篇·微旨卷第六》,第五十七页。从胚胎学史的观点看来,这又是一个有趣的观念[参看 Needham (2), p.60]。所谓"父种白,母种红"的观念,也就是说,人体的白色部分如脑髓和神经得自精液,红色部分得自经血,这就是生物学思想家所持有的最古老的推测之一。

5) 例如成书于1500年前后的《素女妙论》。参见 van Gulik (3), p.109。

6) TT 329。参见 Wilhelm & Jung (1), pp.35, 69, 70。

7) 《后汉书·方术列传》第十一页。

8) 译文见 van Gulik (3)。

9) 注意,这里沿用了标志古代集群生活的用语(见上文 pp, 107, 115)。

10) 这是现代心理学各个学派所应该注意的。

戒之后,在新月和满月之夜进行。它包括一种舞蹈仪式,即"龙盘虎戏"[1],其结束是一场公开的宗教配偶,或是会众在寺院两侧的厢房内连续不断的结合[2]。各对男女就被授以上述的技巧。这种仪式似乎曾载于一部叫作《黄书》的书中,该书现在仅存有高度诗歌性质的残篇了[3]。佛教的禁欲主义和儒家的拘谨自然是对此感到愤慨的,于是在 415 年就掀起了一场反对运动。到 6 世纪中叶,它使道家的这种风气受到了很大的挫伤,大约到了 7 世纪以后就不再有"合气"节了[4]。但是私下的做法仍在继续,观里的道士直到宋代才不行此术。而一般居家人则一直持续到上世纪,特别是因为受到医学界的赞同和建议的缘故[5]。

　　承认妇女在事物体系中的重要性,接受妇女与男人的平等地位,深信获得健康和长寿需要两性的合作[6],慎重地赞赏女性的某些心理特征,把性的肉体表现纳入神圣的群体净化——这一切既摆脱了禁欲主义,也摆脱了阶级区分;所有这些向我们再一次显示了道家的某些方面是儒家和通常的佛教所无法比拟的。在这些事情和原始部族集体主义的母权制因素之间,一定存在着某种关系,反映了古代道家哲学中以阴性象征为主的思想[7]。道家在古代中国所以成为社会团结、集群和统一以及一切反对分裂和分离的最高代表,这决不是偶然的。的确,他们的思想和作为是既深远而又普遍的,与伊奥尼亚派和俄耳甫斯派有相类似之处。爱是宇宙间吸引和结合的力量,支配着元素、星辰和神明;这是见之于诸如朗戈斯的《爱神及其恋

---

1) 应注意,这里使用了炼丹术中的男女象征(参见下文 pp.330,333)。

2) 马伯乐[Maspero (13),p.167]颇有道理地推测,这与葛兰言[Granet (2)]所描述的那种原始部族配偶节有关,但还很难得到证实(参见上文 pp.104 ff.)。我们不能看不出,有一种道家所特有的原始社会一致性的强烈主流,贯穿在所有这些由性本身而使之圣洁的庆典之中。特别有意义的是,有一位佛教中的反对者说过,在这些仪式中,"男女以不正当的方式相结合,因为他们不分贵贱"[Maspero (7),p.406]。的确,道家所强调的就是人性如此。(参见上文 pp.112 ff.,130,以及下文 pp.435,448)。

3) Maspero (7),p.408。很难说清楚在"合气"仪式中到底供奉的是什么神,但似乎是斗宿之神、五行之神以及被想像为居于人体各部分之内并控制这些部分的诸神。参见 Maspero (27)。

4) 这是说,在中国道教中是如此。但在佛教的密宗和喇嘛教中,这种神圣的性行为很可能持续到很晚的时候。后面我们还要提到密宗的许多观念和作法都源出于道教(参见下文 pp.427 ff.)。迟至 1950 年当中国的一个秘密会社被解散的时候,还有人断言他们进行集体性交作为追求健康和长寿的一种形式[van Gulik (3), p. 103]。一种思想是很难死去的。

5) 参见 Dudgeon (1),从中可以看到明显的迹象(pp.376,440,454,494,516)。伟大的医学家孙思邈(卒于 682 年)所著《千金方》对研究医学传统是最重要的[参见 van Gulik (3),pp.76 ff.]。后代的参考书为数甚多,如苏东坡圈子中的张耒所著《明道杂志》即是。

6) 这种思想也许表现在中国的(和西徐亚人的?)青铜匣子上,扎尔莫尼[Salmony (2)]对此有过描述。匣子盖上饰有两个裸体人像,一男一女,相对跪着。

7) 参见上文 pp.57 ff.,61。

人》中的希腊人的一句口头禅[1]。因此,卢克莱修就把他的伟大诗篇献给了爱神维纳斯[2],因为只有靠粒子的(正有如靠人的)聚集和结合,才能够构成并维持各个层次的有机体的存在。道家的生理学可能是原始而又幻想的,但是在对待男性、女性和宇宙的背景的态度上,较之代表封建所有制典型心态的父道尊严的儒家[3],以及把性看做并不是自然而美丽的事而只是恶魔诱惑手段的那种冷漠出世的佛教来说,道家却要妥当得多了。

在中世纪的几个朝代中,仍然有一些著名道家的女方士和女宣教者,唐代的大儒家韩愈就曾写过一首关于其中一个人的诗[4]。在有些现存的地方祭礼中,还有着古老的对女性重视的见证。例如在山西太原有一种洪水传说,每年举行一次列队游行,以少女扮成胜利的和神化了的受崇拜的女杰[5]。这里既有女性的象征,也有水的象征。总之,道家有不少东西可以向世界传授,尽管作为一种有组织的宗教,道教今天已经垂死或已死亡,但或许未来是属于他们的哲学的。

(5) 神 仙 列 传

还需要补充说明一下的只是,关于名仙的生活、成就和"奇迹",现存有大量的文献。其中包括这方面材料的最早一本书,是应劭写于 175 年前后的《风俗通义》。其后,这类系列的书籍以《列仙传》[6]而告开始。《列仙传》据称是刘向(公元前 50 年前后)所著,但肯定是公元 2 世纪和 4 世纪初叶之间的道家作品。因之,属于这同一时期的还有葛洪的《神仙传》和干宝的《搜神记》,继之以陶潜的《搜神后记》[7]葛洪的书到唐代由沈汾增补为《续神仙传》。在宋代继续这一传统的有李昉的《太平广记》,成书于 981 年,由于一般人对仙道奇迹和巫术深感兴趣,所以到了明清两代,这类作品续有增加;1640 年有薛大训的《神仙通鉴》(其书名堪与儒家的

153

---

1) 在另外一个地方[Needham (3) p.39],在研究维多利亚时代的伟大人物德拉蒙德(Henry Drummond)的思想时,我发现了这些观念仍然具有怎样的活力。德拉蒙德认为,爱可以看作是对分子层次上使得粒子结合的物理键的社会类比。而且在化学史上,对化学反应的最初理解的确就包括两性的类比。

2) 弗里德兰德(Friedländer)指出,罗马人把这位女神的名字在语源上改订为结合水与火,男与女的力量,"horum vinctionis vis Venus" (Varro, *De Lingua Latina*, V, 61)。

3) 当然,儒家在其传统形式上、本质上并不是禁欲的。当齐宣王自称他对女人有兴趣时,孟子向他保证说,只要他的所有臣民也能够满足他们自己的自然欲望,那就不是罪恶(《孟子·梁惠王章句下》第五章)。过了很久以后,当利玛窦来自大部分仍系封建制的欧洲时,他对选妾以美色为唯一标准感到惊奇[Trigault (1);译文见 Gallagher (1), p.75]。

4) 译文见 Erkes(10)。

5) 克尔纳[Körner (1)]曾描述过。

6) 译文见 Kaltenmark (2)。

7) 参见 Bodde (9)。

历史巨著《资治通鉴》相比），最后有 1700 年张继宗的《历代神仙通鉴》。有关这类以及其他神仙的传奇故事的文字，都有选译本可用[1]。

(6) 仙道和有机哲学

现在我们暂且不谈这些离奇而引人入胜的大量细节，先来考虑一下道家志在使"肉体"不死的哲学意义。这倒不是因为中国人缺乏"灵魂"或微妙的精神本质的概念；相反地，他们的这些概念比欧洲人头脑里所想象的更多——但正如马伯乐[2]所指出的，中国人并不认为个体的人格能够脱离肉体而继续存在。换言之，他们对于活机体持有一种有机的概念，既不是唯心的，也不是唯物的。后面在论及中国科学的基本观念、理学家所发展了的理论和自然法则的问题的各章中，我们将看到这种有机观对于有关自然现象的全部中国思想的巨大意义。在目前阶段，我们只需要注意，道家的肉体不朽并不是什么奇特的幻想，而是一种具有深远含义的信念。

[马伯乐写道：][3] 如果说道家在追求长生不老时他们所想的并不是灵魂的不朽，而是肉体的不朽，那末，这并不是因为他们在不同的可能解答上有意加以取舍，而是因为那是他们唯一可能的解答。希腊-罗马的世界很早就习惯于把精神与物质置于相对立的地位，而其宗教形式则是认为灵魂是附着于肉体的。但中国人从未把精神和物质分开，对于他们来说，世界乃是从空虚的一端通向最粗重的物质的另一端的一种连续体，因之"灵魂"对物质来说从未处于相反的地位。同时，一个人有很多灵魂，仿佛是其中任何一个灵魂都不足以和身体相抗衡。灵魂分为两种，即上有三个(魂)，下有七个(魄)。虽然关于这些灵魂在另一个世界变成什么样子，各有不同的见解，但大家都同意在人死后它们即行分散。这些繁多的魂魄在生前和死后一样，都是模糊不清的；在人死后，这群微小朦胧的精灵已经消散，怎么再能聚成一个统一体呢？相反的，人体则是一个统一体，是这些以及其他精灵的住所。因之，只有靠肉体以某种形式永存，我们才能设想作为一个整体生活着的个人人格的继续。

这段文字再好不过地表明，道家的肉体不朽乃是中国思想整个有机的特性的一个侧面，它没有遭受(用后面将要使用的术语来说)欧洲那种典型的神经分裂症，即一方面是脱离不了机械唯物论，另一方面又脱离不了神学的唯灵论。

154

---

1) 例如，Giles (6)，de Harlez (4)。普菲茨迈尔[Pfizmaier (87)]翻译了类书《太平御览》中有关这个题材的四卷。

2) Maspero (12)，p.53.

3) Maspero (13)，p.17.

(j) 作为一种宗教的道教

　　1943 年的一天,我和一些著名的中国科学家一起,从云南省会昆明出发旅游西山,走访那里的三座名寺,并观赏滇池的壮丽景象。首先看到的是两座佛寺,第三个是道观,我们对后者更感兴趣,因为我们深知古代道家思想对科学的兴趣。这座道观叫作三清阁,是一座劈岩而成的优美圣祠,建立在一个几乎是绝壁的半山上(图 40)。当我问到所谓三清者究指何人时,同伴中却无人知晓此事[1]。

　　这说明对于整个比较宗教中最有兴味的现象之一,我们一般都还缺乏研究[2]。我们前面所考察过的道家先辈们的那种高深哲学(既是科学的,又是神秘的)——即使是它和萨满教原始实用的巫术有着奇特的结合[3]——怎么可能居然转化为一种迷信重重的和有意识地神秘化了的、有神论的、超自然主义的宗教[4]呢? *Sensu stricto* (严格地说),这个问题确实并不属于科学史,但是它与中国文明史的关系是如此之大,而整个过程被人阐明得又是如此之少,所以我们在这里不能把它完全马虎过去。此外,对于古代和中世纪初期道家思想中那些非常突出的科学思想的萌芽的消失过程,也需要有所说明。毫无疑问,马伯乐[5]说得很对,作为宗教的道教是对古代中国封建社会纯粹集体的宗教及其祭祀社稷的神坛的一种反动。国家变得越大,人民就越不可能全体参加祭祀。于是道教就成了中国本土上寻求个人解脱的宗教了。

　　实际的故事开始于汉初,并与其他哲学学派相对抗有着直接关系。十分清楚的是,道家和法家虽在思想的某些方面有共同之处,但道家是憎恶法家的。在某种意义上说,法家是比儒家还要儒家的。他们维护封建制度,但放弃了一切人道化的伪装,力图在严酷的极权主义和恐怖的基础之上建立统治者的权威。虽然这在最后使法家完全逾越了封建制而向着封建官僚制开始迈出了根本性的几步,但对道家原始集体主义的、"民主的"政治理论家来说,他们必然是可诅咒的。因此,当一

155

----

1) 后来,我对道教的了解,在成都时得助于友人郭本道博士和在嘉定时又得助于已故黄方刚博士颇多。记得有一次西山之行中有物理学家李书华博士,他在我初到中国时对我帮助很多,使我深为感激。

2) 遗憾的是,关于道教史的一些最好的著作,只有懂日文的人才能利用,如妻木直良(1);常盘大定(1, 2)等[见 Aurousseau(1)]。但 Maspero(13)(法文本)内容精采,是不可不读的。

3) 参见 Erkes(5);许地山(2)。

4) 关于道教"万神殿"的研究,可参见多雷及其他人的论述。还可提一下,海斯的那篇短文[Hayes (1)]可以作为导论。艾约瑟[Edkins (16)]和米勒[Mueller(1)]的旧著,仍然饶有兴味。神化的英雄和城隍,一向为道教所供奉,见 Ayscough (1);Volpert (1);Pfizmaier (82)。

5) Maspero (12), pp.35, 47; (13), p.15.

图 版 一 五

图 40　云南昆明西山三清阁之门廊与神龛。在下方远处可见滇池的彼岸。

统天下的秦代法家帝国摇摇欲坠的时候,就有很多重要的道家人物在后来站在汉
高祖那位冒险家的一方——这难道不是很自然的吗? 其中之一就是张良,他既是
政治家,又渴望成仙[1]。据说张良得道于一位半传奇人物黄石公[2],而黄石公被认
为著有一部(颇为乏味的)《素书》[3]。张良死于公元前 187 年。

156　　　张良和公元 1 世纪时大力把道教建成一种有组织的宗教的那个有名的张氏家
族之间的确切关系,现在还不清楚;不过传说长期以来一直肯定他们是张良的直系
后裔。无论如何,那位道士而兼炼丹师的张陵[4](后称张道陵,鼎盛于 156 年)的追
随者是如此之多,以致使他能在川陕边界的一个战略地区建立一个半独立国,一直
持续到 215 年。从葛洪《神仙传》[5]的记述中可以看到,这个国的中心在秦岭之南
的汉中,后来成为一个州,以张道陵为州牧。张道陵的政权似乎很得助于人民对他
的方术的信仰,但其他地方的儒家则称他的教导为"五斗米道",因为它规定入教者
每家出五斗米;于是这个名称就固定下来了[6]。张道陵死后不久,道教的声威大
增,于是在 165 年对老子举行了第一次正式的皇家祭祀[7]。道家的领导权似乎传
给了张道陵的儿子张衡[8],并且又依次传给了他的孙子张鲁。一般认为,这个张氏
家族极可能与张角有密切关系;张角[9]曾与其兄弟一起组织了 184 年的可怖的
"黄巾"革命:这个革命是一次群众运动,决不是少数几个炼丹术士的举事而已[10]。

　　最近有人提出,张道陵的兴起是受了来自波斯的祆教的强烈影响[Dubs
(19)]。关于这方面的证据还不是很有说服力的,要出之以更充分的形式,才会更有
说服力。艾伯华[Eberhard (7,8)]对这种说法作了初步的批评,认为印度-伊朗的
影响不仅活跃在上述期间,而且也在更早得多的邹衍阴阳学派时期(见 pp.232
ff.),而阴阳学派的中心是在东海岸,而不是在四川。和其他许多人的看法一样,艾

1) G88。

2) G866。

3) 一般认为此书是在宋代伪造的[见 Wylie (1),p.73];但顾颉刚新近提出意见说,它是公元前 2 世纪的
真本。此书或多或少从道家的角度讨论到政府和兵法。本书作者曾在陕西庙台子的黄石公道观度过一段
愉快的时光。

4) G112。

5) 译文见 L.Giles (6),p.60。

6) *TH*,p.784。参见戴闻达对马伯乐著作[Maspero (13)]的评论。

7) *TH*,p.754。

8) 和他恰巧同时代的还有一个数学家兼天文学家张衡,两者不可混淆。

9) G36。

10) 马伯乐感到理解这一群众运动的主要动力颇为困难[见 Maspero (13),p.156]。我认为,这是因为
他虽然充分了解道教的宗教一面,但没有能体会其强烈的政治一面(参见上文 pp.104,138)。我认为,黄巾
和其他类似的起义可以和欧洲的多纳图斯教派和再洗礼派的叛乱理论相提并论——即以宗教形式表现的
社会主义浪潮[参见 Needham (6),p.14]。白乐日[Balazs (1)]和弗兰克[H.Franke (3)]很好地强调了道教的
强烈的平等主义特征。

伯华认为邹衍的理论地理学是从古代印度的九洲(dvipa)体系衍生出来的(参见 p.236),不过根据我们的判断,这里还有很大的疑问。其次,我们还看到,在谶纬占书(陈槃认为这些书可上溯至阴阳学派,参见下文 pp.380,382)[1]、《淮南子》[2] 和《论衡》[3] 中都提到过的九星或九宫,艾伯华认为九星是伊朗行星周的七星加上印度人假想的两个行星,即罗睺(Rahu)和计都(Ketu)。但这个问题很难确定,还须进一步深入研究。这里我们只须记住,张道陵的活动和教义可能有某些外来的刺激。

不管怎样,从公元 2 世纪起,道家就已确立了一个道教"教会",马伯乐[4] 对此作了十分详细的叙述。我们知道很多祭司和除魔师的名字,流传到我们手中的还有大量有关典礼仪式的资料。比如在《玄都律文》[5] 中保存有它的"教区"组织,在《道藏》[6] 的一组书中载有各种"弥撒"仪式,在《道藏》中至少有两本书似乎是公元 2 世纪的[7],其中载有许多神仙鬼怪的名称[8]。道教的修道院生活无疑部分地是仿效佛教的做法,但正如埃克斯[Erkes, (14)]所说,其中大部分都可以追溯到战国和汉初的隐士-哲学家。

在下一个世纪里,道家哲学的主要代表人物是 262 年形成了"竹林七贤"[9] 的人们。在政治上最重要的可能是稽康(223—262 年)[10];但是向秀[11]与炼丹术有关,这在后面将要谈到;同时我们又将遇到这群人中的另一成员王戎,因为他是早期水磨技术家们的一位重要赞助者[12][见第二十七章(f)]。这是三国时期中国分为三部分中北方魏国的情况。而在南方的吴国中则发生了一些更重要的事情。葛玄的身世不详,我们只知道他是著名炼丹家葛洪(抱朴子)的叔祖,也是当时在位的吴王的朋友。据传说[13],他是汉朝著名术士左慈[14](155—220 年)的门徒。左慈这个人我

157

1) Kaltenmark (1)中的书目。

2)《淮南子·要略训》,第八页。

3)《论衡·奇怪篇》,第二页。

4) Maspero (13), pp.45,48,150 ff.,163。

5) TT 185。

6) TT479−502。

7) TT 329 和 7。

8) 普菲茨迈尔[Pfizmaier (99,102)]译出了《太平御览》中有关鬼神的几卷。

9) TH, p.857。

10) G293。

11) G693。

12) G2188。

13) 我们对葛玄的了解,几乎全部来自《云芨七籤》,这是早期道教史的主要类书,前面(p.141)曾引到过。

14) G2028。

们在前面[第七章(i)]已经谈到,因为我们记得,他曾被一位出使印度的僧人大使誉为中国术士的巨擘之一。在 238 年到 250 年之间,葛玄受到了天帝(这时开始更明显地被人格化了)、即"太上"或"天真王"的显圣和启示,天帝派四位天使[1]送给他三十多种天书,其中就有《灵宝经》[2]。一般认为,在葛玄自己所写的各种书中有《清静经》[3]。通过郑思远和其他中间人,这些新的教义传到了葛洪,葛洪在《抱朴子》中虽未提到"灵宝",但却大谈上天的"司命"(司命运或赏罚的主宰者),因而在使原来完全是自然主义和非人格的"道"的概念之人格化的过程中,做出了他的贡献,为"玉皇"铺平了道路[4]。

158　　　到 4 世纪时,这类启示续有出现。在 326 年至 342 年间,晋代女道士魏华存从一个神秘人物王褒那里得到了有关天地组织的各种更多的资料;约在同时,许映以及其他托名许映的人也发表了一套类似的文献集成。一个世纪之后,约在 489 年左右,所有这些资料都传到了梁代著名道家医生陶弘景[5]的手中,他把其中的大部分发表在他的著作《真诰》中,其中年代最早的开始于 365 年。它们包括神灵和天使的会话。这时,葛玄的"天真王"变成了"元始天尊"(一种最初的因)。各种教仪也都固定下来,其中并谈到了"太玄三一"、"圣父"、"人神之主宰"[6]、"造化之枢机"[7]。戴遂良[Wieger (4)]起初倾向于认为这种三位一体论是受基督教的影响,但是后来当他发现"七域"、"人素"的记述后,他就提出像巴西里德派教义这类的诺斯替教教义已经以某种方式传入到中国。就我们所知,这个问题还没有完全解决。在我们看来,3 世纪和 5 世纪的这个三位一体论,同样很可能是从《道德经》(第四十二章)的天地开辟篇演变而来的[8]。据信,"胜诀"和"符箓"是陶弘景的弟子王远智所传,但是它们必定出现得更早,因为符箓无论如何早在葛洪的著作中就已出现[9]。

---

1) 戴遂良[Wieger (4), p.511]在某些这类名字中发现了外来影响的迹象,但尚不很令人信服。其中三个似乎是联在一起的,这可能是下文所说的道教"三清"的第一次出现。

2) 可能是 *TT*1 的原本。

3) *TT*615,译文见 Legge (5)。

4) 戴遂良的著作[Wieger (4)]第五十二章全都是分析葛洪《抱朴子》中的"神学"和法术的,这本书值得一读,但要慎重。

5) G1896(451—536 年)。

6) 注意这个"宰"字,正是庄子否认宇宙中有这样一个人格化的权力那一段文字中的那个"宰"字(见上文 p.52)。

7) 只有这一词保存有古代道家味道。

8) 见上文 p.78。我写完本节之后,马伯乐的遗作[Maspero (13)]出版了,我满意地看到他也持有同样观点(p.138)。早在公元前 130 年,汉武帝就已祭祀"三一"了[《史记·封禅书》;Chavannes (1), vol.3, p.467;以及《前汉书·郊祀志上》,第八页]。

9) 《抱朴子内篇·登涉卷第十七》。参见 Doré(1), pt.I, vol.5; de Groot (2), vol.6, pp.1024 ff.。

与此同时,在北方的北魏朝廷中道教也在发展着,423 年寇谦之[1]取得"天师"称号[2]。这个所谓的道教的"教廷",一直未间断地传到本世纪。1016 年,它的中心转移到江西[3],直到 1930 年前后红军经过时才解散其随从,并打碎了当地人相信是道士拘禁风的罐子。关于道教的这段起源,我们知之甚详,因为魏鲁男[Ware (1)]对 554 年的《魏书》(卷一一四)和 656 年的《隋书》(卷三十五)这些有关章节进行过研究和翻译。它们表明,道教正是沿着这里所描述的这种总路线稳步发展的。

到了唐代,由于皇室和老子同姓(即姓李),有组织的道家开始得势并盛极一时[4]。西安附近周至地区的楼观台大观院,就是那时兴建的[5]。《道藏》的基础也是在 745 年奠定的。这时写出了许多道教的书,如李筌的《阴符经》[6]。许多著名的人物,例如李白[7],也都修炼道术。这时,在与儒教和佛教竞争的强大压力下,道教便以传统道德的说教者的面貌出现[8],从而便有了 11 世纪初的《太上感应篇》[9]一书[10],它是随著名炼丹家兼仙人吕洞宾[11]所著的《功过格》之后出现的。这时正是对《化胡经》的大争论达到了高潮的时候。道家诡称老子曾乘骑西去,遂成为佛教的精神始祖。最后(1258 年),佛家终于镇压了他们肉中的这根刺,因而现有的《道藏》中就不见这部书了[12]。这里限于篇幅,就不谈漫长的佛、道之争了。结果是两败俱伤,从而使新理学家获得了社会和组织上的胜利。

159

宋代初年,道教仍然保持强大的地位,又因宋朝第二代皇帝[13]的神秘化那场喜剧(现在我们这样看它)而进一步得到加强。这场喜剧是安排一套"天瑞"——发现

---

1) G984。

2) *TH*, pp.1073, 1113。

3) *TH*, p.1582。

4) *TH*, p.1301。

5) 本书作者于 1945 年访问过楼观台,感到特别愉快而获益很多。

6) 译文见 Legge (5)。

7) Waley (13), p.30。

8) 这里有趣的是"灶君"这个例子,它普遍存在于中世纪和近代的民间迷信中。据说,灶君一年一度要上天向其上司报告他所在那一家的善恶行为。我完全同意多雷[Doré (1), pt.Ⅱ, vol.11, pp.901 ff.]的看法(其中有详尽的叙述),相信此神即是汉武帝听从炼丹家李少君之言所祭祀的"灶神"的直系后裔。因此,灶君原是兼主烹调和化学之神——这对科学史是很有意义的一种联系。这两处所用的"灶"字是一样的(参见本书第三十三章所引《前汉书》的重要一段)。而由于厨房是由女性手工操作所掌管,我们又发现了道家尚阴的另一方面。另见 Nagel(1)。

9) *TT*1153。

10) 译文见 Legge(5)。

11) G 1461 (755—805 年)。

12) *TH*, p.1420; Pelliot (12); Maspero (12), p.75。

13) 宋真宗。

了祝贺皇帝的天书,宣称有瑞兆,由皇帝册封神仙,以灵芝奉献于朝廷,等等[1]。这些事件发生在 1008 到 1022 年。但在北方陷于金人之后,道教徒的工作就变得更艰难了。他们组织了一些教派和秘密会社,其中至少有一些主要是反对女真统治的抵抗运动[2]。《道藏》在 1190 年前后首次在宋金之际印行。

160　　　道教的三位一体——即本节开始时所说的三清——这时已经确立[3]。玉皇也许代表了这个统一体[4]。三清中的每一个如下:

(1)天宝君,即元始天尊,主宰过去,有人比之为"圣父"。

(2)灵宝君,即太上玉皇天尊,主宰现在,有人比之为"圣子"。

(3)神宝君,即金关玉晨天尊,主宰未来,有人比之为"圣灵"。

无庸置疑,道教徒在唐代的京城里与景教徒有密切的接触[5]。但真正有趣的问题是,在八个世纪以前他们的三位一体是从哪里来的呢[6]?

宋朝以后,道教趋于衰落。少数民族王朝如蒙族人和满族人都对道教怀有疑惧[7],因为道教继续保持其政治上的颠覆性,很容易采取反异族骚乱的形式;当政者也都害怕道教,因为它的占卜方法能够很容易地用于预言朝代的更迭。虽然道教在元代遭到轻微的迫害[8],1346 年前后还是把一部道经刻成碑文;到了明代,全部《道藏》再度刻印(1445 年;1596 年以后)[9]。到了很晚的时候,道教的书籍续有撰述,如 13 世纪的《玉枢经》[10]。这类后期的书中有一部《传道集》,收入《道言内外秘设全书》中,对道教的哲学和宗教作了概述,现有普菲茨迈尔的译本[Pfizmaier

----

1) 整个故事由戴遂良从《通鉴纲目》中译出 读起来趣味横生(*TH*, pp.1572 ff.)。

2) Chhen Jung-Chieh (4), pp.148 ff.对此有详细叙述,并附有参考文献。

3) 参见 Doré (1), pt.Ⅱ, vol.6, pt.Ⅱ, vol.9, p.468; Wieger (4), p.544; Maspero (11)。

4) 正如 Fêng Han-Chi & Shryock (1)所指出的,玉皇大帝的起源是模糊不清的,大约出现在唐时(8世纪)。亦见 Fêng Han-Chi (1)。

5) 因之普遍认为成都的"青羊"宫代表着象征基督的羔羊。

6) 马伯乐[Maspero (13), p.140]举出了一个明显的例子,即大约在 4 世纪时有一位道家诠释者使用了佛教的逻辑解释道教的三位一体。这不禁使人想起亚大纳西(Athanasius)。

7) 他们的疑惧是很有理由的。"白莲教"这一秘密会社成立于 1133 年,后来在 1351 年驱逐蒙古人的运动中起了相当作用。元朝是佛教日趋兴盛的时代,虽然成吉思汗本人选用了一位道士做他的精神顾问。这位道士就是邱长春,他在 1219 年和 1224 年之间,从北京到撒马尔罕可汗宫廷做了一次著名的往返旅行[见 Waley (10)]。

8) 参见 *TH*, p.1703。1281 年,朝廷勒令焚毁除《道德经》以外的一切道教书籍,但大概没有执行。Rinaker ten Broeck & Yü Tung (1)中有 14 世纪初期的一篇道教碑文的译文。

9) 见埃克斯[Erkes (13)]以及伯希和对戴遂良[Wieger (6)]的批评。

10) 译文见 Legge (5)。

(81)]¹⁾。

在看到全部情况之后，人们就会不可避免地得出结论说，道教的整个发展基本上是一种中国本土反对佛教的思想体系的运转。首先是政治的道教被打入地下。然后是儒家的封建官僚制度不允许道家哲学家和萨满教术士发挥其潜在的科学能力。于是，思想被扼杀，实验技术受到轻视，萨满教术士从公元 1 世纪起就看到他们的生计被印度传来的那种新的救世宗教抢走了。戈歇[Gauchet (4)]说明，这种"救世"观念是怎样很快地就被纳入道教的重要典籍，诸如 4 世纪初期的《度人经》。个人主义的宗教并非完全起源于印度；马伯乐[Maspero (12)]发现，这种宗教作为对中国古代纯集体的民间宗教和国家宗教的一种反作用，在汉代就有所滋长。但到了这时，道家半自觉地抄袭了佛教的神学、经典和戒律，收效甚好，以致许多世纪以来，使他们能够作为一个有组织的宗教机构坚持不懈，即使不能胜过佛教，但也同样能够满足农民和少数异端学者的需要。我们以后(本书第四十九章)将看到，中国社会生活的影响怎样在道教神学的发展机构中诱导出一个庞大的天上官僚制度，象镜子一样地反映着人世间官僚主义体制。一个相类似的例子便是：可以想象，当基督教在英国布道初步成功之后，凯尔特和撒克逊的异教徒就以诸如亚瑟王(Arthur)和默林(Merlin)之类的人物为根据而建立了一套完全类似基督教的崇拜仪式。但是道教的基础当然更加充实，而且更加牢固地植根于中国人民的那种根深蒂固的各种思想行为的模式中。至于道教从原始的社会革命运动发展成为一种有组织的宗教，则可以和整个基督教本身相比拟。

(k) 结 论

正如我们在以上分析中所看到的，道家哲学虽然含有政治集体主义、宗教神秘主义以及个人修炼成仙的各种因素，但它却发展了科学态度的许多最重要的特点，因而对中国科学史是有着头等重要性的。此外，道家又根据他们的原理而行动，由此之故，东亚的化学、矿物学、植物学、动物学和药物学都起源于道家。他们同希腊的前苏格拉底的和伊壁鸠鲁派的科学哲学家有很多相似之处。可惜他们未能对实验方法达到任何明确的定义，或把他们对自然界的观察加以系统化。他们是如此

---

1) 直到现在，符箓派道教的残余还在进行绝望的挣扎，以对抗现代的医药和卫生。我们从 Hsü Lang-Kuang (1)这篇可贵的社会学研究中得知，云南一个小城镇(喜州)在 1942 年霍乱流行时当地人民的各种态度。由于那些仪式的诗歌和象征主义早已完全服从于它们的驱邪功能而且至少是不"为人所理解"，所以皮下注射的疗法就稳步地取而代之。

之迷恋于经验主义,如此之有感于自然界的无限复杂性,又如此之缺乏亚里士多德
对事物分类的胆略,以致当他们同时代的墨家和名家力求创造一套适合于科学的
逻辑时,他们却完全没有参与。他们也没有体会到有制作一部适宜的科技名词全
书的需要。

道家深刻地意识到变化和转化的普遍性,这是他们最深刻的科学洞见之
一。但他们证明他们自身也是难免要变化的。对孔子加以"神化"可以看作是一
件奇怪的事,但一切之中最为奇怪的转化却是把道家由不可知论的自然主义转
变而为十足的神秘宗教,最后转变成为三位一体的有神论;把道家原始科学的实
验主义转变为预言吉凶的粗俗的巫术,把道家原始地方自治主义转变为一种个
人得救的方式,把道家的反封建主义转变为带有排外或反王朝倾向的平等主义
秘密会社。这种结果几乎证实了德·里瓦罗尔(Antoine de Rivarol)的这些
话[1]:"Que l'histoire vous rappelle que partout où il y a mélange de religion et
de barbarie, c'est toujours la religion qui triomphe; mais que partout ou il y a
mélange de barbarie et de philosophie, c'est la barbarie qui l'emporte……"
(历史告诉你,每逢宗教与野蛮相混合,总是宗教得胜;而每逢野蛮与哲学相混
合,则是野蛮占上风。……)

在本书后面的一章中,我们指望能说明,摆在这些不平常的变异大门前的责
任,与其说是在道家的自满的和因袭的对手、即关心社会的儒家,不如说是在封
建官僚制度本身的社会经济体系。只要是这种制度扼杀了自然科学的幼苗,道
家思想中的科学因素就没有成长开花的余地;反之,它那经验的因素从公元前 2
世纪到公元 13 世纪在与中国社会的主要技术上的成就的自然结合中,却得到了
加强。这样,道家的哲学既被遏止,道家中的萨满主义便把它的观念继承下来;
而面对着不久即将出现的佛教的竞争,道家就别无他途,只能是以我们上述的那
种方式继续存在了。

欧洲思想史何以没有显示出与道家的综合体系真正相似的体系,这是一个耐
人寻味的问题。我常常感到,如果我们对这个问题能有一个完整的答案,那末,
欧、亚两大文明各自的机制大部就会昭然若揭了。当然,欧洲历史上也有过具有道
家气味的团体和个人,例如,作为学派有毕达哥拉斯派[2]和诺斯替教派[3];作为个

---

1) Sainte-Beuve, *Causeries du Lundi*, vol.5, p.82 所引。

2) Freeman (1), pp.73ff., 244ff.。

3) 作者推荐 Burkitt (2)这一佳作。

人则有罗杰·培根[1]、库萨的尼古拉[2]和布鲁诺[3]。17世纪中期在拉格利
(Ragley)的康韦夫人(Lady Conway)周围的一批人,其中包括范·海尔蒙特和基
督学院的亨利·莫尔博士(Dr.Henry More of Christ's College),在很多方面都是
"道家"。在后来的思想家中,威廉·布莱克(William Blake)在他的宗教自然主义
上是极其"道家"式的,当我们阅读道家作品时,布莱克的许多词句很自然地就会涌
现心头[4]。这种情况我遇到得太多了,以致出现这样一个问题,即布莱克是否由于
任何机缘而可能曾经遇到过一些道家的思想方式——这似乎只不过单纯是一种可
能性而已[5]。儒家经典以及理学家对它们的诠释,通过殷铎泽(Intorcetta)和柏应
理(Couplet)及其同行的名著《中国哲学家孔子》(1687年),对18世纪欧洲产生了
巨大影响,这是大家所熟知的——如果道家经典当时也被翻译出来,其效果会是何
等的不同啊!

　　我们已经谈到理性逻辑和实验经验主义之间的分裂,这在中国远比在西方更
为深入而持久。理性主义的儒家和名家,实际上对自然界没有兴趣;而道家则对自
然深感兴趣,但不信赖理性和逻辑。正如王充在《论衡》(公元80年前后)中所说:
"道家论述自然,但并不知道怎样以证据来证实自然的道理。因此他们的自然理论
就没有被人普遍接受。"[6]("道家论自然,不知引物事以验其言行,故自然之说,未
见信也。")这种情况对希腊文化是很陌生的,因为我们看到,在希腊文化中由前苏
格拉底的哲学家通过亚里士多德到亚历山大里亚学派有一个连续不断的过渡。文
艺复兴这个阶段关于道家对"知识"的态度给我们提供了线索,但是它为时很短。

163

------

　　1) 1214—1292年[Sarton (1),vol.2,p.952]。

　　2) 1401—1464年。

　　3) 1548—1600年。

　　4) 例如,见本卷pp.47,142。其他人也有同感[如 Waley (19),p.21]。

　　5) 耶稣会士翻译的《道德经》及其注释的译本,已知的至少有两种:一是1685年和1711年期间卫方济
(Francis Noel)的译本[见 Pfister (1);p.418],一是1700年和1720年期间傅圣泽(J.F.Foucquet)的拉丁文
和法文译本[见 Pfister (1)p.553];两种译本都寄回了法国,后者迄今还有手稿藏于巴黎。第三部译本(也许
与前两种不同)是德·格拉蒙特(de Grammont)神父交给皇家学会会员雷珀(Matthew Raper)的,雷珀于
1788年1月将此书赠给英国皇家学会图书馆。在布莱克的时期这本书还在那里,但后来转到了印度部
(India office)图书馆。它是拉丁文译本,有人认为(与韦利博士的私人通信)是一位葡萄牙人在1760年前
后翻译的。不论布莱克是否能够读到任何一种这些译本,或听到过这些译本的内容,我们很可以问:鉴于当
时汉学处于原始状态,这些译本对于原文意义的任何一种观念究竟能够传达多少?只有一段文字是付印了
的,这就是德·格拉蒙特-雷珀译稿中的《道德经》第七十二章[见 Legge (5),vol.1,p.115];从中似可以看出,
译文要比雅各本人的好些,肯定不比他差——但这不足以全部表达道家所特有的气氛和世界观。第一个
《道德经》译本直到圣朱利安(St.Julien)才印行(1842年)。《庄子》是直到19世纪80年代才翻译出来的,由
理雅各、鲍尔弗(Balfour)和翟理斯差不多同时译出。最近的译本是波兰文本,译得很好,译者是雅布翁斯
基(Jabloński)等人。

　　6)《论衡·自然篇》,译文见 Forke (4),vol.1,p.97。

164 　 我们不禁要问,希伯来的一神教统治了欧洲,是否也可以提供一个重要的线索。如果坚信只有一个"人格化"的创世主这一概念(正如一位教父所说:"把人的心灵从千万个暴君的暴政下解放出来"),那末,自然性就恰如人性一样,同是上帝的合理性的一种表现[1]。人们不禁想到托马斯·布朗爵士所说他从中搜集到他的神性的那两部书,一部是圣书,另一部是"那部大家有目共睹的敞着的、公开的原文稿本"。欧洲或许没有类似于拒绝观察自然界的儒家现象,因之也没有出现过类似于不愿信赖理性和逻辑的道家现象。儒教在制定和支持国家祭典方面,或许可以认为是类似于希伯来的"教士"传统;而在试图人情化并改善先是封建制度而后是封建官僚制度方面,则可以认为是又类似于希伯来的"先知"传统。但欧洲另外还有其起源已被证明是既在古埃及又在古巴比伦的"智训文学"(Wisdom literature)的传统[2],其中包括有自然哲学,对自然现象的观察和探讨,以及反对怀疑问题的态度(如在《约伯记》中)。这又不无道家气味,它经过阿拉伯人传给了早期的人文主义者,在欧洲产生了重大作用。不过所有这类比较都不能令人满意,只能作为进一步思考的提示。

　　无论如何,儒家和道家至今仍构成中国思想的背景,并在今后很长的时间内仍将如此。德效骞[Dubs (19)]说得好:"儒家思想一直是'成功者'或希望成功的人的哲学。道家思想则是'失败者'或尝到过'成功'的痛苦的人的哲学。"道家思想和行为的模式包括各种对传统习俗的反抗,个人从社会上退隐,爱好并研究自然,拒绝出任官职,以及对《道德经》中悖论式的"无欲"的话的体现,生而不有,为而不恃,长而不宰[3]。中国人性格中有许多最吸引人的因素都来源于道家思想[4]。中国如果没有道家思想,就会象是一棵某些深根已经烂掉了的大树。

　　这些树根今天仍然生机勃勃[5]。我愿谈点个人对它们的体验。道教的学者至今还能给你说出一种很好的古老传统的悖论。楼观台的住持,一位谈笑风生的可敬的长者,曾对我说:"世人以为他们是在前进,而我们道家是在后退;但实际上正好相反,我们是在前进,而他们是在后退。"同时,也仍然存在着道教与原始科学的自然主义之间那种古老的联系。沿着丝绸之路的大西北的南山油田,过去的年代里曾在它的油井地点建有一座道观,出油被认为是一种自然奇迹,而这座道观当然

---

1) 写完这些后,我发现怀特海[A.N.Whitehead (1),p.18]有过十分类似的说法。

2) 参见 Peet (1);Kent &Burrows (1)。

3) 这几句话是罗素[Bertrand Russell (1),p.194]引用的,但我们不能确定他引自何处。

4) 得出这一点的有趣的心理分析,见之于林语堂的早期作品[Lin Yü-Thang (3,4)]和林同济[Lin Tung-Chi (1)]的论文,后者区分了道家四种主要的类型,即叛逆者,隐士,流浪汉和归真者。

5) 参见 Rousselle (1);Hackmann (1)。

是老君观，因为老子是最懂自然的人。而且在第二次世界大战期间，甘肃石油管理局还将此观加以修缮。最后，在昆明近郊黑龙潭道观的优美庭院里（北平研究院的战时实验室就设在这里），如果一个人通过供有各种神像的下面神殿攀登而上，最后就来到一座空无所有的大殿，其中没有神像，没有任何东西，只有一方大匾，上书"万物之母"——自然，万物的母亲。

第十一章　墨家和名家

对中国古代哲学史的讨论,通常都把这两个学派分别处理,但在这里他们很可以合在一起,因为我们对这两个学派的最大兴趣是他们曾做出重大努力来建立一种科学逻辑。这里,墨家恰好成为一个方便的过渡,因为他们有着强烈的政治兴趣,而名家则似乎稍逊。

与儒家和道家不同,墨家学说在战国末期已被社会大变动完全泯没,司马迁甚至连墨家创始人墨翟的大约生卒年代都弄不清楚。但现在已可确定:墨翟的一生不出公元前479—前381年这个时期,因此他卒于孟子出生前不久,后来孟子在著作中曾反对过他[1]。所以墨翟是与希腊哲学家德谟克利特、希波克拉底、希罗多德同时代的人。墨子出身于鲁国,据说曾在短期内任过宋国大夫。像孔子一样,他似乎也曾收徒讲学,那些学生希望成为封建诸侯的官吏。他的伟大的学说是兼爱和非攻,这使他们成为最崇高的中国历史人物之一[2]。下面我们将对这些学说加以简要论述。

使人感到自相矛盾的是,墨学后来虽然完全湮灭不彰,但在一开始却似乎比儒家或道家的运动组织得更好。冯友兰[Fêng Yu-Lan(3)]说,墨家代表了中国封建社会中几乎可称之为"骑士"["游侠"]的成分;他们只在一定限度上宣扬和平主义,而以军事技艺锻炼自己,以备随时赴援遭受强国侵略的弱国。确实,他们在筑城和防御技术方面的实践,或许导致了他们对基本科学方法发生兴趣,以及对力学和光学进行研究,这些研究属于我们现在所掌握的有关中国科学的最早记录[见后面第二十六章(c,g)]。如果说道家的兴趣偏重于生物学的变化,则墨家的研究主要地是被引向物理学和力学。到公元前4世纪后期,墨家似乎分成为若干不同的派别 ("别墨"),但都承认"钜子"是他们的首领[3]。

我们今天所看到的《墨子》一书,无疑地是在不同年代纂辑的。有些学者[4]认

---

1)《孟子》中的《滕文公章句上》第五章;《滕文公章句下》第九章;《尽心章句上》第二十六章。理雅各[Legge(3)]在其《中国典籍〈孟子〉》(pp.[103]ff.)中翻译了《墨子》的《兼爱》篇。

2) 1952年秋在北京故宫博物院举办的一次很好的中国考古学通俗展览会上,着重介绍的三个历史人物是墨翟、巧匠公输般和人道主义官员兼水利工程专家西门豹。但是书店里售有很多关于古代哲学的这种通俗解说,例如杨荣国(1)的《孔墨的思想》,其中把孔子和墨子作了对比。

3) Mei Yi-Pao(2),pp.166ff.。我们只知道"后期墨家"的几个名字是相里勤、相夫、鄧陵、己齿和苦获,他们大概都和流传到我们今天的逻辑命题和科学命题有关。

4) Fêng Yu-Lan(1),pp.76ff.;Forke(3);Mei Yi-Pao(2);胡适(4)。

为,墨翟本人可能没有任何撰著。然而《墨子》一书的第八到第三十九篇(系统阐述墨家学说)和第四十六到五十篇(谈话或"语录"),一定是成书于公元前400年之后不久。另一方面,《经》、《经说》以及《大取》、《小取》诸篇(第四十到第四十五篇)的成书,不可能比公元前300年早多少。至于《备城门》以下关于城防技术的各重要篇章(第五十二到七十一篇)写于何时,并没有人知道[1],但很可能是公元前300—前250年间的作品。过去,经典的汉字研究的视野非常有限,注意力几乎只是集中在伦理学的各章,例如梅贻宝[Mei Yi-Pao (1)]的译本就只包括《墨子》中的这些篇章;而墨家的一些科学论述,如能附带引述一下,通常就算是幸运的了[2]。甚至连冯友兰[Fêng Yu-Lan (1)]和马伯乐[Maspero (9)]等从逻辑学的观点专门研究《经》和《经说》的人,也都略去了各种科学命题[3]。因之不足为奇,迄今所能看到的只是关于墨家思想的一种非常片面的观点。

因此大致可以说:早期墨家的兴趣是伦理学、社会生活和宗教;而后期墨家更多是研究科学逻辑、科学和军事技术。不过这种方向改变是逐渐的,其改变的步骤依稀可寻。在讨论对科学史家具有较大兴趣的后期墨家之前,必须略谈一下早期墨家的学说。

(a) 墨翟的宗教的经验主义

现在我们要把握住学者对待封建社会的态度这条线索。在前一章里我们看到,根据道家的看法,社会进化已走上了歧路,他们所主张的是回到封建阶级区别分化以前的原始集体主义社会中去。在这一点上,墨家的态度有点暧昧。他们在有些地方遣责原始社会,说那是每个人反对一切人的一场混战(如《墨子·尚同上第十一》):

167

> 墨子说:人类生活开始的时候,还没有法律和政府,人们的习惯是"各行其是"。因之,每人都有其自己的想法,两个人有两种不同的想法,十个人有十种不同的想法,人越多,不同的想法也就越多。每人都自以为是,非难别人,于是在人们中间就出现了相互责难。结果是,父子兄弟由于不能达成协议,就都成了仇人,彼此疏远起来。每个人都用水、火、毒药来害别人;多余的精力不用于互助,多余的物品宁可让其腐烂也不分给别人;在人们中间,优美的"道"被隐

---

1) 这些篇章与禽滑釐的名字联系在一起。

2) 例如 Dubs (7),p.216; Rowley (1)。

3) 佛尔克[Forke (3)]对《墨子》全文的翻译是唯一例外。当然,现代中国有些学者已十分重视墨家在科学方面的重要性。

匿起来而不被人教导;人类世界的混乱有如禽兽一般。所有这些混乱都是由于缺少一个统治者。因之就选出天下有德的人来做皇帝。[1]

〈子墨子言曰:古者民始生,未有刑政之时,盖其语人异义,是以一人则一义,二人则二义,十人则十义,其人兹众,其所谓义者亦兹众。是以人是其义,以非人之义,故交相非也。是以内者父子兄弟作怨恶,离散不能相和合,天下之百姓,皆以水火毒药相亏害,至有余力,不能以相劳。腐朽余财,不以相分。隐匿良道,不以相教。天下之乱,若禽兽然。夫明乎天下之所以乱者,生于无政长,是故选天下之贤可者,立以为天子。〉

但是在另一些方面,墨宗对社会又采取了一种类似道家的态度。说明这种态度的最有名的一段,根本不在《墨子》书中,而是在儒家的典籍《礼记》[2]中。然而把这一段看成是墨家的理由是很有力的,因为相同字句的篇章可见于《墨子》[3]。没有人知道它是怎样被窜入《礼记》的;而且从理雅各到长泽规矩也的许多人都认为,它是道的,而不是墨家的;但无论如何,它决不是儒家的[4]。

当大道通行的时候,整个世界是一个公共体("天下为公")。那些有德有才的人被选出来(瓴导人民);他们言论是诚实的,他们培养和睦。人们对待别人的父母就象是自己的父母,爱护别人的子女就象是自己的子女。老年人一直到死都有充裕的供养;身体能干的人都有工作;青年人都可受教育。对于寡妇、孤儿、无子者以及病残者,人们都表示好意和怜恤,所以他们都得到照顾。每个男人都有他的一份工作,每个女人都有家可归。他们不愿意把那些有价值的东西丢掉,但这并不是说他们把这些东西藏在私人的库房里。他们愿意努力劳动,但这并不是说他们是为私利而工作。这样,一切自私的计谋就都被抑止,无从发生。盗贼和叛逆也无从出现;所以各家的大门总是敞开着,从来不关闭。这就是"大同"时代。

但是现在大道已被废弃湮没,世界(帝国)变成了一家的世袭产业。人们只爱自己的父母和自己的子女。贵重的东西和劳动只是用来追求私利。有权势的人以财产世袭为常规,对城镇村庄筑垒设防,并以沟壑来加强这些防御。他们用"礼"、"义"作为引线,贯串起君臣、父子、兄弟、夫妇之间的关系。他们按照这些来调整消费,分配土地与住房,提拔军人与"智"者;所做的一切都是

168

---

1) 这里,中文原文并没有说由"谁"来选有德的人。梅贻宝在译文中加上了"由天"(来选)(by Heaven),因为他不同意梁启超(2)的由民选出的看法。把墨子的思想翻译为趋近于近代民主社会主义,自然就要依靠这类的观点,但是古代中国文字资料并没有提示线索。见 Mei Yi-Pao (2),p.111。

2)《礼记·礼运第九》。

3) Mei Yi-Pao (1),pp.55,80,82。

4) 如许仕廉和萧金芳这些作家所主张的。

为了自己的利益。这样,自私的权谋就经常出现,并且诉之于武力。(禹、汤、文、武、成王、周公)这六位君王就是这样获得他们的声誉的。……这就是所谓的"小康"时代[1]。

〈大道之行也,天下为公,选贤与能,讲信修睦。故人不独亲其亲,不独子其子;使老有所终,壮有所用,幼有所长。矜寡孤独废疾者,皆有所养。男有分,女有归。货恶其弃于地也,不必藏于己;力,恶其不出于身也,不必为己。是故谋闭而不兴,盗窃乱贼而不作。故外户而不闭,是谓"大同"。

今大道既隐,天下为家,各亲其亲,各子其子,货力为己。大人世及以为礼,城郭沟池以为固。礼义以为纪,以正君臣,以笃父子,以睦兄弟,以和夫妇,以设制度,以立田里,以贤勇知,以功为己。故谋用是作,而兵由此起;禹、汤、文、武、成王、周公由此其选也……是谓"小康"。〉

这样一段高度颠覆性的记述,竟被载入一部儒家的经典之中,一定是由于一种极其特殊的历史事变造成的。"大同"这个词后来被近代中国最伟大的学者康有为[2](1858-1927年)用来作为一部有名的论社会主义的书(《大同书》)的书名;此后,又被中国共产党人采用作为口号[3]。

在另外的地方,墨家也谈到圣王的躬己而治,并且其论调和老子相似,说圣王有器物仅是为了实用而非为了炫耀[4]。不过,尽管有以上所引的精辟论述,但是从整体上可以这样说:墨家虽然在某种程度上赞同前封建社会的理想和实践,但不及道家那么重视它[5],他们认为可用他们的兼爱学说挽救形势。因此,他们并不从根本上反对封建主义本身。相反地,他们的目的是要使它工作得更好,正如在他们的"尚贤"与"尚同"学说中所说的那样。因此,加上前面已经提到的墨家的任侠那一面,他们几乎使我们联想到在晚期西方封建时期的背景下的基督教骑士团。这样,很自然可以看到,道家关于大盗和小盗的命运不同的辩论,被墨家使用起来就转变成仅仅是谴责侵略战争("非攻"),而不是谴责整个封建制度[6]。与此相似,虽然

---

1) 译文见 Legge (7),vol.1,pp.364ff.,经修改,借助于 Hsü Shih-Lien (1),pp.235ff.。
2) 但是康有为误解了这段名言,以为是指未来而不是指过去。这往往没有被人充分加以说明,例如在陈荣捷[Chhen Jung-Chieh (1)]的文章里。但是康有为认为《公羊传》中类似篇章及其注疏指的是将来,这一点却是正确的。这篇文章讲到了"三世",即"据乱世"继之以"升平世"和"太平世"。可以肯定,中国古代思想中并不乏社会进化的概念(参见 p.83)。见 Fêng Yu-Lan (1),vol.2,pp.83,680 和 Wu Khang (1),pp.94ff.,162ff. 论述何休部分。
3) 例如,这可见之于毛泽东的《论人民民主专政》(1949 年)。
4)《墨子·辞过第六》[Mei Yi-Pao (1),pp.22-24]。
5) 有意义的是,在墨家看来,传说中的叛逆人物如鲧(参见上文 p.117)都不是英雄[《墨子·尚贤中第九》,Mei Yi-Pao (1),p.45]。
6)《墨子》中的《非攻上第十七》、《天志下第二十八》、《耕柱第四十六》、《鲁问第四十九》、《公输第五十》诸篇[Mei Yi-Pao (1),pp.98,157,220,246,257]。

梅贻宝[1]认为许行的"掘地派"那种类型的实践的共产主义(参见 P.120)应对墨学同情,但却在《墨子》书中(《鲁问第四十九》)看到一段关于墨子和吴虑两人的讨论的记述,吴虑明显地是这种学说的代表,而墨子论述分工等则正与孟子相同。

由此可见,墨家在许多方面都更有似于儒家。但他们与儒家不同的是,对一切可以利民的事有着更大得多的兴趣[2]。于是便有一些次要的主张,如节用、节葬和非乐。此外,较之其他任何一种古代中国的思想体系,在墨学中都有着一种更强的宗教因素。墨子在其《天志中第二十七》中说,上天的意志是:"讨厌大国攻打小国,大家族干扰小家族,强者掠夺弱者,聪明人欺诈愚人,贵人鄙视卑贱者。"[3]("天之意不欲大国之攻小国也,大家之乱小家也,强之暴寡,诈之谋愚,贵之傲贱。")所以,"顺从上天的意志,便是义理的标准。"[4]("顺天之意者,义之法也。")

和他们的超自然主义相一致,墨家坚持有鬼神的存在,他们似乎把鬼神看作是活人的道德的监视者,《墨子·明鬼》共有三篇专论这个题目。但非常有趣的是,他们这种立场是由于坚持经验主义而来;关于这一点,我们即将看到一些科学性很明显的例子。在这种情况下,它是以舆论一致为依据的。因此,在《明鬼下第三十一》说:

> 墨子说:查明任何事物存在或不存在的方法,是以大多数人耳目的见证为依据的。如果有些人听到或有些人看到过,那末,我们就必须说它是存在的。如果没有一个人听到过或没有一个人看到过,那末,我们就必须说它是不存在的。所以为什么不到乡村和城里去问一问?如果自古至今并从人类开始以来就有人看到过鬼神的形体,听到过鬼神的声音,那末,我们怎么能说他们不存在呢?……[5]

> 〈子墨子言曰:是与天下之所以察知有与无之道者,必以众之耳目之实,知有与无为仪者也。请惑闻之见之,则必以为有;莫闻莫见,则必以为无。若是,何不尝入一乡一里而问之!自古以及今,生民以来者,亦有尝见鬼神之物,闻鬼神之声,则鬼神何谓无乎?……〉

这里使人联想到 17 世纪欧洲的复杂情况,当时格兰维尔和托马斯·布朗爵士两人都相信有女巫,哈维抱怀疑态度,魏尔(Johannes Weyer)则不信;而许多理性主义的经院哲学家则对巫术和新自然哲学或实验哲学是全盘怀疑的[6]。

---

1) 见 Mei Yi-Pao (2),p.177。

2) 墨家的这种征象或许是他们声称儒家权威的由来还不够久远。墨子主张行夏之道,而不是行周之道[《公孟第四十八》;Mei Yi-Pao(1),p.233]。

3) Mei Yi-Pao (1),p.142。

4) Mei Yi-Pao (1),p.150。

5) 译文见 Mei Yi-Pao (1),p.161。

6) 参看 Withington (1)。

墨翟的这种态度虽然导致了错误的结论,但并非就是不科学的[1]。诉之于一群观察者,这是自然科学结构的组成部分。但是他低估了批判性智力的作用。五个世纪以后,王充[2]在讨论墨家时就指出了这一点,他说[3]:

170

> 如果一个人进行论证时并不运用最精纯专一的思维,而只是不加区别地使用外部的例子来确定事物的是非,相信自己从外部所得到的见闻("信闻见于外"),而不用自己内部(智力)来进行解释("不铨订于内"),那末,这就只是用耳朵和眼睛在论证,而没有运用智力("心意")来判断。这种用耳朵和眼睛的论证会导致把论断的总结置于空虚的相似性("虚象为言")的基础上。而当以这种空虚的相似性充作例证时,结果就造成以虚构来冒充实事[4]。

> 事实是,判断是非并不(仅仅)依靠耳目,而且必须运用理智("必开心意")。墨家在进行判断时,不用心思去追索事物的起源,而只是不加区别地相信他们的所闻所见。结果,虽然他们的证据很清楚,他们却没有能达到真理("则虽效验章明,犹为失实")。这种达不到真理的判断是难以传授给别人的,因为虽然他们可能符合愚人的爱好,但却不吻合学者的思想。既不能达到事物(真理)而又坚持要用自己的结论,这对世界是没有好处的。这或许是墨家的技艺没有流传下来的一个原因。[5]

> 〈夫论不留精澄意,苟以外效立事是非,信闻见于外,不铨订于内,是用耳目论,不以心意议也。夫以耳目论,则以虚象为言。虚象效,则以实事为非是。故是非者,不徒耳目,必开心意。墨议不以心而原物。苟信闻见,则虽效验章明,犹为失实。失实之议难以教,虽得愚民之欲,不合知者之心。丧物索用,无益于世。此盖墨术所以不传也。〉

这里,我们已看到许多问题的胚形,这些问题自文艺复兴以来就居于科学哲学的前沿地位。感觉印象和综合思维相比,居于什么位置? 理智把它本身的先天模式加之于自然界究竟到什么程度? 在对自然界问题的探索中,理智究竟在多大程度上不要假设? 王充体会到了这些问题的可能性,这是他的大功。

我们必须提到的墨家学派的最后一个重要学说,是他们谴责相信命运("非命")。他们认为,相信命运会导致人们不负责任,并有损于人们的勤勉和节俭。这与该学派在科学论著中所表现的对因果关系的信仰,略有不符(参考王充在公元1

---

1) 他的弟子们,特别是隋巢子与理性主义者的对手的辩论,保存在唐代哲学类书《意林·鹖子》中[参见 Forke (13),p.397]。

2) 见下文 pp.382ff.。

3)《论衡·薄葬篇》(公元83年)。

4) 原文颠倒了这一对比,但是由于讨论的是有关墨家信鬼的辩论,所以这句话的原文大概就是如此。

5) 由作者译成英文,借助于 Fêng Yu-Lan (1) (Bodde) vol.2,p.160。

世纪时的相反立场,本卷 p.378),不过在有关各篇中,除了宿命论对人类行为在社会中的不良影响这一实用的论据而外,并未提出其他论据。

(b) 墨经中的科学思想

虽然墨子早在公元前 4 世纪就宣传兼爱学说,受到了人们一致的推崇,但是这些信念之中并没有任何对科学史具有特殊兴趣的内容。只有在我们考察《经》和《经说》时,我们才认识到,后期墨家在努力建立一种可作为实验科学基础的思想体系时达到了何等地步。我们只能假定这是出自他们对城防技术的实际兴趣;这种兴趣随着初期的伦理和社会状况的衰退必然有所增长,或者是成为该学派公认的信条。但另一方面,这也无疑与他们要把自己的社会学说建立在一个逻辑推理的基础上的这一愿望有关,以便在与其他学派人物的辩论中获胜。

《经》和《经说》构成《墨子》书中第四十至四十三篇的全部,随后还有两篇,内容是专讲逻辑学的。对于这些重要资料,除晋朝(3 世纪到 4 世纪)的鲁胜作过注释(早已失传)以及唐朝的韩愈作过少数引徵外,并没有人注意过,直到清朝的毕沅才于 1783 年刊行了第一个现代版本[1]。但由于文中有许多不能肯定其含意的古字,而且传抄者的窜改也许比对任何其他中国古籍都多,因此需要进行大量的整理。孙诒让于 1894 年出版的《墨子闲诂》就是这项工作的结果,佛尔克[Forke (3)]1922 年出版的《墨子》全部译本[2],大部分就是以此为根据的。其后,1937 年冯友兰发表了《墨子》中一些逻辑命题的选编[3],他对原文的解释及订正往往与佛尔克的不同[4]。然而所有这些学者都没有自然科学的训练或陶冶,因此,1935 年出版的谭戒甫的《墨经易解》一书就更为重要了。他把全部命题重加编号,进一步作了订正,把零乱的片断归纳为新命题,并根据他的科学知识提出了许多有启发性的解说。继谭戒甫的著作之后,物理学家钱临照于 1940 年发表了他特别侧重对墨经光学和力学各命题的研究。这些我们将在物理学一章中加以讨论,这里只论述与一般自然科学理论有关的那些命题。在《墨经》较早的版本中,原文的排列是非常奇特的,自然科学的命题和逻辑学、社会学的命题交替地排列在一起。谭戒甫重新排过,使各类命题得以集中在一起。一般认为这种排列上的混乱,是由于古代或中世纪的传抄者将每页文本分排上下两部,意在使人先读所有的上面部分,再读下面部分;

---

1) 见 Hummel (2),p.622.

2) 见 Hummel (2),p.677.

3) Fêng Yu-Lan (1),vol. 1;由卜德(Bodde)译成英文。

4) 有关其他早期研究的材料见 Forke (13),p.409.

而后来的传抄者很不了解或根本就不了解他们所抄的内容,于是就把上下两部分混在一起,成为一篇整文。

　　现在让我们来看看墨家自己是怎么说的。

172　　　　　　　　　　　　　　　说　　　明

　　《经》和《经说》各有两部分。这里我们采用了谭戒甫的编号,计《经上》命题或论说九十六条,《经下》八十二条。每一条都列有相应的《经说》条目。虽然《经说》的原意必然是要作为《经》的解释,但现在《经说》的文字有时比命题本身还要暧昧。阐述命题的各派,各有不同的理论,这一点可参看佛尔克的论述[Forke (3)]。在《经下》中,每条命题的结尾都有这样的词句:"理由见某某之下的说明",似乎是指一份给出定义的词汇表。但这现已失传,虽然有关的字还经常出现在相应的《经说》中。

　　现在我们以如下方式来鉴定各命题:

　　《经上》84 / 250 / 72·76:表示这条命题系谭戒甫书《经上》第 84 条,冯友兰[Fêng Yu-Lan (1)]书中 p.250 有译文或讨论,为佛尔克[Forke (3)]《经上》第 72 条和《经说上》第 76 条。余者同此。

　　《经下》22 / — / 42·31:表示这条命题系谭戒甫书《经下》第 22 条,冯友兰[Fêng Yu-Lan (1)]没有提到,42·31 系佛尔克[Forke (3)]书中如前所示的编号。

　　佛尔克有两个编号,因为他沿用了中世纪的"混合"序列,所以他的《经说》条目在编号上一般就和《经》文条目不相对应了。

　　文中插入了一些我们自己的解说;并加上了标目。很难把这些条目排列得尽如人意;我们力求达到文意通顺,尽可能地易于阅读。

　　对于以下各段引文,以及本书第十三章(d),第十九章(h),第二十六章(c),(g)论述数学、物理等部分有关《墨子》的其他引文的译者,其简略表示方法如下:

　　作者:本书作者及其合作者。

　　作者／钱:本书作者及其合作者译,根据钱临照的解释。

　　作者／谭:本书作者及其合作者译,根据谭戒甫的解释。

　　佛:Forke (3)。

　　冯／卜:Fêng Yu-Lan (1),Bodde 译。

　　修:Hughes (1)。

　　马:Maspero (9)。

　　经修改:表示本书作者及其合作者对上述诸人的译文作了修改。

《经上》32／257／65·31."语言"

《经》： 语言是表达名称("举")的。

《经说》:所以语言是众口所能使用并表达名称的。名称就像画虎(即很难使之象真虎)。当我们说某一事物"可称之为"(某某)时,这一名称就应该适用于(该事物)(即适合于该事物)。(佛,经修改)

〈经:言,出举也。

经说:言。故言也者,诸口能之出名者也。名若画虎也。言也,谓言犹名致也。〉

《经下》7／一／12·7."属性"

《经》： 一种属性(原文为"偏",即一个方面)可以(加之于某物或从某物上)去掉,而不引起增加或减少。理由在于"故"("起原"或原因)。

《经说》:两者都是同一个东西,没有发生什么变化。(作者／谭)

这条指主观判断,如说一朵"美丽的"花;不管说它美或不美,它还是同一朵花。

〈经:偏去莫加少。说在故。

经说:偏。俱一无变。〉

《经上》66／265／34·59."坚白"

《经》： 坚和白并非互相排斥。

《经说》:在一块石头中,坚和白(这两种性质)弥漫于它那物质之中;因之可以说石头具有这两种性质。但当两者是在不同的地方,他们就不互相渗透;不相渗透就要互相排斥。(冯／卜,经修改)

这条的背景在后面(p.187)就我们叙述到名家学派的辩论时即可领会。

〈经:坚白,不相外也。

经说:坚。于石,无所往而不得,得二。——异处不相盈,相非,是相外也。〉

《经下》47／270／13·39."感觉"

《经》： 火是热的。原因在于"同化作用"("视")。

《经说》:说火是热的,这不(仅)是由于火有热力,而且是(因为)我把光(的视觉感觉)(和热的触觉感觉)同化(或相关地合)在一起了。(马)

参见下面的《经下》／46条。关于人脑对感觉和知觉的分类和整理,墨家讨论颇多。知觉("知")以感觉世界("材")为其对象,由"五路"感觉器官来领会;感觉器官所得数据然后就听命于反省("虑"),由此得到概念性或解释性的知识("恕")。有趣的是,"恕"这个字显然是墨家发明的一个术语,在字典中早已消失。大致相当于欧洲的 intellectus agens 和 nous poeitikos 两词。参见张东荪 (4) 及 Chang Tung-Sun (1)。

〈经:火热。说在顿。

经说:火。谓"火热"也,非以火之热我有。若视日。〉

现在我们来看关于这一概念的一套命题,这对墨家是很重要的,即"法"字。

《经上》70／260／42·63．"自然界的模式或方法"

> 《经》： "法"(模式或方法)即依之成为某一事物的那种东西(或获得某种
> 事物的特性,某种事物的"某性")。

> 《经说》：(圆的)概念,或圆规,或一个(实际的)圆圈,都可用来作为(制作
> 圆形的)"法"。(冯／卜;修)

> 胡适[Hu Shih (2), p.95]认为"法"(K642)的含意差不多和亚里士多德的与"物
> 质"(matter)相对的"形式"(form)相同,他就是这样译的。他说,法的最早含意
> 之一是"模型"。我们下面就要看到,《墨子》第四十五篇中说,"仿效就在于采用
> 一个模式"["效者,为之法也",]但"效"的确切意义究竟是什么,就又引起其他问
> 题;胡适认为"效"就是演绎,其他人则不如此肯定。

> 墨家的"法"是否应当和亚里士多德的"形式"相比,这一点我很怀疑。亚里
> 士多德的"形式"具有十分精确和很重要的生物学的内涵[见 W.D.Ross(1)的解
> 说]。我宁肯提议,上述"法"的三种形式就相当于亚里士多德的四种原因中的三
> 种[见 Peck (1),P.xxxviii; (2),p.24 的明确的解说]。这里的圆的概念,似乎与亚
> 里士多德的目的因(final cause)密切相似;圆规则为亚里士多德的动力因(effi-
> cient cause);实际的圆则是亚里士多德的形式因(formal cause)。由于所选的
> 例子是几何学的例子,所以没有质料因(material cause)是不足为奇的,而且我
> 怀疑墨家是否曾感到有必要把它说得那么明白。

> 这些条全属于亚里士多德的风格——这在时间上是一个显著的对应,因为
> 墨派逻辑学家的活动大约恰好是在亚里士多德死的时候(公元前 322 年)。

> 〈经:法,所若而然也。

> 经说:法。意;规;员。三也俱可以为法。〉

《经下》65／260／49·58．"自然界的模式或方法"

> 《经》： 一个"法"中各个事物的相互共同性,扩及于该类的一切事物。因
> 此,所有的方形都是彼此相同的。原因在于"方"。

> 《经说》：一切方形事物都有相同的"法",(它们本身)虽有不同,有的是木
> 头,有的是石头。这不妨碍他们在方形上彼此相合。它们都属于
> 同类,都是方的。所有事物都是如此。(冯／卜)

> 〈经:一法者之相与也尽。(若方之相合也。)说在方。

> 经说:一。方貌尽类。或木或石,不害其方之相合也。俱有法而异。尽貌犹方也。物
> 俱然。〉

《经上》94／—／97·83．"自然界的模式或方法"

> 《经》： (由于不同的)"法"有类似之处,所以应该看到这些类似之处。如
> 果我们对之加以考察和比较,我们就能找出(基本)原因。

> 《经说》：对"法"的类似之处应加以选择、观察、考究和比较。(作者)

> 我认为此说非常接近于归纳法的原理。它肯定描述了归类的一方面。

〈经:法同则观其同;巧传则求其故。

　　经说:法。法取同;观巧传。〉

《经上》95／—／99·83"自然界的模式或方法"

　　《经》:　(由于类似的)"法"有其差异之处,我们应观察它们的相互排斥之
　　　　　　点("宜止"),并把这说成是"道路的分叉"("别道")。

　　《经说》:选择了这个,或选择了那个。探究原因,观察排他性。例如,有人
　　　　　　比别人黑一些。这就一定有某个排他之点,(浅色由此开始)而黑
　　　　　　色停止。再如,有"对人有爱"和"对人没有爱"。这一定有一个排
　　　　　　他点,是一个停止和另一个开始的地方。(作者)

　　　　　　乍看起来,这像是在试图陈述亚里士多德三段论中的排中律。但把它看成是一
　　　　　　般分类程序的另一种运用,会更好一些。

　　〈经:法异则观其宜止,因以别道。

　　　　经说:法。取此择彼,问故观宜。以人之有黑者,有不黑者也,止黑人;与以有爱于人,
　　　　有不爱于人,止爱于人:是孰宜止?〉

关于"方法"或"法"的命题,就谈到这里为止。下面的命题讨论分类和因果关系的
其他方面。

《经下》2／—／3·2。"分类"

　　《经》:　应用分类原理("推类")是困难的。原因在类目的"广狭"("大
　　　　　　小")。

　　《经说》:例如,"四足兽"这个类目比"牛马"这个类目广,而"事物"这个类
　　　　　　目就更广了。一切事物都可归入于较广或较狭的类目中。(作者)

　　〈经:推类之难。说在之大小。

　　　　经说:推。四足兽——与牛马;与物尽。尽与大小也。〉

《经下》12／—／22·12。"分类"

　　《经》:　事物可分成不同的类("区物")。其理由在于"各当其类"("唯
　　　　　　是")。而不同的事物可合并成一个类("一体"),原因在于"共同
　　　　　　点"("俱一")。

　　《经说》:例如,牛和马都有四足,这就是"共同点";例如称牛为牛,称马为
　　　　　　马,这就是"各当其类"。如把牛和马分开来考虑,它们就成为二
　　　　　　物;但是如果考虑牛-马这个类,它们就成为一物了。这正像数
　　　　　　指头一样,每只手有五个,但是可以把一只手看成一物。(作者)

　　〈经:伛物,一体也。说在俱一,惟是。

　　　　经说:伛。俱一,若马牛四足;惟是,当牛马。数牛数马,则牛马二;数牛马,则牛马
　　　　一。若数指:指,五;而五一。〉

《经上》15／269／29·15。"散漫的名称"

175

《经》： "散漫的名称"（"狂举"）是（不顾别人的批评）由个人来选择和使用。

《经说》：一个人能同意他（与之交谈）的同僚，但不同意流俗的群众（其中每个人的意见都是无批判力的）。（作者）

"狂"意谓轻率的、狂妄的、私自的、不加批判的。

〈经：狂，自作也。

经说：狂。与人，遇；人众悟。〉

《经下》66／269／51·59。"散漫的名称"

《经》： 散漫的名称（错误的推理）是那些不能正确认识各种差异的推理。原因在于"不正确"（"不可"）。

《经说》：马和牛是不同的。但如说马不是牛。因为牛有齿而马有尾，这就是不对的。事实上两者都有（齿和尾），它们不是属于这一个而不属于那一个的（那些属性）。我们必须说马与牛不同，是因为牛有角而马无角；它们物种的不同就在于此。倘若说"牛不是马，是因为牛有角而马无角"这一推理是散漫的名称，就像说"（牛不是马，是因为）牛有齿而马有尾"一样，其结果会是："那是一个非牛"，"那不是一个非牛"（这两个命题）同时都会是正确的；以及"那是一个非牛"和"那是一个牛"（这两个命题）也同时都会是正确的。（马）

〈经：狂举不可以知异。说在有不可。

经说：狂。牛与马惟异：以牛有齿，马有尾，说牛之非马也，不可。是俱有；不偏有，偏无有。曰牛与马不类：用牛有角、马无角，是类不同也。若举牛有角马无角，以是为类之不同也，是狂举也。犹牛有齿，马有尾。〉

《经下》67／268／52·60。"全称与特称"

《经》： （说）牛和马不是牛，和承认它们都是牛，这两种说法是一样的。原因在于"全称"（"兼"）。

《经说》：说牛和马不是牛，是不能允许的；说它们都是牛，也是不能允许的。在某些方面那是可以允许的，在某些方面那是不能允许的。而且，一个牛不是两，一个马也不是两，而一个牛和一个马则是两。那末说一个牛只不过是一个牛，一个马只不过是一个马，而一个牛和一个马既不是一个牛，也不是一个马，这就没有困难了。（冯／卜）

冯友兰[Fêng Yu-Lan (1)]指出：这里强调的是特称，与名家（公孙龙，见 p.189）辩证中所强调的正好相反，名家强调的是全称。

〈经:牛马之非牛,与可之同。说在兼。

经说:牛。或不非牛而非牛也可,则或非牛而牛也可;故曰"牛马非牛也",未可。"牛马牛也未可":则或可,或不可;而曰:"牛马牛也未可",亦不可,且牛不二,马不二,而牛马二。则牛不非牛,马不非马,而牛马非牛非马无难。〉

《经上》78 / 254 / 59 · 69.**"名称的类型"**

《经》: 名称有普通的("达")、分类的("类")和私有的("私")。

《经说》:名称:"物"是一个普通的名称。一切实体("实")都称之为物。 176
"马"是一个类名。这一类的一切实体都称为马。"臧"(人名)是个私名。这个名字只限于用在这个实体上。(冯/卜)

〈经:名,达;类;私。

经说:名。物,达也,有实必待文多也命之。马,类也,若实也者必以是名也命之。臧,私也;是名也止于是实也。〉

《经上》79 / 255 / 61 · 70.**"称谓"**

《经》: 在称谓("谓")过程中,有转移称("移"),有通称("举"),有直称("加")。

《经说》:在称谓中,称狗为犬,这叫转移称。狗犬合称,这叫通称。你喊道:"狗!"这是直称。(冯/卜)

〈经:谓,移;举;加。

经说:谓。狗犬,命也。狗吠,举也。叱狗,加也。〉

《经下》6 / 264 / 10 · 6.**"各类别之间的比较"**

《经》: 不同类别不能相比。原因在于"量"。

《经说》:差异:树和夜,哪一个更长呢? 知识和粟米,哪一个更多呢? 官阶、父母、行为、物价,这四种哪一种更为贵重呢? ……(冯/卜)

参看亚里士多德逻辑学的范畴论[Ross (1),p.21]。

〈经:异类不吡,说在量。

经说:异。木与夜孰长? 智与粟孰多? 爵,亲,行,贾,四者:孰贵? ……〉

《经下》8 / 一 / 14 · 8.**"名词的误用"**

《经》: 虚假必然出自错乱("讠夸")。原因在于事实"不如此"("不然")。

《经说》:虚假必然包含否定。而(当我们发现)后,称它是"假的"。(因此)狗被假称为鹤。(例如),有人(错误地)称犹(一种胆小的猴)为鹤。(作者)

〈经:假必讠夸,说在不然。

经说:假。假必非也而后假。狗假霍也——犹氏霍也。〉

《经上》1 / 258 / 1 · 1.**"因果关系"**

《经》: 原因("故")就是某一事物得以形成(存在,"成")的原因。

《经说》:小原因就是有了它事物不一定必然形成,但没有它则事物决不会
形成的那种原因。例如线上的一个点。大原因就是有了它事物
必然形成(而没有它则事物决不会形成)的那种原因。像是看的
动作就得到视像中的结果这一情况。(冯/卜)

显而易见,在进行这些讨论的时候,我们已经进入了科学思维的机器房。应该
说这里的小原因乃是一种必要条件,而不是原因。这种区别使我想到的,还不
是什么亚里士多德说过的东西,而是现代生物学中所做的这一区别:即一方面
是对刺激的反应能力,另一方面是反应能力与刺激的结合[1]。参看上文 p.55 所
引《吕氏春秋·审巳》的论述。王充在公元 1 世纪时经常含蓄地区分了必要原
因和充分原因[2]。

〈经:故。所得而后成也。

经说:故。小故,有之不必然,无之必不然。体也,若有端。大故,有之必然,若见之成
见也。〉

177 《经上》2 / — / 3·2."部分与整体"

《经》:   部分("体")要和整体("兼")区分开来。

《经说》:部分即某物的一被等分为二;它也象线上(被切下)的一点。(作
者)

〈经:体,分于兼也。

经说:体。若二之一,尺之端也。〉

《经上》86 / 263 / 76·78."一致"

《经》:   一致("同")有同一性("重")的一致,有部分与整体关系("体")的
一致,有共存("合")的一致,有类属关系("兼")的一致。

《经说》:一个实体有两个名称,是同一。被包括在一个整体内,是部分与
整体的关系。两者都在一处(字面上是"室"),是共存。有某些类
似点,则是类属关系。(冯/卜)

〈经:同,重、体、合、类。

经说:同,二名一实,重同也。不外于兼,体同也。俱处于室,合同也。有以同,类同
也。〉

《经上》87 / 263 / 78·79."差异"

《经》:   差异,有二重性("二")的差异,有缺少部分与整体关系("不体")

---

1) 我也要提请注意这样一个事实:克吕西波(Chrysippus,公元前 280—前 208 年)和其他斯多葛派学
者也以一种有些类似的方式区分了主因(αἰτία συνεκτικά)和辅助因(συνεργά and συναιτία)[B & M (1),
p.571]。

2) 如《论衡·奇怪篇》之论圣人[Forke(4),vol.1,p.322],《论衡·问孔篇》之论凤鸟与河图[Forke (4),
vol.1,p.405]。莱斯利(Donald Leslie)先生注意到了这些例子。

的差异,有分离("不合")的差异,有类属不同("不类")的差异。

《经说》:两种(单独的事物)必定要在某个方面不一样,这就是二重性。当事物彼此不相连属("不连属")时,这就是缺少部分与整体的关系;当事物不在同一处时,这就是分离;当事物没有相似性时,它们就不能归入一类。(冯/卜;修)

〈经:异,二、不体、不合、不类。

经说:异,二必异,二也。不连属,不体也。不同所,不合也。不有同,不类也。〉

《经上》89/263/80·80."一致与差异"

《经》: 把一致与差异一起加以考虑时,就可以显示出一物中有什么和没有什么。

《经说》:例如,富家交换他们所有的好东西和他们所没有的,借以互通有无的办法,按照数量用多少牡蛎换取多少蚕。或如未婚女孩子或幼儿的母亲在年龄和青春之间的差别。或者白与黑,中央与边缘,长与短,轻与重,等等。……(修)

〈经:同异交得,放有无。

经说:同异交得。福家良。恕有无也。比度,多少也。免虭还圂,去就也。……处室子,子毋母,长少也。……白黑也。中央,旁也……长短……轻重……援〉

《经上》80/253/63·71."知识包涵着什么"

《经》: 知识("知")包括对某件事物的听闻("闻"),对它做出推论或解说("说"),亲身体验它("亲"),协调名与实而后有所作为("为")。

《经说》:听人传达事物,是听闻知识。(分类)而不受空间位置的障碍(因有关事物可能相距很远)是推类,或解说。由自己身体观察到的,是为亲身体验。称谓的是名,被称谓的是实;当名和实套在一起象联起畜牲耕地那样,这就是(所要的)协调。同样,意志("志")和行动("行")配合起来,就是行为("为")。(修)

注意:这里没有道家所特有的那种反对"为"的偏见。关于中国认识论的一般情况,参看张岱年(1)和吴康[Wu Khang (1)]的著作。

〈经:知,闻:说;亲:名;实;合;为。

经说:知。传受之,闻也。方不瘴,说也。身观焉,亲也。所以谓,名也。所谓,实也。名实耦,合也。志行,为也。〉

《经上》81/—/66·73."闻"

《经》: "听到的事情"有两种不同的意思,一是"听自他人的",一是"亲自听到的"。

《经说》:"有人说",意味着"听自他人的"。"我亲眼看见的",意味着你自己

亲身目睹的。(作者)

〈经:闻,传;亲。

经说:闻。或告之,传也。身观焉,亲也。〉

《经上》82／一／68·74.“见”

《经》：　“见”有两种意义,即见到一部和见到全部。

《经说》：见到一面,意味着见到一部;见到两面(全面),意味着见到全部。
　　(作者)

〈经:见,体;尽。

经说:见。特者,体也。二者,尽也。〉

《经上》85／256／74·77.“(自然界和人的)行为”

《经》：　行为包括保存(“存”),破坏(“亡”),交换(“易”),减少或衰亡
　　(“荡”),增加或生长(“治”),以及转化(“化”)。

《经说》：亭台加固是保存的例子;疾病是破坏的例子;买卖是交换的例子;
　　熔冶矿石是减少的例子;(身体的)生长是增长的例子;蛙和鼠(的
　　蜕变)则是转化的例子。(冯／卜)

　　注意:这里引徵的是道家所讨论的那类生物学上的变化(见上文 p.79 及本书第
　　三十九章)。

〈经:为,存;亡;易;荡;治;化。

经说:为。亭台,存也。病,亡也。买,鬻,易也。霄,尽,荡也。顺,长,治也。蛊,鼃,
化也。〉

《经下》70／253／58·63.“推论”

《经》：　如果一个人所听到未知之事和已知之事是一样的,那么两者都已
　　知了。原因在于“告”。

《经说》：外面的东西是已知的。然后有人说:“室内的颜色和(外面的)这
　　种颜色一样。这样,所不知道的东西就和已知的东西是一样的。
　　……名称的作用是借助于已经了解的东西来确定前所未知的东
　　西。它们不是用未知的东西来猜度已经了解的东西。这就像用
　　尺子来量未知的长度一样。(冯／卜)

〈经:闻所不知,若所之,则两知之。说在告。

经说:闻。在外者,所知也。或曰“在室者之色,若是其色”。是所不智若所智也……
夫名,以所明正所不智;不以所不智疑所明。若以尺度所不智——长。〉

《经下》46／252／11·38.“关于时间持续的知识”

《经》：　有的知识并不通过“五路”(五种感官)而来。原因在于“久”。

《经说》：我们用眼睛来观看,它那视觉是由火(光)引起,但火除经由五路
　　感觉就不能被知觉。但在时间持续的知觉中,既不需要用眼看,
　　又不需要有火在。(冯／卜;修;经修改)

正如修中诚[Hughes (1)]所指出,墨家作者对时间持续的知识和在时间持续中的记忆活动,没有加以明确的区分。参看本书论物理学的第二十六章(c)中有关时间和时间持续的另一段落。

〈经:智而不以五路。说在久。

经说:智。以目见;而目以火见。而火不见,惟以五路智。久:不当以目见,若以火见。〉

《经下》58／—／35·50。"知识和实践"

《经》: 如果我们有一个一般的观念是我们尚未理解的,(那末应该怎样办?)原因在于"用"和"过"。

《经说》:楦头、槌子和锥子都是用来制鞋的东西。可以把饰物在槌鞋以前或以后加在上面。过程是它的历程;正确的操作顺序可能是件偶然的事(可能与先例相当)。(佛)

只有靠实际的经验(实验?)才能区别一个过程的本质与非本质。

〈经:意未可知。说在可用;过仵。

经说:意。段,椎,锥,俱事于履:可用也。成绘屦过椎;与成椎过绘屦同:过仵也。〉

《经下》48／256／15·40。"知道自己所不知道的东西"   179

《经》: 一个人(似乎)可以知道他所不知道的东西。原因在于以名称进行选择("以名取")。

《经说》:知:把一个人所知道的和不知道的掺在一起,然后向他提问这些。他必定说:"这个我知道","那个我不知道"。如果他能选择和拒绝,那就两者都知道了。(冯／卜)

参看上文 p.8 的《论语》引文。

〈经:知其所不知,说在以名取。

经说:知。杂所智与所不智而问之,则必曰:"是所智也;是所不智也。"取,去,俱能之,是两智之也。〉

《经下》9／274／16·9。"考察"

《经》: 一件事物何以成为如此;怎样发现它;如何使别人知道它;这些都不必相同。原因在于"病"。

《经说》:有某种事物要起损害作用,这就是事物存在的方式。看到这一点(损害),就得出对它的知识。说出它来,也就是让别人知道。(冯／卜)

〈经:物之所以然;与所以知之;与所以使人知之:不必同。说在病。

经说:物。或伤之,然也;见之,智也;告之,使智也。〉

《经上》14／—／27·14。"信仰和非伦理的证据"

《经》: 当言语和象是很可靠的预想("亿")相符合时,就产生了信仰。

《经说》:言语和(所谓的)道德是否符合,并没有关系。(例如,如果有人说他设想某城(有金),(唯一查明的方法)是派人去看看。(如果)得到了金,(就可以证明他的报道是真的,不管可能涉及什么道德问题。)(作者/谭)

佛尔克[Forke (3)]认为,这里可能是指法家卫鞅。卫鞅在公元前350年左右宣布,凡有人能移木材从一城门至另一城门者,给予重赏,并且如数地赏了他们,为的是使人民习惯于这一观念,即政府是言行一致的。但我宁愿认为这一条具有更广泛的含意。

〈经:信,言合于意也。

经说:信,不以其言之当也,使人视城得金。〉

《经下》10/一/18·10.“怀疑”

《经》:　怀疑……原因在于有“意外的事变”(“逢”),“听信传闻”(“循”),“偶然遇到没有预见到的事”(“遇”),以及“过去的经验”(“过”)。

《经说》:如果我们看到某个人忙于某种事务,我们就(自然地)假定他是管事人。如果我们看到某个人在夏天搭起一个像牛棚的席棚,我们就(自然地)假定那是为了乘凉。这些可能是意外的事变,但却没有理由怀疑我们的结论。但是有时一个人能够举起一件(假定是很重的)东西,容易得犹如羽毛一样;又有时需要放下一件(假定是很轻的)东西,犹如重石一样。造成这种差异的,就不是一个人的体力了(对这种传说就有怀疑的余地)。“削”竹片的“栅”字逐渐被写成了“削”[1] 乃是错误的,这不是由于创造,而是由于因循传闻。或者,我们偶然遇见人们在打架,我们可能疑心他是喝醉了酒,不然就在晌午的集市上吵过嘴,但不能肯定究竟是什么原因。这就是一种意外的遭遇(其中有怀疑的余地)。至于我们现在所知道的,难道大部分不都是从过去的经验里得来的吗? 的确是的。(作者)

注意:后面在王充的因果关系的观点中,我们将遇到和这里的“遇”字非常类似的一个字(见下文 p.385)。

〈经:疑,说在逢;循;遇;过。

经说:疑。蓬,为务则士;为牛庐者夏寒:逢也。举之则轻,废之则重,若石羽,非有力也。栅从削,非巧也:循也。斗者之敝也,以饮酒;若以日中;是不可智也:遇也。智与? 以已为然也与? 过也。〉

180　《经上》72/257/46·一.“论辩”

---

1) 今音“hsiao”(K1149c)。

73 / 257 / 48 · 一。

74 / 257 / 50 · 65。

《经》：　陈述（"说"）是用以产生理解的。如果有一个人否认，那末双方将
　　　　都否认。论辩（"辩"）是对某一事物有争论。在（辩证的）论辩中，
　　　　胜利者是正确的。

《经说》：至于这一"某一事物"，如果两人都否认"牛树"（树名）是牛，这就
　　　　没有什么可争辩的。但一个可能说是，另一个可能说不是。这就
　　　　是对某一事物的争论。他们不可能双方都对，因而必有一方是错
　　　　的。……（冯／卜）

〈经：说，所以明也。……彼，不可，两不可也。……辩，争彼也。辩胜，当也。

经说：彼。凡牛枢非牛。两也无以，非也。辩。或谓"之牛"，或谓"之非牛"，是争彼
也。是不俱当；不俱当，必或不当……〉

《经下》71 / 277 / 60 · 64。"论辩"

《经》：　主张一切言论都是悖谬的，这种主张就是悖谬。原因在于"言"。

《经说》：主张一切言论都是悖谬的，这是不能许可的。如果（坚持这一学
　　　　说的）人的这话是许可的，那末，言论就不是悖谬的了。但是如果
　　　　他的言论是许可的，那并不一定是正确的。（冯／卜，经修正）

这当然是对道家不相信说理论辩的直接抨击。刚刚在前面的那条命题表明，墨
家深信通过对自然的推理，是能够得到有价值的结果的。

〈经："以言为尽悖"；悖。说在其言。

经说：以。悖，不可也。之人之言可，是不悖；则是有可也。之人之言不可，以当；必不
审。〉

《经上》44 / 一 / 90 · 42。"变化"

《经》：　变化（"化"）就是转化（"易"）（原理）的表现。（它可以被证实，但不
　　　　可以被解说。）

《经说》：例如蛙[1] 变成为鹑[2]。（作者）

有趣的是，墨家作者把一种纯属想像的生物变态作为其自然变化的主要例证。
但是这种特殊的转化却被广泛地认为是会发生的，因为在《列子》、《吕氏春秋》、
《淮南子》、《礼记》、《论衡》中都有类似的记述。参见上文 p.79 和本书第三十九
章。

〈经：化，征易也。

经说：化：若蛙为鹑。〉

---

1) 一种可食的蛙（R80）。

2) 鹑鹑（R278）。

《经上》51／—／4·48."作用和反作用"

　　《经》：　凡是"必定是如此"的东西，都不是终端（"已"）。

　　《经说》：每个肯定都伴有一个否定，每种自然现象都遇到另一种与之行为
　　　　　　　相反的现象。哪里有"必定是如此"，那里也就有"必定不是如
　　　　　　　此"。哪里有"是"，那里就有"不是"。这就是真正的"必定如
　　　　　　　此"。（作者）

　　　　　　　这十分近似于黑格尔辩证逻辑的原则，谭戒甫就毫不犹豫地这样解说它的。墨
　　　　　　家当然不会假定，世界上的一切事物都是由相等的而又相反的力量来加以平
　　　　　　衡，因为那样就会冻结变化和自发性了。但他们似乎了解到：一个过程胜过另
　　　　　　一个过程，只能使胜利者在更高一级上面对着一个新的对抗者。这里所缺少的
　　　　　　乃是这样一个陈述，即这种胜利就是综合。

　　　　　〈经：必，不已也。

　　　　　经说：必。一然者；一不然者：必；不必也。是；非；必也。〉

181　《经上》96／—／·—."矛盾"

　　《经下》1／—／1·1。

　　　　《经》：　固定的种类（"止类"）含有变动的个体（"行人"）。原因在于
　　　　　　　　"同"。但最终的真理（"正"）就不（再）有矛盾（"无非"）。

　　　　《经说》：有人认为某一事物是如此，并且说它就是如此。我可以认为它不
　　　　　　　　是如此。这样，这件事就是可疑的了。但是，在"可能是如此"变
　　　　　　　　成"它必定是如此"的时候，（我们将会发现两个命题）已经合
　　　　　　　　（"俱"）而为一（即两者都是部分错的、部分对的）。有人断言某些
　　　　　　　　事物是如此，并深信自己的断言是正确的。别的人否认它，并对
　　　　　　　　它提出疑问。但是（最终的真理）就像圣人一样，它包含一切否定
　　　　　　　　而不（再）有矛盾（"有非而不非"）。（作者）

　　　　　　　这些引人注目的话证实了前一条命题所提出的猜测，即墨家很接近一种辩
　　　　　　证逻辑。可惜由于原文的讹误和错乱，特别是在《经上》的末尾和《经下》的开端
　　　　　　尤为恶劣，所以对这一点很难确定。不过，这不能不是一种强烈的猜测，特别是
　　　　　　因为墨家也像道家一样，他们是清晰地意识到自然变化的运动的，并不受亚里
　　　　　　士多德形式逻辑的束缚。

　　　　　〈经：止类以行人，说在同。正无非。

　　　　　经说：止。彼以此其然也，说是其然也；我以此其不然也，疑是其然也。此然是必然则
　　　　　　　俱。彼举然者以为此其然也，则举不然者而问之。若圣人。有非而不非。〉

最后，我们再举几条零杂的命题。

《经下》61／271／41·53."过去事物的不灭性"

　　《经》：　可以有"无"。但一度曾经存在过的东西，是不能消除掉的。原因

在于它为"已经发生的东西"("尝然")。

《经说》:可以有"无"。但已经是如此的东西乃是某种已经发生过的事(即已给定的东西,"给"),因之不能是不存在的。(冯/卜)

佛尔克[Forke (3)]认为这是物质不灭定律的先声。如果把它单纯地看作是对严格的(虽然不一定是链式的)因果关系的确认,那肯定会更好一些。

〈经:可无也,有之而不可去,说在尝然。

经说:可。无也已给,则当给不可无也。〉

《经下》49/276/17·41. "不存在"

《经》: 不存在并不必然有赖于存在。原因在于"不存在的存在"("有无")。

《经说》:不存在:假定没有马。只有在它们先有过之后(才能说没有)。但天塌下来,(确实)是不存在的。从来不曾先存在过的,就可以称为不存在。(冯/卜,经修改)

这里有一种反道家的口气。《道德经》(第二章)说存在和不存在彼此相生。但正如冯友兰正确指出的,墨家不认为二者是相互依赖的。所以他们对事物划出了区别,有些是他们认为可以存在和已经存在的,有些是不能和不会存在的。注意这里天塌下来的例子和前面(pp.40,63)已引《列子》的一长段故事中所说的一样。这给下面关于心地平和的命题添加了分量(直接参见下文 p.190)。

〈经:无不必待有。说在有"无"。

经说:无。若无焉,则有之而后无。无"天陷",则无之而无。〉

《经上》25/—/49·24. "恬静"

《经》: 心地平静("平"),就是没有偏爱或喜好("欲"),也没有偏见或厌恶("恶")而(获得)知识。

《经说》:心地平静:恬静地(接受)事物的如是性。(作者)

由此可以发现,对墨家及道家来说,科学的世界观就意味着从恐惧之下解放出来,这是很有兴味的。

〈经:平,知无欲恶也。

经说:平。惔然。〉

当我们把墨家上述著作作为一个整体来考虑,并计及本书后面有关各章(第二十六和三十九章)中有关物理学和生物学的命题,我们就会感到处于与道家完全不同的另一个世界了。这里没有道家的诗意与憧憬,对生命现象本身的兴趣也较少。但是完全信赖人类理性的墨家,明确地奠定了在亚洲可以成为自然科学的主要基本概念的东西。当然,我们看到的墨家著作,是通过了原文多有讹误加之校释不一的那副墨镜的。但它的具体细节并不十分重要,更重要的是这样一个广泛的事实,即它们勾画出了堪称之为科学方法的一套完整理论。墨家论述了感觉和知觉、因果和分类、类同和差异、部分和整体的关系。他们认识到在确定名词和命名时的社会因素,区别了第一手和第二手证据,领会到这种证据是独立于现行的伦理信念之外的。他们也谈到了"变"和"疑"。他们没有做一件事,即没有提出某种代替或更胜于邹衍五行学说的有关自然现象的普遍理论,并且是在定量的基础上;虽然如我们下面将要看到的[1],他们批评了五行论。墨家的科学逻辑使人感到,它是多么亟需伊壁鸠鲁原子论的某种对应物。同时人们不禁想到,中国科学史上的最大悲剧也许是道家的自然洞见没有能和墨家的逻辑结合起来。

　　这里很自然出现一个问题,即墨家对演绎和归纳原理究竟说明到什么程度。遗憾的是,对这个问题的看法有很大分歧。读者可以从上引《墨经》摘要中自己作出判断,看它们接近它究竟到什么程度。但除此以外,在随后几篇的一篇中还有一段重要的话,这里还须稍加论述。

183　　　那就是《经》后《小取》篇中的一段[2]。这段话曾经冯友兰[3]、修中诚[4]、胡适[5]和马伯乐[Maspero (9)]翻译过,后两位学者还进行过细致的研究。这一段可分为七个陈述:

　　　　(1)凡是有限的("域"),就不是普遍的("不尽")。

　　　〈或也者,不尽也。〉

　　　　(2)凡是虚假的,就是事实上并非如此的。

　　　〈假者,今不然也。〉

　　　　　　类推的定义如下:

　　　　(3)模仿("效")就在于采用一个模式("法")。

　　　凡是被模仿的就是采用来作模式的。

　　　因此("故"),如果它适合于模仿,那末(推理)就是正确的。

　　　如果它不适合于模仿,那末(推理)即是错误的。"效"就是如此。

　　　〈效者,为之法也。所效者,所以为之法也。不中效,则非也,此效也。〉

　　　　　　四种类推:

　　　　(4)比较("辟")[6]是举一件事来说明其他事(即类比)。

　　　〈辟也者,举他物而以明之也。〉

---

1) 下文 p. 259。
2) 该篇全文由劳[D.C.Lau (1)]加以翻译并审定,他认为,中国语言的性质对于逻辑学的这些萌芽起了很大的抑制作用。这一众说纷纭的问题,将在本书第四十九章加以讨论。
3) Fêng Yu-Lan (1), p. 259。
4) Hughes (1), p.137。
5) Hu Shih (2), p.99。
6) "辟"在这里用作"譬"。

(5)对比("侔")是比较名词(或命题),并发现它们完全一致。

〈侔也者,比辞而俱行也。〉

(6)结论("援")就是说:"你的本性是如此这般的,为什么惟独我不承认你的本性是如此这般的呢?"

〈援也者,曰子然,我奚独不可以然也? 〉

(7)推广("推")就是认为,一个人所不认可的等于是一个人所认可的,并承认它[1]。

〈推也者,以其所不取之,同于其所取者,予之也。〉

十分明显,这里墨家是在力图规定科学推理的各种形式。可惜的是,他们只可说是在摸索,而且我们总是不得不推敲文义不明确的地方。马伯乐认为,墨家的兴趣主要是在于进行公众辨论(这是道家所厌恶的),因此并不追求建立一种一切智力活动的普遍理论;但是这种看法与墨家留存下来的科学命题(例如光学和力学)不大符合,而这些命题马伯乐竟未曾试图翻译。按照胡适[Hu Shih (2)]的说法,这里"效"的意思确实是指演绎,但马伯乐不以为然。胡适又认为"推"的意思确实是指归纳,马伯乐也不同意。因此,问题仍无定论。

"效"字确实具有形式、模型、模式和摹仿的意思。这里它是和神秘的"法"字连用,这就是我们在前几页遇到的一个翻译上的难题(《经上》70 和其后几条命题)。假如胡适的提法、即它的意义类似于亚里士多德的"形式"是对的,那末墨家就不大可能说一对圆规就是圆的一"法"。也许,宁可把"法"解释为自然界的"方法",这样就包括了亚里士多德的所有的"原因"。于是上述第(3)条的含意就意味着,在思想上应当模仿自然界的方法,而且如果这种模仿是得当的,那末,我们对原因的推理就是正确的。部分的辩论集中于该条第三行的"故"字上,胡适认为它是哲学意义上的"原因",而马伯乐则认为它的份量只不过是单纯的一个"所以"而已。但是我认为,即使承认马伯乐这一点是对的,这段话仍然可以证明胡适在主要论点上是正确的,因此我建议把该条翻译如下: 184

(3)"模式思维"(Model-thinking)在于遵循(自然界的)方法。

"模式思维"中所遵循的是方法。

所以,如果"模式思维"真正遵循了方法(原文字意是击在正中),推理就是正确的。

但如果"模式思维"没有真正遵循方法,推理就是错误的。这就是"模式思维"。

---

1) 译文见 Maspero (9),由作者译成英文。

因之,由于被承认的原因在数量上远较繁复的自然现象为少,所以"模式思维"事实上即是演绎。

读者不会不注意到,墨家关于"模式思维"的这些辩论,与当代对科学"模型"的逻辑的讨论中所进行的思考,特别是(虽然不是独一无二的)在那些较欠精密的学科中,其情况极其相似。这要回溯到 19 世纪和 20 世纪早期科学家关于具体模型在物理学思维中的作用的推测,而与专门使用数学符号表示相对立[如赫兹(Hertz)与麦克斯韦(Maxwell),卢瑟福(Rutherford)与爱丁顿(Eddington)]。由此看来,墨子或其弟子的上述七条定义具有一种奇特的现代腔调。的确可以论证说,中国思想家对于概念模式制作的一般态度,是由他们的语言结构所诱发出来的[1]。这或许使他们在分辨能够以模式进行的智力活动和不能够以模式进行的智力活动时,可以达到一种精微的程度,这些智力活动正在由现代科学哲学家[如维特根斯坦(Wittgenstein)、薛定谔(Schrödinger)和布雷思韦特(Braithwaite)]重新发现,并且加以发展。

我更不能同意马伯乐反对胡适把"推"(推广)解释为归纳[2],我认为最后一句应该更好是读作:

> (7)推广是把未取得的(即一种新现象),(从分类的观点)视同为已经取得的,并加以承认。

这明显地是在许多例证的基础上形成一种新概括,因而也就是归纳,正如胡适在一篇很值得一读的长篇论述中所指出的[3]。一般认为,以上第(4)、(5)、(6)三条代表类推的各种形式,墨家对这些形式的区别也许是不必要的。

(c) 公孙龙的哲学

现在必须谈一下另一个学派,这个学派与道家和墨家从来没有十分明显的区分,但却足以被司马谈和班固(参见 p.1)把它列为一个独立的派别,即名家(名学派,或逻辑学家)[4]。这个学派有两大名人,一是生活于公元前 4 世纪的惠施,一是主要生活于公元前 3 世纪前半叶的公孙龙。因此,这两个人都是庄周同时代的人,

---

1) 关于这个题目,见本书后面(第四十九章)所论中国语言和逻辑对中国科学思想的生长和性质之制约作用。

2) 这里,佛尔克[Forke(13),p. 406]的看法似乎支持胡适,而不支持马伯乐。

3) Hu Shih (2),pp.100ff.。

4) 有时也称作"形名家",即形式与名称的学派(《战国策·赵策二》)。

庄周在一段生动的文字中,哀叹他在惠施死后就不再有可交谈的人了[1]。关于惠施和公孙龙两人生平的细节,我们知道得很少[2],除了他们也曾以战国所有学者的方式游说过各个封建诸侯以外[3],他们无疑也曾力图使其学生们对逻辑训练感兴趣,但是成绩不大。他们所有的著作已全部散佚,只有《公孙龙子》一书[4]得以部分留存,此外还有载于《庄子·天下第三十三》和他处的一些悖论。

《公孙龙子》一书据说已经达到中国古代哲学著述的最高峰,它那问答形式类似于柏拉图的文风,但不仅仅是在卖弄文字,因为对话者的论辩始终是严肃的。此书自汉代就大部分失传,这必须认为是中国古籍流传中的最大损失之一,而任何对中国古代思想成就的评价都必须考虑到这一点。在我们现在所能看到的那一部分中,其基本观念是确认西方哲学中称之为"共相"的东西(如"白"、"马"、"坚"等),以与具体事物相区别。因之,公孙龙所说的"指"是和特定的"物"有区别的;"指"[5]字的原义是手指或指称,因之,这里就是一个"所指称的"普遍的公因子[6]。

在《公孙龙子·指物论》中,包含有关共相("指")的论述:

(世界上)没有任何事物是没有"指"的,但这些"指"却没有"指"(即它们不能再加以分析或分裂为其他的"指")。

倘若世界上没有"指",物就不能称之为物(因为它们就会没有表现出来的属性)。

倘若没有"指",世界就没有物,那末一个人还能谈什么"指"呢?"指"并不存在于世界上。而物则存在于世界上。认为世界上所存在的东西就(等于)是

---

1)《庄子·徐无鬼第二十四》[Legge (5), vol.2, p.100]。

2) 见 Fêng Yu-Lan (1), vol.1, pp.192ff.; Forke (5)。

3) 公孙龙是一个强烈的和平主义者,我们可以从他力图使赵国撤除军备看出(《吕氏春秋》之《审应》和《应言》)。他的恩主是平原君(见本卷 p.233)。他的同事和弟子中,已知的有綦母子、桓团、毛公和田巴。另一个是中山君魏牟。有一个对手是乐正子舆。公孙龙和孔子的一个嫡系后裔孔穿之间举行过一次著名的论辩,是在赵国平原君的宫廷之中,时间约在公元前 298 年。

4) 直到最近,《公孙龙子》的唯一全译本是佛尔克的译本[Forke (5)],但冯友兰[Fêng Yu-Lan (1)]对公孙龙的意思阐述得要好得多,他的解说是可取的。我们现有 Ku Pao-Ku (1),Mei Yi-Pao (3) 和(不大令人满意的) Perleberg (1) 的全译文。Hughes (1) 中有选录。

5) 这个字是否应写作"旨",尚不能确定,"旨"的意思是一种观念或一种概念。

6) 不过应当指出,这种解释并未被普遍接受。张东荪(2),继之以顾保鹄[Ku Pao-Ku (1), pp. 37ff., 115],都认为:这段论述必定与指称过程有关,即从其他一切物体或类别中区分出某一物体或类别,并特定赋予一个专门名称。因之,首先是指示姿态的标记("指"),其次是客体("物"),第三是二者之间的关系("物指")。可以看出,公孙龙思想中的科学兴趣仍然是很大的,因为他是根据这一观点制订一切分类的基础的。梅贻宝[Mei Yi-Pao (3)]将"指"译为"属性" (attributes),认为公孙龙讨论的是一种区分,与西方哲学中实体和性质之间的区分相似。这里的困难,与古代数学书籍中有时发生的困难相似(楔形文字和中国古文献都是如此),即难以严格确定原作者是在谈论什么——这一点一旦确定了,一切问题就都迎刃而解,甚而连所作的校订也能说得通了。

世界上所不存在的东西,这是不可能的。世界上并不存在(物质上的)"指",而物不能称为"指"。倘若它们不能称为"指",那末它们(本身)就不是"指"了。

没有(在物质上存在的)"指",(而在上面已经说过)也没有物是没有"指"的。世界上没有(在物质上存在的)"指",以及物不能称为"指";这并不是说没有"指"。并不是没有"指",因为没有任何物是没有"指"的。……

(在时间和空间上)世界上并不存在"指",这是由于这样一个事实:所有的物各有自己的名,但这些名本身并不是"指"(因为它们是个体名称,而非共相)。……

此外,"指"是被认为世界上所共有的("兼")[1](因为它们表现在有关类别的所有成员的身上)。

(在时间和空间上)世界上不存在"指",但没有事物可以说是没有"指"(因为每一个个体事物都表现为各种不同的普遍性质的一组集锦。……[2])

〈物莫非指,而指非指。天下无指,物无可以谓物。非指者天下,而物可谓指乎? 指也者,天下之所无也;物也者,天下之所有也。以天下之所有,为天下之所无,未可。天下无指,而物不可谓指也。不可谓指者,非指也。非指者,物莫非指也。天下无指,而物不可谓指者,非有非指也。非有非指者,物莫非指也。……天下无指者,生于物之各有名,不为指也……且指者天下之所兼。天下无指者,物不可谓无指也。……〉

思考个别现象和普遍性质之间的关系这一尝试,其实际运用见于该书第二篇《白马论》和第五篇《坚白论》中。这些篇可以解释前面所出现的有关"坚"、"白"、"马"的引述。关于白马的论述节略如下[3]:

白马不是马。……"马"字指示("命")形状,"白"字指示颜色。指示颜色的并不指示形状。所以我说白马不是马(本身)。……当要求一匹马(本身)时,黄马、黑马都可以牵来,但是当要求白马时,它们就不行了。……所以黄马、黑马是同类的事物,要马时,它们可以应征,但要白马时,就不能应征了。因此结果就是,白马不是马(本身;或马性)。……

马必定有颜色。所以有白马。假定可能有没有颜色的马,那我们就只会有马本身了("有马如而已")。这时,我们怎么能得到白马呢? 任何白的事物,并不就是马。白马是"马"和"白"的结合。但"马"而又"白",就(不再单纯)是"马"了。所以我说白马不是马(本身)。……

---

1) 注意,这个字与墨家语"兼爱"的"兼"是同一个字,上文见 p.168。
2) 由卜德译成英文,见 Fêng Yu-Lan (1), vol.1, p.209, 经修改。
3) 原文系对话形式,这里节引中予以省略。

"白"字并不指定("定")什么是白的。……但"白马"两字则对白指定了白的是什么。……[1]

〈白马非马,……马者,所以命形也;白者,所以命色也;命色者,非命形也;故曰:白马非马。……求马,黄黑马皆可致;求白马,黄黑马不可致。……故黄黑马一也,而可以应有马,而不可以应有白马。是白马之非马,审矣……马固有色,故有白马。使马无色,有马如已耳,安取白马? 故白者非马也。白马者,马与白也,马与白马也。故曰:白马非马也。……白者不定所白,……白马者,言白定所白也。……〉

毫无疑问,公孙龙陈述这种显然的无稽之谈,即白马非马,其目的是要引起可望成为思想家的人的兴趣。下面将要看到,名家对悖论特别感兴趣。

在其对于坚与白的认识论的论证中,公孙龙想要证明它们是两个分别加以领会的共相。

问:说坚、白、石是三,可以吗?

答:不可以。

问:它们能是二吗?

答:是。

问:怎么能是?

答:我们发现没有坚而有白时,这就得出二。当我们发现没有白而有坚时,这就得出二。……用眼看,不能知觉到坚,但发现了没有坚的白;用手触,不能知觉到白,但能发现没有白的坚。……看与不看是相互分离的。它们彼此互不渗透,所以它们是分离的。这种分离称为"藏"。

公孙龙用的"藏"字是指共相的潜存,共相脱离了潜存则显现于物质事物的存在之中。

坚不只是与石头结合因而坚硬的,它对其他一切事物都是共同的。它不是由于和其他事物结合而坚硬的,它的坚必然就是坚(本身)。既不是(由于)石头和其他东西而成为坚,而就是坚(自身);倘若时间和空间的世界完全没有任何坚的东西存在,那末,它就正是潜藏着的。……坚是靠手触而知觉到的。既然知觉着的是心,而不是手,倘若它不知觉,那末,我们就有了"离"。由于有这种"离",整个世界才秩序井然。[2]

〈坚、白、石三,可乎?"曰:"不可。"曰:"二,可乎?"曰:"可。"曰:"何哉?"曰:"无坚得白,其举也二;无白得坚,其举也二。"……"视不得其所坚而得其所白者,无坚也;拊不得其所白

---

1) 由卜德译成英文,见 Fêng Yu-Lan (1),vol. 1,p.204;Ku Pao-Ku (1),pp. 30ff.,经修改。

2) 由卜德译成英文,见 Fêng Yu-Lan (1),vol. 1,pp.207ff.;Ku Pao-Ku (1),pp. 54ff.,经修改。这一译法可与修中诚[Hughes (1),p.126]和珀尔伯格[Perleberg (1),p.110]的不同译法相比较。顾保鹄[Ku Pao-Ku (1),pp.65,101,111,113,117]提出了在这里的最末一句中公孙龙和惠施之间的根本对立。

而得其所坚者,无白也。"……"见与不见离,一一不相盈,故离。离也者,藏也。"……

> 曰:"坚未与石为坚,而物兼,未与物为坚。而坚必坚。其不坚石物而坚,天下未有若坚,而坚藏。……坚以手,而手以捶,是捶与手知而不知,而神与不知。神乎? 是之谓离焉。离也者,天下故独而正。"〉

188　这里令人感兴趣的,倒不是公孙龙的这种思维和欧洲思想史上类似情况的详细比较,而是这种思想在古代中国出现得如此之早这一事实[1]。当然,公孙龙所从事的问题是和促使 17 世纪欧洲思想家区分初级性质和次级性质的那些问题相类似的。

　　从自然科学的观点来看,最有兴趣的那一篇也许是第四篇《通变论》。公孙龙在研究自然界的时候论述了这个中心问题,这是最有意义的。他的目的显然是要表明,共相是不变的,而个体则是常变的。

> 问:二含有一吗?
>
> 答:二(之性)并不含有一。
>
> 问:二含有右吗?
>
> 答:二(之性)没有右。
>
> 问:二含有左吗?
>
> 答:二(之性)没有左。
>
> 问:右可以称为二吗?
>
> 答:不可以。
>
> 问:左可以称为二吗?
>
> 答:不可以。
>
> 问:左和右一起可以称为二吗?
>
> 答:可以。
>
> 　二的共相就是二(之性),别无他物。但"右"加上"左",数目为二,所以可以称为二。
>
> 问:说变不是变,可以吗?
>
> 答:可以。
>
> 问:"右"和(某物)结合,可以称为变吗?
>
> 答:可以。
>
> 问:变的是什么呢?

---

1) 而且,看来公孙龙决不是持"坚白"论的第一个人。据《韩非子·外储说左上第三十二》第三页,一位叫倪说的名家就曾对稷下学者谈论过这个题目。这大约是在公元前 315 年。郭沫若[(1),第 225 页]认为倪说即《战国策·齐策第一》中所说的辩者貌辩。或许有意义的是,貌辩是来自齐国的(见下文 p.241)。

答: 它是右。

即"右旋性"这个共相, 显现于双重事物中, 然后又消失了。

问: 倘若右已经变了, 你怎么能还称它为"右"呢? 倘若它没有变, 你怎么能说变呢?

答: "二"倘若没有左, 就不会有右。二包含着"左和右"。羊加上牛不是马、牛加上羊不是鸡。

这里, 讨论已涉及生物学的分类问题——即物种的共相。

问: 这是什么意思呢?

答: 羊和牛是不同的。因为羊有(前上)齿, 而牛没有, 所以我们不能说牛是羊, 也不能说羊是牛。它们具有不同的特性, 属于不同的物种("类")。但也不能因为羊有角, 牛也有角, 我们就说牛是羊, 或反之说羊是牛。它们可能都有角, 但却属于十分不同的物种。羊和牛有角, 马没有角; 但马有长尾, 羊和牛都没有。这就是为什么我说羊和牛加在一起不成其为马; 也就是说, (在目前这个讨论中)并没有马。因而, 羊不是二, 牛不是二, 但"羊和牛"则是二。……

换句话说, 虽然属于不同的物种, 但两个个体可以合而显示出共相"二(性)"。

牛和羊有毛, 而鸡有羽。谈到鸡足, 则成其为一(即"鸡足"的共相)。每一(个体的鸡)有二足。二加一得三(即二个实体加一个共相观念)。谈到牛足和羊足, 则成其为一(即"牛足"和"羊足"的共相)。每一个(个体的)羊或牛有四足, 四加一得五(即四个实体加一共相观念)。因此, 当我说牛和羊不成其为鸡时, 除此之外我就没有别的理由。倘若为了比较而选择马或鸡的话, 还是马好一些(因为它也是四足兽)。

有某些特性的和没有某些特性的, 可能归于同一物种。做出这样的称呼就叫做"乱名"和"狂举"[1]。

问: 让我们谈谈别的吧。[2]

〈曰: "二有一乎?"曰: "二无一。"曰: "二有右乎?"曰: "二无右"。曰: "二有左乎?"曰: "二无左。"曰: "二苟无左又无右, 二者左与右奈何?"曰: "右可谓二乎?"曰: "不可。"曰: "左可谓二乎?"曰: "不可。"曰: "左与右可谓二乎?"曰: "可"。曰: "谓变非不变可乎?"曰: "可。"曰: "右有与, 可谓变乎?"曰: "可。"曰: "变奚?"曰: "右。"曰: "右苟变, 安可谓右? 苟不变, 安可谓变?"曰: "羊合牛非马, 牛合羊非鸡。"曰: "何哉?"曰: "羊与牛唯异, 羊有齿, 牛无齿, 而牛之非羊也, 羊之非牛也, 未可。是不俱有而或类焉。羊有角, 牛有角, 牛之而羊也, 羊之而

---

1) 应注意, 在墨家著作中已见到这同一术语。

2) 由卜德译成英文, 见 Fêng Yu-lan (1), vol. 1, p.213; Ku Pao-Ku (1), pp. 47ff., Mei Yi-Pao (3), pp. 426 ff.; Pergleberg (1), p.101, 经修改。本段后一部分的译者因各人所用的原文校本不同, 译文有很大的差异。

牛也，未可。是俱有而类之不同也。羊牛有角，马无角；马有尾，羊牛无尾。故曰：羊合牛非
马也。非马者，无马也。无马者，羊不二，牛不二，而羊牛二。……牛羊有毛，鸡有羽。谓鸡
足一，数足二，二而一，故三。谓牛羊足一，数足四，四而一，故五……故曰：牛合羊非鸡。
非，有以非鸡也。与马以鸡，宁马。材不材，其无以类，审矣。举是，谓乱名，是狂举。"曰：
"他辩"。〉

(d) 惠施的悖论

　　名家的著作总含有一种"震世骇俗"(*Epater le bourgeois*)的意图(参见下面的
悖论)作为其潜流，如上面所说的四足兽各有五足，这无疑是要使人注意"四足本
身"这一不变共相的存在。在这一点上，他们类似于道家；不过，道家不大注意这种
逻辑的抽象。《通变论》的其余部分文义更加晦涩，但在总的目的上它继续坚持这样
一个论断，即自然界中起变化的乃是个体的事物，共相始终是不变的。值得注意的
是，文中谈到了五行和五色，论述到它们彼此的相克关系。这就把名家和邹衍的阴
阳学派(见下文 pp。232,243)及其构成一切可见变化基础的不变介质和元素的那
种体系联系起来了，有如希腊思想中原子的作用那样。

　　有些迹象表明惠施更接近于道家(正如从他和庄周的友谊中可以意料到
190　的)[1]。据说他曾倡导过需要"废除尊荣地位"[2]，并和公孙龙和墨家一样，曾提倡
过和平主义的政策。他显然对科学和逻辑都感兴趣，因为我们读到：

> 　　南方有个奇怪的人名叫黄缭，他问天为什么不坠落，地为什么不沉陷，以
> 及风、雨、雷霆的原因。惠施毫不迟疑地、不假思索地作了回答。他连续和详
> 细地谈论了一切事物，还以为自己的话太少，又加上了许多奇怪的论述。[3]

> 〈南方有倚人焉，曰黄缭，问天地所以不坠不陷、风雨雷霆之故。惠施不辞而应，不虑而
> 对，偏为万物说，说而不休，多而无已，犹以为寡，益之以怪。〉

所以，他不单纯是一个诡辩家，象是否则的话会被人们所设想的那样；可惜的是，他
的大量著作全部没有留传下来。我们现有归在他的名下的，只有《庄子·天下第三
十三》所载的十条悖论。除这十条而外，该篇中还另有二十一条悖论，是"辩者"所
宣扬的那类耸人听闻的事情的举例。此外，《列子》书中还保留有六条(其中三条和
辩者所列三条胡同)。《荀子》书中还有五条(其中一条是惠施的，另一条是辩者
的)。使人感到惊奇的是，名家的这些悖论和希腊史上与埃利亚的芝诺(Zeno of

---

　　1) 郭沫若[(*4*)]，第 52 页以下]同意此说。
　　2)《吕氏春秋·爱类》。参见 Ku Pao-Ku (1)，pp. 4 ff.。
　　3)《庄子·天下第三十三》，由卜德译成英文，见 Fêng Yu-Lan(1)，vol. 1，p.196. 这使我们想起《列
子》中的那个惊惶失措的人(见上文 pp.40,63)；关于雷电，见下文 p.379 王充部分。

Elea)的名字联在一起的那些著名的悖论之间的吻合。芝诺的鼎盛期是公元前450 年;中国的这些悖论必然是公元前 320 年左右进行讨论的。在那样一个时候,我认为很难相信彼此有什么交流或影响(见本书第七章)。这种悖论形式自发地出现于那个特定的思想阶段,并非不自然的;但是时间上的吻合至今仍是引人注目的。现在让我们把这些系列分列如下[1]:

《庄子·天下第三十三》

惠施: 1. 最大的,在它自身以外就没有东西,并叫作"大一";最小的。它自身以内就没有东西,并叫作"小一"。

2. 没有厚度的东西就不能积累起来;但它可以覆盖千里(平方里)的面积。

3. 天和地一样低;山和沼泽在同一个水平面上。

4. 正午的太阳就是正在衰落的太阳。出生的动物就是正在死亡的动物。

5. 大的相同性("大同")不同于小的相同性("小同"),这叫做"小同异"。一切事物一方面全都相同,一方面又全不相同,这叫作"大同异"。

6. 南方既有限而同时又无限。

7. 今天去越国而昨天到达。

8. 连环可以被解开。

9. 我知道世界的中心,它在燕国之北和越国之南。

10. 同等地爱一切事物,宇宙就是一体("泛爱万物,天地一体")。

辩者: 11. 卵有羽毛。

12. 鸡有三只脚。

13. 郢(楚国的都城)包括整个的世界。

14. 狗可以(是? 变为? 被认为是?)羊。

15. 马有卵。

16. 蛙有尾。

17. 火不热。

18. 山从口中出来。

191

---

1) 我们比较了以下几种译本,即 Legge (5),Forke (5),Fêng Yu-Lan (1),Hughes (1),Wieger (7),Ku Pao-Ku (1)等等,但由于这里情况过于复杂,不能偏信每一位从前的译者,所以必须这样说:在研究中文原文时,这些译本都放在我们手边做参考。

19. 车轮并不接触地面。

20. 眼睛并不看见。

21. "指"(共相)并不达到;达到的东西是无尽的。

22. 龟比蛇长。

23. 木匠的矩尺不是方;圆规不能成圆。

24. 凿不适合于它的柄。

25. 飞鸟的影从没有移动过。

26. 飞箭有既不运动也不静止的时候。

27. 幼犬不是狗。

28. 黄马和黑牛合而为三。

29. 白狗是黑的。

30. 孤驹从来没有过母亲。

31. 一尺长的杆子,每天截去一半,一万代以后也仍会留下来一些。

〈《庄子·天下第三十三》:1. 至大无外,谓之大一;至小无内,谓之小一。2. 无厚不可积也,其大千里。3. 天与地卑,山与泽平。4. 日方中方睨,物方生方死。5. 大同而与小同异,此之谓小同异;万物毕同毕异,此之谓大同异。6. 南方无穷而有穷。7. 今日适越而昔来。8. 连环可解也。9. 我知天下之中央,燕之北,越之南是也。10. 氾爱万物,天地一体也。11. 卵有毛。12. 鸡三足。13. 郢有天下。14. 犬可以为羊。15. 马有卵。16. 丁子有尾。17. 火不热。18. 山出口。19. 轮不蹍地。20. 目不见。21. 指不至。至不绝。22. 龟长于蛇。23. 矩不方。规不可以为圆。24. 凿不围枘。25. 飞鸟之景未曾动也。26. 镞矢之疾,而若不行不止之时。27. 狗非犬。28. 黄马、骊牛三。29. 白狗黑。30. 孤驹未尝有母。31. 一尺之棰。取其半,万世不竭。〉

《列子·仲尼第四》

1. 可以有观念(意)而没有思虑(心)。

2. 与辩者21条同(措词稍异)。

3. 与辩者25条同(措词稍异)。

4. 一根头发可以提起千钧(重三万斤)。

5. 白马不是马(与公孙龙《白马论》同)。

6. 与辩者30条同(只相差一字)。

〈《列子·仲尼第四》:1. 有意不心。2. 有指不至。3. 有影不移。4. 发引千钧。5. 白马非马。6. 孤犊未尝有母。〉

《荀子·不苟篇》

1. 与惠施3条同(两句次序相反,措词稍异)。

2. 齐秦两国是毗连的。

　　3. 从耳朵进去的从口里出来。

　　4. 女人能有胡子。

　　5. 与辩者 11 条同。

　　〈《荀子·不苟篇》: 1. 山渊平,天地比。 2. 齐秦袭。 3. 入乎耳,出乎口。 4. 钩[1] 有须。 5. 卵有毛。〉

《孔丛子》[2]

　　1. 臧这个人有三个耳朵(与辩者 12 条同)。

　　〈《孔丛子》: 臧三耳。〉

　　这些说法当然需要解释。现在分组说明如下。

(i) 相对性和变化的无所不入性

　　这里我们可以分出来的第一组。如上所见,从不同的时空参照系来看宇宙各个方面之间的不同这一相对性的观念[3],已为道家清楚地体会到了(见上文 pp.49、81),而这里我们在墨家和名家中间也可以看到这种观念。空间的相对性可见于天与地、山与泽的悖论中(惠施 3,《荀子》1),因为天地必然有一个交界是天地相接之处,并且从宇宙的观点来看,地球表面的参差不齐是微不足道的[4]。关于南方有限而又无限这条悖论(惠施 6),各种解释不一。胡适认为,这一条可以透露墨、名两派的思想家确信大地是球形的(对此其他理由将很快就要提到);但黄方刚和冯友兰则认为,这一条的意思可能只是说在当时地理知识的范围以外,还有着广阔的地域。不管怎样。这是属于空间相对性这一组的。关于世界的中央在燕(最北的国家)之北,越(最南的国家)之南这一悖论,按照胡适的意见,又一次表示了对大地是球形的体会[5]。在这方面,冯友兰引用了司马彪(公元 3 世纪)对《庄子》的注释:世界并没有罗经点,因之(从一个观点来看)我们恰好身在哪里,那里就是中心;循环没有起点,所以我们恰好身在哪个周期点上,那一点就是开始("天下无方,故所以为中;循环无端,故所在为始也")。

---

1) 据俞樾订正,"钩"应作"姁"。

2) 《孔丛子》是东汉或更晚的作品。

3) 不用说,"相对性"一词这里不是用在其严格的科学意义上的。

4) 参见《庄子·秋水第十七》中北海神对河伯说的话:"所以我们就知道天地小得像一颗最小的米粒,而一根毫发的尖端大得象一座山丘。"("知天地之为稊米也,知毫米之为丘山也。")[Legge (5), vol.1, p.379]。参见上文 p.103。

5) 然而黄方刚指出,"天下"中的"下"字,可能是窜入的,在这种情况下它的意思就只是:不论我们恰好是在大地表面上哪个地方,天球的极点总是正在我们头上。参见本书第二十章(b)。

　　除了对相对性应用于空间的理解而外,还有对相对性应用于时间的理解。惠施 4 这条悖论,把它同时应用于天文学和生物学上。正午的那一短促瞬间似乎是虚幻的,如果采用充分长的时间周期,太阳就总是在沉没着,因为正午出现在大地表面上的不同地点和不同时间。在生物学的类比上,如果我们从现代生物学家对于衰老问题的讨论来判断,惠子要比他所梦想的说得更加中肯,因为机体越是年青,衰老的速度就进行得越快[1]。今天去越国而昨天就到了(惠施 7)这句话,听起来简直像是出自一本物理相对论的现代教科书;它承认不同的地方存在有不同的时间标度。连环的悖论一般也认为属于这个范畴;这一条(惠施 8)可能并无拓扑学的意义,也许是说连环不管是什么物质制成的,到头来终会衰败,而连环就会分解。它也可能是说,每一个环都可以就其接近于完全圆周的程度来分别考虑,正如一个几何学家所考虑的那样,因而可能是在肯定事物现象在思想中的可分解性。但胡适疑心这是文字游戏,是说环是可以干脆砸烂的[2]。

　　这些相对主义的解释,与章炳麟(1)对惠子的最著名的注释中所采用的解释全不相同。他认为,这些悖论的目的是要建立一种观点,即:一切定量的量度和一切空间的区别,都是不真实或者虚幻的,而且时间也是不真实的[3]。胡适[Hu Shih (2)]的话是更容易同意的,他说这些悖论有意证明"宇宙的一元理论",同时指出有些悖论因此至少是和芝诺的悖论具有同样的目的。(在本书讨论物理学的一章中我们将看到)墨家对持续("久")和特殊时刻("时"),以及空间("宇")和特殊地点("所"),在《经上》39 和《经上》40 分别作了区别。时间从一瞬到另一瞬经常是在过渡着,这显然是常识,但墨家还认为,特殊地点在空间中也是经常在变的。胡适就在这里提出他的看法,说墨家认识到大地是球形的并有着某种运动[4]。《墨经》中的这两条是《经下》13 和《经下》33,它们很难在任何别的基础上加以解释。这里列举胡适的译文如下:

《经下》13 / 一 / 24.13. "空间和时间"

　　《经》:　空间(空间的宇宙)的界限是经常在移动着的。

　　　　　原因在于"延长"("长")。

---

1) 参见 Needham (1),pp. 400ff.中的论衰老部分。

2) 参见希腊传说中的难解的结(Gordian knot);《战国策》中有一个类似的故事,在本书第十九章(h)中我们将看到有关连环的一个拓扑学之谜。

3) 他可能是受了佛家哲学的影响。

4) 参见(本书)第二十章和二十二章天文学和地理学部分。在汉代和后来占统治地位的浑天宇宙理论中,大地经常被描述为一个位于天球中心的球体。

《经说》:早上有南北,晚上也有。但是空间早已改变了它的位置。

〈经:宇或徙,说在长。

经说:宇。长徙而有处,宇。南北在旦有在莫。〉

《经下》33／一／63.24.“空间和时间”

《经》: 空间位置是已经成为过去的东西的名称。原因在于“实在”（“实”）。

《经说》:知道“这”不再是“这”,以及“这”不再是“这里”,我们却仍然称它为南北。这就是说,已经成为过去的东西被看成好象仍然是存在的。我们当时称它为南,所以现在继续称它为南。

〈经:或,过名也。说在实。

经说:或。知是之非此也,有知是之不在此也;然而谓“此南北”:过而以已为然。始也谓“此南方”;故今也谓“此南方”。〉

所以,这些悖论是以这样的假定为基础的:在宇宙的时空连续体中,有无限之多的特殊地点和特殊时间经常在互相改变它们的位置。从一个观察者的观点来看其中的任何一个,宇宙看起来就和另一观察者所看到的大不相同。迄今所考虑的一切悖论,都不难纳入这个体系。它那引人注目的现代性,与我们在《墨经》中所看到的辩证痕迹是相类似的;它使人不禁想到,倘若环境条件有利于它的生长的话,中国科学无需通过亚里士多德的逻辑学这门学科可能会发展成什么样子。

194

(ii) 无限性和有关原子论的问题

上面所述的宇宙无间断的时空连续体,必定就相当于“惠施1”悖论中的“大一”。特殊时刻和地点可能相当于该条中的“小一”[1]。这似乎是那些并非不常见的场合之一,在这种场合下中国古代思想家停顿在原子论的大门口,而从来没有进去过。至小无内[2]的“小一”似乎很可以想象为一个原子。同时,这与不可分割性的观念相去不远,因为我们在“辩者31”中就看到这种观念,虽然是以反原子的形式陈述的,即分割一根杆子的一半的过程,实质上是永远不会完结的。后面我们将看到[3],《墨经》在它对几何点的定义中,至少有两条关于几何学“原子”的命题(《经上》61 和《经下》60)。这两条命题很难解释。胡适[Hu Shih (2)]认为它们是反原

---

1) 参见《庄子·秋水第十七》中河伯对北海神说的话:“世上的争论者们都说‘最细微的东西是没有形的;最巨大的东西是不能包围住的’;你对此的意见怎么样呢?”（“世之议者皆曰:‘至精无形,至大不可围。’是信情乎?”）[Legge (5), vol.1, p.378].

2) 这是对今天原子概念的一个非凡的预见,原子实际上也是无内的。

3) 第十九章(h)。

子的,但我支持冯友兰等人的观点,认为它们确实是想要把几何学上的点定义为不能再切为两半的线。在这个问题上,惠施和墨家之间一定存在着意见分歧。至少可以肯定,他们曾进行过非常之接近于原子论的各种生动讨论[1]。

假如"辩者31"这条悖论是要反对点或粒子的存在,那末其他三条悖论就有现成的解释了,即"辩者19"之论车轮[2],"辩者25"(《列子》3)之论鸟的影子和"辩者26"之论飞箭。所有这三条都与运动有关,而最后一条则与芝诺的悖论惊人地相似[3]。让我们回忆一下芝诺的四条悖论:

(1) 你不能达到赛马场的终点。你不能在有限的时间内穿越无限的点。……

195

(2) 阿喀琉斯(Achilles)将永远追不上乌龟。他必须首先到达龟的出发点,而这时龟又已经前进一段了。……他总是越走越相近,但却永远追不上它。

(3) 飞箭是静止的。因为倘若一切事物当它占据一个相等于其自身的空间时是静止的,那末飞着的东西总是占据着一个相等于其自身的空间,所以它就不能动。

(4) 时间的一半可以等于时间的一倍(这是一个移动物体的排行问题)[4]。

在确定埃利亚派的这些悖论在科学史上的位置时,布吕内和米里[5]指出,它们实际上是一种反原子论的或者不如说是反毕达哥拉斯的"步骤"(*démarche*)。毕达哥拉斯的空间上分离的点与时间上的瞬刻,或者更糟糕的是留基伯-德谟克利特的原子,都是多元论的不连续体,芝诺提出他的悖论就是为了反对他们的。他想支持一种一元论的连续性的宇宙。他实际上是说,如果任何东西在有限时间内须通过无数的点,那末它就决不能达到任何地方。这里涉及的谬误以及原子论者的反命题,不与我们相干——令人极感兴趣的是,正在芝诺时代约一个世纪之后,

---

1) 参见 Forke(13),pp.429ff.,但他(p.320)在《庄子》书中也发现了原子论,我觉得不大令人信服。

2) 如钱宝琮[(1),第 12 页]所说,轮只在一点上着地,因为点是没有大小的,所以根本不能说是真正着地。

3) 由于在"辩者22"中提到了乌龟,胡适提出,它可能是埃利亚型悖论的一种讹误。

4) 我用的是伯内特[Burnet(1),p.367]的译文。这些悖论出自亚里士多德的《物理学》(*Physics*, 239b, 5—33)。

5) Brunet & Mieli (1),p.128。同时见文献附录中的 Cajori (1);Tannery (1);Diels-Freeman (1),p.47;Freeman (1),p.153。

墨家和名家的讨论也经历了十分类似的领域[1]。

另外还须补充一点，即鸟的影子这条悖论(辩者 25)可能有一种附带的含义[2]。影子(本身)不动的说法在《墨经》中也有(《经下》16)，这在后面我们引述光学命题时将可看到。在那里，我认为它的意思是，只要光源和对象不移动他们的位置，影子就将永远不动。我们应该还记得前面(p.51)所引的《庄子》中关于影子和半影的对话，其中影子显然地依附的行为被解释为或许是一个独立机体的运动，这种运动或者有自发的节律，或者是响应一个共同原因。那种概念在这里也许要遭到攻击。

(iii) 共相和分类

在悖论中，当然也有墨、名两家的分类理论.。其中有几条是次要的陈述，有两条是比较重大的陈述。"辩者 12"(《孔丛子》1)关于鸡有三足的这条悖论，是《公孙龙子》书中一段的重述，即对一个动物实有的足，再加上"一般 x 型的足"这一共相的观念。"辩者 28"的情况也类似。"辩者 14"可能是说，狗和羊都是四足兽。《列子》5 简单地重复了《公孙龙子》的论白马。"辩者 21"(《列子》2)过去从来没有人了解，直至冯友兰指明"指"的意思可能是意味着共相；这样我们就容易把它认为是这样一个陈述：共相不能达到我们的知觉，只有物质性的东西才能做到这一点；而这些东西，就它们那方面而言，在数量上是无穷的。关于矩不是方，规不能成圆(辩者23)这一条，一定是说它们不可能做出象这些图形的共相那样完美的方和圆(参看前引《墨经》，《经上》70)。"辩者 24"的意思可能与此类似，是说"凿"不能适合柄。

"惠施 5"和"惠施 10"是更重要的陈述。关于"小"同异和"大"同异的解释，意见颇为参差。冯友兰认为，这条陈述是指普通人在不同的事物之间看到了差异，而反之，哲学家则认识到，天下万物从一方面说是俱异，从另一方面说又是俱同。胡适说这一条体现了这样一个观念，即在一切表面的分歧和变异之下，有着主要的和基本的一致性。章炳麟(1) 认为它揭露了一切分类的不真实性，黄方刚(2) 则认为它含有亚里士多德的大类和小类的等级分类观念。总之，我们所能肯定的是，它和分类有关[3]。同和异的一致性的学说似乎是惠施的特点，有如"坚"和"白"的分

196

---

1) 当然，连续性和不连续性这一二难推论是一切时代自然科学的基本主题之一。我不知道现代物理学的"波粒二象性"是否解决了这个问题。后面[第二十六章(b)]我想说明，虽则不连续的原子一直在统治着欧洲的思想，但连续波却始终统治着中国人的思想。值得注意的是，在公元 2 世纪的印度，龙树(Nāgārjuna)也提出了一些与芝诺和惠施相似的悖论，旨在证明运动的不可能性。关于这些对比，可进一步见 Ku Pao-Ku(1), pp.129ff.。

2) 顾保鹄[Ku Pao-Ku (1), p.123]同意此说。

3) 最近戴密微在评论 Ku Pao-Ku (1)一书时曾力图进一步阐明这一段难解的文字。

离性是公孙龙的特点。

"同等地爱一切事物,宇宙就是一个实体"(惠施 10)当然被认为是墨家兼爱学说的形而上学的那一面。但是无疑地其中还有着更多的东西[1]。这句名言把墨家和道家紧密地联系起来了。我们记得道家的学说是,圣人无私地兼蓄万物,"道"贯穿于自然界的一切事物之中,不论其如何丑恶、讨厌和微琐(见上文 pp.47,48);宇宙万物绝无真大或真小之分,人类社会也应该是如此(见 p.103)。对于这一点,黄方刚又加上了"牛顿的"万有引力的成分(参见上文 pp.40,151 论吸引和排斥)。

(iv) 心神的作用;认识论

有几条悖论似乎是指心神通过思考("虑")的联系而获得概念知识("恕")。火不"热"(辩者 17)是因为心神的活动把热加在总是被人发现在一起的一组感官-知觉上面(参见《墨经》,《经下》47)。目不"见"(辩者 20),是因为见的全部过程包括由心神对经验的联系作用。另一方面,有观念而没有思虑("有意不心",《列子》1)可能是指道家承认无意识的精神活动,或是指道家相信行为的自主性(参见上文 pp.52ff.)。"《荀子》3"的含义可能也是指心神活动。

197 ### (v) 潜能与现实

这是很明显的一组,它包括卵内(潜存)有羽毛(辩者 11,《荀子》5)、个体的蛙(过去)有过尾(辩者 16)和小狗长成为犬(辩者 27)。若以一种进化的意义来解释(如《庄子》论变异的那一段,上文 p.79),那末把"辩者 14"这一条也放在这里,也许不致于有大错;《荀子》2(因为介乎中间的国家已被消灭,所以就可以使西方的秦国和东方的齐国接壤了)和《荀子》4(这条必定是指当时对于人和动物的性逆反的知识)[2] 也可以放在这里。于是我们就转入最后的两组。

(vi) 有如悖论的自然奇迹

我认为马有卵(辩者 15)属于这一组。凡是聪明而慎重的亚里士多德[以及直到冯·贝尔(von Baer)以前的一切其他人]所不得而知的,惠施和邹衍肯定也是茫无所知的。我们不能把这一条认为是发现哺乳动物卵细胞的哪怕是最微弱的先

---

1) 郭沫若[(1),p.234]同意这种看法。应注意,惠施使用了一个略有区别的词,不是墨翟的"兼爱"而是"泛爱",他所指的也许是自然界的一切事物,而不仅只指一切其他的人。各个时代的伟大的艺术家和伟大的自然主义者,都遵循着他的这个劝告。参见下文 pp.270,281,368,453,471,488,581。

2) 例如《墨子·非攻下第十九》[Mei (1),p.113];《论衡·无形篇》[被 Forke (4),vol.1,p.327 误译];《申鉴·俗嫌第三》。对这些参考材料,我得感谢莱斯利先生。见下文 p.575。

声。然而,哺乳动物的裹在包衣中的早期胎儿,确实与卵大致相似。所以我们认为这条悖论只不过提示人们,一切高等动物的生殖过程是大致相似的。当然,它也可能具有一种进化的解释,如像"辩者 14"即是。其他三个生物学上的自然奇迹,似乎其中都有文字上的诡计。乌龟可以比蛇长(辩者 22)——如果你是说长命的话,白狗可以是黑的(辩者 29)——如果你是说它们的眼睛而不是它们的毛的话;孤驹在它有权被称为孤驹之后,当然就没有过母亲(辩者 30,《列子》6)。凡此等等,可能都是在警告人们要更清楚地规定自己所谈论的是什么。

至于"辩者 18",我想提出,它指的不是对回声通常的解释,而可能是指火山。山丘的确可以从大地的口中呈现出来。古代中国人居住在环绕太平洋的地震和火山带的边缘,他们可能知道有活火山存在[1]。

在《列子》4 这一条中,我们看到了一种机械的奇迹。在《墨经》中也有近似的类比(《经下》24 和《经下》52),其中论述了重量可以在绳索和滑车上加以平衡的特性[见本书第二十六章(c)]。

最后,几何学上的二维平面因为没有厚度,所以不能形成一个堆,但却可伸延千里(惠施 2)。这一条可能被认为是一个数学奇迹而列在这里的。《墨经》中载有差不多完全相同的定义(《经上》19)。

(vii) 未分类的一条悖论

"辩者 13"似乎是唯一的含义十分不确定的悖论,它说楚国的首都会有整个世界。关于它的意义,我还没有看到任何令人信服的阐释。德效骞[Dubs (7)]可能是对的,他认为这一条是说,与无限的空间相比,郢和全中国是同样地小。

(e) 形式逻辑还是辩证逻辑?

名家式的悖论,有时在一般公认为道家的著作中也可以见到。《列子》[2] 书中有一段引人注目的对话,其中所记载一个名叫夏革的哲学家(不论是否确有其人)对答商汤皇帝的提问的那种方式,就使人想起康德的二律背反。

> 商汤问夏革说:"在一开始的时候,是不是就有了各个事物?"夏革回答说:"如果那时什么都没有的话,现在怎么能有任何事物呢?假如后代的人硬要说我们的这个时代什么都没有,他们说得对吗?"汤说:"那末,事物就没有

---

1) 参见本书第二十三章(b)。

2)《列子·汤问第五》第一页。

先后吗?"夏革回答说:"事物的终始是没有严格界限的。始可以认为是终,终也可以认为是始。谁能够在这些循环中划出明确的界限来呢?在万物之外和万事之先都有些什么,我们就不能知道了。"

于是汤又问:"空间又是什么情况呢?上下八方是否都有限度呢?"夏革说他不知道,但是在追问之下,他答道:"如果是虚空,那末它就没有界限。如果有事物,那末它们就有界限。我们怎么能知道呢?但在无穷之外必然存在着非无穷,而在无限之内又必然有不是无限的东西[1]。(正是这种考虑)——无穷必然继之以非无穷,无限必然继之以非无限 ——才能使我们领会空间的无穷和无限的范围,但不能使我们构想它是有穷和有限的。"

于是汤又接着提他的问题说:"四海之外都有什么呢?"夏革答道:"正和我们在齐国这里所有的一样。"汤说:"你怎么能证明它呢?"夏革说:"当我向东旅行走到营州时,我发现那里的人民和我们这里的一模一样。问他们再往东的情况,我发现那也是一样的。在向西旅行到豳地,而且再向前走时,情况也没有什么不同。因此,我知道四海、四荒以及大地的四方极角,都和我们自己所生活的这里一样。小的总是被大的包围着,永远达不到尽头。天和地包围着万物,而它们本身又被某种外壳包围着,这种外壳必然是无穷的。我们怎么知道并没有某种外层的宇宙,而我们自己的这个宇宙仅仅是它的一部分呢?这是些我们回答不了的问题[2]。(总之),天和地是物质的东西,所以就是不完善的。"[3]

〈殷汤问于夏革曰:"古初有物乎?"夏革曰:"古初无物,今恶得物?后之人将谓今之无物,可乎?"殷汤曰:"然则物无先后乎?"夏革曰:"物之终始,初无极已。始或为终,终或为始,恶知其纪?然自物之外,自事之先,朕所不知也。"

殷汤曰:"然则上下八方有极尽乎?"革曰:"不知也。"汤固问,革曰:"无则无极,有则有尽。朕何以知之?然无极之外,复无无极。无尽之中,复无无尽。无极复无无极,无尽复无无尽。朕以是知其无极无尽也,而不知其有极有尽也。"

汤又问曰:"四海之外奚有?"革曰:"犹齐州也。"汤曰:"汝奚以实之?"革曰:"朕东行至营,人民犹是也。问营之东,复犹营也。西行至豳,人民犹是也。问豳之西,复犹豳也。朕以是知四海、四荒、四极之不异是也。故大小相含,无穷极也。含万物者,亦如含天地。

---

1) 卫礼贤[R.Wilhelm (4)]采取了不同的解释,按照这种解释,夏革这里所说的是无限小(原子)。这个说法很动人,但似乎有失原意。

2) 在本书第二十章论天文学中,我们将看到,经"宣夜说"所流传下来的这些观念如何影响了后来所有的中国科学思想,并使它避免了经历任何亚里士多德-托勒密式的思想僵化。

3) 由作者译成英文,借助于 Wieger (7), p.131; Forke (6), p.46; R.Wilhelm (4), p.48; L.Giles(4), p.82。为了解释这种"不完善",原文从这里转入了神话传说。卫礼贤说,这表明道家的态度是怎样的不够严肃;但是,看来似乎明显的是,原文是由两个不同的来源合并成的。

含万物也故不穷,含天地也故无极。朕亦焉知天地之表不有大天地者乎?亦吾所不知也。
然则天地亦物也,物有不足。"〉

这里,正如卫礼贤所指出的,第一和第二个问题相当于康德二律背反的第一条,第 199
三个问题相当于康德的第三条。对无穷性的强调显然是道家的,而其处理方式则
近似名家的方法。

从以上可以看出,墨家(在其后期)和名家的著作,对于研究中国科学思想发展
史是极为重要的。这些学派的思想家曾试图奠定可以建立起自然科学世界来的那
些基础。关于他们最有意义的一件事,或许是他们显示出一种明显无误的辩证逻
辑而非亚里士多德的逻辑的倾向,这表现在悖论和二律背反之中,以及意识到其中
所引起的矛盾和动力学的实在。在这一点上,他们大大加强了成为道家思想特征
的各种倾向(参看上文 pp.57, 77, 103),正如后来所有这些本土的逻辑倾向都得到
佛教哲学的加强一样(参看下文 pp.423ff.)。

在后一个阶段(第四十九章),我们将探讨汉语和印欧语在语言结构上的差异
影响了中国的和西方的逻辑表达之间的差异究竟有多大。有人认为[1],主语谓语
的命题,因而也就是亚里士多德的同异逻辑,在汉语中更不易表示。有(being)或
实体(substance)和其他的属性之间的区别,据说显得较为不明确;像是"是"和
"有"这类字所表达的"有"(being,存在)的概念,就不如"为"和"成"那类字所含的
"变成为"(becoming)这个概念那么清楚。在所有的中国思想中,关系("连")或许
比实体更为基本。张东荪援引了《道德经》中下述著名的章节[2]:

> 存在与不存在互相生成,难和易互相补足,长和短彼此相比而显现,高和
> 低彼此相说明,乐器和歌声彼此相调和,前和后彼此相随。
>
> 〈故有无相生,难易相成,长短相形,高下相倾,音声相和,前后相随。〉

他认为这是中国人辩证逻辑——或如他所有意称之为"相关"逻辑[3]——倾向的典
型例子[4]。他说:"一个词的意义,只有由它的对立面所完成[5]。无论如何,中国人
的思想总是关注着关系,所以就宁愿避免实体问题和实体假问题,从而就一贯地避
开了一切形而上学。西方的头脑问的是:"它本质上是什么?"而中国人的头脑则
问:"它在其开始、活动和终结的各阶段与其他各种事物的关系是怎样的,我们应 200

---

1) 例如,见张东荪(1,4); Chang Tung-Sun(1)。参见下文 p.478。

2)《道德经》第二章,由作者译成英文,借助于 Chang Tung-Sun (1); Waley (4); Duyvendak (18)。

3) 有一定根据可以相信,中国的语言结构本质上适宜于现代组合逻辑中正在探讨的那些思维形式。

4) 试比较公元 2 世纪王符《潜夫论》中如下的话:"夫贫生于富,弱生于强,乱生于治,危生于安。"[译文
见 Balazs (1)]。这里,我们开始意识到文中含有一种对于社会变化的辩证说法。

5) 参见下文 p.466。

该怎样对它做出反应?"

在同一地方(第四十九章),我们还将探讨中国科学思想的发展究竟是否由于没有明确地总结出三段论式的逻辑这一事实而受到不利的影响。当然,三段论的推理在中国古籍中也常常有含蓄的表示;例如,在《公孙龙子》[1]中,其形式就很完备。另一方面,欧洲的逍遥学派则或许把思想过程限制得太严了。也许是罗马和拜占庭文化中对法学和神学的关注,导致了过分地专注于推论和结论而不重前提。然而对自然科学来说,前提从来总是最重要的部分。不管怎样,现代人对亚里士多德逻辑所作的判断一直是苛刻的。

在 17 世纪,所有"新哲学或实验哲学"的倡导者都攻击经院哲学的逻辑,其中有培根、格兰维尔[2]、考门斯基(J.A.Komensky)[3] 玻义耳[4]、斯普拉特(T.Sprat)[5]和其他许多人。罗利(W.Rawley)在他的《培根传》中写道:

> 当他十六岁左右刚上大学时,正如这位公爵阁下所曾高兴地告诉我本人的,他即开始不喜欢亚里士多德的哲学;这并不是由于这位作者没有价值(他对亚里士多德是备极推崇的),而是由于那种方法徒劳无益——这种哲学(如这位公爵阁下惯常所说的)只是强于争辩和辩论,产生不出有益于人类生活的工作。他的这种想法一直持续到去世为止。

后来,培根经常极力宣称,亚里士多德的逻辑学是有碍大于有助。他在《伟大的复兴》(Great Instauration)一书的序言中写道:

> 至于那些把逻辑学放在首位的人,料想从其中得以找到对科学最可靠的助力,他们确实是最真实地、再好不过地看到了:人类的智慧如果任其自然,就是不可信赖的。但是医治此病的药物却又太弱了。而且它本身也并不是无害的。因为人所公认的逻辑虽然很适用于民事和以论辩与意见为基础的种种技术,但用以对付自然则嫌精密不足;而在提供它所力不能及的东西时,它所造成的和延续的错误就更甚于开辟真理的道路。[6]

201 斯普拉特阐明道:

---

1) 特别是《公孙龙子·指物论》,见 Ku Pao-Ku (1),pp.125ff.。

2) 见 Scepsis Scientifica; or the Vanity of Dogmatising and Confident Opinion (1661 年)。

3) 见 A Reformation of Schooles (1634 年;英译本,1642 年)。

4) 见 The Sceptical Chymist; or, Chymico-Physical Doubts & Paradoxes, touching the Spagyrists' Principles commonly call'd Hypostatical, as they are wont to be defended by the Generality of Alchemists (1661 年)。

5) 见 The History of the Royal Society of London, for the Improving of Natural Knowledge (1667 年)。

6) 着重号系本书作者所加。

　　这种辩论方式的本身以及单从一件事推及另一件事的方法,全然不适于知识的开拓。的确,它可以令人赞美地用于这样一些技艺——即在各个命题之间具有必然联系的技艺,如数学,其中一大串论证根据最初的基础就可以确实地搜集出来。但在仅属或然性的事物之中,就很少或者从没有不发生这样的情况的:即在稍有进展之后,仍然没有忘记主题,辩论者也不陷入与目的完全无关的其他问题中去;因为整个链条只要有一个环节松弛,他们就会离题太远,不再回到原来的话题上来。总之,辩论是磨炼人们机智的很好的工具,并使他们成为已知的那些原则的渊博而警惕的维护者;但他们绝不能增长多少科学本身的实体。……[1]

　　在我们自己的这个时代,怀特海[2]对亚里士多德的逻辑作了慎重的判断,他认为这种逻辑的流行曾经是物理学必须与之相抗衡的一种最大的阻滞力量。他说:"它远离了数学的庇护,而成为谬误的渊薮。它所研讨的命题形式只用于表现高度的抽象,即常见于日常谈话中的那类抽象,在那里是不管预先假定的背景的。"[3]。他还说:"它是比经院学派所设想的更加肤浅的一种武器。它自动地把诸如数量关系等一些较为基本的思想主题保留在后台。……"[4]

　　换一种说法,这种逻辑对自然科学提供了一个不恰当的工具来处理自然界的最大事实,即道家所如此之欣赏的"变"。所谓的同一律、矛盾律和排中律——按照这些定律,X 必定是 A 或则是非 A,必定是 B 或则是非 B——经常被下述的事实所嘲弄,即当你在注视的时候,A 正在明显地转变成非 A;要不然,就在 A 与非 A 之间显示出无限的级差;或者再要不然,就是从某个观点来看,它确实是 A,但从其他观点来看,它又是非 A。自然科学总是处于这样的地位,它必须说:"它既是然而它又不是。"因此在适当时候就出现了后黑格尔世界中的辩证的和多值的逻辑。因此我们在古代中国思想家(包括我们已经考察其著述的墨家在内)那里,看到对辩证逻辑或动态逻辑的异常关怀的迹象[5]。当然也可以说,亚里士多德逻辑是欧洲科学所必须经历的一个必要阶段。对这个问题是无从答复的,因为我们将永远也不会知道:倘若中国的环境条件有利于自然科学发展的话,墨家或另一学派是否轮到自己也会创立独立的三段论式的静态逻辑,或者近代科学是否有可能从更加辩证的根基上或者是借助于某种全然不同的另一套体系而在亚洲发展起来。

1) T.Sprat, *History*, p.17。
2) Whitehead (1), pp.43, 66。
3) Whitehead (2), pp.196。
4) Whitehead (2), pp.150。
5) 参见 Forke (13), p.407。

202　　　墨、名两派在帝国初次统一的动荡之下归于衰落和消亡的原因,至今尚未得出解释。大概是中国社会生活具有着把思想极化为儒道两种类型的作用。一方面是,士大夫的具体社会目的阻碍了对逻辑问题的任何密切注意。荀子就曾说过:"'坚白'、'同异'、'厚薄'这些问题,是没有理由不应该加以研究的;但君子不讨论它们,君子只停留在有益的探讨的限度之内。"[1]("夫坚白、同异、有厚无厚之察,非不察也。然而君子不辩,止之也。")再则,墨家的兼爱理想在汉代及其以后已渗入到儒家思想中,从而修改了孟子感情亲疏的级差原则[2]。另一方面,墨家、因而连同墨翟本人,则被并入于道家的传统,这无疑是由于他们关心战争技术与科学方法论的缘故。例如,在有关"仙"的文献中,就有墨翟的传奇故事。《墨子》一书也被编入《道藏》[3]。《三国志》书目中列有《墨子丹法》。《隋书·经籍志》列有《五行变化墨子》和《墨子枕内五行纪要》。但我们相信,这些魏晋"伪书"没有一本保存到现在。

　　　人们通常说,中古时代的人们对名家思想毫无所知。但这似乎过于武断,就我们对晋代名理学派所知的点滴情况来看,逻辑学的讨论那时仍在进行着。我们听到有个名家叫谢玄[4],另外还看到乐广与友人的一次关于"生"、"灭"的抽象辩论[5]。与此同时,王弼一派包括王导、欧阳建等人(与早期道家相反)主张"语言可以完全表述观念"("语尽意")的论旨[6]。他们遭到殷融的反对。所有这些都是公元3世纪和4世纪的事。后来颜真卿(709—785年)[7]在为一个道家友人张志和(约卒于780年)[8]写的墓志铭中说,张曾撰有《冲虚白马非马证》一书 ——"代莫

203　知之"。此外,《公孙龙子》一书的现有序言和注释是宋代谢希深所写的。

　　　当我们把早期道家和前苏格拉底哲人的相似之处,以及把墨家和埃利亚学派、逍遥学派的相似之处放在一起,并考虑到流传下来的中国古籍中所存在的巨大空白点时[9],我们所得到的印象是:就科学思想的基础而言,古代欧洲哲学和古代中国哲学两者之间没有多大差距,而在某些方面,实际上是中国人占有优势。那末,如果这些基础终至于莠草丛生而没有得到它所可能产生的金碧辉煌的上层建筑,

---

1)《荀子·修身篇第二》,译文见 Dubs(8),p.49.

2) 德效骞[Dubs (14)]探索了这些等级。

3) *TT* 1162.

4)《世说新语·文学第四》,第二十一页。

5) 同上,第十三页。参见 Fêng Yu-Lan (1),vol.2,p.176; Ku Pao-Ku (1),p. 15,提出了更多的人名。

6) 见 Fêng Yu-Lan (1),vol.2,p.185.

7) 在本书有关地质学的第二十三章中,我们还要遇到这位学者。

8) 张志和以其所著《元真子》一书而最为闻名。他的有关逻辑学的著作录于《新唐书·艺文志》中。

9) 这里可以举出一个具体的例子。公元5年前后的《扬子法言·吾子卷第二》(第六页)说,《公孙龙子》一书"诡辞数万"。但是今天它却只有2050字。

那罪过也许要在中国学术思想气氛的环境因素中去寻找。但是,现在谈论这个问题还为时过早。

因此庄周说[1]:

惠施常倚着梧桐树发表他的见解。……他把自己扩及于整个物质世界还不满足,终于落得个善辩者的名声。真可惜啊! 惠施以他那渊博的全部才能而一事无成;他追求一切题目而从未能(成功地)返回来。这就像是力图大声叫喊压倒回声,或者是和自己的影子在赛跑一样。真可悲啊!

〈惠子之据梧也。……散于万物而不厌,卒以善辩为名。惜乎惠施之才,驳荡而不得,逐万物而不反,是穷响以声,形与影竞走也,悲夫!〉

---

1) 《庄子》中的《齐物论第二》和《天下第三十三》[译文见 Legge(5), vol.1, p.186; vol.2, p.231]。

第十二章　法　　家

　　研究中国思想史的学者，如果对儒家不断的陈词说教感到厌烦，那末只要一读法家的著作，就会回过头来对儒家表示热烈欢迎，并体会到儒家的某种抗拒暴政的深刻的人道主义了；而这就构成了文庙祀典的背景。如果根据政治谱系来安排我们对古代中国学派的讨论是可取的话，我们就应该在儒家之前先谈法家，因为在政治倾向上，法家代表极"右"，正如道家代表极"左"。因此，很自然地，法家也像儒家一样，只热衷于对人类社会的管理，而不问自然界的过程。乍看起来，法家在科学上似乎较之儒家更不重要，然而事实上，他们的关系更为密切，因为法家的信念就以尖锐的形式提出了实在法与自然法(就此词在自然科学上使用的意义而言)的关系问题。我们在适当的时候，有必要考察这两种观念在西方文明发展过程中的相互关系，并且以它们和在中国发生的那些相似而又很不相同的事态进程进行比较[1]。

　　人们常说，中国法律的殊荣就在于这样一个事实，即在它的整个历史中(在法家失败之后)，法律始终是与基于被认为是易于证明的伦理原则的那种习俗不可分地结合在一起的，而成文法和法典的制定则减至绝对最低程度。也许这种对法典和成文法、亦即对人世统治者有意的立法的反感，正是使得中国的思想气氛不适于发展有系统的科学思想的因素之一。这种情况的由来，则是我们将要揭示的。

　　正如我们在后文(p. 522)将要谈到的，虽然中国第一部刑法的制定可以追溯到公元前6世纪，但是法家学派本身的兴起一直到公元前4世纪才开始。他们最初兴盛于东北部的齐国，然后在后起的韩、魏、赵三国(公元前403年后，由以前的晋国分裂而成)，但他们真正获得统治地位是在公元前3世纪的秦国；在那里，他们的政策帮助了国家权力的兴起，使得秦国最后一个君主成为大一统中国的第一个皇帝[见 Piton (1)]。我们已经看到[2]，秦国和短命的秦朝的残酷的权威主义，是怎样引起人们的反感，并导致汉朝四个世纪较为温和的统治。

　　法家的基本观念是："礼"是风俗、习惯、礼仪、谦让的复合体，它是按照儒家的

---

1) 见本书第十八章，即本卷的最后一章。

2) 见本书第六章。

205 理想家长式地加以行使的，它不适宜于强力的和权威式的政府。因此，他们的口号是"法"[1]，即成文法，特别是"先定法"[2]。对于这种法，一国之内上自统治者本人下至最低贱的国家奴隶都必须服从，否则处以最严厉和最残酷的制裁。立法的君主必须有权势。这个方面特别被慎到（与庄周同时代而较年长）[3] 所强调，慎到的鼎盛期约为公元前 390 年左右。君主还必须具有治国以及治事和驭人之术。这个方面则为申不害（公元前 351 年为韩国大臣，卒于公元前 337 年）[4] 所强调。这两个人的著作现在仅存残篇断简。"法"或成文法的中心概念，在公孙鞅留传给我们的《商君书》中有着非常透彻的阐明[5]。公孙鞅是卫国公室的后裔，于公元 350 年出仕秦国，公元前 338 年被处死[6]。最为博学而富哲学思想的法家是韩非，他一生全部属于后一个世纪（卒于公元前 233 年），所著《韩非子》[7] 一书至今尚存。《史记》[8] 中他的传记说，他和李斯（后为秦始皇丞相）都以荀卿（见上文 pp. 19, 26）为师，但是后来当秦正在征服各国时，韩非从韩国出使秦国，被李斯构陷，甚至被毒死狱中。

　　法家学派许多次要人物的姓名和详情，见于戴闻达[Duyvendak (3)]和梁启超(1)的著作。除了已提及的书外，《管子》中有许多段落乃至整章纯是法家特征，且

206 往往是韵文。另外还有一些杂文，即使不全是战国时期的作品，也包含有那个时期的长篇文字。这些著作也像《管子》一样，体现了与道家、名家和法家有联系的过渡时期的资料。大部分或许成书于公元前 4 世纪的《鬼谷子》[9]，就是这样把道家和法家连在一起的，它使用了在别处罕见的半自然主义的概念，如"捭"（闭）和"阖"（闭）或"反"（退）和"复"（进）。它的第十二篇（相当于《管子》中的第五十五篇）

---

1) "法"字的古代起源并不是没有趣味的。它的古体为"灋"，由几个部分组成："水"旁加上"廌"字（指一种独角兽），再加上一个表示离开或被赶走的符号（参看下文 p. 229）。葛兰言[Granet (1), pp. 141ff.]描述了一种古代方术或神明裁判的仪式，即将公牛呈献在后土神的神坛上，洒上净水（因而有"水"字旁）。争论双方各自宣誓表示清白，但有罪的一方不待宣誓完毕，就被牛触死。这样，罪恶就被清除了。这个字的简体字的真义是一个模型或标本，于是后来就有许多的"双关语"（doubles entendres）。

2) 这一短语见《管子·九守第五十五》；又见于《六韬》。《六韬》是一部简短的兵书，包含有古代的材料，宋代仍在使用。该书原稿曾在敦煌发现。

3) Fêng Yu-Lan (1), vol. 1, pp. 153ff., 318ff.。

4) Fêng Yu-Lan (1), vol. 1, p. 319。

5) 译文见 Duyvendak (3)，公孙鞅亦称商鞅或卫鞅。

6)《史记》中有《商君传》，很值得一读。译文见 Duyvendak (3), pp. 8ff.; Pfizmaier (22)。亦见 Fêng Yu-Lan (1), vol. 1, pp. 319ff. Ruben (2)把公孙鞅比之于考底利耶（Kauṭilya）。

7) 部文译文见 W. K. Liao (1)。

8)《史记·商君列传》，译文见 Liao (1), vol. 1, p. xxvii（一部分）。

9) 译文见 Kimm (1)。我的朋友高罗珮博士有较好的译文，他已答应让我参考许多年了。据信在第二次世界大战中他将手稿遗失，这是极大的憾事。

截然是法家的观点[1]。还有一部《尹文子》[2]，虽然我们今天所看到的，肯定不是出于公元前 4 世纪初叫那个名字的(墨家享乐主义者)思想家之手[3]，但看来也包括了战国时代的资料；这部著作是道、儒、名、法各家思想的枯燥的混杂物[4]。同样，我们今天所看到的《邓析子》一书[5]，大概也不是一个当时叫那个名字的法学家本人所作。邓析于公元前 6 世纪后半叶生活在郑国，约与公孙侨(见下文 p. 522)同时。据说公孙侨编订了第一部刑法并铸在铁鼎上；邓析则被认为把这部法典重写在竹简上[6]。邓析卒于公元前 501 年。在谈到道家和法家的联系时，我们将马上提到《邓析子》。

立法的君主所执行的法，或者说成文法，不必顾及公认的道德或人们的善意，这一中心概念在商鞅(公孙鞅被封为商君)和韩非子的著作中随处可见。赏罚条款规定得十分明确并且各处张贴，使人民知道行为应该是怎样的。可以说，法应该能自行应用，而无需统治者的经常干预。商鞅说："法对于人民是一种权威原则，也是政府的基础；它是使人民之所以成为人民的东西。"[7]("法令者，民之命也，为治之本也，所以备民也。")韩非说，如果法令强，国家就强；如果它弱，国家就弱。("奉法者强则国强，奉法者弱则国弱。"《韩非子·有度第六》)[8]刑罚要成为最高度的威慑。韩非子在其著作第三十篇中说道："要严厉处罚最轻的罪行，这就是公孙鞅之法。"("公孙鞅之法也，重轻罪。")又说："如果不发生小犯罪，大罪行就不会随之而来；因而，人民就不会犯大罪，祸乱也就不会兴起。"[9]("夫小过不生，大罪不至，是人无罪而乱不生也。")这个观念也见之于《管子》[10]一书，它贯穿于所有法家著作之中[11]。这是法家对《书经》中"辟以止辟"[12]那句名言的又一种说法；这句话或许和我们现代的"以战止战"几乎一样地没有道理。

法家所主张的严刑峻罚，人们已经有许多谈论了。应该使人民感到，与其落入

207

---

1) 鬼谷子的政治兴趣表现在这样一个很可靠的传说上，即他是主持合纵、连横两大联盟体系的两位政治家苏秦和张仪的师傅。苏秦的传记(《史记·苏秦列传》)的译文见 Pfizmaier (23)，其他有关苏秦的篇章见 Margouliès (1)，p. 13。

2) 译文见 Masson-Oursel & Chu Chia-Chien (1)。

3) Fêng Yu-Lan (1)，vol. 1，p. 148。

4) Escarra (1)，p. 22；Forke (5)。

5) 译文见 Forke (5)；H. Wilhelm (2)。

6) Duyvendak (3)，p. 69。

7)《商君书·定分第二十六》；Duyvendak (3)，p. 331。

8) Liao (1)，pp. 37ff。

9) Liao (1)，p. 295；Duyvendak (3)，p. 60。

10)《管子·权修第三》。

11) 例如《商君书》中的《说民第五》及《靳令第十三》。

12)《书经·君陈》；Medhurst (1)，p. 294；Legge (1)，p. 233。

本国的警察之手,倒不如到疆场去和敌军作战¹⁾。胆怯者应该以他们所最痛恨的方式被处死刑。从严用刑,应该没有例外。当时采用了一种类似后世保甲制的原则,军中服役的人分为五人一队,如果他们当中有一个人被杀,则其余四人均以容许此事发生而被斩首²⁾。官阶视其杀敌的多寡而定。另外,还有周密的告发和控告制度,对罪犯隐匿不报者处以腰斩;还采用了其他种种酷刑³⁾。法家所赞同的那种事情,从《韩非子》⁴⁾所引韩昭侯⁵⁾的故事就可以看出。昭侯醉了酒,睡着了,受了寒,於是典冠者把外衣盖在昭侯身上。昭侯醒来时,就问是谁给他盖上的。得知以后,他把掌衣者治罪而把典冠者处死,根据的原则是超越职权比玩忽职守更坏。

法家意识到了在理论上制定的成文法,与伦理、公正、甚至于可以称之为人类常识这双方之间的冲突。所以韩非写道:

> 严厉的刑法是人民所害怕的东西,重重的处分是人民所痛恨的东西。因此,圣人颁布人民所怕的东西以禁止他们做坏事,又确立人民所痛恨的东西以防止恶行。国家由是而安全,暴行也不会发生。从这一点我深深知道,仁慈、正义、爱民与恩惠都不足取,只有严刑重罚才能保持国家的秩序。⁶⁾
>
> 〈夫严刑者,民之所畏也。重罚者,民之所恶也。故圣人陈其所畏以禁其邪,设其所恶以防其奸。是以国安而暴乱不起。吾以是明仁义爱惠之不足用,而严刑重罚之可以治国也。〉

208 戴闻达说⁷⁾,商鞅是完全地、有意识地非道德的。他最怕的是人民关心传统的美德,于是在法律的规定之外还树立了其他的行为准则。美德不是"善良"或"仁慈",而是要遵守国家规定的法律;凡是统治者看来是好的,便应该是法律。因此便有了法家所谓的六种寄生虫的功能的学说("六虱官"⁸⁾,即岁、食、美、好、志、行)。这些能削弱权威式的国家的事情⁹⁾,又进而扩大到包括研习诗、书、礼、乐、孝悌、修身、诚信、贞廉、仁义、议兵和非战——凡此种种,也许除最后两项外,都蕴涵着直接攻

---

1)《商君书·说民第五》;Duyvendak (3),p. 210。

2)《商君书·境内第十九》;Duyvendak (3),p. 296, 58。《韩非子》也提到这一点,其含义是它对军民同样适用[《和氏第十三》;Liao (1),p. 115;以及《定法第四十三》]。

3) Duyvendak (3),p. 60。我认为必须当真地看待这些刑罚;后来在儒家主政所执行的法典里,很多刑法都成了"具文",而且在实施中严酷性也减轻了,但法家仍然处在较为原始和野蛮的时代。此外,残酷性乃是他们的制度的一个构成部分。

4)《韩非子·二柄第七》[Liao (1),p. 49]。

5) 公元前 358—前 333 年在位。

6)《韩非子·奸劫弑臣第十四》,译文见 Liao (1),p. 128。

7) Duyvendak (3),p. 85。这一点也被韦利[Waley (6)]很好地强调过。

8)《商君书·去强第四》[Duyvendak (3),p. 197]。

9) 见 Duyvendak (3),p. 85,及 pp. 191, 197, 199, 256。

击了儒家的道德体系。韩非本人也提出了他的相应的名单,即足以毁灭国家的"五蠹"[1]:(1) 儒生称颂先王,论说仁义;(2) 善辩者(或辩士;是对名家的攻击?)引证故实,伪造言词,以谋私利;(3) 行险侥幸的军人拥兵自重;(4) 商贾工匠蓄积财富;(5) 官吏只顾个人私利。

法家的法律与儒家的伦理之间的公开冲突,具体表现在"子为父隐"的这个辩论中,即儿子应否隐匿父亲的罪,还是应告发他并作证。这一辩论早在公元前6世纪就已开始,因为孔子断然认为,孝道应先于国法[2]。但是韩非作为一个法家则必然要坚持相反的意见[3]。随着法家的最后垮台,正统的儒家观点便在《孝经》中传到了后世[4]。

要完全打破传统的伦理观念,也表现为商鞅积极主张选择官吏应该看他们的残酷性[5]。他说:"如果君主任用有德的官吏,人民就会爱自己的亲属关系;如果任用奸臣,人民就会爱法令了。……在前一种情况下,人民会强于法律;在后一种情况下,法律会强于人民。"["(王)用善,则民亲其亲;任奸,则民亲其制,……过匿,则民胜法;罪诛,则法胜民。"]

所有法家著作都首先是美化战争,其次在较小的程度上是强调农耕[6],这和他们的总的观点是十分一致的;他们不用学者、商人和负贩。《商君书》第三篇的题目是《农战》,此外再没有值得奖赏的行业了(无须说,唯独法家的行政官员除外)。它说:"战争是人民所憎恨的。谁能够成功地使人民乐于战争,他就能获得至高无尚的地位。"[7]("凡战者,民之所恶也。能使民乐战者王。")对贸易应该尽可能之多地征收重捐,加以遏制;商人应当以节用法令严加以抑制,酒与肉应课以重税,谷物禁止买卖[8]。

法家有一个特点是科学史研究者所特别感兴趣的,即他们对数量的爱好倾向。经常出现的"数"这个字,不仅指数目而且指数量化的程度,甚至於指统计方法。戴闻达说,《商君书》的最早部分在表示事物时就偏爱数字、点、单位、刑法的等级、谷仓的数目、可利用的饲料数量等等[9]。该书的后面一部分写道:

---

1) 《韩非子·五蠹第四十九》[译文见 Escarra (1),pp. 31ff.]。

2) 《论语·子路第十三》;亦见《孟子·尽心章句上》第三十五章。

3) 《韩非子·五蠹第四十九》[译文见 Duyvendak (3),p. 115]。

4) 我们已经注意到[本书第七章(b)],这种讨论与柏拉图的对话《欧谛弗罗篇》(*Euthyphro*)之间的相似之处。

5) 《商君书·说民第五》[译文见 Duyvendak (3),p. 207]。

6) Duyvendak (3),pp. 48,83,185。

7) 《商君书·画策第十八》[Duyvendak (3),p. 286]。

8) Duyvendak (3),pp. 49,86,177,204,313。

9) Duyvendak (3),pp. 96ff.，205,207,211,266。

赏抬高一个人,而罚则贬低一个人,但在上者未必懂得他的方法,那末恶
果就和没有方法是一样的。而获得正确知识的方法是靠势力("势")和数量的
精确性("数")。因此,先王不依靠他们的力量而依靠他们的势力;他们不依靠
自己的信仰,而依靠自己的数字。比如一个飘浮着的蓬[1]的种子,遇到飚风
可以被带到千里之外,因为它借着风的势力。如果测量一个深渊,你知道它有
千寻之深,那是由于你知道了坠下的绳索的读数。所以依靠一种事物的势力,
你就可以达到不论多远的目的地;由于查看准确的数字,你就能够察知不论多
么深的深度。……[2]

〈夫赏高罚下,而上无必知其道也,与无道同也。凡知道者,势数也。故先王不恃其强
而恃其势,不恃其信而恃其数,令夫飞蓬,遇飘风而行千里,乘风之势也。探渊者知千仞之
深,悬绳之数也。故托其势者,虽远必至。守其数者,虽深必得。……〉

接着,他在《修权第十四》中谴责了所谓的"依靠私人的评定"("任私议"),并说不用
标准的磅秤而想称东西,没有公认的尺寸而想得出有关长短的意见("释权衡而断
轻重,废尺寸而意长短"),那是愚蠢的[3]。其他学派如墨家,在"模式"和"度量"上
曾夸夸其谈,但我要提出,法家的这一数量的因素是与他们的如下发现有关,即脱
离了一切伦理上的考虑的成文法,能使他们和他们为之献策的君主靠严格的度量
衡的规定而提高效率。胡适的确指出过[4],"标准"一词可能是"法"字的最早含义,
因为在《管子·七法第六》中,它的定义就包含有长度、重量、固体和液体的容积、矩
尺和圆规等意义。因此,这就可能是那种常常为人仿制的浅浮雕的意义,在这种浮
雕中神话中的君主伏羲及其妃(或妹)女娲氏被表现为手执矩尺和圆规(参见武梁
祠画像石)[5]。显然,(在法学意义上)自然法或任何有赖于伦理可论证性的其他法
律形式,都不能对于与伦理无关的事有所规定;这种法律可以承认弑亲是"违反自
然"的,因为任何已知社会从来没有发现过这种习俗,但它却没有理由强行作如下
任意规定:所有车轮必须采用 4 尺 $8\frac{1}{2}$ 寸的轨距,或某字必须写成某种形状,或者
(在我们自己的历史上)不应从 16 世纪的英国输出羊毛。因此,秦始皇所采取的著
名行动是有意义的,他在公元前 221 年借法家的帮助获得权力时,据《史记》[6] 所

1) *Erigeron kamtschaticum* (BII, 435),见 Stuart (1),p. 164。
2) 《商君书·禁使第二十四》,译文见 Duyvendak (3),p. 318,略经修改。
3) Duyvendak (3),p. 262,参看《韩非子》中的《有度第六》和《奸劫弑臣第十四》[Liao (1),pp. 45,
129]。
4) Hu Shih (2),p. 174。
5) 参见本书第一卷,图 28。
6) 《史记·秦始皇本纪》,第十三页;Chavannes (1),vol. 2,p. 135。

载，"(始皇)一法度衡石(约 133 磅)丈(约 10 英尺)尺(约 10 英寸)，车同轨，书同文字"[1]。戴闻达[2] 举出理由，认为这种物理数学思维的应用可以回溯到李悝。关于李悝，我们以后(p. 523)还要谈到，他是一部重要的但早已失传的刑典的作者，在公元前 424—前 387 年任过魏国大臣[3]。

在有关数学、几何、测量学方面，我们发现了法家思维中的基本的哲学缺点。他们热衷于一律化，把人间复杂的个人关系简化为几何公式的单纯性；他们使自己成为机械唯物主义的代表，并且致命地未能考虑到宇宙间组织的不同层次。《尹文子》说[4]：

> 万事都归结于一个统一体，几百种度量都要符合于一种规则。归结于一个单元，就是单纯性的登峰造极("至"，字面上为二至点的"至")。符合于一种规则，就是简易性的登峰造极("极"，字面上为北极星的"极")。
>
> 〈以万事皆归于一，百度皆准于法。归于一者，简之至；准法者，易之极。〉

《商君书》阐明道[5]：

211

> 先王以标准重量悬示权衡并规定了尺寸的长度。它们至今奉为"法"[6]，因为这些划分是清楚明白的。没有一个(实际上的)商人不要标准权衡而能判断(事物的)轻重，或是废弃尺寸而知道(事物的)长短。这种(结论)会是没有力量的("为其不必也")。如果抛弃模式与测量("法度")，只依靠个人的信心("私议")，那就失掉一切力量和准确性了。只有尧才能不用模式就判断知识和能力，以及有无价值。但是，世界上的人并不全都是由尧组成的！这就是为什么先王懂得不能依靠个人的意见和偏私的意愿的原因；这就是为什么他们要设立模式和明确差别的原因。那些达到标准的人就受奖赏；那些危害公利的人就处死刑。
>
> 〈先王悬权衡，立尺寸，而至今法之，其分明也。夫释权衡而断轻重，废尺寸而意长短，虽察，商贾不用，为其不必也。夫倍法度而任私议，皆不类者也。不以法论智能贤不肖者唯尧，

---

1) 最后一句"书同文字"当然是指李斯对文字书写的标准化，前已述及[本书第六章(a)]。

2) Duyvendak (3)，pp. 43,97。可以肯定，某种度量衡的标准化工作在封建国家时期已经着手了。例如我们知道，《礼记·月令》就有关于春分时"同度量，均衡石"的记载[Legge (7)，vol. 1，p. 260]；亦可见《吕氏春秋·仲春》[译文见 R. Wilhelm (3)，p. 15]。此外，在秦国，至少从公元前 347 年商鞅执政时就已实行(见《史记·商君列传》)。参看 Duyvendak (3)，p. 19。

3) 但在另一方面，自从 Erkes (9)以来，一般认为《中庸》第二十八章提到的"车同轨"一语，可证明该书此章不会早于秦朝。

4)《尹文子·大道上》，第三页[译文见 Escarra & Germain (1)，p. 24；由作者译成英文，经修改]。

5)《商君书·修权第十四》，第一页[由作者译成英文，借助于 Escarra & Germain (1)，p. 38；Duyvendak (3)，p. 262]。

6) "法"字，亦指法律的双关含义，过去和现在皆然。

而世不尽为尧。是故先王知自议誉私之不可任也,故立法明分。中程者赏之,毁公者诛之。〉整个论据虽然一再地被加以引用,但这只不过是基于一种谬误的类比,即人类行为和人类感情可以像一担盐或一匹布那样在数量上加以度量。梁启超在论述法家时,对这一点看得极其清楚[1]。低级现象的确定性和可预测性,不能在更高级的"自由意志"的领域中找到。因而他把法家的特点说成是"机械主义"的,而儒家则本能地认可人和社会真正的有机性质("生机体")[2]。

法家与其他学派之间的关系已经提过了,但值得注意的是,他们特别习惯于为了自己的目的而曲解道家思想。至于社会历史,他们确实反对道家对前封建社会的原始集体主义的美化,而且自然地与墨家的原始社会概念相结合,即那是一场"每个人与所有的人的战争"(*bellum omnium contra omnes*)[3]。但是在《韩非子》一书中,我们发现道家独立自给的村落的理想(参看上文 p. 100)竟奇怪地转化为法家式农村社会的模型[4]。同样地,我们曾指出(上文 p. 114),道家的术语"朴"系指前封建的部族集体主义的一致性,而法家却接收过来用以指像斯巴达民族那样的简单无知,一心只知打仗和耕种[5]。对他们来说,"无为"的含义并不是避免任何违反自然的活动,而是指君主已制定了充分的成文法,足以让政府"自动地"治理,而无须再有作为,并且即使是他的继承人无能,也可以保证它继续进行[6]。道家的"天地不仁"一语就太容易赋给它一种法家含义了,例如在《邓析子》的第一篇中[7]。因此,与儒家的道一样,法家的道同样是人类社会之道;但与儒家的道不同,法家的道并非普遍的伦理原则。它是人类社会之中一个以实现大一统的统治为目的的侵略性权威单位的原动力。它以残酷严峻的"法治主义"来对抗儒家的"人治主义"的学说。

所有这些思想由于秦国的成功而有可能得以大规模地推行,它对于中国文明的结构很难不留下持久的痕迹。但其影响之深远,恐怕即使法家也很难认识到。因为正是法家主义的原则反映了中国社会的再度凝固,在这里封建主义过渡到一种新的半稳定性——封建官僚主义。

---

1) Liang Chhi-Chhao (2),特别见 pp. 58,61,63,64,66。

2) 这一点是很有趣的。我们将在后面(pp. 286,474)把中国的"亘久常青的哲学"(*Philosophia perennis*)作为本质上是有机主义的哲学加以研究。但是,这个事实并不是所有现代中国哲学家都已充分意识到的。

3) 戴闻达[Duyvendak (3),pp. 102ff.]引用了《商君书》的《开塞第七》及其《君臣第二十三》、《管子·君臣下第三十一》和《韩非子·五蠹第四十九》等篇中的有关文字。

4)《韩非子·有度第六》,译文见 Liao (1),p. 41。

5) Duyvendak (3),p. 86。

6) Duyvendak (3),pp. 88,99。

7) H. Wilhelm (2),p. 59;Forke (5),p. 38。

正如我们从法家的观点所看到的,这一变化所采取的形式是对享有特权的和强而有力的封建领主及其家族的正面攻击。这有一个把社会拉平的过程。法律同等地适用于一切人,爵禄的获得只能以战争或农耕的功绩为依据[1]。对继承权的严格限制导致了所有中小封建领主都已消失殆尽的局面,只留下君主(后来,则是皇帝)凭藉着庞大的官僚机构来统治。正如我们已经谈到的[本节第六章(b)]以及后面(本书第四十八章)将要阐述的,这就是实际上所发生的情况。"任人唯贤"(*Carrière ouverte aux talents*)是随中国封建制度的衰落而开始的。下面是一些明白的陈述。

《商君书·赏刑第十七》说:

我所谓的统一刑罚,就是它们不承认有社会差异。从大臣和将军直至官吏和平民,不管谁不服从王命,或干犯国家禁令,或违反君上规定的条例,都应该处以死刑,不容宽贷。[2]

〈所谓壹刑者,刑无等级。自卿相将军以至大夫庶人,有不从王令,犯国禁,乱上制者,罪死不赦。〉

《韩非子·有度第六》中重申了这一点:

法不能讨好贵人,就像(木匠的)绳(伸直时)不能屈从弯曲的东西一样("法不阿贵,绳不挠曲")。法不论施之于任何事物,智者都不能拒绝,勇士都不能抗拒。处罚过错绝不漏过大臣,奖励善行也不会不及于平民。[3]

〈法不阿贵,绳不挠曲。法之所加,智者弗能辞,勇者弗敢争。刑过不避大臣,赏善不遗匹夫。〉

商鞅对官僚主义的基本原则作了说明,并确实定义得非常明确(《商君书·赏刑第十七》):

不论官职高低,都应自动地承袭官职、爵位、田产或俸禄。[4]

〈无贵贱,尸袭其官长之官爵田禄。〉

最后,从封建主义过渡到官僚主义的战略,这位作者(《商君书·去强第四》)也有巧妙的安排:

靠强大的(人民)除掉强大者,就导致衰弱。以衰弱的(人民)除掉强大者,则会导致强大。[5]

〈以强去强者弱,以弱去强者强。〉

213

---

1) Duyvendak (3),pp. 82ff. ,91。

2) 译文见 Duyvendak (3),p. 278,经修改。

3) 译文见 Liao (1),p. 45。

4) 译文见 Duyvendak (3),p. 279。

5) 译文见 Duyvendak (3),p. 196。

换句话说,以加强人民力量来推翻强大的封建领主,就是道家的手段,它会导致回到古代的集体主义,从而削弱统治者;但是在推翻封建领主的同时,也使人民保持软弱的地位,这会加强统治者。这样,它就概括了从周代封建主义到秦代以后各个朝代"称孤道寡"的体制及其庞大的政治机构所经历的道路。在后面[本书第二十八章(f)和第四十八章]我们将考虑如下这一观点,即引起这些变化的生产领域中的具体现实,乃是日益重要的水利工程,因为灌溉、水土保持、防洪及课税谷物的运输,向来就有超越各个封建领地疆界的趋势;但是,这种基本因素在这里只能触及而已。我们也将提及法家的土地改革[1],它废除了古代封建土地享有权的井田制而改为不规则的阡陌田野,人民遂得以有权买卖土地[第二十八章(f)、第四十一章和四十八章]。

我们现在可以着手研究这一切对于科学史家的重要意义了。这对于实在法与自然科学意义上的自然法这两种概念的逐渐分化,以及对中国这种发展之与欧洲相反的比较史来说,都有着深远的影响(虽然乍一看来未必很明显)。当然,法家的影响并未因汉朝的当权而迅速消失,而儒家的理想稳步地取代法家历时达两个多世纪之久[2]。法家学说缓慢地然而却是确凿地被中国人民所摒弃。随着汉朝一统帝国在政治上日益稳固,战国时代的紧张感就消失了。同时,大封建家族的日益解体,相应地也排除了法家与之进行斗争的主要障碍之一。但其最大因素则是从"法"(成文法)回到"礼",即明显地基于伦理的风俗与习惯。因为成文法的地位只能缩减到一定程度,所以要沟通法律与伦理之间的鸿沟,就只好按照古代中国的趋势把制订的法律限于刑罚。正如戴闻达所说的,法律又重新牢固地被嵌入伦理之中,并且直到近代的历代帝王都称引(法学意义上的)自然法作为自己诏令的依据,亦即普遍公认的道德行为规范——事实上就是"礼",而不是成文法。法家想要制订法律而不参考人们的是非观念,因此它就以一种自动的机械主义方式而起作用;在中国的文化环境中,这是必然要失败的。再者,儒家对法家成文法的缺点能作出尖锐的观察;因此,荀卿就曾说过:"如果有法律但没有经过讨论,那末,法律(法典)所规定的案例肯定就会被误判"("故法而不议,则法所不至者必废")[3]。因此,中国中古时期所保有的成文法,就仅仅是习惯的自然法的反映,它本身并无内在的力量可言。皇帝立法者的意志是不足以"使它走上正轨的"。随着这普遍的事态而来的一个次要的推论便是,计量标准诸如重量、度量、轨制、路制,就又回到了相当混

214

---

1) 参见 Duyvendak (3),pp. 44 ff.。

2) Dubs (3),pp. 341ff.; Duyvendak (3),pp. 126ff.。

3)《荀子·王制篇第九》,第三页,译文见 Duyvendak (3),p. 129.

乱的状态,直至近代为止。

今天,在我们对法学的自然法在中国文明中的崇高地位加以赞赏时,这里所发生的问题是,它对自然科学思想的发展能有什么影响。在欧洲,法学的自然法与自然科学的自然法显然是出于同一个根源。对于后期希腊哲学与对于希伯来的一神教一样,不论是宙斯还是耶和华,理智的造物主这位神明已经奠定了为所有被创造物所必须遵守的一套天上法典,其方式与地上的君主、帝王立法者完全相同。因此,地上国家的成文法(不论如何强调),就不能与更广泛的那套(法学意义上的)自然法背道而驰,因为自然法是一切人在按照他们的天性行动时所自发地遵守着的。而这个自然法反过来又只不过是在控制动物、植物和星辰在它们历程中的行为的宇宙法则那个整体的一部分。自然法既然在中国居于压倒一切的统治地位,而成文法又被减至最小限度,所以我们可以预料,如此之悬殊的一种对比对于在自然科学中总结自然界的规则性的发展,可能有着重大的影响。为人类立法的人世统治者的地位越弱,就越难想象有一个为自然界立法的神明统治者。没有立法者,也就没有法律。反之,(法学上的)自然法的地位越强,则越容易想像自然法则就是自然界的一种不可避免的"礼",而整个非人类世界也是和它一致的[1]。它是一种秩序,虽然并没有一个颁布法令的人。这就是我们在本卷结尾时将要面临的问题。

法家知道他们要从事某种根本上是新的事情,这在许多章节中都有表现;我们只须翻阅一个公孙鞅与秦孝公之间的对话就够了[2]。但是我认为十分难以相信的是,如果没有某些工艺技术作为他们新的社会理论的基础,他们怎能竟然取得如此的成功。著书立说的历史学家多少世纪一直在讨论秦国勃兴的"奇迹",而我则认为,我们不如看一下秦国的武库,寻找一下使得这样一个暴虐与专横的政体居然如此卓越地达成其目的的具体技术发明。在后面的章节中(本书论军事技术的第三十章),我们将要说明这些发明可能是什么。

法家现象乃是中国社会走出它那古典阶段的那场大革命的一部分。当浪潮退去之后,中间的封建领主已不复存在,与伦理无关的权威性的成文法也不存在了[3];剩下的只是由儒家行使而扎根于风俗与妥协的官僚制度,它在以农业和水利工程为基础的社会中成为永久性的政府结构[4]。

215

---

1) 参见上文 p. 27 所引荀卿那段引人注目的话。

2) 《商君书·更法第一》[Duyvendak (3), p. 171]。

3) 当然,这并不是说法典化的成文法已不继续存在,而只是说它被限制到最低限度,而且一直是严格地根据习惯的道德("礼")来制订和解释的。同时,还成长出一大套主要是应用于官僚制度的行政法律、条例和章程,它们被收入后来历代的《会要》和《会典》之中,但这也隶属于"礼"这一基本原则之下。

4) 萧金芳[Hsiao Ching-Fang (1)]表示了这一点,他说:"法家想使法律万能,但唯一的结果是皇帝变成了万能。"葛兰言[Granet (5), p. 462]把法家君主与希腊暴君作比较,这一提法可以发人深思。

第十三章　中国科学的基本观念

(a)　引　言

我们现在就来探讨中国科学思想史上一个最重要的领域,即中国本土的自然主义者从最初时期起所研究出来的基本观念或基本理论。这里有三个主题需要讨论:第一是五行学说;第二是宇宙中两种基本力量(阴与阳)的学说;第三是对那种精微的符号结构、即《易经》的科学(或者毋宁说是原始科学)的应用。需要讨论的不仅有它们的性质和后来的重要意义,而且还有它们的历史起源。我们这里的提法必然与以往被人普遍接受的中国传统大相径庭,这种传统被早期西方汉学家或多或少未加批判地沿用下来,但今天已被现代研究的结果所取代了。再者,我们认为可取的是,在进行这些讨论之前,应该先简要地说明科学思想中最关紧要的一些汉字是怎样随着会意文字的发展而出现的。

这一章在某种方式上牵涉到古代中国人的整个世界观。因此,不能不提到已经专门研究了这个问题的三部重要的西方著作:佛尔克的《中国人的世界概念》(*World-Conception of the Chinese*),顾立雅的《中国论》(*Sinism*)和葛兰言的《中国人的思想》(*La Pensée Chinoise*)。其中第一部是一本比较实事求是的著作,它值得称道地提供了所引用的许多章节的中文原文,但缺点是此书写在第一次世界大战之前或大战期间,当时人们对中国书籍的年代和可靠性知道得比现在少得多,因此它把周代和两汉以及宋、元的思想相当杂乱地混在一起了。的确,佛尔克曾尽力考察中国思想与其他文明思想之间的异同。但是,在他的书中我们最感到缺少的,乃是以受过自然科学训练的头脑的观点来对中国思想价值做出批判性的评价;这在当时是没有人能够做到的。这种情况也适用于十几年后顾立雅所写的书,但是它还有另一个严重的缺陷,即以为汉代的宇宙论和现象论是古已有之的[1]。顾立雅本人现在也承认阴阳家(自然主义者)所起的重要作用,他们开创的许多思想后来都成为中国人世界观的主要组成部分[2]。

葛兰言的著作比其他两部更加精致——就它那方式而言它确实是一部天才

---

1) 见下文 pp.247, 377 ff.。

2) 见 Creel (4), p.86。

217 的著作[1]。葛兰言基本上是一个对于神话的社会学分析家,他[Granet (1,2)]描绘了周初《诗经》民歌时代小农社会、新石器向青铜器过渡期间原始封建主义的一幅令人难忘的图景。此外,他的《中国人的思想》从神话学和民间传说的角度探讨了由这两者发展出来的《淮南子》或王充之类的思想,从而展示了中国思想的广阔全景:从社会生活的事实到时间和空间的概念;从占卜习俗和幻方到五行学说;从大宇宙到小宇宙,然后又返回去。这部著作闪耀着深刻的洞察力,并且我相信,葛兰言对于中国古代思想的特点所作的最基本的评价是正确的。如果不从中摘引一些,要完成这一章将是不可能的。但是,他从一个论证到另一个论证是那么地自信和明晰,使人有一种观看魔术表演的不安感觉,并且他的著作以这样一个信念而告结束,即中国古代的自然主义者中没有一个人在其头脑中对自己的思想体系是能够象葛兰言那么清楚的。我们简直不敢采用这样一种如有神助的方式。

葛兰言本人也许会承认,在他的解说中存在着一定程度的主观性。他自己说过:"不管人们可能以一种多么生动的想象力和批判的精神探讨中国,中国却似乎决心只是通过一层文学和书本的面纱来表现自己。"[2] 这却不是我本人的经验。如果从现今仍在使用的古代技术入手,那末对中国技术的研究就会推进得更远。器物考古学已取得许多辉煌的发现,如甲骨文即是一例[3];既然中国的情况允许真正大规模的发掘,所以现在我们可以期望取得惊人的成果[4]。在人们以受过自然科学训练的人的眼光来阅读以往的汉学家们很少能够加以阅读的中国原文时,才能使当时的中国科学复活起来。本书或许可以证明,越过许多世纪并越过会意拼音文字的障碍,相似的心灵仍然是能够沟通的。

218 ## (b) 中国科学所用的一些最重要的字词的词源

在进一步讨论以前,先看一下中国人所由之获得他们的文字语系的过程可能是很有趣味的,因为没有这些文字,科学的流传就根本不能进行。这就涉及有关会

---

1) 这一点终于被汉学家们承认了,参见 H.Franke (5),pp.69 ff.那些慷慨大度的话。

2) Granet (5),p.585。

3) 我们将在讲述磁针的发现时,看到有关此事的一个惊人例子[本书第二十六章(i)]。

4) 近几年在成都附近对一些皇陵的发掘就证明了这一点[参见 Fêng Han-Chi (2)]。我在中国的时候,常常注意一些有希望的考古工作地点。从西安上溯渭水流域到宝鸡,在河右岸的阶丘上要经过一个接一个的巨大的古墓,它们都是汉代和隋代帝王的葬地。人们会想到它们太大了,因而在以往的年代里未被盗掘。现在(1953 年),中国科学院的野外考古工作队正在不断地获得重要的发现,例如汉代的舟船模型,此模型将在本书第二十九章中讨论。

意文字词源学的一些题外话。由于发现了安阳甲骨文[参见本书第五章(b)的讨论]，我们现在才对已知最早的汉字形式(公元前两千年)有了丰富的知识；这些甲骨文和从商、周青铜器金文上所得的其他文字一起，产生了丰富的图形字汇，其中只有一部分已被鉴定为与后来所承袭而今天仍然在使用的那些字体的成分相同。但因大量鉴定已被接受，所以我们能够从其中选用一些会意字来阐明中国科学术语原义的起源[1]。

这项工作似乎是值得做的，但同时也必须理解，这些古代语源学可能不大会影响秦汉原始科学的代表人物或宋代科学家们的思想，或者诸如栾大那样的术士或唐慎微那样严肃认真的药用植物学家的心智。在中国整个有记载的历史中，有很多这样的语源一直不为人所知，甚至连2世纪的中国辞典编纂学之父许慎(他的《说文解字》是十分庞大的一系列辞典和百科全书的先驱)也不知道[2]。就我们所知，许慎从未见过商代的甲骨文。但是，他经常给出"小篆"，学者们只有把它们同甲骨文和金文中所见的字体加以对照，才能把后者辨认出来，许慎误解了许多字，但是对更多的字的理解则是正确的。他的一些以前被认为是荒谬的或古怪的想法，已由甲骨文的研究肯定下来。

因此，并不是因为用于科学思维的那些汉字的概念起源对于科学思维本身具有很大的影响，我们才在此借机来看一下它们是怎样形成的。我们这样做，倒是因为一些特殊的会意的科学词汇的起源，作为原始科学通史的一个方面不能不具有重要的意义。今天的学者们要比生活在商代以后几个世纪里的人更多地了解到商代中国缀字法的形成时期的书法及其思想背景；这倒正好是考古科学的悖论之一。

至于最早通用的印度-雅利安语中词根的原来意义——这些词根后来形成为对亚里士多德派或牛顿派是必不可少的词，在各种欧洲语系从梵语之中分离出来以前，对这些词根的重新构造，想来必定要比追溯汉字的最初形式更加接近于猜想。因为在印欧语的情况下，除了数量有限的代表古代发音的字母的排列和组合而外，就没有什么可以依据的东西了；而在汉字情况下，虽然字音只能猜测，但图象——主要是象形文字或图画——却保存下来，于是它们的意义和相互关系就可以通过联想而探索出来。

情况至少会是这样的，如果不是有假借同音字的那套办法的话。正如我们前

219

---

1) 这一节大部分要归功于对汉字最古老的形式深有研究的吴世昌博士(以前在国立中央大学，现在在牛津大学)的慷慨合作，在此谨向他致以最热诚的感谢。

2) 参见本书第二章(第一卷，p.31)。

面看到的[1]，很早就有假借含义不同的同音字的趋势。这个同音字可能有不同的形式，也许还没有定形。因此，有时候很难肯定某些字型和组合是否实际上有过语义上的意义。应该估计到，这种纯语音的假借字，无论如何是很易于把三千年以后粗心的文字学家引入歧途的。

为了比较起见，我原打算列出一张精选的印欧语词源表，来举例解说中国象形文字组成的过程[2]。但是，看到了波科尔尼[Pokorny(1)]的词典后——它提供了印欧语在分为梵语和拉丁-日耳曼两种语言之前的推想中的词根——我发现虽然从外行人的认识来看它们是经过改装了，但是它们最古老的意义似乎同它们今天的派生词所具有的意义并没有多大差别。例如，"在上"，拉丁文是 *super*，出自 *uper-*，表示同样的意义；"风"的拉丁文是 *ventus*，出自 *ue*，(吹)；"冬天"的拉丁文是 *hiems*，源出于 *ghei*，意思也是冬天或多雪。有趣的是(虽然大家都知道)，"法律"的拉丁文是 *lex*，出自古代的根词 *leg*，意思是收集或结合起来。*Lumen* 和 *luna* 都来自 *leuq*，即光或照亮的意思。所以我们并没有前进一步。有时还出现某种有趣之点，例如"妇女"，拉丁文是 *femina*，来自 *dhei*，意思是吸吮或被吸吮的东西，这可能和会意的甲骨文表示法相似(见表11第54号)，因为它似乎突出乳房来区别与男性的不同形态。但总的说来，印欧语系中借以形成基本文字的思想过程似乎过于渊远流长，而很难靠研究字母组成的词根来查明。它们几乎不可能毫无例外都是拟声的。但是，我们抱着应有的审慎态度也许可以说，会意文字体系为我们的查考保存了某些这类思想过程。

在表11中，有一定数量由于它们的重要性而被选定为基本的科学术语的汉字排列在一起。表中排列的次序是：英文词的字义，它的中文同义语的现代发音，汉字，然后是它的甲骨文、金文或小篆[3]，高本汉[Karlgren(1)]的参照号，再则是对古义(假如有的话)的简短解释。最后一栏是第一个提出众所公认的解释的中国学者的姓名[4]。为了比较，可以查阅西方汉学家的著作[5]。

在我们考查表中所收集的材料时，我们就发现科学起源所必需的基本术语，正如可能预料的那样，大都是依据会意的原则形成的。在这些字中[6]，只有两个最简

---

1) 本书第二章(第一卷，p.30)。

2) 关于在这一段里提出的问题，我衷心感谢乔普森(N.Jopson)教授的帮助。

3) 在表中，凡是有可能的地方都提供甲骨文，如果没有，则提供金文而非小篆。

4) 因为这个问题本身就是一个研究课题，不在本书主题范围之内，所以略去了确切的文献资料。

5) 例如 Chalfant(1)和 Wieger(1)。金璋毕生从事甲骨文和金文的研究，但是他的词源学理论却显得颇为古怪。他对此处所讨论的文字的看法，见下列论文：Hopkins(3，5—8，10—15，19，22，26)。

6) 在对一个单字必须给出两种可能的解释时，按照随后的推想，二者都作数。同音假借字也列出两次。

表 11　科学思维中一些重要字词的会意词源

编号	字义	现代汉语		古代甲骨文、金文或小篆	高本汉编号	注　　解	被引证人
		拉丁语拼音	本字				
1a	句末的肯定语气助词（相当于"x 者,y 也。"）	yeh	也		4	(a) 眼镜蛇的图形。如有语意联系的话,那就是"对危险的肯定"。蛇字肯定同"也"有关系。但这种解释不如下面的解释那样广泛为人所接受。	容庚
					4	(b) 女性外生殖器,即阴门的图形。如有语义联系的话,可能就是"生存之门",因此是"对存在的肯定",并有对于其中所包含的各种品质和属性的全部较轻的肯定意义。在全部中国历史中,尽管经过若干世纪儒家假道学的影响,但这种解释从未受到过非议。	许慎
1b	肯定的动词—名词,是、存在	shih	是		866c	太阳的图形,下面有一只脚和其他笔划,大概组成一个"正"字,即"正确"、"正直"、"公平"和"正方形",并非虚幻。所以是"在太阳下面存在的东西"。视觉在这里被当作是我们收集感觉材料的一切其他方法的典型。	许慎
2a	否定词,不	pu	不		999	一个花茎上带有两片下垂叶子的头状花序的图形;因此,就意义来说,这是个同音假借字。按照(许慎的)传统解释,它是一个抽象的概念符号,即一只鸟高飞,不让人捉住它。	罗振玉
2b	否定的动词—名词,不是、不存在	fec	非		579	传统上解释为"飛"字的下半部,飛字本身是一只鸟的古代图形;因此,两只翅膀(或许是两只鸟)背对背,即不是面对面。所以(如果许慎是对的),它是个抽象的概念符号。	许慎
		(fec,飛)				当然,还有一些其他具有各种细微差别的表示肯定和否定的字(见本书第四十九章)。	
3	不同	i	異(异)		954	一个男子正面的线条画像,举起两手保护其头部或做出敬礼的姿势。后一意义见于金文;这个姿	吴大澂 丁佛言

编号	字义	现代汉语		古代甲骨文、金文或小篆	高本汉编号	注　　解	被引证人
		拉丁语拼音	本字				
						势或许是指一个高贵的对话者所表现的光辉形象。如果此字不是一个纯粹的同音假借字，那末，贵族和平民之间社会地位的差别就可以一般地引起"不同"、"奇异"、"差别"的概念。头的本身画得过于夸张，也许是表示一个面具。	
4	像、类似于	ju	如		94g	"女"和"口"这两个部首的组合，是一个很古的同音假借字。古义不明。	吴世昌
5	如果	jo	若		777	一个人跪着，或许是在采撷花草。有人认为含有恭顺的意思，因而是"和谐"、"协力"、"亲切"，由此进一步引伸为"假定……"、"如果……"。但它更可能是一个纯粹的同音假借字。	商承祚 郭沫若
6	变化、更易	i	易		850	一个蜥蜴的图形，其意义得自变色（对照变色龙）或地位的迅速改变。	刘心源
7	变化，特别是逐渐的变化和形态的变化	pien	蠻（变）		1780	显然，在甲骨文和金文中没有发现过，因此是属于较晚的创造。图形的意义不明确，但它包含两束丝，许慎说，这意味着"整理就绪"，就象在纺纱或缫丝中那样。字的下半部表示一只手拿着一根棍子，象征着"运动"、"动作"。如果此字不是一个纯粹的同音假借字，它就可能含有由混乱变为整齐的意思（参见上文 p. 74）。	吴世昌
8	变化，特别是突然的变化和本质的变化	hua	化		19	图形表示两把刀，即刀钱的铸币（参见第一卷 p. 247）。因此，货币兑换就导致了一种对一般的变化观念的表达方式。	吴世昌
9	起源、最先	yuan	元		257	一个男子侧面形象的图形，突出头部，所以是"最先"，"开始"，因为头是人体最重要的部分。由于古代人无疑地知道脊椎动物在胚胎生活中头比身体的其他部分生长得快，并且在比例上那时也要比后来更大些，这里可能反映了原	吴世昌

编号	字义	现代汉语		古代甲骨文、金文或小篆	高本汉编号	注解	被引证人
		拉丁语拼音	本字				
10	原因、依赖、跟随	yin	因		370	始生物学知识(参见本书第四十三章)。一张织着图案的席子的图形。因此是一个基础,是"可依赖的东西";意义由静态的被引申为与时间有关的。可以注意到,同样的图形也出现在天文学的一个重要名词"宿"字上,"宿"即夜晚住宿的地方[月宫,见本书第二十章(e)]。	唐兰 吴世昌
11	原因、理由、事实	ku	故		49i	左边偏旁在古代金文中的意思是"古老的"、"古代的";它的意义不能确知,但它来源于一个盾放在敞开的架上的图形。右边表示手里拿着棍子,象征着动作。总的意思显然是"先例"或"以前的动作"。	吴世昌
12	制造、做、行动	wei	為(为)		27	一只象的图形,一只人手放在象鼻子上,象征着领悟力和灵巧性。	罗振玉
13	开始	shih	始		976p, e', g', h'	一个胎儿(头朝下)和一个女人的图形。和胎、子宫以及胎儿有密切联系。因此,这里大概是表示一个女性胎儿、"一切开端的开端"。	许慎
14	走、移动	hsing	行		748	一个十字路口的示图。	罗振玉
15	走开、夺去、赶走	chhü	去		642	一个盖着盖子的米筐图形。一个表示现行意思的同音假借字。	唐兰
16	来到、抵、达到	chih	至		413	一支箭射中靶子,或射到地上。	罗振玉
17	停止	chih	止		961	一只人脚的图形。	孙诒让
18	末尾、结束、耗尽	chin	盡(尽)		381	一只手用刷子清扫器皿的图形。	罗振玉
19	真实的、真理、真正的	chen	真		375	所表示的意义不明确,系小篆,但是(正如我们从所有相关的派生词所知道的),几乎可以肯定含有"满的"、"充满了"、"坚实的"等意义。由此派生出"真实"的意义,而与"空的"、"不真实的"相反。这个图形是一个装满的袋子放在凳子上,如果确是这样的话,那它就是一个抽象的概念符号。	段玉裁 吴世昌

222

223

编号	字义	现代汉语		古代甲骨文、金文或小篆	高本汉编号	注　解	被引证人
		拉丁语拼音	本字				
20	上面、上升、递上	shang	上		726	几何图形的象形文字。	罗振玉
21	下面、下降、递下	hsia	下		35	几何图形的象形文字。	罗振玉
22	中心	chung	中		1007	一根带有两面三角旗的旗杆,其中一面在斗形物的上面(现在仍用在中国式的桅杆上),另一面则在它的下面。	罗振玉
23	地区、旁边、方形、方位	fang	方		740	一个犁或耜的图形。引申为"犁过的地方"。	徐中舒
24	进入	ju	入		695	一个楔形物或箭头的图形。	许慎
25	出来	chhu	出		496	一只人脚的图形,表示正在离开诸如一个洞穴或一间房子之类有围障的场所。	王国维
26	南方	nan	南		650	某种乐器,也许是一个钟的图形。不知道它是怎样获得其最后的意义的。	郭沫若
27	北方	pei	北		909	两个人背对背的图形。大概是个同音假借字。或许与第8号字是同类的。	许慎
28	西方	hsi	西		594	据认为是一个鸟巢或(根据丁山的解释)一张捕鸟罗网的图形。大概也是一个同音假借字。但是图形看上去很象一个包裹。	许慎 王国维
29	东方	tung	東(东)		1175	不像传统的解释(许慎)的那样,是透过一棵树看到正在升起的太阳,而是一个包或一捆东西,在某些书体中表示成一个人背负着一个包或一捆东西。除非它纯粹是一个同音假借字,否则,一种方位居然和一捆东西联系在一起,就是难以理解的了。徐中舒把"東"看作是橐(袋)和囊(风箱)的古代字形。这使人想起后来道家以"青囊"称呼天,因而也是称呼宇宙。也许赤道和黄道就是捆起这个袋子的绳索[参见伊朗的控制行星的"皮带";de Menasce (1);Mazaheri (1)]。囊也是冶金的风箱,老子用它来比拟宇宙(见	徐中舒 丁山

224

编号	字义	现代汉语		古代甲骨文、金文或小篆	高本汉编号	注　解	被引证人
		拉丁语拼音	本字				
						《道德经》第五章)。此外,徐中舒把至今仍然存在的称"事物"为"东西"这一口语习惯与这个古代的囊字联系起来,——天地万物都包括在内。丁山同意这种说法。吴世昌虽然怀疑这种用法同宇宙的联系,但注意到某些省份的通行方言中有趣的古典语的讹转。	
30	天	thien	天		361	一个大头人的形象的图形。许多现代学者得出明白的结论说,它代表原始拟人的神明。	许慎
31	太阳	jih	日		404	象形文字	许慎
32	月亮	yüeh	月		306	象形文字	许慎
33	明亮的、明亮	ming	明		760	日、月两个字的组合。	许慎
34	光	kuang	光		706	一个人跪着的图形,人头上顶着火,也许是一个手擎火炬的人。	许慎 罗振玉
35	年	sui	岁(岁)		346	本图形原来象征着一种特殊的祭祀,这种祭祀或许每年一次。	吴世昌
36	春季	chhun	春		463	一棵在春天发芽的植物的图形,该植物的枝子还不够结实,不能支持它自身。	叶玉森 董作宾
37	夏季	hsia	夏		36	图形的意义不明。右上角部分代表一只猪。	叶玉森 唐兰
38	秋季	chhiu	秋		1092	一只龟的图形。此字后来经历了现已被确定的一系列阶段,演变成"禾"和"火"的组合。	唐兰
39	冬季	tung	冬		1002	大概不是两根下垂的冰柱的图形(许慎),而是带有果实或叶子的下垂树枝。	叶玉森 董作宾
40	风	fêng	凰(风)		625	同音假借字,借自一个类似于描绘凤凰(或更恰当地说是孔雀)而绘出其羽毛的字。该甲骨文右边的声符大概(而且很合适地)是一个帆形。	王国维
41	雨	yü	雨		100	雨点的象形字。	许慎
42	雪	hsüeh	雪		297	雪片的象形字。	吴世昌
43	闪电	tien(shen)	電(电)		385	许慎认为这是试图要画出随着雨而向远处展开的某种东西。他把地	吴世昌

225

编号	字义	现代汉语		古代甲骨文、金文或小篆	高本汉编号	注　解	被引证人
		拉丁语拼音	本字				
						支的十二个字之一"申"[参见本书第二十章(h)]解释为伸展的符号。而在别处，他把"申"解释为闪电的象形字，这种解释现在正为人所接受。这个曲折形的闪光是由雨点伴随着的。在"神"（神明、神圣）字中，闪电图作为声符留存下来，这表明古代中国人对于闪电，正如其他民族对于宙斯神、电神和雷神的雷电，是一样地畏惧的。因此，格外使人惊讶的是，闪电的挥动者（如果原来是完全被人格化了的话），却没有在中国人的头脑中长期保留着他的人格。	
226	44	雷	lei	雷		577	为了表示雷鸣，在闪电的象形字中的闪光图形中加上了车轮滚滚的图形。其中的圆形物体也有人认为是鼓，但这不大说得通。	许慎 段玉裁 王筠 吴世昌
	45	虹	hung	虹		1172j	一种两头蛇似的动物在天空中的图形。这介兽形（雨龙？）的模样以"虫"旁存留在现代汉字中。	郭沫若
	46	生命、出生	sêng	生		812	植物长出地面的图形；植物生长的象征。	许慎
	47	同、一起、与……属于同一类	thung	同		1176	一个有盖子的器皿的图形。有些金文字形在盖子上加一个把。一个器皿和它的盖子必定是属于一体的。	罗振玉
	48	群、种类、范畴	lei	类（类）		529	早期字形不详。语义上的意义也不能确定。在一些古代文献（如《诗经》）里，这个字的意思是"好"。"类"和"犬"一起作为字音。传统的解释（显然）是，虽然看来有好多种犬彼此很不一样，但犬都是属于犬类。	许慎
	49	年轻的	shao	少		1149	四个谷粒的图形。为谷物缺少的概念符号，因此是通常讲的，"少数"，而"少"（年轻）则是引申的意义。	吴世昌
	50	老	lao	老		1055	一个老人拄着手仗的图形。	叶玉森

编号	字义	现代汉语		古代甲骨文、	高本汉	注　　解	被引证人
		拉丁语拼音	本字	金文或小篆	编　号		
51	死亡	ssu	死		558	一个人跪在尸骨或遗骸旁边的图形。参见庄子和髑髅。	罗振玉
52	人、人类	jen	人		388	一个男人的图形。	许慎
53	男人	nan	男		649	田地和犁的图形。含意是土地的男性耕作者。	徐中舒
54	女人	nü	女		94	一个女人的图形。	许慎
55	身体	shen	身		386	一个孕妇身体的图形。	王筠 朱骏声
56	血液	hsüeh	血		410	一个盛着祭品的祭器的图形。	罗振玉
57	自己	chi	己		953	同音假借字。图形大概表示拴箭用的缠着的绳子[参见本书第二十八章(e),第三十章(d)]。	郭沫若
58	男性、祖先	tsu	祖		46	男性生殖器,因而是阴茎状的祖先牌。原先作"且"。与"牡"同义相通,"牡"现在只用于动物。	郭沫若 高本汉 [Karlgren (9)] 韦利 [Waley(7)] 金璋 [Hopkins (28,29)]
59	女性、祖先	pi	妣		556n	女子外生殖器。另一种字形是"牝",现仅用于动物。	埃克斯 [Erkes (11)]
60	统治者、公爵、公共、公正	kung	公		1175	据说也是男子生殖器官,突出显示了阴茎头。传统的看法(许慎)是,这个字是由"八"(犹"背")和"私"组成,即"背对私利",但这是不能令人信服的。	金璋 [Hopkins (8)]
61	线纹、图案、花纹、装饰物、一个象形字、文学、平民、文明的	wên	文		475	一个人的正面形象,身上有文身痕迹或染色花纹。参见刘咸(1)。	王筠 金璋 [Hopkins (8)]
62	向阳、光亮、山的南面、"阳"力	yang	陽、易(阳)		720	按照传统的说法(许慎),这个字的上部是日,下部则表示斜射的日光(吴世昌)。其异体字[除非Hopkins (19)错了]表示一个人捧着一个有孔的玉盘(即"璧")的图形。"璧"不仅是一种礼器,而且	孙海波 容庚

227

228

编号	字义	现代汉语		古代甲骨文、金文或小篆	高本汉编号	注　解	被引证人
		拉丁语拼音	本字				
						也许像后面[第二十章(g)]将要看到的，是中国最古老的天文学仪器。	
63	背阴、暗、山的北面、"阴"力	yin	陰(阴)	陰	460 651x, y, z	"云"和(与前字相同)"阜"(山)的图形，"仌"和"阜"作为字音。	段玉裁
64	金属	chin	金	全	652	或许是上面有盖顶或小山的矿井的图形，那些小点表示矿石块。	吴世昌
65	木	mu	木	木	1212	一棵树的象形字。	许慎
66	水	shui	水	水	576	流水的象形字	许慎
67	火	huo	火	火	353	火焰的象形字[参见"热先生"(Mr Therm)作为聚焦的一个例证]。	许慎
68	土	thu	土		62	土地神的阴茎形祭坛的图形。	王国维 郭沫若 高本汉 [Karlgren(9)] 韦利 [Waley(7)] 金璋 [Hopkins(29)]
69	蒸汽、水汽、稀薄的物质	chhi	氣(气)	三	517c	上升蒸汽的象形字。参见希腊文 pneuma (πνεῦμα)。"米"是后来加上的部分。	许慎
70	道（自然作用之道，或社会应遵循之道）	tao	道		1048	图为一个头(象征着一个人)，朝着道路上的某处走，因此是"道"、"正道"。	许慎
71	符合自然的模式、玉的纹理、按照其本来的斑纹刻玉、原理、秩序、组织	li	理		978d	这个字的甲骨文或金文的字形不详。此处所给出的拼合方法仅是一种根据想象的重新构造。"里"("田"和"土")肯定是字音，"玉"是偏旁(参见下文 p. 473)。这个字想必创造得比较晚。	许慎
72	自然的规则性、法则、法律	tsê	則(则)		906	(a) 图形或许是以刀在一个青铜或铁制的典礼用鼎上雕刻一组画或铭刻一种法典(参见下文 p. 559)。	许慎 朱骏声

编号	字义	现代汉语		古代甲骨文、金文或小篆	高本汉编号	注　解	被引证人
		拉丁语拼音	本字				
					906	(b) 另一个解释是，可能是指贵族们在餐桌上的规矩，作为其他人应遵循的模范或规则。如果是这样，这里的刀就是餐刀，锅就是一个肉锅。	吴世昌
73	合度量的划分、限度、界限、法度	tu	度	度	801	这个字的甲骨文或金文的字形不详。图形的主要部分是下面的手。手(和臂)是古代度量的最重要的标准之一。	段玉裁
74	方法、模型、模仿、模子、法律（特别是人类的成文法）	fa	法、灋（"法"的繁体）	灋	642k,l,m	这个字的原形是由"水"与"去"和"廌"组成，"廌"是传说中一种一个角的公牛或独角兽。据说，这种动物在土地神祭坛前进行神裁法时，用角去抵有罪的人。如果确实这个独角兽或某种其他动物本身不在后来扮演替罪羊，那么罪恶就这样被解除(被废除)了；参见 Granet (1)，p. 141 ff. 。直到汉代还有罪犯被送到斗技场和野兽相斗的事例(例如，《前汉书》卷五十四)。水这个成分或许并不是起源于(中许慎认为的)"法律应该持平如水"这一信念，而是起源于古代仪式中所伴有的去邪清垢、洒圣水、浇奠或洒水。或许也牵涉到一种"全凭浮与沉"的神裁法。关于斗牛，见 Bishop (9)。	许慎
75	规律、规定、音律	lü	律	律	502	左边部分是十字路口象形字的一半(见前面第14号字)，即一条街道，所以这个字的语义是政府的命令或法律的公告——因为右边部分描给一只手拿着写字的笔。所以有标准化的意义。后来这个字与标准律管的音调联系了起来。甲骨文或金文的字形未见。	许慎 吴世昌
76	德行、权力、性能、"神性"(mana)	tê	德	德	919k	十字路口象形字(见前面第14号字)的左编旁与眼和心的原始解剖学画象一起组成的图形。后二者肯	

229

编号	字义	现代汉语		古代甲骨文、金文或小篆	高本汉编号	注 解	被引证人
		拉丁语拼音	本字				
						定是分别指看和想。前者则一定是指社会的模型。因此,这个字的本来意义可能与"神性"和["美德"(virtus)的意义非常相似;这是人们的领袖,无论是祭司、先知、武士或国王所具有的"吸引人心的"力量,他来到、看到、思考并征服。Virtus 这个字也首先必定是在最充分的意义(Vira,英雄)上与人联系着的。因此,经过引申就成为 mana 或者是某些无生物的神奇的品质。后来演变为药石的"德性"或道的"德性"。	
230	77	仪式的、习俗的、合乎道德的社会行为、自然法(法律上的)	li	禮(礼)	禮	597	一个盛着两块玉的礼器的图形。与有"信号"、"表示"、"指示"、"通知"、"神明"、"神力"、"宗教"等意义的偏旁组合而成(特别是在甲骨文或金文之后的书体中)。有人认为,这是一些陈列着的长短魔杖的图形[Karlgren {1},no. 553]。而另一些人(如郭沫若)则很有理由地认为,这是男性生殖器符号的一种隐蔽形式(参见前面第68号字)。	王国维
	78	数目、计数、计算	shu	數(数)	數	123r	这个字的甲骨文或金文字形未见。它的偏旁异常地放在右边来表示动作(参见前面第7和第11号字)。左边表示发音的"婁"的下面有一个女人的形象,上面并有奇怪的头饰。但是,无论它的意义是什么,它与整个字的语义是无关的,因为它原来是指"屡次",所以由引申而用来作为数目,并且在数目频繁重现时,作为总数用。因此,它是一个抽象的概念符号。	许慎
	79	技术、方法、秘诀、技巧、程序	shu	術(术)	術	497d	图形中间有一株粘粟类植物,但是,它只起字音的作用。偏旁是十字路口的象形字(见前面第14号字)。汉代和更早的许多参考文	许慎

续表

编号	字义	现代汉语		古代甲骨文、金文或小篆	高本汉编号	注　解	被引证人
		拉丁语拼音	本字				
80	数、计数、计算、算	suan	算	篹 箟	174	献中指出,这个字的原义是"道路"或"街道",这种用法一直延续到 5 世纪。正同我们在英语中说 ways and means(方式和方法)一样,所以这个字渐渐取得了"做某件事的正确方法"的特定含义。因此是"正确的技术"。"道"字也经历了相似的从具体到象征的演变历程。 甲骨文或金文字形未见。虽然某些书体的字形象一个算盘,不过它们的年代很可能为汉代。更早的字形显出一个象"王"字的图形,这差不多可以肯定它描绘的不是(如许慎认为的)"玉",而是一个竹算尺的模型[见本书第十九章(f)]。所以全字被冠以竹字头。	吴世昌

单的(第 20 和第 21 号字)可以看作是纯几何图形的象征。有二十六个非人类的自然物体的图形,其中十一个是生物的,十五个是无生命的或宇宙论的。关于人体及其各部分的有二十二个,其中有七个联系到性机能和生殖机能(这在任何原始民族中都是很自然的)。人类作用也频繁地出现。有五个字是基于途径和沿着途径动作的,二十三个是基于各种工具和技术,包括犁地、纺织、编筐篓、刷洗、打信号和计算。在这些技术中,宗教仪式活动,无论是祭祀或舞蹈,提供了五个字。技术方面的字,包括通信,共有二十八个,达到最高数。关于社会生活情况的有六个。至少有八个是同音假借字,有三、四个字是抽象的概念符号[1],独有一个字仍然难倒了考古学的分析。毫无疑问,如果对更多的汉字加以分析,这种分布就要有所改变[2],但是它可以满足目前的目的:即从原始生活的日常例行活动中来表明,会意文字是怎样发展起来并最终获得了极为抽象的意义的。这样就为原始科学的和科学的思维与实验提供了技术术语。这几页小引的目的就在于此。

---

1) 即"非"[第 2 号字(b)],"真"(第 19 号字),"少"(第 49 号字),"数"(第 78 号字)。

2) 也许很值得把已收集在"基础"汉语字汇中的所有文法上实用的和其他的字都编成一个类似的表。

232

(c) 自然主义学派(阴阳家)、邹衍和
五行学说的起源与发展

现在就到了解说宇宙间两种力量(阴与阳)以及五行的基本学说的起源和意义的时候了。严格地说,最好是讨论前者,因为在理论上,阴阳在自然界中是处于更深的一个层次,并且是古代中国人能够构想的最终原理。但情况却是我们对五行学说的历史起源知道得比阴阳学说更多得多,所以首先讨论五行学说就更方便些[1]。这就要追溯到一位名叫邹衍的思想家,虽然他可能被认为是整个中国科学思想的实际创立者,可是我们还没有机会充分谈到他。他的确实生卒年代不详,但是他必定应被置于大约公元前 350 年到前 270 年之间。如果他不是五行学说的唯一创始者,也是他把有关这个论题的思想加以系统化和固定下来的。这种思想至多不过是在他所处的时代以前一百年才开始流传,主要是在东部海滨的齐国和燕国。这些年代的断定当然和传统的见解相反,因为传统的意见认为《书经》的《洪范》篇(见下文 p.242)全部是真实的,所以就把这一学说的起源置于周初;然而,我们的年代断定则为现代的研究表明是正确的。

因为我们义不容辞地要细心追踪这位对科学史家来说是如此之可敬的人物所遗留下来的每一个足迹,所以我要重述一个《史记》第七十四卷的一部分,这一卷虽然事实上大部分是谈邹衍的,司马迁却题名为《孟子荀卿列传》。

齐国有三个姓邹的学者。第一个是邹忌,他的弹琴技巧深深感动了威王[2],以致被提拔担任国政,被封为成侯,并接受相印。他生在孟子之前[3]。

第二个是邹衍,在孟子之后。他看到国君们越来越荒淫而不能重视道德,但只有靠道德,他们才能把(《诗经》的)"大雅"(的原则)融合于自身,并使之普及于平民。所以他深入考察了阴阳增减的现象("阴阳消息"),写出了关于它们奇异的换位和关于伟大圣人由始至终的循环的文章共十万余言。他的言论传播广远,与公认的经典信念不一致。首先,他必须检验小事物,并从其中得出关于大事物的结论("推")[4],直到他达到无限的东西。首先他谈现代的事,

233

---

1) 关于这两种学说的历史的一场大讨论,见《古史辨》第五册下编;许多学者——包括梁启超和顾颉刚——都参加了。

2) 齐威王(公元前 377—前 331 年)。

3) 因此,他必定生于公元前 400 年或稍早一些。

4) 注意,"推"这个字,墨家是当作一个术语来用的(参见 p.183);意为引申(归纳?)。

然后上溯到黄帝[1]时代。学者们都研究他的学术。此外他追究各个时代盛衰的大事,并以它们的征兆和(考察它们的)制度而把他的调查(更进一步)扩展("推")到天地未生的时代,(事实上)是扩展到深奥难解而不可能究诘的事物。

他先分列出中国的名山、大川和通谷,禽兽,水土的富饶和稀有的物产[2],并由此把他的调查推广到四海以外和人所不能观察到的事物。

然后,他由天地分离[3]的时候出发,往下研究,列举了五种力量(德)的周转和变移,安排它们,直到每一种都有其确切的位置,并(为历史)所证实。

邹衍主张儒家所谓的"中央王国"(即中国)只占全世界八十一分之一。中国称为赤县神州……

> 随后有一段据认为实际上是邹衍的话。因此留待后几页再述。

他的全部学术都是这类的。然而如果我们把它们归纳为基本要素,它们就都是基于仁、义、节、俭的德行,以及君臣、上下和六亲关系的实践之上的。只有(他的学说的)开头部分是夸张和不平衡的[4]。

王公和大臣们最初看到他的学术时,都恐惧地改变了他们自己,但是后来却不能付诸实践。于是邹子在齐国备受尊重。他旅行到梁,惠王[5]出城到郊外迎接他,并对他行一个主人对宾客的全部繁褥的礼节。他去赵国时,平原君[6]走在(道路)旁边,亲自擦掉他座位上的尘土。他到了燕国,昭王[7]用扫帚(扫路)作他的先驱,并请求列席为弟子以便接受他的教导。

在碣石[8]为他建了一所官殿,国王亲自去听他的讲授。邹衍在这里写了《主运》(现已失传)。他在封建诸侯之间的全部旅程中,都受到了这类礼遇[9]。

拿这些和孔子在陈国与蔡国几乎饿死,或者孟子在齐国和梁国时困难重重比较起来,那是多么地不同啊! 武王以仁义之道征服了纣(商代最后的王)   234

---

1) 传说中的帝王。他之所以重要,是因为他始终是道家所喜好的主神。

2) 这些都没有传下来。但是,在《计倪子》的残篇中(见下文 p.275),我们确曾看到一些天然产物的目录,那或许是在同一个时期由同一学派的人为了炼丹而收集的。

3) 无疑地是指离心的宇宙生成论,如象《列子》书中所说那样,见下文 p.372。

4) 这只不过是司马迁这方面的一般辩解,因为他觉得至少必须伴装维护邹衍的儒家正统。

5) 即魏惠王(公元前 370—前 319 年在位)。

6) 卒于公元前 252 年。其传记(见《史记》卷七十六)已由普菲茨迈尔[Pfizmaier(26)]译成德文。参见上文 p.185。

7) 公元前 311—前 278 年在位。

8) 位于现今河北省大沽和山海关之间的沿海某地。

9)《史记》卷七十四,第一至三页,译文见 Fêng Yu-Lan(1),vol.1,p.159;Dubs(5),稍经修改。

而为王,但另一方面,伯夷宁愿饿死也不吃周朝的粮食。卫灵公向孔子请教军事,但孔子不回答。梁惠王打算攻赵,向孟子问计,但他(却撇开这个问题,而建议)去邠作一次和平旅游。这些例子表明,这些人并不修改他们的想法去适应世俗统治者的愿望。然而(这事作得太过分),就象试图把一个方木榫放进圆孔里一样了。有人说,伊尹(屈尊)背着大锅却鼓励汤即王位,百里奚喂过驾车的牛,但秦缪公由于用他而成为诸侯的霸主。如果统治者和谋臣事先能意见一致(即一旦赢得统治者的信任),那末统治者就能被引上大道。所以,邹衍的话虽然未成为规范,但似乎起了正如大锅和牛那样的作用。

自邹衍开始,就有了稷下学士,例如淳于髡、慎到[1]、环渊、接子、田骈[2]和邹奭这些人。他们都著书讨论国事以期影响国君。我们不可能一一提到他们。

以下有两页关于淳于髡和慎到的记述,今略去。

邹奭是齐国邹氏的一员。他承受了邹衍的学术,写了有关的文章。齐王对这些文章很欣赏,授予淳于髡和所有其他人以大夫(国务大臣)的称号。他为他们在一条宽阔的大街上建筑宅第,有高门大厅,以各种尊敬的方式供养他们。于是其他封建王公的宾客们都说,齐国能吸引天下所有的贤士。

(例如)有赵国的荀卿,五十岁时才第一次来齐国传播他的学说(作为一个稷下学士)。邹衍的学术宏大,而推论又雄辩。邹奭的著作是完备的,但难以付诸实施。至于淳于髡,如果一个人和他久处,有时可得到有益的格言。所以齐国人称赞二邹说:"谈论自然界的有(邹)衍;谈论雕龙(即对邹衍的学说加以文辞润色)的有(邹)奭;谈论精辟言辞的有(淳于)髡。"[3]

〈齐有三邹子。其前邹忌,以鼓琴干威王,因及国政,封为成侯而受相印,先孟子。

其次邹衍,后孟子。邹衍睹有国者益淫侈,不能尚德,若《大雅》整之于身,施及黎庶矣。乃深观阴阳消息而作怪迂之变,《终始》《大圣》之篇十余万言。其语闳大不经,必先验小物,推而大之,至于无垠。先序今以上至黄帝,学者所共术,大并世盛衰,因载其禨祥度制,推而远之,至天地未生,窈冥不可考而原也。

先列中国名山大川,通谷禽兽,水土所殖,物类所珍,因而推之,及海外人之所不能睹。

称引天地剖判以来,五德转移,治各有宜,而符应若兹。

以为儒者所谓中国者,于天下乃八十一分居其一分耳。中国名曰赤县神州。……

其术皆此类也。然要其归,必正乎仁义节俭,君臣上下六亲之施,始也滥耳。

---

1) 是一位法家。参见 Fêng Yu-Lan(1),vol.1,p.153.

2) 参见 Fêng Yu-Lan(1),vol.1,pp.132,157.

3)《史记》卷七十四,第三至五页,由作者译成英文。

王公大人初见其术,惧然顾化,其后不能行之。是以邹子重于齐。适粱,惠王郊迎,执宾主之礼。适赵,平原君侧行撤席。如燕,昭王拥彗先驱,请列弟子之座而受业。

筑碣石宫,身亲往师之。作《主运》。其游诸侯见尊礼如此。

岂与仲尼菜色陈蔡,孟轲困于齐粱同乎哉! 故武王以仁义伐纣而王,伯夷饿不食周粟;卫灵公问陈,而孔子不答;粱惠王谋欲攻赵,孟轲称大王去邠。此岂有意阿世俗苟合而已哉! 持方枘欲内圜凿,其能入乎? 或曰,伊尹负鼎而勉汤以王,百里奚饭牛车下而缪公用霸。作先合,然后引之大道。邹衍其言虽不轨,傥亦有牛鼎之意乎?

自邹衍与齐之稷下先生,如淳于髡、慎到、环渊、接子、田骈、邹奭之徒,各著书言治乱之事,以干世主,岂可胜道哉! ……

邹奭者,齐诸邹子,亦颇采邹衍之术以纪文。于是齐王嘉之,自如淳于髡以下,皆命曰列大夫,为开第康庄之衢,高门大屋,尊宠之。览天下诸侯宾客,言齐能致天下贤士也。

荀卿,赵人。年五十始来游学于齐。邹衍之术迂大而闳辩;奭也文具难施;淳于髡久与处,时有得善言。故齐人颂曰:"谈天衍,雕龙奭,炙毂过髡。"〉

从司马迁的著作中摘录的这一长段话是极有启发性的。它给人的印象是,阴阳家(邹衍的信徒后来被这样称呼)的特性同我们迄今所考查过的任何学派都颇不相同,虽然他们最接近于道家[1]。但是,自然主义者(如果我们此后可以采用这个名词作为该派的方便而适宜的名称的话)不象道家那样,他们并不回避宫廷和王侯的生活;相反,似乎他们很相信自己掌握着有关宇宙的某些事实,统治者们只有自己冒危险才可以忽视它们。假如邹衍早就掌握了原子弹的"诀窍",他几乎不会以正眼看待各国君主。于是,我们就看到这种原始科学在一个短时内取得了巨大的社会重要性和声望,而且同我们自己的时代相比也并不象可能看起来的那么牵强,因为马上就有证据表明,自然主义者的"术"极有可能一点也不是口头空论。

邹衍对一些封建宫廷的访问肯定是史实,因而没有理由怀疑《史记》关于他备受欢迎的记述[2]。至于位于齐国国都一个城门之外的稷下学宫[3],邹衍似乎就是它最老的成员;他或许还作为齐国的一个公民鼓励过宣王创办这个学宫。我们已经提到[本书第五章(c)]它的巨大历史意义,大致象同时代的古希腊那些著名的学园一样。除了辩者淳于髡以及上一段提到的其他人(大多数是道家)之外,在学宫的成员之中可以看到还有墨家,例如宋钘(或宋牼),有一个时期,还有最大的儒家孟子。有人推想,庄周也可能是在他们之中。这些学士们的官衔纯粹是顾问性的职务,他们戴着特制的平顶帽——即华山冠,大概还有与之配套的特制长袍。我们

---

1) 他们和道家的确切关系,已由谢扶雅(1)在一篇有趣的论文中考证过。

2)《史记》卷三十四中也载有他访问燕国的情况[Chavannes(1),vol.4,p.195]。他访问粱(魏国国都)的情况则记载在卷四十四中[Chavannes(1),vol.5,p.158]。

3) 见戴闻达[Duyvendak(3),pp.73 ff.]和沙畹[Chavannes(1),vol.5,pp.258 ff.]的记述,沙畹翻译了《史记》卷四十六中的有关段落。

是多么愿意不惜一切地得到他们讨论的逐字逐句的记录啊! 这些学派这样密切的联系,必定导致术语的借用;我们已注意到在司马迁对邹衍的研究方法的叙述中就使用了墨家的归纳术语。

从这段记述中出现的一个有趣之点是,它的作者司马迁在一定程度上对邹衍是持批评态度的,但仍力图从儒家的观点来恢复他的名誉。司马迁说,不论他关于自然界的学说可能是如何地空想,这些学说还是归结于人类的仁、义等等道德的健全教诲。他在随后一段里还提示,邹衍关于自然世界的学说不过是意在引起封建王侯们的兴趣的趣谈,博取他们的信任,以便以后可以进而把他们纳入儒家的良好行为的正道。这显示出,到了司马迁时代,自然主义学派作为一个有组织的团体已经消失了,它所有的实用学术已经传给道家,而它的五行学说则成为公共的财富,为儒家和所有的人同样地享有。显然,司马迁似乎并不理解自然主义学派对于自然界的兴趣,因而提出了一些完全不需要的辩解。自然,他还必须解说一个事实,即从世俗的观点来看,孔子一直是个失意者,而邹衍则获得了巨大的成功。因此,就必须以这样或那样的方式把邹衍的学说说成是真正儒家的。

那末,什么是自然主义学派(阴阳家)认为是他们自己发现的而他们又能够说服封建王侯们承认其重要性的那些政治动力呢? 这最好是用邹衍本人的话来解答。我们在马国翰浩瀚的辑佚之中找到几页[1],凑齐了邹衍这位老师或他的嫡传弟子所写的书的全部残存部分,这些书还以《邹子》和《邹子终始》的书名为汉代书目编辑者所知。由于它们迄今尚无西文译本可用,我们现在把它们全部译出,并插入一些评注。

(1)儒家所谓的中国只占全世界的八十一分之一。中国被称为赤县神州,其中共有九州,是大禹[2]所奠定的。但这些不能算在实际的大陆(即更广义的州)之中。中国只是全部九个大陆之一,这些大陆才是真正的九州。每个州都有小海环绕,所以人和兽却不能从其中的一个去到另一个。但是这九州形成一个区,并构成一个巨大的大陆。(又)有九个这样巨大的大陆,在它们的外边有一个大瀛海包围着它们,并且延伸直到天地接合的边界上。[3]

〈……儒者所谓中国者,于天下乃八十一分居其一分耳。中国名曰赤县神州。赤县神州内自有九州,禹之序九州是也,不得为州数。中国外如赤县神州者九,乃所谓九州也。于是有裨海环之,人民禽兽莫能相通者,如一区中者,乃为一州。如此者九,乃有大瀛海环其

---

1)《玉函山房辑佚书》卷七十七,第十六页以下。

2)传说中的帝王和治理过洪水的水利工程师[参见上文 pp.117,119 及本书第二十八章(f)]。

3)摘自《史记》卷七十四,第二页。注意,天的边缘与海的周界接合,这是"盖天"宇宙论的特点[见本书第二十章(d)]。

外,天地之际焉。〉

这种世界观就公元前 4 世纪来说真算是大胆的了,有人竟被诱要从中看出一种外来思想、特别是印度思想的直接影响[例如 Conrady(1)]。但是,认为中国的 *oikoumene*[文明世界]并不是宇宙的中心,以及当时还有其他文化存在——这大概只不过是一种果断的信念,并且无疑地是以和我们所不知道的文化的接触为基础的。后来人们经常提到九州,例如在《淮南子》一书中[1]。

(2)在春天,应该钻榆木、柳木取火。在夏天,应该用枣木和杏木。在秋天应该用橡树和楮树[2]。在冬天就必须用槐木[3]和檀木[4]。

〈春取榆柳之火。夏取枣杏之火。秋取柞楢之火。冬取槐檀之火。〉

这些告诫或许是着眼于木材的不同性质,即多大的吸湿性,等等。

(3)行政和教育的条例,复杂礼仪的推行,或者反之,简单的礼仪的推行;所有这些都是(适用于特定的时代的)补救之道。在某些时期,它们也许是可行的,但是随着时间的推移,也许要被废弃。随着情况的改变,这些事情也就必须改变。坚持特定的安排而不愿随着时代改变的人们,永远不会在统治的艺术上臻于完善。[5]

〈政教文质者,所以云救也。当时则用,过则舍之。有易则易也。故守一而不变者,未睹治之至也。〉

这里我们清楚地看出道家的灵活性及其对长期社会变化的领悟;例如,它与儒家的正统观念(如我们已在上文 p.83 从荀子那里所见到的)相对立,儒家是拒绝变革而以强烈的保护态度墨守古老的习俗的。

(4)齐国派邹衍去赵国见平原君,当时公孙龙(名家)正和他的学生綦毋子在赵国讨论"白马非马"等问题。他们征求邹子的意见。但邹子拒绝讨论这个问题,他说:"谈谈五胜[6]和三至[7]才是适合于人世的讨论类型。但是,区别不同的品种(范畴)以免它们互相伤害(即彼此重叠);暴露所谓异端思想以免它们同所谓真的学说相混淆;用"共相"("指")[8]和个体的手段来表达思

237

---

1) 《淮南子》第三篇,第十页。

2) B II,537,大概是一种橡树,也许即 *Quercus crispula*。

3) B II,546,*Sophora japonica*,槐含有黄色染料。

4) B II,540,大概是 *Caesalpinia* spp.,生出一种细绞硬木,或者是 *Dalbergia hupeana*,见 R 381。虽然在理雅各的译文中常用 Sandalwood 来表示檀字,但不是很正确的对译词。本段引自郑玄注《周礼》;Biot(1),vol.2,p.195。

5) 摘自《前汉书》卷六十四下,第一页。

6) 无疑是指五行。

7) 此词意义不明。我认为是阴阳的三个位置:(a)阴处于最完全的支配地位时;(b)阳处于最完全的支配地位时;(c)二者完全平等地相平衡时。换言之,即一条波浪曲线的波峰和波谷及其交叉点。参见本书第二十六章(b)。

8) 名家的一个很重要的术语,参见上文 p.185。

想;找出巧妙的言辞,用以反驳别人;制造巧妙的比喻("辞")[1]来推翻对方的想法;鼓动人们争论,直到他们自己再不知道应该想什么为止——这一切都有害于大道。而且这种言辞交锋也不能不给国君带来危害。"[2]

〈齐使邹衍过赵,平原君见公孙龙及其徒綦毋子之属,论"白马非马"之辩,以问邹子。邹子曰:"不可。彼天下之辩有五胜三至,而辞正为下。辩者,别殊类使不相害,序异端使不相乱,杼意通指,明其所谓,使人与知焉,不务相迷也。故胜者不失其所守,不胜者得其所求。若是,故辩可为也。及至烦文以相假,饰辞以相悖,巧譬以相移,引人声使不得及其意。如此,害大道。夫缴纷争言而竞后息,不能无害君子。"〉

这一段如果是可信的(这是很可能的),便有极大的意义,因为它证实了所有前面已谈过的,即对自然感兴趣的各个学派都不愿在墨家、名家的思想家们为建立一种适用于科学的逻辑的努力中合作。邹衍不可能看到逻辑会怎样有益于道家和阴阳家。

(5)我站在缯城上,向宋国都城瞭望。[3]

〈余登缯城,以望宋都。〉

此处意义模糊;或许是战略性的?

(6)四个角落都不平静。[4]

〈四隈不静。〉

这句话似乎是指政治危机,但同样很可能是关于地球运动的陈述。参见本书第二十章(d)关于"四游"的理论。

238

(7)五行交替地在统治着。(相继的帝王)随着方向选用(他们)官服(的颜色,以便使该色与占统治地位的"行"一致)[5]。

〈五行相次转用事,随方面为服。〉

(8)五德(行)各继之以它所不能胜的德。舜[6]以土德为治,夏代以木德为治,商代以金德为治,周代以火德为治[7]。

〈五德从所不胜。舜土,夏木,殷金,周火。〉

(9)当某一个新朝代即将兴起时,上天就向人民显示吉兆。在黄帝兴起时,就出现了大蚯蚓和大蚁。他说:"这表明土德当运,所以我们的颜色必须是黄的,我们的事务必须以土为征象。"在大禹兴起时,上天生出秋冬不凋的草

---

1) 另一个术语,但这次是属于墨家逻辑学的,参见上文 p.183。
2) 摘自已失传的刘向所撰的《别录》,这里残存的片段是在《史记·平原君列传》(卷七十六第五页)的《集解》中。
3) 摘自《水经注》卷八,第二十页。
4) 摘自萧统(约530年)《文选·魏都赋》(卷六,第三页)。
5) 摘自《史记·封禅书》(卷二十八,第十一页)如淳的《集解》;参见 Chavannes(1),vol.3,pp.328 ff.。
6) 传说中的帝王。
7) 这就是为什么秦始皇帝在大一统的帝国即位时,秦朝被认为是以水德得天下而其纹章是黑色的原因了。见下面一段。本段摘自《文选·齐故安陆昭王碑文》(卷五十九,第九页)。

木。他说:"这表明木德当运,所以我们的颜色必须是青的[1],我们的事务必须以木为征象。"在汤武兴起时,有金属的宝剑出现在水中。他说:"这表明金德当运,所以我们的颜色必须是白的,我们的事务必须以金为征象。"在周文王兴起时,上天显示了火,并且有许多赤鸟衔着丹书群集在周王朝的祭坛上。他说:"这表明火德当运,所以我们的颜色必须是红的,我们的事务必须以火为征象"。随火之后,将轮到水。上天将会显示水气统治来临的时间是什么时候。那时颜色就必须是黑的,事务就必须以水为征象。这样的天运到时候将先结束,一切又再次回到"土"上来。但是我们不知道那将是在什么时候[2]。

〈凡帝王者之将兴也,无必先见祥乎下民。黄帝之时,无先见大螾大蝼。黄帝曰:"土气胜。"土气胜,故,其色尚黄,其事则土。及禹之时,天先见草木秋冬不杀。禹曰:"木气胜。"木气胜,故其色尚青,其事则木。及汤之时,天先见金刃生于水。汤曰:"金气胜。"金气胜,故其色尚白,其事则金。及文王之时,天先见火,赤鸟衔丹书集于周社。文王曰:"火气胜。"火气胜,故其色尚赤,其事则火。代火者必将水,天且先见水气胜。水气胜,故其色尚黑,其事则水。水气至而不知数备,将徙于土。〉

在这里的最后三段中,我们就有了半科学、半政治的学说的本质,自然主义学派(阴阳家)利用它就能吓住封建诸侯。五行概念本身实质上是一种自然主义的、科学的概念,因此,下面我们很快就要以这种观点来更细致地考察它,探讨它确切地包含什么意思;但是邹衍由于相信每一个统治者或统治王室只是以五行系列中的一"德"进行统治,因而显然把它扩展到了朝代的领域。实际上,这就为统治王朝的兴亡提供了一种理论,把人事及其历史放在与非人类的自然界现象相同的"法则"之下(虽然就我们所知,"法则"这一关键的名词从未在这种意义上被人使用过)。这二者的机制就是大家都知道的相胜或轮胜这一不变的统一性,即木克土,金克木,火克金,水克火,土克水,循环至此又周而复始。这样,人类历史中的一切变化都被认为是可以在较低级的"无机"层次上观察到的同样变化的表现,而五行概念本身也正是导源于此。人们可以推测,封建王公发现邹衍的学说难以付诸实施的原因是:虽然他们可能对邹衍及其学派如此坚信不移所宣扬的学说的真实性深深相信,但是,对于他们所借以进行统治的五行却难以准确断言并从而采取必要的预防措施。而且,不管他们采取什么样的预防措施,自然的循环变异总归是继续

239

---

1) 这里用的是"青"字。此字原意是"蓝",但是古代中文的颜色名称变动很大(和在其他古代语言中的情形一样——参见荷马的史诗)。当"青"在学术上用作五行中"木"的相关物时,我们就以"青"为绿。在本书有关生理学和视觉的第四十三章中,我们还要讨论这个问题。

2) 事实上那是汉朝,因为那时候五行中的每一个都已经轮到了。本段摘自《吕氏春秋·应同》,卜德也翻译过,见 Fêng Yu-Lan(1),vol.1,p.161。此处的全部译文都是我们自己译的。其后有一段很含糊的预言,未译。

运行不已,所以就没有任何统治王朝能指望长治久安。我们可以看出,邹衍的"发现"只不过是一种原始科学,但其社会学的意义在于这样一个事实,即它是如此之广泛和深刻地受人信奉,以致自然主义学派(阴阳家)的学说和后来继承了此学说的汉代儒家的成功,就有点使我们联想到我们这个时代自然科学所取得的政治重要性。不管前苏格拉底学派、逍遥学派和亚历山大里亚学派的著作作为现代科学的基础可能被承认是多么重要,但要指出古代希腊同中国自然主义学派(阴阳家)的地位之间的显著类似之点,却是很不容易的。

大概在公元前 3 世纪末,邹衍的学说具体化为一篇题为《五帝德》的简短论文。已知它曾被司马迁引用过[1],但大概不是后来编入《大戴礼记》[2]和《孔子家语》[3]的那篇同名文章,虽然它也包含有这种思想。我们还知道一位名叫张苍[4](卒于公元前 142 年)的朝廷大臣,他可能是汉初几位皇帝统治时期自然主义学派(阴阳家)思想的重要传播者。

虽然这无疑大都是推测,但是邹衍及其学派的影响可能还有比这更多的来历,因此有相当理由猜想他们的"学术"也包括天文学和历法。所以司马迁在《史记·历书》(第二十六卷)中说:

> 240 后来各封建王国投入了互相间的战争,有进攻和反攻、强大国君之间的竞争、援救危难之中的诸侯的军事远征、联盟、条约和背信——在那样的时期,谁还有功夫考虑(象历法)这类的事情?只有邹衍一个人得到了有关五德(力量)替变的知识,并且论述行将生成和消逝之间的区别,从而使他在诸侯中享有盛名。[5]

> 〈其后战国并争,在于强国禽敌,救急解纷而已,岂遑念斯哉! 是时独有邹衍,明于五德之传,而散消息之分,以显诸侯。〉

此外,还有许多证据把自然主义学派(阴阳家)与练丹术的起源联系在一起。我们已经看到,邹衍曾编出天然产物,大概是矿物、化学物质和植物的各种目录[6]。还有两篇重要的文章表明这个学派对炼丹的兴趣。《史记》说:

> 自齐威王和宣王[7]时起,邹子的门徒就讨论和著述关于五德的循环相

---

1)《史记》卷一第十三页;Chavannes (1), vol.1, p.143.

2)《大戴礼记》第六十二篇,译文见 R.Wilhelm (6), p.281.该书是公元 1 世纪、而不是过去认为的公元前 1 世纪写成的。

3)《孔子家语》第二十三篇。这是公元 3 世纪的一部书,但却是根据更早的材料编的。

4)《史记》卷九十六,第一页。张苍是一位数学家,我们在本书第十九章还要谈到他。

5)《史记》卷二十六,第四页,译文见 Chavannes (1), vol.3, p.328,由作者译成英文。

6) 见本书第二十五和第三十三章所提供的《计倪子》中的目录表,它们可能是同时的。

7) 这两个王在位的时间为公元前 377 年至前 312 年。

继。到秦王称(始)皇帝时(公元前 221 年),齐国人上奏章给他(使这些学说引起他的注意)。于是秦始皇选定了它们并付之实用。另外,燕国人宋毋忌、正伯侨、充尚和羡门高[1],都用方术来练习长生不老的方法,从而以用某种变异的方法使自己的身体气化和变形("形解销化")[2]。为了这个目的,他们依赖于自己对鬼神的侍奉。

邹衍,(由于他的)阴阳支配着命运的循环运动的(学说)而在诸侯中间有了名望。居住在燕国和齐国沿海地区而有方术的人传播了他的学术,但并不能理解它们。从那时起,那些从事骗人的奇迹、阿谀逢迎和违法行为[3]的人们不断增加,难以数计。

自(齐)威(王)和宣(王)以及燕昭(王)开始,就派人到海上寻找蓬莱、方丈和瀛洲(等仙岛)。据报道说,这三座神(岛)山是在渤海之中[4],距离人(的居处)不远,但困难在于,人们将到达这些岛时,风就把船刮走。或许有些人曾成功地到达过(这些岛)。(无论如何,据报道说)那里住着许多仙人,还有不死之药。它们的生物,无论是鸟是兽,完全是白的;它们的宫殿和门楼都是用金银建造的。在你未到达之前,远眺它们就好象是云,但是(据说)当你接近它们时,这三座神山就沉到水下去,不然,就是一阵风突然把船刮走。所以没有人能真正到达那里。然而,当代的诸侯没有一个会不喜欢到那里去的。[5]

241

〈自齐威、宣之时,邹子之徒论著终始五德之运,及秦帝而齐人奏之,故始皇采用之。而宋毋忌、正伯侨、充尚、羡门高最后皆燕人,为方仙道,形解销化,依于鬼神之事。

邹衍以阴阳主运显于诸侯,而燕齐海上之方士传其术不能通,然则怪迂阿谀苟合之徒自此兴,不可胜数也。

自威、宣、燕昭使人入海求蓬莱、方丈、瀛洲。此三神山者,其傅在勃海中,去人不远;患且至,则船风引而去。盖尝有至者,诸仙人及不死之药皆在焉。其物禽兽尽白,而黄金银为宫阙。未至,望之如云;及到,三神山反居水下。临之,风辄引去,终莫能至云。世主莫不甘心焉。〉

从这一段可靠而又令人销魂的引文似乎可以公正地断定,邹衍的自然主义学派阴阳家不仅是汉代半儒派关于五行的思辩的起源,而且同沿海各国的术士们如

---

1) 这四个人是否历史人物,至今还是个疑问;汉代著作家对他们都称之为前"仙"。但他们很可能是与邹衍同时或稍早的燕国术士-自然主义学家(阴阳家)。我们在前面(p.133)曾提出,"羡门"是萨满的意思。

2) 注意所用的措辞与我们在上文 p.141 所说二者间的关系。

3) 这是指炼丹术。

4) 即今直隶湾。

5) 《史记·封禅书》,第十页至十一页。译文见 Dubs(5)。以前已经谈过一些发现东海诸岛的颇有历史意义的探险,在本书第二十二章由于意外的制图关系还要谈到它们。这一段亦见于《前汉书·郊祀志上》,第十二至第十三页。译文见 Dubs Chavannes(1), vol.2, p.152 vol.3, p.435。

果不是同一派的话，也是有着密切接触的，这些术士们后来在汉武帝朝廷中是非常重要的，后面，例如在讨论化学和磁学史时，我们会一再地提到他们。

第二段对邹衍在这个复杂体系中的作用至关重要(亦见《前汉书》)[1]，而且涉及较晚时期的事件。我把其中大部分保留到论化学的那一章，因为它和公元前60年还是个青年的汉儒刘向试图人工炼金的事有关。但是，它清楚地揭示出自然主义学派阴阳家的秘密著作、或者也许是通过口头传说传给了淮南王刘安(淮南子)周围的人[2]。

> 刘向向皇帝提出有关复兴神仙的方术和技巧的问题的奏议。这时淮南(王为了保险)在他的枕中保存着某些著作，名为《鸿宝苑秘书》。这些著作论述神仙和召致鬼神炼金的技术，以及邹衍用重复(变化)的方法("重道")以延长寿命的技巧。当时的人们没有看到这些著作，但是刘向的父亲刘德在汉武帝时曾调查过淮南(王)的案件，并(在他倒台后)得到了他的书。……[3]
> 〈上复兴神仙方术之事，而淮南有枕中《鸿宝苑秘书》。书言神仙使鬼物为金之术，及邹衍重道延命方，世人莫见，而更生父德武帝时治淮南狱得其书。〉

当然，根据历代炼丹家们的共同习惯，公元前2世纪的炼丹术著作确实可能是祖述邹衍的[4]，但这并不是必然的假设。更可能的是，中国炼丹术(就我们所知，早于世界上任何其他地方)在公元前4世纪期间开始于自然主义学派(阴阳家)[5]。

242 关于五行理论起源于公元前4世纪早期的说法，与铭文证据是相符的。陈梦家(1)已唤起人们注意到一把玉制剑柄上的铭文，据信这是最早提到五行的，剑柄的年代可能是公元前400年后不久，被认为是出自齐国。铭文是一种诗铭形式，有点使人想到可望在与希腊诗选(Greek Anthology)相对应的中国选集(如果有的话)中找到。铭文如下：

> 当五行之气被确定(时)，就(引起)凝结(即肉身)；这个凝结体(得到)一个灵魂；(在已得到)一个灵魂(之后)它就降落(即出生)；(在已)降落(之后)它(变得)固定(即它所有的部分都齐备了)；(在它已)变成固定后，(它就获得了)力量；随着力量(就出现了)智慧；随着智慧(就有了)发育；发育(就达到)完全

1)《前汉书·楚元王传》，第六页。

2) 参见上文 p.83。

3) 译文见 Dubs(5)。事实上不可能是刘德调查了淮南子的案件，因为刘德不可能出生在公元前126年之前，而淮南王的覆败则发生在公元前123年。那大概是刘向的祖父刘辟疆(公元前164—前85年)。

4) 我们在后代传说是墨子所写的书中，已看到了这种情况的一个可能的例子(见上文 p.202)。

5) 我认为，德效骞[Dubs(5)]把这种说法和邹衍把中国摆在世界东南隅的地理观点联系起来，从而推断出它受外来的影响，是没有说服力的。这个问题牵涉到长生不老药的想法的最初起源，在本书论述炼丹术和化学的第三十三章中将加以讨论。

的身躯;随着完全的身躯(它就确实地变成)一个人。

(于是)天从上支持他,地从下支持他;凡是遵循(天地之道的)就生;凡是破坏(天地之道的)就死[1]。

〈行气(气),实(吞)则道,道则神(伸),神则下,下则定,定则固,固则明(萌),明则娠(长),娠则遏,遏则天。天六(其)昏(柱)才(在)上,墍(地)六昏才下。巡(顺)则生,逆则死。〉

这段优美的诗铭使我们或许能摹想齐国和燕国(以及后来的统一帝国)战士们的心理状态,他们坚信遵循自然主义学派(阴阳家)的教导就是站在"天使那方面",或者我们可以说,是站在"历史的力量那方面"。试图作出一种科学的世界观会加强特定人类社会机体的兵士们的意志和勇气,这在历史上并不是最后一次。

五行理论的另一"经典引文"是《书经》[2]的《洪范》篇。这部经典著作历来被认为公元前一千纪中头几个世纪的著作,现在被认为(也象那么多的其他古书一样)是从时代极其不同的作品中杂凑成的著作。论述五行的《洪范》那部分,至少必须看做是公元前 3 世纪秦代窜人的,或至少不早于邹衍[3]。这段文字[4]开头就说,五行学说是上天从鲧(参见上文 p.117)那里留下来传给大禹的"洪范九畴"的一部分。除了显然是天文方面的那一部分("协用五记")而外,所有其他部分都是关于人类和社会的性质和关系的。它们被称之为"不变的原理"("彝伦"),因此,"彝"这个字(K1237 c, g)作为早期对(科学意义上的)自然法则概念的近似解释,是有其意义的,但在这方面很不常用。例如在这里,虽然它可能意味着自然规范、规则或定律,但是它来源于甲骨文,表示两手捧着一个盛有猪肉和大米并饰以丝绸的礼皿。因此彝字大概是来源于某种礼拜仪式。

现在,这里关于五行的描述,使我们对自然主义学家(阴阳家)对五行的构思方式有所窥见。由于短语简练的特性,翻译是有困难的。例如,原文说"水曰润下",直译出来则为"水叫做浸润下来(向下或下面)"。所以我们不知道是否应写为"水被说成是能浸润的东西,等等",或者是"具有浸润性质……的东西",或者"是用于浸润的东西",等等。但仍可以看出它是有某种意义的。原文如下:

---

1) 由作者译成英文。诗铭译文中有许多带括弧的短语,是由于原来的中文完全没有动词。

2) 第二十四篇(划在《周书》部分)。

3) 此处,我采用了马伯乐[Maspero(2),p.439]的看法。《书经》中另有一处谈到五行,不那么有趣,但并非不重要,因为似乎是把"穀"加上作为第六行。它出现在《虞书》中的《大禹谟》篇中[第三篇;译文见 Medhurst(1),p.44;Legge(1),p.47]。参阅 Forke(6),p.227。但是,这一篇被认为是公元 4 世纪以后掺入的。

4) 译文见 Medhurst(1),p.198;Legge(1),p.140。

关于五行:第一叫做水,第二叫做火,第三叫做木,第四叫做金,第五叫做
土。水(是自然界中的一种性质),我们描述为浸润和下降。火(是自然界中的
一种性质),我们描述为炽燃和上升。木(是自然界中的一种性质),它可以有
曲面或直边。金(是自然界中的一种性质),可以顺着模子的样式然后变硬。
土(是自然界中的一种性质),它容许人们播种、浸润、(生长)和收获。

浸润、滴落和下降的东西就得出咸味。炽燃、发热和上升的东西就产生苦
味。可以有曲面或直边的东西就给出酸味。可以顺从(模子的样式)然后变硬
的东西就产生辛辣味。可以播种、(生长)和收获的东西就给出甜味。[1]

〈五行:一曰水,二曰火,三曰木,四曰金,五曰土。水曰润下,火曰炎上,木曰曲直,金曰
从革,土爰稼穑。润下作咸,炎上作苦,曲直作酸,从革作辛,稼穑作甘。〉

这一切指示说,五行的概念倒不是一系列五种基本物质的概念(粒子未入这个问
题),而是五种基本过程的概念。中国人的思想在这里独特地避开本体而抓住了关
系。因此,我们可以编制一个表,大致如下:

水[2]	浸润、滴落、下降(溶解?)	流动性、流质、溶液	咸
火	发热、燃烧、上升	热、燃烧	苦
木	因受切削和借助雕刻工具而成形	具有可加工性的固体性	酸
金	在液态时由模铸而成形,通过重新熔化和重新模铸有改变这种形状的能力	具有凝固和重新凝固(可模铸性)[2]的固体性	辛
土	产生食用植物	营养性	甘

244 此表首先举出触动了自然主义学家(阴阳家)想象力的那些自然特性或过程,其次
举出近似的现代同义语,最后是他们以之与各该自然活动的产物联系在一起的相
应滋味。在这样一种总结中,当然总难免把古人原来的思想变得比原来更加复杂
化的危险,而《书经》里的那一段文字似乎就提示了这一点。

根据这样的看法,五行理论乃是对具体事物的基本性质做出初步分类的一种

---

1) 由作者译成英文,借助于 Karlgren (12), p.30.

2) 可模铸性是中国人特别注意的范畴之一,这与他们是古代最优秀的青铜器铸造家并且铸造铁器比
欧洲人早一千三百年之久的一个民族是相应的。有人认为,"法"字(这个字后来意指"法律")最初是指一个
模子,因为它是代表"水"和"丧失"或"走开"的字旁的结合。凡是象水那样流动而其流动性又会消失的液
体,就是可模铸的。葛兰言[Granet(5)]常常强调这些根源对法律概念所产生的影响,它对中国人来说,从未
曾失去按照一种模型来"模制"或"模仿"的基调,也从来未取得由一个约束者(立法者, ligare)强加的"约束"
的基调。

努力,所谓性质,就是说只有在它们起变化时才会显现出来的性质。因此人们常常指出,element 一词从来不能充分表达"行"字,正如我们刚才在 p.222 表 11 第 14 条中所看到的那样,它的真正词源从一开始就有运动的含义[1]。正象陈梦家所说,五"行"是永远在流变着的循环运动之中的五种强大力量,而不是消极不动的基本物质。然而 element 这个词已经当作"行"用了这么久,不大可能加以废弃。《书经》这一段的显然是很有趣的一个方面,就是它把五行和五味联系起来[2]。虽然这一般被认为是那个把五行和宇宙中一切能够分成五类的东西联系起来的无远不届的系统的一部分(参阅下文 p.261),但是这里的联系并不能这样一笔带过,因为它有力地提示了自然主义学家(阴阳家)们对化学的兴趣。咸与水的联系对沿海居民说来确实是自然的,但还表示了对溶液和晶化的原始实验和观察。苦与火的联系或许是这五者之中最不明显的,但可能含有用热煎草药的意思,那大概是人们所知道的最苦的物质。还有调味品中"辛辣"的和苦的联系。酸与木的关联是很容易解释的,因为木是植物,与一切因腐败而变酸的草木物质有关。草木灰中的碱也有酸味。辛与金的关联直接指熔冶作业,它们大多发散强烈的辛辣气体,例如二氧化硫。最后,甘甜与土的联系是由于在土中的蜂窠里发现了蜂蜜;还由于谷类一般都有甜味。

（1） 与其他民族的元素理论的比较

245

在这些中国理论和古希腊关于元素的思想之间进行比较,是不可避免的。希腊的元素似乎要追溯到前苏格拉底学派的开始,因为它们曾被阿那克西曼德(约公元前 560 年)[3] 讨论过,他区分了四种元素(即通常的四种:土、火、气和水),以及第五种,即无限 (apeiron, ἄπειρον),后者是其他各种的基础。但是在古俄耳南斯派的公式中则只有三种[4],这一传统曾被某些思想家、如希俄斯的伊翁 (Ion of Chios,公元前 430 年)[5] 所延续下来。按照锡罗斯的斐瑞西德斯 (Pherecydes of Syros,约公元前 550 年)[6] 的说法,这些元素是互相战斗着的(与"相胜"理论极其

---

1) 我感谢臧启谋(音译,Tsang Chhi-Mou)博士在私人通信里强调了这一点。

2) 葛兰言[Granet(5),pp.168,308]有关该段的全部讨论是值得一读的。参见迈尔斯[Myers(1)]关于原始民族的味觉用语的论文。

3) Freeman(1),p.56。

4) Freeman(1),p.6。

5) Freeman(1),p.206。

6) Freeman(1),p.39。

相似)。他和恩培多克勒(公元前 450 年)[1] 都把一种元素和一个特定的神联系在一起。这种情况也见于中国思想中,因为在例如《计倪子》一书中就保留着几份超自然的神仙名单,其中每一个神都和一种元素联系着[2]。恩培多克勒把这些元素叫作"根"(rhizomata, *ριζώματα*),而大家都熟悉的 stoicheia(*στοιχεῖα*)这个词是柏拉图(公元前 428—前 348 年)首先使用的。与通常的想法相反,这个词似乎与运动的概念并没有关系,但是它最原始的意义是表示一个固定直立的小标竿,事实上是日晷的指针。因此,它便带有"简单成分"的意义。然而,比邹衍年长的同时代人亚里士多德(公元前 384—前 322 年)接收过这四种"原始物质"(prota somata, *πρῶτα σώματα*)的学说,把它们看作是性质,对它们作了断然的激烈的曲解。亚里士多德的 stoicheia 不再是土、火、气和水,而是干、热、冷和湿,这些性质在亚里士多德占统治地位的时期,在后来的欧洲科学和医学中是人所熟知的[3]。惰性的原始物质(hule, *ὕλη*)具有了这些性质,便有了它的形体(eidos, *αῖδος*)。这些元素能够而且确实是在不断地彼此变换[4],在一种既定的现象之中,一种性质就被它的相反的性质所取代(alloiosis, *ἀλλοίωσις*)。亚里士多德区分了各种不同的组合;他的 synthesis(*σύνθεσις*)就是我们现在所谓的物理混合物,而他的 mixis(*μῖξις*)则更接近于——如果有点笼统的话——我们对化学化合物的概念。他的 krasis(*κρᾶσις*)这个在希波克拉底派医学集中曾经具有重大意义的词,则是指液体或溶液的一种均衡的混合。

希腊人的第五种元素是饶有兴味的,但是我不清楚它同中国概念有否任何类似之处。塔兰托的菲洛劳斯(Philolaos of Tarentum, 约公元前 430 年)[5] 感到需要有一种第五元素,因为在这些元素和立体几何的五个已知图形之间应该有某些关系。他把它称之为 holkas(*ὁλκάς*)——即船身或车辆,并且也许是以一种与阿那克西曼德的"无限者"(apeiron)有点类似的方式来想象它。柏拉图对此加以发挥,把第五元素认同为 aether(*αἰθήρ*),即一种较微妙的空气,而亚里士多德则把它归属于天体的物质,从而把它排除在月球以下的世界之外[6]。

---

1) Freeman(1),pp.181 ff.。

2) Forke(13) p.502。

3) 参见 W.D.Rass(1);B & M,pp.238 ff.。

4) 斯多葛派的人也是这样想;参见 Arnold(1),p.180。

5) Freeman(1),pp.222,231;B & M,p.197。

6) 但是,摩尼教徒又把它恢复了,在他们的宗教哲学中牢固地确立了五种元素[参阅 Cumont(3),p.16;Bousset(1),p.231],并将它包括在五元素之内。他们的五元素中有水和火,这与中国和希腊的相同,另外两个是光和风。也许,他们与波斯人和中亚细亚人的关系使他们把数目固定为五;他们也认为有五种植物、五种动物,等等。

总之,可以这样说,虽然在希腊的和中国的元素理论之间有着某些相似之点,但是分歧则更为明显,并且似乎没有必要假定有任何传播。

在这方面,必须提到沙畹[Chavannes(7)]的坚决努力,他想证明中国的五行理论是公元前第一千纪中期随着十二生肖循环而从邻近的突厥或匈奴民族那里得来的。他极其重视这样一个事实,即公元前205年汉朝的第一个皇帝征服了从前秦国疆土的时候,他发现习惯上只供奉四个天帝(白、青、黄、赤),于是他下令此后要增加对黑帝的供奉[1]。在中国文明中的西北方的成分,正如我们所看到的[第五章(b)],无疑是属于说图兰语的(Turanian)和游牧的民族的,而沙畹在这里的结论是,(四)元素的理论是随着它传入的。秦国在文化上是声名狼藉地"野蛮"的。这种看法曾被德·索绪尔[de Saussure(8,10)][2]和佛尔克[3]极力反驳,他们在他们那方面可能是有此权利的,虽然他们的许多理由肯定都是错误的,因为他们部分地依据诸如《易经》和《周礼》之类的书的时代要比今天所公认的时间早得多。在《史记》中叙述汉高祖的惊讶和他的新训令的章节里并没有提到关于五行的事,因此整个事件同样可以这样解释,即假定东海之滨的齐国和燕国在此之前几个世纪中已由邹子的前辈和继承者们研究出的五行的宇宙总体系,曾不大完备地渗入到西部落后而好战的秦国去。要使突厥人传入了西方的元素说这一点令人信服,司马迁就应该在这里谈到一些关于气或风这个元素的事,但我们没有听说过这一点[4]。再者,把诸天分为五个天宫,肯定要追溯到邹衍之前的好几个世纪[5]。

(2) 汉代自然主义学派(阴阳家)与儒家的综合

这段题外话使我们离开了邹衍和他的学派。人们会问:他的学说是怎么传给汉代人的?这里的一个关健人物是伏胜(约鼎盛于公元前250—前175年)[6],他是一位山东(旧齐国)的学者,必定是生于邹衍死后不久;他活过了整个秦王朝[7]。他是《书经》专家,据一个有名的故事说,在秦始皇焚书之后他能根据记忆背诵其中的绝大部分,但是因为整个这件事确实可能是杜撰的,所以这个传说可能只是说他

247

---

1)《史记·封禅书》;译文见 Chavannes(1),vol.3,p.449。

2)见 de Saussure(1),pp.249,351。

3) Forke(6),p.242。

4)五元素在伊朗的类似说法及其与印度思想的关系,是更加令人感兴趣的,不过这些问题现在仍在研究中[见 Sheftelowitz(1)]。

5)尽管不是象德·索绪尔和佛尔克所相信的,要上溯到公元前两千年。

6) G599。

7) 参见 Eberhard(6)。

及其周围的人曾大幅度地重新编订或改写了《书经》;而这必定就是把五行理论纳入其中的时候。伏胜对这部经典的评注(《尚书大传》)的残篇肯定存在[1],而且有些大概已收入《前汉书·五行志》中。五行理论稳步地变得政治性越来越多而科学性越来越少,并通过诸如欧阳生、欧阳高、夏侯始昌和夏侯胜等一连串的学者[2]流传下来。真正的《易经》专家京房(参看下文)也可能和它有某些关系。许多不同的学派发展起来了。在公元前1世纪的最后二十五年里,刘向和他的儿子刘歆都从事于这种理论的研究,并编出(现已失传)《洪范五行传》(也许是《五行传说》;书名不能肯定,但该书是讨论出自洪范本文的理论的)。到了公元1世纪初,材料已准备就绪,遂收入上述班固《前汉书》的该卷中,艾伯华[Eberhard(6)]曾对此做过详尽分析。班固的写作时间是在1世纪的第三个二十五年。到那时候,这一理论的要旨已被裹上了大量附加的各种凶吉预兆的传说。以"现象主义"为人所知的这一理论(将在下一章 p.378 论述)已经固定了下来;按照这个理论,政府或社会的失常就会导致地上五行程序的错位和天上事件正常过程的偏差。这一传统就这样而告开始,并且在以后历代史书的"五行志"中继续下去——自然主义学家(阴阳家)的原始科学已变成现象主义者的伪科学了[3]。

248   为了摆正这种转变与整个中国文化史的关系,我们必须记住,原始科学思想家和假科学思想家差不多都是属于"今文家",而他们的对方则组成了"古文家"[4]。这种分裂的发生,是因为在公元前2世纪间发现了一套与以前公认的原文不同的经文(《书经》、《礼记》、《论语》等等),这些经文是用西周早期的古字体写成的。这件事发生在大约公元前92年,当时鲁恭王为扩大宫殿而拆毁了据说是孔子的故居。其后许多世纪的学术辩论得出这样的结论:有关这个发现的故事乃是传说,"古文"大概是伪造的,尽管它与现在的《书经》的"古文"章节不一致,后者是公元320年左右用古代的断简残篇纂成的。因此,情况便难于把握了,因为,虽然今文家的成员们在文字方面有较强的根据,他们却接受了现象主义和其他伪科学的全部迷信的夸张[5];虽然古文家的成员们对假文献表示信任,但是他们却大多是唯理主义者。总的说来,今文学家在前汉占优势,而其对方则在后汉占优势。刚刚提到的那些人大部分属于今文家,例如刘向;但是他的儿子刘歆却领导着反对派。王公

---

1) 见 Wu Khang (1), p.230。

2) 见《前汉书》卷七十五中的列传;参见 Tsêng Chu-Sên(1), p.86 后的表 II。

3) 这当然不是说,在后来历代史书上的这些"五行志"并不包含许多有科学意义的东西,特别是关于太阳黑子、极光、流星雨和日月蚀的记载,这些留待后文再谈。然而,这些五行志仍然是很有价值的,因为引起对上述现象进行观察和记录的动机与现代科学的动机是不完全一样的。

4) 参见 Fêng Yu-Lan (1) vol.2, pp.7 ff., 133 ff.; Wu Khang (1), p.186; Wu Shih-Chhang(1)。

5) 当然,包含有机哲学的真理的内核,参见下文 pp.280, 526。

们（例如东平王刘苍）支持古文派，而董仲舒则是它的最大的思想家。但是两边都有科学思想，因为除了如孔安国、毛亨、毛苌和王璜等有名的学者外，古文家中还有天文学家如贾逵、突变论者如扬雄，这一派为最大的怀疑主义者王充准备了道路。

汉代以前不久和汉代期间所遗留下来的五行理论的文献，数量很大（也是冗长的、怪诞的和重复的）。但是，为了表明这些学者们的思想和谈论的方式，我引用两段选录，一段摘自《管子》（这一段一定是在公元前 3 世纪或 2 世纪期间插入该书的），另一段摘自董仲舒的《春秋繁露》。《管子》[1] 在一年的循环期间看出了五行中的每一种轮流占有周期性的优势，它说：

> 在我们看到甲子循环的标志到来时，木行就开始它的统治。如果皇帝不赐恩授奖，而容许大量的采伐、破坏和伤害，则他就有危险。如果他不死，太子就有危险，并且他家族中的某人或配偶就要死亡，不然，他的长子就要丧生。（因为春天是生长而不是毁坏的季节。）在七十二天以后，这个时期就过去了。
>
> 在我们看到丙子循环的标志到来时，火行就开始它的统治。如果这时皇帝采取急促和草率的措施，干旱就要造成流行病，草木就枯死，人民就死亡。到七十二天后，这个时期就过去了。
>
> 在我们看到戊子循环的标志到来时，土行就开始它的统治，如果这时皇帝建官殿或修楼台，他就有生命危险，如果（这时）建筑城墙，他的大臣们就要死去（因为不应该征调人民脱离收获）。到七十二天以后，这个时期就过去了。
>
> 在我们看到庚子循环的标志到来时，金行就开始它的统治。如果皇帝（为了采矿作业）攻山和（为冶金而）凿石，他的军队在战争中就要败绩，士卒死亡，他就要失去帝位。到七十二天以后，这个时期就过去了。
>
> 在我们看到壬子循环的标志到来时，水行开始它的统治。如果这时皇帝（允许）决坏堤坊，因而使洪水横流，则王后或贵妇人就死去，鸟卵将会破坏，有毛动物的幼仔早产，孕妇将流产。到七十二天以后，这个时期就过去了。[2]

〈睹甲子，木行御。天子不赋不赐赏，而大斩伐伤，君危。不杀，太子危，家人夫人死。不然，则长子死。七十二日而毕。睹丙子，火行御。天子敬行急政，旱札，苗死，民厉。七十二日而毕，睹戊子，土行御。天子修宫室，筑台榭，君危。外筑城郭，臣死。七十二日而毕。睹庚子，金行御。天子攻山击石，有兵作战而败，士死，丧执政。七十二日而毕。睹壬子，水

---

1)《管子·五行第四十一》，有关的材料也见于《四时第四十》中，部分的译文见 Hughes (1)，p.215；Than Po-Fu et al. (1)，p.88．所引证的一段释文又见于《淮南子》的第三篇，第八页。

2) 译文见 Forke(6)．p.259．

行御。天子决塞动大水,王后夫人薨。不然,则羽卵者毈,毛胎者膢、腸妇销弃,七十二日而毕也。〉

在这段引文里,五行理论与前兆和预言之间的联系是很明显的。我要从董仲舒的著作摘引的一段话,也证明如此。他在必定是公元前 135 年左右成书的《五行之义》篇中有如下的说法:

天有五行:第一木,第二火,第三土,第四金,第五水。木在五行循环中最先出现,水最后出现,土则居于中间。这是天定的次序。木生火,火生土(也就是灰),土生金(也就是矿物),金生水[1],水生木(因为木本植物需要水)。这是它们的"父子"关系。木居左,金居右,火居前,水居后,土则居中央。这也是它们的父子次序,每一种都轮流承受另一种。所以,木承受水,火承受木,以此类推。作为传递者,则它们是父;作为承受者,则它们是子。子对父有一种不变的依赖关系,还有父对子的指使。天道就是如此。

既然如此,木产生了火就滋养着它,金死之后则贮藏在水中。火喜欢木,并通过阳的作用得到它的滋养。水克金之后,通过阴的作用而埋葬它。土"用它的全部忠诚"来待奉天。就是这样,五行符合着孝子和忠臣的行为。[2]把五行用(这样的)语言说出来,它们就真象是五种行为,不是吗?

250

对五行能提出确切的命题这一事实,意味着圣人得以理解它们,从而增加他们自己的仁爱并减少他们自己的严厉,并着重对生命的滋养,关怀死者的丧事,就这样来符合天命。因此就象儿子欢迎他的(养育)之年的完成,所以火喜欢木;就象儿子埋葬他的父亲(的时刻到来时),所以到这时候水能克金。侍奉君王也就象土对于天表示敬礼。所以可以说,有的人是与五行(同调的),正有如五行循序彼此相继;有的官吏是与五行(同调的),恪尽其职。

故此,木的方位在东,有掌管春气之权。火的方位在南,有掌管夏气之权。金的方位在西,有掌管秋气之权。水的方位在北,有掌管冬气之权。既是如此,木就执掌赋予生命,金就执掌处理刑杀;火就执掌热,而水执掌寒。人们别无选择,只有按着这个顺序进行;官吏别无选择,只有按着这些威力行事,因为天数就是如此。

土的位置在中央,并且(好象)是天的丰饶的土壤。土是天的大腿和手臂,它的德行看起来是那么丰富和那么美好,以致一次不能说完。事实上,是土把

---

1) 或则因为把熔融的金属当作水,或则更可能是礼仪的习惯是夜间把金属镜子放在室外承露[参看本书第二十六章(g)]。
2) 注意自然主义(阴阳家)是多么完整地被儒家学说所吸收的。

五行和四季都结合在一起。金、木、水、火虽各有其职能,但是如果它们不依赖中央的土,它们就都会瓦解。同样,酸、咸、辛和苦也有赖于甜。没有那个(基本的)味,其他的就不成为"滋味"。甜(即可吃的)是五味的根本。所以,土是五行的掌管者,它的气是统一它们的原则,正如五味中有甜的存在,就不能不使它们成为五味那样。既然如此,在圣人的行为中,就没有什么在荣誉上可以与忠诚相比,那种忠实,我要称之为土的特有的德行。……[1]

〈天有五行:一曰木,二曰火,三曰土,四曰金,五曰水。木,五行之始也;水,五行之终也;土,五行之中也。此其天次之序也。木生火,火生土,土生金,金生水,水生木。此其父子也。木居左,金居右,火居前,水居后,土居中央。此其父子之序相受而布。是故木受水而火受木,土受火,金受土,水受金也。诸授之者,皆其父也;受之者,皆其子也。常因其父以使其子,天之道也。

是故木已生而火养之,金已死而水藏之,火乐木而养以阳,水克金而丧以阴,土之事天竭其忠。故五行者,乃孝子忠臣之行也。五行之为言,犹五行欤! 是故以得辞也。

圣人知之,故多其爱而少严,厚养生而谨送终,就天之制也。以子而迎成养,如火之乐木也;丧父,如水之克金也;事君,若土之敬天也;可谓有行人矣。

五行之随,各如其序;五行之官,各致其能。是故木居东方而主春气,火居南方而主夏气,金居西方而主秋气,水居北方而主冬气;是故木主生而金主杀,火主暑而水主寒。使人必以其序,官人必以其能。天之数也。

土居中央,为之天润。土者,天之股肱也,其德茂美,不可名以一时之事,故五行而四时者,土兼之也。金木水火虽各职,不因土,方不立,若酸咸辛苦之不因甘肥不能成味也。甘者,五味之本也;土者,五行之主也。五行之主,土气也,犹五味之有甘肥也,不得不成。是故圣人之行,莫贵于忠,土德之谓也。……〉

五行按照它们相生的次序通过一年各季循环再现,这在以后的世纪里被因袭了下来[2]。在一年五季的每一季里(第六个月是在夏秋之间分开考虑的),五行就各处于下列的这种或那种相位:帮助("相")、繁盛("旺")、退休("休")、囚禁("囚")和死亡("死")。后来又有与一年十二个月相对立的十二种相位,五行依次居其中:(1)"受气";(2)"胎";(3)"养";(4)"生";(5)"沐浴";(6)"冠带",(7)"临官";(8)"旺";(9)"衰":(10)"病":(11)"死";(12)"葬"。这些阐述大量用于算命。

251

但是,如果说五行理论是这样被吸收到汉代政治思想之中,那末,汉代传统的和正统的儒家们却排斥了邹衍和他的全部著作。这可以用一段有趣的引文来证明,这段引文是桓宽在公元前80年左右写的《盐铁论·论邹第五十三》,据认为是前一年汉朝官员和儒家学者之间的一次会议的逐字逐句的记录。《盐铁论》是极其重要的文件,将在本书结尾部分加以仔细研究。它与此处关联,是因为在该篇中

---

1) 见《春秋繁露·五行之义》。译文见 Hughes(1),p.294。
2) 对这一点的最早说明之一见《淮南子·天文训》第十四页。

官员们呼吁要把邹衍作为一个具有最广博的概念和最深刻的学识的人物来追念,而学者们则贬低他,并且完全率直地陈述了庸俗的儒家教义,在这些教义中看不出有科学方面的任何价值。从这一观点来看,这段文字值得被看作是中国科学史上至关重要的话。下面就是《论邹》那一篇:

宰相说:"邹子讨厌后来的儒家和墨家,因为他们不了解天地的广大和宽阔光明的宇宙之道。他们只知道一部分,就认为自己能谈论所有九部分;他们只知道世界的一个角落,就认为自己了解了它的全部。他们认为不用水准器就能测定高度,不用矩尺和圆规就能辨别直线和弧线的差别。但是邹衍能推论大圣人从始至终的循环,(根据历史)给君王、诸侯和著名学者举出例证。对中国名山和通谷加以分类以后,他进而获得关于海外的知识。……

他不知不觉地逐字引用了那时刚写成的《史记》第七十四卷,并且接着叙述邹衍关于中国不是世界的中心和关于九大洲的地理学见解(参看上文 pp.233,236)。

"(不错),在《禹贡》(《书经》的一篇)中(已经)记载着山川沼泽的高下,但是禹并不认识大道的深远。这就是为什么秦(始皇帝——他生在邹子之后)想要达到九州并取得大瀛海,驱逐野蛮人而主宰万国。普通学者只为他们自己小小土地上的事情操心,从来也不走出他们自己的乡村和地区,所以他们对帝国的伟大世界的意义,毫无观念。"

学者们回答说:"尧任命禹为司空来管理水土。他随着山的自然走势用木柱标出高度,并划定九州。但是邹衍不是圣人;他以怪异和欺骗的教义迷惑六国的封建君主,从而使他们采纳他的意见。这就是《春秋》所说的'一个平常人迷惑了封建君主'。孔子说,'人们不知道怎样处理人事,他们又怎么知道神鬼的事呢?'尚未得到近在手边的事情的知识的人们,又怎么会知道关于大瀛海的事呢? 所以君子应该不去做并不实用的事。凡是与政事无关的,他都不应该去研究。(传说中的)三皇笃信(儒)经之道,他们的光明德行遍布于天下。但是战国时代的国君们信仰(像邹子那样的人的)诱惑人的教导,于是他们就被征服而且灭亡了。再者,在秦(始皇)已经吞并了已知的天下之后,仍想掌握万国,最后他甚至丧失了自己的三十六郡,——他打算到达大瀛海,但是反而甚至于丧失了他原有的郡县。如果我们彻底理解这种种事情本来就是如此,那末我们就最好把自己约束在适度的计划之内。"[1]

〈大夫曰:"邹子疾晚世之儒墨不知天地之弘、昭旷之道,将一曲而欲道九折,守一隅而欲知万方,犹无准平而欲知高下,无规矩而欲知方圆也。于是推大圣终始之运,以喻王

252

---

1) 由作者译成英文.

公烈士,中国名山通谷以至海外。……"

"禹贡亦著山川高下原隰,而不知大道之迳。故秦欲达九州而方瀛海,牧胡而朝万国。诸生守畦亩之虑,闾巷之固,未知天下之义也。"

文学曰:"尧使禹为司空,平水土。随山刊木,定高下而序九州。邹衍非圣人作怪,误惑六国之君以纳其说。此春秋所谓匹夫荧惑诸侯者也。孔子曰,未能事人,焉能事鬼神?近者不达,焉能知瀛海?故无补于用者,君子不为。无益于治者,君子不由。三王信经道而德光于四海。战国信嘉言,破亡而泥山。昔秦始皇已吞天下,欲并万国,亡其三十六郡。欲达瀛海,而失其州县。知大义如斯,不如守小计也。"〉

此处我们不能提前讨论《盐铁论》的社会意义和经济意义;只需要说明,它的论述是以儒家的保守主义对比了新的官僚政体的国家机构。这一段引文的旨趣在于这样一个事实,即它揭示了秦代的统治王朝是怎样受到自然主义学派(阴阳家)的影响,以及后来的儒家由于不能抵制五行理论的政治方面,是怎样在反对邹衍学说中其余的科学部分的。同时,阴阳家的炼丹和制药部分已被吸收到道家的复合体内,因而对儒家说来已完全成为异端。

在《前汉书·艺文志》中,有不下于二十一种书被指定为属于自然主义学派(阴阳家)的,但是后来都失传了。前面提到的邹衍本人的两种书都在其中,还有一种是邹奭写的,另一种是张苍著的(参看上文 p. 239)。其中提到公孙家族的两个人,但其他方面不详。篇名之一由于有黄帝的出现而表明了道家的影响。[1]《艺文志》的著者评论说:

阴阳学派的学说是从古天象官羲与和创始的[2]。(这一学派)恭敬地遵循辉耀的天、连续的征象和日月星辰,以及为人民划分时间和季节。这就是这一学派的优点。但是那些过于严格和拘于文字来接受它的人们,则被无数的限制和烦琐的禁忌所束缚;他们倾向于放弃依靠人力,而依靠鬼神。[3]

〈阴阳家者流,盖出于羲和之官,敬顺昊天,历象日月星辰,敬授民时,此其所长也。及拘者为之,则牵于禁忌,泥于小数,舍人事而任鬼神。〉

在其后的历史中,五行理论越来越和算命之类的伪科学结合在一起,我们将在下一章中对这个问题做稍稍进一步的描述。南朝梁(5 世纪末和 6 世纪初)的陶弘景写了几部这类书,有几份大约同时代的残篇收集在马国翰编的《玉函山房辑佚书》内。但是关于五行的最重要的中古时代的书籍,是 594 年萧吉所写的献给隋朝皇

253

---

1) 如果从其他古书和残篇中来查明这些书的著者及其内容,那会是一项有趣的研究工作。或许这项工作已有人做过了,但是我尚未见到。参见 Forke(13)p.506.

2) 在《书经》中提到的传说中的天象之官[见本书第二十章(c)].《前汉书·艺文志》的著者有一种理论,即每一哲学流派都起源于政府的一个部门,这当然是无稽之谈;参看胡适(6),冯友兰(4)。

3)《前汉书·艺文志》,第二十二页,由作者译成英文。

帝的《五行大义》。这本书讨论的科学问题比后来的任何著作都更多,而讨论的算命都更少[1]。在唐代则有吕才、李虚中和其他许多人,其中有些人将在以后谈到[2]。那时,五行理论已成为中国思想中普遍的常用话了。

(d) 排列的顺序和象征的相互联系

当我们考虑在汉代被固定下来以及为以后各代所沿用的五行理论时,有两个方面是值得特别注意的。这就是:(1)排列的顺序,(2)象征的相互联系。

(1) 排列的顺序及其组合

所谓"排列的顺序",是指在上古和中古时期对五行的不同的提法中列举五行的次序。这些顺序远不是始终一致的。我们可以区分四种最重要的顺序如下:

一、生序	水	火	木	金	土
二、相生序	木	火	土	金	水
三、相胜序	木	金	火	水	土
四、"近代"序	金	木	水	火	土

这些顺序及其意义已由艾伯华[3]做过彻底的分析,他竭力收集了直到后汉末期所有各个时代的大量典籍[4]。在分别考虑各个顺序之前,应该注意到艾伯华是按照在理论上一切可能的组合和排列安排五行的。这样组成的序列总数一共有三十六个。他按照它们是否按可以称为"顺时针"或"逆时针"的方向前进而分成两组,每组十八个;他把两组分别与太阳和太阴的公式等同起来。为了理解这一点,我们就必须记得五行(或者毋宁说其中的四行)是从很早的时期就与罗经的针有联系的(参见刚才引用的董仲舒的一段文章)。因为太阳升于东方,中午居于南方,落于西方,在夜间被人认为是在北方;所以太阳的循环是东、南、西、北(或者翻译成五行的术语,就是木、火、金、水)。我们可以看出,这类似于相生序。但是,另一种天体运动是为期 29.5306 天的太阴循环;新月出现于西方,望月运行于南方,亏月见于东方,在北方没有可见的月亮。因此,这个顺序就是西、

254

---

1) 见 Chao Wei-Pang(1)。

2) 见本卷 pp. 352,358。

3) Eberhard(6),pp.41 ff.。

4) 中古时代(从晋到元)有关这一问题的讨论,迄今尚未被人分析过;我们只能指出少数有用的资料来源。其中之一就是 1205 年的《履斋示儿编·总说》(卷一)。

南、东、北(或者翻译成五行的术语,就是金、火、木、水)。它没有出现在前面所列的四种主顺序的任何一种之中,但在各种典籍中却不乏例证。如果考虑到太阳为期一年(而不是一天)的运动,则这个太阴序也可以认为是太阳序。因为日出和日落之点的移动是东、北、西、南。太阳在春分时从正东升起以后,随着夏季的延续,越来越从偏北方升起,然后到秋分时则在正西降落,以后越来越偏南降落,直到冬至为止。因此,这种运动(用五行的术语是木、水、金、火)就成为太阴顺序的一个特例。

艾伯华的统计计算表明,在这十八个可能的"太阳"顺序中,有不下十一个可见于已被人研究过的这种或那种典籍中;而在另一方面,在十八种可能的"太阴"顺序中则只有五个。他为此目的而查考过的书约有三十种。这种测重是值得注意的。应该补充说,艾伯华对两类不同顺序的无文解释,并没有中国方面的依据。很难说一些较罕见的变体究竟应该赋以多少意义。其中有些可能只不过是随便说说而已,但是可以肯定,我们现在必须研究的这四种主要顺序则是有意做出的。

(i) 生序: 水、火、木、金、土(艾伯华的 B_4 顺序)

关于这个顺序,没有很多可说的。它是一种演化次序,据信五行是依照这个次序出现的。在《前汉书》中[1],它出现在对《左传》[2]关于五行的那一段的讨论中,该段可能确是公元前 3 世纪插入的。这些典籍中只有三种提到它,但其中包括了极有威信的一种,即前面(p.243)曾引用的《书经·洪范》篇;其他两种是《汲冢周书》(或《逸周书》,一本真实性颇为可疑的书),以及(大概是唐代的)《关尹子》(参见下文 p.443)。

这里不容忽略的一点是这个序列的水开始这一事实的意义。因此,可能曾经有过与泰勒斯相对应的某个已被忘却的古代中国思想家,他曾启发了《管子》书中的《水地》篇,该篇译文已见于"道家"一章(上文 p.42)。在全部中国思想史中,正如其中所说的那样(附有引证),始终都对水是初始物质有着某种强调。对于这些,这里还可以加上唐代作家王士元(约 745 年)的古怪的想法,他在他的《亢仓子》中叙述了一种"脱换"或"蜕"的理论。当土蜕时,我们就只见有水;当水蜕时,除"空气"外就别无他物了,于是它本身就显现为赤裸裸的"虚";再经过一次最后的蜕,最

255

---

1) 《前汉书·五行志第七上》。
2) 《左传·昭公二十九年》[译文见 Couvreur (1), vol.3, p.166]。

终出现的本质就是道[1]。在关于 12 世纪理学家的一章中,我们也将看到(下文 p.463),他们(以一种高度的前苏格拉底的方式)赋给水和火以首要性,而认为其他三种元素都是次要的[2]。

(ii) 相生序: 木、火、土、金、水(艾伯华的 A_1 顺序)

这是假定五行相生的那个顺序。我们刚才在董仲舒公元前 2 世纪所写的《春秋繁露》的一段引文中看到了这个顺序。木生火(因为木被用作燃料),火生土(因为火产生灰)[3],土生金(因为在土的岩石内助长了金属矿石),金生水(因为金属镜在夜间暴露在外就吸引或者分泌神圣的露水,否则就是由于它的液化特性所致)[4],水生木(因为水进入植物的本质里去),这样就完成了这个循环。这种顺序在查考过的各种典籍中出现不下十三次;这个频率比任何其他顺序的出现多出两倍以上。在这些典籍中,可以提到《管子》、《淮南子》和《论衡》。

从这一个和下一个顺序中引申出两条很有趣的次级原理,这一点我们即将看到。

我们应该注意到,这种顺序描述了五行按照一年相继的季节出现的次序从春季开始(土因其位于中央而被略去)。在前面所举的两条引文中(摘自《管子》和《春秋繁露》,见 pp.248,250),我们可以看到它就是这样明白地加以叙述的。

256
(iii) 相胜序: 木、金、火、水、土(艾伯华的 A_4 顺序)

这个顺序描述了五行中每一种元素依次制胜前者的序列,可以认为是四个顺序之中最受尊崇的,因为它与邹子本人的学说相联系。我们已经在《邹子》尚存的残篇最后三段中看到了这个五行序列。从循环中的最后一环开始,木胜土(因为木在成为铲子的形状时,也许可以挖土并使之成形),金胜木(因为金能切削和雕刻木),火胜金(因为火能熔化以至于挥发金),水胜火(因为水能灭火),土胜水,从而完成了这个循环(因为土能挡水并约束水,—— 对于象中国人民那样生活要大大

---

1) 参见 Forke(12),p.318。人们不禁要想王士元对现代有机主义科学的"外围"(envelopes)是否会有一种直觉的领会。当然,他对后来显微镜所揭示的一切是毫无所知的,然而已经很明显的是,生命体内包容有分立的器官,而生命体本身又被包容在社会团体之中。见《亢仓子》第一篇。

2) 这种倾向开始于唐代撰写《关尹子》的一位佚名道家。见该书第一篇,第九页,第十二页。

3) 或者如葛兰言[Granet (5),p.308]很聪明地暗示的:焚烧树木和丛林,以便耕作土地(参考马雅人的 milpa 耕作法,和后面论述农业的第四十一章)。

4) 参见 Pliny, Hist. Nat. XXXIV, 146 [Bailey(1),vol.2,pp. 59,188]。

依赖于水利工程和灌溉的民族来说,这是一种很自然的比喻)。

这个顺序在艾伯华的著述中出现过六次,其中有两次是出现在《淮南子》和《论衡》这样重要的权威根据上。从政治观点来看,这个顺序显然是最重要的,因为它是作为对许多世纪的历史的解释而提出来的,并带有这样的含义,即它会继续描述五行在人世间的变异,因而可以用于预言未来。

在前面关于中国五行理论和希腊的元素学说之间相似之点的几句话中,我曾引征这样一个事实,即锡罗斯的斐瑞西德斯(公元前6世纪)认为,这些元素是在互相冲突着的。但是,另一个甚至还要更接近的相似之点可见之于以弗所的赫拉克利特(公元前500年)的残篇中,他说,一种东西生活在另一种东西的"死亡中";火生活于气的死亡中,气生活于火的死亡中,等等[1]。然而,据我看来,在自然的永恒循环之中,各种现象相继相胜的概念是如此之明显的一种观念,以致没有必要在这么早的时候去寻找什么东西方文化传递的证据。

(iv) "近代"序: 金、木、水、火、土(艾伯华的 D_4 顺序)

257

这是四种排列次序中最含糊的一个,因为它的意义虽然一点都不明显,却已流传到现代中国通俗语言中,中国每个人都知道"金、木、水、火、土",甚至在摇篮曲中。与戴遂良[2]和佛尔克[3]的解释相反,不能把它说成是一种相胜序。艾伯华[Eberhard(6)]巧妙地但不是很有希望地提出,它可能是从一种古代记忆口诀歌衍生出来的。在古代典籍中这个顺序并不罕见,根据他的考查,曾出现过六次,其中包括如《国语》、《白虎通德论》和《淮南子》这类重要的著作。在这些书里没有对它的解释,我们对它也没有什么解释,而且它也并不包含在我们将要着手讨论的那些有趣的次级原理中。

(v) 变化的比率; 相制和相化的原理

为了在我们头脑中把这四个顺序固定下来,可用以下图式来表示它们:

(一) 生序　　水→火→木→金→土

(二) 相生序

---

1) 参见 Freeman(1) p.124; Diels-Freeman(1),p.30. 这种说法在古希伯来民间传说中也有共鸣[见 Ginzberg(1),p.93]。

2) Wieger(2),p.31.

3) Forke(6)德文版 p.120. 英文版 p.291 中未保留此点。

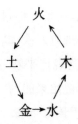

（三）相胜序

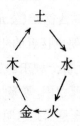

（四）"近代"序

$$金 \rightarrow 木 \rightarrow 水 \rightarrow 火 \rightarrow 土$$

现在从以上第二和第三顺序推导出的另外两个原理,可以称之为:

(a)相制原理;

(b)相化原理。

第一个体系是单独考虑相胜序而得出的,其中特定的毁灭过程据说是由毁灭着毁灭者的那种元素所"控制"的。例如:

木灭(胜)土,但金控制其过程。

金灭(胜)木,但火控制其过程。

火灭(胜)金,但水控制其过程。

水灭(胜)火,但土控制其过程。

土灭(胜)水,但木控制其过程。

确实就象赵卫邦所说的,这种概念用之于算命,至少不下于用以解释自然现象。然后必须指出,中国人在得出这些结论时是遵循着完全合乎罗辑的思路,我们已经发现,这些思路在现代可应用于很多实验科学的领域,例如,酶作用的动力学,或动物物种的生态平衡。因此,氧化酶之被胨酶的消化以及随之而来的、本来可以进行催化的反应作用的抑制,就是 6 世纪被萧吉那些人所研究出来的"相制原理"的一个极好的例证[1]。再者,自然生态群落中的"食物链"显然必须依赖于各个物种的相

258

---

1) 或者从现代生物化学研究中另举一个例子:有一种酶(磷酸解酶)将肝糖分解为已糖分子并使之与磷酸盐脂化。但另有一种酶能将磷酸化酶分解为两个部分,从而使之钝化并使其酶作用成为不可能[参见 Keller & Cori (1)]。

对繁盛,这些物种根据它们的大小和习性——顺序互相捕食。一种因素如果增加了某种鸟的繁盛,就会间接地有益于蚜虫的繁殖,因为它将对吃蚜虫的胭脂色甲虫(瓢虫)起减少作用——瓢虫吃蚜虫而瓢虫自己又被鸟食掉。现代经济昆虫学充满这样的例子[1]。对中国的"相制原理",我们当然可以指出它包含着无限的倒退而加以非议,因为如果相胜序是一个循环的顺序,那末严格地说来,就根本不会发生任何过程了;但是这种反驳只能是形式上的,因为我们不能假设整个五行在同一个时间在所有的地方都有效地存在。

在相制原理与相生以及相胜序发生关系时,随之而来的推论就是:起"控制"作用的元素总是由那种被毁灭的元素所产生的。因此,在一个受金控制的过程中,木胜土,但是金是土的产物。按照过份人间气味的儒家解释,如前面已提到的董仲舒那样,这种论据曾被用来证明儿子有权向他父亲的仇人报仇。然而,这里有一种辩证思维的萌芽。某种事物作用于另一种事物并把它毁灭,但是这样做时就以某种方式给自己带来后来的变化或毁灭,这种想法我们已很熟悉了。现代科学正在发现,仿佛是并非所有化学剂都能不受惩罚而起作用的。从对肌肉组织的主要收缩蛋白的实验结果看,它似乎同时也是与向肌肉组织输送能量的那些磷化合物的分解有关的最重要的酶之一,所以现在已采用的收缩性酶的概念认为,活细胞中的酶蛋白质在进行其催化功能时,本身也会受到生物学上有重要意义的结构变化。并且,按照质量作用定律,由于反应产物的聚集,在较简单一级上的无数反应就都停止了。

第二个原理,即"相化原理"[这个字只不过是指"变化"(change),但我们这里的译法(masking)使它的意义更为明显],显然同时依赖于相胜序和相生序。它是指由另一种过程来相化一种变化过程,那另一种过程产生了更多的基质,或者所产生出的基质比被初级过程所能毁灭的基质更快。于是:

木灭(胜)土,但火相化这一过程。

火灭(胜)金,但土相化这一过程。

土灭(胜)水,但金相化这一过程。

金灭(胜)木,但水相化这一过程。

水灭(胜)火,但木相化这一过程。

在这里我们又想到了酶动力学和生态学分析的例子。在挪威,较大的食肉动物可

259

---

[1] 在这方面引人注目的是,最早用昆虫学方法防治虫害的记录可能是中国人的,它可以追溯到 3 世纪。如果提出上述那种理论思维可能与这一发明有联系,也许是说得过分了,但是这种可能性是不能完全排除的。参见本书第四十二章。

以吞食旅鼠,但是,尽管它们的最高速度不断地捕食,可是它们的努力在若干年内就会被使旅鼠群大量增加的那些仍属不可思议的因素的作用所迅速超过。这种竞争过程的事例说明,从产生和毁灭的双重循环中可以分别得出十分简单但却完全有道理的推论,这类事例肯定在现代科学的每个部门中都可以发现[1]。

必须注意的是,在这两种原理中都潜伏着一种强烈的定量要素。结论取决于数量、速度和比率。因此,考虑到不容易变成视觉影象的思想的抽象性质,可以举两个例子:根据第一种原理,金灭木(把它切成碎片),但火"控制"其过程(使金熔化要快于金切木);根据第二种原理,水"相化"其过程(水生木比金切木来得快)。我觉得这些详细阐述的由来,可能是为了回答简单的排列顺序本身所招来的很明显的批评。如果设想早期中国思想家满足于这些方程式,那是十分错误的。在这一特定的情况中,我们幸而看到在《墨经》里保留着后期墨家对自然主义学派(阴阳家)的批评的一个残篇。下面一节引文的大概年代约在邹衍死的时候(公元前270年)。

《经下》43 / 275 / 4.35。[2] "五行"

《经》:五行并不永久地相胜。其原因归于"量"("宜")。

《经说》:五行即金、水、土、木和火[3]。这(与任何循环)无关,如果有充足的火,火自然可熔化金。或者,如果有足够的金,金可捣碎然烧着的火使之成为灰烬。金可以蓄水(但不产生水)。火附着于木(但并不由木产生)。我们应该认识到不同的东西,例如(山)麇(R365)或(河)鱼,都有它们自己特有的优点。[4]

〈经:五行毋常胜。说在宜。
经说:五。金,水,土,木,火:离。然火烁金,火多也。金靡炭,金多也。金之府水,火离木。若识麇与鱼之数,惟所利。〉

对邹子相胜理论的这种攻击,非常象是对他明显地对墨-各学派的逻辑研究所持的傲慢态度的一种尖刻反驳(见上文 p.237)。令人极感兴趣的是,它表现了墨家科学思想中的定量因素,鉴于他们在物理学(见本书第二十六章)方面所做的

---

1) 读者也许想要在现代标准的科学著作中进一步研究这个问题。珞特卡[Lotka(1)]的经典著作《物理生物学的要素》讨论了有机界和无机界变化的各种循环;在有关动植物生态学的许多好书中间,可以提到谢尔福德(Shelford)和埃尔顿(Elton)的著作。关于生命化学的一般原理和活组织中的反应速度,可通过鲍德温[Baldwin(1)]、特蕾西[Tracey(1)]以及弗鲁顿和西蒙兹[Fruton & Simmonds (1)]的著作来研究。培根[Bacon(1)]和特蕾西[Tracey(2)]的著作中,有关于酶类及其作用的介绍。

2) 关于《墨经》这个编号法的说明,见上文 p.172。

3) 注意,这个顺序和那四种生序均不相同。它是艾伯华分类中的 D_1,尽管他把密切相关的 A_2 顺序归属于墨子这一点是奇怪的,但是,由于此处原文有严重讹误,故不能过分倚重它。

4) 由作者译成英文。

研究,这是十分自然的,并曾在悠久的中国思想史中引起过各种各样的响应。我们即将看到,对于五行理论的其他方面,也有许多批评性的攻击。此处,我只想加上引自《文子》的一段话(这部书的年代和作者均不可考,可能属于东汉):

> 金可以克木,但一个人用一把斧头不能砍倒全部森林。土可以克水,但是一撮土不能堵截一条河流。水可以克火,但是只有一杯水不能浇灭一场大火。[1]

> 〈金之势胜木,一刃不能残一林。土之势胜水,一掬不能塞江河。水之势胜火,一酌不能救一车之薪。〉

类似的语句还可以在《抱朴子》(4 世纪)[2] 和《金楼子》(550 年)[3] 中找到。《公孙龙子》在关于颜色的准定量论证中也曾触及五行理论[4]。

我们可以从以淮南王的名字命名的书《淮南子》的一段话中瞥见公元前 130 年前后刘安(淮南王)周围的自然主义学派(阴阳家)所用的一些技术名词[5]。生育的元素叫作"母"产儿叫作"子"。子生母时,其过程为"义";例,水生木,虽然它是由木通过火、土和金而形成的。母生子时,如同在相生序的所有阶段中那样,那过程叫做"保"。子和母"相互"得到时(例如,火和土都出自木,前者是直接的,后者是间接的),那过程叫作"专"。母克子时,那过程叫作"制";例如金胜木,虽然它是通过水而生木。子克母时,那过程叫作"困",例如金胜木,虽然它是由木通过火和土而形成的。

在这方面再一次值得注意的是,这些思想家们没有能力创造新的技术名词,第一、第二、第三、第四和第七个名词都是不加改变地取之于明显的人际关系[6]。在科学上更有意思的是,在所有这些关于五行的论证中,一个元素总是由另一个来形成的,而不是由两个或更多个来形成;因此,其思想还不是化学的。倒是阴阳的极性概念能够并且确实导致了化学反应的观念[7]。

(2) 象征的相互联系和衍生出这种联系的各个学派

现在我们就来谈象征的相互联系。象前面已暗示的那样,人们逐渐地把五行同宇宙间凡是能够分成为五的事物的一切可以想象的范畴都联系起来。表 12 已

---

1)《文子·上德》,第十一页,由作者译成英文;参阅 Forke(13),p. 341。

2)《抱朴子外篇》卷一。

3)《金楼子》第四篇,第二十二页。

4)《公孙龙子·通变论》第二十二页;参见 Ku Pao-Ku (1),pp.50 ff.;Perleberg(1),p.107。

5)《淮南子》第三篇,第十五页。

6) 在前面(p.43),我们已经提醒读者注意中国古代科学中的这个弱点。

7) 见下文 p.278。

把它们排列出来[1]。这种对应关系自秦朝以来已经越来越成为思想方面的老生常谈,并且以不同的完整程度在大多数古代典籍中出现。

这些相互联系有些是这一基本假说本身之自然而无害的结果。五行与季候的联系是显而易见的,人们并且根据它们与方位的联系建立了各种顺序。把火与夏季和南方联系起来。还有什么能比这更加无可避免的呢? 这一定起源于太古,因为我们在秋收字样(表 11 中第 38 号)中看到火(即热)和被它育熟的禾,并且它存在于"南"字(第 26 号)中也是可能的。正如我们已在前面(p.244)看到的,味觉(大概还有嗅觉,虽然其关系不那么明显)有力地暗示原始化学。颜色引起许多推测。因为中国文明的摇篮是在黄河上游盆地(现今的山西和陕西,参见本书第四章和第五章)的黄土地区,所以假定黄色以中心自居是完全讲得通的。然后,白居于西,或许代表西藏丛山长年不化的积雪;绿(或蓝)居于东,代表肥沃的平原或看来是茫无边际的海洋[2]。最后,红居于南,可能来源于陕西和山西南边的四川地区的红色土壤;而且在云南和接近印度支那的地区也有大面积的红色土壤[3]。但是随着事物的日益复杂化,牵强附会也就日益增多。

264   我们必须了解,表中列出的对应关系不过是很多种当中的少数几个。艾伯华[Eberhard(6)]引经据典列出有一百多种。另外,它们充满了分歧,在同一篇章里可以有各种不同的说法。在一篇很有价值的讨论中,他区分了几派学者,他们每一派都对最后完成的宏伟的大厦或结构做出了贡献。首先是天文学派。意味深长的是,他们同自然主义学派(阴阳家)一样,是和齐国联系着的。有迹象表明,这可以追溯到《诗经》的民谣时代(或许是公元前 9 世纪)[4],但是到了公元前 4 世纪出现了中国历史中最伟大的天文学家之一甘德(在本书天文学一章中我们将再谈到他),并且在公元前 1 世纪的时候,又有一位同族的卓越占星家甘忠可[5]。这个天文学派肯定制定了五行与十天干和十二地支(在表 12 中列为"干"和"支")之间、五行与宿("宫",天球的赤道分界)之间和五行与行星之间和五行与封建王国之间(由

---

1) 参见 Granet(5),pp.375 ff.; Forke(4),vol.2,pp.431 ff.;(6),p.240; Mayers(1),p.332;(4)。每个范畴的汉文名称列在每栏顶端。

2) 这些看法得自与翁文灏博士(当时是经济部长和资源委员会主任委员)的谈话和顾颉刚(1)的《汉代学术史略》。

3) 不管在中国导致这些认同关系的具体原因是什么,可以肯定,把颜色认同于空间方位的这一原理在一些遥远的文化中也可以找到。从苏斯戴尔的著作[Soustelle(1),pp.12, 30, 56, 73ff. figs. 4a, 5a, b]中可以清楚地看出,阿兹特克人把黑与北、红与东、蓝与南、白与西联系在一起。斯平登[Spinden(1),p.126]也提到这种关系,这还可以在德·萨哈冈[de Sahagun(1)]的历史著作中找到。马雅人也有类似的表现,见德兰达[de Landa(1)]的历史著作;还可以参见 Morley(1); Recinos, Goetz & Morley(1)。

4) Eberhard(6),p.65。

5) 参见 Tsêng Chu-Sên(1),p.124。

于占星学的原因)的相互联系。

表12 象征的相互联系

行	时	方	味	臭	干	支	数
木	春	东	酸	羶	甲乙	寅(虎),卯(兔)	8
火	夏	南	苦	焦	丙丁	午(马),巳(蛇)	7
土	一[1]	中	甘	香	戊己	戌(狗),丑(牛) 未(羊),辰(龙)	5
金	秋	西	辛	腥	庚辛	酉(鸡),申(猴)	9
水	冬	北	咸	朽	壬癸	亥(猪),子(鼠)	6

1) 我们刚才已经务到,6月有时被认为属土。

续表

行	音	宿	宫	辰	星	气	国
木	角	1—7	苍龙	星	木星	风	齐
火	徵	22—28	朱雀	日	火星	暑	楚
土	宫	一	黄龙	地	土星	雷	周
金	商	15—21	白虎	宿	金星	寒	秦
水	羽	8—14	玄武	月	水星	雨	燕

续表

行	帝[1]	阴阳	事 (人类心理-物理功能)	政 (政府类型)	部	色	器
木	大禹(夏)	阳中阴或少阳	貌	宽	农业	青	规
火	文王(周)	阳或太阳	视	明	军事	赤	衡
土	黄帝	均衡	思	恭	国都	黄	绳
金	咸汤(商)	阴中阳或少阴	言	力	司法	白	矩
水	秦始皇帝	阴或大阴	听	静	工务	黑	权

1) 这一栏有很多不同的列法;我列出的名字可见于邹衍本人著作的残篇(见上文 p.238),外加上(秦)始皇的名字,他自认为是以水的徵兆进行统治的。

续表

行	蟲 (活动物的类别)	牲	穀	祀[1]	脏	体 (身体的部分)	官 (感觉器官)	志 (感情状态)
木	鳞(鱼)	羊	麦	户	脾	肌	目	怒
火	羽(禽鸟)	鸡	菽	灶	肺	脉(血)	舌	乐
土	倮(人)	牛	黍	中雷	心	肉	口	欲
金	毛(兽畜)	犬	麻	门	肾	肤和发	鼻	忧
水	介(虫) (无脊椎动物)	豕	稷	井	肝	骨(髓)	耳	惧

1) 我们已经在前面 p.245 谈到,某些我们所知甚少的神鬼是与五行有关联的。由于没有科学意义,故略去[参见 Forke(6),p.233]。

其次,有三派似乎都是直接从邹衍那里派生出来的,所以应该名之为自然主义学派。艾伯华把他们分为"世经(皇帝系列)派"、"阴阳派"和"洪范派"。

　　很明显,世经派是与邹衍相联系着的,因为他把历代(传说中的)帝王认同为五行的力量,这是他取得重大政治地位的原因。这个理论的嗣后发展的问题极其复杂,顾颉刚(6)和哈隆[Haloun(3)]以及艾伯华[Eberhard(6)]都对这个问题进行过详尽的研究。有趣的是,我们看到汉朝一点也不能肯定它是从哪一"行"而得到权威的。在公元前 2 世纪初,张苍的见解占上风,他说水仍是主宰,因为秦朝统治时间太短而尚未尽其德。但是贾谊却成功地强调了,主宰的"行"是土,于是在公元前165 年就作出了变更,并一直持续到汉末。

　　阴阳派是很不引人注目的,它的成员很难与其他自然主义学家相区别。正如我们在前面已经看到的,邹衍本人就议论过阴阳。唯一记载有阴阳和五行的联系(见表)的汉代或汉以前的典籍,是《管子》(第四十篇)和班固的《白虎通德论》(第二篇)。但是,我们将在后面看到,它对后来的生物学思想有着一定的影响(见下文p.334)。

　　第三个学派被称为洪范派,即那些研究过(或甚至于是发明了)《书经》中关于五行的章节的自然主义学家。这里所关心的也还是倾向于人事、社会和政治方面。对人的心理-物理功能(这在《前汉书·五行志》中是很突出的一个观点)、不同的政府风格、政府各部门、道德形式等等,都规定了相互联系。与这一派有关的人物,最重要的是伏胜和其继承者,以及董仲舒。

265　　这就结束了与自然主义学派可能有密切关系的各种倾向。

　　最后,还有颇具科学兴趣的两派:"月令派",主要是属于农业的;"素问派",主要是属于医学的。《月令》是《礼记》中的很长的一篇[1),它取代了《大戴礼记》中较短的《夏小正》[2)]。《月令》也完整地见于《吕氏春秋》,其他书如《淮南子》中也收入很大一部分。这些农学家们所制定的与五行相对应的联系,涉及一年的季节(有或者没有中央的"行"),可能涉及颜色,肯定涉及各类活动物、家畜、谷类、天气,大概还涉及祭品和所供奉的小神。令人惊异的是,在他们的谷类表里没有稻子,虽然它出现在属于医学派的类似相互联系之中;大概前者是起源于华北,或者是起源于较早的时代。没有与这一派有关的人物的姓名。

　　以中国现存最古老的医书《黄帝素问内经》为名的医学派,是制定了五行与生理的相互联系的一派。这部典籍的年代不很确定,但其中大部分必定至迟是在汉

---

1) 译文见 Legge (7) .vol.1, pp.249 ff.。
2) 译文见 Wilhelm (6), pp.233 ff.。

初,有些还可能是来源于战国时代。这本书中有五行与内脏、身体的各个部分、器官和心情状态之间的联系。与这个医学派有关的人物的姓名没有传留下来。

象征的相互联系之影响深远的体系,就是这样建立的[1]。

(3) 同时代的批评和后世的接受

如果想象它不曾受到严厉的批评,那就大错特错了。我们在前面(p.259)看到,在公元前3世纪相胜学说曾受到后期墨家的抨击。现在我们就能够评价一下王充在他于公元1世纪后期所写的《论衡》中,对象征的相互联系导致荒谬所做的论证。他在《物势篇》中说:

> 一个人的身体含有五行之气,所以(据说他实践着五德),五德就是五行之道。只要他身体内有五脏,五行之气就秩序井然。然而按照理论(它把不同的动物与五行的每一种联系起来),动物互相捕食和扑杀,因为它们含有五行的某种气;故此,一个人体内有五脏,就应该成为互相斗争的舞台,而一个过着正直生活的人,他的心就会因无法调和而备受折磨。但是,有什么可以证明五行确实是彼此相斗相害,或者动物是按照这种道理彼此相克的呢?
>
> "寅"对应于木,与它相当的动物是虎[2]。"戌"对应于土,与它相当的动物是犬。"丑"和"未"也对应于土,"丑"的动物是牛,"未"的动物是羊。既然木胜土,所以虎就胜犬、牛和羊。此外,"亥"引于水,它的动物是猪。"巳"引于火,以蛇为它的动物。"子"也象征水,它的动物是鼠。"午"则相反地引于火,它那动物表现为马。既然水胜火,所以猪就吞噬蛇;而马如果吃鼠,就(受)腹胀(之害)。(这就是通常的论据。)
>
> 但当我们更彻底地研究这个问题时,就会发现事实上各种动物往往并不按照这些理论所应该实现的那样彼此相胜。马与午(火)有关,鼠与子(水)有关。如果水真正地克火,(那就会更加使人相信)鼠通常会袭击马并把它们驱散。还有,鸡与酉(金)有关,兔与卯(木)有关。如果金确实克木,为什么鸡不吃兔?再者,亥代表猪(和水),未代表羊(和土),而丑代表牛(也和土)。如果土确实克水,为什么牛羊不追杀猪?此外,巳与蛇和火对应,申与猴和金对

---

1) 五行与数字之间和五行与音符之间的相互联系的根源,至今不清楚。关于欧洲的类似情况,见下文 p.296。

2) 在这段话中,王充的目中一定是有这样一个(在他的时代还是新的)体系,即以十二种动物与十二地支结合起来,从而用于记时、记日、记年,并用于罗盘方位。在本书论天文学的第二十章中,我们还要回头讨论这些动物的序列。

应。如果火确实克金,为什么蛇不吃猴? (另一方面)猴确实怕鼠,并且易受犬咬,(然而这等于是)水和土克金(——这就与理论不相符了)。……[1]

〈且一人之身含五行之气,故一人之行有五常之操;五常,五行之道也;五藏在内,五行气俱。如论者之言,含血之虫,怀五行之气,辄相贼害;一人之身,胸怀五藏,自相贼也? 一人之操,行义之心,自相害也。且五行之气相贼害,含血之虫相胜服,其验何在?

曰:寅,木也,其禽虎也;戌,土也,其禽犬也;丑、未,亦土也,丑禽牛,未禽羊也;木胜土,故犬与牛羊为虎所服也。亥,水也,其禽豕也;巳,火也,其禽蛇也;子,亦水也,其禽鼠也;午,亦火也,其禽马也;水胜火,故豕食蛇;火为水所害,故马食鼠屎而腹胀。曰:审如论者之言,含血之虫,亦有不相胜之效。午,马也;子,鼠也;酉,鸡也;卯,兔也;水胜火,鼠何不逐马? 金胜木,鸡何不啄兔? 亥,豕也;未,羊也;丑,牛也;土胜水,牛羊何不杀豕? 巳,蛇也;申,猴也;火胜金,蛇何不食猕猴? 猕猴者,畏鼠也;吃猕猴者,犬也。鼠,水;猕猴,金也;水不胜金,猕猴何故畏鼠也? 戌,土也;申,猴也;土不胜金,猴何故畏犬? ……〉

中国人的怀疑传统(这将在下一章中论述)是如此之重要,所以王充肯定并不是对五行理论的唯一批评者。据我所能看到的而言,这些理论起初对中国的科学思想倒是有益的而不是有害的,而且肯定决不比支配欧洲中古代思想的亚里士多德式的元素理论更坏。当然,象征的相互联系变得越繁复和怪诞,则整个体系离开对自然界的观察就越远。到了宋代(11世纪),它对当时开展起来的伟大的科学运动大概已在起着一种确属有害的影响了。

267　　　为了说明这一点,我从沈括(1086年)的《梦溪笔谈》中引证一段话。这是一个动人的例证,因为正如浏览过这部书的读者将会了解的,沈括是中国在任何时代所产生的兴趣最广泛的科学头脑之一。下面就是他关于五行转变的谈论:

在信州的铅山县有一个苦泉,它在峡底形成了一条小河。把它的水加热,就变成胆矾(苦明矾,照字义为胆味的矾;大概是不纯的硫酸铜,RP87)。对它加热时,就得出铜。如果在一口铁锅内长时间地熬这种"矾",锅就变成铜。故此,水能转化为金——这是物质的一种离奇变化。

据《素问》上说,天有五行,地也有五行。土的气在天上时,则为湿。(我们知道)土产生金和石(如山中的矿石),在这里我们看到水也能产生金和石。所以,这些情况证明《素问》的原理是对的。

再举一个例子。在某些洞穴里不断滴水,就形成大量的钟乳[2]。或者在春分和秋分时,从某些井里提出的水结成"石花"[3](由于蒸发作用)。或者可

---

1) 《论衡·物势篇》,译文见 Forke(4),vol.1,p.105; Chavannes(7),p.31,经修改。

2) 参见 RP63。直译是"钟-乳汁"或"喂乳的钟",这样叫是因为含有石灰的水滴象乳汁,而所形成的凝块形状大致象铸钟用的泥制的凸模。

3) 参见 RP656。说不准这是什么结晶物质或沉淀物。

以从浓盐水（大卤）中形成阴精石[1]，这种石总是湿（收湿）的。这一切都是从水变成的凝结物。

　　同样，木的气在天空中就是风。木能生火，风能助火。这就是五行的本性。[2]

〈信州铅山县有苦泉，流以为涧。挹其水熬之，则成胆矾。烹胆矾则成铜。熬胆矾铁釜，久之亦化为铜。水能为铜，物之变化，固不可测。

　　按黄帝《素问》有"天五行，地五行。土之气在天为湿，土能生金石，湿亦能生金石。"此其验也。

　　又石穴中水，所滴皆为钟乳殷孽。春秋分时，汲井泉则结石花。大卤之下则生阴精石，皆湿之所化也。

　　如木之气在天为风。木能生火，风亦能生火，盖五行之性也。〉

这一段引文似乎明白地提示，沈括对五行理论过于不加批判地接受，妨碍了他对溶液和混合物性质的理解。然而，我们不追踪一下欧洲思想的类似发展，就不能把这样一种 11 世纪的心灵放在正确的背景上来考察。开始一段中所描述的对粉末或固体状的金属铜紧贴在铁器沉淀而形成硫酸铁的观察，是再好不过的观察，而且也许是任何文字中最早的记述（因为普利尼式的引证[3]既含糊又不可靠）。T.T.里德[T.T.Read(4,8)]说过，我们现代通过碎铁块的沉淀作用从矿水中提取铜的方法是在蒙大拿的比尤特（Butte）发展起来的，而并不知道这种方法早在摩尔人的西班牙和至迟在 13 世纪时的中国就已为人所知。巴兹尔·瓦伦丁（Basil Valentine）在他的那部《安提摩尼的凯旋车》（*Currus Triumphalis Antimonii*）中，记载着铁能从"匈牙利的一种味道辛辣的土地"中沉淀出铜[4]，这个效应在 16 世纪时就被帕拉采尔苏斯认为是显示了金属的转变，斯蒂塞尔（Stisser）在 1690 年也还是如此相信[5]。范·海尔蒙特臆测铜原来就存在于溶液中，玻义耳于 1675 年在他的《论化学沉淀的机械原因》（*Treatise on the Mechanical Causes of Chemical Precipitation*）中也曾证明是如此。所以，如果非难沈括承认了一种在他死后六个世纪还未得到正确解释的转变，那就未免不公正了。问题实际上是，对这种现象的正确解释在多大程度上是由于象五行那样笼统的理论长期为人们无批判地接受而被推迟了；在这一点上，是很难为这些理论开脱责任的。

268

---

1) 参见 RP120,126。大概是氯化铵、硫酸钙、硫酸钠和氯化钠的混合物，肯定是吸湿性的，多少世纪以来一直在中国市场上出售。

2)《梦溪笔谈》卷二十五，第六段，由作者译成英文。

3) Pling, *Hist.Nat.*XXXIV, 149[见 Bailey(1), vol.2, pp.61, 188]。

4) 当然，关于巴兹尔·瓦伦丁的年代，是很有疑问的。这部书虽然无疑地是以更早时期的材料为根据的，但更可能是在 17 世纪初期，而非它所声称的 15 世纪[参见 J.Read (1), p.136; V.Lippmann(1), p.640]。

5) 参见 Roscoe & Schorlemmer (1), vol.2, p.413。

(4) "毕达哥拉斯式的"象数学;曾参

在我们对这一整个思想体系进行评价之前,最好是先提出中国古代自然主义思想的两个样本,这二者都载于《大戴礼记》中。根据传说,这部书是在公元前 73 年和前 49 年之间由戴德根据较老的材料编成的;大约同时他的堂弟小戴(即戴圣)也编了一部类似的书,原名《小戴礼记》,但是后来并入儒经成为《礼记》。然而,现在从津田和洪业的著作中我们知道所谓"戴德"的编纂不是在公元前 1 世纪,而是在公元 80 年和 105 年之间,大概出自曹褒领导下的一批人之手。这两种本子被认为是代表两种礼仪学派的见解。这里我要引用的《大戴礼记》的一些部分,大概是与《淮南子》(公元前 2 世纪)同时代的[1]。首先是其中第五十八篇,篇名是《天圆》。

单居离问曾子[2]说:"据说天是圆的,地是方的,真的是这样吗?"曾子回答说:"你自己听到是怎么说的呢?"单居离说:"弟子不明白这些事情,所以才胆敢来问你。"

269

曾子说:"天所生的东西,它的头在上边;地所生的东西,它的头在下边。前者叫作圆,后者叫作方。如果天真是圆的,地真是方的,则地的四个角就不能恰好被盖住了。你走过来一点,我要告诉你我从夫子那里学到的东西。夫子说,天的道是圆的,地的道是方的。方是阴暗的,而圆是光明的。光明发射("吐")气,所以它的外边有光,阴暗吸收("含")气,所以它的内部有光。发光的是主动性的("施"),吸收光的是反应性的("化")。所以阳是主动性的,而阴是反应性的。

阳的精液的要素("精")叫做"神"。阴的胚种的要素叫做"灵"[3]。神和灵

---

1) 佛尔克认为[Forke(13),p.147]这项材料可上溯到孔子之后的一个世代,这一看法已不再能为人接受。

2) 曾参是孔子的最有名的弟子之一。在此处,他可能只是一个代言人,但是有理由认为曾子和他的弟子们对自然现象和自然科学的发端的兴趣,比儒家任何其他派别都大。有这样一段故事(见《孟子·离娄章句下》第三十一章)说,曾参居住的武城受到盗寇的袭击,他在离开武城的时候,对看房人说:"不要让任何人住在我家里,以免他们毁伤我的作物和树木。"("无寓人于我室,毁伤其薪木。")下面接着讨论的是,曾子作为一个受邀请的教师在离去与否问题上的是非;但对我们来说重要的是,这里暗示曾子的庭院可能是一种植物园。这至少与这里说的他对博物学有兴趣的是一致的。还应该记得,曾参是历来被公认的《大学》的作者,其中有这样一句名言:"知识的扩大来自对事物的研究"("致知在格物",参见本书第一卷,p.48)。虽然现在认为这部书是乐正克(约公元 260 年)所写,但是原文中有小部分可能是曾参传下来的。

3) 卫礼贤[R.Willhelm(6)]把这些字分别译为 Geist 和 Seele。其他人则译为 animus 和 anima。这些译法似乎假设得太多,所以比较妥当的是把这些词保留下来作为术语。

(生命力)是一切有生之物的根本,而且是(那些高级的发展,例如)礼、乐、仁、义的祖先,善和恶以及社会治乱的制作者。

当阴和阳恰当其位时,则安静和平。但是如果(均势)偏向一边,就有风;如果它们冲突,就有雷;如果它们彼此的路线交叉,就有闪电;如果它们混乱,就有雾和云;如果它们调和,就有雨。如果阳力胜,则有云和雨[1];如果阴力胜,则形成冰和霜。阳的绝对优势引起雹,而阴的绝对优势引起霰。雹和霰是这两种基本力的变化。

有毛的动物在出世之前先有毛,有羽的动物同样地先长着羽。二者都是阳力所生。身上有甲壳和鳞的动物也是带着甲壳和鳞出世的;它们是阴力所生。唯独人是光着身体出世的;(这是因为)他具有阳和阴二者的(均衡的)要素。

有毛动物的精者(即最有代表性的范例)是麟,有羽动物的精者是凤(或雉);甲壳动物的精者是龟,有鳞动物的精者是龙。赤身动物的精者则是圣人。没有风,龙就不能腾起[2]不施用火,龟就不能预兆未来。这些就是阳对阴作用的例子。

这四种(神奇的)动物都是圣人精灵的助力。故此,圣人能为天地之主、鬼神之主和宗庙祭祀之主。圣人留心地记录着日月之数,以便观察星辰的运行,从而按照它们的顺行和逆行来安排四季的次序。这就叫作"历"。

圣人创造了十二种乐管,以规定八音的高低和清浊的标准。这些乐管叫作"律管"("律")。

律处于阴的领域之中,但是它统治着阳的进行。律和历彼此有一种相互的次序,它们之间紧密得不容插进一根毛发[3]。

圣人订立了五(种)礼,为的是给人民一种显而易见的(标准)。他们规定五个(等级的)丧礼,以便区别(对待)近亲与远亲。他们为五孔笛制乐,为的是激励民气。他们(以各种不同的配合法)调和五味,从而可以观察人民的嗜好。他们确定了五种颜色的恰当位置,给五谷以名称,并且决定五种牺牲动物的相对位置[4]……

这一切就是所谓一切有生之物的根本,也就是礼乐的起源,善和恶以及社

---

1) 我们不妨注意有关"云雨"一词在中国作为对性交的一种富有诗意的表达的古老用法。

2) 关于这一点的评注及后来有关飞行理论的一些推测,见本书第二十七章(j)。

3) 这一信念至少可以上溯到刘歆的时代(公元前50年至公元22年),而且或许可上溯到历书作者邓平(鼎盛于公元前104年)。参见下文 p.286。

4) 此处略去有关祭祀的数句。

会治乱的制作者。[1]

〈单居离问于曾子曰:"天圆而地方者,诚有之乎?"曾子曰:"离,而闻之云乎?"单居离曰:"弟子不察此,以敢问也。"

曾子曰:"天之所生上首,地之所生下首。上首之谓圆,下首之谓方。如诚天圆而地方,则是四角之不揜也。且来,吾语汝。参尝闻之夫子曰:'天道曰圆,地道曰方。'方曰幽而圆曰明。明者,吐气者也,是故外景。幽者,含气者也,是故内景。故火曰外景,而金水内景。吐气者施,而含气者化。是以阳施而阴化也。

阳之精气曰神,阴之精气曰灵。神灵者,品物之本也,而礼乐仁义之祖也,而善否治乱所兴作也。

阴阳之气,各静其所则静矣。偏则风,俱则雷,交则电,乱则雾,和则雨。阳气胜则散为雨露;阴气胜则凝为霜雪。阳之专气为雹,阴之专气为霰。霰雹者,二气之化也。

毛虫,毛而后生;羽虫,羽而后生。毛羽之虫,阳气之所生也。介虫,介而后生;鳞虫,鳞而后生。介鳞之虫,阴气之所生也。唯人为倮匈而后生也,阴阳之精也。

毛虫之精者曰麟;羽虫之精者曰凤,介虫之精者曰龟,鳞虫之精者曰龙。倮虫之精者曰圣人。龙非风不举,龟非火不兆。此皆阴阳之际也。

兹四者所以役圣人之也。是故圣人为天地主,为山川主,为鬼神主,为宗庙主。圣人慎守日月之数,以察星辰之行,以序四时之顺逆,谓之历。

截十二管以宗八音之上下清浊,谓之律也。

律居阴而治阳,历居阳而治阴。律历迭相治也,其间不容发。

圣人立五礼以为民望,制五哀以别亲疏,和五声之乐以导民气,合五味之调以察民情。正五色之位,成五谷之名,序五牲之先后贵贱。……

此之谓品物之本,礼乐之祖,善否治乱之所由兴作也。"〉

这节引文有点毕达哥拉斯学派的气味[2],因而正好作为下一节的前奏。在几何式的开头语之后,有关于从阳发出(原字义为"向前吐出")的辐射能被阴接受(原字义为"在口中品尝")的一段引人注目的话。接着是对这一主题作相当详尽的气象学方面的发挥,随后讲话人又转到生物界,把动物分为阴阳二类。那句突然的、乍看起来令人惊奇的话,即圣人是赤裸无毛的动物的主要代表,乃是全节文字的关键。这对于葛兰言[3]所说中国人的思想不肯把人类与自然界分开或把个体人分开的真实性,确实是一个最好不过的阐明。这个思想首先表现为这样的暗示,即人的微观形状是其头朝上,其圆如天;然后,表现为这样一个坚定的说明(就连进化论自然主义的最有信心的现代宣扬者也不能比这说得更好),即在最下等动物[4]中起作用的基本力量和那些在高等动物中发展出人类社会和伦理生活最高表现形式的力量是相同的;然后,表现为圣人的出现,他被置于全部自然界的背景上,并且由

---

1) 德译文见 R.Wilhelm (6),p.127。由作者译成英文。

2) 关于这种类似性的较细致的分析,参阅 Fêng Yu-Lan (1),vol.2,pp.931 ff.。

3) Granet (5),pp.338,415。参见本卷上文 pp.191,196;下文 pp.281,368,453,488。

4) 注意,原文中用以表示活动物的字是"虫"("蟲",这个字就是部首"虫"重复三次)。

于他与自然界的深刻关系而能够成为自然界的主宰,甚至能役使鬼神(它们被看作是内在的自然力量,而不是超越的神人);最后表现为作为自然界产物的人类社会组织的图象,尽管它确实也就是自然界的最高产物。

第二节引文构成《大戴礼记》的第八十一篇[1]。它主要是生物学的,但其毕达哥拉斯学派的气味更为浓厚。我们看到也许可以称之为"象数学"(numerology)的发展,它是一种数字游戏,其中把各种事物联系起来,而我们今天知道这些数字之间并没有任何简单的关系。该篇的标题是《易本命》。原文如下:

夫子说,"易(的原理)产生了人、鸟、兽,以及一切种类的爬虫,有些单独生活,有些成对生活,有些能飞,有些在地上跑。没有人知道它们各自的情况是怎样的。只有深刻精研道的美德的人才能理解它们的基础和本源。

天是一,地是二,人是三。三乘三得九,九乘九得八十一。一主管日。日的数目是十。所以人是在发育的第十个月出生。

八乘九得七十二。这里一个偶数跟在一个奇数后面。奇数主管时辰。时辰主管月。月主管马。所以马有十二个月的妊娠周期。

七乘九得六十三。三主管大熊星座(北斗)。这个星座主管狗。所以狗仅三个月就出生。

六乘九得五十四。四主管四季。四季主管猪。所以猪的妊娠时间是四个月。

五乘九得四十五。五主管音符。音符主管猴。所以猴在经过五个月的发育之后出生。

四乘九得三十六。六主管律管。律管主管鹿;所以鹿在子宫内要怀六个月。

三乘九得二十七。七主管星。星主管虎。所以虎生在第七个月。

二乘九得十八。八主管风。风主管昆虫。这就是为什么昆虫在每年的第八个月经历变化。一切生物都各按其类别如此进行。

鸟和鱼都生于阴的征象之下,但是它们属于阳。这就是为什么鸟和鱼都产卵。鱼在水中游,鸟在云间飞。但在冬天燕和雀都入海变为蚧[2]。

各类动物的习性大不相同。所以,蚕只吃而不饮,蝉只饮而不吃,短命的蚋和蝇不吃也不饮。有鳞和甲壳的动物在夏天吃,到冬天就蛰居。尖嘴的动

---

1) 在《孔子家语》第二十五篇中有与此相似的一段,而该篇开头的命理学杰作也出现在《淮南子》第四篇第六、七页[译文见 Erkes (1),p.61]。

2) 在本书有关动物学的第三十九章中,我们将研究古代这一种和其他种关于变形的信念。

物(鸟类)身体有八个窍,而且产卵。咀嚼的动物(哺乳类)身体有九个窍,并在子宫内养育幼仔。四足兽既没有羽毛,也没有翅膀。有角的动物嘴里没有门齿。既无角也无门齿的动物是多脂肪的(猪)。没有羽毛和白齿的动物也是多脂肪的(羊)。白天出生的动物像它们的父亲,夜间出生的动物像它们的母亲。[阴的成份占优势时生出来的是雌的,阳的成分占优势时生出的是雄的。][1]

272　　　至于大地,东西方向为纬,北南方向为经。德积集在山中[2],而河川则带来利益[3]。高度相当于生,深度相当于死。山丘为雄,峡谷为雌[4]。

蚌、龟和珠(蠬)随着月(相)而消长[5]。

生活在坚固的土地上的人长得胖,生活在疏松土地上的人长得高,生活在沙土地方的人长得瘦。好看的人产生在土地肥沃的地方,而贫瘠的土地则产生丑人[6]。

生活在水中的动物善于游泳而且耐寒,生活在土中(原字义为"食土")的动物没有心,也不呼吸(例如蛆虫)。吃木(木本植物)的动物有力且凶猛(例如熊);吃草的动物善于奔跑而无声(例如鹿);吃桑叶的动物吐丝而变成蛾;吃肉的动物凶猛而勇敢(例如虎);吃谷类的动物聪明而机巧(人);靠气而生活的人是睿智而长寿的(道家的仙人);完全不食的人是不死的,象神一样。

有羽的动物共有三百六十种[7],凤凰是它们的魁首;有毛的动物共有三百六十种,麒麟是它们的魁首;有甲壳的动物共三百六十种,龟是它们的魁首;有鳞的动物共三百六十种,龙是它们的魁首;赤裸的动物共三百六十种,圣人是它们的魁首。这些就是天地(即赐予者和接受者)产生的美好的事物,并且是万物之中的动物的数目[8]。

如果人君喜好破坏鸟巢和鸟卵,凤凰就不起飞。如果他喜好排干水并捕尽所有的鱼,龙就不出来。如果他喜好杀死怀胎动物和残害它们的幼仔,麒麟

---

1) 方括号中的一句,系《淮南子》同一节中所加。
2) 可能指山陵中矿物的生长,《淮南子·坠形训》中也谈到此点(见本书矿物学的一章以及有关炼金术的第二十五章和第三十三章)。
3) 可能指的是灌溉。
4) 这是堪舆的基本语句之一,见下文 359 页以下。
5) 参见本书第一卷。p.150 有关文化交往的段落和下文有关动物学的第三十九章。
6) 参见上文 p.45 摘自《管子》的一段引文。
7) 当然,这可能是由一年大约的天数而定的。
8) 卫礼贤[Wilhelm (6)]和葛兰言[Granet (5),pp.138,326]都坚持把这里的"万"读作"一一五二〇",因为这是六十四卦线条总和的数值(见后文),但是我不相信那会是这个词的起源,如果把它笼统地译为myriad[无数之多]也许更好一些。

就不出现。如果他喜好堵塞水道和填满溪谷,龟就不出现[1]。

所以,(真正的)君主只能依道而行动,只能依"理"(事物的原理和宇宙的趋势)而停止。如果他违反道和理而行动,天就不会使他长寿,凶兆就会出现,神灵就将隐蔽起来,风雨就将不按通常的时节到来,于是就将有暴风雨、水灾和旱灾,人民就将死亡,农作物将不成熟,家畜将不繁殖。[2]

〈子曰,夫易之生人,禽兽、万物、昆虫,各有以生。或奇,或偶,或飞,或行,而莫知其情。惟达道德者,能原本之矣。

天一,地二,人三。三三而九,九九八十一,一主日,日数十,故人十月而生。八九七十二,偶以承奇,奇主辰,辰主月,月主马,故马十二月而生。七九六十三,三主升,升主狗,故狗三月而生。六九五十四,四主时,时主豕,故豕四月而生。五九四十五,五主音,音主猨,故猨五月而生。四九三十六,六主律,律主禽鹿,故禽鹿六月而生也。三九二十七,七主星,星主虎,故虎七月而生。二九十八,八主风,风主虫,故虫八月化也。其余各以其类也。

鸟鱼皆生于阴,而属于阳。故鸟鱼皆卵。鱼游于水,鸟飞于云。故冬,燕雀入于海化而为蚧。

万物之性各异类,故蚕食而不饮,蝉饮而不食,蜉蝣不饮不食。介鳞夏食冬蛰,龁吞者八窍而卵生,咀嚼者九窍而胎生,四足者无羽翼,戴角者无上齿,无角者膏而无前齿,无羽者脂而无后齿。昼生者类父,夜生者类母。〔至阴生牝,至阳生牡。〕

凡地,东西为纬,南北为经。山为积德,川为积刑。高者为生,下者为死。丘陵为牡,谿谷为牝。蜯蛤龟珠与月盛虚。

是故坚土之人肥,虚土之人大,沙土之人细,息土之人美,耗土之人丑。是故食水者善游能寒,食土者无心而不息,食木者多力而拂,食革者善走而愚,食桑者有丝而蛾,食肉者勇敢而捍,食谷者智惠而巧,食气者神明而寿,不食者不死而神。

故曰,有羽之虫三百六十,而凤凰为之长。有毛之虫三百六十,而麒麟为之长。有甲之虫三百六十,而神龟为之长。有鳞之虫三百六十,而蛟龙为之长。倮之虫三百六十,而圣人为之长。此乾坤之美类,禽兽万物之数也。

故帝王好坏巢破卵,则凤凰不翔焉;好竭水搏鱼,则蛟龙不出焉;好剖胎杀夭,则麒麟不来焉;好填谿塞谷,则神龟不出焉。

故王者动必以道,静必以理。动不以道,静不以理,则自夭而不寿。訞孽数起,神灵不见,风雨不时,暴风水旱并兴,人民夭死,五谷不滋,六畜不蕃息。〉

所以,我们就看到,自然主义者——或者不论写下这节文字的人是谁——由于他们对活有机体世界的强烈兴趣而做出了很值得赞扬的观察。但是,就象开始的那一段所表明的那样,那一切都是放在数字神秘主义的框架之中的。这种情况的痕迹,在象征的相互联系表中就已经明显可见了。

现在差不多是对我们所曾讨论的体系进行评价的时候了。但是,在评价之前　273

---

1) 许多人已经不是没有理由地看到,这类章节里有着保护自然界的早期努力。

2) 译文见 Wilhelm (6),p.250,由作者译成英文。

应该指出,虽然这些象数学公式是在公元前 3 世纪或更早一点开始的,并且虽然它们曾引起汉代学者们很大兴趣[1],可是直到宋代,它们对许多思想家仍然保持其全部的魅力.这种情况的意义很快就会得到更好的领会。因此,朱熹的直接弟子蔡沉(1167—1230 年[2],参见下文 pp.472 ff.)就曾从事繁复的命理数字推测。

> 如果我们遵从(一切事物的)数,就能知道它们的起始;如果我们追溯它们,就能知道它们怎样终结。数和物并非两个分开的实体,始和终并非两个分开的点。知道数就知道物,知道始就知道终。数和物继续无穷,怎么能说什么是始,什么是终呢?[3]

> 〈顺数则知物之所始,逆数则知物之所终。数与物非二体也,始与终非二致也。……知数即知物也,知始即知终也。数与物无穷,其谁始而谁终?〉

我们无须举出这种数字象征主义的例子,因为它们与真正的数学并没有共同之处,而是紧密地追随着前面从《大戴礼记》所转录的那种模式。有趣之点是,12 世纪理学家们有些思想仍然受到它的迷惑。

(e) 两种基本力量的理论(阴阳学说)

至此为止,关于五行及其象征的相互联系的谈论比关于阴阳的多,这是因为我们对于前者理论的历史起源知道得较多。我们已经看到,虽然邹衍学派被称为阴阳家,并且《史记》和其他文献中关于阴阳的讨论都明确地归在他的名下,但是在邹衍留传下来的任何残篇中都未提到这两种基本力量。无容置疑的是,这个名词在哲学上的使用大约开始于公元前 4 世纪初期,在一些更古的典籍中提到这种用法的章节都是那时以后被窜入的。

这两个字在语源学上肯定分别地与黑暗和光明有关。"阴"这个字(参见 p.227 表 11,第 63 号)包含着阜(山的阴影)和云的图形;"阳"这个字,如果它确实不代表一个人捧着一个有孔的玉盘——圆盘是一切光的源头、天的象征并且可能原来[参见本书第二十章(g)]是最古老的天文仪器——的话,它就是一个斜射的阳光线条或在阳光中飘动的一面旗帜的图形。这些想法是符合阴阳二字在《诗经》所收集的古代民间歌谣中的用法的。据葛兰言[Granet(5)]说,阴唤起这样的概念:冷和云、雨、女性、内部和黑暗,诸如为防暑热而储存冰的地下室。阳唤起这样的概念:阳光

274

---

1) 例如,在《淮南子》的第三篇中可以找到大量的数字公式。
2) 参见 Forke (9),p.274。
3)《宋元学案》卷六十七,第十五页。译文见 Forke (9),p.277,由作者译成英文。

和热、春日和夏日、男性，并且可能是指一个男性行礼的舞蹈者的形象。人们也一致认为，阴是指山或河流的阴面（山之北和水之南），即 hubac（背光）那一面；而阳则指向阳面（山之南和水之北），即 adret（受光）那一面[1]。

那些研究过这两个字作为哲学名词而最初出现的人们[2]，可以在《易经·系辞》的第五章找到这种经典用法，那里有"一阴和一阳；这就是道"（"一阴一阳之谓道"）的辞句[3]。总的含义一定是：宇宙间只有这两种基本力量或作用，时而这一个主导，时而是另一个，处于一种波浪式的相续过程之中。《系辞》（最早）大概起始于战国后期（公元前 3 世纪初）[4]。

其他有关阴阳的早期记载，还见于《墨子》《庄子》和《道德经》。墨子的书中有两次在技术的意义上提到了阴阳；在第六篇中说，每一种活生物都参与天地的本性和阴阳的调和；在第二十七篇中说，圣君的德行就带来及时的阴阳和雨露。在《庄子》中，阴阳这两个字是常见的，我们发现，至少在二十个章节中它们在技术意义上出现过。在《道德经》中，它们出现过一次（第四十二章，上文 p.78 曾引用过），其中说活生物被阴包围并含有阳，它们的生命过程的调和有赖于这两种"气"的调和。由于对老子的年代定得很早（现在已放弃），所以有些译者对此处给予这两个字以充分的技术意义是很审慎的，但是我认为它们是应该有那种意义的。

在其他书中，一般认为有关记载是后来窜入的，例如《书经·周官》[5]和《左传》（六处）[6]。但是，在象公元前 3 世纪到公元 1 世纪的《荀子》《礼记》《大戴礼记》和《淮南子》这类书中，没有理由怀疑其原文有任何改变。有一份可能是很古老的名为《计然》的残篇，显然是声称属于公元前 5 世纪的一部失传的书中的一篇，其中载有计倪子这个多少是历史人物的话。它记述了计倪子与南方的越国国王勾践之间的谈话[7]。这段文字似乎肯定代表起源于南部沿海地区的自然主义传统，并且很可能与邹衍是同时代的。越王在策划侵犯其邻邦吴国时，向他的谋士问计。

275

---

1) 葛兰言[Granet(2)，p.245]说，这些是他从 terminologie alpestre（阿尔卑斯山人术语）中借用的，它们是分别从 ad opacum 和 ad rectum 派生的。

2) 例如，梁启超(1，4)；Rousselle(2)；Conrady(4)。

3) 关于这个简略不过的肯定句究竟应该怎样翻译，意见大有分歧。理雅各[Legge(9)，p.355]译成："The successive movement of the inactive and active operations constitutes what is called the course (of things)."[不积极的与积极的作用之连续的运动就构成了所谓(事物的)进程。]我们不能承认这是很令人满意的译法。葛兰言[Granet(5)，p.119]对此作过很长的讨论。

4) 在下文（p.306）中，我们还要对有关《易经》的年代这一难题说几句话。

5) 《书经》的第四十篇；见 Legge(1)，p.228；Medhurst(1)，p.289。

6) 通常[例如 Forke(6)，p.170]认为，这些词之用于哲学可上溯到公元前两千年，但这两种看法现在已完全站不住了。

7) 这份有趣的材料需要在后面（第十八、二十五、三十三章）从几个不同的方面加以评论。

计倪子拒绝谈军事,反而劝告越王观察自然现象,以便增加农业生产,从而富民。

计倪子说:"你必须观察天地之气,追溯阴阳(的活动),并且懂得'孤虚'[1]。你必须理解生存和死亡。只有这样,你才能估量你的敌人。……"

越王回答说:"你的道理很好。"于是他就观察了天空的现象("仰观天文"),收集并研究了星宿和它们的位置("集察纬宿"),而且专心钻研历法("历象四时")。于是越国就富裕起来。他很高兴,并且说:"假如我成为所有国君的领袖,那就多亏了计倪子的贤明的计谋。"[2]

〈计倪对曰:"……必察天地之气,原于阴阳,明于孤虚,审于存亡,乃可量敌。……"

越王曰:"善哉,子之道也!"乃仰观天文,集察纬宿,历象四时,……越国炽富。勾践叹曰:"吾之霸矣,善计倪之谋也。"〉

为了看一下汉儒们对于这些问题的议论方式,我们可以翻阅董仲舒的《春秋繁露》(约公元前 135 年)第五十七篇的一部分[3]。他说:

天将要使阴降雨时,人就生病;这也就是在实际事变之前必有一种运动。这是阴开始其互补的反应("相应")。还有,天将要使阴降雨时,人们就昏昏欲睡。这是阴气。(另外)还有使人昏昏欲睡的忧郁,这是阴对阴的作用。也有使人完全清醒的欢乐,这是阳在吸引阳。在夜间(阴时),水(阴元素)就涨多。在有东风时,(发酵的)酒就起更多的泡沫。病人在夜间病得更重。将破晓时,鸡就都叫起来并且彼此冲撞;早晨的气激发了它们的"精"。所以,这是阳增强了阳和阴增强了阴,因而二气(的显现),不论是阳是阴,就能彼此增强或减弱。

天有阴阳,人也有阴阳。天地的阴气开始(占优势)时,人的阴气也领先响应。或者,如果人的阴气开始向前时,天地的阴气也当然必定要升起来响应它。它们的道是同一个。那些明白这一点的人,就(知道)如果要下雨,就必须发动阴,并使其影响发生作用。如果要雨停止,则必须发动阳,并使其影响发生作用。(事实上)关于雨的起因和到来,根本没有任何理由假定有什么神奇的东西(即与神有关系,"神"),虽然(确实)它的基本原理("理")是极为奥秘的。[4]

〈天将阴雨,人之病,故为之先动,是阴相应而起也。天将欲阴雨,又使人欲睡卧者,阴

276

---

1) 这个罕见的名词被人解说为天和地的门户。在后代,它变成了占卜吉凶的一个术语,并且它肯定与天干和地支之间的关系有关。

2)《计然·富国》篇,保存在《吴越春秋》第九篇中,见马国翰《玉函山房辑佚书》卷六十九,第二十七页,由作者译成英文。

3) 更多的这类材料见下一章论王充和怀疑论的传统。

4) 由作者与莱斯利(D.Leslie)博士译成英文,借助于 Hughes (1),p.306。

气也。有忧亦使人卧者，是阴相求也。有喜者使人不欲卧者，是阳相索也。水得夜益长数分，东风而酒湛溢。病者至夜而疾益甚。鸡至几明皆鸣而相薄；其气益精，故阳益阳，而阴益阴。阳阴之气，固可以类相益损也。

天有阴阳，人亦有阴阳。天地之阴气起，而人之阴气应之而起。人之阴气起，而天地之阴气亦宜应之而起，其道一也。明于此者，欲到雨则动阴以起阴；欲止雨则动阳以起阳。故致雨非神也。而疑于神者，其理微妙也。〉

对于董仲舒来说，阴阳只不过是世界上的一切两极对立或"相关物"的最高例证，在他的书的第五十三篇中，他用"合"这个术语来表示这些对偶[1]。

虽然它更为恰当地是属于我们对《易经》的象征性六画卦象（其中每一卦象都由六条或整或断的线条构成，分别与阳和阴对应）的讨论，但是，或许此处可以提到该体系后来的一种精心安排。每个六画卦象或主阴或主阳，并以审慎的排列，由连续的二分法产生阴阳交替的方式而推导出全部的六十四卦。我在这里从胡渭（1706 年）的《易图明辨》中翻印了一幅图解（图 41）[2]，从中可以看到，例如，原来是阳的一半怎样分成两部分，一部分是阴，而另一部分是阳；每一部分又分为二，其中一为阴，一为阳。这个程序一直连续到形成六十四卦，而且可以自然地继续下去，以至无穷。阴和阳的成分从来不是完全分开的，但是，在每一阶段和任何一个给定的片断中，二者之中只有一个是昭彰的。这不能不使有科学头脑的人感到兴趣，因为《易经》学者们这样所经历的思路就是我们在现代科学思想中所已经习惯的，亦即，它是分离原理。它和我们现在所知道的基因型中的隐性基因和显性基因成为类比，只有显性基因由于在表现型中的显现，才在外部明显可见地表现出来。更广义地说，这个过程使人想起在许多动物（例如，棘皮动物、鱼类、两栖类）的形态发生中所看到的各种现象[3]，为此曾有必要发展形态发生学领域的概念。于是，这里又有一个与前面已谈过的关于假想中的五行之间相互作用相类似的例子，由此导致了我们现代已达到的、可以称之为对自然界的"有效应用"的那些思路。在这种情况下，这种类似可能不仅存在于现代遗传学和胚胎学方面，而且或许还存在于化学方面，因为连续的提纯步骤将只是逐渐导致物质的分离。《易经》学者们直觉到，无 277 论物质的提纯可能进行多久，仍然会剩下结合在一起的正负两面，尽管表面上这个或那个占主导地位；就这一点而言，他们的这种思想毕竟十分接近于现代科学的观点。确实，他们在这里的想法是"场"的想法，虽然或许他们中间没有多少人能自觉地指出这样的事实，即无论一块磁铁分成多少小块，其北极和南极仍然能再

---

1) 参见 Fêng Yu-Lan(1)，vol.2，p.42。

2) 此图根据的是《宋元学案》第十卷中邵雍(1011—1077 年)的原图；蔡沉(1167—1230 年)给出了此图的简化形式。

3) Needham(12)，pp.127ff.，271ff.，477ff.，656ff.。

图 版 一 六

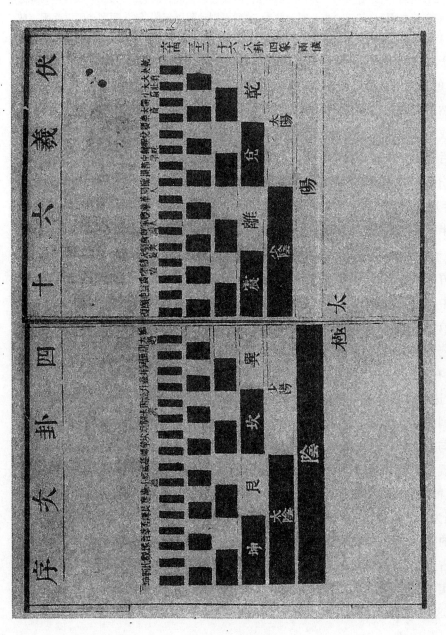

图 41.《易经》的卦（"伏羲六十四卦次序"）的分离表，采自朱熹的《周易本义图说》(12 世纪)，曾在胡谓的《易图明辨》卷七和别处被翻印。阴和阳是分开的，但是正如在第二次分开时所出现的那样，每一个都含有其处于对立面的"隐性"状态中的一半。这个过程没有逻辑的终点，但此处只继续到六十四卦的阶段为止。

现[1]。我现在试图提出的论点是,现代科学所了解的世界结构,其中有某些要素是早在他们的思辩中就已经预制出图象来了。假如把这些与对自然界用实验及数学公式表示假说的方式所作的完美研究分开来,它们也决不是什么不合理的。

在查看该图解时会引起人们头脑中的一种想法,这就是:假如有任何把善与恶分别归于阳和阴的含意,那末,这种解说就有点摩尼教的味道了。摩尼的波斯信徒们相信[参看 Burkitt(1)],人的责任就是要从宇宙混合体的邪恶成分中筛选出善良成分,但这也许是一桩永远不会完成的任务。在另一处[第七章(b)]我们曾经谈过这样一种想法,即阴阳理论的起源是由于波斯宗教二元论的激发。使人难以相信这一点的主要是,在中国阴阳理论的解说中,事实上根本就不存在善恶的含意。相反地,只有通过得到和保持这两种相等力量之间的真正平衡,才能够得到幸福、健康或良好的秩序。但是,仍然有人继续试图从波斯的二元论[例如,祆教(Zoroastrianism)]推导出中国的阴阳[参见 P.Schmidt(1)]。在对伊朗和印度的二元论的神话和宇宙论[Przy fuski(2);Sheftlelowitz]和它们与美索不达米亚来源的可能关系有更多的了解以前,几乎不大可能对这种尝试做出评价。要同意阿贝尔·雷伊[2]的结论,即认为中国人的世界图象在它起源的本土之外是行不通的,现在也还为时过早。现在确实有一种倾向要回到以前的一种看法,即相反地要从中国的阴阳来源推导出伊朗的二元论来[de Menasce(1);Mazaheri]。不过,这大都根据德·索绪尔[de Saussure(18,19)]的著作,他的著作在其他方面是有价值的,但是象在这样的一个问题上则往往失之于过高估计了古代中国典籍的古老性[3]。无论如何,阴阳理论在中国所获得的巨大成功,正如卜德[4]所说,证明了中国人倾向于在一切事物中寻求一种根本的调和与统一而不是斗争与混乱。

我不能肯定,我们在这里是否还需要讨论一些这样的思想,这些思想是如此单纯,以致它们可能很容易独立地出现在几种不同的文明之中。葛兰言[Granet(1,2)]所提出的在阴阳理论与早期中国社会中性别的社交表现之间存在的联系,肯定是有其份量的,那种青年男女选择配偶和礼仪性集队舞蹈的季节性节日,象征着自然界的永恒而深奥的二元性。另外,关于这方面不大被人提到的是,人们从欧洲历史的一端到另一端也可以发现这种二元论的因素,虽然与中国比较起来当然还只是雏形。弗里曼[5]描述了毕达哥拉斯学派(公元前 5 世纪)的二元论的宇宙,体现在把十对对

278

1) 但是,磁学是一门中国科学,见本书第二十六章(i)。

2) Rey(1),vol.1,p.412。

3) 他常常毫不犹豫地得出关于公元前三千年的一些结论。

4) 参见 Bodde(7),p.22;(14)。

5) K．Freeman(2),pp.81,83,136,248。

立面并列在一张表里[1]。表的一边是有限、奇数、单一、右、雄、善、动、光、方和直。另一边是无限、偶数、多数、左、雌、恶、静、暗、长方和曲[2]。这一切都使人想起中国的体系，但是，二者之间毫无关系，除非我们做出这样一种推测的假定，即某种类似的极性学说是原来属于巴比伦的，而从那里朝着两个方向传播开来[3]。

　　在欧洲传说的另一端，我们看到 17 世纪的某些思想家从喀巴拉(Kabbalah)的传统犹太神秘教义中得到启示，例如，罗伯特·弗卢德(Robert·Fludd, 1574—1637 年)，他的思想曾被帕格尔[Pagel(1)]详尽地分析过。弗卢德的《普通医学》(Medicina Catholica)把上帝描画成一个化学家而不是一个数学家，世界就是他的"实验室"。在这个世界里，有一系列的两极对立——一方面是热、运动、光明、膨胀、稀薄，另一方面是冷、惰性、黑暗、收缩、浓厚。与日、父、心、右眼和血液相对应的，是月、母、子宫、左眼和粘液。在这里特别有趣的是看到古代凝结与离散的对立，虽然它可能是属于前苏格拉底的而不是中国的起源。不管怎样，人们必须承认，弗卢德的炼丹兴趣并不是偶合，而且也必须承认对立物(通常是金和汞)的两极性是贯彻全部中世纪后期和 17 世纪的炼丹术的[参阅 Muir(1); J.Read]。在这里，我们不应该预先讨论本书第三十三章有关炼丹术的问题，但是，如果中国的炼丹术通过穆斯林渠道传到欧洲是确实的(一切证据都表明如此)，那末，阴阳学说在某种意义上也随之而来，而弗卢德就不可避免地受惠于邹衍和老子，尽管他本人从来都不曾察觉这一事实。而且还可能有一种意义，即所有这些古代两极性的理论都潜伏在化学科学的基础之中，因为化学物质的反应性，对炼丹术家来说，就有赖于它们对这种两极性的位置，而且我们今天知道，反应性只不过是那些基本的正负电荷排列的外在的和可见的标记，这些电荷构成了我们所称之为的物质世界。

279

(f) 相互联系的思维及其意义；董仲舒

　　现在让我们扼要地重述一遍。中国人的科学或原始科学的思想包含着宇宙间

---

1) 参见 Aristotle, *Metaphys.*, 1, 5.

2) 在巴门尼德(公元前 475 年左右)的著作中，也有一种极性理论[参阅 Cornford(1), p.219]。据说，明、暖、轻(稀)、火和雄是存在的；暗、塞、重(浓)、土和雌则并不存在；也就是说，缺少前者的性质。参阅 Forke(6)，p.221。此外，见下文 pp.296 ff..

3) 勒文施泰因[Loewenstein(1)]指出，著名阴阳符号的表示◉与在中国新石器时代的陶器和周代青铜器上所发现的明确无误的卍字很相似。从勒文斯太因所引用的文献中可以看出，关于卍字的起源，意见有很大分歧。但是，它肯定是新石器时代的，而且差不多可以肯定是二元论的一种生育象征。这样，它就与阴阳有了联系。也许它与仰韶陶器上常见的 S 螺旋形图案有关(参见本书第一卷，p.81)。

的两种基本原理或力量,即阴和阳(这是人类自身两性经验中阴性和阳性的反映),以及构成一切过程和一切物质的五"行"。宇宙间凡是可以用五加以安排的其他一切事物,都以象征的相互联系而与五行并列和结合起来。围绕着这个中央五重秩序的,是一个更大的领域,包括一切只能归入某种其他序列(四数、九数、二十八)[1]的可分类事物,把这些分类配合在一起表现出很大的巧妙性。由此便有了数字神秘主义或命理学,其主要目的之一是把各种数字范畴联系起来。这一切究竟是什么意思呢?

　　大多数欧洲观察家都指责它是纯粹的迷信,阻碍了中国人中间真正科学思维的兴起。不少中国人,特别是现代的自然科学家,也倾向于采取同样的意见。但是他们的处境有点不同,因为他们必须与成千上万的传统的中国学者打交道,而这些人并未受过现代科学的世界观的教育,这些人仍在想象着中国的古代思想体系是一个可供选择的活路。垂死的原始科学理论顽固地依附于不死的伦理哲学之上。但是我们的任务不是要研究中国社会的现代化,它是完全能够自行现代化的;我们所要考察的是,事实上古代的和传统的中国思想体系是否仅只是迷信,或者简单地只是一种"原始思想",还是其中也许包含有产生了它的那种文明的某种特征性的东西,并对其他文明起过促进作用。

　　对象征的相互联系这一五重性系统的第一步探讨,是属于社会学方面的。涂尔干和莫斯[Durkheim & Mauss(1)][2]认为,所采用的数目范畴原来是以原始社会中的族外婚的部族或氏族群为根据的。虽则有人认为族外婚群是模仿数字范畴的,但是涂尔干和莫斯则好象更有理地提出,它与此恰好相反。他们没有困难地表明有几种文化,例如美洲印第安的祖尼人(Zuñis),其族外婚的氏族与数字范畴化之间有着明显的对应;就祖尼人来说,一切都出之以"七",他们的氏族是七个[3]。但是,就中国人来说,要确立任何这类的解释就要难得多了,因为中国文明起源得太遥远了。而且,即使能够确立这类的解释,也不会影响我们对它那多少已经完成的宇宙观的智力价值的估价。

280

---

　　1) 梅辉立[Mayers(1)]列出了 317 个这样的范畴;他是从宫梦仁的《读书记数略》(1707 年)中引用的(本书已曾提及,见第一卷 p.50)。但是,当我们发现《图书集成》这部百科全书的数学部分(《历法典》卷一二九至一四〇)中专门讨论这个问题的有不下十一卷之多,它就对中国思想提供了一个相当惊人的侧面,卜德[Bodde(5)]曾写过一篇论中国"范畴思维"的专题论文,其中他分析了《前汉书·古今人表》中的奇特的列表法,那里差不多有两千个历史人物和半传奇人物按照他们的德行被列为九等。

　　2) 他们的中国方面的证据主要以哥罗特[de Groot(2)]的著作为根据。

　　3) 这个相似的例子是佛尔克[Forke(4),App.ℹ(6)]在他对中国人的宇宙观的论述中大加使用的。参见 Haloun(3);Tsêng Chu-Sên(1),p.76;Fei Hsiao-Thung(1)。苏斯戴尔[Soustelle(1),p.75]也列表举出阿兹特克人(Aztec)的对应物(罗盘方位点、颜色、阶段、风、天体、鸟、神、年等)。但是其中与民族的关系则不明显。

巫术分析家们的研究,也许更为有趣。弗雷泽(Frazer)在其经典著作中曾陈述过巫术的两条"定律"和一条总的原理。有一条是"相似律",对古代巫术家(还有那些现代的原始民族的巫术家)来说,按照这条定律,同类相生。还有"接触或感染律",按照这条定律,凡是曾经接触过但现在已经不再接触的东西,仍在继续互相起着作用。人们可以立即看出,中国象征的相互联系在这方面会是怎样在起作用的,并可开始想象导致其建立的某些动机。另外有的学者接受了并例证了弗雷泽的交感巫术的理论,以及他的"宗教起抚慰作用,巫术起强制作用"的总原理。有些人,例如于贝尔和莫斯[Hubert & Mauss(1,2)]补充了另一些定义,他们指出,巫术主要是涉及孤立的、唯一的操作者,而非宗教的集体性。但是,人们一致同意,"巫术哺育了科学,而且最早的科学家就是巫术家。……巫术是从神秘生活的千万个裂隙中发生的,并从其中取得力量,以便与俗人的生活混合在一起并为他们服务。巫术倾向于具体事物,而宗教则倾向于抽象观念。巫术在与技术、工业、医学、化学等相同的意义上发生作用。巫术实质上是一种做事的艺术。"[1] 没有必要再在这一点上多费力,那在"道教"一章中已经充分地强调过了。象征的相互联系体系正是巫术家为进行他们的操作所需要的。在那么古老的思想阶段,他们怎么能够知道什么会有助于一种技术的成功和什么不会呢? 必须有某种方法来选择进行实验的条件;很自然,如果打算做一件与水有关的事,穿着红色衣服显然就是于事无补的,因为红是火的颜色。当然,这种相互联系是直觉的,而不是严格理性的。舍此它们又能是什么别的呢?

许多现代的学者——卫德明[2]、艾伯华[Eberhard(6)]、雅布翁斯基[Jabłoński(1)],尤其是葛兰言[Granet(5)]——已经把我们在这里所讨论的那种思维命名为"协调的思想"(coordinative thinking)或"联想的思维"(associative thinking)。这种直觉-联想的体系有其自身的因果性及其自身的逻辑[3]。它既不是迷信,也不是原始的迷信,而是它自身特有的一种思想方式。卫德明把它与强调外因的欧洲科学所特有的"从属"(subordinative)的思维作了对比。在协调的思维中,各种概念不是在相互之间进行归类,而是并列在一种模式之中。而且,事物的相互影响不是由于机械原因的作用,而是由于一种"感应"(inductance)。在论道教的一章中

281

---

1) Hubert & Mauss(1)。

2) H. Wilhelm(1),尤其是 p.35; (4),p.45。

3) 参见上文(pp.52,199)关于道家和墨家的逻辑的论述;也见 Granet(5),p.336。

(pp.55,71,84)，我谈到道家思想家想要了解自然界中各种原因的愿望，但这不能从适合于古希腊自然主义者的思想那种完全相同的意义来加以解释。

中国思想中的关键词是"秩序"(order)，尤其是"模式"(pattern)[以及"有机主义"(organism)，如果我可以第一次悄悄提到它的话]。象征的相互联系或对应都组成了一个巨大模式的一部分。事物以特定的方式而运行，并不必然是由于其他事物的居先作用或者推动，而是因为它们在永恒运动着的循环的宇宙之中的地位使得它们被赋予了内在的本性，这就使那种运行对于它们成为不可避免的[1]。如果事物不以那些特定的方式而运行，它们就会丧失它们在整体之中相对关系的地位(这种地位使得它们成其为它们)，而变成为与自己不同的某种东西。因此，它们是有赖于整个世界有机体而存在的一部分[2]。它们相互反应倒不是由于机械的推动或作用，而无宁说是由于一种神秘的共鸣[3]。

这样的概念在什么地方都没有比在董仲舒的《春秋繁露》(公元前2世纪)第五十七篇中讲得更好了[该篇题名为《同类相动》，亦即(修中诚的优美翻译中的)"同类的事物彼此相激发"]。该篇中说：

> 如果把水倒在平地上，它会避开干的地方而流向湿的地方。如果把(两块)相同的木柴放在火上，火会避开湿的而燃烧干的。一切事物都拒绝(与其本身)不同的东西而顺从相同的东西[4]。所以，情形就是，如果(两)气相同，它们就聚结[5]；如果音调相应，它们就共鸣。这个实验的证明("验")是极其显然的。试调一下乐器，弹一个琵琶上的"宫"调或"商"调，就会得到另一个乐器上的"宫"调或"商"调的响应。它们是自己发音的。这没有什么神奇("神")的，而是五音互有联系；它们是按照"数"而成其为如此的(世界就是由此而构成的)。
>
> (同样地)可爱的事物召来其他同类可爱的事物；讨厌的事物召来其他同

---

1) 因此，扬雄(约公元前20年)很自然地要说："一切事物都因内部固有的冲动而产生，(仅)因部分外因而消亡和衰退"("万物权舆于内，徂落于外")。参见下文 p.540。

2) 当代一位哲学家张东荪[(3)，第117页]说过："万物构成一体的观念乃是中国思想始终一贯的倾向"。11世纪时，程颢说过："无数的模型都归于那个大模型之中"("万理归于一理也")，见《二程全书·河南程氏遗书》卷十四，第一页；卷十五，第十一页。亦见本卷上文 pp.12, 191, 196, 270, 下文 pp.368, 453, 471, 488, 581。

3) 齐默尔[Zimmer(1)]在他对印度思想的深刻研究中，遇到过类似思维的痕迹。我发现他有好几次使用"宇宙的有机主义"这个说法(pp.14, 56)。也许中国有关整体的各个部分的见解和印度的"自法"(*sva-dharma* 或 intrinsic *dikaiosune*)有相似之处。参见下文 p.304。

4) "百物去其所与异，而从其所与同。"这个说法对相关思想的五重体系是基本的。事物都根据一定规律而彼此相"就"。

5) 这是对现代胶体化学和实验形态学中很多东西的一种预示。

282　　类的讨厌的事物。这是由于一件同类事物做出响应的那种补充方式（"类之相
应而起也"）——例如，如果一匹马嘶鸣，则另一匹马也嘶鸣响应，如果一头牛
叫，另一头牛也响应而叫。

一个强大的统治者将兴起时，先出现吉兆；当一个统治者将要灭亡时，事
先有祸兆。事物确实是彼此间同类相召；龙带雨来，扇驱散热，大军队所在的
地方满布荆棘[1]。事物无论可爱或可恶，都有一个起源。（如果）把它们当成是
命运，（那是因为）没有人知道它起源在哪里（"美恶皆有从来；以为命；莫知其
处所"）。……[2]

不仅阴阳二气按照它们的范畴"进退"[3]，甚至人的各种好坏不同的命运
的起源也是以这种方式行动。没有任何事情不是有赖于某种先兆而开始的，
因为（它属于同一个）范畴方对之作出响应并这样行动起来（"无非己先起之，
而物以类应之，而动者也"）。……

（正如我说过的）从一个琵琶弹出"宫"调时，（附近）"宫"乐器的弦也都自
行回响（共鸣）；这是相似的东西根据它们所属类别而受影响的一个事例（"此
物之以类动者也"）。它们受到没有可见的形式的声音推动，而当人们看不见
伴随着运动和活动的形式时，就把这种现象叫作"自鸣"。在有互相反应（"相
动"）而没有任何可以看得见的东西（来说明它）时，就把这种现象说成是"自
然"。但是，实际上并没有在这个意义上的"自然"（这样一种东西）。（也就是
说，宇宙间每一事物都是协调于某些其他事物的，并随着它们的变化而变化。）
我们都知道，一个人之成其为他实际上的那个样子，是由于（各种情况）造成
的。所以事物也确实有一种真正成为原因（的力量），尽管它可能是看不见的
……[4]

〈今平地注水，去燥就湿；均薪施火，去湿就燥。百物其去所与异，而从其所与同。故气
同则会，声比则应，其验皦然也。试调琴瑟而错之。鼓其宫，则他宫应之；鼓其商，而他商应
之。五音比而自鸣，非有神，其数然也。

美事召美类，恶事召恶类，类之相应而起也。如马鸣则马应之，牛鸣则牛应之。

帝王之将兴也，其美祥亦先见；其将亡也，妖孽亦先见。物固以类相召也。故以龙致
雨，以扇逐暑，军之所处以棘楚。美恶皆有从来，以为命，莫知其处所。……

---

1) 这里系引征《道德经》第三十章。
2) 修中诚说得对，这是关于因果关系的重要说明。下面一段已在上文(p.275)有关阴阳的部分摘引过
了。
3) 关于波动的另一个暗示。
4) 由作者与莱斯利译成英文，借助于 Hughes(1)，p.305；Fêng Yu-Lan(1)，vol.2，p.56 中卜德的译
文。

非独阴阳之气可以类进退也。虽不祥，祸福所从生，亦由是也。无非已先起之，而物以类应之而动者也。……

故琴瑟弹其宫，他宫自鸣而应之，此物之以类动者也。其动以声而无形，人不见其动之形，则谓之自鸣也。又相动无形，则谓之自然。其实非自然也，有使之然者矣。物固有实使之，其使之无形。〉

这里董仲舒所说的可分类性，是指宇宙间各种事物有可能归入五重性的范畴论或者各种数值的其他类别。极其有趣的是，他采取了声学的共鸣现象作为他的验证实验[1]。对那些一点也不懂得声波的人来说，他的实验一定是非常令人信服的，这证实了他的论点，即宇宙间凡属于同类的事物（例如，东、木、青、风、麦）都彼此共鸣或者激励。这并不是单纯的原始无差别状态，即其中任何一种东西都可以影响别的任何一种东西；它是一个紧密吻合的宇宙的一部分，在其中只有一定种类的事物才会影响同类的其他事物。公元 1 世纪时，王充长篇大论地谈到了这个问题[2]，并且补充说，事物是自然地发生的，没有目的，也不需要努力追求（"物类相致，非有为也"）[3]。所以因果作用就属于一种很特殊的性质，因为它是在一种层次化了的基质之中起作用，而不是随便在起作用的。感应或者共鸣可以被认为是一个衰退过程的暗示，它表示已经该是适当的上升过程登上舞台的时候了。没有任何事情是没有原因的，但是没有任何事情是被机械的原因造成的。提词员剧本中的有机体系支配着一切。正如已经说过的那样，在永恒戏剧的轮回之中的那些角色，其存在有赖于这个体系的整体，因为如果他们被误伤了，他们就中止其存在。但是，从来没有任何东西失误过。

在后面[4]我们将有机会引用赫拉克利特的一句名言："太阳不会超越它的界限，否则堤防的监守者，司复仇的女神们就会发现它。"这里，自然界的某种现象可以造反，同时也可以由一种宇宙宪法的执行部门迫使它就范。米施[5]极为敏锐地从《易经》的一段文字及其评注中找到这个论点的补充部分。在谈到第一个六线卦形中上边的"乾"卦时，经文说："龙超过其适当的界限；会有后悔的。"[6]（"上九，亢

_____

1) 在这一点上，他沿用了几乎是以同样字句所写成的更早的一种说法——《吕氏春秋·应同》篇。译文见 R.Wilhelm (3)，p.161。参见《易经·文言》，R.Wilhelm (2)，vol.2，p.11，Baynes 的译本．p.15；《庄子·徐无鬼第二十四》，译文见 Legge (5)，vol.2，p.99。

2) 例如，"同类通气，性相感动"，见《论衡》第十篇，译文见 Forke (4)，vol.2，pp.1 ff.；较好的有 Leslie (1)。参见上文 p.304 关于"感"和"应"的论述。

3)《论衡》第十九篇 [Forke (4)，vol.2，p.187]。特别可参阅《论衡》第四十七篇。

4) 见本卷下文第十八章，p.533。

5) Misch (1)，p.196。

6)《易经·乾》。第一卷，第二、九页。译文见 R.Wilhelm (2)，Baynes 的译本，vol.2，p.16；Legge (9)，p.417；经修改。

龙有悔。")于是《文言》补注如下:

> "超过其适当界限"这个短语的意思是,知道如何前进而不知道如何后退,知道如何存在而不知道如何消解,知道如何获得而不知道如何放弃。惟有圣人才知道前进和后退、产生和消逝,而从不失去他真正的本性。确实只有他才是圣人。
>
> 〈亢之为言也,知进而不知退,知存而不知亡,知得而不知丧。其唯圣人乎,知进退存亡,而不失其正者,其唯圣人乎!〉

但是圣人仅仅是在发现,天地的一切自然物体都是自发地认识和完成的。米施正确地主张,中国的思想家在他们对自然过程的规则性所作的一切描述中,所想到的并不是法律的统治,而是集体生活的相互适应[1]。和谐被认为是"自发的和有机的"世界秩序的基本原则[2]。记住这一点,我们就能够以新的眼光来看待荀子的诗一般的哲学(参见上文 p.27),他甚至于把"礼"(为普遍接受的道德所裁可的良好风俗和传统习俗)提到一种普遍的宇宙学原理的高度。不仅在人类社会中,而且在整个自然世界里,都有一种取和与,这是在无生命的势力和过程中的一种相互礼让,而不是争夺,是通过妥协来寻求解决办法,是避免机械的力量[3],以及承认一切自然事物的生与死的不可避免性。

284

如果像我相信的那样,这一点真正地深刻表现了中国人的世界构图中以五重相互联系为其抽象图式的某些东西,那末,汉代及其后的学者们就显然并没有简单地陷入"原始思维"本身的泥潭之中。我们都大大地有负于莱维-布吕尔(Lévy-Bruhl)对原始思维所做的一项最有趣的分析,而且虽然我们可以接受他对它的大量描述,但是我们却不得不作出结论说,他把中国和印度的世界构图看作是原始思维的例证那种信念是毫无根据的。莱维-布吕尔的叙述之所以首先引起我的兴趣,是因为他有一段引人注目的陈述:"对原始头脑来说,每件事物都是一桩奇迹,或者毋宁说,什么都不是奇迹;因此一切事物都是可信的,并且没有任何事物是不可能的或荒谬的。"[4] 我看到这一段话的时候,是正当我在一篇道家的文字中(下文 p.443)不无消遣意味地注意到了某些基督教学者对于中国人(实际上是道

---

1) 参见 Misch(1),pp.122,170,206,240.

2) 参见 Misch(1) p.210.

3) 威廉·布莱克在他可怪地反对培根洛克和牛顿的意见中,而临着"工业革命",他却断言着某种很相似的东西。例如,他在《耶路撒冷》(*Jerusalen*)中这样写道:

> "……我看到有许多轮子的残酷机件,轮子外面有轮子,用残暴的齿轮强制地推动着,不像在伊甸园里那样:轮子里面有轮子,是在和谐与平静之中自由地运转着。"(I,15。)

参见 Bronowski(1),p.87.

4) Lévy-Bruhl(1),p.377.

家)对奇迹的特有态度所表示的不安,也就是说,他们愿意承认奇迹是事实,但又无力判明奇迹证明了什么,除了巫师想必掌握一种特别有效的技术而外。据莱维-布吕尔说,前逻辑的头脑对于逻辑上的和物理上的荒谬是无感觉的。任何事情都可能是别的任何事情的"起因"。假如一艘比平常多一个烟囱的轮船停泊在非洲的一个小市镇,接着当地发生了一种流行病,于是这艘轮船的出现就正象任何其他东西一样,会被认为是其起因。莱维-布吕尔把这种从不加区别的一团现象中随机选择出"起因"的方法叫作"参与律"(Law of Participation),因为被原始头脑所体验过的全部处境都有助于(也就是参与)对它的解释,不管是出于真正的因果联系,还是出于矛盾的原则[1]。

我们对莱维-布吕尔的分析不得不表示异议之点就在于,他进而把协调的或联想的思维描述成原始思维的一个变种。在年代学意义上,它很可以算是原始的,但是它肯定不是单纯"参与性"思想的一个部门。因为一种象五行体系范畴化这样的系统一经建立之后,则任何事物决不可能是别的任何事物的起因。看来似乎更为正确的是想像(至少)有两条途径从原始参与性的思维前进;一条(即希腊人所采取的途径)是对因果关系的概念这样加以精炼,以致导向德谟克利特式的对自然现象的叙述[2];另一条途径是把宇宙万事万物系统化为一种结构模型,由此来限定其各部分的全部相互影响。一种世界观认为,如果一个物质粒子占据了空间-时间中的某一点,那是因为另一个粒子把它推到那里的;另一种世界观认为,那是因为它和其他有着相似反应的粒子在一个力场内占据了它们的位置。因此,因果关系不是"由粒子产生的",而是"由环境产生的"。纵观时代的漫长行程,我们或许能在前一种见解的尽头看到牛顿的宇宙,而在后一种见解的尽头看到怀特海的宇宙。然而,就现代自然科学的发展而言,则前者无疑地是后者不可缺少的历史前奏。

那种认为凡属同类的事物都彼此共鸣或激励的观念,虽然为中国思想所特有,但在希腊也不是没有类似的想法。对此,康福德[Cornford(2)]已经在他所谓流行信仰的准则中有所觉察,这种信仰被哲学家们不加考察就根据常识予以接受。以亚里士多德的三种变化为例:空间中的运动,是以断言同类吸引同类来解释的;生长,是以断言同类滋养同类来解释的;性质的改变,是以断言同类影响同类来解释的。"德谟克利特认为,药剂与病人一定相同或相似,因为如果不同的事物相互起作

---

1) 我们不妨对莱维-布吕尔所绘的图景再赘述一两笔。对原始头脑来说,疾病决不是纯体质的,死亡也决不是自然的。任何一种异常现象都是一种朕兆。占卜是一种外加的知觉,用以发现人类和大自然共同参与的集体之中的神秘关系。巫术进而利用了这种神秘关系。

2) 亚里士多德派的说法与中国的观念有较多的共同之处,但它是过分生物学的,而近代科学却只有扬弃它才能产生出来。

用,那就只是偶然地由于有着某种同样的性质的缘故。"[1] 但是还有一套相反的准则,即同类的事物互相排斥——"一切事物所愿望的不是同类,而是相反。"[2] 这一切都和前苏格拉底派关于自然现象中"爱"和"憎"的观念有明显的关系,而且在社会实践中,在族外婚或族内婚、交感巫术等等中,很容易看到它的起源。这里所要着重指出之点是,当希腊思想脱离这些古老想法而转向预示着文艺复兴的全盘突破那种机械因果关系概念时,中国思想则发展了其有机的方面,把宇宙想象为一种由意志的和谐所充塞的部分和整体的等级制度。

莱维-布吕尔说,原始的世界构图随着对生物和物体的概念的定义和区分而被取消了。但是,如果这些概念在某个中间阶段就固定化的话,一种文明就不得不付出昂贵的代价。它们会被认为足以说明现实,而实际上并非如此。

> [他接着说]这种系统自称是自足的,于是加之于这些概念上的心智活动就漫无限制地发挥威力,而与它们自称所代表的现实没有任何接触。中国的科学知识对这种备受阻碍的发展提供了一个显著的例子。它曾产生过天文学、物理学、化学、生理学、病理学、治疗学和诸如此类的庞大的百科全书,然而在我们看来,这一切都只不过是一派无稽之谈。在漫长的时代里,怎么可能耗费了那么多的精力和技能,而他们的产物却绝对等于零呢?这无疑是有各种原因的,而首先则是由于这样一个事实,即这些所谓的科学,每一种都是把基础建立在凝固了的概念之上,这些概念从来都没有真正受过经验的检查,它们除了含糊的和不能证实的意念以及神秘的先定关系外,几乎没有任何内容。这些概念所披上的抽象的一般形式,却容许有一个显然是十分合乎逻辑的分析与综合的双重过程,而这个总是徒劳的而又自鸣得意的过程便无限地进行下去。那些最熟悉中国人心理状态的人们,例如哥罗特,对于能看到这种心理状态从其枷锁中解放出来而不再环绕着它自己的轴线转动,几乎感到绝望。它的思维习惯已经变得太僵化了,它所产生的需要是太专横了。要使欧洲不再为它自己拥有的学者感到骄傲自满,和要使中国抛弃它的医生、博士和风水先生,是一样地困难。[3]

而莱维-布吕尔在这宗事情上,还加上了一些对印度科学思想的类似责难。

很难找到一段比这种误解更深的话了。这位对自己所谴责的各种百科全书一字不识的知名学者,我们不清楚他有什么权利来抹杀另一种文化的科学技术成就,

---

1) Aristotle, *De Generatione et Corruptione*, 323b10。

2) Plato, *Lysis*, 215C。

3) Lévy-Bruhl(1), p.380。

而那种文化却曾使他自己的文化受益非浅[1]。显然，中国无数的技术发明的历史作用，并未受到那些发明人的世界图象的特性的影响。包含在被人看不起的各种百科全书之中的大量经验信息的价值，也并不因为编写它们的那些人的世界图象不是那种已被证明是发展伽利略和牛顿的科学所最为根本的世界图象而有所减低。相反地，据我看来，我们的恰当结论似乎是：中国的联想的或协调的思维的概念结构，本质上是相同于欧洲的因果的和"法定的"或合乎规律的思维的概念结构的某种东西。它并没有引起17世纪理论科学的兴起，但这并不能成为把它叫作原始科学的理由。有待分晓的是，它是否关系到现代科学正在不得不纳入其本身结构中的那样一种世界观，亦即有机主义的哲学。倘若如此，现在就该是提出这样一个问题的时候了：有机主义的哲学是来自什么根源呢？

我急于把这个分歧之点彻底弄清楚。中国人的协调的思维在以下这种意义上并不是原始思维，即它不是一片反逻辑的或前逻辑的混乱，在这种混乱中，任何事物都可以是其他任何事物的起因，而且在那里人们的思想是由这个或那个巫医的纯幻想所引导的。它是一幅极其精确并井然有序的宇宙图象，其中事物的"配合"是"紧密得不容插入一根毛发"（参见上文 p.270）。但它是这样一个宇宙，其中这一组织之所以产生，既不是由于有一个最高的创造主−立法者所发出的、由侍从天使们所强加的而一切事物都必须遵守的命令；也不是由于在无数弹子球的物理碰撞中，一个球的运动是推动另一个球的物理原因。它是一种没有主宰者的各种意志之有秩序的和谐；它就象是乡村人物舞会上的舞蹈者们之自发的然而是有秩序（在有模式的这种意义上）的运动一样，他们当中没有任何人是受法律的支配去做他们所做的事，也不是被别人从后面推挤到前面来，而是在一种自愿的意志和谐之中进行合作[2]。我们在下文（p.561）将读到，"从未看到有人掌管四季，可是它们从来也没有背离常轨"。而且，认为皇帝失败之后就有可怕的灾祸随之而来的这种信念不论是如何妄诞[3]，但皇帝的仪式却是对宇宙模式的一体性这一信念的最高表现。在他那"明堂"（这是他的住处，却不亚于宇宙的神殿）的合于体统的厅室中[4]，皇帝穿着颜色合季节的龙袍，面朝着恰当的方向，下令奏出合时令的乐音，并进行

287

---

1) 他对曾经是厦门民间风俗和流行的鬼神学方面的专家哥罗特[de Groot(2)]的信赖，可以比作某一个人仅仅是以诸如塞西尔·夏普(Cecil Sharp)或戈姆(Maud Gomme)那样的作家对英国民间传说所作的在某一方面是值得称道的叙述为根据，便想着手描写受过教育的英国人的世界观。

2) 在考虑中国的有机主义时，人们很现成地就想到舞蹈这种比喻，因而感到舞蹈后来从中国社会中消失似乎是很奇怪的。但是至少到中世纪末，它还一直保持着充分的生气。汉代最优美的诗篇之一[《舞赋》，译文见 Waley, (11)]是汉代最伟大科学家之一张衡写的。现代中国对舞蹈作了重新发掘，成绩灿然。

3) 见下文 pp.378 ff.。

4) 参见 Granet(5), pp.180 ff.; Soothill(5)。

象征宇宙模式中天地合一的其他种种礼仪活动。或者,在谈到科学问题时,如果月亮在某个时间停留在某个赤道星座[1]中,它这样做并不是因为有人曾经(哪怕只是隐喻地)命令它这样做,也不是因为它要服从取决于某种可孤立的原因之某种可用数学表达的规则性——它这样做,是因为它是宇宙有机体这一模式的一部分,所以它就应该这样做,并没有任何别的原因。

中国宇宙观和现代宇宙观之间的对比,很鲜明地表现在数字的使用上。当然,在欧洲有毕达哥拉斯派[2],本书第十九章中将表明中国也曾使用过大量值得称赞的数学;但是中国人的相互联系的思维十分自然地包含有一种数字神秘主义[我把它称之为命理学(numerology)]它对于现代科学头脑之可讨厌,正和有关大金字塔的命理学幻想是一样的。就我所能看到的而言,互相联系的思维的这一方面对中国科学毫无贡献,虽然与其他一切阻碍影响比较起来,它的阻碍作用或许并不很大。贝尔盖涅[3]说得很好:"数字并不取决于被知觉或被描绘的物体的实际(经验)的多元性,相反地,它是那样一些物体,其多元性是根据一个事先决定的神秘数字(好象在一个预制的结构中那样)而取得的形式来确定的。"凡
288 是对中国思想真正感兴趣的人,不可不读葛兰言关于数字符号主义的那一章[4]。他说,"定量的观念在(古代)中国人的哲学思考中实际上并不起什么作用。尽管如此,他们的圣哲对数字本身却是深感兴趣的。但是,不管测量员、木工、建筑师、战车制造者和音乐家的各种团体的算术或几何知识是如何渊博,圣哲们对它从来没有任何兴趣,除了它可以促进所谓的'数字游戏'(但从来不允许把圣哲们带到失去控制的后果)。数字就仿佛它们是象征那样而被加以操纵。……"[5]他在另一处又说,"数字没有表示大小的功用,它们是用来调整宇宙比例的具体尺度的。"[6]毫无疑问,对上古和中古的中国命理学的批评不可失之过苛。然而,我想要提出,这种命理学以及对五行的象征的相互联系的更加怪诞的引申,乃是对某些基本观念的夸张,其方法的有效和对后来人类思想史的价值,与那些在欧洲中古时代造成了以正式法律程序对动物进行审判的怪诞行为[7]的其他基本观念是一样的。

---

1) 即"宿",见本书第二十章(e)。
2) 他们对文艺复兴科学思想的影响是巨大的。参见本书第十九章(k)。
3) Bergaigne(1),vol.2,p.156.
4) Granet(5),pp.151 ff.
5) Granet(5),pp.149.
6) Granet(5),pp.273,283.
7) 后面还要讨论这个问题,参见 pp.574 ff..

对古代中国人来说,时间并不是一个抽象的参数或一连串均匀一致的时刻,而是被分为具体的各别季度以及季度的再划分[1]。空间不是抽象的一致并向各个方向延伸,而是被分为南、北、东、西和中五方[2]。它们在对应关系表中是结合在一起的;东是不可分地与春和木相连着,南与夏和火相连。雅布翁斯基[Jablo'nski(1)]曾发挥他的老师葛兰言的意见说:"对应关系这种思想有着重大的意义,它取代了因果性的思想,因为事物是相连的而不是因果。"当我读到这句话时,我清楚地想起已经引用过的《庄子》的一段话(上文 p.52),他把宇宙比作动物的躯体。"身体的千万个部分在它们各自的位置上都是完整的。我们应该偏爱哪一部分?你是同等地喜欢它们吗?它们都是仆人吗?它们不能彼此约制而需要一个统治者吗?还是它们轮流地成为统治者和仆人呢?除了它们自己而外,有没有什么真正的统治者呢?"("百骸、九窍、六藏,赅而存焉。吾谁与为亲?汝皆说之乎?其有私焉?如是皆有为臣妾乎?其臣妾不足以相治乎?其递相为君臣乎?其有真君存焉?")当然,对庄周的这些修辞式的问题的答案,肯定都是倾向于回答"否"。两个世纪以后,董仲舒在《春秋繁露》第五十一篇中重述了这种思想,他写道:"自然界的常道就是,彼此互相反对的事物不能同时并起。(例如)阴和阳彼此并行,但并不是沿着同一条路,它们每一个都作为统治者而轮流地在起作用。这就是它们的模式。"("天之常道,相反之物也不得两起。并行而不同路。交会而各代理。此其文。")其含义是,宇宙本身是一个庞大的有机体,其组成部分有时是这个领先,有时是那一个领先——它是自发的而不是被创造的,它的各个部分都以完全自由的互相服务而合作,按其程度或大或小地各尽其职能,"既不争先,也不落后"[3]。 289

在这样一种体系中,因果性是网状的和阶梯式在浮动着的,而不是颗粒的和单链式的。我这里的意思是说,中国所特有的关于自然世界中因果性的概念,就有点像是比较生理学家在研究腔肠动物的神经网或所谓哺乳动物的"内分泌管弦乐队"时所必须形成的那种概念。在这些现象中,不很容易查出哪一种因素在某一个给定时期是主导的。管弦乐队的形象使人联想到乐队指挥,但是对于高级脊椎动物内分泌腺的协同作用的"指挥者"究竟是什么,我们仍然毫无观念。此外,现在看来,很可能哺乳动物和人本身的高级神经中枢构成一种网状连续体,或"神经网",

---

1) Granet(5),p.88;Hubert & Mauss(2),p.xxxi.

2) Granet(5),p.96。当然,墨家关于空间和时间的观念[见本书第二十六章(c)]要"现代化"得多了。

3) 我为什么不应该从我自己的文明中使用一些神秘的词句呢?欧洲思想史中毕竟也包含有某些与中国类似的成分。例如克罗托纳的阿尔克迈翁(Alcmaeon of Crotona),他的体液均衡的民主原则(isonomia,$\iota\sigma\rho\nu\rho\sigma\mu\iota\alpha$)就与希波克拉底和亚里士多德的君主制($\mu\rho\nu\alpha\rho\chi\iota\alpha$)和正确混和物($\kappa\rho\hat{\alpha}\sigma\iota\varsigma$)的初馏物的说法相对立。在全部的基督教思想中都有着民主的因素。另外,"互相联系的思维"的背景,也许有助于说明凡是曾在中国居住过的人所体会到的中国社会所固有的真正民主制的那些生动的和普遍的性质。

其性质要比想像中的电话线和交换台的传统概念更加灵活得多[Danielli & Brown (1)][1]。有时候则又是另一个,所以有"阶梯式的浮动"的说法[2]。这一切都完全不同于比较简单的"颗粒的"或"弹子球"式的因果观的思想方式,这后一种观念认为一个事物的居先冲击是另一个事物运动的唯一原因[3]。"宇宙和构成它的每一个统一体都具有一种循环的性质、都在经历着更迭的这一信念,支配了(中国人的)思想到这种地步,使得相继的观念总是从属于相互依赖的观念。因此,回顾式的解释就不使人感到有任何困难。某某君主在生前未能称霸,因为在他死后奉献给他的是以人为牺牲。"[4] 这两件事实都只不过是一种永恒的模式的一部分[5]。

290　　　 葛兰言没有使用"模式"(pattern)这个词,因为法文中没有恰当的对应词,但是那个词最好地表达了他的思想的结论[6]。我确信,他在其全部著述中[尤其是Granet(5)]着重指出"序"的概念是中国世界图象的基础时,他的洞察力是确凿无误的[7]。社会和世界秩序不是建立在一种权威的理想上,而是建立在一种循环责任的概念上[8]。道乃是这一秩序的无所不包的名称,是一种有效验的总和,是一种反应性的神经介质;它不是造物主,因为世界万物都不是被创造的,世界本身也不是被创造的[9]。全部智慧就在于增加这相互联系作用的宝库中被直觉到的类比对应物的数目[10]。中国人的理想中既不包含上帝,也不包含法律[11]。这个不是被创造出来的宇宙有机体的每一部分,由于其本身内在的强制力和出于其本性,都自愿地在这个整体的循环反复之中完成其功能;反映于人类社会就是一种相互善意谅解的普遍理想,一种从来不依据无条件的敕令(也就是法律)的相互依赖和团结一

---

1) 这个问题与目前生理学家和电讯工程师正在研究的以闭合的前件依次影响后件的链串或反馈来保持稳定状态的问题有关;参见 Tustin(1)。在讨论指南车这个最早的控制论的机器时,我们还要讨论这个问题[见本书第二十七章(c)]。

2) 巴尔的摩的 R.H.施赖奥克(R.H.Shryock)博士曾经向我指出,这里可以补充社会学层次上的历史因果关系的例证。这和中国的见解是一致的。因为中国所具有的历史意识比任何其他古代文明都更大。

3) 关于因果连锁的高度抽象作用见 Hanson(1)。参见 Graham(1),p.104。

4) Granet(5),p.330。司马迁以此系于秦穆公[参见 Chavannes(1),vol.2,p.45]。

5) 这里应该指出,这种回顾式的因果性与亚里士多德的目的因有某些相似之处。但也有必要补充说,文艺复兴时期科学最伟大的努力目标之一就是要(成功地)摆脱目的因(例如在培根的著作中)。目的因可以视为欧洲思想中由于亚里士多德个人天才而产生的一种反常。

6) 我(从白乐日博士处)得知,戴密微教授现在用 ordonnancement[安排]一词来翻译理学家的"理"。见下文 p.476。

7) 例如 Granet(5),p.24。最近曾珠森[Tsêng Chu-Sên(1)]也对它做了一个很好的概述(pp.71—82),而且毫不犹豫地给它加上了 holistic[全体论的]一词(pp.98,137,165)。正如艾德[Eitel(3)]在七十多年前所说的,中国人的思想一直坚持着自然界是一个有机整体的见解。

8) Granet(5),p.145。

9) Granet(5),p.333。

10) Granet(5),p.375。

11) Granet(5),p.588。

致的柔性制度[1]。正象汉代的一部伪书《礼稽命徵》中有一段精湛的话所说的那样：

> 礼仪的行动与天地之气一致。在四季调和、阴阳互补、日月光耀(不受雾或蚀的妨碍)和在上者与在下者彼此亲密融洽时，则(一切)事物、(一切)人和(一切)动物都与其本性和功能符合一致("如其性命")。[2]

> 〈礼之动摇也，与天地同气。四时合信，阴阳为符，日月为明，上下和洽，则物兽如其性命。〉

于是，举凡机械的和定量的、被迫的和外部强加的，就都不存在了[3]。秩序的观念排除了法律的观念[4]。

当 1943 年我在兰州初次读到葛兰言论中国思想的著作时，曾注意到这样一句话："(古代)中国人不观察现象的连续性，而只记录下各个方面的更迭。如果有两个方面在他们看起来是有联系的，那不是由于因果关系所使然，而是由于'成对'，例如某事的正反两面，或者《易经》中引用的一个比喻，那好象是回声与声音[5]，或影子与光。"[6] 当时我在书页边上写道："这是一种形态学的宇宙观。"但是当时我对这种说法是多么真实却理解得很浅。

(1) 有机主义哲学的根源

葛兰言的目的并不是要考虑中国的有机主义宇宙观是否曾在什么时候对欧洲的思想有过(假如有的话)什么影响。只要按照其古代形式勾画出它的一幅综合性的重建画面，他的任务就完成了。但是我们的好奇心却要求进一步的满足。在后面有一章(第十六章)，我将尽力表明中国最伟大的思想家——12 世纪的朱熹——曾经发展了一种更近似于有机主义的哲学，而非欧洲思想中的任何其他东西。在他前面，他

---

1) 当然可以说，相反的说法则是更正确的，即中国人的世界观反映了他们的社会特征。我同意这一点，但是我们必须等待到本书最后几章(亦见于本章下文 p.337)才能探讨其意义。

2)《古微书》第十八卷，第一页；译文见 Fêng Yu-Lan(1)，vol.2，p.126，经修改。《晋书》卷十一第九页有类似的一段文字。

3) 中国音乐自然也带有中国有机思想的性质。它的口号一直是"没有机械对称的秩序"[见皮肯(Laurence Picken)博士 1954 年 6 月的一篇讲演稿]。

4) Granet(5)，pp.589，590。

5) 见 Legge(9)，p.369。

6) Granet(5)，p.329。这些例子实际上并不能说明葛兰言所要提出的论点，因为声音先于回声，而障碍也先于影子。他的本意是指同时出现在一个庞大力场中的各种模型，而这个力场的动力学结构，我们尚不理解。荣格(C.G.Jung)认识到中国人的世界观包含着一种不同于伽利略-牛顿的科学的因果关系原理，并把它称为"同步式的"[Wilhelm & Jung(1)，p.142]。

有着中国的相互联系的协调思想的充分背景,在他后面,则有着莱布尼茨。

这里所可能做的,只不过是讲讲我们这个时代由于对自然组织意义有更好的理解而纠正机械的牛顿宇宙的伟大运动。在哲学上,这种趋向的最伟大的代表无疑地是怀特海;但是它以各种不同的方式,在对陈述的不同程度的可接受性上,贯穿于对自然科学方法论和世界图象的一切现代研究工作——场物理学无数引人注目的发展,以及既结束了机械论与活力论之间的无益论争[1]而又避免了早期的"总体性"(Ganzheit)学派的蒙昧主义[2]的克勒(Köhler)的格式塔心理学的生物学总结;然后在哲学层次上则有摩根(Lloyd Morgan)和亚历山大(S.Alexander)的突现进化论,斯穆茨(Smuts)的整体主义,塞拉斯(Sellars)的现实主义,最后但绝不是最不重要的,还有恩格斯、马克思及其后继者的辩证唯物主义(连同它的组织的各个层次)。现在如果这条线索再向上溯,就引向黑格尔,洛采(Lotze)、谢林(Schelling)和赫尔德(Herder),直到莱布尼茨(怀特海一直是这样认为的),然后它就似乎消失了[3]。但是,这是不是部分地或许因为莱布尼茨通过耶稣会士的翻译和报告的传播,曾经研究过朱熹的理学派的学说呢[4]?使他能对欧洲思想做出崭新贡献的那种独创性,是否有某些部分受了中国的启发,这难道不是值得研究的吗?说莱布尼茨的单子是西方理论化的舞台上有机主义的第一次出现,这种说法大概是不会错的。怀特海曾指出过,卢克莱修和牛顿能够向一个有头脑的探询者解释原子世界看来像什么样子,而只有莱布尼茨曾试图解释能成其为一个原子必须是什么样子[5]。他的前定和谐(虽然是以有神论的词表达的,正如在欧洲的环境中这是必然的),对于那些已习惯于中国的世界图象的人来说似乎是熟悉得出奇。各个事物不应该是互相在作用,而要通过各种意志的和谐而在一起工作,这对中国人来说并不是新观念,而是他们的相互联系式思维的基础[6]。

于是作为进一步研究的假设,也许我们可以提出有机主义的哲学大部分是得

---

1) Woodger(1), V.Bertalanffy(1,2), A.Meyer(1,2), Needham(9,10), Gerard(1)。

2) 这个问题在当代生物学家中间仍然是多么热门,可以见之于达尔克的一些新作[如 Dalcq(1), p.125]。

3) 例如,冯·贝塔朗菲[von Bertalanffy(2),p.195]发现,除了库萨的尼古拉而外,没有别的先导者。

4) 在本章结尾处,我们将看到关于这一问题的一个显著的例子。

5) Whitehead(2),p.168。

6) 例如可以查看王充关于圣人的讨论,圣人的动作似乎是与天地合德的——"他怎么可能是在前或者在后呢!"——见《论衡·初禀篇》[Forke(4),vol.1,p.134]。在讨论命运和定数的第十篇《偶会篇》中,王充系统地把许多通常认为是人与人之间相互作用的影响归因于各个人前定的内在发展,例如,"一个早死的人,注定了要娶一个命定很早就成为寡妇的女子为妻"[见 Leslie(1)中的英译文和注释]。在本书第二十章(i)里,我们将看到王充运用这种"前定和谐"来解释日月蚀的现象。一个世纪以后,佛教徒们也把自己投入中国思想的洪流之中。其中有些哲学家使用了会使王充感兴趣的概括。例如,唐代的唯识宗(见下文 pp.405,408)就认为,在"种子薰习"中因果是同时发生的[参阅 Chhen Jung-Chieh(4),p.107]。

之于莱布尼茨,而他的思想又受到理学家对中国相互联系主义的说法的激发[1],那末,随着就另有几点是值得注意的。怀特海[Whitehead(5,6)]把代数称之为对模型的数学研究。因此,正如我们将在以后看到的,几何学是希腊数学的特征[2],而代数学则是中国数学的特征;这可能只是一种偶合吗? 自汉代以来,中国数学家的全部努力可以概括为一句话:怎样使一个特殊问题适合于某种模式或模型问题,并由此而加以解决。在宋代,有一个中国代数学的伟大学派与理学派并肩而起,而且在世界上保持了几个世纪的领先地位[3]。但是还有一个更有意思的推测。在欧洲17世纪吉尔伯特(Gilbert)时代以后,磁学的研究产生了场物理学,但是首先发现磁铁的指向性的不是在欧洲,而是在中国。根据将在物理学部分[第二十六章(i)]中提出的证据,我们能够相当有把握地说,到了公元1世纪的时候,中国人已熟悉磁铁块的指南特性,把它们制成短勺,就能围绕其钵体的中轴线转动。人们可以随便猜想:在一个每种事物都与其他事物按照确切的互相联系规则联系起来的世界里,一块刻成北斗星状的天然磁石竟能参与其宇宙方向性,这在术士实验家们看来是自然的或可能的——这究竟是否只是一种偶合? 在某种方式上,道教的整个观念乃是力场的观念。一切事物都是按这种观念来定向的,无须命令它如此,也不用施加机械的强制。后面即将看到,在谈到分别作为宇宙力场的阳极和阴极在起作用的《易经》的八卦、阴阳和乾坤时,同样的观念还要出现。因此,人们偶然撞到了自己星球的真正力场,而这件事发生在中国,难道是很出乎意料的码?

(2) 中国和欧洲的元素论与实验科学

最后,我们必须以更实际的观点来考虑一下五行理论对自然科学进步的促进

---

1) 象征的相互联系是宋代理学家有机主义的预备阶段,格拉夫似乎是理解到这一点的唯一汉学家[见 Graf(2),vol.1,p.253]。

2) 初看起来,几何学似乎是典型地研究模型的。但是代数则是以更抽象的方式研究模型,即不把它限于空间的量度或特定的数值。康福德[Cornfond(4)]在一次有名的讲演中强调,希腊人不以伽利略-牛顿的语言进行思维(同中国人差不了多少);他宣称:"古代人并不是现代人的幼年时代或青年时代,"而是完全不同的另一种人。他们喜欢给事物的本质下定义,正象数字可以用演绎几何学下定义那样。他们在对自然物体的分类中寻求一种"无时间性"的真理,并避免因果系列的公式。这就是何以亚里士多德的那些概念(如质料因和形式因等等)没有现代的对等物的原因。康福德引用亚里士多德对待月蚀的例子来阐明自己的观点,即月蚀被界定为月亮的"属性"或"偏爱",这表明了月亮的特性,正象其他性质表现三角形或多角形的特征那样。如果我们把这种态度与王充的态度作一个比较[见本书第二十章(i),王充认为日月蚀乃是天体内部律的结果],那末,我们就可以感觉出这两种古代世界观之间的差别,而这二者都与现代科学的看法不完全一样。在希腊人看来,重要的乃是一个静态的理想世界,它在粗陋的现实世界消逝之后仍存留下来。在中国人看来,真实的世界是动态的和终极的,是由无数有机体所组成的一个有机体,是调谐无数较小节律的一个节律。

3) Sarton(1),vol.2,pp.507,755。所有这些,在本书第十九章中都有详尽讨论。

作用或阻碍作用。对于不考虑欧洲科学史而探讨这些理论的现代科学家来说,它们似乎是古怪的。到了这些内行们的手里,它们达到荒诞的境地,但这却并不比欧洲中世纪对元素、命星和体液等的理论化更坏。回顾前面所谈的一切,五行和阴阳体系看起来并不是完全不科学的。任何人想要嘲笑这种体系的持续,都应当回想起当年创立英国皇家学会的前辈们曾耗费他们大量宝贵的时间,来与亚里士多德的四元素理论和其他"逍遥学派的幻想"的顽固支持者们进行殊死的斗争。

例如,每个化学家都读过(或者应该读过)1661 年第一次出版的玻义耳的《怀疑的化学家》(Sceptical Chymist)一书。这本书以对话的形式热诚地介绍了"微粒的机械假说"或(按照我们今天的意义来说)基本物体的原子,一方面是反对亚里士多德学派的四元素说,另一方面也是反对炼丹术作者们的"三要素"(*tria prima*,即哲学上的盐、硫和汞)。该书在第五部分接近末尾时,把一个逍遥派试图按四元素理论对一块生材的燃烧进行的解释批驳得体无完肤。它是这样说的:"他把湿木头的汗(他这样叫它)当作水,烟当作气,发光的物质当作火,灰当作土;然而,过了几行以后,他又在每一种(不,象我刚才所说的,他是在灰烬中的一个显著部分)中显示出四种元素来。因此……以前的分析一定不足以证明元素的数目。……"在持同一姿态的另一处,格兰维尔(Joseph Glanvill)驳斥了亚里士多德派的施图伯(Henry Stubbe)。还有,M.尼达姆(Marchamont Needham,他可能也象施图伯一样粗暴)在他于 1665 年写成的《医学精义》(*Medela Medicinae*)中喊叫说:"丢开盖伦从亚里士多德那里来当作是一切混合物体的原则的四无素那种索然无味的见解吧。……"我无需多谈这些 17 世纪的争论,那已是人所共知的了。中国的五行理论的唯一毛病是,它流传得太久了。在公元 1 世纪是十分先进的东西,到了 11 世纪还勉强可说,而到了 18 世纪就变得荒唐可厌了。这个问题可以再一次回到这样的事实:欧洲有过一场文艺复兴,一场宗教改革,以及同时伴随着的巨大的经济变化,而中国却没有。

历史的讽刺意义之一是,耶稣会士们为把正确的四元素学说传到中国而自豪——但那正好是在欧洲永远放弃了它的半个世纪以前[1]。

(3) 大宇宙与小宇宙

前面我们已经提过,虽然现代形式的欧洲有机自然主义似乎是从莱布尼茨开始的,但是我们不能忘记,关于大宇宙和小宇宙的著名学说在某种程度上曾经是它

---

1) 见 Trigault(1);Gallagher(1),pp.99,327,447。

的前科学时代的先驱[1]。用宇宙模型或有机体的术语来说,如果欧洲与古代和中古时代的中国思想有什么可以类比之处,那便是这种大、小宇宙这在的学说,虽然它对西方观念的支配从未达到同样的程度[2]。它包含两个类似之点:一个是假定人体与整个宇宙之间有一一对应的关系;另一个则是设想人体与国家社会之间有着相似的对应关系。我们必须纵观一下这些理论,并与中国的相似理论进行对比,看一看在这两种文明中的着重点是否有什么不同[3]。我们可以称较大的理论为"宇宙类比"说,较小的理论为"国家类比"说[4]。

在前苏格拉底时代的遗篇中,我们找不到什么很确切的东西,只是到了柏拉图和亚里士多德时代(公元前4世纪),这些观念才多少获得了重要性[5]。柏拉图可以说是使用了一切论证[6],但是从未用过"小宇宙"这个词,而亚里士多德则至少用过一次,但是据康格(Conger)说,他的生物学太经验化,他的宇宙论又太抽象了,因此并未很重视这个观念。小宇宙一词的第一次真正出现是在他的《物理学》[7]中,在讨论运动的时候,他说:"既然这能在生物中发生,有什么阻止它在万有中发生呢?因为既然它在小世界中发生,它也就会在大世界中(发生),等等。"斯多葛学派继承了柏拉图所开创的学说;他们大都同意宇宙是一个有生命和有理性的存在。因此详述宇宙与人体的种种对应是吸引人的。塞涅卡(Seneca)在他的《自然问题》(*Quaestiones Naturales*,约公元64年)中毫不犹豫把它们写了出来。他认为大自然是按照人体模型组成的,水道相当于静脉,气道相当于动脉,地质的物质相当于各种肌肉,地震则相当于痉挛[8]。

这种普遍的世界观渗透于欧洲古代后期和中世纪。它是随处可见的。塞涅卡的同时代人菲洛·尤代乌斯(Philo Judaeus)把人叫做小宇宙('*brachys kosmos*', βραχὺς κόσμος)[9]。天文学诗人马尼利乌斯(Manilius)把人体各部位指定为黄道带

---

1) 由于和我的朋友特姆金(Owsei Temkin)博士的一次谈话,我认识到写这一小节的必要性。

2) 在这里还可以提一提东亚人所喜好的一种很奇特的"小宇宙"——这就是在中国达到了登峰造极的园林艺术。关于这个问题的历史,现有L.斯坦因[L. Stein(2)]写的一篇详尽的专题论文。

3) 关于欧洲的大宇宙小宇宙理论史有两篇出色的专题论文,即A.Meyer(3)和Conger(1)。

4) 关于类比在科学思维中的地位,参看特姆金[Temkin(1)]和阿尔伯[Arber(1)]所写的两篇有趣的论述。

5) 一贯的习惯把它们认为最终是属于巴比伦的[参阅 Bouché-Leclercq(1), p.77; v.Lippmann(1), pp.196,666; M.Berthelot(1), p.51],但是从来没有人提出过充分的文献证明来肯定它。在古代印度著作中,宇宙类比是很明显的,参见 *Rg Veda*, X, 90。

6) 国家类比说见《国家篇》(*Republic*, 434, 441, 462, 580 和《法律篇》(*Laws*, 628, 636, 735, 829, 906, 945,964)。宇宙类比说当然是在《蒂迈欧篇》(*T,Ti maeus*, 特别是 35, 36)。

7) *Physics*, VIII, 2, 252b。

8) Clorke &Geikie(1), p.126。

9) *Quis Rer. Div. Haer.*, XXIX—XXXI, 146—156。

的各区域[1]。公元 2 世纪的盖伦虽然不强调这种理论,却很赞同地提到它[2]。普罗提诺在 3 世纪坚持极端的有机主义的观点,尽管它们充满了太多的超自然主义,以致对科学思想没有什么影响;在《九章集》(*Enneads*)一书中,有很多地方提出宇宙是各个整体的一种等级制度这一概念,在某一层次上的那些整体乃是下一个层次上的整体的组成部分[3]。约在 400 年时,马克罗比乌斯(Macrobius)说过,某些哲学家把宇宙叫作大人,而把人叫做短(命)的宇宙[4]。虽然亚历山大里亚的克雷芒接受了宇宙类比的思想,可是许多早期基督教教父对它都是敌视的,不过这种反对只是暂时的,我们发现它在后来的教父文献中十分盛行。饶有趣味的是,我们注意到在书名中带有小宇宙这个名词的最早两部著作彼此只是相隔数年写成的;两本都是写于 12 世纪,一本是犹太人的,一本是基督教徒的。前者的书名为《小宇宙之书》(*Sefer Olam Qaṭan*),作者是科尔多瓦的约瑟夫·本·扎迪克(Joseph ben Zaddiq of Cordova, 1149 年)[5];后者的书名为《论大宇宙和小宇宙的两部书》(*De Mundi Universitate Libri Duo, sive Megacosmus et Microcosmus*),作者是图尔的贝尔纳(Bernard of Tours, 约 1150 年)。如果贝尔纳就是受到约瑟夫·本·扎迪克所得自

296 的那同一个传统的启发,那末这种传统极有可能是 10 世纪在巴士拉问世的"精诚兄弟会"的百科全书[6]。在这部《精诚兄弟会书简》[7]里,对于宇宙类比中对应情况的描写之详尽达到空前绝后的高峰[8],而且远远超过了塞涅卡或其他希腊化时代的作家。

到了 16 世纪,宇宙类比的观念仍然生气勃勃[9]。从来没有人比帕拉采尔苏斯更彻底和更一贯地拥护这一观念的了,它贯穿于他的全部炼丹术和医学的观念之中[10]他的门人,例如弗卢德在 1629 年的《普通医学》[11]一书中,发挥了同样的思想路线。这些 16 世纪和 17 世纪初期的自然哲学家们的引人注目之处是,他们在有些时候与中国人的概念十分近似。当弗卢德论及极性时,提出如下的对立

---

1) Bouché-Leclercq(1), p.319。这种想法盛行了好几个世纪。

2) *De Usu Partium*, III, X, 241。

3) 如所周知,普罗提诺很称赞他所知道的波斯和印度哲学,并曾想到那些国家去研究它。

4) *Comment. in Somn. Scipionis*, II, xii, 11。

5) Jellinek 编辑。

6) 已见于上文 p.95。

7) 特别是其中的第二十五篇和第三十三篇。参见 Flügel(1)和 Dieterici(1)。

8) 也许 19 世纪费希纳(Fechner)的泛心理主义除外,康格[Conger(1)]曾在其著作中对此有所论述(p.88)。

9) 微观宇宙一词在英语中首次出现大约是在 1200 年,即奥姆(Orm, *Ormulum*)所说:"所谓微观宇宙,即英语的小宇宙。"

10) 康格对这种观念作了很好的概括[Conger(1), pp.56 ff.]。

11) 帕格尔[Pagel(1)]曾作了可钦佩的分析。参见上文 p.278。

面：

热—运动—光亮—膨胀—稀薄

冷—惰性—黑暗—收缩—浓厚

或：

日—父亲—心脏—右眼—血液

月—母亲—子宫—左眼—粘液

他好象是一个持阴阳论的中国人在讲话。当布鲁诺把宇宙当作是由若干有机体所组成的一个有机体，说太阳和地球交媾而产生一切有生之物时[1]，他就是在用一个常见的极其独特的中国比喻[2]。但是，这些说法的来源大概是毕达哥拉斯学派[3]或新柏拉图学派，而不是直接来自东方，因为我们不大可能设想当时会有晚近的中国影响。

　　除阴阳两极说之外，在欧洲思想中还可找到一些其他的类比观念。甚至象征的相互联系观念也至少有踪迹可寻。内特斯海姆的阿格里帕（Agrippa of Nettesheim, 1486—1535 年）在他的《论神秘哲学》（De Occulta Philosophia）一书中编有一份相互联系表，与古老的中国形式有着惊人的相似之处。他把七大行星与上帝名字的七个字母、七位天使、七种鸟、鱼、动物、金属、石头、身体的七个部分、头的七窍等等，统统搭配起来，也没有忘记给堕入地狱的人安排七个住处。佛尔克[4]在讨论中国的互相联系的思维时，特别强调这一点，他十分正确地得出结论说："在自然科学方面，16 世纪的欧洲人一点也不比中国宋代（12 世纪）的哲学家们更为先进。"这个传统继续流传至布鲁诺（1548—1600 年），他在 1591 年的《论记号和意念的结构》（De Imaginum Signorum et Idearum Compositione）中列出了各种对应表；还有弗兰奇斯库斯·帕特里提乌斯（Franciscus Patritius）写的《宇宙哲学新论》（Nova De Universalis Philosophia），后者（1593 年）差不多是和前者同时期的[5]。

297

---

1) *De Immenso*（收在 Tocco & Vitelli 合编的 *Opera Latine* 中），VI, i, p.179。

2) 参见 Forke(6)，p.68，引征《易经》、《列子》、《礼记》等等的部分。

3) 参见 Aristotle, *Metaphys*, I, 5。

4) Forke(4)，App.I, 6。

5) 在以后的几个世纪里，中国的各种体系已为人所知，它们在"古代派"和"现代派"双方的拥护者之间的争论中起了作用。1690 年坦普尔（william Temple）为了辩护前者的优越性而赞扬了中国的文官制度。1697 年，威廉·沃顿（William Wotton）反对他，主要地是根据中国人的各种发现（或有中国人参加的发现），例如印刷术、矿物疗法、磁极性、月球对潮汐的影响和山巅上的化石等等，但是却攻击了他认为是中国人的世界观，尤其嘲笑了象征的相互联系概念。

　　问题是,这些相互联系表从何而来? 毫无疑问,它们大都是阿拉伯人的和犹太人的。在阿格里帕之前十五个世纪,菲洛·尤代乌斯就已把事物分为七类[1]。在此后的大量著作、特别是犹太人和阿拉伯人的著作中,例如《精诚兄弟会书简》中,都有着“中国的”相互联系的概念——即身体的各部位、行星、神、七弦琴弦、黄道带的星座、季节、元素、体液、字母等,都在表演着一场复杂的四个一组和七个一组的芭蕾舞。虽然中国的以五归类在西方是罕见的,但人们不禁怀疑,公元前 3 世纪的中国自然主义学派的一些启示是否通过与印度的接触或经由丝绸之路曾经达到过拜占庭、叙利亚和近东其他地区。

　　正是在这里,犹太教神秘哲学的结集——喀巴拉——起了重要的作用。它的来源至今仍极为模糊;它似乎与诺斯替教、波斯的苏非派以及猜测中的更东方的影响有关[Loewe(1)]。构成这个思想体系的成分可以上溯到公元前 2 世纪,但是最早的典籍(《创世之书》,*Sefer Yesirah*)却是在公元 6 世纪才有的;而确实与喀巴拉有关的第一个历史人物(亚伦·本·撒母耳,Aaron ben Samuel)是在 9世纪末叶去世的。主要的典籍(《光辉之书》,*Zohar*)是 10 世纪的。这个思想体系包括大量的命理学和字母与数字的神幻式的排列,还有许多关于造物主和天使的学说,并且在其仿佛是按阴阳范畴分类的事物的“配对”(*ziwwugh*, syzygies)表中,有着与中国思想明显的相似之处[2]。有些关于轮回的引证,可能透露出佛教的或至少是印度的影响,但是其他的来源则肯定是希腊的,因为托勒密和普罗克洛(Proclus)两人都曾把身体各部分、感官和人的心理状态与各种行星联系起来[3]。大宇宙和小宇宙的学说自然而然地出现在喀巴拉中。喀巴拉的思想无疑地影响了那位杰出的学者雷蒙德·卢尔(Raymond Lull, 1232—1316 年)[4],在他的著作里可以看到中国式的事物对应表。在这方面,他是内特斯海姆的阿格里帕的直接先辈。

　　情况很可能是 16 世纪和 17 世纪初期的“互相联系的思维”对处于现代科学真正破晓之中的科学见解所给予的影响,要比一般公认的更多。这确实是贯穿着帕格尔论科学发现者如范·海尔蒙特等人的“黑暗面”的辉煌著作的主题。布鲁诺在

298

---

　　1) *De Mund. Opif.* XXXV—XLIII, 104—128.

　　2) 弗兰克[Franck(1)]的书距今虽已逾一世纪之久,但仍被认为是论述喀巴拉的最佳著作之一。还有肖莱姆[Scholem(1,2)]的很好的研究著作。其思想体系与互相联系的思维二者的关系,可以从 1677年罗森罗特(Knorr von Rosenroth)和 F.M.范·海尔蒙特合编的有趣的拉丁文注评中的图表清楚地看出。我很感谢我的朋友帕格尔博士给我关于喀巴拉的一些指教。

　　3) 详见 Bouché-Leclercq (1)。

　　4) 雷蒙德·卢尔想要达到一种数理逻辑的意图,后来在莱布尼茨所著的《论组合的艺术》(*De Arte Combinatoria*)中曾经提到。

舍弃地球中心说之后，并没有放弃宇宙类比；他说，大宇宙中的太阳相当于人体的心脏[1]。特姆金[Temkin(1)]、帕格尔[Pagel (4,5,6)]和柯蒂斯[Curtis(1)]现在已经证明，威廉·哈维[2]发现血液循环，无论如何是部分地受到已知的太阳与气象学上水气循环的关系的启发的。我们也可以问，类似的影响是否激励了莱布尼茨去阐明最早的有机自然主义的欧洲哲学[3]。正如 L·斯坦因[L·Stein(1)]所指出的，布鲁诺区分了三种"最小的"或不可再分的东西：上市，即 Monas monadum（单子的单子），其中最大的和最小的都是一体；灵魂，它构成一个组织中心（很有意义的想法），身体是围绕着它形成的；以及原子，它包含在一切物质的组成之中。但是，莱布尼茨得到"单子"这个词的来源，更有可能是从 F·M·范·海尔蒙特那里，因为莱布尼茨曾提到他的一本著作《F·M·范·海尔蒙特关于宏观宇宙和微观宇宙，或大世界和小世界及其联合的悖论式的论述》（1685 年）。无论如何，范·海尔蒙特的儿子是属于同一传统的。因此，我们得出这样的结论：如果我们关于欧洲古代互相联系的思想来源于亚洲的推测是有根据的话，那末，可能有两条渠道引向莱布尼茨，即不仅有耶稣会士翻译的理学材料（见下文 pp.496—505），而且还有比此早一千多年通过犹太人和阿拉伯人的居间作用而传入欧洲思想的远为更古老的观念。

当然，总的说来，互相联系的思维和宇宙类比未能在"新哲学"或"实验哲学"的胜利以后留存下来。自然科学的实验、归纳法和数学化，扫除了它那一切原始的形式，从而迎来了近代世界。后面关于数学的那一章的末尾，我们将看到，关于一个空间上分化了的宇宙的一切古老的观念，是怎样由于大胆地把均匀的欧几里得几何空间应用于整个宇宙而被驱除的。到了 17 世纪中叶以后，凡在科学著作中出现任何的宇宙类比，都被认为不过是修辞学的残余[4]。

但是，我们必须回过头看一下国家类比。首先采用它的是柏拉图，然后在索尔兹伯里的约翰(John of Salisbury)[5]所著的《政教关系论》(Policraticus, 1159 年)中它又获得新的生命；据吉尔克[Gierke (2)]说，这本书是试图在人体各个部分与国家各个机关之间得出对应关系的第一部精心著作。君主是头，元老院是心脏，

299

---

1) *De Monade* (*Opera*, I, ii, p.347).

2) 《动物心血运动的解剖研究》(*Exercitatio Anatomica de Motu Cordis et Sanguinis in Animalibus*, 1628 年).

3) 在英文中，首先以其现代意义使用 Organism(e 有机体)一词的是莱布尼茨的较年长的同时代英国人伊夫林(John Evelyn)，他在他的《森林志》(*Sylva*, 1664 年)中说："有机体是草木与树的重要部分和功能。"

4) Conger (1), p.66.

5) 他是坎特伯雷的圣托马斯(St.Thomas of Canterbury)的秘书。

眼、耳及舌是边防卫兵,军队和法院是手和臂,卑下的劳动者是脚。一种如此之便于任何统治阶级的理论,是不大会不得到培养的;唯一令人奇怪的事是它发展得很慢[1]。这在莎士比亚[2]的《科里奥拉努斯》(*Coriolanus*)开场的一段有名的话中曾经提到过,后来又自然地出现在霍布斯(Hobbes)的《利维坦》(*Leviathan*, 1651年)中,他补充上财政的渠道有如动脉,钱有如血液,顾问有如记忆。到了19世纪,象斯宾塞 (Herbert Spencer)和巴杰特(Walter Bagehot)这样的思想家在使用它时是相当谨慎的,然而在我们的时代,国家类比的粗暴滥用仍然在不断地出现。

在观察这幅图景的另一面,即中国思想中的类似情况之前,我愿意引述一下这两种类比在炼丹术发展中所起的作用。从整体上来看,这是有益的;据《翡翠板》(*Tabula Smaragdina*)[3]上的讲法,说“在下者和在上者一样”[4]乃是健全的科学。在后代的炼丹术中,(“哲人的”)硫磺被认为是 materia prima (主要物质),从中可以衍生出所有的其他物质,从此它就被认为是真实的小宇宙[Hitchcock (1)]。我们已注意到宇宙类比在诸如帕拉采尔苏斯和弗卢德等人的思想体系中所起的根本性作用。令人感到奇怪的是,我们记得“小宇宙盐”(磷酸氢铵钠,$HNaNH_4PO_4$)这个词经久地徘徊于现代化学中;它之所以有这个名称,是因为它是在17世纪初期首次从人尿中提炼出来的。

现在应该重新检查一下中国的类似观念。如果早期的确切说明不是很常见的,这是因为宇宙类比已隐含在古代中国人的全部世界观之中了[5]。《淮南子》[6](约公元前120年)和《春秋繁露》[7]对它都有很详尽的陈述。约在公元前50年汇
300 编的《礼记》一书说过,人是天和地的心神,也是五行的表现。(“故人者天地之心也,

1) 科克尔[Coker (1)]曾写过它的发展史,并且在别的地方[Needham (15)]我也讨论过它的社会功能。

2) 当然,他是取材于普卢塔克(Plutarch)的。

3) 见 Steele & Singer (1)。这种古代炼丹术文献的来源很不清楚,但可能是从3世纪的基督教埃及传出的。

4) 这种说法在正统的炼丹术学说中始终存在,并且在某种意义上相当于道家对自然界统一性的肯定;它甚至对帕拉采尔苏斯的那些极恶劣的夸大都有所肯定。例如他说:“凡是知道风雷和暴雨的起源的人,就知道绞痛和捩转的原因。……凡是知道行星的发锈是什么和它们的火、盐和汞是什么的人,也知道溃疡以及疥疮、麻风等等是怎么发生的和它们从何而来。”他的这些话可以认为是对物理学和现代化学统一性的一种预言,它的确是阐明人体的各种现象并不亚于阐明各种天体现象。摘自 Temkin (1)。

5) 它在印度思想中也极为古老(例如 *Rg Veda*, X, 90, 比前苏格拉底派早得多),在波斯也很古老[参见 Filliozat (1)]。

6) 其中的《天文训》[译文见 Chatley (1)];《精神训》。

7) 特别是第五十六篇 [Bodde 译,见 Feng Yu-Lan (1), vol.2, p.30]。

五行之端也。"）[1]《易经》[2] 就是把天比作头,把地比作腹[3]。我们即将讨论的与王充的怀疑态度有关的现象主义（见下文 pp.378—382）,其整个理论就奠定在地球上人类行动的伦理与天体的类似行为之间有着一对一的相应关系这一信念上。所以,它在本质上是以人类为中心的。这个学说的起源,葛兰言曾在他论小宇宙和大宇宙的两章中详细叙述过[4],他阐明了它与古代天象理论的关系[5]。宇宙类比贯穿于全部的中国思想史之中[6]。这种观念不仅在董仲舒的著作中可以找到,而且在邵雍（1011—1077 年）的著作中也有;邵雍在他的生理学-地质学的对比中,几乎可以与前一个世纪的巴士拉兄弟会相媲美[7]。大约在 1390 年,王逵就写道:

> 人的身体十分清楚和精确地模拟（"法"）着天地。正象天地有巳、午、申、酉（十二地支字样）在前和在上,所以人的心和肺就在前和在上。在天上,亥、子、寅、卯在下和在后,所以人的肾和肝就在后部和下方。此外,四肢和百骸都模仿着天地的配置。所以人是一切生物中的最灵者。[8]

> 〈人之身,法乎天地,最为清切。且如天地以巳午申酉居前在上,故人之心肺处于前上。亥子寅卯居后在下,故人之肾肝处于后下也。其他四肢百骸,莫不法乎天地。是以为万物之灵。〉

宇宙类比观念在中国人的思想中的主要地位是无可怀疑的。但是,它是否具有与欧洲相同的哲学内容呢?

在回答这个问题之前,我们必须谈几句中国的国家类比观念。虽然大家都知道中国人有宇宙类比的观念,但是以前却似乎还没有人指出过中国人也有国家类比的观念。在 4 世纪初的《抱朴子》中,葛洪说:

> 所以一个人的身体就是一个国家的影象。胸和腹相当于宫殿和官署。四肢相当于边境和疆界。骨和腱的区分相当于百官的职务区别。肌肉的毛孔相当于四通八达的大道[9]。精神相当于君主,血相当于大臣,气相当于人民。所

301

---

1)《礼记·礼运第九》。

2)《易经·说卦》第九节。

3) "乾为首,坤为腹。"

4) Granet (5), pp.342, 361。正是在这几章里他讨论了象征的相互联系。

5) 见本书第二十章 (d)。

6) 在《淮南子》之后,这一学说在收于《道藏》的唐宋两代的典籍中被推到了异想天开的程度[参见 Maspero (13), pp.19, 34, 35, 36, 108, 118]。人的头圆如天,人的足方如地,五脏相当于五行,二十四节脊椎骨相当于一个太阳年的二十四个节气,三百六十五根骨头相当于一年的三百六十五天,十二节气管软骨相当于十二个月,血管相当于河流,等等。《上清洞真九宫紫房图》中列有天上星辰与人体各个部分的对应表,该书可能是 12 世纪的宋代作品 (TT 153)。

7) Forke (6), p.122; (9), p.34。

8)《蠡海集·人身类》,由作者译成英文。

9) 他想的肯定是很多中国城市的长方形设计图,其中道路是从四方城门交汇于鼓楼。

以我们知道,能调理身体的人才能治理一个王国。爱他的人民才能使国家安定;养他的气才能保全他的身体。如果疏远了人民,国家就灭亡;如果气被耗竭,身体就死亡。[1]

〈故一人之身,一国之象也。胸腹之位,犹宫室也。四肢之列,犹郊境也。骨节之分,犹百官也。(肌肤之孔,犹四衢也。)神犹君也,血犹臣也,气犹民也。故知治身,则能治国也。夫爱其民,所以安其国;养其气,所以全其身。民散则国亡,气竭即身死。〉

在这里,葛洪介于柏拉图和索尔兹伯里的约翰之间,他说的话没有被人遗忘。例如,在《黄帝九鼎神丹经诀》(唐宋时代的一部炼丹术概要)中可以找到对这些话的抄录[2]。

因此我们可以认为,在中国和在欧洲一样,都可找到宇宙类比和国家类比的发达形式。所以,要在这两种文明中找出它们出现的共同起源或许并非是不恰当的。如前所述,虽然巴比伦的楔形文字典籍中关于它们似乎谈得不多,可是贝特洛[3]却提出了一种有趣的意见,即小宇宙和大宇宙的全部观念可能是从上古时代所用的占卜方法中派生的,这种方法是通过检查作为祭品的动物的整体或部分以预测未来。巴比伦人确曾用肝脏进行占卜[4],商代中国人用肩胛骨所作的占卜[5]可以认为是它的另一种方式;另外,我们还从一些拉丁作家如西塞罗(Cicero)、塞涅卡和普利尼等人的著作中,得到有关伊特拉斯坎人肠卜术的详细资料,以后罗马人就继承了这种占卜术的大部分[6]。在空间划分论(theory of the templum[7])中是把广阔的天空或一个祭品动物的身体或器官划分为若干空间区,占卜就要看这个或那个空间分区中所出现的"迹象"。这样,这个动物或它的肝或肠就起了一个"小宇宙"的作用。与这个观点相似的是"循环周期"说(theory of the saeclum),它是直接由天体运转周期的随机共振周期产生的[8]。于是,空间和时间都被分为一些独立的碎片,它预示着后来一切对空间和时间的科学划分,而在这个空间范围之内小的和大的被认为是互相反映的。

1)《抱朴子内篇·地真卷十八》,第三十页,由作者译成英文。这是模仿《春秋繁露》第二十二篇和第七十八篇中较早的说法。

2) *TT* 878。

3) *R.*Berthelot (1),特别是 pp.24,41,118,163,313。

4) Lenormant (1,2)。皮加尼奥尔[Piganiol (1)]曾提出许多证据说明,伊特拉斯坎人(Etruscans)原来是小亚细亚的一个民族,在他们迁徙到意大利时,把巴比伦-迦勒底文化也带了过去。

5) 在下文第十四章(a)中还要论述这个问题。参见本书第五章(b)。

6) Bouché-Leclercq (2)。

7) 此字是从字根 tem("分离"或"分开")派生出来的,例如,temenos(一块留出来不作普通使用的土地)。

8) 后面在讨论历法科学时,我们还要考虑这个问题[见本书第二十章(h)]。

那末,中国的宇宙类比是否有似于欧洲在哲学上所采取的形式呢? 我强烈地倾向于认为不是的。诚然,欧洲有过大宇宙与小宇宙的学说,而且还达到了一种原始形式的有机自然主义的高度,连同它那次要的对应物,即国家类比;但是二者都属于我将在本书第四十六章中称之为欧洲所特有的精神分裂症或分裂人格。欧洲人只能以德谟克利特的机械唯物主义或柏拉图的神学唯灵主义进行思考。对于一种 machina (机制),人们总是一定要找出一个 deus (上帝)。生命、圆极、灵魂、原生等等观念相继地在欧洲思想史上登台表演过。当活动物的有机体,象人们所领会的野兽、其他的人和自己,被投射到宇宙的时候,欧洲人受到人格神的上帝或神明的观念的支配,主要关切的是急于找出那条"主导的原理"。人们一次又一次地看到它——《蒂迈欧篇》给世界形体赋予了生命的世界灵魂;斯多葛学派则寻求指导原理 (Hegemonikon, ἡγεμονικόν, 至于这个原理究竟是什么,他们中间分歧甚大)[1];塞涅卡则概括说明,上帝之于世界犹如灵魂之于人[2];斐洛 (Philo) 和普罗提诺也重复了这种说法;8 世纪的埃利泽尔 (Pirké Rabbi Eliezer) 又响应了它[3]。

然而,这正是中国哲学所不曾采取的途径。公元前 4 世纪庄周关于有机主义观念的经典论述 (参见上文 pp.52, 288) 就为后来的思想体系定下了调子,它公开地回避了任何"精神主宰" (spiritus rector) 的观念。各个部分在它们的组织关系中,不论是活的形体的还是宇宙的,都足以由一种意志间的和谐来说明人们所观察到的现象[4]。

在 3 世纪向秀和郭象对《庄子》的著名注释中,这一概念总是表述得十分清楚。例如,在第六篇《大宗师》中有人提出这样的问题:"谁能在没有联合的情况下联合,在没有合作的情况下合作呢?"[5] ("孰能相与于无相与,相为于无相为?") 对此,向秀和郭象注释说:

> 手和足各有不同的职责,五脏的功能是不同的。它们从来不相互联合,但是(身体的)千百个部分和它们联结在一起成为一个整体。因此,它们就能在没有联合的状态中联合起来。它们从来不(迫使它们自己)合作,但是在内部

---

1) Conger (1), p.13。

2) *Epist*.65, 24。

3) 见 Karppe (1), p.135。

4) 在与一位著名的欧洲学者谈及这个问题时,他说:"那末,中国人就没有分析过他们的有机体吗?"要害在于,身体-灵魂的反题是一种错误的分析。但是,他的反应是典型的西方式的。

5) Legge (5), vol.1, p.250。

和外部都彼此补足。这就是它们在没有合作的状态中合作的方式。……天地就是这样一种(活)体。[1]

〈虽手足异任,五藏殊管,未尝相与而百节同和,斯相与于无相与也。未尝相为而表里俱济,斯相为于无相为也。……故以天下为一体者。〉

因此,有机体的各个组成部分之间的合作就不是被迫的,而是绝对自发的,甚至于不是有意的。在另一段中,这两位注释者提示,即使是它们不情愿合作,或者有积极的"反社会"的行为,世界有机体(正象我们可这样称呼它)的自动调节或控制论的支配也是如此之强大有力,以致一切事物仍会很好地继续合作下去[2]。在注释第十七篇《秋水》中有关相对性的那段话[3],即"如果我们从它们所提供的服务的观点来看待事物的话,……"("以功观之,因其……")时,他们说:

天下没有两件事物是没有"己"和"彼"的相互关系的。而"己"和"彼"都同样想要自行作为,所以彼此相反的强烈程度有如东之与西。另一方面,"己"和"彼"同时还有着唇与齿的相互关系。唇和齿从未(有意地)相与作为,然而,"唇亡则齿寒"[4]。所以"彼"为了自身的作为,同时也就帮助了"己"。因此,它们虽然相反,却不能互相否定。[5]

〈天下莫不相与为彼我,而彼我皆欲自为,斯东西之相反也。然彼我相与为唇齿。唇齿者未尝相为,而唇亡则齿寒。故彼之自为,济我之功弘矣。斯相反而不可以相无者也。〉

象冯友兰所说的,这个最后结论使人惊奇地记起了黑格尔的辩证法。

这就是随着莱布尼茨而传入欧洲思想的那股潮流,它推进了今天对有机自然主义的广泛采用[6]。一直持续到1930年的活力论与机械论之间的生物学争论,乃是欧洲分裂人格的直接继承物——不是机器加上一个看不见的机匠或信号手,就是只有机器。到了最近,大家才认识到这些争论是徒劳无益的,因为人们理解到,一个有机体根本不是机器,它既不需要一个操纵者,也不能完全"归结"为较低的集合层次。

唐君毅(2)在一篇论中西哲学中的本体观念的有趣的文章中,用另一种方式讨

---

1) 向秀、郭象注《庄子·大宗师第六》(《庄子补正》第三卷上,第二十二页),译文见 Fêng Yu-Lan (1), vol. 2, p.211, 经修改。

2) 这一论点,既促成早期资本主义的信念,即私人的好处和公众利益是一致的(在那个时期或许不是没有道理的);也激起近代马克思主义者的信念,即只有通过各种矛盾着的理论和政策的斗争才能取得进步。

3) Legge (5), vol.1, p.380. 参见上文 p.103。

4) 这是中国古代一句有名的谚语。

5) 向秀、郭象注《庄子·秋水第十七》(《庄子补正》第六卷下,第九页),译文见 Fêng Yu-Lan (1), vol.2, p.211, 经修改。

6) 详见下文第十六章和第十八章。

论了这个问题。他说,欧洲人倾向于寻求现象之外或超乎现象的实在,而中国人则在现象之中寻求实在。因此,欧洲哲学开始于柏拉图和亚里士多德的二元论,只是到了后来才发展成为斯宾诺莎、莱布尼茨和黑格尔等人的体系。反之,中国哲学是以道家承认变易中的永恒成分而开始,发展到理学家的有机自然主义[1],然后导致明代唯心主义者的兴起,作为不属于严格的继承序列中的一个短暂阶段。

因此,中世纪欧洲的宇宙类比观念[2],可以说是由于它处在机械唯物主义和神学唯灵主义之间持久不断的战斗中而被败坏的。

直到17世纪中叶,中国的和欧洲的科学理论大致是并驾齐驱的,只是在那时以后欧洲的思想才开始迅速地冲上前去。可是,虽然它是在笛卡尔-牛顿的机械主义的旗帜之下阔步前进,这种观点却不能永久地满足科学的需要——必须把物理学看作是研究小有机体和把生物学看作是研究大有机体的时代已经到来[3]。到了那个时候,欧洲(或者毋宁说是那时候的全世界)就能够借助于一种很古老的、很明智的但全然不是欧洲所特有的思维方式。

(g) 《易经》的体系   304

关于中国人世界观中超距作用的重要性,已谈得很多了,按照超距作用的观点,宇宙间各种不同的事物相互共鸣。在5世纪的《世说新语·文学》篇中,我们看到下面的话:

> 荆州人殷某曾问一位名叫张野远的道士说:"《易经》的基本观念("体")究竟是什么?"
>
> 张回答说:"《易经》的基本观念可用一个字来表达,即'感'(谐振)。"
>
> 于是殷又问:"我们听说,西方的铜山崩塌的时候,东方的灵钟就由于谐振而响应[4]。这是符合《易经》的原理吗?"
>
> 张野远笑了,但并未回答这个问题。[5]
>
> 〈殷荆州曾问远公:"《易》以何为体?"答曰:"《易》以感为体。"殷曰:"铜山西崩,灵钟东

---

1) 关于宋代思想中的大宇宙和小宇宙的观念,见 Graf (2),vol.2,例如 pp.37,75。

2) 不论其根源是否来自亚洲。

3) Whitehead (1),p.150。

4) 参见本书第二十六章(h)。

5) 由作者译成英文。"感"(刺激)和"应"(反应)是中国自然主义的基本概念。参见《二程全书·伊川易传》第三卷,第四页,格雷厄姆 [Graham (1),p.124] 作了很好的阐述;又见其《遗书》第十五卷,第七页;《外书》第十二卷,第十五页。

应,便是《易》耶?"远公笑而不答。〉

到现在为止,我们对于五行和两种力量的理论所作的思考已经表明,它们对中国文明中科学思想的发展起了一种促进的而不是阻碍的作用。只有到了 17 世纪当欧洲最后摒弃了亚里士多德的四元素以后,这两种学说与西方人的世界图象比较起来,才使中国人的思想呈现某种程度的落后。但是,关于中国的科学哲学的第三大组成部分,即《易经》的思想体系,就不可能作出这样的好评了。《易经》的起源大概是收集了许多农民预兆的词句,并积累了用于进行占卜的大量材料,最后它成了一套精致的(不无一定的内在一贯性和美感力量的)象征及其解释系统,而在任何其他文明的典籍中都找不到相近的对应物。这些象征被设想为以某种方式反映着大自然的一切过程,因此它不断地诱使中国中古时代的科学家们依赖于对自然现象的虚假解释,并且只是把自然现象归因于被设想为与之"有关"的那个象征便得出这样解释。经过若干世纪,由于每个象征已变得有了一种抽象的含义,所以这样的归因就自然有了诱惑力,并且省去了进一步思考的一切必要性。在某种程度上,它类似于中世纪欧洲占星学上的各种虚伪解说,但是象征主义的抽象性赋予它一种骗人的深奥性。我们即将看到,这个体系中的六十四个象征提供了一组抽象的概念,可以归纳任何研究在自然界现象中都必定要发现的大量事件和过程。

305 　 我们今天所见的《易经》是一部很复杂的书,有必要首先对它的内容提供一个概念。我们刚才谈到的那些象征都是由一组一组的线条("爻")组成的,有的是未断开的("阳"爻),有的是断开的,即分成两段而中间有个空档("阴"爻)。这些线条可能与古代占卜程序中的签的长短分别有关[1]。使用一切可能的排列和组合,构成八个三画卦和六十四个六画重卦,统称之为"卦"。书中的"卦"是按照确定的次序排列的。每"卦"后有一小段解释,名之为"彖"[2],据传说是周朝初期(约公元前1150 年)文王所作[3]。随后还有通常是六句话写成的注解,名为"系辞"或"爻辞"[4],据传说是周公所作,他是周朝初年(约公元前 1100 年)的另一位著名人物。这就是经文,或"本经"。

更复杂得多的是名为《十翼》的注释和附录。其中最初的两部分构成《象传》,传说系孔子所作;之所以有两部分,是因为经被分为两部分,第一部分讲三十卦,第

---

1) 另一种看法认为,它们来源于古代算术中的算筹;参见本书第十九章(f)。

2) 这个字的意义是奔跑的猪(肯定是一个象形字),但它是怎样以及为什么成为现在的意义而被使用的,并没有留下任何解释。参见 Legge (9),p.213。

3) 卫礼贤[Wilhelm (2)]在他的译文中把它译为 Urteil,即"判断"。

4) 卫礼贤[Wilhelm (2)]在他的译文中把它译为 Linien 或"线"的说明;而在其第二卷中又重复之为"线(a)"。

二部分讲三十四卦[1)]。第三和第四部分构成《象传》，也被认为是孔子所作，它们也相应于经的前、后两半而分为两部分[2)]。第五和第六部分构成《系辞传》，又被分为两部分，虽然它们不象前几个附录那样与经的两部分有特定的联系。这个注释自从汉初即以《大传》(Great Appendix)而闻名[3)]。它论述的是构成重卦的基本卦以及重卦本身，其中有些是按照社会进化的理论加以解释的。下一个部分、即第七部分是《文言》，只论述最前的"乾"、"坤"两卦[4)]。第八个附录是《说卦》，共分为十一个短节[5)]，构成本卷前一章中(上文 p.261)讨论过的《易经》中关于象征的相互联系所必须说的东西的主要来源。第九部分是简短的《序卦》[6)]。最后的第十部分是韵文的《杂卦》[7)]。在很多版本中，《彖传》、《象传》和《文言》是分开的，分别放在与其相对应的卦的经文中，但是《大传》则总是印在经文的末尾，最后两"翼"也常常如此。

关于《易经》，自然我们首先要问它的成书年代。可惜的是，这正是汉学中最有争议的一个问题，而且一直是聚讼纷纭。事实上，我们现在对于《易经》的起源所知道的，甚至比理雅各在 1854 年第一次翻译它和在 1882 年发表他的附以一篇长序的最后译文时所自认为知道的，还要少得多。因为他几乎完全根据传统的看法，而现在却没有人会主张文王或周公曾与该书有任何关系。然而，许多现代考证学者，如顾颉刚和胡适，仍然保持着《易经》起源于远古的信念，他们愿意把《彖传》和《象传》的注释置于公元前 6 世纪，因此是从孔子时代流传下来的，根据这种观点，则经文本身可能要追溯到公元前 8 世纪。其他学者，如雷海宗，则认为《彖传》和《象传》

1) 在理雅各的译文[Legge (9)]中，它们组成附录一，但在卫礼贤的译文[Wilhelm (2)]中，它们被分置于不同的卦下，并只是在第二卷中"关于决定的注释"(*Kommentar zur Entscheidung*)的标题下才被提出来。

2) 在理雅各的译文[Legge (9)]中，它们组成附录二，但在卫礼贤的译文[Wilhelm (2)]中，它们被分置于不同的卦下，并在两卷中都题名为"影象"(*Das Bild*)。这两翼又分为"大象"说明和"小象"说明；前者以其两个卦组成部分的意义来解释重卦，而后者则是对经文"爻辞"部分的独立注释。卫礼贤[Wilhelm (2)]只在其第二卷中分别在每一卦下将后者译为"线(b)"。

3) 在理雅各的译文[Legge (9)]中它组成附录三，而卫礼贤的译文[Wilhelm (2)]也把它分开印出(英文版 vol.1, p.301)，称之为"Great Treatise"或"Great Commentary"(Grosse Abhandlung)。

4) 在理雅各的译文[Legge (9)]中，这是附录四，但是卫礼贤[Wilhelm (2)]把它与其所指的两卦一起放在标题"经文字句注释"(*Kommentar zu den Textworten*)之下。

5) 在理雅各的译文[Legge (9)]中，这是附录五；卫礼贤[Wilhelm (2)]也把它与正文分开，印在英文版 vol.1, p.281，标题为"八卦的讨论"(*Besprechung der Zeichen*)。

6) 在理雅各的译文[Legge (9)]中，这是附录六，但是卫礼贤[Wilhelm (2)]把它分置在不同的卦下，只在第二卷中称之为"卦的顺序"(*Die Reihenfolge*)。

7) 在理雅各的译文[Legge (9)]中是附录七，但是卫礼贤[Wilhelm (2)]把它分置于不同的卦下，只在第二卷中称之为"杂注"(*Vermischte Zeichen*)。所有这些极其混乱的差异，是由于《易经》汉文版本身因中国各个思想学派的观点不同而在编排上有很大的差异，欧洲的汉学家们也就或多或少有意识地随之意见分歧。

本身也可能要追溯到公元前 8 世纪[1]。郭沫若则持有相反的一种极端的看法,他认为不只是注释,就连经文本身也是在战国时代(公元前 3 世纪和前 4 世纪)写成,有些材料是在汉代窜入的[2]。为了我们现在的目的,也许最好采用例如李镜池(*1, 2*)所代表的折衷立场。按照这种见解,经文起源于可能是早在公元前 7 或 8 世纪的预兆汇集[3]。但在周朝末年以前尚未达到现在的形式。然后,《彖传》和《象传》可能是秦汉时代的儒家(一些深受自然主义学派的影响,而且大概是齐鲁古国的学者)编写的。《系辞传》(即《大传》)和《文言》可能成于汉初(即公元前 1 世纪中叶),虽然无疑地包括一些较早的材料;而最后三个附录很可能都是属于公元 1 世纪的。

对于传统学者来说,这样一种见解马上会碰到的障碍之一是,《论语》中有一段有名的文字,在那里孔子说[4]他愿意多活几年,以便致力于学习《易经》。但是,我们有种种理由可以怀疑这段话是后来的讹误[5]。关键的事实是,在公元前 3 世纪之前的任何可靠的同时代典籍中都没有提到过《易经》[6];相形之下,占卜研究不符合孔子的已知性格这一论据就似乎是次要的了。另一方面,秦国和后来的秦帝国的统治者对各种占卜或巫术都有很大兴趣(参见本书第一卷,p.101),因此公元前 3 世纪很可能就是卜筮典籍受到重视的时代。而且确实就是在这个时候,《易经》取代了已失传的《乐经》,荀子在儒家经典著作中曾提及这部《乐经》。另一个有意义的论点是,如果我们从汉代人编写的《周礼》[7]来判断,那末,后来成为《易经》的那本书就不是这类书中的唯一著作了。在《周礼》中,我们发现据认为是掌理"三易"的"大卜",即一是《连山》(山的变化的表现)[8];二是《归藏》(流回到子宫和坟墓);三是《周易》(周代的变化之书)。但是,关于前两个体系,人们知道得很少,只有第三个作为《易经》而完整地流传下来[9]。如果在这里关于该书年代所列举的意

---

1) 关于《易经》的年代问题,很多学者参与了一场大辩论,其中包括顾颉刚、马衡、胡适、钱穆、李镜池等等。参见《古史辨》第三册,第 1—308 页;也可参见《中国研究所通报》(*CIB*, 1938, vol.3, pp.67 ff.)。

2) 然而,最近郭沫若[(*4*),第 81 页以下]已倾向于认为,《易经》大部分是玕臂写的,他是《史记》第六十七卷中所提到的公元前 5 世纪时的一个暧昧的人物。《史记》列举了一些据认为是从孔子一脉承接《易经》的变易派学者的名单,玕臂名列第二。他也许比邹衍早生两代。

3) 然而,吴世昌[Wu Shih-Chhang (*1*)]指出,"爻辞"中的记事是关于商朝统治者以及商周关系的,它的辞句类似甲骨文的辞句。所以,这些记事可能是最古老的组成部分。

4) 《论语·述而第七》第十六章。

5) 例如,参见 Dubs (*17*);Creel (*4*), p.217.

6) 例如,《中庸》、《孟子》、《荀子》。

7) 第六篇,第二二页(注疏本卷二十四,第四页);译文见 Biot (*1*), vol.2, p.70.

8) 或为"群山的断续爆发"(火山?);见《广释名》卷二第十三页以下的解释,但这大概只是后来的推测。

9) 《连山》和《归藏》两篇的残文均收到马国翰的《玉函山房辑佚书》第一卷中。

见被我们接受的话,那末,《左传》中的所有卦辞[1]一定要看作是后来窜入的[2]。

关于《易经》的西文论著,我认为最好的是卫德明[H.Wilhelm (4)]的易经小引。或许最好的译本是他父亲卫礼贤[R.Wilhelm (2)]的译本[3],不过在很多方面理雅各[Legge (9)]的译本要更合用些[4]。

韦利[Waley (8)]、李镜池(2)以及其他学者都极力主张,《易经》本质上是一种预兆文字或"农民的预兆的解释"文字[5]和后来更为精致的占卜文字的混合物。引起古代中国农民以及各国相同文化阶段的一切人民注意的预兆是: (a)主观的难以说明的感觉和不自觉的动作; (b)在植物和动物中所观察到的异常现象; (c)异常的星象或气象现象。魏莱选择了一个大家熟悉的例子,来说明如下这两种原始来源是如何并到一起的:

兆文:早晨的红色天空……

卜文:不吉。不宜谒见上司。

兆文:夜间的红色天空……

卜文:吉兆。宜行军作战。

等等,等等。为了揭示韦利怎样把隐藏在理雅各的夸张的译文后面的古代卜兆表白出来,我们试举出几个例子:

第三十一卦,"咸"

理雅各[Legge (9)]　　　　　　　　　　韦利[Waley (8)]

《彖》:"咸"(表明在满足了其所含条件之后,将有)自由的历程和成功。它的有利(将取决于)坚定和正确,如婚娶少女。将有好运。

---

1) 见巴尔德[Barde (2)]的制表。

2) 例如,郭沫若[(4),第79页]早就认为是如此。

3) 卫礼贤的版本,特别是贝恩斯(Baynes)的英译本(它本身是很完善的),不幸构成了一个汉学的迷津,完全是混乱的大杂烩。首先卫礼贤所采用的编排是不必要地繁杂而重复,虽然它本可以通过更清楚的说明和更恰当地使用汉字来加以补救。美国译本的出版商进而把事情弄得更糟,他们使用的一套铅字字体和大小完全不适合区分原来材料的大量标题和小标题的相对重要性。卫礼贤似乎是唯一从头到尾了解该书所谈的一切的人,然而就连他对后来的注释材料也处理得杂乱无章,没有标明不同的著者和他们的时代。这一切越发令人感到遗憾,因为这样一部无双的著作本身完全值得基金会所给予的慷慨资助(它使英译本得以有精美的印刷)。

4) 德·阿尔莱[de Harlez (1)]的《易经》法译本是不可靠的,需要对照原文及理雅各和卫礼贤的译文进行校核。

5) 也许类似于从伯希和收集的敦煌抄本中(第2661号和3105号)所发现的某些经文。

爻辞注释:

(1) 第一条线,分开,(表示)一个人移动他的大脚趾。

大脚趾中的一种感觉("感")[1],

309

(2) 第二条线,分开,(表示)一个人动他的腿肚子。将有不祥,但如果他(安)居原位,则有好运。

或腿肚中的,

(3) 第三条线,不分开,(表示)一个人移动其两股,并紧紧抓着他所跟随的那些人。这样继续前进就要引起悔恨。

或股中的……

(4) 第四条线,不分开,(表示)坚定的正确性将导致好运,并避免一切懊悔的机缘。如果当事者的行动不定,(只有)他的朋友会顺从他的意图。

如果你烦躁而不能保持镇静,它意味着一个朋友在遵从你的思想。

第三十九卦,"蹇"

理雅各[Legge (9)]

《彖》:"蹇"(所指示的情况中)吉利(将见)于西南,而不吉则在东北。也利见大人。(在这些情况下)保持坚定性和正确性(将有)好运。

韦利[Waley (8)]

爻辞注释:

(1) (从)第一条线是分开的来看,(我们知道当事者)前进将引起(更大的)困难,而保持不动则将有理由受到赞扬。

走路蹉跌的人

将受到赞扬;

(5) 第五条线,不分开,表示当事者正和最大困难作斗争,而朋友则来帮助他。

一次大蹉跌意味着一个朋友要来。

---

1) 事实上,《彖传》关于此卦的第一句说:"'咸'在这里是用于'感'的意义上,意即(相互)感应。"

当然,这种分析并不能解决象《易经》那样复杂的经文的所有问题。但是它说明了来自农民谚语的本源以及后来增添的占卜说法。至少有四种不同形式的占卜是《易经》的基础:(1)农民的预兆解释;(2)用植物的长茎和短茎来"抽签"而得出象征的线条;(3)用经火灼过的龟甲或哺乳动物肩胛骨上的裂纹来占卜(参见下文 pp.347 ff.);我们从甲骨文中查明,它提供了补加的语句中的许多词[见李镜池(*1*)];(4)用不同形式的简块(骰子或骨牌)来占卜,因为"卦"这个字原来的意思就是一个牌块。

假如说《易经》始终是一部严格的占卜典籍的话,那它就只不过是无数占卜书籍之中的一部而已,其中有些书以后将谈到;但是,补加的附录(大概是秦汉时代或稍早的自然主义学家和占卜者编写的)却给予了它一个较高的宇宙论和伦理学上的地位,对每一卦都给定一种抽象的意义。因此,如果我们以刚刚谈过的两个卦为例,第三十一卦"咸"就被解释为"相互感应",带有两性结合的含意(因为卦的下部是"男",上部是"女"),因此就是"反应"。同样,第三十九卦"蹇"被解释为表示跛脚,因此是停止运动或前进,从而是"延缓"或"禁止"。解释越抽象,全部系统就越具有一种"概念库"的性质,大自然中一切具体现象都可以归因于它。在这多达六十四个的卦之中,如果不能为差不多任何一种自然事件都找到一个伪解释,那就会是怪事了。

在进一步讨论之前,以列表的形式来看一下《易经》的系统,将是可取的。表 13 列出了《易经》的八卦,表 14 列出了它的六十四卦。凭着完美无缺的技巧,这一系列中的最后一卦并不是"完美无缺"或"完美的秩序",而是"混乱,却潜在地有可能达到完美和秩序"[1]。人们不禁要与托马斯·布朗爵士同声惊叹道:"万物以秩序开始,也将以秩序告终,并且根据秩序的主宰者和天国的神秘数学,就将这样地周而复始。"但是,对于中国人来说,这个神秘的秩序并没有主宰者。

略看一下这个系列,就会发现有几点值得注意。八卦虽然不是对称分布的,却都成对地出现在它们的位置上,开头有一对(第一和第二),中间有一对(第二十九和第三十),接近末尾时有两对(第五十一和第五十二;第五十七和第五十八)。除了四对(第一和第二,第二十七和第二十八,第二十九和第三十,第六十一和第六十二)以外,其余都按镜象对偶排列,其对称轴线在每对的第一部分之下和第二部分之上。在五对卦(第五和第六,第七和第八,第十一和第十二,第十三和第十四,第三十五和第三十六)中,这蕴涵着记述自然客体的程式有一种简单的倒置(例如,地/天和天/地,见 p.312),但是,按照情况的性质,大多数的对偶乃是镜象,而不是三画卦的倒置。

后来经过对这个系统的深入思考,又把全部卦分为八"宫",每宫各有八个卦,其详细情况很容易在卫礼贤的著作中查到[2]。从原来的八卦推出所有的卦这种思想,

---

1) 参见《寓简》卷一,第十二页。
2) Wilhelm (2), vol.2, p.263, Baynes 的译本 vol.2, p.373。

312

表 13 "《易经》中八卦的意义"的说明

第 1 栏: 构成为卦的爻的组合。

第 2 栏: 卦名的罗马拼音。

第 3 栏: 卦名。

第 4a 栏: 卦的"性别"。

第 4b 栏: "亲族"中的相关地位（摘自《说卦》第十节）。

第 5 栏: 相关的动物（大部分摘自《说卦》第八节，但补充了其他资料）。

第 6 栏: 相关的自然物体或"徽号"（摘自《说卦》第十一节）。这个表很重要，因为表 14 中的六十四卦通常是以这些名词来描述的。例如，第三十九卦"蹇"是由（八卦的第四卦）"坎"在（八卦的第五卦）"艮"之上组成的，即

淡水（湖）
山

在表 14 中，这些自然物体是用下列缩写字来表示的：$H＝$天 (heaven)；$E＝$地 (earth)；$T＝$雷 (thunder)；$Fw＝$淡水（湖）[fresh-water (lake)]；$M＝$山 (mountain)；$WW＝$风 (wind)；$L＝$闪电 (lightning)；$Sw＝$海水（海）[sea-water (sea)]。

第 7 栏: 相关的元素（五行在这里必须包括八卦）。

第 8 栏: 根据"更古的"先天或伏羲系统的相关罗盘方位（见本书第二十六章(i)）。这个表显示了大部分附录与自然主义学派的关联，摘自《说卦》第十一节。

第 9 栏: 根据"较晚的"后天和文王系统的相关罗盘方位，系《说卦》第五节所给出[见本书第二十六章(i)]。

第 10 栏: 相关的季节。

第 11 栏: 相关的日夜时间。

第 12 栏: 相关的人物类型（摘自《说卦》第十一节）。

第 13 栏: 相关的颜色（摘自《说卦》第十一节）。

第 14 栏: 相关的人体部分（摘自《说卦》第九节）。

第 15 栏: 卦的主要概念或"效能"（大部分摘自《说卦》第七节。

第 16 栏: 卦的次要抽象概念。

表 13　《易经》中八卦的意义

1	2	3	4a	4b	5	6	7	8	9	10	11	12	13	14	15	16
☰	Chhien	乾	♂	父阳	龙、马	天	金	南	西北	季秋	上半夜	君主	深红	头	存在、力量、武力、扩张性	施与者
☷	Khun	坤	♀	母阴	牝马、牛	地	土	北	西南	季夏 孟秋	下午	人民	黑色	腹	驯良、生活营养、方、形状、固结	接受者
☳	Chen	震	♂	长子	奔马与飞龙	雷	木	东北	东	春	早晨	青年	深黄	足	运动、速度、道路、美豆、鲜竹笋	鼓励、刺激
☵	Khan	坎	♂	次子	猪	月和溪水（湖）	水	西	北	仲冬	午夜	盗贼	血红	耳	危险、险峻、弯曲物、轮子、精神异常、深渊	流动（特别指水）
☶	Kên	艮	♂	少子	狗鼠和大嘴鸟	山	木	西北	东北	孟春	黎明	看门人	—	手和指	关隘、大门、果实、种子	保持固定地位
☴	Sun	巽	♀	长女	母鸡	风	木	西南	东南	季春 孟夏	早晨	商人	白色	大腿	缓慢稳定的工作、树木的生长、生长力、经商才能	渗透、温和、连续操作
☲	Li	离	♀	次女	蛙、蟾蜍、蟹、蜗牛、龟	闪电（和太阳）	火	东	南	夏	正午	女战士	—	眼	武器、枯树干旱、明亮、紧靠着火和光	爆燃、依附
☱	Tui	兑	♀	幼女（妾）	绵羊	海和海水	水和金	东南	西	仲秋	黄昏	女巫	—	口和舌	反影和镜像、消失	稳静、快乐

314

表 14 "《易经》中六十四重卦的意义" 的说明

第 1 栏: 构成为重卦的爻的组合。

第 2 栏: 卦名的罗马拼音。

第 3 栏: 卦名。据认为, 所有名称都是从最常出现在卦的征兆中的那些字派生的。

第 4 栏: 卦的特性表征, 系依据卦组成的两个以其相关的自然物体或 "徽号" 而命名的八卦, 例如, 第七卦, E / Fw, 土在淤水之上; 或第二十一卦, L / T 闪电在雷之上。

第 5 栏: 构成为卦名的字的一两个比较常用的词义。

第 6 栏: 卦的具体意义或社会意义。这些意义大部分是从《易经》本文和《彖传》注释得出的。

第 7 栏: 卦的抽象意义。这些意义表示卦从汉代以来就一直代表着的东西, 并且表明经过中古时代直到现这种传统的终结, 具有原始科学的和科学的头脑的人对它们所采取的概念意用法。

第 8 栏: 表示参考理雅各 [Legge (9)] 的书的页码。

第 9 栏: 表示参考卫德明 [H. Wilhelm (4)] 书中的解释的页码。

第 10 栏: 表示参考卫礼贤 [R. Wilhelm (2). vol.1 (德文版)] 书中的解释的页码。

表14 《易经》中六十四重卦的意义

1	2	3	4	5	6	7	8 Legge	9 HW	10 RW
1	Chhien	乾	H/H	天、父系的、男的	天、君主、父亲、等等、命令、控制	施与者	57	—	1
2	Khun	坤	E/E	地、母系的	地、人民、母亲、等等、支持、包含、温顺的、附属的	接受者	59	—	6
3	Chun	屯	Fw/T	萌芽	开始的困难、"反动"[1]	减慢一个进程开始的因素	62	—	10
4	Mêng	蒙	M/Fw	覆盖	年幼无经验[2]	发展的初期	64	—	14
5	Hsü	需	Fw/H	需要、伸长	拖延政策[3]	停止、等待	67	—	17
6	Sung	讼	H/Fw	诉讼	斗争、打官司[4]	程序的对立	69	—	20
7	Shih	师	E/Fw	军队、将军、教师	军事[5]	有组织的行动	71	—	23
8	Pi	比	Fw/E	集合	联合、一致	凝聚	73	—	26
9	Hsiao Hsü	小畜	WW/H	饲养	用温和的手段调整创造力、驯养	较轻的抑制	76	—	29
10	Li	履	H/Sw	鞋、踩踏	用谨慎的行动得到冒险的成功、纤弱的步伐	缓慢的前进	78	—	32

续表

1	2	3	4	5	6	7	8 Legge	9 HW	10 RW
䷊	Thai	泰	E / H	兴旺的	春天的温暖、太平（在未来代进而指进步的社会时期之一）	向上的历程	81	—	34
䷋	Phi	否	H / E	不好	秋天的开始（在未来代进而指衰退的社会时期之一）	停滞或倒退	83	—	38
䷌	Thung Fen	同人	H / L	字义是在一起的人	联合、社团	集合的状态	86	—	40
䷍	Ta Yu	大有	L / H	字义是有很多	财产丰富、富裕	更大的丰富	88	—	43
䷎	Chhien	谦	E / M	谦恭	隐藏的财富、谦逊	卑下中的高尚	89	100	46
䷏	Yü	豫	T / E	愉快	和谐的兴奋、热情、满意	鼓舞	91	—	49
䷐	Sui	随	Sw / T	跟随	随从	继续	94	—	52
䷑	Ku	蛊	M / WW	毒物（参见本卷 p.136）	腐败社会中的麻烦工作[6]	腐化	95	—	55
䷒	Lin	临	E / Sw	接近	权力的来临	接近	97	—	58
䷓	Kuan	观	WW / E	观看	思考、寻找征兆[7]、让影响扩散	视界、视觉	99	—	60

11	12	13	14	15	16	17	18	19	20

续表

1	2	3	4	5	6	7	8 Legge	9 HW	10 RW
21	Shih Ho	噬嗑	L / T	咬[8]；话声	群众、市场、法院、刑法	咬和烧透	101	113	63
22	Pi	贲	M / L	光明	装饰的	装饰、式样	103	—	66
23	Po	剥	M / E	剥皮、剥夺	坠落、倾覆、瓦解，象是一座房屋(卦是由屋顶维持着的象形表达)	不聚合、散开	105	—	69
24	Fu	复	E / T	回复	一年的转折点	回复	107	—	71
25	Wu Wang	无妄	H / T	不鲁莽、不虚伪[9]	不鲁莽、诚实不欺、无罪但有困难	意相不到的事	109	—	74
26	Ta Hsii	大畜	M / H	饲养	被固定和沉重的东西所压抑的创造力	较大的抑制	112	—	76
27	I	颐	M / T	下颚	口(由此卦以象形字体来表示)	营养	114	—	79
28	Ta Kuo	大过	Sw / WW	超越	大大超过、奇怪但不一定不利[10]	较严重的不稳状态	116	5,118	82
29	Khan	坎	Fw / Fw	坑[11]	峡谷的边沿、危险和对它的反应、下边、急流	流动	118	—	84
30	Li	离	L / L	分离、离开	网眼(卦的象形表达)、附着于火和光	爆燃、附着	120	112	87

318 续表

1	2	3	4	5	6	7	8 Legge	9 HW	10 RW
31	Hsien	咸	Sw / M	一切（但在此处当"感"用)[12]	相互影响、交织、追求	反应	123	—	91
32	Hèng	恒	T / WW	永恒不变[13]	坚持	持续	125	—	93
33	Thun	遯	H / M	隐身、隐蔽[14]	缩回、隐退	倒退（比第十二卦更甚）	127	—	96
34	Ta Chuang	大壮	T / H	巨大的力量[15]	巨大的力量	巨大的权力	129	—	99
35	Chin	晋	L / E	上升、提升[16]	封建等级的提升	迅速的提升	131	—	101
36	Ming I	明夷	E / L	被压抑的智慧[17]	对一个良吏的功绩缺乏鉴赏	变为黑暗，光的熄灭	134	4	104
37	Chia Fen	家人	WW / L	家庭成员	一家或一户的成员	亲属	136	—	106
38	Khuei	睽	L / Sw	分离	分裂和疏远	反对	139	—	110
39	Chien	蹇	Fw / M	跛[18]	跛、制止	迟滞	141	—	112
40	Chieh	解	T / Fw	解剖、解析	解开	解散、解放	141	108	115

续表

	1	2	3	4	5	6	7	8 Legge	9 HW	10 RW
41		Sun	损	M/Sw	损坏、伤损、减损	免除过分、付税	减少	146	—	118
42		I	益	WW/T	利益	资源的增加、增益	增加、附加	149	—	121
43		Kuai	夬	Sw/H	叉子、解决、决定	突破、解除紧张、缓和	爆发	151	—	124
44		Kou	姤	H/WW	交媾	向着邂逅、相遇、交媾前进	反应、熔化	154	—	127
45		Tshui	萃	Sw/E	丛林、聚集	收集过程、人民团结在贤明统治者的周围	凝结、凝聚	156	—	130
46		Shêng	升	E/WW	高升	一位好官的功业	上升	159	—	133
47		Khun	困	Sw/Fw	被围、苦恼	窘迫、苦恼、惶惑	包围、疲惫	161	—	135
48		Ching	井	Fw/WW	一口水井	可靠性	源头	164	—	138
49		Ko	革	Sw/L	皮革	脱皮、因而是变化	革命	167	—	141
50		Ting	鼎	L/WW	三脚锅	（人材的）培养（据说是卦的象形表达）	器皿	169	—	144

319

320
续表

1	2	3	4	5	6	7	8 Legge	9 HW	10 RW
51	Chen	震	T/T	震动、摇动、雷	运动着的刺激力量	激动	172	—	148
52	Kên	艮	M/M	限制[19]	稳定如山	不动性，保持固定位置	175	5	151
53	Chien	渐	WW/M	逐渐浸染[20]	缓慢而稳定的进展（如用浸泡和染透的方法引起的化学变化）	发展，缓慢而稳定的前进	178	—	154
54	Kuei Mei	归妹	T/Sw	字义为"归来"，"妹妹"	结婚[21]	结合	180	—	157
55	Fêng	丰	T/L	丰富（丰收）	繁荣	较小的丰富	183	—	160
56	Lü	旅	L/M	旅行，旅客	异乡人，商旅	游历	187	—	163
57	Sun	巽	WW/WW	温雅的	风的侵入	温和、透入	189	—	165
58	Tui	兑	Sw/Sw	兑换	海，愉快	穆静	192	—	168
59	Huan	涣	WW/Fw	广阔的、膨胀、不规则	涣散，与好事疏远	解散	194	—	170
60	Chieh	节	Fw/Sw	竹节	期限、章节、有规则的划分、节制（对一般现象的）沉思、禁闭、沉默	有条理的限制	197	107	173

续表

1	2	3	4	5	6	7	8 Legge	9 HW	10 RW
61 ䷼	Chung Fu	中孚	WW／Sw	字义为"中央",信任	衷心的诚意,国王的权势	真理	199	105	176
62 ䷽	Hsiao Kuo	小过	T／M	稍微超过	少量过剩	较小的不稳状态	201	—	180
63 ䷾	Chi Chi	既济	Fw／L	字义为"完成",达到目标	完满,成功的完成	完备,完美的秩序	204	—	183
64 ䷿	Wei Chi	未济	L／Fw	字义为"不完全",没有完全达到目标22)	当一切尚未完成或未完成地完成时的形势	杂乱,潜在的可能达到完成、完善和秩序	207	—	187

1) 此卦的经文包含着一个关于新妇去夫家所骑的马所骑的颜色这一古老的农民的征兆。结婚是一种"开头难"的事情。

2) 一切解释都与此卦的原文又不同。此卦关系到《金枝》的汉文义字。"蓧"是菟丝子(Cuscuta sinensis)的古代别名,它是一种类似于樗树的寄生的植物。它的较普通名称是"女罗"和"兔丝子"。兔丝子没有根是中国早期被有根有据感兴趣的一件事,这在后文关于超距作用(和巫术)问题的部分将要谈及。在更早的时期,它无疑地是一种重要的神奇物体。寄生植物一向被广泛认为是神圣的[Frazer (1)]。韦利[Waley (8)]指出,经文一开头的"匪我求童蒙,童蒙求我"那句话,不过是为了避免圣草的恶果的一句咒语。"年幼无经验"的观念起源于把这种植物当作是童子的一种自然民俗,最后的抽象意义又当然就离题更远了。

3) 由于古代抄录者的疏忽,这个字未加上参加发音的偏旁,因此这里的意义所根据的是一种误解,在后文我将还举出更多的例子。此卦不应该是"需",而应该是"需"。此卦这个字,关于这个字,参见本书第三十九章。("蠕",意指某种爬行昆虫("蠕"这个字从未当作属名或种名使用过,参见本书第三十九章)。关于这个字,经文中有一个关于战斗喽罗的征兆。

4) 这种争执被认为是与成利品的分配有关,因为经文中有一个关于战斗喽罗的征兆。

5) 经文中有一禽兆,表示谈判将获成功。

6) 此处本卷确立的意义(参见本卷p.136)似乎平都多少引起误解;古代典籍中所说的是从观察祖后的语言的观察,当利玛窦报告1600年左右中国的习俗时,人们仍在倾所着"古怪的童谣"[见Trigault (1);Gallagher (1),p.84]。

7) 经文指的是对祭祖用祭品前进或后退的观察,和对儿童进至退出,"童"字的原意是"按礼节敲打射的人",他的论证根据是该字的古形体。韦利[Waley (8)]甚至提出,"童"字从未打到射的人,他对感祖后的肝肉中蜘的动作而取决其征兆。韦利[Waley (8)],Forke (4),vol.1,pp.232,237,246;vol.2,pp.2,3,126,162]。

8) 此处经文是根据吃饭时所发现的物体的征兆；其余一切都是广泛的派生。

9) 这完全是一种误解。"无妄"是一个单词，意义大概是：把一个人形捆在公牛身上，从村中赶走，作为一个替罪羊。这是韦利最美妙的鉴定之一。

10) 经文中包含一个"柳"树征兆。

11) "坑"是对的；其余的解释都是后来学者的异想天开。所指的古代礼仪是一个坑里向月亮祭把（参见《礼记》第三十四篇）。

12) 从上文可知，"咸"遗漏了它的部首"心"，本应为"感"。

13) 此处持久的概念就是指韦利[8]所谓的古代本土的"稳定程序"。一旦获得一个吉兆时，就必须举行一种仪式，为的是使有利初现时举行的事态在整个月中持续下去。两条横线也许代表在该征兆周围住区周围的界线。由于"恒"字的古体包括在两条横线之间，那意思是：它原来是把一些物品堆起来或封锁起，把那个月种持续下去。这样一种观点是对《论语·子路第十三》第二十二章做了新的阐明，其中有孔子说过的名言："南人有言曰：'人而无恒，不可以作巫医。'善夫！'不恒其德，或承之羞。'"这一切都归结为一种对持久性的完全抽象的概念。

14) 此处"遯"是"豚"的讹误，与隐藏毫无关系。它是由猪仔活动而得的征兆。

15) 这颗出于公羊被矮树丛绊住的征兆。

16) "晉"，应为"搢"，即插入。因此，经文大概与用巫术提高家畜繁殖力有关。插入系指雄雌的交配。

17) 这又是一个完全的误解。李镜池指出，"明夷"是一种鸟的古名。这些征兆与它有关。表中所列的解释都是后人的想象。

18) 我们已经看到，这起源于有关倒倾的征兆。当然，对后来的思想家来说，象迟滞这样的科学概念是很有用的。

19) 这完全是一种误解。"艮"应该是"眼"，这个征兆是关于老鼠在咬祭祀用的牺牲品的裸露骶体的印象。

20) 正如我们在上文中(p.57)看到的，虽然中国古代思想家对于溶液中缓慢的化学作用有着深刻印象，但是这个征兆卦辞的最古形式可能与那种概念毫无关系。本卦所指的是野鹅掠过诸如岩架和岩树木之类的天然物体的方式，从而提供了征兆。"渐"字也可作"涉过"解。李镜池是本卦的基础。

21) 结婚征兆是本卦的基础。

22) 尽管对这最后一卦有很高明而富哲理的解释，可是对经文的分析表明，它曾一度与自动物过河的征兆有关。韦利这样说："如果小狐狸在快要渡过河时，沾湿了它的尾巴，你的事业就要完全失败。"

其意义大概与阴阳的象征主义有关。如果我们再看看表13,就会注意到"乾"(第一卦)的坚实性和"坤"(第二卦)的空隙性的对立,而且我们也很难忽略其中的男性生殖器意义,"乾"是矛,而"坤"则是圣杯[1]。在其他三个"阴"卦——"巽"、"离"和"兑"(第六、七、八卦)——中有相似的空隙。"艮"(第五卦)被认为是一个倒转过来的碗或是山,它表示稳定性;"震"是一个碗或山谷,对它所代表的雷霆是开放着的——人们因此会把它当成"女性",但对称的要求无疑是更为迫切的。

311

(1) 从征兆的谚语到抽象的概念

如果我们把表14中的数据和它所附的脚注加以比较,我们对这个体系的成长方式就会得到一个比较清楚的概念。首先是有许多古代农民所用征兆(关于鸟类、昆虫、天气、主观感觉以及类似情形)的搜集,这些无疑地在公元前6世纪孔子活着的时候就都已存在了。由于某种原因,这些搜集与职业占卜者的书结合了起来,这些书保存着与肩胛骨占卜(见下文 p.347)有关的传说、用蓍草棍的占卜法(见p.349)以及其他形式的预测法。这种过程大概到了公元前4世纪后期邹衍的时代已经大有发展。邹衍肯定对这些技艺很有研究,于是自然主义学派和其后秦汉时代继承了他们很多思想的儒生们就改编了原文,并附加了许多详尽的注解。《易经》符号不断增长的抽象概念化与源于更早期巫术的早期科学的发展齐步前进这一事实,并没有什么出人意外的。对于真正努力采取自然主义的态度来对待诸如磁性或潮汐之类现象的汉代学者来说,它显然是必须做的事情。然而,如果他们真正再聪明一些的话,就应该把一盘磨石绑在《易经》的脖子上,把它抛到海里去。

追踪概念化过程的精确步骤,并不那么容易,但其沿革却很值得汉学研究者细心注意。转折点之一似乎是王弼(226—249 年)的《周易略例》[2],他在该书中陈述了这样一个基本原则:例如,如果第一卦"乾"表示坚定性,就完全不必要再用马的象征来解释它;或者,如果第二卦"坤"表示顺从,牛的象征便可以干脆省去。《易经》对 3 世纪的这位才华横溢的人物有什么意义,可以从下面摘自他的书的开篇部分的一段话中感觉出来。

《彖》(解释)是什么呢[3]?它是综合地论述某一卦的精髓,并说明它所由之

---

1) 这样的解释完全是按中国古代的思想风格。在表 14 中可以看到有几个卦,其线条组合的本身就被认为是"象形的"。在《大传》(《系辞传》)中,对这些卦有许多详细的解释,并连带有对于社会进化的描述说明,那本身是很有意思的[见 H.Wilhelm (4), pp.105,111]。

2) 参见 Fêng Yu-Lan (1), vol.2, pp.184 ff.,187。

3) 象征主义的"解"或"意义";见上文 p.305。

而来的那种"主导因素"("主")[1]。

众人不能统治众人。统治众人的是极孤独的人("至寡")。

322 运动不能控制运动。控制世界的运动的是绝对的一("贞一")。

所以为了使众多的人都可以平等地生存,主导因素必须是全然单一的。为了使一切运动都可以同等地进行,它们的根源就不能是二重的。

各个事物在它们本身中间并不杂乱无章地进行斗争("物无妄然")。它们必然("必")来自它们的秩序原则("理")。它们由一个根本原因[2]所统合在一起("统之有宗")。它们由一种单一的感化力聚集在一起("会之有元")。所以事物是繁杂的,但并不紊乱。它们是多种多样的,但并不混淆("惑")。[3]

〈夫象者何也? 统论一卦之体,明其所由之主者也。夫众不能治众。治众者,至寡者也。夫动不能制动。制天下之动者,贞夫一者也。故众之所以得咸存者,主必致一也。动之所以得咸运者,原必无二也。物无妄然,必由其理。统之有宗,会之有元。故繁而不乱,众而不惑。〉

乍一看来,使我们感到惊奇的是发现亚里士多德的不动的运动者这一概念竟会在王弼的措词中出现。如果这确实就是他的思想,那就要诱导我们归功于他已经窥见了由一个超然的立法者所制定的自然法则了。但是我们可以肯定,在谈到造物主的时候,他的心目之中乃是内在的道。他所要描写的也许是一系列的力场(我们可以这样称呼它们),它们包含在而又附属于道这一主要力场,每个力场都在不同的时空点上出现。他相信它们的每一个都与《易经》六十四卦中的一卦相对应,卦的充分的特性化就见之于《易经》中系其后的"象"(即解说)。这样,人们就能懂得一切事物的最重要的"支配因素"或"根本原因",并且感到能够以不可动摇的信念来肯定:"虽然宇宙是错综复杂的,但并没有混乱[4]。

(2) 普遍的概念库

现在我想要表明,依靠六十四卦中每一卦所附有的抽象意义,中古时代的中国科学家们有着一个相当于概念库的东西,可以参证几乎任何自然现象。这可以用象图 42 这类示意图来说明。如果我们采用两个坐标或两个参数,一个表示时间,另一个表示空间,我们就能沿着这些坐标轴填入各种不同的卦。从原点向外,时间

---

1) 字义是"主人"。

2) 字义是"祖宗"。

3) 由作者译成英文,借助于 Petrov(1)的英译本和 Fêng Yu-Lan(1),vol.2,p.180 中卜德的译文。

4) 斯坦福大学的芮沃寿(A.F.Wright)博士提醒我注意这一段文字的重要性。

单位的数目在增加,如果我们折返回来,则在减少;从原点向外,空间的形体在增长,如果我们折返回来,则在收缩。某些概念似乎需要在连结两个坐标的线上有一个位置,我们可以把它认为大致是代表运动的。

按照这种概念的图解,可以给六十四卦中除十九卦以外的全部卦定位。十九 323
卦中有十三卦可以说是代表自然主义的而非时空性的观念。现列举如下:

第十五卦。卑下中的高尚。

第十六卦。鼓舞。

第三十卦。爆燃(具有依附的含意,从而有理由把它填入示意图。)

第三十一卦。反应、交织。

第四十四卦。反应、熔化。

第五十四卦。反应、结合。

第三十四卦。巨大的权力。

第三十六卦。变为黑暗。

第四十三卦。决定性的突破。

第二十一卦。咬或烧透。

第五十七卦。温和的透入(例如空气和风)。对照第五十三卦,它可能具有与
水渗透相似的意义。

第五十八卦。穆静(有平静海洋的含意)。

第二十二卦。装饰、式样(可应用于动物和植物的式样)。

此外,还有三卦属于高度抽象的范畴,即真理和秩序的范畴,它们是:

第六十一卦。真理。

第六十三卦。秩序。

第六十四卦。潜在的秩序。

在另一极端也有三个卦,它们似乎是无法简约地具体的和人世的,即:

第二十卦。视界、视觉。

第二十七卦。营养性。

第二十五卦。出乎意外。

这表明汉代以后的中国思想家在多大程度上成功地摆脱了各卦原有的极其人世的意义。

因此,我们可以把各卦分类,如表15中所示。总数超过六十四的原因,是因为有些卦似乎应该列举两次,例如既在时间的流动上、又在空间的增长和收缩上同时应用。

研究《易经》的西方学者有时被诱导得对它赞不绝口。我现在并不想谈论莱布

324

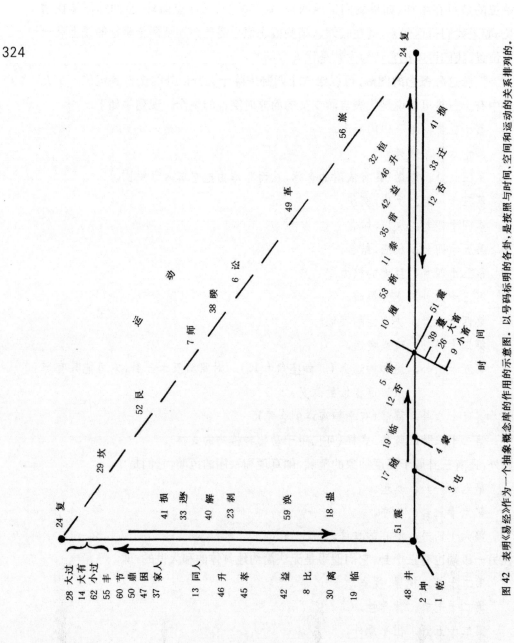

图 42 表明《易经》作为一个抽象概念库的作用的示意图。以号码标明的各卦，是按照与时间、空间和运动的关系排列的。

尼茨在《易经》中所发现的离奇故事(见下文 p.340),而是要谈晚近的西方的哲学汉学家们,他们不具备对它的真实性质和来源进行现代研究的便利,就不得不按它的票面价值来接受它[1]。

325

表 15 按类分卦

			各类卦数
施与者			1
接受者和起源			2
时间	持续	1	
	向前运动	10	
	静止	2	
	向后运动	3	
		16	16
抑制和迟滞			4
复回点			1
空间	聚合	6	
	静止	9	
	分散	6	
		21	21
含有运动的概念		6	
静止的概念		1	
		7	7
自然主义的但非时空性的			13
真理和秩序			3
无法简约地人世的			3
			71

六十多年以前,艾德[Eitel(4)]就写道:

　　　这些图解的基层乃是对这样一个真理的认识:事物就是关系的组合[2]。
　据我看来,这些图解本身虽然并不完备并且是想象的,但它们显然是理想的结构,表示了真正的事实,并且是根据实际经验的成分建立的。这些图解不过是抽象的表征[3],即以一种理想的过程来代替在大自然中实际上被观察到的过

---

1) 卫礼贤确实相信它是一种占卜的方法,并鼓动别人同意这种信念[参见 Wilhelm & Jung (1),p.144];我们在使用他的译文时,就很可以想到这一点。参见格拉夫(Graf (2),vol.1,p.[8])的评注。

2) 这里他击中了要害(参见本卷 p.199)。

3) 在神学的意义上。

程。它们是对五花八门的现象剥掉其多样性而归纳为一致及和谐的那种公式。因果关系在这里被表现为即将临头的(imminent)[1]变化,作为自然两极威力的恒定的相互作用——那是永不停息的、平衡的或自由的,本质上是一种能的两种力之相互维系的对立,并且,在它们的活动中分散和取向都是内在固有的。

我们只能说,很不幸的是,以"理想的过程"来代替在大自然中实际上被观察到的东西,乃是一种空洞的象征主义,而不是一系列数学化的假设。三十多年前,马松-乌塞尔(Masson-Oursel)在谈论《易经》时说:"它假设有一种翻译,可以用一套图象符号,即莱布尼茨会称之为'普遍文字'的那种东西的萌芽,把一切自然现象都译为一种数学语言[2];从而构成一部字典,使人们(不论是以求知或是以实用为目的)阅读自然就象是阅读一本翻开了的书。"——他徒然地采用了"数学"这个名词,正如他徒然以一个巴斯德(Pasteur)、玻尔(Bohr)或霍普金斯(Hopkins)之类的人所不敢采用的术语来谈论大自然[3]。因为我们又回到命理学那个虚幻的领域,在那里,数目不是自然现象的经验和数量的侍女,而是必须使之适合于独断的"纽伦堡的少女"。

可以有把握地说,我们的判断和这些不同,但它必须留待论证中的几个更深入的阶段完成之后再下定论。其中最重要的是这样两个问题:(1)根据《易经》的传文,自然主义学派和汉代学者们本人都认为它谈的是什么?(2)在后来的各个世纪里,科学的著述者们是怎样利用"卦"的意义的?

第一个问题的答案似乎是,《易经》是概念库的想法自公元前3世纪以来就存在了。在《系辞下》第二章开头处我们读到这样一段话:

> 古代,包牺(即伏牺)来统治天下的一切时,他抬头观察("观")[4]。天空中呈现的形体(星座),俯首观察地上发生的过程(直译为"法")[5]。他观察鸟兽的模样(或有装饰的外表,即"文")[6]。与各种栖息处和地方的特性。近则在他的自身内,他发现了需要考虑的事[7],远则在一般事物中也是同样[8]。于

---

1) 他是不是想写"内在的"(immanent)这个词呢?

2) 他还可以加上威尔金斯(John Wilkins;参见下文 pp.344,497)。参见 J.Cohen (1)。

3) 卫德明[H.Wilhelm (4),p.75]在《易经》和化学元素周期表之间所做的对比,也是不幸的。后者几乎完全是实验的,而前者则几乎完全是任意的和想象的。

4) 注意,此处用"观"字来表示对征兆的观察。

5) 此处用这个"法"字似有点奇怪,这提示着它或许是从墨家逻辑学家那里借用的(参见上文 p.173),意指"原因"。

6) 我们还记得,"文"字的最古的形状是表示一个纹身的人(参见上文 p.227)。

7) 这也许不是生理上的,而是对"刺痛"征兆的回忆(参见上文 p.308)。

8) 从鸟、云等等看到的征兆。

是,他设计出八卦,以沟通与光明神灵的德行的关系,并对万物的关系加以分类。[1]

〈古者包牺氏之王天下也,仰则观象于天,俯则观法于地,观鸟兽之文,与地之宜,近取诸身,远取诸物,于是始作八卦,以通神明之德,以类万物之情。〉

经文接着列举了古代圣人所做出的各种发明(网、车、船、等等)。据说,他们是由对这个或那个卦的思考而得出对这些发明的概念的。因此,该节提供了古代自然主义思想与技术的开端之间颇为有趣的联系;当然,这并不是因为圣人们确实与这有什么关系,而是因为有人觉得有必要从概念库中为具体的发明找出理由。关于发明家的传说,已在本书第三章(d)中提到,对齐思和(1)关于这个问题的有趣的论文也作过引证。表16所列系摘自《系辞下》第二章。 327

表16 《易经》中所提到的发明

发 明	传说中的圣人	归属		注 释
		卦名	卦次	
网(和织品)	伏羲	离	30	此卦据说是象形的
耒耜	神农	益	42	风 / 雷,二者都与木(木犁)有关
市场	神农	噬嗑	21	闪电(即太阳) / 道路上的活动
船		涣	59	木 / 水
车		随	17	活泼 / 道路上的行动
门		豫	16	此卦或许是象形的;运动 / 土(墙)
杵臼	黄帝、	小过	62	木 / 山(即石)
弧矢	尧、舜	睽	38	闪电(即日光如箭) / 消逝
宫室		大壮	34	雷(即恶劣天气) / 天(即空间)
棺材		大过	28	静穆 / 木
结绳记事[1]		夬	43	言语 / 坚实性(即保留所说的事物)

1) 参见本卷 pp.100, 556。这一古代记事法在琉球群岛一直到现在还使用[Simon (1)]。

可以看出,表16中的注释是十分怪诞和武断的。说其中的发明都来源于《易经》,也许只不过是增强它的威望的一种办法而已。

我们再回到关于《易经》意义的总的说明。《系辞上》所说的是值得注意的:

《易(经)》是按照天地的量度(即水准)而构成的,所以它以完全的精密性适应天地之道。(借助于《易》的卦象)人们可以仰观天文和俯察地理。这样,他就知道黑暗和光明的原由。人们追溯事物的起始并跟踪到它们的终了,就会知道关于生死能有什么说法了。注意精和气怎样形成万物,游魂怎样产生变 328

---

1) 译文见 Legge (9), p.382; R.Wilhelm (2), vol.2, p.251,经修改。

化,人们就会了解鬼神的特征。

人与天地有相似之处,所以他与它们没有矛盾。他的知识能包罗全世界,而且他的道能把一切安排得很有次序,这样,他就可以避免一切错误。他能按照各种情况的性质而行动,却不被它们的潮流卷走。他对于天引以为乐,(因为)他知道天命,所以他就能免于忧愁[1];他享受他的处境,实行纯粹的仁,所以他能够得到爱。

(《易》指出了)天地的(一切)变化的模子("范围")[2]而没有任何过度之处(或缺点)。万物被它所包罗,所以没有遗漏任何东西。通过它,人就能与昼夜之道发生关系并理解它。因此,他的精神不是束缚于任何特定的地方。而《易(经)》(的原理)也不拘束于任何特定的形体表现。……(第四章)。

产生和再产生就是可以称之为《易(经)》的原理的东西。……(第五章)。

圣人有能力审视天下的一切复杂现象。他观察它们的形态和性质,并用象征图("象")来表现万物和它们的特征。圣人还研究了天下所有在起着作用的动力的影响。他思考它们的共同作用和特殊性质,以便说明它们每一种的标准趋向。然后他(对图中的每一条线)都加上解释,确定它所指示的凶吉。这些就叫作"爻"。(这些图)谈的是世界上最复杂的现象,但是其中没有任何令人厌恶的东西。它们谈的是世界上最微妙的运动,然而其中并没有一点混乱。……(第八章)[3]

〈《易》与天地准,故能弥纶天地之道。仰以观于天文,俯以察于地理,是故知幽明之故。原始反终,故知死生之说。精气为物,游魂为变,是故知鬼神之情状。

与天地相似,故不违。知周乎万物,而道济天下,故不过。旁行而不流,乐天知命,故不忧。安土敦乎仁,故能爱。

范围天地之化而不过,曲成万物而不遗,通乎昼夜之道而知。故神无方,而《易》无体。……

生生之谓易。……

圣人有以见天下之赜,而拟诸其形容,象其物宜,是故谓之象。圣人有以见天下之动,而观其会通,以行其典礼,系辞焉以断其吉凶,是故谓之爻。言天下之至赜而不可恶也,言天下之至动而不可乱也。……〉

这些和其他类似的章节似乎表明,自然主义学派和汉儒们努力要以长短棍组成的图形来建立起一种象征主义的综合体系,并以某种方式包含自然现象的一切

---

1) 我们不可忽视,此处明白地陈述了对心气平和的追求(参见上文 pp.41, 63,下文 p.414)。

2) 这个比喻是中国特有的——即以金属铸造比喻。这个卦对应于自然界内部某种看不见的东西,自然界好像是由连绵的创造力把事件和事物的熔融"原料"灌注进去的一套铸模。参见上文 p.243。

3) 译文见 Legge(9),R.Wilhelm(2),经修改。

基本原理。象道家一样,他们也是想通过分类来求得心灵的怡静。如前所述,既然中国早期的科学是与巫术同源成长起来的,而且自然主义学派的法术确实包含着各种形式的占卜和巫术,所以这种发展并不是不自然的。我就要指出,它为什么被人们以如此的热情和执着地在追求着[1]。但是我们首先必须看一看那些想对自然界进行科学思考的后世学者是怎样对它加以利用的。

(3) 卦和重卦卦象在后世中国科学思想中的意义

这里,我们只能从浩瀚的文献之中选出少数几个例子。卦的系统的最初推广似乎是从汉初开始的,当时是把它们与星体的运行、从而是与时序的推移进行了有系统的联系[2]。我们知道这方面的某些出色人物的名字,如孟喜和京房。因此,卦与炼丹术就发生了密切的关系,据认为,化学过程的功效取决于其所进行的确切时间。但是某些卦,象我们以后将看到的那样,也被用来象征化学仪器。后来,卦的系统又被进一步推广到声学[3],以及关于生物学、生理学和医学中生命体的各种现象的推测。许多这类的应用将在后文举例说明。在阅读所引述的章节时,应特别注意的是人们设想卦所起的作用,它们不仅被想像为一切自然过程的抽象公式,而且也是看不见的算子和因果性的因子。

东汉时期最重要的变易学家(《易》学专家)之一是虞翻(164—233 年),他在其《易经》注解[4]中提出了八卦、日月的运行、一月的天数和十“天干”之间一种完整的相互联系的系统。这无需在此转载,因为它是很容易查到的[5]。这个系统名为“含天干的方法”(“纳甲”)。

比虞翻年长的同时代人中有炼丹家魏伯阳,他作为中国现存最早丹书的作者,

---

1) 这里应该提到大约公元 10 年时扬雄所著的《太玄经》。这是一套八十一个四画图,每个图的四条线自上而下分别叫作“方”、“州”、“部”和“家”。其中有二截或三截破折号的断线。这些四画图,每一个跨有一年中的四天半,被称为“首”,而不是“卦”。这些“首”的名字没有一个是和任何卦的名字一样的。但是这个精心构造的系统似乎并不流行。由于在周代的青铜器上曾发现有四画图[见 Schindler (3)],卫德明[H.Wilhelm (4),p.129]就提示说:扬雄的著作是以与《易经》同样古老但属于另一个传统的一系列图形为依据的——可能是已在上文 p.307 提到过的那些传统之一。另外,艾伯华(在私人通信中)则提示说:《易经》的六画重卦是与先秦的某种历法系统有关的,而扬雄的四画图或许与刘歆和刘向的新历法有关。关于扬雄系统的全貌,见 Fêng Yu-Lan (1),vol.2,pp.139ff.。

2) 这在诸如《易纬稽览图》之类的纬书中可特别明确地看到,见冯友兰[Fêng Yu-Lan (1),vol.2,pp.106ff.]的描述。

3) 见 Fêng Yu-Lan (1),vol.2,pp.118ff.。

4) 此注解的全文已不存在,但有一些部分收录在李鼎祚(鼎盛于 742 到 906 年之间的某个时期)编的《周易集解》中。

5) 对此的解释见 Fêng Yu-Lan (1),vol.2,pp.426ff.;另见 Bodde (4),p.116。

将在本书的"化学"一章中再次显赫地出现 [1] 他在 142 年著述的《(周易)参同契》中广泛地使用了卦,因此,把它和伟大的理学家朱熹在 1197 年所写的注释(《参同契考异》)中几段恰如其分的话一并引用,是有启发性的。朱熹一开头便说 [2],魏伯阳本来不打算解释《易经》,而是利用了"纳甲"法来指导自己在各个不同的适当时机加入试药和取出成丹。他接着说,"乾卦"和"坤卦"除指其他事物而外,还特别指化学仪器,而"坎卦"和"离卦"则代表化学物质,其余六十卦都与"火候"有关,亦即决定进行化学操作的正确时间(或许还指随后使用的火力)。

> 魏伯阳:乾(第一)和坤(第二)是"变易"的大门。它们是一切卦的父母。(第一章)

> 朱熹注:与人相关联的阴阳变化是指"金丹大药"。乾和坤是指火炉("炉")和化学反应的容器("鼎")。(第二页)

> 魏伯阳:坎(第二十九)和离(第三十)可以比作城墙,它们的运作就像是轮毂的运作,把轴保持在它的位置上。(第一章)

> 朱熹注:它们被比作一个城,是由于它们占据着罗盘上的各个方位。它们被比作车轮,是因为它们的交替"升降"构成了"变易"的原则 [3]。(第三页)

> 魏伯阳:四个阴阳卦的功能就象是风箱和鼓风管。(第一章)

> 朱熹注:这些卦是阴阳结合的卦,即震(第五十一)、兑(第五十八)、巽(第五十七)和艮(第五十二)。风箱("橐")、活塞("鞴")、风箱袋("囊")和鼓风管("龠"),都是有管的空间,(它们就通过这些空间而运作。)[4]。……(它们也相应于某些日期。)……风箱应该运作得有时缓慢,有时迅速(根据准备加热的程度),正像月亮有盈有亏。(第三页)

331
> 魏伯阳:对阴阳之道的控御就好像是一个熟练的骑手的工作,他循着他的道路精确得有如一个木匠以准和绳墨在工作一样。(第二章)

> 朱熹注:……绳墨是指"火候",按六十卦加以计算,正如下面将要说明的。(第三页)

> 魏伯阳:在早上是"屯"(第三)在工作,在晚上则是"蒙"(第四)接过来控制。(第三章)

---

1) 魏伯阳是不是一个真实的历史人物,一直是个未决的疑问,我们将在后文(第三十三章)讨论他本人和他的著作的时期问题,他的书的全名或许最好是译作《三的关系,或〈(易经)与合成事物的现象的谐和》》。

2)《参同契考异》,第一、二、三页。

3) 这无疑是指氧化作用和还原作用的交替,如硫化汞。

4) 当然,这里有一种神秘的含意,暗指《道德经》第五章中把宇宙比作鞴囊,它的功用即其中的空虚性。

魏伯阳:完整的周期是从无月的夜晚直到满月的夜晚。然后一切又都再度重复。按照时辰,有活动的时候,也有不活动的时候。(第三章)

朱熹注:既(第六十三)和未(第六十四)是太阴月最后一天的卦。前者适宜于早上,后者则适宜于晚上。(第四页)

〈魏伯阳:乾坤者易之门户,众卦之父母。

朱熹注:阴阳变化……在人则所谓金丹大药者也。然则乾坤其炉鼎欤。

魏伯阳:坎离匡郭,运毂正轴。

朱熹注:故其象如垣郭之形。其升降则如车轴之贯毂以运轮,一下而一上也。

魏伯阳:牝牡四卦,以为橐籥。

朱熹注:牝牡谓配合之四卦,震、兑、巽、艮是也。橐、鞴囊、籥,其管也。……而兑为上弦,……而艮为下弦,如鼓鞴之有缓急也。

魏伯阳:覆冒阴阳之道,犹工御者执衔辔,准绳墨,随轨辙。

朱熹注:……绳墨谓"火候";数,即下文六十卦之火候也。

魏伯阳:朔旦"屯"值事,至暮"蒙"当受。夜各一卦,用之如次序。

魏伯阳:既未至晦爽,终则复更始。日辰为期度,动静有早晚。

朱熹注:既、未,谓晦日之卦。朝,既济;暮,未济。〉

从这段引文可以清楚地看出,在炼丹的传统中,最先的两个卦和重卦以某种方式与所用的仪器有关,另两卦与化学物质有关,还有四个卦与加热过程有关,其余诸卦则与要进行实验的时间有关[1]。卦的实体化在魏伯阳著作的第三章中说得很清楚,书中确实说到某些卦在某些时辰起着"控制作用"。除了已经说过的前四章外,在《参同契》中另有三处专门讨论卦,即冯友兰(1)曾讨论过并由卜德[Bodde(4)]译成英文的第五章和第十章,其中列举九个重卦和卦与太阴循环中各个阶段的联系;以及第四十一章,其中以不同的词句描述了这个循环。第四十二章给出了周日的循环。这些都列在表 17 内。

这些循环是值得在图 42 及其附表中列出的,因为它们表明其制作者的某些心理状态。表 17 中的非空时性的概念都加了括号。

没有什么能够更好地说明《易经》中所体现的相互联系的思维的辩证性质了。任何事态都不是永远的,每个消失的实体都将再起,而且每种旺盛的力量都包含着它自身毁灭的种子。

---

1) 把化学操作与相对的星辰时刻校准,当然也是后来欧洲炼丹术上常见的一个特点。例如诺顿(Robert Norton)在其所著《炼丹术准则》(Ordinall of Alchimy, 1477 年)中说:管理员十分熟悉天体与我们精巧工作之间的第五种和谐。而阿什莫尔(Elias Ashmole)在《不列颠化学界》(Theatrum Chemicum Britannicum, 1652 年)中注释说:我们的作者指的是如何选择一个时间开始哲学工作的那些占星学的规则。……

332

表 17　《参同契》中卦与太阴循环和周日循环的联系

太阴月的循环,《参同契》第十和四十一章

卦次

(A)复	24	复回点(即起点)
(B)震	51	激动
(C)(兑)	58	穆静(即平静地在作用着的过程)
(D)乾	1	施与者(即阳之极,无月)
(E)(巽)	57	温和的渗入
(F)艮	52	静止不动
(G)坤	2	接受者(即阴之极)
(A)复	24	复回点……

循环复始

周日的循环,《参同契》第四十章

卦次

(A)复	24	复回点(即起点)
(B)泰	11	行进
(C)(大壮)	34	强大的威力(即过程的加速)
(D)(夬)	43	决定性的突破
(E)乾	1	施与者(即阳之极,正午)
(F)姤	44	反应
(G)随	17	接续
(H)否	12	停滞
(I)(观)	20	视觉(?)
(J)(剥)	23	分散
(K)坤	2	接受者(即阴之极,午夜)
(A)复	24	复回点……

循环复始

在上述材料中,不见有多少炼丹术的纯神秘成分("内丹")[1],但是从陈显微于1254年评论《关尹子》一书[2]中"釜"(锅,或容器)篇的如下一段话里,我们不大容易确定他是否指的就是精神的或心理的经验。他也许是同时一起既谈论这种神秘的炼丹术,也谈论实用的技艺。无论如何,卦是讨论的重点。

……现在圣人在这一《七釜》篇中详细说明了变易的道理。"釜"是一个锅

---

1) 与"外丹"相对。

2)《文始真经》卷三,第一页。该书系唐代一位佚名的道家所著。

或容器,借水火的作用使其中的东西发生变化。但是我们现代学者很少有人对他的话不感到惊讶的。有些人认为这些话是异端,有些人认为是假的。但是正如庄子所说,你不能向瞎子谈论文章的优美,也不能向聋子谈论音乐,等等。……

(例如)使东西穿过金和石是可能的。现在"兑"(第五十八)是金的卦,"艮"(第五十二)是石的卦。但是"气"能够渗透以山泽为形态的金和石,然后就完成了变易和转化[1]。……

如果你知道"乾"(第一)和"坤"(第二)怎样开放和封闭,你就会理解变的原理。然后你也就理解"坎"(第二十九)与"离"(第三十)之间的交合,并且(因而)理解水与火的相互对抗作用。"气"穿透山泽,雷与风相互作战——这一切一定有着一种机制[2]。在我自己身上(我能认识到是)"震"(第五十一)和"兑"(第五十八)的东西,就是别人的肺和肝。如果我们能真正进入"震"和"兑"的精神方面(象征主义?),我们就能看透别人的肺和肝了[3]。

一个人的魂魄乃是龙和虎(即金和汞)的精华。如果他能凝结魂和魄的气,他就能转化他内脏中的龙和虎[4]。

在"坎"(第二十九)中有"年轻的小伙"("婴儿")。在"离"(第三十)中有"美丽的少女"("姹女",肯定是指汞)。如果能把"坎"的坚固的实体插入并使之适合于("点")"离"的虚空[5],则"年轻的小伙"与"美丽的少女"就彼此见面,而每一个的形状都将显现。这就是道。

在"坎"中发光的神火,驱走了阴里面的阳。这个阳飞起上升,并在"神火原来的位置"与阳里面的阴相遇。这两者互相捕捉、互相控制、互相交合并互相连结在一起[6]。那就象金乌和玉兔的互相把握(即日和月的会合),或如磁石之吸针。二"气"彼此纽结并纠缠在一起[7],就产生了变化。有时出现"男孩"和"少女"的现象,有时则出现龙和虎的形状。它们变化无穷,飞着、升着、跑着、跳着,没有一刻安宁,但是决不从容器和炉中跑出来。这时候就是应当

333

---

1) 大概陈显微想到的是地下水道、风化作用,等等。

2) 去掉"机"字的"木"旁也许是一种更好的读法,在这种情况下,陈显微就是在谈事物的"萌芽"了,正如庄子说的那样(参见上文 p.78)。如果这样,他的想法也许是:本卦以抽象的方式代表事物的这些萌芽。

3) 即如果真能了解象征主义,也就了解了生理学(?)。

4) 这种说法与呼吸运动有某些关系(见上文 p.143)。

5) 对用水银制造金混合物的直率的性象征表达。

6) 此处所描述的过程似乎是在回流冷凝器系统上部的气-固反应,类似于希腊炼丹术中的 *kerotakis*(参见本书第三十三章)。

7) 对化合作用的形象比喻。

刮起"巽"（第五十七）风来助"离"火的时候，以便最迅猛地引起最强烈的变化。这样，真的（丹砂）丹药就会凝结。这就是道。

　　最重要的两件事是观察的心灵（"观心"）和吸引的精神（"吸神"），两者都有助于"火候"的功效。佛教徒的禅定方法似乎有价值，但实际上并不如此。道家们采用的深呼吸和吞咽口津，则是追求小事而遗弃真正的大事。……[1]

〈……今圣人于《七釜》一篇，备言变化之道。盖釜者，资水火以变物之器也。后世学者观之，不惊其言者鲜矣。或者指为异端伪书，宜哉。庄子有言曰：瞽者，无以与乎文章之观；聋者，无以与乎钟鼓之声。……

　　……可以入金石，即"兑"为金，"艮"为石。山泽通气，然后能变化成万物之谓也。……

　　学者能知乾坤，一阖一辟谓之变，则知坎离交遇，水火相射，山泽通气，雷风相搏之机。然后知我之震兑即他人之肺肝。能人震兑之神，则可以窥他人之肺肝矣。

　　我之魂魄，即龙虎之精英。能凝魂魄之气，则可以化腹中之龙虎矣。

　　坎之中有婴儿，离之中有姹女。能取坎中之实，以点离中之虚，则女婴相见，各现其形，是道也。

　　因运神火，照入坎中，驱逐阴中之阳。飞腾而上，至神火本位，遇阳中之阴，擒制交结。如金乌搦兔，磁石吸针。二气纽结而生变化，或现女婴之象，或呈龙虎之形，变化万端，飞走不定，往来腾跃，不出鼎炉。当是时，则当鼓动巽风，助吾离火，猛烹极锻，炼成真丹，凝成至宝，是道也。

　　其中有观心、吸神二用；皆助火候之力者。释氏观法观心，似是而非。方士之服气咽津，弃本逐末。……〉

　　从这几段引文可以看出，卦的系统在宋代和宋以前就被炼丹家充分加以利用了。应该注意的是，在 3 世纪的魏伯阳和 13 世纪的陈显微两人的著作中，"坎"卦和"离"卦都代表着起反应的化学物质[2]。"巽"卦显著地与炼丹炉的通风有关，并且也（同"震"和"兑"一起）与人的呼吸有关——这是一个完全正确的比拟。但是，绝大多数的卦代表着特定的时间。

334

　　现在只需要从生物学的领域补充一两个例子。在王逵的《蠡海集》（大约成书于明初，即 14 世纪末叶）中，我们看到有关血液的如下见解：

人和动物的血总是红的[3]。这是因为血是阴，并且属水类，它们是在"坎"卦（第二十九）的支配之下[4]但是血还包含有阳的（成分），它也由于它所含的东西而是红的。"坎"与"离"（第三十）的相互作用就是造成（血的）"气"的运动的起因。如血离身体时间太久，就要变黑，如对它加热，它也变黑，这是因为它

---

1) 由作者译成英文。

2) 我还可以根据沈括 1086 年著的《梦溪笔谈·补笔谈》卷三第十三段来补充一个有关这一点的例子。

3) 他未曾注意到甲壳动物的蓝色的血青蛋白。

4) 见表 13 的八卦，在那里血红系"坎"卦的颜色。

倾向于回到它的本源(即第二卦"坤"的土性)。[1]

〈人与畜,凡动物血皆赤者,血为阴,属水。坎为水,中含阳。血色赤,所含者阳也。离
中之交,生气之动也。去体久即黑,熟之亦黑,返本之义也。〉

这段话正如王逵其人,他记下了别人所未观察到的许多有生物化学意义的奇异事
物。但是他也显示了卦系统的玄虚性。由于在此前的若干世纪里,血红色已被武
断地选定是与"坎"卦联系着的,于是说"坎"卦是在控制它,就成为对血的红色一种
圆满的解释。"坎"的对偶"离"在解释为什么有些动物有体外骨骼时,也起着类似的
作用。我们一再遇到这种情况。因此,高似孙约在 1185 年左右写了一篇关于甲壳
动物的优秀论文《蟹略》,在他的序言中说:"《说卦》说'离'卦在控制蟹。孔颖达[2]
解释这一点说,那是因为蟹的坚硬的部分在外面,而柔软的部分在里面。"[3]("易说
卦曰,离为蟹。孔颖达曰,'取其刚在外'。")这一推导来源于对第七卦"离"(见表
13)的纯粹象形文字的解说,因为"离"卦上下各有一阳爻,中间有一阴爻。按照这
种说法,"坎"应代表鱼类、爬虫类和哺乳类,但是我未曾看到过这样的明确提法;然
而,"坎"的动物是猪,其表体很柔软。连 16 世纪末的李时珍在内,所有的人都照样
引用了这种对体外骨骼的启发性解释[4]。

最后,还有一个生理学上的和一个医学上的例子。《蠡海集》上说:

人的上眼睑在运动,下眼睑则静止不动。这是因为"观"卦(第二十)的象
征体现了视觉的观念。风性的"巽"(八卦第六)在上边运动,土性的"坤"(八卦
第二)则在下边不动。

同样地,人的下颚运动,上颚则静止不动。这是因为"颐"卦(第二十七)的
象征体现了营养的观念。雷性的"震"(八卦第三)在下边运动,山性的"艮"(八
卦第五)则在上边静止不动。

此外,眼在头的上部,并且它的上部在运动;这是因为天的气在上边活动
的缘故。但是口在头的下部,并且它的下部在运动;这是因为地的气是在下边
活动的缘故。[5]

〈人之目上睫动,下睫静,为观卦之象,有观见之义。巽风动于上,坤地静于下。
人之口,下颏动,上颏静,为颐卦之象,有颐养之义。震雷动于下,艮山止于上。

335

---

1)《蠡海集·人身类》,第八页,由作者译成英文。

2) G1055;孔颖达系隋朝人(574—648 年),《易经》的注疏家。

3) 见于《说郛》卷三十六,第十七页,由作者译成英文。

4)《本草纲目》卷四十五第二十二页有关"蟹"的章节[参见 Read (5),no.214,p.33];以及卷四十六第二
十八页有关"河螺"(*Paludina* spp.)的章节[参见 Read (5),p.75]。

5)《蠡海集·人身类》,第十七页,由作者译成英文。

〈目居上,上者动,天气运于上也。口居下,下者动,地气运于下也。〉

节足动物与脊椎动物的对比,又在《蠡海集》的医学部分中表现出来,它说:

> (黄)河以北是"坎"(第二十九)的位置,所以那里的人有着强壮的体质
> ("内实")。(长)江以南是"离"(第三十)的位置,所以那里的人有着软弱的体质
> ("内虚")。前者有阳在内,所以需要寒和泻的药;后者有阴在内,所以需要温
> 药和滋补的治疗。[1]

> 〈河以北,坎位也,故其人多内实。江以南,离位也,故其人多内虚。内实者,阳在内,宜
> 寒泻;内虚者,阴在内,宜温补。〉

如果这种论证引起人们的失望,我们就必须回忆一下我们欧洲人的祖先们及其神
学徽号和目的因在 14 世纪的最后几十年、也就是较老的剑桥大学各学院创立的时
候,其情形也好不了多少。但是,当我们继续读下去的时候,《易经》的破坏作用就
变得越来越明显。

然而关于这几段文字,有意思的事情是,在很大一部分《易经》思维的背后一定
有着这样一个概念,即天地是一个巨大的力场,以"乾"和"坤"为其两极[2]。当然,
王逵并没有说得如此明显,但他说到,高等动物的前部和背部结构应该是朝向天,
而后部和腹部结构应该是朝向地,这似乎是很自然的。同样的观念似乎也隐含在
前几页曾分析过的魏伯阳的"火候"卦的循环中。

(4)《易经》作为对自然现象的"行政管理途径"; 它与有组织的官僚制社会和有机主义哲学的关系

《易经》这一本质上是中古时代的体系,其强大的威力一直到现代仍继续影响
着中国的人心,这是尽人皆知的事。凡是在中国居住过的人,都知道年老的学者对
《易经》的深切眷恋。理雅各[Legge (9)]写如下一段话时,一定是出自他的切身经
验之谈:

> 凡是对"西方"[3] 科学已经有某些知识的中国学者士绅都爱说,"欧洲"物
> 理学的电、光、热以及其他学科的全部真理都已包含在八卦之中了。可是当问
> 到为什么他们和他们的同胞对这些真理一直是而且仍然是一无所知时,他们

336

---

1)《蠡海集·人身类》,第十五页,由作者译成英文。

2) H.Wilhelm (4),p.41。

3) 这段引文中的引号是我加的,因为科学是、而且一直是世界性的,这个事实不受下述历史偶然性的
影响,即 17 世纪在欧洲出现的近代科学的巨大高涨不得不及时地向东方传播。而在一千年以前,传播的方
向则是相反的。

就说，他们必须先从西方书籍里学到这些，然后再查对《易经》，这时他们发现在二千多年以前孔子就已经懂得所有这些了。这样表现出来的虚荣和傲慢是幼稚的。而且中国人如不抛掉他们对于《易经》的幻觉，即如果认为它包含有一切哲学所曾梦想到过的一切事物的话，《易经》对他们就将是一块绊脚石，使他们不能踏上真正的科学途径。

这些话是将近一个世纪之前写的，但是现在的情况摆向了相反的方向；极少有中国科学家能抽出时间来检查他们所认为是他们自己中古时代的愚昧思想，这一事实确实是大大地损害了亚洲的科学发展史。但是，关于《易经》在中国科学思想的发展中究竟起了什么作用，现在该是我们作出自己的判断的时候了。

恐怕我们不得不说，尽管五行和阴阳的理论对中国的科学思想发展是有益无害的[1]，但是《易经》的那种精致化了的符号体系几乎从一开始就是一种灾难性的障碍。它诱使那些对自然界感兴趣的人停留在根本不成其为解释的解释上[2]。《易经》乃是一种把新奇事物搁置起来，然后对之无所事事的系统。它那象征主义的普遍体系构成了一个庞大的归档系统。它导致了概念的格式化，几乎类似于某些时代在艺术形式上所出现的那些格式化，它们最后使得画家根本就不去观看自然界了[3]。我们当然可以准备承认，一种对自然界新奇事物的归档系统能够解决这样一种需要，这种需要正如我在上文已经指出的，乃是原始科学最大的激励因素之一，亦即至少要对现象加以分类并把它们置于某种相互关系之中，以便克服必然是那末可怕地压在古人身上的那种永远呈现的恐惧心理[4]。任何假设总会比没有假设要好，但是多少可以消除对疾病和灾难的恐惧的各种假设，却是必须不惜任何代价都要有的。乍一看来，似乎是那些想象着德谟克利特的原子论的人，要比那些认为他们借助于一种六十四个卦象的系统就能掌握宇宙中一切塑造力的精华的人，只不过是在选择上幸运得多而已。但是，事情并不那么简单。

这里有一个不可排除的问题：欧洲没有任何东西可以与之相比拟的这一《易经》的普遍象征系统何以会成长起来，又何以能表现出如此异常的经久不衰？在我们把它说成是一种宇宙的归档系统时，是否就已经回答了这个问题？它在中国文明中所具有的强制性的威力，是否由于这样一个事实，即它基本上

337

---

1) 冯友兰[Fêng Yu-Lan (1), vol.2, p.131]同意此说。

2) 德效骞教授曾对我提示过，中国科学在宋代繁荣的原因之一或许是，以周敦颐为先导的理学家们从《易经》中删去了很多的迷信，并把卦恢复到一种纯象征性的用途。但是，把卦当作自然现象背后的朦胧的因果因素这一概念，恐怕在他们以后还继续存在了很长的时期。

3) 这个论点出于与沙利文（M.Sullivan）先生的谈话。

4) 卫德明[H.Wilhelm (4), p.24]也指出，就宇宙的多样化被想象为可以用卦加以理解而言，《易经》也体现着一种乐观的进攻型心理学。

是与官僚制的社会秩序相适应的一种世界观？我们能否甚至说它是对自然现象的"行政管理的途径"？当中国的科学著作者说某某卦"支配着"某某时刻或现象时，当某种自然物体或事件据说是在某某卦的"主管之下"时，我们就不禁想起所有曾在政府机关工作过的人们所熟悉的那套用语："相应咨转贵部查办"，"转请贵部查照"[1]，等等。《易经》简直可以说是构成了一个"把各种观念通过正当渠道转致正当部门"的机构。这里当然不可能对中国的官僚主义作任何评述，那必须留待本书的末尾几章中再说。在目前阶段只能要求读者理所当然地假定中国社会是官僚主义（或者也许是官僚封建主义），也就是欧洲所从未见过的一种社会类型。这里要提出的论点是，《易经》的系统可以在某种意义上视为是地上的官僚体制在天上的对应物，是人类文明所产生的特定社会秩序在自然界中的反映。

再者，只要任何人肯费心注意一下，就会发现上述这种联系在中国人民的思想中并非是不自觉的。由汉代学者精心制作的并以《周礼》的形式传给我们的那种理想化的行政体制是，每一个大部门都与一个季、因而也与一个卦相联系着（见表18）。《周礼》中的描述，被公认为是代表着一种从未确切实现的理想体制，但是这些观念有许多延续到后世，这可以在戴何都[des Rotours (1)]最近所写关于唐代官方史书的行政篇章的详密著作中看到。

表18   易卦与《周礼》中行政体制的联系

部	相关的概念	卦名	八卦序号	六十四卦序号
(1) 治官(冢宰)	天	乾	1	1
(2) 教官(司徒)	地	坤	2	2
(3) 礼官(宗伯)	春	震	3	51
(4) 政官(司马)	夏	艮	5	52
		巽	6	57
		离	7	30
(5) 刑官(司寇)	秋	兑	8	58
(6) 考工(司空)	冬	坎	4	29

338   这些考虑就把我们引到可以认为是本章的结尾的东西。或许从某种意义上说，整个相互联系的有机主义的思维体系是中国官僚主义制度社会的镜象。不仅对于《易经》的非常庞大的归档系统，就连对于等级化的基层世界中的象征的相互联系也都可以这样说。人类社会和自然界的图景都包含着一种坐标系统、一种表

---

1) 或者，象在这里一样，常常是指无所作为。

格结构[1]或一种等级化的基层,其中每件事物各有其位,并通过"适当的渠道"而与其他一切事物相联系。一方面,有国家的各个部门(组成一个坐标轴)和九品官制[2](组成另一个坐标轴)。另一方面,与此相对则有五行或八卦或六十四卦(组成一个坐标轴)和在它们中间被划分开来并且每一个个体对它们都有感应的万事万物(组成另一个坐标轴)。当然,必须避免把这种比较推得太远,因为中国的有机主义哲学的一些最动人的例子(曾在上文 pp.51 ff.引用过)来自庄子,而他却生活在中国官僚主义盛行之前至少两个世纪——然而我们可以说,这种制度的条件一直存在于中国社会之中;在每个封建国家内都有成群的职业官僚,而且官僚权力的具体基础——水利工程——已经在庄子时代开始发生重要作用。在对道家的有机主义与德谟克利特-伊壁鸠鲁原子论之间作出一目了然的比较时,我们能否把这样一个事实视为纯属偶合,即前者出现在一个由水利所决定的官僚主义占统治地位的高度有组织的社会里,而后者则出现在一个城邦国家和个体商人冒险者的世界里? 我认为我们不能这样做,但是欧洲社会与中国社会之间的深刻对比必须留待本书的后半部来论述。

然而,指出如下这一点或许不致于过多地预示后文中所要说的话,即中国的官僚主义根本上是属于土地的,是基于一种与灌溉和治水有关的农业生产;相形之下,欧洲城邦国家则以海运为重点。因此,葛兰言[Granet (5)]在一段名文中着重指出中国人世界图象中的土地的和乡村的成分时,他就看到了中国社会的另一面,他说:

> 人们喜欢谈论中国人爱群居的本能,并且说他们有一种无政府主义的气质。事实上,他们的联合精神和他们的个人主义都是乡村的和农民的特性。他们的秩序观念来源于一种对善意理解的健康的乡村情感。法家的失败以及道家和儒家的共同成功证明了这一点。这种情感受到了过度的行政干涉、平均主义的约束或抽象规章的挫伤,但却是一直立足于(当然容许个人的差异)一种对自主的热望以及一种对同志关系和友谊的同样强烈的需要。和秩序比起来,国家、教条和法律都是无力的。秩序被理解为这样的一种和平,它不是抽象形式的服从所能建立的,也不是抽象的推理所能强加的。要这种和平得以普及各地,就必须有一种对和解的爱好,其中包含着强烈的妥协意识,自发的团结性和自由的等级制度。中国人的逻辑不是僵硬的从属关系的逻辑,而

339

---

1) 别处也提到坐标式的表格结构在中国的早期出现[本书第二章(第一卷 p.34)和第十九章(f)和(h)]. 这肯定不是巧合。

2) 参见 Mayers (1),p.364。

是一种柔和的等级制度的逻辑，它那秩序概念从来没有失去过产生了它的那些观念和情感的具体内容。无论是你把它称之为道，并从中看出全部自主和全部和谐的原则，还是把它象征化为礼，并在礼中看出全部等级制度和公平分配的原则，秩序的观念始终保持着这样的意义（当然是以高度精炼的形式，但从未远离其乡村的本源）：理解并引导人理解；也就是在自身之内和自身周围创造和平。中国人全部的智慧都是由此产生的。它的细微之处可能多少有点神秘意味和实证主义，多少有点自然主义或人道主义，但是这没有多大关系——在所有学派中，我们都发现这样一种观念（以具体的象征手法表达出来，却仍然是有效的）：在普遍的善意理解的原则与普遍的可理解性的原则之间并没有区别。一切知识、一切权力，都是从"礼"和"道"出发的。凡可接受的统治者必须是圣贤。一切权威都建立在理性上。

接踵而来的是更为广泛的影响。希腊的原子论和数学无疑是正确地被视为欧洲 17 世纪笛卡尔-牛顿的科学的基础。它们在近代资本主义社会的母体中产生了我们的直接前辈如道尔顿(Dalton)、赫胥黎和机械唯物论者的"近代"科学。但是，自从他们的时代以来，科学不得不变得更加"近代化"，以便吸收场物理学，并考虑宇宙的极大的和极小的各个部分，它们都超出了适于建构牛顿的世界图景的那些大小范围[1]。由于对生物现象的深入理解，也有必要重新制订有机主义哲学在其中曾起过重大作用的那些科学概念。但是首先，有机主义哲学并不是欧洲思想的产物；我们猜想莱布尼茨可能曾经受到有机主义哲学以其成体系的理学形式来施加的影响。于是在我们眼前就展现了一幅意料不到的景象——也就是这样一种可能性：起源于欧洲商业城邦社会的原子的偶然遇合的哲学，对于建立 19 世纪形式的近代科学是必要的；而对建立现在和未来形式的近代科学所必需的有机主义哲学，则起源于上古和中古的中国官僚主义社会。今天的科学所采取的新形式，当然并不取代牛顿自然科学的"经典"体系；这些新形式之所以成为必要，仅仅是由于今天的科学所必须涉及的宇宙领域是牛顿体系所未曾设想过的。我们全部结论所需要的只是：中国的官僚主义及其所产生的有机主义，在形成一个完善的自然科学世界观的过程中，可能证明是与希腊的重商主义及其所产生的原子论同样必要的一个成分。

340　　当然，如果这些说法应予落实的话，它也不会是基本观念在应用上（例如在人与自然之间）反复摇摆的唯一的例子。我们可以想到自然淘汰这一类似的例子，如所周知，达尔文从马尔萨斯那里得到了启发，把马尔萨斯有点不怎么有道理地应用

---

1) 参见玻尔(Niels Bohr)在牛顿诞生三百年纪念会上的演说。

于人类的理论很妥当地应用于自然界。后来,达尔文的公式又被引入人类社会,并且在那里被极其没有道理地加以应用。所以在现在的这个事例中,莱布尼茨和怀特海所应用于自然界的理论有机主义,也许是起源于亚洲官僚主义社会在自然界的反映。我们应该理解,这些想法中没有一种是以任何形式为《易经》的观点进行辩护的,或是要减轻它对中国科学思维所造成的恶劣影响的。巨大的历史悖论始终是这样的,即虽然中国文明不能自发地产生"近代"自然科学,但是如果没有中国文明所特有的哲学,自然科学也不能使它本身臻于完善。

(5) 附论:《易经》和莱布尼茨的二进制算术

提到莱布尼茨,就把我们引向科学史上一个也许是其奇特性更甚于其重要性的问题。在他对中国的若干研究和发现之中有一项对《易经》中卦象的数学解释,其意义至今仍多少有些争议。这一离奇的故事在卫德明[H.Wilhelm (5)]和裴化行[Bernard-Maître (6)]所写的两篇颇不易得的论文中讲得最好[1]。

我们通常的算术是以 10 为基数,在整数末位后加上一个零就使该数增加 10 倍。但是这种惯例纯系任意决定的。算术本来是可以用 12 而不用 10 为基数的,在这种情况下,三分之一和四分之一就不会涉及整数的分数了。数的一些性质对任何进位制都是基本的,而另一些则视任意选择的基而定。例如把奇数累加在一起,不论所选择的基是什么,都会得出平方数列。但是,所有 9 的倍数的各位数字累加都得 9(或小于所说数的 9 的倍数),这一事实并不是一种基本性质,它的出现仅仅是因为 9 是任意选择的基本数字序列中的倒数第二个数。莱布尼茨想到,一种以 2 为基数的算术是可能的,而且也许是有用的;在这种"二进制"的算术中,把零加到任何数上,就相当于仅仅乘以 2 的幂,正如在普通算术中乘以 10 那样。因此,这些数字可以用下列方式表示:

1 = 1	6 = 110	11 = 1011	16 = 10000
2 = 10	7 = 111	12 = 1100	依此类推
3 = 11	8 = 1000	13 = 1101	
4 = 100	9 = 1001	14 = 1110	
5 = 101	10 = 1010	15 = 1111	

莱布尼茨于 1679 年所写的一篇"论二进制算术"(De Progressione Dyadica)的论文中,对这人系统做了最早的描述。全部论述发表于 1703 年的《皇家科学院纪录》 341

---

1) 也见于 Vacca (8)。

(Mémoires de l'Académie Royale des Sciences)，标题为"二进制算术的解说"
[Explication de l'Arithmétique Binaire, Leibniz (4)]，其中列出了二进制系统中加
减乘除的例子[1]。但是副标题接着说："……它只用 0˙与 1，并论述其用途以及伏
羲氏所使用的古代中国数字的意义"(…qui se sert des seuls caracteres 0 et 1, avec
des remarques sur son utilité et sur ce qu'elle donne le sens des anciennes figures
chinoises de Fohy)。当时发生了什么事呢?

　　当时所发生的事是，莱布尼茨已与在中国的一位耶稣会士白晋(Fr.Joachim
Bouvet)[2] 进行了接触，白晋对《易经》特别感兴趣，莱布尼茨和他在 1697—1702
年间保持着长时间的通信[3]。接照二进制，可以把《易经》的六十四卦解释为数字
的另一种写法，即以阳爻代表 1，而以阴爻代表 0——但这个发现似乎首先是白晋
而不是莱布尼茨的想法。白晋在 1698 年就已引起莱布尼茨对《易经》的注意，但
是，直到莱布尼茨在 1701 年 4 月把他的二进制数字表寄给白晋时[4]，才认识到它
与六十四卦的同一性。同年 11 月间，白晋寄给莱布尼茨两份关于易卦序列的完整
图表，其中之一就是图 41 中复印的那个"分离表"，另一个是正方形和圆的配列[见
Legge (9)中的折叠图版]。这两个图表都没有按照经文中所安排的所谓"文王序"
给出各卦，而大多数版本的图表是按"文王序"给出各卦的。白晋的程式称为伏羲
("先天")系统，它不从"乾"而从"坤"开始，历经 2,23,8,20,16,35,45,12 等等，这种方
式所得到的就不是一个接一个的镜象或反演，而是一种恰如莱布尼茨记数法所需
要的那种渐增阳爻数目的有条不紊的数列。于是，"坤"(第二)就相当于 000000,
"剥"(第二十三)相当于 000001，"比"(第八)相当于 000010，"观"(第二十)相当于
000011，"豫"(第十六)相当于 000100，全部的六十四卦依此类推。实际上，伏羲的
顺序[在本书二十六章(i)中将再讨论，因为根据文王和伏羲的两种顺序，罗盘方位
的联系是不同的]一点也不古老，并且只能追溯到宋代的哲学家邵雍及其《皇极经
世书》(约 1060 年)。正如卫德明[H.Wilhelm (5)]所指出的，白晋只晓得这个排列
法，因为他同清朝宫廷生活有密切联系，在那里理学仍然是正统，而像顾炎武、胡
渭、张尔岐和王船山等人对《易经》的新考订尚不为人所知。从某一方面来说，这是

342

---

1) 这篇论文全文转载于裴化行的著作[Bernard-Maître (6)]中。
2) 关于白晋，见 Dehergne (1); Pfister (1), pp.433ff.。
3) 这个通信集现保存在汉诺威图书馆内，由于历史的嘲弄，它至今只有日文和汉文的全文版本。日本
学者五来欣造在汉诺威抄录了它，并把它译成了日文。后来刘百闵又把它译成汉文，收在李证刚(1)的《易
学讨论集》中。
4) 他这样做，因为他给二进制算术附加上宗教意义和神秘意义。"一切组合均产生于一和零，这好像是
说，上帝创造万物是从零开始的，而且只有两条第一原理，即上帝与零。"莱布尼茨曾希望用这种准数学论证
来诱导中国人接受基督教。

一个幸运的机遇。

使莱布尼茨自然要感到惊奇的是,他竟然在《易经》的六十四卦之中发现了他为 63 至 0 的数字序列而采用的二进制记数法,而《易经》在当时被普遍认为至少要上溯到公元前两千年。他在他的余年仍继续详谈他和白晋的共同发现,例如象在后文(p.501)中所分析的,他在 1716 年关于中国哲学的长信的末尾部分中,为第四部分所定的标题即为"论中华帝国创始者伏羲氏在其著作中使用的字与二进制算术"[1]。又如在豪普特(Haupt)于 1753 年发表的著作中所证实的那样,这项发现在 18 世纪继续激起人们的兴趣。

但是,对于科学史来说真正的要点是,这个故事所包含的意义(如果有的话)是什么? 卫德明写道:"两个推理的人,时间上相隔六个半世纪,而又生活在世界上相对的两端,并且从完全不同的基础出发,竟然得出了同样的顺序方案,这确实是一个令人惊奇的现象。我们很难不感到这种吻合不是一种巧合,并且两种系统多少必定是立足于同样的自然基础之上"。韦利[Waley (9)]在当时(1921 年)承认,六十四卦是极其古老的;他提出,莱布尼茨的发现蕴涵着中国人在公元前一千年以前很久就对零和位值有了某些理解。尽管伯希和[Pelliot (15)]对这个意见提出批评,但是奥尔斯万格[Olsvanger (1),他继续承认那些不可能的传说年代]当他在六十四卦中显然是独立重新发现了二进制算术时,仍然保持这样的见解,即六十四卦体现了对位值和零的一种理解[2]。

当然,这些想法都应该摒弃。发明六十四卦的那些人所关心的只是,用长棍和短棍这两种基本原件来形成一切可能的排列与组合。这些一经形成之后,显然有好几种同样合乎逻辑的排列也是可能的。事实上,其中有两种最后获得了极大的重要性,虽然其他排法也不难设计出来。把数学的意义归之于六十四卦,其主要的缺点是,没有什么东西是比任何一种定量计算更远离古代《易经》专家们的思想的了,葛兰言已充分地表明了这一点。至于研究用阴爻和阳爻的反复交替组成六十四卦的"变易"的占卜者,他们可以被认为是在进行简单的二进制算术运算,但是他们在这样做的时候,肯定是并没有认识到这一点的。我们必须要求,任何发明——无论是数学的或是机械的——都应该是有意识地作出并能供使用的。如果《易经》占卜者不曾意识到二进制算术,而且也未曾加以使用,那末,莱布尼茨和白晋的发现就仅仅具有如下的意义,即在邵雍的《易经》解说中所表现的抽象顺序系统是碰巧与包含在二进制算术中的抽象顺序系统

---

1) Kortholt (1), vol.2, p.488.

2) 莱布尼茨和白晋自然认为:尽管古代中国人对二进制算术有过理解,但它早已被遗忘了。

相同而已。莱布尼茨和白晋相信是上帝曾启发伏羲把它纳入卦中,这一点我们不必纠缠。

最近巴尔德[Barde (1)]提出一种更说得通的设想。他认为,卦的线条倒不见得代表占卜用的长短棍,而是更多地与自古以来中国肯定在使用的算筹有关[1]。因此,这些符号可能是来源于使用一种以 5 为基的算术,由细线或断线代表其值为 1 的算筹,而粗线或不断线则代表其值为 5 的算筹[2]。以 5 为基的算术长期存在于原始民族之间,这是人类学上人所共知的事实[3]。中国人的头五个数目字现在和过去都是算筹状的,这件事可能并不是没有意义;而在罗马数目字中,现在仍然清楚地存留着以 5 为基的算术的遗迹,因为 6 是 51,7 是 52,等等。在编成以 10 为基的乘法表以前,一种古代的乘法程式需要记忆某些数字,——如 25(头五个奇数的总和),144(头六个奇数各乘以 4 的总和),210(头六个偶数各乘以 5 的总和)。这些正是显著地出现在《易经·系辞》中的数字[4]。如果这种说法对路的话,那末,巫术占卜的符号可能是一种很古老的算术程式的蜕化。有一种推论是,六十四卦可能是原有的,八卦则是后来的一种分析思想的产物;巴尔德收集的汉学证据表明,事实上的情况就是这样。

现在只需要补充说,奥尔斯万格和巴尔德用二进制或别的方法把文王(《易经》经文)卦序的六十四卦转变成普通数字,并且发现了各式各样的幻方。虽然发现幻方的特性在中国大概确实要比在别的任何地方更早[5],但是从《易经》得出的幻方却颇为复杂;因而很难使人相信,中国的变易论者在他们编排六十四卦时在内心里曾有过任何这样的思想。

要是在十多年前,这个论题可能到此就结束了。但是晚近的发展表明,莱布尼茨的二进制算术远远不单纯是历史上一桩稀奇事而已。正如维纳(Wiener)在他那本关于"控制论"(对动物的或机械的自调节系统的研究)的重要著作中指出的那样,这种算术已被人发现是对目前的大型计算机最适用的系统[6]。人们发现,把计算机建立在二进制的基础上是便利的,不论是电路开关或热离子阀,只要使用"开"

1) 见本书论数学的第十九章(f)。
2) 反过来则是,不断线代表奇数,断线代表偶数。但是值得注意的是,可以追溯到公元后最早几个世纪的中国算盘,它有用一条横木分开的具有 1 和 5 两种数值的滑动算珠[见本书第十九章(f)]。
3) 这种算术的起源是很自然的,因为人们只用一只手而不是用双手。
4) 《易经·系辞》第九章,译文见 Legge (9),p.365; R.Wilhelm (2),vol.2,p.236; Baynes (1),vol.1,p.333。中国文献中对这些数字有很多奇怪的解释,参见《寓简》卷一,第三页。
5) 见本书第十九章(d)。
6) Wiener (1),pp.10,139.某些工程师,例如波拉德[Pollard (1)],承认中国人是鼻祖。在快速电子计算电路上的应用是 1932 年温-威廉斯(Wynn-Williams)首次做出的。

或"关"两种位置就行[1)]，随之而来的那种算法因此就是布尔(Boole)的类代数，它所给出的选择只有"是"或"否"，类内或类外[2)]。因此，莱布尼茨除发展了二进位制算术而外，也是现代数理逻辑的创始人和计算机制造的先驱，这并不是一种巧合[3)]。后面我们就会看到，中国的影响对他形成代数语言或数学语言的概念至少起了部分作用，正如《易经》中的顺序系统预示了二进制的算术一样。帕斯卡(Blaise Pascal)在1642年曾制成了第一台加法器，但是，莱布尼茨在1671年想出了第一架能够做乘法的机器，虽说要到1820年托马斯(Thomas)在法国时才把它用金属制造出来。通用计算机是英国的巴贝奇(Babbage)在1832年最初设想出来的，而它的第一次实现则须等到一个世纪稍多之后艾肯(Aiken)在美国的工作。维纳说[4)]，丝毫不足为奇的是，引起数理逻辑发展的那种智力冲动，同时导致了思想过程的理想的或实际的机械化，因为二者本质上都是想要排除人的偏见和人的弱点而达到最完美的精密性和准确度的方法。

另外还有一种看法[5)]。今天的计算机，由于它的连续开关装置和自动保持一种预定的操作方案的反馈系统，已被人当作是一种接近于动物中枢神经系统的理想模型[6)]。显然，它的输入和输出无须采用数字和图形的形式，而很可以分别地一方面是人造感觉器官，如光敏元件、pH记录器、送话器、触摸开关等等的读数，另一方面则是各种执行伺服机构，例如各种管形线圈。这种方法之如此长期地被人忽略，是因为生理学家和生物化学家是从能源和利用的角度、而不是从信号的角度进行思想，也就是说，他们是动力工程师，而不是通讯工程师。现在已有可能想象将来拥有巨大控制机制的社会，其含义是能使一个综合工厂的全部运行都自动化。其影响所及也很可能不只限于工业方面，因为有人指出，有高级生物机体的中枢神经系统中，神经细胞本身似乎也是按照二进制算术的原理在行动的，也就是生理学家所熟悉的那种"全有或全无式的反应"特性[7)]。它们要么处于静止状态，要么在"发动"时便以一种几乎与刺激的性质和强度无关的方式而发动。当然这并不意味着，逐级的反应不常出现在神经生理的现象中，而只不过是有理由相信它们乃

345

---

1) 参见 Comrie (1)；Bush & Caldwell (1)；Lilley (1)；Aiken & Hopper (1)；Hartree(1)；Berkeley(1)。

2) Wiener (1),p.140。

3) 参见 Michel (5)。

4) Wiener (1),p.20。

5) 此外，在与中国有关的场合，只有卡先(Cassian)在他为珀尔伯格的著作[Perleberg (1)]所写的序言中注意到它。

6) Wiener (1),pp.22,36。

7) Sherrington (1),p.70；Wiener (1), p.141。

是神经细胞总体的累积作用,其中每个神经细胞都遵守着全有或全无的定律。于是在这里我们就看到,邵雍在他的《易经》六十四卦排列中偶然碰到并由莱布尼茨使人意识到的二进制算术,可以说是在一种十分真实的意义上早在它被人发现适合于现代人的大型计算机之前,就已经被用来构成哺乳动物的神经系统了。

第十四章　伪科学和怀疑主义传统

正如所有其他古代文明一样,中国过去也曾同样强烈地盛行过各种迷信活动[1] 占卜、星命、堪舆、骨相、时日吉凶的选择和鬼神传说等等,是古代和中世纪一切中国思想家所共有的背景的一部分。科学史家不能简单地排斥这些理论和活动,因为它们使古代的宇宙概念得到不少说明。同时,正如我们在前面(pp.83, 136, 240, 280)已经强调并且在后面[第二十二章(f),第二十六章(i),第三十二和三十三章]一些引人注目的事例中还要看到的,某些方术活动曾经不知不觉地在实际考察自然现象方面导致一些重要的发现。由于方术和科学两者都离不开积极的手工操作,因之在中国的"原始科学"中决不能不含有经验的因素。另一方面,怀疑主义是批判精神的本质部分,它是科学思维发展的第二个必要条件;而且值得指出的是,在中国传统思想中也决不缺少这种怀疑主义因素[2]。在纯粹的中国环境中,开展近代科学所必需的第三个条件,便是形成以数学方式来表达并可由实验加以证实的成熟假说。只有这类假说才能取代上面各章中所描述过的那些原始理论。但是在这三种要素中,这一条是始终未曾自发形成的唯一的一条[3]。本书将专门讨论怀疑主义传统[4]及其最伟大的代表人物王充。王充生活于公元 1 世纪,他是基本上属于儒家但被道家自然观所吸引的那些人物中的典型。

(a) 占　　卜

为了了解怀疑论者所反对的是什么,有必要首先以极简短的形式列述一下中国文化中一些伪科学信仰的主要类型。它们被统称为"命运的技术"(术数),意思就是预言未来的事件。

---

1) 在关于这个课题的经典著作中,特别是论及巴比伦的起源的,可参考 Bouché-Leclercq (2)和 Lenormant (1, 2)。

2) 冯友兰(1),译文见 Bodde (4), pp.122 ff.; Fêng Yu-Lan (1), vol.2, p.433 其中对王充所表现的力求核实和严谨的精神,与成为后期道家尤其是炼丹术士们特色的力图控制自然力的愿望,进行了很好的对照研究(见本书第三十三章)。

3) 见本书第十九章(k)。

4) 就我所知,以任何方式涉及本章内容的论著,可以说是只有佛尔克[Forke (10)]的一篇短文。

(1) 龟 卜 与 蓍 筮

347

　　首先谈一下占卜。中国人从远古起就确信有可能预知未来,至少在有关君主和国家的大事上通过占卜方法可以得出"是"或"否"的答复。其最古老的方法无疑是骨卜,即用烧红的金属灼烤龟甲或牛和鹿的肩胛骨,然后解释所造成的裂纹。"占"这个字可能就是来自一块用以占卜的肩胛骨的古代象形文字[Hopkins (21)]。正如我们前面[第五章(b)]已看到的,我们关于公元前二千纪中国社会情况的大部分资料以及关于中国文字最古形式的现有全部资料,都是依靠这种占卜的记录[Creel (1,2)]。龟的背腹甲是在兽类肩胛骨流行很久以后才应用的。这种甲片究竟出自何种爬行动物,现在还不能确切鉴定,但据中国的传统生物学说(如《本草》系列著作中),它是一种"水龟",现在被鉴定为里夫斯(Reeves)泥龟[1]。但据对大块甲片的直接考察表明,它倒是现在已绝种的一种陆龟,学名为 *Pseudocadia anyangensis* [Sowerby (1)]。有些权威专家认为,这些甲骨必然来自初期中国文化地带以外的遥远南方。向龟甲和肩胛骨请教以获知对吉凶的预告称为"卜"或"稽疑"[2]。作为对付犹疑不决的神经官能症的一种手段,这种方法或许能有它的作用。

　　在周代又出现了另一种方法,它取得了和龟卜相等的重要地位,这就是用被称为西伯利亚蓍草[3] (*Achillea sibirica*) [4] 的植物的干茎进行"抽签"的方法。向蓍草请教的术语称为"筮",相当于龟卜的"卜"。从前面第十章(h)所讨论的道教中的萨满教成分来看,这一点是很有意思的,即"巫"字是"筮"这个字的主要组成部分之一。我们刚刚讨论过,《易经》八卦和六十四卦中一长划和两短划的排列有可能来自筮法的长短茎的选择体系。但易卦也具有龟卜的痕迹[Wu Shih-Chhang(1)]。

　　大多数经典如《礼记》、《周礼》、《书经》等都谈到了卜和筮这两种方法(图43)。用蓍主要是问一些较次要的事情,用龟甲则被用来问重大的事情,但也时常两者并用。在这种情况下问题就复杂了,因为很自然,这两种方法的结果有时候会不一致。

----

1) R199。龟属,或池龟属。
2) 《书经·洪范》;Karlgren (12),p.32。
3) 或欧蓍草(*Yarrow*)。
4) R1;BⅡ,428 和Ⅲ,71。

图43 晚清时的一幅关于传说中的帝舜及其诸臣(包括大禹)的画像,画中正在用龟蓍卜问。采自
《钦定书经图说·大禹谟》。

349　根据《书经·洪范》[1]和其他记载,可制成下表[2]:

赞同		反对	
龟、蓍	或	龟、蓍	这种情况肯定为吉或不吉。
龟或蓍		蓍或龟	蓍适用于近期的未来,龟适用于远期的未来。
龟、蓍、王	或	龟、蓍、王	这种情况不管大臣和人民的意见如何,都属于吉或不吉。
龟、蓍、臣	或	龟、蓍、臣	这种情况不管君主和人民的意见如何,都属于吉或不吉。
龟、蓍、民	或	龟、蓍、民	这种情况不管君主和大臣的意见如何,都属于吉或不吉。

在这样一个表格内,当然没有写进那些人们无疑可能采取的与表内情况相反的
行动事例[3],如果表内最后一栏的情况确曾实行过,它就的确是迷信与民主的一
种奇异的结合。

在汉代和汉代以后,龟甲和兽骨卜法逐渐不大流行[4]。像《图书集成》[5]这
些晚出类书中的确载有大量的龟卜和骨卜资料,而收录最全的是1709年王维德
编的《卜筮正宗全书》,但是现代学者解释这些公元前二千纪的卜甲和卜骨裂纹
的含义,那自然是有困难的。但另一方面,蓍占则继续流传在目前的道观中,村
民们在那里从在场道士摇动的签筒中掣出一签,然后道士按签号给他一纸预言
未来的签文。

(2) 利用《易经》中的卦

战国时期(公元前4—前3世纪)又出现了第三种占卜方法,即任意选择《易
经》的三个爻并把它们组合及再组合[6]。既然每一种卦都代表不同的或多或少
350　已明确规定的抽象观念和大致勾画出来的自然过程[见第十三章(g)],那末,就
不难得出这些爻的偶然拼合都会预兆些什么的结论了。在我们现在所见的《左
传》中有许多利用易卦卜问的记载[7]。不过,《左传》的纪年期限虽说包括公元前
722年至前453年左右,但我们知道,它是在公元前250年前后加以扩充和润色

---

1) Karlgren (12),p.33。

2) Wieger (2),p.35。

3) 参见戴遂良[Wieger (2),pp.67ff.]所收集的事例(但对所说的时期自应全部存疑)。

4) 但这些卜法则继续为数以千计的卜者所使用,这些卜者的名字散见于历代史书中。其中之一
为司马季主,他的传记(《史记·日者列传》)已由普菲茨迈尔[Pfizmaier (36)]译成德文;司马季主住在
长安,死于公元前170年。普菲茨迈尔[Pfizmaier (56)]还译了《晋书》第九十五卷,其中有二十多个活
跃于3,4世纪的著名占卜家。

5)《图书集成·艺术典》卷五四一至五六四。

6) 有意义的是,一般用蓍草签进行选择。

7) 戴遂良[Wieger (2),pp.115 ff.]和巴尔德[Barde (2)]书中汇集了这些记载。

的,利用易卦问卜(正如其中的许多言论一样)可能也是这时加进去的[1]。易卦占卜的程序有些类似中世纪欧洲的"维吉尔(Virgil)式的诗篇占卜"。

这种方法在汉代大为流行,有些这类书籍(其核心部分很可能就是这个时期的作品)现在还存在,如焦赣(鼎盛于公元前85—前40年)[2]的《易林》及其弟子京房(鼎盛于公元前51年前后)[3]的《易传》。扬雄(公元前53—公元18年)[4]的《太玄经》也被划归这类作品。这样,到了王充时代,已有好几种解释易卦预言系统的重要著作。而在王充以后,这种根深蒂固的信仰仍在继续。晋代的郭璞(276—324年)—— 他在许多伪科学中都插了一手 —— 著有《易洞林》。11世纪宋代大学者司马光的《潜虚》,则是另一部突出的著作。对于《易经》的信仰一直持续下来。以上这些书和其他一些著作及有关资料,在18世纪的类书《图书集成》中都有辑录[5]。

查特利[Chatley (5)]很科学地看待这个问题,他说得好:"当你研究各种不同的占卜形式时,无可怀疑的是,古人相信,任何一组不同的卦爻 —— 在洗签之后,这些卦爻的排列顺序是不可预测的 —— 都可用作预言。某些看不见的力量能够影响周围境况的细微变化而决定卦爻的最后构型,因此,那些了解用来说明一切可能卦爻构型奥义的符号体系的人,能够解释看不见的力量的意志和智慧。"他补充说,正像西方的占卜技术一样,占卜者必须全神贯注于所要卜问的对象上,大概认为这样做,神灵的影响会在他洗签过程中起到控制肌肉及其他因素的作用,所以在用易卦占卜时,事前要焚香祷告。然后把五十根签棍洗成两组(或三组),并且重复取走八根签棍和数出所余的签棍的数目,从而确定成卦六爻中的每一爻是阴爻或阳爻。这种方法从远古一直应用到现在。

351

(3) 占 星 术

在伪科学中,我们必须论述的下一个重要领域就是占星术("星命")。但它和本章所提到的中国其他一切伪科学思想体系一样,也很少为现代的科学史家所研究过。在中国的占星术这方面,并没有相当于希腊和古地中海占星术中布歇-勒支

---

1) 正如德效骞[Dubs (7), p.69]所指出的,公元前3世纪以前周代的其他各种著作均对《易经》保持着可怪的沉默,这或者是由于该书太神秘了而无从说起,要不,就是它那时根本就不存在,而后一种见解更有可能。一般认为,《易经》这部书从一开始就是一部占卜书。参见本卷pp.304 ff.。

2) G349。

3) G398。

4) G2379。见本卷p.329。

5)《图书集成·经籍典》卷九十五至一一〇。但据《四库全书总目提要》卷一〇八第六页的记载,扬雄和司马光的著作很少用于占卜。

莱尔特[Bouché-Leclercq (1)]、博尔[Boll (1)]或博尔、贝措尔德和贡德尔[Boll, Bezold & Gundel (1)]的那些出色的论著[1]；类似于桑戴克[Thorndike (1)]那种全面论述巫术和伪科学的详尽巨著就更少见了。现有的有关资料都是些断简残篇。

中国的占星术，从一开始就必然采取与欧洲-美索不达米亚占星术有某种不同的途径，因为巴比伦人、埃及人和希腊人所极为关心的是那些借日升落的星宿，而中国人则从远古起就对这种现象不太重视（这一点在第二十章论天文学中将作充分阐述）。他们集中注意的倒是拱极星座，这些星座永不升起也永不下落，但它们围绕极星进行着在夜晚完全可以看到的周日视运动。他们把这些星座分为二十八"宿"，或者说分成由时圈辐射隔开的二十八个区域[2]。这些"宿"或时角区段，并不像有时说的那样形成一个黄道带，因为月亮和太阳的运行并不经过其中一些确定的星，这些星大多是赤道星座而非黄道星座。因此，中国占星学家在推究人世上某一特殊事件时，并不太强调某星或某星座的升现（参见图44），而是用其他一些方法。

艾斯勒[Eisler (1)]近来对古代天文学中的占星术因素进行了考察，正如他所指出的，最古老的占星术的突出特点乃是它从来都与个人事务无关（除非他是皇族），而总是关系到对国家大事的预言，如战争的胜负、丰收的前景等等。这和中国古代用甲骨占卜的各种问题大致相似。欧洲各博物馆中收藏有数以千计的楔形文字占星泥板，它们构成了《尼尼微和巴比伦的术士和占星家的报告》[R.C.汤普森

---

352   图44 这是中国 14 世纪的一幅星命天宫图。它是表示一系列各种吉运的 39 幅星命天宫图中的第 19 幅；这里表示的是一个人注定要成名。这套天宫图是《郑氏星案》的一部分，该书附于讬名唐代(8 世纪)张果的《星宗》一书之后作为其第十八、十九两篇。取自《图书集成·艺术典》卷五八四"汇考"二○第十九页。星占的吉运要点载于右上角方框内，不吉要点载于左边相应的方框内。方框之下与底角，表示天体对于生命和健康的四十二个不同方面所产生的影响。其中除日月五星(五星以其五行的名称代表)外，还包括罗睺、计都(黄道与白道的两个交点)、彗星和气。中间圆盘最外圈是星官名称，第三圈是二十八宿名，第七圈是十二支。各扇形区的意义由第五圈加以说明。从右自二时半处按逆时针方向数起，它们涉及寿命、钱财、兄弟、田产、子女、奴仆、夫妻、疾病、旅行、官职、福运和体相。从这十二区的次序和性质立刻就可看出，它们无非就是在恩皮里库斯(Sextus Empiricus，公元 170 年前后)和马特努斯(Firmicus Maternus，公元 335 年前后)这些人的时代得到了系统化的古希腊占星术中的十二宫或十二所(loci, topoi)，十二宫是天球上固定不变的分区，星命天宫图就是按照一个人出生时黄道星座、行星和某些恒星所占的位置来进行占卜[见Bouché-Leclercq (1), pp.280ff.; Eisler (1), p.39]。horoscope (天宫图)这个词本身起源于用来确定时间的星辰，古代埃及和巴比伦的天文学家们已习惯于观察这些星辰的升起。我们可以看到，中国的占星术至少包含古代世界各民族所共有的许多内容。在这里所示的特殊情况中，有两个宫(第六和第十二)是互相颠倒的。但如根据于阿尔和迪朗[Huard & Durand (1), p.67]所著录的一幅安南图来判断，东亚与希腊天宫图各宫次序的不同之处，可能比这里还要大得多。

---

1) 我还要提到下述著作：Cumont (1)；Nilsson (1)；Thierens (1)。

2) 每一"宿"都联系到一个特定的封建国家，其对照表见《淮南子》卷三。参见本书第二十二章(d)论"分野"体系。

图版一七

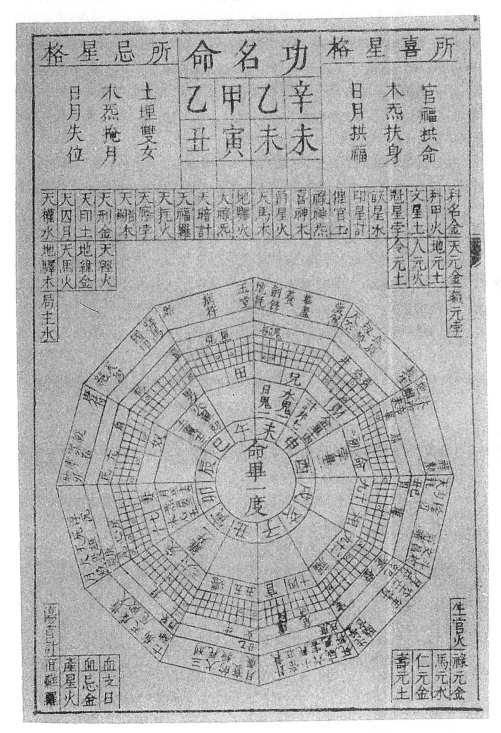

(R.C.Thompson)所用的动人标题],但其中没有一份是古代预言个人事务的记录。占卜个人事务的最早例子是始于公元前176年(一份出生天宫图)和公元前169年(一份妊娠天宫图)的希腊化巴比伦时期。据说巴比伦天文学家贝洛索斯(Berossus)的一个弟子于公元前280年前后移居到科斯(Cos),他是这类星命天宫图的创始人。艾斯勒[1]认为,有把握下结论说,把天象观察用之于个人命运,也就是佩尔塞尼尔[2]所说的"占星术的民主化",是在公元前2世纪的某个时期由那些被放逐的巴比伦"观象人员"开始的。

在这以前的若干世纪中,正如贝措尔德[Bezold (1)]的一篇经典性论文中所论述的,巴比伦的预言和中国的预言肯定有着极为相似之处[3]。他把许多记录在楔形文字泥板上的陈述和《史记·天官书》中的许多陈述进行了对勘。楔形文字泥板大多得自公元前7世纪的亚述巴尼拔(Ashurbanipal)王家图书馆(它们是早至公元前14世纪文本的复制品),司马迁的《史记》写于公元前100年前后,但无疑地包含着更早得多的一些天文和占星的传统内容。示例如下:

(1)楔形文字:如火星退行后进入天蝎宫,则国王不应忽视他的戒备。在这一不吉利的日子,他不应当冒险出宫。

《史记》[4]:　　如火星强行进入角宿[5],则将有战斗;如它位于房宿[6]或心宿[7],这对国王将是很讨厌的。

　　　　　　〈火犯守角,则有战;房、心,王者恶之也。〉

(2)楔形文字:如火星在金星之左的某星座(星座名称已佚),阿卡得(Akkad)将遭受蹂躏。

《史记》[8]:　　当荧惑(火星)跟随太白(金星)时,军队将惊恐沮丧。当火星完全离开金星时,军队将退却。

　　　　　　〈荧惑从太白,军忧;离之,军却。〉

(3)楔形文字:如火星处于月宫(并发生月食),则王将死,国家将缩小。

---

1) Eisler (1),p.164。

2) Pelseneer (1),p.36。

3) 贝措尔德是研究巴比伦天文学和占星术的一位著名权威;参见 Bezold (2);Bezold &Boll (1);Boll & Bezold (1);Bezold,Kopff & Boll (1);等等。

4)《史记·天官书》,第六页;译文见 Chavannes (1),vol.3,p.346。

5) 室女座 α,ζ 星;Schlegel (5),P.87。

6) 天蝎座 π 和其他星;Schlegel (5),p.113。

7) 天蝎座 α 星和 σ 星;Schlegel (5),p.138。

8)《史记·天官书》;译文见 Chavannes (1),vol.3,p.366。

《史记》[1]: 如在大角[2]附近发生月食，这将给运命的支配者(国君)带来可憎的后果。

〈蚀大角，主命者恶之。〉

(4)楔形文字：如北鱼(水星)行近大狗(金星)，则国王将强大，而敌人将败亡。

《史记》[3]: 当水星和金星一起出现于东方，而且两者都赤红并光芒四射时，则外国将大败，而中国军士将大胜。[4]

〈其水星与太白俱出东方，皆赤而角，外国大败，中国胜。〉

这种例子引用太多就使人厌烦了。不过，我还可以补充一两条取自其他来源的，即《古微书》[5]中的例子：

354

天街[6]位于昴宿[7]和毕宿[8]之间。日月五星出入于这条天街。如荧惑(火星)驻留于这条天街，则将天下大乱。

〈昴毕间为天街，日月五星出入，荧惑守之而不通，天下危。〉

卷舌[9]主流言。如荧惑(火星)近于卷舌，则民间将有叛乱，君主将为流言所伤，盗贼将兴起。

〈卷舌主口语。荧惑临之，下多乱谋，国君以口舌之害寇起。〉

这些引证只是表明如下这一事实，即周代(实际上是汉初)的中国天文学家，其兴趣非常类似于比他们更早的巴比伦同行们的兴趣[Edkins(3)][10]。预言的根据是：(1)月亮，月亮的高度，月亮与行星、以及与诸如双子座、室女座α星(角宿一)、天蝎座等恒星和星座的会合；(2)太阳、太阳的黄道宫或宿以及太阳的颜色；(3)行星，特别是行星的升落时间和它们的会合，如土星和火星的会合，木星和金星的会合，水星和金星的会合等，以及行星相对于恒星和星座的位置。但当时有许多巴比伦人已知的星座，中国人并未认识到，反之，也有许多中国人已公认的恒星群，是巴比伦人或希腊人都没有能分辨的[11]。因此，贝措尔德论断说：是预测的体系而非专

---

1) 《史记·天官书》；译文见 Chavannes (1), vol.3, p.388。

2) Schlegel (5), p.98。大角是一单星(牧夫座 α 星，Arcturus)，系亢宿的对应星。这类星，希腊人称之为 *Paranatellontes asteres*，即"对应星"，在希腊这是一些与黄道星座同时升起，同时中天，同时下落的黄道外恒星或星座，在中国则是与一定的"宿"同时中天。

3) 《史记·天官书》；译文见 Chavannes (1), vol.3, p.381。

4) 由作者译成英文。

5) 这是一部后来辑录的含有占卜内容的汉代纬书，本卷 pp.380, 382, 391 将更多地谈到该书。这里引用的是该书第七卷第六页(由作者译成英文)。《晋书》卷十一中有许多类似的记载。

6) Schlegel (5), p.302；与壁宿相同，仙女座 α 星和飞马座 γ 星。

7) Schlegel (5), p.351；金牛座七星(昴星团)。

8) Schlegel (5), p.365；金牛座八星(毕星团)。

9) Schlegel (5), p.363；英仙座六星。

10) 有些贝措尔德和艾约瑟所不知道的古代残篇，还需进行新的研究，如公元前 5 世纪初占星家史子韦的《宋司星子韦书》(《玉函山房辑佚书》卷七十七，第十二页)。还有《五残杂变星书》，该书可能是公元前 3 世纪的作品(《玉函山房辑佚书》卷七十六，第五十七页)。

11) 详情将在本书第二十章(f)天文学部分中予以论述。

门的天文知识(因为恒星的命名和星图的绘制中国是独立进行的),在公元前第一千纪中期或再晚一点由美索不达米亚传入了中国。这种看法似乎很可信[1]。

355　　　但是,在中国把星象知识应用于预告个人的命运是什么时候开始的呢? 中西双方的千百万人民世世代代都曾深信过"星象影响",这在今天对我们来说似乎是无法置信的,但艾斯勒[2]却清楚地阐明了这种观念似乎有理。最初,人们相信星宿每升起一次就新生一次;赫拉克利特就曾说过:每天都有一个新的太阳[3]。流星则被认为灵魂降世,进入了被指定的人的身上 —— 在《竹书纪年》(可能是公元前 4世纪的作品)中至少有这一观念的四个例子。太阳和月亮对季节的影响,这对原始的农业民族是非常明显的,也是印象深刻的[4];还有人们所熟知的月经现象,似乎证明了这种影响的直接效果。同时,这里还可以看到一种很有意思的奇怪信仰,这一点我们在本书第一卷[第七章(a)]中曾提到过,即深信海洋无脊椎动物(如软体类或海胆)生长的肥瘦,相应于月相的变化。《吕氏春秋》(约公元前 240 年的作品)中就有这个题目的典型记载,它大部分是论述当时为人们所相信的各种超距作用[5]。关于月亮对动植物的影响,无论是真实的还是幻想的,都将在第三十九章中详细考察;这里提及它们是要帮助我们了解这些人的见解,他们准备把一千年以前只被认为关系到国家大事的那些效应和影响推广到个人身上。

　　　中国的占星术后来到什么时候才应用了与西方相似的方法,这一点由于缺乏适当研究,现在还很难说。有一种体系是把第九层天(不动天)分为八区(后来增加

---

　　1) 有些人倾向于认为,在司马迁本人时代(即公元前 2 世纪),来自或经由印度文化区的各种理论可能又加强了这种影响。《前汉书·艺文志》(卷三十,第四十二页)中至少载有六种后来失传的占星书,书名都以"海中"起头。例如,有一种叫《海中星占验》,另一种叫《海中五星顺逆》,第三种是研究彗星和虹的,其他各种则是与各个国家及其大臣们有关的天体事件。因而有人论证说,既然有"海中"的书,就必然也有"海外"的书和"海外"体系,而这些可能就是印度体系。但是,"海中"也可能是指诸如"蓬莱"之类东海里的仙岛(参见 p.240),由某些占星家所采用,作为该学派的起源。另外,在本书第二十章(f)中,我们将看到公元 2世纪的天文学家张衡谈到大量的星都是由"海人"(即水手)或沿海居民所记录的。

　　2) Eisler (1), pp.41, 66, 140, 161, 等。

　　3) Freeman (1), p.112。

　　4) 艾斯勒的书[Eisler (1)]中有一段完全有说服力地写出了这一点,我不能不引述如下:"如果人们相信并确实了解到,他们的历法(气候的季节变化)是由太阳对于恰好在日出前或日落后出现或隐没的某些恒星的相对位置所确定,并且如果了解到他们的太阳年是依据在某些恒星群附近出现的月相而大致分成十二个月;那末很自然地,他们就会做出如下的结论,即天气(热、冷、风、雨)的周期变化,各种植物的发芽、结果和凋谢,都是受太阳和月亮在其天际旅行中途经各个里程碑的可见的蜿蜒运动所约制,这些里程碑也就是尾随或预示它们到来而出现或隐没的各个星座。"(p.154)天狼星借日升起预报每年一度的尼罗河泛滥,角宿一借日升起则预报美索不达米亚的五谷萌发,东次将(室女座 ε 星)借日升起则预报意大利的葡萄收获,这些都是经典的例证。

　　5)《吕氏春秋·精通》。

为十二区），在求问出生或其他事件时，要看当时恒星和星座在哪一区 [1]。这种方法曾由马尼利乌斯和马特努斯阐述过，它似乎形成于 2 世纪。其后又有根据十日星 (decan-stars) 的推占方法 [2]，也就是说利用这些对应星的偕日升落，如果已知日期的话，可推定准确的时辰。如果已知时辰的话，可推定准确的日期 [3]。这些事情早在公元前两千年埃及人就研究过。希腊人称它们为 *leitourgoi*（"值日星"）或 *theoi boulaioi*（"顾问神"），并认为每十天就有一星被派出作为信使，上面的星到下面，下面的星到上面（即落和升）。对每一个十日星都附会有神奇的能力，并对那些恰在它们上升时出生的人们做出各种推断。第三种是根据黄道星座本身的占星术，即每个星座（大约是在亚里士多德后不久）都配以四种元素之一，并配以地球表面的一个特定区域。第四种是根据行星运行的占星术。这就是观察行星相对于黄道星座的位置，行星倾斜于黄道之北或南（"当令"），行星的彼此会合（"合"和"冲"），以及行星轨道明显的逆退现象。从一些先驱者对中国占星术的研究[如 Chatley (3,5,6)]来看，似乎这些方法在中国大都发展过和使用过 [4]。

不过，在王充的时代，占星术用于个人（不论是占时刻，占命运，还是占生辰）仅仅是刚开始；同时后边我们还将看到一种有趣的情况，即在各种各样的伪科学中，几乎只有星占是王充没有强烈攻击过的。在王充的时代以后，出现了第一部星占书，即《玉照神应真经》（或《玉照定真经》），这部书据说是 3 世纪后期的郭璞所撰 [5]。同时值得注意的是，在《图书集成》有关篇章中载有其传记的第一个占星家是北齐时代的魏宁（鼎盛于 550—589 年）。到了唐代，出现了如此大量的精细研究，以致有可能产生卷帙浩繁的类书，即 732 年张果撰写的《星宗》。张果的另一著作《星命溯源》一直流传到现在。辽代杰出的人物耶律楚材[见第六章 (i)，第二十章 (g)，第二十七章 (i)]也写过星命方面的著作 [6]；直到明末，还有有关星命的重要著作问世 [7]。所有此处提到的书以及其他著作，在《图书集成》中都多少辑录有原

356

357

---

1) Eisler (1)，p.37。用动物标记的黄道十二宫被认为是创世纪时位于这些区域（宇宙星位论，theory of the *thema mundi*）。

2) 近代航海历书上的十日星。

3) Eisler(1)，p.99。这就是 horoscope（天宫图）这个词的来源，因为这种星称为 *horoskopos*，即"指时星"或"观时星"。

4) 当然，其后又和伊朗[参见石田 (1)]、印度[参见 Geden (1)；v.Negelein (1)]和伊斯兰[参见 Nallino (1)]的占星术有过接触。粟特(Sogdian) 的行星占星术特别盛行。

5) 但这部作品大部分更有可能是写于近一千年以后的宋代，并可能是出于张颙的手笔；这位作者的其他事迹不详。

6) 就像他的一个同族人耶律纯一样。耶律纯可能就是作过一年辽国皇帝的那个人（1122 年），并撰有《星命总括》。

7) 关于占星术在近代中国人生活中的位置，见 Doré (1)，pt.1，vol.3，pp.277 ff.。关于日本的占星术，塞韦里尼写过一部稀奇古怪的书[Severini (1)]。

文 [1]。此外,还有十三年之后(即 1739 年)刊行的皇家占星手册《钦定协纪辨方书》。

(4) 择日,吉日和凶日

和星命有密切关系的另一种信仰体系是选择吉凶时日;这不是中国所特有的,但受到了中国人的培育。艾斯勒[Eisler(1)]提供了证据说明,这种迷信要远溯到巴比伦和埃及。例如希罗多德说过,埃及人知道主宰每天的神以及在这时出生的人有着什么命运 [2]。因此,在罗马历书上曾标有"埃及日"(dies Aegyptiaci)。希腊诗人赫西奥德(Hesiod)也有这种观念。它的起源似乎无疑地是基于月相,西方的这类书称为 Selenodromia(月学)或 Lunaria(月学),这一事实即足以说明。正如我们将要看到的,这是王充所抨击的迷信之一。但关于这方面的最大部头著作似乎迟至 17 世纪才出现 [3]。直到最近,城镇印行的历书还标有吉凶时日;前些年,中国科学院开始自印农家历,用以打击迷信和普及基本天文知识。

(5) 干 支 推 命

从历法系统中发展出了一种更为精细的占卜体系,其中包括利用十天干和十二地支。这种方法简称为"推命" [4]。据我所知,它是中国伪科学中唯一曾被人加以适当的现代研究的一种,这里我指的是赵卫邦的《中国的算命科学》这篇令人满意的论文[Chao Wei-Pang (1)]。在王充的时代,这种"体系"无疑地还处在它的幼稚阶段,虽然我们下面将要看到,王充的许多抨击似乎针对的是一些与此类似的观念。

在本书的其他章节中,我们曾谈到十干和十二支的起源 [5]。我们知道,中国的历法体系就是由干支配合成六十周期循环纪日、纪年等而形成的。按照一般的意见(参见顾炎武的《日知录》) [6],虽然干支应用于日时可远溯到殷商的甲骨文时代,但就纪年而言,则不会发生在王莽时代(公元 13 年)之前。算命者用出生年月日的干支配合作为其推断的基础 [7]。很明显,它虽然间接地但却很清楚地带有星占内

358

1)《图书集成·艺术典》卷五六五至五九二.
2) II,82.
3)《图书集成·艺术典》卷六八一至六八四,卷六八七至七〇一。金尼阁的著作[Trigault (1),Gallagher 译本,p.548]曾生动地描述了早期耶稣会士的朋友们在排除这种根深蒂固的迷信时所遇到的困难。
4) 或称为"禄命",因其最大的兴趣所在是求卜者询问可能在官场中做到多高的职位。
5) 见本书第五章(a),第二十章(h)。
6)《日知录》卷二十,第二段。
7) 在周代,每一干支都联系到一个特定的封建侯国,其对照表见《淮南子》第三篇,第十五页。

涵。其后又出现了干支与五行的结合[1]。此法最早出现在三国时(3世纪)管辂的书中,所以它或许是产生于东汉王充之后不久的时代。

管辂被认为是这一门派的第一个人。据说他曾说过:"我的命属寅[2],生在月食之夜。天有定数,那是可知的,虽然一般人并不知道。"[3]("吾本命在寅,加月食夜生。天有常数,不可得讳,但人不知耳。")另一书中[4]还载有另一句被认为是他说的话:"根据纳音可以判断一个人的命运"("纳音可推人命")。这里的"纳音"只是指与某一特定干支配合的五行之一,这是音乐用语,因为标准钟管的每一律音都配以五行之一[5]。

凡是以"三命"字样开始题名的书,都属于这一类。陶弘景(451—536年)——这个人我们前面曾遇到过,作为一个道家、植物学家和炼丹家,我们在后面还要时常谈到——曾写过两部书,一部叫《三命抄略》,一部叫《三命立成算经》,但两书均已佚失。根据保存下来的吕才著作的片段来看[6],似乎清楚表明这种体系的发展到唐代已达高峰。唐代最有名的推命家是李虚中,他于795年中进士,830年前后官至皇家监察官(殿中侍御史)。他的《李虚中命书》一书至今尚存,是现有这个题材的最古老的一部书[7]。在下一个世纪中,徐子平对《三命消息赋》作了重要的注释,这首赋是一个自称为珞琭子[8]的佚名作者写的。最后,在明代,关于这门伪科学的作品被万民英辑录成一部类书《三命通会》。

对这种体系的晚期发展,没有必要去探讨;不过我们可以注意到,在宋代,一桩事件除年月日外,还加上了时辰,这样就形成"四柱"。这一体系的全部成果可视为星命学的一个分支,它只有在一个具有复杂的循环历法(经过长期的时间间隔之后重新回到其出发点)的民族中间,才是可能存在的[9]。

359

(6) 堪 舆 (风 水)

现在我们从依据天的占卜转到依据地的占卜上来。在中国的宇宙学体系中,

---

1) 参见前面表12。
2) 十二支之一。
3) 《三国志·魏书》卷二十九,第二十六页。
4) 隋代(600年前后)萧吉的《五行大义》卷三(第四篇),第十八页。
5) 在这里人们可以感到一种相当于"天球音乐"(music of the spheres)的中国用语。
6) 见下文 p.387。
7) 虽然此书已不全而且后世有窜改。
8) 即"念珠先生",或许因为日子的循环运行像一串珠子。
9) 因而在欧洲就没有可能;但在马雅文明中就不仅有可能,而且还会比中国的更复杂得多。

很自然地认为后者应该和前者同等重要。现代学者对堪舆(风水)这门影响深远的伪科学虽比对星占给予了较多的注意[1]，但仍没有给予它所应得的重视，后面[2]我们将了解到它与磁罗盘发现的重大关系。查特利[Chatley (7)]对堪舆下了一个很好的定义，说它是"调整生人住所和死人住所，使之适合和协调于当地宇宙呼吸气流的方术"。如果生人的住宅和死人的坟墓没有得到恰当的调整，那末对该住宅的居民和对尸骨葬在这座坟墓中的死者的后代，将造成极其严重的恶果；反之，选地良好可保佑他们发财、健康和幸福。每个地方都各有其地形特点在制约着自然之"气"对该地的影响("形势")。山的形状和水的流向都是风和水的影响所造成的结果，当然最为重要；但是此外，建筑物的高度和构型以及道路桥梁的方向，也都是有力的因素。同时，这些不可见的气流的力量和性质，又每时每刻都受到各种天体位置的影响，因此，就必须考虑选择的地点所见的天体方位。不过，位置的选择固然有着头等的重要性，但不好的地势也不是不可弥补的，因为可以开掘沟渠和地道或采取其他措施来改变"风水"的形势(图45)。

上述这套观念无疑是很古老的。我们在前文 p.42 上所引的《管子》——该书很可能含有公元前 4 世纪的材料——的一篇中，就看到这种说法，即地"气"在管子中流动正如在人和动物的脉管中流动一样。到了王充的时代(公元 80 年前后)，这种体系已有充分的发展，如我们下面将要看到的，足以引起他的反驳[3]。它极可能在汉初(公元前 200 年前后)就已经得到公认。《史记》[4]中提到有一类占卜者叫作"堪舆家"。《前汉书·艺文志》中提到两部书，书名很有意义，即《堪舆金匮》和《宫宅地形》，但都早已失传。其后，和王充同时代的王景[此人用大量时间研究过天文学和数学，他死的那一年《论衡》可能已经写成(公元 83 年)]，看来显然也研究过堪舆[5]。他的传记提示，那时堪舆可能和水利工程以及治水有一定的关系。

但堪舆这一体系的真正确立[6]似乎是在三国时期，那时管辂(209—256 年)可能写过有关它的著作，尽管现在还不可能说出我们现有的《管氏地理指蒙》一书中究竟有多少是出自他之手或他那个时代。4 世纪时，郭璞也写过有关"风水"的著

<small>1) Eitel (2)；de Groot (2)，vol.3，pp.935ff.；Hubrig (1)；以及 Porter (2) 和 Dukes (1) 的简述。应该补充说明的是，艾德的阐发多不准确，并有许多今天不能接受的观点。艾约瑟[Edkins (14)]作了一个堪舆术语表。中国的堪舆显然和西方[参见 Thorndike (1)，vol.2，pp.110ff.]或阿拉伯非洲[参见 Maupoil (1)]以同一名称流行的占卜方法完全不同。

2) 本书第二十六章(i)。

3) 译文参见 Forke (4)，vol.1，p.531。

4)《史记·日者列传》；褚少孙对司马季主传的注释。

5) 据《后汉书·王景传》。

6) 钱文选的《钱氏所藏堪舆书提要》似乎是唯一的一部堪舆书目。王振铎[(5)，第 110 页以下]对这种堪舆文献的历史有一些有用的论述。</small>

图 版 一 八

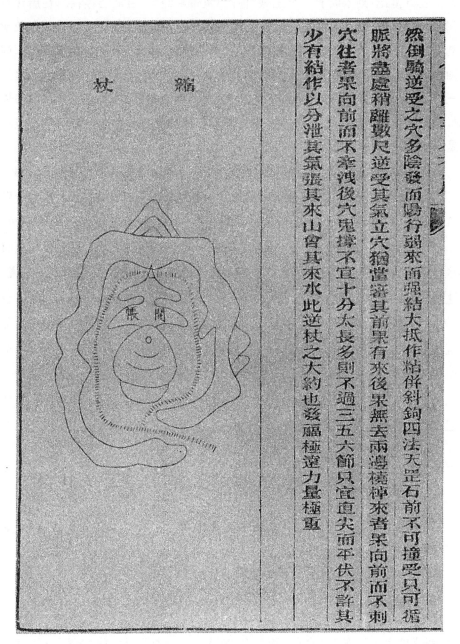

图 45　一部论"风水"的著作《十二杖法》中的插图，该书据传为唐代(880 年前后)杨筠松所撰。采自《图书集成·艺术典》卷六六六"汇考"一六,第二页。图示一特殊的墓址,朝向一条小山脉的峰巅,小山分隔开两个溪谷,而整个墓地为另外两条较远的丘山山脉所环抱。据说后边这种丘山山脉越高越好,并且决不能有"舌"或连结内部山丘与主要山岭的高脊(如同图的顶部所示)。这类地址称为"缩丈",因山"气"凝缩在墓址的周围。这种图和地形图绘制[见第二十二章(d)]的关系是明显的。

作[1]，但现存的署名为郭璞的《葬书》究竟是否有任何部分出于他之后，也是大有疑问的。在5世纪（刘宋时有一个王微，他的《黄帝宅经》[2]目前还存在。在唐代有《青囊奥旨》一书，被认为是著名堪舆家杨筠松写的。这类著作到了明代著名数学家刘基[3]（1311—1375年）的《堪舆漫兴》达到了高峰，虽然并不是它的结束[4]。但谈到它的历史起源时，有意义的是在《图书集成》所载的风水家传记中，郭璞之前只有三个人[5]：第一个是战国后期（公元前3世纪）的樗里子（《史记》[6]中有他的传记），第二个是秦代的朱仙桃，第三个是汉代某个时期的一位青乌先生，有些记载说他是《葬经》的作者。

地面上的阳、阴二气，与应用于天上东方和西方的两种象征即青龙和白虎相一致；青龙在东属春，白虎在西属秋[7]。这两者又被用来作为地形的象征。任何一座
361 坟墓或住宅，前者应当常在左，后者应当常在右，最好是形如曲肘那样来保护它们。但这仅是复杂性的开端，因为悬崖峭壁被认为阳，缓坡则为阴。在选择地点时要尽可能地平衡这些影响（"山灵"），使其五分之三居阳，五分之二居阴。不用说，在这些计算之中还要掺进八卦、干支和五行。一般都非常愿意采用迂回曲折的道路、垣墙和建筑物，这似乎是要适合当地的景观而非左右当地的景观；特别忌讳的是直线形的几何布局[8]。孤立的巨石也被认为是不吉利的。"风水"在很多方面都给中国人带来了好处，比如它要求植竹种树以防风，以及强调住所附近流水的价值。但另外一些方面，它又发展成为一种粗鄙的迷信体系。不过，总的看来，我认为它体现了一种显著的审美成分，它说明了中国各地那么多的田园、住宅和村庄所

---

1) Sarton (1), vol.1, p.353; de Groot (2), vol.3, p.1001。

2) *TT* 279。

3) Sarton (1), vol.3, p.1536。

4) 这些书以及许多其他的书，在《图书集成·艺术典》卷六五一至六七八中均多少有原文辑录，其中郭璞的书系"经"而非"书"。

5) 除管辂之外。

6) 《史记》卷七十一。

7) 正如以下将要看到的，这里也有炼丹术的象征主义。同时还有"性"的象征主义，因为山岭必须要相互拥抱（"弓抱"）。

8) 我亲自生动地体会到习惯于中国人在这些方面的观点之后的影响。我在青年时期极为羡慕凡尔赛的花园和公园；但过了好多年，当我在其间熟悉了北京的颐和园之后再去逛凡尔赛时，看到那种禁锢和束缚自然而不是随自然而流动的几何布局，就产生了一种无聊感。在这方面也可以说：正如洛夫乔伊[Lovejoy (3)]所提到的，17—18世纪欧洲抛弃了几何形花园的时尚，正像浪漫主义的其他方面一样，是从可证明的中国来源得到的启发。坦普尔爵士（Sir William Temple）在他1685年的《伊璧鸠鲁乐园文集》（*Essay upon the Gardens of Epicurus*）中介绍"风景如画"的观念时，曾提到一条中国的审美标准，即 *sharawadgi*。这个词曾使字典编纂者们长期困惑不解，直到1930年Y.Z.Chang(1)才指出它原来是 *sa lo kuei chhi*（"洒落瑰奇"）一语的讹读。参见 Bald (1)；Chhen Shou-Yi(2)。

362

图46 晚清时的一幅选择宅址的图画,画中堪舆家正在察看磁罗盘。采自《钦定书经图说·召诰》。使用磁罗盘的事被绘入周代文字的插图中,当然是一种年代学上的错误。

在地何以优美无比[1]。

毫无疑问,磁罗盘最初是由于"风水"上的应用而发展起来的。关于堪舆家用的罗盘,我们必须放到第二十六章有关物理学的部分中叙述,在这种被称为罗盘的针盘上不仅标有方位,而且还标有易卦、干支组合以及许多其他符号[2]。在这里对这种罗盘可能发展的时期作任何预测,都会有损于其真正的值得注意的史实。我们可以提及的只有一点,即堪舆家的罗盘前身是一种"式"的卜具。这种"式"是由两块板合成的,上边的一块为平圆形,相应于天,下边的一块为方形,相应于地。上盘标有北斗(大熊星座),两盘均刻有方位符号。这种卜具无疑地要远溯到公元前2 世纪,甚或公元前 3 世纪,而且无论如何,一定是和"风水"同时开始出现的。在白天的任何气候下都能准确地指出方位,这对有关"风水"的方术来说,即使不是根本的,也是非常方便的。后边我们还要提出证据说明,这种卜具和下棋以及磁罗盘的出现都有关系,或许其最早的应用是在上面投筹码,像掷骰子那样,进行占卜。我们还将看到,在关于磁罗盘的全部中文文献中,最有决定性的记载之一可以在王充本人的著作中找到。在王充以后的若干世纪中,"式"的应用逐渐衰落(可能是由于某种形式的磁罗盘已经为人所知);但到唐代,僧一行还对它进行了详细的论述,清代汇集的《六壬类集》[3](六壬即东、西、南、北、上、下)及其续编《六壬立成大全钤》,其中心内容就是由一行的这些材料所构成的。此外,宋代《通志略》(约 1150年)的目录中载有不少于 22 种关于"式"的用法的书,但显然所有这些书都已失传了[4]。

最后,我们要转到另一类与天地无关而仅依人事的占卜方法 —— 相术、占梦和拆字。

(7) 相 术 和 手 相

相术是相信一个人的命运能够通过考察其身体特征、五官相貌、体形等等而加

---

1) 近代江西的"赣州先生"即专指这类方术家。参见《托尔丹欧洲书简》[Sarton (1), vol.3, pp.1110, 1113]。这个学派的创始人是杨筠松(唐代)。另一个重要学派是福建派,福建派相对地说更多使用罗盘。

2) 参见 Eitel (2), de Groot (2)。见图 46。

3) 载在《图书集成·艺术典》卷七一七至七四四。

4) 有趣的是其中之一署名为伍子胥,伍是周代的一位政治家,他在王充《论衡》的最主要的一些篇章中占有突出的位置。在他遭谗致死后,据说被投入杭州附近的钱塘江,而他的灵魂的怒气造成了钱塘江的周期大潮,见本书第二十一章(i)气象学部分。《吴越春秋》中有许多关于伍子胥和"风水"的记载,但《吴越春秋》写于汉代,这些记载只是再次提示堪舆这种体系当时正在成长。

以预言[1]。萨顿[2]曾指出这种对相术的信仰在中世纪西方所起的作用有多么大。它在伊斯兰文化中也很盛行[Mourad(1)]。虽然可能会有某些印度的影响[3]，但它无疑在中国是很古老的，因为荀卿(公元前3世纪)曾专门写了一篇《非相》来反驳它[4]。公元67年的后汉时期曾发生过一起牵涉到相术的谋反事件[5]。不过，关于相术的主要著作成书却都较晚，例如《太清神鉴》(大概是在宋代)和14世纪袁忠彻的《神相全编》；对于后者，翟理斯[6]作过简单的论述。关于中国近代的相术资料，可查阅多雷[7]的著作。相术及其支流手相[8]的一个有趣的成果是，中国人很早就发现了指纹鉴定法的实用价值[9]。

364

(8) 占 梦

正如大多数古代文明一样，中国也实行过占梦，虽然很难说它占有很重要的位置[10]。《周礼》说，圆梦之职属于"太卜"，其中并提到一个下属的专职专家("占梦")[11]。但这方面的主要著作也都出现较晚，陈士元的《梦占逸旨》是1562年(明代)刊行的。至于中国圆梦的某些方面，其中究竟有多大成分能看作是(像中国人自己常常倾向于认为的)弗洛伊德心理学的先驱，这是值得研究的一个课题[12]。

(9) 拆 字

拆字是一种非常奇异的游戏，它只能出现在一种具有表意文字的文化中。其内容主要是解析写出的人名或其他名称，以便从中预告吉凶。《图书集成》中专门有

---

1) 也包括"骨相学"。

2) Sarton (1), vol.3, pp.270, 1232.

3) 见 Chi Hsien-Lin(1)。

4)《荀子·非相篇》，译文见 Dubs (8), pp.67ff.。

5) *TH*, p.690。

6) H.A.Giles(5), p.178。此书及其他有关资料载于《图书集成·艺术典》卷六三一至六五〇。该书大部分是其父袁琪的著作，但很多资料是很古老的并附上陈抟的名字。

7) Doré (1), pt.I, vol.3, pp.223ff.。

8) 关于手相，见 Arlington(1)。不过我们还不能确定手相或"掌相"有多大部分是在中国本土发展起来的。

9) 见本书第四十三章解剖学部分。

10) 参见 Wieger (2), pp.73, 93, 117。参见《书经·说命》。

11)《周礼》卷六，第二十三、二十八页；译文见 Biot(1), vol.2, pp.71, 82。

12)《太平御览》中有关梦的四卷记述，已由普菲茨迈尔[Pfizmaier (84)]译为德文。参见《二程全书·河南程氏遗书》卷二下，第四页，卷十八，第十六页以下、第三十四页；卷二十三，第二页。

两卷讲拆字[1]，哥罗特[de Groot (3)]对所用的方法作过简要的阐述。他疑心拆字的历史不会早于唐代。和拆字相关的一种迷信是"扶箕"（或"扶乩"）；据说这是在宋代后期出现和使用的；是否更早些，我们现在还不知道[2]。

365 (b) 周代和汉初的怀疑主义倾向

从上面的几页足可粗略地了解中国怀疑论者所必须反对的迷信的背景。在中国历史上，迷信虽然出现得很早，但怀疑主义和理性化的传统却也紧紧地伴随着它。为了说明这一点，我们引用《左传》[3]中提到的公元前 679 年的一段记事：

> 厉公听到两蛇的妖异故事后，问申繻说："人们还能看到那些妖异吗？"申繻答道："当人害怕某种事物时，他的气外逸，就引来了与他所怕的东西有关的妖异。这些妖异的本原在人。当人们没有错误时，就没有妖异出现。但当人们抛弃经常行为的准则时，它们就要出现。这就是招致妖异出现的原因。"[4]

> 〈初，内蛇与外蛇斗于郑南门中。……公闻之，问于申繻曰："犹有妖乎？"对曰："人之所忌，其气焰以取之。妖由人兴也。人无衅焉，妖不自作，人弃常则妖兴。故有妖。"〉

这段文字虽带有下面(p.378)即将讨论的"现象主义"的弦外之音，即道德过失引起自然灾害的学说；但这段话的确也表示了这样一种观念，即鬼和妖都带有一种主观性质，是人的心灵的投影。另一段系公元前 540 年的记事，则更引人注意，其中郑大夫公孙侨[5]力言："一个君主的健康取决于他的工作、旅行、饮食和喜怒哀乐，而不取决于山川与星宿之神。"[6] 许多公元前 6 世纪和前 5 世纪的政治家，看来都采取强烈的理性主义立场，特别是关于巫、祭、祈祷等，比如晏婴就是一个。

当我们进入诸子时代，我们发现其中许多人都表示出怀疑主义和理性主义的观点。例如，荀卿(公元前 3 世纪)就说过：

> 如果（官员们）求雨而得雨，那是为什么呢？我回答说：那根本就没有道

---

1) 《图书集成·艺术典》卷七四七至七四八。

2) 见 Chao Wei-Pang (2)；Howell(1)。艾德[Eitel (5)]的书中有第一手的描述。

3) 《左传·庄公十四年》。

4) 译文见 Couvreur (1)，vol.1，p.160，由作者译成英文。看一下最近出版的关于幻觉心理的著作[Tyrrell(1)]，就可体会到这段文字突出的先进含义。

5) 参见本卷 pp.206，522，以及 Forke (13)，pp.92，96。

6) 《左传·昭公元年》[Couvreur (1)，vol.3，p.33]。参见公元前 643 年的另一段记载《左传·僖公十六年》[Couvreur (1)，vol.1，p.311]。当然，《左传》的一些记载决不能肯定就是属于它所标出的年代，因为汉代进行过重大的改写和增窜。但理性主义的传统无疑是很古老的。晏婴有关彗星警告齐侯[《左传·昭公二十六年》；Couvreur (1)，vol.3，p.416]的一段论述，是值得一读的。参见 Forke (13)，pp.82，89。

理。如果他们不求雨，他们也会得到雨的。当(官员们)去拯救日食月食[1]，或当他们旱天去求雨，或当他们只有经过占卜才决定大事——这不是因为他们认为这样做就能得到他们所要求的东西，而只是因为这是惯例要做的事。君主认为这是惯例要做的事("以为文")，但人民则认为它是超自然的("以为神")。认为它是惯例的人将是幸运的，认为它是超自然的人将是不幸的。[2]

〈雩而雨，何也? 曰："无何也，犹不雩而雨也。日月蚀而救之，天旱而雩，卜筮然后决大事，非以为得求也，以文之也。故君子以为文，而百姓以为神。以为文则吉，以为神则凶也。"〉

在同一篇的前面，他还有一段最优美的儒家风格的光辉论述。这一段以有似于道家的那种宁静姿态的叙述开始，继而断言：怪异和征兆与政府的好坏，几乎没有什么关系。他说：

当星辰陨落，圣木呻吟时[3]，全国的人都感到恐惧。人们问："这是为什么呢?"我答道："没有什么(特殊的)道理。这是由于天地的异常，阴阳的突变。这是些罕见的事件。我们可以对它们感到惊异，但是不应该害怕，因为没有任何一个时代是不曾经历过日月食，不合季节的风雨或成群异星的出现。如果君主英明，政府安定，尽管这些事情一齐到来，那也不会有什么伤害。如果君主昏庸，政府作恶，尽管这些怪事一起也没有发生，那也不会有什么好处。

但是当人事上的凶象出现时，我们就真的应该害怕了。使用粗劣的犁头从而妨害了播种，由于耨地除草不当而损害了谷物，由于政府作恶而丧失人民的信心；这时田园荒芜，收成不好，谷价飞涨，人民饥馑，道路上尸体狼藉——这些就是我所说的人事上的凶象。[4]

〈星坠木鸣，国人皆恐。曰："是何也?"曰："无何也，是天地之变，阴阳之化，物之罕至者也。怪之，可也；而畏之，非也。夫日月之有蚀，风雨之不时，怪星之傥见，是无世而不常有之。上明而政平，则是虽并世起，无伤也。上闇而政险，则是虽无一至者，无益也。……人祆则可畏也。楛耕伤稼，耘耨失薉，政险失民；田薉稼恶，籴贵民饥，道路有死人；夫是之谓人祆。……"〉

在前面(p.27)，我们从荀子关于鬼神以及相信它们是致病的原因的一段令人瞩目的论述中，还看到他所表现出的不可知论的理性主义。我们刚才也提到他专门有一篇(第五篇)是抨击相术预言吉凶的。

---

1) 在日、月食时敲锣等等。
2)《荀子·天论篇第十七》，第二十二页；译文见 Dubs (8)，p.181，经修改。
3) 西方关于这种特殊预兆的类似记载，参见 Bouché-Leclercq (2)，vol.1，p.177。
4)《荀子·天论篇第十七》，第二十一页；译文见 Dubs (8)，p.179，经修改。有趣的是，十五个世纪以后，在 1348 年一部怀疑主义的书《辨惑编》(卷一，第十五页)中，还引用了这段话；参见本卷 p.389。

韩非参与了这一传统。他说:"如果统治者相信选择吉日良辰,崇祀鬼神,迷信占卜和喜欢铺张的祭典,那就可能败亡。"[1]("凡人君……用时日,事鬼神,信卜筮而好祭祀者,可亡也。")在别处,他还列举了两国战争的实例,虽然当时双方都受到龟甲和蓍草的鼓舞,但却以一方的失败而告终[2]。

在汉代,儒学分裂为两个尖锐对立的流派。胡适指出,"当公元前2世纪儒学被确立为'国教'之后,它就不是不可知论的儒学,而是披着儒家外衣的有神论的墨学了。而当公元2世纪道家学说作为一种宗教兴起之后,也就不再是老子和庄子的自然主义和无神论,而是夹杂着民间宗教千奇百怪的迷信特色的有神论的墨学"

367 [Hu Shih (4)]。同时,汉代的儒学还采纳了大部分邹衍学派的原始科学和半巫术的理论、阴阳二元论、五行说以及各式各样的占卜术和灾异学。由于儒家思想根本性的道德特征,因而先前道家关于科学在伦理上中立的看法被摒弃,并在确认和阐明过去中国人所长期持有的一种疑虑时,采取了自然主义学派(阴阳家)的观念,即伦理的规律与宇宙的规律是同一的[3]。伦理或礼仪的异常被认为必然与宇宙的异常直接关连着。这就是我们可以称之为"现象主义"的精义。对这种"现象主义"的考察将放在稍后进行,以便通过王充对它的抨击来研究。

然而儒学的另一个流派却继承了不可知论和怀疑主义的传统[4],对这个传统孔子本人也曾间接地认可过。《后汉书》中记载一个发生在公元46年的有趣故事,很值得引述:

> 当刘昆做江陵令时,县城遭到火灾。他向火跪拜,火立刻就熄灭了。后来他做弘农太守时,先前曾扰害地方的老虎都背着虎仔游过黄河,迁往别的地方。皇帝听到这些事之后感到惊奇,就把刘昆提升为人事部的主管(光禄勋)。皇帝对他说:"先前你在江陵改变了风向和扑灭了火灾,后来在弘农又遣虎北渡黄河,你是靠什么德政才能做这些事情呢?"刘昆答道:"那完全是偶然的。"左右的一些朝臣都不禁笑他(看他失去了这样一个在世上晋升的好机会)。但皇帝说:"这个答复才配得上是一个真正优异的人!"并让史官把此事记录下来。[5]

---

1) 《韩非子·亡征第十五》[Liao (1), vol.1, p.134]。

2) 《韩非子·饰邪第十九》[Liao (1), vol.1, p.156]。

3) 这一简明的陈述取自 Creel (3)。参见上文 p.247 和下文 pp.378ff.。

4) 这两种传统(不可知论—怀疑主义的传统和有神论—巫术的传统)在某种程度上是和今文古文之争的对立双方相联系着的;这两派之争贯穿整个汉代[详见 Tsêng Chu-Sên (1), pp.137 ff.]。参见上文 p.248。

5) 《后汉书·刘昆传》,又载于《资治通鉴》卷四十三,第二十八页,《通鉴纲目》卷九,第一〇三页;TH, vol.1, p.675[由作者译成英文,借助于 Wieger (1)]。

〈刘昆……除为江陵令。时县连年火灾,昆辄向火叩头,多能降雨止风。征拜议郎,稍迁侍中、弘农太守。先是,崤、黾驿道多虎灾,行旅不通。昆为政三年,仁化大行,虎皆负子渡河。帝闻而异之。二十二年,征代杜林为光禄勋。诏问昆曰:"前在江陵,反风灭火,后守弘农,虎北渡河,行何德政而致是事?"昆对曰:"偶然耳。"左右皆笑其质讷。帝叹曰:"此乃长者之言也。"顾命书诸策。〉

这个学派早一辈的学者中有桓谭(公元前 40—公元 25 年)[1],这位学者认为:"生命像是一盏灯的火焰,燃料耗尽,火焰就熄灭。"("精神居形体,犹火之燃烛矣。……气索而死,如火烛之俱尽矣"。)他指责光武帝相信各式各样的占卜。他的《新论》一书,显示出十足的怀疑主义态度。此书现仅存残篇,辑录在严可均的《全上古三代秦汉三国六朝文》[2]中。我们在后面气象学部分(第二十一章)中还要提到桓谭,因为他曾经试图测定温度和湿度。我们知道,他对科学问题是深感兴趣的。据记载,他经常与他的友人扬雄[参见本书第二十章(g)]讨论这些问题。他不相信任何形式的占卜,但却接受了当时的现象主义(参见下文 p.380)。

(c) 王充的怀疑论哲学

368

这些初步工作完成后,我们现在就可以评价王充的著作了。王充是中国任何时代里最伟大的人物之一,并非全不恰当地常被称为中国的卢克莱修。他在中国科学史上的功绩已受到近代中国科学家和学者们的高度评价,例如可见之于王璡(1)和胡适[Hu Shih (3)]等人的论文中。据《后汉书·王充传》[3]告诉我们,他生于公元 27 年(因此与刘昆同时而较年轻),是一个孜孜不倦的学者和作家。他的独立思考使他与世寡合,在官场上始终不得意,从未做到大官。王充死于 97 年,他的巨著《论衡》[4]必定是写于 82 和 83 年。

首先,我们来看他的自然观。王充全部接受了阴阳二元论和五行理论,虽则并非无批判地[5]。他很少使用"道"或"理"这些词,而是采用了以"命"(即命运或命定)一词为标志的一种彻底的决定论,此词类似于前苏格拉底学派的"必然"($\dot{\alpha}\nu\dot{\alpha}\gamma\kappa\eta$)。他也像道家一样,否认天有意识,而主张一种以"自然"为口号的自然

---

1) G844; Forke (12), pp.100ff.。

2)《全上古三代秦汉三国六朝文》,后汉部分,卷十五。

3)《后汉书》卷七十九。

4) 佛尔克有全译本[Forke (4)],以下我们提到该书时只以"译本"表示。该书前面有一篇对王充世界观的出色讨论。如无该书,可参见李世益[Li Shih-I(1)]的论文。

5) 在本卷 p.266,我们曾举了一个王充批判当时流行的五行理论的很好的例子。

主义世界观(参见 p.51)。在他看来,以一阴一阳的原理来说明自然界的奥秘乃是正确的,因为天属阳,地属阴[1]。极为有趣的是,卢克莱修也恰好有过同样的观念(父天和母地, *pater aether and mater terra*)[2]。如果阴阳相违,则生灾变[3],而且阳至极而返阴,阴至极而返阳[4][见本书第二十六章(b)],犹如波浪相寻。王充的观点有些像斯多葛学派的"宇宙法则"(universal law,见本卷 p.534),虽然两者有显著的不同;王充的观点是:"天和人有同一种道,在这里好和坏没有分别。如果人道之中有不可能之事,那末,我们知道它在天道之下就不可能有效验。"[5]("天人同道,好恶不殊;人道不然,则知天无验矣。")

369   王充采用并精炼了我们在道家中已经遇到的稀疏和凝聚的观念(p.40)。生命起源于阴阳二气的凝聚[6]。因此,他说:

> 正像水变为冰一样,气凝聚而成人体。冰融化后又成为水,人死后又回复到一种精神状态("复神")。称它为神,也正像冰融化后又称为水一样。当有一个人在我们面前时,我们就使用一个不同的名称。因此,断言死人还具有意识或能采取某种形状来伤害别人,这是没有任何证据的。[7]

〈水凝为冰,气凝为人。冰释为水,人死复神。其名为神也,犹冰释更名水也。人见名异,则谓有知,能为形而害人,无据以论之也。〉

另外,他又说:一切研究长生之术并信赖不死之方的人,必然要失败,就像不能防止冰不融化一样[8]。

沿着这一思想线索,终于引向了几近两千年之后托马斯·布朗爵士所说的"生命是一种纯火,我们是靠着我们体内的一种看不见的太阳而生活着",以及梅奥(Mayow)的生命烛焰说(candle-flame)和本尼迪克特(Benedict)的生命热力计说(calorimeter)等等。王充把生命体的精神等同于火阳本原,湿组织即骨肉则等同于水阴本原。王充的这些说法,又使人有点联想到亚里士多德对形式和质料(*eidos* 和 *hule*, ὕλη 和 εἶδος)所作的区分;除了在王充看来,阴阳两种本原,特别是

---

1)《论衡》第十四篇(译本,vol.1,p.104),第三十二篇(译本,vol.1,p.261);第十五篇(译本,vol.1,p.322)。这里我们所列的篇数都依据它们在《论衡》原书中出现的次序,而非 Forke(4)的卷数(译本,vol.2,p.421 附有篇卷数对照表)。

2) *De Rer.Nat.* Ⅰ,250—253; Ⅱ,991—995。

3)《论衡》第五十五篇(译本,vol.2,p.16)。

4)《论衡》第四十六篇(译本,vol.2,p.344)。

5)《论衡》第十七篇(译本 vol.2,p.157)。参见本卷 p.488。

6) 这句话虽然不在这段里,但在其他地方(如,第六十二篇,译本,vol.1,p.196)王充使用了和战国时期道家相同的术语,例如以"散"来表示消散或稀疏。

7)《论衡》第六十二篇(译本,vol.1,p.192)。这一论断在该篇后面又作了复述(译本,vol.1,p.196)。

8)《论衡》第二十四篇(译本,vol.1,p.350)。

阳,有可能(虽然极为危险)独立存在和独立显现。在《论衡》第六十五篇中,他说:

> 人所藉以诞生的是阴阳二气[1]。阴气生其骨肉,阳气生其精神。只要人活着,阴阳二气就有良好的秩序,因而骨肉坚壮,精神饱满;骨肉给人筋力,精神给人意识。前者保持坚实强壮,后者则表现为语言能力。当骨肉结合在一起时,它们始终是可见的而且不会消亡。[2]
>
> 〈夫人所以生者,阴阳气也。阴气主为骨肉,阳气主为精神。人之生也,阴阳气具,故骨肉坚,精气盛。精气为知,骨肉为强,故精神言谈,形体固守。骨肉精神,合错相持,故能常见而不灭亡也。〉

但火热的太阳之气可以独立呈现,而这也就是鬼怪妖魔和闪电形成的原因[3]他说:

> 人们所说的吉凶征兆以及鬼神等等,都是由太阳之气(单独作用)产生的。这种太阳气就是上天之气。因为上天既能产生人体,也能模仿人的形象。……当阳气盛而阴气缺乏时,它只能产生出一种形象,而无肉体。因为它只是精神而无骨肉,所以是恍惚而弥漫的,并且只是一经呈现就又立刻消灭。[4]
>
> 〈故凡世间所谓妖祥,所谓鬼神者,皆太阳之气为之也。太阳之气,天气也。天能生人之体,故能像人之容。……太阳之气盛而无阴,故徒能为象而不能为形。无骨肉有精气,故一见恍惚,辄复灭亡也。〉

在该书的其他许多地方,王充叙述了由全系火与热所散发出来的这种纯粹"形式"的毒害性和危险性[5];他认为这是对史料记录中由于超正常的表现而带来的一切灾害的最好解释[6]。为了说明阴属物质在未经阳气赋予生机之前是无形的,他迳直引了鸡卵未孵化时的例子,他说: 370

> 鸡蛋在孵化之前,蛋壳里是一种无形的质体("颈溶")[7],当它破裂时,可以看到它是属于水质的。但当一只良好的母鸡把它孵化后,就形成了小鸡的形体;而当小鸡的形体完全形成后,它就可以破壳而出。而人的死亡,也就是回到这种无形的质体的时候。所以,这种无形的气怎么能损害人呢?[8]

---

1) 我无需再坚持"气"这个字的不可译性,它的含义类似于希腊人的 *pneuma* 和我们现代的气、蒸气或气体的概念,但它还具有辐射能的某种意义,如辐射散发。

2) 译文见 Forke (4),vol.1,p.249。

3) 王充关于闪电和雷的出色的自然主义论述,见本书第二十一章气象学部分。

4) 译文见 Forke (4),vol.1,p.249,经修改。

5) 特别是在第六十六篇《言毒》中(译本,vol.1,pp.298ff.);以及译本,vol.1,p.245。

6) 这是反对《论衡》第六十五篇(译本,vol.1,pp.239 ff.)所说的其他鬼的起源的理论,如认为鬼是甲乙之神的观点等等。

7) 注意,这里王充避免使用道家那个有名的术语"浑沌"。

8) 《论衡》第六十二篇(译本,vol.1,p.199)。

〈鸡卵之未孚也,涵溶于壳中。溃而视之,若水之形。良雌伛伏,体方就成。就成之后,
能啄瞯之。夫人之死犹涵溶之时,涵溶之气,安能害人?〉

这里,他已经距离分化、反分化或分解作用的概念不远了。最后,他还曾用贮囊、苞
瓜作类比;当囊内不再有粟米时,囊就消失了[1],从而丧失了它所曾暂时保有的形
式;当苞瓜脱水时,它就必然改变它的形状[2]。

王充依据他的自然主义,看到了自然界中偶然和斗争以及必然的广阔范围。
他认为,坚持把人生中所发生的每一桩事都联系到人们已知的或自称的道德优劣
是不合理的;为了说明这一点,他举出了非人事的自然界中的许多小事为例,强调
指出偶然和意外在它们命运中的作用。所以他说:

> 蝼蛄和蚂蚁在地上爬行。如果有人抬脚踩它们,以全身重量粉碎它们,它
> 们立刻死掉。而那些没有被踩着的,则仍继续活下去而无损伤。野草被火所
> 焚烧,这火是由车轮摩擦所点燃的。人们认为那些未烧着的草丛是幸福的,并
> 称它们为"幸运之草"。然而未被踩着的昆虫或未被灌木林火烧着的野草,并
> 不成为它们优越性的证明。脚的运动和火的蔓延都纯粹出于偶然。

> 同样的推理也完全适用于说明痈疽的溃疡。当体液的自由循环被阻滞
> 时,就凝聚形成疮。当疮发作时,就变成一种溃疡,最后是流出血而脓被排
> 掉。这些痈疽溃出的孔穴就比其他的孔穴好些吗? 不,它只不过是正常机体
> 的运行在某些地方受到阻碍而已。[3]

〈蝼蚁行于地,人举足而涉之。足所履,蝼蚁笮死;足所不蹈,全活不伤。火燔野草,车
辇所致,火所不燔,俗或喜之,名曰幸草。夫足所不蹈,火所不及,未必善也。足举火行,有
适然也。由是以论,痈疽之发,亦一实也。气结阀积,聚为痈,溃为疽,创流血出脓,岂痈疽
所发,身之善穴哉? 营卫之行,遇不通也。〉

他在结尾时,引了一个据说是有关孔子的有趣故事:孔子通常总是急速地走过鲁国
371 都城破朽不堪的城门。当他的弟子们指出城门很容易倾颓的样子已经很久时,孔
子回答说,这正是他所讨厌的。("鲁城门久朽欲顿。孔子过之,趋而疾行。左右曰:
'久矣。'孔子曰:'恶其久也。'")所以,孔子至少也体会到了偶然和必然的关系。关
于这一点,我们不久在下面论述王充对人的命运观时还要再谈到。

不仅宇宙不是为了人而创造的[4],而且在其中找不出任何有意安排的证据。
这种对创造性的否认,虽然在某些方面对近代科学的心灵是有吸引力的,却也对科

---

1) 《论衡》第六十二篇(译本,vol.1,p.192);《论衡》第七篇(译本 vol.1,p.329)。

2) 《论衡》第七篇(译本,vol.1,p.329)。

3) 《论衡》第五篇(译本,vol.1,p.151)。关于郁滞的病理理论,见本书第七章(j)(第一卷,p.219)和第
四十四章。

4) 参见本卷 p.55 所引《列子》中的故事。

学有着其他一些不大理想的后果,这一点我们将在第十八章中再作分析。在王充《论衡·物势篇》中,我们读到:

> 耕地、除草、播种,这都是有计划的行动;但种子是否能生长和成熟,这完全取决于偶然性的自然作用。我们怎么知道呢? 假如上天产生万物是有目的的,那末它就应该教导它们彼此相爱而不是彼此相贼害。可能有人反驳说,五行的本性就是如此;当上天创造万物时,它就赋给万物以五行之"气",而这些五行之"气"便相互斗争,相互摧残。但是这样的话,上天就应该只用一行之"气"充满其创造物,并教导它们彼此相爱,而不让五行彼此交战,彼此相害。[1]

> 〈夫耕耘播种,故为之也。及其成与不熟,偶自然也。何以验之? 如天故生万物,当令其相亲爱,不当令之相贼害也。或曰,五行之气:天生万物,以万物含五行之气,五行之气更相贼害。曰:天自当以一行之气生万物,令之相亲爱,不当令五行之气反使相贼害也。〉

佛尔克把王充的这种批评意见和卢克莱修[2]恰当地作了比较。

(d) 离心的宇宙生成论

与上述王充的密度变化、聚散理论紧密相关的,是他所提出的一种"离心的"宇宙生成论[3]。这种理论并非始自王充,也不是到王充而结束。这种观念——即地球是由一种旋转物质中心的凝固而形成的——和近代的星云说以及环绕太阳(恒星)的行星系的形成的宇宙学观点是如此之相似,因而考察一下它的历史是很有意思的。

我们现在还无法把这种观念在中国的出现追溯到确切地更早于《淮南子》(约公元前 120 年)一书的时期。在《淮南子·天文训》中有这样的记载:

> 在天地形成之前,有一种没有形式和空隙的深渊("冯冯翼翼洞洞漏漏");因此称为"太昭"。道开始于虚空,而这种虚空产生了宇宙。宇宙产生"气"(有活力的气态的弥散物质),它就像一条河流涡旋于两岸之间一样[4]。纯洁的"气",细薄松散而形成天;重浊的气,凝聚迟滞而形成地。纯洁细微的气合在一起形成一个整体是容易的事;但重浊物质的凝聚则是困难的。因而天形成在先,地成为固体在后。天地结合的精华变为阴阳,阴阳的四种特殊形式形成

372

---

1) 译文见 Forke (4), vol.1, p.104。又见本卷 p.266。

2) *De Rer.Nat.* Ⅱ, 177–181; Ⅴ, 185–189。

3) 称它为"向心"的宇宙生成论可能更好一些,因为这一宇宙生成论的所有表述都是说坚固的物质向中心凝聚,而轻的物质则向外飞散,即和离心作用实际上发生的情况正好相反。实际上这些古代思想家心目中的类比是一种与漩涡或涡流的类比,其中重的粒子在中心聚拢成一团。

4) 这里作者心目中大概是想象着泥滓沉积于弯流的凸出的一面,而与对面的冲刷相抗,这是古代中国人关心水利工程的例子。

四季,四季散发出的精华形成万物。……[1]

〈天地未形,冯冯翼翼,洞洞漏漏,故曰太昭。道始于虚廓,虚廓生宇宙,宇宙生气。气有涯垠。清阳者薄靡而为天,重浊者凝滞而为地。清妙之合专易,重浊之凝竭难。故天先成而地后定。天地之袭精为阴阳;阴阳之专精为四时;四时之散精为万物。……〉

如果还没有理由说明,在希腊对这个问题的观念传入中国(参见第七章、第十章)以前,中国思想家就完全有可能观察凝聚和稀疏的现象的话,那就很难使人相信这种说法不是米利都的阿那克西米尼(鼎盛于公元前 545 年)的有名的宇宙生成论的一个反映[2]。如所周知,这种理论曾由阿克拉戈斯(Akragas)的恩培多克勒(鼎盛于公元前 450 年)[3]、克拉左美尼(Clazomenae)的阿那克萨戈拉(Anaxagoras,他的鼎盛时期和前者大约同时)[4] 以及原子论者留基伯和德谟克利特(鼎盛于公元前 425 年)[5] 等人以各种不同形式反复申述过。它被称为涡流理论(vortex theory),而且当然也见之于卢克莱修(公元前 98—前 55 年)[6]。既然丝绸之路开辟于公元前 2 世纪末,那就没有理由说卢克莱修的伟大学说不能传到王充那里;不过,这一点并没有证据。

但是,如果《列子》[7]的记载属实的话,则中国这种思想的出现就可以远溯到公元前 4 世纪[8]。《列子》记载说:

我们说,有伟大的变易原则("太易"),有伟大的起源("太初"),有伟大的开端("太始"),有伟大的原始未分化状态("太素")。在太易阶段,气还没有显现。在太初阶段,气开始存在。在太始阶段,形状开始出现。在太素阶段,体质开始出现。当气、形和质还是不可分辨地混在一起的时候,那种状态称为浑沦。万物都混杂在其中,彼此尚未分离。……比较纯的、轻的(因素)("清轻者")向上而形成天,比较粗的、重的(因素)("重浊者")向下而形成地。……[9]

〈故曰:有太易,有太初,有太始,有太素。太易者,未见气也;太初者,气之始也;太始者,形之始也;太素者,质之始也。气形质具而未相离,故曰浑沦。浑沦者,言万物相浑沦而

1) 见 Fêng Yu-Lan (2),p.112 中修中诚的译文,经修改。

2) Rey (1),vol.2,p.94; Freeman(1),p.66.

3) Freeman (1),p.187.

4) Freeman (1),p.268.

5) Freeman (1),pp.287,304.

6) De Rer.Nat. V,439—449,485—493.

7)《列子·天瑞第一》,第三页。

8) 在戴遂良[Wieger (2),p.144]的书中有一段话,很容易使不注意的人混淆。即它把一段关于离心的宇宙演化论的论述放在摘自《礼记》和其他被认为出自孔子弟子作品的一章中;但是很清楚,这段论述是该书第九篇《礼运》的一条宋代(13 世纪)的注解。

9) 由作者译成英文,借助于 L.Giles (4),p.20; Wieger (2),p.272,(7),p.69。在汉代的纬书之一《易纬乾凿度》卷上,也重复过十分类似的一段。参见《太平御览》卷三十六,第五页。

未相离也。……清轻者上为天,浊重者下为地。……〉

而王充的论述如下:

373

《易经》注释家说,在最初的元气分化之前,就只有一团浑沌。儒家书籍又谈到一种杂乱的混淆状态("溟涬濛澒")和未分化的(两种)气。当它分离和分化时,纯洁的(因素)("清者")形成天,混浊的("浊者")形成地。……[1]

〈说《易》者曰:元气未分,浑沌为一。儒书又言:溟涬濛澒,气未分之类也。及其分离,清者为天,浊者为地。……〉

特别有意思的是,在这些古代文献记载中,没有一处确切地说明,究竟是什么上升了,什么下降了。从中文看来,没有必要精确,因为"者"字可以表示质料,可以表示事物(或更多地往往是表示人),对作者来说是十分自然的[2]。这一点对原子论的历史很重要,因为12世纪朱熹对这个课题的最终论述中,粒子已近于呼之欲出了,下面我们即可看到。

在王充以后不久,也还有记载提到这种离心的宇宙生成论,如马伯乐[3]所指出的,道家的《太上三天正法经》[4]中就有一段对九气分化的叙述,说轻者上升而为天,重者下沉而为地。这段话被认为是写在公元4世纪之前。这种思想在4世纪的《抱朴子》[5]和8世纪的《关尹子》[6]、《无能子》[7]中也都有表述。但确切的论述是13世纪后期的理学大家朱熹作出的;《朱子全书》卷四十九中说:

天地初间只是阴阳之气。这一个气运行,磨来磨去[8],磨得急了,便拶许多渣滓,里面无处出,便结成个地在中央。气之清者[9]便为天,为日月,为星辰,只在外常周环运转。地便在中央不动,不是在下。

天运不息,昼夜辊转,故地㩁在中间。使天有一息之停,则地须陷下。惟

374

1) 《论衡》第三十一篇,译文见 Forke(4),vol.1,p.252。王充的同时代人班固在他的《白虎通德论》第四篇第一页,也有一段类似但较简短的论述。

2) 即使先行词是"气",如王充的用法,但因为概念太模糊,所以也提高不了它的精确性。

3) Maspero (7),p.201;Maspero (13),p.124。

4) *TT* 1188。

5) 《抱朴子》卷一[Feifel (1),p.119]。

6) Forke (12),p.356。

7) Forke (6),p.56。

8) 佛尔克[Forke (6),p.106]译作"由于粒子彼此相磨,遂产生一种剧烈的摩擦",但原文没有这样的话。

9) 佛尔克再次说到"粒子",但原文中所用的模糊字样不能证明就是粒子。勒·加尔[le Gall (1),p.120]在这两句中都避免用这个词。

天运转之急,故凝结得许多渣滓在中间。地者气之渣滓也,所以道:轻清者为
天,重浊者为地。[1]

于是我们就看到,引文喃喃地要说,渣滓是由磨擦而缩小的粒子(原子)而形成的,
但是没有具体地说出来[2]。这个论题一直持续到明代,但论叙却较乏味,如1378
年叶子奇的《草木子》中的说法。

丁韪良[Martin (6)]在很早以前曾作过一个很有意思的提示,即中国的这些观
念通过耶稣会士的渠道传到欧洲,可能对笛卡尔物理学中的以太涡流
(tourbillons)理论产生过影响。

(e) 王充对人类中心说的否定

现在我们再回头讨论王充。王充对人在宇宙中的地位这一问题持什么看法
呢? 首先,他坚决反对一切人类中心说,从而向中国的国教进行了正面的进攻[3]。
他一次又一次地反复抨击说,一个人生存在大地表面上就像是虮虱在人的衣缝里
一样[4]。与此同时,他也承认在倮虫三百(或三百六十)中,人是最尊贵、最有智慧
的[5]。他说,但是如果虮虱欲知人意,把声音送到人耳旁,人甚至听不到它们;那
末,想象着天地能了解人的语言,或者能领会人的意愿,那是多么地荒唐[6]! 一旦
达到了这个立场,王充就展开了对迷信的全力进攻。天是无形体的,地是无生机
的,天地决不能说话或行动[7],也决不能受到任何人的行事的感动[8];天地不听祈

375

---

1) 《朱子全书》卷四十九,第十九页,由作者译成英文。

2) 戴遂良[Wieger (4), p.624]断言:希腊前苏格拉底时期的思想从印度通过《楞伽阿跋多罗宝经》
(Laṅkāvatāra Sūtra)传到了中国(见本卷 p.405)。这部佛经是 430 年译成中文的。但前苏格拉底的各种学
说(阿那克西曼德、阿那克西米尼、泰勒斯,等等)与戴遂良所认同的那些印度异教派的名称,并不见于经文,
而是出于该经的一条注释[Takakusu (1), vol.32, pp.156–158],那条注释是 520 年译成汉文的。因而戴遂
良的鉴定是很难置信的(韦利博士私人通讯);而且即使承认这种说法,那也显然不能说明中国在公元前就
有了离心的宇宙生成论的理由。当然,必须提到,印度人本身也有某种类似离心的宇宙生成论的说法。按
照数论(Sāṃkhya)的哲学,原始未分化的大自然素质(prakṛti)分为三种成分(guṇa),即轻、重和运动。关于
这一派哲学和佛教之开创的关系,现在还有争论[参见 Jacobi (1);Keith (3);Garbe (2);Thomas (1),
p.91]。就我所知,没有什么证据可用以说明,比如在公元前 3 世纪中国思想是受了这种哲学的影响;这一情
况类似于原子论的情况,后者已在前面讨论过[第七章(b),第一卷,p.154]。

3) 在这方面,他在中国思想史上的地位可以称之为"哥白尼式的"。

4) 这种说法,我至少看到有四处:《论衡》第十四篇(译本,vol.1,p.103);第十五篇(译本,vol.1,
p.322);第四十三篇(译本,vol.1,p.109);第七十一篇(译本,vol.1,p.183)。

5) 《论衡》第七十二篇(译本,vol.1,p.528);第三十八篇(译本,vol.2,p.105)。

6) 译本,vol.1,p.183。

7) 《论衡》第七十一篇(译本,vol.1,p.183)。

8) 《论衡》第四十三篇(译本,vol.1,p.110)。

祷[1]，也不答复问题[2]。因此他清除了本章前边所讲的各种占卜体系的整个基础[3]。

王充否认了人类中心说之后，对于迷信的其余成分，有的是从统计角度揭穿其荒诞，有的则揭穿它们的毫无道理。监狱里成千上万的囚徒，或者历阳城内的全体居民被洪水淹没，一夜之间尽沉入湖底——他们不可能对他们的事情全都选择了凶日。选择吉日也说明不了所有升官的学者[4]。（"狱中万囚，其举事未必触忌讳也。""历阳之都，一夕沉而为湖，其民未必皆犯岁月也。""居位食禄，专城长邑，以千万数，其迁徙日未必逢吉时也。"）至于祭祀鬼神，这种事全属虚妄。为了体会王充的讽刺，这里可摘引《论衡·解除篇》中有关这个题目的如下一段。他说：

世人都相信祭祀，认为这可以得福；同时也赞成被除，幻想着被除可以去凶。进行被除仪式的开始是献上祭品，这可比之于活人之间的宴客；但当对鬼神周到地款待盛宴，而鬼神吃过了以后，就用刀、棒把它们驱赶走。对于这种款待方式，假使鬼神有知的话，它们是会坚持应战而不肯走的；同时，如果它们怀恨，就会造成祸害。但是，如果它们无知的话，也就不可能为害。因之被除是徒劳的，不进行被除也造成不了祸害。

此外，鬼神是否有一种物质形状（"形象"），还是有争论的。假如有，那就必然像活人的形状。但任何具有活人形状的东西都必然能有忿怒感，因此被除就将造成祸害而不是造成福祉。假如鬼神没有物质形状，那末，驱逐它们也就像（力图）驱走云和气一样，那是办不到的。

既然鬼神是否有物质形状都不能确定，所以我们就全然无从猜想它们的情感。究竟它们为了什么目的而聚集于人们的住所呢？如果它们有意要伤害人，那末它们在被除时只消躲避一下，而驱逐一过马上就会回来。如果它们寄居在我们家里并无恶意，那末，即使不加以驱逐，也不会为害。

接着他作了个类比说，鬼神被驱逐后又会回来，就像是群众围观贵人的行列，队伍一过，他们又聚在一起；或者像在庭院中吃谷子的鸟，驱逐之后马上又回来。

衰世喜好信鬼。愚人被除求免祸。当周朝的统治者走向败亡的时候，他

376

---

1) 《论衡》第四十三篇（译本，vol.1, p.113）。

2) 《论衡》第七十一篇（译本，vol.1, p.184）。正如莱斯利[Leslie (1)]所指出的，王充这一总的立场，使他始终认定小的原因不能产生大的效应。这与道家所崇尚的一种观点相反（参见本卷 p.451 引自谭峭的一段文字），而这里道家至少是和王充一样地正确。

3) 这并不是说王充摒弃了当时所使用的一切占卜程序，但他认为那些（多少可信的）结果完全是出现于自然秩序范围之内的现象，并且至少它很容易欺骗正不亚于它能启发。

4) 《论衡》第七十二篇，通篇都是对于时日吉凶这一原理的抨击（译本，vol.1, pp.525ff.）。

们相信祭祀和被除,以此来寻求心灵的安静和精神的支持。那些愚昧的统治者们,他们的心灵走入了迷途,忘掉他们自己行为的重要性;他们的好事做的越少,他们的宝座就越不稳固。结论是:人的幸福就掌握在自己手中,鬼神与此毫无关系。幸福取决于自己的德行,而不取决于祭祀。[1]

〈世信祭祀,谓祭祀必有福。又然解除,谓解除必去凶。解除初礼,先设祭祀。比夫祭祀,若生人相宾客矣。先为宾客设膳食,已,驱以刃杖。鬼神如有知,必恚止战,不肯径去。若怀恨,反而为祸。如无所知,不能为凶。解之无益;不解无损。

且人谓鬼神何如状哉? 如谓鬼神有形象,形象生人。生人怀恨,必得害人。如无形象,与烟云同。驱逐云烟,亦不能除。形既不可知,心亦不可图。鬼神集止人宅,欲何求乎? 如势欲杀人,当驱逐之时,避人隐匿。驱逐之止,则复还立故处。如不欲杀人,寄托人家,虽不驱逐,亦不为害。

衰世好信鬼,愚人好求福。周之季世,信鬼修祀,以求福助。愚主心惑,不顾自行,功犹不立,治犹不定。故在人不在鬼,在德不在祀。〉

这些论述使我们联想到以赛亚(Isaiah)的那种预言;如果我们一定要在什么地方找到一种类似希伯来预言家的那种精神力量,那就只能在富于无神论和不可知论精神的儒家唯理论者之中找到,这或许可说是中国文明的特点。

王充对之进行毁灭性批判的另一类观念,是道家相信靠技术可以达到长生[2]。他比较了道家的长生修炼和生物的变态[3]。然而这种变态并没有能阻止鹳、蟹最后被人吃掉。而且,有着最完全的变态的动物(昆虫),其寿命反而不如那些毫无变态的动物的寿命长[4]。清心寡欲可以看作是有助于长寿,但是许多草木虽然并无情欲,却往往只生活一岁[5]。呼吸过度会损伤生命的机体,所以道家的导气之术有什么用呢? 江河行地以致混浊,所以道家用导引之术试图增进循环,又有什么用呢? (也就是说,如果不受干扰,血流将是最纯洁的)[6]。这里,王充只有一句提到炼丹术的话"我们听说道家吃金玉的精华"("闻为道者服金玉之精");但他所了解的可能远比看起来的更多,因为在这句话前面的一两页中他谈到了"黄白"(这是炼丹术的著名隐语),并转而攻击炼丹家们说:的确,黄是植

----

1) 译文见 Forke (4), vol.1, pp.532, 534; de Groot (2), vol.6, p.934, 经修改。

2) 特别是《论衡》第七篇(译本, vol.1, pp.325ff.)和第二十四篇(《道虚篇》,译本 vol.1, pp.332 ff.).

3) 译本 vol.1, p.326。王充的动物学是有点缺乏批判的。在变态一词下,他包括了真正的变态(如昆虫、蝉、蚕、蝼蛄等的变态)、蜕皮(如蛇和其他爬行动物的蜕皮)以及许多幻想的变形,如蛙变成鹌,雀变成蛤之类[参见本书第七章(h)、第十章(i)、第十六章(a)、第三十九章],当时普遍认为这些变形曾发生过。

4) 译本, vol.1, p.327。

5) 译本, vol.1, p. 347.

6) 译本, vol.1, pp.348, 349.

物成熟和行将凋谢的标志,白是白发老年的象征。"黄和白就像是烤肉和烹鱼"("黄之与白,犹肉腥炙之焦,鱼鲜者之熟也"),也就是说,所有的化学变化都是不可逆的[1]。

但是,可料想到的是,作为半个儒家的王充,虽然一生中的大部分都偏爱道家的自然主义而反对道家的实验主义[2],但是在他年老的时候,思想却似乎有了改变。他的传记中说,他在迟暮之年曾写过一部《养性书》,但已失传[3]。

但总的说来,王充不失为彻底反对一切形式的"超自然主义"[4]的斗士。对于当时的人普遍相信的大量传说,例如许多与龙交媾的故事和超自然的生育等等,他特别大力地加以抨击[5]。他的很多论证当然在生物学上都是相当正确的,但给人的印象却是在用汽锤敲碎核桃,可见他的同时代人是如何认真地接受这些传统的奇谈怪论。在后面第二十一章气象学中,我们将有一段关于海潮理论史的长篇引文,它完整地表明王充是怎样对待那些传说,并怎样把它们批驳得体无完肤的。传说中的解释越接近于被王充认为可有恰当的科学解释的事实时,他就越发费力地去破除它。这表现在他的《论衡》中论天文学的各篇。下面我们在适当的章节(第二十章)中将对此进行简要的考察。

有一半被《论衡》掀起的战斗尘埃所掩蔽的是当时所存在的方术中的各派的名称。它们是趋避吉日凶辰的"工伎射事者"[6]、占说宅地吉凶的"占射事者"和"工技之家"[7],以及观察吉凶兆候的"候气变者"[8]。王充对"伎道之家"批评较少,人们提到他们,是和琥珀、磁石联系在一起的,他们是铸阳燧并企图以五行干支推断命运的"物理学家"[9]。但是王充最讨厌的则是"现象论者"[10]("变复之家",即"变化和反复学派")这一学派,这无疑是由于他们拥有巨大的政治势力。这派人的观念对王充来说,就像宗教对卢克莱修一样。

1) 译本,vol.1,pp.337,339。

2) 他推崇曹参和汲黯的"无为"政治(参见上文 p.70);译本,vol.1,p.94。

3) 这就是佛尔克[Forke(4)]奇怪地译为"长寿学"的那部书。

4) 这里我用引号是因为应该记住这样一个事实:从历代中国人所特有的和本能的世界观来看,是不可能有任何严格意义上的超自然的东西的。一些看不见的原理、妖魔、鬼神、怪异征象等等,正好和人类本身一样地是自然界的一部分,虽然这些事物很罕见,并且难于考察。

5)《论衡》第十五篇(译本,vol.1,pp.318 ff.)。

6)《论衡》第七十二篇(译本,vol.1,p.525)。

7)《论衡》第七十二篇(译本,vol.1,p.531)。

8)《论衡》第六十一篇(译本,vol.2,p.275)。

9)《论衡》第四十七篇(译本,vol.2,p.349);第七十四篇(译本,vol.2,p.413)。

10) "很抱歉,我们还要继续使用这个名词,该词源于佛尔克;当然它和 19 世纪或当代哲学讨论中这个词的现代意义完全无关。我们还想不出一个更好的词。

378

(f) 现象论者和王充反对他们的斗争

这里,我们要从一个出乎意料的门径,即从王充对待被道家所称道的原始集体主义的立场进入本题。在这个问题上,他开始是一派道家的论调[1],但很快就转向对现象论者进行攻击。下面这段话出自《论衡·自然篇》中:

> 礼是起源于缺乏忠信,并且混乱已经开始的时候。在这一点上,人们互相挑剔,致使(上下)互相责难。在三皇时代,人们坐时不拘形式(不注意位次),行时从容随意。他们都亲身劳作而不用牛马。当时纯朴的美德流行,人民都率真而无识(不知道社会差别)。熟悉"智慧"和"聪明"的心灵,那时候还没有发展起来。
>
> 起初并没有什么灾害或凶兆;即使有的话,也不被人认为是一种(上天的)谴告。为什么呢?因为那时人民都纯朴而率真,彼此并不约束或责难。后世逐渐衰微,上下之间就互相矛盾,而灾害和凶兆也经常发生。因此人们发明了(上天)谴告的假说。但今天的天和古时的天是同一今天,并非古时的天就仁慈而今天的天就严苛了。上天谴告的假说在现代被提出来,乃是人们以其自己(主观)的情感所做出的一种臆测。[2]
>
> 〈礼者,忠信之薄,乱之首也。相讥以礼,故相谴告。三皇之时,坐者于于,行者居居。乍自以为马,乍自以为牛。纯德行而民瞳瞳,晓惠之心未形生也。当时亦无灾异。如有灾异,不名曰谴告。何则?对人愚蠢,不知相绳责也。末世衰微,上下相非。灾异时至,则造谴告之言矣。夫今之天,古之天也。非古之天厚而今之天薄也。天谴告之言生于今者,人以心准况之也。〉

这是对一种根深蒂固而有力量的信仰集团的正面攻击。正如我们前面(p.247)已指出的,有些汉代的儒家发展了自然主义学派(阴阳家)的观念,从而形成了一种思想体系,认为任何伦理的不正常实际上必然要引起宇宙间的不正常[3]。《淮南子》中就有对这个题目的明确论述[4]。这一奇异的综合的主要代表人物之一是董仲舒

379 (公元前 179—前 104 年),他的《春秋繁露》我们已经在别的地方引用过

---

1) 我很怀疑王充采取这种道家学说是否很严肃,因为他在《论衡》中至少有五篇(第五十六至六十篇)称赞汉代和他自己那个时代无论如何要比秦代和战国时期好得多。

2) 译文见 Forke (4), vol.1, p.100, 经修改。

3) 我虽是这样写,但那概念要比字面所蕴涵的微妙得多。仿佛是伦理的不正常乃是在宇宙模式中某一点上的紊乱,而这一紊乱就必然要引起别处的其他(物理的)紊乱,它不是靠直接作用,而是靠一种通过一个有机整体的庞大分支的信号来冲击。因此我们可以说,它是一种通讯工程,而非一种机械力。

4) 《淮南子》第三篇,第二页。

了[1]。该书有几篇提出了这种理论,特别是第四十四篇《王道通三》[2]和第六十四篇《五行五事》[3]。对于这些详加推究,则过于烦琐而不必要,因为它们是建立在一种纯属想象的基础之上的,比如在第六十四篇中说:如果皇帝和大臣不遵礼法(礼仪和习俗),就会有暴风,树木就不会好好生长;如果皇帝的言论不合乎道理,则金属就不可锻造[4],还会有可怕的雷雨[5];如果皇帝的听众不能明辨,则将有暴雨和洪水等等[6]。不仅是皇帝,而且整个官僚机构都包括在内,地方官吏的错误则造成地方性的效应。现象论的另一个方面则是一种倒过来的占星术,把行星运行的摄动归咎于政治的不正常;这在《文子》一书(大概是汉代作品)的残篇中可以明显地看到[7]。扬雄也有一段话清楚地表明了这一点。他在《法言》(约公元5年)中说:

> 有人问:圣人是否能够进行占卜。(扬雄)回答说:圣人肯定能够进行占卜天地。问者接着又问:如果是那样的话,圣人和占星家("史")[8]有什么不同?(扬雄)答道:占星家是预告天上的现象将对人有什么效应;圣人则预告人的行动将对天有什么效应。[9]

> 〈或问:圣人占天乎? 曰:占天地。曰:若此,则史也何异? 曰:史以天占人,圣人以人占天。〉

胡适[10]用了董仲舒的一句话来总结它:"人之所为,其美恶之极,乃与天地流通而往来相应。"自然界的这种"道德反应"在西方思想史中当然也不是没有的[11],但中国人似乎比任何人把它推进得更远,赋予它更大的持久性、自动性和逻辑体系。

洪水般涌现的专用于推测和解释天地各种变态或灾难现象的文献,有大量的片段留存于历代史书之中。这些史书中最长的篇章(《五行志》)就是有关这些东西

---

1) 上文 pp.249, 281。见一篇论述董仲舒的优秀文章 Yao Shan-Yün(4)。董仲舒决非注意到了这一点的唯一作家,比如,还有杨雄的《太玄经》,参见 Forke(7)和上文 p.329。

2) 译文见 d'Hormon (1)。

3) 译文见 Hughes (1),p.308;参见 Fêng Yu-Lan (6),p.124。

4) 总的观念是,突出地表现了五行性质的物体或物质会失掉其正常特性[参见 Pfizmaier (58)]。

5) 雷电致死,自然被认为是"上天谴责"的一种最显著的例子,但我要到第二十一章气象学部分再讨论王充关于雷电的一段雄辩文字。

6) 汉代的增窜把这也掺进《管子》之类的书中,例如《管子》第四十篇。

7) 见 Forke (13),p.351。

8) 文义上是指国家的占星学家或占星官。

9) 《法言》第六篇,第九页,由作者译成英文,参见 Forke (12),p.95。

10) Hu Shih (3),p. 44。

11) 见 Cornford (1),p.5,文中引用了赫西奥德(Hesiod)和索福克勒斯(Sophocles)的诗句;又见p.55。帕泰[Patai (1)]描述了犹太人的一些很相似的情况,任何疫厉、洪水或上帝的"惩罚",都可归入这一类范畴(见下文 p.575)。

的[1]。在王充的时代，人们从经书中寻找适合于这种新理论的材料，而当其不足时，人

380 们就编造出了全新的经文，与"经"相对比而称之为"纬书"[2]，"经"即经典本身，其原始

的意义为"经线"，"纬"即"纬线"。胡适说，这类伪经的权威性当时变得极高，以致在整

个公元 1，2 世纪中，许多重要的国家政策，诸如改历、选择皇位继承人等等，都只靠这

些伪经来决定[3]。用欧洲文字讲述它们的唯一一部好著作是曾珠森[Tsêng Chu-Sên

(1)]的，虽然卜道成[Bruce (3)]写过有关易纬八种(在全部纬书中只有这些以较完整的

形式流传到今天)的简短论述[4]。在中文方面，陈槃对这类后来称之为"谶纬"的文献

进行了很多研究，其中有些见于康德谟[Kaltenmark (1)]所作的法文提要。

　　对于所有这些，王充都进行了反驳。他提出了他所想到的每一种论证来断言：

(1) 季节的过热和过冷并不取决于人君的喜怒[5]；(2) 虎害[6]、虫灾[7]并非由于功

曹部吏的邪恶；(3) 自然界的灾害和不幸事件并不是天怒的表现[8]；(4) 严冬并

非由于残酷压迫[9]。在论述这个题目的主要一篇《谴告篇》[10]中，他到收尾时说[11]：

> 　　上天的心就在圣人的胸中。当上天谴告时，它是通过圣人之口来这样做
> 的。但人们不相信圣人的话。他们信赖灾异之气，并试图从这里得出天意。
> 这是何等地远(离真理)啊![12]

> 〈上天之心，在圣人之胸。及其谴告，在圣人之上。不信圣人之言，反然灾异之气，求索
> 上天之意，何其远哉!〉

381 在第五十三篇[13]中，当他(以他惯用的逻辑方式)举出众所周知的仁君在位灾害并

出的例子后，就转而攻击现象论者说：不是自然灾害取决于人的道德，而是人的道

---

1) 艾伯华[Eberhard (1)]和毕汉思[Bielenstein (1)]对《前汉书》的这部分内容作过详细的分析；普菲
茨迈尔译了《(刘)宋书》(4 世纪和 5 世纪)这些部分的第三十至三十四卷[Pfizmaier (58)]以及《新唐书》(7
世纪—9 世纪)这些部分的第三十四至三十六、八十八、八十九各卷[Pfizmaier (67)]。

2) 公元前 215 年术士卢生献给秦始皇的一部占书《录图》，往往被认为是这类文献的最早一部书。谶书只
是在公元前 40 年前后才开始流行的。

3) 这些伪书几乎可以与欧洲历史中伪教令所占的地位相比拟。从 862 年起，罗马教廷即利用大量据称是
教皇颁布于使徒时期和第一批真正教令时期(385 年)之间的教令，其实它们都是 9 世纪的伪制品。关于这些以及
构成教权的其他类似伪制品，罗伯逊[A.Robertson (sen.) (1)]，pp.236ff.做过很好的论述。这两种文明的特征似乎
是，欧洲的大量伪制品都是以法律和行政命令的形式出现的，而中国的这类伪制品则是以伪科学的形式出现的。

4) 有四篇见于孙瑴的《古微书》卷十四至十六。

5) 《论衡》第四十一篇(译本，vol.1，pp.278 ff.)。

6) 《论衡》第四十八篇(译本，vol.2，pp.357ff.)。

7) 《论衡》第四十九篇(译本，vol.2，pp.363ff.)。

8) 《论衡》第五十五篇(译本，vol.2，pp.16ff.)。

9) 《论衡》第四十三篇(译本，vol.1，pp.109ff.)。

10) 《论衡》第四十二篇(译本 vol.1，pp.119ff.)。

11) 用的是希伯来预言的那种口气。

12) 译本，vol.1，pp.129ff.。

13) 译本，vol.2，pp.9ff.。

德取决于自然灾害,例如在饥馑时。

> 动乱的原因是什么? 它们不就是盗贼蜂起,战斗流血,人民不顾道德义务和反叛其统治者吗? 所有这些困难都出于谷物和其他食品的缺乏,因为人民不能忍受(超过一定限度的)饥寒。当饥寒交迫时,很少有人是不破坏法律的;但当他们享受温饱时,就很少有人行为不正当了。[1]

〈何以审之? 夫世之所以为乱者,不以盗贼众多,兵革并起,民弃礼义,负畔其上乎?若此者,由谷食乏缺,不能忍饥寒。夫饥寒并至而能无为非者寡,然则温饱并至而能不为善者希。〉

如果我们留意的话,就可以知道,对这一基本事实的确认是古已有之的,例如在《邓析子》的第一篇中[2]。在根本上,王充又回到他的下述(非常正确的)主张,即天象人事间所有那些假想的符合都是由于纯粹的偶然,所以在第四十一篇中说:

> 酷暑和严寒气候的出现,不取决于任何政治行动,但是,暑、寒可能偶然("遭")与赏、罚相合,而正是由于这种理由,现象论者("变复之家")(荒谬地)把它们描述为具有这样一种联系。[3]

〈然则寒温之至,殆非政治所致。然而寒温之至,遭与赏罚同时,变复之家,因缘名之矣。〉

这里我们又遇到了前定和谐[4]的观念。现象论者认为,他们已测出了它那确定不移的表现;王充则确信,他们是错误的,尽管他承认在它那结构中也有可能出现偶然"机遇"的巧合。

正如莱斯利[Leslie(2)]所指出的,王充否认现象论使得他处于另一种严重偏离中国主要传统的立场,即否认"超距作用"[5]。这是他攻击人类中心说的自然结果,但他还是屡屡回到这种攻击上来。他承认龙可以致雨,但只能是在一百里的半径之内[6];可能有所谓精神相感作用,但不能超过有限的距离[7];王莽的姑母先后有三个未婚夫均死于远方,这决不可能是由于她辐射任何邪恶的影响所致[8]。然而,对于某些形式的超距作用,王充自己也认为是必须支持的,特别是由星体发射并构

382

---

1) 译本,vol.2,pp.12.
2) H.Wilhelm (2).《管子》第一篇,第一页[参见 Forke(13),p.76],以及很久以后的唐代《化书》第五篇,第二十六页[参见 Forke(12),p.346],对此有强而有力的论述。
3) 译文见 Forke (4),vol.1,p.281,经修改。又见 vol.1,pp.127,128,283;vol.2,p.357.
4) 见上文 p.292.
5) 的确,这种"超距作用"学说是中国古代和中世纪世界观的那种有机性质的基础,它虽经王充的反对,却一直持续着并导致了早期中国科学许多有价值的特色,如磁极性的发现。
6)《论衡》第四十一篇(译本,vol.1,pp.280ff.)。
7)《论衡》第十九篇(译本,vol.2,pp.189ff.)。
8)《论衡》第十篇(译本,vol.2,pp.6ff.)和第十一篇(译本,vol.1,pp.306ff.)。

成个人秉赋重要组成部分的那些影响[1]。大自然可以这样影响人,但如果要求相信人的孱弱行动也能够影响大自然,那就实在是太过分了。就是有这种由个人辐射而来的影响的话,其射程也是很短的。

可惜王充的这些抗议并不是很有效的[2]。谶纬书继续流行,一直晚到唐代。对于这部分材料,西方汉学家的研究几乎还没有开始[3],而且可能会是很伤脑筋的;不过我们必须承认,现象论对于彗星、流星雨、日斑等一系列很早的系统观察是有贡献的,这些我们将在本书的有关章节中加以论述。"谶纬"书到近代被汇集成丛书,如明代孙毂的《古微书》和 1804 年赵在翰的《七纬》。它们充满了各种吉凶兆候和占断历史事件的预言以及星占事项。但随着时间的前进,一场接着一场的叛乱都声称从这类伪经书中找到了根据,因而当政的官僚集团开始对这些东西感到头痛,到了隋炀帝时(605—617 年)遂下令焚毁所能得到的一切这类图书[4]。这并不是说对这类迷信的兴趣就消失了,但是政府觉得平民不宜于从事论证皇帝与上天的关系。在欧洲历史上也有过类似的禁令(参见 p.537)。这种禁令终于起到了它的作用,再加上宋代理学家的理性主义的影响,这种特殊形式的迷信就大部分消失了。

(g) 王充和人类的命运

以上我们所看到的只是王充所否定的方面。他的肯定的教导,就人事而言,主要是探讨人的命运问题("天命")。佛尔克说[5],王充的命运观并不是上天为每一个人所规定的不可改变的命令,也不是希腊人的 *heimarmene* (είμαρμενη,即降落在个人身上的命运)或罗马人的 *dira necessita* (表示前兆的必然性),它和早期基督教教父作家们所说的预定论(predestination)也不完全是一回事。它取决于:

383 (1) 每个人秉赋(性)中所具有的精神[6], (2) 星体放射的特殊影响("得星之精")[7], (3) 机遇的作用。

让我们依次来看这三个因素。王充所谓的秉赋,不仅意味着精神的秉赋,而且

---

1) 见下节。王充本人也是最早论述月亮和潮汐关系的人之一(《论衡》第十六篇),并且接受了(《论衡》第十篇和第三十二篇)月亮对贝类影响的经典实例[见本书第七章(a)和第三十九章]。

2) 尽管这在下一个世纪中受到天文学家张衡的坚强支持。

3) 参见 Nagasawa (1),p.135。

4) 古罗马的类似情况见 Cramer (1)。

5) Forke (4),vol.1,p.26。

6) 《论衡》第十二篇(译本 vol.1,pp.130ff.)和第四篇(译本 vol.1,pp.313ff.)。

7) 佛尔克把这个成分定性为"超自然的"(supernatural),但这个词肯定不正确。在王充的宇宙里,根据定义,并没有超自然的东西。参见《论衡》第六篇(译本,vol.1,pp.136ff.)。

也含有某些体质上的东西;所以他鼓吹传说中的"文王四乳"[1]、"武王望阳"是早在他们出生之前就已具备了的[2]。"每个人的命运都是体内所固有的,正像鸟类在蛋壳内就已经有了雌雄的区别一样。"[3]("禀命定于身中,犹鸟之别雌雄于卵壳之中也。")这里他之强调遗传学上的遗传而与环境的影响相对立,乃是极其有趣的。他已触及到两千年后现代实验胚胎学中极为根本的遗传决定性的问题。"正如一个器皿的形状一旦形成(即在窑里已经烧定了),就不能使之再大或再小;所以身体构造的存在期限一旦被确定,也就不能缩短或延长。"[4]"人可以被看作是在天地的熔炉里所铸就和烧成的,当他的形状已经被固定之后,他怎么还能经历变化呢?"[5]"一个十五岁的孩子就像是丝,他逐渐变好或变坏,就像是用靛蓝或朱红给煮过的丝染色,使之成为蓝的或红的。"[6]("形器已成,不可小大;人体已定,不可增减。""今人以为天地所陶冶矣,形已成定,何可复更也?""十五之子其犹丝也,其有所渐化为善恶,犹蓝丹之染练丝,使之为青赤也。")这种论证曾引致荀卿在三个世纪以前强调教育的作用,但王充则是更加预定论的,他要把决定的时刻推回到个体发育期,而且一般地把它看作在出生时就已成为过去了[7]。他说:"聋人和哑人,跛子和瞎子,都是气在胎里就受了伤(的人们),所以他们接受的是一种被扭曲了的天性。"[8]("喑聋跛盲,气遭胎伤,故受性狂悖。")但是他又认为,倘若母亲行动遵礼,则在母体内有可能进行"胎教"[9]。

　　从本章开始时所讨论的占星术来看,王充的第二个因素(星体影响)是非常重要的。他正是生活在占星术将其先前的有限职能从君主宫廷向着人民大众扩展的时代。当然,他对"史官"(简称"史")[10]或《周礼》[11]中的"冯相氏"、"保章氏"这些占星官的名字和职责是很清楚的,这些人守望在宫廷的观象台上,并将天体事项以古

384

---

1) 文王是周代初期的一位圣王。关于多乳房现象的生物学论述,见 Speert (1)。

2) 译本,vol.1,pp.131ff。这里佛尔克译为羊胎是个错误。

3) 译本,vol.1,pp.132ff..

4) 译本,vol.1,pp.325ff..

5) 译本,vol.1,pp.330ff..

6) 译本,vol.1,pp.374ff..

7) 王充对于"人性"问题的态度已在第九章(d)中提到。

8) 《论衡》第六篇,译文见 Leslie (1),参见 Forke (4),vol.1,p.141。

9) "母体感受"能影响胎儿发育的观念,有着漫长的历史,参见 Needham (2),pp.11,193。在巴利文的《论事》[Kathavatthu, XXII, 4;译文见 Aung &Rhys Davids (1),p.360]中有类似记载;这种"胎教"的观念经常出现在中国文献中,如部分地是公元前 2 世纪的贾谊《新书》第五十五篇和公元 6 世纪的《颜氏家训》第一篇,第二页。

10) 《论衡》第五十二篇(译本,vol.1,p.319);第六十八篇(译本,vol.2,p.376)。

11) 分别见《周礼》第十七篇和第二十六篇;Biot (1),vol.1,p.413,vol.2,p.112 和 vol.1,p414,vol.2,p.113。

老的迦勒底式的体例记录下来。有时候,他反驳这些天体运行情况的传统记载,坚信它们是荒谬的,例如有的故事说在某次战役中太阳倒退三宿,以及另一次当一个封建领主说了一些特别好的格言时,火星就迅速地移过三宿,等等[1]。但他却相信在人的生命形成期间最重要的影响是星体的影响,在《论衡》第六篇中他说:

> 至于富贵的传递,这取决于本性所得之气;它承受众星所发射的一种精华("精")。星宿是在天上,而天有它们的征象("象")。如果一个人承受到(在出生时?)一种蕴涵着富贵的天象,那末他就会富贵。如果一个人承受到(在出生时?)一种蕴涵着贫贱的天象,他就要贫贱。因此可以说(一切安排都取决于)天。但怎么可能是这样的呢? 天上有它的百官和群星。天排出气,众星则排出它们的精华("精"),而精华也就在气之中。人们吸收这种气而生。只要他们享受这种气,他们就成长。如果他们获得意味着显贵的那一类,他们就将成为贵人;否则他们就将成为平民。按照有关的星的地位或贵或贱,或小或大,他们的地位也或高或低,他们的财富也或多或少。天有其百官和群星,所以在地上我们也有万民、五帝和三王的各种精华。天有它的王梁或造父[2],地上也有这类人。正是因为后者秉受了他们天上相应部分的气,他们就成为御车的能手。[3]

> 〈至于富贵所禀,犹性所禀之气,得众星之精。众星在天,天有其象。得富贵象则富贵,得贫贱象则贫贱。故曰在天。在天如何? 天有百官,有众星。天施气而众星布精,天所施气,众星之气在其中矣。人禀气而生,含气而长。得贵则贵,得贱则贱。贵或秩有高下,富或资有多少,皆星位尊卑小大之所授也。故天有百官,天有众星,地有万民、五帝、三王之精。天有王梁、造父,人亦有之。禀受其气,故巧于御。〉

这里无论如何是非常清楚的,而且说来奇怪的是,它很可能是中国个人星占文献中的第一次陈述。这一怪事或许是出于这样一种可能性,即恰好是王充的科学的自然主义把他推到了这一理论,作为摆脱各种地方神灵和其他"超自然"力量的任意赐予的一种手段。众星的运行至少是有规律的。这里我们不要忘记伯基特[Burkitt (2)]的论点:西方诺斯替派的占星术,曾经多方企图使宗教适合于当时的科学。并且王充的这种态度也必须看作是他整个宇宙论的一部分,这一宇宙论把阴阳二气分别和日月联系起来[4]。中国推断个人命运的占星术是由他们最伟大的怀疑论者所奠定的,这也许变成了中国科学史上的悖论之一。

385

---

1) 译本,vol.2,p.174。
2) 古时两位著名的御者。这里的星宿是指仙后座中相应的五颗星[Schlegel (5),p.329]。
3) 由作者译成英文,借助于 Forke (4),vol.1,p.138。
4) 参见译本,vol.1,p.241。

三个因素中的最后一个是机遇。王充力图对它作出进一步的分析[1]，他区别了"时"、"遭"（即遭遇，例如一场大灾难之中许多人都同归于尽，不管他们的命运不这样的话可能如何）、"幸"（例如被囚之后遇到大赦）、"偶"（例如偶然遇到达官贵人的垂青）等等的各种不同效果[2]。但是他在界定这些不同形式的机遇时，很难说是成功的。他的同时代人在命运和意志相联系的结果之间区分了三种类型*："正"，即不受意志干预的自然命运；"随"（相随），即一种恶意促成一种恶运，反之亦然，"遭"（相反），即一种恶意反作用于一种好运，或反之。但王充不同意这种说法，他严格地按照预定论的模式相信个人的意志起不了什么作用或根本就不起作用[3]。

从上述就可看出，王充不仅接受了（如果他本人不是庇护了）当时正在发展中的个人占星术，而且也接受了绝大部分的相术（或者如佛尔克称之为"人术"）；因为很自然，我们可以期待一个人所具有的禀赋类型有其外表可见的征象[4]。他在《论衡》中专有一篇谈这个题目，其中列举了许多有关形体特点的例子，他认为足以很有根据地把它们与内在的体质及其以后的命运联系起来。他认为，他自己也是第一个把骨相表征和性格联系在一起的人。

"赞曰"（让我们用中国正史中的一个套语）：从科学思想史的观点来看，王充是他那个时代最伟大的人物之一[5]。胡适曾注意到王充下面的一段话（《论衡》第六十一篇和第八十四篇）[6]：

> 我这部书用一句话就足以概括——它嫉恨虚伪（"疾虚妄"）。……正确被弄成为谬误，虚妄被认为是真理。我怎么能保持沉默？当我读到世间流行的这类书籍时，当我看到真理被虚妄所掩没时，我的心在剧烈地跳动，我的笔在手里颤抖。我怎么能沉默不语？当我批判它们时，我钻研它们，以事实核对它

386

---

[1] 王充的机遇观念和我们今天可在数学上表达的"或然性规律"(laws of chance)有些相似；在这方面，他经常使用"数"这个字，例如《论衡》第十篇一开头就提到"适偶之数"。但他没有从统计学的角度去思虑，他所看到的是一个巨大的、看不见的织机在运转——它自动地在编织一幅从一开始就决定了的图案；而机遇只是它的机制的一部分。

[2] 《论衡》第六篇（译本，vol.1, p.142），第十篇（译本，vol.2, pp.1ff.）。

[3] 《论衡》第六篇（译本，vol.1, p.156），第二十篇（译本，vol.1, pp.156ff.）。

[4] 见《论衡》第十一篇（译本，vol.1, pp.304 ff.），第五十篇（译本，vol.1, pp.359ff.）。

[5] 奇怪的是：《论衡》不像汉代和汉以前的大多数著作那样，它从来没有被人广泛地注释过。对当时学者的一般趋向来说，王充可能是太走极端了。在这一点上，他又很像卢支莱修。17世纪的托马斯·布朗爵士写信给他儿子，叫儿子不要对卢克莱修的作品太下功夫，因为"一字不漏地背熟他的诗，也不足为荣"。另一方面，比起中国古代任何其他作家的作品来，王充的风格是解说式的和重复的。

[6] 译本，vol.2, p.280; vol.1, p.89。

* 王充《论衡·命义篇》载，"传曰，说命有三：一曰正命，二曰随命，三曰遭命。正命，谓本禀之自得吉也，性然骨善，故不假操行以求福而吉自至，故曰正命。随命者，戮力操行而吉福至，纵情施欲而凶祸到，故曰随命。遭命者，行善得恶，非所冀望，逢遭于外而得凶祸，故曰遭命。"——译者

们，并依靠证据来揭穿它们的虚妄。[1]

〈论衡篇以十数，亦一言也，曰：疾虚妄……是反为非，虚转为实，安能不言？……世间书传，多若等类，浮妄虚伪，没夺正是。心愦涌，笔手扰，安能不论？论则考之以心，效之以事。浮虚之事，辄立证验。〉

但不幸的是，王充的著作的主要价值是否定性的和破坏性的。他只要再能对科学技术设计出某种较阴阳二元论和五行说更富有成果的假说，他对中国思想的贡献就会更大了。

我们没有听说过王充有一批入室弟子，但是我们知道，蔡邕(133—192 年)[2]和王朗(卒于 228 年)[3]都极力称赞王充的书。或许他也影响了荀悦(148—209年)[4]，荀悦曾积极地反对道家的迷信。在这方面有重大意义的是，我们发现刘劭于 235 年前后撰写的《人物志》这部在古老的中国文献中最重要的有关性格心理学的书[5]，并无一语论及相术。它完全是基于对心理特征及其人事效应的理性主义的观察。其后，晋代有裴頠(267—300 年)继续了汉代怀疑论者的传统。不过他的著作留传给我们的仅是严可均所辑录的一些残篇[6]。

(h) 以后各世纪中的怀疑论传统

在以后整个中国历史中，这种怀疑论的理性主义传统一直继续着。这和某些其他文明中占主导地位的乌七八糟的宗教巫术作品相比，的确是中国文化的伟大成就之一。对于鬼神的嘲笑已成为儒学的家常便饭。在王充死后的几个世纪里，佛教逐渐得势，大大助长了迷信，但儒家从未间断对它的反对，因而史书记载了484 年在竟陵王面前的一场大辩论；在这场辩论中范缜抨击了"业报"（karma）说（即用前世行为的善恶来解释今生今世命运的好坏）[7]。王充已对长生不死的迷信进行过挑战[8]，而范缜现在则说："精神之对于身体，就是锋利之对于刀刃。我们从没有听说过刀毁坏之后，锋利还可以存在。"[9]（"神之于形，犹利之于刀，未闻刀没

1) 译文见 Hu Shih (3)，p.46。
2) G1986。
3) G 2195。
4) G811；Forke (12)，p.135；见布施[Busch (1)]所著的传记。
5) Forke (12)，p.196；译文见 Shyrock (2)。
6) 《全上古三代秦汉三国六朝文》晋朝部分，第三十三卷，第三页。Forke (12)，p.226。
7) 《梁书》卷四十八，第七页。最近侯外庐和纪玄冰(1)对范缜的哲学唯物主义作了全面的论述。
8) 佛尔克[Forke (8)]汇集了王充关于这个题目的论证，并和柏拉图的论证进行了对比，而使后者大为逊色。
9) 《通鉴纲目》第二十八卷，第一页；法译文见 Wieger (1)，p.1155；由作者译成英文。

而利存。")范缜的这种观点表现在他的一篇题名为《神灭论》[1]的论文中,这篇论文使佛教徒们大为惊恐,以至写了七十多篇文章反驳它[2];胡适[Hu Shih (4)]说,其中最好的是沈约的一篇,沈约论证说:刀可改铸成匕首,形状会大不相同,但锋利还是一样的,即已"再生"。我们认为,这似乎没有多大说服力。

其他关于631年前后的记载,描述了许多次交锋,在交锋中是儒家学者傅奕挫败了佛教的魔术师[3]。傅奕的同时代人吕才,是在许多方面使人想到王充的一个人物;632年,皇帝命令他编集当时各种占卜和阴阳五行理论的书籍,他在每一编的前面都加上了一篇怀疑论的序言[4]。他的著作似乎是散失了,但《辨惑编》[5]。(见本卷 p.389)中所保存的一些摘录表明,他使用了类似王充的那些论证,例如使千百人同归于尽的那类灾难,就使得个人命运说成了废话。这时,旨在反对各种迷信的故事越来越常见了。例如唐代陆长源的《辨疑志》中记载了一个道观的故事:人们相信在这个道观中有一个道姑的尸体保存了多少世纪而没有腐解。但最后,一群莽撞的年轻人在酒宴之后闯了进去,发现棺材内除一些朽骨以外什么也没有[6]。这桩事据记载大约发生在770年。稍后,诗人柳宗元对现象论进行了猛烈抨击[7]。再后,到819年就发生了韩愈抗议皇帝正式迎接佛骨这一有名的事件[8]。

在宋代,储泳在他的《祛疑说纂》(这部书仅仅由于其怀疑主义而出了名)[9]一书中,沿着自我暗示的线索对道家符咒的效验作出了一种主观主义的解释。胡安国在他的史籍评注之一中[10]阐述了这样一种学说,即虽然从长期看来上天是赏善罚恶,但这只是一种统计程序,而对个别的人和事是无效的。另一段(关于释"命")论述[11]则表明了古代的谶纬观念怎样可以被理性化,即把预兆并不看成是一种不可避免的灾祸的标志,而看成是一种上天的信号,它指出人们已经做了些什么,因之可能继续做些什么。这样一来,"天谴"的告诫性质就削弱了——"如果种了一棵

388

1) 见《图书集成·人事典》第二十三卷;译文见 Balazs (3)。
2) 但有很多人同意范缜的论点,如《世说新语》(卷中之上第十一页)中所提到的阮宣子即是。
3) Wright (3); *TH*, p.1344。
4) *TH*., p.1345。
5) 《辨惑编》卷三,第三页。
6) 《辨疑志》卷三十四,第二十页。
7) 《寓简》卷四,第一页。
8) 该事件的详细情况和韩愈谏表的译文可见 Dubs (16)。
9) 不过该书在磁学史上有重要的意义,见本卷第二十六章(i)。
10) 见 Forke (9), p.121。这一段已由戴遂良译出(*TH*, p.1430),但他极不公正地对这段文字加以讥刺。
11) 译文见 Wieger, *TH*, p.1695。

树,天就帮助它成长;如果把它砍断,天就帮助它枯朽。"[1]("天之生物,必因其材而笃焉。故栽者培之,倾者覆之。")这个时期中有一个顽强的怀疑论者是石介(1005—1045 年)[2]。在他的《石徂徕集》中,他写道:

> 我相信,在这个世界上有三种东西是虚妄的,即仙、炼丹术和佛。这三种东西把所有的人都带入歧途,而且很多人宁愿牺牲自己的性命去获得它们。但我相信根本就不存在这类东西,而且我有很好的理由这么说。如果世界上曾有任何人获得过它们,那就没有人能比他更加尊贵了。于是也就没有人会求而不得或祷而无验了。……秦始皇希望成仙,汉武帝希望制金,梁武帝希望成佛,都曾为之全力以赴。但秦始皇死于远途的出巡,梁武帝饿死了,而汉武帝从来也没有得到过什么金子。……[3]

> <吾谓天地间必然无者有三。无神仙、无黄金术,无佛。然此三者,举世人皆惑之,以为必有,故甘心乐死而求之。然吾以为必无者,吾有以知之。……秦始皇之求为仙,汉武帝之求为黄金,梁武帝之求为佛,勤已至矣。而秦始皇远游死,梁武帝饥饿死,汉武帝铸黄金不成。……>

不过,整个宋代的理学学派都具有一种强烈的自然主义和怀疑主义的倾向,我们在后面专论宋代理学时将可看到[4]。

元代出现了一个具有鲜明的科学头脑的人物刘基(1311—1375 年)[5],他力图以纯自然的原因解释自然现象。他坚持王充的关于闪电的论证,极力反驳雷电致死决非事出偶然的那种观念。在他的《郁离子》一书中,他把死亡比作一杯水又倾入了大海,"气"又回到了宇宙的气团之中。还有一段在楚南公和萧寥子云这两个假想人物之间的非常有趣的对话,他写道:

389

> 楚南公问萧寥子云说:"如果天有边际,那末边际以外又可能是些什么东西呢?然而据我们所知道的一切普通原理("理")和影响("势")来说,天一定有一上边际,因为一切有形状("形")的事物都一定有其边际("极")。"

> 萧寥子云回答说:"关于那些在六合之外的事情,圣人是不谈论的。"

> 楚南公大笑道:"因为圣人根本就不知道它们,他们当然不会谈到它们。

---

1)《中庸》第十七章[Legge (2),p.263]。
2) Forke (9),p.8。
3)《石徂徕集》卷二,第四十八页;译文见 Forke (9),由作者译成英文。
4) 传统的儒家怀疑主义可在普通作品中找到上千个例子。这里我只引艾伯华[Eberhard (5),p.75]书中的故事第 17 作为参考。
5) Forke (9),p.306;G1282;Sarton (1),vol.3,p.1536。这是个很好的例子,可以说明翟理斯《古今姓氏族谱》的缺陷。从他的著录中没有人能想到刘基具有高度的科学造诣,是一位天文学家和数学家,尽管他当然也是一位星占学家(就像后来的开普勒一样)。

但是圣人们借助于天文学和历法科学追踪过天体的运行。他们使用仪器考察各个星座。他们运用计算校准天体的数量变化。他们借助于《易经》阐述天体的原理。一切耳可闻、目可见、心可思的事物,圣人们都研究过了,连最细微的事也没有不明了的——除了上天执拗地要隐蔽起来的东西,对于这些东西,人们没有办法可以揭示它们。这就是要害所在。如果你说'他们不知道',而不是说'他们没有谈论过',那末,你就是很正确的。"[1]

〈楚南公问于萧寥子云曰:"天有极乎? 极之外又何物也? 天无极乎? 凡有形必有极,理也,势也。"萧寥子云曰:"六合之外圣人不言。"楚南公笑曰:"是圣人所不能知耳,而奚以不言也? 故天之行,圣人以历纪之;天之象,圣人以器验之;天之数,圣人以算穷之;天之理,圣人以《易》究之。凡耳之所可听,目之所可视,心思之所可及者,圣人搜之不使有毫忽之藏,而天之所闳,人无术以知之者惟此。今又不曰不知,而曰不言,是何好胜之甚也。"〉

刘基的著作和生平应当加以深入研究。我们以后还要遇到他[2]。

和刘基同时的有谢应芳(鼎盛于 1340—1360 年[3]),他在他的《辨惑编》中汇集了全部反迷信的资料。其中可以找到儒家学者攻击如下各种迷信的有关引文:祈求长生[4],为死者烧纸钱[5],佛教的不死和地狱的观念[6],灵魂的轮回或转生[7],《易经》占卜[8],星命[9],吉凶时日[10],堪舆[11],相术[12],以及其他。他所援引的还有荀卿(见上文 p.27)和有关西门豹(见上文 p.137)的几段名文,以及儒家学者建议废除佛寺、佛像的各种文字[13]。他们声称上天并不保佑那些尊奉佛教的王朝[14]。

在明初,最突出的怀疑论者也许是曹端(1376—1434 年)[15],他是《辨惑编》的热诚崇拜者。他的《夜行烛》是为其父亲而写的,后者是个佛教徒。在明代后期,最

---

1)《郁离子》,第四页;译文见 Forke (9),由作者译成英文。参见上文 pp.8, 198。
2) 刘基作为一部堪舆书的作者,我们曾遇到过他(p.360)。这显然是他在伪科学中的偏好,正如王充接受了占星术和相术一样。
3) G746。
4)《辨惑编》卷一,第二页。
5)《辨惑编》卷一,第十三页。
6)《辨惑编》卷二,第八页。
7)《辨惑编》卷一,第十六页。
8)《辨惑编》卷二,第四、五页。
9)《辨惑编》卷三,第五页。
10)《辨惑编》卷三,第七页。
11)《辨惑编》卷二,第十页。
12)《辨惑编》卷三,第十二页。
13)《辨惑编》卷一,第十三、十八页。
14)《辨惑编》卷二,第七页。
15) Forke (9), p.347; G2015。

伟大的名字是王船山(1619—1692年)[1]，关于他，我们在本卷第十七章(c)中将详加叙述。到了他的时代，双方论点在长期论战中已变得非常明确[2]。儒家的怀疑主义和道家的经验的伪科学都已拥有人们所熟悉的领地，而这就是17世纪初期，"新哲学或实验哲学"随着耶稣会士到达中国时的情况。

390　(i) 怀疑论传统的辉煌成就: 中国的人文学研究

作为本章的附录，我准备补充一些有关中国的人文研究、考据学和考古学的发展情况。这些是怀疑论的传统可以找到广阔出路并能得出丰富成果的学术活动领域，因为经验性的材料随手可得，而研究的进展也不受未能把科学假设数学化并由实验加以检验的限制。因此，这就使中国成了人文科学，即"精神科学"(Geistewissessnschaften)的真正故乡，并且在更悠久的连续时期内要比世界上任何其他文明都保持着更高的水平。

稍微浏览一下桑兹(Sandys)的著名的(欧洲)古典学术史[3]，就足以提醒我们，虽然亚历山大里亚学派对于古代文献的考释和时代考订也曾达到过一个高水平，例如与汉初学者同时代的拜占庭的阿里斯托芬(Aristophanes of Byzantium，约公元前195年)和萨莫色雷斯的阿里斯塔科斯(Aristarchus of Samothrace，约公元前150年)，但在拜占庭或中世纪文明中并没有留下什么痕迹，只不过是抄录和收集了一些原稿[4]。甚至在14世纪初开始的学艺复兴(Revival of Learning)的早期，也没有重新发现科学的考据学方法。桑兹说，意大利的人文学者主要是搞对古典样板的模仿和复制，而16世纪法国"博学家"则主要是以学识渊博和勤奋为标志。一直到本特利(Bentley，1662—1742年)及其后继者的时代，才出现了近代科学的考据学，而且或许并非偶然的巧合，它是随着"新哲学或实验哲学"的胜利步伐而出现的，在这种新哲学中才第一次应用了近代的自然科学方法。

---

1) Forke (9), p.484.

2) 到了最后阶段，却有一种"要看问题两面"的明显趋势。1726年的《图书集成》中用心地收入了荀卿的《非相篇》，同时列有大量有关风水、吉凶时日、算命等等材料，并附有王充对它们的有关讥评，这是很有意义的。甚至连墨翟的《非命篇》也没有漏掉。

3) 在中国的著作中我还没有发现任何可与桑兹这部书相比拟的作品。当然，各个朝代的一些知名学者对于古籍的年代和真伪的意见也曾被汇集(详见下文)。文字的考订自然也就形成极其精审的注释的一部分，过去多少世纪以来就习惯于用它们来充实中国的书籍。

4) 有趣的是，应该注意这个研究领域的情况同地理学与定量制图学的情况很相似[见本书第二十二章(d)]，因为在这两方面，希腊的传统也几乎丧失争尽，从而使欧洲人在这些问题上的水平远低于与他们同时代的中国人。

我们在前面[1]曾有机会注意到胡适[Hu Shih (1)]对 17 世纪的欧洲和中国在这种科学方法的应用上所作的显著对比。在欧洲,当伽利略、哈维和牛顿正用它研究自然现象时;在中国,顾炎武、阎若璩则把它用于语言学研究。但不像欧洲的自然科学家们那样是在用一种新方法重新发现世界,中国的语言学家们继续着那种已经很古老的文献学的传统。或许可以说,这种传统在汉代就已开始了,当时的学者们运用了王充所代表的那种怀疑主义来考订某些古代文献。这种研究由于国家插手而得到鼓励,在第一卷的"历史概述"[2]中我们曾提到两次有名的会议,与会学者们讨论了经书各种本子的可靠性和经文,即公元前 51 年的石渠会议和公元 79 年的白虎观会议。《西京杂记》[3]为我们保存了汉代学者对于古代字典《尔雅》成书年代的讨论情况,有些学者对该书是否如一般所认为的确实成书于周公时期(公元前 11 世纪)[4],表示了严重的怀疑[5]。

但中国批判的人文主义的真正繁荣时期是在宋代(10—13 世纪)到来的,而特别有意义的是,当时各门自然科学和技术的活动也达到了高峰(见下文 pp.493ff.),出现了科学世界观的伟大哲学成就,即"理学"(见第十六章)[6]这种人文的和哲学的运动差不多同时开始于 10 世纪末——这时欧洲还甚至于没有任何稍微可与之比拟的东西。

促发这种运动的最重要的机纽之一,或许是对谶纬伪经(见上文 pp.380ff.)的不满,当时这些伪经的大部分充塞在流行的注释中。孙复(992—1057 年)对这些东西发起了攻击;而以这种新方法考订书籍的工作一旦发动,各种古文献本身连同其注释很快地都遭到猛攻。孙复发现《左传》中有许多前后不一的记述,宋代名儒欧阳修(1007-1072 年)对《诗经》毛氏传也提出了类似的疑问。很快地古代民歌的文字本身也被人以怀疑的态度加以考察。到 11 世纪中期,《易经》是否有任何篇章出自孔子之手,受到了广泛的(并且是十分正确的)怀疑,同时(虽然作得还不够,但却是正当的)把《周礼》的年代推到战国时期[7]。《通志》的伟大作者、朱熹(中国的阿奎那)的同时代人郑樵(1104-1162 年),否认《易经》、《尔雅》和其他经书是远古的作品,而在其所著《石鼓文》中,他主张这些传统上归为周初(公元前 11 世纪)的著作只能是公元前 3 世纪下半叶以后的作品。吴棫(卒于 1155 年)攻击古文尚书是

---

1) 在第六章(j)(本书第一卷,p.146)。
2) 本书第一卷,p.105。
3)《西京杂记》卷三,第二页。
4) 现在认为是成书于秦和汉初,即公元前 3 世纪和前 2 世纪。参见 Sarton (1),vol.1,p.110。
5) 关于汉代及其直接的后继者们的校勘学的一般情况,见 Nagasawa (Feifel) (1),pp.166ff.。
6) 陈荣捷[Chhen Jung-Chieh (1),p.261]也注意到这种关系。
7) 传统上一般认为它成书于公元前第一千纪初。

伪作,而朱熹肯定是同意吴棫的看法的,因为他对古文尚书没有写过注释。在下一个世代中,这一过程就扩大到了道家和儒家的著作上——叶适(1150—1223年)几乎已能指出(现在我们知道那是正确的)《管子》一书和周代的政治家管夷吾毫无关系,并对人们设想的孔子之孙子思与《中庸》的关系表示严重的怀疑[1]。在元代,这个运动仍在继续,但势头稍差。宋濂(1310—1381年)于1358年刊行了他的《诸子辨》一书,其中他估定了五十多种哲学书籍的真伪。他决不是撰写这类著作的第一个人,至少有着十个前驱者,不过他的总结被人认为是最好的著作之一。

从考据学出发就很容易走向大规模地重写和重编经书,现在看来,宋代学者的这一步走得太远了一点。最有名的例子是朱熹对《大学》的改编,但是还有很多其他的例子,如刘敞(鼎盛于1060年)的《书经》和《春秋》的本子,王柏(1197—1274年)对《诗经》的改动。元代的吴澄(1247—1331年)也修订过《礼记》。

这种例子很容易再举出很多,不过就本书来说,提到这些就够了。于是很自然地就出现了各种集成,把有关古书的年代和真伪的各种最好的见解都汇集在一起[2];其中最有名的一部是晁公武于1175年问世的《郡斋读书志》。1782年的《四库全书总目提要》[见本书第三章(b)]的编纂者们大部分即以此书为依据。

有趣的是,在蒙古人覆灭以后以及整个明代,这个运动大部分中止了[3],或许是由于汉族王朝当权所产生的民族主义妨碍了对这种半神圣的民族经文进行批评的缘故。总之,这时是小说、戏剧等文学创作走在了前头。但过了两个世纪之后,在16世纪末和清朝即将兴起之前,这种怀疑的和历史考证的分析又以强烈的势头重新开始。这虽然和耶稣会士来华同时,并与欧洲自然科学和人文科学的伟大兴起同时,但似乎并没有理由认为它是受到了这些事件的任何影响[4]。这个新的古籍校勘学派被称为"考证学",它的主要代表人物是顾炎武(1613—1682年),即前引(本书第一卷,p.146)胡适一段论述中所提到的两个人之一。这个学派的成就一点也不亚于欧洲本特利时代的校勘学,但它的起步却早了大约一百年左右[5]。

作为这个学派的工作的一个例子,我们可以看看阎若璩(1636—1704年)对《书经》所作的事情。他能够证明,《书经》的许多篇以及据说是公元前2世纪孔安

---

1) 但即使在今天,这也很难被否定。参见 Hughes (2), Wu Shih-Chhang (1)。

2) 现代关于这个重要题目的意见,可看《古史辨》各册和梁启超(3)的著作。

3) 关于一些例外情况,见 Hummel (5)。

4) 时常有人提示这种影响,如顾立雅[Creel (6), p.219]。但这一学派的创始人音韵学家陈第,早在任何耶稣会士到达中国的二、三十年之前就已有很高声望了。同时,似乎没有任何具体的证据说明耶稣会士推动了这个学派的主要人物如顾炎武等。

5) 参见胡适(5)。到了后期,这个学派与汉学学派合一,他们反对理学或者重新解释理学。

国对它的注释都是东晋(4 世纪)时的伪作。因此正如长泽规矩也所说,他对一千多年来儒家学者世世代代奉若神明并为之撰写过无数注解的一部可尊敬的经典,给予了致命的一击。胡渭的摧陷廓清的考证也属于这一类,他指出"河图"和"洛书"(古代的数学幻方)与《易经》毫无关系,而是五代时道士陈抟加在《易经》上的。这方面的一部重要著作是姚际恒的《古今伪书考》。还有万斯大(1633—1683 年)、万斯同(1643—1702 年)兄弟对《周礼》和《礼记》成书年代的意见,那和现在所公认的年代差不多[1]。其后,这种研究不断成长并分成不同的学派,如以惠栋(1697—1758 年)为首的吴派和由戴震(1723—1777 年)奠定的皖派——戴震这个人,我们在谈到中国 18 世纪唯物主义哲学复兴的时候还要遇到他。这样,从 17 世纪初开始的这个运动,就由崔述(1740—1816 年)等人继续推动而进入到今天的人文研究。这本身不足为奇;有趣的是,这种怀疑的和批判的语言学的连续性,通过宋代的辉煌时期(这时欧洲正沉溺在毫无批判的传统主义之中)可以上溯到汉代的校仇学(大致相当于欧洲亚历山大里亚学派的成就)的发轫。

这一传统应该伴随着考古学的迅速成长,难道不是完全自然的事吗? 的确,正如萨顿所说,中国人是"天生的考古学家"。关于中国早期的考古学工作,可以阅读卫聚贤的专著[2]。但和已经提到的所有其他学科一样,考古学在宋代出现了一个大的飞跃,达到了完全科学的水平;王国维在其一篇有价值的论文[Wang Kuo-Wei (1)]中叙述了这种情况。

394

11 世纪中期,欧阳修撰写了他的《集古录》,这或许是世界上一切语言中最早的一部铭文学著作。这种兴趣既是实践的也是理论的,因为 12 世纪初的一本书[3]记载说,司马池在任凤翔府知府时对前面所说过的石鼓采取了特别的防护,为它建筑了厅堂以避风雨。另外,发掘工作也在进行[4]。1134 年邓名世编了一部姓氏渊源的论著[5]。1149 年洪遵刊行了《泉志》,萨顿认为它是世界上任何语言中有关古钱币学的第一部专著[6]。在该世纪开始的那一年,宋徽宗即位,他着手建立了一个考古学博物馆,其目录后来由王黼于 1111 年编为《博古图录》一书。同类著作中较

---

1) 即它们主要是汉代的作品,而非周代的作品。

2) 即《中国考古学史》;此书很值得译为西方文字。

3) 黄朝英的《靖康缃素杂记》,卷六,第三页。

4) 参见 Laufer (6),p.21。

5) 欧洲一直到晚得多的时候都没有出版过类似的著作,不过,萨顿[Sarton (1),vol.2,p.140]的书中分别记录了阿拉伯文和日文的两种文献,两者都较邓书稍早。邓的书名是《古今姓氏书辨证》。

6) Sarton (1),vol.2,pp.140,262。萨顿说,之所以称之为"专著",是因为自汉代以来中国全部历代史书中理所当然地都包括有对币制的叙述。至于欧洲的古钱币学,则一直到 16 世纪后期才出现。

早的一部是吕大临于 1092 年[1] 编撰的《考古图》。这些著作的考古热情,使欧洲直到晚得多的时期才表现出来的一切都大为逊色。李济说:"在这些书中,已创造了一套记录和复制古物的体系,这套体系除由现代印刷术的改进所引起的一些细节之外,一直到今天都被当作是一切古物论著的典范。要检验他们的测量或复制品的精确度,或许是不可能的,但他们力求精确的愿望则是明显不过的,同时他们绝大多数鉴定的精巧性和正确性已为现代的考据学所确认。"大约与此同时,洪适所汇集的汉碑巨帙《隶释》则继续了由欧阳修开始的铭文学研究,此书于 1167—1181 年问世。

395　　　在元代,考古学运动继续和怀疑论的人文学者并肩前进。1307 年前后,吾邱衍刊行了世界上一切语言中的第一部印章学(篆刻)论著《学古编》。朱德润则在 i341 年的《古玉图》中推进了玉石考古学的研究。在明代,这两种传统都衰落了。但 17 世纪一开始,考古学就再度兴起,继续成为中国学术的辉煌业绩之一。它们空前地繁荣起来。

　　　　胡适[Hu Shih (6)]告诉我们,若干年前他在翻阅他父亲的一些未发表的遗作时,发现他父亲于 1875 年前后在上海龙门书院当学生时所写的一卷笔记。它写在该书院自己印制为学生使用的笔记本上。笔记本每一页的顶端都印有一句格言,其中有一条是:"学生必须首先学会以怀疑的精神探索问题。……哲学家张载常说:'如果你能够在别人感觉不到可怀疑的地方有了怀疑,那末你就是有了进步。'"("疑他人所不疑者,斯为进于学矣。")的确,这就是那些始终举着学术自由的火炬照耀着各个时代的中国思想家们的精神。

　　　　这些简述的目的在于表明,中国怀疑论的理性主义传统不单纯是空洞的和理论的,也不只是反传习的和破坏性的。对非人事的自然界的兴趣,大家都认为儒家比不上道家;但是在不可能应用实验方法的人生和思想的范围内,却有一个领域是向严密的科学方法开放的。在偏重书本知识的官僚社会的世界观鼓励之下,学者们把他们的全部精力投入了历史学、语言学和考古学。从这里所产生的不是改变时空世界的可怕的力量,而是关于民族往事的一座巍峨的知识大厦,对于这座大厦,它的欧洲同类只是在经历过去的两个世纪后才能与之相比。

　　　　1704 年 7 月 9 日,这座大厦的最伟大的建筑师之一阎若璩病逝于北京,而他的病可能只需要几毫克近代自然科学后来所发现的某种药物就可治愈。这一景象既显示了中世纪中国人文主义的高贵性,也暴露了它的软弱性。

---

　　　1) 标有 1176 年龙大渊序并为劳弗[Laufer (8)]多次引用的一部关于玉石的名著《古玉图谱》,被证明为一部 18 世纪的伪书[参见 Hansford (1)]。另一部作伪的集录即《历代名磁图谱》,据称是明代的,但实际上是 18 世纪的,并且或许是与前者出于同一人之手[Pelliot (37)]。但这些作伪的本身却说明存在着一个考古学"群体",以及有学识而非专家的人们的广泛兴趣。

第十五章 佛教思想

如果麦考利(Macaulay)所说的新西兰人或者(假使容许美洲印第安人的文化获得充分发展的话)某个未来的阿兹特克人的历史学家,打算描写欧洲科学与技术的兴起和繁荣,他就必然要专以一章的篇幅来叙述基督教所特有的一些观念对于引起这一发展所能产生的影响。推测他都会说些什么,是饶有兴味的事。他可能论及一个人格化的造物之神这一概念的重要性,或者论及时间过程的真实性(因为道成肉身出现在某一个确定的时刻),或者论及那些具有"民主"特性的观念,这些观念赋给每个人个人的灵魂以价值(因而也许使每个人个人对于自然界所作的观察获得了价值)。其中某些论点或许在本书末尾各节中,需要加以评论。在这里,我们面临着一个类似的问题,即断定佛教[1]在传入中国以后对于科学思想的发展产生了什么影响的问题。既然就我所知,这些影响在很大程度上是阻碍性的,所以如果不是阻碍性的作用和辅助性的过程与我们同样有关的话,本来只要三言两语就可以解决这个问题。然而毕竟本书所探讨的主题中最有趣味的部分之一,乃是近代科学和技术为什么没有自发地在东亚发展起来的问题。

(a) 一 般 特 点

自然科学家和汉学家一样,往往对于佛教的研究感到不能令人满意[2]。原始的教义究竟是什么,似乎也缺乏某种一致的意见,最重要的典籍的年代似乎是如此之模糊不清,以致使得许多观念的一般历史都带有很大的不确定性。常常是并没有明确界定的正统观念,关于大乘佛教(这是在中国流行的形式)怎样区别于较早的小乘佛教,曾有过许多各种不同而且往往互相矛盾、但又显然具有同等分量的意

---

1) 中世纪汉文典籍中,对佛教徒的通称是释家,这是根据乔答摩佛陀(Gautama Buddha)的族名释迦牟尼(Śākyamuni)音译的第一个字。中国所有的僧人都以这个释字为"姓"。

2) 我在这里可以提及我觉得是最有用的几种入门书籍:Oldenberg(1),Rosenberg(1),D.T.Suzuki(1),Keith(1),Rhys Davids(1,2),Takakusu(1,2),尤其是 E. J. Thomas(1)。戴遂良[Wieger(2)]按照他通常的风格,对近代中国佛教学说作了概括的论述,而且在另外的著作[Wieger(9)]中翻译了不少经文摘要。孔兹[Conze(1)]所写的极好概述,以及孔兹等人的文选,我们在写完本节以后才收到。

397　见 [1]。E.J.托马斯 [2] 写道："究竟原始佛教'只不过是结合了催眠术的庸俗的魔法和幻术而已'，或者佛陀乃是某种'波恒阇利 [3]（Patañjali）类型的哲学体系的信从者'，这样两种各趋极端的见解，至今仍然在争论。"能够确定的全部便只是："产生了一种哲学体系，其中包含有关于个人的本性和个人的遭遇依因果律而定的理论，以及关于个人最终命运的学说；然后就是随着大乘佛教运动，使所有以上这些问题都通过一种关于现实本体的新理论和一种'觉悟者'（"佛"）的概念（这一概念使得佛和印度教神祇的最高概念没有区别）而产生了变化。"

在开始的时候，以一个简表的形式把有关的主要年代概述一下，也许是可取的（见表 19）。关于这个年表最显著的事实之一，就是留传至今的最早的笔录传说，其年代并不早于 4 世纪，那正是《岛史》（Dipavaṃsa，锡兰岛的历史）写作的时期，以后一个世纪又编写了《大史》（Mahāvaṃsa）[4]。因此，无论如何没有一种著述相当于《春秋》，或者甚至相当于《史记》。关于孔子的生平和时代，我们知道得远比佛教的创始时期更确凿得多，虽然佛教的发轫时期包括一段相当晚的期间在内。然而佛教经典，尤其是以"阿毗达磨"（Abhidharma，"对法"）闻名的典籍，亦即关于佛教信仰的各种哲学方面的讨论，从公元前 1 世纪就开始逐渐在增长 [5]。

一个很重要的事实是，佛教徒在有任何文字记载以前早就分裂成为若干教派。一方面有上座部（Sthaviravādins 或称 Theravādins，意即"长老们"），另一方面有一切有部（Sarvāstivādins）。一切有部的名称来源于其形而上学的实在论，而正是他们最后产生了大乘的各派以及与之相联系的一切唯心主义的哲学 [6]。

然而所有的教派和学派，在某些基本原则上都是一致的。羯磨（karma）的理论是佛教以前的，因为灵魂的轮回或转世，即灵魂在不断相续的再生之中享受幸福

---

1) 在这一章中，我们脱离了我们在脚注中注明汉字时，正文中就一定用拉丁化拼写的通常办法。许多汉文佛教名词只是梵文的音译，而各个音节的音调和正常使用的并不完全相同，因此，我们只写出这些名词的汉字形式。譬如说，Budh 一词就用现在发音为 Fo 的"佛"字来音译，因为在 3 世纪时，这个字是以辅音收尾，相当准确地模仿了外来音。但是当此词的意义完整地译成汉文时，我们就象通常一样既写出拉丁化拼音，也写出汉字。从现在起，我们就开始用这个办法，不过当然应该理解，这些汉语的音译和意译，在许多情况下都是在我们现在所谈的起源时期的若干世纪以后才被采用的。我们信赖苏慧廉和何乐益[Soothill & Hodous(1)]合编的《汉语佛教术语词典》。

2) E.J.Thomas(1)，p.57。

3) 当然，他是 5 世纪的瑜伽师，而不是公元前 2 世纪的同名的文法家。

4) Thomas(1)，p.7。另外还有各种"阿波陀那"[Avadāna，譬喻；Thomas(1)，p.279]，但是这些并不见得更早些。

5) Thomas(1)，p.158。

6) Thomas(1)，p.169。

表 19　佛教兴起年表

公元前 563 年 至前 483 年	佛教创始人,北印度一个小国迦毗罗卫(Kapilavsthu)的王子乔答摩·悉达多(Gautama Siddhārtha)的生活时期。(但是某些权威把它推后一个世纪。)
公元前 483 年	在王舍城(Rājagaha)举行第一次结集大会。
公元前 338 年	在吠舍离(Vesālī)举行第二次结集大会。
公元前 321 年	旃陀罗笈多(Candragupta)建立孔雀(Maurya)王朝。(可比较大约 90 年后秦始皇帝统一中国。)
公元前 269 年 至前 237 年	阿育王(Asoka)统治时期。这是最早有关于佛教存在的铭文证据的时期。
公元前 247 年	在华氏城(Pātaliputra)举行第三次结集大会。
公元前 246 年	摩哂陀(Mahindra)至锡兰传教。
公元前 2 世纪	大乘教义开始,并在公元前 1 世纪贵霜(Kushāna)诸王时期继续发展。
公元 65 年	这是我们所能确定中国出现佛教僧人和居士的最早年代。他们在彭城(现在的江苏徐州)在汉朝亲王刘英的保护之下,形成了一个社团;刘英也是道教的赞助人。皇帝给他的一封信中提到了这些人(《后汉书》卷七十二第六页)。见 Maspero (12),p. 204,(13),p. 186,(19,20)。傅兰克[O. Franke (5)]和马伯乐[Maspero (5)]的著作表明,汉明帝(公元 58—75 年)因为夜梦金人的结果而派遣使节出访,后来他们带回佛经、佛像和僧人——这一故事只不过是公元 3 世纪初期编造的敬佛传说而已。
公元 78 年	迦腻色伽王(Kaniṣka)即位。
公元 100 年	由迦腻色伽王召集,举行一切有部结集大会。
公元 2 世纪	龙树·(Nāgārjuna)[1]辩证的中观学派(Mādhyamika School)兴起。
公元 148 年	安息(Parthian)佛教徒安清到达中国。在公元 2 世纪后期来华的其他传教者当中,还可以提到印度人竺佛朔和月支人支谶[2]。从这时起,开始了翻译大量佛经的工作。
公元 5 世纪	世亲(Vasubandhu)[1]和无著(Asaṅga)[1]唯心论的瑜伽行派(Yogācāra School)兴起。
公元 6 世纪	陈那(Dignāga)的因明学派兴起[3]。
公元 7 世纪	寂天(Śāntideva)、法称(Dharmakīrti)以及密宗(Tantric School)各派兴起。

1) 下文讨论这些学派时,再给出这些人的汉文译名。(此处中译文中已写出他们的汉文译名。——译者)

2) 关于印度人到中国传教的最好论述,是师觉月的著作[Bagchi (2)]。

3) 见 Tucci (1,2)。

或遭受苦难之说,奥义书(Upanishads)中已有记述[1]。但是佛教的羯磨(意为"作"或"业")与奥义书不同之处(这里是创教者伦理的洞见)在于:幸福或苦难被认为仅只是以道德或伦理基础为依据,而非以是否举行了仪式或祭祀为依据。因此,善行是幸福的不可避免的因,而恶行则是苦难的因("善因乐果,恶因苦果"),这种情况如果不在今生也必定要在来世显现出来。印度的耆那教徒(Jains)和其他苦行教

1) Thomas (1),pp.12,110。

派，常常试图以苦行的办法(而且往往走到极端)来减轻或者改善个人的业报;但是关于乔答摩生平的一切传说都一致认为,他是断然否定这些办法的。他的教义体现在基本的"四谛"之中,即:(1)有苦存在,(2)苦的原因是贪(tṣṇā)或欲,(3)解脱苦难(nirodha, nirvāṇa),(4)以"八正道"的方法自我修持,八正道中包括除极端苦行主义以外的各种心理和禁欲方面的修练。这些事情就构成昙摩(dharma, "法")[1]。

佛教思想永远是围绕着果报的见解在运转,把它自己概括为伦理上的因果性。昙摩(法)的本质被认为是"缘起法"(pratityasamutpāda),即因果的链锁。对它加以进一步的分析,并且是脱离任何特定的再生及其命运的链锁而加以考虑;那末,它就变成了一种著名的连锁推理法的形式。在公元 1 世纪或 2 世纪的《神通游戏经》(Lalitavistara Sūtra)[2] 中可以找到这种推理法的经典式的表现。这就是十二因缘(Nidānas)的轮回(见表 20)。

表 20　十二因缘的轮回

无明(avidyā,即无知)	引起	行(saṃskāra,它们被认为是意志的表现)
行	引起	识(vijñāna),即意识
识	引起	名色(nāmarūpa),即心与身
名色	引起	六入(ṣaḍāyatana),即六种感觉器官
六入	引起	触(sparśa),即接触
触	引起	受(vedanā),即感受
受	引起	爱(tṛṣṇā)[1],即贪欲
爱	引起	取(upādāna)[1],即执着
取	引起	有(bhava),即存在
有	引起	生(jāti),即出生
生	引起	老死(jarāmaraṇa),即老、病、死等等苦难
老死和一切苦难	引起	无明

1) 人们可以很容易看出,这些学说怎样能够很快地和道家的"让"或"辞让"混淆在一起(参见上文 p. 61)。这两种"缘"常常被形象化为魔罗(Māra)诱惑者,在敦煌壁画中占有显著的地位。关于最近介绍敦煌遗址的著述,见 Vincent (1)。

"轮回"一词用得很合适,因为在佛教的一切说教和画像之中,很早以来就有使

1) 见 Stcherbatsky(4)。四谛的四部分概括为苦、集、灭、道四个字。
2) 这部经的中译本有几种名称,即《神通游戏经》(佛在证道前作菩萨时的游戏详记),《方广大庄严经》和《普曜经》(N159, 160)。请注意我们在这里和以后引用南条文雄(Nanjio)的《英译大明三藏圣教目录》[包括罗斯(Ross)的《索引》]的方式。TW186, 187 指的是比较晚近的高楠顺次郎和渡边海旭[Takakusu & Watanabe(1)]合编的目录编号。关于十二因缘,见 Oltramare(1)。

用车轮这一象征的倾向。佛教的目的就是要使人脱离这个邪恶的循环。一般说来，小乘佛教各派主要是强调个人的解脱，而大乘佛教则主要是强调个人能促使他人解脱的行为；但是只要这个原始的推动力以任何可以被认知的形式继续存在，那末，从现象世界中获得解脱就是这个推动力的中心。

可以说，这个图式的内在部分表明对人体神经系统的知觉和运动作用有着某种初步的体会，但是它却从始至终只不过是一系列的 non-sequiturs（与前提不符的推理而已），那需要有宗教信仰的眼力才能接受。然而这并不是佛教徒关于生理学所要说的全部。他们把身体、心灵以及灵魂或精神（如果有的话）分析为五蕴（skandhas），即元素的"束"，这些元素在生时附着一处，在死时则分散。其中有四种是"非物质的"，统称为"名"（nāma），它们包括表 20 中的行、识、触、受 [1]。五蕴之一是"物质的"，即表中的"色"（rūpa）[2]。色中包含有四大 [3]，即土或地，其属性为坚；水，其属性为湿；火，其属性为暖；风，其属性为动。虽然这一分类法如此之使人联想到亚里士多德和盖伦，但是似乎并没有对中国的科学思想产生任何显著的影响。

在佛教以前的吠陀经（Vedas）和奥义书的时代，就已经有了对于个体灵魂存在的比较朴素的信仰。印度唯心主义的形而上学最初起源于"神我（ātman）与梵（brahman）一体"（即个体灵魂和宇宙或神合而为一）这一著名的"发现"中。而佛教徒则坚决否认有神我的存在，同时他们又主张个人的组成成分（"蕴"）在来世继续存在，直到个人得证罗汉（arhat）的地位时才得以最后清除。这就是"入涅槃（nirvāṇa）"的那个过程。涅槃是绝对的解放，即解除恶业的负担，也就是五蕴的消散（lysis，"解脱"；字面的意思是解剖与脱衣）[4]。梵文原字是吹熄火焰或者是油尽灯灭的意思 [5]。关于神我永恒性（śāśvatā）的理论被攻击为邪说（ātmavāda；"我说"），而在《阿含经》（Āgamas，记述教义的经典，可上溯至公元前 3 世纪，虽则到很晚以后才笔录成书）中则被认为是"取"的一种形式。因此就有了神我"主义"的"邪

400

401

---

1) Thomas(1), p.97.

2) 这个字的意思很难体会，除非我们记得在汉文中"色"字在字面上的意思是"颜色"，是以最广泛的含义表示颜色，即"眼中的贪爱，命中的骄傲"，也表示一般的色欲。

3) 我不知道这一印度学说和亚里士多德的学说有什么关系，但是应当注意佛教的"四大"和典型中国的"五行"之间的巨大区别，土、水、火是双方共有的，但是风代替了金和木。印度的体系似乎和希腊的体系是同一个。

4) 我们已经看到，在唐代的科学哲学中，人们曾以纯粹阴阳家的意义部分地使用过这一措词（上文 p.255）。参见下文 p.463。

5) Thomas(1), pp.119 ff.. 我不禁要说，这一印度观念虽然富有诗意，但中国音译者使用的"涅"字本意为"黑色粘土"，无疑地是想表达被吸收入混沌之意[参见道家对此的观念(p.115)以及理学的观念(p.486)]。这个字当然很快就在中国带有非常神秘的含义，但是选用此字却很有特色。

说"(*ātmadṛṣṭi*, 我见)或对神我的"曲解"(*ātmagrāha*, 我执),而真正的教义则是"无我说"(*nirātmavāda*)[1]。

另一方面,佛教徒也攻击与此相反的认为个人死后就归于消灭的唯物主义理论(*ucchedavāda*; 断灭见)[2]。某些佛教学派宁愿提出一种新范畴,即作为个体本身的补伽罗(*pudgala*)范畴,但是这没有成为正统[3]。然而个人确实是带着自己过去行为的业报而轮回,并以乾达婆(*gandharva*, 即将要再生之物)的形式而投胎(*garbha*)。"意识并不是从一生到另一生的某种永存不变的东西,而只不过是个人在其生存的某些阶段中所采取的一种形式而已。"[4]因此引起了佛教徒对于胚胎学的兴趣,这和 17 世纪的基督教神学家十分相似,我们将在适当的章节中加以探讨。

关于宇宙根据所得的功德或所要消灭的罪恶安排再生的方法,则有一系列的"趣"(*gati*)。人可以再生为天神、为人、为饿鬼(*preta*)、为畜牲,或者堕入地狱。

为了充分描绘佛教在传入中国以前的景象,我们必须记得,佛教的最早形式乃是为那些集体居住在园(毗诃罗, *vihāra*)中并温驯地维持苦行的隐居僧人而制订的教义,戒律条文(毗奈耶, *vinaya*, 律)也是专为他们规定的。只是到了后来,这个宗教才伸展到在家人和过普通生活的其他人士中间。E.J.托马斯曾经指出,大概正是这一事实,才使佛教比较轻易地在印度消失了。一旦有教养的僧人和他的社团消失以后,就没有根本原则可以区别在家的佛教信徒和印度教徒了。佛教虽然一向否认种姓制度的重要性,但却从未把它当作在家人的习俗来加以谴责和反对[5]。关于寺院中的生活,早期佛教徒肯定是接受了当时流行的瑜伽办法,包括自我催眠的默念技巧(*samādhi*; "定"或"三昧"),以及觉得由此而产生的深刻的洞识(*jñāna*; "慧"或"智")。当时无疑地也相信可以用这种方法获得"超自然"的力量(*ṛddhi*; "术"),例如使个人从神体中分出来的真身或者增殖的真身实体化,飘浮飞行,传心术,使身体透明和了解心事,隐身,控制身体中调节体温的机能,以及控制通常是自主的其他人体机能,等等。这些生理上的把戏无疑是有事实根据的,很值得加以调查研究[6],但是这些东西除了能打动古代和中古时期那些特别偏爱它们的王公和平民以外,并没有任何更多的用处。至于神,佛教是容许崇拜它们的,但

---

1) 在下文中我们将注意到这一观念对道家思想家的影响的许多事例,而且我们已经看到这一观念如何同古代中国机械论的概念发生联系(参见上文 p.54 所引《关尹子》的一段话)。

2) 在前一章中,我们已经看到采纳了这类见解的儒家怀疑论者在佛教徒方面引起了多么强烈的反应(pp.387, 410, 414)。参见卜德在所译冯友兰著作[Fêng Yu-Lan(1), vol.2, p.286]的译注中的评论。

3) Thomas(1), p.100。

4) Thomas(1), p.105。

5) 当然这对中亚和中国的佛教并不是一个问题。

6) 见上文 pp.144 的评论。

并不认为它们是道德的基础,也不是永恒幸福的赐与者。后期佛教着手把它所新征服一切地区的原有的神都合并起来,大规模地录用它们作为佛教信仰的护法神,其结果是有时(也许象在西藏那样)几乎完全掩盖了原来教义的真面目。

然而佛教最初即拒绝回答它认为无需答复的问题,它从未失去这一特性,因为它们涉及的是不可知事物的问题。据说这些未能解决的问题的清单,象一种信条一样,贯穿着全部佛教的历史。这些问题是:(1)宇宙是否永恒,(2)宇宙是否有限,(3)生命原则(*jīva*;"寿"或"有命")是否即有形的身体,(4)如来(*tathāgata*;佛)死后是否还存在。这大概是使得佛教敌视科学思考的另一个特征。

403

(b) 小乘与大乘

我们现在就能思考佛教具体化过程的两种形式,即所谓小乘(Hīnayāna)的形式(原始的或人们试图称之为"新教的")和所谓大乘(Mahāyāna)的形式(发达的和"旧教的"——不过这种比拟只能用于最轻微的一触)。小乘佛教包括十八个部派,但是我们只有其中三个部派的详细资料。这三个部派是悉替耶部(Sthaviravādins;亦名上座部,Theravādins),萨婆多部(Sarvāstivādins,即一切有部)和摩诃僧祇部(Mahāsamghikas,即大众部)。悉替耶部有文字记载的经典保存在巴利文中[1]。上座部佛教还存在于锡兰、缅甸、暹罗和东南亚其他各地。大众部介于小乘和大乘之间,发展了幻影学说,认为历史上佛陀的肉身从来只不过是一个虚假的幻影。大众部的某些作品有梵文本,另外一些则有汉文译本。一切有部的梵文经典大部分保存在藏文和汉文的译本中。

从一切有部和大众部发展出了大乘教义[2]。小乘提倡个人进修,证罗汉果。小乘的反对者把这说成声闻乘(Śrāvakayāna)或小乘。反之,小乘重视达到缘觉(*pratyeka-buddha*,即推究奥义而觉悟的人;以后又称为"独觉",即独自觉悟的人)的目的,所谓缘觉就是不说法讲道的佛陀。在新见解中,和小乘的"自私"理想有区别的圆满佛性,应该成为一切僧俗人等的目标;据称佛陀曾为一切人的解脱而努力,他的一切信徒也都应该这样做,必要的时候应该甘心忍受多次的再生,从而推迟个人证得涅槃的时间。这样一种牺牲很容易使人联想到某些其他宗教信仰、特

---

1) 由于巴利文经典比梵文经典完整得多,而且涉及的是在历史上要早于梵文典籍所代表的形式的那种佛教,因此最初对近代学者产生了过份大的影响。他们以为巴利文经典书写成文较早,更为可靠,但事实并不如此。实际上,所有巴利文经典现在都已翻译了出来。

2)"乘"字的意思是乘坐,也是车辆的量词(参见本书第一卷 p.39),因此英语中通常但不能令人满意的将"大乘"与"小乘"译为"Greater"and "Lesser"Vehicle。

别是基督教的兼爱学说,也有人看出其间某些相互的影响[1]。然而必须强调说明,我们对于大乘观念的起源,实在是一无所知;所能确知的只是,这些观念在 2 世纪时已经有了高度的发展,当时正好作为也许是佛教最"现代的"和吸引人的表现而传入中国。根据这种新见解,世界上充满了菩萨(bodhisattvas),即半神话人物及其化身:这些菩萨从事救度世人,人们受到劝告应当向这些菩萨进行确切的宗教礼拜(bhakti)。涅槃的作用降低了,甚至罗汉果的理想也被说成是虚幻的,或许还有这样一个非常健全的观念,即自我修养或仅只有自我修养是永远不能获得自我解脱的;只有努力救度他人,才能导致自己得救。这是一个现成的而又十分适合道家口味的悖论,他们显然毫不困难地盗用了这一论点。

这一新体系的伟大文献是大约写于 2 世纪的《妙法莲华经》(Saddharma-puṇḍarīka Sūtra)[2]。此经颂赞菩萨,允诺人人成佛,无所不知,其中包括据认为将要发生的许多周期性的世界灾难[3]。但是关于这一体系最优美的说明,或许是 7 世纪寂天的诗篇《入菩提行》(Bodhicaryāvatāra)[4],其中谈到爱护一切众生,以及佛教徒有安抚他们的痛苦的热烈愿望。天长日久,在家的佛教信徒除了崇拜菩萨以外,几乎一无所知,而四谛的道理则只传授给僧侣们。

但是 E.J.托马斯[5]说:"真正的分裂来自关于'空'的教义。"直到那时为止,新观念可以看作是老观念的并非不合逻辑的发挥。但是舜若多见(Śūnyavāda),即有关经验世界全属虚幻("虚")的学说,猛烈地震动了佛教,使之走上一条新路。在此以前,生死轮回被认为是在一个真实的宇宙中进行着,但是现在一切事物都被描绘为一场虚假的影戏,入涅槃而得解脱,也就被描绘为从不得不看这场影戏的必然性之中得到解脱。这就是中观学派("无相空教")的工作。这个学派大概创始于公元前 1 世纪,但此派是由它的最伟大的人物龙树(鼎盛于公元 120 年前后)加以系统化的[6],他生活于佛教传入中国以后不久。此派的主要文献是《(大)般若波罗蜜多经》[(Mahā)- Prajñāpāramitā Sūtra][7],有龙树的注疏,题名为《大智度论》。著

---

1) Reichelt(1),pp.99 ff.;Anesaki(1);de Lubac(2);Keith(5),pp.601 ff.;这些著作各有赞成或反对的意见。

2) N 134 ff.,TW 262 ff.。译文见 Soothill(3)。鉴于中国人使用"经"和"纬"这两个字,有趣的是 sūtra(经)一词也有经纬线的意思。

3) 关于周期性世界灾难说在理学思想中所占的地位,见下文 p.485。

4) 译文见 de la Vallée Poussin(6),Barnett(2)。

5) Thomas(1),p.201。

6) 他的《中观论》有瓦勒瑟尔的德文译本[Walleser(2)]。

7) N 19,20,935(按此经的《南条目录》编号为 1 号;而 19,20,935 则是《般若波罗蜜多心经》的不同译本——译者),TW 220;译文见 Lamotte(1);Conze(4)。又见 Vidyabhusana(1)。

名的《金刚经》(*Vajracchedikā Sūtra*)[1] 即是此经的缩节本[2]。它说:

> 一切有为法,
>
> 如星翳灯幻,
>
> 露泡梦电云,
>
> 应作如是观。[3]

一切事物都在永远变化之中,没有一刻是相同的,因此都是不真实的[4]。色、受等 **405**
五蕴,都不过是错觉(*māyā*;"迷","幻"或"幻境")[5] 而已。不理解这一点就是"暗"
("昧宇宙之真理谓迷")。并不存在个体的永恒不变的实体("无常"),也不存在实
体的主宰者。因此,我性也就是妄想;这样,无我的学说就转用于反对小乘佛教的
以证罗汉果求解脱的全部体系。因为任何有志者为了要得到个人解脱,就必须要
假设有某种个体性的存在,那要继续到足以使其获得最后解脱为止。这就会堕入
"自我主义"的邪说(*satkāyadṛṣṭi*;"身见")。因此涅槃就变成了一种绝对本体,我
们不能断言它的任何东西,只有靠神秘的出神入定方法才能领悟。再者,龙树的逻
辑学派对因果律的中心原理作出了毁灭性的分析[6]。大乘思想家的学说,通过《金
光明最胜王经》(*Suvarṇa-prabhāsa Sūtra*)[7] 这一类作品而得到了普及。此经于
415 年前后译成汉文。"幻"(*māyā*)的学说在中国佛教中具有的重要性,似乎无论
怎样说都不能算估计过高,它大概就是使佛教同道家和儒家不能相容并且阻碍中
国科学发展的最主要的学说。

当然,宣称可见的宇宙为幻境是一回事,而进一步主张形而上学的主观唯心主
义则是另一回事。幻境可能只被一个观察者所体验,因而不可避免地会有人,全部
宇宙是观察者的心灵的一种创造,不论是某一个个人的还是诸佛菩萨的。这种唯
识的学说(*vijñapti-mātra*)出现于《楞伽阿跋多罗宝经》(*Laṅkāvatāra Sūtra*;《楞伽
经》)中[8],它大概是 3 世纪的作品,于 430 年至 433 年间译成汉文。唯识学说比龙
树的逻辑学更加是心理学的,它显著地敌视小乘人士及其他印度哲学派别(例如尼
夜耶派 Nyāya,即因明论宗,以及数论派 Sāṃkhya)[9],攻击它们是外道

---

1) N 10—15, TW 235 ff.。

2)《金刚经》六种汉文译本之一,是鸠摩罗什(Kumārajiva,卒于 412 年)的译本。他的传记(载于
《晋书》卷九十五)有普菲茨迈尔的德文译本[Pfizmaier(56)]。

3) V.84; Thomas(1), p.214; Conze(4), pp.19, 97。

4) 道家完全同意这一前提,但不同意其结论。

5) "幻境"当然是很古老的印度概念[见 Keith(5), p.531]。

6) Thomas(1), p.220。见下文 p.423。

7) N 127, 130, TW 663 ff.。

8) N 175—177, TW 670 ff.。英译文见 D.T.Suzuki(2)及评注(3)。

9) 参见 Garbe(2); Berriedale Keith(3)。

(tīrthakara)。世界只不过是心灵而已(cittamātra;"唯识"或"唯心"),个人的心灵 [联系各种感官知觉的"通识"(sensus communis),即"末那识"(manas),或"意"]被 认为是宇宙心灵(tathāgata-garbha,佛性的身体或胚胎;"如来藏")的一部分。或 者不如说,可以把它比拟为一现即逝的波浪("波"),在普遍的"含藏识"[阿赖耶识 (ālaya-vijñāna);"真如"]的表面上往复动荡[1]。人们认为,这个世界图象很难用逻 辑论证来证明,而应当用一种感情的"转变"或"突变"(parāvṛtti;"转依","成佛 果",或许是"忏")来理解它。这些学说在5世纪后期的天亲(一名世亲)[2]和无著 所倡导的瑜伽学派中达到了顶点。关于这些,玄奘写了一部巨著[3]。从这些之中 发展出来了所谓佛的三身(trikāya)的理论:即"法身"(dharmakāya),或非物质身; "报身"(sambhogakāya),或为说法而现身;以及"化身"(nirmāṇakāya),或变化之 身。整个学说近似于一种详细制订的道成肉身的理论。中观和瑜伽两个学派一直 到最后都保持着它们在佛教哲学中的主要流派的地位。

(c) 佛教在中国的传布

自从2世纪中叶以来,佛教典籍就源源不断流入中国,也许在5世纪时达到了 最高潮。许多印度僧人终生在中国和中国学者合作,翻释这些典籍[4]。中国人(或 后来的日本人)完全不可能识别他们所得到的大量作品的编年顺序,因而只能做出 纯粹是人为的分类。因为中国佛教通常被说成是大乘佛教,所以人们往往忘记中 国人也接受和收藏有小乘佛教的著作。于是就出现了乔答摩的说法分为五个时期 的理论,他被设想曾提出过一些差别极大的学说,作为一个复杂的说教计划的一部 分。第一个时期以《华严经》(Buddha-avataṃsaka Sūtra)[5]为代表,这是一部明显 的瑜伽学派的文献。第二个时期包含了一切有部的传说(《阿含经》),这纯粹是小 乘佛教。第三、第四和第五个时期都是大乘佛教,但是纪年顺序错误,开始为《楞伽 经》和《金光明经》,然后就是《般若波罗蜜多经》,最后是《妙法莲华经》。所以这五

---

1) E.J.托马斯[Thomas(1),p.240]说,这无疑是起源于观察下意识的心灵的关系。4世纪末的竺道 生把它等同于"理"。这个"理"字被(例如葛洪,参见下文 pp.438,477)用来表示自然事物的原理[参见汤用 彤(1)]。

2) 世亲的《唯识二十论》(Viṃśatikā)已由汉密尔顿从汉文译成英文[Hamilton(1)]。这部著作中充 满了关于原子的议论。朱宝昌(1)发现其中有怀特海式的观念。TW 1588 ff.。

3)《成唯识论》。这是一部译文和注释合并在一起的作品。译文见 de la Vallée Poussin(3)。对照 Fêng Yu-Lan(1),vol.2,pp.299 ff.,319,330.TW 1585.

4) 师觉月[Bagchi(1)]对其中比较重要的人物做了简略的叙述,附带有生平事迹的细节。

5) TW 278,279。

个时期是: (1)华严, (2)阿含, (3)方等(混合), (4)般若, (5)法华。这一可注意的理论最初是由天台宗的创始人智𫗱(卒于 597 年)[1]及其继承者杜顺(卒于 640 年)所提出的。它的重要性是在宗教史上而不是在科学史上[2]。

另一个中国佛教的特征产物是禅法或禅道(*dhyāna*),这是最纯粹的神秘主义,据说是印度人菩提达摩(达摩)[3]所创立的;他卒于 475 年前后。禅法摒弃一切经论,避免哲理,完全依赖神秘的信仰以及长期专心的沉思默念[4]。它有着莫大的文化的和艺术的影响,但只能是又一个敌视科学的因素。

需要提到的最后一种中国佛教的类型[5],是所谓净土宗。它相信个人通过虔诚的修持,可以希望在遥远西方某处的清净或快乐的国土(*sukhāvatī*; "极乐世界")里再生,在那里能够听到关于涅槃特别有灵验的说教。最后,涅槃的概念也取消了,而剩下来的就只有净土。这一观念实际上是一个古老观念,可见于巴利文的著作中,但是在中国和日本大为盛行,在日本至今还有许多佛教徒为了往生净土而祷念阿弥陀佛(Amitābha 或 Amida Buddha)或观音(Avalokiteśvara,本来是男性神祇,但以某种奇异的方式而转变为女性,怀抱婴儿,非常类似基督教的圣母玛利亚的形象)[6]。我们有某种理由可以设想,净土的观念中可能有某种东西来源于道家想象中的仙境——在《列子》[7]一书中我们看到有一个很好的例证。无论如何,它起源很早,是 4 世纪的著名僧人慧远所创始的。

不久以后,许多本土的哲学派别开始出现[8]。我们关于这些派别的主要资料,是吉藏和尚(549—623 年)所写的《中观论疏》[9]。正如从其中一些学派的名称诸如本无宗、识含宗以及幻化宗等可以看出的,这些学派详细制订了各种形式的形而上学唯心主义。然而在虚幻的存在领域之内,也可以有各种不同形式的物质。即色宗区分了不可捉摸的微细物质和一般物体的粗糙物质。这是想把印度的原子论介绍给中国的许多次不成功的尝试之一。

408

---

1) G 376。

2) 详见 Wieger(2), pp.351 ff., 392 ff.; Fêng Yu-Lan(1), vol.2, p.284。

3) G 14。

4) 见宇井伯寿(1); D.T.Suzuki(4); Blofeld(2)。

5) 关于中国佛教宗派,参见 Takakusu(2); Forke(12), p.191; Blofeld(1)。

6) Thomas(1), pp.254; Reichelt(1), pp.112 ff.。

7)《列子》第五篇,译文见 R.Withelm(4), p.53。见上文 p.142。中国佛教徒必然从较早的中国原始资料中借用了很多东西。譬如说,我注意到杞人忧天崩堕的故事出于《列子·天瑞第一》(参见上文 p.41),又出现于《大迦叶问大宝积正法经》(*Kāśyapaparivarta Sūtra*; N 805, TW 350 ff.),铃木大拙[Suzuki(1), p.386]的书中曾引用过。

8) 见冯友兰[Fêng Yu-Lan(1), vol.2, pp.243 ff.]对于它们的叙述。参见 Ware(4)。

9) TW 1824。

佛教思想对于这种准物理学的思忖,常常抱有偏见。在玄奘的哲学中,上文说过的"含藏识"也是"种子识",因为它本身之中包含有一切事物的"种子"(bījas)。这里也许有着一种斯多葛学派的回响。这些种子的发展是由于其他七种意识的影响刺激所致;这叫做"薰习"(vāsanā)。有人能察觉到极微量的某种气味强烈的物质,它足以使人感觉到那种物质的存在[1]。对这一主题的精心构造,值得那些研究西方的"超距作用"这一观念的历史的人们的注意,因为全部中国的有机主义与之有关[2]。

我们在某种程度上可以想象,这一切都对中国人的思想有着什么影响。但是虽然对其反应曾有过一定限度的研究[3],然而仍然缺乏关于佛教对中国哲学思想和科学思想的影响的透彻分析(不管用什么文字写的)[4]。

第一批佛教徒大约是公元 1 世纪中叶到达中国的(虽然这件事不像是传说记载中所说的那样)。在 2 世纪末,一个姓牟的在家人[5]写了一部有趣的小书《理惑论》;此人象哲学家们通常用的名字词尾一样在历史上被称为牟子。他在印度支那住过一些时候,在那里熟悉了佛教;伯希和[Pelliot(14)]在他的此书译本的序言中承认,此书著作年代接近于 192 年。这是一部对话集,使人想起《那先比丘经》(Milindapañha)[该经系希腊佛教著作,记载大夏王弥兰陀(Menander)向那先比丘(Nāgasena)提出的一些问题][6],其中并没有任何对科学史特别有意义的内容。然而牟子对儒家和道家极为有礼,他力图引用中国本土的经典著作来为佛教辩护。有趣的是,在这样早的时候就可以看到,对话者已激烈地不满于他认为是完全没有必要的大量佛经和其他佛教文献;但是牟子辩解说,佛教典籍所讨论的是无穷大和无穷小,以及无穷的过去(现存世界形成以前)和遥远的未来(那时现有的世界以及许多继之而来的世界都将消逝,而其他世界则将形成)。表示怀疑的儒家站出来抗议说,乔答摩佛陀身体上的异常形态是不可能的;但是牟子引用了儒家所承认的古典传说"驳斥"了对话者(例如,文王有多乳)。所以在 3 世纪的时候,像法雅和康法朗这些佛教徒,在他们的注释作品中也使用了道家的术语。这称为"格义"(以类比

409

---

1) 参见敦煌壁画中经常描绘的"飘香"。
2) 特别参见上文 p.381。
3) 例如,冯友兰[Fêng Yu-Lan(1)]和胡适[Hu Shih(4,7)]的书中的有关章节。
4) 关于汉文大藏经[Tripiṭaka]即佛教圣言集得以出现的翻译过程,在萨顿[Sarton(1),vol.3,pp.466ff.]的著作中可以找到方便的指导性的提要。
5) 他的名字不能确知,也许名"博"。
6) TW 1670。

来解释)[1]。

在以后的几个世纪中,有许多次要的思想家都力求把佛教结合于儒家和道家。这些混同派之中有孙绰(310—368 年)[2]、张融(420—497 年)[3],和周颙(465—498 年)[4],另外还有一些人,例如顾欢(430—493 年)[5],他的著作《夷夏论》发表于 467 年。他承认佛家和道家非常相似,同时又认为佛家适合印度人,但并不适合中国人,因此应当支持道家。在佛教徒方面,有许多人写文章反驳这一点。然而萧子显却击中了要害,他说:"孔子和老子都是以调理这个世界上的事物为主要目的,但是佛教徒的目的则是逃避这个世界。"[6]("孔老治世为本,释氏出世为宗。")顾欢采纳了传布很广的把道家仙人的不死等同于佛教的涅槃的说法。但是据萧子显说,他的论敌再一次以令人敬佩的清晰性指出,道家的不死是唯物主义的性质,而佛教的解脱情欲则甚至是连精神也要消灭。"(一个人)变化成仙,主要的事是改变(身体)形态;至于涅槃,则首要的事是修炼精神。"[7]("仙化以变形为上,泥洹以陶神为先。")然而这一运动却随着孟景翼(5 世纪末)和刘昼(519—570 年)等人的名字而继续下去[8]。

(d) 中国自然主义的反应 410

佛教和中国本土各派哲学之间的关系紧张,主要原因之一在于这样一个事实,即佛教徒虽然反对神我或灵魂的概念,但是他们却不得不承认有某种个体东西的存在,它继续存在于连续不断的转世之中,并且负担着各种善和恶的业报。因此,他们与儒家的怀疑主义和道家的无我思想发生了冲突,因为这两种中国体系都真正是"断灭见"。这场论战的故事,佛尔克[9]和马伯乐[10]已经生动地讲述过了。这一论战开始于慧远和尚(333—416 年)的一篇短论《形尽神不灭论》。到了 5 世纪

---

1) 关于这一点,见 Thang Yung-Thung(2)。这个问题和一千五百年以后的近代科学词汇之必须与中国语言相结合的时候所出现的问题完全一样。是音译,然后解释这个别扭的合成词汇呢? 还是采用中国现有的名词,再歪曲其意义呢? 我们将在第四十九章中再讨论这个两难的问题。

2) Forke(12), p.229; Fêng Yu-Lan(1), vol.2, p.240.

3) Forke(12), p.230.

4) Forke(12), p.232.

5) Forke(12), p.233.

6)《南齐书》卷五十四,第十一页("顾欢传")。

7) 正如马伯乐[Maspero(12), p.66; (13), p.198]曾经强调过的,佛教最初在中国受到欢迎,有赖于道家对于他们认为可能是新技术的东西感到兴趣。

8) Forke(12), pp.237, 250. 参见上文 p.24.

9) Forke(12), pp.260 ff..

10) Maspero(12), p.77.

末,这一论战以范缜于 484 年写的著名论文《神灭论》而达到顶点,我们在上文已经谈过它(p.387)。他说:"人的实质是具有意识的实质。"[1]("人之质有知也。")范缜被认为是所有中国思想家中最敏锐的人之一[2],不愧为王充的继承人。他的论文激起了一片答辩;其中有郑道照(卒于 516 年)的《神不灭论》以及罗君章(6 世纪)的《更生论》[3]。在同一个世纪中,傅弈(已见于上文 p.387)在攻击佛教方面是很突出的;芮沃寿[Wright(3)]对他作了专门研究。他主张以哲理的道家融合儒家来代替佛家作为新统一的帝国的思想体系。但是这种融合尚须等到宋代来实现。

由佛教传入而与本土哲学基本上相对抗的另一种学说,就是可见世界的虚幻性质("幻")与之相应的主观唯心主义的理论形式。这种学说需要有时间发展,但是到唐代一开始,它就盛行于世。例如,中国禅宗的六祖,也是最后一代祖师卢慧能(638—713 年)[4],在一段著名的话中总结了这种学说。这段话是对两个和尚说的,他们正在谈论一个旗旛究竟是自己在动还是被风吹动的。他说:"不是风动,不是旛动,仁者心动。"[5] 以后我们将要看到,主观唯心主义在不肯追随朱熹的那种儒家学说中,找到了肥沃的土壤。

411

到了宋代的时候,我们就很容易在理学家的著作中找到各种反对佛教思想的论战记述,因为这些问题已经加以澄清而且尖锐化了;我将复述一两段这类的记述。唐代和宋代的道家说话较少,部分地是因为他们极端忙于使佛教的礼拜仪式全盘适应于他们自己那种颇为人工组织起来的宗教;而部分地也许是因为除了他们的哲学在唐代的第二次全盛时期以外(这时这种哲学继续在处理中国的概念,只是稍微受了一点佛教观念的影响罢了),他们更多地是从事炼丹以及其他的实用技艺,这就需要对外在世界有一种现实主义的(如果不是唯物主义的)态度。

譬如说,胡寅(1093—1151 年)[6]认为冰和炽热的炭能够比儒家和佛教融合得更好。《宋元学案》中记载他说过:

> 佛家把空看成是最高的("空为至"),而把存在看成是虚幻("有为幻")。

---

1)《梁书》卷四十八,第七页。参见洛克(Locke)的言论:说上帝可能"对某些安排得当的物质结构赋予知觉和思考的能力,这并没有什么矛盾或诽谤之处"[《人类理智论》,(*Essay concerning Human Understanding*, IV, iii, 6, 1687 年)]。

2) 侯外庐和纪玄冰(1)在关于范缜的一篇重要论文中,分析了他的唯物主义,并且提到他的某些论述预告了八个世纪之后奥康的威廉(William of Ockham)的著名格言。

3) 这使人想起一千多年以后法国德·拉·梅特里(de la Mettrie)时代的小册子和对立的小册子——《人是机器》,《人不是机器》,等等,参见 Needham(13), p.177; (14)。

4) 常常只称之为慧能[Forke(12), p.360]。

5) 我要感谢我的朋友汪敬熙(Wang Ching-Hsi)博士提供这一段来源于《高僧传》第三篇第八卷的引证(按为《宋高僧传》卷八《习禅篇》第三之一"慧能传"——译者)。佛尔克[Forke(12), p.364]也提到了它。

6) G826; Forke(9), pp.135ff.。

凡是学习真正的道的人,必须好好地注意这一点。我们每天都看到日月在天
上运转,山河立在大地上,人和动物散布在世界上。哪怕有上万的佛同时都出
现,他们也不可能毁灭这个世界,扼止它的运动,或者把它消灭。太阳造就了
昼,而月亮造就了夜;自从时间开始以来,山就在屹立着,河就在流淌着,人和
动物就出生着——这些事情从未改变过,我们应该庆幸它是这样。如果一件
事物毁坏了,另一件就又出现了。我的身体将会死掉,但是人类却会继续下
去。所以一切并不是空。[1]

〈佛之道以空为至,以有为幻,此学道者所当辨也。今日月运乎天,山川著乎地,人物散
殊于天地之中。虽万佛并生,亦不能消除磨灭而使无也。日昼而月夜,山止而川流,人生而
物育。自有天地以来,至今而不可易,未尝不乐也。此物虽坏,而彼物自成;我身虽死,而人
身犹在,未尝皆空也。〉

他接着又说:

确实,圣人的教导认为心灵是事物的根本,佛教也是这样教导的;但是两
者并不一样。圣人教导人们正当地安排他们的心灵。每一个心灵正当的人都
和别人有共同之处,这就叫作(人心的行为的)理(pattern)和义。当一个人以
这些原则为根本时,他的心灵的实质和作用就是完整的。但佛教教导说,心灵
应该集中在"法"(学说)上,它否认世界的存在,并认为那只不过是一场梦或一
幕幻象。[2]

〈圣学以心为本,佛氏亦然,而不同也。圣人教人正其心。心所同然者,谓理也,义也。
穷理而精义,则心之体用全矣。佛氏教人以心为法,起灭天地,而梦幻人世。〉

我们将在以后一些章节中详细加以研究的朱熹(1130—1200年)是最大的理学家,
他继续反对佛教[3]。那里我们将提到,理学(性理学派)达到了一种在本质上乃是
有机的宇宙观。这个宇宙是由物质-能量("气")构成的,由普遍的组织原则 412
("理")安排的;它虽然不是由任何人格神所创造,也不受任何人格神所支配,但却
是全然真实的,并且当整体水平高到足以体现人的最高价值(仁爱、正义、牺牲,等
等)的人物已经存在时,这个宇宙就具有显示这些价值的特性。这实在是一种与科
学共鸣的世界观,也不能不是深刻敌视佛教苦行主义那种否认世界的形而上学
的。卜道成[Bruce(2)]收集了朱熹文章中若干生动的段落[4]来说明这一点,但是
我将在这里提出别的一些段落。

---

1) 《宋元学案》卷四十一,第六、七页,译文见 Forke(9),由作者译成英文。

2) 译文见 Forke(9),由作者译成英文。

3) 见下面诸人有益的讨论:Bruce(2),pp.245ff.; Chhen Jung-Chieh(1);尤其是 Graf(2),vol.1,
pp.216ff., 229ff.。

4) 也可见冯友兰(1)的讨论[译文见 Bodde(3),pp.45ff; Fêng Yu-Lan(1),vol.2,p.566]。

《朱子全书》中有如下的记述:

> 廖子晦写信给朱熹这样说:天和人只有一个理[1]。根和果实是同一的[2]。当人(性的)道完备了的时候,天道也就完备了[3]。果实的成熟并不意味着脱离了根[4]。即使我们看作是圣人的那些人,也只谈的是(人生各种关系的)完备化而已。

> 可是佛家抛开了人而(只)谈天,从而使果实脱离了根,仿佛(它们是两难推论的两个角尖,其中)你必须选择一个而摒弃另一个[5]。四端(感觉)[6]和五常(主要的美德)的存在,他们认为是障蔽了理。父子、君臣、夫妇、长幼之间的不可离弃的关系,他们认为都是偶然的。他们甚至于走得那么远,乃至把天地、阴阳以及人和其他生物都说成是幻化[7]。他们从来不肯探讨(这些事物的真实性),而简单地只肯定太虚的(心灵的)性质。

> 但是宇宙之中并没有两个理。那末,佛家怎么能够把天和人、根和果实笼统地合在一起,肯定这一个而否定另一个,并且把这叫作"道"呢? 当他们的知觉是如此狭小、不全而又偏颇的时候,又怎么可能有一种关于超越的事物和低下的事物("彻上彻下")之间的完美的结合的学说呢?[8]

> 〈问天人无二理,本末无二致。尽人道即天道亦尽,得于末则本亦未离。虽谓之圣人,亦曰人伦之至而已。

> 佛氏离人而言天,歧本末而有所择。四端五常之有于性者,以为理障;父子君臣夫妇长幼所不能无者,以为缘合。甚则以天地阴阳人物为幻化,未尝或过而问焉,而直语太虚之性。

> 夫天下无二理,岂有天人本末,辄生取舍,而可以为道乎? 夫其所见如此,则亦偏小而不全矣! 岂所谓彻上彻下一以贯之之学哉?〉

于是,这里就肯定了有机的宇宙模式的无所不包性。人及其社会是从周围复杂性
413 较小的模式中生长出来的。而且,外在世界乃是真实的,并不是幻境[9]。朱熹在紧

---

1) 因为整个宇宙,包括人在内,形成了一个"大理"或"有机体"。

2) 果实就是我们所说的"高整体水平的现象",根则是我们应该称之为"低水平"、无差别的宇宙现象。

3) 因为天已经产生了我们所知道的宇宙中最高水平的组织,即人类社会生活及其价值。

4) 因为正如我们应该说的,人的生存是基于电子、原子、活细胞与活器官的各种世界,事实上也就是复杂性的相续不断的各个阶段。

5) 这是指佛教徒形而上学的唯心主义,以及他们否认个体的自我。

6) 参见《孟子·公孙丑章句上》第六章。

7) 即 *Māyā*("幻境")。

8)《朱子全书》卷四十六,第七页,译文见 Bruce(1),p.280,经修改。最后这句话简直可以说是怀特海本人所写的。朱熹答复说,他实际上同意来信者的话。

9) 其他措词激烈、反对幻境学说的论述,可见之于《近思录》卷十三,第五十七、五十八页[译文见 Graf(2),vol.2,pp.715,718]。

接着的一段文字中提到了这些突现层次:

你说:"佛家除了'一个智慧'[1] 而外,再也没有别的区别。对于他们来说,现象并没有(真实的)存在。但是对于我们儒家来说,所有的现象没有一桩不是不由天理而来的。"这个说法是完全正确的,因为对于我们儒家来说,这些区别也并不脱离智慧。但是在这种智慧之内,却有着天壤高下之别;既然给定了无限多样的事物,其中就没有毫发是可以改变的。[2]

〈所谓释氏一觉之外更无分别,不复事事。而吾儒事事,无非天理。此语是也。然吾儒亦非觉外有此分别。只此觉处,便有天高地下,万物散殊,毫发不可移易。〉

关于理学家对佛教的反应,《北溪字义》一书中作了很好的概述,该书是陈淳大约在他的老师朱熹逝世时(1200年)所编写的一部性理哲学术语汇集,我们需要引用它,虽然颇为冗长[3]。我们引用时附有夹注。

(一)道家和佛家的学说从前就很盛行,如今则更是如此。这两家所说大致相似,但佛家的学说比道家的要玄奥得多。

〈佛老之学后世为盛,在今世为尤盛。二氏之说大略相似,佛氏说得又较玄妙。〉

(二)老子的主要观点是"无为"(没有反自然的行为),佛家则推崇"空"。老子说无是首要的,因为从无中产生了万物。他劝告人们要冷静和从事非世俗的事情,以便修炼自己的身体。老子和他的追随者们厌倦了在差不多所有事情上都忙忙碌碌的世俗生活方式,于是他们经常去山林间,按照胎息的理论[4],炼神和养气——用这种方法,他们能够脱离他们的肉身,就象蛇从蜕皮中脱出一样。他们还想乘云驾鹤飞行于九天之上。由于炼了气而变得非常之轻,所以能做到这一点。因此,老子的学说并非真的骗人。

〈老氏以无为主,佛氏以空为主。无与空亦一般。老氏说无,要从无而生有。他只是要清净,为方外之物,以独善其身,厌世俗胶胶扰扰等事。欲在山林间炼形养气,将真气养成一个婴儿,脱出肉身去,如蛇蜕之法。又欲乘云驾鹤,飞腾乎九天之上。然亦只是炼个气轻,故能乘云耳。老氏之说尤未甚惑人。〉

有趣的是,我们看到他做出了颇为有利于道家的叙述。在某种意义上说,理学可以认为是儒道二家对佛教的联合反应。

(三)然而即使对于最偏僻山村的妇人和女孩,佛教也具有吸引力,并引导

---

1) 即 *Tathāgata-garbha* ("如来藏")。
2) 这就是说,改变它们在"大模型"中的地位所赋予它们的性质。《朱子全书》卷四十六,第十九页,译文见 Bruce(1),p.302,经修改。
3) 《北溪字义》卷二,第三十九页,由作者译成英文。段落编号系作者所加。
4) 参见上文 p.144。

人们从事苦行,甚至毁身[1],而不可自拔。佛教有两种造成危害的方式:以其死生罪福学说蒙骗愚民;以及以其高谈哲理性的德行蒙骗学者。……对于我们来说,我们心中必须对理和义十分明确,才能坚定见解而不为所动。

414

　　一般人都上了死生罪福学说[2]的当。他们对死后下地狱感到惊恐,并且也祈求日后有个好的转生;他们进行节欲、苦行,甚至断残自己的肢体来获得功德(原字义为:好的因果)。他们认为这样就能避免死后的许多惩罚,来世转生为受尊敬的人,子孙后代享受荣华富贵,而不做乞丐或禽兽。这些思想的宣传害人不浅,而愚夫和愚妇却都信之不疑。

〈佛氏之说,虽深山穷谷之中,妇人女子皆为之惑,有沦肌浃髓,牢不可解者。原其为害有两般:一般是说死生罪福,以欺罔愚民;一般是高谈性命道德,以眩惑士类。……须是自家理明义精,胸中十分有定见,方不为之动。

常人所惑死生罪福之说,一则是恐死去阴司,受诸苦楚。一则是祈求为来生之地,便能捨割,做功德,做因果:或庶几其阴府得力,免被许多刑宪;或颙望其来生作个好人出世,子子孙孙长享富贵,免为贫贱禽兽之徒。佛家倡此说以罔人,故愚夫愚妇皆为之惑。〉

　　(四)此外,说到生死状态的轮回,根本就没有这种事。程颐[3]说过,不可能获得已返回其离散状态的气(并用它来重新构成原先之人)。这实在是很正确的。整个大自然中气的巨大的连续统一体运行和流动,产生着万物。以前的配置过去了,后来的配置便接替上。前者衰微,后者成长。这些变化就在无穷无尽的运动中进行,而原先的(一个实体的)气必定不会重新聚拢来构成一个新(实体)的基础。一阳返回,并不是先前离去的同一阳的返回。圣人们设立卦象并对它们作了解释。虽然他们说阳气返回了,但这必须理解为是指外气衰微,以及一个新的内气形成(并到一定的时候取代前者)。

〈且如轮回一说,断无此理。伊川先生谓不可以既返之气,复为方伸之气,此论甚当。盖天地大气流行,化生万物。前者过后者续,前者消后者长,只管运行,无有穷已。断然不是此气复回来为后气之本。一阳之复,非是既退之阳倒转复来。圣人立卦取象,虽谓阳复返,其实只是外气剥尽,内气复生。〉

理学家和道家一致否认无常包含有不真实性(参见上文 p.405)。

　　而佛家却说,气好像在兜圈子似的又返回来产生人与万物,这并不符合创造之理。如果轮回之说是真的,那末万物与人的数量必定是不变的,而气只不过来回移动而已。如此看来,大自然也就失去其创造力了。我们唯有了解了

---

1) 残害自己的身体,甚至于自杀,虽然在早期佛教中颇为罕见,然而在中古代的中国佛教中却是一个十分突出的特点[在近代也是如此,参见 Reichelt(1),p.274]。

2) 即业报和轮回。

3) 参见下文 pp.457,471。见《二程全书·河南程氏遗书》卷一,第三页;《外书》卷七,第二页;卷十,第四页。

天地的创造之理,才能意识到这一佛家学说是多么虚弱。

〈佛氏谓已往之气,复轮回来生人生物,与造化之理不相合。若果有轮回之说,则是天地间人物皆有定数常,只是许多气翻来复去。如此则大造都无功了。须是晓得天地生生之理,方看得他破。〉

> 他在这里为自然大模式的创造性("大造化")进行辩护,并否认它有任何极限。其次,道家的无为就反驳了小乘佛教所关心的在阿罗汉果中谋求个人的解脱。

(五)人生于天地之间。他获得天地的气来作为他的身体,并靠他的本性("性")来获得天地的理。如果我们究其根源,便会知道人是怎样产生的;如果我们追溯到底,便会知道人是怎样死的。古人说,如果一个人能确实得到正义,他便会心甘情愿地死去;如果一个人早晨懂得了道,他便可以在晚上死去而并不感到遗憾。一个探索道和理的人,一旦他觉得他理解了一切,那末他就没有遗憾,到死时他会听任两种力量和五种要素散开并消去。这便是安宁的死亡和顺乎自然的生长,与天地一同变化。这便是成为大自然的弟子。然而,对于一个有私欲和私爱的人而言,由于他未能摆脱私欲和私爱,他就与大自然相违背(而不会安宁地死去)。

〈人生天地间,得天地之气以为体,得天地之理以为性。原其始而知所以生,则要其终而知所以死。古人谓得正而毙,谓朝闻道夕死可矣,只缘受得许多道理。须知尽得,便自无愧。到死时亦只是这二五之气听其自消化而已。所谓安死顺生,与天地同其变化。这个便是与造化为徒,人才有私欲有私爱,割舍不断,便与大化相违。〉

> 这里他对佛教的地狱天堂之说,进行了怀疑主义的攻击,他发现这些东西在(理学家所设想的)宇宙结构里没有明显的地位。这一论证使人想起,文艺复兴以后的基督教神学家由于信仰具体的地狱和天堂,而被逐渐为人接受的科学世界观所讥笑。但是我们这里说的却仍然是12世纪的事。

415

(六)因果报应之说,完全是无稽之谈。尽管它提供了大量的"证据",但都是伪造的。正如司马光所说,古代并没有人梦见有关阴府十王的任何事[1]。他讲得很对;只因佛教的传入,才把这些观念传播到人们的头脑中。

在天地之间,风和雷是唯一无形的现象。实在的东西都有形状和本质。例如,房子是用取自森林的木材和取自窑的砖块所建造的——全是看得见、摸得着的实物。至于佛家的天堂和地狱,它们的材料到哪里去取呢?

况且天只是聚集的气。气越高,转得就越快,如同疾风。我实在想像不出他们的天堂能够在(这样一个世界中的)什么地方,也想像不出有什么东西能够支撑它。同样地,地悬空在天当中,地下面除了极深的水以外,什么也没

有。我实在不知道所谓的地狱能够位于地下面的何处。

另外,他们所说的幸福可以用"冥钱"来获得,罪行可以用"冥钱"来赦免。如果神明都是正直的,他们就不会对贿赂如此贪婪。

这一切纯粹是当初编造出来的,以劝人为善并吓唬人不去作恶。村夫愚民对自身命运极为关心,因此乐于相信这些观念。然而,怪就怪在连唐太宗这样的帝王,尽管才智过人,也未能躲过佛教的诱惑。

〈因果之说,全是妄诞,所载征验极多,大抵邪说流入人心,故人生出此等狂思妄想而已。温公谓三代以前何尝有人梦到阴府,见十等王者耶? 此说极好,只缘佛教盛行,邪说入人心已深,故有此梦想。

天地间物,惟风雷有象而无形。若是实物皆有形骸。且如人间屋宇,用木植砖瓦等,架造成个规模。木植取之山林,砖瓦取之窑灶,皆是实物,人所实见。如佛氏天堂地狱,是何处取木植,何处取砖瓦?

况天只是积气到上至高处,其转至急,如迅风然。不知所谓天堂者,该载在何处! 地乃悬空在天之中央,下面都是水,至极深处。不知所谓地狱者,又安顿在何处!

况其所说为福可以冥财祷而得,为罪可以冥财赂而免。神物清正,何其贪婪如此?

原其初意亦只是杜撰以诱人之为善,而恐惧人之为恶耳。野夫贱隶以死生切其身,故倾心信向之。然此等皆是下愚不学之人,亦无足怪。如唐太宗是甚天资,亦不能无惑,可怪可怪!〉

(七)学者们读书,只想略知历史,以便撰写文章。他们根本不关心圣人和杰出人物通过精心观察所确立的(真理)。因此,他们的想法是不固定的,佛家的学说也吸引他们,并使他们深信不疑。例如,甚至是韩愈和白居易,虽然都聪明绝顶,但却主要从事文学、诗作等等,因而未能说明佛教的弱点。韩愈仅抨击佛教对社会关系的否认;这当然很重要,但它并不是弊病的根源。

〈士大夫平日读书,只是要略知古今事变,把来做文章使。其实圣贤学问精察做工夫处,全不理会。缘是无这一段工夫,胸中无定见识。但见他说心说性,便为之竦动,便招服。如韩文公、白乐天资禀甚高,但平日亦只是文字诗酒中做工夫,所以看他亦不破。文公闢其无父无君,虽是根本,然尤未知所以受病之本。〉

(八)佛家所称之为"玄妙"的东西,只不过是告子所说的"(人)性是人生来所具有的"。

告子[1]是在指知觉和活动。他认为,那个使眼能看、使耳能听等等的东西,是一种灵活的知觉。这总是在感官活动的背后起作用。这种综合各种感觉的机能(*sensus communis*[2],通识),我们称之为性。明白了这个,也就明白了(人的反应的)道。

---

1) 与孟子同时代;参见上文 p.17。
2) 这是亚里士多德学派的术语;梵语为 *manas*(末那识,见上文 p.405)。也可参见上文 p.196。

〈佛氏所谓玄妙者,只是告子所谓"生之谓性"之说。告子生之一字,乃是指人之知觉运动处。大意谓目能视,其所以能视处是谁? 耳能听,其所以能听处是谁? 即这一个灵活知觉底,常在目前作用,便谓之性。悟此则为悟道。〉

他在攻击形而上学主观唯义主义这个佛教的主要根据地。

佛家却反而推崇这一切,并将其扩展(到智能的普遍性上)[1]。这就是所有佛家的谬误从而产生的最基本点。与此相比,对社会关系的否认只是一桩小事。 416

(总之,)佛家最大的谬误以及对人事的模糊看法的根源,是由于他们用性来代替气。

〈一面做广大玄妙说将去,其实本领只如此。此最是至精至微第一节差错处。至于无父无君,乃其后截。人事之粗迹悖谬至显处,他全是认气做性了。〉

因此他获知有机组织的原理而宣称赞成唯物主义。

例如,他们说狗有佛性。当人们唤狗时,狗一定会摇摇尾巴,于是他们便说狗有性.这是把人与狗归于一个档次。而这就是他们所谓的"不灭"。……

〈如谓狗子有佛性。只是呼狗,便知摇尾向前。这个便是性,人与物都一般。所谓万劫不灭。……〉

正如我们应该说的,低级动物的神经组织和人的并不一样。

(九)自古以来,圣人和杰出人物都说性只是理(的部分)。能看和能听是气的问题。但是,看应当看的和听应当听的,则是理。手拿着书阅读(是理),或打手势(招呼某人,也是理)。我们怎么可以不作这样的区分呢? (人们的)行为,必须被分别为是与非。是,是符合人的本性的东西。非,则是起因于由(迫切要求保存躯体的)形和气而产生的生物性的固执己见("私")。

佛家的学说乍看起来可能与我们的观点相似,但实际上却有着深刻的区别。我们的学者们把理(有机的组织模式)和形气(构成有机体的质料)截然分开。理当然是微妙的、难以想象的。可是,佛家仅仅把气和性混淆起来,便放过了这个问题。

〈自古圣贤相传,说性只是个理。能视能听者气也。视其所当视,听其所当听者理也。且如手之执捉气也。然把书读也是手,呼卢也是手。岂可全无分别? 须是分别个是非。是底便是本然之性,非底便是徇于形气之私。

佛氏之说与吾儒若同,而实大异。吾儒就形气上别出个理。理极精微,极难体察。他指气做性,只是这个便是性,所以便不用工夫了。〉

换言之,佛教徒规划以心灵或精神充满整个世界,认为物质是不真实的。

陈淳反复说明,他根本反对佛教徒的形而上学唯心主义,觉得那和理学家的科

---

1) 即 *cittamātra*("唯识"或"唯心",见上文 p.405)。

学世界观是不相容的[1]。他嘲笑了有形的地狱与天堂的图景,那在理学的宇宙论中是没有地位的。他提倡道家的无为,用它来羞辱小乘佛教之专心于个人的解脱。他虽然没有这样说,但是这一谴责无疑地也包括大乘佛教所追求的事物在内,因为他们虽然在动机上可能是很慈悲的,但是他们的慈悲却放错了位置。从生死轮回中谋求解脱这一目的,并不是人对自然界做出反应的正当方式。然后,他攻击

417 了轮回转世的学说,否认任何"气"的个体排列一旦散失以后还能够重新形成,并且使用了一个有趣的论证说,相信轮回再生,就没有给自然界的无限创造力和新奇性留有余地了[2]。最后,他和其他儒家一致厌恶佛教徒否认中国人所世代尊崇的家庭友爱和官僚等级制效忠的社会关系;但他十分恰当地并没有把这当作他们的哲学的基本立场。总之,理学家的反对佛教,实质上是一种科学的世界观在反击一种否定世界的苦行主义信仰。

　　这就是现实主义的中国儒、道思想对佛教挑战的反应。然而,我们应该试图来估计一下佛教对中国科学和科学思想所产生的影响。无可怀疑的是,总起来说,佛教的作用是强烈的阻碍作用。虽则在有利的环境中,不可避免的伦理因果律这一学说可以想象会被延伸到整个自然因果律的范围,但是这种事却肯定从来都没有发生过。佛教可能有的任何有益的影响,也许全都被幻境的学说所遮盖了,因为仅仅是一种幻影,又如何能够引起认真的科学研究呢? 转过眼睛不去看它,并且在对它的永远解脱中而寻求获救,这种心情又如何能鼓励人对它进行考察呢? 佛教的消极态度,在它拒不加以讨论的问题中也和在它的积极的学说中一样明显,因为宇宙生成论也属于被认为是不可知和不可测的那类问题之列[3]。可惜,对佛教徒来说,"世界"不仅仅是"世界、血肉和魔鬼",而且也是自然本身的世界。按照早期佛教戒律[4],僧人应当守护自己的感官之门。如果他应该看到任何事物,他也决不应注意其特性与细节。佛教对于协调和解释经验并不感兴趣,对于在最充分和最和谐的有关于经验事实的说明之中去寻求实在也不感兴趣[5],但是对于在现象世界的背后去寻求某种"实在",然后再把现象世界作为一种无用的帷幕而清除掉,却很

---

　　1) 在这一点上,哪怕只是在这一点上,理学家和耶稣会会士是吻合的。金尼阁为我们保存了利玛窦在此很久以后和一名佛教玄学家发生一场有趣争执的情况[Gallagher(1),p.340]。他们在互不理解的情况下分了手。但是理学内在的"理"和"道"的学说,对利玛窦也是一大障碍(pp.95,342)。

　　2) 卜德[Bodde(11)]讨论过理学家在多大程度上公正地评价了较古形式的佛教关于永生不朽的学说。

　　3) 这使人想起约翰·希尔爵士(Sir John Hill)对英国皇家学会讨论的一个题目所说的讽刺言论中与此相反的话:"这确实是一个非常适合哲学讨论的题目,因为它不可能作出定论!"(约1675年)。

　　4) Thomas(1),p.46。

　　5) 这可以作为对理学的非常好的描述。

感兴趣。

当然,这一点也必定有例外,尤其是在大乘学说兴起并把注意力集中在使一切众生解除苦难以后。这无疑地对与医药有关的各种科学研究给予了一种推动力[1]。这可以在例如中亚传教僧人佛图澄(鼎盛于 310 年)的传记[2]中看到,这部传记有芮沃寿[A.F.Wright(2)]的译文和注释。我们在上文中已经谈过印度人研究诸如药用植物这类题目的书籍的细节,这些书籍在唐代以前即已有汉文译本[见本书第六章(f)]。但是它们在中古时期都已散佚无遗。既然发达的中国科学中的各种因素能够追溯到印度来源的少得出奇,因此佛教在中国科学的形成中看来并没有起重要作用,尽管某些科学确实是由僧人们从印度带来中国的。这也许是因为佛教团体以及他们在中国的俗家支持者,一般都倾向于构成一种颇为封闭的体系,一点也不象道家和儒家那样同当地的社会和知识生活的三教九流混合在一起[3]。

赫胥黎在他著名的关于"进化论与伦理学"的演讲中,对佛教思想作了不无同情的叙述,把个人遗传的性格等同于业报的负担[4]。他虽然说得很清楚,认为佛教整个说来是无可辩解的要逃避现实世界,但是他的言论后来却被小泉八云所接受。小泉八云[Lafcadio Hearn(1)]在其特有的优美而哲理含糊的论文中试图表明,佛教思想预告了对"无法解释的遗传规律的伦理意义"的认可[5]。想要表明佛教思想和近代科学的世界观是相似的或者至少是并非不相容的这样一种企图,十年以后又被达尔克[Dahlke(1)]在一部更精详的作品中进一步加以发挥,现在又被我的朋友蒲乐道[John Blofeld(1)]重新提了出来[6]。我感到遗憾的是,我发现自己不能不认为这些努力只不过是护教论的特技表演而已。某一个个人人格的相符合性问题当然是一回事[从法拉第(Faraday)的著名事例可知],而历史的作用和影响的相符合性问题则完全是另一回事。在近代,佛教徒谋求调和他们的信仰和近代科学,这是很自然的,正如在欧洲,当近代科学影响了基督教的时候,也涌现出大量讨论同样问题的文献。

---

1) 又见《法宝义林》(*Hobogirin*, vol.3, p.224)中的"病"篇。

2)《高僧传》卷九,《大正新修大藏经》第三八三·二页以下。

3) 佛尔克[Forke(12), p.186]的判断肯定是正确的,他说,佛教思想在中国文明中始终是一个"外来体"。

4) 他依据的是里斯·戴维兹(Rhys Davids)和奥尔登贝格(Odlenberg)关于小乘佛教的说法。他的这种同一性未能改变下述事实,即人的此生生命的一切变化与遭遇,也像所遗传的性格一样,都要归因于个人的业报负担。

5) 不过在科学中,它们既不是无法解释的,也不具有伦理意义。

6) 仿效当代中国的佛教徒,诸如欧阳竟无和太虚法师[参见 Chhen Jung-Chieh(4)]。

在这方面,我愿意引用另一位可敬的工程师、我的友人王季同的作品,他是在清代科举制度之下掌握了旧学、同时又掌握了新世界的自然科学的少数人之一。他本人是著名佛教学者杨文会[1]的学生,曾经在《因明入正理论摸象》这类作品中力图调和科学与佛教。

这些护教论都以特定的情势为出发点,而不是从历史上研究问题。但业报法则从来就没有被推广到可以得出科学规律的概念,这一点仍然是可怪的。正如斯特里特[2]所说的,"业报作用被理解为并不是法理上对一个继续不断的自我的惩罚,而是自然主义地以因果律而言的一种惩罚,那被认为几乎是和物理科学一样地机械主义的。"我们这里不想提前说到下面(第十八章)将要谈到的东亚的司法与科学规律概念之不同于欧洲的问题,但是我们不能不提请读者注意佛教的规律观念未能引生自然科学这一显著的失败。这大概有两个原因。第一是,不存在对非人的和非道德的宇宙进行任何认真思考的刺激;宇宙被构想为幻境,是一场令人讨厌而又不得不看的电影,是在极难走出的大厅里放映的[3]。第二是,虽然因果"律"的作用本身对近代人来说在道德上似乎十分时显地是中性的,然而对它所附加的道德功能实际上才真正是佛教徒所感兴趣的唯一的那部分。在某种意义上,非人格的宇宙的不可避免性只不过是一种表面的装饰,用以掩盖他们对于神圣正义的深刻宗教信仰。因此,果报说就无法作为因果科学的一种催化剂[4]。

(e) 佛教对中国科学和科学思想的影响

必须承认,有某些和佛教有联系的特定学说,或许对中国人的思想有开扩视野的作用,而且也许还预先使他们倾向于近代科学。其中之一是相信空间和时间的无限性,相信有许多的世界以及几乎是历无数劫的时间过程[5]。佛教著作中常说到有大千世界存在于例如一滴水中或一粒微尘之中[6]。至少是早在 6 世纪时的一

---

1) 1837—1911 年,参见 Hummel(2),p.703。

2) Streeter(1),p.282。

3) 欧洲并不是完全没有相同的看法。对于中世纪早期的出世的基督教徒来说,"世界只是一个考场,自然秩序则是其中的家具陈设"[Raven(1),p.49]。

4) 我发觉其他人,诸如比塞特·普拉特[J.Bissett Pratt(1)],也同意这种分析。

5) 参见 Fêng Yu-Lan(1),vol.2,pp.354,372。此外,这些观念对于中国人的数学技巧,特别是在表现很大的数字方面,有着某些影响[见本书第十九章(g)]。

6) 参见 McGovern(2),p.48。反对所有这些想象中的情景的,自然有理学家根据常识所提出的反对意见。参见《近思录》卷十三,第五十八页[译文见 Graf(2),vol.2,p.719]。

部作品《立世阿毗昙论》(*Lokasthiti Abhidharma Śāstra*)[1] 中的一段话,就可以说明这一点。这部书主要是论日月的运行。其中几乎谈到了现代天文学所说的"光年"[2]。

> 僧人问佛陀:南赡部洲(Jambūdvīpa)离梵世界有多远? 佛陀回答说:"那非常遥远。例如,假设有一个人在第九个月第十五天的月满时,从梵世界投下一块长方一千尺的石块,那末,它在很长的时间内都不碍事,因为只有到下一年的同一个日子,这块石头才会到达南赡部洲。"[3]

420

> 〈有比丘问佛世尊,从阎浮提至梵处,近远若何。佛言:"比丘,从阎浮提至梵处,甚远甚高。譬如九月十五日月圆满时,若有一人在彼梵处,放一百丈方石坠向下界,中间无碍,到于后岁九月圆满时,至阎浮提。"〉

另有一个概念容许我们作进一步的研究,并且可以说,或许正是由于这一概念,中国才在欧洲理解化石很早以前,就已经认识了化石的真正性质[4]。这就是周期性的世界灾难或大火的理论,在灾难之中海洋与陆地颠倒过来,一切事物都回复到混乱状态,然后再度分化为正常的世界[5]。这些周期被认为有四种状态,即分化("成")、停滞("住")、毁灭("坏")、混沌或云空("空")。后面(pp.485,487)我们将看到,这一理论如何被理学家所接受过去。在本书第二十三章论地质学时,它对古生物学的启发性价值将清楚地显现出来。但是很可以认为,这两种理论大体上都是印度的,而非佛教所特有的,所以佛教是把它们带给了中国,而不是佛教本身发明了它们[6]。无论如何,我们不能一笑而置之不顾,因为在我们时代某些最杰出的天文学家[例如德西特(de Sitter)]已经发现有理由认为,我们的宇宙可能经历了连续的膨胀和收缩的周期。

佛教和中国科学思想发生接触的另一点(如果说佛教在这方面促进了中国科学思想,或者说它对中国科学思想大有补益,那就未免说得太过分了),就是关于生

---

1) N1297,TW1644。这部作品由真谛(Paramārtha)于 558 年译成汉文。所引的这段话载《图书集成·乾象典》卷十四,"天部外编",第十一页。

2) 参见米斯[Mus(1)]对于佛教神话中时间可逆性这一观念所作的研究。这一思想-世界的"公开"性质,如果不懂得严格有限的亚里士多德的世界观,就很难理解。对于亚里士多德的这一世界观,伽利略和开普勒费了那么大的劲才得以突破。参见 Pagel(8)。

3) 译文见 Forke(6),p.141。

4) 这种认识至少在唐代(8 世纪)的时候就已经出现了。

5) 在辽代(10 世纪)伊世珍所著《瑯嬛记》一书中可以看到,关于此事有一段很好的叙述。这一段话载于《图书集成·乾象典》卷七,"天地总部杂录",第九页。这部书把人比作绦虫:它无法知道,除了寄主以外,还有其他的人。同样地,除了我们的宇宙以外,还可以有许多其他的宇宙。参见 McGovern(2),pp.45ff.。关于中世纪中国人对于寄生虫的观念,见 Hoeppli & Chhiang I-Hung(2)。

6) 希腊人的思想中也有火灾周期学说的痕迹,例如赫拉克利特的"火生论"(*ecpyrosis*, ἐκπύρωσις)[Diogenes Laertius IX,7–9;Lovejoy & Boas(1),pp.79,83]以及斯多葛学派。

物变化过程的全部学说。这自然牵涉到物种发生学和个体发生学。化身或转世的学说，自然又一次激起人们对中国人一贯相信的那些引人瞩目的形态变化的兴趣，那概括了他们对于变形昆虫之变形为想象的青蛙和鸟类的正确观察[1]。如果鸟能够变成贝（见本书第三十九章关于动物学的论述），那末，人也能够如此就不足为奇了（如果他们的恶业足够重的话），而更糟的是变成饿鬼（pretas）。这就是生命轮回的终结。但是生命轮回的起始也是同样有趣的，因此就有一种倾向要重新审查胚胎学。虽然对中国科学起阻碍作用的因素妨碍了许多需要做的重要工作，然而我们可以在佛教观念在这方面对中国的影响与基督教神学理论（灵魂入胎，原罪遗传，等等）对欧洲 17 和 18 世纪的胚胎学所产生的强烈影响之间，找出一种明显的类似之处[2]。让我们举一个例子。

421

在郑景望的《蒙斋笔谈》中，我们看到写于 12 世纪早期（宋代）的一段话，这就是他对我们已在上文（p.78）引用过的《庄子》中论生物变化那段著名论述[3]的详细说明。作者遵循庄子的思想，试图分析这些变化，把它们和"灵魂阶梯"（参见上文 p.23）这一概念联系起来，并达到了内在倾向的观念，终于作出明显地是佛教的解释。郑景望写道：

> 庄周说："万物都产生于萌芽（"幾"），又复归于萌芽。"《列子》书中也记载过这一点，并有更完整的陈述。当我住在山中，沉默地观察万物的变形时，我看到了它的许多例子。突出的例子是蚯蚓变为百合[4]，小麦枯萎时变成蛾[5]。我们根据事物的通常原则（"物理"），无法分析这些现象。（我们可以假设）只要当这样一种变化出现时，就必定有某种知觉（"知"）能对它产生一种倾向（"向"）。

> 蚯蚓变成百合，是从一种具有知觉的事物变成为一种没有知觉的事物。

---

1) 参见 Reichelt(1)，p.75。

2) 参见 Needham(2)，182。

3)《庄子》第十八篇[Legge(5)，vol.2，pp.9，10]；亦可参见 Hu Shih(2)，p.135。又可以想到《列子》卷一，第六页[Wieger(7)，p.73；R.Wilhelm(4)，pp.4，115]。

4) 这种植物是百合（R682；*Lilium tigrinum*）。我们疑心这一错误观念的基础就是非常有趣的冬虫夏草。这是一种昆虫的幼虫，上面寄生有一种菌类植物，因此在干燥的标本上（我有一些这种标本）可以看到长出一支茎来。这种双料（植物–动物）的药材不是在《本草纲目》中，而是在赵学敏于 1769 年编写的补篇《本草纲目拾遗》（卷五第二十七页）中提到的；因此，伊博恩（B.E.Read）没有讨论它。有趣的是，史迪威将军（Gen.Stilwell）在他的回忆录中说，他听到部队中的中国同僚们告知他这一现象，但是他拒不相信。我们将在药物一章（本书第四十五章）中再讨论它。如果郑景望在四川做过某些观察，他也很可能见到过这种现象。

5) 应当记得，昆虫并没有自行生出的事，这是弗兰奇斯科·雷迪（Francisco Redi）于 17 世纪在意大利进行实验后才证明的[参见 Singer(1)，p.433]。

但是小麦变成蛾,则正好是相反[1]。当蚯蚓在要进行变化的阶段,它把自己在土中卷成一个球,百合的形状(球状)就已经形成了。麦粒一夜之间就变成蛾;它们看起来就像是飞扬的尘土。

按照佛家的说法,这些变化都是由极端真实而纯粹的意念所造成的。从这些一般的和特殊的原因("因缘")之中,就出现了这些现象。例如,以日常的事实母鸡孵卵为例,我们知道卵是从母鸡自身出来的,但是你怎样解释这样一个事实,即母鸡可以孵鸭卵,并且甚至于象庄子所记载的[2],母鸡能孵天鹅卵呢?

至于从麦(粒)变成蛾,它们确实是从蛾的"种子"产生的,而麦是首先变化的("化")[3];如果不是这样,它就不可能自己变成为蛾[4]。

根据以上的论证,只要萌发了意念(无论是好的还是坏的),就必定会有某种结果。后稷[5]是由足迹中出生的;启[6]是从石头中出生的;这些事无疑都是真实的。《金光明经》[7]记载说,水不断地流,就变成为鱼,它们都从天上取得生命,这是毫无疑义的。不幸的是,我恐怕很多人都不相信它。[8]

〈庄周言:"万物出于机,入于机。"……此言兼载《列子》……不若《列子》之全也。余居山间,默观物变固多矣。取其灼然者,如蚯蚓为百合,麦之坏为蛾,则每见之。物理固不可尽解,业识流转,要须有知,然后有所向。

若蚯蚓为百合,乃自有知为无知。麦之为蛾,乃自无知为有知。蚯蚓在土中方其欲化时,蟠结如毬,已有百合之状。麦蛾一夕而变,纷然如飞尘。

以佛氏论之,当须自其一意念,真精之极,因缘而有。即其近者,鸡之伏卵,固自出此。

---

1) 因为蚯蚓变百合,在生物等级上是下降了一步,而麦变蛾,则是上升了一步。在前一事例中,有知觉的灵魂被削除了,新生的存在物只有植物性的灵魂。在后一事例中,新生的存在物则将获得新的有知觉的灵魂。

2)《庄子》第二十三篇[Legge (5),vol.2,p.78]。

3) 作者思想中似乎有着关于预先腐烂的某种观念。

4) 他的想法大概是高级生物在"下降"的变化中有着一种下行的"意念"。因此他所想的倒不如说必定是大乘的菩萨牺牲精神,即自愿进入较低一层的生存境界,而不是进入其觉悟程度所许可他的那种更高境界;那并不是负载着业报的灵魂被迫下降,因为他谈到的是"极其真实而纯粹"的意念。另一方面,在"上升"的变化中,例如麦变为蛾,麦本身不能自变,但是蛾种能使麦变,即蛾能利用麦。在这里郑景望并不是像乍看之下可能出现的那样,似乎略知一点虫卵的事。他所想的是始终存在于麦中的"蛾性的种子",现在它由于某种外来的"薰习"影响而开始演变。[参见上文 p.408,以及 Fêng Yu-Lan (1),vol.2,p.305]。这里也许还有另一种大乘学说的反响,即对于精神世界中的上升变化,已经觉悟了的菩萨的帮助是必不可少的。关于卵和种子的问题,见下文 pp.481,487。

5) G664;传说中的农业英雄。

6) Mayers (1),p.387;传说中的统治者。

7) 这就是上文(p.405)已经提到的《金光明经》。

8)《蒙斋笔谈》卷二,第二页,由作者译成英文。最后这句话,原作者是在论证说,所有这一切东西都有生物的种子,它们由于"薰习"而产生生物。

今鸡伏鸭,乃如庄周所谓鸡优鹄者,此何道哉?

麦之为蛾,盖自蛾种而起,因以化麦,非麦之能为蛾也。

由是而言之,一念所生,无论善恶,要自有必至者。后稷履人迹而生,启自石出,此真实语。《金光明经》记流水长者,尽化池鱼,皆得生天。更复何疑,但恐人信不及尔。〉

可见,在 12 世纪初期,就有人真正努力在观察和了解生物变化的性质了,这显然和佛教关于转世的观念有联系。

胚胎学的情况也相似。胡勃特[Hübotter(2)]翻译和注释了一部论述怀孕和胎儿发育的佛经,我们将在以后加以考察。接近这一题材的还有僧人何宗密(779—841 年)[1] 所著的《原人论》[2],此书有哈斯[Haas(1)]的译文。更偏于道教方面但无疑也受到同一思潮影响的,则是《生神经》[3] 中的论述,此书必然早于 500 年,关于它,戈歇[Gauchet(1)]写了一篇有价值的论文。11 世纪李昌龄的《乐善录》一书也包含有类似的资料。在本书第四十三章论解剖学和胚胎学时,我们将更多地谈论这些问题。

在佛教偶像中也可以发现生物学的因素。图 47 显示甘肃省肃州(酒泉)卧佛寺的一尊塑像,这个僧人正在经历一次精神上的蜕化,把"旧人"脱去——他正在用自己的手剥掉以前的皮肤。

423 　但是,在佛教观念与人们对于自然科学逐步发展起来的兴趣二者之间的所有这些试探性的接触点的背后,还有着这样一个事实:即佛教向中国传来了大量高度精妙的有关逻辑和认识论的论述。这些哲学学派确实组成了一座真正的迷魂阵[4]。佛教的(和其他印度的)理论体系往往至少是和欧洲的那些伟大的哲学一样精致,但却还很少受到被数理符号学现在能提供的一切助力所武装的现代逻辑学家们的注意。佛教的逻辑(pramāṇa,量)不是亚里士多德式的,它的认识论也和康德或洛克的认识论不一样。但是在目前行文中,最重要的一点就是印度不仅有形式逻辑的、而且也有辩证逻辑的学派,而中国至少是接受了这两种逻辑的若干教义。因此,后一倾向就大大加强了本土的辩证思想的思潮,这种思潮我们已经在论述道家[5] 和墨家[6] 这两个学派时探讨过了。

印度最早的形式逻辑学派是正理一胜论派(Nyāya-Vaiśeṣika)。此派有五

1) Forke(12), p.366.

2) N1594, TW1886.

3) *TT* 162 及 315;注释本 *TT* 393—395.

4) 有关进一步的详情,读者可看 Stcherbatsky(3), De la Valleé Poussin(8), Walleser(1).

5) 见上文第十章。

6) 见上文第十一章。

图版一九

图47 蜕化在佛像中的表现。甘肃肃州 (酒泉) 卧佛寺中的塑像, 其中一尊表示 "正在脱去旧人", 就像蛇或昆虫蜕皮那样 (原照摄于 1943 年)。

支归纳-演绎推论式,以及诸如"反位法"等特色,它通过真谛(他在6世纪上半叶在南京工作)的翻译而传入中国。他的《如实论》[1] 即世亲(5世纪)的 *Tarka-śāstra*,这部论著中吸收了这一学派的其他逻辑学作品。还有伟大的陈那(5世纪末)的一些作品,由玄奘译成汉文。玄奘的弟子窥基成为中国历史上最杰出的逻辑学家之一[2]。但是,陈那最好的作品《集量论》(*Pramāṇa-samuccaya*)却从未译成汉文[3]。中国人也没有接触到13世纪以来印度逻辑学更晚的发展情况(Navya-Nyāya;新正理派)。最近英戈尔斯[Ingalls(1)]曾经用现代方法对这一学派作了解释,这个学派似乎较西方的符号逻辑学早若干世纪。

辩证逻辑学是称为中观派[4]的龙树(2世纪初)学派的成果;上面(p.404)在谈到幻境概念时,已经提到这一学派。他们试图表明,每一种可能的推论式(或者断言)都是虚妄,因为它导致它的反面[必要推理或反推论式,即"具缘"(*prāsangika*)][5]。黑格尔[6]明确地提到过他的矛盾逻辑的印度先驱,谢尔巴斯基[7]深思熟虑的意见

424 是,他那猜测已经完全被我们现在所知道的中观体系证实了。《中论》(*Mādhyamika-śāstra*)[8] 一书由鸠摩罗什于409年初次译为汉文。这部著作的影响,大约在两个世纪以后吉藏写出著名的论疏(《中观论疏》)[9]的时候,达到了顶点。最初阐释这种辩证逻辑的中国人之一是僧肇(384—414年)。他是鸠摩罗什的学生,也是对于道家前辈们的著作有深刻研究的思想家。他的《肇论》[10]一直以一系列的反题和合题例证了当时所理解的"中道"。一切事物在某种意义上都是存在的("有"),但在另一意义上又都是不存在的("非");这两种主张最后都不能成立,实际上是既非有,也非无("不真空")。还有,事物似乎是在动或者是静止不动,但是就通常意义而言,实际上是既无动,也无静("不迁")。

---

1) N1252,TW1633。

2) 他的注释现在仍被认为是中国中世纪关于逻辑学的主要作品。见 Stcherbatsky(1),vol.1,pp.52ff.。

3) 除了谢尔巴斯基[Stcherbatsky(1)]的重要作品探讨了佛教逻辑学的各个方面以外,还有图奇[Tucci(1)]的专题著作,他还翻译了几种在陈那之前的中国逻辑学著作。有一部杉浦[Sugiura(1)]写的关于在中国和日本所保存的印度逻辑的书,但是此书因为是一位不大懂英文的日本人写的,并由完全缺乏汉学知识的朋友们所编辑,所以其中的名称和引证自始至终都经窜改,没有用处。鉴定它们并核对原文,将要付出很大劳动,但是有朝一日可能被证明是值得的。

4) 这就是中国和日本的三论宗或空宗。关于它此后的盛衰,见 Takakusu(2),pp.96ff.。

5) 见 Conze(3)。

6) Hegel(1),vol.1,p.68;(4),vol.1,pp.141ff.。

7) Stcherbatsky(1),vol.1,p.425。

8) 英译本见 Stcherbatsky(2),德译本见 Walleser(2)。N 1179,TW 1564。

9) TW 1824。

10) TW1858。现在有李华德[Liebenthal(1)]的英文译本。又见 Fêng Yu-Lan(1),vol.2,pp.258ff.;Bodde(14),p.59。

　　吉藏（549—643年）在他写的《二谛章》[1]中非常详尽地阐述并系统化了矛盾逻辑。他的老师法朗曾区分了世俗直理（"世"）和绝对真理（"真"）。最高层次的真理是要通过一连串的否定之否定，直到既无可以肯定亦无可以否定的东西，才可以达到。双重真理（"二谛"）被安排在三个层次上：

世谛	真谛
（1）说有	说空
（2）亦有亦空	非有非空
（3）有空俱有俱无	有空非有非无

吉藏谈到逐步抛弃一切普通信仰，"好像是一个从地面上升的架子"（"如从地架而起"）。可以看出，这种辩证法的许多内容乃是把若干世纪以来道家思想的含蓄的内容，以一种新的形式加以系统化。但是中国佛教达到这一点之后，就迅速沦于由玄奘所大力宣扬的唯识宗的支配之下，不去追求辩证法的可能性，而是回到窥基及其门人的形式逻辑中去了[2]。

　　似乎没有证据可以表明，这些高度发展的思想方式对于唐代中国的科学思考或研究产生过任何影响。但影响是有的。如果近代科学的创始者们[3]对于亚里士多德的逻辑说过刺耳的话，那并不是因为它在本质上是错误的，而是因为它是如此之普遍地被用来"证明"基于根本谬误的前提之上的那些关于自然界的理论。在自然变化的动力受到重视而且能够（至少在某种程度上）加以论述的一个世界里，黑格尔及其继承者们的逻辑学就兴起了。吉藏的逻辑学是一个宝贵的工具，但是它却处在荒野之中，没有人拣起它来并利用它[4]。

　　有时候由于缺乏一个有科学知识的团体，也对佛教起了有利的作用。所以生活于531—606年在隋代及以前的几个小朝廷里担任过高官的颜之推，为他的家族写了一部家政管理法的著作，题名为《颜氏家训》。在这部家训中，他提出了许多（当时无法回答的）关于天文、气象以及其他科学题目的问题，颇有屈原的《天问》的风格；它最后说，因为我们所知是太少了，所以佛经中关于诸佛菩萨的神话故事很可能是真的。

425

　　1）TW1854。参见 Fêng Yu-Lan（1），vol.2，pp.293ff.；Bodde（14），p.58；Chhen Jung-Chieh（4），p.102。

　　2）参见 Stcherbatsky（5）。

　　3）见上文 pp.200ff.。

　　4）在我们当代，辩证唯物主义思想在中国的成功，或许要导致重新评价中世纪的辩证法。值得注意的是，至少有一位欧洲佛教学者从研究马克思的辩证哲学转而研究中观派[见 Conze（1，2）]。

(f) 密教及其与道教的关系

以上这些决不是关于佛教与科学的关系所能谈的一切。既然每个阳都必然有其阴，所以佛教也有它的反面，它和我们迄今所讨论的苦行实践和唯心哲学有着惊人的不同。佛教之中的这个"道家部门"就是密教[1]。

怛特罗[2]（Tantras；"大教"或"神变"）是处于印度教和佛教边缘之间的后期圣典，在不早于 6 世纪时创作于印度。伴随着它们的各种实践有时候是公开的（dakṣiṇacaryā，达嚫拏遮唎耶），有时候是秘传的（vāmacaryā，缚摩遮唎耶）；乍看起来实在是古怪。对人格神的崇拜（bhakti）是突出的，但是更有特色的是强烈的魔术因素，包括"有威力的语文"（mantras，曼陀罗；或 dhāraṇās，陀罗尼）符咒（yantras），护身符（kavacas），手势（mudrās），以及其他咒文。这些"仪轨"和密教典籍交错在一起，例如《妙法莲华经》中有一整章是陀罗尼。密教采纳了我们可以称之为"电的"心象作为其象征形式，这被称为"金刚乘"（vaj rayāna）。我们可以立刻就看出，我们所面临的是非常类似古代道教中的萨满教和魔术方面的一种思想体系。因此，按照魔术和科学在单一的未分化的手工操作综合体中本来是结合在一起的这一原则，如果说佛教在任何地方曾对科学有过贡献的话，那就是在这里了。

非常有趣的是，正如古代和中世纪早期的道教对于性的现象深感兴趣一样，这种现象也是密教的中心问题。金刚杵（vajra，霹雷或闪电）已被证明是男性外生殖器（liṅgam，"生支"），而作为佛教偶像特征的莲花（padma），则被证明是女性生殖器（yoni，"女根"）。这一神学教义本质上是说，一个神（或一个佛陀）的神秘的或神圣的活力存在于他的女性对手之中，他就在和对手的永恒拥抱之中获得了这种活力。因此，每一个天神或佛陀都必须有一个这种"舍支"（sakti，性力）[3]。随之而来的逻辑结论就是：尘世上的瑜伽行者（yogi）为了寻求圆满，也必须专门举行特殊典礼和仪式（cakra，坛场）在性交（maithuna）中和他的女瑜伽行者（yoginī）拥抱。随之还有对妇女的崇拜（strīpūjā）[4]，以作为性交的准备步骤。整个情况和中世纪早期道家的各种办法有着令人瞩目的类似之点（参见上文 pp.149, 151），虽然

---

1) 关于密教的近代概述，见达斯古普塔[Dasgupta (1)]的著作。

2) 怛特罗一词也有纺织品的经线与纬线的意思。

3) 所以在西藏艺术中常常有神和"舍支"性交的雕象。这里最重要的佛教女神是多罗（Tārā）[de Blonay (1)]或称观世音母。她就是观世音（Avalokiteśvara）的"舍支"，所以也许她的女性就传给了观世音。

4) 参见 H.H.威尔逊[H.H.Wilson (1), pp.160ff.]的描述。

当我们看到"佛性存在于女性生殖器中"(*Buddhatvaṃ yoṣidyonisamāśritam*)[1] 一语时,佛教离开其本源似乎已经经历了很远的路程。维多利亚时代的学者们自然是压低了声音来谈论密教的。我们对于这些观念毕竟不能用两千年来具有保罗式的反对性行为的那种文明的经典来加以判断,但我们不妨问一问:它们是不是十分合理地同魔术与科学的世界观相联系在一起的? 我只想提醒读者注意性的象征主义在炼丹术士的语言中所起的重要的(虽然有时候是被人轻信的)作用[2]。化学反应这一概念,难道不正是从人类两性的会合中类比得出的吗?

最重要的佛教密宗典籍之一是《一切如来金刚三业最上秘密大教王经》[*Guhyasamāja-tantra* 或 *Tathāgataguhyaka*,帕塔恰里亚编,B.Bhattacharya(1)],这部书肯定不早于 7 世纪[3]。其中有大量关于气功(*prānāyāma*)的记述,这是不足为奇的。"性力"因素也很强烈,实际上这部书里把两性的交合说成是密教的本质。它的理论是,空性(*śūnyatā*)是男性的品质,而慈悲(*karunā*)则是女性的品质,因此,为了要实现统一性(*advaya*),就需要有性交行为。这看起来几乎就象是佛教两种基本趋势的象征化,即一方面是虚无主义哲学,另一方面是对一切众生的热情慈爱。在这种意义上,我们可能会觉得佛教的精华是来源于它那阴的或"性力"的方面。有趣的是,密教也和道教一样鼓励妇女能手,在其妇女首领的名单中,我们看到有洛迦悉敏迦罗(Laksmiṅkara,鼎盛于 729 年)和娑诃耶女瑜伽行者(Sahayayogini,鼎盛于 765 年)等人的名字。

印度佛教的密宗看来是在 8 世纪时传入中国的。正如周一良[Chou Yi-Liang(1)]在一篇有趣的论文里指出的,咒语(*dhāraṇis*;陀罗尼)并不是未能在更早得多的时候传入中国。包括咒语的经典早在 230 年由竺律炎以及在 313 年由竺法护(Dharmaraksa)两名印度僧人和许多其他的人翻译了出来,咒语之中包括降雨、从岩石中得水、寻找泉眼和水源、制止风暴等等方法。正如在道教中一样,一个真正的发现或健全的观察也许伴随有一百种想象中的心满意足。这一领域尚未加以开拓,以致需要大量的研究才能估计这些方术在科学史中的地位。在唐代往来交通大为增加,主要是由于三位印度僧人的努力所致,他们是:善无畏(Śubhākarasiṃha,636–735 年;716 年来华)、金刚智(Vajrabodhi,卒于 732 年)和不空金刚(Amoghavajra,或简称不空,卒于 774 年)。但是中国人也很活跃,象智通这样的僧人们写了许多关于密宗的著作,伟大的旅行家义净翻译了一部密宗经

427

---

1) De la Vallée Poussin(5)。

2) 普森[de la Vallée Poussin(4),p.131]在对密教的论述中,清楚地提到了炼丹术的事。参见 Jung(1)。

3) Winternitz(1).TW885。

典《大孔雀咒王经》[1]。但是最重要的密教徒是僧一行(672—717年),他是当时最伟大的中国天文学家和数学家。仅仅这一事实就要使我们停下来考虑一番,因为它提供的线索说明了这种形式的佛教对于各种观测和实验科学可能具有的意义。如果没有和炼丹术方面的联系,那就会使人惊奇了,但是这个题目是很难研究的,因为由于明显的原因,密教徒并不大肆宣扬他们的方法。所以,例如,善如畏就赞同表现性交的雕象,但却警告说它们不得陈列在寺庙的公共殿堂中。在印度也是如此,密教徒使用未入教的人所不能理解的"隐语"(saṃdhyābhāṣā),也就是密教的行话[2]。

于是,乍看起来密教似乎是印度传到中国的舶来品。但是更细致地考查年代,我们就会考虑到,整个事情至少很有可能真正是属于道教的[3]。在本书第十章(i)(上文 pp.150ff.),我们看到,道家关于性的理论和实践在2世纪至6世纪期间已428 经盛行于中国,即肯定是在这种信仰在印度兴起之前,也是在佛教徒把它重新传入(如果它是重新传入的话)之前。帕塔恰里亚[Bhattacharya(2)]很有意思地告诉我们,和佛教密宗有关系的主要地点是阿萨姆(Assam)[4]。这使我们想起伯希和的最引人注目的学术论文之一—[Pelliot(8)],是有关《道德经》的一部梵文译本的[5]。那是为迦摩缕波(Kāmarūpa,即阿萨姆)国王婆塞羯罗·鸠摩罗(Bhāskara Kumāra)而翻译的,他于644年向王玄策提出了这一要求。《集古今佛道论衡》[6]在647年系年下有一段非常生动的记载,说明这一工作的原委,以及翻译所遇到的各种困难。伯希和翻译了这段记载。此外,在密教文献中,中国(Mahācina;摩诃至那)作为崇拜名为摩诃至那多罗(Mahācinatārā)的一位女神的一种至那师(Cīnācarya)礼拜场所,而占有非常重要的地位[Bagchi(1)]。据说有些贤哲,例如婆私吒(Vasiṣṭha),曾经前往中国习这种礼拜,妇女在这种礼拜中起很突出的作用。因此,密教可能是又一个事例,说明外国人把中国人已经十分熟习的事情又亲切地传授给中国人。然而性的因素自古以来在印度宗教中就是如此之显著,以致佛教的密宗也很可以同样地被认为是佛教与印度教的一种混合物。"性力"的观念肯定是很古老的[参见 Das(1)]。

---

1) 即 *Mahāmāyurī-vidyārājñī*(TW985ff.)。

2) 参见 Shadidullah(1)。

3) 参见 Bagchi(1,4);Lévi(4)。

4) 菲利奥扎(J.Filliozat)博士告诉我说,泰米尔人有关于密教能手航行于印度与中国之间的传说,马里亚达索[Mariadassou(1),p.15]曾提到过《实有章》(Sattakaāḍam)中记述的一则传说。

5) 据说鸠摩罗什写过一部关于《道德经》的注释[Bagchi(1)]。外国使节经常索取道教的典籍,例如735年的日本使节(《册府元龟》卷九九九第十八页)。

6) 661—664年;N1471,TW2104,ch.2,§10。

无论如何,在道教和密教之间找出大量准确的详细类似之点,是有可能的。我们记得在前面第十章(p.149)中已经提到过道家"还精"的作法,即"使精液返还"。这个方法是在射精的时刻压住尿道,从而迫使精液流入膀胱,随后由此和尿一起排出;然而道家却想象它上行人脑,以某种奇异的方式滋养脑部。在博斯(Bose)的一部书中,曾谈到现在仍然存在于孟加拉的后遮坦尼耶(post-Caitanya)的(印度教)毗瑟纽教派(Vaisnavite)的娑诃耆耶(Sahajiyā)[1]崇拜,我们从中发现所使用的是与此完全相同的方法。在这一教派中,性交仪式[2]是一种精密加以规格化和仪式化了的肉体爱情,不论是已婚夫妇(svakīya),或未婚男女(parakīya),都要"使精液上行至无上神我(Paramātma)部位"。虽然生理方面的技巧没有详加说明,但是如此密切相符不可能是偶然的。而且还有一个用语 ūrdhvaretas(意为"上行精液"),在《摩诃婆罗多》(Mahābhārata)和《罗摩衍那》(Rāmāyana)两部史诗中常常出现,往往被译为"贞节"或"节欲",但也很可能是指这种技巧[3]。

429

在文献资料中还有关于它的更多的暗示。室伐多弥罗·斯瓦密(Swatmeram Swami)的《诃多瑜伽释论》(Haṭhayoga Pradīpikā)的译者沃尔特[Walter(1)]以及注释这部作品和其他典籍的普森[4],都曾经叙述过怎样必须使"普拉纳"(prāṇa,"气"?)通过某种脉管(suṣumnā)上升至心脏[5]。压迫会阴(kanda)也是修练气功的一部分,但这些在两种文明中都和性的技巧有密切关联。图奇在他关于西藏画卷的巨作[6]中说,人们用气功机制(prāṇāyāma)控制性交行为,"使精液回流,不是下降而是上升,一直达到头顶上的'千瓣莲'"。此事在另一部密教典籍《善言集》[Śubhāṣitasaṃgraha,本多尔编;Bendall(1)]中也有记述[7]。而且除了这些细节技巧方面的类似点以外,密教文献中还充满了与早期道教特色极为相似的种种悖论[8]。

中国密教及其与早期道教的关系,确实不是很容易研究的问题。著名的明代

---

1) 师觉月[Bagchi(1)]讨论此词的意义时,把它比做被解释为自然界或自然界秩序的"道"字。佛教的俱生乘(Sahajayāna)崇拜主要盛行于7世纪之间,几乎肯定可以追溯到上面已经提到过的道教传入阿萨姆一事。它的最古的经文《大悲空智金刚大教王仪轨经》(Hevajra-tantra;TW892)被认为是7世纪后期的作品。印度教的娑诃耆耶(Sahajiyā)祭祀法似乎开始于11世纪。参见 Dasgupta(2),p.221;Sastri(1),vol.2,pp.303ff..

2) 见 Renou(1),p.183。

3) 这是沙克尔顿·贝利(D.R.Shackleton Bailey)先生亲自告诉我的。

4) De la vallée Poussin(4),p.143。

5) Woodroffe(1,2);Renou(1),p.185。这和"军荼利尼(Kuṇḍalini)的上升"有明显的关系。

6) Tucci(3),vol.1,p.242。

7) 又见 Bagchi(3)。

8) 例如,见勒努[Renou(1),p.179]翻译的《俱罗尔奈婆·怛特罗》(Kulārṇava-tantra)中的几段文字。

小说《金瓶梅》[译文见 Egerton (1)]似乎没有涉及这一问题。但是它的续编(即《续金瓶梅》)的第三十五、三十六和三十七回,却有着早期道教性质的明显的性事神庙仪式的惊人叙述,尽管是属于喇嘛教的,并且和金代的鞑靼人(1115—1234 年)有特殊关系。这部书又是著作年代不详,但是必须置之于清代很早的某个时期,即1660 年前后;不论作者是谁,他所采用的笔名紫阳道人是极有道家气味的。根据其中的叙述,仪式的主持者都是妇女,为首的女祭司名叫百花姑。"空"(虚名)和"色"(性爱)这两个关键字眼显示了密教的因素。这种学说的名称看来是"大喜乐禅定教"。书中提到神和他们的配偶性力女神交合的铜像、春药("邪药")、催眠舞蹈、神的公开婚礼、以及与会者杂交——正如古代道教中所记述的。我们怀疑紫阳道人在 17 世纪是从什么来源获得他的资料的[1]。

总而言之,我们可以说密教代表着佛教至今尚未被人充分加以研究的一个方面。学者们以前受到根本不同于西方文化的那种对待性的态度的阻碍;而他们现在又对大量没有好处的和荒谬无聊的符咒与魔法抱有反感。但是必须记住,从魔法的沼泽中生长出了有关自然界的真正知识之花——例如在磁学、药学、化学,以及医学本身各方面。因此,我愿冒昧地说,密教是值得研究的领域之一,从中极有可能做出有关亚洲早期科学史的饶有趣味的新发现。

(g) 结 论

然而总的说来,彻底分析佛教对东亚科学的敌对性的影响的问题,仍然悬而未决,也许这个问题来源于比本章已经说过的任何原因都更深刻的原因。作为最后的一着,佛教对世界是深深否定的,而这个世界却是儒家和道家各以其不同的方式所接受的。佛教徒所持有的本质上是一种"酸葡萄"的哲学,他们从一切尘世欢乐的变幻无常之中,推断出这些东西是不真实和无价值的,然而这是一种 *non sequitur*(不根据前提的推理)。因为我们是这样一个世界的居民,这个世界由于对于自然界有了真正的认识和把它应用于制造机器而大大地解除了痛苦与恐惧,所以我们就极其难于使自己设身处地想象古代和中古的佛教徒。当时的生活是如此之不安全,遍地是疾病与死亡,生命不值钱;人间幸福的小小核心,情人们或者孩子的青年父母可以在顷刻之间被水旱之灾或战争活动所毁灭,除了极罕见的偶然而

---

1) 大概是郑思肖在其 1295 年前后的《心史》一书中,描写了在佛母殿举行这种喇嘛教仪式的情况[参见 van Gulik (3), p.96]。然而郑思肖以极端反对蒙古人著称,所以他可能是在斥责他认为是元代丑闻的事[见 Kuwabara (1)]。《续金瓶梅》的一种版本已由库恩[kuhn (1)]译成英文。

外,再没有希望重新团圆。在这种情况下,人们如果不把希望集中在另外一个世界上,至少也要集中在不需要依赖这个世界的安全的一种信条和生活方式之上,这是可以理解的;默祷死亡会风行起来,这也是可以理解的;他们当然会一致把这个可见的世界称作是丑恶的,因为他们无法使它变得幸福[1]。唯一令人惊奇的却是,佛教在这些世纪中并没有获得更大的成功,而且如此多的儒家学者继续做出了基本的而有意义的论断,即人如果生在秩序良好的社会里,是值得生活下去的,而眼前的光景不管多么凄凉,人却总是会上升,只要他们实行孔子所教导的怎样才使社会秩序良好的办法[2]。与此相似,道家则一贯遨游于社会之外,不肯放弃他们的自然主义的和现实主义的世界图象。外在世界对他们来说是真实的而不是幻觉;圣贤遵循外在世界的现象,就能学会如何控制它们。性的因素处于一切事物的中心,苦行主义如果终究有价值的话,那也只不过是一种手段,而目的则是获得物质上的长生不死,从而才可以没有穷尽地享受自然界及其美妙。

431

这就是基调。科学的发展所绝对必需的先决条件之一,就是承认自然,而不是躲避自然。如果科学家忽视自然的美妙,那只是因为他醉心于它那机制。但是出世式的否认现世,似乎在形式上和心理上都是与科学的发展格格不入的。

关于近代中国的佛教状况,当然有着大量文献,从将近有一百年之久但仍然很有价值的艾约瑟[Edkins(4)]的著作直到蒲乐道[Blofeld(1)]1948年的那篇简略而生动的记述[3],均包括在内。在此年代之间的有庄士敦[Johnston(2)]的半通俗性著作[4]以及艾香德[Reichelt(1)]的风趣盎然的著作,艾香德的第一手经验使他能够论述中国佛教,就象J.K.施赖奥克[Shryock(1)]能够论述儒家一样。我们只须阅读艾香德记述的关于佛教寺院中举行的祈祷仪式之美妙,就可以知道这一宗教为中国人的生活提供了其他体系所未提供的某种要素。我本人虽然从未亲自像受到整个道家-儒家的综合体所激动那样地也受到佛教的激动,但也得坦率承认佛教寺院建筑的伟大和庄严可爱,以及从佛教僧人手中也和无数其他人一样地受到殷勤的款待。我常常想要作出这样的判断,即佛教发展了基督教的一切弊病而没有基督教的美德,但经过深思之后,觉得这一判断未免太苛刻无情了。我们必须立足于这样一个信念,即佛教无论如何在公元第一千纪中是亚洲一个伟大的文明力

1) 参见哈夫洛克·埃利斯[Havelock Ellis(1),p.208]所作引人注意的对比。

2) 我们可以举出苏琼作为唯一的例子,他在北齐为官,卒于581年。他以施行仁政、减低税额、释放无辜、鼓励贸易等等而闻名(《北史》卷八十六)。

3) 也可参见 Hamilton(2)。神话学概要可以在马伯乐[Maspero(11)]和多雷[Doré(1),pt.II,vols.6,7,8;pt.III,vol.15]的著作中找到。

4) 日本人的情况不在我们讨论的范围之内,但是他们对佛教的观点,可以从铃木大拙夫人[B.L.Suzuki(1)]的小册子中获知。

量。对中亚细亚来说,文明力量一词确实是妥当的,但是对于已经具有高度文明的中国来说,情况就有点不同了。佛教把普遍慈悲的要素输入了中国,那是植根于受家族支配的中国社会中的道家和儒家所不能产生的。佛教哲学可能是令人悲观失望的,对科学家来说可能是反常的,但是它后来的实践则常常是兼爱的清晰可辨的实践[1]。

---

1) 参见铃木大拙[D.T.Suzuki(1),pp.366ff.]所引用的经文。

第十六章　晋、唐道家和宋代理学家

道家偏离正统是如此之大，以致在道家哲学家时代以后，甚至到今天，显然还没有一部很好的道家史。在西方文字中，既没有堪与 J. K. 施赖奥克研究国家历代尊孔发展相比拟的东西。也没有可与大量记载宋代理学家材料相比拟的东西。甚至在汉文中，诸如许地山(*1*)和贾丰臻(*1*)等人的著作，事实上也没有谈到道家后来的发展。简直令人难以置信的是，《道藏》的 1464 种书中，迄今没有一种被译成外文[1]。

(a) 魏晋时代的道家思想

(1) 王弼和修正派

看来道家哲学家的原始科学教义，似乎由于无人赏识而最先消失了。公元前 3 世纪早期的法家哲学家韩非，在他的《韩非子》一书中，专门用了两篇[2]来评注《道德经》的许多章节，尽可能把它们解释为接近法家的学说。因此，利用老子模棱两可的话来为自己的目的服务这种办法，可以说至少是从韩非开始的。《道德经》的第一个注释者(完全可以这样称呼)，是一个年代不详、别号"河上公"的人；《隋书·经籍志》把他置于公元前 160 年前后，但人们认为他必定是东汉人，约生活于公元 1 世纪或 2 世纪。他的注释近年间已由埃克斯[Erkes (4)]翻译问世。可以说，河上公对老子大量反封建思想是赞赏的，例如，他知道，"混"的意思是统一的共同体，并且说应该反对"学者"(儒家)，因为他们的思想和"道"的科学不一致。"谁愿意受到尊敬，就必须在卑贱之中寻求他的基础"("贵以贱为本，高以下为基")；他又说："当老百姓没有足够的东西，而君王却拥有太多的东西时，那就是盗劫"("田甚芜，仓甚虚，服文绣，带利剑，厌饮食，财货有余，是谓盗夸")。但他对于原始科学方面并无了解，而相应地却有许多迹象表明，他对于养生之道越来越加注意。

---

1) 除了《道藏》重印本中的道家大师的原文以外。这个说明或许有很少几个例外，我们将在有关炼丹术的章节中看到。

2)《韩非子》的《解老第二十》及《喻老第二十一》[译文见 Liao (1), pp.169ff.]。

433 　　为了看到魏晋两代道家思想情况,最好是参阅冯友兰[Fêng Yu-Lan (2)]的近
著[1]。儒家不可避免地要鼓励一种支持宗教神秘解释的、可以称之为彻底的修
正主义的东西——任何别的东西都将威胁他们自身的至高无上的地位以及官
僚主义社会秩序的稳定。科学观察和民主集体主义都使他们感到震惊。因此,
就有了对道家思想的大加歪曲[2]。3 世纪和 4 世纪,在道家著作的新注疏家向
秀、郭象和王弼的倡导下,兴起了玄学派。实质上他们全都是儒家,因为他们认
为孔子是胜过道家的圣人。看来值得怀疑的是,他们是否真的像冯友兰所描绘
的那么玄奥,因为有一个传说是,至少向秀是从事炼丹术的[3]。"道",这时被理
解成为"无"[4],而孔子则受到称赞,因为孔子不试图去说那不可说的东西。向
秀和郭象对《庄子》评注说[5],尽管庄周的话是真确的和崇高的,但它们对人类
社会活动却是无用的。对于向秀和郭象[6]所不得不顺从的那个社会来说,这一
点无疑是如此。王弼肯定并不欣赏那种旧的无为学说的含意,即由于领会自然
界之无可避免的过程而从感情中解放出来。这几位评论家又回过头来赞扬尧
舜(典型的儒家圣王)[7],并且强调说,如果一个人的内心生活神秘地保持健全,
他就可以身居朝廷的高官[8]。冯友兰曾把他们的著作描述为"努力想把早期道
家原来的孤独沉思的理论转变为一种适合于世上普通人的人世哲学,把世外的
东西和世间的东西结合起来"[9]。他认为他们成功了。但事实上,为了在一个
儒家传统占统治地位的环境里继续存在并适应于这个环境,整个道家的体系就
被阉割了[10]。

　　王弼[11]和他的同道们的含蓄的保守主义,近来被彼德洛夫[Petrov (1)][12]在一
篇值得注意的专著里指了出来。尽管王弼只活了 23 岁(226—249 年),但仍不失

1) 系由修中诚译成英文。特别见 pp.130ff.. 参见 Fêng Yu-Lan (1), vol.2, pp.168ff..
2) 有一次,我和友人郑德坤博士交谈,才开始认识到这一点的重要性。
3) G 693。向秀是"竹林七贤"之一,关于他的情况,见 Balazs (2)。这群道家诗人和才子中的
另一个是嵇康,他除了研究炼丹术外,还在一家铁匠作坊里做工,这被认为是不体面的。
4) Fêng Yu-Lan (1), vol.2, p.208。
5) 见《庄子注·序》。[参见 Fêng Yu-Lan (1), vol.2, p.171]。
6) 卒于 312 年(G1062)。
7)《庄子注》第一篇(《庄子补正》第一篇上,第十二页),译文见 Fêng Yu-Lan (1), vol.2,
p.234,系卜德译。
8) 这里,无疑地有一种儒家人道主义的因素,系受大乘佛教的激发。正像菩萨从完美状态的
门槛回来之后,便以救世主的身分重新投入人世间一样,儒家圣人被认为都懂得老子和庄子所懂得的
一切,却继续努力来拯救人类社会。这种论证唯一的错误在于它的前提。
9) Fêng Yu-Lan (2), p.146。
10) 冯友兰[Fêng Yu-Lan (1), vol.2, p.175]差不多承认了这个论点。
11) G 2210。
12) 英文概要见 A.F.Wright (1)。

为一个非凡的人物[1]。看来他在使《易经》变成为一部抽象概念的宝库这个过程 434
中，曾起过部分的作用。他在《周易略例》中说道："如果某种事物具有'坚定'的意
义(第一卦'乾'的定义)，就不需要用马的徵象来解说它。如果某种事物是属于'顺
从'的范畴(第二卦'坤'的定义)，就不需要用牛来象徵这一点。"("爻苟合顺，何必
坤乃为牛；义苟应健，何必乾乃为马。")本书第十三章(g)按它们最终的发展，充分
给出了这些抽象的概念，并叙述了它们对于中国科学思想所产生的不幸的影
响"[2]。在王弼的著述中，我们可以找到许多技术名词，它们后来都大有作用，例如
"体"[3]和"用"[4]的区别，后来在理学中变得那么重要的"理"字的使用("所以然之
理"，即事物何以如此的道理)，以及后来成为邵雍哲学的核心的"刚"和"柔"(见下
文 p.455)。

这些儒道合一的学派成为后来所熟知的"哲学机智"派或"清谈"派[5]。他
们只标榜名言隽语，而对世俗事物则避口不谈。虽然道家的儒家化曾吸引了
当时最有才智的人，但与王弼同时代的某些人的反应却是强调道教综合体系
中的社会激进主义。诗人嵇康(他曾以铁匠的手艺诋毁过儒家)在他的"竹林
七贤"同道之中，就是这样一个人物。但是拒绝接受传统道德和社会制度的约
束，却引导人们朝着道家反道德律主义的方向走得很远。王澄、阮籍和胡母彦
国是这个浪漫("风流")运动的代表人物。我们必须记住，凡是可以找到的有
关他们的材料，大部分都来自他们的敌人；而且他们也许并不是享乐主义者，
而是道家养生之道的信奉者[6]，最使一般人感到震惊的是他们的个人主义的价
值尺度[7]。

(2) 鲍敬言和激进派

的确，在这段时期，保守的修正派并没有完全如愿以偿。我们已看到，汉代评
注家河上公依然欣赏早期道家的许多政治主张。然后在 3 世纪后期或 4 世纪初
期，我们遇到了鲍敬言这个特立独行的人物，他是中国中古代各个世纪中最激进的 435

---

1) 见汤用彤[Thang Yung-Thung (1)]的论文。
2) 见上文 pp. 311 ff., 322ff.。
3) 或"内容"，字面上即"基体"。
4) 或"功能"，甚或"形式"，或(经院哲学的)"偶然"[参见 Graf (2)，vol.1，p.254]。
5) "清谈"译作 Pure Conversation 是传统的译法；译为"对抽象和非世俗事物的讨论"会更
好些。关于这个题目可用的材料，见范寿康(1,2)，余逊(1)，陈寅恪(1)。
6) 参见上文 pp.67，141ff.。
7) 参见 Balazs (2)。

思想家[1]。关于他的生平,我们一无所知,因为我们只是在葛洪的《抱朴子·外篇》第四十八篇中才遇到他[2](《外篇》涉及社会与政治问题,反之,《内篇》则讨论炼丹术)。第四十八篇是很长的一篇,内容完全是鲍敬言同葛洪之间的一篇对话[3]。因此,一般认为鲍敬言是葛洪的同时代人,但鲍敬言可能是属于3世纪前半叶的较早一代的人。同时,也不完全排除这种可能性,即他也许是葛洪所虚构的一个人物,通过他的口可以表达葛洪自己不敢对之承担责任的那些政治学说。

在鲍敬言的言论中,旧时道家对于封建主义的反感,尽管由于面对着业已成长的封建官僚制度而稍有改变,但其势头似乎一点也没有丧失。

> 儒家们说:上天创造人,同时在他们头上树立了君主。可是昭明的上天何必要来管这些事呢?又何必要发出这些精密的告诫呢?强者征服弱者,强使他们服从;聪明人的智力胜过蠢人,使愚蠢者服侍他们——这就是君臣的起源,统治庶民的开端。强者对弱者、智者对愚者强行加以驱役,这根本与上天无关。……(第一页)

> 远古的时代无君无臣,人们(自发地)掘井取水,耕田取粮。男人早上出去劳作(无须强迫命令去做),晚上休息。人们自由自在、无拘无束,和平共处;他们彼此没有竞争,也不知荣辱。那时候山上没有路,河上没有桥,没有船,也没有可以通航的河流。因此,入侵与吞并是不可能的[4],士兵也不能集合成大队人马在有组织的战争中互相攻击。(第一页)

> 争权夺利不是人类活动的主要动机,没有叛乱或者其他不幸的事,没有武器,没有设防的城壕。芸芸众生都参与着一种奇妙的平等状态("玄同"),在"道"中遗忘了自己。没有传染病在扩散,随着长寿而来的是自然的死亡。人们的心地纯朴而天真,阴谋诡计和欺骗还没有产生。人们有足够的吃食而感到满足,拍拍自己的肚子,逍遥作乐。掠夺别人财物的事又怎么可能在他们中间发生呢?又怎么可能想像到残忍的刑罚呢?

> 〈儒者曰:"天生丞民,而树之君。"岂其皇天谆谆言?亦将欲之者为辞哉!夫强者凌弱则弱者服之矣;智者诈愚则愚者事之矣。服之,故君臣之道起焉;事之,故力寡之民制焉。然则隶属役御,由乎争强弱而校愚智,彼苍天果无事也。

> 曩古之世,无君无臣。穿井而饮,耕田而食,日出而作,日入而息。汛然不系,恢尔自得。

---

1) Forke (12), p.224; Balazs (2).
2) *TT*1173.
3) 这一节值得翻译并加以注释。
4) 请注意,鲍敬言在这里多少清楚地证实了我们在论述道家思想的一章中,对道家与众不同地把远古人们能听到邻村的狗吠声却从不相往来作为理想状况所做的解释(见上文 p.100)。

不竞不营,无荣无辱。山无蹊径,泽无舟梁。川谷不通,则不相并兼,士众不聚,则不相攻伐。

势利不萌,祸乱不作,干戈不用,城池不设。万物玄同,相忘于道。疫疠不流,民获考终。纯白在胸,机心不生。含铺而熙,鼓腹而游,其言不华,其行不饰。安得聚敛以夺民财? 安得严刑以为坑阱?〉

他又进一步以传统道家的风格描述了纯朴与诚实的减弱和矫揉造作的生长。　　436

这就是我为什么要说:如果不破坏一块未经雕刻的白玉,谁能制造出珪璋来呢? 如果"道"和"德"没有被毁弃的话,为什么对仁义那么大肆宣扬呢? 象桀、纣那样的暴君,竟能把人活活烧死,杀害谏者,寸磔高官,挖心断骨,极尽残酷暴虐之能事,这又怎么解释呢? 如果这些暴君只不过是普通平民的话,他们怎么能放纵他们那些哪怕是天生残暴的本性呢? 他们之所以能把他们的残酷性付之实践,使他们的邪恶充分发挥,像屠夫那样地宰割帝国,就是由于有了君主这个地位,这就授权给他们纵情享乐。一旦君主和臣民的关系确立之后,群众的恶感就日益增长。接着就发生了奴隶的反叛,风尘乱乱;於是高坐庙堂的统治者们发抖了,人民陷于忧烦和苦恼。人民受到礼仪和法令的禁锢,伴以法律和刑罚。你很可以试着用一撮土保护自己免受暴风雨的冲击,或者用你的手掌作为堤坝来抵挡潮水。(第二至三页)[1]

〈故曰:白玉不毁,孰为珪璋? 道德不废,安取仁义? 使夫桀、纣之徒得燔人,辜谏者,脯诸侯,菹方伯,剖人心,破人胫,穷骄淫之恶,用炮烙之虐。若令斯人并为匹夫,性虽凶奢,安得施之? 使彼肆酷恣欲,屠割天下,由于为君,故得纵意也。君臣既立,众慄日滋。而欲攘臂乎桎梏之间,愁劳于涂炭之中。人主忧慄乎庙堂之上,百姓煎扰乎困苦之中。闲之以礼度,整之以刑罚。是犹阚滔天之源,激不测之流,塞之以撮壤,障之以指掌也。〉

这简直像是温斯坦利或更早一代的保尔(John Ball)在谈"王权与诺曼暴政"了。鲍敬言以现实情况和道家的理想国作了对比。君主的欲望是无法满足的;他们在自己的内宫霸占妇女,对取之于人民辛苦劳动的钱财挥霍无度。人民饥寒交迫,而君主、官吏的仓库里却衣丰食足。只要这种社会的不平等继续存在,一切法律和法令,不管是多么公正,也将毫无价值。显然可见,不管鲍敬言是什么人,他的确是清楚地洞察了社会制度和战争的起源,而且再一次充分鼓吹了早期道家的政治论调[2]。可是在他以后的许多世纪里,我们再也没有听到有谁发出这种声音[3]。

---

1) 译文见 Forke (12),Balazs (2);由作者译成英文。

2) 白乐日[Balazs (2)]写道:"他是第一个敢于从早期道家的模糊的空想主义的圈子里走出来,把自己放在坚定的政治立场上,并且制订了反对君主专制制度(官僚封建主义)的具体斗争方式的中国思想家。"

3) 关于这些思想的文献,当然还没有充分发掘出来。在 9 世纪末叶,有一位道家写了《无能子》一书;他与鲍敬言的传统似乎完全一致。萧公权[Hsiao Kung-Chhüan (1)]摘译过。参见 Forke (12),p.326;Soymié (1),p.345。就这方面而言,唐甄(1630—1704 年)也被提到过;见 Forke (9),p.494。

当然,还可以找到一些相当显然在提示着类似鲍敬言那种观点的故事。我从《世说新语》中引用一段同时代的关于晋朝官员王修的故事。

有一个名叫"意"的僧人问王修:"你认为圣人能有私人偏好(或偏见,"情")吗?"王修答道:"不能。"僧人又问:"那末,能把他比做一根沉默的木柱吗?"王答道:"他像算筹。就像算筹一样,他没有成见或阴谋,但那些利用他的人却有。"于是僧人问:"那末,谁能利用圣人呢?"王没有回答,转身走开了。[1]

〈意谓王曰:"圣人有情不?"王曰:"无"。重问曰:"圣人如柱耶?"王曰:"如筹算。虽无情,运之者有情。"僧意云:"谁运圣人耶?"苟子不得答而去。〉

437

(3) 葛洪和科学思想

然而,与道家的政治学说和哲学学说的衰亡命运相形之下,早期道家的实验传统却不仅继续存在,而且越来越兴旺。从三国末期(约 270 年)到隋初(580 年)的整个历史时期中,炼丹术及其有关技术被培养到了此前梦想不到的地步。这是中国历史上最伟大的炼丹家葛洪[2](鼎盛于 325 年)的时期,下面我们将引用他一段令人瞩目的话。不幸的是,这三个世纪是我们了解得最少的,究其原因,部分是由于 2 世纪初发明纸张之后,很多书籍都写在这种不耐久的材料上面,因而没有能保存下来。尽管如此,《道藏》中很大数量的著作大概都是在这几个世纪写成的,因此迫切需要对它们进行认真的研究,确定它们的年代,并阐明它们的内容。阮元的《畴人传》一书,曾写了汉末和隋初之间不少于 44 个人的事迹,我们希望进一步了解他们对科学思想的发展所作的贡献。

我们不必在这里预先谈论将在适当的地方(本书第三十三章)加以谈论的葛洪与当时的炼丹术情况。在他的《抱朴子》[3]头几篇中包含着某些看来是高水平的科学思想。人的心灵是在探索着要掌握自然界的复杂性,而各种现象的分歧性所给人们的印象要比统一这些现象的任何概括化都更深刻;换句话说,当时主要的气氛是经验主义的。《抱朴子》中对于用人为的方法来延长寿命或达到物质不朽的可能性,有一段论证。

有人对葛洪说:"即使(鲁)班[4]和(墨)翟也无法从碎瓦片和石块中造出

---

1)《世说新语》第四篇,第二十六页,由作者译成英文。
2) G978;戴遂良[Wieger (4)]以整章(第 52 章)篇幅叙述了他对葛洪所作的研究,其内容虽然很容易理解,但和他的所有其他论述一样,应该对之 *cum grano salis*(有所保留)。
3) 字面上是"能够保持或珍惜朴实性的大师的著作"。
4) G1424;传说中的鲁国机械师。

锋利的针来。即使欧冶[1]也无法用铅或锡铸出一把(干将那样的)利刃来。即使鬼神自身也无法使事实上不可能的事成为可能;天地本身也不能做到根本做不到的事。对于我们人类来说,怎么可能找到一种妙方使那些必然变老的人永葆青春? 或使那些总是要死的人复活呢? 可是你却说(通过炼丹术的能力)你有办法让蝉活上一年,能使一个朝生暮死的菌成活多少月[2]。你不认为自己是错的吗? ……"[3]

抱朴子答道:"雷声隆隆,聋子是听不见的,(日、月、星)三光,盲人是看不见的。那末,说雷是寂静的,太阳是暗淡无光的,难道就对吗? 可是,聋子说并没有轰鸣声,盲人说什么东西也没有。他们更加无法欣赏音乐的和声或帝王袍服上的山水龙凤的图案了。……被愚蠢所俘虏的人,对于周公、孔子都要否认,更不用说对于仙人的教导了。生和死、始和终的对立,确实是一切自然现象("大体")的特征;但是,仔细加以考察,有时它们却并没有显示如此之尖锐的对立。存在相异性与一致性,长与短的差别。时而这样,时而那样,变化万千,各种奇妙的事物表现出无穷的多样性。有些事物看起来相同,但它们的具体细节则不同。][4]看来根本是不同的事物,却可能有着同一个根源。事物不能都以一种方式来谈论("未可一也")。一般说来,事物有始也有终,但这不是一个可以普遍应用的原理("非通理")。所以,可以说一切事物都在夏季生长,但是荠[5]和小麦却在那时枯萎。也可以说,一切事物都在冬季凋谢,但竹子和松柏[6]却在那时茂盛[7]。可以说一切事物有始就有终,但天地则是没有尽头的[8]。通常说死亡随着生命而来,但龟鹤却几乎永生。夏季天气酷热,但常常有一些凉快的日子;冬季天气寒冷,但也出现温暖的日子。千百条江河都向东流,但有一条大河却向北流[9]。地的本性是安静,但有时也会震动而崩塌。

438

---

1) 传说中的冶金家。

2) 这(以及某些故事)提示,在 4 世纪时,炼丹术士就像现代的药品和维生素的研究者那样,很熟悉使用"实验动物"。

3) 《道藏》版《抱朴子·内篇》卷二,第二页。

4) 方括号内的文字在有些版本中被省略。以下的文字在《论衡》第十篇中有一段有趣的相似的话[译文见 Leslie (1),以代替 Forke (4), vol.2, pp.1 ff.]。

5) Capsella bursapastoris; R478。

6) Thuia orientalis; R791。

7) 秋菊盛开已成为文学上通用的一种引喻,菊的花瓣可食,能延年益寿。220 年左右,曹丕在一封信中曾说,公元前 3 世纪诗人屈原就曾这样做过(见《全上古三代秦汉三国六朝文》,三国部分,第七卷,第四页)。

8) 请注意:这里看不见佛家关于周期性的世界浩劫或大火的思想的影响。

9) 可能是指在宇夏附近的一段黄河,但也可能是指鄱阳湖以南的赣江或洞庭湖以南的湘江。葛洪不大可能知道在荒凉的云南北部的那段长江。

水的本性是冷的,可是在温谷却有温泉[1]。火的本性是热的,可是在萧丘山上却有冷焰[2]。重的东西在水中应该下沉,可是在南海却有悬浮的石山[3]。轻的东西应该上浮,可是在牂牁地区却有一条溪流,在那里羽毛也会下沉[4]。没有任何一种单一的概括化能包罗如此繁多的事物,正像上述例子所表明的。……因此,神仙并不像凡人那样死亡,就不足为奇了。"[5]

另一个人说:"可以承认神仙与凡人大不相同,正像松树较之其他植物,是被赋予了极其长久的生命。因此是否以老子和彭祖为例的神仙也可能终归是大自然(所特别)赋予的长寿? 我们不能相信任何人都可以学会获得像他们那样的长寿。"

葛洪回答说:"当然,松树属于一种不同于其他树木的类别。可是老子和彭祖都是像我们一样的人。既然他们能活那么久,我们也能。"[6]

有人仍感到不满意而提出异议说:"你所应用的药品如果其实质和我们人体相同,它也许是有效验的。可是我不能相信一种从不同的来源如松或柏制成的药品的有效性"。

葛洪回答说:"如果你喝一剂头发或皮肤的煎汁,它无法治疗秃头的病(因此,一种与身体的性质相同的药物,也可以无效)。可是另一方面,我们却靠五谷为生。(因此,一种与身体的性质不大相同的药物也可以有效)。"[7]

〈或问曰:"夫班、狄不能削瓦石为芒针,欧冶不能铸铅锡为干将。故不可为者,虽鬼神不能为也;不可成者,虽天地不能成也。世间亦安得奇方,能使当老者复少,而应死者反生哉? 而吾子乃欲延蟪蛄之命,令有历纪之寿,养朝菌之荣,使累晦朔之积,吾子不亦谬乎?"……

抱朴子答曰:"夫聪之所去,则震雷不能使之闻,明之所弃,则三光不能使之见,……而聋夫谓之无声焉,聩者谓之无物焉。又况弦管之和音,山龙之绮粲,安能赏克谐之雅韵,昈昺之鳞藻哉?……暗昧滞乎心神,则不信有周、孔于在昔矣,况告之以神仙之道乎? 夫存亡终

---

1) 这些已在《穆天子传》(卷一)中提到了。

2) 这一定是指天然气。在《抱朴子》中另一处曾发挥过这一记述,《说郛》(卷八,第四十九页)认为值得加以复述。据说当地居民用这种"自然火"来烧炭。这个题目一直是引人入胜的,在17世纪后期,方以智曾讨论过(见《通雅》卷四十八,第十八页)。瓦伊尼(Viney)在1821年论述天然气时写道:"那是一种烧不尽的火,却没有温暖的感觉。"一种淡蓝色的、在低压之下晃动的火焰确实能给人这种印象,虽然实际上它并不比一般的火焰更冷。真正的冷焰只能在实验室条件下产生。参见 Anon.(31)。

3) 也许是指浮动的岛屿。参见10世纪的一段阿拉伯原文[Ferrand (1),vol.1,p.149]。

4) 这联系到中文古籍中关于"弱水"的许多引述;我倾向认为它们都是指天然石油渗出地面,其中包括某些沸点很低的馏份[见本书第二十三章(b)]。

5)《抱朴子·内篇》卷二,第三、四页。

6)《抱朴子·内篇》卷三,第一页。

7)《抱朴子·内篇》卷三,第九、十页。译文见 Chikashige (1);Feifel (1);稍经修改。

始，诚是大体。其异同参差，或然或否，变化万品，奇怪无方，物是事非，本钧末乖，未可一也。夫言始者必有终者多矣。混而齐之，非通理矣。谓夏必长，而荠麦枯焉。谓冬必凋，而松竹柏茂焉。谓始必终，而天地无穷焉。谓生必死，而龟鹤长存焉。盛阳宜暑，而夏天未必无凉日也。极阴宜寒，而严冬未必无暂温也。百川东注，而有北流之浩浩。坤道至静，而或震动而崩弛。水性纯冷，而有温谷之汤泉。火体宜炽，而有萧丘之寒焰。重类应沉，而南海有浮石之山。轻物当浮，而牂牁有沉羽之流。万殊之类，不可以一概断之，正如此也……何独怪仙者之异，不与凡人皆死乎！"

或人难曰："人中之有老彭，犹木中之有松柏。禀之自然，何可学得乎？"

"且夫松柏枝叶，与众木则别。龟鹤体貌，与众虫则殊。至于老彭，犹是人耳。非异类而寿独长者，由于得道，非自然也。"

或曰："生死有命，修短素定，非彼药物所能损益……岂况服彼异类之松柏，以延短促之年命，甚不然也。"

抱朴子曰："……煎皮熬发，以治秃鬓之疾耶？……五谷非生人之类，而生人须之以为命焉。"〉

可以承认，在《抱朴子》一书中有许多荒诞的、幻想的和迷信的东西，可是上面这一段讨论[1]正有如亚里士多德的任何论点，在科学上却是健全的，而且大大高出于同时代的西方所能提出的任何东西[2]。

另一节引文则很好地表现了葛洪和其他道家炼丹士们把奇异的信念同真实的事实混在一起的特点。正统的儒家正像欧洲经院哲学的唯理主义者一样，既否定信念，又漠视事实；葛洪是一个比艾恩西德伦(Einsiedeln)的狂想实验家早一千多年的真正的帕拉采尔苏斯，他被许多事实所陶醉，倾向于相信万物无奇不有。我们发现他曾这样说过：

至于变化的艺术，则没有什么是它不能完成的事物。人的身体本来是看得见的，但是有办法使得它看不见；鬼神本来是看不见的，但也有办法使它们显现。这些事情曾经多次发生过。

天上的水与火，可能用燃镜和露镜[3]获得。白色的铅能转化为一种红色   440

---

1) 这一段很值得重视，它也引出另外一些相同的文字，例如《金楼子》第五篇，第十三页（约 550年）。

2) 参见 Sarton (1)，vol.1，p.344。值得注意的是，尽管葛洪攻击过几乎所有的中国哲学思想的代表人物，唯独对王充却加以称赞[Forke (12)，p.112]，然而这并没有阻止他对王充有关天文学与宇宙论方面的观点进行严厉的批评（《晋书》卷十一）；参见本书第二十章。葛洪之所以伟大，其因素之一在于他那优美的散文文体博得当时本来是不会倾向于他的那些儒家学者们的欢心。我们确信，这方面的某些迹象可以从本书提供的译文中找到，我很高兴地发现，我对葛洪的评价和佛尔克[Forke (12)，p.207]的评价相符。佛尔克曾论及葛洪的"伟大精辟的辩证观点"。

3) 关于这些镜子，见本书第二十六章(g)关于物理学部分。据认为正如燃镜能以某种方式引天火而使物体燃烧，同样地，夜间聚集在镜上的露水就是"月水"（或"阴水"），乃是"阴"的精华，当然具有强大的威力。

物质[1]。这种红色物质又能变白成为铅。云雨霜雪都是天地间的气,都能用化学物质精确地复制出来,与真的没有两样[2]。

至于飞禽走兽和爬行动物,都是从"变化的基础"上得出一种固定的形态。但它们也可能突然改变原来的形体而变成完全不同的另一种东西[3]。对于这些千变万化,人们永远也无法把它们描述完。

人是万物中最高贵的,可是男人或女人可以转化成鹤、石、虎、猴、沙或鳖[4]。同样,高山变为深渊,深谷造成高峰,则是庞然大物变化的例子[5]。变是天地所固有的本性。因此,我们为什么就不能设想用其他东西可以制出金银呢?

现在举例来说,由燃镜所得的火和由露镜所得的水,根本与平常的水火没有一点区别。由蛇产生出来的龙[6],以及由茅糁[7]中产生出来的膏,与普通的龙和膏也并没有不同[8]。

所有这些变化的基础都来源于一种事物对另一种事物的纯属于自然性质的影响。除非人们通晓(事物的)自然原理("理")及其性质,人们就无法知道事物向何处去(即它们内在的趋向是什么)。除非人们了解其开始并观察其终结(即研究其因果),人们就永远不能看到表面现象背后的本质。

思想狭隘而愚昧无知的人,把一些深刻的东西当作是浅显的,把神奇的贬到虚构的领域。对这些人来说,只要是周公和孔子没有讲过和经典上没有提到过的东西,都是不真实的。这是多么思想狭隘和愚昧无知啊![9]

〈夫变化之术,何所不为。盖人身本见,而有隐之之法,鬼神本隐,而有见之之方。能为之者,往往多焉。

水火在天,而取之以诸燧;铅性白也,而赤之以为丹;丹性赤也,而白之而为铅。云雨霜雪,皆天地之气也,而以药作之,与真无异也。

---

1) "丹"即一氧化铅,虽然这里用了通常指朱砂(即赤色硫化汞)的术语。"丹"字可指许多化学物质。

2) 系指蒸气、火焰、升华作用和蒸馏作用等。

3) 指昆虫的变态。

4) 乍一看来,这段论述指的是一种动物或植物的品种能变成另一品种的各种信念(在本书第三十九章关于动物学中将提到)。但葛洪可能是用这些普遍的信仰指人体中的物质并未毁灭,只是转变为千万种其他的自然物体而已。

5) 这是关于地质变异的一种很早的说法,可能含有佛家的影响。

6) 我认为,他指的是从无腿的阶段变形为蝾螈和鲵。

7) 这种植物,李时珍也不熟悉,它也没有被列入 Bretschneider (1)。

8) 葛洪一定是指来自植物的树脂。他也许曾用这种东西制成钾皂,并看出这和用动物油脂做成的肥皂没有区别。

9) 《抱朴子·内篇》卷十六,第四十二页。由作者译成英文,借助于 Wu & Davis (2)。

> 至于飞走之属,蠕动之类,裹形造化,既有定矣。及其倏忽而易旧体,改更而为异物者,千端万品,不可胜论。
>
> 人之为物,贵性最灵。而男女易形,为鹤为石,为虎为猿,为沙为黿,又不少焉。至于高山为渊,深谷为陵,此亦大物之变化。变化者,乃天地之自然,何为嫌金银之不可以异物作乎?
>
> 譬诸阳燧所得之火,方诸所得之水,与常水火,岂有别哉? 蛇之成龙,茅糁为膏,亦与自生者无异也。然其根源之所缘由,皆自然之感致。非穷理尽性者,不能知其指归。非原始见终者,不能得其情状也。
>
> 狭观近识,桎梏巢穴,揣渊妙于不测,推神化于虚诞。以周孔不说,坟籍不载,一切谓为不然。不亦陋哉!〉

魏鲁男[Ware (1)]曾在一篇很有价值的论文中收集了《魏书》和《隋书》中所载有关道家的论述,其中有些材料反映了葛洪的时代背景。关于"化金",《魏书》[1] 说当时的"销玉"、"行符"与"粝水"等灵验的配方和奇妙的公式,为数以千万计。在 389—404 年间,北魏皇帝在其首都山西平城创设了一种名为"仙人博士"的道家头衔和一家专门调制各种丹药的作坊。西山被指定为(丹炉的)木柴供应区。他命令那些犯有死罪的人去尝试(这种药剂)[2],但这(追求长生不老)不是他们的本意。许多人都因服药无效而死。御医周澹曾图谋停止这个制药实验室的活动;可是他未能制胜道教徒张曜,制药工作进行无间。这只不过是在寇谦之(423—428 年间)用手段获得道教"天师"头衔(见上文 p.158)之前几年的事。实验工作于 448 年仍在韦文秀的主持下继续进行。

但是,这里要进一步描述当时科学思想的背景,那就会过多地预先涉及化学那一章了。

在这几个世纪之中,正像儒家重新解释道家哲学著作一样,道家鉴于《易经》自古以来在占卜上一直有用,就借用了它并对它进行加工,试图得出一种普遍的科学理论。假如我们接受魏伯阳的《参同契》成书于 142 年这一年代是有效的话,那末,这一运动是在东汉时代就已开始了。一般认为,《参同契》是中国历史上第一部有关炼丹术的书[3]。饶有意义的是,该书的全名是《周易参同契》。在这部书中我们发现在八卦和十进的"天干"周期之间有着精心炮制的关联,用以象征日月运动各个不同的阶段,因而在世界上就有了人们所设想的阴阳二气的盈虚消长。我们在本卷别的地方(pp.262, 313, 332)已经叙述了这个体系的细节。炼丹家认为,这对

441

---

1) 《魏书》卷一百一十四,第三十二页以下。

2) 这是另一种用于实验的动物,据说对于在亚历山大里亚的希罗菲卢斯(Herophilus)和埃拉西斯特拉图斯(Erasistratus),这并不是陌生的。

3) 译文见 Wu & Davis (1)。

他们选择恰当的时机以进行他们的实验操作是有重大意义的。另一个早期对它的论述是在虞翻(164—233 年)的《易经》注释中,后被收入李鼎祚的《周易集解》,它们大约是在唐代某个时期被汇编在一处的[1]。

442

(b) 唐宋时代的道家思想;
陈抟和谭峭

也许可以说,这种思想在陈抟的身上达到了它的顶峰。在唐宋之间那几个短促的朝代中,陈抟是个非常突出、但现在看来却有点朦胧的人物[2]。他在后唐时期(932 年)取得了功名,在 954 年后周时期第一次被召入朝。自 976 年至 984 年间,宋代第二个皇帝对他十分礼遇,尽管他无疑是一个炼丹家和一位"变易论者"(我们这样称呼那些研究易卦的哲学家们),但他却推说自己无知,而极力要求引退,去过孤独的隐居生活[3]。他卒于 989 年。胡渭于 1706 年所撰的《易图明辨》一书对他有许多论述,表明陈抟开创了后代许多"变易论者"的解释和我们今天所见的"河图"和"洛书"的图象[古代的幻方,参见本书第十九章(d)有关数学方面的论述]。由于《易图明辨》把可以称之为类科学哲学的这些图象的历史置于一个健全的批判基础之上[4],所以这部书有很大的重要性,它破除了传统的见解,即这一切都要上溯到远古。《易图明辨》是研究中国思想发展所必不可少的。

胡渭引朱熹的话说[5]:

> 《易经》只不过是阴阳之事。庄子持有同样的意见[6],并非没有深刻的思想。即使是那些谈论医疗技术和道家"养生"方法的人,也总是离不开阴阳的。魏伯阳的《参同契》看来似乎是希夷(陈抟)学说的来源[7]。……先天卦图是从陈抟开始的,但他又自有师承。事实上,方士技术用的"修"与"炼"早已经包含在《参同契》中了。"参"字意即参杂,"同"字意即渗透,而"契"字意即联合或吻合。因此,它传达了《易经》的原理,其意义又与之相吻合。

> 魏伯阳的书借用了"君"与"臣"的名词来指内外。离卦和坎卦分别指汞和铅。乾卦和坤卦分别指数量的测定和操作所用的熔锅和容器。他使用"父"和

---

1) 参见冯友兰(*1*),英译文载于 Bodde (4), p.116; Fêng Yu-Lan (1), vol.2, p.426。
2) G257; Forke (12), pp.336ff.。
3) 参见 *TH*, p.1568。
4) Hummel (2), p.336。
5) 《易图明辨》卷三,第三页,由作者译成英文。
6) 《庄子·天下第三十三》;参见 Legge (5), vol.2, p.216。
7) 见《朱子语类》。

"母"两词分别指开始和终结。他使用"夫妻拥抱"这个词来指婚姻和(物质的) 443
交流,还用"男"和"女"来表示变化和新生(即化学过程)。在分析阴阳系统时,
他推导出了作用和反作用的反复理论,他用晦(每月的最末一天)和朔(每月的
头一天)来指上升和下降。当他讲到卦及爻(即每个卦的个别线条)时,他指的
是变化和转化。他追随着北斗星(大熊星)的柄在选择环绕着的星辰。他用在
刻漏上记录时间的方法来划分早晚。在所有这一切之中,都没有任何事物是
不依赖《易经》上的象徵的 1)。所以魏伯阳的书就叫做《周易参同契》。2)

〈《易》只是个阴阳。庄生曰:《易》以道阴阳,亦不为无见。等而下之,如医技养生家之
说,皆不离阴阳二者。魏伯阳《参同契》恐希夷之学,有些是其源流。又曰,先天图传自希
夷,希夷又自有所传。盖方士技术用以修炼,《参同契》所言是也。参,杂也;同,通也;契,合
也。谓与《周易》理通而义合也。

其书假借君臣以彰内外。叙其离坎,直指汞铅。列以乾神,莫量鼎器。明之父母,保以
始终。合以夫妻,拘其交媾。譬诸男女,显以化生。析以阴阳,导之反复。示之晦朔,通以
降腾,配以卦爻,形于变化。随以斗柄,取以周星。分以晨昏,昭诸刻漏。莫不讬易象而论
之。故名:《周易参同契》。〉

这里,对炼丹术的象徵主义的解释是颇为有趣的,当然它也将在本书关于化学的第
三十三章中加以论述。欧洲的炼金术也有显然类似的东西。但与目前的讨论有关
的问题是,《易经》八卦怎样被设想为如此之深刻地"嵌入"自然界之中的。这是中
国原始科学或类科学思想的特徵,而且必须认为是妨碍了对自然界的真正科学解
释的发展的最主要因素之一(参见上文 pp.329 ff.)。

然而,所有这些都为宋代理学的综合工作铺平了道路。其所以如此,不仅是因为
道家对图象的喜爱刺激了宋代思想家也制作出他们自己的图象(这毕竟不是一件十分
重要的事情);反倒是因为强调了自然界的彻头彻尾的自然本性,对于这些中古代后期
的道家来说,只要掌握了正当的技术,自然界中就没有人所不能控制的力量。如果确
有"超自然主义"的话,这倒并不是说另有一个压倒一切的东西,人只能拜倒在它面前;
而是说自然秩序中有一些低级的精灵,人们可以使之为自己服务 3)。

---

1) 此外译作"依赖"的原文为"诧",意思是夸耀或诧异,所以或许更好是说"没有任何事物是不能令
人诧异地被发现的"。

2)《周易参同契考异》第一篇,第一、二页。

3) 对有些人来说,这种心理状态的残余变成了惶惑不安的根源。戴遂良[Wieger (4),p.421]在一段
特别有不满情调的话里说:"对道家来说,奇迹算不了什么。对他们来说,并没有奇迹。如果你掌握了正确
的公式,一切就都是可能的。……不存在证明,不存在疑惑,不存在惊奇。人们只消注意到,方士必定有着
某种很有威力的技术。"当然,我们在这里可以感受到理智纯朴性的某种持久性。莱维-布吕尔[Lévy-Bruhl
(1),p.377]曾写道:"一切都是神奇的,或者不如说一切都不神奇;因此,一切都是可信的,没有任何东西是不
可能的或荒谬的。"参见上文 p.284。

444 　　在唐代,真正的道家哲学出现了第二次的繁荣。在公元 6 世纪和 10 世纪之间,我们可以发现许多书籍,这些书籍以道家的实验研究所取得的新知识作为背景,复活了并扩大了许多旧教义。这些书籍应该好好读一读,值得人们更深入地研究。其中之一是《关尹子》,又名《文始真经》[1],作者是晚唐时期或唐以后国祚短促的五代时期的某个不知名的道家(也许是 8 世纪的田同秀)。该书由自称为"抱一子"的陈显微于 1254 年编纂并加以评注[2]。大约在 700 年,司马承祯所撰的《天隐子》[3]也很有趣味,但较为晦涩[4]。其后在 10 世纪(也许不正确,但大概不会更晚),被认为是谭峭[5]所作的《化书》也是一部很重要的著作。

　　关于自然界,《关尹子》说[6]:

　　　　自然界好比大海。在大海里发生着千变万化。鳄和鱼本质上和它们生活于其中的水具有同样的实质。人(即我)和万物都一起挤在这个巨大的变化不息之中,他的(即我的)本性和其他一切自然事物是同一的。知道了我自己和其他一切自然事物具有相同的性质,我就知道实际上并没有(单独的)自身,没有(单独的)人,没有(绝对的)死亡,也没有(绝对的)生命[7]。

　　　　〈譬如大海,变化亿万。鲛、鱼、水,一而已。我之与物,蓊然蔚然。在大化中,性一而已。知夫性一者,无人无我,无死无生。〉

接着我们便发现,作为物质的和有生命的万物生灭变化的主要原因之一,"前苏格拉底"有关聚散的交替过程的旧学说,在唐代道家中是占优势的。无疑地,正是通过这条渠道,宋代理学家们就充分利用了它而掌握了它。请注意下面一段引文中的魔术式的(如果有点培根式的)调子[8]:

　　　　人能够征服自然界的变化,使冬天打雷,夏天结冰,死人行走,枯木开花,把鬼魂禁闭在一粒豆里[9],从杯水中钓到(大)鱼,能开启画中的门户,能使偶像说话。这都是纯粹的气在使得万物变化。气聚集("合")就产生出生命,气

---

　　1) 这里所引用的篇目,是据《文始真经》本。

　　2) 可怪的是,戴遂良[Wieger (4)]是很少几个欣赏它的人之一;他称它为"先辈们的精湛进展",并在其书第 65 章中对它的某些部分作出了解说。他定此书的时代为 742 年。佛尔克[Forke (12),p.349]同意这一很高的评价。但很久以来就有一种怀疑,即认为此书实际上源出宋代,作者可能是孙定。

　　3) *TT* 1014。

　　4) G1748。

　　5) G1869。

　　6)《关尹子·七釜篇》,第五页,由作者译成英文。为了避免重复,有必要指出本章所有摘自《关尹子》和《化书》的引文都系由作者译成英文,不再一一注出。

　　7) 我怀疑这涉及发现了动物的某些孤立部位对刺激的反射作用和反应的持久性。它也见于同一书中(参见本书第四十三章)。

　　8)《关尹子·七釜篇》,第二页。

　　9) 这是指一个有关郭璞的传说[参见 Forke (12),p.360]。

离散（"散"）即造成死亡。如果没有合或散，也就根本没有生和死。宾客们（生物或现象）有来有往，可是他们的物质基础却始终不变（"邮常自若"）[1]。

〈人之力，有可以夺天地造化者。如冬起雷，夏造冰，死尸能行，枯木能华，豆中摄鬼，杯中钓鱼，画门可开，土鬼可语。皆纯气所为，故能化万物，……有合者生，有散者死。彼未尝合未尝散者，无生无死。客有去来，邮亭自若。〉

这是一种极其科学的说法。接着便是惊人地有似于原子唯物论的古典定义，即一切变化都只是表面的，都是出于基本粒子的组合与再组合，而基本粒子本身则是不变的。

万物变化都是由于气，但不管这些变化是隐蔽的或是明显可见的，气始终是一个统一体。圣人知道气本身是一，而且是永远不变的。[2]　　445

〈万物变迁，虽互隐气见，一而已。惟圣人知一而不化。〉

我们几乎要把这样一种说法称为热力学第一定律的先兆了。

这些唐代作家一概都赞赏人与自然之间相互影响的微妙反应。这有时仍然采用古代现象论者的形式（参见上文 p.378），但往往达到更大的深度。或许这里应该引用一位更晚得多的作家刘祁的一段有关的话，他于 1235 年在他的《归潜志》中说：

《左传》中有一句古话：人的努力能够征服自然界，但是自然界也能征服人。我曾经怀疑过这种说法，但现在我认为我已理解它的意思了。比如，在寒冬冷冽时，一个人孤单地呆在一间大厅里就感到十分凄凉，不多久就得离开，但是，如果有另一个人进来和他闲聊，他们两人就都会感到十分温暖。这是因为人的气能够克服自然界的寒冷。此外，人类知道怎样控制他们周围的环境。冬天人们生火，并穿上厚衣御寒；夏天人们在高楼顶上或围坐在冰旁打扇，以求凉爽。总的说来，人们越是有财有势，就越能使自己摆脱自然界的影响。但是，进而追根问底，他们之所以有势力，乃是由于自然的原因（例如，他们祖先的成就或幸运）。[3]

〈传曰："人定亦能胜天，天定亦能胜人。"余尝疑之。试以严冬在大厦中独立，悽淡不能久居。然忽有外人共笑，则殊煖燠。盖人气胜也。因是以思，谓人胜天，亦有此理。岂特是哉？深冬执爨或厚衣重衾亦不寒。夏暑居高楼，以冰环坐而加之以扇，亦不甚热。大抵有势力者能不为造物所欺，然所以有势力者亦造物所使也。〉

换句话说，至少有些人能够控制他们的自然环境，但他们自身却是由作用于人类层

---

1) "邮"，驿站的旧称，可能是指不变的商队客栈。我们还没有遇到过这种奇怪隐喻的别的例子。
2) 《关尹子·七釜篇》，第四页。在《宋遗民录》（第十三篇第三页）中有郑思肖的类似的精彩论述。
3) 《归潜志》卷十二，第十一页，由作者译成英文。

次上的自然界所塑造的。

下面一段有关变化的陈述是值得注意的:

> 在一个人进行一次呼吸的一瞬间,太阳已经行经四十万里的行程,这个运动应该认为是极快的。但要扬弃天的不变性的面貌,却需要有一位圣人才能做到。[1]

> 抱一子(注疏家)注:……日月五星彼此相向或相背、相随或相离地运行着。圣人能测量这些运动,从而制定历法;人人都看见这些运动,可是没有人能理解它们。《阴符经》[2]也是这样说的。没有什么东西象自然界的变化那样快。……自然界一刻也不停息,万物都在经历着不断的变化。山河每天都在变化,但愚人却认为它们十分稳定。时间每天都是新的,但愚人却认为一切事物都照旧。消逝的东西又变得湮没无闻,现在的我本人已不是过去的那同一个我本人,反之亦然。怎么能把现在的事件固定并保存下来呢?为什么人们不理解在一次呼吸之间,大自然已运行了四十万里呢?

> 〈人之一呼一吸,日行四十万里。化可谓速矣。惟圣人不存不变。
>
> 抱一子注曰:……日月五星,离合顺逆。圣人皆能测而为历,而昧者莫不见,莫能知也。故《阴符经》云……夫速莫速于大化……造化无斯须不移也,万物无暂忽不变也。山川日更矣,而世人以为如故。时事日新矣,而世人以为如故。今交一臂而失之者,皆在冥中去矣,故向者之我,非复今我;今日之我,非复故吾矣。是则我与今俱往矣,而昧者不知。横谓今日所遇可系而存,安知一息之顷而大化已行四十万里哉!〉

然后,还有关于潜在与现实的一段话。关尹子说:

> 气包含着时间因素。凡不是气的,就没有日和夜。形具有着空间因素。凡不具有形的,就没有南和北。什么是"非气"?那就是产生气的东西。例如,搧动一把扇子就产生了风,气就成为可感觉的了,像是风。什么是"非形"?那就是产生出形的东西。例如,钻木(取火)就产生了火,而形就成为可见的了,像是火。[3]

> 〈有时者气。彼非气者,未尝有昼夜。有方者形。彼非形者,未尝有南北。何谓非气?气之所自生者。如摇篦得风。彼未摇时,非风之气。彼已摇时,即名为气。何谓非形?形之所自生者。如钻木得火。彼未钻时,非火之形。彼已钻时,即名为形。〉

这段引文是很有趣味的。因为它表时唐代道家在探索宇宙间某种比气或形更为基本的东西。他们的先辈对"道"这一名词想必已感到满意了,但现在却需要某种更

---

1)《关尹子·七釜篇》,第三页。

2)·见下文 p.447.

3)《关尹子·三极篇》,第十二页。

446

加精确的东西,于是就在理学家的"理"字中找到了它(见下文 p.473)。正如我们
将看到的,"理"被认为是宇宙间一种四维的模型,万物都依照它从潜在而成为现
实。这种现实化的过程、出生或成长的过程,通常要比衰弱和消亡漫长得多,而且
显然困难得多,我们在另一段引文中已经看到了。这一点,很会使人联想到威廉·
哈维对胚胎学的一段思考:"对生物的构造和成长要比对他们的解体和析散,需要
有更多而且更为熟练的操作;那些轻易灭亡的东西,它们的形成和发展都是缓慢的
而且艰难的。"[1] 因此,关尹子说:"事物的建设是艰难的,但用'道'来毁灭事物则
是很容易的。天下万物无不经过艰难而臻于完善,也没有一样是不容易毁灭
的。"[2]("以事建物则难,以道弃物则易。天下之物,无不成之难而坏之易。")

在这些书中也可以找到一些对归纳法和演绎法的赞赏。因而在《关尹子》中我
们读到这样一段话:

> 通常的人被各种名称弄糊涂了;他们看到各种事物,但看不到各种事物的
"道"。(儒家的)贤人分析各种原理;他看到"道",而不是个别的事物。但真正
的(道教的)圣人则把自身与天结合在一起;他见到的既非"道",又非物,因为
一个"道"包括一切个别的"道"。如果你不把它应用于个别事物,你就达到了
万物之"道"——如果你把它应用到个别的"道"上,那末你就了解万物了。[3]

> 〈均一物也,众人惑其名,见物不见道。贤人析其理,见道不见物;圣人合其天,不见道,
不见物;一道皆道,不执之即道,执之即物。〉

这难道不是想说明,通常的人对于概括根本不感兴趣,而儒家却对先验的概括很感
兴趣吗?另一方面,既看不到概括,也看不到个别现象的道家,事实上却两者都看
到了,有时着眼于特殊的,有时着眼于一般的。他又说:

> 凡是理解(我所指的)"道"的人,就会知道上天之道,了解自然界的神圣威
力,理会万物的命运,洞察自然界的奥秘;这一切都是观察各种现象的结果。
有了这个"道",你就能通过分析而获得相同的结果,尽管遇到的是许多不同名
称的事物。有了这个"道",你也能把一切不同的结果统一起来,而忘掉(各种
不同现象)的不同名称。[4]

> 〈是以善吾道者,即一物中知天、尽神、致命、造玄。学之徇异名,析同实。得之契同
实,忘异名。〉

可以用《化书》中所说的一段话加以比较:

447

---

1) De Gen. Anim.(英译本),1653 年,p.206。
2)《关尹子·一字篇》,第六页。
3)《关尹子·八筹篇》,第八页。
4)《关尹子·一字篇》,第二页。

琥珀不能吸引腐烂的芥末；朱砂不能进入坏(不适宜的?)金属(不起反应?)；天然磁石不吸引废铁(也许是指某种其它金属?)；原始的气不能从陶炉里引火。因此，伟大的人物就善于利用五行的精华。他利用万物的神圣威力，而能从自然界和人获得最高的奖赏，可以有乘风马的荣誉。他的原则是，忽视个别的形态，而求其本质(这是许多形态所共有的)。[1]

〈琥珀不能吸腐芥；丹砂不能入燋金；磁石不能取愈铁；元气不能发陶炉。所以大人善用五行之精，善夺万物之灵，食天人之禄，驾风马之荣。其道也，在忘其形而求其精。〉

然而，道家一向对逻辑与推理的不信任仍然在羁绊着他们的步伐。在《关尹子》里，我们读到这样一段话：

最聪明的人深知人类的知识无法掌握自然界的万物，因此，看起来他似乎很愚蠢。最优秀的辩论家深知论证不能描述自然界的万物，因此，看来他似乎张口结舌。最勇敢的人深知勇气无法克服自然界的万物，因此，看来他似乎胆怯。[2]

〈智之极者，知智果不足以周物，故愚。辩之极者，知辩果不足以喻物，故讷。勇之极者，知勇果不足以胜物，故怯。〉

现在到了唐代，不抱偏见或成见的必要性这一古老的课题又重新被人提了出来。《关尹子》又说：

圣人从蜜蜂学习社会秩序，从蜘蛛学习纺织和结网，从祈祷的老鼠学习礼仪，从战斗的蚂蚁学习战争。圣人就这样受教于万物。再回过来教贤人，贤人再教一般人。但只有圣人能(首先)理解事物，他们能使自己与自然原理相结合，因为他们不抱偏见，也没有先入为主的意见("无我")。

("道"就像)"浑"，或者像海洋，或者像在太初之中游荡。有时它(可以)在金属中(被研究)，有时在玉石中，有时在粪肥中，有时在泥土中，有时在飞鸟中，有时在走兽中，有时在高山上，也有时在深渊中。(圣人研究)每一点，评价(每一个变化)。所以，(在无知的人)看来，(他)就像是个疯子或蠢人。[3]

〈圣人师蜂立君臣，师蜘蛛立网罟，师拱鼠制礼，师战蚁置兵。众人师贤人，贤人师圣人，圣人师万物。惟圣人同物，所以无我。

浑乎洋乎？游太初乎？时金已，时玉已，时粪已，时土已。时翔物，时逐物，时山物，时渊物，端乎？权乎？狂乎？愚乎？〉

以下一段摘自大概是李筌于8世纪所撰的《阴符经》，这段话表明对宇宙的总

---

1)《化书》，第十三页。
2)《关尹子·九药篇》，第九页。
3)《关尹子·三极篇》，第十五、十八页。

的科学图景并未丧失殆尽，虽然在基础理论方面仍无多大进展：

> 自发的"道"（运行于）寂静之中，由此便产生了天、地、万物。天地之道像
> "浸"的（过程一样在运行着，就象在染麻或沤麻中，化学变化是柔和地、缓慢
> 地、不知不觉地进行的）[1]。
>
> 于是，阴阳交替相克相推[2]，变化与转化随之而进行。
>
> 圣人深知这种自发的"道"是无法抗拒的，所以，圣人就顺从它、观察它，并
> 利用其规则性。人们所制订的法规和历表，不能体现不知不觉在行动着的
> "道"（的完整性）。可是却有一种奇妙的机器可以由之而产生各种天体，即八卦
> 符号[3]和甲子周期。这确实是一部精神的机器，一部鬼神的宝藏。所有这一
> 切，连同阴阳相克之术，（对懂得"道"的人来说）都是清晰可见地呈现出来的。[4]
>
> 〈自然之道静，故天地万物生。天地之道浸，故阴阳胜。阴阳相推而变化顺矣。是故圣
> 人知自然之道不可违，因而制之。至静之道，律历所不能契。爰有奇器，是生万象、八卦、甲
> 子，神机鬼藏。阴阳相胜之术，昭昭乎进乎象矣。〉

在这些书籍中，不仅载有许多原始科学的资料，而且还有一些暗示说，古代合
作性的政治学说多少尚未被完全遗忘[5]。因此《关尹子》这样说：

> 当两个射箭手在一次射击比赛中相较量时，你就能看到谁是能手，谁较差
> 劲。当两个人在下棋时，你就能看到谁赢谁输。假如两个人相遇于"道"，那就
> 什么表示或表现也没有，既没有技术高低，也没有胜负。[6]
>
> 〈两个射相遇，则巧拙见。两人奕相遇，则胜负见。两人道相遇，则无可示。无可示者，
> 无巧无拙无胜无负。〉

而《化书》则把原始社会比作蚁群：

> 蚂蚁有一个君王，它们全都一起住在一个拳头那么大的官里。它们共同
> 在一个台上聚会，共同积存它们的粮食。它们分享一只昆虫的肉。一只蚂蚁
> 犯了错误，就被大家处死。由于这些原因，它们就达到一种状态，即一个心渗
> 入所有的心，因此也就是一个精神，因此也就是一个气，因此也就是一个形。

---

1) 水状介质中化学变化的不可感觉性，曾经吸引了更累得多的哲学家们的注意。《淮南子》有一大段
论述染色的文字，便以它作为自然变化的例子[第二篇，译文见 E.Morgan(1)，p.41]；《墨子》用一整篇来谈这
种变化，把它当做影响人类的过程的模式[第三篇，译文见 Mei(1)，p.9]。参见上文 pp.57，383。

2) 这已在本卷第十三章(d)讨论基本科学理论时作了阐释(见上文 p.288)。

3) 这也在本卷第十三章(g)中有阐释。

4) 译文见 Legge(5)，vol.2，p.264，经多处修改。

5) 参见《关尹子·二柱篇》第十五页："我们并不特别尊敬君子，我们也不轻视平民。"（"不尊君子，不
贱小人。"）

6) 《关尹子·一字篇》，第七页。

因此一个有病,大家都病,一个感到痛苦,大家都感到痛苦。在这样的情况下,怎么会有尤怨呢?怎么可能叛乱呢?这也就是古代(人类)文明的统一性。[1]

〈蝼蚁之有君也,一拳之宫,与众处之。一块之台,与众临之。一粒之食,与众蓄之。一虫之肉,与众咀之。一罪无疑,与众戮之。故得心相通而后神相通;神相通而后气相通;气相通而后形相通。故我病则众病,我痛则众痛。怨何由起?叛何由始?斯太古之化也。〉

449　可是,"大同"原理却接受了一种炼丹术的解释[2]。

下面两段引文是有趣的,因为它们表明了方术、实验、养身和延年益寿四者的混合物;两段都话中有刺,意在提示技术应该用来理解自然,而不是为人类社会造福。两段都摘自《关尹子》:

世界上有许多奇异的方术,有些人喜欢神秘的,有些人却喜欢可理解的,有些人喜欢强而有力的,有些人则喜欢柔弱的。如果你掌握(运用)了它们,你或许可以处理事务;可是你必须放开它们,才能够得"道"。[3]

道起源于"无",……事物起源于"有",而道控制着它们的千百种活动。如果你达到了道的高度,你就能造福人类;如果你达到了道的孤独境界,你就能确立自己的人格。如果你认识到道不在时间之内,你就能把一天当成一百年,反之亦然。如果你懂得道不在空间之内,你就能把一里算成一百里,反之亦然。如果你懂得没有气的道在控制着有气的事物,你就能呼风唤雨。如果你懂得无形的道能改变有形的事物,你就能改变飞禽走兽的形体。如果你能得到道的纯粹性,你就决不会被事物所纠缠,你就会觉得身轻,你就能骑凤凰和仙鹤。如果你能达到道的一致性("混"),那就没有什么东西能侵袭你了;你的身体将变暗,你将能抚爱鳄鱼和鲸鱼。

有即是无,无即是有;如果你懂得这个道理,你就能驾驭鬼神。实即是虚,虚即是实;如果你懂得这个道理,你就能进入金石。上即是下,下即是上;如果你懂得这个道理,你就能观察星辰和昏晓。古即是今,今即是古;如果你懂得这个道理,你就不需要用龟壳和蓍草了。人即是我,我即是人;如果你懂得这个道理,你就能洞察人们的心身。物即是我,我即是物;如果你懂得这个道理,你就能成功地把龙虎(阴阳、男女)置于胸中。……

如果你懂得气发自心[4],你就能得到精神的呼吸[5],并完成炼丹炉的转

---

1)《化书》,第二十一页。
2)《化书》,第十二页。
3)《关尹子·一字篇》,第四页。
4) 这是佛教影响的痕迹,也是下文(p.507)将要讨论的形而上学唯心主义的先兆。
5) 参见上文(p.144)提过的《胎息经》。

化。……

如果你把自己和一切事物结合在一起,你就能出入水火而不伤。

只有那些有道的人才能完成这些行为——或者更好的是,即使是能完成它们,也不去完成它们![1]

〈方术之在天下多矣,或尚晦,或尚明,或尚强,或尚弱。执之皆事,不执之皆道。

道本至无。以事归道者,得之一息。事本至有。以道运事者,周之百为。得道之尊者,可以辅世。得道之独者,可以立我。知道非时之所能拘者,能以一日为百年,能以百年为一日。知道非方之所能碍者,能以一里为百里,能以百里为一里。知道无气能运有气者,可以召风雨。知道无形能变有形者,可以易鸟兽。得道之清者,物莫能累,身轻矣,可以骑凤鹤。得道之浑者,物莫能溺。身冥矣,可以席蛟鲸。

有即无,无即有。知此道者可以制鬼神。实即虚,虚即实。知此道者可以入金石。上即下,下即上。知此道者可以侍星辰。古即今,今即古。知此道者可以卜龟筮。人即我,我即人。知此道者可以窥他人之肺肝。物即我,我即物。知此道者可以成腹中之龙虎。……

知气由心生,以此吸神,可以成炉冶。……

以此同物,水火可入。惟有道之士能为之,亦能能之而不为之。〉

最后有一个附录,它表明对性在宇宙中的地位这个题目上,道家仍然与儒家有分歧(参见上文 p.151)。《关尹子》[2] 说:

男人领先,女人随后;母畜奔跑,公畜追赶;夫唱妇随;这是世上的自然原理("理")[3]。(道家)圣人按照这些自然之理言谈和行动;但(儒家的)"贤人"则(创造了种种礼仪)束缚人。[4]

450

〈天下之理,夫者倡,妇者随。牡者驰,牝者逐。雄者鸣,雌者应。是以圣人制言行,而贤人拘之。〉

这也在提示,道家所主张的学说是正统儒家的官僚政体完全不能接受的。

关尹子说:如果你知道某个东西是虚假的("伪")[5],你不必去揭露它。那正像是泥牛或木马一样,如果你自己不再受它的骗,那就很好,不要去管它![6]

〈关尹子曰:知物之伪者,不必去物。譬如见土牛木马,虽情存牛马之名,而心忘牛马之实。〉

在所有这些典籍中,从科学哲学的观点来看,最有独创性的大概是《化书》了。谭峭(如果他真是该书作者的话)发展了一种特殊的主观唯实论,他强调说,虽然外

---

1) 《关尹子·七釜篇》,第一页。

2) 《关尹子·三极篇》,第十九页。

3) 请注意此字的用法,它对理学家是至关重要的。

4) 可以比较布莱克的诗句:"穿黑袍的教士来回走动,他用多刺的蔷薇束缚住我的欢乐和愿望。"

5) 请注意上文 p.109 所用同样的"大伪"字样(《道德经》第十八章)。

6) 《关尹子·八筹篇》,第八页。这里,我们又见到了"智者"是对大众的迷信或成规置之不问的那种倾向,参见下文 p.491.

在世界是真实的,但我们对它的知识却深受主观因素的影响,以致对它真实的全貌不能说是已经掌握了(这当然是企图用现代术语来表达谭峭的观点)[1]。首先,他考虑一个物体在相对放置着的两个平面镜子中的映象的无穷之远[2]。这个物体的外形和颜色("形")完好地保留在每一个连续的映象("影")之中。既然物体的外形和颜色是脱离映象而存在的,它就不是单独的,它本身也不是完备的("实")。但既然映象完好地再现了物体的外形和颜色,它们本身也就不是空虚的;或者用现代的说法,物体不完全属实,映象也不完全属虚。谭峭的结论说,这个既非实又非不实的东西就近乎"道"了[3]。

然后,谭峭举了一个生物学的例子。他说,对猫头鹰来说,夜间是明亮的,白天是黑暗的;对母鸡来说,就象对我们自己一样,情况正好相反[4]。他以典型的道家口气问道:这两者之中,应当认为哪个是"正常"的? 哪个是"反常"的? 事实上,我们不能假定白天就是明亮的,并适合于官能感觉,而夜间则否——这有赖于感觉器官的性质。他的推论是这样的:我们看到的颜色和听到的声音都不是真正存在的,而是我们自己感觉器官的构造物,这一点作为对于洛克的第一性的质和第二性的质的区分的先行[5](差不多早八个世纪),并不是没有趣味的。谭峭接着提到视错觉和注意力的现象[6]。他说,一个人也许会射击一块有条纹的石头,因为他的印象是,那是一只老虎;或者射击水面上的波纹,因为他的印象是,那是一条鳄鱼。况且,哪怕那里真的有这些动物存在,他的注意力也可能完全集中在它们身上,以致简直看不见它们旁边的石头或波纹。推论是这样的:就事物必定要被人知觉这种意义而言,没有一种事物是真正真实的,而就我们是从周围环境中挑出某些因素来构成我们的世界图象这种意义而言,一切事物都是假想的。这可以引伸到生和死本身上。只有道(所有人的一切感官-印象的基础)才是真正真实的。这实际上是对认识论的一种探讨。

451

---

1) 参见 Forke (12),p.338。

2)《化书》,第二页。

3)《化书》中的这段话透露出 10 世纪时人们已对光学及认识论感到兴趣。参见下文(p.499)将提到的"因陀罗网"的譬喻。唐代一个名为法藏的僧人,为了向他的门徒们示义,确实设置过一套十个平面镜的装置,其中心放置一个偶像;参见 Fêng Yu-Lan(1),vol.2,p.353。平面镜里映像反射到无限之远,可以很好地激发了典型的佛家关于菩萨具有以发射的形式而"繁殖"其自身的能力的思想。我曾在敦煌石窟壁画中看到这种繁殖发射的许多例子,还看到许多在席上坐禅的和尚们的图画,他们面前有一些像电热器一样的东西放在架上,我猜想它们是镜子。我们将在本书第二十六章(g)中回到光学这个题目上来,在这里,我仅提及戴密微的一篇有关佛家思想中的镜子的有趣文章[Demiéville (1)]。

4)《化书》,第三页。这个对"生态环境"原理的早期领会,对生物学家来说也同样是有趣的。

5) Whewell(2),p.278。

6)《化书》,第三页。

谭峭的另一种表达方式是说,我们的感官好比四块透镜[1]。一块状如玉圭,通过它看到的东西就显得微小;第二块状如珍珠,通过它看到的东西就显得巨大;第三块状如磨刀石("砥"),其中的映影像是直立的;第四块状如碗("盂"),其中所见的东西是倒置的。但是如果有人正确地利用这些工具,并以其他方法检验它们的信息的话,那末,他会发现根本就没有什么大或小,长或短,美或丑、可爱或可憎之类的东西。一切事物都是相对的。我们的感官本身并不给我们提供一幅外在世界的绝对图象[2]。

至于自然界的因果关系,谭峭明确表示必须找出各种决定性的因素。他举了人类工艺方面的一些例子来表明,它们可能是难以察觉的。

> 用一块不过八尺长的木板(舵)[3],就能驾驭载运万斛的巨舟。发射千钧(约当20吨)弩弓,全靠不超过一寸长的扳机。一只眼睛就可以看见辽阔的天际;一个君王就可以统治千百万人民。太虚(苍天)虽然(仿佛)是茫无边际,但还是有限的。太空虽然(貌似)无限远大,但仍有其边界[4]。如果你能够认识天地的连结关系("纲")[5],如果你能够理解阴阳的"力场"("房"),如果你能够知道精神的隐蔽的储藏,那末你就可以克服(即改变)命运(书中所写下)的数,你就能延年益寿,你就能使万物反复(即控制自然)。[6]

> 〈转万斛之舟者,由一寻之木,发千钧之弩者,由一寸之机;一目可以观大天;一人可以君兆民。太虚茫茫而有涯,太上浩浩而有家。得天地之纲,知阴阳之房,见精神之藏,则数可以夺,命可以活,天地可以反复。〉

这里是重弹了邹衍和刘安的老调。

(c) 李翱和理学的起源

在唐代(7世纪至9世纪),道教确实很繁盛。但决不能想象道家是万事如意的,因为他们必须同佛教竞争,另外还有一些重要的儒家学者,他们对创立理学所

---

[1] 《化书》,第三页。见本书第二十六章(g),在那里我们将阐明这段话的物理学意义。

[2] 从这个立场出发,这一步无论是以其佛家的或儒家的形式,当然就离主观唯心论不远了(见上文 p.410 及下文 p.507)。《关尹子》说:"我们怎么能知道,天地就不是我们自己的思想呢?"("安知今之天地非有思者乎?"《关尹子·一宇篇》,第十页。)但是,绝大部分唐宋道家的臆测都没有敢超出庄子关于梦幻的质疑以及究竟是谁去梦谁。

[3] 这个想必只能是指某种尾柱舵的旁证(950年),将在本书相关的部分引证[第二十九章(g)]。

[4] 这大概是指天顶、赤道或黄道。

[5] 这是一个重要的术语;参见下文 pp.554ff.。

[6] 《化书》,第九页,由作者译成英文。

起的作用往往为人所忽略(正如冯友兰已指出的)[1]。王通(584—617 年)[2] 就是这样的一个人。他的一生几乎恰好与唐代之前的隋朝共始终。一般认为他是《元经》的著者,该书是模仿《春秋》而写成的一部编年史,跨度从 290 年直到隋初(589年)[3]。据说他有大批门生,并产生过很大影响。随后的一个世纪,又有名臣和散文作家韩愈[4],前面(p.387)我们已提及他曾谏阻皇帝迎拜佛骨。不过,在哲学上更为重要的似乎是李翱(卒于 844 年)[5],他在《复性书》中使用了一些后来在理学中变得颇为重要的术语。例如,"动"和"静"可以认为是能追溯到《易经》的两个基本概念,但李翱却把它们用于心理学的意义上。

《复性书》中有一段话对理学的起源颇有启示。李翱说:"尽管仍然保留着各种谈论'性'和'命'的著作,却没有一个学者懂得它们,因此,他们全都陷入了道教或佛教。不明真相的人说,孔子的门徒没有能力讨论性命的教训,于是大家都信以为真。"("性命之书虽存,学者莫能明,是故皆入于庄列老释。不知者谓夫子之徒不足以穷性命之道,信之者皆是也。")这段话有力地提示,在唐代,儒家开始深深感到

453 缺少一种宇宙论来对抗道家的宇宙论,也缺少一种形而上学来和佛教的形而上学相竞争。总之,宋代理学乃是精心构成的这种综合体系,它只是从佛道两家思想中借取了各种因素才成为可能的。正如卜道成所说的:"理学把经典的伦理学教义与推理的宇宙理论密切联系起来,从而把它从有被湮没的危险之中挽救出来。"[6] 这种说法是多么健全,又是多么引人瞩目地预示了我们有关组织层次的现代概念(各层都有其适宜的现象,而其复杂性则不断增高)——我将在下面试图表明这一点。

一方面是道家的自然主义。它的缺点是,它对人类社会不太关心。它明确地认为,伦理的考虑与科学观察和科学思想并不相干(参见上文 p.49),并且,对于在社会中所显示出来的人类最高价值如何才能够与非人类世界发生联系,它也并未提供任何解释。荀卿说过:"他们见天而不见人"(见上文 p.28)。另一方面则是佛教形而上学的唯心主义。这个阶段就更糟糕了,因为它既不关心人类社会,也不关心自然界。它认为这两者都是构成一个大幻术把戏的成分,一切众生都应该从中解脱,并且应该得到援助而从中解脱。一种虚假的幻觉是不会导致科学研究或鼓舞公共正义的。但是,再回到古代的儒教也于事无补,因为它完全缺乏宇宙论和哲

1) 见 Bodde(4),以及 Fêng Yu-Lan (1),vol.2,pp.407ff.。

2) 即文中子;G2239;Forke (12),p.274。

3) 此书应有本节所述的时代的有趣资料,但人们认为其成书年代稍晚(11 世纪),实系阮逸所著。

4) 768—824 年;G632。

5) Forke (12) p.297。

6) Bruce (1),p.25。

学,所以不再能满足一个更成熟的时代的需要。从这一切之中只有唯一的一条出路,那就是在朱熹的身上达到登峰造极的那条理学家所走的道路,即通过哲学的洞察和想像的惊人努力,而把人的最高伦理价值放在以非人类的自然界为背景。或者(不如说)放在自然界整体的宏大结构(或象朱熹本人所称的万物之理)之内的恰当位置上[1]。根据这一观点,宇宙的本性从某种意义上说,乃是道德的,并不是因为在空间与时间之外的某处还存在着一个指导一切的道德人格神,而是因为宇宙就具有导致产生道德价值和道德行为的特性,当达到了那种组织层次时,精神价值和精神行为有可能自行显示出来。尽管近代的进化论哲学家倾向于把这一过程看作是一个浸长的发展过程,而理学家则认为有许多相续的发展,相继出现在世界的浩劫之后;但我以为,这两者的基本概念是一致的。

这就使西方研究理学的学者感到困惑。耶稣会士感到受了冒犯,因为理学家以大量言论否认有一个人格化的上帝的存在[2]。新教神学家力图从理学思想中探测出某种泛神论[3]。其中有一个人指出,朱熹的唯物主义不同于西方的唯物主义;他说,后者认为物质服从它本身的规律,那种规律是非伦理的,而对理学家来说,物质则是从属于伦理的。的确,理学家的唯物主义不是机械的。弹子球的偶然碰撞,从来就不是中国思想的一个组成部分。但是理学家所做的,就是要确认道德基本上是植根于自然界的,并且(就像我们应该说的)在道德能够出现的条件具备时,它就由于一次突现进化而从自然界中呈现[4]。因此,我想提示,虽然理学家对黑格尔的辩证法一无所知,却十分密切地接近于辩证唯物主义或进化唯物主义的世界观,

454

---

1) 正如程颢所说,"仁者以天地万物一体也";《二程全书·河南程氏遗书》卷二(上),第二页;卷四,第五页.

2) 不过本笃会(Benedictine)的格拉夫已经知道怎样欣赏理学的世界观;他以朱熹同托马斯·阿奎那(Thomas Aquinas)和斯宾诺莎两人作了详细对比。

3) 连中国学者也对理学家如此严重地混淆了逻辑的、伦理的、和科学的概念表示某种惊异和遗憾[如冯友兰(1),译文见 Bodde (3),p.50;Fêng Yu-Lan (1),vol.2,p.571]。然而,最科学的哲学必须说明伦理学在自然世界中的出现。理学家以自然为基础的伦理学的成就,在现代的汉学家中,几乎只有格拉夫一个人能理解[Graf (2),vol.1,pp.33,81,90,etc]。

4) 理学家在这样做时,肯定不会不注意到汉代现象论者的朴素思想(见上文 pp.247,378),现象论者也认为有一种宇宙的与伦理的秩序的统一[Maspero (12),pp.108,109]。但是,说周围的宇宙反作用于人类的伦理选择,和说人类的伦理选择乃是自然的事件,当宇宙孕育出能够做出伦理选择的人类时,它们就会出现——这两种说法之间当然距离尚远。理学家或许和前苏格拉底的希腊思想家之间在世界观上有较多的相同之处,正如柏拉图在一段名言中所概括的那样(见 Laws,889),他写这一篇的目的就是要永远驳斥前苏格拉底的希腊思想家。在人类出现以前,自然界是盲目的和无目的的。在人类来临之前,万物都处于纯粹的偶然性和必然性之中;随着人类的来临,就出现了计划、目的和技术。这也是一种进化自然主义。但是中国人从来不承认在任何时间或任何层次上存在着盲目的或无目的的偶然性;在人类以前和在人类之下只不过存在着其他的有机体,它们各随其道而谐成一曲万物之道的乐章(而没有作曲者)。当然,我说的是中国哲学的主流,并不涉及像王充和刘昆等例外人物。

以及与之性质十分相同的怀特海的有机主义哲学的世界观[1]。

就这种观点而言,理学所得之于佛教的远远少于得之于道教的。它作为一种综合学说,实际上是同后者携手的;前者的影响主要在于促使中国人深信"必须有所作为"。然而,佛教的影响表现在后来儒家对内省方法的某些兴趣。有人曾说,李翱和他某些同时代的人要把人们引向一种儒家式的"佛格";如果这一点再讲得详细一些,则无疑的是有许多儒家写过关于集中心思("止")、沉思("观")[2],神秘地获得理解("智")和入定("定")的必要性。特别有趣的是,正如道家早先借用过儒家的《易经》一样,《中庸》也同样成为了儒、释两家的共同基地,例如,卒于1002年的智圆和尚就取名为中庸子,并写过一篇评述《中庸》的文章。契嵩和尚(卒于1072年)也写过一部解释《中庸》的书。

455

(d) 理 学 家

在唐代的道家与宋代的理学家之间有一些值得注意的过渡人物。这并非是他们在年代上早于理学家,因为邵雍(1011—1077年)与周敦颐(见下文)几乎恰好是同时代人;还有程本,他的年代不详,暂定为11世纪中叶人——但他们属于道家的传统,而不属于这个新的综合学派。不过,邵雍是该学派主要领袖人物的朋友。

(1) 朱熹和他的先行者

邵雍是一个有创见和富于想象力的思想家,他以道家特有的风度拒绝了一切官职。他所著的《皇极经世书》[3]中有一部包含着复杂的图式,把宇宙论的和伦理的观念混在一起[4],但这些东西被人认为很难理解,以致它们被他的儿子和另一位哲学家所写的叙述取而代之[5]。邵雍还写过一篇有趣的哲学对话《渔樵问对》,其中论述了自然现象的一致性、"形"的有限性和"气"的无限性,并加进了他对八卦的看法。此书是值得研究和翻译的。邵雍保留了"道"作为自然界普遍原理的名称,但以毕达哥拉斯所理解的方式给予"数"以很高的地位:道先造数,后造形,而后再

---

1) 关于这种关系,参见 Needham(9)。
2) 注意,这里把对自然征兆进行"外观"观察的古代道术语用于"内观"了(见上文 p.56)。
3) 见《性理大全》卷七至十三。
4) 可比较宋代另一思想家李国纪(大约生于1170年)的图式,它被收入《百川学海》的"圣门事业图"条目下。参见 Martin(7)。
5) Forke(9),p.21.

用物质来充满它们。这和它的强烈的形而上学唯心主义的倾向是相关的,关于这一点我们将另行述及;在这种意义上,他并不站在理学发展的主要线索上,因为理学的发展说是二元论的唯实论。再者,他的系统化所使用的许多术语虽与理学的相似,但是排列不同。按他的说法,道的两种基本表现("两仪")是动和静;前者产生阴、阳,后者产生柔、刚(这是邵雍新提出的两种实体)[1]。地是柔和刚的混合体,而天则是阴和阳的混合体。这四者所产生出来的实体叫四种次级的表现("四象"),每一象又各有两种属性:强和弱。邵雍就利用这样得出的八种成分,以类似前面第十三章所述的古代思想类型的、多少是任意的和想象的方式来推导一切现象[2]。人们无论如何都不应忘记,那是在 11 世纪;而最值得注意的则是他那世界图象的极其具体的和物质的特性。动和静,以及在较小程度上柔和刚,都被理学家作为基本概念而接受。邵雍深信随着佛教而传来的印度思想,即有着周期性的世界浩劫,在每次浩劫中世界化为混沌,然后又重新被创造出来(见下文 p.485)。他的思想中有一种十分清楚的中世纪观念,即小宇宙和大宇宙的观念[3];我们似乎没有理由把它归之于中国本土以外的来源。

456

  从科学史的观点来看,邵雍思想中最有趣的观念或许体现在他的"反观"一词中。他说在科学("物理之学")[4]中"常有一些我们所不能理解的事物,我们不可试图'强迫'这些事物(把它们纳入某一体制),因为'强迫'它们就会掺入自我(和个人的偏见),这样就会失掉(客观)原则,陷入人为的构造。"[5]("物有未明也,人不可强通。强通则有我,有我则失理而入于术。")可惜的是,邵雍在构造他自己的理论体系时,就不再把这一名言记在心中了。他思想中的另一个有用的重点是关于观察者的普遍共同性;他说:"我们并不局限于个人的观察,而是可以利用一切人的眼睛作为我们自己的眼睛,利用一切人的耳朵作为我们自己的耳朵;这样,我们对于自然界的理解就能形成一个有联系的整体了。"("众听则聪,众视则明。此所以用天下之目为己目,其目无不观矣。用天下之耳为己耳,其耳无不听矣。")

  《子华子》的作者程本隐去了他的真正身分,而托名为一个周代的哲学家;如果

---

1) 这一概念必定是道家的概念,因为下文中我们将看到朱熹所说的:此即道家所称的"刚气"。

2) 详见 Forke(9),p.27。

3) Forke(9),p.34;参见上文 pp.294ff.。

4) 注意,理学术语中的"理"字在此出现。

5)《性理大全》卷十二,第四页。他还写道(第三页):"从物的观点观察事物,你就能看到(它们真正的)本性;从你自己的观点观察事物,你(就只能)看到(你自己的)感觉;因为物性是中立的和明白的,而感觉则是偏私的和暗淡的。"("以物观物,性也;以我观物,情也。性公而明;情偏而暗。")这和古代道家所提倡的"公正的"观察是一致的(见上文 pp. 48, 60, 89)。观察自然界要避免个人的偏见乃是他们的信条之一。霍金认为这是理学家突出的特点,我们可回忆一下上文 p.59 所引过的他的话。

子华子确曾写过此书,那末,该书在编纂《前汉书·艺文志》时就已佚失了——程本的书必定是写于 11 世纪初期而托名于古人的。此书很短,而且不十分明确,但对当时道家正在进行的讨论却有某些见地;它谈到空虚的空间("虚"和"空洞"),其间不存在阻碍物体运动的障碍("阂"和"忤");还谈到平衡("平"),其间没有使物体朝着任何方向运动的倾向。程本屡次提到三种基本的力量、律动或冲力[1],尽管解释得很不清楚。他最有趣的特色之一,是他赋予五行以几何形状:水是直的,火是尖的,土是圆的,木是曲的,金是方的。书中没有提到作者所谈的"微粒"的形状,但如果没有谈到,就难想像他心目之中想的都是什么了。这一体系当然包括五行与人体器官的认同,但还有其他更有趣的理学和生理学方面的暗示。注释并翻译《子华子》肯定是值得的,因为这将给道家科学思想中一个相对不大为人所知的时期投射了一道光明。

现在我们需要考察一下宋代理学家的主要学派了,它的五个领袖人物差不多正好都生活在 11 世纪和 12 世纪之间的各个交迭时期。因此,为了从某种历史背景来考虑他们,我们应记住前四个人是和比鲁尼(al-Bīrūnī)[2] 伊本·西那(Ibn Sīnā; 即 Avicenna, 阿维森纳)[3]、欧麦尔·海亚姆(Umar al-Khayyāmī, Omar Khayyam)[4] 等人同时的;而第五个人,也是最伟大的人,则与孔什的威廉(William of Conches)[5]、阿布·马尔万·伊本·祖赫尔(Abū Marwān ibn Zuhr; 即 Avenzoar, 阿文佐亚)[6]、克雷莫纳的杰拉德(Gerard of Cremona)[7]、伊本·路西德(Ibn Rushd; 即 Averroes,阿威罗伊)[8]、迈蒙尼德(Maimonides)[9] 等人同时。所以理学家的活动大约是和欧洲接触到希腊思想的那场翻译运动的高潮同时,并且恰好是在欧洲经院基督教-亚里士多德思想的最伟大的集成者开始他的事业之前[10],完成了他们对儒、道、释三教要素的伟大综合工作。如果这两桩综合事业的同时性只不过是一种偶合,那就是颇堪注目的一次偶合了。[11]

---

1) 这一事实也许与同时期道教所确立的"三位一体"教义有关(参见上文 p.160)。
2) 哲学家和地理学家,最伟大的伊斯兰科学家之一; Sarton(1), vol.1, p.707。
3) 最伟大的伊斯兰医学家; Sarton(1), vol.1, p.709。
4) 波斯数学家和诗人: Sarton (1), vol.1, p.759。
5) 法国经院哲学家,天文学家和气象学家; Sarton(1), vol.2, p.197。
6) 最伟大的穆斯林西班牙医学家; Sarton(1), vol.2, p.231。
7) 把阿拉伯文译成拉丁文的最伟大的翻译者; Sarton (1), vol.2, p.338。
8) 最卓越的西方穆斯林哲学家; Sarton(1), vol.2, p.355。
9) 中世纪最伟大的犹太哲学家; Sarton(1), vol.2, p.369。
10) 朱熹卒于 1200 年;托马斯·阿奎那则生于 1225 年。
11) 我不得不认为,理学家在科学史上的地位,应该比萨顿书中所认可的要重要得多[参见 Sarton (1), vol.2, p.295]。

邵雍可以被看作是宋学的先驱,有关他的情况,刚才已经谈到一些了。这五位主要人物从周敦颐(1017—1073 年)[1] 开始,他是一名宁愿从事哲学研究而不愿跻身高官阶层的学者[2] 他的一个友人程珦有两个儿子,大的叫程颢(1032—1085年)[3],小的叫程颐(1033—1107 年)[4],两人都享有哲学家的盛名。五人中的第四个成员是程氏兄弟的表叔张载(1020—1076 年)[5],他可能是把道教和佛教中可接受的因素引入理学思想中最起作用的人[6]。最后是朱熹(1131—1200 年)[7],中国历史上最高的综合思想家。他对道教和佛教的研究与实际运用究竟达到什么地步,我们不知道[8];但可以肯定,他对这两种体系深有造诣,经常引用它们学说中的成分,并把其中的一些融汇到他所建立的哲学综合里去。他在仕途上屡经波折,时而得宠,时而辞官隐退并被剥夺了荣禄。他本人有大量著作,善于编纂别人的研究和写作,行文异常流畅[9],坚定不移地忠实于一种明白确切的世界观——这一切无疑使他成为整个中国思想发展史中最伟大的人物之一。佛尔克[10]曾列表比较朱熹和一些西方人物,其中包括亚里士多德、托马斯·阿奎那、斯宾诺莎、莱布尼茨和斯宾塞等人,这种对比并无荒唐之处,它是对朱熹的赞扬。我认为,圣·托马斯和斯宾塞两个人与朱熹最为相当,前者是因为他毕竟是中世纪的人,对于有着漫长历史的种种信念进行了系统化的工作,而不是进行激烈的改革或取而代之;后者是因为他毫不妥协地确认一种彻底的自然主义宇宙观,更使人惊奇的则是,当时还缺乏对自然界的实验的和观察的可靠知识作为广阔的背景,这种背景曾使斯宾塞的论断即使不为人所接受,也能为人所理解。确实,我要提出朱熹的哲学基本上是一种有机主义的哲学,而宋代理学家主要是靠洞见而达到一种类似于怀特海的立场,但却不曾经历过相当于牛顿和伽利略的阶段。因此,他们可以与战国时期墨家的和道家的思想家并列,这两家可以说已经获得了辩证逻辑的光芒,并不经历亚里士多德

---

1) G425; Chou I-Chhing (1); Bruce (2), p.18; Forke (9), p.45; 传记见 Eichhorn (2)。

2) 本书一般不提人物的字或其他别名,但人们提到宋代哲学家时,经常引用他们的字或号,因此,这里就需要注出。也许周敦颐更为人所知的名字是周濂溪,或濂溪。

3) 学者称明道先生 G278; Bruce (2), p.41; Forke (9), p.69; Graham (1)。

4) 学者称伊川先生 G280; Bruce (2), p.45; Forke (9), p.85; Graham (1)。

5) G117; Bruce(2), p.50; Forke(9), p.56。人们常称他为张横渠。

6) 对于英国人来说,引人注目的是:所有这些哲学活动(正如我们将要看到的,他们都具有如此显著的近代的和科学的色彩)都是在诺曼人征服英国的时代进行的。

7) 字元晦。G446; Bruce (2), p.56; Forke(9), p.164。

8) 勒·加尔[le Gall(1), p.9]和卜道成[Bruce(2), p.63]探讨过这个问题。参见 Graf(2), vol.1, p.214。

9) 任修本[Warren (1)]说得好:"他的文句是真正的结晶。"理学家的"唯理论"甚至在文风方面也是明白晓畅的。他们的论述常以"只是"开始。

10) Forke(9), pp.199ff.。格拉夫[Graf(2), vol.1, pp.246ff., 256ff., 262ff., 279ff.] 把朱熹和阿奎那与斯宾诺莎作了极为详细的比拟,他把朱熹的"仁"比作西方的"智性爱"(*amor dei intellectualis*, pp.285,286)。

和经院哲学家的逻辑学就预先宣告了一定会产生黑格尔[1]。能够使人心目中产生这样的对比,这本身就是对中国人的成就的最好评价;不过,我们所知的近代自然科学之所以能够产生,或许并不是由于这些人天才横溢的缘故。

459　　　明代永乐皇帝于 1415 年把理学家的著作汇编成书,名为《性理大全》。18 世纪康熙皇帝时,又将此书缩编成更精炼的《性理精义》一书[2]。哲学家们的生平细节和语录见于清代写成的《宋元学案》一书。另一部理学家著作选集为 1536 年吕柟编选的《宋四子抄释》。

近代著作中对宋代哲学的论述,最为可读的是冯友兰[Fêng Yu-Lan(1),vol.2]的著作,该书已由卜德译为英文[3]。一部更简短的中文著作是贾丰臻的《中国理学史》。

下面在遇到理学家时,我们将要继续论述其中次要人物的著作,但在进一步讨论之前,必须先说一下朱熹本人所写出的主要著作。朱熹在他的一生之中,从 1159 年至 1188 年期间,写了大量的书[4]。有些是注释他直接前辈人的著作,如 1176 年写成的《近思录》[5]。在此之前三年,他还写过一篇论述周敦颐的《太极图说》的极短的名文《太极图解义》。鉴于在该文中可发现有化学思想的痕迹(译文见下文 pp.462,463),我们认为,朱熹写的魏伯阳《参同契》评注是值得注意的;该书题名为《参同契考异》,刊行于 1197 年。魏伯阳的论文写成于 2 世纪,在炼丹术史上有着头等重要性(见本书第三十三章)。在朱熹这位大哲学家于 1200 年死后的半个世纪期间,许多学者收集了他谈话的语录,他的著作,特别是他写给许多门生和

460 反对者的书信[6]。黎靖德于 1270 年把这一切都汇编成《朱子语类》[7],后来又编成《朱子文集》。1713 年,康熙皇帝诏令选编他的哲学见解,于是编成为《朱子全书》[8]。

---

1) 另有些人也领会到这一点,虽然他们并不都喜欢它。参见 Bernard-Maître(2),p.37。

2) 戴遂良[Wieger(2),pp.198ff.]从上述两书中译了 50 页左右,但照例没有注明原文的确切出处或作者姓名。然而浏览一下,也可以向那些不能得到或不能阅读原文的人表明,本章下文所述的主要思想是怎样由后世或二三流的理学家们所发展起来的。

3) 第十三章"论朱熹"的译文是单独发表的,见 Bodde(3);第十章"论理学家所受佛教与道教的影响"的译文也是单独发表的,见 Bodde(4)。

4) 详见 Forke(9),pp.169,170。有些署名朱熹的著作当然是由朱氏主持编纂的大型作品,例如前面[本书第五章(a),第六章(h)]已经一再提及的历史简编《通鉴纲目》。

5) 此书由格拉夫[Graf(2)]译为德文,并有详尽而精辟的分析。原书由吕祖谦和朱熹合著,可看作理学的"纲要"。

6) 详见 Wylie(1),p.68。

7) 在本书中的缩略代号为 CTYL.

8) 在本书中的缩略代号为 CTCS.

(2) "太 极"

周敦颐与其说是一位作家,倒不如说是一位导师,他没有留下什么著作。他的名望全靠一篇极短的宇宙图解《太极图说》,朱熹把它当作自己思想的基础,以类似的题目写了好几篇述评[1]。图48即周敦颐的图解。他的说明如下[2]:

(1) 无极,可是(它本身)是太极。

〈无极而太极。〉

(2) 太极动而产生阳。动达到它的极限则静。静时太极就产生阴。静达到它的极限就复归于动[3]。动静交替,互相为对方的根本。阴阳各尽其职责("分")[4],于是就确立了两种力("两仪立")[5]。

〈太极动而生阳。动极而静。静而生阴。静极复动。一动一静,互为其根。分阴分阳,两仪立焉。〉

461

---

1) 这些著作的目录容易引起很大的混乱,因此需要略加解释。我们这里谈的有:(1)图本身,即《太极图》,(2)周敦颐本人对此图所作的哲理说明,即《太极图说》。朱熹对《太极图》写的一篇解释性的说明,即(3)《太极图解义》,该文前面还有(4)一篇序言。但他还写了一篇对《太极图说》的哲学评述,即(5)《太极图说解》,或《太极图说注》,并有一篇附录,即(6)《太极说》,以及为周敦颐的著作所写的跋,即(7)《太极图通书后序》。这里与我们有关的是(1)、(2)、(3)和(5)这四种。除这些著作外,朱熹关于太极图的哲理讨论的语录(8)载于诸如《朱子全书》(卷四十九,第八页以下)[译文见 le Gall(1),pp.99 ff.]和《宋元学案》(卷十二,第一页以下)等书,后者引录了朱熹和陆象山之间那次有名的讨论(参见下文 p.508)。

上述原文在下列资料中很容易找到(除大部头的《性理大全》的卷一外)。《性理精义》(1717 年钦定,李光地编)所编印的资料次序如下:(1)见卷一第一页,(1)和(3)见条二页以下,(2)见第四页以下,在段落间插入了(5)和从(8)所辑录的《集说》;接着以(6)殿后,见第十五页以下。《宋四子抄释》以(1)、(3)和(2)的顺序作为周敦颐那部分的开头,再加上(7)在第十四页以下。《宋元学案》只有(1)和(2),见十二第一页。《晦庵先生朱文公集》卷六十七有(6)(《四部丛刊》本,第 1142 页);卷七十五有(7)(《四部丛刊》本,第 1389 页);《近思录》卷一以(2)和(5)开始。

译者们往往没有指出原文的确切性质。早在 1876 年,加贝伦茨[V.d.Gabelentz(2)]就采用满文本和汉文本,将(4)(见 pp.11 ff.)、(1)、(2)和(5)(见 pp.30 ff.)以及(6)(见 pp.82 ff.)译成德文,他的译文至今仍然受到重视。佛尔克[Forke(9)]仅将(2)译成另一种德文本。大家熟知的卜道成[Bruce(2)]的英译本译出了(1)和(2)(见 pp.128 ff.)以及(3)(见 pp.132 ff.)。最近周毅卿[Chou I-Chhing(1)]把(2)和(5)一起译成了法文,并有中文对照(见 pp.154, 210 ff.)。我们译了(2)的全文和(3)的大部分。

2) 我们保留了佛尔克对各段所编的号码。两篇原文的译文即以上述各译本为基础,但不同于其中的任何一种。

3) 卜道成[Bruce(2)]更愿用活力(energy)和惰性(inertia),而不用"动"和"静"。这就提出了 20 世纪的人的头脑怎样接受 12 世纪的概念这一整个的问题。我认为,卜道成选用的词是过分斯宾塞式了,他把过分精确的观念硬加在周敦颐的文字上。

4) 请注意在前封建社会和封建社会中这一表示责任和利益的古字的用法;因此它和希腊文的 moira 很相似[见 Cornford(1),p.15]。参见上文 p.107。

5) 以往的译者喜欢把"仪"译作 Modes,但我们从来也未能理解这个词是什么意思。我认为把"仪"译作 Forces(力)并不过分。

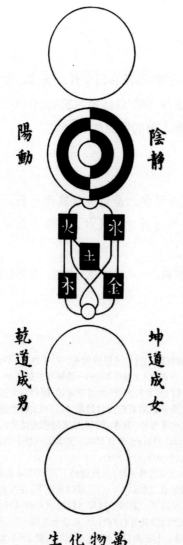

462

图 48 周敦颐(1017—1073 年)的《太极图》。
描述与解释见正文。

（3）阴与阳起反应（"合"）而变化
（"变"）[1]，于是产生水、火、木、金、土[2]。然后
五气和谐地散布开来，而四季便依序进行。

〈阳变阴合，而生水火木金土，五气顺布，四时行
焉。〉

（4）五行（相合就会形成）阴阳。阴阳（相
合就会形成）太极[3]。太极本质上（等于）无
极。五行一经形成，就各有其特性。

〈五行一阴阳也；阴阳一太极也；太极本无极也。
五行之生也，各一其性。〉

（5）无极的真（理）和两（仪）五（行）的精
髓以奇妙的方式互相结合（反应），随即凝固。
天之道完成了男性，地之道完成了女性。二气
（男性和女性）相互反应和影响（"交感"）[4]，就
变化而产生万物。一代又一代，它们的变化是
没有穷尽的。

〈无极之真，二五之精，妙合而凝。乾道成男，坤道
成女。二气交感，化生万物。万物生生，而变化无穷
焉。〉

（6）但是，只有人才能得到最美好的（质
体），并成为万物之灵。他的体（形）产生以后，
他的精神就发展出意识；（当）他的五性受刺激
而动，（于是便发展出）善恶的区别，于是出现了
成千上万种行为的现象[5]。

〈唯人也，得其秀而最灵。形既生矣，神发知矣，五
性感动，而善恶分，万事出矣。〉

（7）圣人以中庸、正确、仁爱和正义安排他们的生活。他们以不动心支

---

1) 由于"合"就包含"变"，所以，我们认为采用反应(reacting)一词来译"合"对周敦颐原话不致过于
牵强。

2) 请注意，这是宇宙演化序（生序）（见上文 p.257）。

3) 这是理学家与佛教之间的一大分歧点。无极或太极并不是什么"空"（梵文作 *śūnya*），因为它具
有并且能展示阴阳五行的一切模式[参见《朱子全书》卷四十九，第十四页，译文见 le Gall(1)，p.109；冯友兰
(*1*)，译文见 Bodde(3)，p.14；Fêng Yu-Lan(1)，vol.2，p.538]。

4) 这里的比喻无疑是化学的（参见炼丹士的性的象征主义）。

5) 良好的进化理论，健全的胚胎学。

配自己的态度,建立起人类所能达到的最高准则。因此,"圣人之德与天地之德相合[1],他们的光辉与日月的光辉相合,他们的行动与四季相合,他们对祸福的支配与对鬼神的支配相合。"[2]

〈圣人定之以中正仁义而主静,立人极焉,故圣人与天地合其德,日月合其明,四时合其序,鬼神合其吉凶。〉

(8) 君子之福在于培养这些美德;小人之祸则在于反其道而行之。

〈君子修之,吉;小人悖之,凶。〉

(9) 因此才说:"表示天之道,我们就用阴阳,表示地之道,我们就用柔刚[3],而表示人之道,我们就用仁义。"又说:"如果我们追溯事物的起源并跟踪到底,我们就懂得一切有关生死所可能说的话了。"

〈故曰:"立天之道,曰阴与阳;立地之道,曰柔与刚;立人之道,曰仁与义。"又曰:"原始反终,故知死生之说。"〉

(10) 伟大的易(经)!(在一切叙述中)它是最完美的了。

〈大哉易也,斯其至矣。〉

在谈到这一说教真正属于信条性的陈述的意义之前,应先提一下 1173 年朱熹的注解。这部《太极图解义》是铨释太极图的,而周敦颐并没有直接提及过它。

(a)最上面的图形表示所谓的"无极而太极"。这就是产生阳(力)的动和产生阴(力)的静的本体[4]。

〈此所谓无极而太极也,所以动而阳,静而阴之本体也。〉

应该把它看作既离不开二力[5],也不等于二力。

〈然非有以离乎阴阳也,即阴阳而指其本体,不杂乎阴阳而为言耳。〉

(b)第二个图形的同心圆象征着动生阳和静生阴。中心的整圆象征着做出这种事的本体(相当于第一个图形的圆)。左侧的那个半圆表示产生阳的动;这就是太极动("行")时的作用("用")。右侧的半圆表示产生阴的静,这就是静("立")时的实体("体")。右半圆是产生左半圆的根,反之亦然(即阳生阴,阴生阳)。

〈同心圆此"〇"之动而阳,静而阴也。中"〇"者其本体也。左半圆者,阳之动也,"〇"之用所以行也。右半圆者,阴之静也,"〇"之体所以立也。右半圆者左半圆之根也,左半圆

---

1) 对人类最高价值所作的一种自然主义的描述。

2) 引自《易经·文言·乾》,译文见 Wilhelm (2),Baynes 英译本 vol.2,p.15;Legge (9),App.IV。

3) 采用的是邵雍体系的术语。

4) 可能是借用佛经的术语。通常都把梵文的 ātmakhatva, dharmatā 译作本体。参见下文 p.481。

5) 很可理解的是,卜道成[Bruce(2)]强烈地感到了这一说法的教条性质,以致他在前一个例子写的是"不可与之相混",在第二个例子则写的是"列队前进";但我们当然要排斥西方神学的这种入侵。

者右半圆之根也。〉

(c)第三个图形象征阳阴二力互相结合的变化[1]，从而产生五行。从左至右的对角线象征着阳的变化，从右至左的对角线象征着阴的结合。

〈"第三图此阳变阴合而生水火木金土也。'乀'者阳之变也，'丿'者阴之合也。〉

水是阴占优势（"阴盛"），所以位置在右。火是阳占优势（"阳盛"），所以位置在左。木和金分别为阳和阴的不同状态（字面的意义为嫩芽，"稚"），因此，被置于左右的火水之下[2]。土是混合性气（"冲气"），所以置于正中。火水位置上面的线条交叉，表明阴生阳和阳生阴。（它们相生的次序是用连接五行的交叉线来表示的。）水继之以木，木继之以火，火继之以土，土继之以金，然后又是金继之以水，处于一种无穷无尽、永不休止的循环[3]；于是五气散布，而四时往复。

〈水，阴盛，故居右。火，阳盛，故居左。木，阳稚，故次火。金，阴稚，故次水。土，冲气，故居中。而水火之乂交系乎上，阴根阳，阳根阴也。水而木，木而火，火而土，土而金，金而复水，如环无端。五气布而四时行也。〉

(d)五行都来自阴阳（二力）。五种不同的东西（配合为）两种实体，毫无过分或不足[4]。而阴阳（完善地复归于）太极，没有哪一个比另一个更精或更粗，更为根本或更不根本[5]。

〈第一、二、三图，五行一阴阳，五殊二实无余欠也。阴阳一太极，精粗本末无彼此也。〉

太极本质上与无极相同。它无声无臭，宇宙之中无所不在。五行一旦产生，就各有其特性。既然这些气不同，所以（表现它们的）实质（"质"）也就不同。每一种都有其完整性，这一点是不能否认的。

〈太极本无极。上天之载，无声臭也。五行之生，各一其性。气殊质异，各一其"○"，无

---

1) 在我们看来，这又是对于两个反应物的相互作用产生出新性质这一概念的明确说明——这个思想是属于化学方面的。

2) 木和金的性质次于水，这一思想似乎可追溯到写《关尹子》的那位唐代道家（见《关尹子·一字篇》，第九、十二页）。

3) 注意，这是相生序（参见上文 p.257）。

4) 这是极其有趣的一段。过分和不足的观念在亚里士多德生物学思想中有着重要地位，这已在达西·汤普森[d'Arcy Thompson(1)]的一篇精采的论文中提到。这里的想法可能是：如果能够把五行结合起来（例如，或许是在每一次宇宙循环的终结时那样，见下文 p.486），那就会构成阴阳整体，绝不会有所欠缺，也不会有所多余。这是很可能的，因为朱熹显然遵循着与周敦颐的第(4)段相反的论证。但这话可能带有五行之中的每一行除了阴阳而外决无任何其他东西的意思[当然，正如上面(c)所谈的，是按不同比例的]，因为既然这句话没有动词，所以就可以把"由……所组成"插进来代替"配合为"。有一种很引诱人的译法："五种（东西）虽然不同，但每一种都有着这两种实体，毫无过分或不足。"但这种译法蕴含着它们不同的特性乃是由于"立体异构"的排列不同——而我们以上刚谈过，五行中的某些行要比其他的行"多一些阴"。关于一般的原则，见下文 p.566。

5) 或译作"二者没有一个更精或更粗"。

〈假借也。〉

下面的小圈由四条线和上面的五行相连结,表示无极,一切都玄妙地统一于无极之中,这确实又是不能否认的。

〈此无极,二五所以妙合而无间也。〉

(e) 第四个图形表示(充塞于宇宙的呈现为)(天)男性("乾")和(地)女性("坤")之道的(阴阳二气的运转),它们各有其(自己的)性质,但(都复归于)一个太极(如再次出现原来的圆所表明的)。

464

〈"○",乾男坤女,以气化者言也,各一其性,而男女一太极也。〉

(f) 第五个图形表示万物以其明显可感的形式而诞生与变化,各有其自己的性质。但(又如原来的那个圆的再现所表明的)万物全都复归于一个太极。

〈"○",万物化生,以形化者言也,各一其性,而万物一太极也。〉

下面还有一页是专讲太极图在伦理学和人事方面的应用,此处从略。

周敦颐的信条中最引人注意的陈述是其中的第一段。从理学家们努力发挥他们的思想时起,在理解这五个组成警句的字的含义方面一直是有困难的。现在,大家都同意"而"这个词是一个连系动词,表示的不是时间的先后,而是悖论的同一。这句开场白,实质上是一种结合道家思潮和儒家思潮的一种综合哲学的陈述,这一点也是很清楚的,因为"无极"来自《道德经》[1],而"太极"则是《易经》中的一个成语[2]。朱熹本人重新肯定了这种同一性,他说,无极不是太极之外的某种东西[3]。太极也不是世界之外的某种东西;它构成万物,并且,寓于万物之中[4]。加贝伦茨用他的"无原则,因而是原始的原则"忠实地表达了这一陈述形式。但没有表达出全部的内容。岑克尔[5]提到了雅各布·贝姆(Jacob Boehme)的"无基础而又是原始的基础",但这是神秘的有神论的说法,而且说得太多了。其他的译者则偏爱"极"字的"极限"的意思,结论就用"无边无际! 因而也就是最高的终极"之类的措词。但是,虽然"无限"[6]是"无极"的一种可能的(和通常的)含义,却把"极"[7]不仅作为任何界限,而且也作为界限上的一个极点或焦点这样一层重要意思给漏掉

1) 《道德经》第二十八章[参见 Waley (4), p.178]。

2) 《系辞上》第十一章;译文见 Wilhelm (2), Baynes 英译本 vol.1, p.342; Legge (9), App.III。但也见于《庄子》第六篇[Legge (5), vol.1, p.243]。

3) 《太极图说解》第一段[v.d.Gabelentz (2), p.33; Chou I-Chhing (1), p.155]。

4) 《朱子全书》卷四十九,第九页[le Gall (1), p.101]。

5) Zenker (1), vol.2, p.216;参见 Forke (9), p.50。

6) 卜道成[Bruce (2), p.128]和勒·加尔[le Gall (1), p.112]的译本均用此词。但朱熹在给陆象山的著名的信中(《朱子全书》卷五十二,第四十八、五十页)解释说,周敦颐的"无极"并不含有老子和庄子的主义,他所用的"无极"的意思是:"并不特定在某处,但无形之中又无处不在。"("无在而无不在。")

7) 可惜"极"(K910)字的语源不明。

了。周毅卿意识到这一点，便写作"无顶点——而又是最高的顶点"，但是，即使"顶峰"或"屋脊"[1)]，也未能考虑到这样一个事实："极"，自古以来就是一个术语，指天文上的极[2)]。整个人类宇宙是绕着北极星旋转的。

465　　　　我们有可能从宋代后期的理学家之一饶鲁对《太极图说》的注释中进一步追踪这种思想。他写道[3)]：

> "太极"一词表示普遍模式的尊严（"天理之尊"）[4)]。"极"字的意思是轴或枢，结或纽，根或底（"柢"）[5)]，正如我们在通常用语中所说的"枢极"或"根极"。……"太"字的意思是，大到不可能再加上任何东西[6)]，表示它就是宇宙的大枢和大柢。但凡是以极命名的东西，如北（天）极、南（天）极、屋极、商邑[7)]或四极（四方），都有可见的形状和可指出的位置，只有这个"极"是无形的，并且与空间无关[8)]。因此，周子加上了"无"字（"无极"），表明它并不（限于）任何形式，诸如枢纽或根柢那样[9)]，然而它又确实是宇宙的大枢纽和大根柢。[10)]

> 〈所谓太极者，盖天理之尊号云尔。极者，至极之义，枢、纽、根、柢之名。世之常言所谓枢极、根极是也。……太者，大无以加之称，言其为天下之大枢纽、大根柢也。然凡谓之极者，如南极，北极，屋极；商邑，四方之极之类，皆有形状之可见，方所之可指。而此极独无形状，无方所。故周子复加无极二字以明之，以其无枢纽根柢之形，而实为天下之大枢纽、大根柢也。〉

当朱熹在谈话中把太极比做他桌上烛台的中心纵轴时[11)]，他心目中想到的可能是极轴。

那末，用我们所能理解的话来说，这些宋代哲学家到底肯定些什么呢？那肯定是把整个宇宙当作单一的有机体这一概念。我们必须把"极"认作是一种有机体的中心。古代的自然哲学家毕竟无法确定天文学上的极只不过是几何学上的一个

---

1) 是朱熹自己提到"如屋之有极"的，见《朱子全书》卷四十九，第十三页[le Gall (1)，p.107]。

2) 见本书第二十章(e)。

3) 《性理精义》卷一，第五页。

4) 朱熹也是这样说的，见《朱子全书》卷四十九，第八页[le Gall (1)，p.99]。

5) 这四个字朱熹都用过，见《朱子全书》卷四十九，第十一页[le Gall (1)，p.103]，以及《太极图说》第一段[Chou I-Chhing (1)，p.155]。

6) 参见《朱子全书》卷四十九，第十八页[le Gall (1)，p.118]。

7) 《诗经》中有一首诗[《商颂·殷武》；Karlgren (14)，p.266，no.305]称商邑是整个世界的中心（"极"）。

8) 这是朱熹经常强调的，例如《朱子全书》卷四十九，第十一页[le Gall (1)，p.104]；卷五十二，第四十八页。

9) 朱熹经常说到它的非物质性，例如，《朱子全书》卷四十九，第十一页；《太极图说解》第一段。

10) 由作者译成英文，借助于 Bruce (2)，p.134。这里的思想接近于"巨大的原动力"（Great Motor）的观念，并使我们想起亚里士多德的"不动的运动者"（Unmoved Mover）的概念（请同时参见上文 p.322）。

11) 《朱子全书》卷四十九，第十三页[le Gall (1)，p.108]。

点;在他们看来,那就是他们能够想到的最接近于世界中轴线本身这种意义了,而人间帝王的地位就是按照它的形象而建立起来的。道家的"无极"则是肯定真正的全部的世界并不有赖于这种基点,因为它的每一个部分都轮流地处于主导地位,正如我们从庄子关于四肢百骸的比喻(见上文 p.52)以及从许多道家所引徵的不自觉的(自主的)生理过程所看到的。另一方面,儒家的"太极"则是对赋予宇宙整体并无处不在的内在力量的认同[1]。用这样一些说法,我们今天也许会想到诸如熵的增加这样一种宇宙过程。于是,我们得到的世界概念确实就是:它是一个单一的有机体,其中任何一个特定的部分都不能被认为是永远"居于控制地位"。

466

现代人的头脑已习惯于用这类术语进行思维(或者有意识地不进行思维),世界早已充满了极、焦点和中心——漩涡、磁场、笛卡尔的松果腺,还有细胞与细胞核、胚胎组织及其感应中心、战争或和平活动的社会控制中心。但是,它们从属于它们所构成的机体,而不凌驾于其上。朱熹写道[2]:"如果有人窥探它的奥秘,太极似乎是没有任何安排者[3]迹象的一片杂乱无章的荒野("冲漠无朕"),然而动静阴阳之理(基本模式)却全都包含在内。"("自其微者而观之,则冲漠无朕,而动静阴阳之理已悉具于其中矣。")

无数更小的机体也包含在内,而且实际上构成了它。有些机体比其他机体具有更高的组织。事实上,世界对于理学家并不比对于现代有机论的哲学更加未经分化;它表现为一系列综合性的组织层次,一个层次的整体乃是再一个层次的一部分。对这一概念的明确陈述见于《太极图说》第九段,其中指明在它们所属的层次之外另立范畴是行不通的。人类的最高价值虽然完全是自然的,但只有与人类这一层次有关。

在理学家的著作中,甚至有可能找到表示"组织层次"的术语。在《近思录》中我们读到[4]:

> 天地的大模式中没有任何事物是孤立的,每一种事物必然有它的对立面("对");这是自然而然的,不是任何(有意)安排的结果。我常常在夜里思索这一点,不禁感到深沉的喜悦。

> [注] 有人问:"太极怎么能有对立面?"(哲学家)答道:"阴阳就是太极的

---

1) 朱熹写道:"太极位于万物的中心,而不是万物的中心"[《朱子全书》卷四十九,第十八页;le Gall (1),p.118]。但它又像空间一样广大,像时间一样永恒[《朱子全书》卷四十九,第十三页;le Gall(1),p.108]。参见帕斯卡所说:"它就是一个球,处处都是球心,没有哪里是球面"(Pensées, vol.1, p.134)。

2)《太极图说解》第二段[v.d.Gabelentz(2),p.40;Chou I-Chhing(1),p.156]。

3) 这里的"安排者"("朕"),是用皇帝自称的复数来表示的。

4)《近思录》卷一,第十五页(第二十五段)。

对立,因为太极是一切形象中的不可见的道,而阴阳则是(构成一切形象的)可见的器。因此显然有(我们所谓的)'横对'。"[1]

〈天地万物之理,无独,必有对。皆自然而然,非有安排也。每中夜以思,不知手之舞之,足之蹈之也。

问:"太极便对甚底?"曰:"太极便与阴阳相对。此是形而上者谓之道,形而下者谓之器,便对过却是横对了。"〉

这里的思想显然涉及《太极图》中两个不同层次的关系。但是开头一句却奇妙地预示了怀特海的"领悟"(prehension)[2] 和黑格尔的对立和否定。

总之,太极与无极的同一性(我们可以说)是承认两件事情:第一是存在着决定物质-能量的一切状态和转化的普遍模式(理)或者场;第二是这个模式(理)无所不在。动力不可能局限于空间和时间的任何一个特定的点。组织的中心和有机体的本身是同一的。

当我们进一步考察这一精心表达的自然体系时,我们不能不承认宋代哲学家所研究的概念和近代科学上所用的某些概念并无不同。宇宙中的两种基本力这一观念,无疑地是古代对人类和其他物种的两性加以实体化,可能是受了伊朗类似的(虽然很不相同的)二元论的影响;当然,宋代思想家不过是把它的逻辑结论绘成图表而已。但是我们越是阅读他们的著作,就越发觉得他们已洞察到(尽管可以承认像是通过透镜一样的模糊)物质有着根深蒂固的两个方面,那在吉尔伯特和伏打(Volta)的实验里就表现为正电和负电,而在我们自己的时代里则又证明是以质子与电子这类形式构成一切物质粒子的成分。这当然是宋代哲学家所无法表达的事,然而他们却具有一种真正的洞察力。在这里,中国人又射出一支箭,落在后来玻尔和卢瑟福的立足点附近,但却从未达到过牛顿的位置。

另一种鲜明地呈现在理学家言词中的深刻信念是,自然界是波浪式地在运作着。两种力的每一种轮流上升至其顶点,然后消退,让位给对方;再者,它们互相在生成,那方式使人联想到近代辩证哲学家所阐明的"对立物的相互渗透"。他们经常提到动与静在交替的周期内出现,动上升到最高程度然后又回到零点[3],这表达了一种合法的科学抽象。在本书第二十六章(b)谈论物理学时,我们将对中国作为波动概念的发源地再加以更仔细的观察。

---

1) 由作者译成英文,借助于 Graf(2), vol.2, p.71。参见《二程全书·河南程氏遗书》卷十一,第三页。

2) 例如,见 Whitehead(2), pp.197, 226, 232。

3) 其后,朱熹采用了"继"这个术语来表示动的最高点和最低点[见《朱子全书》卷四十九,第二页;le Gall(1), p.85]。

第三,我们在上述引文中已经看到由于反应而产生新事物的一种相当清楚的概念,我们几乎可以毫不犹豫地称之为化学反应。上面已经提到,有一处确实是用上炼丹术的象征主义。丁韪良[Martin(5,6)]在距今约一个世纪以前所写的而现在仍然值得一读的论文里说,理学是比笛卡尔早四百年的笛卡尔主义,这话并不是不中肯的。人们常常说,在理学家之前中国并没有严格意义上的形而上学;但是我们可以声称,如果理学家确实介绍了形而上学,那是和物理学相一致的一种形而上学。

《太极图》也许是起源于道家。有人认为它是五代时著名的《易经》诠释者陈抟(卒于 989 年)[1] 所创作的,并通过种放和穆修而传给周敦颐。这大概是很可能的 [2]。但甚至于更早以前,在 8 世纪初期的道教著作《上方大洞真元妙经图》[3] 中,就能找到一张和周敦颐的很相似的图。佛教的影响则可能是从周敦颐的老师寿涯那里传给他的。

468

另一部现存的周敦颐的著作《易通书》[4],乍看起来完全是涉及远离自然科学的伦理学问题的——圣人及其在社会中的作用,他的智慧、礼、乐等等。该书的论证围绕着"诚"这个术语,此字的通常意义是"真诚"(sincerity)。但这里它所指的,显然要比这个字在人类社会层次上的通常伦理学涵义更多一些,而且确实已被提高到宇宙原理的级别上了 [5] 人们可以找到更早的类似情况,如《荀子》一书里的"礼"字在宇宙论上的用法 [6]。这一点需要进一步阐述。

《中庸》用双关语说 [7]:"一个诚者就可以完善自己。"("诚者,自成也。")这就提示着,诚本质上是个人天生的一种品质,而不只是由个人之间的关系所产生的。因此,倒不如说这个问题是:什么可以称之为"正直",可以称之为对己真诚,既不自

1) G257。参见上文 p.442。见 A.C.Graham(1)。

2) 据记载,周敦颐曾为一个道观写过如下一首短诗刻在石上,文中提到了陈抟:"读了'英真君的不死之药'的教导时,我就领悟了阴阳的创造机制,我同意希夷(陈抟)的观点。(所以)婴儿从其母体中出来,就能获得主宰。如精和神能够彼此一致,那末甚至最深邃的奥秘也可以通晓。"("始观丹诀信希夷,盖得阴阳造化机。子自母生能致主,精神合后更知微。")[见《周濂溪先生全集·读英真君丹诀》;参见 Chou I-Chhing(1),pp.53,190]。

3) TT434。

4) 译文见 Grube(5);Eichhorn(1);Chou I-Chhing(1)。

5) 周毅卿[Chou I-Chhing(1),特别是 pp.93,101,102]对此曾作过有趣的专门研究,我尽可能沿用了他的观点。汉学家们认识到"诚"这个字的意义不能局限于伦理学的层次,于是就有了各种译法,例如"完美"(perfection)[Wieger(4)],"真实"(truth)[Bruce(2);Zenker(1)],"实在性"(realness)[Hughes(2)],"真实性"(Wahrhaftigkeit,veracity)[Grube(5);Eichhorn(1)],等等。如果目前这种译法(sincerity)可以接受,那末以上这些译法就都可以抛弃。这种译法是顾赛芬(couvreur)和理雅各所称许的,但这个字既是如此之难译而又如此之重要,所以或许应该像"道"和"理"一样,仅只保留音译。我们就是这样做的。

6) 参见上文 pp.27,283,287 ff.。

7) 《中庸》第二十五章[Legge(2),p.282]。

欺,也不逆自己真正的本性而动[1]。《中庸》又说[2]:"诚是天道,而使自己诚则是人道。"("诚者,天之道也;诚之者,人之道也。")这表明它超越了人的范围。天有"诚",因为它忠实地遵循着它的真正的本性,而不违背它的"道"做任何事情。它完全是它自身。这样,我们就意识到,当它的每个机体以绝对的精确性完成了它对自身所属的更高一级的机体应尽的功能时,也就达到了"诚"[3]。只有遵循它的内部法则和光明时,才能做到这一点[4]。这种事物状态是近代的有机论哲学家非常熟悉的,但似乎并没有为它采用什么专门名词。

469

"诚"的概念作为一种宇宙原理,似乎无可避免地出现在《中庸》一书中,这部书的一些部分很可能是早在公元前 5 世纪写的[5]。例如,其第二十六章的开头是:

> 因此,至诚是(一刻)也不停息的[6]。如果是这样,它就必定能在时间上延长;如果时间能延长,就能显示征兆;如果能显示征兆,就能在空间长度上延伸("悠远");如果能在长度上延伸,就能在深度上延伸("博厚");如果能在深度上延伸,就能在高度-可见度上延伸("高明")。这种在深度上延伸的品质,就使得物质事物成为(从下面)可以载负的;这种在高度-可见度上延伸的品质就使得各种事物成为(从上面)可以覆盖的;而时间上的延长则使事物有可能完成。这样,深度与地相配,高度-可见度与天相配,空间加时间则构成无限性("无疆")。诚的性质既然如此,所以它是看不见的,但又是清楚可见的;它是不动的,但又(引起)变化;它不采取任何行动("无为"),但却使(一切事物)得以完成。[7]

> ⟨故至诚无息。不息则久,久则征,征则悠远,悠远则博厚,博厚则高明。博厚所以载物也,高明所以覆物也,悠久所以成物也。博厚配地,高明配天,悠久无疆。如此者,不见而

---

1) 这一点在美学上往往被认为是根本的。例如,我们不喜欢看到用钢筋混凝土依样仿制木器。这种材料对于它自身是不真实的。参见 Collingwood(1),p.65。然而在工艺上,总是有一种倾向要以新材料所制物品的形状来模仿旧材料所制物品的形状。这类物品,考古学家和民族学家称之为"仿形器"(skeuomorphs)[见 R.U.Sayce(1),pp.80 ff.]。人们起初是用青铜仿石器;用陶土仿柳条筐或牛角等等。我们很想知道这种审美判断究竟是否构成了中国哲学思想家的部分背景。

2)《中庸》第二十章[Legge(2),p.277]。

3) 中国思想家肯定已经把它应用于天体运行之类的自然运动。太阳并不去"驱散阴影",也没有把月亮赶出天外。当时刻到来的时候,月亮就知道怎样谨慎地退去。给人印象更深刻的是太阳也是如此。参见上文 p.283。

4) 周毅卿[Chou I-Chhing(1),p.97]提示说,这一概念可以解释争论已久的孟子(《孟子·公孙丑章句上》第二章)的"浩然之气"一词,即孟子感受到在他体内动荡着的巨大的宇宙之气。这一段的上下文可以支持这一观点。基督教世界的人所谓的"顺从神意"在中国人的思想中或许大致可用"仁义是大自然的一部分"来表示。

5) 最早的篇章据称是孔子的孙子孔伋(子思)所写的。

6) 上面刚提示过,"诚"是事物的始终,也是事物的基础。

7) 译文见 Hughes(2),p.132,经修改。

章,不动而变,无为而成。〉

当然,理雅各[1]遵循着后期的注疏者,把"诚"当作是纯粹人类心理意义上的"真诚",并运用这些来表现圣人的品质和德行。但是,"诚"作为无孔不入的一种有机原理的这种地位似乎太明显了而无法忽视。

"诚"的宇宙论意义在十五个世纪以后,在《易通书》的许多地方得到了发展。正如第一卦(乾)象征着万物的开始,它也是"诚"的起源[2],是随着万物而出现的[3]。("大哉乾元,万物资始,诚之始也。")。它是某种纯洁完善的东西("纯粹")[4],它在行动中并不施加任何力量("无为")[5]。它是(或者产生)一切善与恶的胚芽("几善恶")[6]。它像"道"一样具有一种德,把私爱转变为博爱,把正直转变为公义,把自然的人类模式("理")转变为社会秩序("礼")[7]。诚所以是圣贤的基础,其原因就在于此[8]。它向外扩张,就引起了开始和发展。它收缩时,就留下了永久的收获[9]。静止时,它仿佛并不存在。行动时,它的存在就显示出来[10]。正像使自身适应诚的影响的个别模式一样,诚属于宇宙中不可见("神")的事物范畴。   470
周敦颐对此下了一个十分辩证的定义[11]:

> 凡是动则不静、静则不动的东西,就可以称之为物质的事物("物")。凡是动而同时又不动或静而又不静的东西,就可以称之为精神的原则("神")。这样的东西既不是不动的,也不是不静的。物质的事物并不渗透到一切地方。精神的原则则是世界的奥秘和其中的一切。[12]

〈动而无静,静而无动,物也。动而无动,静而无静,神也。动而无动,静而无静,非不动不静也。物则不通;神妙万物。〉

我们应该称之为"组织关系"。周敦颐又写道:"蕴育在不可见的微粒之中而(同时)充填了无限空间的广阔领域的,是精神的东西。"[13]("发微不可见,充周不可穷,之谓神。")他还说:

---

1) Legge(2),p.283。

2)《易通书》第一章[译文见 Chou I-Chhing(1),p.163]。

3)《易通书》第一章[译文见 Chou I-Chhing(1),p.164]。

4) 请注意,这里使用了古代道家的术语,参见上文 p.106。

5)《易通书》第三章[译文见 Chou I-Chhing(1),p.166]。

6)《易通书》第三章[译文见 Chou I-Chhing(1),p.166]。

7)《易通书》第三章[译文见 Chou I-Chhing(1),p.166]。

8)《易通书》第一章和第二章。参见下文 p.507。

9)《易通书》第一章[译文见 Chou I-Chhing(1),p.164]。

10)《易通书》第二章[译文见 Chou I-Chhing(1),p.165]。

11) 鉴于我们在上文 p.424 所看到的佛教逻辑,这就不足为奇了。

12)《易通书》第十六章[译文见 Chou I-Chhing(1),p.174],此处系由作者译成英文。

13)《易通书》第三章(由作者译成英文)。

诚是灿烂的,因为它是纯粹的精神;

神是奇异的,因为它是灵验的;

几是隐晦的! 因为它极端地细微。[1]

〈诚精故明,神应故妙,幾微故幽。〉

如果这些概念真的是理学家的概念,那就应该有可能在朱熹的话里得到证实。的确,朱熹在他的《太极图说解》中写道[2]:"由于太极的活动,诚就进入了万物。"("其动也,诚之通也。")——于是万物就永远共同协作。有人[3] 觉得这种类似是如此之显著,因而提示说,周子也会欣然接受"无诚而太诚"这句话。这是因为虽然宇宙全然是自发性和非创造性,但它同时又全然是秩序("大化";"大顺")[4],那种崇高的秩序是由个体之间的和谐、各种有机体对自己本性的直觉的忠诚所产生的。

因此,我们将可看到,这是一种与自然科学密切相关的哲学的自然主义。它在一种含蓄的进化论体系之中,再一次融汇了道家的自然和儒家的道德世界[5]。

471　　这里可以再稍稍补充一下其他几个理学人物。程颢对佛教的"不朽"理论是怀疑的,但(在宋代的主要思想家之中只有他)表现出一种形而上学唯心主义的倾向[6](参见下文 p.507)。他在《二程全书》中说:"我在自己的身中包含着万物。"[7]("万物皆备于我。")他的弟弟程颐也有一些值得注意的科学观点,但他对我们这里所感兴趣的宋代哲学作为一个整体的那些方面并不十分重要[8]。

张载特别重视我们在本章中将经常遇到的一个概念,即一切事物和生物都是由"气"的凝聚过程而形成,并由"气"的离散过程而毁灭("气聚则物成,气散则物毁")。同样的术语就像王充在一千年以前所用过的那样,确实在思想上并无多大发展[9]。张载在《西铭》[10]一文的论述中显示出他的自然主义:"我的躯体是由与天

---

1)《易通书》第四章(由作者译成英文)。

2)《太极图说解》第一段[v.d.Gabelentz(2),p.36;Chou I-Chhing(1),p.155]。

3) Chou I-Chhing(1),p.102。

4)《易通书》第十一章[Chou I-Chhing(1),p.171]。周敦颐在这里用"大化"一词,几乎就是我们现在应该说的进步或社会进化,意思是说人们看不到它的足迹,也不知道它是怎么发生的,因为它是一种"神"(组织关系)的现象。

5) 周毅卿也承认这一点,见 Chou I-Chhing(1),p.142。

6) Forke(9),pp.76,77,78。

7)《河南程氏遗书》卷十一,第三页;参见卷二上,第十六页;卷二下,第六页。见 Graham(1)。

8) 见下文 p.568 以及本书第十九章(k)、第三十八章和第四十九章。

9) 王充用冰的形成和溶化作了相同的对比(《西铭》卷二,第六页)。

10) 译文见 Eichhorn(3)。

地相同的质料构成的,我的品性是属于主宰天地的那个组织(字面上是指导)原理的。"("故天地之塞吾其体,天地之帅吾其性。")早在朱熹用"理"一词作为宇宙组织的原则之前,张载就使用了"太和"一词,并且是在非常唯物主义的意义上使用的 [1]。他与其他理学家一样,认为世界上并没有超自然的东西 [2]。

朱熹本人完全接受了万物由普遍的"物质-能量"——即"气"——凝聚而成的这一概念。他在《朱子全书》中说,气"凝缩而形成固态物质"("气积为质") [3]。又说,气"能凝缩而形成具体的物体"("气则能凝结造作")。朱熹思想的新颖之处在于,他把凝聚过程与阴相联系,把离散过程与阳相联系。"阴气流行则为阳,阳气凝聚则为阴。" [4]。因而阳(雄,或正)的原则与扩散相联系("阳性伸"),阴(雌,或负)的原则与收缩相联系("阴性缩")。朱熹的另一个认同的结果更成问题,即他把扩散与收缩——或离散与凝聚——同远古流传下来的人有两个"灵魂"和"鬼神"也有两种的说法等同起来。这个问题比乍看起来要更为重要得多,但我们将推迟到本章的后一部分(p.491)再加考虑。

宋代以后,这些扩散与凝聚的学说成了中国思想的普遍背景的一部分。明代的高攀龙(1562—1626 年) [5] 批判过它们,而具有道家色彩的作者如庄元臣(即叔苴子) [6] 则当然要阐扬它们。甚至于在清代,在耶稣会士来华以后很久,孙奇逢(1584—1675 年) [7]、陆陇其(1630—1692 年) [8] 等人仍然以前苏格拉底的态度,把它们当作是意义深远的思想。

472

(3) 对普遍模式的研究;气(物质-能量) 和理(组织)的概念

我们现在可以对朱熹的自然主义哲学(理学)进行较为有系统的探讨了。第一个出现的问题是对他所研究的"气"和"理"这两个基本概念的确切解释。毫无疑问,这两个术语通常在基本上是自然主义的宇宙论中分别表示物质的和非物质的因素。中国思想界使用"气"字是屡见不鲜的,因为自从古代的诸子百家开始,即使

---

1) 参见 Forke (9),p.60。
2) 参见 Forke (9),p.68。
3) 《朱子全书》卷四十九,第一、二页。
4) 《朱子全书》卷四十九,第三十四页。
5) Forke (9),p.429。参见下文 p.506。
6) Forke (9),p.449。
7) Forke (9),p.468。
8) Forke (9),p.491。

是在间接地涉及自然界的绝大部分作者的著作中,也都几乎可以发现这个字[1]。"气"字虽然在许多方面与希腊的"普纽玛"(pneuma, $\pi\nu\varepsilon\bar{\nu}\mu\alpha$)相似,我却宁愿不把它译出来,因为它对中国思想家们的含义,绝不是任何一个英文单词所能表达的。它可以是气体或蒸气,但它那影响在现代人的头脑中就像是"以太波"或"放射性射气"一样微妙。西方汉学家一般都同意,朱熹使用该词的新含意的最好的译法,应该就是"物质"(matter)[2]。但必须记得,朱熹还有另外一个术语"质",指的是固体、坚硬和可感知状态的物质。质虽然是气的一种形式,气却不一定就是质,因为物质可以以各种微妙的不可捉摸的形式存在。

另一方面,关于"理"字的解释则众说纷纭。早期的趋向是把它译作"形式"(form),如勒·加尔[3]和岑克尔等人那样;但佛尔克[4]的意见无疑是对的,他说这就把在中国并不存在的亚里士多德主义强加到宋代理学家的思想之上了。对于这个观点的详细批评,留在下文进行将更方便一些。同样糟糕的是卜道成[Bruce(1,2)]、哈克曼[Hackmann(1)]、亨克[Henke(1)]、任修本[Warren(1)]和卜德[Bodde(3,4)][5]等人的译法,他们都把"理"字译成自然的(科学的)"法则"(law);这就过早判断了中国人是否在任何时期发展过自然法则的观念这整个问题了。我们不必在此预先提出我们将在以后(第十八章)讨论的问题。不过,必须指出,"理"(K978)字最古的意义是指事物的"模式(图样)",玉石的纹理[6],或肌肉的纤维状的纹路;只是到后来才获得了它标准的字典意义,即"原理"。朱熹本人[7]以丝缕、竹子的纹理或编筐的竹篾为例,证实了这一说法。

这个模式既然被理解为普遍的宇宙模式,其中包括一切较小和较有限的各种模式(Gestalten),那末它就应该象它在理学上一样,包括有社会生活、心灵,以及人类的美德和智力的最高表现的全部现象。不过,这些只能是出现在我们现在所谓的较高的组织层次上。因此,汉学家们倾向于把几乎是神的属性归之于"理",因为不论宇宙的原则是什么,他们认为它必定是"高于"美德和智力的最高表现的某种

---

1) 参见上文 pp.22, 41, 76, 150, 238, 275, 369。

2) Forke(9); le Gall(1); Bruce(2), p.102. 陈荣捷[Chhen Jung-Chieh(1)]把"气"译为 vital force (生命力;活力),不妥。

3) 例如见 le Gall(1), p.31。

4) Forke(9), p.171,特别是 Forke(11)。

5) 卜德在他最近的冯友兰著作的译本[Fêng Yu-Lan(1), vol.2]中,已经放弃了这个译法,只写作 Principle(原理)。我们仍愿用"理"的音译。

6) 作为动词,它的意思是依天然纹理来雕琢玉石。这毕竟是通常的看法,但有些学者如戴密微[Demiéville(3a)]相信,此字的最早意义是依照地势安排耕种土地的模式。

7) 《朱子全书》卷四十六,第十二页;Bruce(1), p.290。

东西,事实上即人类所知的最高价值[1]。佛尔克毫不犹豫地译作 Vernunft(理性),他说:"理是与物质原则相对立的理性原则,实际上也就是创造和主宰物质的理性。"[2] 关于这一观点,理学家的立场同布鲁诺的类似,布鲁诺谈到"理性"(ratio, raggione)要比"法则"多[3],认为是它在形成万物固有的本质(这决定着它们表现的行为)。不过,用理性来译"理"字也是无法接受的[4]。理性含有意识、甚至个性的意思;虽然它在一个饱含着有神论的观念的文明中,很自然地被当作宇宙的组织力这样一个术语,但是把它引伸为"理"的概念,就不免受到严重曲解。卜道成就走得更远,而且更糟,他把理当做神圣的"法则"并把各种"精神"的属性都塞进气和理之中,以致确实把理学家终于说成是当然的有神论者了[5]。

然而此前对理学的一切解释,都缺乏近代有机主义哲学的背景(现在则有可能把它放在这种背景之中);关于这种哲学,我们可以举出怀特海作为西方的杰出代表[6]。根据有机主义的世界观,当在进化过程中出现了适合于它们的综合层次时,宇宙只不过是一个具有了产生出人类最高价值的特性的宇宙。是否有必要赋予宇宙(或者是现象宇宙"背后"的某种创造性)以相当于、或者高于(假如那是可想象的话)我们所知道的最高的组织层次上的"精神"特质——这或许是一个超出哲学领域并且肯定是超出自然科学范围之外的问题。在这里不可能以三言两语概括出有机主义的哲学,读者只好去参阅上述哲学家们的著作[7] 无论如何,按照科学家的观点,组织层次都可以说成是空间包围的时间相续。因而,在有任何活细胞

474

---

1) 冯友兰[Fěng, Yu-Lan(1), vol.2, p.571]和卜德[Bodde(3), p.50]都表现了同样的困惑,他们抱怨说,朱熹混淆了伦理的东西和逻辑的、科学的东西。当然,每个中国哲学家都曾这样做过,但是理学家所做的是每一种哲学所终究必须做的事,即把这二者纳入某种关系之中。这最好是在进化的基础上做出,从中可以看到,在达到一定高的组织层次时,就产生了善和其他崇高的人类价值。参见沃丁顿等人[Waddington et al.(1)]的讨论。

2) 佛尔克[Forke(9), p.171]说:"Li ist das rationale Prinzip im Gegensatz zum materiellen; die Vernunft, welche den Stoff schafft und beherrscht."("理"是与物质原则相对立的理性原则,它创造并主宰着质料。)另见 Chhen Jung-Chieh(1), Forke(11)。参见安田(1)。

3) 据多萝西娅·辛格(Dorothea Singer)博士的私人通信。

4) 我欣然发现,格拉夫[Graf(2), vol.1, p.(4)]赞同我们抛弃所有这些译名。当然,"理"是使自然事物得以为理性心灵所理解的东西(参见该书 pp.256 ff.)。菲弗尔[Feifel(1), p.135]所译《抱朴子》卷二的译文,劳弗[Laufer(17)]所译《本草纲目》中琥珀条的译文,以及陈荣捷[Chhen Jung-Chieh(4,5)]的书中以法则和理性做为"理"的译名,是普遍被人接受的。林语堂[Lin Yü-Thang(5), p.247]在同一页上同时采用了"理性"和"自然法则"作为"理"的译名,但二者均不妥当。

5) 关于卜道成的观点,见 Graf(2), vol.1, pp.242 ff.。

6) Whitehead(1—4)。虽然还有许多别的哲学家,如恩格斯、劳埃德-摩尔根、斯穆茨、塞拉斯等均是。

7) 我曾在别处试图阐明向当代科学家所呈现的有机主义哲学[Needham(9,10),转载于(3),特别见 pp.178 ff., 185, 233 ff.]。

之前,必定先有原子,而活细胞本身就包含着原子并由原子所组成[1]。当然,如果设想朱熹和他的理学同道们会这样谈论问题,或者甚至于把他们的话解释为蕴含有上述的详尽观念,那就会是荒谬的了;更不用说把他们的话相应地翻译出来。但是我打算提示,鉴于"理"字向来都包含有模式的意思这一事实,以及朱熹本人有意应用它来概括为人所知的最有生气和活力的模式,因此,在理学家的头脑深处确实存在着某些"有机体"的观念[2],并且朱熹对宇宙本质的洞察力因此就要比他的任何中国的或欧洲的注疏者和翻译者所承认的更为先进得多[3]。

虽然卜道成[Bruce(2)]以自然科学来解释朱熹的哲学的那些言论现在已经十分过时,但我认为,他解释气时把能量也和物质一起包括在内,是做得不错的。今475 天我们知道(而且为了我们的心灵恬静,是知道得太确凿了),物质和能量是可以相互转化的。我曾经在别的地方指出[4],根据自然科学家和有机论哲学家的看法,现代宇宙论中的两条基本原理是物质-能量和组织(组织原则)。因此,朱熹的理字若是非译成英文不可,我就愿意选择"组织"或"组织原理"。不过,我们还是坚持不把几乎是无法翻译的中国基本词汇译成英文,从而径直用"理"、"气"、"阴"、"阳"等字样。所需要补充的只是,至少应该试图从有机主义哲学的角度重新估价朱熹的理的哲学。如果像我所认为的,他当时是在朝着这样一种哲学摸索他的道路,那末就他思想和写作的时代(即 12 世纪)而言,那就是一桩非常了不起的成就;因此,从科学史的观点来看,或许可以说他的成就要比托马斯·阿奎那大得多。

现在是时候了,我们可以回过头来更仔细地考察一下这样一种说法,即"理"和"气"可以等同于柏拉图-亚里士多德哲学的"形式"和"质料"。这种提法最近又复活了[5],但我认为它是完全无法接受的。不错,形式是个体化过程的因素,它产生了任何有机体及其目的的统一性;理也是如此。但是这里的相似之处仅仅到此为止。躯体的形式是灵魂,但中国哲学的伟大传统并没有给灵魂留下席位。而在理

---

1) 此处似宜提到勒·加尔[le Gall(1)]的讨论和译文的危险性。他在许多句子中毫不犹豫地谈到"原子"(pp.31,34,74,80,102),虽然据我所能看到的,这样做在朱熹的任何原著中是绝对找不到根据的。我们还看到有分子(p.37),这就更没有道理了。像"高贵"(p.83)和"尊严"(pp.84,88)之类的典型的中世纪托马斯主义的术语,以及像"形式"之类的亚里士多德的字样(p.84)都在译文中出现,这肯定会把缺乏中国知识的读者引入歧途。不待说,戴遂良[Wieger(2)]还在继续着所有这些作法(例如 p.188)。有关勒·加尔的情况,见 Graf(2),vol.1,pp.240,[20]。

2) 格拉夫说得好,如果有人能向朱熹解释现代科学在太阳系和每个原子中的粒子轨道之间所确定的平行关系,他一定会感到奇妙的,但他却不会特别惊讶,因为那极大地以实例说明了他自己关于"理"的统一性和普遍性的概念以及物质的各个层次中所固有的"秩序"的自然原理。[Graf(2),vol.1,p.76]。

3) 根据当代卓越的哲学家霍金关于朱熹研究的某些论点,以及根据和他在 1942 年秋的谈话来判断,想来他是不会反对我的说法的。

4) Needham(11),转载于(6),p.199;(28)。

5) 例如,Fêng Yu-Lan(1),vol.2,pp.482,507,542;Graf(2),vol.1,pp.66,77,255。

学中,正如我们在下文[1]将看到的,则人的精神的 *pneumata*(气)在人死后也就被认为在周围的雾气中自行消逝。理的特殊重要性恰恰在于,它本质上就不象灵魂,也没有生气。再者,亚里士多德的形式确实赋予事实以实体性,但是,尽管原子微粒在福建也如在马其顿一样地不为人所知,但气却不是由理产生的,理不过是在逻辑上有着优先性而已。气不以任何方式依赖于理[2]。形式是事物的"本质"和"原质",但理本身却既不是实质的,也不是"气"或"质"的任何形式。理并不比气更真实,两者都是空幻的;同时气不是潜在的理,而质料则是潜在的形式。尽管对"形而上"这一有名的词句有着各种常见的解释,但我却相信,理在任何严格的意义上都不是形而上的(即不像柏拉图的"理念"和亚里士多德的"形式"那样),而不如说是在自然界之内以各种层次标志着的看不见的组织场或组织力。纯粹的形式和纯粹的现实乃是上帝,但是在理和气的世界中,根本就没有任何主宰。

这种非有神论的特性,又妨碍着我们以理学和斯多葛派的泛神论进行细微的比较。我们发现,当西方学者遇到朱熹及其同伴们的哲学时,斯多葛派的逻各斯就往往倾向于出现在他们的思想之中[3],于是他们就作出了明显的比较[4]。布鲁克(Brucker)对理学作了一番很好的叙述之后,于1744年写道:"Hoc ubi supponimus, ovum ovo non erit similius, quam Stoica sunt Sinensibus"("我们不妨假设,斯多葛和中国人相似之处正如两个鸡蛋的对比。")[5]这个信念或许可以说明,何以有如此之多的译者,像我们刚才看到的那样,要把"理"字译成"理性"(Reason 或 *Vernunft*)。生殖的理性(Logos spermatikos, λόγος σπερματικός)个体化为一切的形式和形状、一切的生命和一切的智力——这一概念在气的每种特殊配置中肯定是大致等于秩序原理("理")。朱熹很难摒除把这作为是每种事物的组织种子的观念,并且会欣赏约翰福音中的"光、照耀着世界上的每一个人"这句话。但是种子逻各斯乃是作为宇宙过程的有机原理的上帝本身,他把它引向了理性的和道德的目标[6];对后期的斯多葛派来说,上帝和普遍的物质以及使之形成的创造力是同一的。事实上,他们的哲学摆脱不掉有神论的事先构想,也摆脱不掉有机体分为肉体

476

---

1) 本书 p.490。

2) 就气而论,理学家对亚里士多德的质料因和动力因无疑是可以接受的;而形式因则应属于理的领域。目的因或许会使他们感到迷惑,然而正如我们在上文(p.289)所见,中国人的思想早就包括了时间回溯的观念。

3) 1954年10月,剑桥大学的布凯(A.C.Bouquet)博士和牛津大学的马莎·尼尔(Martha Kneale)夫人在一周之内各自独立地提出了这一点。

4) 见 Garvie(1)。

5) Brucker(1),vol.5,p.897。

6) 这些话引自 Inge(2)。见下文 p.534。

和灵魂的二分法;它在欧洲的环境中盛行一时,在那里这类臆想乃是未被人注意的思想背景的一部分。但是在中国哲学的传统中,从来就不需要有一个至高无上者[1],理和气之间的区别与灵魂和躯体之间的区别是全然不同的,因为灵魂由较微妙的气组成,而躯体各个部分在空间和时间中的配置以及它们的相互关系,则是理的表现和效应。

我写完以上各节文字以后很久,听说戴密微教授在巴黎也得出同样的结论[2],并且采用 Ordonnancement(命令)来译"理"字。他的论点写在一篇十分重要的短论[Demiéville (3a)]中,他在里面着重指出了佛家要把汉代和汉代以前的本来是自然主义的有机主义加以先验化和超自然化的倾向。因此在朱熹采用这个字的时候,它已带有形而上学的含意,或许连朱熹本人也无法把它完全从其中解脱出来。早先各世纪的思想家对这个字的用法[3],我们已经在别的地方[4]看到不少例子。《管子》一书中最古老的部分之一(《九守篇第五十五》),已经有一段推论[参见 Haloun (5)]显然含有有机主义的论调。"名由实生,实由理(哈隆译作'结构')生。理由(事物的)德生,德由和生,和(最后是)由当(即一切自然事物的适当)生。"("名生于实,实生于德,德生于理,理生于智,智生于当。")汉代的"礼仪派"(见《礼记》所载)认为"理"就是一种秩序原则,是事物的正当而合宜的配置和分布的原则,不论是在宇宙方面还是社会方面。《易经》的"传"指出,人应当知道如何使自己符合自然秩序,如何了解他在自然和社会中的地位,以尽其分内("分")的责任("义")[5]。公元前 4世纪,孟子曾用理字形容管弦乐队的谐调合作[6]。在荀卿和韩非,则任何个别事物的理就是它的结构、它的具体形式和使人得以成功地操作它的一切有关资料;所有这些个别的理都归于大"道",道本身并没有"固定的特异性"("定理"),因而能够贯

477

---

1) 因此,在哲学上早已不再有可能把上帝看做是一个确实的人格神之后,在心理上也就不要求保留上帝作为一个名称来代表有组织的物质的宇宙了。

2) 参见上文 p.290。很久以前(1888 年),丁韪良[Martin(6)]曾使用"组织原理"一词,但没有人注意到这一洞见。甚至更早一些(1815 年),马礼逊[Morrison(1)]在他的字典中就用了一种组织原理作为此字的主要含义之一。修中诚[Hughes(2),p.50]也含蓄地肯定了朱熹思想的有机主义的特征。现在格拉夫[Graf (2)]也全盘接受把"理"当做 Ordnungsprinzip(组织原理)和 Bauplan(构造计划)的观点(如 vol.1, pp.44, 76, 248 ff.)。周毅卿[Chou I-Chhing(1),p.71]则采用了"模式"(pattern)的译法。

3) 要追溯宋代以前这个字的用法,就得写一篇专文才行。它一向是指世上事物的普遍原理,例如在汉代扬雄的《太玄经》(参见上文 p.329),或王弼的《周易略例》等书中。以其《崇有论》反对当时道家学说的裴頠(267—300 年)曾使用过这个词,其意义与后来理学家构想的十分接近。但是从没有人试图像理学家那样给它以确切的定义。

4) 上文 pp.51, 73, 272, 276, 322, 328, 408, 411ff., 438ff., 449。

5) 参见上文 p.107 及下文 p.550。在另一篇报告中,戴密微[Demiéville(3b)]在"分"与印度的 svadharma 或 svakarman,以及与斯多葛派的 kathekon 或 officium [Arnold(1),pp.301 ff.]之间做了对比。

6)《孟子·万章章句下》第一章。

彻一切个别事物。道家对此也没有异议。从刘安到王弼和何晏的时代，并没有发生重大的变化。

然而到了 3 世纪，嵇康弹出了一种不同的调子，因为"妙理"是某种不可言传的东西，只能靠神秘的经验才能领会。这和上面所述[1]向秀和郭象对古代道家的神秘解释是一致的，戴密微称它为"超自然主义"或许是有道理的。理变成某种像是形而上的绝对的东西，这也就是裴頠[2]所斥之为"虚无论"的东西。然后就只有留待佛家占用这个字，并尽可能使它和自然主义思想脱钩。因此，高僧支遁(314—366 年)就认同理为般若(*prajñā*)，即不可名状的、不变的、超出尘世的绝对。戴密微说得好，原来的中国观念是一种世界之中的普遍秩序的观念，是解释世界而不是否定世界。佛家把它"非自然化"，把它置于世界之上或之后，世界在他们看来只是一种幻觉。竺道生(卒于 434 年)把理认同为"佛性"；僧肇(卒于 414 年)则把"理"等同于 *ārya-satyāni*，即佛家的四个教义或四谛；一般地说，佛家常常借用理字来翻译梵语中表示"绝对"的术语。

因此，朱熹的工作是要使"理"从大部分佛家的行文结构中脱身，恢复其古代自然主义的意义，即其内在的而非超验的意义。他所能做到这件事的精确程度，尚有待于将来的缜密研究。可以肯定的是，后世的评论家往往认为他并没有能完全成功地摒除"理"字所含的宗教的-形而上的意味。

关于朱熹的有机主义，还应记得一位现代的中国哲学家张东荪[Chang Tung-Sun(1)]的论点，即欧洲哲学倾向于在实体中去寻求真实性，而中国哲学则倾向于在关系中去寻求[3]。这一点或许有助于说明这两种文明思想的许多特征。修中诚[4]和张东荪都把它和神在欧洲的人格化与天在中国的非人格性联系起来——下面我们将看一下随着这种差别而来的重大后果[5]。修中诚指出，"实体"这一形而上观念的背后乃是"同一性"的逻辑观念，西方哲学家把一件事物不能同时既存在而又不存在作为一种基本的思想原则。另一方面，中国哲学家则认为一件事物永远是在"变"或者"逆变"，它无时无刻不朝着另外的某种事物在转变。在本卷关于道家[第十章(e)]、名家(第十一章)和佛家[第十五章(e)]的各章中，我们已经

478

---

1) 见上文 p.433。

2) 参见上文 p.386。

3) 他从汉语和印欧语的语言区别上探索了这个问题(参见本书第二章和第四十九章)。在弗兰克的著作[H.Franke(5)，p.43]中可以查到当前有关这些区别的讨论的文献索引。关于关系和实体，参看本书 p.199。

4) Hughes(2)，pp.52，169。

5) 见第十八章(j)。

看到了跨越形式逻辑的阶段一跃而至黑格尔逻辑阶段这一趋势的大量事例[1]。所以强调"关系",也就最恰当地描述了朱熹欣赏局部结合于整体之中的这一组织原理。修中诚进而论证说,朱熹在他的模式中给予"气"以如此重要的地位,就为在中国强调实体扫清了道路,正如后来莱布尼茨也许是第一个在欧洲为强调"关系"扫清了道路[2]。这样,中国的和欧洲的哲学思想本应在17世纪达到一种综合,这是两方史学家所未能认识到的。

479　　但现在是我们倾听朱熹本人的时候了。《朱子全书》卷四十九开头便有下面的一段陈述:"全宇宙间,没有气是没有理的,也没有任何理是没有气的。"[3]("天下未有无理之气,亦未有无气之理。")适当地考虑上面所说的话,这一论断确实使我们回忆起亚里士多德关于形式和质料的学说[4],因为亚里士多德确实主张可以有没有质料的形式,虽则没有质料是没有形式的。但根据他的说法,神圣的原始推动者是具有形式而无质料的唯一实体,即五十五个在推动天体的明智的造物者,或许还有人的具有理性的灵魂。这当中有些是实验科学从来不很感兴趣的因素。另一方面,他又主张不可能有什么质料是没有形式的,因为不论质料多么纯粹(甚至混乱的、原始的月经质料,那是胚胎的原料),它总是由各种元素组成的,也就是说,它总是冷、热、干或湿,因而就具有最低限度的形式。除了亚里士多德和朱熹在概念上的基本分歧以外,他们的思想在这里是并行不悖的。朱熹以其中世纪的方式肯定理和气的普遍的互相渗透,反映了近代科学的立足点。形式并不是形态学家的专有物。它是作为整个有机化学领域的主要特点而存在的,并且是不能从"无机"化学或核物理学中被排除出去的。不过,形式在那个层次上却不加区分地被搀进了"秩序"本身。同样地,物质也不再像哲学家想的那样简单,而是可以与能量互换的。因此我们就必须最终放弃所有关于形式和质料的老争论,而只谈谈能量和组

---

　　1) 如果我的直觉没有错误,我以为我的许多中国同事们的本能的表达方式,仍然在传达他们那伟大文明所特有的这一思想形式。在一个西方人会说"是"或"否"的地方,他们则很可能回答"嗯,并不恰好如此"。当萧伯纳说他的死讯被人过份渲染时,他要比他自觉的更其是中国式的。所以出现了这种可能性:正是亚里士多德逻辑的粗糙性,终于刺激欧洲人发明了那么多的术语。在中国,每一事件或现象都可以有一种它自己的特定的描述。

　　2) 这种说法看来似乎有点令人惊奇,因为莱布尼茨常常被认为(例如被罗素认为)太执着于主谓语的逻辑,以致于不能对"关系"做出贡献。但我们却从一个悖论里得到了证明。莱布尼茨确实坚持说,实体的一切特征都属于它本身,并且仿佛是以它自身的权利而存在。可另一方面,对他说来,实体除了表现其他的实体以外,就别无什么特征,它的本性像是一面"活镜子"。于是,以否认关系而开始的,却以提出一套没有任何名词的关系体系而告结束。马沙·尼尔夫人指出了这一澄清的必要性,谨致谢意。

　　3) 以下所有《朱子全书》的译文,都是根据勒·加尔[le Gall(1)]、卜道成[Bruce(1)]、佛尔克[Forke(9)]等人的法、德译文,经过必要的修改之后,译为本书中的英文的。提到这一点是为了避免经常重复注明出处。

　　4) 本段以下各句,部分地引自别处[Needham(12),p.xvi]。又见 Peck(1),p.xii。

织。朱熹既然不承认有任何亚里士多德式的例外,即可以设想组织(纯形式)无需物质-能量而存在,那末他就和现代自然科学的有机世界密切相一致了,因为,难道自然界不全部都是由能量和秩序组成的吗?

《朱子全书》的这一卷接着说:

> 有人问理和气的关系。朱子[1]答道:"伊川先生(程颐)讲得好,他说:理只有一个,但它的功能(分)[2]则是多方面的。让我们来考虑天地万物——它们只有一个统一的理。对人类说来,他们每个人具有(在其自身之中个体化了的)一个统一的理。"[3]

> 〈问理与气。曰:"伊川说得好,曰理一分殊。合天地万物而言,只是一个理;及在人,则又各自有一个理。"〉

> 整个天地之间有理,也有气。理是(组织)一切自上而下的形式("形而上")的道,是万物由之而产生的根源。气是(组成)一切自下而上的形式("形而下")的工具("器"),是器具和原料("具")[4],万物都是由它构成的[5]。因此,人和万物在产生的时刻,必须接受这个理,从而得到他们的性;还必须接受这个气,然后得到他们的形。[6]

> 〈天地之间,有理有气。理也者,形而上之道也,生物之本也;气也者,形而下之器也,生物之具也。是以人物之生,必禀此理,然后有性;必禀此气,然后有形。〉

至此,引文清楚地证明,把"气"解释为物质-能,把"理"解释为宇宙的组织原理,是有道理的。下一个问题就是,气和理二者之间究竟有没有哪个居先或优先性的问题;引文表明,朱熹的学说在这个问题上是有点犹豫的。

> 先有理,后有气。这就是《易经》的意思,那里面说"一阴一阳之谓道"。(所产生的)"性"自然具有仁和义(因为仁义是与性相适应的品质)。

> 首先有天理,然后有气。气积聚而形成质("气积为质"),而这就是"性"的原材料。

> 有人问:理和气哪个在先? 朱子答道:"理和气永远都是不可分的。不过,理是在一切形式之上的(非物质的),而气则是在一切形式之下的(物质的),但

480

---

1) 人们常用这种方式说到朱熹。
2) 请注意,此字在古代是指原始集体主义社会或封建社会中个人的职分,参见上文 p.107。
3) 《朱子全书》卷四十九,第一页。
4) 请注意表示作为原材料的"具"字,这个字我们在《管子·水地篇》中已见过,参见本卷 p.42。
5) 冯友兰[Fêng Yu-Lan(1),vol.2,pp.508,535;以及 Bodde(3)]解释这两句是分别指形而上和形而下。但我以为朱熹思想是关系到有机主义的哲学的,这种哲学并不涉及一种本体论的决定。理可能是一种非物质的原则,但它是自然的物理宇宙的一部分,并可肯定不是主观的。
6) 《朱子全书》卷四十九,第五页。

气是粗糙的并含有(不纯的)沉淀("渣滓")[1]。

　　然而我们不可能真正讲理和气之间在时间上的先和后,不过,如果我们一定坚持要考虑它们的起源,那末,我们就必须说是理在先。理不是某种个别的事物,它必须存在于气中。如果没有气,理就无法表现它自己,就没有存身之处。气能产生五行,但理(还)能产生仁义礼智。[2]

　　〈有是理后生是气,自一阴一阳之谓道推来,此性自有仁义。先有个天理了,却有气,气积为质,而性具焉。

　　问先有理,抑先有气? 曰:"理未尝离乎气。然理形而上者,气形而下者,自形而上下言,岂无先后? 理无形,气便粗,有渣滓。"

　　理气本无先后之可言,然必欲推其所从来,则须说先有是理。然理又非别为一物,即存乎是气之中,无是气,则是理亦无挂搭处。气则为金木水火,理则为仁义礼智。〉

　　有人再问关于理和气究竟哪一个在先,朱子都说些什么;他答道:"企图以这种方式来表现这个问题——究竟是理先气后,还是与此相反——那是没有用的。不过我可以猜测说,气的活动要绝对有赖于理的活动。只要是气积聚的地方,就有理。气凝结('凝')[3] 起来就形成了事物;理是没有意志或意图的('无情意'),它不制定计划('无计度'),它不形成事物('无造作'),但是凡在气凝聚起来的地方,理便在其中了。天地间一切生命人物草木鸟兽,没有不是从种子中来的[4],但是如果在白地上(通过自生)竟然生出了某些生物,那就是气的作用。至于理,则只是一个净洁的、空阔无边的世界,并没有能够被知觉到的形式,显然它不会产生生物。但气则能由酝酿和凝聚而产生一切事物。"[5]

　　〈问先有理后有气之说,曰:"不消如此说,而今知得他合下是先有理后有气耶? 后有理先有气耶? 皆不可得而推究。然以意度之,则疑此气是依傍这理行。乃此气之聚,则理亦在焉。盖气则能凝结造作;理却无情意,无计度,无造作。只此气凝聚处,理便在其中。且如天地间人物草木禽兽,其生也莫不有种。定不会无种了,白地生出一个物事。这个都是气。若理,则只是个洁净空阔底世界,无形迹。他却不会造作。气则能酝酿凝聚生物。"〉

　　又有人反对说:"你说理在先,气在后,但是看来我们似乎无法对两者分出先后。"朱子答道:"我想要保留理在先(气在后)的这一意义,但你决不能说今

　　1) 请注意,"渣滓"一词也用以指离心天体演化学中的沉重泥沙(见上文 p.373)。这段名言又常常被西方学者以这样一种方式加以解释,以致使"理"形而上学化了。我在这里有意避免这个问题,为的是强调组织关系的"自然性"。

　　2)《朱子全书》卷四十九,第一页。

　　3) 这是王充所喜欢的术语,参见上文 pp.369 ff.。

　　4) 他使用了"种"字。他是指生物学意义上的种子,而非佛家和斯多葛派意义上的种子(参见上文pp.408,422),这从紧接着的下文中的"自生"的说法可以看出。

　　5)《朱子全书》卷四十九,第二、三页。

天这里是理,明天那里是气。可是(在某种意义上)总有一个先后。"

有人问,在天地之前,是否理先存在? 朱子答道:"肯定是的。再没有别的东西。天地就是由于理而得以出现的;若是没有理,天地便不会出现了,也不会出现人或其他生物,万物就都不会有支持和基础。只要有理,也就有气,而气就运行、流动、兴旺并养育万物。"又问:是不是理在产生和养育万物? 但是朱子答道,虽然这些都是气的功能;如果没有理,它就不能造就万物。然而,理是没有形式或实体("体")的。

"'体'字不是一个很勉强而不确切的词吗?"[1]

"确实是的。"

"理和气都是无限的吗?"

"我们怎么可能给它们指定界限呢?"

有人又问:是不是理在先而气在后? 朱子回答说:"本来我们不能说它们在时间上有什么差别,但如果我们在思想上要追溯万物的由来,那就无法不想像理在先而气在后。"[2]

〈问:有是理便有是气,似不可分先后。曰:要之也先有理。只不可说是今日有是理,明日却有是气。也须有先后。

问:未有天地之先,毕竟是先有理,如何? 未有天地之先,毕竟也只是理。有此理便有此天地,若无此理,便亦无天地。无人无物,都无该载了。有理便有气,流行发育万物。曰:发育,是理发育之否? 曰:有此理,便有此气流行发育。理无形体。曰:所谓体者,是强名否? 曰:是。曰:理无极,气有极否? 曰:论其极,将那处做极?

或问:理在先、气在后? 曰:理与气本无先后之可言,但推上去时却如理在先气在后相似。〉

我们希望以上引文的内在重要性(应该记住,这些摘录与大部分其他遗稿一样,都是弟子们所编的语录,不是朱子连贯的著述),足以抵销其篇幅之冗长。参与对话的人似乎思路有点模糊,因为他们把宇宙生成论的问题和形而上问题轻易地混淆在一起;"先"和"后"也可以解释为"实在"与"现象"。在后一点上,朱熹决心不陷入唯心主义,但他也不愿成为一个(机械)唯物主义者,因此他显然并不急于被逼得说是物质-能量产生于组织,或者相反。虽然如此,正如我们所看到的,他大抵是倾向于前一种观点的;或许是因为很难把理论设想成是完全独立于心灵之外的一个范畴[3],也很难摆脱这样一个观念,即一个计划者必定是在时间上先于并在地位上 482

---

1) 此字来源于《易经·系辞上》第四章中的一段[R.Wilhelm (2),Baynes 英译本 vol.1, p.319],但它已被包括在佛教的专门术语中了(见上文 p.462)。

2)《朱子全书》卷四十九,第三页。

3) 虽然在这里古代道家可能给他以道义上的支持。参见上文 pp.51 ff.,54,302。

高于被计划的东西。因此至少就一个人格神而言[1]，如果他没有明确加以否认的话，那末，他就多少会把自己置于通向有神论的解释的道路[2]。在根本上，朱熹在以下这种意义上仍不失为一个二元论者，即认为物质-能量和组织在宇宙中是同时的和同等重要的，二者"本无先后"，虽然后者略为"优先"这种信念的残余极难舍弃。我认为那理由乃是无意识地具有社会性的，因为在理学家所能设想的一切社会形式之中，进行计划、组织、安排、调整的管理人，其社会地位要优先于从事"气"——因而是"气"的代表——的农民和工匠。如果朱熹能够使自己充分摆脱这种偏见的话，他就会提前八百年预见有机唯物主义观点及其辩证的和综合的层次了[3]。

这一切必定会反映在朱熹的认识论中。在不致于使我们离题太远进入纯哲学的领域时，最好注意一下他的一篇文章中的警句式的概念："认识（或领悟）是心灵存在的根本模型，但是（世界上）有（某种东西）能够做到这一点，则是（我们可以称之为的）物质所固有的精神性。"[4]（"所觉者心之理也，能觉者气之灵也。"）换句话说，心灵的作用是完全自然的，是物质之具有生产潜能的某种东西，只要它一旦使自己与程度够高的理配置在一起。

正是理作为组织的原理，防止了自然过程陷入混乱。

> 有人问："关于理是气中所固有的，我们从什么效果可以看出它是存在在那里面的呢？"朱子答道："例如阴阳五行，在它们的计算中何以不出错误，在它们的交织中何以不失条绪（也就是不陷于无可挽救的紊乱），就是由于理的缘故。如果气不在特定的时间积聚，理就会无物可以渗透并借以显示其本身。"[5]

> 〈问"理在气中，发见处如何？"曰："如阴阳五行错综不失条绪，便是理。若气不结聚时，理亦无所附著。"〉

理也被说成是和太极同一的[6]。关于太极，本书在讨论朱熹之前的理学家时已曾经说了很多。万事万物都分享着太极，太极以无数之多的方式表现着它自己。没

---

1) 见下文 p.492。

2) 例如卜道成[Bruce(2)]的注释即是。

3) 在这一点上，朱熹和黑格尔之间有一个有趣的对照。正如黑格尔以颂扬他当时的普鲁士国家是辩证进化的顶峰而告结束一样，朱熹哲学也成为中国官方的正统，并被后来17和18世纪各派的中国学者认为是极为反动的，他们猛烈地抨击了它。参见下文 p.514。

4) 《朱子语类》卷一，第四十页，由作者译成英文。这里（"所固有的"）几乎可以写作"所由之而发生的"（emergent from）。关于理学的认识论可以讲很多；参见《二程全书·河南程氏遗书》卷二十五，第二页。

5) 《朱子全书》卷四十九，第二页。

6) 《朱子全书》卷四十九，第八页。

有它,每一件事物或生命都不会存在 [1]。太极被说成是赋有相应于阳刚阴柔而动 483
静(能量或惯性)的特性的理 [2]。

这种对宇宙运行的领悟,往往是朱熹思想中最突出的部分。

气运动时,理也运动,二者永远在相互依赖,从不彼此分开。起初在任何
事物存在之前,就只有理,然后它运动起来就产生阳,静止时就产生阴。在达
到静止的极点时,它又开始运动起来;在达到运动的极点时,它又开始复归于
静止。经过一次循环过程,它又继续不断地流转("静极复动,动极复静,循环流
转")[3]。理是真正无限的,气也参与它那无限性之中。自从天地形成之后,就
是这个积极的原则("理")在使它们旋转运动。每天都有它的周日运转,每月
每年也都有它们的(天体的)运转。就是这同一个理推着世界在滚动("滚将
去")。[4]

〈气行则理亦行。二者常相依,而未尝相离也。当初玄无一物,只有此理。有此理,便
会动而生阳,静而生阴。静极复动,动极复静,循环流转。其实理无穷,气亦与之无穷。自
有天地,便是这物事在这里流转。一日有一日之运;一月有一月之运;一岁有一岁之运,只
是这个物事滚将去。〉

我们已经研究过朱熹关于"离心的宇宙形成论"的论述 [5](见 p.373)。他继续说:

天运行不息。昼夜就仿佛是在一根磨光的轴上运转。地就象在中间的一
座桥梁。如果天停顿片刻,地就要陷于毁灭。……

有人问:天是否由有形的物质所组成? 朱子答道:"它像刮着的旋风 [6],下
软上坚。道家称它为'刚风'[7]。人们常说天有九重(层圆),每重各有一个不
同的名 [8]。这是不对的;它更像一个九转的螺旋。下面的气是混浊阴暗的;上
面的气是纯洁清亮的。" [9]

---

1) "如月在天,只一而已,及散在江湖,则随处可见"(《朱子全书》卷四十九,第十页)。这是佛家对因
陀罗网(Indra's Net)的隐喻[参见 Fêng Yu-Lan(1),vol.2,pp.353,541,并见 Bodde(3),p.18],网的每一个
结反映着所有其他的结。参见 Whitehead(2),p.202;其中写道:"凡是事物所在之处就有一个焦点区,但其
影响则贯穿于空间和时间的最深远的地方。"

2)《朱子全书》卷四十九,第十二页。

3) 这几句话是阴阳交替接近于波动理论的古典说法,参见本书第二十六章(b)有关物理学的论述。

4)《朱子全书》卷四十九,第九、十页。

5)《朱子全书》卷四十九,第十九页。

6) 这一想法可能源出于对海龙卷或尘旋风的观察(参见上文 p.81)。

7) 可能源出于对冶炼或厨灶风箱喷出的气体的特性的观察、《朱子全书》卷四十九第二十五页有更
多的论述。参见本书第二十七章(b),(j)。

8) 九重天的理论要上溯至屈原(公元前 332—前 295 年;G503)和他的《天问》。见本书第二十章
(d)。

9)《朱子全书》卷四十九,第十九页。

〈天运不息，昼夜辊转，故地榷在中间。使天有一息之停，则地须陷下。……

问，天有形质否？曰："只是个旋风，下软上坚。道家谓之刚风。人常说天有九重，分九处为号。非也。只是旋有九耳。但下面气较浊而暗，上面至高处，则至清至明耳。"〉

邵雍常说，天与形联在一起，地与气附在一起。他常强调这句话，是因为他怕有人在天地以外的某个地方去寻找。但是并没有"天地以外"这类的东西，因为天地的形有边界（"涯"），天地的气是没有边界的。

这是因为气（以空中物质的形式）是（能够）凝结得极其坚固的，以致它能够支持大地。不然的话，地就会陷落。在（空）气的外面必定有某种很厚的硬壳，它可以保持并加强气。[1]

〈康节言天依形，地附气。所以重复而言不出此意者，惟恐人于天地之外别寻去处故也。天地无外，所以其形有涯而其气无涯也。为其气极紧，故能扛得地住，不然则坠矣。气外更须有躯壳甚厚，所以固此气也。〉

天和它的气依靠着地的形，地和它的形悬在天的气中。地被天所包围着，它是诸天中间的一个东西。[2]

〈天以气而依地之形，地以形面附天之气。天包平地，地特天中之一物尔。〉

因此，很难估计朱熹的世界图象到底和我们的有多么接近。他把天有时说成具有一个很硬的外壳，有时又说成是没有界限的。然而，朱熹十分清楚地意识到旋转力的重要性。朱熹是否设想到诸天之中还坐落着和地球一样的其他物体，就很可疑了。

在结束朱熹关于理的观念的这一讨论时，看一看他对理和数学的关系所说的话是有意思的。

有人问理和数的关系。朱子说："正如气是随着理的存在而存在一样，数是随着气的存在而存在的。数实际上只不过是以定界来区分客观事物。"[3]

〈问理与数。曰："有是理便有是气，有是气便有是数。盖数乃是分界限处。"〉

这里有某种东西的萌芽，它本来可以使中国科学革命化的，——即它错过了关于自然假说的数学化。但它只是昙花一现，就再也没有下文。这里提到的"数"，恐怕指的是前述（本卷 pp.268 ff.）的无结果的毕达哥拉斯式的象数学的符号，而不是有助于自然科学的任何一种数学。

"理"和"道"在理学中的关系，也是饶有趣味的。《朱子全书》卷四十六一开头就讨论这个问题。朱熹追溯这两个字的字源，提醒他的弟子们说，"道"的本义是道

---

1) 《朱子全书》卷四十九，第二十一页。参见上文 p.415.
2) 《朱子全书》卷四十九，第二十五页。
3) 《朱子全书》卷四十九，第五页。

484

路，"理"的本义是刻划在天然物体上的纹理或图样 (*Gestalt*)[1]。他说："'道'这个字指广阔和伟大，'理'这个字则包括'道'中所包括的无数脉胳般的模式。"因此，道只用于表示整个宇宙有机体的模式；理也可以指个别小机体的细微的模式[2]。但是，按照理学家所不能背弃的儒家传统，"道"这个字往往更多地用于表示人类社会中的人之道，而较少用于表示非人类的自然界之道。要寻求人之道，一个人就得反求诸己[3]。卜道成[4]受到他那有神论倾向的左右，在这里误解了朱熹所说的这一段话[5]，即全世界上没有人、事实上也没有任何生物不懂得仁义礼智的道理的。然而，从别的段落[6]中看得很清楚，朱熹所想的是，在达到了适宜的综合层次使有机体能够显示这些高级品质的时候，自然界就能够使它们显现出来。不能说朱熹完全没有世界进化观的概念，因为我们就要看到，在他的世界图象中有着越来越复杂的有机体逐渐出现的各个时期——他的观点与我们今天的唯一不同（如果这确是一种不同的话），就是他相信创造与毁灭的交替循环[7]。在每次毁灭之后，离心的宇宙生成过程就又整个重新开始，新的演化更替又发生了。因此，当卜道成把朱熹的话说成"宇宙是被道德律所充斥"的时候，他是在使用一句神学的语言来表达朱熹的思想，那就远远不如用突现道德 (emergent morality) 的语言。

485

朱熹有一个弟子陈淳(1153—1217年)进一步讨论了"道"和"理"的关系；他强调"道"的宇宙的无孔不入性，从而使"道"字恢复了更加浓厚的道教色彩[8]。一般说来，朱熹的理气学说明显地是调和了古代儒道两家对"道"这个字的不同用法（见本卷 pp.36 ff., 8 ff.）。人类社会之道现在被看作是宇宙之道的一部分，宇宙之道本身就在人类社会的有机层次上显示出来，既不在此以前，也不在此以外[9]。中国思想中两个最大的本土学派就以这种方式而得到了融合。

---

1) 《朱子全书》卷四十九，第一页。

2) Bruce(1)，pp.269, 270。

3) 《朱子全书》卷四十二，第十三页[Bruce(1)，p.32]；卷四十六，第五页[Bruce(1)，p.276]。

4) Bruce(2)，pp.163, 171。

5) 《朱子全书》卷四十二，第十三页。

6) 尤其是《朱子全书》卷四十二第二十九页，我将在下文(p.568)另一相关的地方引用。

7) 我相当肯定地认为，这是佛教所引进的一个印度观念[Eiade(1, 2)]。这种观念经过波斯人的修订，也传播到地中海区域的文明之中[参见 Cumont(2)]。于是近代地质学的创始人也知道此说[见 Lyell (1)，vol.1，p.23]。

8) Forke(9)，p.215。这里顺便提一下，"性理"，即(人)性和自然界，这个名词是陈淳首创的，其后一直保留在汉语中。

9) 值得注意的是，在朱熹著作中有许多反对道家对这个字的概念的争论，尤其是《朱子全书》卷四十六第三页[Bruce(1)，p.273]，那所根据的是对老子的完全误解。在 12 世纪，《道德经》第十八章的政治讽刺内容是中世纪的哲学家们所不理解的，他们全然按照字面求解，固而感到震惊。参见 Bruce(2)，p.167。

(4) 循环背景中的进化自然主义

宇宙经历了创建和毁灭的交替循环[1]。这一思想是大多数理学家的共同基础。它似乎首先被邵雍(1011—1077年)[2]加以系统化,他开始把十二时辰的循环和罗盘方位字应用到它的各个相位[3]。此后有许多对它的论述,勒·加尔[le Gall (1)]引用过两段文字,其中一段是朱熹的直接后辈思想家许鲁斋(1209—1281年)[4]的;另一段是大部分时间处于元代的吴临川(1249—1333年)的。我认为很值得在这里引用后者的论述[5]并附以注解。

> 129 600年为一个宇宙周期("元"),分为十二"会",每会10 800年[6]。当天地运行到第十一会("戌")时,一切事物都告结束,天地间的人和万物都归于乌有。5 400年以后,过了戌的位置;当到达第十二会的中间的时候,凝聚成为大地的粗重物质就变得分散而稀薄了,就和形成了天的细微物质结合在一起,成为一个物体;这就叫作"混沌"[7]。这时它就获得加速度的转动,当亥的位置到达尽头时,物质就到达它的最黑暗和最稠密的状态。

> 在"贞"这一点上[8],大周期就重新开辟了一个新纪元;它是第一个"会"即"子"的开始。未经分化的混沌持续下去,因此它就叫作"伟大的开始"("太始"),也叫作"伟大的一体"("太一")。自此以后,光就逐渐增加。到了另一个5 400年后,在子位置的中间,物质最轻的部分就分离面上升,形成了日月和星辰。这些就是天的标志。所以说"天开辟(构成)于子"。然而,气的较重的部分虽然尚在中央,却仍然没有凝结形成大地,所以大地仍然不存在。

---

1) 它可能是始于许多古代民族中间的一种普遍观念,即认为岁差是振荡或章动,而不是连续的变化。柏拉图也有过这种说法,即神有时停止转动世界,于是它就倒退,直到他重新开始[Eisler (1),p.121]。

2) Forke (9),pp.26ff.。参见上文 p.455。

3) Bruce (2),p.159。

4) Forke (9),pp.286页。

5)《性理大全》卷二十六(不在《会通》本中)。

6) 吴临川此处所用的"元"与天文学家的"元"不同。公元前7年所制订的三统历,规定"元"为4617回归年,公元85年的四分历,规定"元"为4560回归年。这两种历法都合理地依循着朔望交替,日月食周期等等[参见 Chatley (16)]。但此处所说的"元"则是较小的印度卡尔巴斯(kalpas)之一。它虽然等于36个巴比伦的沙罗(saros)周期,但它的来源可能是任意决定的,因为"会"和埃提乌斯(Aetius)同样把"大年"归之于赫拉克利特[Burnet (1),Vol.4,p.156;Freeman (1),p.116]。以30做为一个人可做祖父的最短时间,即一代人的时间,并乘以360,就可以得出这个数字。参见 Chatley (15),p.48。

7) 注意这个古代道家术语的延续。

8) 这是宋代各学派所赞成的那个体系中的四个宇宙周期点("元亨利贞")之一。第一个相当于每一年度的春季之始,其他分别相当于夏、秋、冬三季之始。

当达到第二个会("丑")的中期时,最重的气就凝结形成大地和岩石,而它那流动的部分就变成水,水是流动的,并不凝固,它那炽热的部分就变成火在燃烧,永不熄灭。水、火、土、石各有其特殊的形态,并构成大地。所以说:"地开辟(构成)于丑"。再过5 400年,于是丑就达到了尽头。

另过5 400年就达到第三会("寅")的中期,这时人就开始生于天地之间,所以说"人生于寅"。[1]

〈一元凡十二万九千六百岁,分为十二会。一会计一万八百岁。天地之运,至戌会之中,为闲物,两间人物俱无矣。如是又五千四百年,而戌会终。自亥会始五千四百年,当亥会之中,而地之重浊凝结者,悉皆融散,与轻清之天混合为一,故曰浑沌。清浊之混,逐渐转甚。又五千四百年,而亥会终,昏暗极矣,是天地之一终也。

贞下起元,又肇一初。为子会之始,仍是浑沌。是谓太始,言一元之始也。是谓太一,言清浊之气,混合为一而未分也。自此逐渐开明。又五千四百年,当子会之中,轻清之气腾上,有日,有月,有星,有辰。日月星辰,四者成象,而共为天。又五千四百年,当子会之终。故曰:天开于子。浊气虽搏在中间,然未凝结坚实,故未有地。

又五千四百年,当丑会之中。重浊之气凝结者,始坚实而成土石。湿润之气为水,流而不凝。燥烈之气为火,显而不隐。水火土石,四者成形,而共为地。故曰:地闢于丑。又五千四百年,而丑会终。又自寅会之始,五千四百年,当寅会之中,两间人物始生。故曰:人生于寅也。〉

许鲁斋的论述[2]也很近似,不过他是把《易经》两卦的名称用于两个相位。他把分化、重组和发展的周期列于第十一卦("泰")之下;把合并、毁灭和衰微的周期列于第十二卦("否")之下(参见上文 p.315)。我们不可忽视这些概念和中国人的思想对"波浪形"的偏好之间的关系(例如成反比例的阴阳交替统治)。总的说来,这些宇宙论的说法是随着一番冗长的毫无根据的推测而来的;不过,说它们对中国科学毫无贡献,也未免过甚。因为除了它们所包含的自然主义而外,它们还帮助中国科学在地质学方面达到了先进的观念(如我们将在本书第二十三章所见),而且确实比欧洲更早得多地认识到化石的真正性质。宋熹本人清楚地说明了这一点,在《朱子全书》[3]中可以找到涉及宇宙周期的确切时间长度的反复讨论。

正如佛尔克[Forke (9)]所指明的,当朱熹及其学派思考他们所信仰的反复出现的世界突变时,世界的"火成论"与"水成论"的观念即已经清晰地呈现于他们的脑海中了。本卷第十四章(d)中探讨过的"离心的宇宙生成论",当然可以认为出现在每一新周期的开端。水火分离引起了大地的震动,光明和运动则打破了黑暗

487

---

1) 译文见 le Gall (1),pp.27, 127;由作者译成英文。参见上文 p.372。

2) 《性理大全》(《会通》本)卷二十六,第十八页;Le Gall (1),pp.31, 128。

3) 例如《朱子全书》卷四十九,第二十页;参见 Forke (9),p.182。

和寂静[1]。

朱熹对生命起源的见解是怎样的呢? 他认为,"自生"在产生生命的过程中一度起过很大作用,并且在某种程度上仍然进行着:

> 有人问:最初的人是怎样产生的? 朱子答道:他们的形成是由气改变了阴阳五行的最精微的部分,它们结合而产生了(人体)形状。这就是佛家所谓的自行生殖("化生")。还有许多生物也是这样产生的,例如虱子[2]。

> 生物之初,阴阳的最精微的部分形成两(个构件),如虱子的(是在温暖的影响下)迸发出来。但是当产生了两个个体一雌一雄时,它们绵延的世系就由种子产生出来,这就是最普遍的过程。[3]

> 〈又问,生第一个人时如何? 曰:以气化。二五之精,合而成形。释家谓之化生。如今物之化生者甚多,如虱然。

> 生物之初,阴阳之精自凝结成两个,盖是气化而生。如虱子,自然爆出来。既有此两个,一牝一牡。后来却从种子渐渐生去,便是以形化,万物皆然。〉

488　至于低级动物的本性,他显然承认,适用于人类社会的范畴和价值是并不适用于低级动物的。他用十分近代的方式说:膜翅类的社会行为都表现出有"一点义",而哺乳动物照顾所生都表现出有"一点仁"[4]。动物有着一种昏浊的物质构造("气昏浊")——我们应称之为低级的神经组织——性的全部可能性并不能通过它表现出来,正如日光或月光部分由于"部屋"障蔽而昏暗不清[5]。一切动物所表现的行为都不是发自意识或选择,而是由于它们所必须遵循的具体的"道"或"理"[6]。因此,当意识显现在人类这一层次时,它不是与人的生理构造完全无关的某种东西。

> 有人问:意识("知觉")是精神上的某种东西的内在激动("心之灵"),还是由于气的活动("气之为")? 朱子答道:"不完全是气(物质-能量)的问题,因为先有意识之理。单是理还不是意识("理未知觉"),理与气合在一起才出现

---

1) 参见 le Gall (1),p.34。

2) 《朱子全书》卷四十九,第二十页。参上文 p.422。

3) 《朱子全书》卷四十九,第二十六页。此外他再次使用了"种"字,毫无疑问,他所想的确实就是受精的卵。关于中世纪中国和欧洲的自生(特别是寄生虫)的简述,见 Hoeppli & Chhiang I-Hung (1)。皮里 [Pirie (1)]的有启发性的论文,介绍了现代生物化学对生命起源问题的论点。关于整个论题,详见本书第三十九章。

4) 《朱子全书》卷四十二,第二十六页;Bruce (1),p.59;参见 Bruce (1),pp.211ff.。参见《宋元学案》(卷十三,第二十页)中程颢的论述;Forke (9),p.81。另见下文 pp.568ff.。

5) 《朱子全书》卷四十二,第二十七页;Bruce (1),p.61;参见下文.p.570。另见 Graf (2),vol.1,pp.77ff.。

6) 《朱子全书》卷四十六,第九页;Bruce (1),p.283;参见 Bruce (2),p.164。朱熹当时所想的可能是我们现在所谓的本能行为。

了意识。例如这支腊烛的火光,正因为它得到这么多的好油脂,我们才有这么多的光"。[1]

〈问:知觉是心之灵固如此,抑气之为耶? 曰:不专是气,是先有知觉之理。理未知觉,理与气合,便能知觉。譬如这烛火,是因得这脂膏,便有许多光焰。〉

从现代科学的角度看,他的这些看法是无可非议的,必须记住,他们的时代是在 12 世纪中叶。最高的人类美德是极其自然的,而不是超自然的,应该说是进化过程的最高表现。朱熹和贯穿于欧洲的俄耳甫斯教派(Orphics)和前苏格拉底派的那一套神秘思想一脉相通[2],这种思想我们在讨论荀卿著作时曾提到过[3];朱熹有时可以把仁(宇宙的凝聚原理)当做万物的动力来谈论。他说[4]:"给万物以生命的天地之心是'仁'。禀赋着'气'的人接受这一天地之心,从而接受生命。因此侧隐之心和仁是他生命中最本质的部分。"("天地生物之心是仁。人之禀赋,接得此天地之心,方能有生。故侧隐之心在人亦为生道也。")这段话解释了朱熹对"天人无二理"[5]的信念[6]。

正如低级动物过渡到高级动物及其相应的较高价值的"闪光"增加,是有赖于 489 其气的相对纯净性那样;人性善恶的差别也是以其各自体质的组成或"混成"(krasis; κρᾶσις)(借用一个希波克拉底的字眼)来说明的。这就是朱熹所称的"气禀不同"[7]。他不象王充那样,用宿命论的方式来解释这个问题,而是极力主张一个人用自身中的"理"就可以成就比单靠自己的"气"所能表现的更大的美德。这种气禀不同的学说在中世纪的欧洲也曾有过,如朱熹的同时代人、宾根的圣希尔德加德的看法就是以为证,它预示了近代的遗传学[8]。此外,无数不同的体质配备并不是由于宇宙的慎思熟虑和安排的结果,而是偶然的结果。

有人又问:"天地生出圣贤时,那只是偶然的结果而不是有计划的事情吗?"朱子答道:"天地怎么能够说,'我们现在正着手产生出圣贤来呢?'这只不过是所需数量(的气)恰好互相凑合在一起(这是一个机械的而非化学的隐喻),于是圣贤就诞生了。等到发生时,看来就好像是上天有计划地造成的。"[9]

---

1) 《朱子全书》卷四十四,第二页。
2) 参见上文 pp.39, 151。
3) 参见上文 p.27。
4) 《朱子全书》卷四十四,第十三页;Forke (9), p.187; Bruce (1), p.182.
5) 这与王充对同一主题的强调说明互相呼应,参见上文 p.368。
6) 《朱子全书》卷四十六,第七页;Bruce (1), p.280。
7) 《朱子全书》卷四十三,第四页;Bruce (1), p.85。
8) 见上文 p.19 的有关内容。
9) 《朱子全书》卷四十三,第三十页。

〈又问："如此,则天地生圣贤又只是偶然,不是有意矣。"曰："天地那里说,'我特地要生个圣贤出来'? 也只是气数到那里,恰相凑著,所以生出圣贤。及至生出,则若天之有意焉耳。"〉

朱熹在讨论人类社会组织的本性而与佛家对立时,他思想中的"有机主义"特点就很好地表现出来:

> 天下只有道和理的原则存在,我们只能跟随它们走到底。举例说,佛家和道家尽管要破坏社会关系(即出家修行使自己与世界断绝),却完全不能摆脱道理。所以他们虽然没有父子(关系),却依然尊敬自己的师父(仿佛他们就是父亲),待徒弟像自己的儿子。其中年长者成为师兄,年幼者成为师弟。然而他们(这样做)只是在弄虚作假,而(儒家)圣贤倒是保持了真实。[1]

〈天下只是这道理,终是走不得。如佛、老虽是灭人伦,然自是逃不得。如无父子,却拜其师,以其弟子为子,长者为师兄,少者为师弟。但是只护得个假底,圣贤便是存得个真底。〉

这里他指明,社会组织和人类关系的特性是这样的,以致不论一个人怎样想摆脱它们,都是不可能做到的。由于设立僧侣团体代替了家庭,人们只不过是建立另一种新的、不同形式的社团,实际上是一种不同类型的社会机体而已。

490   ## (5) 对不朽和神明的否定

关于死亡和死后复活,朱熹十分明白,个别人的精神是不会存活的。

> 有人问:一个人死了的时候他的意识是不是就消散了。朱子答道:它不是简单地散了而已,它是完全完结了。(他身上的)气完了,所以他的意识也完了。[2]

〈问:人死时这知觉便散否? 曰:不是散,是尽了。气尽则知觉亦尽。〉

他说,佛家的意见是人的精神可以作为鬼而存活下去,又再转生为来世的人,这是荒谬绝伦的。[3]"死去的就消逝了,不再回来。宇宙中除了理,没有不变的东西。没有任何生物是永恒的,一切都服从于变和死。"[4](死者去而不来,其不变者只是理,非有一物常在而不变也。")

---

1)《朱子语类》卷百二十六,第八页。由卜德译成英文,见 Fêng Yu-Lan (1), vol.2, p.568;另见 Bodde (3), p.48.

2)《朱子全书》卷五十一,第三十页。

3)《朱子全书》卷五十一,第十九页。参见卜德[Bodde (11)]的饶有兴趣的讨论。

4)《朱子全书》卷五十一,第三十四页。有关本题的进一步论述,见 Forke (9), p.188,以及 le Gall (1), p.89.

理学家在这个问题上对于孔子时代关于鬼神的古代术语加以显著的合理化，保留了它们，但赋予它们以专门的含义。这个体系可以表现为表 21 的形式[1]。

表 21　　理学家对儒家术语的合理化

与"阳"有关者		与"阴"有关者	
气	用于它的古意，即"生命的气息"。	精	精髓。
魂	精神或灵魂中的"温暖"部分，死后上升与天之气混合。	魄	精神或灵魂中的"寒冷"部分，死后下降与地之气混合。
神	古意为神，现在用来表示以下概念：	鬼	古意为妖怪，现在用来表示以下概念：
伸	伸张，散开；	屈	收缩、聚合；
散	消散、离散。	聚	聚集、凝结。

人的灵魂由两部分组成，死时一部分上升，一部分下降，这种观念并没有什么新鲜；这个理论早已见于《礼记》[2]。理学家们的创新乃是使用这些术语来表示相当清楚的物理概念，并把它们应用于描述自然现象。朱熹说[3]："如风雨雷电初发时，神（或伸张力）也。及至风止雨过，雷住电息，则鬼（或收缩力在交替）也。"勒·加尔正确地指出[4]，整个这个认同体系若不是牵强附会，也是很不幸的，因为它的后果是让人民群众继续使用民间宗教迷信的习语[5]，学者和官吏则可以不改变其术语而在纯自然主义的基础上解释现象世界[6]。不记得中国官僚社会的背景，就无法正确评价这一整个形势。我们想起本卷上文（p.365）已提到的一些事例，例如荀卿所说的祈雨或信赖占卜等传统的仪式，是不会使开明的人轻信的；刘昆确信，普通人说成是他的神奇的能力的，其实不过是偶然的结果而已（p.367）。也许，在本书末尾，当我们有可能回顾一下中国思想在其社会结构中的历程时，我们将会感到，这种仅仅对古字及其全部的宗教含意加以合理化而未能创制出新术语的严重缺陷，乃是社会环境的最不幸的方面之一，而中国科学就是在这种环境中为自己的诞生

491

---

1) 根据《朱子全书》卷五十一，第五、十九、二十、二十二页等；参见 le Gall (1)，pp.72–78；Forke (9)，p.190；Bruce (2)，p.243。

2)《礼记》第二十一篇；Legge (7)，vol.2，p.220。

3)《朱子全书》卷五十一，第二页。

4) le Gall (1)，p.74。

5) 连朱熹自己（《朱子全书》卷五十一，第三页）也承认"邪恶鬼神"的存在，他们或呼啸于屋顶之上，或在暗处袭人，习惯上是向他们奉献上祭祀牺牲。对于理学家来说，虽然鬼神只不过是自然力量的显示，但他们很可以是有点惊人的。这里我们就对不很理想化的 12 世纪有了一瞥；可想而知，理学家在这种阴霾笼罩之下要维持其唯理主义必须付出多大代价。在《近思录》卷三第五十七、六十页[译文见 Graf (2)，vol.2，pp.249，262]中可找到谴责迷信鬼神的思想的典型文章。

6) 在宋代的代数学家的术语中可以找到与此相似的词汇[见本书第十九章(i)]，其中如天、元、人、物之类古老字样是用以代表未知数的。这种修辞的位置的体系，推迟了象征符号的发明。

而奋斗的[1]。显然,它与欧洲的那种趋向是平行的,例如在西塞罗的著作《论神性》(*De Natura Deorum*)和 18 世纪的许多论述中所见到的;根据这种趋向,宗教对于人民群众很有好处,甚至是一个有社会价值的骗局,但是对有教养的贵族则是十分不必要的[2]。

492　　　最后,让我们来谈谈有神论问题。这位中国所曾产生过的最伟大的、集大成的哲学家对于上帝的特性采取什么立场呢? 且让《朱子全书》卷四十九来自己说明吧:

问:据(古书)说,"上帝降衷于民。"又说:"天之将降大任于斯人也。"又说:"天佑民,作之君。"又说:"天生物,因其才而笃,作善降百祥,作不善降百殃。"又说:"天将降非之祸于此世,必预出非常之人以拟之。"我要问,这些以及类似的话是不是意味着苍天之上存在着一个"主宰"[3]? 还是天并没有心(意识),而是理在负责管理着?

(朱子)答:这些话是同样的意思——就只是一个理在这样起着作用。气在其永恒的运行之中总是有着盛而衰和衰而盛——相续的时期,二者彼此相继循环不已。从来没有衰而不继之以盛的。[4]

问:天地之心应该被认为是活动的还是无为的?

答:不能说它是无为,但它不像人那样地思维和有意志。

问:还有天地的心和理。在这里理是否指普遍的组织原则("道理"),心是否指主宰者?

答:心一定含有主宰,但这不是理以外的任何东西,因为理与心,心与理是从来都不分离的。

问:心在这里是否能认为是指统治者?

答:正如人字有似于天字(两个字的意思双关,包含着人是一个微观宇宙),同样,心字相应于帝字(统治者)。……

帝(统治者)只不过是被认为在安排着万物的理("帝是理为主")。

苍天叫做天,它不断地运转并朝着各个方向开展。

现在常有人说,天上有个人在那里审判一切罪行;这肯定是错误的。但是说没有安排(原则),也是同样错误的。[5]

---

1) 引人注目的是,鬼神之类的专门术语在现存的中国哲学家的著作中仍旧继续采用[见 Chhen Jung-Chieh (4),pp.37,247,248,258]。

2) 参见 Farrington (3,5)。

3) 注意同一术语在《庄子》中的应用,参见上文 p.52。

4) 《朱子全书》卷四十九,第四页。

5) 《朱子全书》卷四十九,第二十二、二十五页。

〈向上帝降衷于民；天将降大任于人；天佑民，作之君；天生物，因其才而笃；作善降百祥，作不善降百殃；天将降非常之祸于此世，必预出非常之人以拟之。凡此等类，是苍苍在上者真有主宰如是耶？抑天无心，只是推原其理如此？曰：此三段只是一意。这个也只是理如此。气运从来一盛了又一衰，一衰了又一盛。只管凭地循环去，无有衰而不盛者。

问：天地之心亦灵否？还只是漠然无为？曰：天地之心不可道是不灵，但不如人恁地思虑。

问天地之心，天地之理。理是道理，心是主宰底意否？曰：心固是主宰底意，然所谓主宰者即是理也。不是心外别有个理，理外别有个心。

又问：此心字与帝字相似否？曰：人字似天字，心字似帝字。苍苍之谓天，运转周流不已，便是那个。而今说天有个人在那里批判罪恶，固不可。说道全无主之者，又不可。〉

所以十分明显的是，朱熹不赞成一个有人格的上帝的概念[1]。他的立足点确定了儒家的正统思想。它及其与现代科学自然主义所有相似之点，究竟对中国的科学世界观的发展真正做出了多大的贡献，我们在后面[2]将有机会加以探讨。

不过，谁也不要设想，理学对"天"的概念是一个冷静的理性的概念。朱熹的世界观具有明显的超自然的性质[3]。关于这个问题，可举出许多例子，但或许下面一例[4]就足够了： 493

（傅）舜功问五祀祭仪，说他认为它们只不过是一种责任，一种非常崇敬的表示；而不必（相信）有任何神存在。（朱子）答道："（你是说没有神吗？）你谈到万物的神妙，你就谈到神了（"神也者，妙万物而言也"）[5]。天地和天地间的万物——它们都是神（"盈天地之间皆神"）。[6]

〈舜功问祭五祀，想也只是当如此致敬，未必有此神。曰："神也者，妙万物而言者也。盈天地之间皆神。"〉

(e) 宋代理学和自然科学的黄金时代

在以上各页中，我大胆地把理学解释为对有机主义哲学的一种尝试，而且决不是不成功的一次尝试。读者自己在决定这种解释是否有效之前（仅就本书引用的

---

1) 耶稣会七勒·加尔不喜欢朱熹哲学，但他比之卡道成有更好的领会，因为卜道成把他的新教神学塞了进去。亦可参见《朱子全书》卷四十三，第三十四、三十五页；Bruce (2)，p.298；Forke (9)，p.179。

2) 本卷第十八章。

3) 格拉夫完全赞同这个看法[Graf (2)，vol.1，pp.288 ff.]，并把它和德国诗人荷尔德林 (Hölderlin) 进行了比较。英国人可能想到布莱克。理学对于后代的士大夫无疑是一种鼓舞。

4) 它受到陈荣捷[Chhen Jung-Chieh (4)，p.255]应有的注意。

5) 朱熹从《易经·说卦》第六节中摘引此句，但与原文有一字之差，而且并没有很清楚地表达出内在性的意思。卫礼贤[R.Wilhelm (2)，Baynes 英译本 vol.1，p.291]误解了此句；顾赛芬[Couvreur (2)]在"妙"字下面的解释是对的。

6) 《朱子全书》卷三十九第二十一页，由作者译成英文。

材料基础上所能做到的而言),应该参阅本卷第十八章(f)关于法律和(科学的)自然法则观念的历史,我们在那里进一步引用了朱熹和其他理学家著作中一些重要的段落。但不管读者是否倾向于接受我的解释,至少理学的世界观和自然科学的观点极其一致,这一点是不可能有疑问的。

因此,在这里值得再一次强调,宋代确实是中国本土的科学最为繁荣昌盛的时期。前面(p.161)曾经论及,如果本书对古代道教的解释是正确的,那末这种哲学应该表明是与实用科学有某些联系的;而事实上它也确实是如此,因为中国科学的许多方面,如炼丹术、药用植物学、动物学和磁物理学等,全是受到道家的启发。同样,如果我们对理学倾向的分析是对的,人们就可期待着科学事业的伟大发展会随之而来。事实上,这件事的可资引证的事例多得令人困惑。

494   在考虑下述的宋代科学成就的概况时,我们只须记得,大致说来从 1000—1100 年的整个时代正是理学奠基者们所生活的年代,而随后一个世纪则紧紧地相当于朱熹的一生,这场运动的推动力一直强有力地持续到大约 1275 年宋代的灭亡。此外还应该记得,我们已经看到唐代和宋初(9 世纪和 10 世纪)为理学奠定基础的证据。

在为撰写本书所做的研究工作中,我曾考虑李翱(800—844 年)与理学肇始的关系,我觉得他的名字很熟悉,在查找相应的卡片索引中果然发现有他。他作为一个药用植物学者,曾写过一篇《何首乌传》的文章,还有他的哲学著作《复性书》。这件事可以认为是有象征性的。面对着佛教的挑战,道教和儒教这时正在联合起来,形成着一种统一的世界观。其中,实验的和观察的科学所占的地盘和人文哲学是同样之多。

如果我们要检阅这个时代的伟大的科学家,首先遇到的就是沈括(1030—1093年),在他的著作中除了许多其他有价值的科学贡献而外,还有首次明确提到的磁罗盘的年代,有制作立体地图的第一次记载,有许多关于化石的描述以及对它们性质的认识。在数学方面有许多名家,这里只举几个:刘益(鼎盛于 1075 年),李冶(1178—1265 年),秦九韶(鼎盛于 1244—1258 年),杨辉(鼎盛于 1261—1275 年),等等。这些人研究出了宋代的代数学,并组成了当时全世界上最先进的数学学派。在天文学方面有苏颂(1020—1101 年),我们至今保存有他精心绘制的有关浑天仪的书。著名的苏州星图是在 1247 年刻在石碑上的;有趣的是,我们看到在它的文字中引用了理学家的术语如太极等等。在地理学和地图学方面,这个时期由贾耽(730—805 年)开端至朱思本(1273—1320 年)结束,他们两人都属于任何国家、任何时代最伟大的地理学家之列。在这两人在世之际,1137 年有两幅著名的地图刻在陕西凤翔书院的石碑上,它们见于本书论述地理学的第二十二章(d)中的复制图。

在化学方面缺乏杰出的人物,但由这样一个事实而得到弥补,即《道藏》中有关炼丹和化学的书籍大多数都写于宋代(见本书第三十三章)。也正是从这个时期,我们得到了现存最早的中国化学仪器的图说。还必须记得,上面已提到朱熹本人也论述了《参同契》(2世纪)这部最古老的炼丹书。同时,植物学和动物学方面的著述也非常之多。本草类的重要著作中,在五代和宋代刊行的不下九种,包括一些很有名的作者如寇宗奭(鼎盛于1116年)和唐慎微(鼎盛于1108—1130年)的著作在内。还有,像上面提到的李翱的文章那样单篇专题论著,在这个时期也是产量最多的。这里,典型之作是韩彦直(鼎盛于1178年)的《橘录》。以后在第三十八章论植物学时还要提到宋代许多这类专著。农学家们也不是无所事事的。1149年,陈旉写了一部有价值的《农书》,这又导致王祯在1313年写的一部同名的杰作。

最后提到的这部著作也和11世纪沈括的著作一样,都描述了活字印刷术,并且告诉我们,印刷术的普遍使用是从9世纪末叶开始的。同样,把许多小册子汇集在一起印成一套丛书的做法也是在宋代开始的。其中第一部是《百川学海》,从12世纪末叶起刊行,在上百种书中,大约四分之一是和科学有关的。

医学方面,这个时期也硕果累累[1],陈言(鼎盛于1180年)、钱乙(鼎盛于1068—1078年)、刘完素(鼎盛于1200年)和李杲(鼎盛于1220—1250年)等人的名字就是证明。他们的成就在本书论述医学的第四十四章中将涉及到。这里,我们不要忘记宋慈(鼎盛于1247年)这个名字,他不仅是中国的、而且也是全世界的法医学的奠基人。

我还要提到这样一个事实,即在建筑和军事技术这两个领域内的基本著作也是在这个时期写成的。中国建筑学上最伟大的著作《营造法式》系李诫编纂,他死于1110年。军事技术的大百科全书《武经总要》,为宋代著者曾公亮的作品,内容包括许多有关炸药、燃烧技术、毒烟等的使用知识。

因此,这样一个结论是并不牵强的,即宋代理学本质上是科学性的,伴随而来的是纯粹科学和应用科学本身的各种活动的史无前例的繁盛。

(f) 朱熹、莱布尼茨与有机主义哲学

然而,这一切成就并没有把中国的科学提到伽利略、哈维和牛顿的水平。经过元、明两代的某种停滞之后,十分明显的是,除非有一连串超乎历史或然性的预见

---

1) 近来对此的评述,可特别参见 Li Thao (1,2)。

不到的事件,否则,中国文明是不会产生"近代的"理论科学的。中国本土思想的最后一幕戏,已经在唯心主义者和唯物主义者之间以一场毫无结果的形而上学论战而上演完了[1]。16世纪末叶,文艺复兴后第一批西方文明的使者来到中国首都,中国学者们被邀请和欧洲同行们一道参加协助以"新的、或实验的哲学"来改造世界。这段历史的其余部分属于东亚近代科学史,不在本书讨论的范围之内[2]。

关于耶稣会士给中国人带来欧洲的数学、科学和技术的情况,现有大量的文献。关于这一运动的许多报道以及那位伟大人物利玛窦在其中所起的作用,可以在裴化行[Bernard-Maître (1)]的著作中找到。这部史诗是如此令人眼花缭乱[3],它一定诱使许多人设想,欧洲思想并没有从中国哲学大厦中得到什么刺激,而那正是耶稣会士追求着要去了解的。然而我相信,由理学所总结的中国思想对欧洲思想的贡献,比迄今为人充分认识到的要大得多,最后可能证明并不亚于中国人因那些人给他们传来了17、18世纪欧洲科学和技术而受的惠。欧洲一些最优秀的头脑借助耶稣会士发回的通讯,及时地投身于研究中国哲学,这可在裴化行[4]、朱谦之(1)和修中诚[5]的有趣著作中读到。虽然中国文化对欧洲文化的多方面的影响已经讨论很多,特别是在皮诺[Pinot (1)]、顾立雅[Creel (4)]、马弗里克[Maverick (1)]、里启文[Reichwein (1)]等人的著作中,但是我认为,哲学贡献的全部意义还没有被人领会[6]。

497   本卷在专门论述阴阳五行理论以及它们所形成的"相关思维"的体系那部分的结尾,曾提到(p.291)中国的世界图式经过朱熹和理学家们加以系统化之后,它的有机论的性质就通过莱布尼茨(1646—1716年)的媒介传入西方的哲学思潮。如果真是如此,那末,它的重要性就怎么估计也不会过高。由于本章[7]已经提出许多证据,说明理学根本上确实是一种有机主义的哲学,所以现在我们就来进一步发挥这个在上文(p.303)中提到过的见解。

在17世纪欧洲的伟大思想家中,莱布尼茨是对中国思想最感兴趣的一个。他对中国的兴趣已经引出了相当多的文献[如Merkel (1),O.Franke (7),Lach(1)],

---

1) 这是本书下一章的主题。孙奇逢约在1650年所写的《理学宗传》一书中,对它作了恰当的介绍。

2) 拉赫[Lach (3)]的著作是一部很好的指南。

3) 这部书也许写得过于迷惑人了。虽然耶稣会士们传来了伽利略的望远镜的知识,他们却不曾传播哥白尼的日心学说,从而推迟了而不是促进了中国天文学;见 Pasquale d'Elia (1);Duyvendak (6);Szczesniak (1,2)。参见本书第二十章(j)。

4) Bernard-Maître (2),pp.153 ff.。

5) Hughes (2),pp.5,22,167 ff.。

6) 我们在前面(p.374)已经提到过丁韪良[Martin (6)]的说法,他认为被理学家系统化了的离心的宇宙形成论可能影响了笛卡尔的物理以太漩涡理论。

7) 和以下在第十八章(尤其在p558,565)中论述自然法则观念的发展时将提到的。

这里我们只需扼要地重述一些主要事实。当莱布尼茨刚二十岁时,他就阅读了诸如施皮策尔(G. Spizel)的《中国文学评注》(*De Re Litteraria Sinensium Commentarius*)这一类书籍,后来又读了基歇尔(Athanasius Kirche·r)神父的《中国纪念物图说》(*China Monumentis Illustrata*)。前者是施皮策尔谈论中国字(虽然不多)的一本小书,他认为这些字像是古埃及那样的会意字;书中提到了阴阳、《易经》、五行、算盘和炼丹术[1]。基歇尔的书则更多地谈到建筑、道路、桥梁和这一类的内容。1666 年,莱布尼茨发表了《论组合的艺术》一书[参见 Couturat (1), C.I.Lewis (1)],这使他成为符号逻辑或数理逻辑之父,对这一观念的刺激公认是来自汉字的会意特征。后面(本书第四十九章)我们还要回过头来更为充分地谈论这个问题。我们从现存的他给黑森-莱茵费尔斯(Landgraf v.Hessen-Rheinfels)的信中知道,他在 1687 年读过《中国哲学家孔子》一书。两年后他访问罗马时,遇见了当时正从中国回来休假的耶稣会士闵明我(Grimaldi),后来又向他询问一系列问题,希望得到回答。的确,莱布尼茨终其一生与耶稣会士们保持经常接触,有很多往来的手迹资料;有些耶稣会士的描述在莱布尼茨本人于 1697 年编印的《中国现状》(*Novissima Sinica, Historiam Nostri Temporis Illustratura*)上发表[2]。1700 年白晋.(Bouvet)神父寄给他一篇对《易经》的详尽分析,正如我们在本卷第十三章(g)结尾处看到的,这件事是中国和欧洲的学术交流中最引人注目的例子之一。直到十六年后莱布尼茨生命的最后时刻,在关于"礼仪之争"(Rites Controversy)中他仍在积极维护耶稣会士们的立场方面起着突出的作用;在某种程度上这与维护理学家的思想(对他来说)是同义语。

现在可以说,莱布尼茨在哲学史上起了一个桥梁建筑师的作用。以神学唯心主义为一方和以原子唯物主义为另一方的两种对抗的观点,是欧洲思想从来未能成功解决的二律背反。莱布尼茨本人的发展就是欧洲这种"人格分裂"的一个例

498

---

1) 莱布尼茨的一生,对中国科学的每一部门无不感兴趣。在 1669 年,他认为中国医学至少是和欧洲一样的好(就当时而言,他并没有多大错误)。莱布尼茨是许多科学院的创办人和宣传者(他创办了柏林的科学院),他做这些事的主要目的之一就是和中国交流科学信息。同年,他倡议创办"德意志艺术和科学促进会",以后他又于 1670 年建议创办"费拉德尔菲亚协会",该会以耶稣会为榜样成为一个国际性的科学家团体,并在远东设立科学联络处(!)。除其他事业外,他们将参加一次世界磁力调查;参见 Harnack (1a), vol.1, pt.1, p.30n.(1b), vol.4, pt.1, p.552; Couturat (1)。

2) 就在这一年,莱布尼茨(就中国容许基督教的诏书)写下了常常被引用的几句话:"这样下去,我认为中国人在科学和艺术方面将会很快超过我们;我这样说,不是因为我和他们一起感到欢忻妒忌他们的光荣,而是要劝我们学习他们的谦恭和世上其他国家所没有的令人钦佩的那种治国艺术。我们生活得如此之混乱,因此我认为,正如我们派遣传教士到他们那里把真正的神学传授给他们一样,也应该请他们派遣圣哲到我们这里来,把他们的治国艺术和被他们提高到如此完美的高度的那种自然神学教给我们。"(参见 Pinot (1), p.335.) 我用重点符号标明"自然神学"这个词,它的含义将在下面提到。

子。他先是在亚里士多德-托马斯神学院的活力论中成长起来的,然后(正如他自己在他自传的片断中所说的)[1] 又走上了"原子与真空",即卢克莱修-笛卡尔的机械唯物主义,这个思想体系不管如何加以装扮,总是倾向于无神论的[2]。实质上,正是这种情况,在以后连续的两个世纪之中形成了企图进行各种令人更满意的综合工作的背景。在牛顿的时代,机械唯物主义(即使经过装扮作为一种自然神论)仍然行得通,但是自 19 世纪以后,科学本身的进展开始突破了它的界限。于是黑格尔的辩证法之类的东西就随之而来。达尔文、弗洛伊德和爱因斯坦的世界之不同于 17 世纪的世界,差不多就像 17 世纪之不同于先前的世纪一样。于是就出现了表现为各种有机主义哲学的潮流:不论是马克思、恩格斯及其综合的层次(矛盾统一),或是劳埃德·摩尔根和斯穆茨的突现进化,或是那些认为古典机械论与活力论已不再是一个有生命力的问题的生物学家,或是怀特海本人和全部的有机主义世界观。如果在欧洲思想中追溯这些观念,则可以引到莱布尼茨,然后就似乎不见踪影了。现在我们必须要讨论的是:这是否就是因为他本人首创地要超越不是神学活力论就是机械唯物论这种划分的伟大的综合意图,受了我们所发现的具有中国特色的有机论世界观的激发(如果确非导源于这种世界观的话)。

这是一个很大的题目,值得作出比这本书的范围所能作的更好的评判。如果没有经过特别的探讨,就很难哪怕是试图估计莱布尼茨从中国哲学得到了多大的刺激。但这种探讨工作并不容易,因为他不是一个有系统的著作家,他所写的东西有许多仅只是信件或断简零篇,有些显然还只处于手稿阶段。不过还是有些事可说的。

卡尔[3] 告诉我们,根据莱布尼茨自己的叙述,他想要一种实在论,但不是一种机械实在论。与笛卡尔把世界看成一个庞大的机器相反,莱布尼茨主张(另一种)499 世界观,即把世界看成一个庞大的活的有机体,它的每一部分也是一个有机体[4]。这就是最后(在 1714 年当他的生命即将结束时)在《单子论》(*Monadology*)这篇在他死后出版的简短而光辉的论文中所提出的图景。这些被他认为是构成世界的单子,乃是不可分解的有机体,是更高级有机体的组成部分[5] 有各种不同层次的单

---

1) 例如 1714 年 1 月 10 日他给德·雷蒙(de Remond)的信(见 *Philos.Schriften*, ed.Gerhardt, vol.3, p.606)。

2) 参见威纳[Wiener (1)]关于莱布尼茨逻辑学的历史环境的论述。

3) Carr (1), p.146, (2)。

4) Carr (1), pp.178, 204。

5) Carr (1), p.18。

子。几乎可以说,单子是有机主义在西方哲学舞台上的第一次露面[1] 单子的等级制及其"前定和谐"有似于理学家的理在每一种模式和有机体中的无数个别的表现。每个单子都反映着宇宙,就像"因陀罗网"(参见上文 p.450)中的结一样[2]。莱布尼茨希望借助于这个等级制的宇宙来克服以神学活力论为一方和以机械唯物论为另一方之间的二律背反。如果他是对这种"二者必居其一"的论调深感不满的一长串思想家中的第一个,难道不可能是理学的综合暗示了他一种更好的办法吗?

人们不难在他的哲学中找到中国思想的反响。当他说:"物质的每一部分都可设想为一个充满植物的花园或一个充满鱼类的池塘;但植物的每一茎梗,动物的每一肢体,每滴树液或血液,也都是这样的一个花园或池塘。"[3] 这时,我们就会感到这里是透过理学的镜子所看到的佛教思辩,而且(说也奇怪)这还与列文虎克(Leeuwenhoek)和斯瓦默丹(Swammerdam)通过显微镜所看到的实验证明相符合,这些实验证明是莱布尼茨所深知而且赞赏地引用过的[4]。

当莱布尼茨讲到机器和有机体之间的区别在于,组成有机体的每个单子总是有生命的并且在意志和谐之中相合作的时侯[5],我们不禁联想到中国"通体相关的思维"体系所特有的"意志和谐"(我们在上文 p.283 曾提到过),其中全宇宙的各个组成部分都自发地协调合作而没有指导或机械的强制。正如拉塔[6] 所解释的,一个单子(不妨说)是很理想地影响着别的单子,这不是外来的,而是通过内在预定的一致或和谐。这样的话可以最完美地运用于中国的通体相关的思想体系所构想的事物关系类型,在那里一切都按计划而发生,任何事物都不是任何别的事物的机械原因。莱布尼茨的前定和谐是一种致力于以 17 世纪的不完善术语来解决身-心问题的学说,它本身并没有维持多久,但是人们可以了解它在当时的有机主义中所占的位置,而且它与中国传统思想的一致是非常显著的,不容忽视。这里可以参考前面(p.281)引证过的董仲舒(公元前 2 世纪)的一段至关重要的话,它把相关思想

500

---

1) B.Russell (2),pp.604ff.. 单子被界定为没有部分,乍看起来会使人困惑,但莱布尼茨是以颇为特殊的方式在使用"部分"这个词的。他认为沙堆中的沙粒是"部分",这就把"部分"规定为一个无机聚合体的一个无组织的构成分子,他并且说:"一个具有'部分'的东西,就不是统一体。"[见 Kortholt (1),vol.2,p.445。]

2) Whitehead (1),p. 95。至于这个古代的隐喻,可参见有关千眼佛研究的论文 Pettazzoni (1)。

3) *Monadology*,sect.67 (Carr 编,p.116)。

4) 作为莱布尼茨思想影响的一种表现,可以提到这一点:1839 年施莱登(Schleiden)和施万(Schwann)确实发现活细胞以后,它们就被大生理学家约翰内斯·米勒(Johannes Müller)称为"有机单子"。见 E.S.Russell (1),pp.170ff.. 关于莱布尼茨哲学和佛教哲学之间的其他对比,见 Stcherbatsky (1),vol.1,pp.114,199。

5) Carr (1),p.112;并可参见科赫[H.L.Koch (1)] 的专题论文。

6) Latta (1),p.42。

领域中的因果关系和两件彼此相隔一定距离的乐器发生共鸣作了比较。十八个世纪之后，莱布尼茨在强调他的友人惠更斯(Huygens)所做的一个实验时，也援引了一种有点相似的类比；惠更斯把两个或更多的钟摆挂在同一块木头上，发现如果开始是不合拍的，不用多久它们就会互相合拍地摆动[1]。莱布尼茨并不是不知道木头在传递振动，而董仲舒却不知道声波的传播，但他们两人都采用了有点相似的类比来说明他们关于有机世界工作方式的观念，这是相当引人注目的。

莱布尼茨还有一段话使人感到中国思想的另一个反响，他说[2]："在灵魂和肉体相分离的精确意义上说，并没有绝对的生，也没有完全的死。我们所称为生的，就是发展和展开；我们所称为死的，就是闭合和收缩。"我们不是曾经多次听到过道家谈论散和聚，并且说并没有真正的创造与毁灭，只有密集和稀疏吗？(参见上文pp.40, 76, 107, 369)在莱布尼茨看来，这些过程是逆反的，所以这种古老的对躯体化与解体化的纯自然主义解释的思想，就和马尔皮基(Malpighi)、斯瓦默丹二人用显微镜看到胚芽早期发展这一新发现联结起来，因之又和胚胎的预成说与后成说的大争论联结起来[3]。在这方面，我们不要忘记庄子等人经常用"几"这个字来表示万物的"胚芽"(参见上文 pp.43, 78, 469, 470)。

我们掌握了莱布尼茨本人对中国哲学的审慎的见解，确实是幸事。1701年出了两部书，其中一部是一位持不同意见的耶稣会士写的，他对中国思想和礼仪的态度与他的大多数同事不同；另一部是一个方济各会士写的。这个问题很复杂。利玛窦神父和他的大多数追随者根据经文本身的意义得出结论说，中国古代文字中的"上帝"可用来翻译基督教的 God；"鬼神"或"天神"可译作 angels；灵魂可译作 soul。当然，正如上面所说的，"上帝"这个概念早已失掉了它原来的拟人特点，而理学家已经把它隐喻为"理"。同样，理学家把"鬼神"解释为自然原因，并认为"魂"是可消可灭的。这样，经文说的是一回事，理学家的注释说的却完全是另外一回事。利玛窦神父和(最初的)大多数人坚持经文原文，而(耶稣会士)龙华民(Nicholas Longobardi)神父和(方济各会士)马安史(Antoine de Ste Marie)神父则认为最好是接受理学家的注释。在第一种情况下，中国思想只需要加上最微量的启示宗教，就可以取得天主教的地位；而在第二种情况下，中国则是一个无神论者和不可知论者的国土。现在我们可以看到，利玛窦在很大程度上是对的；如果耶稣会士坚持沿着这个途径来解释古代经籍，最后的历史研究会证明他们是对的。

501

---

1) Latta (1), pp.45, 332。

2) *Monadology*, sect.73(Carr 编, p.123)。

3) 参见 Needham (2); A.W.Meyer (1)。

但龙华民对理学的估价同样是对的[1]。龙华民的书题名为《论中国宗教的若干问题》(*Traité sur Quelques Points de la Religion des Chinois*)，马安史的书题名为《论中国传教会的若干重要问题》，(*Traité Quelques Points Importans de la Mission de la Chine*)。前者侧重教义，后者侧重礼仪和习俗[2]。这两部书对于在华传教士和学者中间所进行的炽热讨论都作了生动的描述。但值得注意的是，莱布尼茨在两部书上都作了旁注，并刊印在 1735 年由科索尔特(Kortholt)编辑的莱布尼茨杂文集里。这份材料后面附有莱布尼茨写给当时任摄政王(奥尔良公爵)顾问和典礼局局长的德·雷蒙的一封长信。这封信大约是他在 1716 年去世前一年写的，信中谈到了中国思想的许多方面[3]。总的说来，他维护"耶稣会士"的观点即利玛窦的观点；他对龙华民和马安史的观点所作的批注都是批判性的，有时又批判得引人发笑和尖酸刻薄。显而易见，他长期都深受中国思想的启发，他由此而得到的远远不只是单纯相信它与基督教哲学相吻合而已(见图 49)。

龙华民非常抱怨中国人不承认与物质显然有别的"精神实体"，这就是说，没有上帝，没有天使，没有理性的灵魂[4]；但是莱布尼茨寻求着一种并不排除一个内在的上帝的自然主义，他发现物质成分与精神(组织)成分的普遍结合完全是可以证明的[5]。龙华民反对中国人把宇宙的"物质原理"在某种方式上等同于人类德行的"道德原理"和其他"精神"事物(即这样从非人类、甚至无生命的世界的根源中得出的人类的和社会的最高价值)的办法，但莱布尼茨却很受它的吸引[6]。龙华民(也许是错误地)在把太虚一词解释为指空间之后，莱布尼茨说[7]："人们一定不要把空间设想成是有着许多部分的实体[8]，而要设想成是事物的秩序，即认为它们共存(于一个模式之中)，要设想是从广阔无垠的上帝出发，即认为一切事物无时无刻不是依赖于它。"后来，莱布尼茨谈到理学家的自然主义时又说："因此中国人在这个问题上非但远不应受责备，而是应受赞扬，因为他们相信事物是由于自然的预先安

502

---

1) 这些问题使欧洲的神学家陷入一种可怕的困境。如果利玛窦是对的，中国的自然宗教就不需要启示和神恩了。如果龙华民是对的，人们普遍同意的论据就动摇了。而更糟糕的是，由于这个没有宗教的民族在世界上有着最好的道德学家的名声，所以伦理和宗教的互相依存就破灭了。参见 Pascal, *Pensées*, vol.2, p.70。

2) 当然，在这一点和有关争论的背后还有各种政治的和其他的阴谋，参见 Pinot (1)，p.312 及其他各页。

3) 裴化行[Bernard-Maître (10)]、梅克尔[Merkel (1)]和拉赫[Lach (1)] 曾经参考和引用过这份材料，但没有阐明它在哲学史中的重要性。参见 Brucker (1)，vol.5，p.877。

4) Kortholt (1)，pp.170, 212。

5) Kortholt (1)，p.415。

6) Kortholt (1)，pp.420, 424。

7) Kortholt (1)，p.421。

8) 要记住莱布尼茨对"部分"一词的特殊用法。

图 版 二 〇

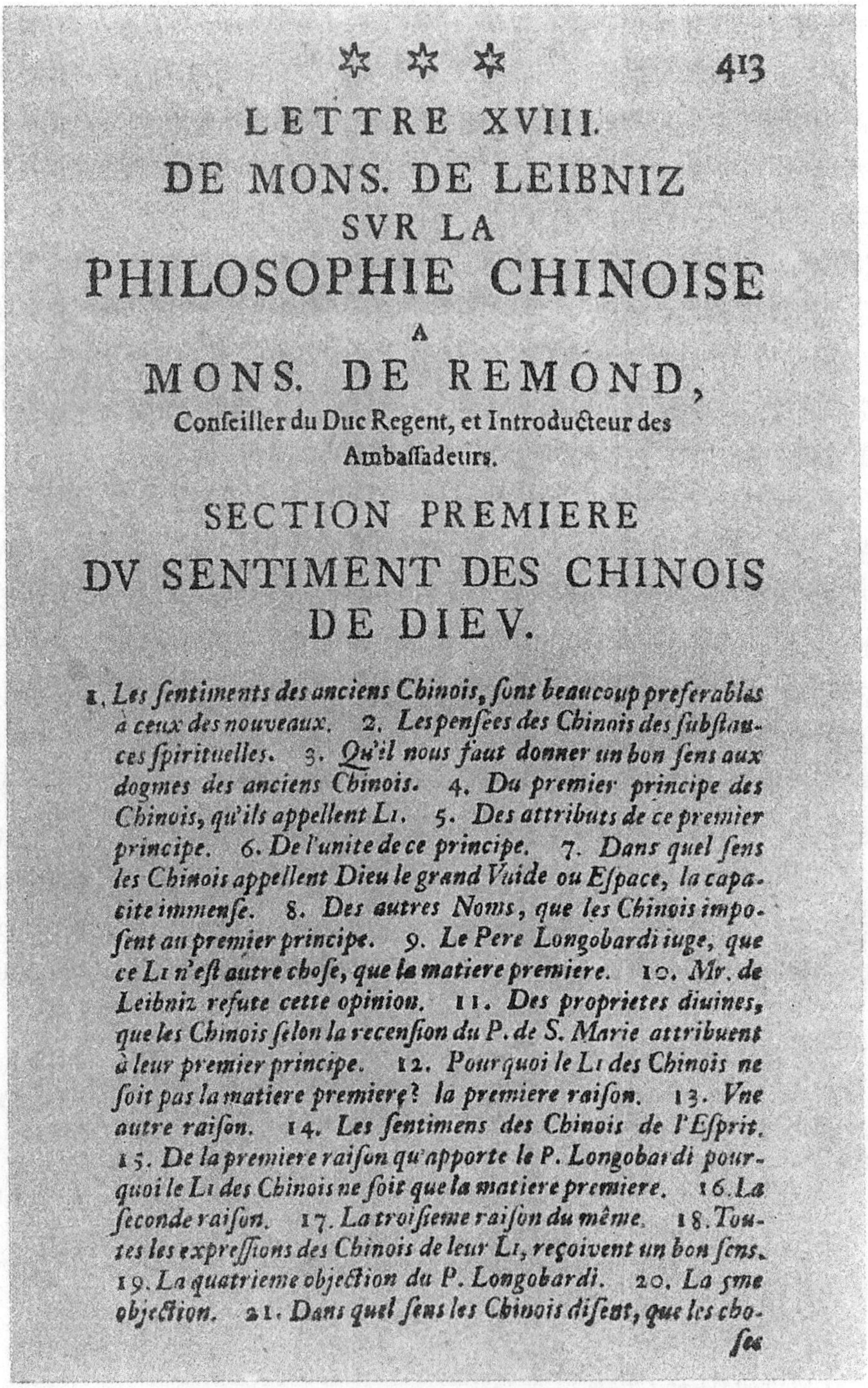

✿ ✿ ✿   4I3

LETTRE XVIII.
DE MONS. DE LEIBNIZ
SVR LA
PHILOSOPHIE CHINOISE
A
MONS. DE REMOND,
Conſeiller du Duc Regent, et Introducteur des
Ambaſſadeurs.

SECTION PREMIERE
DV SENTIMENT DES CHINOIS
DE DIEV.

1. *Les ſentiments des anciens Chinois, ſont beaucoup preferablas
à ceux des nouveaux.* 2. *Les penſees des Chinois des ſubſtau-
ces ſpirituelles.* 3. *Qu'il nous faut donner un bon ſens aux
dogmes des anciens Chinois.* 4. *Du premier principe des
Chinois, qu'ils appellent* LI. 5. *Des attributs de ce premier
principe.* 6. *De l'unite de ce principe.* 7. *Dans quel ſens
les Chinois appellent Dieu le grand Vuide ou Eſpace, la capa-
cite immenſe.* 8. *Des autres Noms, que les Chinois impo-
ſent au premier principe.* 9. *Le Pere Longobardi iuge, que
ce* LI *n'eſt autre choſe, que la matiere premiere.* 10. *Mr. de
Leibniz refute cette opinion.* 11. *Des proprietes diuines,
que les Chinois ſelon la recenſion du P. de S. Marie attribuent
à leur premier principe.* 12. *Pourquoi le* LI *des Chinois ne
ſoit pas la matiere premiere? la premiere raiſon.* 13. *Vne
autre raiſon.* 14. *Les ſentimens des Chinois de l'Eſprit.*
15. *De la premiere raiſon qu'apporte le P. Longobardi pour-
quoi le* LI *des Chinois ne ſoit que la matiere premiere.* 16. *La
ſeconde raiſon.* 17. *La troiſieme raiſon du même.* 18. *Tou-
tes les expreſſions des Chinois de leur* LI, *reçoivent un bon ſens.*
19. *La quatrieme objection du P. Longobardi.* 20. *La 5me
objection.* 21. *Dans quel ſens les Chinois diſent, que les cho-*
ſes

图 49 莱布尼茨《关于中国哲学的通信》的标题页[采自 Kortholt (1)].

排按前定的秩序而产生的。机遇与它毫无关系,谈论机遇似乎就引进了在中国典籍中所找不到的某种东西。"[1] 这里莱布尼茨就触及了一个最基本的论点。龙华民一再说,按照中国的世界观,宇宙是由于机遇而产生的[2]。他这样说,是因为他不能想象,除了以其原子碰撞的机遇论而成为欧洲思想两极对立之一的卢克莱修-笛卡尔式的机械唯物主义以外,还有任何其他的唯物主义或自然主义。但是,莱布尼茨开始看到,可能有一种自然主义并不是机械的,而是(正如后人会要说的)有机的或辩证的。

莱布尼茨比后来的某些欧洲汉学家更为见多识广。因此他说[3]:"理被称为天的自然规律,因为正是由于理的运作,万物才按照它们各自的地位受着重量和度量的支配。这个天的规律就叫做天道。"这里,我们可以引证他的一段预言式的论述作为结束语,他在这段话里暗示着,近代科学的发现和理学的有机自然主义相吻合更有甚于与欧洲唯灵主义相吻合。他说:

当近代中国[4]的诠释家们把上天的统治归之于自然的原因时,当他们不同意那些总是在寻求超自然(或者不如说超形体)的奇迹和意外救星般的神灵的无知群氓时,我们应该称赞他们。同时在这些问题上,我们也能把那些对于自然界的许多伟大奇迹提供了几乎是数学的解释并使人们懂得大宇宙和小宇宙的真实体系的欧洲新发现告诉他们,并以此来进一步地启迪他们[5]。

当然,这不是要提示说,中国的有机主义是导致莱布尼茨走向他的新哲学的唯一刺激。例如,他本人就发现他自己的立场和 17 世纪中叶从事教学和写作的一个神学家和哲学家[6]的派别[7],即剑桥柏拉图派的立场之间有一些接触点[8]。有些人如惠奇科特(Benjamin Whichcote)、亨利·莫尔和库德沃斯(Ralph Cudworth),他们的灵感得自普罗提诺并不亚于得自菲奇诺(Marsilio Ficino)和佛罗伦萨学院(Florentine Academy)的柏拉图神学;他们与培根、笛卡尔和霍布斯

503

---

1) Kortholt (1), p.434。

2) 例如,在 p.198,龙华民说:"他们想象气是自然地从原初物质——理(这当然是误解)——中由机遇而产生的。……"对此,莱布尼茨批注说:"为什么? 它可能是由理性而产生的。"莱布尼茨说(p.434):"一切生成和败坏的主体在(交替地)采用和抛弃其本身的各种性质或偶然形式,都不是理,而是原生气,理在气中产生原始的生命原理,或成为精神原理的实质的起作用的美德。"这样,他就把关于理和气的误解纠正过来了。

3) Kortholt (1), p.447。

4) 注意,他明确说明是"近代"中国人,这表明他指的是理学派评注家,而不是古代经籍的作者。

5) Kortholt (1), p.466。

6) 至于其历史的和著录的详情,见 Tulloch (1)和 Powicke (1)。

7) 他们的哲学最近在卡西勒[Cassirer (2)]和雷文[Raven (1)]的著作中重新受到评价。

8) 他在他的著作(例如《关于生命原理与自然界可塑造性的考察》[*Consideration sur les Principes de Vie et sur les Natures Plastiques* (*Philos. Schriften*, Gerhardt 编, vol.6, p.544)]中承认这一点。

时代的数学机械主义和唯物主义之不断增长的影响形成最尖锐的对立。使近代自然科学取得它的百次胜利的是"无机的"世界，但是剑桥柏拉图派和他们在生物学界的朋友诸如约翰·雷(John Ray)和格鲁(Nehemiah Grew)等人，好像不能同意可以稍有一刻忘掉生物体中的有机形式问题。因此库德沃斯相信，如果自然界是连贯的并可以理解的，那末它就既不能用物质在空间中的随机运动来解释，也不能用上帝的一连串随意的而又不可测的行为来解释。所以他和他的剑桥同事们一起，发展出一种十分接近于近代意义上的有机的科学哲学。自然界作为一个整体是"创造性的"、"精力旺盛的"、"有生机的"，而不是机械的。每个个别的事物都具有一种内在的、构成性的、组织上的"创造性"，上帝的无意识的代理人就在其中。卡西勒说得好[1]，对库德沃斯来说，宇宙中一切事件不依赖于来自外部的作用力，而是依赖于从内部在起作用的构成性的原理[2]（这个学说听起来多么像中国人的声调）。库德沃斯自己写道：

> "既然万物既不是偶然地或者被无制导物质的机制所产生的，也不能合理地设想上帝自身会直接地并奇迹般地去做所有的事情；因此就很可以推论说，在上帝之下有一个有创造性的自然界，它像一个低级的附件在辛勤地执行着上帝的那种天意的作用，那就包含在有规则的和有秩序的物质运动之中。然而除此之外，还要承认有一个更高的天意在君临着它，经常弥补它的缺陷，有时候还驾驭它，只要这个'有创造性的自然界'不能有选择地或随意地行动。"[3]

近代生物学家们发现，剑桥柏拉图派的有机主义是有吸引力的[4]。一个熟悉形态发生学特殊过程的奇异限制以及奇妙能力的实验者，确实能够欣赏他们对这样一个事实的认识：即有创造性的自然不能超出一定限度而有选择地或随意地行动。
504　剑桥派的哲学家们推测，有创造性的自然不仅可以说明物理学家和力学家所建立的运动定律，而且还能"进一步扩展到有规则地处理植物、动物和其他事物形成过程中的物质方面，使整个宇宙保持融贯一致的结构与和谐"[5]。

---

1) Cassirer (2), p.140.
2) 库德沃斯[Cudworth (1), vol.1, p.283]写道："各种动物的可塑原理使它们形成如此众多的小世界。"我们必须记住，他的《真正理智的宇宙体系》(*True Intellectual System of the Universe*)一书是在1671年前后写的，即马尔皮基关于雏鸡胚胎发育的显微解剖学的大作发表的前一年。像鲍尔(Henry Power)那些先驱者的著作早已经出版了，而列文虎克用显微镜所揭示的新世界正开始为人所知。这件仪器被库德沃斯[Cudworth (1), vol.1, p.218]赞美般地提到过。
3) Cudworth (1), vol.1, pp.223ff.。
4) 参见 Arber (2), pp.202ff.; Raven (1). 在某种程度上我同意他们的赞赏。
5) Cudworth (1), vol.1, p.226.

剑桥派思想家想了解和思考自然界，而不是想控制它；他们寻求的是综合，而不是分析。他们和现在讨论的关系，要根据他们使自己摆脱了新柏拉图派的泛灵论到什么地步而定。尽管有创造性的自然是"无知而只能动作的一种东西……"[1]，可是它也常常被说成是物体中的一种"内在的活的灵魂"[2]。剑桥的神学家和自然主义者以他们全部的生物学洞见（很遗憾，这是早期牛顿时代所缺乏的），在基本上却仍然是活力论者，他们用 *archaei* 这个词代替灵魂[3]，实际上是无济于事的。正如我们从宏观世界-微观世界类比在欧洲的命运中所看到的那样[4]，唯灵论在欧洲根深蒂固地存在已经有好多世纪了。面对着一个数学化了的物理宇宙，它或则不得不退到基督教教会权威的要塞里去，或则（比较体面地）派遣理性的神学家参加活力论对抗数学的反击之中去。然而在 17 世纪真正能引至越出笛卡尔（及其显然无法补救的对自然界的二分法）的唯一途径，并不是绕过数学，而是要直接从其中穿过去[5]；这就是莱布尼茨所采取的道路。从有机主义看来，就只能采取这条路；在有机论中，每一点泛灵论的残余，每一种除了纯粹组织性关系本身以外的成分，都已消失。也许，理学家的"理"表明了净化新柏拉图派的有创造性的自然的道路。

所以总而言之，为了进一步的考察[6]，我提出这样的观点：自 17 世纪开始为了克服欧洲神学活力论和机械唯物论之间的二律背反而作的综合努力中，欧洲至少

505

---

1) Cudworth (1)，p.240。库德沃斯是直接从普罗提诺的《九章集》(*Enneads*，II，3，xvii) 中引用这段话。接着他又声称，威廉·哈维支持他的观点 (*De Gen. Anim*。ex.49)，但未必完全有根据。

2) Cudworth (1)，vol.1，p.236。在 p.232，我们看到有创造性的自然无非就是亚里士多德的生长的灵魂。在 p.272 得出了一般的结论：有创造性的自然"或者是某种有意识的灵魂的较低级的官能，或者它本身就是一种低级的生命或灵魂。……"因为 (p.255) 它既不是物质、形体，也不是偶发事件，而是无形体的。

3) *Archaei* (*archaeus*) 是"化学家和帕拉采尔苏斯派"所使用的一个新名词，同有创造性的自然没有多大差别，在本书第一卷 p.232 中曾提到。

4) 见上文 pp.294ff.。

5) 这是卡西勒[Cassirer (2)，p.133] 的原话。

6) 要估价理学直接影响了莱布尼茨的程度，就需要进行详细的传记研究。如果按目前通常的说法，即应该认为莱布尼茨体系的要点在《形而上学论》(*Discourse on Metaphysics*，写于 1685—1686 年冬) 一书中已经形成了，只是尚没有"单子"一词；那末这本书就是在他读了《中国哲学家孔子》之前的一年写成的。莱布尼茨是直到 1689 年在罗马逗留的六个月期间才同耶稣会派往中国的教士们建立了密切联系，后来一直持续不断。但是他对中国的兴趣，可以上溯到二十多年以前他在纽伦堡的早期，当时他阅读了施皮策尔和基歇尔的著作并从事研究"普遍的规划"。有一种看法（例如马沙·尼尔夫人在私人通信中所提示的）是：莱布尼茨的有机主义哲学大部分是在斯宾诺莎的影响下发展起来的，而他所接受的中国思想只不过是对他自己思想的一种意外的和特殊的肯定而已。在接受这种看法之前，我们应当更多地了解 1676 年他受聘到汉诺威图书馆任职之前，在巴黎度过的四年中的交往情况。难道他个人不能在那里或者其他地方认识耶稣会的译员吗？柏应理就是 1682 年从中国回来的。

有负于中国的有机自然主义的是一种非常重要的刺激[1]，中国的这种有机自然主义最初以"通体相关的思维"体系为基础，公元前 3 世纪已经由道家作出了光辉的论述，又在 12 世纪的理学思想家那里得以系统化。早期"近代"自然科学根据一个机械的宇宙的假设取得胜利是可能的——也许这对他们还是不可缺少的；但是知识的增长要求采纳一种其自然主义性质并不亚于原子唯物主义而却更为有机的哲学的时代即将来临。这就是达尔文、弗雷泽、巴斯德、弗洛伊德、施佩曼(Spemann)、普朗克(Planck)和爱因斯坦的时代。当它到来时，人们发现一长串的哲学思想家已经为之准备好了道路——从怀特海上溯到恩格斯和黑格尔，又从黑格尔到莱布尼茨——那时候的灵感也许就完全不是欧洲的了[2]。也许，最现代化的"欧洲的"自然科学理论基础应该归功于庄周、周敦颐和朱熹等人的，要比世人至今所认识到的更多。

---

1) 格拉夫[Graf (1, 2)]已经要人们注意到朱熹和斯宾诺莎的相似之点。康德的"无上命令"显然有着一种孟子的腔调。卢梭、布莱克、荷尔德林和雪莱(Shelley)在他们的理性主义、人文主义和神秘主义的结合中，经常不自觉地显得是深刻的中国式的。

2) 有趣的是，康格[Conger (2)]已经看到，近代科学的有机自然主义与亚洲特别是中国的 *philosophia perennis* (亘久常青的哲学)有着明显的一致性。

第十七章　宋明时代的唯心主义者及中国本土的自然主义的最后几位杰出人物

朱熹死后,理学很少有什么发展。有些弟子试图把他的原理应用到各专门领域中去,因此,例如谈到生物学史(本书第三十九章)时,我们将要回溯到真德秀(1178—1235 年)。有些弟子发挥了各种专门理论,例如在谈到宇宙灾变循环论时已提到的(上文 p.486)许鲁斋(1209—1281 年)和吴临川(吴澄,1249—1333年)[1]。还有些弟子则忙于搜集和刊行朱熹的遗稿。

(a) 对一元论哲学的探讨

整个说来,14—16 世纪思想家们的主要努力似乎是集中于追求某种一元论,换句话说,就是主张理和气的最后合一,以达到更大程度的统一性,在某些情况下几乎是泛神论的。例如吴澄就这样做过,他认为理和气之间的区分纯粹是主观的[2]。明代罗钦顺(1465—1547 年)在他 1531 年的《困知记》中持有相同的见解[3]。在下一代人中间,著有《性理辨疑》的杨东明(1548—1624 年)及其同时代人高攀龙(1562—1626 年)[4] 也是如此。杨东明写道:"人们可以说,社会价值和理的性质出自气和质,但不可以说,气和质出自社会价值和理。"("今谓义理之性出于气质则可,谓气质之性出于义理则不可。")这些人都有意识地反对大约在 1500年随着王阳明而达到顶峰的形而上学唯心主义的传统。

(b) 唯心主义者;陆象山和王阳明

现在我们就要来看这种传统。我不打算专门给它太多的篇幅,因为主观的和形而上学的唯心主义在中国并不比在任何其他文明中更有助于自然科学。我以为唯心主义的流行,只不过在天平上不利于中国科学的那一头再增添了一些砝码。

---

1) Nagasawa (1), pp.231, 265, 271; Forke (9), pp.286, 290。
2) Forke (9), p.292。
3) Forke (9), pp.332, 340。
4) 已在上文 p.472 提到过。

这个责任似乎在于佛教。在中国古代思想中并没有形而上学唯心主义存在的证据——《庄子》中关于蝴蝶梦的那段有名的话[1]肯定意在作为怀疑的诗篇,而不是哲学;《中庸》[2]中对于"诚"的提倡(书中说,至诚的人与天地构成为"三位一体"),似乎已被中世纪唯心主义哲学家在缺乏更能令人信服的东西时用来支持他们的观点。

唯心主义最初的真正成长,出现在唐代佛教大师如卢慧能(638—713年)和何宗密(779—841年)的著作中。卢慧能的观点我们已提到过(上文 p.410),何宗密的《原人论》也已谈及(上文 p.422)。因而中国的形而上学唯心主义可以说大部分是印度"幻境"哲学(即外在世界的不真实性)的一种发展。虽则我们将会看到,形而上学唯心主义不久就被儒家的一些学派接收过来。道家则很少卷进去,尽管他们对感官知觉、视错觉等等的主观性的一些推测,如在谭峭的《化书》(见上文 pp.450ff.)中的情况那样,或许可以认为是显示了佛教的影响,而且肯定加重了典型的中国唯实论或唯物论当时正在发展着的不安定感。唐代另一部道家的书《关尹子》(参见上文 pp.443ff.)中有一处说[3]:"我们怎能知道天地不具有意识呢?"("安知今之天地非有思者乎?")

奇怪的是,一般被认为是最早的理学家的那位思想家邵雍(1011—1077年)[4]却有着强烈的唯心主义倾向。邵雍在他的《渔樵问对》中说:"万物都在我自身之内。"[5]("万物亦我也"。)在另一处他又说:"所有的自然变化和所有的人类事物都出自心灵。"[6]("万化万事生乎心也。")。邵雍的唯心主义观点由他的儿子邵伯温作了详尽的阐述[7]。但是,在主要的那群理学家中,唯一受到这种影响的是程颢(1032—1085年)。《二程粹言》中记载有很多他的言论,例如:"宇宙中没有任何事物不在我自己之中。凡是知道一切事物都在他心灵中的人,就能够使一切事物得以尽美尽善。"[8]("莫非我也。知其皆我,何所不尽")。程颢的学说为他的一群弟子所继承,其中包括著名的杨时(1053—1135年)[9],以及一些较不知名的人,如谢

508

---

1)《庄子·齐物论第二》,译文见 Fêng Yu-Lan (5),p.64。
2)《中庸》第二十二章,译文见 Legge (2),p.279。参见上文 p.469。
3)《关尹子·二柱篇》第十页,译文见 Forke (14),p.147;所指即庄子的梦。
4) 见上文 pp.455ff.。
5)《渔樵问对》,第三页。
6)《性理大全》卷十二,第十一页。
7) Forke (9),p.41; (14),p.150。
8)《二程粹言》卷一,第十二页。
9) 号龟山。Forke (9),pp.104ff.。

良佐（1060—1125 年）[1]、吕大临（1044—1090 年）[2]和王蘋（1080—1150 年）[3]。

但是，宋代最伟大的唯心主义者无疑是陆九渊（1138—1191 年）[4]，他是朱熹的伟大的同时代人和对手。有几篇专题论文是专门论述他的[5]。陆九渊比他的任何前辈都更着重得多而又精确得多地阐述了这一哲学学说。在他死后被收集起来的他的作品集《象山全集》中，我们看到有这样的话："空间和时间都在我的心中，是我的心产生出了空间和时间。"[6]（"宇宙便是吾心，吾心即是宇宙。"）在另一处我们又读到："万物仿佛是浓缩在一立方寸的空间，充满着心灵。然而一旦发开去，它们就充满整个时间和空间。"[7]（"万物森然于方寸之间，满心而发，充塞宇宙。"）这些说法导致佛尔克[Forke (14)]声称，陆象山比康德早六个世纪就预先肯定了时（间）空（间）的主观性论；这话似乎是有根据的。它对自然科学发展的反面价值是另一问题。这样，陆象山就把理学的组织原理（"理"）完全置于经验的心灵之中。在与朱熹经过了多年的争论之后，两人不得不保留着分歧；他们两人的体系确实是不可调和的。陆象山由于他的哲学观点，很自然地被人指责为偏爱佛教，但是尽管他像后期的儒家一样，采用了佛教的各种冥思手法，他和这些儒家学者却始终肯定人在世事中的责任，并否定佛教以逃避世界而得救的教义。按照一种常见的说法[8]，佛教的冥思导致寂灭，而儒家的冥思导致行动。

陆象山有一系列的弟子把他的学说流传下来，例如杨简（1140—1225 年）[9]和魏了翁（1178—1237 年）[10]。他的影响一直延续到明代，当时有陈献章（1428—1500 年）[11]。他主张："天和地是由我（的心）建立的，万物的变化是从我（的心）出发的。而时间和空间则是我（的心）。"[12]（"天地我立，万化我出，而宇宙在我矣"。）陈献章是被公认为中国后期唯心主义的主要代表王守仁（1472—1528 年）[13]的同时代人，而年辈较长。

对王阳明的思想，除了佛尔克[Forke (9)]所作的细致的研究和许多中文的专

509

---

1) Forke (9), pp.111 ff.。
2) Forke (9), pp.117 ff.。
3) Forke (9), p.145。
4) 学者称象山先生；Forke (9), pp.232ff.。
5) 例如 Huang Hsiu-Chi (1)。
6)《象山全集》卷二十二，第八页。
7)《象山全集》卷三十四，第三十八页。
8) 也为戴遂良[Wieger (2), p.225]所引用。
9) Forke (9), p.250。
10) Forke (9), p.256。
11) Forke (9), p.355。
12)《明儒学案》卷五，第六页。
13) 号阳明，以他的号更为人所知。Forke (9), p.380。

论之外,还有王昌祉[Wang Chhang-Chih (1)] 和亨克[Henke (1)]的研究,有些作品已经被译出[Henke (2);以及 Wieger (2,4)中的几页]。虽然王阳明经常说自己是陆象山的追随者,他却并不沿用他的前辈的语言来表述他的唯心主义。在《阳明先生集要》这部选集中,我们可以读到:"身体的主宰是心灵;心发展出来的是思想;思想的实质是知识;思想所寄托的地方是事物。"[1]("身之主宰便是心,心之所发便是意,意之本体便是知,意之所在便是物。")对王阳明来说,外部世界并不比想象的世界更不实在,但是一切物体无疑都是世界精神[2]的思想产物,所有个人的思想在这方面或那方面和这个世界精神是同一的。因此他十分强调天生的直觉——良知,在他看来,除此之外就没有知识。这常常被设想为用一种非常伦理的方式作为道德的直觉,对于这一点,王阳明觉得他颇有所得于孟子。所以,如果说他大约早两百年就预见到了贝克莱的唯心主义(而且他的许多论据和后来欧洲唯心主义者的论据是非常地相似),那末也可以说,他以更早的时间预见到了康德的"绝对命令"。王阳明是一个很好的诗人,他的一些诗作在中国是人所共知的,现在几乎可说已经成为世界文学的一部分了。例如:

个个人心有仲尼,自将闻见苦遮迷。

而今指与真头面,只是良知更莫疑。[3]

510   不幸的是,不论这一切多么崇高,却是最不利于自然科学的发展的。王阳明在一段也许被人引用得太多而这里又不可不引的话里,讨论了著名的"格物"[4]一词的解释;这个词朱熹也使用得很多,即使在他的解释中这个词也主要地是指人事的研究,而对自然界的观察则在其次。王阳明的这段话说:

在早年我和我的姓钱的朋友讨论说:"如果要作一个圣人或有德的人,就必须调查天下的一切事物,现在怎么可能有人具有这么巨大的力量呢?"我指着亭前的一些竹子,要求他去调查它们。三天以后,他已经耗尽了他的心思,所以他的心力疲惫,就病倒了。最初我说,这是因为他的精力不够,所以我就自己去从事调查。但是日以继夜,我都不能理解竹子的原理,直到七天以后,我也由于疲倦和思想的负担而病倒了。于是我们两人就都叹息并作出结论说,我们既不能成为圣人,也不能成为有德的人,我们缺少进行调查事物所必需的伟大力量。而在部族民众中间度过了三年[5],我发现没有一个人是可能

1)《阳明先生集要》卷一,第八页。
2) "天地的心"或"天地间灵明"。
3) Wieger (2), p.260。
4) 参见本书第一卷,p.48。
5) 1506 年后,王阳明有几年被流放到贵州省,生活在苗族、罗罗族及其他"蛮族"中间。

调查世界上的一切事物的。于是我得出的结论是,研究只能是内省地集中在自己的身上。这就导致一种人人都可以达到的智慧。[1]

〈初年,与钱友同论做圣贤,要格天下之物。如今安得这等大的力量?因指亭前竹子,令去格看。钱子早夜去穷格竹子的道理,竭其心思,至于三日,便致劳神成疾。当初说他这是精力不足。某因自去穷格,早夜不得其理。到七日,亦以劳思致疾。遂相与叹圣贤是做不得的,无他大力量去格物了。及在夷中三年,颇见得此意思。乃知天下之物本无可格者。其格物之功,只在身心上做。决然以为圣人为人人可到,便自有担当了。〉

如果说这段有名的话表明了明代一些学者没有能力去掌握科学方法的最基本的概念,并不是没有道理的。他们本可以从汉代人如王充和张衡、或宋代人如沈括那里学得更好一些。我们在这里必然会看出佛教的影响及其对于内省冥思的侧重。

这一传统为王畿(1498—1583 年)[2] 和唐甄(1630—1704 年)[3] 所继续,但就科学而言,它的作用已经是充分发挥了。

这两人的生活占了整个 16 和 17 世纪。但唯心主义学说那时候已不再兴旺;一个巨大的反向运动正在进行,这个运动虽然承认朱熹的哲学为最高的正统,却倾向于批评他不够唯物。参加这个运动的一些人,是我称之为中国本土的自然主义的最后几位杰出人物。

(c) 唯物主义的再肯定;王船山

511

这些人当中最早的和出类拔萃的一个是王夫之,以他的别号船山更为人所知(1619—1692 年)[4]。这位卓越的学者尽忠明朝,直到所有残余的明朝政权垮台为止,然后他又拒绝出仕于清朝,隐居在衡阳附近的一座山里,以读书和写作终其余生。他似乎曾在某处和利玛窦相会过,但是在他的思想中几乎察觉不到有什么西方的影响[5]。

在哲学上,他是个唯物主义者和怀疑论者,一方面强烈地反驳陆象山和王阳明的唯心主义传统,另一方面又强烈地反驳中国思想中各种形式的迷信。因此,他写文章反对星占学和现象论,而几乎唯一得到他赞扬更甚于批评的古典作家是王充。尽管他

---

1) 《阳明先生集要》卷二,第二十页;《王文成公全书》卷下,第三篇,第二十八、二十九页;译文见 Henke (2),p.177,经修改。

2) Forke (9),p.415。

3) Forke (9),p.493。又见上文 p.436。

4) Forke (9),p.484;Hummel (2),p.817。侯外庐(2)有一本论述他的小书。

5) 他的全集《船山遗书》已出版过两次,但他的著作在生前几乎没有刊行过。

一般是主张理学的,但他不愿接受理学家的宇宙循环理论(我们已经看到,这无疑是源于佛家),并确实取消了一切有关宇宙演化的推测,认为那是超出可观察或可进行有效讨论的范围的[1]。所以在某种意义上,他又回到了那种更古老的儒家立场,尽管当时可以说是在更为精致的水平上。他的自然主义思想大部分包含在他对《易经》的评注中,如《周易外传》,以及在《思问录》、《俟解》等几部较小的书中。

对于王船山来说,现实是由不断运动着的物质组成的,他强调对朱熹的哲学加以唯物主义的解释,他认为"理"(宇宙中的组织原理)所具有的地位并不比"气"(即我们所说的物质-能量)更重要。王船山写道:"离开现象,就没有道."[2]("象外无道。")他对中国科学思想最有意义的贡献(虽然这也可认为是庄周的一些话中所隐含着的)[3],也许是他强调了我们今天可以称之为动态平衡的原理。他说,在一定时期内,可以认出"形"是保持原状的,而"质"(它们的物质构成)是处于不断变化的过程之中,例如火焰或喷泉。既然他毫不迟疑地把这一点应用到所有生命形式上去,那就可以说他是已经清楚地(虽则是直觉地)领会了新陈代谢的存在。五行只是所有不同种类质料的基础("材"),而千变万化的形式并没有"不变的物质的底层"("定质");相反地,只要它们继续存在,质就处在不断的变化中。至于生成和消逝,他认为:"事物一离散就回到伟大的未分化状态(太虚),也就是说回到自然界生殖力量的本源(细缊),它们并不是绝对的消灭。"[4]("散而归于太虚,复其细缊之本体,非消灭也。")他又说:"生命不是从无中创造出来的,死亡也不是完全的离散和毁灭。"("生非创有,而死非消灭。")还有:"《易经》说的是来和往,而不是生和灭。"("易曰往来,不曰生灭。")这些就仿佛部件的"组合"以及部件的"入库"的一般想法,虽然无疑地是来自古代的"聚"、"散"概念[已见于本卷论述道教哲学的部分(pp.40ff.,371ff.),可以上溯到公元前4世纪],但是在17世纪的思想家如王船山那里,却获得了一种精确性和有说服力的性质,这就把他们提高到以直觉领会物质守恒律的水平。如果王船山知道西方对这一原理的确切说明,他准会认为那是他自己的想法。他的自然哲学作为一个整体常常以"细缊生化论"为人所知。

然而,王船山的研究和著作大都是致力于历史问题的。他的唯物主义在这里很自然地表现了出来,尽管是跟他的炽热的爱国主义联系在一起的。他始终是个支持明朝的大业到底的人,并希望在他的墓碑上只刻"明遗臣"字样。王船山在他

1)《思问录·外篇》,第二十五页。
2)《周易外传》卷六,第五页;《正蒙注》卷六,第二页;参见《二程全书·河南程氏遗书》卷四,第四页;《粹言》卷一,第一页。
3) 王船山对道家的经典著作写下了光辉的评注,尤其是他的《老子衍》和《庄子解》。
4)《正蒙注》卷一,第三页以下;卷三,第一页以下。

的《读通鉴论》、《宋论》和其他著作中,都清楚地分辨了古代的封建主义和封建官僚主义,详细地阐述了社会进化的理论[1],颂扬了历代民族英雄并谴责了卖国贼,剖析了官僚制社会的弱点。他就上述最后一个问题进一步写了几本小书,尤其是《黄书》、《噩梦》和《搔首向》,其中他强烈地抨击了官僚制度的内在腐败。同时他看到了商人阶级潜在的重要性,认为官僚主义阻碍了它的发展,而它的发展是有益于国家的。在本书第四十八章论述经济和社会背景时,我们还要再讲到王船山的这些非常近代的观点。鉴于所有上述情况,他被当代中国的马克思主义者和辩证哲学的拥护者看成是马克思和恩格斯的一位中国本土的先驱者,这是不足为奇的。这种不无道理的解释曾由杨天锡(1)和冯友兰[Fêng Yu-Lan (6)]提出来过。

513

　　与王船山的唯物主义路线相并行的还有陆陇其(1630—1692 年)[2]等人,他们为我们必须提到的更多的其他人所继承。

(d) 汉代思想的再发现;颜元、李塨和戴震

　　与王船山同时代的两个人颜元(1635—1704 年)[3]和李塨(1659—1733 年)[4],尽管他们的侧重点很不相同,但都是唯物主义运动中特别重要的人物。他们建立的团体以"颜李学派"或"汉学派"、"复汉运动"而闻名。他们根据许多理由抨击了宋代理学,力图恢复汉代学者的思想。这样,正如许多研究所表明的,他们就为王船山的 18 世纪的伟大继承者戴震(1724—1777 年)[5]的哲学准备了道路。戴震很早就对科学问题感兴趣,刚二十岁时就写了一本关于算筹用法的小书[6],后来对《周礼》的技术部分作了重要的评注,即《考工记图注》。他一生的后期积极从事于古籍中有关数学的整理工作。他是一个杰出的学者,是《四库全书》的编纂者之一[7]。但他也是清代所出现的少数几个哲学思想家中最伟大的人物。他的著作与此处有关的有 1776 年的《原善》和 1772 年的《孟子字义疏证》。

　　想要了解宋代理学所受道教和佛教渗透的程度,曾经是颜元和李塨的工作。

---

1) 这是他的"古今因变论"的一部分。

2) Forke (9),p.489;Hummel (2),p.547。

3) 号习斋。Forke (9),p.526;Hummel (2),p.912。

4) 号恕谷。Forke (9),p.539;Hummel (2),p.475。

5) 字东原。参见 M.Freeman (1)。胡适(10)对戴震的思想进行了专门研究。参见 Forke (9),p.552;Hummel (2),p.695;Demiéville (3d)。

6)《策算》。

7) 戴震是一场有名的争论的中心。这场争论一直进行到我们这个时代,其中涉及对剽窃的指控;但现在似乎已由胡适[Hu Shih (5),载于 Hummel (2)]解决了,他完全拥护戴震学术上的诚实性。

戴震现在则着手建立唯物主义的一元论,即确立抛弃了那些外来因素之后尚可存
514 留下来的东西。正如房兆楹所说[1],戴震"大胆地抛弃了把理当作存在于心中的天
赐的实体这一概念,而采取了直言无隐的唯物主义立场,即只有气才能解释一切现
象——不仅是人的基本本能和往往受到谴责的多种感情,而且还有全部人性的最
高表现"。这样,戴震就又回到了对"道"的更古老的概念(实际上是由杨东明和王
船山所传播的),把它理解为"自然界的秩序",正如在用阴阳五行加以解释的那些
现象中所显示的那样。他也十分强调重新发现"理"这一词的"模式"的意义,这一
意义由于大量诗意的和道德的释义的增多,几乎已经丧失了。佛教(也许还有基督
教)神学的影响及其超自然主义,引起"理"的一种"先验化",但现在戴震坚决要把
它回复到气(物质-能量)的内在性那种地位上,这是朱熹及其学派一直在追求的,
但只获得了部分的成功。再者,当理学的普遍模式原理被误解为是普遍的法则,并
且与成文法的立场混淆起来,不惜以一切代价给人灌输守法思想时,理学(就像后
来的黑格尔哲学一样,也许这并非偶然)已经太容易被用来作为政治特权的工具
了[2]。因此,这就发展出一种要为当时政府的活动进行辩护的倾向,把它们看成是
自然界普遍"法则"的自然推论。戴震完全突破了这些庸俗化的观念,切断了与法
律的任何假设的联系,恢复了"理"为自然界的"模式"、"组织"或"结构"的原有意
义。房兆楹接着说:"这些事物的原理(依戴震的看法)不能由(佛教的)内省或冥
思所充分揭示[3],也不会像宋代哲学家所主张的那样,可以在顿悟的一闪之间得
到。只能是通过'博学、审问、慎思、明辨、笃行'而为人所知。……理性并不是某种
由上天加之于人的生理本性上的东西;它在人的存在的各种表现中都可以得到例
证,甚至在所谓低级感情中也可以。"这里戴震的观点又是极其近代的。庸俗的理
学几乎已经被佛教化到了这种程度,以致认为人的天然欲望本质上都是邪恶的,应
该减到最低限度或加以抑制。另一方面,对戴震来说,理想的社会是一个在其中这
些欲望和感情都能够自由地表达出来而又不伤害他人的社会。他坚决主张,甚至
仁、义、礼、智等伟大品质也只不过是食色的本能和保命延年的自然要求的延伸而
515 已,不能离开这些要求去寻求那些品质。所以美德并不是没有欲望或压抑欲望,而
是欲望的有秩序的表达和满足[4]。在这些方面,戴震虽然是卢梭——差不多也是

---

1) 见 Hummel (2)。

2) 参见 Hughes (2),p.51。在日本也出现过同样的过程,因而 18 世纪初期那里的激进思想家对理学
进行了抨击。如安藤昌益[见 Norman (1),vol.1,pp.134ff.]。亦见上文 p.482。

3) 参见上文 p.510。引自王阳明的一段。

4) "责任('必然')不是本性('自然')的反面,而是它的完成。" Demiéville (3d)。参见阿奎那的
"Gratia non tollit Naturam sed perficit et supplicit defectum Naturae"(欢乐并不提高本性,而是完善和补
充本性的缺欠)。

布莱克——的同时代人，但可能发觉他自己对后弗洛伊德世界的熟悉至少不下于他们。

戴震认为，把"理"看作天赐的对个人本性的启蒙原理，其社会后果曾给中国社会造成了很大的危害。他虽然承认"理"的思想在最卑贱的人的身上也有，提高了他的尊严，并且事实上赋予他一种当冷静的分析不能使他从不公正和压迫中赢得自由的时候他可以向之申诉的更高的"法"；但是戴震也发现，当所向之申诉的"法"为长官的主观判断辩护时，其效果是远不能令人满意的。戴震极力主张，任何个人意见都不能叫作"理"。正像房兆楹所指出的，我们在这里应该这样理解：科学证明是公有的，而不是私有的。

颜李学派对理学所感到的不满之中，包括它那突出的专重书本的特性。颜元在重新发现古人时，发现有充分的理由认为古人的教育方法更加实际得多。因此，当他在他亲自学医和行医之后于1694年受聘主持一所新型的书院时，他就由于引进了技艺的和实用的科目而实现了可能是中国教育上的一场革命。那个被称为"漳南书院"的学校不但有一个健身房，还有几个摆满了表演和操练用的战争器械的大厅，有几间供教数学和地理用的专门房屋，一个观象台，以及供学习水利工程、建筑、农业、应用化学和烟火制造术用的设备[1]。不幸的是，几年后一次严重的水灾把这所成长中的书院全部毁坏了，在颜元于1704年去世之前也没有来得及修缮重建。虽然颜元的事业很可能是受到耶稣会士的某些刺激，但其性质就是在17世纪的最后十年对欧洲来说也是异常先进的。因此，最好是搜集、翻译和出版有关这个书院的全部文献资料。我们似乎很应该把颜元称作中国的夸美纽斯(Comenius)。

当然，试图把教育朝着实际事务而不是书本学习定向，这在中国历史上决不是第一次。正如我们已经看到的(本书第一卷，p.139)，宋代王安石就把有关水利工程、医学、植物学和地理学的文章引入科举制度中，但这是在他生前就告失败的改革方案之一。

(e) "新的，或实验的哲学"；黄履庄

516

必须记住，我们现在所谈的是，由耶稣会士引进的后文艺复兴时期的近代科学，正在使人们感受到它本身的充分重要性的时代。鉴于这条渠道的神学性质，特别有趣的事实是，中国本土的自然主义传统仍然是如此之强大，以致出现了像戴震

---

1) Forke (9), p.529。

和洪亮吉[1]这样的思想家,他们的世界观确实要比同时的耶稣会士的世界观更符合于近代科学的世界观。

我们知道,在公元第一千纪期间,技术和发明主要是从东方传到西方的。直到17,18 世纪,这个进程才倒转过来。我们已经看到戴震对数学和科学事业的兴趣,但还可以补充说,根据戴震的弟子凌廷堪(1757—1809 年)[2] 撰写的《戴东原事状》的说法,正是戴震广泛地推荐一种阿基米德螺旋式水车。作为汲水装置。在古典的中国技术中,螺旋原理是不为人所知的(我们将在本书第二十七章有关工程学的部分看到适当的论述),但现已见于"西人龙尾车法"中,戴震也写了一篇短文《嬴族车记》讨论这一问题。

虽然这个时期超出了当前计划的限度,但我还是不能不对它的科学技术的气氛看上一眼。张荫麟(2)发现了一本湮没无闻的书《奇器目略》,是戴榕于 1683 年写的。这部作品大部分是有关他的朋友黄履庄所制造的奇器的用具。黄履庄制造(和／或描述了)气压计和温度计、一种带有可左右转动的指针的湿度计、镜子、虹吸管、显微镜和放大镜、各种自动机、某种画片放映装置、一种曲柄车或脚踏车或自行车(这种车也许部分地是由弹簧驱动的,能日行八十里),还有一种"自动"风扇,以及对汲水机械、自来水管道等的改进。戴榕说:

> 在江苏广陵,黄履庄和我同住了一些时候。我们学习"西洋"的几何、三角和机械学,从而使他的创造力进步很大。
>
> 517 黄履庄制造了许多很巧妙的机器,并且从不感到疲倦。有些人对这类奇器惊异不已,并以为他必有某种魔术书或老师。但我终日和他在一起,经常和他亲密说笑,我从未见到过任何这类的书,也知道他没有任何这类的老师。他常说:"这些东西有什么奇异? 天地万物都是奇异的东西。动如天,静如地,万物也都留下痕迹,任何一种自然事物怎能不被认为是奇异的? 但这些事物本身都是不足为奇的;必定有着某种根源是统治者和主宰者——(在我们的眼中)是极其奇异的,但它本身却不奇异——正如画必有一位画家,建筑必有一位建筑师。这可以称为是一切之最奇异的!"我对他的话之伟大,惊叹不已。[3]
>
> 〈来广陵,与予同居,因闻泰西几何比例轮接机轴之学,而其巧因以益进。……所作之奇俱如此,不能悉载。有怪其奇者,疑必有其异书,或有异传。而予与处者最久且狎,绝不见其书。叩其所从来,亦竟无师传。但曰:"何竟足奇? 天地人物,皆奇器也。动者如天,

---

1) 字稚存(1746—1809 年);Forke (9), p.562;Hummel (2), p.373。由于他的人口理论,我们将再次谈到他。这一理论为他博得了中国马尔萨斯的名声。

2) Hummel (2), p.514。

3) 由作者译成英文。

静者如地,灵明者如人,颐者如万物,何莫非奇? 然皆不能自奇,必有一至奇而不自奇者以为之源,而且为之主宰。如画之有师,土木之有匠氏也。夫是之为至奇。"予惊其言之大。⟩

这难道不是亚里士多德和波义耳通过一个 17 世纪的中国人之口在说话吗? 然而庄子和沈括,看来也并非是不在场的。

我们也许可以把中国科学思想发展史的结论象征性地归结如下:它最早开始于诸子百家,直到公元 17 世纪它又在世界范围的统一体内与近代科学融为一体。

第十八章　中国和西方的人间法律和自然法则

(a) 引　言

在值得与中国科学思想的背景联系起来加以缜密考察的中国思想潮流的各种要素之中，把法的概念包括在内是至关重要的。在西方文明中，（法理意义上的）自然法的观念和（自然科学意义上的）自然法则的观念，可以追溯到一个共同的根源[1]。我们可以问，中国人的思想有什么发展是与此相平行的呢？中国人要达到宇宙万物都服从的那种自然法则的观念，是否更加困难呢？无疑地，西方文明中最古老的观念之一就是，正如人间帝王的立法者们制定了成文法为人们所遵守那样，天上至高的、有理性的造物主这位神明也制定了一系列为矿物、晶体、植物、动物和在自己轨道上运行的星辰所必须遵守的法则。然而不幸的是，如果我们翻阅有关科学史的最优秀的书籍和论文并问一下在欧洲史或伊斯兰史中，什么时候才第一次在科学意义上使用"自然法则"这个名词这样一个简单的问题，那就极其难于找到一个答案了[2]。到了 18 世纪，"自然法则"当然已成为一种流通的货币——大多数欧洲人都熟悉 1796 年的这类牛顿式的句子：

> 赞美主、因为他开了口，
>
> 各界都听从他的有力的声音；
>
> 法则永远也颠扑不破，
>
> 那是他为了指引他们而制定的。[3]

但是事实上，一个土生土长的传统的中国学者却不可能写出这样的话来。为什么？

---

1) 我最初是在读金斯伯格[Ginsberg (1)]的一篇论文时，才认识到这个题目的重要性，但这篇论文是从哲学观点、而不是从历史观点来讨论这个问题。在后面的论证中，为了避免混乱，我建议保留"自然法"一词来表述法学上的自然法，即那种哪怕并没有成文条例也自然会为一切人所遵守的法律；并用"自然法则"一词来表述自然科学中使用这一术语那种意义上的法则。

2) 我不怀疑有的论文曾专门谈论过这个问题，但我未能找到。最好的评述是齐尔塞尔[Zilsel (1)]的一篇。

3) "育婴堂诗歌集"（*English Hymnal*, no. 535; 参见 no. 466）。

需要讨论的有四个部分:第一,对基本概念的介绍性的描述;第二,中国法律和法理学发展史的简明叙述;第三,概述欧洲自然法观念与自然法则观念的分化史;第四,中国和西方有关这些问题的思想的发展过程的比较。其中一个目的就是要看看,这里有没有什么东西是可以恰当地归之于在中国文明中阻碍了近代科学技术在本土上成长的因素的。

519

(b) 法学家的自然法和科学的
自然法则的共同根源

不熟悉法理学史的学者们,自然会求教于梅恩[1][Maine (1)]的那部名著。他第一个阐明了,最早的法律乃是原始社会不成文的习惯判例法。他们的习俗并不是命令;而且如果有人犯了法,除了社会的道义谴责而外,并没有多少制裁;但在社会分化为阶级以后,就逐渐产生了一套审判;例如,条顿族酋长的"禁令"(dooms)或荷马时代酋长的命令(themistes; θέμιστες)。随着国家权力的增长,这些判例就愈益要逾越社会以往所遵从并继续遵从着的诚命的范围,这些诚命对它来说是显然建立在普遍为人所接受的伦理原则之上的。于是,立法者的意志就在所颁行的各种条文的法典之中体现出不仅是以无从记忆的民俗为基础的法律,而且还有在立法者看来是有利于国家的更大的福利(或统治阶级的更大的权力)而在习俗和伦理上并无依据的法律。这种"成文"法带有一种人间统治者的命令的性质,服从乃是一种义务,犯了法就要受到明确规定的制裁。无疑地,这在中国人的思想中就表现为"法"这一名词;正如同以伦理(例如人在正常情况下并不而且也不应该杀父母)或古代的禁忌(例如乱伦)为依据的社会习惯表现为"礼"一样,然而"礼"另外还包括一切种类的礼仪和祭祀的规矩。波洛克曾顺便提到:"从来没有人听说过有哪一个国家,在有了一套法律以后,又从法律退回到纯粹的习惯法去的。"[2]但是本书第六章、第十二章所探讨的古代中国法家的失败,却几乎肯定地成为这段话的一个反证,因为我们在那里看到,从汉代以来,成文法已经被减到最低限度,而习惯却又恢复到它以前的统治地位。在一定的意义上,这一反复也许可以看作类似于这样一个普遍的过程,即要随着前进着的文化水平而谋求调整其执行正义的方式;但是儒家的法理学者却是抬高古代的习惯、仲裁和调解的地位,而非采取诸如法律

---

1) 享利·梅恩爵士(Sir Henry Maine)是法律史研究的先驱者,但他的著作《古代法》(Ancient Law)初版于 1861 年,从那时以后有许多地方却需要修改。波洛克[Pollock (1)]在 1916 年的版本中作了精细的注释,晚近罗布森[Robson (1)]又对梅恩的观点作了有趣的评价。有关这一点,参见 Stone (1)。

2) Pollock (1),p.22。关于欧洲民间习惯的法律方面,参见 Maunier (1)。

上的拟制[1]、衡平或修改立法之类的手段,并把成文法只限于纯刑事(犯罪)的案件上。

我们从梅恩的著作中进一步了解到,在罗马法中可以看出有两个部分:一方面是某一特殊民族或国家的民法法典,即后代所说的 *Lex Legale*(成文法);而另一方面则是万民法(*jus gentium*),多少相当于自然法(*jus naturale*)。在不出现相悖的情况下,则可认为万民法是跟从自然法而来的。罗马法假定了它们的同一性,虽则并不十分稳当,因为:(1)有些习惯对于自然的理性来说,不一定是自明的;(2)有些法则(例如奴隶制的不可取性)虽然应得到全人类的公认,事实上却不如此。这种"自然法"传统的起源,乃是由于居留在罗马的商人和其他外国人不断增加;他们并不是公民,所以不必服从罗马法,他们愿意受他们自己的法律的裁判。罗马法学家所能做到的最好的事,就是从一切已知的各国人民的习惯中采取一个最低的共同标准,从而试图制定对最大多数的人来说似乎是最近于公正的法典。于是,这就产生了自然法的观念。关于这一过程,也有其他一些略为不同的说法[参见Buckland(1)[2],Nettleship(1),Jolowicz(1)[3]],但是对我们的目的来说,这就已经够了。自然法就这样成为所有地方的一切人都觉得是自然正当的折衷之道。正像梅恩所说,"到了一定的时候,万民法(*jus gentium*)就从市民法(*jus civile*)一个卑微附属品的地位,一变而被认为是一个发展虽不完善、但却是一切法律都应尽可能地与之相符的伟大模型。"[4]

这个区别可以在亚里士多德的著作里找到,他把成文法叫做 *dikaion nomikon* (δίκαιον νομικόν);把自然法叫作 *dikaion physikon* (δίκαιον φυσικόν)[5]。他说:

政治上的正义有两种:一种是自然的(*physikon*),另一种是约定的(*nomikon*)。一条正义的规则,如果到处都同样有效,不以我们是否接受它为转移,那末它就是自然的。一条正义的规则,如果从一开始就可以是这样安排,也可以是无所谓地那样安排(虽则一经安排之后,就不是无所谓的了),那末它就是约定的;例如,一名囚犯的赎金为一米纳(*mina*),或者一次祭祀应该

---

1) 虽则这些在中国后来的法律中是为人所知的。参见 Escarra (1), p.65。

2) Buckland(1), pp.52 ff.。

3) Jolowicz(1), pp.100 ff.。

4) Maine(1), p.55。

5) 在洛夫乔伊和博厄斯[Lovejoy & Boas(1), 103 ff.185 ff.]的著作中,对 φύσισ(自然)和 νόμοσ(法律)的观念作了有价值的讨论。公元前5世纪的智者们确立了 *nomos*(人间法律或习惯)与 *physis*(即自然之被看作是比任何约定俗成的人间法律更为古老、而在某种意义上又更为有效的一种力量)两者之间的强烈的对立。海尼曼[Heinimann(1)]对此曾作了充分的研究。有关亚里士多德有关自然法思想的详细研究,见 J.N.Frank(1), pp.358 ff.; (2), pp.94 ff., 119 ff.。

用一头山羊而不用两头绵羊,等等。……有人认为,一切正义的规则都只不过是约定的,因为虽然自然(法则)[1]是不变的,而且是到处都同样有效的,就象火不管在这里或是在波斯都要燃烧;但是我们可以看到,正义的规则却是在改变的。正义的规则在改变,并不是绝对真确的,而只能是有条件的。……但无论如何,既有着自然的正义这种东西,也有着不为自然所规定的正义。很容易看出,哪些正义的规则虽不是绝对的,但却是自然的;以及哪些并不是自然的,但却是法定的和约定的,而这两者同样都是可变的。[2]

这段话是很有趣的,因为它涉及这样一个事实,即与数量有关而与伦理无关的事情,只能是用成文法来安排(参见上文 p.210)[3],而且它是在以科学的意义来谈论自然法则的边缘上摇摆着。但在中国的思路里,由于中国文明"与世隔绝",当时并没有别的部族可以从他们的实践中推演出来一部确实是普遍性的万民法来,所以也就几乎不可能有一种万民法。但中国肯定有一种自然法,即圣王和百姓所一贯接受的那套习俗,也就是儒家所说的"礼"。

521

(c) 中国法理学中的自然法和成文法;对法典化的阻力

说过这些前言之后,现在我们就可以进而叙述中国文明中法律史的主要特征。

[爱斯嘉拉[4]说:] 西方文明的各个民族始终生活在希腊-罗马的法律观之下。当时处于拉丁各民族遗产的中心地位的地中海精神,也曾经刺激了伊斯兰以及盎格鲁-萨克逊、日耳曼、甚至斯拉夫各民族的大部分的法律。在西方,法律总是被尊崇为多少是某种神圣不可侵犯的东西,是神和人的女王,它好象是无上律令加之于每一个人的身上,以一种抽象的方式在规定着和调节着各种社会活动形式的效能和条件。西方曾有过这样的法庭,其作用不仅是运用法律,而且常常就各种互相矛盾的利益所提出的和所辩护的各种争论来解释法律。若干世纪以来,在西方,法学家们已经建立了一种分析和综合的结构,一种不断要使成文法各种体系的技术要素完善化和纯洁化的"学说"大

---

1) 原文中无"法则"字样。

2) *Nicomach.Eth*.V, vii, 译文见 Rackham(1), p.295。

3) 参见波洛克[Pollock(1), p.74]的话:"自然的正义可以告诉我驾车不要鲁莽,但不能告诉我沿着路的哪一边走才是对的。""牵涉到数目或变量的规则,是不能单用自然的正义来加以固定的。"

4) Escarra(1), p.3。

全。但是当我们转到东方时,这种景象就消失了。在亚洲的另一端,中国感到在她已建立起来的精神价值和道德价值的强大有力的体系之中——而且她使它在漫长的年代里传播到像朝鲜、日本、安南、暹罗和缅甸等那么多的邻国文化中去——就只能给予法律和法理学以一个卑下的位置。虽然并不是没有司法机构,但她只是愿意承认自然秩序,并且只是推崇道德的准则。制裁主要地是纯属刑事的[1](而且是十分严酷的),首先是作为威吓的手段。国家和它的代表人法官,在氏族首领和行会首领、家族父老和一般行政官吏的万能的权力的面前,总是看到自己的权力受到限制;这些首领、父老和官吏们在他们各自的领域里规定了每一个个人的义务,并按照衡平法则、习俗和当地的习惯来解决一切争端。中国虽是一个学者辈出的国家,但她所产生的法律评论家和理论家却的确很少。

《书经》中的《吕刑》篇可以算是对中国最古老的法典的论述,它的年代虽然属于周代,但并不很确定[2]。因此,我们所知最早有年代可考的中国法律的法典化,是公元前 535 年《左传》中所叙述的那次。这里,从这段历史的一开头,就表现出贯穿着整个中国历史的、代表着儒家思想特点的那种对于法典化之毫不妥协的反对态度。我们在原文中读到:

> 三月,郑国人铸(金属的鼎,上面刻有有关)刑事处罚(的法律)。叔向[3]写信给子产(即公孙侨[4],在郑国为卿)说:

> "阁下,过去我把你当作我的榜样。现在我再不能这样了。古代君主在制订法令之前,非常谨慎地权衡问题,并不(写下)他们的刑罚制度,怕的是引起人民的好讼精神。但既然不可能防止一切犯罪,他们就建立起一道正义('义')的堤防,用行政命令('政')来约束人民,按照正当的习惯('礼')来对待他们,用良好的忠心('信')来保护他们,用仁爱('仁')来包围他们,……但是,当人民知道了有规定刑罚的法律时,他们就不敬畏权威了。这就唤起了好讼的精神,这种精神引徵法律条文,并相信恶行不会触及它的条款。政府就成为不可能的了。……阁下,我听说,一个国家有了极多的法律时,这个国家就要灭亡了。"[5]

522

---

1) 爱斯嘉拉在这里肯定是夸大了。中国的法律首先是行政法。

2)《书经·吕刑》,译文见 Medhurst(1),p.312; Legge(1),p.254; Karlgren(12),p.74。亦可见 Escarra (1),p.87。

3) 他是鲁宣公的兄弟。

4) G1029。

5)《左传·昭公六年》[译文见 Couvreur (1),vol.3,p.116,由作者译成英文];参见 Granet (5),p.461。

〈三月,郑人铸刑书,叔向使诒子产书曰:"始吾有虞于子,今则已矣。昔先王议事以制,
不为刑辟,懼民之有争心也。犹不可禁御,是故闲之以义,纠之以政,行之以礼,守之以信,
奉之以仁,……民知有辟,则不忌于上,并有争心,以征于书,而徼幸以成之,弗可为矣。…
…肸闻之,国将亡,必多制,其此之谓乎。"〉

在同一个世纪稍晚的时候,又重复出现了这类情形。据《左传》记载,在公元前 512
年:

　　　冬季,汝滨城设了防。晋国居民被迫[1]献四百八十斤铁铸鼎,把刑法刻
在上面。这就是范宣子[2]的刑书。孔子说:"我怕晋国快要灭亡了! 如果它
的政府遵守它的开国君王从他兄弟那里接受下来的法,它就能正确地治理人
民。……现在人民将研究鼎上的法律,并对此感到满意;他们就不会尊重地位
高的人们了。"[3]

〈冬,晋赵鞅,荀寅帅师城汝滨。遂赋晋国一鼓铁,以铸刑鼎,著范宣子所为刑书焉。仲
尼曰:"晋其亡乎! 失其度矣。夫晋国将守唐叔之所受法度,以经纬其民。……民在鼎矣,
何以尊贵?"〉

这样,从一开始,"礼"的柔性的和个人的关系就被感到比"法"的刚性更为可取[4]。
《书经》中所插进的一篇说:"美德并没有不变的规则,而是根据什么是它的法律中
的美好的东西而定。善本身并没有固定的栖息所,而只是合于至诚。"[5]("德无常
师,主善为师;善无常主,协于克一。")许多世纪以来就有这种流传下来的思想是包
含在谚语式的智慧里的:"立一法,生一弊",即"每一种新的法律,都会引起一种钻
它空子的新方法"[6]。这是智慧。我们常常太容易忘记,直到近代科学把对欺诈和
违法乱纪的控制纳入有组织的社会的范围之前,简直是不可能实现这种控制的。
以后,在讨论到测量比重[见本书第二十六章(c)]或发现各个人的指纹的不同时
(见本书第四十三章),我们将看到中国人自己朝着这个方向采取了重大的步骤。
但这句谚语式的智慧也许仍不失为一种智慧。

　　当然,关于周代法律实施的报道,还可以有另一个来源,即青铜器上的铭文,其
中有一些详细地记述了法律纠纷。但这方面的研究还刚刚在开始。 马伯乐
[H.Maspero (10)]曾经指出,从公元前 7 世纪起,就已经区别了(有关财产的——
"以货财相告"的)民事争端("讼")和("以罪相告"的)刑事案件("狱")。发誓的办

---

1) 由大臣赵鞅征收。
2) 大臣。
3)《左传·昭公二十九年》[译文见 Couvreur (1),vol.3,p.456,由作者译成英文]。
4) 正如白乐日[Balazs (6)]已经指出的:有趣的是,中国这些最初法典的出现,早于罗马最初的"十二表
法"将近一百年。
5)《书经·咸有一德》,其时期或许是秦或汉,译文见 Medhurst (1),p.153;Legge (1),p.100。
6) 感谢恒慕义(A.W.Hummel)博士给我提示这个谚语。

法是常常被人采用的,或是在鬼神的面前庄严进行("盟"),或是不设祭牲("誓")。葛兰言[1]曾收集了许多有关继承法的报道。

关于早期法典的条款,现在人们还一无所知;确实已被证明成为一切后代体系的鼻祖的,是李悝的体系(见上文 p.210)。约在公元前 400 年,李悝在魏国为相[2];他著的法典称为《法经》。虽然它久已散佚,但内容的篇目却一直保存了下来[3];它们包括:(1)盗法;(2)贼法;(3)囚法;(4)捕法;(5)杂法;(6)具法。这些类项在所有后来的法典中都可以看到。在汉高祖时,萧何(卒于公元前 193 年)[4]增补了以下三节《事律》:(7)有关户籍、家庭与婚姻的规定("户律");(8)有关徭役的规定("兴律");(9)有关兵役(字面上是皇室马厩)的规定("厩律")。后来又增补了有关皇家事务的法律(如张汤拟订的《赵宫律》、赵禹拟订的《朝律》);全部由叔孙通和其他法学家汇编为汉代的大法典。但它在隋代以前早已全部散佚。不过,通过阅读《前汉书》(卷二十三)的《刑法志》[5],仍然可以对汉代法律的实施获得一个很好的概念。后来历代每一种史书都有这样的一卷。

晋、刘宋、齐、梁和其他朝代都有法典,但我们对它们知道得很少,而且它们在隋代以前都已全部散失[6]。然而就我们所掌握的迹象来看,它们肯定是遵循《法经》和"汉律"的楷模,几乎全都是有关刑事和赋税的政府法令。民法仍然极不发达。若干世纪以来,有不少史料记载了朝廷以诏令放宽了早期法典的严峻;例如,公元前 178 年[7]以及公元 474 年[8]北魏时期废除了罪犯家属连坐的办法;公元前 144 年[9]减轻了刖刑。这也是隋文帝(杨坚)于 583 年命苏威和牛弘制订法典的精神。公元 624 年,它很少变动就由长孙无忌编定颁布为唐代的大法典《唐律疏议》,这是现存中国最古老的法典[10]。宋代有一部法典(1029 年的《宋律文》)已散佚,尽管根据它所编成的韵文诵读本流传了下来[11];而另一部《刑统》则仍保存着。蒙古人做了许多改动,但没有触动任何基本内容[12];《元史》卷一〇二所叙述的他们的体

524

---

1) Granet (3), p.377。

2) 翟理斯(G1164)把他放在更迟一个世纪。

3) 见 Escarra (1), p.91;有关此事的完整记述,见 Pelliot (13)。

4) G702。

5) 译文见 Andreozzi (1);Vogel (1);可代之以 Hulsewé (1)。

6)《隋书》卷二十五《刑法志》已由白乐日[Balazs (8)]译成法文,附有极好的注释,同时,他也在译《晋书》卷三十。

7) 为汉文帝所废除(*TH*, p.328)。

8) 为拓跋宏所废除(*TH*, p.1147)。

9) 由汉景帝决定(*TH*, p.373)。在本书第四十三章中,我们还将提到这类事例中的一个特例。

10) 由宾格尔[Bünger(1)]翻译并作了评述。737 年,该法典有了官定的注释[Niide & Makino(1)]。

11) 这些可见之于一部当代的丛书,即沈家本编的《枕碧楼丛书》。

12) 参见 Riazanovsky(1)。

系,已由拉奇涅夫斯基[Ratchnevsky(1)]翻译出来。其后,在 1374 年《大明律》之后,又有 1646 年的《大清律例》;欧洲人对中国法律所作的研究大多都是依据这部书。其中有很多已由斯汤顿[Staunton(1)]译成英文,还有更多的则由布莱[Boulais(1)]译为法文。阿拉巴斯特[Alabaster(1)]十分赞许地评论了这些法律的实际应用,普拉特[Plath(1)]和沃尔纳[Werner(2)]则编印了其中某些条款的选集[1]。

另一类中国法学的主要著作,是一系列记载著名案件判例的丛书。其中典型的是和凝的《疑狱前集》及其子和㟬的《疑狱后集》。这两部书都写于 907—960 年之间。另一部宋代的同类著作,是郑克所编的《折狱龟鉴》。爱斯嘉拉说:"但是,中国缺少那种多少世纪代代相传的法学家传统,他们的见解是独立于成文法之外的,而且不管成文法实施情况如何,仅由于这些见解之方法论的、教义的和科学的性质,便构成了法律的'理论'或法律的思辩部分。中国没有一部"法规汇集"、手册或论著[2]。法理学家如董仲舒,礼仪学家如大戴、小戴,法典编纂家如长孙无忌等,……

525 ……都没有完成过与盖尤斯(Gaius)、居雅斯(Cujas)、波蒂埃(Pothier)、吉尔克(Gierke)等人相当的著作。"[3]

在这里以及在前面已经引述过的一段话里,爱斯嘉拉很可能是有点过甚其辞了。当今对中国法律史的研究表明,法理学和法制的实践导致了比人们所曾想像的更丰富得多的文献,大部分都是儒家学者写的。195 年,应劭在他去世的那一年,把《汉仪》一书呈献给皇帝;全书共二百五十篇。在《晋书》[4]中我们读到,3 世纪末议律者有十家,都出自汉代各家著名学者的教导,如郑玄、马融、陈宠[5]。他们著述的集成共有二万六千余条,七百多万字。据说,这些解释在实践中通常都是被采用的。

同时也必须承认,在某些方面中国的法律心态有时候是走在欧洲人的前面的。在本书(第四十三、四十四章)论述解剖学和医学时,我们将会看到,中国法医学出现得惊人地早,有宋代(自 1247 年以后)《洗冤录》这种类型的许多书籍[6]。按照我们已经描述过的中国人的思想模式看来,这种发展并非是不自然的;因为"礼"的规定,就保证(至少在理论上)应该尽可能地努力防止对无辜的人定

---

1) 此外,它还是柯勒[Kohler(1,2)]研究比较法学的基础。
2) 例如,有关贝鲁特学派,可见科利内[Collinet(1)]的论述。
3) Escarra(1),p.359。
4) 《晋书》卷三十《刑法志》。
5) 《后汉书》卷七十六"郭陈列传"。
6) 一个世纪前,有些欧洲人,如哈兰[Harland(2)],就曾尽情地称赞了中国的这一点。

罪[1]。中国人对自然界的研究以经验主义独占上风为其特征,结果就是把能使官吏判决刑事案件的一切可能的检验方法都汇编起来;虽说要把健全的检验和单纯以迷信为依据的检验区别开来,当时可用的科学鉴定标准还是很不充分的,但与欧洲直至 18 世纪仍然保持着的原始观念相比,中国人的办法却更加文明得多[2]。

526

(1) 法律和现象主义;伦理秩序
和宇宙秩序的统一性

对中国法律史的这一匆促的概述[3],证实了本卷第十二章末(p.214)对古代法家学派以及本章开始时所提出的各种结论。在体系化的法律和那种审判每一桩新案件都按宗法制度根据案情本身的得失而依礼来行使的法律,这两者之间的斗争,正如吴经熊[Wu Ching-Hsiung (2)]在他一篇有价值的论著的题目中所说的,是以决定性地有利于后者而告解决的。"礼"所概括起来的风俗、习惯和礼仪,并不单纯是我们经验中所发现为中国人感受到的与"普天之下"对正义的本能感觉相一致的

---

1) 关於这一点,可以提到在耶稣会士来中国之前(即整个 16 世纪)来中国最早的欧洲人的一些非常引人注目的见证。比利(Pires)在 1518 年到过中国,秉托(Pinto)(或许)在 1558 年前,大约同时有过一位姓名不详的葡萄牙人,他的报道曾由阿尔瓦雷兹(Alvarez)印行过,还有佩雷拉(Pereira)在 1549 年至 1553 年,以及门多萨(Mendoza)在 1585 年以前,都来过中国。他们大多数人都有相当的时间看到过中国监狱的内情,并一致称赞中国执法的公允态度。赫德森[Hudson (1), p.244]写道:"这些报道并没有想要缩小中国法律的残酷性——监狱的恐怖,刑讯的使用,鞭笞的盛行。但是直到 19 世纪这些事情在欧洲也是司空见惯的。在中国法律的运用中,使这些 16 世纪的观察家们感到印象最深的,似乎是对一切已宣判死刑的案件的复审制度。正如那个姓名不详的人所说的:'他们费尽心力要避免把任何人判处死刑。'这就和通常所相信的人命在中国总是比欧洲不值钱的那种说法,大不相符。"另外,非欧洲的材料对此还有更早的证实。1420 年,帖木耳的儿子沙鲁赫(Shāh Rukh)曾派遣一个使团到明廷,吉亚斯 J.伊·纳卡什(Ghiyāth al-Dīn-i Naqqāsh)对此事写下了一段记述。虽然他也认为有些刑罚是可怕的,然而他写道:"中国人在所有有关对犯人的处理上都进行得极为慎重。皇帝的政府下属有十二个法庭;如果被告被其中的十一个宣判为有罪,而第十二个还没有同意判罪,那末他仍有获释的希望。如果一个案件需要有半年甚或半年以上进行考查,甚至只要案情还没有全部弄清,那末犯人就被监禁而不处决。"这里或许有些夸大和误解,但这个波斯人的见证则正好和那个葡萄牙人的是一样的。明朝司法给佩雷拉印象极深的其他方面还有:官吏亲自精心记录案情,审讯具有完全公开的性质,并采取有效的措施防止伪证。见 Yule (2), vol.1, p.281; Boxer (1), pp.xxix, 17, 19, 158ff., 166, 175ff.。

2) 关于法医学的历史,可参看 Balthazar & Dérobert (1)。宾格尔[Bünger (2)]最近的论证有一个相同之点:中国法律对精神病患者、无行为能力者和过失犯罪者的法律处理,远较 19 世纪的汉学家(由于翻译错误造成误解)所认识到的要更合乎人道得多。

3) 爱斯嘉拉[Escarra (1, 2)]的著作,是唯一可得到的用西方文字写成的讨论中国法律通史的书籍。然而,还有两大部中文原文的摘要,一部是沈家本的《历代刑法考》,一部是程树德的《九朝律考》。孙祖基的《中国历代法家著述考》是一本有关中国法学的 574 种著作的书目。关于法律史,最好的中文专著是杨鸿烈的《中国法律发达史》和《中国法律思想史》。

那些东西;它们还被认为是与上天的"意志"相一致、而且确实还是与宇宙的结构相一致的东西;如果认识不到这一点,人们就无法体会"礼"字的全部力量。因此,犯罪或者甚至于争执,都在中国人的心中引起重大的不安,因为他们觉得这就扰乱了自然界的秩序。《书经·洪范》篇即使不是西周初期写成,至少对我们的目的来说也是够早的,其中指出:霪雨是君王不公正的征兆;久旱表示他犯有严重错误;酷热是谴责他的疏忽;苦寒是谴责他的失察;飚风(真够古怪的)表明他麻木不仁[1]。("曰狂,恒雨若;曰僭,恒旸若;曰豫,恒燠若;曰急,恒寒若;曰蒙,恒风若。")《周礼》和其他许多古代文书都主张这样的思想,即刑罚只能在万物凋谢的秋季执行;如果在春季处决犯人,就会给庄稼生长带来有害的后果。艾伯华[Eberhard(6)]在试图观察这种"现象主义"对古代中国人意味着什么时,曾做过一个有趣的提示:他们认为天和地就好象它们的现象序列是沿着两条在时间上平行的缆索在进行着,有如在两条平行的导线上,而一个序列的扰动,就好象是有一种感应而影响到另一个序列。

在本卷讨论王充和怀疑论者的一章(p.378)和论述中国科学的基本观念的一章(p.247)中,已经看到了这种"现象主义者"的世界图景的许多例子。王充坚决主张,过分炎热和寒冷的气候并不决定于统治者的喜怒;虎患和虫害也不是由于大小官吏的邪恶。《左传》[2]说过,牲畜兴旺要靠国家官吏恪尽职责。类似的思想也屡屡在《淮南子》[3]中看到,大量这类的陈述已由葛兰言从许多古籍中收集起来,编入他的著作中。总之,帝王在他自己身上(并推及他的官僚机构)体现了人与宇宙之间的那种半魔幻的关系的体系;而在很原始的时代,民间节庆和民间仪式的作用就是要维持这种体系秩序良好。

我并不想提示这种世界观是中国人所独有的。它和上文(pp.294ff.)讨论过的微观世界与宏观世界的各种理论有一种明显的联系。康福德在他的巨著《从宗教到哲学》一书中,注意到了在希腊人[例如赫西奥德、埃斯喀涅斯(Aeschines)、索福克勒斯、希罗多德等]中间就有一种与此相似但不那么细致的信念;事实上,这差不多就是康福德从事探索希腊人"命运"观和"自然"观的出发点。它已被界定为对伦理秩序和宇宙秩序的统一性的信念。大致说来,康福德所得到的结论是:道德秩序的这种实体化就是原始部落集体主义的内部关系投射到外部自然界之上[4],而人类社会则被认为是与自然界相连续的。他要人们注意伊安布利库斯(Iamblichus)

---

[1]《书经》第二十四篇,Legge(1),p.148;Medhurst(1),p.206;Karlgren(12),p.29. 这段话或许属於公元前 5 世纪至前 3 世纪。

[2]《左传·昭公二十九年》[Couvreur(1),vol.3,p.452].

[3] 例如,见英译本 Morgan(1),pp.55,82,84.

[4] 特别是参见 Cornford(1),p.55.

一段引人注目的话:"宙斯国土中的忒弥斯(Themis)和地下世界中的狄刻(Dike),与人世城邦中的法律(Nomos)享有同等的身份和地位;因此他们之中如果有谁不正当地完成自己被指定的职责,就可以成为整个宇宙秩序的破坏者。"[1] 这就把天、地和人类社会三者都充分包括在内了[2]。但是正义和法律的观念却甚而引伸到人体自身各个部分之间的关系上去。我不知道是谁开始这样提出来的,但正如特姆金〔Temkin(1)〕所指出,在盖伦的著作中这一点是最清楚不过的。在盖伦的时代(2世纪),平等(isonomia; ἰσονομία)这一古老的观念并不被人解释为指国家中的每一个人或身体中的每一个部分都有着同等的要求,而是指各按其等级而分享自己的部分[3]。盖伦一再使用正义(dikaia, δικαία; dikaiosune, δικαιοσύνη)这一概念来解释人体解剖[4]。身体各部分大小不一;而这正是公正的,因为大自然已经按它们的用途分别规定了它们的大小[5]。有些部分很少有神经;这也是公正的,因为它们不需要很多的敏感性[6]。有机体的每种器官,都从大自然那里得到公正的应得物或份额[7];"难道大自然在万物之中不是最公正的吗?"[8]

这样,在我们面前的就是一个宇宙、人类社会和个人的机体这三个层次的彻底平行论。但是西方的概念似乎和中国的概念大不相同。西方在所有三个层次中都看到有正义和法律,它们是与制定或执行法律的人格化了的神灵紧密相联系着的。而中国人则看到,唯有体现在良好习俗中的正当性才表现出为社会机体的存在与功能所必需的和谐。中国人也承认诸天的功能有一种和谐;如果追问下去,他们也会承认个人身体之中也有一种和谐;但这类和谐都是自发的,而不是天命规定的。一处出现不和谐,就会在另外各处引起不和谐的反响。毫无疑问,在欧洲思想中,伊安布利库斯和盖伦所表达的观念曾经是形成斯多葛派的 koinos nomos(普遍律)的思潮的重要因素。与此相反,中国现象主义者对宇宙-伦理统一性的信念,并没有对自然法则的观念起过任何刺激作用。诚然,公元1世纪象王充那些人极为强烈地提倡科学自然主义的世界观,完全反对现象主义的基本信仰及其诞妄,并站在本质上是哥白尼的立场上去抨击它(和他们),认为其中所蕴涵的人类中心说

---

1) Iamblichus, *Vit. Pythag.* IX, 46。

2) 见下文 p.571 有关 *dike* 和 *ṛta* 的论述。

3) 在希腊化时期的阶级分层化的社会中不能期待其他什么东西了。

4) *De Usu Partium*, v, 9; I, 17, 22; II, 16。

5) 同上, III, 10。

6) 同上, v, 9。

7) 这与 *moira*(命运)这一老观念有显著的联系;见上文 p.107。

8) 盖伦的这种生理正义论(*justitia*),在16世纪和17世纪由弗拉德、范·海尔蒙特和马库斯·马尔奇(Marcus Marci)等人承续了下来[Pagel(1), pp.284ff.]。帕拉采尔苏斯把它应用于"灵魂阶梯"(参见上文 p.22)和人类有利用生物的权利(*De Pestilitate*, 1603年, p.327)——感谢柏格尔博士向我提供以上材料。

是一派胡言乱语。在欧洲，对地球中心说、从而也是对人类中心说的否定，要来得晚得多；到了那时候，已经有可能既排斥它，同时又保留并强化自然界的普遍规律这一概念了。

因此，如果说在古代中国，一切犯罪和争端首先并不被看作是违犯了纯粹人间的、尽管是皇家制定的法典，而毋宁说被看作是对把人类与周围的自然在各个方面都联系在一起的那个因果线索的复杂网络的不祥干扰，那末，也许就正是这种微妙之处，才使得成文法显得那样地不能令人满意。7世纪的《唐律》序言中提出，"脱离礼而致力于法律规定的刑罚"（"出礼入刑"）乃是危险而又不祥的。

> [爱斯嘉拉[1] 说得好:]在这个概念里，并没有拉丁文意义上的法律一词的地位。甚至於个人的权利，也并不由法律来保障。在那里，只有由秩序、责任、等级制及和谐等观念所支配的义务和相互妥协。君主在贤人的辅佐之下，要在全部境内都确保这些观念的统治。君子[2] 的最高理想乃是要在一切情况下都显示出一种公正的做法，一种礼貌的节制，就象中国人喜欢调解和互让所表明的那样。利用个人的地位，行使个人的"权利"，这在中国总是被人侧目而视的。高明的艺术是在某些点上要"让"[3]，这样就积累了一笔无形的有利资金，从而以后可以在其他方面得到好处。

因此，中国原始的习惯法就没有"成文化"（葛兰言语），因此法家也就失败了。正如葛兰言所说的："辩者没有能说服中国人相信，有可能存在必然矛盾着的条件。法家也未能使中国人接受关于不变的规则和至高无上的"法"的观念。"[4]

凡是在中国生活过的人，都一定会欣赏上面刚刚说过的话的真实性。直到今天，"中国人实际上用于确定责任的措词，不是说'谁做了什么事情'，而是说'发生了什么事情'。某件事情一经发生，就必须确定责任；所以，总是有一种根本的趋势，要设法防止发生有决定性的事情，并把责任分散开来。"[5] 爱斯嘉拉介绍过[6] 一份材料，这是1926年在某通商口岸的混合法庭中，一个商业公会[7] 理事会会员在答复一个外国陪审员提问时的一份有启发性的全文记录。他不顾一切提示，坚

1) Escarra(1), p.17.
2) 见上文 p.6.
3) 见上文 pp.61ff..
4) Granet(5), p.471.
5) Lattimore(6), p.80.
6) Escarra(1), p.81.
7) 参见本书第四十八章.

持他的这样一个观点：公会会员只有在他们认为判决合乎"礼"的情况下，才能接受北平最高法院的判决；因此就必须承认，最高法院并不具有在西方意义上的那种最高权力[1]。

值得注意的是，19世纪的英国法学史家对这类的事是怎么想的。他们涉及这个问题，是因为印度法律的发展过程多少与中国法律的发展是相平行的，而梅恩本人就曾多年担任过印度政府的法律顾问。霍兰[2]在讨论梅恩[Maine(2,3)]的观点时说："他问道，旁遮普的乡村风俗习惯是由兰吉特·辛格(Ranjit Singh)[3]强制推行的这种说法在什么意义上是真实的呢？……他认为，东方帝国的主要职能是征收赋税[4]，所以不会使自己忙于制定或者实行法律规章。……他把奥斯丁(Austin)的成文法概念几乎全部只限于应用到罗马帝国以及在其废墟之上成长起来的那些国家."霍兰继续说，拒不服从乡村和省区的惯例，要么必须受到本地当权者的严格取缔（在这种情况下，它就有效地具有法律效力），要么就被默认下来（在这种情况下，严格说来，帝国就没有法律，成为了"一种专横的力量而作用于被宗教和道德的顾虑不完全地束缚在一起的臣服的群众"）。最后，霍兰承认用欧洲标准来判断亚洲社会制度的困难，他说："仅仅把那些能指望得到统治权威所支持的规章看成是法律，这是很方便的；虽然在有些社会状态中，要确定事实上哪些规章属于这一类别，是很困难的。"这些观察家或许没有足够地估计到，在中国官吏手里，调解、妥协和保全面子的种种办法都能够做到些什么。韦利[5]曾经引人注目地写道："中国官吏在通过了他自知是不公正的判决以后，并不会（象有时在中国以外的地方所发生的那样）傲然自得地指出自己已经忠实地执行了本国的法

530

---

1) 宝道[Padoux(1)]也着重提到过这段对话。根据前文所述的一切，不用说，直到我们这个时代，中国向来没有产生过律师辩护制度。据白乐日[Balazs(1)]说，我们从2世纪王符的《潜夫论》中知道，富人的确可以请代理人（"客"，字面上是客人或当事人）在官府面前为他们的案件辩护。在某种意义上，中国的一切法律都是行政法。从来没有封建领主或豪富需要靠正式的法律程序及其相应的申诉和辩护来解决他们的争端。皇帝任命的官僚是不能受到控告的，所以每个人总是小心翼翼，除非绝对无可避免，总是不把争端提交到他的面前。关于中国法律史以及它与其他法律体系有着怎样的不同，在威格莫尔[Wigmore(1),vol.1,pp.141ff.]的著作中可以找到一篇非常之好的通俗论述；也可参看Hughes(6)。对近代中国法律（那已经是大大地"现代化"了）感兴趣的，可参看郑天锡[Chêng Thien-Hsi(2)]、施勒格贝尔尔[Schlegelberger(1),vol.1,pp.328ff.]、爱斯嘉拉[Escarra(1,3)]和迈耶[Meijer(1)]等人的著作。中华人民共和国成立以来，还没有现成可用的有关中国法律的研究论文。

2) Holland(1),p.52.

3) 锡克教的伟大首领；见V.A.Smith(1),pp.614,692.

4) 这里重复了贝尼耶(François Bernier)的意见。

5) Waley(12),p.141.

律。”[1]

（2）法律中的社会方面；中国的和希腊的

只有领会了礼与法对社会各阶级的关系，才可能了解礼与法之间的区别的全部重要意义。在封建时代，封建主不认为自己要服从自己所颁布的成文法，这是十分自然的事；因此，礼是统治集团的"荣誉法规"（code of honour），而法（例如有关徭役的责任）则是普通老百姓所要遵守的法令。这是铭记在《礼记》[2]中这句名言里的："礼不下庶人，刑不上大夫。"这就更加说明了对於公元前 6 世纪的法典化的反对；叔向和孔子反对它，不仅把法典化当作是平民方面的"好讼"和"阻碍政令"的前奏，而且还把它当作包含有固定下来的法律会侵犯整个封建贵族阶级的危险。我们在本卷第十二章中（p.212）已经看到，这样一种引伸在法家为官僚主义的胜利铺平道路的过程之中终于实现了。而在后来的世代里，因为是儒家在操纵着官僚机器，所以正如白乐日[Balazs（6）]已经很好地表明了的，于是他们也就成了成文法的法学家。但是，礼的易适应性多少世纪以来仍然保存了那么多它那原来的社会威望，而且还远较法的刚硬性更合乎中国哲学的一般趋势；以致于甚而在官僚主义体制已经长期确立之后，礼也仍然凌驾于法之上。这就揭示出前两页所引过的《唐律》中"出礼入刑"这句话的另一种含义，即如果一个人不遵循被认为是伦理上正当的礼俗行事，他就将发现自己堕入刑事的法网之中[3]。陈宠在公元 94 年说过，礼和法就象是同一件衣服的表和里[4]。白乐日[Balazs（6）]指出，归根到底，"礼的弹性和微妙灵活性的功用，照例是有利于享有特权的官僚统治阶级，而后来的儒家学说常常是加强而不是减弱法律的专断性质来损害人民的利益。"根据官定的等级制定出刑罚的级差，一直保留到清代的法典之中。

---

1) 宝道在他为梁启超《先秦时代的法律概念和法家学说》的法文译本[Liang Chhi-Chhao（2）]所作的精采的序言里，很好地认识到了中国法律的这些性质；他说象"dura lex sed lex"，或"summum jus, summa injuria"，或"fiat justitia, ruat coelum"这类西方口头禅，对中国人是毫无意义的。也不可能指望他们会赞赏使得沃尔特·瑞利（Walter Raleigh）爵士写出了以下这段话的那种欧洲法律的特点；瑞利写道："托马斯·莫尔爵士说过（更多是开心还是真说过，我不知道），法律的诡谲，其威力并不亚于命运之轮，它能把人抬上来，也能把人打下去。"可是，宝道等人（在第一次世界大战之后）毫不迟疑地号召恢复法家学派（参见上文 pp.204ff.），认为这可以使"中国人的心理状态"更加接近于西方的。具有讽刺意义的是，黑格尔对他认为是中国的法律与道德的东西的描述，只适合于法家。他在《历史哲学》中论中国的那一章，几乎完全是用错误和误解写成的。

2)《礼记》第一篇，第三十五页[Legge（7），vol.1, p.90]。

3) 参见下文 p.556。

4)《后汉书》卷七十六"陈宠传"。参见 Boodberg（3）。

无疑地，我们可以从不只一个社会学的网络来看待礼和法。在古代和中古代的中国社会，集中的和离心的这样两种倾向是十分微妙地被平衡着的。法适合于官僚制的水利灌溉的行政官；道适合于自给自足的农村社会；礼也许是社会机制的中心和边缘之间的终极的妥协[1]。

正如弗兰克[2]曾经指出的，古希腊法与古罗马法相反，它在相当程度上分享着印度和中国那样的偏向于调解和衡平，而反对抽象公式。他把这称为"案情的个别化"。他在一部早期著作中[3]提出过一个有趣的见解，认为从罗马人"谋求实际上无法实现的法律确实性"之中可以看到某种男性要素，而较为温和的、在亚洲占统治地位的衡平观念和对一切案情都按其个别依据作出灵活决定，则显示出某种女性要素。肯定值得注意的是，罗马法的体系是在父权(*patria potestas*)被推到极度的社会中产生的。肯定地说，在世界上的大多数文化中，父亲代表着严格规则，孩子们被认为应该对他服从，而母亲则代表着宽大以及形势可以改变案情的原则。一方面，这里有封闭的、静态的和一贯的法律体系的理想，另一方面又有灵活性、机智、谅解和直觉的"女性"态度。鉴于我们在本卷第十章(d)和(i)对道家的论述，这种看法是极其值得注意的——道家的整个哲学和象征主义都渗透着对阴性的重视。我们也看到[4]，在自然哲学这个领域中，汉代儒家容纳了大量战国时代道家的思想，正象后来宋代的新儒家(理学家)也深受唐代道家的思想影响一样。难道我们不能得出结论说，汉代儒家之所以战胜了秦代法家的过度"男性"化，部分原因就是由于接受了道家反对寻找"事先制定成文法"的观点，并且给予官吏按照衡平法则、公断和"自然法"行事以最广泛的自由吗？

有关和硬性的成文法相对立的衡平法则、公断或"案情个别化"的相对作用的问题，现在还远没有定论。从弗兰克[Frank (4)]有关"法律的实用主义"的讨论中可以看出，争论在我们今天仍以下述形式在继续着：即重点是应该放在审讯法庭或初审法庭的判决上，还是放在高级上诉法院上。前者能够考虑到许多后者所不能考虑的事实——陪审员和被告的心理，查找事实的种种困难，证人的"无声的语言"(某些证人就用这种语言去说服听众)——这些事情都赋予审判官的"主权"以具体意义。上诉法院则只能根据条文及其解释进行工作；它们不能以其原有的鲜活性来复审案件。

总之，我们也许记得，自然法与成文法之间的区别在欧洲法学词汇本身之中就

1) 这个提法是艾德勒先生提出来的。
2) Frank (1)，p.378。
3) Frank (3)，p.263。
4) 上文 p.247。

留下了许多痕迹。亚里士多德的自然正义与普遍道德有着密切的联系,而传到我们就成为 *jus*, A.S.*riht, droit, diritto, recht, pravo*(法)等等名词——这就是热尼(Gény)所说的 *donné* [1] 和中国的"义"和"礼" [2]。亚里士多德的"法理正义"是由特定的立法权威所奠定的,传到了我们就成为 *lex*, law, *gesetz*(法)等等名词——这就是热尼所说的 *construit*,而在中国则是"法"。在中国历史的大部分时代,礼远比法重要得多。

(d) 美索不达米亚-欧洲自然法
和自然法则分化的阶段

533

现在我们就来看论证的第三部分:西方文明中自然法和自然法则观念的几个发展阶段 [3]。

无可怀疑,那种认为天上有一个立法者在为非人类的自然现象"立法"的观念,首先是起源于巴比伦人。贾斯特罗 [4] 曾翻译过"后斯巴比伦创世纪史诗"第七篇,诗中的太阳神马尔杜克(Marduk)被描绘成星辰规律的创制者[约当公元前 2000年,即在汉穆拉比(Hammurabi)统一和中央集权的同时,太阳神已被提高到处于中心的重要地位]。是他,"规定了星神安努(Anu)、恩利勒(Enlil)、伊亚(Ea)的规律并固定了他们的范围"。是他,以"号令"和"敕命"把星辰保持在它们的轨道上 [5]。同样的观念,在印度也是很早就出现了的 [6]。

前苏格拉底的希腊哲学家虽没有谈到自然界中的法则(*nomos*, νόμος),但谈过许多自然界中的必然性(*ananke*, ἀνάρκη)。赫拉克利特(约公元前 500 年)说

---

1) 参见 Wortley(1)。

2) 当然应该了解,在"人权"这个意义上的"权利"一词,并不是为了达到和谐而强调义务、和解与无私的中国思想的特征概念。但是,中国人对于什么构成为道德上的正当的行为,则有着十分清楚的观念。这里也必须提到,孟子关于人民有权打倒暴君的主张在中国历史上曾一再被人引用过;这无疑是因为学者们通常不能公开说话,于是只好引用"经书"。此外,由于刑罚分为等级,"权利"一词总是带有"特权"的意义。在整个中国历史上,老者往往得到不同程度的保护,可免于严刑峻法,皇亲和高官也受到类似的豁免权的保护。遇到特殊情况,这些也可以被更高级的当权者所取消。这种特权与欧洲中古时"教士的荫庇"有着某些相同之处;但是用"孝悌"的要求来修改"法律面前人人平等"的观念,则是中国所特有的。

3) 据我所知,论述这个题目最好的著作是已故齐尔塞尔[Edgar Zilsel(1)]的著作。在本书下文的初稿已写成后,友人佩尔塞尼尔才提醒我注意到这本书;但我除了补充少数几点之外,并没有做任何修改;我们的结论是相同的。对这个论题,佩尔塞尼尔[Pelseneer (1)]本人也作了简短而有价值的论述。

4) Jastrow(2), pp.441ff.。

5) 亦可参见 Eisler(1), p.233。在本书第二十章(e),我们将获得关于这些"范围"和"轨道"出人意外的清晰性和明确性。

6) *Rg Veda*, x, 121。

过[1]:"太阳不能踰越它的限度;否则,(正义女神)狄刻的守护神厄里倪厄斯(Erinyes)就会发现他。"这里,规则性被认为是一种明显的经验事实;但是,因为提到了制裁,所以法的观念是存在的[Guérin(1)]。(约公元前560年)阿那克西曼德也讲过[2],自然界的各种力量是"互相处罚的"。赫拉克利特提到过[3]一种"培育了"一切人间法律的"神律"(theios nomos)。这个"神律"可能包括非人类的自然界以及人类社会,因为它"对万物是共同的"、全能的和全足的。但在更古些的希腊诗人那里,对立法者宙斯的概念却把他描绘成是在为神和人制订法律,而不是在为自然界的过程制订法律,因为他本身并不是真正的造物主[4]然而德摩斯忒涅斯(Demosthenes,公元前384—前322年,因而是生活于墨翟与孟轲两个世代之间)却以其最一般的含义在使用这个词,他说[5]:"如果我们信任我们所看到的东西,那末,整个世界和一切神圣的事物以及我们所谓'季节',便都是被法和秩序所制约着的。"

可是,亚里士多德从来没有使用过法的比喻[6],虽然我们已提到过(上文 p.520),他也偶尔非常之接近于这样做,柏拉图仅仅在《蒂迈欧篇》[7]中用过一次[8],他说当一个人生病时,血液便从食物中吸取了"违反自然法则"(παρὰ τοὺς τῆς φύσεως νόμους)的成分。但是整个世界被法所统治着的这一观念,似乎是斯多葛派所特有的。这个学派的大多数思想家[如芝诺,鼎盛于公元前320年;克勒安忒斯(Cleanthes),鼎盛于公元前240年;克吕西波,卒于公元前206年;狄奥根尼(Diogenes),卒于公元前150年],都认为(存在于世界万物之中的)宙斯只不过是"普遍律"[9](koinos nomos;κοινὸς νόμος)而已。这种观念在某种程度上,可能蕴涵在柏拉图派、毕达哥拉斯派和逍遥学派都曾使用过的 cosmos(宇宙秩序)一词

534

---

1) Diels—Freeman(1),p.31;Freeman(1),p.112。

2) Diels—Freeman(1),p.19;Freeman(1),p.63。

3) Diels—Freeman(1),p.32。参见波伦兹[Pohlenz(1)]的论述,他说明了 nomos(法)与 moira("分")在语义学上的关系;见本卷上文 p.107。

4) Cornford(1),p.27;Guérin(1)。

5) 见霍兰[Holland(1)]所引用的 Adv. Aristog. B,p.808。参见品达(Pindar)的残稿152号。

6) 据亚里士多德著作索引[Bonitz(1)]查出。齐尔塞尔[Zilsel(1)]引导我们去注意一个有趣的事实:这个字出现在亚里士多德著作中唯一的一次(Physics, 193a15),其意义正是与作为自然法则的 nomos(法律)相反的。亚里士多德指出,如果一张木床埋在地里,并发了芽,它所生长出来的仍是木而不是床。他然后对比了床的可消灭的、人造的外形和它的永久的自然质料,把前者称作"不过是按照法则的一种安排"。当然,这与我们在前面几页所看到的他对"自然正义"与"法理主义"的区分是一致的。

7) Timaeus, 83E。

8) 据柏拉图著作索引[Ast(1)]查出。

9) Zeller(1),pp.143,161;E. V. Arnold(1),pp.220,272,385,402,407;Vinogradov(1),vol.2,pp.40ff.。其中对斯多葛派和墨家做了许多类比。

之中[Dodds(1)]。但对这个新的、更明确的概念的强烈支持,或许是得自巴比伦的影响;因为我们知道,大约在公元前 300 年,美索不达米亚的占星家和星相术士就开始散布于地中海世界。其中最出名的一个是贝洛索斯,他是迦勒底人,於公元前 280 年定居在希腊的科斯岛上[1]。齐尔塞尔很警觉那些同时发生的社会现象,他注意到,正如巴比伦关于自然法则的原始概念是在高度中央集权的东方王权制国家里产生的一样,斯多葛时代也是如此,那也是一个王权兴起的时代;把宇宙看成是被神圣的逻各斯所主宰的一个大帝国,这会是很自然的事[2]。

如所周知,斯多葛派对罗马的影响是巨大的,这些很广泛的概念也就会影响到对一切人是共同的自然法的观念的发展;这是不可避免的事,不管他们的文化或地方风俗如何。当然,西塞罗(公元前 106—前 43 年)反映了这一点,他说:" Naturalem legem divinam esse censet (Zeno) , eamque vim obtinere recta imperantem prohibentemque contraria"[" (芝诺)把自然法看作是神圣的,它命令人们做正当的事情,又以同样的力量禁止他们做相反的事情"][3];在另一处,他又说:"宇宙服从上帝,海洋和陆地服从宇宙,而人的生命则服从最高律法的命令。"[4] 奇怪的是,在奥维德(Ovid,公元前 43—公元 17 年)的著作中,我们看到了对律法存在于非人类的世界中的最清楚不过的表述。他毫不迟疑地把 *lex*(法)这个词用于天体运动。当他讲到毕达哥拉斯的学说时[5],说道:

> in medium discenda dabat, coetusque silentum
>
> dictaque mirantum magni primordia mundi
>
> et rerum causas, et quid natura docebat,
>
> quid deus, unde nives, quae fulminis esset origo,
>
> Juppiter an venti discussa nube tonarent,
>
> quid quateret terras, *qua sidera lege mearent,*
>
> et quodcumque latet…

大多数译者都不能忠实地表达这段令人注意的陈述;德莱顿(Dryden)把它译成这

---

1) 参见有关贝洛索斯的专题论文: Schnabel (1); Eisler(1), p.77. 参见 Dodds(1), p.245.

2) 这种看法似乎是很健全的;但如果美索不达米亚类型的"东方"君主制能够这样容易就产生自然界的天律的观念,那末,这在中国为什么就不会同样地出现呢? 中国在封建时代就已经有了某种程度的中央集权制,在秦始皇帝统一以后就更是如此。

3) *De Natura Deorum*, 1, 14[译文见 Brooks (1), p.30].

4) *De Legibus* [译文见 Keyes (1), p.461]. 请注意此处与本卷 P.50 讨论过的《道德经》第二十五章的相似之处。

5) 见于 *Metamorphoses*, xv, 66 ff.。感谢查尔斯·辛格(Charles Singer)博士和亨利·迪斯(Henry Deas)先生向我提供这段参考材料。

样：

> 是什么震撼了坚实的大地，从而开始了
>
> 群星环绕着灿烂的太阳舞蹈。……

而金（H.King）则干脆把这段话全部删掉了。在另外一个地方，奥维德责备一个朋友不忠实，说他让太阳倒行，河水往上流，"万物逆自然法而行"（*naturae praepostera legibus ibunt*）[1]，这是十分恶毒的事。

与此有关，"天文学"（astronomy）一词的起源和演变也是十分有趣的。正如齐尔塞尔指出的，如果控制着天体运行的准法学的法则没有为人默认，"天文学"这个复合名词就不可能被铸造出来和加以使用了。最近，拉罗什[Laroche (1)]对这个词的历史作了专门研究。最初，astronomy 和 astrology（占星学）是同义语，而前者早在公元前 5 世纪已为阿理斯托芬所熟悉[2]。以后的使用似乎是随着作家各人的偶然偏好而定；柏拉图想采用 astrology 一词，但它已有了星命占卜术（astro-mancy）的含意。公元 5 世纪，僧侣用的拉丁文百科全书，按照字面翻译此词，把 astronomy 解释为研究"星辰的法则"（*lex astrorum*）[3]的科学；但它的意义更可能是指星宿用以决定每个人的命运的法则，而不是它们本身在其运行中所必须服从的法则。

E.V.阿诺德[4]大胆地猜想过，希腊化时代的犬儒学派哲学家可能受到佛教的影响，因为已经确知，印度阿育王就正是在公元前 250 年以前派遣使者"带着治病的草药和更多的济世学说"去见埃及的托勒密第二（Ptolemy Ⅱ）、叙利亚王安条克（Antiochus）及其他君王的[5]。所以这就引导人们去考虑这样一种可能性，即斯多葛派的"普遍律"可能与佛教"业报"的普遍"律"有关；但我们已经看到，这一点从来也未曾应用于非道德、非人类的现象[6]，我们还是以后再谈论它更方便一些。

更加可以肯定的是，另一条有贡献的思想线索是来自希伯来人（或是由希伯来人传播给巴比伦人）的思想。正如辛格[Singer (5)]和其他学者曾经指出的[7]，有一个超越的上帝制订出一套律法，包罗着人类的和其他自然界的行为的这一观念，是

536

---

1) *Tristia*, I, 8, 5。在奥维德的著作中，还有另外一些段落也非常类似于这些表述[参见奥维德词汇索引：Deferrari, Barry &McGuire (1)]。

2) *Clouds*, 194, 201。

3) Cassiodorus, *Inst*.2, 7; Isidorus, *Diff*.2, 152。

4) E.V.Arnold (1), pp.14, 17。

5) V. A. Smith (2), p. 174。

6) 见上文 p.419。

7) 参见《旧约》中《以赛亚书》第 40 章第 12 及第 22 节，第 45 章第 5 及第 7 节；《耶利米书》第 5 章第 22 节；《箴言》第 8 章第 9 节；《诗篇》第 104 篇，第 9 节；《约伯记》第 56 章第 10 节，第 38 章第 10—11 及第 31—33 节。关于希伯来人对"法"、"界限"等所用的名词的讨论，见 Zilsel (1)。

经常可以见到的。确实,神圣立法者正是以色列人的最中心的论题之一。这些希伯来人的观念对基督教时代的一切西方思想的影响,是怎么估计也不会过高的——"主向海洋颁布命令,水不能违抗他的诫律"(《旧约·诗篇》第 104 篇);"主制订的律法是永恒坚固的,主颁布的律法是决不能违犯的"(《旧约·诗篇》第 148 篇)。另外,犹太人还发展了一种适用于一切人的自然法,有点类似于罗马法中的"万民法",例如在"诺亚后裔七诫"中所记载的[Isacs (1)]。这可能与犹太教塔木德(Talmud)法典相冲突[Teicher(1)]。

前面,我们已谈到了斯多葛派和犬儒学派,但还没有提到最重要的科学派别即伊壁鸠鲁派。确实,值得注意的是,德谟克利特和卢克莱修都曾大力提倡自然的和因果的解释,却从来没有讲过自然法则。卢克莱修在《物性论》中仅仅有一处是以这个词的后一种意义使用过它[1]。他在否定吐火女怪的存在时说过,身体各部分只有彼此相适应时才能联结成一体;一切动物都"受这些法则的约束"(*teneri legibus hisce*)。齐尔塞尔尖锐地指出,根据伊壁鸠鲁派的神学来说,自然法则在最严格的意义上应该是不可能的,因为神并没有创造世界,而且对世界也不感兴趣;也许这就是伊壁鸠鲁派只谈原理而不谈法则的原因。另有一处是生物学史也插足进来的,那就是在盖伦(129—201 年)的《论人体各部分的用途》(*De Usu Partium*)一书中,他企图说明人体每一部分都有其目的论的意义,这曾被人认为是与自然法则的观点相接近的[2]。

基督教神学家和哲学家们自然地继承了希伯来人关于有一个神圣立法者的观点。在基督教最初的几个世纪里,要找到隐含着对非人类的自然界的各种法则的论述是并不困难的。例如,神学辩论家阿诺比乌斯(Arnobius,约 300 年左右),在辩论基督教一点也不邪恶时就说,自从它传入以来,"原来建立的法则"[3]并没有改变。(亚里士多德的)各种原素并没有改变它们的性质。宇宙机器的结构(大约是指天文体系)并没有解体。苍穹的运转、星辰的起落并没有改变。太阳并没有冷却。月亮的盈亏、四季的转换、昼夜长短的更替既没有停止,也没有受到干扰。天还是要下雨;种子还是要发芽;树木仍然长出绿叶并在秋季凋落;如此等等。

537

但是在我们所谈到的这个阶段,(人类的)自然法与(非人类的)自然法则还没有被截然分开。在基督教时代的最初几个世纪里,有两种论述是特别有趣的,它们表明了这些观念还处于多少尚未分化的状态。395 年,在狄奥多西(Theodosius)、

---

1) *De Rerum Natura*, II, 719。椐保尔森[Paulson (1)]所编的索引查出。
2) Singer & Singer (1),Singer (6)。见上文 p.528。
3) *Adv.Gentiles*, I, 2。

阿卡狄乌斯(Arcadius)和霍诺里乌斯(Honorius)的《宪法》中,有一条是禁止任何
人从事占卜,违者处以叛逆罪: "Sufficit ad criminis molem naturae ipsius leges
velle rescindere, inlicita perscrutari, occulta recludere, interdicta temptare" ("凡是
有损于神秘的自然法则不得为人的眼睛所见那条原则的,就是亵渎神明")[1]——这
恰好与中国禁止占卜的谶纬之书有惊人的相似之处(参见上文 pp.380—382);但
在这里它的兴趣在于,它提示了确实与人事进程相联系而与道德无关的自然法则
的存在。

第二种说法是罗马著名法学家乌尔比安(Ulpian,卒于 228 年)[2] 提出的一种
有名的说法,他的著作在成书于 534 年的查士丁尼(Justinian)的《查士丁尼民法大
全》(*Corpus Juris Civilis*)[3] 中占有着大量的篇幅。在《学说汇纂》的第一段,他说:
"Jus naturale est quod natura omnia animalia docuit …" ("自然法是自然界所教
给一切动物的…")。

> 自然法是自然界所教给一切动物的法;这种法不是专为人类所有,而是对
> 生长在陆地、海洋的动物以及空中的飞禽都是共同的。 由自然法中,我们便有
> 了我们称之为婚姻的男女结合,于是便有生育和抚养子女;事实上我们发现一
> 切动物,甚至最野的兽类,都有着表明它们知道这种法的标志。[4]

法学史家极力要解说,这对后来的法学思想从不曾有过任何影响。事情很可能是
如此[5],但它却曾为中世纪作家和评论家所接受,而且还明显地表达了这样一种思
想:即动物作为准法律的个体,是服从上帝所制订的法典的。在这一点上,我们就
很接近于把自然法则作为是物质(包括生物在内)所服从的神圣立法的那种观念
了。

随着基督教世纪的流驶,自然法就不可避免地逐渐与基督教的道德合而为
一。 圣保罗清楚地认识到了这一点[6]。 5 世纪初期,圣克里索斯托(St 538
Chrysostom)就在希伯来的十诫中看出了自然法的法典化;而在 1148 年,随着格
拉蒂亚努斯(Franciscus Gratianus)的《教令》(*Decretum*)的出现,这种合一已告完

---

1) *Cod. Theod.* xvi, Tit. x, 12; 布赖斯[Bryce (1), vol.2, pp.112ff.]曾引用过它。参见 Bréhier (1)。
2) 莱德利[Ledlie (1)]对他做过很好的叙述。
3) 这部《集成》共分《学说汇纂》(法律文献)、《法学阶梯》(教程)和《法典》(制定法律)三个部分。其中
《学说汇纂》有三分之一是乌尔比安的作品。
4) 译文见 Monro (1), vol, 1, p.3。
5) 人们仍不禁感到,它可能与中世纪在法庭中审判动物有着某些关联;关于这一点,我将很快就谈到
(下文 p.574)。
6) Ep. Rom.2.14。

成,以后的正统圣典学家便一直都没有背离过它[1],此外,正如波洛克[Pollock (2)]所说,中世纪的普遍信念认为,君主的命令凡是违背自然法的,就不能约束臣民,因此就可以合法地加以抵制。这种学说被概括为一句话:"Positiva lex est infra principantem sicut lex naturalis est supra"("成文法低于君主,而自然法高于君主");它在新教兴起的时期产生了很大的效果,而"反抗非基督教君主的权利"在近代欧洲民主政治的开端也起过不小的作用[Gooch (1)]。值得注意的是,这和孟子[2]所表述的儒家学说是多么精确地正相符合,他说,君主不按礼行事,臣民就有权推翻他,而这个相似之处,凡是读过1600年以后耶稣会士对中国经典的拉丁文译本的欧洲社会思想家们,肯定是不会放过的。

把这一切系统化了的,当然是托马斯·阿奎那[3]的著作。他写道:

> 有一种永恒的法,即理性,存在于上帝的心中,并统治着整个宇宙……因为法不过是治理着一个完美社会的统治者的实际理性的命令(dictamen practicae rationis)。现在十分明显的是,正象我们已经看到的,如果世界是由神圣的天道统治着,那末,整个宇宙就是由神圣理性所治理的一个社会。于是,这个这样在统治着万物并且存在于上帝、即宇宙的治理者之中的'理性',就具有法的性质。[4]

> 正如神圣智慧的理性,就它创造了万物而言,具有一种典型的或观念的性质;所以就万物都由这种理性引向它们固有的目的而言,理性也可以说具有一种永恒的法的性质。……因而永恒的法就不是别的,只不过是被看作一切行为和运动的指南的神圣智慧的理性而已。[5]

> 每一种由人所制订的法,只有在它是从自然法则所推导出来的范围之内,才具有法的性质。但是,如果它在任何一点上与自然法则相冲突,它就立刻不成其为法了,它就只不外是法的腐化。[6]

---

1) 参见雅各布[Jacob(1)]的文章。
2) 例如,《孟子·万章章句下》第九章。
3) 托马斯·阿奎那(1225—1274年)。参见 Salmond(1);Carlyle &Carlyle (1),vol.1;vol.5,pp.37 ff.。
4) *Summa*, I, (2), Q.91, art.1. 格拉夫[Graf (2),vol.1,p.274]的论述容易使人认为,中文的"道"相当于 *lex aeterna*(永恒的法),其实二者之间有巨大的鸿沟。
5) *Summa*, I, (2), Q.93, art.1。
6) *Summa*, I, (2), Q.95, art.2。

这样，圣托马斯就描述了四种法律体系：即永恒法(*lex aeterna*)永远统御着万物[1]；自然法(*lex naturalis*)，统御着一切人；人间立法者所制订的成文法(*lex positiva*)，其中受圣灵感召并通过教会而起作用的教会法是神授法(*divina*)，而由君王和立法机关颁布的习惯法则是人间法(*humana*)[2]。从上列三段引文中的最后一段，我们可以看到非常类似于儒家(以不同的语言)对法家的责难。法如果违背了礼，就必定是伪法。

当经院学派的综合工作被宗教改革运动摧毁以后，自然法就开始经历它最重大的发展，而普遍人类理性这一基础就代替了过去的神意的基础。随着 1500 年以后民族主义而来的自然法的世俗化，已经由吉尔克[Gierke (1)]等人描述过了。它以多种形式存在下去；在英国，它被等同于司法官的衡平法(Chancellor's equity)，并且在环球的、重商的和国际间的关系中变得特别重要起来。正如它被人认为是起源于罗马商人中间一样，在 17 世纪它又回到了一个商业环境之中，就像马利内斯(Malynes)在《商法》(*Lex Mercatoria*)一书中所表明的那样。据说，外国商人进入了国王的法权范围之下，但这种法权的行使则是这样的："secundum legem naturae que est appelle par ascuns Ley Marchant, que est ley universal par tout le monde"("按照一切商人所称为的自然法，它是全世界普遍存在的")[Pollock (2)]。自此以后，这个原则被国际法的奠基者格罗秀斯(Grotius)引申到国际法上面去，就是很自然的了[Figgis(1)]。

(e) 文艺复兴时期自然科学对立法隐喻的认可

但是，科学家和他们的自然法则又是怎样的呢？我们现在来到了 17 世纪；并且，认为化学物质和行星都"服从"的自然法则的概念，随着波义耳和牛顿，得到了充分的发展。然而，它之不同于经院学派的综合，究竟是在哪些确切之点上呢？这

---

1) 查尔斯·辛格和萝西亚·辛格[Singer & Singer(1)]已指出：在迈蒙尼德(1135—1204 年)的著作中，可以看到"自然法则"一词。他(错误地)把它归之于亚里士多德，并把它仅仅作为月亮以下区域的规律接受下来，而与宇宙的其他部分无关；参见 L.Roth(1), p.61；A.Cohen(1)。M.弗里德兰德把它逐译在《迷惘者的向导》(*Guide for the Perplexed*)一书中；见 Friedlander(1)，特别是 pt.2, chs.19—24。关于与"自然法则"有关的伊斯兰思想，我能找到的很少。但是，扎基·瓦利迪·托甘(Zaki Validi Togan)博士告诉我，约在 1397 年，沙姆斯·伊吉(Shams al-Iji)在波斯所写的《穷人的赠礼》(*Tukhfat al-Faqir*)一书对这个题目曾做过若干讨论(唯一的手稿现存于伊斯坦布尔的贾米图书馆，编号为 231)。整个这个问题值得阿拉伯和伊朗语学者重新注意。参见 Togan (1)。

2) 齐尔塞尔[Zilsel (1), p.257]部分地根据《神学大全》(*Summa Theologica*)中的另一些引文，对圣托马斯的思想作了一些稍有不同的解释。他说，托马斯的思想结合了那么多貌似逻辑上的确切性和那么多经验上的模糊性，因此在这些问题上，需要对托马斯的观点做专门的分析，才能得出确切的看法。

个问题却很少为人研究。词典编纂家说，这个词在它的科学意义上第一次得到使用，是出现在 1665 年英国皇家学会《哲学会报》第一卷上。三十年后，德莱顿在翻译维吉尔《田园诗》(*Georgics*)中 "Felixqui potuit rerum cognoscere causas"（"能够认识事物原因的人最快乐"）的诗句时，无意中把此词搀入了他的译文，于是它就变成了常用语。罗布森在他的杰作《文明与法律的成长》(*Civilisation and the Growth of Law*)一书中，把它看成是 17 世纪特有的概念，存在于斯宾诺莎的和笛卡尔的哲学以及自然科学家的"新的或实验的哲学"之中。齐尔塞尔的优点在于，他弄清了这一概念最后获得其本身的含义时所经历的几个阶段。我们也看到，有些法学家如亨廷顿·凯恩斯(Huntington Cairns)认为，在 17 世纪，以人类理性为基础的世俗化的自然法和以数字表达的自然界的经验法则，是平行发展着的。

540　　从经院哲学的永恒法中引出非人世间的平行法则的第一个思想家，也许是布鲁诺（1548—1600 年）。他很少使用"自然法则"一词，而一般地是说 *ratio* 或 *raggione*（理性）[1]。但是，鲁道夫·艾斯勒(Rudolf Eisler)引用了他的两段话。在第一段中，他仍然是经院学派的，说到 "lex in mente divina, quae est ipsa rerum omnium dispositio"（"圣灵法是自创的而又万能的"）[2]。但在另一段话中，他又说，"in inviolabili intemerabilique naturae lege"（"要在永恒不变的自然法中"）[3]去寻找上帝。布鲁诺的世界观比任何其他欧洲思想家的世界观，几乎都更接近于我们前面(pp.288 ff., 304)已看到的、成为中国古典思想特征的"有机因果论"。布鲁诺把一切运动、并且确实也把一切状态的改变，都归因于物体对它周围环境之不可避免的反应。他不认为周围环境的作用是机械地发生着的，而是把任何一个物体的变化的开始都看成是这个物体本身性质的一种功能；这种性质是这样构成的，它迫使(物体)对那套特定的环境情况作出特定的反应。他就这样把大自然的宇宙的现象，看成是各种自由发展的固有力量的综合在推动着永恒的生长和变化。布鲁诺把天体称为 animatia（活体），在空间循着轨道运行；他相信无机实体和有机实体一样，在某种意义上都是有生机的。*Anima*(生机)构成 *raggione*(理性)或者内在法则，这种内在法则与任何外在的力量或约束相对立，乃是一切现象、尤其是一切运动的原因[4]。哪怕他这种思想掺杂了欧洲特有的万物有灵论，它仍然是极端中国式的思想。

1) Dorothea Singer (1)，以及 1949 年 10 月的私人通信。
2) *Acrotismus*（1588 年），*Opera*, pp.1880 ff.。
3) *De Immenso*,VIII, 10。
4) *De Immenso*, I, 1; *Opera*, p.204。

毫无疑问,转折点出现在哥白尼(1473—1543 年)[1] 和开普勒(1571—1630 年)[2] 之间。哥白尼只讲对称、和谐、运动[3],而在任何地方都从不讲法则。吉尔伯特在他的《论磁性》(De Magnete, 1600 年)中也不提法则,虽然按照他对磁学所做的某些概括,使用"法则"这个词也许是最合适不过了[4]。培根的立场很复杂;在《学术的进展》(Advancement of Learning, 1605 年)一书中,他把"自然界的总法则"说成是可能的最高认识,但他又怀疑人类能否达到这一点[5];而在《新工具》(Novum Organon, 1620 年)一书中,他又使用了法则一词作为亚里士多德式的实体形式的同义语[6]。因此,他实际上并没有比经院学者更加前进。伽利略则无论是在他 1598 年论述力学的早期作品中,还是在他 1638 年成为近代力学与数学物理学的开端的《关于两种新科学的对话和数学证明》一书中,都和哥白尼一样,从来不用"自然法则"这个词。后来会被人们称之为"法则"的东西,当时是以"比例"、"比率"、"原理"等等名词出现的[7]。同样的话也适用于西蒙·斯蒂文(Simon Stevin,他的著作发表于 1585 年和 1608 年)和帕斯卡(Pascal, 1663 年);他们都没有使用过这一法的隐喻。

特别令人惶惑不解的是。开普勒发现了行星轨道的三个经验定律,这是用数学公式来表达自然法则的最初的事例之一,但他本人从不把它们称为"法则",虽然他在别的地方使用过这个词。开普勒的第一、第二"定律"见于 1609 年的《新天文学》[8] 一书,那是用冗长的论述来解说的;第三"定律"发表在 1619 年的《宇宙和谐论》[9] 中,是称为"定理"的。但在论述杠杆原理时,他却谈到了"法则"[10],而且一般把这一名词仿佛当作是量度或比例的同义语在使用[11]。

由于自然法则在天文科学中起过如此巨大的作用,所以人们自然要多半在文艺复兴时期的天文学家中间去寻找这个词最早的出处。到现在为止,似乎还没有人指出,在有关完全是另一类的科学中——如地质学、冶金学和化学方面——很早

541

---

1) 参见 Dampier—Whetham (1), p. 119;Pledge (1),p.36;Armitage (1)。

2) 参见 Dampier—Whetham (1), p.139;Pledge (1),p.39。

3) 在异常情况下,有些词也包含这个意思,但或许是不自觉的。

4) De Magnete, Ⅱ, 32, p.99.

5) Works, Ellis & Spedding (1), p.44。

6) Novum Organon, Ⅱ, 17; Works, Ellis &Spedding (1),p.321。

7) 齐尔塞尔[Zilsel(1)]认为,这是因为伽利略仍然墨守阿基米德和欧几里得所使用的那种传统的、演绎的数理表达方式的缘故。

8) Astronomia Nova, Ⅲ, 59f。

9) Harmonices Mundi; V, 3. (Opera, Frisch 编), vol.5,p.280。

10) Opera, vol.3, p.391。

11) 有关开普勒的更详细的论述,见 Zilsel (1),p.265;开普勒和布鲁诺一样,把行星设想为部分地是有生机的,并且提出了这样一个问题:"法则是不是或许能为行星所认识呢?"

就有人提到过它。阿格里科拉(Georgius Agricola)在他 1546 年的《论地下现象的起源和成因》(*De Ortu et Causis Subterraneorum*)一书中讨论亚里士多德关于金属成份中含有水分的理论时,写道:

> 在构成金属的每一种液体中,"土"占多大比例,是从来没有人能够确定的,更无法加以解释;这只有上帝才知道,他给自然界规定了确定的、固定的法则来把各种物质混合和掺和在一起。[1]

似乎值得注意的是,这种概念出现在化学中,至少应该说是和在天文学中一样地早。

与此同时,西班牙神学家苏亚雷斯(Suarez)对于阐明这个概念跨出了重要的一步;他在《论法律》(*Tractatus de Legibus*,1612 年)一书中,对道德世界和非人类的自然世界做了鲜明的区分,认为法的概念只适用于前者。他反对托马斯主义的综合,因为它无视两者之间的这一区别。他说[2]:"确切地说,缺少理性的事物,既不可能有法则,也不可能有服从。在这里,神权的效能和自然的必然性……就用一个隐喻称之为法则。"这是清晰的思维,它提醒我们,中国人在把礼和法的概念引伸到非人类世界时所遇到的困难。

在笛卡尔的著作中,有关自然法则的概念同后来在波义耳和牛顿的著作中一样地得到了发展。《方法论》(*Discours de la Méthode*,1637 年)谈到了"上帝赋予自然界的各种法则"[3]。《哲学原理》(*Principia Philosophiae*,1644 年)一书的结论说,这本书讨论了"物体的相互碰撞根据机械法则所必定产生的结果,并且是被确凿的日常实验所证实的。"在斯宾诺莎的著作中也是一样。《神学政治论》(*Tractatus Theologico-Politicus*,1670 年)一书区别了"依存于自然界的必然性"的法则和由人为命令而产生的法律。此外,斯宾诺莎同意苏亚雷斯的看法,认为把"法"这个词用于有形的物体,是基于一种"隐喻",——虽然所持的理由不同,因为斯宾诺莎是一个泛神论者,他不可能相信有一个天上的立法者那种天真的图象。

齐尔塞尔看出,自然法则在 17 世纪的发展,有着一个重要的成分存在于 13 世纪的各种经验技术之中。他指出,当时的高手匠人、艺术家和军事工程师们[其中,

---

1) "Sed quota terrae portio in quoque humore, ex quo efficitur metallum, insit, nemo mortalium unquam mente cernere potest, nedum explicare: sed novit deus unus qui naturae certas et definitas quasdam leges dedit res inter se miscendi et temperandi."英译文见 Hoover & Hoover (1),p.51。

2) *Tractatus de Legibus*,I,1,sects.1,2;Ⅱ,2,sects.4,10,12,13。

3) 并见笛卡尔 1630 年 8 月 15 日致梅森(Mersenne)的信[转载于 Lefebvre (1),p.200],这封信中他明确做出了人主类似天主的比拟。他说:"Ne craignez point, je vous prie de publier que c'est Dieu qui a établi ces lois en la nature, ainsi qu'un roi établit des lois en son royaume"("请你不必害怕公开宣布,是上帝确立了自然界的法律,正有如国王确立了他的王国的法律")。

达芬奇(Leonardo da Vinci)是一个出类拔萃的典范]不仅习惯于进行实验,而且习惯于用经验规律和数量方式表达他们的结果。他举出塔尔塔利亚(Tartaglia) 1546年[1]的一本小书《问题与发明》(*Quesiti ed Inventioni*),书中对枪炮射角与弹道的关系给出了十分准确的定量规律[2]。"这些早期资本主义匠人们的定量规律,尽管当时不是这样称呼它们的,乃是近代物理学定律的先驱。"到了伽利略,它们就上升到科学的高度。

这里,最基本的问题是:自然法则的观念在欧洲文明中作为神学上的惯用语已存在了那么多个世纪以后,何以到16世纪和17世纪竟达到了如此重要的地位?当然,这只是近代科学在当时兴起的整个问题的一部分。齐尔塞尔问道:在近代,上帝统御世界的观念从自然界的例外事件(那些扰乱了中世纪的平静的彗星和怪物)转移到了永远不变的规律上来,这是怎么回事呢?他的回答在原则上无疑是对的:既然统御世界这一观念起源于人们把地上的统治者及其统御这一观念实体化到神圣领域里来。所以我们就应察看一下相伴随的社会发展,以便对当时所发生的变化达到一种理解。显然,随着封建制度的衰落和消逝以及资本主义国家的兴起,封建领主的权力就瓦解了,而中央集权的王权却大为增加。我们的确都熟悉都铎王朝时期的英国和18世纪的法国所发生的这一过程;当笛卡尔从事著作的时候,英国的共和政体正把这个过程进一步向前推动,朝着一种中央集权的但不再属于王室的权威前进。如果我们可以把斯多葛派的普遍律学说和亚历山大大帝以后各个君主国的兴起时期联系起来,那末我们可以发现,把文艺复兴时代自然法则概念的兴起和封建制度末期与资本主义初期王权绝对专制的出现联系起来,也是同样有道理的。齐尔塞尔说:"笛卡尔把上帝看做是宇宙的立法者这一思想,在博丹(Jean Bodin)的王权论仅仅四十年之后就发展起来,这决不是纯属偶然。"[3]。这样,这种源生于"东方专制主义"环境之中的观念,就以雏形的形式保存了新的生命。但是,这使我们面临着一个悖论:在中国,"皇权专制主义"为期更长,我们却几乎根本没有遇到过这一观念。这一点是怎么成为可能的,就是本章后面所要讨论的主题。

对当前的目的而言,这样说就够了:在以盖伦、乌尔比安与狄奥多西宪法为一方和以开普勒与波义耳为另一方的这两个时代之间,为一切人所共有的自然概念和为一切非人类事物所共有的一套自然法则的概念,这两者已经完全分化了。这

543

---

1) 这是在伽利略出生前18年。
2) 参见 E.J.Walter(1)。关于近代科学兴起的基本特征,详见下文第十九章(k)。
3) *De la République* (1577年)。

一点确定以后,我们就可以看到中国关于自然法与自然法则的思想的发展在哪些方面和欧洲的不同。

(f) 中国思想和自然法则

在本书论述古代和中古时代的哲学派别的各章中,以及在描述源远流长的阴阳和五行理论的第十三章中,我们考察过了中国科学思想的基本观念。我们应当记得,道教思想家虽然是深沉的而又富有灵感的,但或许是由于他们极度不信任理性和逻辑的力量的缘故,所以并未能发展出任何类似于自然法则观念的东西。他们欣赏相对主义和宇宙的博大精微,并且在尚未奠定牛顿的世界图景的基础之前,就在探索一种爱因斯坦式的世界图景。沿着这条道路,科学是不能发展的。这并不是"道"这一万物中的宇宙秩序不按一定的体系和规则在运行,而是道家的倾向乃是把"道"看做是理论的智力所无法窥测的。这就是为什么若干世纪以来,交给道家掌管的中国科学就只能停留在纯经验水平上的一个原因——这样说大概并不过分。还有,与此并非无关的是,道家的社会理想比其他任何学派的都更不需用成文法。由于他们寻求回到原始部落的集体主义中去,在那里没有任何事物是用明文规定的,一切事情在社群的合作中都顺利进行,所以他们就不可能对任何立法者的抽象法律感到兴趣。

另一方面,墨家、或者不如说是后期的墨家,同名家一起,极力争取使逻辑过程臻于完善,并且率先把它们应用于动物学的分类以及力学和光学的基本原理上。我们不晓得这个科学运动为什么失败了,或许那是因为墨家对自然界的兴趣和他们军事技术的实用目的结合得太紧密了;无论如何,正如我们已经看到的(上文 pp.165,202),在中国帝国第一次统一的剧变以后,这两个学派的幸存者已经寥寥无几了。我们还记得在讨论《墨经》的逻辑时(参见上文 pp.173—175),对墨家的"法"这一术语(与法家所使用的"法"是同一个字)的确切翻译曾使得我们踌躇过,但是这里所达到的结论是,墨家使用这个术语来指"成为原因的因素",和亚里士多德的"原因"有点类似;现在看来,这个结论还是适用的。墨家似乎并不比道家更接近于自然法则的观念。

(1) "法"(成文法)、"礼"(良好的
习俗、风尚)、"义"(正义)

跟随着法家和儒家,我们就置身于纯社会学的兴趣的领域之内了,因为这两家

对于人身以外的周围自然界都是毫无兴趣的。我们已经看到,法家把他们的全部重点都放在"成文法"("法")上,它纯粹是立法者的意志,而不管普遍接受的风俗和道德可能是什么,并且如果国计所需,还可以与这些风俗和道德完全背道而驰。无论如何,法家的法律乃是精确地而又抽象地制订的。儒家则与此相反,他们坚守一套古代的风俗、习惯和礼仪,其中包括为无数世代的中国人本能地觉得是正当的那一切办法,例如孝道——这就是"礼",我们可以把它等同于自然法[1]。换句话说,礼是社会习俗的总和,伦理上对它们的认可已经上升为自觉的意识[2]。而且,这种"正当"的行为必须由家长制的地方官吏来加以教导,而不是加以强制。道义上的说服要比法律上的强制更好[3]。孔子说过[4],如果对人民加之以法律,齐之以刑罚,他们就会设法避免刑罚,但却会没有羞耻心;如果是"导之以德",他们就会自发地避免争执和犯罪。("道之以政,齐之以刑,民免而无耻;道之以德,齐之以礼,有耻且格。")《礼记》[5] 很恰当地借用了水利工程上的一个比喻,把良好的习俗比喻为堤防,说是知道已发生的事情是容易的,而知道要发生的事情则是困难的。因此,良好的习俗要比成文规定的法律更加灵活,更能够防患于未然,而法律则只有在事情已经发生以后才能起作用。因此,人们就可以理解儒家战胜法家以后统治中国思想的如下这一观点了:既然遵循礼的正确行为总是依情况而定,诸如依社会关系中当事各方的身份而定,因此事先颁布并未能充分估计到具体情况的复杂性的法律,就是件荒唐的事了[6]。因此,成文法典就被严格限制在纯属刑事的规定上[7],这一点我们已经提到过了。

545

虽然在这一讨论中在"法"与"礼"之间进行对比是很方便的,但是这个区别的最早形式实际上是存在于"法"和"义"之间的;"义"这一术语通常译为(justice)("正义"),它的原意肯定地是指对于自然人来说是公正的一切东西。我们可以举出无数的引文来说明这一点。有关的经典引文或许是《大学》的最后一段,这一段

---

1) 我注意到,中国近代法学家,如萧金芳等人,曾明确表示赞同这种等同;参见 Hsiao Ching-Fang (1),p.66。亦可参见 Hummel (3);Bodde (7);Creel (4),p.175。对我们来说,胡适[Hu Shih (9)]的文章尚不合用。

2) 参见萨姆纳(Sumner)的《社会习俗》(*Fblkways*)一书,以及 Kroeber (1),p.266。

3) Bodde (7),p.25。

4)《论语·为政第二》第三章。

5)《礼记·坊记》,译文见 Legge (7),vol.2,p.284。

6) 参见 Creel (4),pp.151,161。

7) 见卫德明[H.Wilhelm (3),pp.65 ff.]《中国的社会结构与政治制度》一书中"大一统帝国的习俗与法律"这精采的一章。中国法律的用意不是要保障财产和人身,而是为了保持人与人之间的良好习俗。卜德[Bodde(7)]也提出过一个重要的论点,他说,西方法律对中国法学家来说似乎是"冷酷而机械的"。确实,中国法学的精神与中国哲学的精神相近似,即不是机械的,而是有机的。

说："一国之中，重钱的利不是（真）利——义才是利。"[1]（"此谓国不以利为利，以义为利。"）另一处重要论述是《荀子》第十六篇，那里详尽地讨论了"法"与"义"的对比[2]。《文子》一书把"法"与"义"二者很好地联系在一起，它说[3]："法（应该）从义中产生，义从普通人民中产生，而且必须与人心里的东西相适应。"（"法生于义，义生于众，适合乎人心。"）这就是儒家的观点，即"法"没有得到可证明的道义上的认可，就不能存在。法家则持相反的立场。

一个典型的难点是：子女告发父母对不对[4]？有一次，孔子在周游列国时遇到一位楚国的封建主叶公，叶公十分热情，所以他们有可能交谈。叶公支持后来成为法家对这个问题的观点，而孔子当然是主张"父为子隐，子为父隐"[5]的。孟子在这个问题上自然是跟随孔子的[6]；这种近亲之间的互相包庇，在或许是在秦汉时期成书的《孝经》之中有着含蓄的叙述[7]。

546 在整个中国的历史过程中，"义"与"法"的区别始终被人牢记着。我们可以说，"义"是"礼"背后的某种东西，是"礼"的根据及其内在的和精神上的优异所在。例如在唐代，案件的判决，一是根据"律"，二是根据"礼"，亦即参照儒家经典中论述伦理上与习俗上的正当行为的文字[8]；三是根据"义"。后者的一个例子见于诗人白居易的一篇著作[9]：某甲娶妻三年而无子，他的父母要他出妻，而依据《礼记》，他们是有理由的，但妻子乞求说她无家可归。其判决是：虽然"礼"允许这种离婚，但根据人道为重的理由，"义"又使之成为不可能。这说明在几乎可以称之为低一级的与高一级的自然法观念之间的冲突。然而在唐代，主要冲突发生在"律"与"礼"二者之间，特别是血族复仇的案件中，这种行为是被"礼"所责成而被"律"所禁止的。在宋代，主要冲突发生在"律"与"诏"之间，因为诏书经常批准比法典所规定的更重的刑罚[10]。但对我们目前的目的来说，主要之点在于"义"比"礼"与人情的联系要更加密切，而这二者其实都不能引申到非人类的世界中去。

---

1) Hughes (2), pp.102, 163; Legge (2), p.244。

2)《荀子》第十六篇，第十四页以下；译文见 Dubs (8)，p.171。

3)《文子》第二十一篇，第三十一页；参见 Forke (13)，P.352。关于"义"的论述，亦可见 Boodberg (3)。

4) 本书第一卷第七章(b)已提到过这个问题，并提到柏拉图的对话录《欧谛弗罗篇》中有相似的提法。

5)《论语·子路第十三》第十八章。隋代有过一件多少类似而特别有趣的事例，参见 Balazs (8)，pp.193 ff.。

6)《孟子·尽心章句上》第三十五章。

7)《孝经·圣治章》[Legge (1)，p.476]。

8) 在唐代，也还可以引用道家的经典如《道德经》，当时它与儒家经典的对立部分被列于同等的地位。

9)《白香山集》卷五十，第六、七页（判第二十二道）。

10) 十分感谢韦利博士向我提供本段的材料。

本章的论点是,"法"这个词直到很晚近的时期,从来没有在自然法则的这一意义上被人应用过——至少它在这方面的使用情况是惊人之少。马守真(Matthews)的《汉英辞典》[1]把"版法"一词译为"行星运动的法则";但是,这可能是由于对《管子》书中某些段落(第七、六十六、六十七篇)的误译所造成的,其中把人间法律说成是模仿天体的规则性[2]。我们马上就要回到这一点上来。据我们所知,在全部古代和中古时代的中国文献中,把"法"这个词用作自然界过程的唯一例子是在《庄子》第二十二篇中的一段话,这在本卷的另一个地方曾引用过[3]。庄周用三句八言的句子赞美了无所不及的宇宙的沉寂:

> 天地有最大的美,但它沉默不言,
> 一年四季有明显的法则,但它们并不议论这些法则,
> 万物有完美的、内在的条理,但它们不谈论这些条理。[4]
> 〈天地有大美而不言,
> 四时有明法而不议,
> 万物有成理而不说。〉

但这是否确定无疑地是指法则呢?这个题目的困难之一是,从一开始,或者至少也是从远古以来,"法"这个词也包含"方法"与"法式"的意思;这在此处或许是一个较好的译法。至于是否还有其他段落把"法"这个词似乎是用在自然法则的意义上,则肯定地尚有待于更深入的查找。

在这方面,有一本必须加以研究的书,那就是《鹖冠子》。[5]这本书的内容非常庞杂,成书年代极难断定;其中有不少一定是公元前4世纪左右写成的,大部分不晚于后汉(约公元2世纪),但大约有七分之一是4世纪或5世纪收编的评注。7世纪以后的本子,多少和我们现在所见的相同[6]。对这部书还没有作出考订之前,各种解释都是不成熟的;然而有一段似乎异常有趣。例如,"统一就是一切事物的法"。("一为之法。")"统一的法一经建立,万物就都遵从它。"[7]("一之法立,而万物皆来属。")"法塑造了万物而不自炫;这就是天道。"[8]("法章物而不自许者,天之道

547

---

1) M4886。
2)《辞源》及其他中国辞典都不知道"版法"一词的这一含义,它们把这个词解释为选择重要的规律和法则。刻在版上。
3) 上文 p.70。
4) 由作者译成英文,借助于 Lin Yü-Thang (1),p.68。
5) 本书已在前面第一章(第一卷,p.10)提到了这部书。参见 Wieger (2),p.330。
6) 感谢已故哈隆教授向我介绍了这部书的历史的细节。
7)《鹖冠子·环流第五》,第十二页。
8)《鹖冠子·天则第四》,第八页。

也。")在做任何研究时,"章"(Mould)和"法"(law)的意义都必须仔细地加以区别。

(2)"天法"(自然法)和"命"(命令)

我仍并不想争论说"天法"一词中的"法"字并没有法理学上的自然法(有点相当于"礼"字)的意思。《左传》[1]的公元前515年条下就有一个很早的例子,即一个封建主说:"如果你们,我的血亲和姻亲们,顺从天法而团结在我的周围。……"("若我一二兄弟甥舅奖顺天法,无从狡猾,以从先王命。……")但是,这并非科学意义上的自然法则,它是在说人事和人类社会。与此十分相似的一个希腊例子,是柏拉图的《高尔吉亚篇》[2]中的一段,那里从卡利克勒斯(Callicles)这位为"律法"(nomos)与"自然"(physis)这一古老的对立而辩护的人物口中,说出了"自然法则"(nomos tes physeos; νόμος τῆς φύσεως)一词。这里所说的词是"自然法则",但所指的是"强者的天然权利"。[3] 这个对比以及它们之间的相似性都是很有启发的。

在这个思想领域内,有可能找到许多上天降命的说法——"天命"一词几乎成了口头禅,尤其是频繁地见之于董仲舒这样一些作家的书中;董仲舒要比大多数学者更加倾向于使上天"人格化"。"命"字只不过是古代象形文字的一个口、一个帐篷和一个跪着的人(K762,823)。董仲舒说[4]:"天造就人性时,就命令它行仁义。"("天之为人性命,使行仁义。")但是,我们所试图窥见的,则是上天在命令非人的自然界事物按它们那个样子行事,例如命令星辰夜间在天空中旋转。显然,它从来也不曾如此如令过。董仲舒说[5]:"君王恭谨地履行上天的目的,从而符合上天的命令。"("故王者上谨于承天意,以顺令也。")固然,王者和他的人民很可以这样做,但是星辰却并不是的;于是我们就又面临着同一个悖论,即"天法"的概念和"礼"一样,并不适用于人类社会以外的行为[6]。

548

K762,823

---

1)《左传·昭公二十六年》[Couvreur (1),vol.3,p.415]。

2) *Gorgias*,483E。感谢多兹(E.R.Dodds)教授提醒我注意这一点。

3) 请参见许多近代欧洲作家笔下似乎轻易就写出来的这类话:"但是,不可改变的自然法则必定要以它的方式行事;优种一定要逐步淘汰劣种。……"[Gill (1),p.113]。

4)《春秋繁露》第三篇;冯友兰曾引用过[Fêng, Yu-Lan (1),vol.2,pp.38,48,系由卜德译成英文]。

5)《前汉书》卷五十六,第十六页;冯友兰曾引用过[Fêng Yu-Lan (1),vol.2,p.49,系由卜德译成英文]参见《前汉书》卷五十六,第六页。

6) 感谢卜德教授和作者作过一次有趣的讨论,它导致了本节的写作,本段中的译文是他的。他还提醒我注意谶纬书中(《玉函山房辑佚书》卷五十六,第三、五十、五十一页)关于城门上的天书和孔子"代汉制法"的一个奇异的传说。见下文 p.550。

当然,也确实有过一些偶然的和例外的说法,把礼的原则无例外地推广到包罗宇宙间一切事物的行为上去。从公元前 3 世纪的《荀子》一书中可以找到这种富有诗意的哲学的主要例证;本卷(上文 p.27)也述说过了。他对"礼"的概念是,它是在超出月球之下和人世之间的领域中在起作用的;但比这更为常见的信念则是,它在某种意义上是从那里来到人间的。实质上,这就等于赋给人间的伦理观念以"神"的权威;而到后来,在理学家的演化论的世界中,这种思想就上升到它最高的地位,即认为当宇宙的组织程度上升到足以表现它自身的时候,宇宙就具有了产生道德行为的特性。关于"礼"本于天的最典型的阐述,无疑是载于《礼记》,其中有一段属于公元前 1 或 2 世纪的文字说[1]:

> 从这一切可以得出,礼起源于太一。
>
> 它分化而成为天地。
>
> 旋转而成为阴阳。
>
> 变化而显现为四季。
>
> 分散而形成鬼神。
>
> 它的启示就称为"命",
>
> 它的权威是在天上。[2]

〈是故夫礼必本于太一,分而为天地,转而为阴阳,变而为四时,列而为鬼神。其降曰命,其官于天也。〉

它还补充说,"礼"扎根在天上,它的运动达到地上。("夫礼必本于天,动而之地。") 549
这一切等于说,人类的道德秩序以这种或那种方式而具有超人(而不必定是超自然)的权威。这样一种信念并没有提出非人类的自然界的内在控制这个问题。显然,理雅各的最后一句译文中用了 law (法)这个词是没有理由的,不应该加以保留。

有时候,"法"字似乎是用来表示数字的或自然的规则性;但更仔细的观察表明,它所指的仅仅是用成文法来规定计量的标准[3]。在《尹文子》一书中关于这一点有一个例子,它讲了四种类型的法[4]:

> 法有四种。 第一种称为不变的法,(例如用以规定)君臣上下(的关系)。
>
> 第二种称为调整民俗的法,(例如用以规定)能者与鄙者、同与异(的关系)。

---

1)《礼记·礼运第九》,第六十六页。

2) 作者译成英文,借助于 Legge (7),vol.1,p.388;R.Wilhelm (6),p.40。

3) 在这方面,有趣的是中国古代的数学将分数的分母称为"法"(见本书第十九章);我们此处要提醒的是,这是因为"法"是代表尺度、天平的,而分数的值是要用它们来确定的。

4)《尹文子》第一页。

第三种称为治理人民群众的法,(例如用来规定)授勋和授奖、处以刑罚。第四种称为平准的法,(例如用来规定)历法、音律、度量衡的度数。[1]

〈法有四呈,……一曰不变之法,君臣上下是也。二曰齐俗之法,能鄙同异是也。三曰治众之法,庆赏刑罚是也。四曰平准之法,律度权量是也。〉

这里,第一种法无疑是(法学上的)自然法,第二种法与它相近,类似于前一段中所谈到的,并与不同禀赋的人所赖以确定其自身的社会地位高低的自然过程有关。第三种法中兼有自然法和成文法。第四种法已十分接近真正自然法则的边缘,因为钟或律管要加以准确调音所必须具备的尺寸,或者是行星有节奏的运动,与地上的法律(不管是自然法还是成文法)是毫无关系的。但最有可能的是,《尹文子》的作者在这里所想的是:统治者公布他的原始科学顾问们向他所建议的这些最接近于理想的尺寸和度量,并且还十分武断地决定了重量和长度的标准[2]。

那末,在进一步研究之前,我们可以认为法这个词,在类似于人类社会的成文法的意义上,是很少或从来没有被中国的思想家作为自然法则使用过的。可是,正如傅兰克[O.Franke (6)]很好地强调指出过的,他们对天地的伟大的统一有着一种深刻的信念。因此有点奇怪的是,对中国人来说,尽管不能说法是存在于非人类的自然界中,然而又有一些说法认为人类社会的法律是,或者应当是根据非人类的自然界为范本的。我们刚才在《管子》一书中就已看到了这样的说法[3],但最重要的也许是《中庸》[4]一书中提到孔子传下了古代圣王的传统的一段话。"从上面,他们以天体的季节性(的运动)为律法(的模型);在下面,他们就遵循着水流和土地。"[5]("仲尼祖述尧舜,宪章文武,上律天时,下袭水土。")我们可以设想,他们这样做是由于天时的规则性、水流的持续性和大地的坚固性。《管子》书中有一段[6]把和平与战争的工具同季节的冷暖做了比较。上面刚刚摘引过的《庄子》中的那一段[7],进而讲到圣人使自己以天地为模范[8]董仲舒反复说君主应该这样

550

---

1) 法译文见 Escarra &Germain (1),p.21;由作者译成英文,经修改。

2) 参见上文 pp.209 ff.。即使是历法,也经常是按皇帝的敕令加以修改的。

3) 参见上文 p.546。

4)《中庸》第三十章[译文见 Legge (2),p.291;Hughes (2),p.139];这两种译文似乎都对原文不大忠实。

5) 译文见 Hughes (2),Legge (2),经修改。

6)《管子》中的《版法第七》和《版法解第六十六》篇首的几句。

7)《庄子·知北游第二十二》[Legge (5),vol.2,p.61]。

8) 另一段见公元前2世纪汉代学者贾谊的一篇文章,他讲到古代君主维持赏善惩恶的原则像铁石一样坚定,像四季一样有规则[《前汉书》卷四十八,第二十一页;《大戴礼记》第四十六篇;译文见 R.Wilhelm (6),p.175]。参见《后汉书》卷七十四第七、八页所记张敏约在公元80年的驳议。

做[1]。唯一显而易见的结论就是，我们在这里有着对人间法律的一种诗意的、隐喻的引伸，这种法律的特性被想象为反映着见之于非人类的自然界中某些值得期望的特性。但是悖论却仍然存在着："法"居然能得自于一个并不存在着法的地方，而对此竟从来没有一个人感到过奇怪。在古典的中国思想中，对于人类层次上新奇事物的出现，是十分清楚地有着一种极其强烈的直觉概念的。

(3)"律"(条律和标准律管)

在整个这一章中，我们必须不断地坚持"礼"与"法"之间的区别。两词中的任何一个，都不能轻易地应用于非人类的自然界。但是，我们刚刚碰到一个中国古字，它似乎是联系着非人类的现象和人类的法律这两个领域。这个字就是"律"。我们在有关中国法典史的段落中(上文 pp. 523 ff.)经常见到它，其中它按辞典上的通常意义，是表示"法令"和"条例"。这个意义无疑是很古老的，《管子》中有一段话可以作证："律是用来区别每个人的本分和地位，并止息纷争的。"[2]("律者所以定分止争也。")这里，这个观念很接近于康福德[Cornford (1)]所讨论过的 *moira* (命运)一词以及其他希腊实体的概念。但是，这个字还有另一种十分不同的意义，那就是指古代音乐与声学中所使用的一套标准竹制律管以及这些律管所代表的十二个半音。那末，在声学定律和人间立法者的法律之间又可能有过什么联系呢？ `551`

"律"(K502)这个字在右边的是一个语音符号，那在最古的时候肯定是拿着写字工具的一只手；它的部首是"彳"，那是表示左足走一步(与此相应的"亍"，则是右足走一步)[3]。这表示着与祭祀舞蹈记号的原始联系[4]。后来，由于十二个半音用来与一年的十二个月相对应，这个字就和历法联系了起来，于是在历法科学的篇名中就与"历"字连用，例如《前汉书》中的"律历志"。由于有关标准律管的细节，本书

---

1)《春秋繁露》第四十四篇和第四十五篇，冯友兰[Fêng Yu-Lan (1)，vol.2, pp.47 ff.]曾引征和讨论过。此外，有一本汉代谶纬书《春秋纬汉含孳》，说孔子曾讲过："我查阅了历史记录，引用过古代的图表，收集和研究过上天的变易，为的是要给汉代皇帝制定法律。"("丘览史记，援引古图，推集天变，为汉帝制法。")《古微书》卷十二，第一页]。卜德[见 Fêng Yu-Lan (1)，vol.2, p.128]认为，这只是指天要降灾和变异而言；如果他的说法是对的，那末，这种思想就只涉及偶然性的"天谴"，而不涉及天文的规则性。显然，人对间断性的灾异的服从，要比他记录规则性的星体运动，离开任何星辰定律更远一步了。

2)《管子·七臣七主第五十二》。另一段话见《左传·宣公十二年》[Couvreur (1)，vol.1, p. 617]。关于"分"，见 Hu Yen-Mêng (1)。

3) 据《康熙字典》，顾赛芬[Couvreur (2)]等作家均依此字典。

4) 另一种见解是，"律"的部首是"行"(走)字的一半，而"行"是十字路口的象形字(见上文 pp.222, 229)。若是如此，则"律"的本意只不过是指"政府公布的法令"。但为了与标准化的乐调联系起来，官方所规定"祭祀舞蹈"仍然是必需的。

在论物理学的部分["声学",第二十六章(h)]中还要谈到,所以这里就不加以讨论了 [1]。现在要讨论的问题是:法律、法令或条例的概念,是怎样从表示标准音调的那个字得出,甚而是和它联系着的?

也许刚才提到的词源学上的考虑提供了一条线索。从神巫或祭司-术士(实际上就是萨满教的巫)所制订的对音乐和祭祀舞蹈的指示,到尘世统治者所制订的对其他行为、尤其是有组织的军事行为的指示,其间不会有很大的一步。以跳舞驱除鬼怪和操练与运用武器以反对人世的敌人,其间有着逻辑上的相似之处 [2]。有几种舞蹈确实包括佩带和挥舞武器的 [3]。有人设想,舞场周围原有五个配乐区,后来就把它们的名称按各区所配备的乐器而赋某一种音质,其后又赋予不同的音调 [4]。

然而,这还不是音乐乐调与军事之间的唯一联系。周代的书籍(《左传》、《商君书》等)里有许多记载提到战场上擂鼓进军和鸣金(击打悬挂着的金属板,即锣的前身)收兵。但除此以外,律管本身似乎也被带上了战场,或者至少是带到了统帅的战地司令部里。葛兰言提醒人们注意 [5],《周礼》有些段落谈到太史和太师的职守。关于后者是这样说的:"军队集合(出征)时,他手执标准律管以定军'声',从而宣告它的吉凶。" [6]("太师执同律以听军声而诏吉凶。")关于前者是这样说的 [7]:"军队集合(出征)时,他携带着天时(注释者说他掌管着'式'或占卜的盘,藉以确定天时) [8];并且他和太师同乘一辆战车。"("太史抱天时,与太师同车。注云:大出师则太史主抱式以知天时。")所以标准律管和式盘就是重要的工具,由两名高官掌握,在同一辆车上出行。如果不是因为这样一个事实,即律管必然是很难吹奏的,而且它们那笛子般的声调只能达到很短的距离;那末就有可能相信它们会构成一套比锣鼓更为复杂的信号。但是,它们反倒必定是用在占卜上的,因为注释者在上

552

---

1) 参见 Levis（1）, p.63; Chavannes（1）, vol.3（ii）, pp.630 ff.; Soulié de Morant（1）, p.12; K.Robinson（1）。

2) 在我们自己的文化中也有许多这种痕迹,例如,各种使用刀剑的典礼仪式上的舞蹈,有的是模仿战斗的("剑舞"型的),有的是舞者开始排成一排或者围成一圈,最后把刀剑围架在一个牺牲者的头上("牺牲舞"型的)。可以比较希腊的枯瑞忒斯舞(Kuretes)和罗马的萨里舞(Salii)。对一直传至我们现代的英国传统,可参见肯尼迪[Kennedy（1）]的著作,该书包含了拙作《英国典礼土风舞的地理分布》[Needham（8）]一文的结论。

3) Granet（1）, pp. 171ff.; 参见上文 pp. 132, 134。

4) 鲁滨逊(K.Robinson)的私人通信。从《周礼·春官》[注疏本卷二十二; Biot（1）, vol.2, pp.29 ff.]"大司乐"一节的叙述中,我们知道不同的音调肯定是与不同的舞蹈相联系着的。

5) Granet（5）, p.209。

6)《周礼·春官》,第十四页(注疏本卷二十三); Biot（1）, vol.2, p.51; 由作者译成英文。

7)《周礼·春官》,第四十二页(注疏本卷二十六); Biot（1）, vol.2, p.108; 由作者译成英文。

8) 这里有趣地提到了罗盘的原型[参见本书第二十六章(i)]。

面引文头一段的后面,摘引了一部已佚的兵书中的几句话,说明吹奏律管是统帅部为了获悉作战部队的胜败如何和军心如何的一种占卜方法[1]。

在以音乐声调为一方和以祭祀舞蹈与军事活动的规则为另一方之间的一般联系,还是显而易见的。而在律管的长度和历法计算的涉及的某些数字之间,也有着一种想象的联系。"律"的这两种涵义(律例和音律)之间的两种交替的联系,可以见之于计量对成文法的关系(参见本书第十二章)以及用竹管制成毛笔笔杆这一事实,无论如何,这里没有任何东西可以提示,中国人曾经认为标准律管的半音程是源出于或者构成为非人类的现象世界中的任何一种定律的。因而,我们现在认为是物理学的一个分支的东西,却是起源于具有人类法令含义的那个字,这一事实就有几种可能的解释;并且简单说来,它并不意味着古代中国的思维在这里包含有自然法则的概念的成分在内。

(4)"度"(天体运动的度量)

553

在现在这一阶段,如果读者恰好翻阅约在公元前95年写成的《史记》中有关天文学那一卷的公认的译文,他就可以看到下面这段话:

> 我(司马迁自称)曾研读过编年史官的实录,考察过(天体的)运动。在过去一百年中,从来没有过五星出现而不(屡屡)逆行的;而当它们逆行时,它们就会满盈而且变色。此外,日月都定时被遮或者被蚀,并向南或向北运行。这都是普遍的法则。[2]
>
> 〈余观史记,考行事。百年之中,五星无出而不反逆行。反逆行尝盛大而变色。日月薄蚀,行南北有时。此其大度也。〉

就本章的全部讨论而言,读者如查找中文原文,就一定会肯定,不管司马迁实际上说了些什么,他都不是在自然界的科学法则那种意义上谈论普遍的法则的。他实际上用的是"度"("此其大度也")这个字,所以这个字就值得我们注意[3]。

"度"字的本意是"量度",这是绝大多数情况下它最常见的用法,不仅见于辞典

---

1) Biot (1), vol.2, p.51。沙畹[Chavannes (1), vol.3, pp.293 ff.]认为,司马迁《史记》卷二十五关于律管的前七页构成这部已佚兵书的一部分。参见《易经》第七卦[K·Robinson (2)]。关于印度类似的军事祭卜使用的乐器,见 E.W.Hopkins (1), p.199。

2)《史记》卷二十七,第四十三页;译文见 Chavannes (1), vol.3, p.409;由作者译成英文。着重号系作者所加。

3) 法伊特[Veith (1), p.135]在她的《黄帝素问内径》(第八篇,第三十六页)的译文中有一个人在对话里谈到"天度"一词,就是采用了沙畹的译法。另外,汉代纬书《春秋纬说题辞》(《古微书》卷十一,第五页)讲到"星辰之度",卜德[见 Fêng Yu-Lan (1), vol.2, p.124]译为"支配星辰的规则"。

编纂者,而且也见于为中国古代许多最重要的典籍所做的索引或检索表之中。这个字的词源,例如可以从甲骨文中(K801)推断出的,并不能说明它是怎样具有这种意义的。不过,它的含意可以是"法",尤其是当它结合成为诸如"制度","法度"——即"有系统的规则或法律"——等复合名词时,更是这样。顾赛芬[Couvreur (2)]列举过《易经》中出现前一个复合词时的这类用法,以及在《书经》中"度"字单独出现时,其意义为某些人已经"无度"或"僭越法度"[1]。由于每种法律都有某个数量方面,所以"法"与"度"之间就当然有一种密切的语义上的联系。我们说"在多大程度上如此这般的一种行动真的是可以归入如此这般的法律条款的范围之内",或者"必须采取法律附则的措施来抑制日益滋长的如此这般的行为"。但是,在立法者开始制订出与道德无关的成文法(例如秦始皇规定标准的车轨尺寸;参见上文p.210)之前,这个数量问题却倾向于始终只是比喻性的。可是,在战国时期和汉代的哲学家的著作中,仍然可以找到不少以木工角尺,圆规和铅垂线与人类社会的法律相比附的例子[2]。

554

顾赛芬[Couvreur (2)]指出,更重要的事实是:"度"可以认为是用于天体运动的一个明确的术语。这个字在中国历史上始终用于把周天分成$365\frac{1}{4}$度中的一度,也用于许多其他的划分尺度,例如在铜壶滴漏中所表示的把一个白昼或一夜分成一百分。董仲舒在他那部大约与司马迁同时的《春秋繁露》中写过一句话[3]是有启发性的,他说:"天道有度",即天道有其规则性的、可测量的运动[4]。我们必须得出的一般结论是,根据科学哲学的最严格的标准来说,沙畹在"度"这个字单独存在时把它译为"普遍法则"是没有根据的。更可取的或许应该是这样说:"这些现象都有它们的有规则的、被测量(或可测量)的、重复出现的运动。"

我们希望有可能问司马迁一个问题:你在用这个"度"(经测定的度数)字时,是否指它具有"法"的潜在意义?假如是的,那又是谁的法?我想他大概极不可能回答说:"是上帝的法"(天上的统治者);他几乎肯定会说:那是"自然度"(自然的经测定的运动)或者"天道度"(非人格的天道的运动)。确实,他甚至会埋怨我们对他太

---

1)《书经·多士》,这是一篇真正的周代作品;见 Legge (1),p.198;Medhurst (1),p.258;Karlgren (12),pp.54,56。

2) 见《史记》卷二十三,第一页;Chavannes (1),vol.3,p.202。参见上文 pp.108,209,211,以及本书第一卷 p.164。

3)《春秋繁露》第四十五篇的第一句话;参见第十二篇,冯友兰[Fêng Yu-Lan (1),vol.2,p.521]引用过该篇。《鹖冠子·世兵第十二》也是如此。

4) 参见 Waley (12),p.21。"度"字很一般地说,具有一种天文学的含意,例如在谶纬书(参见《玉函山房辑佚书》卷五十三,第四十七页)或《晋书》卷十一中。

认真了,因为"大度"一词在他最后一句话中也可以意味着:"大致说来,这就是它的大意。"[1]

(5)"纪纲"(自然因果作用的网或脉络)

尽管我们仍然局限于中国古代天文学思想的领域内,也有一份为期很早的断稿残篇,其中的讨论对我们十分合用。这就是马国翰有名的佚书汇编《玉函山房辑佚书》中号称《计倪子》的一书[2]。我们甚至不知道究竟计倪子是实有其人,还只是讬名为范蠡所撰的《计然》名篇或全书的一个杜撰人物。范蠡本人是个历史人物,是公元前5世纪南方越国的政治家[3],但根据书中内证,计倪子(或计研)和越王勾践进行的讨论,当不会写在邹衍(公元前4世纪末)的时代之前[4]。确实似乎没有理由认为,这几篇至少有一部分不是汉代人的伪造;但必须承认,其中包含了一些相当古老的材料,如五行各神的名称。从它们的来源上看,或许可以把它们置于公元前4世纪后期或公元前3世纪早期,并可以看作是体现了自然主义的南方传统。不管怎样,它们的确切年代和出处并不影响我们目前的论证。

《范子计然·内经》有下面的一段话:

> 越王说:"你议论人事既然是这样有才华,或许你能告诉我,是不是自然现象('物')有(对于人的)妖孽或吉祥的意义呢?"
>
> 计倪回答说:"世界有阴阳。万物都有它们的纪纲(即它们在自然界关系网中相对于其他事物的固定位置和运动)。日、月、星辰标志着刑罚或美德,它们的变化表示着凶和吉。金、木、水、火、土——相续地彼此相克;月亮更替着出现盈亏。然而,这些正常的(变化)并没有主宰者或统治者('莫主其常')。如果你遵循它(天道),就会有德;如果你背逆它,就会遭殃。……[5]一切事物都必须参照阴阳安排得遵循天地四时的程序。如果不是审慎地采用这些原则,国事就会遇到麻烦。人出生时并不知道自己的死期。如果你要改变天地的正常性,你就只不过是开启祸端,陷于贫困并缩短你的寿命。所以圣人拒收贿赂而得到(好的)报应,但是愚人大众却(拼命)追求富贵,而不知自己应该采

555

---

1) 参见他在《史记》卷八第二页中对此词的用法。

2)《玉函山房辑佚书》卷六十九,第十九页以下。

3) 我们在以后的章节中还要谈到范蠡;参见本书第四十一、四十二章。

4) 司马迁对计倪子一无所知,但《吴越春秋》提到过他[Forke(13),p.500]。传说他是范蠡的老师,但他在这里被写成谈论阴阳五行,当不会早于邹衍的时代(见上文pp.232,238)。《史记》中谈到勾践和范蠡的卷三十一和卷四十一,已由普菲茨迈尔[Pfizmaier(13,19)]翻译成德文。

5) 这里有一句话("圣人能明其刑而虚其乡,从其德而避其冲"),疑有讹误,难以理解,故从略。

取什么方向。"

越王说:"好极了!"[1]

〈越王曰:"善! 论事若是其审也,物有妖祥乎?"计倪对曰:"有。阴阳万物,各有纪纲。日月星辰刑德,变为吉凶。金木水火土更胜,月朔更建,莫主其常。顺之有德,逆之有殃。……凡举百事,必须天地四时,参以阴阳。用之不审,举事有殃。人生不如卧之倾也,欲变天地之常数,发无道,故贫而命不长。是圣人并苞而阴行之,以感愚夫。众人容容,尽欲富贵,莫知其乡。"越王曰:"善!"〉

这里,漫不经心的人很容易把"纪纲"译为自然法则[2]。佛尔克[Forke (13)]把它译为"bestimmte Wandlungen an feste Regeln gebunden ",即为严格的规则所支配的确定的变化。文字学者则承认,这个词有着(人间)法律的含意[3],而后来这个词在自然法的具体法学意义上的应用,也是并不少见的。

显然,我们这里必须谈一下与纺织进行的类比;这两个字都以"系"为词根(Rad.120)。"纪"字由"系"与"已"组成,它来源于一个不易确定的甲骨文 K 697 c (K953i),意思是:把丝线一根根地清理好,排列起来,管理,规定,法律,规范,规则性的系列,纪年的周期,日月的联系,铭刻的纪年,等等。我们知道,这里所说的"纪年的周期"是木星周期,而计倪子在残篇的另一处令人瞩目地谈到了这一点,并给

556 出这一周期是十二年。"綱"(纲)字由"系"与"岡"组成;而古体字在语音上则表示"岡"和一个"人"(K697a,c,e;也可参见 K744b)。它的原始意义是指织成网边的绳索,后来演变为指"管理","规定","处置","整理","引导"等等,尤其是在和"纪"字连用的时候[4]。另一个相类似的"网"字(K742 l,a′),虽然更紧密地限于"罗网"的意思,但或许由于《道德经》第七十三章有对它相类比的用法[5]而演变为指刑罚,因而又指法律。再就是"经",它有时也用以表示上天赋给人的生命的一贯原理[6]。对上面引用的"纪纲"一词,我们的译法就是以这些含意为根据的[7]。

引人瞩目的是,上述各字的许多解释,都包涵有一个主动动词,即清理,整理,管理,制订(?)法律。但是,计倪子紧接着在下一句话中就说,宇宙间的这些正常的

---

1)《范子计然·内经》,第四页,由作者译成英文。

2) 参见《庄子》第十四篇第一页[Legge (5),vol.1,p.345]中类似的词的用法,如"纲维"。

3) 对此,顾赛芬[Couvreur (2)]引证了《诗经》和《史记》。

4) 参见顾赛芬[Couvreur (2)]引证的《诗经·大雅》。

5)《道德经》第七十三章:"天网恢恢,疏而不漏。"在后来中国的作品中,"网"变成了"法"的一种常用的隐喻。参见宋代黄彻的《碧溪诗话》第三卷,第一页。

6)《春秋繁露》第十篇,冯友兰[Fêng Yu-Lan (1),vol.2,P.517]曾引用和讨论过。

7) 我的朋友陈世骧(Chhen Shih-Hsiang)教授提示,这个词可能与"结绳记事"的用法有关(参见上文 pp.100,327)。

运动是没有任何主人或统治者的,这样就很慷慨地使我们不必担心在他的心里面是否有"排难解纷者"或立法者这个观念的存在。这种明确的否定,似乎就排除了"运动的发动者"这一观念。这是我们在本章第一次遇到它,但还不是最后一次。

此外,"网"的概念还很接近于一个巨大的模式这一概念。宇宙间贯串着一个关系网,网结就是各种各样的事物。它不是由任何人编织成的,但如果你干扰了它的结织,你就要冒风险了。我们在下文中将追溯这个无人编织的网、这个"宇宙模式"的由来和发展,直到我们和中国人一道达到某种与发达的有机论哲学相接近的东西[1]。

(6) "宪"(宪法)

"纪纲"出现的另一个地方,是在张衡(78—139 年)的一篇天文学短文[2]《灵宪》中。这比计倪子的大致时代要晚四、五个世纪;而"纪纲"一词这时似乎是指天空赤纬圈和时圈的网络。但它也可能是指定量制图学中的坐标方格系统的起源,这种制图法正如我们在本书第三卷论述地理学的第二十二章(d)中将要看到的,似乎可以追溯到张衡。《后汉书》"张衡传"[3] 中说他对整个天地投下了一个(座标的)网络,并用它来进行计算("网络天地而算之")。他的另一本书佚失已久,名为《算网论》。

但是更有趣的是,他把"宪"字用在他的《灵宪》的书名上。按现代的用法,"宪"是指(一个国家的政治的和法律的)"宪法",这个字来源于一个其重要性难以肯定的甲骨文(K250)。它的古义是"法"或"模"。所以,如果我们把此书的书名译为"神灵的(或神秘的)(宇宙)宪法",我们就很可以追问在张衡使用这个词的背后究竟在多大程度上有着自然法则的观念? 是谁制订了这一宪法呢? 这篇残简的本文并没有包括对这个问题的回答,它一开头就谈到追溯天体("步天路")环绕极轴("枢")的正常运动("天常")的神秘轨道("灵轨")。要用带刻度("立度")的仪器("仪")来观测它们。("将步天路,用定灵轨。寻绪本元,先准之于浑体,是为正仪立度,而皇极有道,建也;枢运有道,稽也。乃建乃稽,斯经天常。")接着,张衡述说了

557

---

1) 在宋代理学家中,十分自然地会找到"纪纲"一词的使用;那时这个词似乎主要地是适用于社会模式(参见邱濬约于 1475 年编纂的《朱子学的》第二卷,第三十七页以下)。

2) 我称它为短文,但是无从得知它原来的长短,因为我们现在保存的只有它的五页残稿,收入马国翰《玉函山房辑佚书》卷七十六和严可均《全上古秦汉三国六朝文》"后汉篇"中。本书第二十章(d)将给出部分译文。

3)《后汉书》卷八十九"张衡传"。

宇宙形成的几个阶段[1]，给出了一些天文测量，并谈到了天体运动和异常事件(如日月蚀和彗星)预示着(国家的)的凶吉。

我们只能做出结论说，张衡心目中所想到的，乃是一个与在地面上具有各级官吏及其行政规章相结合的皇家政府的组织相对应的天体的"组织"；而"宪"这个词用在这里也许就是"模"的意思。上文(pp.546, 550)已经指出，也有过一些其他的说法，认为君主在地面上制订的规章在某种意义上应当模仿天体运动的规则性。不管怎样，张衡的这个书名构成了又一个这样的例证，即中国古代的概念曾经徘徊在自然法则的边缘，却从未能明确地把它总结出来。

(7) "理"(模式)和"则"(适用于整体的各个部分的规则)

关于中国思想中的严格的自然科学意义上的法则思想，我们迄今还未发现有确凿的证据。我们现在仍然着眼于那些自命为儒家的学派，但下一步就必须转而研究我们曾在本卷第十六章(d)中谈论过的宋代理学家。在那里我们看到，朱熹及其集团的其他思想家曾经努力想把整个自然界和人类都纳入一个哲学体系；并且我们也注意到，他们所研究的主要概念是理和气。"气"大约相当于物质，或者不如说相当于物质与能量；而"理"与道家认作"大自然的秩序"的"道"相去不远[参看本卷第十章(d)]，尽管理学家也把"道"一词用在略为不同的技术的意义上(参见上文 p.484)。"理"最好是描述为宇宙间的秩序化和组织化的原理。正如我们已经看到过的，它曾被人等同于"理性"和亚里士多德的"形式"，而许多人都采用了"法"这个译法，但(据我的判断)这种办法是基于十分错误的理解；鉴于它们可能造成很大的混乱，这种办法应该加以摒弃。

"理"字(k978)的最古老的意义是表示事物的纹理，玉的斑纹，或肌肉的纤维；用作动词时，它指按照事物的自然纹理或界线来切割它们。它由此而获得了通常字典中的意义，即"原理"。但它却无疑地始终保留着"纹理"这一含意，并且朱熹本人也肯定这一点说：

> 理就像是成股的一把线，又像是这个竹篮子。这位哲学家指着竹篮子上一排排的竹篾条说，有的竹篾条向这边走，又指着另外的竹篾条说，别的向那边走。理也像竹子的纹络——直的是一种，横的是另一种。人心也是如此，具有许多理。[2]

---

1) 他引用了《道德经》，并由于提到"清"和"浊"(轻和重)的成分而触及到了离心理论。
2) 《朱子全书》卷四十六，第十二页；译文见 Bruce (1), p.290。

〈理如一把线相似,有条理。如这竹篮子相似。指其上行蔑曰:一条子恁地去。又别指
一条曰:一条恁地去。又如竹木之文理相似;直是一般理,横是一般理。有心,便存得许多
理。〉

因此,毋宁说"理"是大自然的秩序和模式,而不是被人总结出来的法。但它不应被
想象为好象某种僵死的东西,像是镶嵌品那样;它是动态的模式,体现在一切有生
命的物体之中,也体现在人和人的关系和最高的人生价值之中。这种动态的模式,
只能用"有机主义"一词来表示;正如在本卷第十六章(f)中已经提到的,理学的哲
学事实上乃是力图成为一种有机主义哲学的思想模式。

然而我们必须仔细研究卜道成据以把"理"认同为"普遍法则"的各种理由。这
将把我们引到我们在这方面还不曾遇到过的另一个词,它不是"法",也不是"礼";
不是"理",也不是"律"。《朱子全书》卷四十二开头有如下一段对话:

问:区别"天"、"命"、"性"、"理"这四个词,下面的这种讲法对吗?"天"一词
是指自发的自然状态("自然")而言。"命"一词是指它流贯和渗透于全宇宙并
存在于万物之中而言。"性"一词是指任何具体事物在它得以存在之前所必须
具有的全部准备而言。"理"一词是指事事物物各有其自己的生存规则而言。
这一切合在一起,可不可以说,"天"(即自然世界作为一个整体)就是"理",
"命"事实上就是"性"(即人或事物的构成);而"性"事实上也就是"理"。这样
讲对吗?

答:对。但是如今人们说,天并不是指物质的天,据我看来,这是不能撇开
不谈的。

这位哲学家接着说:理是天的"实体"("天之体"),命是理的运用("理之
用"),性是人之所受,而情是性的运用。[1]

〈问:天与命,性与理,四者之别?

天,则就其自然者言之,命,则就其流行而赋于物者言之。性,则就其全体而万物所得
以为生者言之。理,则就其事事物物各有其则者言之。到得合而言之,则天即理也;命即性
也;性即理也。是如此否?

曰:然。但如今人说天非苍苍之谓。据某看来,亦舍不得这个苍苍底。理者,天之体;
命者,理之用;性者,人之所受;情,乃性之用也。〉

这里,起作用的词是"则"字,它曾被翻译为"存在的规则"。无可怀疑的是,朱熹的
对话者心目中所想的是《诗经》[2]中的有名的一节,理雅各[3]是这样翻译的:

---

1)《朱子全书》卷四十二,第一页;由作者译成英文,借助于 Bruce (1), p.3。
2)《诗经·大雅·烝民》。
3) Legge (8), p.541。参看 Karlgren (14), p.228; Waley (1), p.141(该书偏重于意译)。

天生育了芸芸众生，

对每种功能和关系都附加上它的法，

人们具有这种正常的本性，

（因而）喜爱它的正常的德行。

〈天生烝民，有物有则。民之秉彝，好是懿德。〉

孟子[1]引用过这段诗，朱熹[2]本人也在同一卷中较后的一个地方再次引用了它；朱熹在那里讲到人欲时，提出了自己的意见，认为好恶本身就是"物"，即理雅各的"功能"和"关系"，而好善，恶恶就是"存在的规则"（"则"，即理雅各的"法"）。换句话说，虽然心理学的关系场引起了不必要的复杂性，但我们仍需一方面研究中立的自然现象或性质，另一方面又要研究它们要以某种具体的方式而表现为行为的经常倾向。[3]

无疑地，我们在这里又一次处于科学定律（自然法则）与法律（确实是法律意义上的自然法）之间的无人地带；或者不如说，我们又回到了那两种概念处于高度尚未分化状态的阴影地带。所以当我们来看"则"字（K906）的词源时，这里留给我们的就是很有趣的一个发现；因为我们发现这个字在甲骨文和金文中的写法是表示一只鼎和一把刀——换句话说，也就是用刀把法律刻在典礼用的鼎上这一行为，正如在本章开始时曾经引述过公元前 6 世纪（春秋时代郑人和晋人）的那两件事[4]。这个字应该始终是从"鼎"（Rad.206），但后来却讹为从"贝"（Rad.154）。因此，在中国思想发展的整个过程中，追溯一下这个字的经历，是很有重要性的。每一个多少读过中文的人都熟悉，"则"字的通常意义是当作因果连接词用的，如同"所以"、"因此"、"于是"等等一样，但这个字到今天仍保留着另外一些次要的用法，它们是与法则和规章相联系着的，例如"常则"，"税则"。这个字在古代著作中似乎更常见的是用在政法方面更有甚于用在任何的"科学"的意义上。所以《中庸》有"言而为天下则"之语；在《礼记》中有《内则》，即家内的规则（oeconomica）；《周礼》中有"以八则治都鄙"[5]。《诗经》上有另一句话和我们查找的用法更为接近，它讲到"顺帝之则"（见上），不过这里说的仍是人类行为。最重要的文字是《易经》第一卦乾卦的"文言"："当乾和元都呈现为九，我们就可以看出天的

K906

---

1)《孟子·告子章句上》第六章[Legge (3), p.279]。

2)《朱子全书》卷四十二，第二十四页。

3) 参见冯友兰[Fêng Yu-Lan (1), vol.2, pp.466, 501, 503]有关邵雍和二程的论述。每一个别事物都有其本身的模式，也就是它的"理"。

4) 见上文 p.522。

5) 我引这几句话是根据顾赛芬[Couvreur (2)]的著作。

法则。"[1]（"乾元用九，乃见天则。"）卫礼贤把它正式译为[2]："So erblickt man das Gesetz des Himmels"（"人们于是就窥见了上天的法"），而这显然忽略了这段话的意旨。

如果这就是为了支持卜道成的解说所能征引的全部材料（这已经比卜道成自己所提供的证据更多得多），那末，把朱熹的"理"等同于《诗经》（"有物有则"）的"则"就不大能令人信服了。但是，即使我们必须终于和卜道成与亨克分手，这个论题的巨大重要性却要求我们查阅任何能启发"则"字的科学用法的资料，而且也确实有更多的资料可以找到。学者兼诗人屈原（公元前 332—前 295 年）的作品中[3]有一首论天文学的长诗《天问》，其中有这样的话："圜则九重，孰营度之？"这可以译为："对于九重（或层）天的圆形规则，是谁做出设计和测定的呢？"可惜，这里的"则"字究竟是用在因果的意义上还是作为名词来使用，并不是很清楚的[4]。后一种解释似乎曾为唐代诗人柳宗元（773—819 年）[5] 所采用，他写了一篇论文《天对》[6]，有意地逐一回答了屈原的多少有点修辞式的提问。后来，有一位注释者是这样注解《天对》一文的："则，法也。"这里把"则"说成是指"律法"或者"方法"。或许更加明确的一个例子是东汉的大天文学家张衡（78—139 年）[7] 传记中的这样一句话："天步有常则。"这就是说天步（星辰在一定时间内所行径的度数，星辰的起落，等等）遵循着不变的法则。[8] 无疑地，就是这种思想导致了同时代的王充赞同个人星命（参见上文 pp.356, 384），而张衡本人的言论（在他的谈话记录中）也是出现在一篇占星术的文章里。另一方面，极其值得注意的是，另一些典籍却断然否定把"则"字应用于自然现象。《淮南子》一书就说道：

> 天道在玄妙而秘密地运行着；它没有固定的形状；它不遵循确定的规则；它是如此之大，使你永远无法走到它的尽头；它是如此之深，使你永远无法测量它。[9]

〈天道玄默，无容无则。大不可极，深不可测。〉

又过了八个世纪以后，柳宗元在刚才引过的那段话里说道："天没有任何一种颜色，

---

1)《易经》卷一，第七页。

2) R.Wilhelm (2), vol.2, p.12; Bayues 英译本 vol.2, p.16。

3)《楚辞补注》卷三，第二页。

4) Forke (6), p.136; 康拉迪和埃克斯[Conrady &Erkes (1); Erkes (8)]以及艾约瑟[Edkins (1)]把"则"当作是一个因果连接词，因而把这句话译为："天穹呈九重的形状，……"

5) G 1361。

6) 收于《图书集成·乾象典》卷十一"艺文部"二，第二页。

7) G 55。

8)《后汉书》卷八十九，第五页。

9)《淮南子》卷九，第一页；由作者译成英文。

没有中心，没有边际——你怎么能找到（原字义为'看到'）它的'则'呢？"（"无青无黄，无赤无黑，无中无旁，乌际乎天则？"）

我还见过另两个例子，是否定或者怀疑大自然是按"则"行事的。第一个是贾谊为屈原所写的挽歌，所以时间约当公元前170年[1]。

> 天地像一个熔炉，自然变化的力量就是工匠，阴阳是燃料，万物是金属。它时而合，时而散；时而动，时而止。但是，并没有固定的法则，变化万千而没有终止。……[2]

> 〈天地为炉兮，造化为工。阴阳为炭兮，万物为铜。合散消息兮，安有常则？千变万化兮，未始有极。〉

第二个例子出自王弼对《易经》的注释，因此时间必然约当公元240年左右。他在解释第二十卦观卦（意思是观点或观看）时说道[3]：

> "观"之为道，一般的意义是不应该凭借刑罚和法律的压力来统治，而是应该高瞻远瞩（以范例）来施加影响，从而改变万事万物。精神的力量是没有人能看得见的。我们看不见天在号令四季，但四季从不背离它们的历程。同样，我们也看不见圣人在号令百姓，然而百姓却服从他，并自发地为他服务。[4]

> 〈统说观之为道，不以刑制使物，而以观感化物者也。神则无形者也；不见天之使四时，而四时不忒；不见圣人使百姓，而百姓自服也。〉

这也许是最有启发性的一段话了。它断然否定有一个上天的立法者在向一年四季（从而也在向星辰的运行）发号施令的这一概念。这种思想是极端中国式的。普遍的和谐并不是来自某个万王之王在上天发布命令，而是来自宇宙万物遵循其自身本性的内在必然性而实现的自发的协作。于是我们就开始看到，宋代理学家的有机主义哲学在中国古代的思想中是多么地根深蒂固。用怀特海的惯用语来说，"原子并不是盲目地在运转，"像机械的唯物主义所设想的那样；一切实体也并不是具体地由神灵的干预而被指引到它们的轨道上去，而是各个层次的实体都依据它们在其中构成为一部分的更大的模式（有机体）中的地位来行动。张载在他的《正蒙》中用大量的话申述了内在必然性这一概念。他谈到天体时说[5]："一切转动的物体

---

1) 录于《史记》卷八十四，第十二、十三页。

2) 译文见 Forke (12)，由作者译成译文，经修改。参见 Edkins (1)，p.225. 末句引自《庄子》，参见 Legge (5)，vol.1，p.243；Fêng Yu-Lan (5)，p.116.

3)《十三经注疏》本，卷四，第二十页。

4) 由作者译成英文。参见 Thang Yung-Thung (1)。

5)《参两》篇（见《宋子四子抄释》卷四，第六页）。

都有一种自发的力量('机'),所以它们的运动并不是外界所强加给他们的。"[1]("凡圜转之物,动必有机。既谓之机,则动非自外也。")现在就可以认识到,那种认为"则"就意味着某种有似于牛顿意义上的自然法则的观点是多么地谬误,而以为这样一种解释就能确切地阐释理学家关于"理"的思想,又会是多么危险。

(8) "无为"和自然法则

断定自然界的过程并不是受命于天;而是遵循自己的常轨,这种主张与中国思想的根本观念"无为"(没有作为或非强制的作为)的确是相联系着的。一个天上立法者的立法就是"为",是在强迫事物服从,是硬加以一种强制。不错,自然界表现为一种不息性和规则性,但那并不是一种委命于天的不息性或规则性。正如荀子所说[2],天道是一种"常道",自然界的宇宙秩序是一种不变的秩序,但这并不等于肯定有任何人在命令它这样做[3]。

《礼记》[4]中有一段杜撰的孔子与鲁哀公的对话。鲁哀公问他,关于天道,什么是应该注意的最可贵的东西?

563

> 孔子回答说:"它的最重要的东西就在于它那不止不息。日月由东向西,互相跟随而无止息;这就是天道。时间推移从不间断,这就是天道。并不采取任何行动而万物就得以完成,这就是天道。"[5]
>
> 〈孔子对曰:"贵其不已。如日月东西相从而不已也,是天道也;不闭其久,是天道也;无为而物成,是天道也。"〉

这是对任何上天的创业或立法的又一次否定,尽管它是含蓄的。应该顺便指出,虽然无为的概念是道家所特别强调的,但它却是包括儒家在内的一切古代中国思想体系的共同基础的一部分。

---

1) 当然,要在欧洲找出一种类似的提法并不是不可能的。1571年,彼得·塞韦里努斯(Peter Severinus)就曾以很好的帕拉采尔苏斯的神秘主义风格论述过"内在的法则"。关于这一点,我得感谢友人帕格尔博士。参见上文 p.540 所述布鲁诺的思想。

2)《荀子·天论篇》,第一页[译文见 Dubs (8),p.173;Forke (13),p.223]。参见《道德经》第一章。

3) 我们不把"道"字译出来,并把它理解为"自然界的秩序",其理由见上文 pp.6,36。胡适[(4),p.64]曾提议,可以把"道"译为"自然的法则",这一提议是绝对不能容许的[参见 Forke (13),p.271]。傅兰克[O.Franke (6)]在他另外的一篇本来是十分精彩的有关中国古代宇宙概念的论文中,却把各种观念混为一谈了;他说:"正如理(ratio;logos, λόγος)表现为律(Gesetz; lex)和法(Recht; jus)的形式,道把它的普遍作用外化为德和理(或礼);而在中国,'全世界'也就包括天上的和地上的国家。"参见 Hegel (4),vol.1,p.141。

4)《礼记·哀公问第二十四》[译文见 Legge (7),vol.2,p.268]。

5) 译文见 Forke (13),p.173;由作者译成英文。着重号系作者所加。参见上文 pp.68 ff.。

(9) 中国人之否定有一个上天立法者,乃是对自然界
的自发性和自由的一种肯定

　　这里很值得接着再说几句离题稍远的话。要找出几段话来证实上天在按照"无为"而行事的这一概念,是一点也不困难的。《道德经》全书中(例如第三十七章)都贯穿着这个观点,其中(第三十四章)我们发现一段重要的阐述,即虽然"道"产生、滋养和覆盖万物,但它并不主宰它们,对它们也毫无所求。("大道氾兮其可左右。万物恃之而生而不辞,功成不名有,衣养万物而不为主。")这种观念实际上在道家是习以为常的,它也见于《文子》[1]一书和后来其他许多这类的著作之中。《吕氏春秋》向我们提供的有关天道运行方法的报道稍多一些。

　　在它的第九十四篇中我们读到:

　　　　天的运作是深奥神秘的。它有取平用的水准而不用,有取直用的准绳而不用[2]。它在极度的寂静之中运行。……

　　　　所以说,天无形而万物却得以生成。它像是最不可捉摸的、无形态的实质,而千变万化都是由它而实现的。(因此圣人也就不操劳任何事,而国家数以千计的官员仍能有最高度的效率。)[3]

564　　　　这可以叫做不教的教导和无字的诰令。[4]

　　　　〈天之用密。有准不以平,有绳不以正。天之大静,既静而又宁,可以为天下正。……

　　　　故曰:天无形而万物以成;至精无象而万物以化。大圣无事,而千官尽能。此乃谓不教之教,无言之诰。〉

　　这一点又被程颢所重复,他说:"上天的法是无言的但却守信;神圣的法不带愠怒的色彩但却庄严。"[5]("天则不言而信,神则不怒而威。")

　　这样一种概念无可否认是崇高的[6]。但这又与上天有个立法者的概念是何等之不相容。在这一情况下,天体是按照无人教导过的教导,按照无人发布过的、甚至是不曾写成文字的法令在运行着的。但是,开普勒、笛卡尔、波义耳和牛顿认为,他们向人们头脑所揭示的自然法则("揭示"这个词本身就象征着西方思想的自发

---

　　1)《文子》被认为是汉代甚或更晚期的著作,但可能包含相当一部分先秦的材料。上面所引的一段话也见于《文子·道原篇》第十一页[参见 Forke (13),p.338]。

　　2) 参见《抱朴子》卷一[译文见 Feifel (1),p.118]。

　　3) 这里加括号,并不是原文没有这句话,而是这句话干扰了我们所追溯的思路。

　　4)《吕氏春秋·君守》,参见 Forke (13),p.541。

　　5)《宋四子抄释·二程子抄释》卷三,第一页。

　　6) 参见《论语·阳货第十七》第十九章:"天何言哉? 四时行焉,百物生焉。天何言哉?"

的背景），乃是一个超人的、超理性的存在者所曾颁布的敕令。后来人们普遍认识到这只是隐喻，但这一事实并不意味着在欧洲近代科学的开端时期，它或许并没有起过重大的启发作用。

在中国思想的伟大传统中，不但不存在任何神明的敕令，并且也没有任何神圣的造物主能够颁布它们。公元 3 世纪，在向秀和郭象的《庄子注》中有一段引人瞩目的话，是谈及罔两和影子之间的那段有名的对话[1]的(对话原文见上文 p.51)：

> 有人说，半影依赖于影，影依赖于物体的形，物体的形又依赖于万物的创始者("造物主")[2]。请问，这个创始者是有呢，还是没有呢？ 如果没有，他怎么能生出(现存的)万物呢？ 如果有，那么他(既然也是万物之一)就不可能生出物体形态的宇宙来。所以只有我们认识到一切物体形态都是事物自身("自物")，然后才能谈到万物的生成。在万物的领域中，没有任何事物是属于"神秘"之内的，即使是并不"独化"[3]的半影也不是的。因此，事物的生成并没有主；万物都自行生成。万物都产生自己，而并不依赖任何别的事物。这就正是宇宙的正常状态。[4]

> 〈世或谓罔两待影，影待形，形待造物者。请问夫造物者有耶？ 无耶？ 无也，则胡能造物哉？ 有也，则不足以物众形。故明乎众形之自物，而后始可与言造物耳。是以涉有物之域，虽复罔两，未有不独化于玄冥者也。故造物者无主，而物各自造；物各自造，而无所待焉。此天地之正也。〉

(10) 理学中的"理"和"则"；有机层次的哲学

565

把研究集中在"天则"一词的其他出处上，这对中国科学思想史会是很有价值的。但就我们的观察所及，此词并不常见[5]。"则"字似乎代表一种边缘的概念。它

---

1)《庄子》第二篇[译文见 Legge (5)，vol.1，p.197]。

2) 此词按字义是指"事物的缔造者"。卜德大胆地译为"创世主"，但我们对这种做法感到犹豫，因为中国古代究竟是否存在 *ex nihilo* (从无中)创造世界的这一完整概念，是大可怀疑的。向秀、郭象显然没有考虑过有一个超越的、有人格的创世主这一观念；如果他们考虑过，他们就一定会找出许多理由来反驳它了。关于这一点，格拉夫[Graf (2)，vol.1，p.86]是同意我们的。

3)"独化"这一术语的形成，可能来源于佛教的刺激，因为只寻求自我解脱的小乘的 *pratyeka-buddhas* 是被称之为"独觉"的。他们的觉醒即使不是自动的，也是自发的。

4)《庄子注》第二篇(《庄子补正》本，卷一下，第三十六页)，由卜德译成英文，见 Fêng Yu-Lan (1)，vol.2，p.210；经修改。

5) 有些我们可以期待找到这个词的地方，如《吕氏春秋》、《论衡》或马国翰收集的古代科学佚书，似乎都没有与之相似的东西。我们也未能在历代史书的"天文志"中找到此词。

确实总是法律性的 [1]，也是人文性的；虽然也偶尔用在科学或准科学的意义上，但这样的用法似乎不甚流行。这里，最好的佐证是张衡 [2]。《易经》中的"乃见天则" [3] 一句，是很难定论的，因为在一本占卜的书里，卦爻的形成和变化被看成是反映真实世界的变化过程，所以其中很自然有一种强烈的诗意的或者象征的成分；朱熹对《易经》有一段注解说"刚而能柔，天之法也"，就表现出它是与人事隐然有关的。《诗经》中"天生烝民，有物有则"的诗句，也明显地与人事有关 [4]。朱熹对这些经文一定反复思索过。至于他对"理"的观念在多大程度上包含有自然法则的概念，这是很难估计的，尚须等到我们能更多地了解到大家对他心目中上述几段话的重点的意见是否一致。不过，在这段讨论的开端我们曾引用过一段重要的对话，其中有一点向我提示：他所指的并不是科学的概括那种意义上的自然法则，那就是这句加了着重号的话："一切事物都有其自身存在的规则。"（见上文 p.559）。它并没有说，每件事物都服从对许多其他类似事物也都有效的普遍法则或规则。所以，这种思想就更多地是适用于作为有机体的个体事物 [5]。这里没有绝对的矛盾，只是重点不同，它也和王弼的一段十分明确的说法是一致的（见上文 p.561）。

查看一下朱熹的及其弟子陈淳约在朱熹去世时（1200 年）所写的《北溪字义》一书，我们就可以对什么是理学家所说的"理"与"则"获得更进一步的看法。他以一节优美清晰的文字 [6]，分析了"理"的意义。

(1)"道"与"理"大致是相同的，但既然是用了两个字，二者之间还是能够加以区别。它们的区别在于，"道"是流行在人事的层次上。与"理"相比"道"较宽，而理较深。"理"有确定（"确然"）的不变性的意思；所以虽然"道"（作为可变的人类的组织原理）贯穿着许多世纪，但"理"在所有这个期间从未改变过。

(2)"理"是无形的；它怎么能看得见呢？"理"（模式或组织）是事物的一种自然的、无可逃避的法则（"一个当然之则"）。

它是一个模式法则（"理则"）。

它是一个规范法则（"准则"）。

它是一个模型法则（"法则"）。

它表达了"确定"和"不易"的观念。

566

---

1) 参见《左传》中这样使用它的许多例子。

2) 见上文 p.561。

3) 见上文 p.560。

4) 见上文 p.559。

5) 参见《中庸》第十三章："《诗》云：'伐柯伐柯，其则不远。'"其中，斧柄的"则"在英文中一般译为 pattern（式样）[Legge (2), p.257; Hughes (2), p.111]。

6) 《北溪字义》卷下，第五页。各段论证的编号系作者所加。

"当然"的意思是指(人)事和(自然)物被做得恰到好处("正当合做处")。

"则"的意思是指恰好,没有丝毫过度("无过")或不及("无不及")[1]。

(3)例如,"止于仁"[2] 是统治者的自然的、无可逃避的职责。"止于敬"是大臣的自然的、无可逃避的职责。"止于慈爱",是为父的自然的、无可逃避的职责。"止于孝"是为子的自然的、无可逃避的职责。

或者在用脚来支持身体的重量的例子中,这种支持就是脚的自然的、不可逃避的职责。或者在手的例子中,手有做出谦恭有礼的动作的能力,这就是手的自然的、无可逃避的职责。

再者,它像是模拟死者的人[3],他只是在祭礼当中坐着;这就是坐在那里的那个人的自然的、无可逃避的职责。另一方面,它又象祭司在祭祀中站着,这就是站着的那个人的自然的、无可逃避的职责。

(4)古人格物至极而且穷"理",就是要阐明(人)事和(自然)物的自然的、无可逃避的职责;而这不过意味着他们所寻求的乃是与一切事物恰相适合的确切地方。仅此而已。

(5)如果我们比较"理"与"性"(人性),那末"理"就是渗透于(非人类的)物中的"理",而"性"则是渗透到人类自身之中的"理"。

渗透到(非人类的)物中的"理",是天、地、一切人和一切物所共同的(普遍)"道理"。

渗透在人类自身中的"理",是已具有具体的个体化性质的"理"。

(6)如果我们比较"理"和"义",那末"理"是(组成)实体("体")的东西,"义"则是在功能或运用("用")之中的同一个东西。

渗透于万物的"理"是万物的自然的、无可逃避的职责;"义"则是怎样处理这个"理"(或者指引它,或者执行它)。 567

所以程子说:"在万物是理,处理万物则是义。"[4]

〈道与理大概只是一件物,然析为二字,亦须有分别。道是就人所通行上立字。与理字对说,则道字较宽,理字较实。理有确然不易底意,故万古通行者道也,万古不易者理也。理无形状,如何见得? 只是事物上一个当然之则便是。理则是准则、法则,有个确定不易底

---

1) 在前面几章,我们已经遇到这个重要的概念,参见上文 pp.270,286,463,489。并见《宋元学案》卷九十,第二、三页;《性理精义》卷九,第二十九页。

2) 这是指《大学》中一句有名的古话:"止于至善"——而不以诡辩的论据超出此外。

3) 在古代的祭祀中,是由一个活人来装扮成死者的。参见《诗经》,Legge (1),pp.300,365ff.;《礼记》,Legge (7),vol.1,pp.62,69; vol.2,pp.152,240ff.;《孟子·离娄章句上》第五章。

4) 由作者译成英文。参见《二程全书·伊川易传》卷四,第二十页。

意。只是事物上正当合做处便是当然。即这恰好,无过些,亦无不及些便是。则如为君止于仁,止仁便是为君当然之则。为臣止于敬,止敬便是为臣当然之则。为父止于慈,为子止于孝,孝慈便是父子当然之则。又如足容重,重便是足容当然之则;手容恭,恭便是手容当然之则。如尸,便是坐中当然之则,如斋,便是立中当然之则。古人格物穷理,要就事物上求个当然之则,亦不过只是穷到那合做处、恰好处而已。理与性字对说,理乃是在物之理;性乃是在我之理;在物底便是天、地、人、物公共底道理;在我底乃是此理已具得为我所有者。理与义对说,则理是体,义是用;理是在物当然之则,义是所以处此理者。故程子曰:"在物为理,处物为义。"〉

前面(论述理学的一章,上文 p.475),我们曾把"理"解释为宇宙的"组织原则",对此简直不大可能有比这里更加令人瞩目的证实了。这里面隐含着"法",但这个"法"是整体的各个部分由于它们是作为整体中的各个部分而存在的缘故所必须遵从的法。无论它们是物质整体中的各个物质部分,还是非物质整体中的各个非物质部分,这都是真确的。对于各个部分来说,最重要的事就是它们必须与其他各个部分在其所组成的整体中准确地各就各位,而没有(像陈淳所说的)任何最微小的过分或者不及。这里没有任何管制者的命令。这种法并不是有似于人间君主那样的一位上天立法者的法规,而是(在理学家的思想里)直接产生于宇宙的本性。这里也没有任何东西可以使我们想到原子的偶然遇合——即只是服从其自身混沌状态的统计定律,而绝不受它们在自然界万花筒般的图像的偶发连续过程中所产生的各种模式的影响。

在第一段中,"道"似乎被看作是虽具有内在的一贯性,但经历了多少世代却已容许有一定的"伸缩余地"的某种东西。但是,宇宙组织始终是完整不变的。第二段实际上是说,它是一个大的模式,其中包含着所有的较小的模式,而它所包含的"法"乃是这些模式所固有的,无论它们复杂到什么程度;这种"法"对它们并不是外来的,而且就像人类社会的法律约束着个人一样地在支配着它们。理学家的有机主义哲学的"法",因而就内在于各个层次的个体机体之中,正如后来在西方哲学中人们所感到的,一个理想国的法律不应该是写在板上,而应该是刻在公民的心中。于是,由内而外(道家对这一思想做出了深远贡献),"则"就会产生模式,使它的表现规范化,并使它的形式模型化。

第三段举出了自然的、无可逃避的职责的一些例子。例如,就君主而言,那意义就是,他必须根据事物的必然性而像一个君主那样来行事,才能成功地做他这个君主。不然的话,他就会变成某种别的东西,他就不可避免地要遭殃。这里我们就想起早期基督教对魔鬼所下的一个定义是 ὁ ἀντιτάττων τοῖς κοσμικοῖς (希波利图斯）——即"对抗宇宙进程者"[1]。对于所举的其他例子也是如此。其中值得注意的是一个纯属生物有机体的例子，即脚是身体的一部分。

第四段提示说，自古以来，凡是寻求宇宙的意义的人，实际上都是在寻找大的模式。最后，"组织原理"就见之于它在人类这一层次上的人性的特殊个体化之中，以及见之于它在这里在人事关系和事物处理的世界中的积极表现之中。

568

我们因此得出结论说，理学家学派是以怀特海式的有机主义的意义在理解"法"的。我们几乎可以说，在朱熹和理学家们的"理"的定义中，牛顿意义上的"法"在他们的头脑里是完全不存在的；至少是它起的作用很小，因为主要的成分乃是"模式"，在最高限度上则包括活的和动态的"模式"，因此，它就是"有机主义"。这种有机主义的哲学中包括了宇宙间一切事物；天、地、人具有同一个理[2]。

这句话确切地意味着什么，对于我们的论证是很重要的。《朱子全书》中的下面这节文字[3]对它作了阐述：

> 有人提出这样一个问题：在虎和狼的亲子关系中，在蜂和蚁的君臣关系中，从豺和獭的戴生报本中[4]，从睢和鸠有别的能力中[5]，虽然"义理"只存在于某一个方面；但如果我们详尽地考察这些现象，我们就发现这些生物确然无误地具有这些"义理"。另一方面，所有的人都具有人道性（"天命"）的全体，但它却被生物的欲望和物质的禀赋弄模糊了，以致有时候反而不如这些动物那样能达到它们的完美的发展。你怎么解释这一点呢？

> （哲学家）回答说：这些动物之明理，就只是在这些具本方面，所以它就集中在那上面。而人类的理智是全面的，在一定程度上包罗万有，但却是散漫的，所以很容易含混不清。

> 另有人提问：枯槁的东西（像我们会称之为无机物）是否也有天性呢？

> （哲学家）回答说：它们从存在的一开始，就具有理；所以说，"普天之下没

1) 参见上文 p.283。

2) 《朱子全书》卷四十六，第七页[Bruce (1)，p.280]；参见上文 p.368 所引王充的一句话："天人同道。"

3) 《朱子全书》卷四十二，第二十九页以下。关于这节开头的主题，西方也有类似记载，参见普卢塔克的残篇《论对子女之爱》[*De Amore Prolis*; Lovejoy & Boas (1)，p.404]。

4) 人们认为，这些动物在吃掉它们的捕获物之前，先把这些捕获物摊开，就好像是在祭神。其实，水獭是习惯于只吃掉它们的捕获物的一部分，而将其余的丢弃在河岸上；这种误解早在《礼记》成书时即已开始了[见 Legge (7)，vol.1，pp.221，251]。其他的宋代哲学家尤其是程颐的著作中也提到过这一点[见本卷上文 p.457，以及 Forke (9)，p.97]。也可见上文 p.488 关于"一点仁、义"的理论。

5) 这类动物是以习惯于一雌一雄同居而闻名的。总的说来，观察不寻常的动物行为在思想史中所起的作用，还几乎没有受到应有的重视。晚近，古杰尔[Gudger (1—4)]和伯顿[Burton (1)]讨论了野生动物（特别是鸟类和哺乳类动物）的许多所谓的传说。参见 Marshall (1)；J.B.S.Haldane (1)；Friedmann & Weber (1)。

有不具有它自己的天然秉赋的东西。"[1]

　　走上了几级台阶,哲学家说:这些台阶的砖有砖的理。他坐下以后说道:竹椅有竹椅的理。你可以说(他继续说下去),枯槁的东西是没有生命搏动("生意")的,但不能说它们没有它们特殊存在的道理。例如,枯木除了丢进厨灶里烧火之外,是毫无用处的。它是没有生机的。但每种木头在燃烧时都有它自己的香味,各不相同。这就是原来构成它的理如此。

　　又问道:那末,枯槁的东西也有理吗?

　　哲学家答道:只要客体存在,理就内在于其中了。甚至就一枝笔而言——虽然它不是(直接)由天制造的,而是人用长而柔软的兔毛制成的——但它一旦存在,理就内在地存在于其中了。

　　又继续问道:一枝笔又怎么能有仁和义呢?

　　哲学家答道:象这类细小的东西,是不需要做出仁和义这类区别的。[2]

　　〈问:虎狼之父子,蜂蚁之君臣,豺獭之报本,睢鸠之有别,物虽得其一偏,然彻头彻尾得义理之正。人合下具此天命之全体,乃为物欲气禀所昏,反不能如物之能通其一处而全尽,何也?

　　曰:物只有这一处通,便却专。人却事事理会得些,便却泛泛,所以易昏。

　　问:枯槁之物亦有性,是如何?

　　曰:是。他合下有此理。故云:天下无性外之物。

　　因行阶,云:阶砖便有砖之理。因坐,云:竹椅便有竹椅之理。枯槁之物,谓之无生意则可;谓之无生理则不可。如朽木无所用,止可付之爨灶,是无生意矣。然烧什么木,则是什么气,亦各不同。这是理元如此。

　　问:枯槁有理否?

　　曰:才有物,便有理。天不曾生个笔,人把兔豪来做笔。才有笔,便有理。

　　又问:笔上如何分仁义?

　　曰:小小底不消恁地分仁义。〉

　　有人问,鸟兽和人一样都有感觉和生命力("知觉"),不过强弱程度不同而已。那末,植物界是否也有感觉和生命力呢?

　　哲学家回答说:有。以一株植物为例;浇水以后它的花就欣欣向荣;掐下来以后,它就凋谢了。能说它没有感觉和生命力吗?周敦颐不肯除掉自己窗前的青草,他说:"它们的生命搏动就像我自己的一样。"[3] 这里,他赋予了植物以感觉和生命力。但是,动物的生命力和人的生命力不是在同一个水平上;

---

1) 《朱子语类》卷一第三十六页中有与此十分类似的提法,值得注意。
2) 译文见 Bruce (1),p.64,经修改。
3) 《二程全书·河南程氏遗书》卷三,第二页。参见《宋元学案》卷十四,第五页。

植物的生命力和动物的生命力也不是在同一个水平上。例如大黄[1]，服用后能使人腹泻，而附子[2]却有热性——它们的生命力（特殊的自然禀赋）只能是（各）循其唯一的道路。

又问，腐败的植物是否也有（这样一种特殊的自然禀赋）呢？

哲学家答道：有，的确有的。如果把它烧成灰，再加水煮，汤便苦而涩。于是，他笑着说：就在今天，有几位先生从信州来，他们主张植物并没有自然的禀赋，而今晚，你又提出植物无"心"（字面意思是心灵，即特殊的性质）了。[3]

〈问：人与鸟兽，固有知觉，但知觉有通塞。草木亦有知觉否？

曰：亦有。如一盆花，得些水浇灌，便敷荣。若摧折它，便枯悴。谓之无知觉，可乎？周茂叔窗前草不除去，云与自家意思一般，便是有知觉。只是鸟兽底知觉不如人底；草木底知觉不如鸟兽底。又如大黄吃著便会泻，附子吃著便会热。只是他知觉，只从这一路去。

又问：腐败之物亦有否？

曰：亦有。如火烧成灰，将来炮汤吃，也焌苦。因笑曰：顷信州诸公，正说草木无性，今夜又说草木无心矣。〉

这节文字在许多方面都是很有趣的[4]。我们看到，朱熹正像距他一千四百年之前的庄周一样[5]，主张"道"（即这里的"理"）周流于宇宙万物之中，宇宙是有秩序的，并且在某种意义上是有理性的，但并不因此就在与哲学相对的科学意义上是可理解的，也不必然地遵守能为人们以准确和抽象的方式总结出来的规则。不过，朱熹表达了相当于用组织的层次来表示伦理概念的那种东西。在总体模式中，"无机"物也有它们的位置，但相对地要低得多；而且朱熹是清楚地朝着化学性质分类的方向在摸索前进——在他所举的钾碱药物的例子中，他就步入了通向我们当代无机化学和有机化学的那条漫长道路的开端[6]。但是，确切地说，所谓伦理道德现象，却只有在达到充分高级的组织时才开始出现；开始是在动物中不完全地、片面地出现，然后则是在人类中充分地出现。朱熹用了那么多的话来说明，道德概念是不适用于无机体的。然而，当他想要描述化学物质的性质时，他自己也有点像古代道家的那种样子[7]，除了"性"甚至"心"而外，就再找不到其他的词汇了。无疑地，

570

---

1) 即 *Rheum officinale* (R 582)。

2) 即 *Aconitum autumnale* (R 532a)。

3) 《朱子全书》卷四十二，第三十一页以下，译文见 Bruce (1)，p.68，；经修改。

4) 参见 Forke (9)，pp.172, 193。

5) 参见上文 pp.38, 47, 50, 66, 76。

6) 各种有机化学式即为各种模式，这一事实一定会极为朱熹所欣赏。参见上文 p.474。

7) 见上文 p.43，在那里我们提到道家在制订矿物学术语上的失败。

他所寻求的乃是"独特性"这个词[1]。

于是,在 12 世纪后半叶,我们就似乎面临着一种观点,颇有似于乌尔比安大约在一千年以前在欧洲所表述过的,这种观点已载入查士丁尼的《学说汇纂》[2]中。但其间一个深刻的区别是,乌尔比安毫不含糊地谈到法,而朱熹则主要是有赖于一个术语,其基本含意是模式。对乌尔比安(以及对斯多葛派)来说,一切事物都是服从普遍律的"公民";而对朱熹来说,一切事物都是宇宙模式中的"舞蹈者"[3]。总的说来,在中国最大的一个哲学学派、即宋代的理学学派中,关于自然法则的概念,除了某些迹象而外,似乎还不可能找到更多的东西。

(g) 佛教思想中的法

佛家思想又是怎样的呢? 正是因为反对佛家的哲学,理学家在做出反应时才产生了他们伟大的综合体系。正如在本卷第十五章已经看到的,佛教哲学虽然否定灵魂或精神在"蕴"(*skandhas*,即个人的物质的与精神的组成成分)消散以后仍能存在;但又保持着印度教或婆罗门教的轮回理论。于是就有了 *karma*("因缘")的教义,这一教义说:"一个有知觉的生命(人、动物或神)一旦死去,另一个新的生命就会根据死者生前的功过,即 *karma*,转生为一种多少是痛苦的和物质的存在状态。……有知觉的生命的或前此'蕴'的集合的 *karma*("因缘"),就决定了新的有知觉的生命的新'蕴'的集合地点、性质和未来。"[Rhys Davids (1),p.101]。道德就按照佛家所设想的那样,以这一方式而在宇宙万物总结构的中心得以正位,这就是人们所常说的与佛家有关的"法"[4]。

毫无疑问,佛家由于它的 *karma*("因缘")概念,因而十分强调自然界中的因果,尽管它所指的是纯属于道德方面的。这里,我们仍然处于法尚未分化之前的原始阶段。按照古代印度的概念,一个人的各种善和恶在另一个有关的人开始他(或她)存在时所具有的禀赋之中,有着它们无可逃避的结果。按照古代中国的概念,人类领袖的各种善和恶,在自然灾害或天候中,有着它们无可逃避的结果。事实上,人类道德仍然是和非人类的自然界现象不可分离地联系在一起的。斯特里特

---

　　1) 朱熹可能受到唐代佛教学说"即使无生命的物质也有佛性"("无情有性")的鼓励,而要尽可能精确地鉴定无生命的事物中所存在的组织程度。例如,8 世纪的湛然就说过这一点。[参见 Fêng Yu-Lan (1),vol.2,pp.385,551]。但是,它是过于泛神论了,所以就只不过是朱熹坚定的自然主义的一曲前奏而已。

　　2) 参见上文 p.537。

　　3) 参见上文 p.287。并见 pp.191,196,270,281,368,453,488。

　　4) 佛教著名的高僧被称为"法师",我们已经见过很多这种例子了。参见 Rhys Davids (2)。

说得对[1]: "*karma* ("因缘")的运作并不在法理上被设想为对于一个连续的自我的惩罚,而是自然主义地以因果法则加以设想的,它被人想象为和物理科学一样是机械主义的。"

所以有人可能不禁要设想,佛家的法本来可以相当容易地导致自然法则的观念的发展而摆脱伦理道德的成分。里斯·戴维兹[Rhys Davids (3)]在一篇有趣的论文[2]中主张,在古代宗教思想中,除万物有灵论以外,还应该分辨出另一种基本信仰——他提议叫做"型范论"(normalism)。他指的是所有类型的与灵魂、精神、鬼神无关,而与一定的因果规则性有关、与宇宙中某种不变的行为模式有关的信仰。在这第二种范畴中,他把道家的"道"也包括在内。其他学者也曾指出过,这是大多数古代亚洲思想体系的特征,因为"道"作为自然的秩序,有可能比作印度吠陀(约公元前 11 世纪)的"热塔"(*Ṛta*)、(古波斯的)"阿塔"(*Arta*)和(波斯袄教的)"阿刹"(*Asha*),它们都包含以下的意义:运动、(天体)有节奏的运行、秩序、宇宙秩序、道德秩序、正当等等[参见康福德[3]和菲利奥扎[4]的著作]。我们前面谈到过,中国人认为犯罪或争执是对自然秩序的不祥的违犯;类似的观念也存在于古印度和波斯。印度吠陀的"德鲁"(*druh*)和波斯(袄教)的"德鲁格"(*drug*)都是用来表示任何一种破坏了既定宇宙秩序的事物的名称;异端邪说、不敬神明、罪恶、疾病感染,这一切都经常被人格化为妖魅[5]。中文与此相当的字也许是"逆",这在本书第四十四章论述医学时和别的地方(第四十六章)还要谈到。康福德[Cornford (1)]补充了很有趣的一点,即希腊的"狄刻"(*Dike*,司法神;参见上文 pp.283, 527, 533)一词原意是指"道路",正如"道"字一样。

但是,这些我们可以称之为"型范论"或宇宙有机论的古代形式,却沿着不同的方向而发展。在印度,它们很快地被披上了大量人格化的外衣——"伐由"(Vayu,风神)[6]或"伐楼拿"(Varuna,司法神),成了"热塔"的"主人"(Ṛtaspati),而"热塔"则隐身于印度万神殿萌芽的背后。中国却走着一条相反的道路,他们对人格化的厌弃使得道家哲学的各大学派昌盛起来,他们强调人类道德的领域仅仅是"道"在整个自然界中的运作的一部分,甚至于是很小的一部分。佛家走的则是第三条道路,保持了"热塔"的非人格性,但是只把它限于应用在 *karma*("因缘")法则的道德   572

---

1) Streeter (1), p.282。
2) 题名为"古代思想中的宇宙法则"。
3) Cornford (1), pp.172ff.。
4) Filliozat (1), pp.42, 52, 76, 79。
5) 参见上文 p.567。
6) 正如菲利奥扎指出的,这里与医学和自然科学的"气"(pneumatic)的理论有重要联系。

领域之内。这当中没有一个能把我们引到真正科学意义上的自然法则的高度,而对于这一概念而言,秩序、模式、因果性和规则性都不是充分够用的。基思[1]等学者断然否定佛家的哲学曾想要把它对因果性信念的严格适用性伸展到非道德的领域里去。我们前面已经提示,*karma*("因缘")法则之所以不能导致对自然法则的科学概念,有一个基本的原因就是因为还有一种平行的教义,认为可见的世界都是幻觉,是 *māyā*("迷"或"幻妄")[2]。(严格说来,这种教义确实并非佛家所独有,虽说中国是通过佛教的渠道从印度得来的。)佛家要使人解脱的,正好是这个自然界有形世界中与生俱来的苦难。所以他们的哲学就最不可能引导人们去冷静地研究非人类的自然界的现象——这就正是他们提出了一条从其中逃避的途径的那个"虚幻存在的转轮"。因此,无论是在印度或在中国,都没有从这一来源中产生出自然法则的观念来,这就不足为怪了[3]。

(h) 把法排除在外的秩序

所以在我们的研究结束时,我们只能得出结论说:在中国古代和中古代的著作中,所有曾使我们企图翻译为"自然法则"的字句;没有一个是使我们有权可以这样翻译的[4]。葛兰言[Granet (5)]的结论说得对,他说,中国人的世界观是沿着全然不同的路线发展的,而中国人的秩序观念肯定地是把法的观念排除在外。

573 然而在欧洲人中间自然法则的观念却是如此之不自觉,以致于不少汉学家都毫不犹豫地从文献里读出"法则"这个词;而事实上,那里面并没有一个字可以证明这一点。例如,盖乐[5]在他翻译的《盐铁论》中写道:"'道'把它的法悬在天上,把它的生成物散布在地上,等等。"而原文[6]说的乃是"道悬于天",即"'道'(大自然

---

1) Keith (1), pp.96, 112, 178.

2) Keith (1), p.261.

3) 这里有一点在社会学上可能有着重要的意义。正在慢慢地积累起来的证据可以表明,佛教作为一种宗教,至少在好几个朝代中是特别和商人阶级联系在一起的。敦煌佛窟所处的位置许多世纪以来必然得到了商旅的捐献,对任何一个熟悉这种情况的人,这种说法是很有说服力的。如果这一点可以证实,那么它就会构成阻碍近代科学技术在中国自发地发展起来的另一个因素;不仅是商人在社会上和国家中不能得到当权的地位,而且即使他们能够当权,他们也会遇到一种否定自然的宗教的妨碍。这一点,我要感谢友人白乐日博士。关于晚近介绍敦煌遗址的记述,见 Vincent (1)。

4) 我在达到这个结论之后,又发现它得到佛尔克[Forke (9), p.384]的有力的支持,他说:"自然法则的概念是与中国人的思想方式格格不入的。"格雷厄姆[Graham (1), p.76]也同意这个看法。

5) Gale (1), p.109.

6) 汉代纬书《尚书纬璇玑钤》(《古微书》卷四,第五页)中有类似的话。此外,卜德[在 Fêng Yu-Lan (1), vol.2, p.124]也不禁把"节度"一词译为"规章制度",而不是译为"固定的时间和有规则的运动"。

的秩序)是悬挂在(显示在)天上。"顾赛芬[1]和佛尔克[2]也把"天道"译成"天的法则"。同样地,汉斯福德[3]在翻译《天工开物》时,把宋应星的一段话译为:"我不了解这是由于什么自然法则而发生的。"其实,中文只是"物理"一词。另外还有一个例子,也是"理"字使一位译者情不自禁地采用了"自然法则"一词,这个字见之于290年左右大文学家陆机[4]的引人入胜的《演连珠》一书中,其中有一段被译成:"我听说,凡根据自然法则是可能的东西,都可以由自然力来完成;凡根据自然法则是不可能的东西,自然力就不能完成。例如,烈火可以熔化金属,但不能烧掉影子;严寒能使海水冻结,而不能使风凝结。"[5]其原文为:"臣闻理之所开,力所常达;数之所塞,威有必穷。是以烈火流金,不能焚景;沈寒凝海,不能结风。"这里显然并没有"法"的观念,因此这段话可以改作:"我听说,在事物的'大理'之中有通道的时候,(自然)力就总是能透过的;但是,根据(宇宙过程的)'数'而通道堵塞的时候,那末即使最有权威的力也会发现自己所无法通过的限制。"[6]

汉学家们惯于把几乎任何一个词都翻译作"法"。《国语》[7]中说,皇帝或高官在夜间,尤其在秋分时,必须观察天象以预知吉凶。("少采夕月,与大史司载纠虔天刑。")顾赛芬[8]把"纠虔天刑"这句话译为:"他细心观察和尊重天文法则",尽管注者[9]说明,这里的"刑"指的是"法",但这句话显然应译为"他虔敬地收集上天的告诫";而这就是大为不同的另一回事了。再有,德效骞[10]曾翻译过《荀子》中如下的一段话[11]:"两个贵人不能互相服侍,两个平民不能互相役使——这是一条自然法则。"("夫两贵之不能相事,两贱之不能相使,是天数也。")这里原文中有关的字是"天数也",那应该更忠实地译为"天的数就是如此",也就是命运之不可变易的数据。法伊特在翻译《黄帝素问内经》时,好几次都塞进了"自然法则"这个词,而原文

574

---

1) Couvreur (1), vol.3, p.181 (《左传·昭公十一年》,公元前530年),p.673。参见上文 p.547。

2) Forke (4), vol.2, p.392(译出《论衡》第六十九篇)。瓦卡[Vacca (10)]对《庄子》的有系统的翻译,以及周毅卿[Chou I-Chhing (1), p.171]的著作也是如此。参见 Brucker (1), vol.5, p.869。

3) Hansford (1), pp.62, 63。

4) 陆机不可与同他同时代的博物学家陆玑相混,他们两人的名字只差一个偏旁:一个从"玉",一个从"木"。

5)《文选》卷五十五,"演连珠"五十首之第四十九;译文见 E.von Zach (1),由作者据德译文译成英文。

6) 由作者译成英文。

7)《国语·鲁语下》,第十五页。

8) Couvreur (2), p.805。

9) 公元3世纪的韦昭。

10) Dubs (8), p. 124。

11)《荀子·王制篇第九》,第三页。

中并没有可以与之相对应的字[1]。当然,意译总比直译来得更为动人,但很容易由于意译者本人不自觉的知识背景而受到损害,并且在有些场合下这一点还可能关系重大[2]。现在是严格努力去追随中国人的思想方式的时候了。

(1) 对动物的法律审判;对比欧洲和中国对生物反常现象的态度

在结束本卷之前,我们可以看一下中国和欧洲在自然法则这个问题上的观点之不同的一个显著的例证。人们都知道,欧洲中世纪时法庭上曾有相当数量的对动物的审判和刑事起诉,接着往往是用适当的形式处以极刑。埃文斯[Evans (1)]和海德[Hyde (1)]曾在圣普里克斯[Berriat St Prix (1)]、梅内布雷亚[Ménebréa (1)]和冯·阿米拉[von Amira (1)]的早期研究的基础上,煞费苦心地搜集有关这类案件的大量资料。用它们发生的频率所画出的曲线,在16世纪达到一个显著的高峰,从9世纪有三次,上升到16世纪约有六十次,到19世纪下降为九次;究竟是否(如埃文斯所说的)由于早期缺乏适当的记录所致,这似乎是很可疑的。这一高峰正符合捉巫的狂潮[Withington (1)]。这些审判分属三种类型:(1)对家畜伤人的审判和处决(例如:猪因吃婴儿而被处决);(2)因飞禽或昆虫造成疫厉而加以驱逐或(不如说是)诅咒;(3)对自然界反常现象(如雄鸡产卵等)的惩罚。对我们当前的论题来说,后两类最值得注意。1474年,在瑞士巴塞尔,一只雄鸡被判应活活烧死,因为它犯了产卵这一"十恶不赦,有悖自然的罪行";后来迟至1730年,在瑞士还有过另一起同样的起诉事件。这类事件骇人听闻,原因之一或许是认为蛋内原生质(œuf coquatri)是巫师药膏中的一种成分,而怪蛇或毒蛇这种特别有毒的动物正是从雄鸡所生的蛋里孵化出来的[3]。

575　　　这个故事的重要性在于这样一个事实,即这类审判在中国是绝对不可能发生的。中国人不会如此之狂妄,乃至假定自己非常之懂得上帝为非人类的事物所规

---

1)《黄帝素问内径》第九篇,第三十九、四十一页;Veith (1), pp.137, 138。

2) 格拉夫[Graf (2), vol.1, p.287]说得好: "Noch immer ist der abendländische Mensch der im Grunde doch ein wenig naiv-anmassenden Ansicht, die Geschichte seines europäischen Denkens sei die Philosophiegeschichte der Menschheit schlechthin."("西方人总是从根本上带一点天真的自夸观点,认为他那欧洲思想的历史就是人类的哲学史"。)

3) Needham (2), p.85; Robin (1), p.86。 这一传说最初见于12世纪晚期亚历山大·尼卡姆(Alexander Neckham)的著作[Sarton (1), p.385]。 1710年,拉佩龙尼[Lapeyronie]指出,被人认为是雄鸡卵的,乃是因病造成输卵管障碍的母鸡所产的很小的几乎没有蛋黄的卵。但是,正如科尔[L.J.Cole (1)]指出的,性的逆变可能使母鸡的羽毛变得完全近似于雄鸡,以致在不了解性器官解剖学的时代,人们就把它当成了雄鸡。

定的法律,竟使他们可以对一个冒犯了他们的动物进行起诉。相反地,中国人的反应无疑地会把这类罕见而骇人听闻的现象当作是"谴告"(上天的谴责)[1],于是所危及的便是皇帝或州郡官员的地位,而非那只雄鸡了。让我们具体地加以引征。在冗长的《前汉书·五行志》中可以发现几处提到鸡[2]和人[3]的性逆变。这些都被列人"青祥"一类,并被认为与(五行中)木的活动("木沴")有关[4]。它们预示着它们所出现的那个领土上的统治者将有严重的灾难。

我们现在考虑的是,什么是各种文明中可以称之为占主导地位的态度。在那种不大显著的或退宿的态度中,我们也还可以发现为另一种态度所特有的行为。在后来的中国民间传说中,并不是不可能找到把动物送到官府法庭受审的例子,如明末清初王士禛在《池北偶谈》一书中谈到的某些故事[5]。但这些一般都是关于老虎吃人以后悔罪的传说;它们显然是受到佛家的启发,而且都是属于上述三种类型的起诉中的第一种,即至少是对人所做的侵犯或犯罪。我们当前讨论的重要情况都是属于第三种类型的,即对人并未造成伤害的情况。相反地,至于这三种类型中的第二种,有趣的是,中古时代欧洲人的态度是摇摆不定的。有时候,田鼠和蝗虫被认为是破坏了上帝的法律,因此要受到人类的控诉、定罪和惩罚;而另有一些时候,则另一种无疑地是被说教的僧侣们和主教们所鼓吹的见解占了优势,即认为这些动物是被派遣来告试人们要悔改的。这可以称之为一种"中国式"的反应。

一方面,这样一种态度包含着对于天惩的顺从,而另一方面,则是与之相反地要采取积极措施和它进行斗争;这两种态度的限度在中国是变化很大的。唐代有名的宰相姚崇(650—721年)曾表奏皇帝,强调716年的蝗灾是完全"自然的",而不是"现象论者"的上天报应的结果[6]。他这一建议被接受后,他就组织了全国范围的反措施。又据记载,此前约一百年(628年),唐太宗公开吃了一盘炸蝗虫,以便表明它们并不是上天派遣来惩罚人类的某种神物[7]。但是,这些都是人们的实际反应,而非法律上的诉讼。

576

---

1) 参见本卷论述王充和怀疑论者的一章,pp.378ff.。

2)《前汉书》,卷二十七中之上,第二十页以下。

3)《前汉书》卷二十七下之上,第十八页。《论衡·无形篇》:"时或男化为女,女化为男,……非常性也。"这一句话为佛尔克[Forke (4), vol.1, p.327]所误译。

4) 参见 Eberhard (6),pp.22,32,36。并看《新唐书》卷三十四至卷三十六[译文见 Pfizmaier (67),pp.30,31]所载 687 年、689 年和 854 年的事。从每个朝代的史书中,无疑地都可以引证许多这类事例。

5) 承友人艾伯华教授向我提示这一点,谨致谢意。

6)《旧唐书》卷九十六,第二页以下;《唐语林》卷一,第二十二页。他遇到了激烈的反对。

7)《治蝗全法》卷三,第二十至二十二页。

多少与整个这个问题有关的是英国的"毒物"(deodands 或 banes)法,根据这个法,凡是致人于死的无机物、无生命物或动物,都应被没收交给教堂或王室[1]。"Omnia quae movent ad mortem sunt Deo danda"("凡是致人死命者,都须交给上帝")[布拉克敦(Bracton)语]。这条法令直到 1846 年才被取消,它也许是起源于同样的一套观念——即非生物也可以和人一样触犯上帝——的法律。中国法理学中则不可能有类似的想法。

(2) 统治心理和过度抽象化

在思考东、西方之间有关生物世界的法的不同概念的时候,我们也许会想到:根据人究竟主要地必须是与动物界还是同植物界打交道,在着重点方面就可能出现某种差别。这两种对立的态度(即使是在成为本章主题的抽象领域之内),来源于农业生活与畜牧生活的对立——这一点是安德烈·奥德里库尔(André Hau-dricourt)提出的[2]。牧羊人和放牛人鞭打他们的牲口,对羊群和牛群采取一种积极的命令态度。上帝被想像是一个"善良的牧羊人",把羊群引领到美满的牧场上去。但是,牧羊人与立法者相去不远;而畜牧对动物的支配,与立法对事物和对人的支配是契合一致的。海事习惯大大加强了这种命令心理,因为船上一切人的安全自古以来就要求大家都毫无疑问地服从一个有经验的人的命令。因而,自然界中的法则就从对牧羊人和船长以及君主的主宰那里产生了。但是,当人主要地是和植物打交道时,就像在以农业为主的文明中那样,心理条件就大不相同了——往往是他对于他的作物的生长干涉得越少就越好。他在收获之前并不去碰它们。作物遵循它们的"道",结果会对他有好处。难道"无为"("没有违反自然的行为")[3] 这个观念,不正是和农业生活深刻地相一致的吗?《孟子》中有一段著名的故事:

> 我们不可像宋人那样。有一次,一个宋人因他所种的庄稼没有长得更大而担忧,就把它拔高了。他回家后,笨头笨脑地对人说:"今天我累了。我帮助苗长起来了。"他的儿子赶忙去看,发现苗全都枯死了。[4]
>
> 〈无若宋人然。宋人有闵其苗之不长而揠之者。芒芒然归,谓其人曰:"今日病矣。予助苗长矣。"其子趋而往视之,苗则槁矣。〉

577

---

1) Robson (1), p. 85; Pollock & Maitland (1), vol.2, p.473.
2) 奥德里库尔 1951 年 1 月 2 日的私人通信,并见德·埃特雷隆[de Hetrelon (1)]的文章。
3) 上文曾多处提到,参见 pp.68ff..
4) 参见《孟子·公孙丑章句上》第二章;译文见 Legge (3), p.66。

所以,不应该指望农业文明会表现出统治心理以及(也许与之有关的)有一个神圣的立法者的想法。如果这种想法的确是开始于巴比伦的[1],那无疑是因为巴比伦新月沃土带的古代经济是一种(农牧)混合经济,而它的扩展大部分是由于有以游牧为主的民族(希伯来人)的缘故。

关于这一点,也许值得我们摘引一位唐代具有自然主义兴趣的作家柳宗元(773—819 年)的一篇著名的文章加以强调。这篇文章叙述一个有名的种树的人,人们都叫他郭橐驼[2],他运用的方法是极为成功的。

一天,有一个顾客问他怎么能这样,他回答说:"老橐驼并不能使树木生长和繁荣。他只能让树木顺从它们的天然倾向。种树的时候,要小心把根扎正,在周围培土,要使用肥土并且压好。然后,不要触动它们,不要想着它们,不要再去看它们,让它们自己去照管自己,于是'大自然'就会去做其余的事。我只不过避免试图使树木生长。我没有特殊的栽培方法,没有特殊的保证它繁茂生长的办法。我只不过不损害果实。我没有什么使它提早发育和繁殖的门道。别的花匠种上弯根,不管施肥,培土不是过多就是过少。或者相反地,他们爱树木太过分,对它们十分性急,总是在跑来跑去要看它们长势如何;有时候刮刮它们,看看它们是否还活着,或者摇晃它们,看看它们是否在地里够牢固;这样经常去干扰树木的自然倾向,就把自己的关心和爱护变成毒害了。我只是不干这些事罢了。不过如此而已。"

听者又问道:"你的这些原则能用于治国吗?"橐驼回答说:"啊! 我只懂得园艺,治国可不是我的事。可是,在我住的村庄里,官吏经常发布各种告示,表面上是出于爱护人民,其实是害他们。这些胥吏无日无夜跑来说:'上级叫我们来督促你们种地,催你们下种,监督你们收割。不要耽误了纺纱织布。管好你们的孩子。养好鸡和猪。鼓声一响,就来集合。听到响声,就做好准备。'于是,我们这些穷苦的百姓就从早到晚被困扰不休。我们没有一刻是属于自己的。在这种情况下,一个人又怎么能自然发展呢? 这就是造成我畸形的原因。那些干种树行业的人,情形也是这样。"

听者说:"谢谢你。我只是问怎样管理树木,但我却学到了怎样管理人。我要使人们知道这些,作为对政府官吏的告诫。"[3]

〈有问之,对曰:"橐驼非能使木寿且孳也,能顺木之天,以致其性焉尔。凡植木之性,其

---

1) 见上文 p.533。
2) 事实上,郭橐驼本人是一位园林学著作家(参见本书第四十一章),又是一位有名的嫁接专家。
3) 译文见 Chiang Fêng-Wei (1)。

本欲舒,其培欲平,其土欲故,其筑欲密。既然已,勿动勿虑,去不复顾。其莳也若子,其置也若弃,则其天者全,而其性得矣。故吾不害其长而已,非有能硕茂之也;不抑耗其实而已,非有能蚤而蕃之也。他植者则不然。根拳而土易,其培之也,若不过焉则不及。苟有能反是者,则又爱之太殷,忧之太勤,且视而暮抚,已去而复顾。甚者爪其肤以验其生枯,摇其本以观其疏密,而木之性日以离矣。虽曰爱之,其实害之;虽曰忧之,其实雠之。故不我若也,吾又何能为哉!"

问者曰:"以子之道,移之官理可乎?"驼曰:"我知种树而已,官理非吾业也。然吾居乡,见长人者好烦其令,若甚怜焉,而卒以祸。且暮吏来而呼曰:官令促尔耕,勖尔植,督尔获,蚤缲而绪,早织而缕,字而幼孩,遂而鸡豚。鸣鼓而聚之,击木而召之。吾小人辍飧饔以劳吏者且不得暇,又何以蕃吾生而安吾性耶? 故病且怠。若是则与吾业者,其亦有类乎?"

问者嘻曰:"不亦善夫! 吾问养树,得养人术。传其事以为官戒也。"〉

可见在唐代也和在周代一样[1],道家的工匠要向统治者提出忠告,其背景思想是,
578 一切事物都会自发地协作而得到好结果,并不需要神明或者其他立法者的干预。

中国和欧洲之间另一个关于立法概念的对比,所涉及的并不是生物学,而是数学。在本书论述数学的第十九章中,我们将看到,与希腊人的几何学天才相比,中国人的数学是代数的和算法的。现在看来,在欧几里得几何学的抽象性和罗马法的抽象性之间,有着某种启人疑窦的相似之处[2]。在罗马法中,两个人之间的 *vinculum*(约定或契约),即两人之间所达成的协议,都被认为对任何第三者没有任何可能的关系。但对中国法律来说,这样一种抽象性是不可思议的;考虑一项协议不可能脱离相伴的具体情况、有关人等在社会中的地位和义务以及它可能对其他人产生的影响。正如希腊几何学研究的对象是完美的和抽象的图形,只要公理和公设一经接受,图形的大小是无关紧要的;同样,罗马法所涉及的则是被法典化了的抽象作用。但中国人却宁愿只考虑具体数字(虽然,象在代数学中那样,它们可能不是任何特定的数字)和具体的社会情况。

(3) 中国的和欧洲的法之比较哲学

有关中国和欧洲的法的比较哲学,我们所看到的唯一一篇全面的考察文章是多尔西[Dorsey (1)]最近的一篇有启发性的论文[3]。我们认为,从汉学的观点来看,可惜它不是立足于充分确凿的基础之上。他坚信,在中国人的思想和实践中,

---

1) 参见上文 p.122。
2) 我应把这一点归于和友人梅雷迪思・杰克逊(Meredith Jackson)博士的一次谈话。
3) 参见 J. A. 威尔逊等人专题论文集[J. A. Wilson *et al.*(1)]。

"礼"比"法"更为重要,这是完全有道理的;同时他也正确地指出了法家和儒家的观点。他强调,儒家所提倡的良好风俗的直接可证实性,是与信赖(无论是欧洲的或者中国的)法典编纂者编入他们成文法中的东西的必要性相反的;我相信他的这一说法是对的。我们可以对比一下儒家家长式圣王的非法典化的、惯例的、可昭示的、伦理的法权(*droit*)和法家法典化的、强制执行的、非昭示的、非伦理的法律。多尔西注意到,象"人"这样一个字在儒家灵活多变的"礼"中和在罗马法以演绎方式总结出来的抽象术语之中,有着不同的意义。另一方面,他论断说,中国的法律是建立在非人类的自然界的基础之上,这个论断却不是那么令人信服了;这是基于对中国传统中"格物"[1]一词含意的误解,也是基于葛兰言关于初民在婚配庆祝中模仿动物行为的某些或许是颇为渲染的言论[2]。但更基本的是多尔西的主要结论:中国的法与欧洲的法之所以不同,是因为中国人领悟自然的方式与欧洲人的不同。这个结论是基于诺思罗普(Northrop)的总观点,即希腊人是以假设和科学假说来发展他们认识自然的方式,而中国人则在他们全部的历史中只是以直接的检验和审美的直觉来研究自然界。

我们担心,这样一种观点与本书中所搜集到的几乎全部事实都是相矛盾的。我们没有很好的理由可以否认,阴阳或五行的理论,与前苏格拉底的以及其他的希腊学派的各种体系一样,有权要求同等的原始科学假说的地位。中国科学出了故障,是由于它最终未能从这些理论中发展出更适宜于实践知识增长的各种形式,特别是它未能运用数学公式来总结自然现象的规律性[3]。这就等于说,没有一场文艺复兴运动把中国从她那"经验主义的沉睡"之中唤醒。但是,对这种局面,社会经济体制的特殊性质要负主要的责任;据我们看,上述对自然界的领悟的不同,并不能解释中国和欧洲之间"法"的概念的不同。

在欧洲,自然法可以说是由于其普遍性而帮助了自然科学的成长。但是在中国,由于自然法从来都不被认为是法,而是取了一个社交的名称"礼",所以很难设想有任何一种适用于人类社会之外的法,虽则相对而言,"礼"在社会中要比欧洲的自然法重要得多。当秩序和体系以及模式被看作是周行于整个自然界之中的时候;它们通常并不是作为"礼",而是作为道家的"道"或者理学家的"理",这两个哲

579

---

1) 参见本书第一卷,p.48。虽然"格物"一词在近代已被用来指称自然科学研究,但直到本世纪以前,这个词一般都包含对人事的研究。

2) Granet (2),pp.93,229。参见冯友兰[Fêng Yu-Lan (1),vol.2,p.85]对董仲舒的讨论。也可参见上文 pp.549ff.;君主们"仿效自然界而建立他们的法律"。

3) 关于这一点,我们将在本书第三卷第十九章末加以研究。这里有一件有趣的小事,我们还没有看到它以前曾引起人注意过:汉代法典共九章,称为《九章律》。汉代最重要的一部数学著作是《九章算术》,这或许只是偶合。难道在法律与算术之间可能有任何平行的观念吗?看来不大像有。

学原理都没有法学的内容[1]。

　　而且在欧洲,成文法又可以说是由于其精确的程式化而帮助了自然科学的成长。它之所以是令人鼓舞的,是由于这样一个观念,即与地上的立法者相对应,天上也一个立法者,他的命令通行于凡是有物质存在的任何地方。为了相信自然界有理性上的可理解性,西方人的头脑就不得不预先假定(或者发现最方便的就是预先假定)有一个至高无上者的存在,他本身是有理性的,并把这种可理解性安排在580　那里。中国人的头脑根本就不用这些措词去思想。皇帝陛下并不相当于一个立法的创世主,而是相当于一颗北极星,是宇宙间永远运动着的模式与和谐的焦点——那不是用手制造的,甚至也不是用上帝的手制造的。而模式是在理性上可以理解的,因为它就体现在人身上。

　　这使我们又回到了在本卷前面论述各个哲学学派的各章的结尾时所达到的结论。道家对于自然界虽然深感兴趣,却不相信理性和逻辑。墨家和名家完全相信理性和逻辑,但如果说他们对自然界感兴趣的话,那却只是为了实际的目的。法家和儒家则对自然界根本不感兴趣。可是我们发现,经验主义的自然观察家和理性主义的思想家之间的这一鸿沟,却没有达到欧洲历史上的那种地步。怀特海曾提示过,这也许是因为欧洲思想是如此之被有一个至高无上的创世主的观念所支配,他本身的合理性就保证了他所创造的世界的可理解性。不管人类现在的需要可能是什么,这样一个至高无上的上帝在当时却不可避免地必须是有人格的。而这在中国思想中是找不到的。即使在今天,中文的自然法则这一术语,即"自然法"(自然而然的法)、也是如此之毫无通融地保持着古代道家对一个有人格的上帝的否定态度,乃至它几乎成了一个自相矛盾的术语。

(4) 对神的各种不同概念

　　这里,我们不能研究古代中国对上帝的各种概念。关于这题目现在已有大量的文献,因为最近几个世纪以来,基督教传教士们就欧洲名词的正确翻译曾经进行过许多辩论[2]。由于当时汉学研究还处于其幼稚时期,所以这些文献大多数现在已没有它们写作时的价值了。我们知道,God 一词在中文里最古老的术语是"天"

---

　　1) 当然,汉学家们有时候不假思索地把"道"译为"法"(law),例如,佛尔克[Forke(4),vol.2,p.157]对王充所说的"天人同道"就是这样译的。德效骞[Dubs (19),p.272]也是如此。但我认为(正如上文 p.573 所指出的),这是绝对不能接受的。

　　2) 见 Cordier (2),pt.1,sect.xi,及附录。

或者"上帝",尽管也使用过其他名词,如庄周就用"宰"[1]。"天"(K361)无疑是(假设的一个神的)拟人形象的最古老的形式[2],而"帝"字(K877)也被认为是拟人的[Hopkins (11)],虽则近代的看法和吴大澂的一致,把它认为是描绘花楄和花根("蒂")的一个假借字。另一方面,据郭沫若的看法,"宰"字(K965)是表示屋顶下

K 361   K 877   K 965   K 382

的一个老人。关于在多大程度上古代中国把这些概念加以人格化,目前正进行着大量的汉学研究工作;但对于已经得到的各种结论,还很难加以总结[3]。在这一领域中有着许多理论:例如,有人认为,"上帝"是皇帝或青铜时代太王职能的一种先天化[Creel (3)];另有人认为,他是四季时序的人格化[Granet (4)],或是庄稼生长发育的"穀王"[Schindler (1)];第三种看法以费子智(C.P.Fitzgerald)为代表,把他和"天"都看成是原始祖先的象征。顾立雅[Creel (1)]提出一种现在为人普遍接受的见解,即在"上帝"与"天"这两个词中,"上帝"一词出现较早,和商代有关,而"天"字则毋宁说是晚周的名词。据傅斯年(2)的说法,在所有被考订过甲骨文中"上帝"一词只出现过一次,而在那里它指的是神话中商人的高祖帝嚳。我们所知道的商人祭祀习惯表明,祭品的大部分是供奉祖先的[陈梦家(2, 3)]。戴光仪[Tai Kuan-I (1)]认为,"上帝"这一名词是中国人从苗族人那里接收过来的。顾立雅指出,这个概念的最后含义是祖先群或群体,那和任何世间团体一样,已经是非人格的了[4]。但无论如何,有两点是清楚的:(1)在中国古代思想中,上帝的"非人格化"出现得这样早,而且走得这样远,以致于有一个神圣的天上立法者把法令强加于非人类的自然界这一观念从来就没有发展过;(2)中国人所曾知道的和崇拜的最高神灵,从来都不是希伯来人和希腊人那种意义上的创世主[5]。

　　这并不是对中国人来说,自然界就没有秩序,倒不如说它不是由一个有理性的人格神所规定的秩序;因此,他们也就没有这样一种信念,即有理性的人格神能够以其较低级的世俗语言说出他此前已经规定了的神圣法典。的确,道家会对这样一种观念加以藐视,认为这对他们所直觉到的宇宙的微妙性和复杂性是太幼稚

581

---

1) 参见上文 p.52。

2) 虽说罗马天主教教会采用了"天主"(天上的主人)一词。

3) 特别见 Schindler (2);Thien Chhin-Kang (1);Forke (13),pp. 30, 34;Grube (3)。

4) 参见那些使用了诸如"据认为……"之类措辞的信件。

5) 七十多年前,艾德[Eitel (3)]说过:"从无中创造出世界的观念,对中国人的思想来说始终完全是舶来品,以致于在中国语言中,没有什么字可以表示 *ex nihilo*(从无中)创造世界的观念。"

了[1]。有理性的人世上的人具有着另一种信仰;普遍的秩序是可理解的,因为他们自己就是由它所产生的。他们确实就是它那最高的组成模式——"天、地、人同此一理"[2],"仁者与天地为一体"[3],"圣贤与天、地三者为一"[4]。

极其有趣的是,近代科学自从拉普拉斯(Laplace)的时候起,就已经发现有可能完全不需要上帝这一假设来作为自然法则的基础,这甚而还是可取的;它在某种意义上就又回到了道家的观点。这就解答了道家这个伟大学派有那么多的著述之所以都带有一种出奇的近代腔调的原因。然而历史地看,自然科学不经过一个"神学"的阶段,究竟能否达到它目前的阶段,却始终是个问题。

当然,在近代科学的观点中,自然"法则"中的命令与职责的观念的残余已经不复存在了。正如卡尔·皮尔逊(Karl Pearson)在他著名的篇章中所说的,它们现在一般地被认为是只在一定的时间和地点才有效的统计规律性,它们是描述而不是规定。在用公式表达的科学定律中主观性的确切程度,从马赫(Mach)到爱丁顿的整个时期都曾经被人热烈地争论过,这些问题在这里不能涉及了。问题在于:除了科学在西方实际上所走过的道路而外,是不是还有任何别的道路可以达到这种统计规律性及其数学表达。那种认为产卵的雄鸡应该去法庭受到起诉的心理状态,在后来居然有能力产生出一个开普勒的一种文化里,难道是必要的吗?

(i) 结 论

因此,我们可以总结起来说,自然法则的概念之所以并没有能从中国的法学理论和实践中发展起来,有着如下几个原因:首先,中国人根据他们在从封建主义到官僚主义的过渡时期从法家那里得来的不良经验,对于精确总结出来的抽象的、法典化的法律有着一种极大的反感。其次,当官僚体制确立时,"礼"的旧有观念被证明要比任何别的观念更适合于典型型态的中国社会,因而,自然法的要素在中国社会要比在欧洲社会相对地变得更为重要。但它很少是用正式的法学词句表达出来的,而且它在内容上又是以社会和伦理占主导地位的;这一事实就使得它的影响范围不可能扩展到非人类的自然界。第三,虽然中国从最古的时代起就的确有过土

---

1) 也可以看到这样的事例,中国有些思想家也主张信仰"天"的人格,如张栻(1133—1180年),参见 Forke (9), p.263;但这只是些例外。庄子也常常讲到"造化者"或"造物者",但他的提法是诗意的,甚至带点嘲弄意味。见本书第二十三章。

2) 见上文 p.488。

3) 见上文 p.453。

4) 《中庸》第二十二章[Legge (2), p.280]。特别参见上文 p.281 及其间的互引。

生土长的有关上帝的观念，但他不久就失去了人格性和创造性。所以，本来由于一个自然界的创造者的合理性而能够加以描绘和重述的那种精确公式化的抽象法律的概念，在中国就没有出现。

中国人的世界观依赖于另一条全然不同的思想路线。一切存在物的和谐合作，并不是出自他们自身之外的一个上级权威的命令，而是出自这样一个事实，即他们都是构成一个宇宙模式的整体阶梯中的各个部分，他们所服从的乃是自己本性的内在的诫命。近代科学和有机主义哲学，连同它的各个综合层次，已经又回到了这种智慧上面来，并被对宇宙的、生物的和社会的进化的新理解所加强。然而，有谁能说牛顿的那个阶段不是一个有着根本重要性的阶段呢？而且最后，又总是有着中国的社会经济生活的环境，由这种环境中产生了刚才所提到的从封建主义到官僚主义的过渡，而且它不能不在每一步都制约着中国人民的科学和哲学。如果这些制约条件对科学基本上是有利的，那末本章中所考虑到的任何一种抑制性影响，无疑地都是会被克服的。对于那时中国所可能发展出来的自然科学，我们所能说的一切就只是：它必然是深刻地有机的而非机械的。

至于古代和中世纪中国各门科学学科的实际情况是怎样的，我们在下一卷就将开始叙述。

参 考 文 献[*]

缩略语表

A 1800 年以前的中文和日文书籍

B 1800 年以后的中文和日文书籍和论文

C 西文书籍和论文

说 明

1. 参考文献 A,现以书名的汉语拼音为序排列。

2. 参考文献 B,现以作者姓名的汉语拼音为序排列。

3. A 和 B 收录的文献,均附有原著列出的英文译名。其中出现的汉字拼音,属本书作者所采用的拼音系统。其具体拼写方法,请参阅本书第一卷第二章(pp.23ff.)和第五卷第一分册书末的拉丁拼音对照表。

4. 参考文献 C,系按原著排印。

5. 在 B 中,作者姓名后面的该作者论著序号,均为斜体阿拉伯数码;在 C 中,作者姓名后面的该作者论著序号,均为正体阿拉伯数码。由于本卷未引用有关作者的全部论著,因此,这些序号不一定从(1)开始,也不一定是连续的。

6. 在缩略语表中,对于用缩略语表示的中文书刊等,尽可能附列其中文原名,以供参阅。

7. 关于参考文献的详细说明,见于本书第一卷第二章(pp.20ff.)。

---

* 索介然、鹿通据原著编译。

缩 略 语 表

AA	Artibus Asiae		and Philology, Academia Sinica
A / AIHS	Archives internationales d' Histoire des Sciences (continuation of Archeion)		《中央研究院历史语言研究所集刊》
		AS / CJA	Chinese Journal of Archaeology (Academia Sinica)
AAL / RSM	Atti d. r. Accademia dei Lincei, (Rendiconti, Sci. Mor.)		《中国考古学报》(中央研究院，中国科学院)
AAN	American Anthropologist		
ABAW / PH	Abhandlungen d. bayerischen Akademie d. Wissenschaften, München (Phil.–hist.Klasse)	ASEA	Asiatische Studien; Etudes Asiatiques
		ASRZB	Annales de la Société royale zoologique de Belgique
ACF	Annuaire du Collège de France		
AEPHE / SSR	Annuaire de l' Ecole pratique des Hautes Etudes (Sect. des Sci. religieuses)	BA	Baessler Archiv (Beiträge z. Völkerkunde herauseg. a. d. Mitteln d. Baessler Instituts, Berlin)
AGMN	Archiv. f. d. Geschichte d. Medizin u. d. Naturwissenschaften (Sudhoff's)		
		BAFAO	Bulletin de l' Association Française des Amis de l' Orient
AHR	American Historical Review	BAISP	Bulletin de l' Académie impériale de St Petersbourg
AJP	American Journal of Philology		
AM	Asia Major	BCS	Bulletin of Chinese Studies (Chhêngtu)
AMG	Annales du Musée Gumet		
AMLN	Midland Naturalist		《中国文化研究汇刊》(成都)
AMM	American Mathematical Monthly	BCSH	Pai Chhuan Hsüeh Hai (Hundred Rivers Sea of Learning)
AMS	American Scholar		
AMSC	American Scientist		《百川学海》
AN	Authropos	BE / AMG	Bibliographie d' Etudes (Musée Guimet)
ANNB	Année Biologique		
AO	Acta Orientalia	BEFEO	Bulletin de l' Ecole Française de l' Extrême Orient
AP	Aryan Path		
APAW	Abhandlungen d. preussischen Akademie d. Wissenschaften zu Berlin	BEHE / PH	Bibliothèque de l' Ecole des Hautes Etudes (Philol. et Hist.)
		BIHM	Bulletin of the (Johns Hopkins) Institute of the History of Medicine
APDSJ	Archives de Philosophie du Droit et de la Sociologie juridique	BIOS	Abhandlungen z. theoretischen Biologie u. ihrer Geschichte sowie z. Philosophied. Organischen Naturwissenschaften
AP / HJ	Historical Journal, National Peiping Academy		
	《北平研究院史学集刊》		
ARLC / DO	Annual Reports of the Librarian of Congress (Division of Orientalia)	BJRL	Bulletin of the John Rylands Library (Manchester)
ARSI	Annual Reports of the Smithsonian Institute	BLSOAS	Bulletin of the London School of Oriental and African Studies
ARW	Archivf.Religionswissenschaft	BMFEA	Bulletin of the Museum of Far Eastern Antiquities (Stockholm)
AS	Année Sociologique		
AS / BIHP	Bulletin of the Institute of History	BNI	Bijdragen tot de taal–, land–, en

	volkenkunde v. Nederlandsch Indië		(Phil.—hist. Klasse)
BOR	Babylonian and Oriental Record		
BR	Biological Reviews	EE	Electrical Engineering
BSEIC	Bulletin de la Société des Etudes Indochinoises	EI	Encyclopaedia of Islam (ed. Houtsma et al.)
BSRBAP	Bulletin de la Société royale Belge d' Anthropologie et de Préhistoire	ENB	Ethnologisches Notizblatt (Kgl. Mus. f. Völkerkunde, Berlin)
BUA	Bulletin de l' Université de l' Aurore (Shanghai)	ENG	Engineering
		ER	Erasmus
BVSAW / PH	Berichte über d. Verhandlungen d. sächsischen Akademie d. Wissens-chaften zu Leipzig (Phil.—hist. Klasse)	ERE	Encyclopaedia of Religion and Eth-ics (ed. Hastings)
		ES	Encyclopaedia Sinica (ed. Couling)
CC	Chün Chung 《群众》	ESEJ	Etudes de Sociologie et d' Ethnologie Juridique (Institut de Droit Comparé)
CCS	Collectanea Commissionis Synoda-lis in Sinis	ESS	Encyclopaedia of Social Sciences (ed. Alvin Johnson)
CHJ	Chhing—Hua Hsüeh—Pao (Chhi-ng-Hua (Ts'ing—Hua Uni-versity) Journal) 《清华学报》	ETC	Etcetera; a Review of General Semantics
		ETH	Ethnos
CHLR	China Law Review	FASIE	France—Asie; Revue Mensuelle de Culture et de Synthèse Franco-Asiatique
CIB	China Institute Bulletin (New York)		
CIBA / M	Ciba Review (Medical History)	FEQ	Far Eastern Quarterly
CIMC / MR	Chinese Imperial Maritime Cus-toms (Medical Report Series)	FFC	Folklore Fellows Communications
		FJHC	Fu Jen (University) Hsüeh Chih 《辅仁学志》
CJ	Chinese Journal of Science and Arts	FLS	Folklore Studies (Peiping) 《民俗学志》(北平)
CKKSH	Chung—Kuo Kho—Hsüeh 《中国科学》	FM·NHP / AS	Field Museum of Natural History (Chicago) Publications; Anthro-pological Series
CLPRO	Current Legal Problems		
CMJ	China Medical Journal 《中华医学杂志》		
		GBA	Gazette des Beaux—Arts
CN	Centaurus	GGM	Geographical Magazine
CNRS	Centre Nationale de la Recherche Scientifique (Paris)	GHA	Göteborgs Högskolas Årskrift A
		GR	Geographical Review
CR	China Review	GUJ	Gutenberg Jahrbuch
CRAIBL	Comptes Rendus de l' Académie des Inscriptions et Belles—Lettres e	GWI	Geschichte in Wissenschaft und Unterricht
CRR	Chinese Recorder		
CSPSR	Chinese Social and Political Sci-ence Review	HH	Han Hiue (Han Hsüeh) : Bulletin du Centre d' Etudes Sinologiques (Franco—Chinois) de Pékin 《汉学》(北平中法汉学研究所)
D	Discovery		
DIO	Diogenes		
DVN	Dan Viet Nam	HITC	Hsüeh I Tsa Chih 《学艺杂志》
DWAW / PH	Denkschriften d. k. Akademie d. Wissenschaften, Wien (Vienna)	HJAS	Harvard Journal of Asiatic Studies

HMA	*Hermathena*	*JSI*	*Journal of Scientific Instruments*
HMSO	Her Majesty's Stationery Office (London)	*JTVI*	*Journal of the Transactions of the Victoria Institute*
HOS	*Harvard Oriental Series*	*JWCBRS*	*Journal of the West China Border Research Society*
HTR	*Harvard Theological Review*		
HWTS	*Han Wei Tshung-Shu* 《汉魏丛书》	*JWCI*	*Journal of the Warburg and Courtauld Institutes*
IHQ	*Indian Historical Quarterly*	*JWH*	*Journal of World History*
ILN	*Illustrated London News*	*KDVS / HFM*	*Kongelige Danske Videnskabernes*
IPR	Institute of Pacific Relations		*Selskab* (Hist.–filol. Meddelelser)
ISIS	*Isis*	*KHS*	*Kho-Hsüeh* 《科学》
JA	*Journal Asiatique*	*KS*	*Keleti Szemle*
JAFL	*Journal of American Folklore*	*KSP*	*Ku Shih Pien*
JAOS	*Journal of the American Oriental Society*		《古史辨》
		L	*Leonardo*
JBC	*Journal of Biological Chemistry*	*LG*	*Literary Guide*
JBTS	*Journal of the Buddhist Text Society*	*LHP*	*Lingnan Hsüeh-Pao* (Lingnan University Journal)
JEFDS	*Journal of the English Folk-Dance and Song Society*		《岭南学报》
		LQR	*Law Quarterly Review*
JEGP	*Journal of English and Germanic Philology*	*M*	*Mind*
JEM	*Journal of Experimental Medicine*	*MAAA*	*Memoirs of the American Anthropological Association*
JFI	*Journal of the Franklin Institute*		
JH	*Journal of Heredity*	*MBH*	*Medical Bookman and Historian*
JHI	*Journal of the History of Ideas*	*MCB*	*Mélanges Chinois et Bouddhiques*
JMH	*Journal of Modern History*	*MCHSAMUC*	*Mémoires concernant l' Histoire, les Sciences, les Arts, les Moeurs et*
JMLOL	*Journal of Mammalology*		
JOSHK	*Journal of Oriental Studies, Hongkong University*		*les Usages, des Chinois, par les Missionaires de Pékin, Paris, 1776–1814*
JP	*Journal of Philology*		
JPOS	*Journal of the Peking Oriental Society*	*MCM*	*Macmillan's Magazine*
		MCMU	*Memoirs of the Carnegie Museum (Pittsburgh)*
JPS	*Journal of Psychology*		
JRAI	*Journal of the Royal Anthropological Institute*	*MDGNVO*	*Mitteilungen d. deutschen Gesellschaft f. Natur- u. Völkerkunde Ostasiens*
JRAS	*Journal of the Royal Asiatic Society*		
		MHJ	*Middlesex Hospital Journal*
JRAS / NCB	*Journal of the North China Branch of the Royal Asiatic Society*	*MN*	*Monumenta Nipponica*
		MRASP	*Mémoires de l' Académie royale de Sciences (Paris)*
JRSA	*Journal of the Royal Society of Arts*		
		MRDTB	*Memoirs of the Research Dept. of Tüyü Bunko* (Tokyo)
JS	*Journal des Savants*		
JSCL	*Journal of the Society of Comparative Legislation*	*MS*	*Monumenta Serica*
		MSAF	*Mémoires de la Société (Nat.) des Antiquaires de France*
JSHB	*Journal Suisse d' Horlogerie et Bijouterie*		
		MSOS	*Mitteilungen d. Seminar f.*

	orientalischen Sprachen (Berlin)	*QBCB / E*	*Quarterly Bulletin of Chinese Bibliography* (English edition)
N	*Nature*		《图书季刊》(英文版)
NCR	*New China Review*	*QRSIACE*	*Quarterly Review of the Sun Yat-Sen Institute for the Advancement of Culture and Education*
NDL	*Notre Dame Lawyer*		
NGM	*National Geographic Magazine*		
NGWG / PH	*Nachrichten v. d. k. Gesellschaft d. Wissenschaften z. Göttingen* (Phil.–hist. Klasse)		
			《中山文化教育馆季刊》
NH	*Natural History*	*RHR / AMG*	*Revue de l' Histoire des Religions* (*Annales du Musée Guimet*)
NLIP	*Natural Law Institute Proceedings* (Notre Dame University)	*RMM*	*Revue de Métaphysique et de Morale*
NQCJ	*Notes and Queries on China and Japan*	*RP*	*Revue philosophique*
		RPLHA	*Revue de Philologie, Littérature et d' Histoire anciennes*
O	*Observatory*	*RR*	*Review of Religion*
OAA	*Orientalia Antiqua*		
OAZ	*Ostasiatische Zeitschrift*	*S*	*Sinologica*
OB	*Orientalistische Bibliographie*	*SA*	*Sinica*
OC	*Open Court*	*SAM*	*Scientific American*
OL	*Old Lore; Miscellany of Orkney, Shetland, Caithness and Sutherland*	*SBE*	*Sacred Books of the East* Series
		SBGAEU	*Sitzungsberichte d. berliner Gesellschaft f. Anthropol., Ethnol. und Urgeschichte*
OLL	*Ostasiatische Lloyd*		
OLZ	*Orientalische Literatur-Zeitung*	*SCI*	*Scientia*
OR	*Oriens*	SCM	Student Christian Movement
OSIS	*Osiris*	*SG*	*Shinagaku*
			《支那学》
P	*Politica*	*SHAW / PH*	*Sitzungsberichte d. Heidelberger Akademie d. Wissenschaften* (Phil.–hist. Klasse)
PA	*Pacific Affairs*		
PAAAS	*Proceedings of the American Academy of Arts and Sciences*	*SM*	*Scientific Monthly* (formerly *Popular Science Monthly*)
PBA	*Proceedings of the British Academy*	*SPAW / PH*	*Sitzungsberichte d. preussischen Akademie d. Wissenschaften* (Phil.–hist. Klasse)
PC	*People's China*		
	《人民中国》(英文版)		
PEW	*Philosophy East and West* (University of Hawaii)	SPCK	Society for the Promotion of Christian Knowledge
PHR	*Philosophical Review*	*SRIMR*	*Scientific Reports, Rockefeller Institute of Medical Research* (New York)
PL	*Philologus; Zeitschrift f. d. klass. Altertums*		
PM	*Presse Médicale*	*SS*	*Science and Society*
PNHB	*Peking Natural History Bulletin*	*SSE*	*Studia Serica* (West China Union University Library and Historical Journal)
PP	*Past and Present*		
PR	*Princeton Review*		
PRSM	*Proceedings of the Royal Society of Medicine*	*SW*	*Sociological World* (Yenching)
			《社会学界》(燕京)
		SWAW / PH	*Sitzungsberichte d. k. Akademie d.*

	Wissenschaften, Wien (Vienna) (Phil.–hist. Klasse)
SWJA	*Southwestern Journal of Anthropology* (U.S.A.)
SZUQB	*Szechuan University Quarterly Bulletin* 《四川大学季刊》
TAPS	*Transactions of the American Philosophical Society*
TAS / J	*Transactions of the Asiatic Society of Japan*
TFTC	*Tung Fang Tsa Chih* 《东方杂志》
TH	*Thien Hsia* (Shanghai) 《天下》(上海)
TMIE	*Travaux et Mémoires de l' Institut d' Ethnologie* (Paris)
TNS	*Transactions of the Newcomen Society*
TP	*T' oung Pao* 《通报》
TYG	*Tōyō Gakuho* 《东洋学报》
UPLR / ALR	*University of Pennsylvania Law Review and American Law Register*
VAG	*Vierteljahrsschrift d. astronomischen Gesellschaft*
VBW	*Vorträge d. Bibliothek Warburg*

VS	*Variétés Sinologiques*
WCYK	*Wèn Chè Yüeh Khan* (Literary and Philosophical Monthly) 《文哲月刊》
WHNP	*Wèn–Hsüeh Nien Pao* (Literary Annual) 《文学年报》
WR	*World Review*
WUJAP	*Wuhan University Journal of Arts and Philosophy* 《武汉大学文哲季刊》
YAHS	*Yenching Shih–Hsüeh Nien Pao* (*Yenching Annual of Historical Studies*) or *Yenching Historical Annual* 《燕京史学年报》
YCHP	*Yenching Hsüeh–Pao* (*Yenching Journal of Chinese Studies*) 《燕京学报》
YJSS	*Yenching Journal of Social Studies*
Z	*Zalmoxis; Revue des Eiudes religieuses*
ZAW	*Zeitschrift f. d. alttestamentliche Wissenschaft*
ZDMG	*Zeitschrift d. deutsch. morgenländischen Gesellschaft*
ZFE	*Zeitschrift f.Ethnologie*
ZVRW	*Zeitschrift f. d. vergleichende Rechtswissenschaft*

A. 1800 年以前的中文书籍

《鳌隅子歊歊琐微论》
Whispered Trifles by the Tree—stump Master
宋,约 1040 年
黄晞

《白虎通德论》
Comprehensive Discussions at the White Tiger Lodge
东汉,约 80 年
班固
译本: Tséng Chu—Sên (1)

《百川学海》
The Hundred Rivers Sea of Learning [a collection of separate books; the first tshung—shu (丛书)]
宋,12 世纪末或 13 世纪初
左圭辑

《保生心鉴》
Mirror of Medical Gymnastics
明,1506 年
胡文焕

《抱朴子》
Book of the Preservation—of—Solidarity Master
晋,4 世纪初
葛洪
部分译文: Feifel (1, 2); Wu & Davis (2), 等
TT / 1171—1173

《北溪字义》
(Chhen) Pei—Chhi's Analytic Glossary of (Neo—Confucian) Philosophical Terms
宋,约 1200 年
陈淳

《本草纲目》
The Great Pharmacopoeia
明,1596 年
李时珍
节译和释义本: Read 及其合作者 (1—7); Read & Pak (1),附索引

《本草纲目拾遗》
Supplementary Amplifications of the *Great Pharmacopoeia* (of Li Shih—Chen)
清,1769 年
赵学敏

《本草拾遗》
Omissions from Previous Pharmacopoeias
唐,约 725 年
陈藏器

《本起经》
Book of Origins
唐,9 世纪
作者不详

《避暑录话》
Conversations while Avoiding the Heat of Summer
宋,1156 年
叶梦得

《辩惑编》
Disputations on Doubtful Matters
元,1348 年
谢应芳

《辩疑志》
Notes and Queries on Doubtful Matters Thang.
唐
陆长源

《辨正论》
Discourse on Proper Distinctions
唐,约 630 年
法琳

《般若波罗蜜多经》
Prajñāpāramitā Sūtra; The Perfection of Wisdom
印度,约 3 世纪;汉译,5 世纪
作者不详
译本: Lamotte (1); Conze (4)

N / 19, 20, 935; TW / 220

《博古图录》(有时冠以"宣和"年号)

Illustrated Record of Ancient Objects [cata-
logue of the archaeological museum of the
emperor Hui Tsung]

宋,1111 年

王黼 等

《博物志》

Record of the Investigation of Things

(参见《续博物志》)

晋,约 290 年

张华

《卜筮正宗全书》

Encyclopaedia of Divination by the Torto-
ise-shell and the Milfoil

清,1709 年

王维德

《参同契》

The Kinship of the Three; or, The Accordance
(of the *Book of Changes*) with the
Phenomena of Composite Things

东汉,142 年

魏伯阳

译本: Wu & Davis (1)

《参同契考异》

A Study of the *Kinship of the Three*

宋,1197 年

朱熹(原托名邹䜣)

《草木子》

The Book of the Fading-like-Grass Master

明,1378 年

叶子奇

《策算》

On the Use of the Calculating-Rods

清,1744 年

戴震

《巢氏病源》

见《诸病源候论》

《成唯识论》

Vijñapti-mātratā-siddhi; Completion of the
Doctrine of Mere Ideation [by Vasubandhu
天亲, +5th century, and ten commentators]

印度,5 世纪后期

玄奘编译,唐,约 650 年

译本: de la Vallée Poussin (3)

TW / 1585

《池北偶谈》

Chance Conversations North of Chhih
(-chow)

清,1691 年

王士禛

《冲虚真经》

见《列子》

《崇有论》

Discourse on the Primacy of Being

晋,约 290 年

裴頠

《畴人传》

Biographies of (Chinese) Mathematicians
(and Scientists)

清,1799 年

阮元

附续编,罗士琳、诸可宝、黄钟骏等,载于
《皇清经解》卷一〇五九

《楚辞》

Elegies of Chhu (State)

周(窜有汉代作品),约公元前 300 年

屈原(和贾谊、严忌、宋玉、淮南小山等)

部分译文: Waley (23)

《船山遗书》

Collected Writings of Wang Fu-Chih
(Chhuan-Shan)

清,17 世纪下半叶; 19 世纪始刊行

王船山

《春秋》

Spring and Autumn Annals [i.e.Records of
Springs and Autumns]

周,鲁国编年史,公元前 722—481 年之间

作者不详

见: Wu Khang (1); Wu Shih-Chhang (1)

译本：Couvreur (1)，Legge (11)

《春秋繁露》

String of Pearls on the *Spring and Autumn An-
nals*

西汉，约公元前 135 年

董仲舒

见：Wu Khang (1)

部分译文：Wieger (2)；Hughes (1)；d'Hormon
（编）

《引得》第 4 号

《春秋纬汉含孳》

Apocryphal Treatise on the *Spring and Autumn
Annals; Cherished Beginnings of the Han
Dynasty*

西汉，公元前 1 世纪

作者不详

《春秋纬说题辞》

Apocryphal Treatise on the *Spring and Autumn
Annals; Discussion of Phraseology*

西汉，公元前 1 世纪

作者不详

《大般若波罗蜜多经》

见《般若波罗蜜多经》

《大戴礼记》

Record of Rites [compiled by Tai the Elder]

西汉，编定于东汉，80—100年传为戴德编；但可
能为曹褒编

见：Legge (7)

译本：Douglas (1)，R.Wilhelm (6)

《大孔雀咒王经》

Mahāmāyurī-vidyārā jñī Sūtra; Great Peacock
Queen of Spells

印度；汉译，唐代义净译

TW／985ff

《大明律》

Penal Code of the Ming Dynasty

明，1373 年

编者不详

《大清律例》

Penal Code of the Chhing Dynasty

清，1646 年

编者不详，以"钦定"名义刊行

译本：Staunton (1)；Boulais (1)

《大学》

The Great Learning [The Learning of
Greatness]

周，约公元前 260 年

传为曾参撰，但可能为孟子弟子乐正克撰

译本：Legge (2)；Hughes (2)

《大智度论》

Commentary on the *Prajñāpāramitā Sūtra*

见《般若波罗蜜多经》

《戴东原事状》

Some Account of Tai Chen (Tung-Yuan)

清

凌廷堪

《道德经》

Canon of the Virtue of the Tao

周，公元前 3 世纪

传为李耳（老子）撰

译 本：Waley (4)；Chhu Ta-Kao (2)；Lin
Yü-Thang (1)；Duyvendak (18)及其他

《道言内外秘设全书》

Complete Book of the Established Inner and
Outer Doctrines of the Tao [a compilation]

清，1717 年

编者不详

部分译文：Pfizmaier (81)

《道藏》

The Taoist Patrology [containing 1464 Taoist
works]

历代著作，宋代第一次汇辑并刊印，此后在金
（1186—1191 年）、元、明（1145 年、1598 年和
1607 年）都曾刊印

Wieger (6)有索引，关于该索引，见 Pelliot 的评
论

《引得》第 25 号

《登真隐诀》

Instructions for Ascending to the True Con-
cealed Ones

梁，5 世纪后期

陶弘景
TT / 418

《邓析子》
The Book of Kaster Têng Hsi
周,据说是公元前6—前3世纪作品(可能是晚至
    5世纪的作品)
译本: H. Wilhelm (2)

《洞霄图志》
Illustrated Description of the Tung Hsiao
    (Taoist Temple at Hangchow)
元
邓牧

《洞玄子》
Book of the Mystery-Penetrating Master
唐以前,可能为5世纪作品
作者不详
载于《双梅景阁丛书》
译本: van Gulik (3)

《读书记数略》
Register of   Numerical Categories
清,1707年
宫梦仁

《读通鉴论》
Conclusions on Reading the *Mirror of Univer-*
    sal History (of Ssuma Kuang)
清,17世纪后期
王船山

《度人经》
Canon on (the Guidance of) Man through the
    Stages of Birth and Rebirth
晋,4世纪初期
作者不详
部分译文: Gauchet (4)
TT / 1 and 78

《杜氏星案》
Astrological Opinions of Mr Tu
明,约1470年
杜全

《噩梦》
The Nightmare

清,17世纪后期
王船山

《尔雅》
Literary Expositor [dictionary]
周代材料,成书于秦和西汉
编者不详
郭璞增注(约300年)
《引得特刊》第18号

《二程粹言》
Essential Words of the Two Chhêng Brothers
    [Neo-Confucian philosophers]
宋,约1110年;合辑于1166年
程颐、程颢
(宋)胡寅编

《二程全书》
Complete Works of the Two Chhêng Brothers
    [Neo-Confucian philosophers]
宋,约1110年;合辑于1323年
程颐、程颢
(元)谭善心编

《二谛章》
Essay on the Theory of the Double Truth
    [dialectical logic]
隋,约610年
吉藏
TW / 1854

《法言》
Model Sayings
新莽,公元5年
扬雄
译本: von Zach (5)

《范子计然》
见《计倪子》

《方广大庄严经》
Lalitavistara Sūtra; Extended Account of the
    Sports of the Boddhisattva
印度,1世纪;汉译,5世纪
N / 159, 160; TW / 186, 187

《风俗通义》
Popular Traditions and Customs

东汉,175 年
应劭
《通检丛刊》之三

《复性书》
Essay on Returning to the Nature
唐,约 820 年
李翱

《高僧传》
Biographies of Famous (Buddhist) Monks
梁,519—554 年
慧皎
TW / 2059

《更生论》
On Reincarnation
北魏,6 世纪
罗君章

《功过格》
Examination of Merits and Demerits
唐,8 世纪
传为吕洞宾作

《公孙龙子》
The Book of Master kungsun Lung
(参见《守白论》)
周,公元前 4 世纪
公孙龙
译本:Ku Pao-Ku(1);Perleberg (1);Mei Yi-Pao (3)

《公羊传》
Master Kungyang's Commentary on the *Spring and Autumn Annals*
周(有秦、汉增益),公元前3世纪末和前2世纪初
传为公羊高撰,但更可能为公羊寿撰
见:Wu Khang (1)

《碧溪诗话》
River-Boulder Pool Essays [literary criticism]
宋,1168 年
黄彻

《古今姓氏书辨证》
Investigations of the Origins of Clan and Family Names, New and Old

宋,1134 年
邓名世

《古今伪书考》
Investigation into Forged Books, New and Old
清,约 1675 年
姚际恒

《古微书》
Old Mysterious Books [a collection of the apocryphal Chhan-Wei treatises]
(参见《七纬》)
时代不详,部分为西汉作品
(明)孙毂编

《古玉图》
Illustrated Description of Ancient Jade Objects
元,1341 年
朱德润

《古玉图谱》
Illustrated Record of Ancient Jades
归于宋代著作,1176年,但系伪书;初版,1712年
传为龙大渊撰
见:Pelliot (22)

《毂梁传》
Master kuliang's Commentary on the *Spring and Autumn Annals*
周(有秦、汉增益),公元前 3 世纪末和前 2 世纪初
传为毂梁赤撰

见:Wu Khang(1)

《观物篇》
Treatise on the Observation of Things
宋,约 1060 年
邵雍

《关尹子》
The Book of Master Kuan Yin
唐,742 年,可能为晚唐或五代
可能为田同秀撰

《管氏地理指蒙》
Mr Kuan's Geomantic Indicator

归于三国(3 世纪),但可能为唐代(8 世纪)

传为管辂撰

《管子》

The Book of Master Kuan

周和西汉;也许是稷下学派(公元前4世纪后期)
所编,部分采自较早的材料

传为管仲撰

部分译文:Haloun (2,5);Than Po-Fu 等

《广弘明集》

Further Collection of Essays on Buddhism.

(参见《弘明集》)

唐,约 660 年

道宣

《广释名》

The Enlarged *Explanation of Names*

(参见《释名》)

见参考文献 B:张金吾(*1*)

《归潜志》

On Returning to a Life of Obscurity

金,1235 年

刘祁

《鬼谷子》

Book of the Devil Valley Master

周,公元前4世纪?(可能某些部分为汉代或更晚
的作品)

作者不详

《国语》

Discourses on the (ancient feudal) States

晚周、秦和西汉,包括采自古代记录中的早期材
料

作者不详

《韩非子》

The Book of Master Han Fei

周,公元前 3 世纪初期

韩非

部分译文:Liao Wên-Kuei (1)

《韩昌黎先生全集》

Collected Works of Han Yü

(附五百家评注)

唐,824 年(此为 1761 年刊本)

韩愈

《鹖冠子》

Book of the Pheasant-Cap Master

本书内容很杂,成书于629年左右,如敦煌发现
的 MSS 之一所表明的。很多部分肯定是周
代(公元前 4 世纪)作品,而且大部分不晚于
汉代(2 世纪),但后来混入一些其他作品,其
中包括一份 4 世纪或 5 世纪的注释,这份注
释已成为该书的一部分,约占该书的七分之
一[Haloun (5),p.88],还包括一篇已佚的"兵
法书"

传为鹖冠子著

TT / 1161

《河南程氏遗书》

Collected Sayings of the Chhêng brothers of
Honan [Neo-Confucian philosophers]

宋,1168 年

朱熹编

《何首乌传》

Treatise on the Ho-shou-wu Plant (*Polyg-
onum multiflorum*, R576)

唐,约 840 年

李翱

《洪范五行传》

Discourse on the Hung Fan chapter of the *Shu
Ching* in relation to the Five Elements

西汉,约 10 年

刘向

《弘明集》

Collected Essays on Buddhism

(参见《广弘明集》)

南齐,约 500 年

僧祐

《后汉书》

History of the later Han Dynasty [+25 to +220]

刘宋,450 年

范晔;"志"为司马彪撰

部分译文:Chavannes (6,16);Pfizmaier (52,
53)

《引得》第 41 号

《花营锦阵》

Varied Positions of the Flowery Battle
明, 1610 年
作者不详
译本: van Gulik (3)

《华严经》
Buddha-avataṃsaka Sūtra; The Adornment of Buddha
印度; 汉译, 6 世纪
TW / 278, 279

《化胡经》
Book of (Lao Tzu's Conversions of) Foreigners
唐
作者不详

《化书》
Book of the Transformations (in Nature)
后唐, 约 940 年
传为谭峭撰
TT / 1032

《淮南子》
(=《淮南鸿烈解》)
The Book of (the Prince of) Huai Nan
[自然哲学概要]
西汉, 约公元前 120 年
淮南王刘安聚集学者集体撰写
部分译文: Morgan (1); Erkes (1); Hughes (1); Chatley (1); Wieger (2)
《引得》第 5 号
TT / 1170

《皇极经世书》
Book of the Sublime Principle which governs all Things within the World
宋, 约 1060 年
邵雍
TT / 1028

《黄帝九鼎神丹经诀》
Explanation of the Yellow Emperor's Nine-Vessel Divine-Drug Manual
唐或宋
作者不详
TT / 878

《黄书》
The Yellow Book
清, 17 世纪后期
王船山

《黄帝素问内经》
Pure Questions of the Yellow Emperor; The Canon of Internal Medicine
秦或汉
作者不详
部分译文: Veith (1)

《黄帝素问灵枢经》
Pure Questions of the Yellow Emperor; The Canon of the Spiritual Pivot [medical and physiological]
可能为唐, 8 世纪
作者不详

《黄帝宅经》
The Yellow Emperor's House-Siting Manual
刘宋, 5 世纪
王微

《晦庵先生朱文公集》
Collected Writings of Chu Hsi
宋, 约 1200 年
朱熹

《集古今佛道论衡》
Critical Collections of Discourses on Buddhist Doctrine in various Ages
唐, 661—664 年
见: Pelliot (8)
道宣
N / 1471; TW / 2104

《集古录》
Collection of Ancient Inscriptions
宋, 约 1050 年
欧阳修

《集古录跋尾》
Postscript to the *Collection of Ancient Inscriptions*
宋, 约 1060 年
欧阳修

《汲冢周书》
  The Books of (the) Chou (Dynasty) found in
    the Tomb at Chi
  见《逸周书》

《计倪子》
  (=《范子计然》)
  The Book of Master Chi Ni
  周,公元前 4 世纪
  传为范蠡(计然)撰

《计然》
  见《计倪子》

《霁山集》
  Poetical Remains of the Old Gentleman of Chi
    Mountain
  宋,13 世纪末
  林景熙

《金刚经》
  Vajracchedikā Sātra [Kumārajiva's Condensa-
    tion of the *Prajnapāramitā Sūtra*]；Dia-
    mond-cutter Sātra
  晋,405 年
  鸠摩罗什婆(Kumārajiva)
  N／10-15；TW／235ff.

《金光明最胜王经》
  Suvarṇa-prabhāsa Sūtra;   The   Gold-
    Gleaming
  印度;汉译,415 年
  N／127,130；TW／663ff.

《金楼子》
  Book of the Golden Hall Master
  梁,550 年
  萧绎(梁元帝)

《金瓶梅》
  Golden Lotus [novel]
  参见《续金瓶梅》
  明
  作者不详
  见:Hightower (1),p.95
  译本:Egerton (1)；Kuhn (2)

《晋书》

History of the Chin Dynasty (265-419)
  唐,635 年
  房玄龄等
  部分译文:Pfizmaier(54-57)

《近思录》
  Summary of Systematic Thought
  宋,1175 年
  朱熹、吕祖谦
  译本:Graf(1)

《靖康缃素杂记》
  Miscellaneous   Records   relating   to   the
    Ching-Khang reign-period (last year of the
    N／Sung dyn.+1126)
  宋,12 世纪初期
  黄朝英

《九鼎神丹经诀》
  见《黄帝九鼎神丹经诀》

《九章算术》
  Nine Chapters on the Mathematical Art
  东汉,1 世纪(包含西汉或许还有秦的许多材
    料)
  作者不详

《旧唐书》
  Old History of the Thang Dynasty (618—906)
  唐一五代,945 年
  刘昫

《橘录》
  Orange Record [citrus horticulture]
  宋,1178 年
  韩彦直
  译本:Hagerty (1)

《郡斋读书志》
  Memoir on the Authenticities of Ancient
    Books, by (Chhao Kung-Wu)
  宋,约 1175 年
  晁公武

《郡斋读书志附志》
  Supplement to Chhao Kung-Wu's Memoir on
    the Authenticities of Ancient Books
  宋,约 1200 年

赵希弁

《堪舆漫兴》
Agreeable Geomantic Aphorisms
明,约 1370 年
刘基

《亢仓子》
The Book of Master Khang Tshang
唐,745 年
王士元

《考工记》
The Artificers' Record
(《周礼》的一部分)
周和汉,可能原为齐国的官书,约成书于公元前
140 年
译本:E.Biot (1)

《考工记图注》
Illustrated Commentary on the *Artificers' Record* (of the *Chou Li*)
清,1746 年
戴震
载于《皇清经解》卷五六三、五六四

《考古图》
Illustrations of Ancient Objects
宋,1092 年
吕大临

《孔丛子》
The Book of Master Khung Tshung
可能为东汉或更晚的作品
传为孔鲋著

《孔子家语》
Table Talk of Confucius
东汉或三国,3 世纪初期(但所据材料较早)
王肃编
部分译文:Kramers (1);A.B.Hutchison (1);
de Harlez(2)

《困知记》
Convictions Reached after Hard Study
明,1531 年
罗钦顺

《瑯嬛记》
On the Cyclical Recurrence of World Catastrophes
辽,10 世纪
伊士珍

《老子衍》
Generalisations on Lao Tzu
清,17 世纪后期
王船山

《乐善录》
How Happiness comes to the Good
宋,11 世纪
李昌龄

《楞伽阿跋多罗宝经》
Laṅkāvatāra Sātra; The Entrance of the Good Doctrine into Lanka
印度,3 世纪;汉译,430、433 年
译本:D.T.Suzuki(2)
N / 175-7; TW / 670ff.

《礼记》
(=《小戴礼记》)
Record of Rites [Compiled by Tai the Younger]
西汉,约公元前50年;最早的文章可上溯到《论语》时代(约公元前 465—前 450 年)
戴圣编
见:Wu Shih-Chhang (1)
译本:Legge (7);Couvreur (3);R.Wilhelm (6)
《引得》第 27 号

《礼纬稽命徵》
Apocryphal Treatise on the *Record of Rites*; Investigation of Omens
西汉,公元前 1 世纪
作者不详

《理惑》
The Resolution of Doubts
东汉,192 年
牟子
译本:Pelliot (14)

《理学宗传》
General Chronicles of Philosophy [history of

the Neo—Confucian school]

清,约 1655 年

孙達奇

《蠡海集》

The Beetle and the Sea

(书名取自"蠡之目不可测大海",生物学书)

明,14 世纪后期

王逵

《李虚中命书》

Book of Fate (—Calculation) of Li
Hsü—Chung

唐,8 世纪

李虚中

《隶释》

Collection of Han Inscriptions

宋,1167—1181 年

洪适

《历代神仙通鉴》

Survey of the Lives of the Hsien in all Ages

(参见《神仙通鉴》)

清,1700 年

张继宗

《立世阿毗昙论》

Lokasthiti Abhidharma Śāstra; Philosophical
Treatise on the Preservation of the World
[astronomical]

印度;汉译,558 年

作者不详

N / 1297; TW / 1644

《梁书》

History of the Liang Dynasty (502—556)

唐,629 年

姚察及其子姚思廉

《列仙传》

Lives of Famous Hsien

(参见《神仙传》)

晋,3 或 4 世纪

传为刘向撰

译本: Kaltenmark (2)

《列子》

(=《冲虚真经》)

The Book of Master Lieh

周及西汉,公元前 5—前 1 世纪(古代佚文加上许
多新材料,约 380 年)

传为列御寇撰

译本: R.Wilhelm (4); L.Giles (4); Wieger (7)

TT / 663

《灵宝经》

Divine Precious Classic

三国(吴),约 250 年

葛玄

《灵枢经》

见《黄帝素问灵枢经》

《灵宪》

The Spiritual Constitution (or Mysterious
Organisation) of the Universe [cosmo—logi-
cal and astronomical]

东汉,约 120 年

张衡

《玉函山房辑佚书》卷七十六

《刘子》

The Book of Master Liu

北齐,约 550 年

可能为刘昼撰

TT / 1018

《六壬类集》

Classified Collections on (Divination by) the
Six Cardinal Points [geomancer's divin-
ing—board]

清,据唐代材料

作者不详

《六壬立成大全钤》

Complete Key Tables of (Divination by) the
Six Cardinal Points [geomancer's divin-
ing—board]

清,据唐代材料

作者不详

《六韬》

The Six Quivers [treatise on the art of war]

东汉,2 世纪;包含有早在公元前 3 世纪的材料

作者不详

见：Haloun (5)；L. Giles (11)

郑景望

《吕氏春秋》
Master Lü's Spring and Autumn Annals
（自然哲学概要）
周（秦），公元前 239 年
吕不韦聚集学者集体编撰
译本：R.Wilhelm (3)
《引得》第 2 号

《履斋示儿编》
Instructions and Miscellaneous Information
for the Use of Children of his own Family,
(by the Scholar of the) Right Comportment
Library
宋，1205 年
孙奕

《论语》
Conversations and Discourses. (of Confucius) ,
[perhaps Discussed Sayings, Normative Say-
ings, or Selected Sayings]；Analects
周（鲁），约公元前 465—前 450 年
孔子弟子编
（十六、十七、十八、二十章有后来窜入的部分）
译本：Legge (2)；Lyall (2)；Waley (5)；Ku
Hung-Ming (1)
《引得特刊》第 16 号

《论衡》
Discourses Weighed in the Balance
东汉，82 或 83 年
王充
译本：Forke(4)
《引得》第 1 号

《嬴族车记》
Record of the Class of Helical Machines
清，18 世纪后期
戴震

《珞璟子》
Book of the Bead-string Master
见《三命消息赋》

《蒙斋笔谈》
Essays from the Mêng Hall
宋，12 世纪

《孟子》
The Book of Master Mêng (Mencius)
周，约公元前 290 年
孟轲
译本：Legge (3)；Lyall (1)
《引得特刊》第 17 号

《孟子字义疏证》
Explanation of the Meanings of Mencian
Terms
清，1772 年
戴震

《梦溪笔谈》
Dream Pool Essays
宋，1086 年，最后一次续补，1091 年
沈括

《梦占逸旨》
Easy Explanation of the Principles of
Oneiromancy
明，1562 年
陈士元

《妙法莲华经》
Saddharma-puṇḍarīka Sūtra；The Lotus of the
Wonderful Law *u*
印度，约 200 年；汉译，5 世纪
译本：Soothill (3)
N／134, 136-9；TW／262ff.

《明道杂志》
Miscellany of the Bright Tao
宋，11 世纪后期
张耒

《明儒学案》
Schools of Philosophers of the Ming Dynasty
清，约 1700 年
黄宗羲、万斯同

《命书》
见《李虚中命书》

《墨经》
见《墨子》

《墨子》(包括《墨经》)
    The Book of Master Mo
    周,公元前 4 世纪
    墨翟及其弟子
    译本: Mei Yi-Bao (1); Forke (3)
    《引得特刊》第 21 号
    TT / 1162

《牟子理惑》
    见《理惑》

《穆天子传》
    Account of the Travels of the Emperor Mu
    周,公元前245年以前; 281年发现于魏安釐王
        (公元前 276—前 245 年)墓
    作者不详
    译本: Eitel (1); Chêng Tê-Khun (2)

《南华真经》
    见《庄子》

《南齐书》
    History of the Southern Chhi Dynasty [+479 to
        +501]
    梁; 520 年
    萧子显

《内经》
    见《黄帝素问内经》

《农书》
    Treatise on Agriculture
    宋,1149 年; 刊于 1154 年
    陈旉(道士)

《农书》
    Treatise on Agriculture
    元,1313 年
    王祯

《普曜经》
    Lalitavistara Sūtra; Extended Account of the
        Sports of the Boddhisattva
    印度,1 世纪; 汉译,5 世纪
    N / 160; TW / 187

《七纬》
    Seven (Chhan-) Wei (Apocryphal Treatises)

    (参见《古微书》)
    汉,可能为公元前 1 世纪
    (清)赵在翰编,1804 年

《奇器目略》
    Enumeration of Strange Machines
    清,1683 年
    戴榕

《千金方》
    The Thousand Golden Remedies [medical]
    唐,约 670 年
    孙思邈

《潜夫论》
    Complaint of a Hermit Scholar
    东汉,140 年
    王符

《前汉书》
    History of the Former Han Dynasty [-206 to
        +24]
    东汉,约 100 年
    班固,死后(92 年)由其妹班昭续撰
    部分译文: Dubs (2), Pfizmaier (32-4, 37-51),
        Wylie (2,3,10), Swann (1)等
    《引得》第 36 号

《潜虚》
    The Hidden Emptiness [*I Ching* (《易 经》)
        divination]
    宋,11 世纪
    司马光

《钦定古今图书集成》
    见《图书集成》

《钦定书经图说》
    The *Historical Classic* with Illustrations
    清(诏令编绘),1905 年
    孙家鼐等

《钦定四库全书简明目录》
    Abridged Analytical Catalogue of the Books in
        the *Ssu Khu Chhüan Shu* Encyclopaedia,
        made by imperial order
    清,1782 年
    (有两种版本: (a)纪昀编,内容涉及《提要》中几

乎所有的书；(b)于敏中编，内容只限于收录的书)

《钦定四库全书总目提要》
Analytical Catalogue of the Books in the *Ssu Khu Chhüan Shu* Encyclopaedia, made by imperial order
清，1782 年
纪昀总纂
杨家骆及 Yü & Gillis 分别编有索引
《引得》第 7 号

《钦定协纪辨方书》
Imperial Compendium of Astrology
清，1739 年
王允禄编

《清静经》
Canon of Pure Calm
三国(吴)，约 250 年
葛玄

《青囊奥旨》
Mysterious Principles of the Blue Bag (i.e.the Universe)[geomancy]
唐，约 880 年
传为杨筠松撰

《祛疑说纂》
Discussions on the Dispersal of Doubts
宋，约 1230 年
储泳

《泉志》
Treatise on Coinage [numismatics]
宋，1149 年
洪遵

《人物志》
The Study of Human Abilities
三国(魏)，约 235 年
刘劭
译本：Shryock (2)

《日知录》
Daily Additions to Knowledge
清，1673 年
顾炎武

《如实论》
Tarka-Śāstra[treatise on formal logic]
印度，5 世纪
天亲 (Vasubandhu)
真谛 (Paramārtha)汉译，梁，6 世纪初
N／1252；TW／1633

《三国志》
History of the Three Kingdoms [+220 to +280]
晋，约 290 年
陈寿
《引得》第 33 号

《三命通会》
Compilation of Material concerning the Three Kinds of Fate
明
万民英

《三命消息赋》
Essay on the Communications concerning the Three Kinds of Fate
宋，10 世纪
珞璟子
徐子平注释

《三字经》
Trimetrical Primer
宋，约 1270 年
王应麟

《搔首问》
Questions of a Head-Scratcher
清，17 世纪后期
王船山

《山海经》
Classic of the Mountains and Rivers
周，西汉
作者不详
部分译文：de Rosny (Ⅰ)
《引得》第 9 号

《商君书》
Book of the Lord Shang
周，公元前 4—前 3 世纪
传为公孙鞅撰
译本：Duyvendak (3)

《上方大洞真元妙经图》

Diagrams of the Mysterious Cosmogonic Classic of the Tung—Chen Scriptures

唐,740 年以前

作者不详

TT / 434

《上清洞真九宫紫房图》

Description of the Purple Chambers of the Nine Palaces of the Tung—Chen Heaven

(以小宇宙人体的各部分对应大宇宙的诸星)

宋,可能为 12 世纪

作者不详

TT / 153

《上清握中诀》

Explanation of the Highly Pure Method of Grasping the Central Ones

东汉(?)

传为范幼冲撰

TT / 137

《尚书大传》

Great Commentary of the Shang Shu chapters of the *Shu Ching*

(历史经典)

西汉,公元前 2 世纪

伏胜

《尚书纬璇玑钤》

Apocryphal Treatise on the *Historical Classic*; The Linchpin of the Polar Axis

西汉,公元前 1 世纪

作者不详

《申鉴》

Precepts Presented (to the Emperor)

东汉,约 190 年

荀悦

《神不灭论》

On the Indestructibility of the Soul

梁,约 500 年

郑道昭

《神灭论》

On the Extinction of the Soul

梁,484 年

范缜

《神通游戏经》

Lalitavistara Sūtra; *Extended Account of the Sports of the Boddhisallva*

印度,1 世纪;汉译,5 世纪

N / 159, 160; TW / 186, 187

《神仙通鉴》

Survey of the Lives of the Hsien

(参见《历代神仙通鉴》)

明,1640 年

薛大训

《神仙传》

Lives of the Divine Hsien

(参见《列仙传》及《续神仙传》)

晋,4 世纪初期

传为葛洪撰

《神相全编》

Complete Account of Physiognomical Prognostication

明,约 1400 年

袁珙、袁忠彻

《神异经(或记)》

Book of the Spiritual and the Strange

可能为 4 世纪或 5 世纪

传为东方朔撰

《慎子》

The Book of Master Shen

年代不详,可能为 2—8 世纪作品

传为慎到(周代思想家)撰

《生神经》

Canon on the Generation of the Spirits in Man

早于隋代,500 年以前

作者不详

译本:Gauchet(1)

TT / 162 and 315; comm. TT / 393—395

《圣门事业图》

Diagrams of Matters discussed in the Schools of the Sages

宋

李国纪

《诗经》

Book of Odes [ancient folksongs]

周,公元前 9—前 5 世纪

作者及编者不详

译本:Legge(1,8);Waley(1);Karlgren(14)

《诗疏》

Studies on the Book of Odes

唐,约 640 年

孔颖达

《尸子》

The Book of Master Shih

归于周代,公元前4世纪;可能为3世纪或4世纪
作品

传为尸佼撰

《石鼓文》

The Stone Drum Inscriptions

宋,约 1150 年

郑樵

《石徂徕集》

Shih(Chieh's)Encouraging Exhortations

宋,约 1045 年

石介

《十二杖法》

The Method of the Twelve Chang [geo-
mancy]

唐,约 880 年

传为杨筠松撰

《十三经注疏》

The Thirteen Classics with Collected Commen-
taries

始编于宋,12 世纪

黄唐编订

《史记》

Historical Record (down to−99)

西汉,约公元前 90 年

司马迁及其父司马谈

部分译文:Chavannes(1);Pfizmaier(13−36);
Hirth(2);Wu Khang(1);Swann(1)等

《引得》第40号

《释名》

Explanation of Names [dictionary]

东汉,约 100 年

刘熙

《世说新语》

New Discourse on the Talk of the Times
[notes of minor incidents from Han to chin]

(参见《续世说》)

刘宋,5 世纪

刘义庆

(梁)刘峻注

《事物纪原》

Records of the Origins of Affairs and Things

宋,约 1085 年

高承

《守白论》

A Treatise in Defence of (the Doctrine of)
Whiteness (and Hardness)

《公孙龙子》之别称,见《公孙龙子》

《书经》

Historical Classic [Book of Documents]

今文29篇主要为周代作品,一些部分可能为
商代作品;古文 21 篇为梅赜伪作(约 320
年),但利用了真古文的片段。前者中的 13
篇被认为是公元前 10 世纪的,10 篇为公元
前 8 世纪的,6 篇不早于公元前 5 世纪。某
些学者只承认 16 或 17 篇为孔子以前的作
品。

作者不详

见:Wu Shih−Chhang (1);Creel(4)

译本:Medhurst (1);Legge (1, 10);Karlgren
(12)

《书经图说》

见《钦定书经图说》

《叔苴子》

Book of the Hemp−seed Master

明,15 或 16 世纪

庄元臣

《鼠璞》

Rats and Jade

宋,约 1260 年

戴埴

《双梅景闇丛书》

Double Plum-Tree Collection [of ancient and medieval books and fragments on Taoist sexual techniques]

见参考文献 B: 叶德辉(1)

《水经注》

Commentary on the *Waterways Classic* [geographical account of rivers and canals greatly extended]

北魏,5世纪后期或6世纪前期

郦道元

《说文解字》

Analytical Dictionary of Characters

东汉,121年

许慎

《说苑》

Garden of Discourses

汉,约公元前20年

刘向

《思问录》

Record of Thoughts and Questionings

清,约1670年

王船山

《俟解》

Wait and Analyse

清,约1660年

王船山

《四库全书》等

见《钦定四库全书》等

《搜神记》

Reports on Spiritual Manifestations

晋,约348年

干宝

部分译文: Bodde(9)

《搜神后记》

Supplementary Reports on Spiritual Manifestations

晋,4世纪后期或5世纪初期

陶潜

《素女经》

Canon of the Immaculate Girl

汉

作者不详

《双梅景闇丛书》中有其片段

部分译文: van Gulik(3)

《素女妙论》

Mysterious Discourses of the Immaculate Girl

明,约1500年

作者不详

部分译文: van Gulik(3)

《素书》

Book of Pure Counsels

归于秦或西汉

传为黄石公撰

《素问灵枢经》

见《黄帝素问灵枢经》

《素问内经》

见《黄帝素问内经》

《隋书》

History of the Sui Dynasty [+581 to +617]

唐,636年(纪,传);656年(志,包括经籍志)魏征等

部分译文: Pfizmaier(61-65); Balazs (7,8); Ware(1)

《孙绰子》

The Book of Master Sun Chho

晋,约320年

孙绰

《宋论》

Discourse on the Sung Dynasty

清,17世纪后期

王船山

《宋书》

History of the (Liu) Sung Dynasty [+420 to +478]

南齐,500年

沈约

部分译文: Pfizmaier(58)

《宋司星子韦书》
Book of the Astrologer (Shih) Tzu-Wei of the State of Sung
周(宋),公元前 5 世纪初期
史子韦

《宋四子抄释》
Selections from the Writings of the Four Sung (Neo-Confucian) Philosophers
(不包括朱熹)
宋(明 1536 年刊本)
吕柟编

《宋遗民录》
Sung officials who refused to serve the Yuan Dynasty
明
程敏政

《宋元学案》
Schools of Philosophers in the Sung and Yuan Dynasties
清,约 1750 年
黄宗羲、全祖望

《胎息经》
Manual of Embryonic Respiration
时代不详
作者不详
TT / 127

《太极说》
Essay on the Supreme Pole
宋,约 1175 年
朱熹
译本:v. d. Gabelentz(2)

《太极图解义》
Descriptive Exposition of the *Diagram of the Supreme Pole*
宋,约 1175 年
朱熹
译本: Bruce(2)

《太极图说》
Explanation of the Diagram of the Supreme Pole
宋,约 1060 年

周敦颐
译本:v. d. Gabelentz(2);Forke (9);Bruce (2);Chou I-Chhing (1)

《太极图说解(或注)》
Philosophical Commentary on the *Explanation of the Diagram of the Supreme Pole*
宋,1173 年
朱熹
译本:v. d. Gabelentz(2);Chou I-Chhing (1)

《太平广记》
Miscellaneous Records collected in the Thai-Phing reign-period
宋,981 年
李昉编

《太平御览》
Thai-Phing reign-period Imperial Encyclopaedia
宋,983 年
李昉编
部分译文:Pfizmaier(84-106)
《引得》第 23 号

《太上感应篇》
Tractate of Actions and Retributions
宋,11 世纪初期
传为李昌龄撰
译本:Legge(5)
TT / 1153

《太上黄庭外景玉经》
Excellent Jade Classic of the Yellow Court
三国或晋,3 或 4 世纪
作者不详
TT / 329

《太上三天正法经》
Exalted Classic of the True Law of the Three Heavens
可能为晋,4 世纪以前
作者不详
TT / 1188

《太清导引养生经》
Manual of Nourishing the Life by Gymnastics
时代不详

作者不详
TT / 811

《太清神鉴》
The Mysterious Mirror of the Thai-Chhing Realm [treatise on physiognomy]
548 年命名,传为北周作品,约 955 年;可能为宋代作品传为王朴撰

《太玄经》
Canon of the Great Mystery
西汉,约 10 年
扬雄

《太一金华宗旨》
The Secret of the Golden Flower of the Great Unity
(道教的打坐入静指南,特别与金丹教派有关)
清,17 世纪
作者不详
载于《道藏续编》初集
译本:R. Wilhelm & Jung (1)

《唐律疏义》
Commentary on the Penal Code of the Thang Dynasty [imperially ordered]
唐,653 年
长孙无忌编

《唐语林》
Miscellanea of the Thang dynasty
宋,约 1107 年辑
王谠

《天地阴阳大乐赋》
Poetical Essay on the Supreme Joy
唐,约 800 年
白行简

《天对》
Answers about Heaven
唐,约 800 年
柳宗元

《天工开物》
The Exploitation of the Works of Nature
明,1637 年
宋应星

《天问》
Questions about Heaven [ode]
周,约公元前 300 年
屈原
译本:Erkes (8)

《天隐子》
Book of the Heaven-Concealed Master
唐,约 720 年
司马承贞

《通鉴纲目》
Essential Mirror of Universal History [the *Tzu Chih Thung Chien* (《资治通鉴》) Condenced]
宋,1189 年
朱熹及其学派
后有续编
部分译文:Wieger (1)

《通书》
见《易通书》

《通雅》
General Encyclopaedia
明和清,1636 年完成;1666 年刊行
方以智

《通元真经》
见《文子》

《通志》
Historical Collections
宋,约 1150 年
郑樵

《通志略》
Compendium of Information [Part of *Thung Chih* (《通志》,见上条)]

《图书集成》
Imperial Encyclopaedia
清,1726 年
陈梦雷等编
索引:L. Giles (2)

《王文成公全书》
Collected Works of Wang Yang-Ming
明,约 1550 年

王阳明

《唯识二十论》
Vijñapti-mātratā-siddhi Viṃśatikā; Treatise in Twenty Stanzas on Mere Ideation
印度,5世纪
天亲(Vasubandhu)撰,护法(Dharmapāla)注
玄奘汉译
译本:Hamilton(1)
TW / 1588ff.

《魏书》
History of the (Northern) Wei Dynasty [+386 to +550, including the Eastern Wei successor state]
北齐,554年;修订,572年
魏收
见:Ware(3). 其中一卷的译文见:Ware(1,4)

《文始真经》
见《关尹子》

《文选》
General Anthology of Prose and Verse
梁,530年
萧统(梁太子)编

《文子》
(=《通元真经》)
The Book of Master Wên
汉和汉以后,但肯定有先秦材料;可能在380年左右成为现在的形式
传为辛研(铏)撰

《无能子》
The Book of the Incapability Master
唐,887年
佚名道士
TT / 1016

《吴越春秋》
Spring and Autumn Annals of the States of Wu and Yüeh
东汉
赵晔

《五残杂变星书》
Book of the various Changes undergone by the Wu Tshan asterism [and seventeen other dangerous asterisms]
周或西汉
王作者不详

《五行大义》
Main Principles of the Five Elements
隋,约600年
萧吉

《西京杂记》
Miscellaneous Records of the Western Capital
梁或陈,6世纪中期
传为(西汉)刘歆或(晋)葛洪撰,但可能为吴均撰

《西铭》
The Inscription on the Western Wall (of his lecture-theatre)
宋,约1066年
张载
译本:Eichhorn(3)

《洗冤录》
The Washing Away of Wrongs [treatise on forensic medicine]
宋,1247年
宋慈
部分译文:H. A. Giles(7)

《象山全集》
Collected Writings of Lu Chiu-Yuan (Hsiang-Shan)
宋,约1200年
陆象山

《小戴礼记》
见《礼记》

《笑道论》
Taoism Ridiculed
北周,6世纪
甄鸾

《孝经》
Filial Piety Classic
秦或西汉
传为曾参(孔子弟子)撰

译本: de Rosny (2); Legge(1)

《协纪辨方书》
　　见《钦定协纪辨方书》

《蟹略》
　　Monograph on the Varieties of Crabs
　　宋, 约 1185 年
　　高似孙

《新论》
　　New Discussions
　　东汉, 约 20 年
　　桓谭

《新唐书》
　　New History of the Thang Dynasty [+618 to
　　　+906]
　　宋, 1061 年
　　欧阳修及宋祁
　　部 分 译 文: Partial trs. des Rotours(1, 2);
　　　Pfizmaier(66—74)
　　《引得》第 16 号

《心史》
　　History of Troublous Times
　　元, 但 1638 年以后才发现
　　郑思肖 (所南)

《星命溯源》
　　Astrology traced back to its Origins
　　唐, 8 世纪
　　张果

《星命总括》
　　General Descriptions of Stars and their Por-
　　　tents
　　辽, 约 1040 年
　　耶律纯

《星宗》
　　The Company of the Stars
　　唐, 732 年
　　张果

《形尽神不灭》
　　The Destructibility of the (Bodily) Form and
　　　the Indestructibility of the Spirit

晋, 约 400 年
慧远

《性理辨疑》
　　Doubts and Discussions concerning the
　　　Hsing-Li(Neo-Confucian)Philosophy
　　明, 约 1600 年
　　杨东明

《性理大全(书)》
　　Collected Works of (120) Philosophers of the
　　　Hsing-Li (Neo-Confucian) School [Hsing
　　　=Human Nature; Li=the Principe of
　　　Organisation in all Nature]
　　明, 1415 年
　　胡广等

《性理精义》
　　Essential Ideas of the Hsing-Li (Neo-Conf
　　　ucian) School of Philosophers
　　清, 1715 年
　　李光地

《刑统》
　　Legal Code
　　宋, 959 年; 官方采用, 963 年
　　窦仪

《刑统赋》
　　Legal Code in Mnemonic Rhyme
　　宋, 约 1180 年
　　傅霖

《歔欷琐微论》
　　见《鹝隅子歔欷琐微论》

《续博物志》
　　Supplement to the *Record of the Investigation
　　　of Things*
　　(参见《博物志》)
　　宋, 12 世纪中期
　　李石

《续金瓶梅》
　　Golden Lotus, continued [novel]
　　(参见《金瓶梅》)
　　清, 17 世纪
　　紫阳道人
　　译本: Kuhn(1)

《续神仙传》

Supplementary Lives of the Hsien

（参见《神仙传》）

唐

沈汾

《续世说》

Continuation of the *Discourses on the Talk of the Times*

（参见《世说新语》）

宋，约 1157 年

孔平仲

《续幽怪录》

Supplementary Record of Things Dark and Strange

唐，约 850 年

李复言

《宣和博古图录》

见《博古图录》

《玄都律文》

Code of the Mysterious Capital [organisation of the Taoist Church]

归于晋

作者不详

TT / 185

《玄女经》

Canon of the Mysterious Girl

汉

作者不详

《双梅景闇丛书》中有其片段

部分译文：van Gulik (3)

《学古编》

On our Knowledge of Ancient Objects [seal inscriptions]

元，1307 年

吾丘衍

《荀子》

The Book of Master Hsün

周，约公元前 240 年

荀卿

译本：Dubs (7)

《颜氏家训》

Mr Yen's Advice to his Family

隋，约 590 年

颜之推

《盐铁论》

Discourses on Salt and Iron [record of the debate on State control of commerce and industry of−81]

西汉，约公元前 80 年

桓宽

部分译文：Gale (1)；Gale, Boodberg & Lin

《演连珠》

The String of Pearls Enlarged

晋，约 290 年

陆机

《阳明先生集要》

Selected Works of (Wang) Yang−Ming

明，约 1600 年

王阳明

部分译文：Henke (2)

《养生延命录》

On Delaying Destiny by Nourishing the Life

唐以前或唐初，5 或 7 世纪

作者不详

TT / 83I

《夜行烛》

Candle in the Night

明，约 1390 年

曹端

《医心方》

The Heart of Medicine

（部分中日古籍的汇集）

日本，982 年 (1854 年以前未刊行)

丹波康赖 (Tamba no Yasuyori)

《夷夏论》

Discourse on the Barbarians and the Chinese

刘宋

顾欢

《疑狱前集》

First Collection of Doubtful Law Cases

五代,907—940 年

和凝

《疑狱后集》

Second Collection of Doubtful Law Cases

五代,940—960 年

和㠓

《易经》

The Classic of Changes [Book of Changes]

周,有汉代增益

编者不详

见:Li Ching-Chhih(1,2);Wu Shih-Chhang
(1)

译本:R. Wilhelm(2),Legge(9),de Harlez(1)

《引得特刊》第 10 号

《易洞林》

Grottoes and Forests of the (Book of)
Changes [divination]

晋,约 300 年

郭璞

《易林》

Forest of Symbols of the (Book of)
Changes [for divination]

西汉

焦赣

《易龙图》

The Dragon Diagrams of the (Book of)
Changes

五代,约 950 年

陈抟

《易数钩隐图》

The Hidden Number-Diagrams in the (Book
of)Changes Hooked Out

宋,10 世纪初期

刘牧

《易通书》

Fundamental Treatise on the (Book of)
Changes [Neo-Confucian philosophy]

宋,约 1055 年

周敦颐

译本:Chou I-Chhing(1);Eichhorn(1)

《易图明辨》

Clarification of the Diagrams in the (Book of)
Changes [historical analysis]

清,1706 年

胡渭

《易纬稽览图》

Apocryphal Treatise on the (Book of)
Changes;Consultation Charts

西汉,公元前 1 世纪

作者不详

《易纬乾凿图》

Apocryphal Treatise on the (Book of)
Changes;a Penetration of the Regularities
of Chhien (the first Kua)

西汉,公元前 1 世纪

作者不详

《易纬通卦验》

Apocryphal Treatise on the (Book of)
Changes;Verifications of the Powers of the
Kua

西汉,公元前 1 世纪

作者不详

《易传》

Record of Symbols in the (Book of)Changes
[for divination]

西汉,约公元前 30 年

京房

《易传》

Explanations of the (Book of)Changes

北魏,约 490 年

关朗

《易学启蒙》

Introduction to Knowledge of the (Book of)
Changes

宋,1186 年

朱熹

《逸周书》

(=《汲冢周书》)

Lost Books of Chou

周,约公元前3世纪;据《隋志》,218年发现于安
釐王墓,但此说可疑

作者不详

《意林》
Forest of Ideas [philosophical encyclopaedia]
唐
马总
TT／1244

《阴符经》
Harmony of the Seen and the Unseen
唐,8 世纪
李筌
译本:Legge(5)

《尹文子》
The Book of Master Yin Wên
归于周,可能为汉,含有战国时期的材料
传为尹文撰
部分译文:Masson-Oursel & Chu Chia-Chien

《营造法式》
Treatise on Architectural Methods
宋,1097 年;刊行,1103 年;修订版,1145 年
李诫

《渔樵问对》
Conversation of the Fisherman and the Wood-
cutter
宋,约 1070 年
邵雍

《郁离子》
The Book of Master Yu Li
元,约 1360 年
刘基

《玉房秘诀》
Secret Instructions concerning the Jade Cham-
ber
隋以前,可能为 4 世纪
作者不详
《双梅景闇丛书》中有其片段
部分译文:van Gulik(3)

《玉房指要》
Important Matters of the Jade Chamber
隋以前,可能为 4 世纪
作者不详

仅存于《医心方》中
部分译文:van Gulik(3)

《玉枢经》
Canon of the Jade Pivot
元,13 世纪
作者不详

《玉照定真经》
True Manual of Determinations by the Jade
Shining Ones [astrology]
归于晋,约 300 年,更可能为宋
传为郭璞撰,更可能为张颙撰

《玉照神应真经》
见《玉照定真经》

《寓简》
Allegorical Essays
宋
沈作喆

《元经》
Treatise on Origins [chronicle history +290 to
+589 in the style of the *Spring and Autumn
Annals*]
隋,约 600 年
传为王通撰,但更可能为阮逸(11 世纪)撰

《元史》
History of the Yuan(Mongol) Dynasty [+1206
to +1367]
明,约 1370 年
宋濂等
《引得》第 35 号

《元真子》
The Book of the Original-Truth Master
唐,约 770 年
张志和

《原人论》
Discourse on the Origin of Man
唐,约 800 年
何宗密
译本:Haas(1)
N／1594,TW／1886

《原善》
On Original Goodness
清, 1776 年
戴震

《原性》
Essay on the Origin of (Man's) Nature
唐, 约 800 年
韩愈
译本: Legge (3)

《云笈七签》
Seven Bamboo Tablets of the Cloudy
Satchel [a great Taoist collection]
宋, 1019 年
张君房
TT / 1020

《葬书》
Burial Book
归于晋, 4 世纪
传为郭璞撰

《宅经》
见《黄帝宅经》

《战国策》
Records of the Warring States
秦
作者不详

《肇论》
Discourses of Brother Chao
(辩证的哲学, 借助道家思想解释佛教的"中论"
学说)
晋, 约 400 年
僧肇
译本: Liebenthal (I)
TW / 1858

《折狱龟鉴》
Tortoise Mirror of Case Decisions
宋
郑克

《真诰》
True Reports
梁, 6 世纪初, 但其中最早的材料可溯至 365 年

陶弘景

《政论》
On Government
东汉, 155 年
崔寔

《正蒙》
Right Teaching for Youth
宋, 约 1076 年
张载

《正蒙注》
Commentary on the Right Teaching for Youth
(of Chang Tsai)
清, 约 1650 年
王船山

《郑氏星案》
Astrological opinions of Mr Chêng
元
郑希诚

《治蝗全法》
Complete Handbook of Locust Control
见参考文献 B: 顾彦 (I)

《中观论疏》
Commentary on the Mādhyamika Śāstra
(含有晋代佛教哲学资料)
隋, 约 615 年
吉藏
TW / 1824

《中论》
Discourse on the Middle Way
(龙树的《中论》译本, 论辩证逻辑) 印度, 约 120
年
鸠摩罗什 (Kumārajiva) 汉译, (晋) 409 年
译本: Stcherbatsky (2); Walleser (2)
N / 1179; TW / 1564

《中庸》
Doctrine of the Mean
周 (秦、汉时有增益), 公元前4世纪, 附有公元前
3 世纪材料
传为孔伋 (子思) 撰
译本: Legge (2); Lyall & Ching Chien-Chün

（Ⅰ）；Hughes（2）

《种树郭橐驼传》
The Story of Camel-Back Kuo the
Fruit-Grower
唐，约 800 年
柳宗元

《周礼》
Record of the Rites of（the）Chou（Dynasty）
［descriptions of all government official
posts and their duties］
西汉，可能含有采自晚周的一些材料
编者不详
译本：E. Biot（1）

《周易》
见《易经》

《周易本义》
The Basic Ideas of the *Book of Changes*
宋，1177 年
朱熹

《周易参同契》
见《参同契》

《周易集解》
Collected Commentaries on the *Book of Changes*
唐，740—900 年之间
李鼎祚

《周易略例》
Outline of the System used in the *Book of Changes*
三国，约 240 年
王弼

《周易外传》
Commentary on the *Book of Changes*
清，约 1670 年
王船山

《朱子全书》
Collected Works of Chu Hsi
宋（明代编，1713 年初刊）
朱熹

（清）李光地编
部分译文：Bruce（1）；le Gall（1）

《朱子文集》
Selected Writings of Chu Hsi
宋
朱熹
（清）朱玉编

《朱子学的》
What Chu Hsi was aiming at in his Philosophy
明，约 1475 年
丘濬编

《朱子语类》
Classified Conversations of Chu Hsi
宋，约 1270 年
朱熹
（宋）黎靖德编

《竹书纪年》
The Bamboo Books［annals］
周，公元前295年以前，此部分为真本［281年发现于魏安釐王（公元前 276—245 年）墓］
作者不详
译本：E. Biot（3）

《诸病源候论》
Discourses on the Origin of Diseases［systematic Pathology］
隋，约 607 年
巢元方

《诸子辨》
Discussions on the（Authenticity of）the Writings of the（Ancient）Philosophers
元，1358 年
宋濂

《庄子》
（=《南华真经》）
The Book of Master Chuang
周，约公元前 290 年
庄周
译本：Legge（5）；Fêng Yu-lan（5）；Lin Yü-Thang（1）；Wieger（7）

《庄子解》

An Interpretation of *Chuang Tzu*
清，17 世纪后期
王船山

《子华子》
Book of Master Tzu–Hua
宋，11 世纪初
程本(托名)

《遵生八笺》
Eight chapters on Putting Oneself in Accord
    with the Life Force
明，1591 年
高濂
节译：Dudgeon(I)

《左传》
Master Tsochhiu's Enlargement of the *Chhun
    Chhiu* (*Spring and Autumn Annals*)
周，编于公元前430—前250年之间，但有秦、汉
    时儒家学者(特别是刘歆)的增益和窜改。叙
    述公元前 722—前 453 年间之事。春秋三传
    中之最大者。其余二传为《公羊传》和《穀梁
    传》，但与此不同。可能原为独立的史书
传为左邱明撰
见：Karlgren(8)；Maspero(1)；Chhi Ssu—Ho
    (1)；Wu Khang (1)；Wu Shih—Chhang(1)；
    Eberhard, Müller & Henseling
译本：Couvreur(1)；Legge(11)；Pfizmaier(1—
12)

B. 1800 年以后的中文和日文书籍和论文

安田二郎 (Yasuda, Jirō) (*1*)

朱子の存在論に於けろ〈理〉の性質について

The Concept of Li in Chu Hsi's Ontology and Philosophy of Nature

《支那学》，1939 年，**9**, 629

常盘大定 (Tokiwa, Daijo) (*1*)

道教概説

Outline of Taoism

《东洋学报》，1920 年，**10** (no.3)，305

常盘大定 (*2*)

道教發達史概説

General Sketch of the Development of Taoism

《东洋学报》，1921 年，**11** (no. 2)，243

陈梦家 (*1*)

五行之起源

On the Origin of the (Theory of the) Five Elements

《燕京学报》，1938 年，**24**, 35

陈梦家 (*2*)

古文字中之商周祭祀

Sacrifices in the Shang and Chou periods as seen in ancient inscriptions

《燕京学报》，1936 年，**19**, 91

陈梦家 (*3*)

商代的神话与巫术

Myths and Witchcraft of the Shang period

《燕京学报》，1936 年，**20**, 486

陈槃 (*1*)

古谶纬书录解题

Remarks on some Works of the Occult Science of Prognostication in Ancient China (the Chhan-Wei or Weft Classics)

《中央研究院历史语言研究所集刊》，1945年，**10**, 371; 1947 年，**12**, 35

陈槃 (*2*)

古谶纬书录解题

Further Remarks on Some Works of the Occult Science of Prognostication in Ancient China

《中央研究院历史语言研究所集刊》，1948年，**17**, 59; 1950 年，**22**, 85

陈槃 (*3*)

谶纬释名

The Origin of the Name Chhan-Wei

《中央研究院历史语言研究所集刊》，1946年，**2**, 267

陈槃 (*4*)

谶纬溯源

The Origin of the (content of the) Chhan-Wei (Weft Classics) [attempted recon struction of a text of Tsou Yen]

《中央研究院历史语言研究所集刊》，1946年，**2**, 317

参见 W. Eberhard, *OR*, 1949 年，**2**, 193

陈槃 (*5*)

古谶纬全佚书存目解题

Remarks on Some Lost Works of the Occult Science of Prognostication in Ancient China

《中央研究院历史语言研究所集刊》，1947年，**12**, 53; 1948 年，**17**, 65

陈槃 (*6*)

谶纬命名及其相关之诸问题

Divinatory Terms and Kindred Questions

《岭南学报》，1949 年，**10** (no.1)，19

陈槃 (*7*)

战国秦汉间方士考论

Investigations on the Magicians of the Warring States, Chhin and Han periods

《中央研究院历史语言研究所集刊》，1948年，**17**, 7

陈寅恪 (*1*)

《陶渊明之思想与清谈之关系》

The Thought of Thao Yuan-Ming in relation to the 'Philosophic Wit' Schools

哈佛燕京学社，北平，1945 年

程树德(1)

《九朝律考》

Investigation on the Laws of the Nine Dynasties

上海,1927年

范寿康(1)

《魏晋的清谈》

'Philosophic Wit' in the Wei and Chin dynasties (+3rd and +4th centuries)

商务印书馆,上海,1936年

另见《武汉大学文哲季刊》,1936年,5,237

英文提要:CIB,1936年,1,19

冯友兰(1)

《中国哲学史》

History of Chinese Philosophy (2 vols.)

神州国光社,上海,1931年(仅1卷)

商务印书馆,上海、长沙,1934年;第二版,1941年

译本:Bodde

续编,《中国哲学史补》,商务印书馆,上海,1936年,收录15篇论文;D. Bodde 提要,见 Fêng-Yu-Lan(I),第一卷,第二版

冯友兰(2)

孔子在中国历史中之地位

The Place of Confucius in Chinese History

《燕京学报》,1927年,2,233

《古史辨》,1930年,2,194

冯友兰(3)

原儒墨

On the Origin of the Confucians and Mohists

《清华学报》,1935年,10,279

英文提要:GIB,1936年,1,1

冯友兰(4)

原名法阴阳道德

On the Origins of the Logicians, the Legalists, the Naturalists, and the Taoists [refuting the 'Ministries' legend; cf. Hu Shih(6)]

《清华学报》,1936年,11,279

英文提要:CIB,1936年,1,1

傅斯年(1)

谁是《齐物论》之作者?

Who wrote the 'Essay on the Identity of Contraries' (in Chuang Tzu)?

《中央研究院历史语言研究所集刊》,1936年,6,557

英文提要:CIB,1937年,1,46

傅斯年(2)

《性命古训辩正》

A Critical Study of the Traditional Theories of Human Nature and Destiny

2卷

商务印书馆,上海,1940年

《中央研究院历史语言研究所单刊》,乙种,no.5

高亨(1)

《老子正诂》

Establishment of the text of the Tao Tê Ching

开明,上海,1943年;再版,1948年

高楠顺次郎、渡边海旭(Takakusu, Junjiro & Watanabe, Kaigyoku)(1)(编)

《大正新修大藏经》

The Chinese Buddhist Tripitaka

55卷

东京,1924—1929年

两人编有目录,《法宝义林》附册,日佛会馆,东京,1931年

顾颉刚(1)

《汉代学术史略》

Outline History of Learning in the Han Dynasty

东方,重庆,1944年

顾颉刚(2)

《古史辨》

Discussions on Ancient History and Philosophy [a collective work]

第1—3,5册

朴社,北平,1916—1931年,1935年

顾颉刚(3)

春秋时代的孔子和汉代的孔子

The Confucius of the Spring and Autumn Annals Period and the Confucius of the Han Dynasty

《古史辨》,1930年,2,130

英文提要:CIB,1938年,3,85

顾颉刚 (*4*)

诗经在春秋战国间的地位

The Place of the *Book of Odes* in the Spring
and Autumn and Warring States Periods

《古史辨》, 1931 年, **3**, 309

英文提要: CIB, 1938 年, **3**, 75

顾颉刚 (*5*)

与钱玄同先生论古史书

On (the Legendary Element in) Ancient
(Chinese) History— two letters to Chhien
Hsüan-Thung

《古史辨》, 1926 年, **1**, 59

英文提要: CIB, 1938 年, **3**, 67

顾颉刚 (*6*)

五德终始说下的政治和历史

The Theories of the Rise and Fall of the Five
Elements in relation to Government and
History

《清华学报》, 1930 年, **6**, 71

摘要: W. Eberhard, *SA*, 1931 年, **3**, 136

顾颉刚 (*7*)

禅让传说起于墨家考

The Origin of the Voluntary Abdication Leg-
ends from the Mohist School

《北平研究院史学集刊》, 1936 年, **1**, 163

英文提要: CIB, 1936 年, **1**, 2

顾立雅 (Creel, H. G.) (*1*)

释天

On the Meaning and Origin of the word
'Heaven'

《燕京学报》, 1935 年, **18**, 59

顾彦 (*1*)

《治蝗全法》

Complete Handbook of Locust Control

皖城, 1857 年

郭沫若 (*1*)

《十批判书》

Ten Critical Essays

群益出版社, 重庆, 1945 年

郭沫若 (*2*)

《青铜时代》

On the Bronze Age (in China)

上海, 1946 年; 再版, 1947 年, 1951 年

洪业 (*1*)

礼记引得序

On the Dates of Compilation of the *Li
Chi* and *Ta Tai Li Chi*

哈佛燕京学社《引得》第 27 号

侯外庐 (*1*)

《中国古代思想学说史》

Historical Reflections on Ancient Chinese Phi-
losophy

间风书局, 重庆和贵阳, 1944 年

侯外庐 (*2*)

《船山学案》

The Teachings of Wang Chhuan-Shan

三友书店, 重庆, 1944 年

侯外庐、纪玄冰 (*1*)

五世纪末唯物论者范缜研究

On the Materialism of Fan Chen at the end of
the Fifth Century

《中国科学》, 1950 年, **1**, 255

胡适 (*2*)

谈谈诗经

On the *Book of Odes*

《古史辨》, 1931 年, **3**, 576

英文提要: CIB, 1938 年, **3**, 72

胡适 (*3*)

先秦诸子进化论

Theories of Evolution in the Philosophers be-
fore the Chhin Period

《科学》, 1917 年, **3**, 19

胡适 (*4*)

《中国哲学史大纲》

History of Chinese Philosophy (vol.I)

上海, 1919 年

胡适 (*5*)

清代汉学家的科学方法

The Scientific Method of the Scholars of the
'Han Learning' School in the Chhing Dyn-
asty

《科学》,1920 年,**5**,(no.2),125; (no.3),221

胡适(6)

诸子不出于王官论

The Philosophers did not come from the Imperial Ministries

《古史辨》,1933 年,**4**,1

英文提要:CIB,1938 年,**3**,80

胡适(8)

说儒

On the Ju (Confucians)

《中央研究院历史语言研究所集刊》,1934年,**4**,233

英文摘要:CIB,1936 年,**1**,1

胡适(9)

清代学者的治学方法

The Scientific Method of the Scholars of the Chhing Dynasty

《胡适文存》,第一集,卷 2,第 539 页

远东图书公司,上海,1921 年

胡适(10)

《戴东原的哲学》

The Philosophy of Tai Tung-Yuan (Tai Chen)

商务印书馆,上海,1927 年

胡芝薪(1)

庄子考证

On the Authenticity of Chuang Tzu

《文学年报》,1937 年,**3**,129

英文提要:CIB,1938 年,**2**,142

黄方刚(1)

释老子之道

On the Tao of Lao Tzu

《武汉大学文哲季刊》,1941 年,**7**,41

黄方刚(2)

《庄子》天下篇中惠施十事解

Analysis of the Ten Paradoxes of Hui Shih in the 'Thien-Hsia' chapter of Chuang Tzu

《四川大学季刊》,1934 年,149

贾丰臻(1)

《中国理学史》

History of Chinese Philosophy

商务印书馆,上海,1936 年

江恒原(1)

《中国先哲人性论》

Discussion of the Theories about Human Nature in Ancient Chinese Philosophy

商务印书馆,上海,约 1930 年

津田左右吉(Tsuda, Sōkichi)(1)

儒敎の禮樂説

The Doctrine of the Literati on the Rites and Music

《东洋学报》,1932年,**19**,1,212,354,529; 1933 年,**20**,61,250,351

康有为(1)

《大同书》

Book of the Great Togetherness [socialism]

计划于 1884 年

长兴书局,上海,初版,1913 年;再版,1935 年

李济(1)(编)

《安阳发掘报告》

Reports of the Excavations at An-yang [one of the Shang capitals]

《中央研究院历史语言研究所专刊》,4期;页码连续,第 1,2 期,北平,1929 年;第 3 期,北平,1931 年;第 4 期,上海,1933 年

李镜池(1)

周易卦名考释

A Study of the Names of the Sixty-four Hexagrams in the Book of Changes

《岭南学报》,1948 年,**9**(no.1),197,303

李镜池(2)

周易筮辞续考

A Further Study of the Explicative Texts in the Book of Changes

《岭南学报》,1947 年,**8**(no.1),1,169

李麦麦(1)

《中国古代政治哲学批评》

Considerations on Ancient Chinese Government and Philosophy

上海,1933 年

英文提要:CIB,1938 年,**2**,89

李证刚(1)

《易学讨论集》(收有刘百闵译白晋—莱布尼茨
 通信)

Collection of Treatises on the *Book of
 Changes* (contains the translation by Liu
 Pai–Min of the Bouvet–Leibniz letters)

商务印书馆,上海,1941 年

梁启超(1)

《饮冰室文集》

Collected Essays

上海,1926 年

梁启超(2)

《子墨子学说》

Treatise on the Philosophy of Mo Tzu

上海,1922 年

梁启超(3)

《中国近三百年学术史》

History of Chinese Historical Scholarship dur-
 ing the past Three Centuries

重庆,1943 年

梁启超(4)

阴阳五行说之来历

On the Earliest Philosophical Use of the Terms
 Yin and Yang and the Five Elements

《东方杂志》,1923年,**20**(no.10);再刊,《古史
 辨》,1935 年,**5**,343

梁启超(5)

《先秦政治思想史》

History of Political Theory before the Chhin
 Dynasty

北平,1924 年

刘铭恕(1)

汉武梁祠画象中黄帝蚩龙古战图考

A Study of the Fighting between Huang Ti and
 the Chhih–Yu depicted in the rear stone
 chamber of the Wu Liang tomb Shrine of the
 Han Dynasty

《中国文化研究汇刊》,1942 年,**2**,341

刘文典(1)

《庄子补正》

Emended Text of *Chuang Tzu*, with commen-

taries

商务印书馆,上海,1947 年

刘文典(2)

《淮南鸿烈集解》

Collected Commentaries on the *Huai Nan
 Tzu* book

商务印书馆,上海,1923 年,1926 年

刘咸(1)

海南黎人文身之研究

On Tattooing among the Li People of Hainan
 Island

《民族学研究集刊》,1936 年,**1**,197

罗根泽(1)

战国前无私家著作说

Absence of Books by Individual Writers before
 the Warring States Period

《古史辨》,1933 年,**4**,8

英文提要:CIB,1938 年,**3**,82

罗根泽(2)

庄子外杂篇探源

Investigation of the Authorship of the 'Outer'
 and 'Miscellaneous' Chapters of *Chuang
 Tzu*

《燕京学报》,1936 年,**19**,39

英文提要:CIB,1937 年,**1**,45

罗根泽(3)(编)

《古史辨》

Discussions on Ancient History and Philoso-
 phy [a collective work], vol. 4

4 册

朴社,北平,1933 年

梅思平(1)

春秋时代的政治和孔子的政治思想

Politics in the Spring and Autumn Period and
 in the Thought of Confucius

《古史辨》,1930 年,**2**,161

英文提要:CIB,1938 年,**3**,83

妻木直良(Tsumaki, Naoyoshi)(1)

道教之研究

Studies in Taoism

《东洋学报》,1911年,**1**(no.1),1;(no.2),20;

1912 年, **2**(no.1), 58

齐思和(*1*)
　　黄帝之制器故事
　　Stories of the Inventions of Huang Ti
　　《燕京史学年报》, 1934 年, **2**(no.1), 21

齐思和(2)
　　封建制度与儒家思想
　　Feudalism and Confucian Thought
　　《燕京学报》, 1937 年, **22**, 175

钱文选(*1*)
　　钱氏所藏堪舆书提要
　　Descriptive Catalogue of the Geomantic Books
　　　　collected by Mr Chhien
　　北京
　　引征: 王振铎(5), P.121

瞿兑之(*1*)
　　释巫
　　On Chinese Witchcraft
　　《燕京学报》, 1930 年, **7**, 1327

仁井田陞、牧野巽 (Niida, Naboru & Makino,
Tatsumi)(*1*)
　　故唐律疏議製作年代考
　　On the Date of Completion of the Official
　　　　Commentary on the Criminal Code of the
　　　　Thang dynasty
　　《东洋学报》, 1931 年, **1**, 70; **2**, 50

桑原武夫(Kuwabara, Takeo)(*1*)(编)
　　ルソー研究
　　Essays on Rousseau [collective work by several
　　　　scholars]
　　岩波书店, 东京, 1951 年

沈家本(*1*)
　　《枕碧楼丛书》
　　Jade Pillow Tower Collection (of Sung dynasty
　　　　Juristic Books)
　　上海, 1913 年

沈家本(2)
　　《历代刑法考》
　　Investigation (and Collection of Documents)
　　　　on the History of (Chinese) Law

上海, 1900 年

守素(笔名)
　　墨经的逻辑思想
　　The Logic of the Mohist Canon
　　《群众》, 1949 年(复刊), **3**(no.6), 30

孙诒让(2)
　　《墨子闲诂》
　　Exposition of the Text of *Mo Tzu*
　　上海, 1894 年

孙祖基(*1*)
　　《中国历代法家著述考》
　　Investigation of the History of Jurisprudence in
　　　　China
　　上海, 1934 年

谭戒甫(*1*)
　　《墨经易解》
　　Analysis of the Mohist Canon
　　商务印书馆(武汉大学丛书), 上海, 1935 年

汤用彤(*1*)
　　中国佛教史零篇
　　Notes on the History of Chinese Buddhist
　　　　Thought
　　《燕京学报》, 1937 年, **22**, 1

唐君毅(*1*)
　　黑格尔的变化形而上学与庄子的变化形而上学
　　　　比较
　　A Comparison between the Hegelian Meta-
　　　　physics of Change and Chuang Tzu's Meta-
　　　　physics of Change
　　《中山文化教育馆季刊》, 1936 年, **3**, 1301
　　英文提要: CIB, 1937 年, **1**, 275

唐君毅(2)
　　论中西哲学中本体观念之一种变迁
　　Ontological Ideas (The One and the Many;
　　　　Change and Permanence, etc.) in Chinese
　　　　and Western Philosophy
　　《文哲月刊》, 1936 年, **1**, 13
　　英文提要: CIB, 1937 年, **1**, 36

窪德忠(Kubo Noritada)(*1*)
　　道教と日本の民間信仰

Taoism and Japanese Folk Religion
《民族学研究》,1953 年,**18**,33

王季同
《因明入正理论摸象》
Elucidations of the Buddhist Classics
商务印书馆,长沙,1940 年

王琎(1)
中国之科学思想
Thoughts on (the History of)Science in China
《科学通论》所收的论文
中国科学院,上海,1934 年

王振铎(5)
司南指南针与罗盘经(下)
Discovery and Application of Magnetic Phenomena in China, III (Origin and Development of the Chinese Compass Dial)
《中国考古学报》,1951 年,**5**(n.s.,1),101

王祖源(1)
《内功图说》
Illustrations and Explanations of Medical Gymnastics
1881 年

谢扶雅(N. Z. Zia)(1)
田骈和驺衍
Thien Phing and Tsou Yen [two Warring States philosophers]
《岭南学报》,1934 年,**3**,87

徐炳昶(1)
《中国古史的传说时代》
The Legendary Period in Ancient Chinese History
重庆,1943 年

徐中舒(1)
再论小屯与仰韶
Further Remarks on Hsiao-tun and the Yang-shao people
《安阳发掘报告》(李济编),1929 年,第 1 期(第 3 部分),第 523 页,特别是第 539 页

许地山(1)
《道教史》

History of Taoism
商务印书馆,上海,1934 年

许地山(2)
道家思想与道教
Taoist Philosophy and Taoist Religion
《燕京学报》,1927 年,**2**,249

杨鸿烈(1)
《中国法律发达史》
History of Chinese Law
上海,1930 年

杨鸿烈(2)
《中国法律思想史》
Thoughts on the History of Chinese Law
上海,1936 年

杨家骆(1)
《四库全书学典》
Bibliographical Index of the *Ssu Khu Chhüan Shu* Encyclopaedia
世界书局,上海,1946 年

杨荣国(1)
《孔墨的思想》
The Ideas of Confucius and Mo Tzu
生活,北京,1951 年

杨守敬(1)
《历代舆地图》
Historical Atlas of China
广东,1911 年

杨天锡(1)
王船山思想述评
On the philosophy of Wang Chhuan-Shan
《群众》,1942 年,**7**,395;424

叶德辉(1)
《双梅景阇丛书》
Double Plum-Tree Collection [of ancient and medieval books and fragments on Taoist sexual techniques]
收有《素女经》、《玄女经》、《洞玄子》、《玉房秘诀》、《天地阴阳大乐赋》等
长沙,1903 和 1904 年

余逊(1)

早期道教之政治信念

Political Thoughts of the Early [Chin to Thang] Taoists

《辅仁学志》,1942 年,87

另见单行本,北平,1942 年

字井伯寿(Ui, Hakuju)(1)

《禅宗史の研究》

Studies on the History of Zen Buddhism

3 卷

东京,1939—1943 年

张岱年(1)

中国知论大要

Outline of Chinese Theories of Epistemology

《清华学报》,1934 年,9,385

英文提要:CIB,1936 年,1,11

张东荪(1)

从言语构造上看中西哲学的差异

On Philosophical Differences between China and the West from the Standpoint of Language Structure

《东方杂志》,1938 年,3,1

张东荪(2)

公孙龙的辩学

The Logical Philosophy of Kungsun Lung

《燕京学报》,1949 年,37,27

张东荪(3)

《知识与文化》

Epistemology and Culture

商务印书馆,上海,1940 年

张东荪(4)

思想言语与文化

Thought, Language and Culture

《社会学界》,1938 年,10(no.1)

张金吾(1)

《广释名》

The Enlarged *Explanation of Names* [dictionary]

1814 年(1816 年刊行)

章炳麟(1)

《国故论衡》

Critical Discourses on History and Archaeology

国学讲习会,1910 年

章鸿钊(2)

达尔文的天择律与庄子的天均律

Natural Selection Theories of Charles Darwin and Chuang Chou

《学艺杂志》,1927 年,6(no.2),1

朱宝昌(1)

唯识新解

A New Interpretation of the *Viñapti mātratāsiddhi Sūtra* of Vasubandhu

《燕京学报》,1938 年,23,93

朱谦之(1)

《中国思想对于欧洲文化之影响》

The Influence of Chinese Thought on Western Civilisation

商务印书馆,上海,1940 年

C. 西文书籍和论文

ABEGG, E., JENNY, J. J. & BING, M. (1). 'Yoga.' *CIBA/M*, 1949, **7** (no. 74), 2578.
ADAMS, F. (1) (tr.). *The Genuine Works of Hippocrates*, etc. 2 vols. Sydenham Society, London, 1849.
AIKEN, H. H. & HOPPER, G. M. (1). 'Automatic sequence-controlled calculator.' *EE*, 1946 (Sept., Oct., Nov.).
ALABASTER, SIR CHALONER (1). *Notes and Commentaries on Chinese Criminal Law*. Luzac, London, 1899.
ALBRIGHT, W. F. (1). 'Primitivism in Ancient Western Asia.' Supplementary essay no. 1, in Lovejoy & Boas (1), *q.v.*
ALLEY, REWI (2) (tr.). *The People Speak Out; translations of poems and songs of the People of China*. Pr. pub. Peking, 1954.
AMIOT, J. J. M. (3). On Lao Tzu. *MCHSAMUC*, 1787, **15**, 208.
VON AMIRA, K. (1). *Thierstrafen u. Thierprocesse*. Innsbrück, 1891.
ANDREOZZI, A. (1) (tr.). *Le Leggi Penali degli antichi Cinesi trad. del 'hin' fa-ce'* [Hsing Fa Chih], *o sunto storico degli leggi penali che fa parte della Storia della Dinastia dei Han*. Civelli, Florence, 1878. (Alternative title-page=*Le Leggi Penali degli antichi Cinesi, Discorso Proemiale sul Diritto e sui Limiti del Punire, e Traduzioni originali dal Cinese*.)
ANESAKI, M. (1). 'Early Christian Parallels in Buddhist Scriptures.' See Edmunds & Anesaki.
ANON. (2). 'Account of China by a Portuguese who was prisoner there for six years.' Printed as appendix to F. Alvarez, *Historia de las Cosas de Ethiopia*, 1561, quoted by G. T. Staunton in his edition of Mendoza, pp. xxxixff. See de Mendoza, Juan Gonzales.
ANON. (31). 'Le Feu Perpetuel de Bakou, par un voyageur Russe.' *JA*, 1833 (2e sér.), **11**, 358.
AQUINAS, THOMAS (1). *Summa Theologica*. Translation by English Dominicans, 27 vols. Burns, Oates & Washbourne, London, 1911.
ARBER, AGNES (1). 'Analogy in the History of Science.' In *Studies and Essays in the History of Science and Learning*. Sarton Presentation Volume, Schuman, New York, 1944.
ARBER, AGNES (2). *The Natural Philosophy of Plant Form*. Cambridge, 1950.
ARBERRY, A. J. (1) (tr.). *The Doctrine of the Sufis, a translation of the 'Kitāb al-Ta'arruf li-madhhab ahl al-tasawwuf' of Abū Bakr al-Kalabadhī*. Cambridge, 1935.
ARLINGTON, L. C. (1). 'Chinese and Western Cheiromancy.' *CJ*, 1927, **7**, 170 and 228.
ARMITAGE, A. (1). (*a*) *Sun, Stand thou Still; the Life and Work of Copernicus the Astronomer*. Schuman, New York, 1947. (*b*) *Copernicus, the Founder of Modern Astronomy*. Allen & Unwin, London, 1938.
ARNOLD, E. V. (1). *Roman Stoicism*. Cambridge, 1911.
AST, F. (1). *Lexicon Platonicum*. Leipzig, 1835.
AUNG, S. Z. & RHYS DAVIDS, C. A. F. (1) (tr.). *Points of Controversy; being a translation of the 'Kathavatthu'*. Pali Text Soc. Series, no. 5. Oxford, 1915.
AUROUSSEAU, L. (1). Critique of N. Tsumaki's work on the history of Taoism. *BEFEO*, 1912, **12** (no. 9), 108.
AVALON, A. (ps.). See Woodroffe, Sir J.
AYSCOUGH, F. (1). 'The Cult of the Chhêng Huang Lao Yeh (Spiritual Magistrate of the City Walls and Moats).' *JRAS/NCB*, 1924, **55**, 131.

BACON, FRANCIS (1). *Philosophical Works*, ed. R. L. Ellis & J. Spedding. Routledge, London, 1905.
BACON, JOHN S. D. (1). *The Chemistry of Life*. Watts, London, 1944. (Thinker's Library, no. 103.)
BAGCHI, P. C. (1). *India and China; a thousand years of Sino-Indian Cultural Relations*. Hind Kitab, Bombay, 1944. 2nd ed. 1950.
BAGCHI, P. C. (2). (*a*) *Le Canon Bouddhique en Chine*. Geuthner, Paris, 1927. (Calcutta University Sino-Indica Series, no. 1.) (*b*) *Les Traducteurs et les Traductions*. Geuthner, Paris, 1938. (Sino-Indica Series, no. 2.)
BAGCHI, P. C. (3). *Studies in the Tantras*. Calcutta, 1939.
BAGCHI, P. C. (4). 'On Foreign Elements in the Tantra.' *IHQ*, 1931, **7**, 1. (rev. P. Pelliot, *TP*, 1932, 148.)
BAILEY, K. C. (1). *The Elder Pliny's Chapters on Chemical Subjects*. 2 vols. Arnold, London, 1929 and 1932.

BALAZS, E. (=S.) (1). 'La Crise Sociale et la Philosophie Politique à la Fin des Han.' *TP*, 1949, **39**, 83.
BALAZS, E. (=S.) (2). 'Entre Révolte Nihiliste et Evasion Mystique' (the Seven Sages of the Bamboo Grove, and Pao Ching-Yen). *ASEA*, 1948, **1**, 27 (sequel to Balazs, 1).
BALAZS, E. (=S.) (3). 'Buddhistische Studien; der Philosoph Fan Dschen [Fan Chen] und sein Traktat gegen den Buddhismus' (*Shen Mieh Lun*). *SA*, 1932, **7**, 220.
BALAZS, E. (=S.) (6). 'L'Esprit des lois au Moyen-Âge [en Chine].' Communication to the International Younger Sinologists' Group, Paris, July 1951 (typescript).
BALAZS, E. (=S.) (7) (tr.). 'Le Traité Économique du *Souei-Chou* [*Sui Shu*]' (Études sur la Société et l'Économie de la Chine Médiévale). *TP*, 1953, **42**, 113. Also sep. issued, Brill, Leiden, 1953.
BALAZS, E. (=S.) (8). 'Le Traité Juridique du *Souei-Chou* [*Sui Shu*].' *TP*, 1954. Sep. pub. as *Etudes sur la Société et l'Economie de la Chine Médiévale*, no. 2. Brill, Leiden, 1954 (Bibliothèque de l'Inst. des Hautes Etudes Chinoises, no. 9).
BALD, R. C. (1). 'Sir William Chambers and the Chinese Garden.' *JHI*, 1950, **11**, 287.
BALDWIN, ERNEST H. F. (1). *Dynamic Aspects of Biochemistry*. Cambridge, 1952 (2nd ed.).
BALFOUR, F. H. (1) (tr.). *Taoist Texts, ethical, political, and speculative* (incl. *Tao Tê Ching, Yin Fu Ching, Thai Hsi Ching, Hsin Yin Ching, Ta Thung Ching, Chih Wên Tung, Chhing Ching Ching, Huai Nan Tzu* ch. 1, *Su Shu* and *Kan Ying Phien*). Kelly & Walsh, Shanghai, n.d. but probably 1884.
BALSS, H. (2). *Albertus Magnus als Zoologe*. Münchner Drucke, München, 1928. (*Münchener Beiträge z. Gesch. u. Lit. d. Naturwiss. u. Med.* no. 11/12.)
BALTHAZAR, P. & DÉROBERT, L. (1). 'Médecine Légale.' In Laignel-Lavastine (1), *Histoire Générale de la Médecine, q.v.* (vol. 3, p. 451).
BARDE, R. (1). 'Recherches sur les Origines Arithmétiques du *Yi-King* [*I Ching*].' *A/AIHS*, 1952, **5**, 234.
BARDE, R. (2). 'La Divination par le *Yi-King* (*I Ching*).' MS.
BARNETT, L. D. (2) (tr.). *Śāntideva's 'Bodhicaryāvatāra'*. London, 1909.
BASU, B. N. (1) (tr.). *The 'Kāmasūtra' of Vātsyāyana* (prob. +4th century); revised S. L. Ghosh. Pref. by P. C. Bagchi. Med. Book Co., Calcutta, 1951 (10th ed.).
BECK, T. (1). *Beiträge z. Geschichte d. Maschinenbaues*. Springer, Berlin, 1900.
BEGRICH, J. (1). 'Literary and documentary analysis of the Jewish Doctrine of the Fall of Man.' *ZAW*, 1932, **50**, 93.
BEHANAN, KOVOOR T. (1). *Yoga; a Scientific Evaluation*. Secker & Warburg, London, 1937.
BENDALL, C. (1) (ed.). *Subhāṣitasaṃgraha*. Museon Ser. nos. 4 and 5. Istas, Louvain, 1905.
BENEDICT, R. (1). *Patterns of Culture* (ch. 6, 'Potlatch'). Mifflin, New York, 1934.
BENTHAM, JEREMY (1). *Theory of Fictions*, ed. C. K. Ogden. Kegan Paul, London, 1932.
BERGAIGNE, A. (1). *La Religion Védique d'après les Hymnes du Ṛg Veda*, 4 vols. *BEHE/PH*, 1878-97 nos. 36, 53, 54, 117.
BERGMANN, E. (1). *Erkenntnisgeist und Muttergeist*. Hirt, Breslau, 1933 (2nd ed.).
BERKELEY, E. C. (1). *Giant Brains; or Machines that Think*. Wiley, New York, 1949; Chapman & Hall, London, 1949.
BERNARD-MAÎTRE, H. (1). *L'Apport Scientifique du Père Matthieu Ricci à la Chine*. Mission Press, Hsienhsien, 1935. Eng. tr. *Matteo Ricci's Scientific Contribution to China*, tr. by E. T. C. Werner. Vetch, Peiping, 1935. Crit. Chang Yu-Chê, *TH*, 1936, **3**, 538.
BERNARD-MAÎTRE, H. (2). *Sagesse Chinoise et Philosophie Chrétienne; Essai sur leurs Relations Historiques*. Mission Press, Tientsin, 1935. Repr. Belles Lettres, Paris, 1953.
BERNARD-MAÎTRE, H. (6). 'Comment Leibniz découvrit le Livre des Mutations.' *BUA*, 1944 (3e sér.), **5**, 432.
BERNARD-MAÎTRE, H. (10). 'Chu Hsi's Philosophy and its Interpretation by Leibniz.' *TH*, 1937, **5**, 9.
BERNIER, FRANÇOIS (1). *Bernier's Voyage to the East Indies; containing The History of the Late Revolution of the Empire of the Great Mogul; together with the most considerable passages for five years following in that Empire; to which is added A Letter to the Lord Colbert, touching the extent of Hindustan, the Circulation of the Gold and Silver of the world, to discharge itself there, as also the Riches Forces and Justice of the Same, and the principal Cause of the Decay of the States of Asia—with an Exact Description of Delhi and Agra; together with* (1) *Some Particulars making known the Court and Genius of the Moguls and Indians; as also the Doctrine and Extravagant Superstitions and Customs of the Heathens of Hindustan,* (2) *The Emperor of Mogul's Voyage to the Kingdom of Kashmere, in 1664, called the Paradise of the Indies....* Dass (for SPCK), Calcutta, 1909. [Substantially the same title-page as the editions of 1671 and 1672.]
BERRIAT ST PRIX, J. (1). 'Rapport et Recherches sur les Procés et Jugements relatifs aux Animaux.' *MSAF*, 1829, **8**, 403.
BERRIEDALE KEITH, A. See Keith, A. Berriedale.

VON BERTALANFFY, L. (1). 'Das Weltbild d. Biologie.' In Moser's *Weltbild und Menschenbild*. Tyrode, Vienna, 1942.

VON BERTALANFFY, L. (2). *Problems of Life; an Evaluation of Modern Biological Thought*. Watts, London, 1952.

BERTHELOT, M. (1). *Les Origines de l'Alchimie*. Lib. Sci. et Arts, Paris, 1938 (repr.). 1st ed. 1884.

BERTHELOT, RENÉ (1). *La Pensée de l'Asie et l'Astrobiologie*. Payot, Paris, 1949.

BERTHOLD, O. (1). *Die Unverwundbarkeit in Sage u. Aberglauben der Griechen*. Toepelmann, Giessen, 1911. (Religionsgeschichtliche Versuche u. Vorarbeiten.)

BEVERIDGE, W. I. B. (1). *The Art of Scientific Investigation*. Heinemann, London, 1950.

BEZOLD, C. (1). 'Sze-ma Ts'ien [Ssuma Chhien] und die babylonische Astrologie.' *OAZ*, 1919, **8**, 42.

BEZOLD, C. (2). 'Astronomie, Himmelschau und Astrallehre bei den Babyloniern.' *SHAW/PH*, 1911, **2**, no. 18.

BEZOLD, C. & BOLL, F. (1). 'Reflexe astrologische Keilinschriften bei griechischer Schriftstellern.' *SHAW/PH*, 1911, **2**, no. 23.

BEZOLD, C., KOPFF, A. & BOLL, F. (1). 'Zenit- und Aequatorialgestirne am babylonischen Fixsternhimmel.' *SHAW/PH*, 1913, **4**, no. 11.

BHATTACHARYA, B. (1) (ed.). *Guhyasamājatantra, or Tathāgataguhyaka*. Gaekwad Orient. Ser. no. 53, Orient. Instit., Baroda, 1931.

BHATTACHARYA, B. (2). *Introduction to Buddhist Esoterism*. Oxford, 1932.

BIALLAS, F. X. (1). *Konfuzius und sein Kult*. Pekinger Verlag, Peking and Leipzig, 1928.

BIELENSTEIN, H. (2). 'The Restoration of the Han Dynasty.' *BMFEA*, 1954, **26**, 1–209, and sep. Göteborg, 1953.

BIOT, E. (1) (tr.). *Le Tcheou-Li ou Rites des Tcheou*. 3 vols. Imp. Nat., Paris, 1851. (Photographically reproduced, Wêntienko, Peking, 1930.)

BIOT, E. (3) (tr.). *Chu Shu Chi Nien* (Bamboo Books). *JA*, 1841 (3ᵉ sér.), **12**, 537; 1842, **13**, 381.

BIRKBECK, W. J., DEARMER, P. et al. (ed.) (1). *The English Hymnal*. Oxford, 1906.

BISHOP, C. W. (9). 'The Ritual Bullfight.' *CJ*, 1925, **3**, 630. Reprinted *ARSI*, 1927, 447.

BLOFELD, J. (1). *The Jewel in the Lotus; an outline of present-day Buddhism in China*. Sidgwick & Jackson, London, 1948.

BLOFELD, J. (2) (tr.). *The Path to Sudden Attainment* (a Chhan Sūtra). Sidgwick & Jackson, London, 1948.

DE BLONAY, G. (1). 'Matériaux pour servir à l'Histoire de la Déesse Bouddhique Tārā.' *BEHE/PH*, Paris, 1895, no. 107.

BOAS, G. (1). *Essays on Primitivism and Related Ideas in the Middle Ages*. Johns Hopkins Univ. Press, Baltimore, 1948.

BODDE, D. (2). (*a*) 'The New Identification of Lao Tzu proposed by Prof. Dubs.' *JAOS*, 1942, **62**, 8. (*b*) 'Further Remarks on the Identification of Lao Tzu; a Last Reply to Prof. Dubs.' *JAOS*, 1944, **64**, 24.

BODDE, D. (3) (tr.). 'The Philosophy of Chu Hsi' (the 13th chapter of vol. 2 of Fêng Yu-Lan's *Chung-Kuo Chê-Hsüeh Shih*). *HJAS*, 1942, **7**, 1.

BODDE, D. (4) (tr.). 'The Rise of Neo-Confucianism and its Borrowings from Buddhism and Taoism' (the 10th chapter of vol. 2 of Fêng Yu-Lan's *Chung-Kuo Chê-Hsüeh Shih*). *HJAS*, 1942, **7**, 89.

BODDE, D. (5). 'Types of Chinese Categorical Thinking.' *JAOS*, 1939, **59**, 200.

BODDE, D. (6). 'The Attitude towards Science and Scientific Method in Ancient China.' *TH*, 1936, **2**, 139, 160.

BODDE, D. (7). (*a*) 'Dominant Ideas' (of Chinese Thought). In *China*, ed. H. F. McNair. Univ. of Calif. Press, Berkeley, 1946, p. 18. (*b*) 'Dominant Ideas in the Formation of Chinese Culture.' *JAOS*, 1942, **62**, 293.

BODDE, D. (8) (tr.). 'A General Discussion of the Period of Classical Learning' (the 1st chapter of vol. 2 of Fêng Yu-Lan's *Chung-Kuo Chê-Hsüeh Shih*). *HJAS*, 1947, **9**, 195.

BODDE, D. (9). 'Some Chinese Tales of the Supernatural; Kan Pao and his *Sou Shen Chi*.' *HJAS*, 1942, **6**, 338.

BODDE, D. (10). 'Again Some Chinese Tales of the Supernatural; Further Remarks on Kan Pao and his *Sou Shen Chi*.' *JAOS*, 1942, **62**, 305.

BODDE, D. (11). 'The Chinese View of Immortality; its Expression by Chu Hsi and its Relationship to Buddhist Thought.' *RR*, 1942, 369.

BODDE, D. (14). 'Harmony and Conflict in Chinese Philosophy.' In *Studies in Chinese Thought*, ed. A. F. Wright. *AAN*, 1953, **55** (no. 5), 19 (Amer. Anthropol. Assoc. Memoirs, no. 75).

BOHR, NIELS (1). 'Newton's Principles and Modern Atomic Mechanics.' In *The Royal Society Newton Tercentenary Celebrations*. Royal Society, London, 1947.

BOLL, F. (1). *Sphaera*. Teubner, Leipzig, 1904.

BOLL, F. & BEZOLD, C. (1). 'Antike Beobạchtung färbiger Sterne.' *ABAW/PH*, 1918, **89 (30)**, no. 1.
BOLL, F., BEZOLD, C. & GUNDEL, W. (1). (*a*) *Sternglaube, Sternreligion und Sternorakel.* Teubner, Leipzig, 1923. (*b*) *Sternglaube und Sterndeutung; die Gesch. u. d. Wesen d. Astrologie.* Teubner, Leipzig, 1926.
BONITZ, H. (1). *Index Aristotelicus.* Berlin, 1870.
BOODBERG, P. A. (3). 'The Semasiology of some primary Confucian Concepts.' *PEW*, 1953, **2**, 317:
BOSE, M. M. (1). *The Post-Caitanya Sahajiyā Cult of Bengal.* Univ. Press, Calcutta, 1930.
BOUCHÉ-LECLERCQ, A. (1). *L'Astrologie Grecque.* Leroux, Paris, 1899.
BOUCHÉ-LECLERCQ, A. (2). *Histoire de Divination dans l'Antiquité.* 4 vols. Leroux, Paris, 1879–82.
BOULAIS, G. (1) (tr.). *Manuel du Code Chinois* (transl. of *Ta Chhing Lü Li*). 2 vols. Shanghai, 1923 and 1924 (*VS*, no. 55).
BOWDEN, B. V. (1) (ed.). *Faster than Thought; a Symposium on Digital Calculating Machines.* Pitman, London, 1953.
BOXER, C. R. (1) (ed.). *South China in the Sixteenth Century; being the Narratives of Galeote Pereira, Fr. Gaspar da Cruz, O.P., and Fr. Martin de Rada, O.E.S.A.* (1550–1575). Hakluyt Society, London, 1953 (Hakluyt Society Pubs. 2nd series, no. 106).
BOYLE, ROBERT (1). *The Sceptical Chymist.* Cadwell & Crooke, London, 1661.
BRACE, A. J. (1). 'Some Secret Societies in Szechuan.' *JWCBRS*, 1936, **8**, 177.
BRAITHWAITE, R. B. (1). *Scientific Explanation.* Cambridge, 1953.
BRÉHIER, L. (1). *La Philosophie de Plotin.* Paris, 1928.
BRETSCHNEIDER, E. (1). *Botanicon Sinicum; Notes on Chinese Botany from Native and Western Sources.* 3 vols. Trübner, London, 1882 (printed in Japan). (Reprinted from *JRAS/NCB*, 1881, **16**.)
BRITISH MUSEUM (1). *Cuneiform Texts from Babylonian Tablets, etc. in the British Museum.* Ed. E. A. Wallis Budge & C. J. Gadd, 41 vols. 1896–1931.
BRONOWSKI, J. (1). *A Man without a Mask.* (William Blake.) Secker & Warburg, London, 1943.
BROOKS, F. (1) (tr.). *Cicero's 'De Natura Deorum'.* Methuen, London, 1896.
BRUCE, J. P. (1) (tr.). *The Philosophy of Human Nature, translated from the Chinese, with notes.* (Chs. 47, 48 and 49 of the *Chu Tzu Chhüan Shu.*) Probsthain, London, 1922.
BRUCE, J. P. (2). *Chu Hsi and his Masters; an introduction to Chu Hsi and the Sung School of Chinese philosophy.* Probsthain, London, 1923.
BRUCE, J. P. (3). 'The *I Wei*, a Problem in Criticism.' *JRAS/NCB*, 1930, **61**, 100.
BRUCKER, J. C. (1). *Historia Criticae Philosophiae.* 6 vols. Breitkopf, Leipzig, 1742–1767 (Chinese material in vol. 5, pp. 846–906, and vol. 6, pp. 978–999). Eng. tr. (much abridged) W. Enfield, 2 vols. Johnson, London, 1791.
BRUNET, P. & MIELI, A. (1). *L'Histoire des Sciences (Antiquité).* Payot, Paris, 1935.
BRUNO, GIORDANO (1). *De Imaginum Signorum et Idearum Compositione.* 1597.
BRYCE, J. (1). 'The Law of Nature.' In *Studies in History and Jurisprudence* (vol. 2, pp. 112ff.). Oxford, 1901.
BUCKLAND, W. W. (1). *A Textbook of Roman Law from Augustus to Justinian.* Cambridge, 1932.
BÜNGER, K. (1). *Quellen z. Rechtsgeschichte d. Thang-Zeit.* Fu-jen Press, Peking, 1946. [Monumenta Serica Monographs, no. 9.]
BÜNGER, K. (2). 'The Punishment of Lunatics and Negligents According to Classical Chinese Law.' *SSE*, 1950, **9**, 1.
BURKITT, F. C. (1). *The Religion of the Manichees.* Cambridge, 1925.
BURKITT, F. C. (2). *Church and Gnosis.* Cambridge, 1932.
BURNET, J. (1). *Early Greek Philosophy.* Black, London, 1908.
BURNETT, JAMES (LORD MONBODDO) (1). *Of the Origin and Progress of Language.* 3 vols. Edinburgh, 1773–1776.
BURTON, MAURICE (1). 'Animal Legends.' *ILN*, 1952, **221**. 1, Foxes and Fleas, 228; 2, Hedgehogs and Apples, 264; 3, 'Funeral Processions' of Stoats, 300; 4, Turkey 'Ceremonials', 340; 5, Two Rats and an Egg, 462; 6, 'Play' of Stoats and Martens, 508; 7, Anting of Birds and Squirrels, 554; 8, Anting of Pangolins, 592; 9, Shrews, 676; 10, Bats and their Radar, 736; 11, Summing-up, 816, 820. Also *Animal Legends*, Muller, London, 1954.
BUSCH, H. (1). 'Hsün Yüeh, ein Denker am Hofe des letzten Han Kaisers.' *MS*, 1945, **10**, 58.
BUSH, V. & CALDWELL, S. H. (1). 'Differential analyser.' *JFI*, 1945, **240**, 255.
BUSHELL, S. W. (1). 'Ancient Roman Coins from Shansi.' *JPOS*, 1886, **1**, 17.
BUSHELL, S. W. (2). *Chinese Art.* 2 vols. For Victoria and Albert Museum. HMSO, London, 1909. 2nd ed. 1914.

CAIRNS, HUNTINGTON (1). *Law and the Social Sciences.* Univ. of N. Carolina Press, Chapel Hill, 1935; Kegan Paul, London, 1935.

CAJORI, F. (1). (*a*) 'The Purpose of Zeno's Arguments on Motion.' *ISIS*, 1920, **3**, 7. (*b*) 'The History of Zeno's Arguments on Motion.' *AMM*, 1915, **22**.

CAMMANN, S. (1). 'Tibetan Monster Masks.' *JWCBRS*, 1940, A **12**, 9.

CARLYLE, R. W. & CARLYLE, A. J. (1). *A History of Medieval Political Theory in the West*. 6 vols. Blackwood, Edinburgh, 1927.

CARR, H. WILDON (1). *The Monadology of Leibniz, with an Introduction, Complementary and Supplementary Essays*. Favil Press, London, 1930.

CARR, H. WILDON (2). *Leibniz*. Benn, London, 1929.

CARUS, P. (1) (tr.). *The Canon of Reason and Virtue [Tao Tê-Ching]*. Open Court, Chicago, 1903.

CARUS, P. (2). *Chinese Thought*. Open Court, Chicago, 1907.

CASSIRER, E. (1). 'Galileo's Platonism.' In *Sarton Presentation Volume*, ed. M. F. Ashley-Montagu, p. 279. Schuman, New York, 1944.

CASSIRER, E. (2). *The Platonic Renaissance in England*. Eng. tr. from the German edition of 1932 by J. P. Pettegrove. Nelson, London, 1953.

CHALFANT, F. H. (1). 'Early Chinese Writing.' *MCMU*, 1906, **4**, 1.

CHAN WING-TSIT. See Chhen Jung-Chieh.

CHANG TUNG-SUN (1). 'A Chinese Philosopher's Theory of Knowledge.' *YJSS*, 1939, **1**, 155. Reprinted *ETC*, 1952, **9**, 203.

CHANG, Y. Z. (1). 'A Note on Sharawadgi.' *MLN*, 1930, **45**, 221.

CHAO WEI-PANG (1). 'The Chinese Science of Fate-Calculation.' *FLS*, 1946, **5**, 279.

CHAO WEI-PANG (2). 'The Origin and Growth of the *fu-chi*; the Chinese planchette.' *FLS*, 1942, **1**, 9.

CHASE, STUART (1). *Men and Machines*. London, 1929.

DE CHATEAUBRIAND, F. R. (1). *Les Natchez; Roman Indien*. Paris, 1827. Ed. with notes, by G. Chinard: Johns Hopkins University Press, Baltimore, 1932.

CHATLEY, H. (1). MS. translation of the astronomical chapter (ch. 3, Thien Wên) of *Huai Nan Tzu*. Unpublished. (Cf. note in *O*, 1952, **72**, 84.)

CHATLEY, H. (2). 'The Development of Mechanisms in Ancient China.' *TNS*, 1942, **22**, 117. (Long abstr. without illustr. *ENG*, 1942, **153**, 175.)

CHATLEY, H. (3). 'Science in Old China.' *JRAS/NCB*, 1923, **54**, 65.

CHATLEY, H. (5). 'Chinese Natural Philosophy and Magic.' *JRSA*, 1911, **59**, 557.

CHATLEY, H. (6). 'Magical Practice in China.' *JRAS/NCB*, 1917, **48**, 16.

CHATLEY, H. (7). 'Fêng-Shui.' In *ES*, p. 175.

CHAVANNES, E. (1). *Les Mémoires Historiques de Se-Ma Ts'ien* (Ssuma Chhien). 5 vols. Leroux, Paris, 1895–1905. (Photographically reproduced in China, n.d.)

    1895   vol. 1 tr. *Shih Chi*, chs. 1, 2, 3, 4.

    1897   vol. 2 tr. *Shih Chi*, chs. 5, 6, 7, 8, 9, 10, 11, 12.

    1898   vol. 3 (i) tr. *Shih Chi*, chs. 13, 14, 15, 16, 17, 18, 19, 20, 21, 22.

               vol. 3 (ii) tr. *Shih Chi*, chs. 23, 24, 25, 26, 27, 28, 29, 30.

    1901   vol. 4 tr. *Shih Chi*, chs. 31, 32, 33, 34, 35, 36, 37, 38, 39, 40, 41, 42.

    1905   vol. 5 tr. *Shih Chi*, chs. 43, 44, 45, 46, 47.

CHAVANNES, E. (6) (tr.). 'Les Pays d'Occident d'après le Heou Han Chou.' *TP*, 1907, **8**, 149. (Ch. 118, on the Western Countries, from *Hou Han Shu*.)

CHAVANNES, E. (7). 'Le Cycle Turc des Douze Animaux.' *TP*, 1906, **7**, 51.

CHAVANNES, E. (16). 'Trois Généraux Chinois de la Dynastie des Han Orientaux.' *TP*, 1906, **7**, 210. (Tr. ch. 77 of the *Hou Han Shu* on Pan Chhao, Pan Yung and Liang Chhin.)

CHÊNG CHIH-I (ANDREW) (1). *Hsüntzu's Theory of Human Nature and its Influence on Chinese Thought*. Inaug. Diss. Columbia Univ. New York. Printed Peking, 1928.

CHÊNG TÊ-KHUN (2) (tr.). 'Travels of the Emperor Mu.' *JRAS/NCB*, 1933, **64**, 142; 1934, **65**, 128.

CHÊNG THIEN-HSI (1). *China Moulded by Confucius; the Chinese way in western light*. Stevens, London, 1946.

CHÊNG THIEN-HSI (2). 'The Development and Reform of Chinese Law.' *CLPRO*, 1948, **1**, 170.

CHHEN HSIANG-CHHUN (1). 'Examples of Charms against Epidemics, with short Explanations.' *FLS*, 1942, **1**, 37.

CHHEN JUNG-CHIEH (CHAN WING-TSIT) (1). 'Neo-Confucianism.' In *China*, ed. H. F. McNair. Univ. of California Press, 1946, p. 254.

CHHEN JUNG-CHIEH (2). 'Trends in Contemporary [Chinese] Philosophy.' In *China*, ed. H. F. McNair. Univ. of California Press, 1946, p. 312.

CHHEN JUNG-CHIEH (3). 'An Outline and a Bibliography of Chinese Philosophy.' (Mimeographed notes), Dartmouth College, Hanover, New Hampshire, 1953; also *PEW*, 1954, **3**, 241, 337; rev. W. E. Hocking & R. Hocking, *PEW*, 1954, **4**, 175.

CHHEN JUNG-CHIEH (4). *Religious Trends in Modern China*. Columbia Univ. Press, New York, 1953 (Haskell Lectures, Chicago, 1950).

CHHEN JUNG-CHIEH (5). Contributions to *A Dictionary of Philosophy*, ed. D. D. Runes. Philos. Lib. New York, 1942. Notably *Chhi* (pneuma, matter-energy), p. 50; *Jen* (human-heartedness), p. 153; and *Li* (Neo-Confucian organic pattern), p. 168 [our definitions, not his]. Also *PEW*, 1952, **2**, 166.

CHHEN MÊNG-CHIA (1). 'The Greatness of Chou [Dynasty], *c.* −1027 to *c.* −221.' In *China*, ed. H. F. McNair (p. 54). Univ. of California Press, 1946.

CHHEN SHIH-HSIANG (1). 'In Search of the Beginnings of Chinese Literary Criticism.' *SOS*, 1951, **11**, 45.

CHHEN SHOU-YI (2). 'The Chinese Garden in 18th-century England.' *TH*, 1936, **2**, 321.

CHHEN TAI-O (P. J. ZEN) (1) (tr.). 'Le Chapitre 33 du Tchoang-Tse [*Chuang Tzu*].' *BUA*, 1949 (3ᵉ sér.), **10**, 104.

CHHIEN CHUNG-SHU (1). 'China in the English Literature of the Seventeenth Century.' *QBCB/E*, 1940 (n.s.), **1**, 351.

CHHIEN CHUNG-SHU (2). 'China in the English Literature of the Eighteenth Century.' *QBCB/E*, 1941 (n.s.), **2**, 7.

CHHU TA-KAO (2) (tr.). *Tao Tê Ching, a new translation*. Buddhist Lodge, London, 1937.

CHI HSIEN-LIN (1). 'Indian Physiognomical Characteristics in the Official Annals of the Three Kingdoms, Chin, and Southern and Northern Dynasties.' *SSE*, 1949, **8**, 96.

CHIANG FÊNG-WEI (1) (ed.). *Gems of Chinese Literature*. Progress Press, Chungking, 1942.

CHIKASHIGE, M. (1). *Alchemy and other Chemical Achievements of the Ancient Orient; the Civilisation of Japan and China in Early Times as seen from the Chemical* [and metallurgical] *Point of View*. Rokakuho Uchida, Tokyo, 1936 (in Engl.).

CHILDE, V. GORDON (14). 'Science in Preliterate Societies and the Ancient Oriental Civilisations.' *CN*, 1953, **3**, 12.

CHOU I-CHHING (1). *La Philosophie Morale dans le Neo-Confucianisme (Tcheou Touen-Yi)* [*Chou Tun-I*]. Presses Univ. de France, Paris, 1954. (Includes tr. of *Thai Chi Thu Shuo, Thai Chi Thu Shuo Chieh* and of *I Thung Shu*.)

CHOU YI-LIANG (1). 'Tantrism in China.' *HJAS*, 1945, **8**, 241.

CHOW YIH-CHING. See Chou I-Chhing.

CIBOT, P. M. (3). 'Notice sur le Cong-Fou [Kung Fu], exercice superstitieux des *tao-che* [Tao Shih] pour guérir le corps de ses infirmités et obtenir pour l'âme une certaine immortalité.' *MCHS AMUC*, 1779, **4**, 441.

CLARKE, J. & GEIKIE, Sir A. (1). *Physical Science in the Time of Nero*. A transl. of Seneca's *Quaestiones Naturales*. Macmillan, London, 1910.

COEDÈS, G. (1) (tr.). *Textes d'auteurs grecs et latins relatifs à l'Extrême Orient depuis le 4ème siècle avant J. C. jusqu'au 14ème siècle après J. C.* Leroux, Paris, 1910.

COHEN, A. (1). *The Teachings of Maimonides*. Routledge, London, 1927.

COHEN, J. (1). 'On the Project of a Universal Character.' *M*, 1954, **63**, 49.

COKER, F. W. (1). *Organismic Theories of the State*. Columbia University Studies in History, Economics and Public Law. New York, 1910, no. 38.

COLE, L. J. (1). 'The Lay of the Rooster.' *JH*, 1927, **18**, 97.

COLLINET, P. (1). 'Histoire de l'Ecole de Droit de Beyrouth.' In *Etudes Historiques sur le Droit de Justinian*, vol. 2. Recueil Sirey, Paris, 1925.

COLLINGWOOD, R. G. (1). *Outlines of a Philosophy of Art*. Oxford, 1925.

COMENIUS (KOMENSKY), JAN AMOS (1). *A Reformation of Schooles, designed in two excellent Treatises; the first whereof summarily sheweth, the great necessity of a generall reformation of common learning; what grounds of hope there are for such a reformation, and how it may be brought to pass; followed by a Dilucidation answering certaine Objections made against the Endeavours and Means of Reformation in Common Learning, expressed in the foregoing discourse.* (Tr. Sam. Hartlib.) London, 1642.

COMRIE, L. J. (1). 'Recent Progress in Scientific Computing.' *JSI*, 1944, **21**, 129.

CONGER, G. PERRIGO (1). *Theories of Macrocosm and Microcosm in the History of Philosophy*. Inaug. Diss. Columbia Univ. New York, 1922.

CONGER, G. PERRIGO (2). 'A Naturalistic Garland for Radhakrishnan.' Art. in *Radhakrishnan; Comparative Studies in Philosophy presented in honour of his 60th Birthday*, ed. W. R. Inge *et al.* Allen & Unwin, London, 1951.

CONRADY, A. (1). 'Indischer Einfluss in China in 4-jahrh. v. Chr.' *ZDMG*, 1906, **60**, 335.

CONRADY, A. (2). 'Alte Westöstliche Kulturwörter.' *BVSAW/PH*, 1925, **77**, no. 3, 1.

CONRADY, A. (3). 'Zu Lao-tzu, cap. 6.' (The Valley Spirit.) *AM*, 1932, **7**, 150.

CONRADY, A. (4). '*Yih King* [*I Ching*] Studien.' *AM*, 1931, **7**, 409.

CONRADY, A. & ERKES, E. (1). *Das älteste Dokument zur chinesische Kunstgeschichte, Tien-Wên, die 'Himmelsfragen' d. K'üh Yüan* [Chhü Yuan], abgeschl. u. herausgeg. v. E. Erkes. Leipzig, 1931. Critiques: B. Karlgren, *OLZ*, 1931, **34**, 815; H. Maspero, *JA*, 1933, **222** (Suppl.), 59; Hsü Tao-Lin, *SA*, 1932, **7**, 204.

CONZE, E. (1). *Buddhism, its Essence and Development.* Cassirer, Oxford, 1953.

CONZE, E. (2). *The Scientific Method of Thinking; an Introduction to Dialectical Materialism.* Chapman & Hall, London, 1935.

CONZE, E. (3). 'The Ontology of the *Prajñāpāramitā.*' *PEW*, 1953, **3**, 117.

CONZE, E. (4) (tr.). *Selected Sayings from the 'Perfection of Wisdom'; Prajñāpāramitā.* Buddhist Soc. London, 1955. (The complete translation is distributed in typescript by the Society.)

CONZE, E., HORNER, L. B., SNELLGROVE, D. & WALEY, A. (ed.). *Buddhist Texts through the Ages* (anthology). Faber & Faber, London, 1954.

COOK, A. B. (1). *Zeus.* 3 vols. Cambridge, 1914, 1925, 1940.

CORDIER, H. (2). *Bibliotheca Sinica; Dictionnaire bibliographique des Ouvrages relatifs à l'Empire Chinois.* 3 vols. Ec. des Langues Orientales Vivantes, Paris, 1878–95. 2nd ed. 5 vols. pr. Vienna, 1904–24.

CORNFORD, F. M. (1). *From Religion to Philosophy; a Study in the Origins of Western Speculation.* Arnold, London, 1912.

CORNFORD, F. M. (2). *The Laws of Motion in Ancient Thought.* (Inaugural Lecture.) Cambridge, 1931.

CORNFORD, F. M. (4). 'Greek Natural Philosophy and Modern Science.' Art. in Needham & Pagel (1) (q.v.), repr. in Cornford (6), p. 81.

CORNFORD, F. M. (5). 'The Marxist View of Ancient Philosophy.' Lecture to the Classical Association, Cambridge, 1942; first printed, 1950, in Cornford (6). Crit. B. Farrington, *SS*, 1953, **17**, 289.

CORNFORD, F. M. (6). *The Unwritten Philosophy, and other Essays,* ed. W. K. C. Guthrie. Cambridge, 1950.

COUTURAT, L. (1). *La Logique de Leibniz.* Alcan, Paris, 1901.

COUVREUR, F. S. (1) (tr.). '*Tch'ouen Ts'iou' et 'Tso Tchouan'; Texte Chinois avec Traduction Française.* (*Chhun Chhiu* and *Tso Chuan.*) 3 vols. Mission Press, Hochienfu, 1914. Repr. Belles Lettres, Paris, 1951.

COUVREUR, F. S. (2). *Dictionnaire Classique de la Langue Chinoise.* Mission Press, Hsienhsien, 1890; photographically reproduced, Vetch, Peiping, 1947.

COUVREUR, F. S. (3) (tr.). '*Li Ki', ou Mémoires sur les Bienséances et les Cérémonies.* (*Li Chi.*) 2 vols. Hochienfu, 1913. Repr. Belles Lettres, Paris, 1950.

CRAMER, F. H. (1). 'Bookburning and Censorship in Ancient Rome; a chapter from the History of Freedom of Speech.' *JHI*, 1945, **6**, 157.

CREEL, H. G. (1). *Studies in Early Chinese Culture* (1st series). Waverly, Baltimore, 1937.

CREEL, H. G. (2). *The Birth of China.* Fr. tr. by M. C. Salles, Payot, Paris, 1937. (References are to page numbers of the French ed.)

CREEL, H. G. (3). *Sinism; A Study of the Evolution of the Chinese World-View.* Open Court, Chicago, 1929.
(Rectifications of this by the author will be found in (4), p. 86; he acknowledges that the chief mistake herein was the view that the cosmism, naturalism, and phenomenalism of the Han was of very early origin, rather than due to Tsou Yen and his school in the −4th century.)

CREEL, H. G. (4). *Confucius; the Man and the Myth.* Day, New York, 1949; Kegan Paul, London, 1951. Crit. D. Bodde, *JAOS*, 1950, **70**, 199.

CREEL, H. G. (5). 'Was Confucius Agnostic?' *TP*, 1935, **29**, 55.

CREEL, H. G. (6). *Chinese Thought from Confucius to Mao Tsê-Tung.* Univ. of Chicago Press, Chicago, 1953. Crit. J. Needham, *SS*, 1954, **18**, 373; Chhen Jung-Chieh (Chan Wing-Tsit), *PEW*, 1954, **4**, 181.

CROWTHER, J. G. (1). *The Social Relations of Science.* Macmillan, London, 1941.

CUDWORTH, RALPH (1). *The True Intellectual System of the Universe; wherein all the Reason and Philosophy of Atheism is confuted and its Impossibility demonstrated, with a Treatise concerning Eternal and Immutable Morality.* First pub. 1678; ed. and tr. J. Harrison from the Latin of J. L. Mosheim (1733), with the latter's notes and dissertations. Tegg, London, 1845.

CUMONT, F. (1). *Astrology and Religion among the Greeks and Romans.* Putnam, New York, 1912.

CUMONT, F. (2). 'La Fin du Monde selon les Mages Occidentaux.' *RHR/AMG*, 1931, **103**, 29.

CURTIS, J. G. (1). *Harvey's Views on the Use of the Circulation of the Blood.* New York, 1915.

DAHLKE, P. (1). *Buddhism and Science.* Macmillan, London, 1913.

DALCQ, A. M. (1). 'Le Problème de l'Evolution [Phylogénétique], est-il près d'être résolu?' *ASRZB*, 1951, **82**, 117.

DAMPIER-WHETHAM, W. C. D. (1). *A History of Science, and its Relations with Philosophy and Religion.* Cambridge, 1929.

DANIELLI, J. F. & BROWN, R. (1) (ed.). *Physiological Mechanisms in Animal Behaviour.* Cambridge, 1950 (Symposia of the Society of Experimental Biology, no. 4). Contributions by E. D. Adrian, J. Konorski, K. S. Lashley, C. F. A. Pantin, P. Weiss and others.

DAS, S. K. (1). *Śakti or Divine Power.* Univ. of Calcutta, Calcutta, 1934.

DASGUPTA, S. B. (1). *An Introduction to Tantric Buddhism.* Univ. of Calcutta Press, Calcutta, 1950.

DASGUPTA, S. B. (2). *Obscure Religious Cults as Background of Bengali Literature.* Univ. of Calcutta Press, Calcutta, 1946.

DAVIDS, T. W. RHYS. See Rhys Davids.

DEFERRARI, R. J., BARRY, M. & McGUIRE, M. R. P. (1). *A Concordance of Ovid.* Washington, 1939.

DEHERGNE, J. (1). 'Un Envoyé de l'Empereur Kang-Hi à Louis XIV, le Père Joachim Bouvet.' *BUA,* 1943 (3ᵉ sér.), 651.

DELHERM, M. & LAQUERRIÈRE, M. (1). 'Histoire de la Physiothérapie.' In Laignel-Lavastine (1), *Histoire Générale de la Médecine* (vol. 3, p. 593).

DEMIÉVILLE, P. (1). 'Le Miroir Spirituel.' *S,* 1947, **1**, 112.

DEMIÉVILLE, P. (3). 'Résumé des Cours de l'Année Scolaire; Chaire de Langue et Littérature Chinoises.' (a) *ACF,* 1947, **47**, 151 (on the formation of the vocabulary of Chinese philosophy, especially the word *li*); (b) *ACF,* 1948, **48**, 158 (on the word *fên,* and on *Chuang Tzu,* ch. 2); (c) *ACF,* 1949, **49**, 177 (on *subitisme* and *gradualisme*); (d) *ACF,* 1950, **50**, 188 (on some thinkers of the Chhing period, e.g. Ku Yen-Wu and Tai Chen).

DENNYS, N. B. (1). *The Folklore of China.* Trübner, London and China Mail, Hongkong, 1876. Orig. pub. *CR,* 1875, **3**, 269, 342; **4**, 1, 67, etc.

DIDEROT, D. (1). *Supplément au 'Voyage de Bougainville',* ed. G. Chinard. Johns Hopkins Univ. Press, Baltimore, 1935. Eng. tr. 'Supplement to Bougainville's Voyage; or, Dialogue between A and B on the Disadvantage of attaching Moral Ideas to certain Physical Actions incompatible therewith.' In *Diderot, Interpreter of Nature,* ed. J. Stewart & J. Kemp, pp. 146 ff. Lawrence & Wishart, London, 1937.

DIELS-FREEMAN = FREEMAN, K. (1). *Ancilla to the Pre-Socratic Philosophers; a complete translation of the Fragments in Diels' 'Fragmente der Vorsokratiker'.* Blackwell, Oxford, 1948.

DIETERICI, F. (1) (tr.). *Die Philosophie der Araber im IX u. X Jahrhundert n. Chr., aus der Theologie des Aristoteles, den Abhandlungen Alfarabis und den Schriften der Lautern Brüder [Rasā'il Ikhwān al-Ṣafā'].* Hinrichs, Leipzig, 1858–95. 1, Einleitung und Makrokosmos, 1876; 2, Mikrokosmos, 1879; 3, Propaedeutik, 1865; 4, Logik und Psychologie, 1868; 5, Naturanschauung und Natur-philosophie, 1861, 1876; 6, Der Streit zwischen Thier und Mensch, 1858; 7, Anthropologie, 1871; 7, Lehre von der Weltseele, 1872.

DODDS, E. R. (1). *The Greeks and the Irrational.* Univ. of California Press, 1951. (Sather Classical Lectures, no. 25.)

DOOLITTLE, J. (1). *A Vocabulary and Handbook of the Chinese Language.* Fuchow, 1872.

DORÉ, H. (1). *Recherches sur les Superstitions en Chine.* 15 vols. T'u-Se-Wei Press, Shanghai, 1914–29.
 Pt. I, vol. 1, pp. 1–146: 'Superstitious' practices, birth, marriage and death customs (*VS,* no. 32).
 Pt. I, vol. 2, pp. 147–216: talismans, exorcisms and charms (*VS,* no. 33).
 Pt. I, vol. 3, pp. 217–322: divination methods (*VS,* no. 34).
 Pt. I, vol. 4, pp. 323–488: seasonal festivals and miscellaneous magic (*VS,* no. 35).
 Pt. I, vol. 5, sep. pagination: analysis of Taoist talismans (*VS,* no. 36).
 Pt. II, vol. 6, pp. 1–196: Pantheon (*VS,* no. 39).
 Pt. II, vol. 7, pp. 197–298: Pantheon (*VS,* no. 41).
 Pt. II, vol. 8, pp. 299–462: Pantheon (*VS,* no. 42).
 Pt. II, vol. 9, pp. 463–680: Pantheon, Taoist (*VS,* no. 44).
 Pt. II, vol. 10, pp. 681–859: Taoist celestial bureaucracy (*VS,* no. 45).
 Pt. II, vol. 11, pp. 860–1052: city-gods, field-gods, trade-gods (*VS,* no. 46).
 Pt. II, vol. 12, pp. 1053–1286: miscellaneous spirits, stellar deities (*VS,* no. 48).
 Pt. III, vol. 13, pp. 1–263: popular Confucianism, sages of the Wên Miao (*VS,* no. 49).
 Pt. III, vol. 14, pp. 264–606: popular Confucianism historical figures (*VS,* no. 51).
 Pt. III, vol. 15, sep. pagination: popular Buddhism, life of Gautama (*VS,* no. 57).

DORSEY, G. L. (1). 'Two objective Bases for a Worldwide Legal Order.' In *Ideological Differences and World Order,* ed. F. S. C. Northrop. Yale Univ. Press, 1949.

DOUGLAS, R. K. (1) (tr.). 'Early Chinese Texts, 1, The Calendar of the Hsia Dynasty.' *OAA,* 1882, **1**, 1.

DRYDEN, JOHN, GARTH, S. *et al.* (1) (tr.). *Ovid's 'Metamorphoses' in 15 Books, translated by the most eminent Hands.* Tonson, London, 1717.

Dubos, R. (1). 'Studies on a Bactericidal Agent extracted from a Soil Bacillus.'
    I. 'Preparation of the Agent and its Activity *in vitro.*' *JEM*, 1939, **70**, 1; *SRIMR*, 1939, **113**, 337.
    II. 'Protective Effect of the Agent against experimental *Pneumococcus* infections in Mice.' *JEM*,
        1939, **70**, 11; *SRIMR*, 1939, **113**, 347.
    III. (With C. Cattaneo) 'Preparation and Activity of a Protein-free Fraction.' *JEM*, 1939, **70**,
        249; *SRIMR*, 1940, **114**, 377.
Dubos, R. & Avery, O. T. (1). 'Decomposition of the Capsular Polysaccharide of *Pneumococcus*
    Type III by a Bacterial Enzyme.' *JEM*, 1931, **54**, 51.
Dubs, H. H. (2) (tr., with assistance of Phan Lo-Chi and Jen Thai). *'History of the Former Han Dynasty',*
    by Pan Ku, a Critical Translation with Annotations. 2 vols. Waverly, Baltimore, 1938. .
Dubs, H. H. (3). 'The Victory of Han Confucianism.' *JAOS*, 1938, **58**, 435. (Reprinted in Dubs (2),
    pp. 341 ff.)
Dubs, H. H. (5). 'The Beginnings of Alchemy.' *ISIS*, 1947, **38**, 62.
Dubs, H. H. (7). *Hsün Tzu; the Moulder of Ancient Confucianism.* Probsthain, London, 1927.
Dubs, H. H. (8) (tr.). *The Works of Hsün Tzu.* Probsthain, London, 1928.
Dubs, H. H. (9). 'The Political Career of Confucius.' *JAOS*, 1946, **66**, 273.
Dubs, H. H. (10). 'The Attitude of Han Kao-Tsu to Confucianism.' *JAOS*, 1937, **57**, 172.
Dubs, H. H. (11). 'The Date and Circumstances of Lao Tzu.' *JAOS*, 1941, **61**, 215.
Dubs, H. H. (12). 'The Date and Circumstances of Lao Tzu.' *JAOS*, 1942, **62**, 300.
Dubs, H. H. (13). 'An Ancient Chinese Mystery Cult.' *HTR*, 1942, **35**, 221.
Dubs, H. H. (14). 'The Development of Altruism in Confucianism.' *Proc. Tenth Internat. Congress
    of Philosophy,* p. 156. Amsterdam, 1948.
Dubs, H. H. (15). '[Human] "Nature" in the Teachings of Confucius.' *JAOS*, 1930, **50**, 233.
Dubs, H. H. (16). 'Han Yü and the Buddha's Relic; an episode in medieval Chinese religion.' *RR*,
    1946, **5**..
Dubs, H. H. (17). 'Did Confucius study the Book of Changes?' *TP*, 1927, **25**, 82.
Dubs, H. H. (18). 'The Date of Confucius' Birth.' *AM*, 1949 (n.s.), **1**, 139.
Dubs, H. H. (19). 'Taoism.' In *China*, ed. H. F. McNair, p. 266. Univ. of California Press, 1946.
Dudgeon, J. (1). 'Kung-Fu, or Medical Gymnastics.' *JPOS*, 1895, **3**, 341.
Dukes, E. J. (1). 'Fêng-Shui.' *ERE*, vol. 5, p. 833.
Dumont, P. E. (1). 'Primitivism in Indian Literature.' Supplementary essay no. 2 in Lovejoy &
    Boas (1), *q.v.*
Durkheim, A. & Mauss, M. (1). 'De Quelques Formes Primitives de Classifications.' *AS*, 1901, **6**, 1.
Duyvendak, J. J. L. (3) (tr.). *'The Book of the Lord Shang'; a Classic of the Chinese School of Law.*
    Probsthain, London, 1928.
Duyvendak, J. J. L. (4). 'Hsün Tzu on the Rectification of Names' (tr. of *Hsün-Tzu*, ch. 22). *TP*,
    1924, **23**, 221.
Duyvendak, J. J. L. (5). Comments on Wulff's translations of certain chapters of the *Tao Tê Ching.*
    TP, 1948, **38**, 332.
Duyvendak, J. J. L. (6). Comments on Pasquale d'Elia's *Galileo in Cina. TP*, 1948, **38**, 321.
Duyvendak, J. J. L. (7). (*a*) 'The Philosophy of *Wu Wei.*' *ASEA*, 1947, 3/4, 81. (*b*) 'La Philosophie
    du Non-Agir.' *Conferenze d. Istituti Ital. per il Medio ed Estremo Oriente.* Rome, 1951, **1**, 1.
Duyvendak, J. J. L. (18) (tr.). *'Tao Tê Ching', the Book of the Way and its Virtue.* Murray, London,
    1954 (Wisdom of the East series), Crit. P. Demiéville, *TP*, 1954, **43**, 95; D. Bodde, *JAOS*,
    1954, **74**, 211.
Duyvendak, J. J. L. (20). 'A Chinese *Divina Commedia.*' *TP*, 1952, **41**, 255. (Also sep. pub.
    Brill, Leiden, 1952.)

Eberhard, W. (4). 'Typen chinesischen Volksmärchen.' *FFC*, no. 120, p. 98. Helsinki, 1937.
Eberhard, W. (5) (coll. and tr.). *Chinese Fairy Tales and Folk Tales.* Kegan Paul, London, 1937.
Eberhard, W. (6). 'Beiträge zur kosmologischen Spekulation Chinas in der Han Zeit.' *BA*, 1933,
    16, 1.
Eberhard, W. (7). *Mazdaizm ve Maniheizm hakkinda notlar. Ülkü* (Ankara), June 1941, p. 295.
Eberhard, W. (8). Criticism of Dubs' theory of the influence of Zoroastrianism (Mazdaism) on
    religious Taoism. *OR*, 1949, **2**, 191.
Eberhard, W. (9). *A History of China from the Earliest Times to the Present Day.* Routledge & Kegan
    Paul, London, 1950. Tr. from the German ed. (Swiss pub.) of 1948 by E. W. Dickes. Turkish
    ed. *Čin Tarihi*, Istanbul, 1946. Crit. K. Wittfogel, *AA*, 1950, **13**, 103; J. J. L. Duyvendak, *TP*,
    1949, **39**, 369; A. F. Wright, *FEQ*, 1951, **10**, 380.
Eberhard, W., Müller, R. & Henseling, R. (1). 'Beiträge z. Astronomie d. Han-Zeit. II.'
    SPAW/PH, 1933, **23**, 937.

EDGERTON, W. F. (1). (a) 'The Upanishads, what do they seek and why?' *JAOS*, 1929, **49**, 97. (b) 'Sources of the Philosophy of the Upanishads.' *JAOS*, 1917, **36**, 197. (c) 'Dominant Ideas in the Formation of Indian Culture.' *JAOS*, 1942, **62**, 151.

EDKINS, J. (3). 'Astrology in Ancient China.' *CR*, 1885, **14**, 345.

EDKINS, J. (4). *Chinese Buddhism*. Kegan Paul, London, 1879.

EDKINS, J. (10). 'On the Poets of China during the Period of the Contending States and of the Han Dynasty' (Chhü Yuan, etc.). *JPOS*, 1889, **2**, 201.

EDKINS, J. (14). '[Glossary of] Terms used in [Chinese] Geomancy.' In J. Doolittle (1), vol. **2**, p. 515.

EDKINS, J. (16). 'A Sketch of the Taoist Mythology in its Modern Form.' *JRAS/NCB*, 1859, 309.

EDMUNDS, A. J. & ANESAKI, MASAHARU. *Buddhist and Christian Gospels, now first compared from the Originals; being 'Gospel Parallels from Pāli texts' reprinted with additions*. Innes, Philadelphia; Luzac, London; Harrassowitz, Leipzig, 1914.

EGERTON, C. (1) (tr.). *The Golden Lotus [Chin Phing Mei]*. 4 vols. (complete Eng. tr. but some passages in Latin). Routledge, London, 1939, repr. 1954.

EGGLESTON, SIR F. (1). *Search for a Social Philosophy*. University Press, Melbourne, 1941.

EICHHORN, W. (1) (tr.). 'Ein Beitrag zur Kenntnis der chinesischen Philosophie, der *T'ūng-Šū* des Čeû-Tsï....' (Chou Tun-I's *I Thung Shu*, chs. 21–40.) *AM*, 1932, **8**, 442, 501, 541, 589. Issued with the earlier chapters (Grube, 5) in *Asia Major*, China Bibliothek series, 1932, no. 3.

EICHHORN, W. (2). 'Chou Tun-I, ein chinesische Gelehrtenleben a. d. 11. Jahrhundert' (*Abhdl. f. d. Kunde d. Morgenlandes*, **21**, no. 5). Brockhaus, Leipzig, 1936. Crit. J. J. L. Duyvendak, *TP*, 1937, **33**, 100; W. Franke, *OLZ*, 1938, 126.

EICHHORN, W. (3) (tr.). 'Die *Westinschrift* des Chang Tsai, ein Beitrag z. Geistesgeschichte d. Nordl. Sung' (*Abhdl. f. d. Kunde d. Morgenlandes*, **22**, no. 7). Brockhaus, Leipzig, 1937. Crit. H. Maspero, *OLZ*, 1942, 378.

EISLER, ROBERT (1). *The Royal Art of Astrology*. Joseph, London, 1946. Crit. H. Chatley, *O*, 1947, **67**, 187.

EISLER, RUDOLF (1). *Wörterbuch der philosophischen Begriffe*. 3 vols. Mittler, Berlin, 1929.

EITEL, E. J. (1) (tr.). 'Travels of the Emperor Mu.' *CR*, 1888, **17**, 233, 247.

EITEL, E. J. (2). *Fêng-Shui; Principles of the Natural Science of the Chinese*. Hongkong; Trübner, London, 1873. French tr. by L. de Milloué, *AMG*, 1880, **1**, 203.

EITEL, E. J. (3). 'Chinese Philosophy before Confucius.' *CR*, 1878, **7**, 388.

EITEL, E. J. (4). 'Fragmentary Studies in Ancient Chinese Philosophy.' *CR*, 1887, **15**, 338; 1888, **17**, 26.

EITEL, E. J. (5). 'Spirit Rapping in China.' *NQCJ*, 1867, **1**, 164.

D'ELIA, PASQUALE (1). 'Echi delle Scoperte Galileiane in Cina vivente ancora Galileo (1612–1640).' *AAL/RSM*, 1946 (8ᵉ sér.), **1**, 125. Republished in enlarged form as 'Galileo in Cina. Relazioni attraverso il Collegio Romano tra Galileo e i gesuiti scienzati missionari in Cina (1610–1640).' *Analecta Gregoriana*, **37** (Series Facultatis Missiologicae A (N/1)), Rome, 1947. Revs.: G. Loria, *A/AIHS*, 1949, **2**, 513; J. J. L. Duyvendak, *TP*, 1948, **38**, 321; G. Sarton, *ISIS*, 1950, **41**, 220.

ELIADE, MIRCEA (1). *Le Mythe de l'Eternel Retour; Archétypes et Répétition*. Gallimard, Paris, 1949.

ELIADE, MIRCEA (2). *Traité d'Histoire des Religions*. Payot, Paris, 1949.

ELIADE, MIRCEA (3). *Le Chamanisme et les Techniques Archaïques de l'Extase*. Payot, Paris, 1951.

ELLIS, HAVELOCK (1). *Affirmations*. London, 1898.

ELTON, C. (1). *Animal Ecology*. Sidgwick & Jackson, London, 1927.

ENGELS, F. (1). *The Origin of the Family, Private Property, and the State*. Kerr, Chicago, 1902.

ENGELS, F. (2). *Socialism, Utopian and Scientific*. Allen & Unwin, London, 1892 (1936).

ENGELS, F. (3). *Dialectics of Nature*. Ed. and tr. C. Dutt, with preface and notes by J. B. S. Haldane. 2nd ed. Lawrence & Wishart, London, 1946.

ENGLISH HYMNAL. See Birkbeck, Dearmer *et al.*

ERKES, E. (1) (tr.). 'Das Weltbild d. *Huai-nan-tzu*' (tr. of ch. 4). *OAZ*, 1918, **5**, 27.

ERKES, E. (3). 'The cosmogonic myth in *Tao Tê Ching* ch. 42.' *AA*, 1940, **8**, 16.

ERKES, E. (4). 'Ho Shang Kung's Commentary on Lao Tzu.' *AA*, 1945, **8**, 119; 1946, **9**, 197.

ERKES, E. (5). 'Mystik und Schamanismus.' *AA*, 1945, **8**, 197.

ERKES, E. (6). Comments on Waley's translation of the *Tao Tê Ching*. *AA*, 1935, **5**, 288.

ERKES, E. (7). 'Lü Dsus *Lied vom Talgeist*.' *SA*, 1933, **8**, 94.

ERKES, E. (8). 'Chhü Yüan's *Thien Wên*.' *MS*, 1941, **6**, 273.

ERKES, E. (9). 'Zur Textkritik d. *Chung Yung*.' *MSOS*, 1917, **20**, 142.

ERKES, E. (10) (tr.). 'Das Mädchen vom Hua-Shan, von Han Yü.' *AM*, 1933, **9**, 591.

ERKES, E. (11). Observations on Karlgren's 'Fecundity Symbols in Ancient China' (9). *BMFEA*, 1931, **3**, 63.

ERKES, E. (13). 'Der Druck der Taoistischer Kanon.' *GUJ*, 1925, 326.

ERKES, E. (14). 'Die Anfänge des dauistischen Mönchstums.' *SA*, 1936, **11**, 36.

ERKES, E. (15). 'Das Primat des Weibes im alten China.' *SA*, 1935, **10**, 166.

ESCARRA, J. (1). (*a*) *Le Droit Chinois*. Vetch, Peiping, 1936; Sirey, Paris, 1936. (*b*) *La Conception Chinoise du Droit. APDSJ*, 1935, **5**, 7. (Identical with the earlier part of the book.) (*c*) 'Chinese Law.' *ESS*, vol. 9, p. 249.

ESCARRA, J. (2). *Loi et Coutume en Chine*. Etudes de Sociol. et d'Ethnol. Juristique. 1931.

ESCARRA, J. (3). 'Western Methods of Research into Chinese Law.' *CSPSR*, 1924, **8** (no. 1), 227.

ESCARRA, J. (4). 'La Chine et l'Esprit Juridique.' *SCI*, 1938, **63**, 99.

ESCARRA, J. & GERMAIN, R. (1) (tr.). *La Conception de la Loi et les Théories des Légistes à la Veille des Ts'in* [*Chhin*]. (Tr. of chs. 7, 13, 14, 15 and 16 of Liang Chhi-Chhao, *5*). Preface by G. Padoux. China Booksellers, Peking, 1926.

ESPINAS, A. (1). *Les Origines de la Technologie*. Alcan, Paris, 1897.

EVANS, E. P. (1). *The Criminal Prosecution and Capital Punishment of Animals*. Heinemann, London, 1906.

FARRINGTON, B. (1). *Science in Antiquity*. Butterworth, London, 1936.

FARRINGTON, B. (2). *The Civilisation of Greece and Rome*. Gollancz, London, 1938.

FARRINGTON, B. (3). *Science and Politics in the Ancient World*. Allen & Unwin, London, 1939. Crit. F. M. Cornford (*5*); reply and extension, B. Farrington (*9*).

FARRINGTON, B. (4). *Greek Science (Thales to Aristotle); its meaning for us*. Penguin Books, London, 1944.

FARRINGTON, B. (5). *Head and Hand in Ancient Greece; Four Studies in the Social Relations of Thought*. Watts, London, 1947.

FARRINGTON, B. (6). *Francis Bacon; Philosopher of Industrial Science*. Schuman, New York, 1949.

FARRINGTON, B. (7). '*Temporis Partus Masculus*; an untranslated Writing of Francis Bacon.' *CN*, 1951, **1**, 193.

FARRINGTON, B. (9). 'Second Thoughts on Epicurus' (Cornford Lecture at Cambridge, 1953). *SS*, 1953, **17**, 289.

FARRINGTON, B. (10). 'Vita Prior in Lucretius.' *HMA*, 1953, **81**, 59.

FARRINGTON, B. (11). 'The Meanings of Voluptas in Lucretius.' *HMA*, 1952, **80**, 26.

FARRINGTON, B. (12). 'Lucretius and Manilius on Friendship.' *HMA*, 1954, **83**, 10. 'La Amistad Epicurea.' *NEF*, 1952, **3**, 105.

FARRINGTON, B. (13). 'Epicureanism and Science.' *SCI*, 1954, **48**.

FARRINGTON, B. (14). 'On Misunderstanding the Philosophy of Francis Bacon.' In *Science, Medicine and History* (Singer Presentation Volume), ed. E. A. Underwood, Oxford, 1954, vol. 1, p. 439.

FAVRE, B. (1). *Les Sociétés Sécrètes en Chine; origine, rôle historique, situation actuelle*. Maisonneuve, Paris, 1933.

FECHNER, G. (1). *Zend-Avesta*. Leipzig, 1851–4. Ed. K. Lasswitz, Hamburg and Leipzig, 1906.

FEI HSIAO-TUNG (1). 'The Problem of the Chinese Relationship System.' *MS*, 1936, **2**, 125.

FEIFEL, E. (1) (tr.). *Pao Phu Tzu, Nei Phien*, chs. 1 to 3. *MS*, 1941, **6**, 113.

FEIFEL, E. (2) (tr.). *Pao Phu Tzu, Nei Phien*, ch. 4. *MS*, 1944, **9**, 1.

FELDHAUS, F. M. (1). *Die Technik der Vorzeit, der geschichtlichen Zeit, und der Naturvölker* (technological encyclopaedia). Engelmann, Leipzig and Berlin, 1914.

FÊNG HAN-CHI (H. Y. FÊNG) (1). 'The Origin of Yü Huang.' *HJAS*, 1936, **1**, 242.

FÊNG HAN-CHI (H. Y. FÊNG) (2). 'The Discovery and Excavation of the Royal Tomb of Wang Chien.' *QBCB/E*, 1944 (n.s.), **4**, 1. Reissued as *Occasional Papers of the Szechuan Museum*, no. 1. Chhêngtu, 1944.

FÊNG HAN-CHI (H. Y. FÊNG) & SHRYOCK, J. K. (1). 'Chinese Mythology and Dr Ferguson.' *JAOS*, 1933, **53**, 53.

FÊNG HAN-CHI (H. Y. FÊNG) & SHRYOCK, J. K. (2). 'The Black Magic in China Known as Ku.' *JAOS*, 1935, **65**, 1.

FÊNG YU-LAN (1). *A History of Chinese Philosophy*. Vol. 1, *The Period of the Philosophers (from the Beginnings to c. −100)*, Vetch, Peiping, 1937; Allen & Unwin, London, 1937. Vol. 2, *The Period of Classical Learning (from the −2nd Century to the +20th Century)*, Princeton Univ. Press, Princeton, N.J., 1953. Tr. D. Bodde; crit. Chhen Jung-Chieh (Chan Wing-Tsit), *PEW*, 1954, **4**, 73; J. Needham, *SS*, 1955, **19**, 268. Translations of parts of vol. 2 also appeared in *HJAS*; see under Bodde. See also Fêng Yu-Lan (*1*).

FÊNG YU-LAN (2). *The Spirit of Chinese Philosophy*, tr. E. R. Hughes. Kegan Paul, London, 1947.

FÊNG YU-LAN (3). 'The Origin of Ju and Mo.' *CSPSR*, 1935, **19**, 151.

FÊNG YU-LAN (4). 'The Place of Confucius in Chinese History.' *CSPSR*, 1932, **16**, 1.

FÊNG YU-LAN (5) (tr.). *Chuang Tzu; a new selected translation with an exposition of the philosophy of Kuo Hsiang*. Com. Press, Shanghai, 1933.

Fêng Yu-Lan (6). 'Mao Tsê-Tung's "On Practice", and Chinese Philosophy.' *PC*, 1951, 4 (no. 10), 5.

Fêng Yu-Lan & Porter, L. C. (1). Various translations in Porter's *Aids to the Study of Chinese Philosophy* (1), *q.v.*

Ferguson, J. C. (2). *Survey of Chinese Art.* Com. Press, Shanghai, 1940.

Ferrand, G. (1). *Relations de Voyages et Textes Géographiques Arabès, Persans et Turcs relatifs à l'Extrême Orient, du 8ᵉ au 18ᵉ siècles, traduits, revus et annotés etc.* 2 vols. Leroux, Paris, 1913.

Festugière, A. G. (1). *La Révélation d'Hermès Trismégiste, I. L'Astrologie et les Sciences Occultes.* Gabalda, Paris, 1944. (See Filliozat, 5.)

Figgis, J. N. (1). *Studies in Political Thought from Gerson to Grotius.* Cambridge, 1916.

Filliozat, J. (1). *La Doctrine Classique de la Médecine Indienne.* Imp. Nat., CNRS and Geuthner, Paris, 1949.

Filliozat, J. (2). 'Les Origines d'une Technique Mystique Indienne.' *RP*, 1946, **136**, 208.

Filliozat, J. (3). 'Taoisme et Yoga.' *DVN*, 1949, **3**, 1.

Filliozat, J. (5). Review of Festugière (1), *q.v.* *JA*, 1944, **234**, 349.

Fludd, Robert (1). *Medicina Catholica.* Frankfurt, 1629.

Flügel, G. (1). 'Über Inhalt und Verfasser d. arabischen Encyclopädie' (*Rasā'il Ilkhwān al-Ṣafā'*). *ZDMG*, 1859, **3**, 11.

Forde, C. Daryll (1). *Habitat, Economy and Society; a geographical introduction to Ethnology.* Methuen, London, 1934.

Forke, A. (2) (tr.). 'Yang Chu the Epicurean in his relation to Lieh Tzu the Pantheist.' *JPOS*, 1893, **3**, 203. Repr. as *Yang Chu's Garden of Pleasure*, with introduction by H. Cranmer-Byng. Murray, London, 1912. (Wisdom of the East series.)

Forke, A. (3) (tr.). *Mo Ti des Sozialethikers und seiner Schüler philosophische Werke.* Berlin, 1922. (*MSOS*, Beibände, **23** to **25**.)

Forke, A. (4) (tr.). '*Lun Hêng*', *Philosophical Essays of Wang Chhung.* Pt. I, 1907, Kelly & Walsh, Shanghai; Luzac, London; Harrassowitz, Leipzig. Pt. II, 1911 (with the addition of Reimer, Berlin). (*MSOS*, Beibände, **10** and **14**. Orig. pub. 1906, **9**, 181; 1907, **10**, 1; 1908, **11**, 1; 1911, **14**, 1.)

Forke, A. (5). 'The Chinese Sophists' (includes complete tr. of *Têng Hsi Tzu, Hui Tzu* and other paradoxes, *Kungsun Lung Tzu*). *JRAS/NCB*, 1902, **34**, 1.

Forke, A. (6). *The World-Conception of the Chinese; their astronomical, cosmological and physico-philosophical Speculations* (Pt. 4 of this, on the Five Elements, is reprinted from Forke (4) vol. 2, App. I). Probsthain, London, 1925. German tr. *Gedankenwelt des chinesischen Kulturkreis.* München, 1927. Chinese tr. *Chhi-Na Tzu-Jan Kho-Hsüeh Ssu-Hsiang Shih.* Crit. B. Schindler, *AM*, 1925, **2**, 368.

Forke, A. (7). 'The Philosopher Yang Hsiung.' *JRAS/NCB*, 1930, **61**, 108.

Forke, A. (8). 'Wang Chhung and Plato on Death and Immortality.' *JRAS/NCB*, 1896, **31**, 40.

Forke, A. (9). *Geschichte d. neueren chinesischen Philosophie* (i.e. from beg. of Sung to modern times). De Gruyter, Hamburg, 1938. (Hansische Univ. Abhdl. a.d. Geb. d. Auslandskunde, no. 46 (Ser. B, no. 25).)

Forke, A. (10). 'Die chinesischen Skeptiker.' *SA*, 1939, **14**, 98.

Forke, A. (11). Critique of Bruce (1) and (2), stating the case against translating Neo-Confucian *Li* as 'law'. *AM*, 1924, **1**, 186.

Forke, A. (12). *Geschichte d. mittelalterlichen chinesischen Philosophie* (i.e. from beg. of Former Han to end of Wu Tai). De Gruyter, Hamburg, 1934. (Hamburg Univ. Abhdl. a.d. Geb. d. Auslandskunde, no. 41 (Ser. B, no. 21).)

Forke, A. (13). *Geschichte d. alten chinesischen Philosophie* (i.e. from high antiquity to beg. of Former Han). De Gruyter, Hamburg, 1927. (Hamburg. Univ. Abhdl. a.d. Geb. d. Auslandskunde, no. 25 (Ser. B, no. 14).)

Forke, A. (14). 'Die Anfänge des Idealismus in der chinesischen Philosophie.' *AM*, 1933, **9**, 141.

Förster, E. (1). *Roger Bacon's 'De Retardandis Senectutis Accidentibus et de Sensibus Conservandis' und Arnold von Villanova's 'De Conservanda Juventutis et Retardanda Senectute'.* Inaug. Diss., Leipzig, 1924.

Franck, A. (1). *La Kabbale; la Philosophie Réligieuse des Hébreux.* Hachette, Paris, 1843.

Fränger, W. (1). *The Millennium of Hieronymus Bosch.* Faber, London, 1952.

Frank, J. N. (1). *Courts on Trial; Myth and Reality in American Justice.* Princeton Univ. Press, N.J., 1949.

Frank, J. N. (2). *Fate and Freedom.* Simon & Schuster, New York, 1945.

Frank, J. N. (3). *Law and the Modern Mind.* Stevens, London, 1930 (6th ed. 1949).

Frank, J. N. (4). 'Modern and Ancient Legal Pragmatism.' *NDL*, 1949, **25**, 207 and 460.

Franke, H. (3). 'Volksaufstände in d. Geschichte Chinas.' *GWI*, 1951, **1**, 31.

FRANKE, H. (5). *Sinologie* (review of literature from about 1935 onwards). 1st part of 'Orientalistik' Section forming vol. 19 (pp. 1–219) of *Wissenschaftliche Forschungsberichte (Geisteswissenschaftliche Reihe)*, ed. K. Hönn. A. Francke, Bern, 1953.

FRANKE, O. (5). 'Zur Frage der Einführung des Buddhismus in China.' *MSOS*, 1910, **13**, 295.

FRANKE, O. (6). 'Der kosmische Gedanke in Philosophie und Staat d. Chinesen.' *VBW* (1925/1926), 1928, p. 1. Reprinted in Franke (8), p. 271.

FRANKE, O. (7). 'Leibniz und China.' *ZDMG*, 1928, **82** (NF **7**), 155. Reprinted in Franke (8), p. 313.

FRANKE, O. (8). *Aus Kultur und Geschichte Chinas, Vorträge und Abhandlungen aus den Jahren 1902–1942.* Deutschland Institut, Peking, 1945.

FRANKFORT, H. (1). *Before Philosophy*. London, 1949.

FRAZER, SIR J. G. (1). *The Golden Bough*. 3 vol. ed. Macmillan, London, 1900; superseded by 12 vol. ed. (here used), Macmillan, London, 1913–20. Abridged 1 vol. ed. Macmillan, London, 1923.

FREEMAN, K. (2). *The Pre-Socratic Philosophers, a companion to Diels' 'Fragmente der Vorsokratiker'.* Blackwell, Oxford, 1946. Cf. Diels-Freeman.

FREEMAN, M. (1). 'The Philosophy of Tai Tung-Yuan.' *JRAS/NCB*, 1933, **64**, 50.

FRIEDLÄNDER, P. (1). 'Pattern of Sound, and Atomistic Theory, in Lucretius.' *AJP*, 1941, **62**, 16.

FRIEDMANN, H. & WEBER, W. A. (1). 'The Honey-Guide; a Bird that eats Wax.' *NGM*, 1954, **105**, 551.

FRUTON, J. S. & SIMMONDS, S. (1). *General Biochemistry*. Wiley, New York, 1953; Chapman & Hall, London, 1953.

v.d. GABELENTZ, G. (2) (tr.). '*Thai-Kih-Thu*' ['*Thai Chi Thu*'], des *Tscheu-Tsi* [*Chou Tzu*]; *Tafel des Urprinzipes mit Tschu-Hi's* [*Chu Hsi's*] *Commentare nach dem* '*Hoh-Pih-Sing-Li*'. *Chinesisch mit mandschurischer und deutscher Übersetzung, Einleitung und Anmerkungen.* Zahn, Dresden, 1876.

GABOR, D. (1). 'Communication Theory, Past, Present and Prospective.' In *Symposium on Information Theory*, p. 2. Min. of Supply, London, 1950 (mimeographed).

GALE, E. M. (1) (tr.). *Discourses on Salt and Iron ('Yen Thieh Lun'), a Debate on State Control of Commerce and Industry in Ancient China, chapters 1–19.* Brill, Leiden, 1931. (Sinica Leidensia, no. 2.)

GALE, E. M., BOODBERG, P. A. & LIN, T. C. (1) (tr.). 'Discourses on Salt and Iron (*Yen Thieh Lun*), Chapters 20–28.' *JRAS/NCB*, 1934, **65**, 73.

LE GALL, S. (1). *Le Philosophe Tchou Hi, Sa Doctrine, son Influence.* T'u-Se-Wei, Shanghai, 1894 (*VS*, no. 6). (Incl. tr. of part of ch. 49 of *Chu Tzu Chhüan Shu*.)

GALLAGHER, L. J. (1) (tr.). *China in the 16th Century; the Journals of Matthew Ricci, 1583–1610.* Random House, New York, 1953. [A complete translation, preceded by inadequate bibliographical details, of Nicholas Trigault's *De Christiana Expeditione apud Sinas* (1615).] Based on an earlier publication: *The China that Was; China as discovered by the Jesuits at the close of the 16th Century: from the Latin of Nicholas Trigault.* Milwaukee, 1942. [Identifications of Chinese names in Yang Lien-Shêng (4).] Crit. J. R. Ware, *ISIS*, 1954, **45**, 395.

VON GARBE, R. K. (1). 'Yoga.' *ERE*, vol. 12, p. 831.

VON GARBE, R. K. (2). *Die Saṃkhya Philosophie, eine Darstellung des Indischen Rationalismus nach den Quellen bearbeitet.* Haessel, Leipzig, 1894.

GARVIE, A. E. (1). 'Pantheism' (Introductory Section). *ERE*, vol. 9, p. 611.

GAUCHET, L. (1). 'Un Livre Taoïque, le *Chêng Chen King* [*Sêng Chen Ching*], sur la Génération des Esprits dans l'Homme.' *BUA*, 1949 (3e sér.), **10**, 63.

GAUCHET, L. (2). 'Contribution à l'Étude du Taoisme' (*Tao Tsang*). *BUA*, 1948 (3e sér.), **9**, 1.

GAUCHET, L. (3). 'A Travers le Canon Taoïque, quelques Synonymes du Tao.' *BUA*, 1942 (3e sér.), **3**, 303.

GAUCHET, L. (4). 'Le *Tou-jen King* [*Tu Jen Ching*] des Taoistes; son Texte Primitif et sa Date Probable.' *BUA*, 1941 (3e sér.), **2**, 511.

GEDEN, A. S. (1). 'Hindu Astrology.' *ERE*, vol. 12, p. 83.

GÉNY, V. (1). *Méthode d'Interprétation et Sources en Droit Positif.* Paris, 1919. *Science et Technique en Droit Privé Positif.* Paris, 1924.

GERARD, R. W. (1). 'Organism, Society and Science.' *SM*, 1940, **50**, 340, 403 and 530.

GERNET, L. (1). *Recherches sur le Développement de la Pensée Juridique et Morale en Grèce.* Paris, 1917.

GIBB, H. A. R. (2). 'An Interpretation of Islamic History.' *JWH*, 1953, **1**, 39.

GIERKE, OTTO (1). *Natural Law and the Theory of Society, 1500–1800.* Tr. E. Barker. Cambridge, 1934.

GIERKE, OTTO (2). *Political Theories of the Middle Ages.* Tr. F. W. Maitland. Cambridge, 1900.

GILES, H. A. (1). *A Chinese Biographical Dictionary.* 2 vols. Kelly & Walsh, Shanghai, 1898; Quaritch, London, 1898. Supplementary Index by J. V. Gillis & Yü Ping-Yüeh, Peiping, 1936. Account must be taken of the numerous emendations published by von Zach (4) and Pelliot (34), but many mistakes remain. Cf. Pelliot (35).

GILES, H. A. (4) (tr.). 'San Tzu Ching', translated and annotated. Kelly & Walsh, Shanghai, 1900.

GILES, H. A. (5). Adversaria Sinica: 1st series, no. 1, pp. 1–25 (1905); no. 2, pp. 27–54 (1906); no. 3, pp. 55–86 (1906); no. 4, pp. 87–118 (1906); no. 5, pp. 119–44 (1906); no. 6, pp. 145–88 (1908); no. 7, pp. 189–228 (1909); no. 8, pp. 229–76 (1910); no. 9, pp. 277–324 (1911); no. 10, pp. 326–96 (1913); no. 11, pp. 397–438 (with index) (1914). Kelly & Walsh, Shanghai. 2nd series, no. 1, pp. 1–60. Kelly & Walsh, Shanghai, 1915.

GILES, H. A. (7) (tr.). 'The Hsi Yüan Lu or "Instructions to Coroners" translated from the Chinese.' PRSM, 1924, 17, 59.

GILES, L. (2). An Alphabetical Index to the Chinese Encyclopaedia (Chhin Ting Ku Chin Thu Shu Chi Chhêng). British Museum, London, 1911.

GILES, L. (4) (tr.). Taoist Teachings from the Book of 'Lieh Tzu'. Murray, London, 1912; 2nd ed. 1947. (Wisdom of the East series.)

GILES, L. (6). A Gallery of Chinese Immortals ('hsien'); selected biographies translated from Chinese sources (Lieh Hsien Chuan, Shen Hsien Chuan, etc.). Murray, London, 1948. (Wisdom of the East series.)

GILES, L. (7). 'Wizardry in Ancient China.' AP, 1942, 13, 484.

GILES, L. (11) (tr.). Sun Tzu on the Art of War [Sun Tzu Ping Fa]; the oldest military Treatise in the World. Luzac, London, 1910 (with original Chinese text). Repr. without notes Nan-fang, Chungking, 1954; Eng. text only repr. in Roots of Strategy, ed. Phillips, T. R. (q.v.).

GILL, W. (1). The River of Golden Sand, being the narrative of a Journey through China and Eastern Tibet to Burmah, ed. E. C. Baber and H. Yule. Murray, London, 1883.

GINSBERG, M. (1). 'The Concepts of Juridical and Scientific Law.' P, 1939, 4, 1.

GINZBERG, L. (1). 'Jewish Folklore, East and West.' In Independence, Convergence and Borrowing, in Institutions, Thought and Art, p. 89. Harvard Tercentenary Publication, Harvard Univ. Press, 1937.

GLANVILL, JOSEPH (1). Scepsis Scientifica; or Confest Ignorance the Way to Science, in an Essay on the Vanity of Dogmatising and Confident Opinion. London, 1661; 2nd ed. 1665. Repr. and ed. J. Owen, Kegan Paul, London, 1885.

GLICK, C. & HUNG SHÊNG-HUA (1). Swords of Silence; Chinese Secret Societies, past and present. Brill, Leiden, 1947.

GOLDAMMER, K. (1). Paracelsus; Sozial-Ethische und Sozial-Politische Schriften; aus dem theologisch-religionsphilosophischen Werk ausgewählt, eingeleitet, und mit erklärenden Anmerkungen heraus-gegeben.... Mohr, Tübingen, 1952. (Civitas Gentium series, ed. Max Graf zu Solms.)

v.D. GOLTZ, F. (1). 'Zauberei u. Hexenkunste, Spiritismus u. Schamanismus in China.' MDGNVO, 1893, 6, 1.

GONNARD, R. (1). La Légende du Bon Sauvage. De Medicis, Paris, 1946.

GOOCH, G. P. (1). English Democratic Ideas in the Seventeenth Century, ed. H. J. Laski. 2nd ed. Cambridge, 1927.

GRAF, O. (1). 'Chu Hsi and Spinoza.' Proc. Xth Internat. Congress of Philosophy, vol. 1, p. 238. Amsterdam, 1949.

GRAF, O. (2) (tr.). 'Djin-Si Lu' [Chin Ssu Lu]; die Sungkonfuzianische Summa mit dem Kommentar des Yeh Tsai. 3 vols. Sophia University Press, Tokyo, 1953–4. (Mimeographed.) Vol. 1, 'Einleitung'; vol. 2 (pts. 1 and 2), 'Text'; vol. 3, 'Anmerkungen'. (MN Monographs, no. 12.)

GRAHAM, A. C. (1). 'The Philosophy of Chhêng I-Chhuan (+1033/+1107) and Chhêng Ming-Tao (+1032/+1085).' Inaug. Diss., London, 1953.

GRANET, M. (1). Danses et Légendes de la Chine Ancienne. 2 vols. Alcan, Paris, 1926.

GRANET, M. (2). Fêtes et Chansons Anciennes de la Chine. Alcan, Paris, 1926; 2nd ed. Leroux, Paris, 1929.

GRANET, M. (3). La Civilisation Chinoise. Renaissance du Livre, Paris, 1929; 2nd ed. Albin Michel, Paris, 1948. (Evol. de l'Hum. series, no. 25.) Crit. Ting Wên-Chiang, MSOS, 1931, 34, 161.

GRANET, M. (4). La Religion des Chinois. Gauthier Villars, Paris, 1922.

GRANET, M. (5). La Pensée Chinoise. Albin Michel, Paris, 1934. (Evol. de l'Hum. series, no. 25 bis.)

GRANET, M. (6). Études Sociologiques sur la Chine. Presses Univ. de France, Paris, 1953.

GRIFFITH, E. F. (1). Modern Marriage. Methuen, London, 1946.

DE GROOT, J. J. M. (1). Chinesische Urkunde z. Geschichte Asiens, (a) Die Hunnen d. vorchristlichen Zeit; (b) Die Westlände Chinas in d. vorchristl. Zeit, ed. O. Franke. De Gruyter, Berlin, 1921. Crit. E. von Zach, AM, 1924, 1, 125.

DE GROOT, J. J. M. (2). The Religious System of China. Brill, Leiden, 1892.
Vol. 1, Funeral rites and ideas of resurrection.
Vols. 2, 3, Graves, tombs, and fêng-shui.
Vol. 4, The soul, and nature-spirits.
Vol. 5, Demonology and sorcery.
Vol. 6, The animistic priesthood (wu).

DE GROOT, J. J. M. (3). 'On Chinese Divination by Dissecting Written Characters.' *TP*, 1890, **1**, 239.

GRUBE, W. (3). *Die Religion der alten Chinesen*. Mohr-Siebeck, Tübingen, 1911. (Part of the *Religionsgeschichtliches Lesebuch*.)

GRUBE, W. (4). 'Beiträge z. chinesische Grammatik: die Sprache des Liet-tsï' (Lieh Tzu). *BVSAW/PH*, 1889, **41**, 155.

GRUBE, W. (5) (tr.). *Ein Beitrag zur Kenntnis der chinesischen Philosophie, 'T'ung-Šu'* ['*I Thung Shu*'] *des Ceu-Tsi* [*Chou Tun-I*], *mit Cu-Hi's* [*Chu Hsi's*] *Kommentar*. Chs. 1–8, Halzhausen, Vienna, 1880; chs. 9–20, Leipzig, 1881. Completed by Eichhorn (1).

GUDGER, E. W. (1). On so-called legends of wild animal behaviour. *SM*, 1935, **40**, 415.

GUDGER, E. W. (2). 'On certain small Terrestrial Mammals that are alleged to fish with the Tail.' *AMLN*, 1953, **50**, 189.

GUDGER, E. W. (3). 'Does the Jaguar use its Tail as a Lure in Fishing?' *JMLOL*, 1946, **27**, 37.

GUDGER, E. W. (4). 'How the Cassowary goes Fishing.' *NH*, 1927, **27**, 485.

GUÉRIN, P. (1). *L'Idée de Justice dans la Conception de l'Univers chez les premiers Philosophes Grecs; de Thalès à Heraclite*. Alcan, Paris, 1934.

VAN GULIK, R. H. (3). *Erotic Colour Prints of the Ming Period with an Essay on Chinese Sex Life from the Han to the Chhing Dynasty* (−*206 to* +*1644*). 3 vols. in case. Privately printed, Tokyo, 1951 (50 copies only, distributed to fifty of the most important libraries of the world). Crit. W. L. Hsü, *MN*, 1952, **8**, 455; E. B. Ceadel, *AM*, 1954.

VAN GULIK, R. H. (4). 'The Mango "Trick" in China; an essay on Taoist Magic.' *TAS/J*, 1952 (3rd ser.), **3**.

HAAS, H. (1). 'Tsungmi's *Yuen-Zen-Lun* [*Yuan Jen Lun*], eine Abhandlung ü.d. Ursprung d. Menschen a.d. Kanon d. chinesischen Buddhismus.' *ARW*, 1909, **12**, 491.

HACKMANN, H. F. (1). 'Die Mönchsregeln des Klostertaoismus.' *OAZ*, 1919, **8**, 142.

HACKMANN, H. F. (2). *Chinesischen Philosophie*. Reinhardt, München, 1927.

HACKMANN, H. F. (3). 'Alphabetisches Verzeichnis zum *Kao Sêng Chuan* [biographies of Buddhist monks].' *AO*, 1923, **2**, 81.

HAENISCH, E. (1). 'Der Aufstand von Chhen Shê im jahre 209 v. Chr.' *AM*, 1951 (n.s.), **2**, 71.

HAGERTY, M. J. (1) (tr.). 'Han Yen-Chih's *Chü Lu* (Monograph on the Oranges of Wên-Chou, Chekiang),' with introduction by P. Pelliot. *TP*, 1923, **22**, 63.

HALDANE, J. B. S. (1). 'Animal Ritual and Human Language.' *DIO*, 1953, **4**, 61. 'La Signalisation Animale.' *ANNB*, 1954, **30**, 89.

HALOUN, G. (2). Translations of *Kuan Tzu* and other ancient texts made with the present writer. MS. 1938–1941.

HALOUN, G. (3). 'Contribution to the Theory of Clan Settlement.' *AM*, 1924, **1**, 76 and 587.

HALOUN, G. (5). 'Legalist Fragments, I; *Kuan Tzu*, ch. 55, and related texts.' *AM*, 1951 (n.s.), **2**, 85.

HAMADA, KOSAKU & UMEHARA, SUEJI (1). *A Royal Tomb, 'Kuikan-Tsuka' or 'Gold-Crown' Tomb, at Keishu (Korea) and its Treasures*. 2 vols. text, 1 vol. plates. Sp. Rep. Serv. Antiq. Govt. Gen. Chosen, 1924, no. 3.

HAMILTON, C. H. (1) (tr.). '*Wei Shih Erh-shih Lun*'; or, *the Treatise in Twenty Stanzas on Representation-Only* [*Mere Ideation*]; *translated by Hsüan-Chuang* (+*596/*+*664*) *into Chinese, from Vasubandhu's* (+*420/*+*500*) '*Vijñapti-mātratā-siddhi Viṃsatikā*'. Amer. Orient. Soc. New Haven, 1938. (Amer. Orient. Ser. no. 13.)

HAMILTON, C. H. (2). 'Buddhism' (in China). In *China*, ed. H. F. McNair, p. 290. Univ. of California Press, 1946.

HANSFORD, S. H. (1). *Chinese Jade Carving*. Lund Humphries, London, 1950.

HANSON, N. R. (1). 'Causal Chains.' *M*, 1955, **64**, 289.

HARLAND, W. A. (2). 'Forensic Medicine in China [the *Hsi Yuan Lu*].' *JRAS* (*Trans.*)/*NCB*, 1854, **1** (no. 4), 87.

DE HARLEZ, C. (1). *Le Yih-King* [*I Ching*], *Texte Primitif Rétabli, Traduit et Commenté*. Hayez, Bruxelles, 1889.

DE HARLEZ, C. (2) (tr.). '*Kong-Tze-Kia-Yu*' ['*Khung Tzu Chia Yü*']; *Les Entretiens Familiers de Confucius*. Leroux, Paris, 1899; and *BOR*, 1893, **6**; 1894, **7**.

DE HARLEZ, C. (3) (tr.). 'Textes Taoistes' (*Tao Tê Ching, Pao Phu Tzu, Wên Tzu, Han Fei Tzu, Huai Nan Tzu, Chuang Tzu, Lieh Tzu, Huang Ti Nei Ching, Chang Tzu*; all fragmentary translations). *AMG*, 1891, **20**, 1.

DE HARLEZ, C. (4) (tr.). *Livres des Esprits et des Immortels* (transl. of '*Shen Hsien Chuan*'). Hayez, Brussels, 1893.

DE HARLEZ, C. (5) (tr.). '*Kuo Yü*' (partially). *JA*, 1893 (9ᵉ sér.), **2**, 37, 373; 1894 (9ᵉ sér.), **3**, 5. Later parts published separately, Louvain, 1895.

HARNACK, A. (1). (*a*) *Gesch. d. kgl. preuss. Akademie d. Wissenschaften zu Berlin*. Berlin. (*b*) *Sämtliche Schriften und Briefe d. G. W. Leibniz*. Pr. Akad. Wiss. Darmstadt, 1931.

HARTREE, D. R. (1). (*a*) 'Electronic Numerical Integrator and Computer.' *N*, 1946, **158**, 500. (*b*) *Calculating Instruments and Machines*. Univ. of Illinois Press, Urbana, 1949; Cambridge, 1949.

HARVEY, E. D. (1). *The Mind of China*. Yale Univ. Press, 1933.

HAUPT, J. T. (1). *Neue u. vollständige Auslegung des von dem Stifter u. ersten Kaiser des chinesischen Reiches Fohi hinterlassenen Buches, 'Ye-Kim' genannt*. 1753.

HAYES, L. N. (1). 'The Gods of the Chinese.' *JRAS/NCB*, 1924, **55**, 84.

HEARN, LAFCADIO (1). 'The Idea of Pre-Existence.' In *Kokoro; Hints and Echoes of Japanese Inner Life*. Gay & Bird, London, n.d. (1896).

HEGEL, G. W. F. (1). *Logic*. Translated from the *Encyclopaedia of the Philosophical Sciences* by W. Wallace, Oxford (2nd ed.), 1892.

HEGEL, G. W. F. (2). *The Philosophy of History*, tr. J. Sibree. Willey, New York, 1944.

HEGEL, G. W. F. (3). *Sämtliche Werke*, ed. G. Lasson *et al.* 29 vols. Meiner, Leipzig and Hamburg, 1928–54.

HEGEL, G. W. F. (4). *Vorlesungen ü.d. Geschichte d. Philosophie*. 3 vols., ed. C. L. Michelet. Duncker & Humblet, Berlin, 1840 (vols. 13–15 of the complete works). Eng. tr. E. S. Haldane, Kegan Paul, London, 1892.

HEIDEL, W. A. (1). 'Peri Physeos.' *PAAAS*, 1910, **45**, 77.

HEINIMANN, F. (1). *Nomos und Physis; Herkunft und Bedeutung einer Antithese im griechischen Denken des 5 Jahrhunderts*. Basel, 1945. (Schweizerische Beiträge z. Altertumswiss. no. 1.)

VAN HELMONT, F. M. (1). *The Paradoxal Discourses of F. M. van Helmont concerning the Macrocosm and Microcosm, or the Greater and Lesser World, and their Union, set down in writing by J. B. and now published*. Kettlewel, London, 1685.

HENKE, F. G. (1). 'A Study of the Life and Philosophy of Wang Yang-Ming.' *JRAS/NCB*, 1913, **44**, 46.

HENKE, F. G. (2). *The Philosophy of Wang Yang-Ming*. Open Court, Chicago, 1916.

HENTZE, C. (1). *Mythes et Symboles Lunaires (Chine Ancienne, Civilisations anciennes de l'Asie, Peuples limitrophes du Pacifique)*, with appendix by H. Kühn. De Sikkel, Antwerp, 1932. Crit. *OAZ*, 1933, **9 (19)**, 33.

HENTZE, C. (2). 'Schamanenkronen z. Han-Zeit in Korea' [from the Hamada & Umehara excavations]. *OAZ*, 1933, **9 (19)**, 156.

HENTZE, C. (3). 'Le Culte de l'Ours ou du Tigre et le Thao-Thieh.' *Z*, 1938, **1**, 50.

VON HERDER, J. G. (1). *Ideen zur Philosophie der Geschichte der Menschheit* (1784). Hempel, Berlin, 1879.

DE HETRELON, R. (ps.) (1). 'Essai sur l'Origine des Différences de Mentalité entre Occident et Extrême-Orient.' *FASIE*, 1954, **10**, 815 (article written 1951).

HETT, G. V. (1). 'Some [Confucian] Ceremonies at Seoul.' *GGM*, 1936, **3**, 179.

HIGHTOWER, J. R. (1). *Topics in Chinese Literature; Outlines and Bibliographies*. Harvard Univ. Press, 1950.

HIRTH, F. (2) (tr.). 'The Story of Chang Chhien, China's Pioneer in West Asia.' *JAOS*, 1917, **37**, 89. (Translation of ch. 123 of the *Shih Chi*, containing Chang Chhien's Report; from §18–52 inclusive and 101 to 103. §98 runs on to §104, 99 and 100 being a separate interpolation. Also tr. of ch. 111 containing the biogr. of Chang Chhien.)

HITCHCOCK, E. A. (1). *Remarks upon Alchemy and the Alchemists*. Boston, 1857.

HITTI, P. K. (1). *History of the Arabs*. 4th ed. Macmillan, London, 1949.

HOBBES, THOMAS (1). *Leviathan, or, the Matter, Forme and Power of a Commonwealth, Ecclesiasticall and Civil*. 1651. Ed. M. Oakeshott, Blackwell, Oxford, n.d. (but after 1934).

HOBSBAWM, E. J. (1). 'The Machine Breakers.' *PP*, 1952, **1**, 57.

HOCKING, W. E. (1). 'Chu Hsi's Theory of Knowledge.' *HJAS*, 1935.

HODOUS, L. (1). *Folkways in China*. Probsthain, London, 1929.

HOEPPLI, R. & CHHIANG I-HUNG (1). 'The Doctrine of Spontaneous Generation of Parasites in Old-Style Chinese and Western Medicine; a Comparative Study.' *PNHB*, 1950, **19**, 375.

HOEPPLI, R. & CHHIANG I-HUNG (2). 'Similar Superstitions concerning Parasites in Old-Style Chinese and Early Western Medicine.' *PNHB*, 1951, **20**, 209.

HOLLAND, T. E. (1). *Elements of Jurisprudence*. Oxford, 1880; new ed. 1928.

HONIGSHEIM, P. (1). 'The American Indian in the Philosophy of the English and French Enlightenment.' *OSIS*, 1952, **10**, 91.

HOOVER, H. C. & HOOVER, L. H. (1) (tr.). *Georgius Agricola 'De Re Metallica', translated from the first Latin edition of 1556, with biographical introduction, annotations and appendices upon the development of mining methods, metallurgical processes, geology, mineralogy and mining law from the earliest times to the 16th century.* 1st ed. Mining Magazine, London, 1912; 2nd ed. Dover, New York, 1950.

HOPKINS, E. W. (1). 'The Social and Military Position of the Ruling Class in India, as represented by the Sanskrit Epic.' *JAOS*, 1889, **13**, 57–372 (with index) (military techniques, pp. 181–329).

HOPKINS, L. C. (2). (*a*) 'The Shaman or Wu.' *NCR*, 1920, **2**, 423. (*b*) 'The Shaman or Chinese Wu; his inspired dancing and versatile character.' *JRAS*, 1945, 3.

HOPKINS, L. C. (3). *The Development of Chinese Writing.* China Society, London, n.d.

HOPKINS, L. C. (5). 'Pictographic Reconnaissances, I.' *JRAS*, 1917, 773.

HOPKINS, L. C. (6). 'Pictographic Reconnaissances, II.' *JRAS*, 1918, 387.

HOPKINS, L. C. (7). 'Pictographic Reconnaissances, III.' *JRAS*, 1919, 369.

HOPKINS, L. C. (8). 'Pictographic Reconnaissances, IV.' *JRAS*, 1922, 49.

HOPKINS, L. C. (10). 'Pictographic Reconnaissances, VI.' *JRAS*, 1924, 407.

HOPKINS, L. C. (11). 'Pictographic Reconnaissances, VII.' *JRAS*, 1926, 461.

HOPKINS, L. C. (12). 'Pictographic Reconnaissances, VIII.' *JRAS*, 1927, 769.

HOPKINS, L. C. (13). 'Pictographic Reconnaissances, IX' (and Index to Chinese characters examined in this series and other papers in the same Journal 1916–28). *JRAS*, 1928, 327.

HOPKINS, L. C. (14). 'Archaic Chinese Characters, I.' *JRAS*, 1937, 27.

HOPKINS, L. C. (15). 'Archaic Chinese Characters, II.' *JRAS*, 1937, 209.

HOPKINS, L. C. (17). 'The Dragon Terrestrial and the Dragon Celestial; I, A Study of the *Lung* (terrestrial).' *JRAS*, 1931, 791.

HOPKINS, L. C. (18). 'The Dragon Terrestrial and the Dragon Celestial; II, A Study of the *Chhen* (celestial).' *JRAS*, 1932, 91.

HOPKINS, L. C. (19). 'The Human Figure in Archaic Chinese Writing; a Study in Attitudes.' *JRAS*, 1929, 557.

HOPKINS, L. C. (20). 'The Human Figure in Archaic Chinese Writing.' *JRAS*, 1930, 95.

HOPKINS, L. C. (22). 'The Wind, the Phoenix, and a String of Shells.' *JRAS*, 1917, 377.

HOPKINS, L. C. (26). 'Where the Rainbow Ends.' *JRAS*, 1931, 603.

HOPKINS, L. C. (27). 'Archaic Sons and Grandsons; a Study of a Chinese Complication Complex.' *JRAS*, 1934, 57.

HOPKINS, L. C. (28). 'Symbols of Parentage in Archaic Chinese, I.' *JRAS*, 1940, 351.

HOPKINS, L. C. (29). 'Symbols of Parentage in Archaic Chinese, II.' *JRAS*, 1941, 204.

HOPKINS, L. C. (33). 'The Bearskin, another Pictographic Reconnaissance from Primitive Prophylactic to Present-Day Panache; a Chinese Epigraphic Puzzle.' *JRAS*, 1943, 110.

HOPKINS, L. C. (37). 'Eclectic Preferences; a fragmentary Study in Chinese Palaeography.' *JRAS*, 1949, 188.

HOPKINS, L. C. (39). 'The Archives of an Oracle.' *JRAS*, 1915, 49.

HOPKINS, L. C. (40). 'Working the Oracle.' *NCR*, 1929, **1**, 111, 249.

HOPKINS, L. C. (41). 'Dragon and Alligator; being Notes on some ancient Inscribed Bone Carvings.' *JRAS*, 1913, 545.

HORA, S. L. (1). 'The History of Science and Technology in India and South-East Asia.' *N*, 1951, **168**, 1047.

D'HORMON, A. (1) (ed.). *Lectures Chinoises.* École Franco-Chinoise, Peiping, 1945–.

HOWELL, E. B. (1) (tr.). '*Chin Ku Chhi Kuan*; story no. XIII; the Persecution of Shen Lien.' *CJ*, 1925, **3**, 10.

HSIAO CHING-FANG (SIAO KING-FANG) (1). *Les Conceptions Fondamentales du Droit Public dans la Chine Ancienne.* Sirey, Paris, 1940. (Biblioth. d'Hist. Polit. et Constitutionelle, no. 4.)

HSIAO KUNG-CHHÜAN (1). 'Anarchism in Chinese Political Thought.' *TH*, 1936, **3**, 249.

HSÜ, FRANCIS. See Hsü Lang-Kuang.

HSÜ LANG-KUANG (1). *Religion, Science and Human Crises; a Study of China in Transition and its Implications for the West.* Routledge & Kegan Paul, London, 1952.

HSÜ SHIH-LIEN (1). *The Political Philosophy of Confucianism.* Routledge, London, 1932. Crit. O. Franke, *OAZ*, 1933, **9** (**19**), 38.

HSÜ SHIH-LIEN (2). 'Ta Thung; the Confucian [*sic*] Concept of Progress.' *CSPSR*, 1926, **10**, 582.

HU SHIH (1). *The Chinese Renaissance.* Univ. of Chicago Press, 1934.

HU SHIH (2). *The Development of the Logical Method in Ancient China.* Oriental Book Co., Shanghai, 1922.

HU SHIH (3). 'Religion and Philosophy in Chinese History,' art. in *Symposium on Chinese Culture,* ed. Sophia H. Chen Zen, p. 31. IPR, Shanghai, 1931.

Hu Shih (4). 'Buddhist Influence on Chinese Religious Life.' *CSPSR*, 1925, 9, 142.

Hu Shih (5). 'A Note on Chhüan Tsu-Wang, Chao I-Chhing and Tai Chen; a Study of Independent Convergence in Research as illustrated in their works on the *Shui Ching Chu*.' In Hummel (2), p. 970.

Hu Shih (6). 'Chinese Thought.' In *China*, ed. H. F. McNair, p. 221. Univ. of California Press, 1946.

Hu Shih (7). 'The Indianisation of China; a Case Study in Cultural Borrowing.' In *Independence, Convergence and Borrowing, in Institutions, Thought and Art*, p. 219. Harvard Tercentenary Publication, Harvard Univ. Press, 1937.

Hu Shih (8). 'Der Ursprung der *Ju* und ihre Beziehung zu Konfuzius und Lau-dsï [Lao Tzu]', tr. from Hu Shih (8) by W. Franke. *SA* (Sonderausgabe), 1935, 141; 1936, 1.

Hu Shih (9). 'The Natural Law in the Chinese Tradition.' *NLIP*, 1953, 5, 119.

Hu Yen-Mêng (Hu Yan-Mung) (1). *Etude Philosophique et Juridique de la Conception de 'Ming' et de 'Fên' dans le Droit Chinois*. Paris, 1932. *ESEJ*, 17, 1–141. (Etudes de Sociologie et d'Ethnologie Juridique, Institut de Droit Comparé, no. 17.)

Huang Fang-Kang (1). 'Szechuan Taoism.' Paper read before the West China Border Research Society (Chhêngtu), 1936, and given to the author in MS. form.

Huang Hsin-Chi (1). *Lu Hsiang-Shan, a twelfth-century Chinese idealist Philosopher*. Amer. Orient. Soc. New Haven, 1944. (Amer. Oriental Series, no. 27.)

Huard, P. (1). 'La Science et l'Extrême-Orient' [mimeographed]. Ecole Française d'Extr. Orient, Hanoi, n.d. [1950]. (Cours et Conférences de l'Ec. Fr. d'Extr. Or., 1948–9.) This paper, though admirable in choice of subjects and intention, is full of serious mistakes and should only be used with circumspection. Crit. L. Gauchet, *A/AIHS*, 1951, 4, 487.

Huard, P. (2). 'Sciences et Techniques de l'Eurasie.' *BSEIC*, 1950, 25 (no. 2), 1. This paper, though correcting a number of errors in Huard (1), still contains many mistakes and should be used only with care; nevertheless it is again a valuable contribution on account of several original points.

Huard, P. & Durand, M. (1). *Connaissance du Viêt-Nam*. Ecole Française d'Ext. Orient, Hanoi, 1954; Imprimerie Nationale, Paris, 1954.

Hubert, H. & Mauss, M. (1). 'Esquisse d'une Théorie Générale de la Magie.' *AS*, 1904, 7, 56.

Hubert, H. & Mauss, M. (2). *Mélanges d'Histoire des Religions*. Alcan, Paris, 1929. Contains: (a) 'Essai sur la Nature et la Fonction du Sacrifice'; (b) 'L'Origine des Pouvoirs Magiques'; (c) 'Etude Sommaire de la Réprésentation du Temps dans la Magie et la Religion.'

Hübotter, F. (2) (tr.). 'Die Sütras über Empfängnis und Embryologie [the *Mahāratnakūṭa Sūtra* (*Fo Shuo Pao Thai Ching*)].' *MDGNVO*, 1932, 26c.

Hübrig, H. (1). 'Fung Schui [*Fêng Shui*], oder chinesische Geomantie.' *SBGAEU*, 1879 (no. 2), 5.

Hudson, G. F. (1). *Europe and China; A Survey of their Relations from the Earliest Times to 1800*. Arnold, London, 1931.

Hughes, E. R. (1). *Chinese Philosophy in Classical Times*. Dent, London, 1942. (Everyman Library, no. 973.)

Hughes, E. R. (2) (tr.). *The Great Learning and the Mean-in-Action*. Dent, London, 1942.

Hughes, E. R. (5). 'A Historical Approach to Chinese Epistemology' (mimeographed). Paper read at the East-West Philosophers' Conference, University of Hawaii, June 1949.

Hughes, E. R. (6). 'Law and Government in China.' In *Law and Government in Principle and Practice*, p. 307. Ed. J. L. Brierly. Odhams, London, n.d. (1949).

Hughes, E. R. (7) (tr.). *The Art of Letters, Lu Chi's 'Wên Fu', A.D. 302; a Translation and Comparative Study*. Pantheon, New York, 1951. (Bollingen Series, no. 29.)

Hulsewé, A. F. P. (1). *Remnants of Han Law*. Brill, Leiden, 1955 (Sinica Leidensia, no. 9). Incl. tr. chs. 22, 23 of the *Chhien Han Shu*.

Hummel, A. W. (2) (ed.). *Eminent Chinese of the Chhing Period*. 2 vols. Library of Congress, Washington, 1944.

Hummel, A. W. (3). 'The Case against Force in Chinese Philosophy.' *CSPSR*, 1925, 9, 334.

Hummel, A. W. (5). 'A Late Ming Miscellany' (notes on Chang Sui (Ming), sceptical historian). *ARLC/DO*, 1938, 233.

Hutchinson, A. B. (1) (tr.). 'The Family Sayings of Confucius.' *CRR*, 1878, 9, 445; 1879, 10, 17, 96, 175, 253, 329, 428.

Hutchinson, G. Evelyn (1). Review of M. Mead's *Male and Female*. *AMSC*, 1950, 38 (no. 2), in *Marginalia*.

Huxley, L. (1). *Life and Letters of Thomas Henry Huxley*. 3 vols. Macmillan, London, 1903.

Huxley, T. H. (1). *Evolution and Ethics*. Macmillan, London, 1895.

Hyde, W. W. (1). 'The Prosecution and Punishment of Animals and Lifeless Things in the Middle Ages and Modern Times.' *UPLR/ALR*, 1916, 64, 696.

INAMI, HAKUSUI (1). *Nippon-Tō, the Japanese Sword.* Cosmo Pub. Co., Tokyo, 1948.

INGALLS, D. H. H. (1). *Materials for the Study of Navya-Nyāya [New Nyāya] Logic.* Harvard Univ. Press, Cambridge, Mass. 1951 (Harvard Oriental Series, no. 40). Crit. J. Brough, *JRAS*, 1954, 87.

INGE, W. R. (1). *Christian Mysticism.* Methuen, London, 1921 (5th ed.). (Bampton Lectures, Oxford, 1899.)

INGE, W. R. (2). 'Logos.' *ERE*, vol. 8, p. 133.

INOUYE, T. (1). 'Die Streitfrage d. chinesischen Philosophie ü.d. menschlichen Natur.' *Proc. VIIIth Orientalist Congress*, Stockholm, 1889, Sect. Asie Centr. et Extr. Or., p. 3.

INTORCETTA, P., HERDTRICH, C., ROUGEMONT, F. & COUPLET, P. (1) (tr.). *Confucius Sinarum Philosophus, sive Scientia Sinensis, latine exposita...; adjecta est: Tabula Chronologica Monarchiae Sinicae juxta cyclos annorum LX, ab anno post Christum primo, usque ad annum praesentis Saeculi 1683* (the latter by P. Couplet, pr. 1686). Horthemels, Paris, 1687.

ISAACS, N. (1). 'The Influence of Judaism on Western Law.' In *Legacy of Israel*, ed. E. R. Bevan & C. Singer. Oxford, 1928.

JABŁOŃSKI, W. (1). 'Marcel Granet and his Work.' *YJSS*, 1939, 1, 242.

JABŁOŃSKI, W., CHMIELEWSKI, JANUSZ, WOJTASIEWICZ, O. & ŻBIKOWSKI, T. (1) (tr.). *Czuang-Tsy, 'Nan-Hua-Czên-King'* [Chuang Tzu; '*Nan Hua Chen Ching*'], *Prawdziwa Księga Południowego Kwiatu.* Państwowe Wydawnictwo Naukowe, Warsaw, 1953.

JACOB, E. F. (1). 'Political Thought.' In *Legacy of the Middle Ages*, p. 527, ed. C. G. Crump & E. F. Jacob. Oxford, 1926.

JACOBI, H. (1). 'Der Ursprung d. Buddhismus aus d. Samkhya-Yoga.' *NGWG/PH*, 1896, 43.

ABD AL-JALIL, J. M. (1). *Brève Histoire de la Littérature Arabe.* Maisonneuve, Paris, 1943; 2nd ed. 1947.

JAMES, WILLIAM (1). *Varieties of Religious Experience; a study in Human Nature.* Longmans Green, London, 1904. (Gifford Lectures, 1901–2.)

JASTROW, M. (1). *The Civilisation of Babylonia and Assyria.* Lippincott, Philadelphia, 1915.

JASTROW, M. (2). *Religion of Babylonia and Assyria.* Boston, 1898. *Die Religion Babyloniens und Assyriens.* Giessen, 1905.

JELLINEK, A. (1) (tr.). *Der Mikrokosmos, ein Beitrag z. Religionsphilosophie und Ethik* [the *Sefer Olam Katan* of Joseph ben Zaddiq (+1149)]. Leipzig, 1854.

JOHNSTON, R. F. (1). *Confucianism and Modern China.* Gollancz, London, 1934.

JOHNSTON, R. F. (2). *Buddhist China.* Murray, London, 1913.

JOLOWICZ, H. F. (1). *Historical Introduction to the Study of Roman Law.* Cambridge, 1932.

JOYCE, T. A. (1). *Mexican Archaeology.* London, 1914.

KALTENMARK, M. (1). 'Les *Tch'an Wei* [*Chhan Wei*].' *HH*, 1949, 2, 363.

KALTENMARK, M. (2) (tr.). *Le 'Lie Sien Tchouan' ['Lieh Hsien Chuan']; Biographies Légendaires des Immortels Taoistes de l'Antiquité.* Centre d'Etudes Sinologiques Franco-Chinois (Univ. Paris), Peking, 1953. Crit. P. Demiéville, *TP*, 1954, 43, 104.

KARLGREN, B. (1). 'Grammata Serica; Script and Phonetics in Chinese and Sino-Japanese.' *BMFEA*, 1940, 12, 1. (Photographically reproduced as separate volume, Shanghai (?) 1941.)

KARLGREN, B. (2). 'Legends and Cults in Ancient China.' *BMFEA*, 1948, 18, 199.

KARLGREN, B. (8). 'On the Authenticity and Nature of the *Tso Chuan*.' *GHA*, 1926, 32, no. 3. Crit. H. Maspero, *JA*, 1928, 212, 159.

KARLGREN, B. (9). 'Some Fecundity Symbols in Ancient China.' *BMFEA*, 1930, 2, 1.

KARLGREN, B. (12) (tr.). 'The Book of Documents' (*Shu Ching*). *BMFEA*, 1950, 22, 1.

KARLGREN, B. (14) (tr.). *The Book of Odes; Chinese Text, Transcription and Translation.* Museum of Far Eastern Antiquities, Stockholm, 1950. (A reprint of the translation only from his papers in *BMFEA*, 16 and 17.)

KARPPE, S. (1). *Études sur l'Origine et la Nature de 'Zohar'.* Paris, 1901.

KEITH, A. BERRIEDALE (1). *Buddhist Philosophy in India and Ceylon.* Oxford, 1923.

KEITH, A. BERRIEDALE (2). *Indian Logic and Atomism.* Oxford, 1921.

KEITH, A. BERRIEDALE (3). *The Samkhya System; a History of the Samkhya Philosophy.* Ass. Press, Calcutta, 1918.

KELLER, P. J. & CORI, G. T. 'Purification and Properties of the Phosphorylase-Rupturing Enzyme.' *JBC*, 1955, 214, 127.

KENNEDY, D. (1). *England's Dances.* Bell, London, 1949.

KENT, C. F. & BURROWS, M. (1). *Proverbs and Didactic Poems.* Hodder & Stoughton, London, 1927.

KEYES, C. W. (1) (tr.). *Cicero's 'De Legibus'.* (Loeb Classics series), Heinemann, London, 1928.

KEYNES, J. M. (Lord Keynes) (1) (posthumous). 'Newton the Man.' Essay in *Newton Tercentenary Celebrations* (July 1946). Royal Society, London, 1947. Reprinted in *Essays in Biography.*

KIMM CHUNG-SE (1) (tr.). 'Kuei Ku Tzu.' AM, 1927, **4**, 108.

KING CHIEN-KÜN. See Lyall & Ching Chien-Chün.

KING, H. (1) (tr.). The 'Metamorphoses' of P. Ovidius Naso. Blackwood, Edinburgh, 1871.

KOCH, H. L. (1). Materie und Organismus bei Leibniz. Niemeyer, Halle, 1908. (Abhdl. z. Philos. u. ihrer Gesch. no. 30.)

KOHLER, J. (1). Das chinesische Strafrecht; Beitrag z. universal-Geschichte d. Strafrechts. Würzburg, 1886.

KOHLER, J. (2). Rechtsvergleichende Studien ü. Islamitisches Recht, Recht d. Berbern, Chinesische Recht, u. Recht auf Ceylon. Heymann, Berlin, 1889.

KÖHLER, W. (1). Gestalt Psychology. Bell, London, 1930.

KOMENSKY. See Comenius.

KÖNIG, H., GUSINDE, M., SCHEBESTA, P. & DIETSCHY, H. (1). 'Le Chamanisme.' CIBA/M, 1947, no. 60, 2145ff.

DE KORNE, J. C. (1). The Fellowship of Goodness. Pr. pub. Grand Rapids, 1941.

KÖRNER, B. (1). 'Nan Lao Chhüan; eine Flutsage aus West China, und ihre Auswirkung auf örtliches Brauchtum.' ETH, 1950, **15**, 46.

KORTHOLT, C. (1) (ed.). Viri Illustris Godefridi Guil. Leibnitii Epistolae ad Diversos, Theologici, Juridici, Medici, Philosophici, Mathematici, Historici, et Philologici Argumenti, e Msc. Auctoris cum Annotationibus suis primum divulgavit.... 2 vols. Breitkopf, Leipzig, 1735.

KOU, IGNACE. See Ku Pao-Ku.

KRAMERS, R. P. (1) (tr.). 'Khung Tzu Chia Yü'; the School Sayings of Confucius [chs. 1 to 10]. Brill, Leiden, 1950. (Sinica Leidensia no. 7.)

KRAUSS, F. S., SATO, TOMIO & IHM, H. Das Geschlechtsleben im Glauben, Sitte, Brauch und Gewohnheitrecht der Japaner (2nd ed.). Ethnol. Verlag, Leipzig, 1911 (Beiwerke zum Studium der Anthropophyteia; Jahrbücher f. folkloristische Erhebungen und Forschungen zur Entwicklungsgesch. d. geschlechtlichen Moral, no. 2). Vol. 2 (by T. Sato & H. Ihm) Abhandlungen und Erhebungen über das Geschlechtsleben des Japanischen Volkes; Folkloristische Studien. Ethnol. Verlag, Leipzig, 1931 (Beiwerke zum Studium der Anthropophyteia, no. 1).

KROEBER, A. L. (1). Anthropology. Harcourt Brace, New York, 1948.

DE KRUIF, P. (1). (a) Microbe Hunters. Harcourt Brace, New York, 1926. (b) Hunger Fighters. Harcourt Brace, New York, 1928.

KU HUNG-MING (1) (tr.). The Discourses and Sayings of Confucius. Kelly & Walsh, Shanghai, 1898.

KU PAO-KU (1) (tr.). Deux Sophistes Chinois; Houei Che [Hui Shih] et Kong-souen Long [Kungsun Lung]. Presses Univ. de France (Imp. Nat.), Paris, 1953. (Biblioth. de l'Instit. des Hautes Etudes Chinoises, no. 8.) Crit. P. Demiéville, TP, 1954, **43**, 108.

KÜHN, A. (1). Berichte ü.d. Weltanfang bei d. Indochinesen und ihren Nachbar-Völkern; ein Beitrag z. Mythologie des Fernen Ostens. Harrassowitz, Leipzig, 1935.

KUHN, F. W. (1) (tr.). Mondfrau und Silbervase. Berlin, 1939. (A translation of Hsü Chin Phing Mei.)

KUHN, F. W. (2) (tr.). Goldene Lotus ('Chin Phing Mei'). Leipzig, 1939. Eng. tr. by B. Miall entitled The Adventurous History of Hsi Mên and his Six Wives. Introduction by A. Waley. London, n.d. (1940).

KUWABARA, JITSUZO (1). 'On Phu Shou-Kêng, a man of the Western Regions, who was the Superintendent of the Trading Ships' Office in Chhüan-Chou towards the end of the Sung Dynasty, together with a general sketch of the Trade of the Arabs in China during the Thang and Sung eras.' MRDTB, 1928, **2**, 1; 1935, **7**, 1. Revs. P. Pelliot, TP, 1929, **26**, 364; S.E[lisséev], HJAS, 1936, **1**, 265.

LACH, D. F. (1). 'Leibniz and China.' JHI, 1945, 6, 436.

LACH, D. F. (3). 'China and the Era of the Enlightenment.' JMH, 1942, **14**, 209.

DE LACOUPERIE, TERRIEN (1). The Western Origin of Chinese Civilisation. London, 1894.

LAIGNEL-LAVASTINE, M. (1) (ed.). Histoire Générale de la Médecine, de la Pharmacie, de l'Art Dentaire et de l'Art Vétérinaire. 2 vols. Albin Michel, Paris, 1938.

LAMOTTE, E. (1) (tr.). 'Mahāprajñāparamitā Sūtra'; Le Traité (Mādhyamika) de la Grande Vertu de Sagesse, de Nāgārjuna. 3 vols. Louvain, 1944. (rev. P. Demiéville, JA, 1950, **238**, 375.)

DE LANDA, DIEGO (1). Relación de las Cosas de Yucatán. French tr. J. Genet, Genet, Paris, 1928; Eng. tr. W. Gates, Baltimore, 1937.

LAPEYRONIE, M. (1). 'Observation sur les petits œufs de Poule sans jaune, que l'on appelle vulgairement œuf de Coq.' MRASP, 1710, 553.

LAROCHE, E. (1). 'Les Noms Grecs de l'Astronomie.' RPLHA, 1946 (3e sér.), **20**, 118.

Latta, R. (1). *Leibniz; the Monadology and other Philosophical Writings, with Introduction and Notes.* Oxford, 1898. (2nd ed.) 1925.

Lattimore, O. (6). *Manchuria, Cradle of Conflict.* New York, 1932.

Lau, D. C. (1). 'Some Logical Problems in Ancient China.' *PAS*, 1953, 189.

Lau, D. C. (2). 'Theories of Human Nature in Mêng Tzu and Hsün Tzu.' *BLSOAS*, 1953, **15**, 541.

Laubry, C. & Brosse, T. (1). 'Documents recueillis aux Indes sur les Yoguis par l'enregistrement simultané du pouls, de la respiration et de l'electrocardiogramme.' *PM*, 1936, no. 83 (14 Oct.). ·

Laufer, B. (4). 'The Prehistory of Aviation.' *FMNHP/AS*, 1928, **18**, no. 1 (pub. no. 253). Cf. 'Mitt. ü.d. angeblicher Kenntnis d. Luftschiffahrt bei d. alten Chinesen.' *OLL*, 1904, **17**; *OB*, 1904, no. 1489, p. 78; also *OC*, 1931, **45**, 493.

Laufer, B. (5). 'Origin of the Word Shaman.' *AAN*, 1917, **19**.

Laufer, B. (6). 'The Story of the *Pinna* and the Scythian Lamb.' *JAFL*, 1915, **28**, 103.

Laufer, B. (8). 'Jade; a Study in Chinese Archaeology and Religion.' *FMNHP/AS*, 1912. Repub. in book form, Perkins, Westwood & Hawley, South Pasadena, 1946. (rev. P. Pelliot, *TP*, 1912, **13**, 434.)

Laufer, B. (17). 'Historical Jottings on Amber in Asia.' *MAAA*, 1906, **1**, 211.

Ledlie, J. C. (1). 'Ulpian.' *JSCL*, 1905 (n.s.), **5**, 14.

Lefebvre, H. (1). *Descartes.* Ed. Hier et Aujourd'hui, Paris, 1947.

Legge, J. (1). (*a*) *The Texts of Confucianism, translated. Pt. I, The 'Shu Ching', the Religious portions of the 'Shih Ching', the 'Hsiao Ching'.* Oxford, 1879. (*SBE*, no. 3; reprinted in various eds. Com. Press, Shanghai.) (*b*) Full version of the *Shu Ching*, with Chinese text and notes, in *The Chinese Classics*, Vol. 3, Pts. 1 and 2, Legge, Hongkong, 1865; Trübner, London, 1865.

Legge, J. (2). *The Chinese Classics, etc.*: Vol. 1. *Confuci᾿n Analects, The Great Learning, and the Doctrine of the Mean.* Legge, Hongkong, 1861; Trübner, London, 1861.

Legge, J. (3). *The Chinese Classics, etc.*: Vol. 2. *The Works of Mencius.* Legge, Hongkong, 1861; Trübner, London, 1861.

Legge, J. (4) (tr.). *A Record of Buddhistic Kingdoms; an account by the Chinese monk Fa-Hsien of his travels in India and Ceylon (+ 399 to + 414) in search of the Buddhist books of discipline.* Oxford, 1886.

Legge, J. (5) (tr.). *The Texts of Taoism.* (Contains (*a*) *Tao Tê Ching*, (*b*) *Chuang Tzu*, (*c*) *Thai Shang Kan Ying Phien*, (*d*) *Chhing Ching Ching*, (*e*) *Yin Fu Ching*, (*f*) *Jih Yung Ching*.) 2 vols. Oxford, 1891; photolitho reprint, 1927. (*SBE*, nos. 39 and 40.)

Legge, J. (6). 'Imperial Confucianism.' *CR*, 1877, **6**, 148, 223, 299, 363.

Legge, J. (7) (tr.). *The Texts of Confucianism, Pt. III. The 'Li Chi'.* 2 vols. Oxford, 1885; repr. 1926. (*SBE*, nos. 27 and 28.)

Legge, J. (8) (tr.). *The Chinese Classics, etc.*: Vol. 4, Pts. 1 and 2. *The Book of Poetry.* Lane Crawford, Hongkong, 1871; Trübner, London, 1871. Repr. Com. Press, Shanghai, n.d.

Legge, J. (9) (tr.). *The Texts of Confucianism, Pt. II. The 'Yi King' ('I Ching').* Oxford, 1899. (*SBE*, no. 16.)

Legge, J. (11). *The Chinese Classics, etc.*: Vol. 5, Pts. 1 and 2. *The 'Ch'un Ts'eu' with the 'Tso Chuen' ('Chhun Chhiu' and 'Tso Chuan').* Lane Crawford, Hongkong, 1872; Trübner, London, 1872.

Leibniz, G. W. (1). *Novissima Sinica; Historiam Nostri Temporis Illustratura.* Hanover, 1697.

Leibniz, G. W. (2). *Ars Combinatoria* (1666). Frankfurt, 1690.

Leibniz, G. W. (3). *Monadology.* Ed. E. Boutroux, Paris, 1930. See Carr (1) and Latta (1).

Leibniz, G. W. (4). 'Explication de l'Arithmétique Binaire, qui se sert des seuls caractères 0 et 1, avec des Remarques sur son Utilité, et sur ce qu'elle donne les sens des anciennes Figures Chinoises de Fohy.' *MRASP*, 1703, **3**, 85.

Leibniz, G. W. (5). *Die Philosophische Schriften*, ed. C. I. Gerhardt. 7 vols. Berlin, 1875–90.

Leibniz, G. W. (6). *Discourse on Metaphysics.* See Lucas & Grint (1).

Lemaitre, S. (1). *Les Agrafes Chinoises jusqu'à la fin de L'Epoque Han.* Art et Hist., Paris, 1939.

Lenormant, F. (1). *La Divination et la Science des Présages chez les Chaldéens.* Maisonneuve, Paris, 1875.

Lenormant, F. (2). *La Magie chez les Chaldéens et ses Origines Accadiennes.* Maisonneuve, Paris, 1874. Eng. tr. *Chaldean Magic* (enlarged), Bagster, London, 1877.

Leonard, W. E. (1) (tr.). *T. Lucretius Carus, 'Of the Nature of Things'; a new metrical translation.* Dent, London, 1916; Everyman ed. 1921.

de Léry, Jean (1). *Histoire d'un Voyage fait en la Terre du Brésil.* Vignon, Geneva, 1586. Ed. C. Clerc. Payot, Paris, 1927.

Leslie, D. (1). *Man and Nature; Sources on Early Chinese Biological Ideas* (especially the *Lun Hêng*). Inaug. Diss., Cambridge, 1954.

Leslie, D. (2). 'The Problem of Action at a Distance in Early Chinese Thought' (discussion on lecture by J. Needham). *Actes du VIIe Congrès International d'Histoire des Sciences, Jerusalem 1953* (1954), p. 186.

Lévi, S. (3). Obituary notice of T. Ganaspati Sastri of Trivandrum referring to a technological book, the *Samarāṅgaṇa Sūtradhāra* of +11th century, attrib. to King Bhoja. *JA*, 1926, **208**, 379.

Lévi, S. (4). 'On a Tantric Fragment from Kucha.' *IHQ*, 1936, **12**, 207.

Levis, J. H. (1). *Foundations of Chinese Musical Art*. Vetch, Peiping, 1936. Crit. Ying Shang-Nêng, *TH*, 1937, **4**, 317.

Lévy-Bruhl, L. (1). *Les Fonctions Mentales dans les Sociétés Inferieures*. Alcan, Paris, 1928 (2nd ed.). Eng. tr. of 1st ed. by L. A. Clare, *How Natives Think*, Allen & Unwin, London, 1926.

Lewis, C. I. (1). *A Survey of Symbolic Logic*. Univ. of California Press, 1918.

Lewis, J., Polanyi, K. & Kitchin, D. (1) (ed.). *Christianity and the Social Revolution*. Gollancz, London, 1935.

Lewis, Sinclair (1). *Martin Arrowsmith*. Cape, London, 1925.

Li Chhiao-Phing (1). *The Chemical Arts of Old China*. Journ. Chem. Educ., Easton, Pa. 1948. Crit. J. R. Partington, *ISIS*, 1949, **40**, 280.

Li Chi (1). 'Archaeology [in China, and its History],' art. in *Symposium on Chinese Culture*', ed. Sophia H. Chen Zen, p. 184. IPR, Shanghai, 1931.

Li Shih-I (1). 'Wang Chhung.' *TH*, 1937, **5**, 162 and 290.

Li Thao (1). 'Achievements of Chinese Medicine in the Northern Sung Dynasty (A.D. 960–1127). *CMJ*, 1954, **72**, 65.

Li Thao (2). 'Achievements of Chinese Medicine in the Southern Sung Dynasty (A.D. 1127–1279).' *CMJ*, 1954, **72**, 225.

Liang Chhi-Chhao (2). *La Conception de la Loi et les Théories des Légistes à la Veille des Ts'in [Chhin]*. Tr. J. Escarra & R. Germain from the relevant chapters of Chinese edition of Liang (1). With an introduction by G. Padoux. China Booksellers, Peking, 1926.

Liao Wên-Kuei (1) (tr.). *The complete Works of Han Fei Tzu; a Classic of Chinese Legalism*. 2 vols. Probsthain, London, 1939. (Only the first volume published.)

Liebenthal, W. (1) (tr.). *Sêng-Chao's 'Chao Lun', or the Book of Chao*. Fu-Jen Univ., Peiping, 1948. (Monumenta Serica Monograph Ser. no. 13.) Crit. A. F. Wright, *JAOS*, 1950, **50**, 324; A. Waley, *JRAS*, 1950, 80.

Lilley, S. (1). 'Mathematical Machines.' *N*, 1942, **149**, 462; *D*, 1945, **6**, 150, 182; 1947, **8**, 24.

Lin Tung-Chi (1). 'The Taoist Substratum of the Chinese Mind.' *JHI*, 1947, **8**, 259.

Lin Yü-Thang (1) (tr.). *The Wisdom of Lao Tzu [and Chuang Tzu] translated, edited and with an introduction and notes*. Random House, New York, 1948.

Lin Yü-Thang (2). *Moment in Peking*. Day, New York, 1939.

Lin Yü-Thang (3). *My Country and My People*. Heinemann, London, 1936. Crit. Wu Ching-Hsiung, *TH*, 1935, **1**, 468.

Lin Yü-Thang (4). *The Importance of Living*. Heinemann, London, 1938.

Lin Yü-Thang (5). *The Gay Genius; Life and Times of Su Tung-Pho*. Heinemann, London, 1948.

Lin Yü-Thang (6). 'Feminist Thought in Ancient China.' *TH*, 1935, **1**, 127.

von Lippmann, E. O. (1). *Entstehung und Ausbreitung der Alchemie...Ein Beitrag zur Kulturgeschichte*. Springer, Berlin, 1919.

Lloyd-Morgan, C. (1). *Emergent Evolution*. London, 1923 (Gifford Lectures). *Life, Mind, and Spirit* London, 1926 (Gifford Lectures).

Locke, L. L. (1). *The Quipu*. Amer. Mus. Nat. Hist., New York, 1923.

Longobardi, N. (1). *Traité sur Quelques Points de la Religion des Chinois* (1701). Reprinted in Kortholt (1).

Lotka, A. J. (1). *Elements of Physical Biology*. Williams & Wilkins, Baltimore, 1925.

Lovejoy, A. O. (1). 'The supposed Primitivism of Rousseau's *Discourse on Inequality*.' In *Essays in the History of Ideas*, p. 14. Johns Hopkins Univ. Press, Baltimore, 1948.

Lovejoy, A. O. (2). 'Nature as Aesthetic Norm.' In *Essays in the History of Ideas*, p. 69. Johns Hopkins Univ. Press, Baltimore, 1948. Cf. Lovejoy & Boas (1), p. 447.

Lovejoy, A. O. (3). 'The Chinese Origin of a Romanticism.' In *Essays in the History of Ideas*, p. 99. Johns Hopkins Univ. Press, Baltimore, 1948. Also *JEGP*, 1933, **32**, 1.

Lovejoy, A. O. (4). 'The Communism of St Ambrose.' *JHI*, 1942, **3**, 458.

Lovejoy, A. O. & Boas, G. (1). *A Documentary History of Primitivism and Related Ideas*. Vol. 1. *Primitivism and Related Ideas in Antiquity*. Johns Hopkins Univ. Press, Baltimore, 1935.

Loewe, H. (1). 'Kabbalah.' *ERE*, vol. 7, p. 622.

Loewenstein, P. J. (1). 'Swastika and Yin-Yang.' *China Society Occasional Papers* (n.s.), no. 1. China Society, London, 1942.

Lu, Gwei-Djen & Needham, Joseph (1). 'A Contribution to the History of Chinese Dietetics.' *ISIS*, 1951, **42**, 13 (submitted 1939, lost by enemy action; again submitted 1942 and 1948). Mem. Sarton (1), vol. 3, p. 905.

de Lubac, H. (2). *La Rencontre du Bouddhisme et de l'Occident*. Paris, 1952.

LUCAS, P. G. & GRINT, L. (1) (tr. and ed.). *Leibniz' 'Discourse on Metaphysics'*. Manchester Univ. Press, 1953.

LUCRETIUS. See Leonard.

LYALL, L. A. (1) (tr.). *Mencius*. Longmans Green, London, 1932.

LYALL, L. A. (2) (tr.). *The Sayings of Confucius* ['*Lun Yü*']. Longmans Green, London, 1935 (this edition superseded earlier editions).

LYALL, L. A. & CHING CHIEN-CHÜN [KING CHIEN-KÜN] (1) (tr.). *The 'Chung Yung'*. Longmans Green, London, 1927.

LYELL, Sir CHARLES (1). *Principles of Geology*. 2 vols. Murray, London, 1872 (11th ed.).

McCULLOGH, J. A. (1). 'Shamanism.' *ERE*, vol. 11, p. 441.

McGOVERN, W. M. (2). *Manual of Buddhist Philosophy; I, Cosmology* (no more published). Kegan Paul, London, 1923.

McGOWAN, D. J. (2). 'The Movement Cure in China' (Taoist medical gymnastics). *CIMC/MR*, 1885, no. 29, 42.

McMURRAY, J. (1). *The Philosophy of Communism*. Faber, London, 1933.

McNAIR, H. F. (1) (ed.). *China* (collective essays). Univ. of California Press, 1946.

MAIMONIDES, MOSES [MOSHE BEN MAIMON] (1). *Guide for the Perplexed*, tr. M. Friedländer. Routledge, London, 1904.

MAINE, Sir HENRY (1). *Ancient Law*. Murray, London, 1861. Repr. 1916, with editorial notes by F. Pollock.

MAINE, Sir HENRY (2). *Lectures on the Early History of Institutions*. Murray, London, 1914.

MAINE, Sir HENRY (3). *Village Communities in the East [largely in India] and West*. Murray, London, 1887.

MALYNES, G. (1). *Consuetudo, vel Lex Mercatoria; or, The Antient Law-Merchant*. London, 1622.

MAO, C. (1). 'Deux Principes Fondamentaux de Confucianisme.' *Proc. Xth Internat. Congr. Philos.* vol. 1, p. 231. Amsterdam, 1949.

MARIADASSOU, PARAMANANDA (1). *Médecine Traditionelle de l'Inde; Histoire de la Médecine Hindoue*. 2 vols. Pondicherry, 1943.

MARSHALL, A. J. (1). 'Bower Birds.' *BR*, 1954, **29**, 1.

MARTIN, W. A. P. (3). *Hanlin Papers*. 2 vols. Vol. 1, Trübner, London, 1880; Harper, New York, 1880. Vol. 2, Kelly & Walsh, Shanghai, 1894.

MARTIN, W. A. P. (5). 'Isis and Osiris; or, Oriental Dualism.' *CRR*, 1867. Repr. in Martin (3), vol. 1, p. 203.

MARTIN, W. A. P. (6). 'The Cartesian Philosophy before Descartes' (centrifugal cosmogony in Neo-Confucianism). *JPOS*, 1888, **2**, 121. Repr. in Martin (3), vol. 2, p. 207.

MARTIN, W. A. P. (7). 'Remarks on the Ethical Philosophy of the Chinese' (based on a set of diagrams resembling the *Sheng Mên Shih Yeh Thu* of Li Kuo-Chi). *PR*, 1862. Repr. in Martin (3), vol. 1, p. 163.

MARX, K. (1). *Das Kapital*. Meissner, Hamburg, 1922.

MASON, S. F. (1). 'The Idea of Progress and Theories of Evolution in Science.' *CN*, 1953, **3**, 90.

MASPERO, H. (1). 'La Composition et la Date du *Tso Chuan*.' *MCB*, 1931, **1**, 137.

MASPERO, H. (2). *La Chine Antique*. Boccard, Paris, 1927. (Histoire du Monde, ed. E. Cavaignac, vol. 4); rev. B. Laufer, *AHR*, 1928, **33**, 903.

MASPERO, H. (5). (*a*) 'Le Songe et l'Ambassade de l'Empereur Ming.' *BEFEO*, 1910, **10**, 95, 629. (*b*) 'Communautés et Moines Bouddhistes Chinois au 2ᵉ et 3ᵉ siècles.' *BEFEO*, 1910, **10**, 222.

MASPERO, H. (7). 'Procédés de "nourrir le principe vital" dans la Religion Taoiste Ancienne.' *JA*, 1937, **229**, 177 and 353.

MASPERO, H. (8). 'Légendes Mythologiques dans le *Chou King*' (*Shu Ching*). *JA*, 1924, **204**, 1.

MASPERO, H. (9). 'Notes sur la Logique de Mo-Tseu et de Son École.' *TP*, 1928, **25**, 1.

MASPERO, H. (10). 'Le Serment dans la Procédure Judiciaire de la Chine Antique.' *MCB*, 1935, **3**, 257.

MASPERO, H. (11). 'The Mythology of Modern China; The Popular Religion and the Three Religions.' In *Asiatic Mythology; a Detailed Description and Explanation of the Mythologies of all the Great Nations of Asia*, ed. P. L. Couchoud. Harrap, London, 1932.

MASPERO, H. (12). 'Les Religions Chinoises.' In *Mélanges Posthumes sur les Religions et l'Histoire de la Chine*, vol. 1, ed. P. Demiéville. Civilisations du Sud, Paris, 1950. (Publ. du Mus. Guimet, Biblioth. de Diffusion, no. 57.)

MASPERO, H. (13). 'Le Taoisme.' In *Mélanges Posthumes sur les Religions et l'Histoire de la Chine*, vol. 2, ed. P. Demiéville. Civilisations du Sud, Paris, 1950. (Publ. du Mus. Guimet, Biblioth. de Diffusion, no. 58); rev. J. J. L. Duyvendak, *TP*, 1951, **40**, 366.

MASPERO, H. (26). 'Le Saint et la Vie Mystique chez Lao-tseu et Tchouang-Tseu [Lao Tzu and Chuang Tzu].' *BAFAO*, 1922, no. 3, 69 (73). Repr. in (13), p. 227 (230).

MASPERO, H. (27). 'Les Dieux Taoistes; comment on communique avec eux.' *CRAIBL*, 1937, 362.

MASSIGNON, L. (1). 'Sufism.' *EI*, vol. 4, p. 681.

MASSIGNON, L. (2). *Essai sur les Origines du Lexique Technique de la Mystique Mussulmane.* Paris, 1922.

MASSIGNON, L. (3). 'The Qarmatians.' *EI*, vol. 2, p. 767.

MASSON-OURSEL, P. (1). 'Etudes de Logique Comparée.' *RMM*, 1912, **20**, 811; 1916, **23**, 343. *RHR/AMG*, 1913, **67**, 49. *RP*, 1917, **83**, 453; 1918, **84**, 59; 1918, **85**, 148; 1920, **90**, 123.

MASSON-OURSEL, P. & CHU CHIA-CHIEN (1) (tr.). '*Yin Wên Tzu*'. *TP*, 1914, **15**, 557.

MATHEWS, R. H. (1). *Chinese-English Dictionary.* China Inland Mission, Shanghai, 1931; Harvard-Yenching Inst., Harvard, 1947.

MAUBLANC, R. (1). *La Philosophie du Marxisme.* Paris, 1935.

MAUNIER, R. (1). 'Le Folklore Juridique.' In *Travaux du Ier Congrès International de Folklore*, p. 185. Paris, 1937; Arrault, Tours, 1938. (Pub. du Dép. et du Mus. Nat. des Arts et Trad. Populaires.)

MAUPOIL, B. (1). 'La Géomancie à l'ancienne Côte des Esclaves.' *TMIE*, 1943, **42**, 1.

MAVERICK, L. A. (1). *China a Model for Europe* (photolitho typescript). Anderson, San Antonio, Texas, 1946. Vol. 1: 'China's Economy and Government admired by seventeenth and eighteenth century Europeans.' Vol. 2: '*Despotism in China*, a translation of François Quesnay's *Le Despotisme de la Chine* (Paris, 1767).' Issued bound together in one.

MAYERS, W. F. (1). *Chinese Reader's Manual.* Presbyterian Press, Shanghai, 1874; repr. 1924.

MAYERS, W. F. (2). 'Bibliography of the Chinese Imperial Collections of Literature' (i.e. *Yung-Lo Ta Tien*; *Thu Shu Chi Chhêng*; *Yuan Chien Lei Han*; *Phei Wên Yuan Fu*; *Phien Tzu Lei Pien*; *Ssu Ku Chhüan Shu*). *CR*, 1878, **6**, 213, 285.

MAYERS, W. F. (4). 'Comparative Table Illustrating the Chinese Scheme of Physics.' *NQCJ*, 1867, **1**, 146.

MAYOR, R. J. G. (1). *Virgil's Messianic Eclogue.* London, 1907.

MAZAHERI, A. (1). Review of de Menasce (1). *A/AIHS*, 1950, **3**, 170.

MEAD, M. (1). *Sex and Temperament in Three Primitive Societies.* Routledge, London, 1935.

MEDHURST, W. H. (1) (tr.). *The 'Shoo King*' ['*Shu Ching*'], *or Historical Classic* (Ch. text and Eng.). Mission Press, Shanghai, 1846.

MEIJER, M. J. (1). *Modern Chinese Constitutional Law.* Sinologisch Instituut, Batavia, 1950.

MEI YI-PAO (1) (tr.). *The Ethical and Political Works of Mo Tzu.* Probsthain, London, 1929.

MEI YI-PAO (2). *Mo Tzu, the Neglected Rival of Confucius.* Probsthain, London, 1934.

MEI YI-PAO (3) (tr.). 'The *Kungsun Lung Tzu*, with a translation into English.' *HJAS*, 1953, **16**, 404.

DE MENASCE, J. (1). 'Une Apologetique Mazdéene du 9e siècle; Skand-Gumanik Vicâr (La Décision Décisive des Doutes).' *Collectanea Fribourgensia* (Pub. de l'Univ. de Fribourg, Suisse), 1945, no. 30.

DE MENDOZA, JUAN GONZALES (1). *Historia de las Cosas mas notables, Ritos y Costumbres del Gran Reyno de la China, sabidas assi por los libros de los mesmos Chinas, como por relación de religiosos y oltras personas que han estado en el dicho Reyno.* Rome, 1585 (in Spanish). Eng. tr. Robert Parke, 1588 (1589), *The Historie of the Great & Mightie Kingdome of China and the Situation thereof; Togither with the Great Riches, Huge Citties, Politike Gouvernement and Rare Inventions in the same* [undertaken 'at the earnest request and encouragement of my worshipfull friend Master Richard Hakluyt, late of Oxforde']. Reprinted in Spanish, Medina del Campo, 1595; Antwerp, 1596 and 1655; Ital. tr. Venice (3 editions), 1586; Fr. tr. Paris, 1588 and 1589; Germ. and Latin tr. Frankfurt, 1589. Ed. G. T. Staunton, Hakluyt Soc. Pub. London, 1853.

MÉNEBRÉA, L. (1). *De l'Origine de la Forme et de l'Esprit des Jugements rendus au moyen-âge contre les animaux.* Chambéry, 1846.

MERKEL, R. F. W. (1). *Die Anfänge der protestantischen Missionsbewegung: G. W. von Leibniz und die China Mission.* Leipzig, 1920.

MERKEL, R. F. W. (2). 'Leibniz und China.' In *Leibniz zu seinem 300 Geburtstag, 1646–1946*, ed. E. Hochstetter, Lieferung 8. De Gruyter, Berlin, 1952.

MEYER, ADOLF (1). 'Das Organische und seine Ideologien.' *AGMN*, 1934, **27**, 3.

MEYER, ADOLF (2). 'Ideen und Ideale der biologischen Erkenntnis.' *BIOS*, no. 1. Barth, Leipzig, 1934.

MEYER, ADOLF (3). *Wesen und Geschichte d. Theorie vom Mikro- und Makrokosmos.* Bern, 1900. (Berner Studien z. Philos. u. ihrer Gesch. no. 25.)

MEYER, ARTHUR W. (1). *The Rise of Embryology.* Stanford Univ. Press, Palo Alto, California, 1939.

MIALL, L. C. (1). *The Early Naturalists, their Lives and Work* (1530 to 1789). London, 1912.

MICHEL, H. (5). 'Le Calcul Mécaniqúe; à propos d'une Exposition Récente.' *JSHB*, 1947 (no. 7), 307.

MIKHAILOVSKY, V. M. (1). 'Shamanism in Siberia and European Russia.' *JRAI*, 1894, **24**, 62 and 126.

MIRONOV, N. D. & SHIROKOGOROV, S. M. (1). 'Śramaṇa and Shaman.' *JRAS/NCB*, 1924, **55**, 105.

MISCH, G. (1). *The Dawn of Philosophy*, tr. and ed. R. F. C. Hull. Routledge & Kegan Paul, London, 1950.

MONBODDO, LORD. See Burnett, James.

MONRO, C. H. (1) (tr.). *The Digest of Justinian*. Cambridge, 1904.

MORGAN, E. (1) (tr.). *Tao the Great Luminant; Essays from 'Huai Nan Tzu', with introductory articles, notes and analyses*. Kelly & Walsh, Shanghai, n.d. (1933?).

MORGAN, L. H. (1). *Ancient Society, or Researches in the Lines of Human Progress from Savagery through Barbarism to Civilisation*. Holt, New York, 1877.

MORLEY, S. G. (1). *The Ancient Maya*. Stanford Univ. Press, Palo Alto, California, 1946.

MORRISON, R. (1). *A Dictionary of the Chinese Language in Three Parts*. Macao, 1815; 2nd ed. 1819.

MORTIER, F. (1). 'Du Sens Primitif de l'antique et célèbre Figure Divinatoire des Taoistes Chinois et Japonais (Hsien Thien).' *BSRBAP*, 1948, **59**, 150.

MOULE, G. E. (2). 'Notes on the Ting-Chi, or Half-Yearly Sacrifice to Confucius.' *JRAS/NCB*, 1900, **33**, 37.

MOURAD, Y. (1). *La Physiognomie Arabe et le 'Kitāb al-Firasa' de Faqir al-Dīn al-Razī*. Geuthner, Paris, 1939.

MUELLER, HERBERT (1). 'Über das Taoistische Pantheon d. Chinesen, seine Grundlage und seine historische Entwicklung.' *ZFE*, 1911, **43**, 393. (With appendix by E. Boerschmann: 'Einige Beispiele für die gegenseitige Durchdringung der drei chinesischen Religionen', p. 429.)

MUIR, M. M. PATTISON (1). *The Story of Alchemy and the Beginnings of Chemistry*. Hodder & Stoughton, London, 1913.

MÜLLER, F. W. K. (2). 'Über d. Ausdruck "Kālasūtra".' *ENB*, 1896, **1** (no. 3), 23.

MUS, P. (1). 'La Notion de Temps Réversible dans la Mythologie Bouddhique.' *AEPHE/SSR*, 1939, 1.

MYERS, C. S. 'The Taste-Names of Primitive Peoples.' *JPS*, 1904, **1**, 117.

NAGASAWA, K. (1). *Geschichte der Chinesischen Literatur, und ihrer gedanklichen Grundlage*, transl. from the Japanese by E. Feifel. Fu-jen Univ. Press, Peiping, 1945.

NAGEL, P. (1). 'Umrechnung d. zyklischen Daten des chinesischen Kalenders in europäische Daten.' *MSOS*, 1931, **34**, 153.

NALLINO, C. A. (1). 'Muslim Astrology.' *EI*, vol. 1, p. 494; *ERE*, vol. 12, p. 88.

NANJIO, B. (1). *A Catalogue of the Chinese Translations of the Buddhist Tripiṭaka*. Oxford, 1883. (See Ross, E. D.)

NEEDHAM, JOSEPH (1). *Chemical Embryology*. 3 vols. Cambridge, 1931.

NEEDHAM, JOSEPH (2). *A History of Embryology*. Cambridge, 1934.

NEEDHAM, JOSEPH (3). *Time, the Refreshing River*. Allen & Unwin, London, 1942.

NEEDHAM, JOSEPH (4). *Chinese Science*. Pilot Press, London, 1945.

NEEDHAM, JOSEPH (5). *The Great Amphibium; four lectures on the position of Religion in a world dominated by Science*. SCM, London, 1931.

NEEDHAM, JOSEPH (6). *History is on our side: a contribution to political religion and scientific faith*. Allen & Unwin, London, 1946.

NEEDHAM, JOSEPH (7). 'Science and Social Change.' *SS*, 1946, **10**, 225.

NEEDHAM, JOSEPH (8). 'Geographical Distribution of English Ceremonial Folk-Dances.' *JEFDS*, 1936, **3**, 1.

NEEDHAM, JOSEPH (9). 'A Biologist's View of Whitehead's Philosophy.' In *The Philosophy of Alfred North Whitehead*, ed. P. A. Schilpp. Northwestern Univ. Press, Chicago, 1941. Repr. in Needham (3), p. 178.

NEEDHAM, JOSEPH (10). *Integrative Levels; A Revaluation of the Idea of Progress*. Herbert Spencer Lecture, Oxford University. Oxford, 1937; repr. 1941. Repr. in Needham (3), p. 233.

NEEDHAM, JOSEPH (11). 'The Liquidation of Form and Matter.' *WR*, 1941. Repr. as art. in *This Changing World*. London, 1942. Repr. in Needham (6), p. 199.

NEEDHAM, JOSEPH (12). *Biochemistry and Morphogenesis*. Cambridge, 1942; repr. 1950.

NEEDHAM, JOSEPH (13). *The Sceptical Biologist*. Chatto & Windus, London, 1929.

NEEDHAM, JOSEPH (14). *Man a Machine*. Kegan Paul, London, 1927; Norton, New York, 1928.

NEEDHAM, JOSEPH (15). 'Pure Science and the Idea of the Holy.' Address, 1941; repr. in Needham (3), p. 92.

NEEDHAM, JOSEPH (28). 'Biochemical Aspects of Form and Growth.' Art. in *Aspects of Form*, ed. L. L. Whyte, p. 77. Lund Humphries, London, 1951.

NEEDHAM, JOSEPH & PAGEL, WALTER (1) (ed.). *Background to Modern Science*. Cambridge, 1938; repr. 1940; Macmillan, N.Y., 1938.

NEEF, H. (1). *Die im 'Tao Tsang' enthaltenen Kommentare zu 'Tao-Tê-Ching' Kap. VI.'* Inaug. Diss., Bonn, 1938.

v. NEGELEIN, J. (1). 'Die ältesten Meister d. indischen Astrologie u.d. Grundidee ihrer Lehrbücher.' *ZDMG*, 1928, **82** (n.f., **7**), 1.

NEMETH, J. (1). 'On the word "Shaman" in Turkic and Uigur.' *KS*, 1913, **14**, 240.

NETTLESHIP, H. (1). 'Jus Gentium.' *JP*, 1885, **13**, 169.

NICHOLSON, R. A. (1). 'Sufism.' *ERE*, vol. 12, p. 10.

NILSSON, N. M. P. (1). *The Rise of Astrology in the Hellenistic Age*. Historical Notes and Papers of the Observatory of Lund, no. 18, 1943.

NIORADZE, G. (1). *Der Schamanismus bei den Sibirischen Völkern*. Stuttgart, 1925.

NORMAN, E. H. (1). *Andō Shōeki and the Anatomy of Japanese Feudalism*. 2 vols. Tokyo, 1949. (*TAS/J*, 3rd ser., no. 2.)

NORTHROP, F. S. C. (1). *The Meeting of East and West; an Inquiry concerning Human Understanding*. Macmillan, New York, 1946. Crit. D. Bodde, *PA*, 1947, **20**, 199.

NOWOTNY, K. A. (1). 'The Construction of Certain Seals and Characters in the Work of Agrippa of Nettesheim.' *JWCI*, 1949, **12**, 46.

NURUL HASAN, SAYYAD (1). *The Chisti and Suhrawardi Movements in India to the Middle of the Sixteenth Century*. Inaug. Diss., Oxford, 1948.

OHLMARKS, A. (1). *Studien zum Problem des Schamanismus*. Gleerup, Lund, 1939.

OLDENBERG, H. (1). *Buddha, sein Leben, seine Lehre, seine Gemeinde*. Cotta, Stuttgart, 1921. Eng. tr. W. Hoey (from earlier ed.), Williams & Norgate, London, 1882.

OLSVANGER, I. (1). *Fu-Hsi, the Sage of Ancient China* (Binary arithmetic, magic squares, and the *Book of Changes*). Massadah, Jerusalem, 1948.

OLTRAMARE, P. (1). *La Formule Bouddhique des Douze Causes, son sens originel et son interprétation théologique*. Georg, Geneva, 1909. (Mémoire publiée à l'occasion du Jubilé de l'Université de Génève.)

OSBORN, H. F. (1). *From the Greeks to Darwin; an Outline of the development of the Idea of Evolution*. Columbia Univ. Press, New York, 1894.

OTTO, RUDOLF (1). *The Idea of the Holy*. Oxford, 1923.

PADOUX, G. (1). Preface to Escarra & Germain (1).

PAGEL, WALTER (1). 'Religious Motives in the Medical Biology of the Seventeenth Century.' *BIHM*, 1935, **3**, 97.

PAGEL, WALTER (2). 'The Religious and Philosophical Aspects of van Helmont's Science and Medicine.' *BIHM*, Suppl. no. 2, 1944.

PAGEL, WALTER (3). 'The Debt of Science and Medicine to a devout Belief in God; illustrated by the work of J. B. van Helmont.' *JTVI*, 1942, **74**, 99.

PAGEL, WALTER (4). 'William Harvey; Some Neglected Aspects of Medical History.' *JWCI*, 1944, **7**, 146.

PAGEL, WALTER (5). 'The Vindication of "Rubbish".' *MHJ*, 1945.

PAGEL, WALTER (6). 'A Background Study to Harvey.' *MBH*, 1948, **2**, 407.

PAGEL, WALTER (7). 'Prognosis and Diagnosis; a Comparison of Ancient and Modern Medicine.' *JWCI*, 1939, **2**, 382.

PAGEL, WALTER (8). 'J. B. van Helmont's *De Tempore*, and Biological Time.' *OSIS*, 1949, **8**, 346.

PARACELSUS [VON HOHENHEIM, THEOPHRASTUS] (1). *Sämtliche Werke*. Zollikofer, St Gallen, 1944.

PASCAL, BLAISE (2). *Pensées* (1670). 2 vols. Larousse, Paris, n.d. (1926).

PATAI, RAPHAEL (1). *Man and Temple in Ancient Jewish Myth and Ritual*. Nelson, London, 1947.

PATRITIUS, FRANCISCUS (1). *Nova de Universalis Philosophia*. Venice, 1593.

PAULSON, J. (1). *Index Lucretianus*. Gothenburg, 1911; Leipzig, 1926.

PEARSON, KARL (1). *The Grammar of Science*. Black, London, 1900.

PECK, A. L. (1) (tr.). *Aristotle; 'The Generation of Animals'*. Heinemann, London, 1943. (Loeb Classics series.)

PECK, A. L. (2) (tr.). *Aristotle; 'The Parts of Animals'*. Heinemann, London, 1937. (Loeb Classics series.)

PEET, E. (1). *The Wisdom Literature*. London, 1930.

PEILLON, M. (1). 'Gymnastique et Massage.' In Laignel-Lavastine (1), *Histoire Générale de la Médecine, q.v.* (vol. 3, p. 627).

PELLIOT, P. (8). 'Autour d'une Traduction sanskrite du *Tao-tö-king*' (Tao Tê Ching). *TP*, 1912, **13**, 350.

PELLIOT, P. (11). 'Sur quelques mots d'Asie Centrale attestés dans les textes Chinois.' *JA*, 1913 (11e sér.), **1**, 466.

PELLIOT, P. (12). On the *Hua Hu Ching*. *BEFEO*, 1903, **3**, 322; 1906, **6**, 379; 1908, **8**, 515.

PELLIOT, P. (13). 'Notes de Bibliographie Chinoise; II, Le Droit Chinois.' *BEFEO*, 1909, **9**, 123.

PELLIOT, P. (14). '*Meou-Tseu* [Mou Tzu], ou les Doutes Levés.' *TP*, 1920, **19**, 255.

PELLIOT, P. (15). Criticism of Waley (9). *TP*, 1922, **21**, 90.

PELLIOT, P. (22). 'Note on the *Ku Yü Thu Phu*.' *TP*, 1932, **29**, 199.

PELLIOT, P. (34). 'À propos du *Chinese Biographical Dictionary* de Mons. H. Giles.' *AM*, 1927, **4**, 377.

PELLIOT, P. (35). 'Les *Yi Nien Lou*' [*I Nien Lu*; Discussions of Doubtful Dates]. *TP*, 1927, **25**, 65.

PELSENEER, J. (1). *L'Evolution de la Notion de Phenomène Physique, des Primitifs à Bohr et Louis de Broglie.* Office Internat. de Librairie, Brussels, n.d. (1947?).

PEREIRA, GALEOTE. See next entry.

PEREYRA, GALEOTTI (1). 'Certayne Reportes of the Province China, learned through the Portugalles there imprisoned, and chiefly by the Relation of Galeotto Perera, a gentleman of good credit, that lay prisoner in that countrey many Yeeres.' In R. Eden, *The History of Travayle in the West and East Indies and other Countreys lying either Way....* London, 1577. See W[illis] (1). Also in Purchas, vol. 2, pt. 1, ch. 11, p. 199.

PERLEBERG, M. (1) (tr.). *The Works of Kungsun Lung Tzu, with a Translation from the parallel Chinese original text, critical and exegetical notes, punctuation and literal translation, the Chinese commentary, prolegomena and Index.* Pr. pub. Hongkong, 1952. Crit. J. J. L. Duyvendak, *TP*, 1954, **42**, 383.

PETROV, A. A. (1). *Wang Pi (+226 to +249); his place in the History of Chinese Philosophy* (in Russian). Inst. Orient. Stud., Moscow, Monogr. no. 13, 1936. Eng. résumé by A. F. Wright, *HJAS*, 1947, **10**, 75.

PETRUCCI, R. (2). *La Philosophie de la Nature dans l'Art d'Extrême-Orient.* Laurens, Paris, n.d.

PETTAZZONI, R. (1). 'Le Corps Parsemé d'Yeux.' *Z*, 1938, **1**, 3.

PFISTER, L. (1). *Notices Biographiques et Bibliographiques sur les Jésuites de l'Ancienne Mission de Chine (+1552 to +1773).* 2 vols. Mission Press, Shanghai, 1932 (*VS*, no. 59).

PFIZMAIER, A. (19) (tr.). 'Keu-Tsien, Konig von Yue, und dessen Haus' (Kou Chien of Yüeh, and Fan Li). *SWAW/PH*, 1863, **44**, 197. Tr. *Shih Chi*, ch. 41; cf. Chavannes (1), vol. 4.

PFIZMAIER, A. (22) (tr.). 'Der Landesherr von Schang' (Shang Yang). *SWAW/PH*, 1858, **29**, 98. Tr. *Shih Chi*, ch. 68; not in Chavannes (1). Cf. Duyvendak (3); Liao (1).

PFIZMAIER, A. (23) (tr.). 'Das Rednergeschlecht Su' (Su Chhin). *SWAW/PH*, 1860, **32**, 642. Tr. *Shih Chi*, ch. 69; not in Chavannes (1).

PFIZMAIER, A. (24) (tr.). 'Der Redner Tschang I und einige seiner Zeitgenossen' (Chang I and Chhu Li Tzu). *SWAW/PH*, 1860, **33**, 525, 566. Tr. *Shih Chi*, chs. 70, 71; not in Chavannes (1).

PFIZMAIER, A. (26) (tr.). 'Zur Geschichte von Entsatzes von Han Tan.' *SWAW/PH*, 1859, **31**, 65, 87, 104, 120. Tr. *Shih Chi*, chs. 75, 76, 78, 83; includes life of the Prince of Phing-Yuan; not in Chavannes (1).

PFIZMAIER, A. (30) (tr.). 'Li Sse, der Minister des ersten Kaisers' (Li Ssu). *SWAW/PH*, 1859, **31**, 120, 311. Tr. *Shih Chi*, chs. 83, 87; not in Chavannes (1). Cf. Bodde (1).

PFIZMAIER, A. (36) (tr.). 'Sse-ma Ki-Tschü, der Wahrsager von Tschang-ngan' (Ssuma Chi-Chu, in the chapter on diviners, Jih Chê Lieh Chuan). *SWAW/PH*, 1861, **37**, 408. Tr. *Shih Chi*, ch. 127; not in Chavannes (1).

PFIZMAIER, A. (39) (tr.). 'Die Könige von Hoai Nan aus dem Hause Han' (Huai Nan Tzu). *SWAW/PH*, 1862, **39**, 575. Tr. *Chhien Han Shu*, ch. 44.

PFIZMAIER, A. (40) (tr.). 'Das Erreigniss des Wurmfrasses der Beschwörer.' *SWAW/PH*, 1862, **39**, 50, 55, 58, 65, 76, 89. Tr. *Chhien Hän Shu*, chs. 45, 63, 66, 74.

PFIZMAIER, A. (45) (tr.). 'Die Antworten Tung Tschung-Schü's [Tung Chung-Shu] auf die Umfragen des Himmelssohnes.' *SWAW/PH*, 1862, **39**, 345. Tr. *Chhien Han Shu*, ch. 56.

PFIZMAIER, A. (56) (tr.). 'Über einige Wundermänner Chinas' (magicians and technicians such as Chhen Hsün, Tai Yang, Wang Chia, Shunyu Chih, etc.). *SWAW/PH*, 1877, **85**, 37. Tr. *Chin Shu*, ch. 95.

PFIZMAIER, A. (64) (tr.). 'Die fremdländischen Reiche zu den Zeiten d. Sui.' *SWAW/PH*, 1881, **97**, 411, 418, 422, 429, 444, 477, 483. Tr. *Sui Shu*, chs. 64, 81, 82, 83, 84.

PFIZMAIER, A. (65) (tr.). 'Die Classe der Wahrhaftigen in China.' *SWAW/PH*, 1881, **98**, 983, 1001, 1036. Tr. *Sui Shu*, chs. 71, 73, 77.

PFIZMAIER, A. (67) (tr.). 'Seltsamkeiten aus den Zeiten d. Thang' I and II. I, *SWAW/PH*, 1879, **94**, 7, 11, 19. II, *SWAW/PH*, 1881, **96**, 293. Tr. *Hsin Thang Shu*, chs. 34–6 (Wu Hsing Chih), 88, 89.

PFIZMAIER, A. (68) (tr.). 'Darlegung der chinesischen Ämter.' *DWAW/PH*, 1879, **29**, 141, 170, 213; 1880, **30**, 305, 341. Tr. *Hsin Thang Shu*, chs. 46, 47, 48, 49A; cf. des Rotours (1).

PFIZMAIER, A. (69) (tr.). 'Die Sammelhäuser der Lehenkönige Chinas.' *SWAW/PH*, 1880, **95**, 919. Tr. *Hsin Thang Shu*, ch. 49B; cf. des Rotours (1).

PFIZMAIER, A. (70) (tr.). 'Über einige chinesische Schriftwerke des siebenten und achten Jahrhunderts n. Chr.' *SWAW/PH*, 1879, **93**, 127, 159. Tr. *Hsin Thang Shu*, chs. 57, 59 (in part: I Wên Chih including agriculture, astronomy, mathematics, war, five-element theory).

PFIZMAIER, A. (71) (tr.). 'Die philosophischen Werke Chinas in dem Zeitalter der Thang.' *SWAW/ PH*, 1878, **89**, 237. Tr. *Hsin Thang Shu*, ch. 59 (in part: I Wên Chih, philosophical section, including Buddhism).

PFIZMAIER, A. (72) (tr.). 'Der Stand der chinesische Geschichtsschreibung in dem Zeitalter der Thang' (original has Sung as misprint). *DWAW/PH*, 1877, **27**, 309, 383. Tr. *Hsin Thang Shu*, chs. 57 (in part), 58 (I Wên Chih, history and classics section).

PFIZMAIER, A. (74) (tr.). 'Nachrichten von Gelehrten Chinas.' (Scholars such as Khung Ying-Ta, Ouyang Hsün, etc.) *SWAW/PH*, 1878, **91**, 694, 734, 758. Tr. *Hsin Thang Shu*, chs. 198, 199, 200.

PFIZMAIER, A. (81) (tr.). 'Chinesische Begründungen der Taolehre.' *SWAW/PH*, 1886, **111**, 801. Tr. of the *Chhüan Tao Chi* in *Tao Yen Nei Wai Pi Chüeh Chhüan Shu*.

PFIZMAIER, A. (82) (tr.). 'Über d. Schriften des Kaisers des Wên Tschang.' *SWAW/PH*, 1873, **73**, 329. Tr. pt. of *Wên Chhang Ti Chün Shu*.

PFIZMAIER, A. (84) (tr.). 'Aus dem Traumleben d. Chinesen.' *SWAW/PH*, 1870, **64**, 697, 711, 722, 733. Tr. *Thai-Phing Yü Lan*, chs. 397, 398, 399, 400.

PFIZMAIER, A. (85) (tr.). 'Geschichtliches ü. einige Seelenzustände u. Leidenschaften.' *SWAW/PH*, 1868, **59**, 248, 258, 271, 274, 289, 302, 315. Tr. *Thai-Phing Yü Lan*, chs. 469 (Furcht), 483 (Zorn), 490 (Vergesslichkeit u. Irrtum), 491 (Beschämung), 493 (Verschwendung), 498 (Hochmut), 499 (Dummheit).

PFIZMAIER, A. (87) (tr.). 'Die Taolehre v. den wahren Menschen u.d. Unsterblichen.' *SWAW/PH*, 1869, **63**, 217, 235, 252, 268. Tr. *Thai-Phing Yü Lan*, chs. 660, 661, 662, 663.

PFIZMAIER, A. (88) (tr.). 'Die Lösung d. Leichnam und Schwerter, ein Beitrag zur Kenntnis d. Taoglaubens.' *SWAW/PH*, 1870, **64**, 26, 45, 60, 79. Tr. *Thai-Phing Yü Lan*, chs. 664, 665, 666, 667.

PFIZMAIER, A. (89) (tr.). 'Die Lebensverlängerungen d. Männer des Weges' (*Tao Shih*). *SWAW/PH*, 1870, **65**, 311, 334, 346, 359. Tr. *Thai-Phing Yü Lan*, chs. 668, 669, 670, 671.

PFIZMAIER, A. (99) (tr.). 'Der Geisterglaube in dem alten China.' *SWAW/PH*, 1871, **68**, 641, 652, 665, 679, 695. Tr. *Thai-Phing Yü Lan*, chs. 881, 882, 883, 884, 887 (in part).

PFIZMAIER, A. (102) (tr.). 'Über einige Gegenstände des Taoglaubens.' *SWAW/PH*, 1875, **79**, 5, 16, 29, 42, 50, 59, 61, 68, 73, 78. Tr. *Thai-Phing Yü Lan*, chs. 929, 930 (dragons), 931, 932 (tortoises), 933, 934 (snakes), 984, 985, 986, 989, 990 (miscellaneous stones).

PIGANIOL, A. (1). 'Les Etrusques, Peuple d'Orient.' *JWH*, 1953, **1**, 328.

PINOT, V. (1). *La Chine et la Formation de l'Esprit Philosophique en France (1640–1740)*. Geuthner, Paris, 1932.

PINTO, FERNAÕ MENDES (1). *Peregrinacam de Fernam Mendez Pinto em que da conta de muytas e muyto estranhas cousas que vio e ouvio no reyno da China, no da Tartaria....* Crasbeec, Lisbon, 1614. Abridged Eng. tr. by H. Cogan: *The Voyages and Adventures of Ferdinand Mendez Pinto, a Portugal, During his Travels for the space of one and twenty years in the kingdoms of Ethiopia, China, Tartaria, etc.* Gent, London, 1653. Full French tr. by B. Figuier: *Les Voyages Advantureux de Fernand Mendez Pinto....* Cotinet & Roger, Paris, 1645. Cf. M. Collis: *The Grand Peregrination* (paraphrase and interpretation), Faber & Faber, London, 1949.

PIRES, TOMÉ (1). *The Suma Oriental of T. Pires, an account of the East from the Red Sea to Japan... written in...1512–1515*, ed. A. Cortesaõ. Hakluyt Society, London, 1944. (Hakluyt Soc. Pubs. 2nd series, nos. 89, 90.)

PIRIE, N. W. (1). 'Ideas and Assumptions about the Origin of Life.' *D*, 1953, **14**, 1. *LG*, 1954, **69** (no. 1), 10; (no. 2), 30.

PITON, C. (1). 'The Six Chancellors of Chhin.' *CR*, 1884, **13**, 102, 127, 255, 305, 365.

PLATH, J. H. (1). 'Gesetz und Recht im alten China.' *ABAW* (Phil.-philol. Klasse), 1865, **10**, 675.

PLEDGE, H. T. (1). *Science since 1500*. HMSO, London, 1939.

PLEKHANOV, G. (1). *Fundamental Problems of Marxism*. Lawrence, London, 1928.

POKORNY, J. (1). *Vergleichende Wörterbuch d. indo-germanischen Sprachen*. De Gruyter, Berlin, 1930.

POLLARD, B. W. (1). 'Circuit Components of Digital Computers,' ch. 2 in *Faster than Thought; a Symposium on Digital Calculating Machines*, ed. B. V. Bowden, Pitman, London, 1953.

POLLOCK, F. (1). Editorial notes in Sir Henry Maine's *Ancient Law*, 1916 ed.

POLLOCK, F. (2). 'History of the Law of Nature.' *JSCL*, 1900 (n.s.), **2**, 418.

POLLOCK, F. & MAITLAND, F. W. (1). *History of English Law*. 2 vols. Cambridge, 1898.

DELLA PORTA, GIAMBATTISTA (1). *Magia Naturalis*. 1st ed. 1558; enlarged 1589 and 1601. Account in Beck (1), ch. 13.

PORTER, L. C. (1). *Aids to the Study of Chinese Philosophy*. Yenching University, Peking, 1934.

PORTER, L. C. (2). 'Fêng-Shui.' *CRR*, 1920.

POTT, W. S. A. (1). 'The "Natural" Basis of Confucian Ethics.' *NCR*, 1921, **3**, 192.

POWICKE, F. J. (1). *The Cambridge Platonists*. Dent, London, 1926.

PRATT, J. BISSETT (1). Art. in *Modern Trends in World Religions*, ed. A. E. Haydon, p. 35. Univ. of Chicago Press, 1934.

41-2

PROCHASKA, GEORGE. See next entry.

PROCHÁZKA, JIŘÍ (1). *De Functionibus Systematis Nervosi Commentatio.* Prague, 1784. Reissued in facsimile, with Czech translation (*Úvaha o Funkcích Nervové Soustavy*), and abundant notes, by M. Petráň, with introduction by E. Gutmann. Acad. Sci. Bohemo-Slovenica, Prague, 1954. Eng. tr. *A Dissertation on the Functions of the Nervous System*, by T. Laycock, Sydenham Soc. London, 1851.

PRZYŁUSKI, J. (2). (*a*) 'Une Cosmogonie Commune à l'Iran et à l'Inde.' *JA*, 1937, **229**, 481. (*b*) 'La Théorie des Elements.' *SCI*, 1933.

QUISTORP, M. (1). 'Männergesellschaft und Altersklassen im alten China.' *MSOS*, 1915, **18** (no. 1), 1.

RACKHAM, H. (1) (tr.). *The Nicomachean Ethics of Aristotle.* Heinemann, London, 1926. Loeb Classics series.

RÁDL, EMANUEL (1). *Zdpad a Východ; Filosoficke Úvahy z cest.* Laichter, Prague, 1925.

RATCHNEVSKY, P. (1). *Un Code des Yuan.* Leroux, Paris, 1937. (Biblioth. de l'Inst. des Hautes Etudes Chinoises, no. 4.)

RAVEN, C. E. (1). *Natural Religion and Christian Theology.* Gifford Lectures, 1951; 1st series: 'Science and Religion.' Cambridge, 1953.

RAY, T. (1) (tr.). *The 'Ananga Ranga'* [written by Kalyāṇa Malla, for Lad Khan, a son of Ahmad Khan Lodi; *c.* +1500], pref. by G. Bose. Med. Book Co., Calcutta, 1951 (3rd ed.).

READ, BERNARD E. (1) [with LIU JU-CHHIANG]. *Chinese Medicinal Plants from the 'Pên Tshao Kang Mu' A.D. 1596...a Botanical Chemical and Pharmacological Reference List* (Publication of the Peking Nat. Hist. Bull.). French Bookstore, Peiping, 1936. (Chs. 12 to 37 of *Pên Tshao Kang Mu*); rev. W. T. Swingle, *ARLC/DO*, 1937, 191.

READ, BERNARD E. (2) [with LI YÜ-THIEN]. *Chinese Materia Medica; Animal Drugs.*

		Serial nos.	Corresp. with chaps. of *Pên Tshao Kang Mu*
Pt. I	Domestic Animals	322–349	50
II	Wild Animals	350–387	51 *A* and *B*
III	Rodentia	388–399	51 *B*
IV	Monkeys and Supernatural Beings	400–407	51 *B*
V	Man as a Medicine	408–444	52

PNHB, 1931, **5** (no. 4), 37–80; **6** (no. 1), 1–102. (Sep. issued, French Bookstore, Peiping, 1931.)

READ, BERNARD E. (3) [with LI YÜ-THIEN]. *Chinese Materia Medica; Avian Drugs.*

Pt. VI	Birds	245–321	47, 48, 49

PNHB, 1932, **6** (no. 4), 1–101. (Sep. issued, French Bookstore, Peiping, 1932.)

READ, BERNARD E. (4) [with LI YÜ-THIEN]. *Chinese Materia Medica; Dragon and Snake Drugs.*

Pt. VII	Reptiles	102–127	43

PNHB, 1934, **8** (no. 4), 297–357. (Sep. issued, French Bookstore, Peiping, 1934.)

READ, BERNARD E. (5) [with YU CHING-MEI]. *Chinese Materia Medica; Turtle and Shellfish Drugs.*

Pt. VIII	Reptiles and Invertebrates	199–244	45, 46

PNHB (Suppl.), 1939, 1–136. (Sep. issued, French Bookstore, Peiping, 1937.)

READ, BERNARD E. (6) [with YU CHING-MEI]. *Chinese Materia Medica; Fish Drugs.*

Pt. IX	Fishes (incl. some amphibia, octopoda and crustacea)	128–198	44

PNHB (Suppl.), 1939. (Sep. issued, French Bookstore, Peiping, n.d. prob. 1939.)

READ, BERNARD E. (7) [with YU CHING-MEI]. *Chinese Materia Medica; Insect Drugs.*

Pt. X	Insects (incl. arachnida etc.)	1–101	39, 40, 41, 42

PNHB (Suppl.), 1941. (Sep. issued, Lynn, Peiping, 1941.)

READ, BERNARD E. & PAK, C. (PHU CHU-PING) (1). *A Compendium of Minerals and Stones used in Chinese Medicine, from the 'Pên Tshao Kang Mu'*. PNHB, 1928, **3** (no. 2), i–vii, 1–120. (Revised and enlarged, issued separately, French Bookstore, Peiping, 1936 (2nd ed.).) Serial nos. 1–135, corresp. with chs. of *Pên Tshao Kang Mu*, 8, 9, 10, 11.

READ, J. (1). *Prelude to Chemistry; an Outline of Alchemy, its Literature and Relationships*. Bell, London, 1936.

READ, T. T. (4). *The Early Casting of Iron; A Stage in Iron Age Civilisation*. GR, 1934, **24**, 544.

READ, T. T. (8). 'China's Civilisation Simultaneous, not Osmotic' (letter). AMS, 1937, **6**, 249.

RECINOS, A., GOETZ, D. & MORLEY, S. G. (1). *Popol Vuh; the Sacred Book of the ancient Quiché Maya*. Univ. of Oklahoma Press, Norman, Okla., 1950.

REICHELT, K. V. (1). *Truth and Tradition in Chinese Buddhism; a Study of Chinese Mahāyāna*. Com. Press, Shanghai, 1934.

REICHWEIN, A. (1). *China and Europe; Intellectual and Artistic Contacts in the Eighteenth Century*. Kegan Paul, London, 1925.

RELE, VASANT GANGARAM (1). *The Mysterious Kuṇḍalinī; the physical basis of the 'Kuṇḍali (Hatha) Yoga' in terms of Western Anatomy and Physiology*. Taraporevala, Bombay, n.d. (London, 1932?).

RÉMUSAT, J. P. A. (8). *Mémoire sur la Vie et les Opinions de Lao-Tseu [Lao Tzu]*. Paris, 1823.

RENOU, L. (1). *Anthologie Sanscrite*. Payot, Paris, 1947.

REY, ABEL (1). *La Science dans l'Antiquité*. Vol. 1: *La Science Orientale avant les Grecs*, 1930, 2nd ed. 1942; Vol. 2: *La Jeunesse de la Science Grecque*, 1933; Vol. 3: *La Maturité de la Pensée Scientifique en Grèce*, 1939; Vol. 4: *L'Apogée de la Science Technique Grecque (Les Sciences de la Nature et de l'Homme, les Mathématiques, d'Hippocrate à Platon)*, 1946. Albin Michel, Paris. (Evol. de l'Hum. Sér. complémentaire.)

RHYS DAVIDS, T. W. (1). *Buddhism*. SPCK, London, 1910.

RHYS DAVIDS, T. W. (2). *Buddhism; its History and Literature*. Putnam, New York, 1907.

RHYS DAVIDS, T. W. (3). 'Cosmic Law in Ancient Thought.' PBA, 1918, **8**, 279.

RIAZANOVSKY, V. A. (1). 'Mongol Law and Chinese Law in the Yuan Dynasty.' CSPSR, 1936, **20**, 266.

RICHARDS, I. A. (1). *Mencius on the Mind*. Kegan Paul, London, 1932.

RINAKER TEN BROECK, J. & YÜ TUNG (1). 'A Taoist Inscription of the Yuan Dynasty' (+1329). TP, 1951, **40**, 60.

DE RIVAROL, A. (1). In Sainte-Beuve, *Lundis*, vol. 5, p. 82; no. 324 in *The Spirit of Man*, ed. Robert Bridges.

ROBERTSON, ARCHIBALD (sen.) (1). *Regnum Dei, Eight Lectures on the Kingdom of God in the History of Christian Thought* (Bampton Lectures). Methuen, London, 1901.

ROBIN, P. A. (1). *Animal Lore in English Literature*. Murray, London, 1932.

ROBINSON, K. (1). *A Critical Study of Ju Dzai-Yü's [Chu Tsai-Yü's] Account of the System of the Lü-Lü or Twelve Musical Tubes in Ancient China*. Inaug. Diss., Oxford, 1948.

ROBINSON, K. (2). 'A Possible Use of Music for Divination.' MS.

ROBSON, W. A. (1). 'A Criticism of Maine.' In *Modern Theories of Law*, ed. W. I. Jennings, p. 160. Oxford, 1933.

ROBSON, W. A. (2). *Civilisation and the Growth of Law*. Macmillan, London, 1935.

ROLL, E. (1). *History of Economic Thought*. Faber & Faber, London, 1938.

ROSCOE, H. E. & SCHORLEMMER, C. (1). *A Treatise on Chemistry*. Macmillan, London, 1923.

ROSENBERG, O. (1). *Die Probleme der buddhistischen Philosophie* (tr. from Russian by E. Rosenberg), Heidelberg, 1924.

[VON ROSENROTH, K. & VAN HELMONT, F. M.] *Kabbala Denudata, seu Doctrina Hebraeorum Transcendentalis et Metaphysica, etc.* Lichtenthaler, Sulzbach, 1677.

DE ROSNY, L. (1) (tr.). *Chan-Hai-King [Shan Hai Ching]: Antique Géographie Chinoise*. Maisonneuve, Paris, 1891.

DE ROSNY, L. (2) (tr.). *Hiao-King [Hsiao Ching]; Livre Sacré de la Piété Filiale*. Maisonneuve, Paris, 1889.

ROSS, E. D. (3). *Alphabetical List of the Titles of Works in the Chinese Buddhist Tripiṭaka*. Indian Govt., Calcutta, 1910. See Nanjio, B.

ROSS, W. D. (1). *Aristotle*. Methuen, London, 1930.

ROSTOVTZEV, M. I. (3). *Inlaid Bronzes of the Han Dynasty in the Collection of C. T. Loo [Lu]*. Vanoest, Paris and Brussels, 1927.

ROTH, L. (1). *The 'Guide for the Perplexed' of Moses Maimonides*. Hutchinson, London, 1948.

DES ROTOURS, R. (1). *Traité des Fonctionnaires et Traité de l'Armée, traduits de la Nouvelle Histoire des Thang* (chs. 46–50). 2 vols. Brill, Leiden, 1948 (Biblioth. de l'Inst. des Hautes Etudes Chinoises, no. 6); rev. P. Demiéville, JA, 1950, **238**, 395.

DES ROTOURS, R. (2). *Traité des Examens*. Paris, 1932.

ROUSSELLE, E. (1). 'Der lebendige Taoismus im heutigen China.' *SA*, 1938, **8**, 122.

ROUSSELLE, E. (2). 'Yin und Yang vor ihrem Auftreten in der Philosophie.' *SA*, 1933, **8**, 41.

ROUSSELLE, E. (3). 'Das Primat des Weibes im alten China.' *SA*, 1941, **16**, 130.

ROWLEY, H. H. (1). 'The Chinese Philosopher Mo Ti.' *BJRL*, 1948, **31**, 241.

RUBEN, W. (1). *Die Philosophie der Upanishaden.* Francke, Bern, 1947.

RUBEN, W. (2). *Eski Hind Tarihi* (sketch of Indian History). Ankara Univ. Dil ve Tarihi-Cografya Fakultesi Hindoloji Enstitusu, Monograph no. 2. Ankara, 1944. (Turkish with German summary.)

RUBEN, W. (3). 'Schamanismus im alten Indien.' *AO*, 1940, **18**, 164.

RUHLAND, MARTIN (1). *Lexicon Alchemiae sive Dictionarium Alchemisticum cum obscuriorum verborum et rerum Hermeticarum tum Theophrast-Paracelsicarum Phrasium, planam explicationem continens.* 1612; 2nd ed. Frankfurt, 1661.

RUSSELL, BERTRAND (1). *The Problem of China.* Allen & Unwin, London, 1922.

RUSSELL, BERTRAND (2). *History of Western Philosophy.* Allen & Unwin, London, 1946.

RUSSELL, E. S. (1). *Form and Function; a Contribution to the History of Animal Morphology.* Murray, London, 1916.

DE SAHAGUN, BERNADINO (1). *Historia General de las Cosas de Nueva España.* Span. ed. C. M. de Bustamente; Eng. tr. F. R. Bandelier. Nashville, Tenn., 1932.

DE SAINTE-BEUVE, C. A. (1). *Causeries du Lundi.* 16 vols. Garnier, Paris, n.d. (1st ed. 1850).

DE SAINTE-MARIE, A. (1). *Traité sur Quelques Points Importans de la Mission de la Chine.* 1710. Repr. in Kortholt (1).

SALMOND, J. (1). 'The Law of Nature.' *LQR*, 1895, **11**, 121.

SALMONY, A. (2). 'The Human Pair in China and South Russia.' *GBA*, 1943 (6th ser.), **24**, 321.

SANDYS, J. E. (1). *A History of Classical Scholarship.* 3 vols. Cambridge, 1908.

SARTON, GEORGE (1). *Introduction to the History of Science,* Vol. 1, 1927; Vol. 2, 1931 (2 parts); Vol. 3, 1947 (2 parts). Williams & Wilkins, Baltimore (Carnegie Institution Publ. no. 376).

ŚĀSTRĪ, V. V. RAMAN (1). 'The Doctrinal Culture and Tradition of the Siddhas.' In *Cultural Heritage of India* (Sri Ramakrishna Centenary Memorial Volume), vol. 2, p. 303.

DE SAUSSURE, L. (1). *Les Origines de l'Astronomie Chinoise.* Maisonneuve, Paris, 1930. (Commentaries by E. Zinner, *VAG*, 1931, **66**, 21; A. Pogo, *ISIS*, 1932, **17**, 267. This book (posthumously issued) contains eleven of the most important original papers of de Saussure on Chinese astronomy (3, 6, 7, 8, 9, 10, 11, 12, 13, 14). It omits, however, the important addendum to (3), 3*a*, as well as the valuable series (16). Unfortunately the editing was slovenly. Although the reprinted papers were re-paged, the cross-references in the footnotes were unaltered; Pogo, however (*loc. cit.*), has provided a table of corrections by the use of which de Saussure's cross-references can readily be located.)

DE SAUSSURE, L. (8). 'Les Origines de l'Astronomie Chinoise; La Série Quinaire et ses Dérivés.' *TP*, 1910, **11**, 221. Reprinted as [C] in de Saussure (1).

DE SAUSSURE, L. (10). 'Les Origines de l'Astronomie Chinoise; Le Cycle des Douze Animaux.' *TP*, 1910, **11**, 583. Reprinted as [E] in de Saussure (1).

DE SAUSSURE, L. (18). 'Origine Chinoise du Dualisme Iranien.' *JA*, 1922 (11e sér., **20**), **201**, 302. Abstract only, refers to de Saussure (19).

DE SAUSSURE, L. (19). 'Le Système Cosmologique Sino-Iranien.' *JA*, 1923 (12e sér., **1**), **202**, 235.

SAYCE, R. U. (1). *Primitive Arts and Crafts.* Cambridge, 1933.

SCHÄFER, E. H. (1). 'Ritual Exposure [Nudity, etc.] in Ancient China.' *HJAS*, 1951, **14**, 130.

VON SCHELLING, F. W. J. (1). *Ideen zu einer Philosophie der Natur* (1797), Landshut, 1803. *Von der Weltseele; eine Hypothese der höheren Physik z. Erklärung des allgemeinen Organismus* (1798), Hamburg, 1809.

VON SCHIEFNER, F. A. (1). *Tibetan Tales.* Routledge, London, n.d., p. 361; and *BAISP*, 1876, **21**, 195.

SCHINDLER, B. (1). *Das Priestertum im alten China.* Teil 1: 'Königtum und Priestertum im alten China, Einleitung und Quellen.' Staatl. Forschungsinstitut f. Völkerkunde. Leipzig, 1919.

SCHINDLER, B. (2). 'Development of the Chinese Conception of Supreme Beings.' *AM*, 1923, **1** (Hirth Presentation Volume), 298.

SCHINDLER, B. (3). 'Tetragrams like Yang Hsiung's on ancient bronzes.' *OAZ*, 1915, **3**, 456.

SCHLEGEL, G. (5). *Uranographie Chinoise, etc.* 2 vols. with star-maps in separate folder. Brill, Leiden, 1875. Crit. J. Bertrand, *JS*, 1875, 557; S. Günther, *VAG*, 1877, **12**, 28. Reply by G. Schlegel, *BNI*, 1880 (4e volg.), **4**, 350.

SCHLEGELBERGER, F. (1) (ed.). *Rechtsvergleichendes Handwörterbuch f.d. Zivil- u. Handelsrecht des In- und Auslandes.* Vahlen, Berlin, 1929.

SCHMIDT, P. (1). 'Persian Dualism in the Far East.' Contrib. to *Oriental Studies in honour of Cursetji Erachji Pavry,* ed. J. D. C. Pavry, p. 405. Oxford, 1933.

SCHMIDT, R. (1) (tr.). *Das 'Kāmasūtram' des Vātsyāyana...aus dem Sanskrit übersetzt.* Barsdorf, Berlin, 1922 (7th ed.).

SCHMIDT, R. (2). *Beiträge z. Indischen Erotik.* Barsdorf, Berlin, 1911 (2nd ed.).

SCHMIDT, R. (3) (tr.). *The 'Rati Rahasyam' of Kokkoka* (said to be +9th cent.). Med. Book Co., Calcutta, 1949. Issued with Tatojaya (1), *q.v.*

SCHNABEL, P. (1). *Berossos und die babylonisch-hellenistische Literatur.* Teubner, Leipzig, 1923.

SCHOLEM, G. G. (1). *Bibliographia Kabbalistica.* Schocken, Berlin, 1933.

SCHOLEM, G. G. (2). *Major Trends in Jewish Mysticism.* Schocken, New York and Jerusalem, 1941, reissued 1946.

SCHOTT, W. (1). 'Über den Doppelsinn d. Wortes *Schamane* u.ü.d. tungusischen Schamanen-Cultus am Hofe der Mandju-Kaiser.' *APAW*, 1842 (1844), 461.

SCHUHL, P. M. (1). *Machinisme et Philosophie.* Presses Univ. de France, Paris, 1947.

SELLARS, R. W. (1). *Evolutionary Naturalism.* Chicago, 1922.

SEVERINI, A. (1) (tr.). *Astrologia Giapponese* [translations from the *Atsume Gusa*]. Georg, Geneva, 1874.

SHADIDULLAH, M. (1). *Les Chants Mystiques de Kanha et de Saraha, les Doha-Kosa et les Canja (Argot Tantrique).* Paris, 1928.

SHEFTELOWITZ, J. (1). 'Is Manichaeism an Iranic Religion?' (includes material on the five Elements). *AM*, 1924, **1**, 460.

SHELFORD, V. E. (1). *Laboratory and Field Ecology.* Baillière, Tindal & Cox, London, 1929.

SHERRINGTON, C. (1). *The Integrative Action of the Nervous System.* Cambridge (reset ed.), 1947.

SHIROKOGOROV, S. M. (1). (*a*) 'What is Shamanism?' *CJ*, 1924, **2**, 275 and 368. (*b*) 'General Principles of Shamanism among the Tungus.' *JRAS/NCB*, 1923, **54**, 246.

SHRYOCK, J. K. (1). *Origin and Development of the State Cult of Confucius.* Appleton-Century, New York, 1932.

SHRYOCK, J. K. (2) (tr.). *The Study of Human Abilities; the 'Jen Wu Chih' of Liu Shao.* Amer. Orient. Soc., New Haven, 1937. (Amer. Orie...: Ser. no. 11.) Crit. J. J. L. Duyvendak, *JAOS*, 1939, **59**. 280.

SIAO KING-FANG. See Hsiao Ching-Fang.

SIEG, E. (1). 'Das Märchen von dem Mechaniker und dem Maler in Tocharischer Fassung.' *OAZ*, 1919, **8**, 362.

SIMON, E. (1)., Über Knotenschriften und ähnliche Knotenschnüre d. Riukiuinseln.' *AM*, 1924, **1**, 657.

SINGER, C. (1). *A Short History of Biology.* Oxford, 1931.

SINGER, C. (3). 'The Scientific Views and Visions of St Hildegard.' In *Studies in the History and Method of Science*, ed. C. Singer, vol. 1, p. 1. Oxford, 1917.

SINGER, C. (4). *From Magic to Science; Essays on the Scientific Twilight.* Benn, London, 1928.

SINGER, C. (5). 'Historical Relations of Religion and Science.' In *Science, Religion and Reality*, ed. J. Needham. Sheldon Press, London, 1925.

SINGER, C. (6). 'Galen as a Modern.' *PRSM*, 1949, **42**, 563.

SINGER, C. & SINGER, D. W. (1). 'The Jewish Factor in Mediaeval Thought.' In *Legacy of Israel*, ed. E. R. Bevan & C. Singer. Oxford, 1928.

SINGER, D. W. (1). *Giordano Bruno; his Life and Thought, with an annotated Translation of his Work 'On the Infinite Universe and Worlds'.* Schuman, New York, 1950.

SIREN, O. (6). *History of Early Chinese Painting.* 2 vols. Medici Society, London, 1933.

SMITH, V. A. (1). *Oxford History of India, from the earliest times to 1911*, ed. S. M. Edwardes. 2nd ed. Oxford, 1923

SMITH, V. A. (2). *Aśoka.* Oxford, 1920 (3rd ed.). (Rulers of India series.)

SMUTS, J. C. (1). *Holism and Evolution.* Macmillan, London, 1926. (3rd ed.) 1936.

SOOTHILL, W. E. (3) (tr.). *'Saddharma-puṇḍarīka Sūtra'; The Lotus of the Wonderful Law.* Oxford, 1930.

SOOTHILL, W. E. (5) (posthumous). *The Hall of Light; a Study of Early Chinese Kingship.* Lutterworth, London, 1951. (On the Ming Thang, and contains discussion of the *Pu Thien Ko.*)

SOOTHILL, W. E. & HODOUS, L. (1). *A Dictionary of Chinese Buddhist Terms.* Kegan Paul, London, 1937.

SOULIÉ DE MORANT, G. (1). *La Musique en Chine.* Leroux, Paris, 1911.

SOUSTELLE, J. (1). *La Pensée Cosmologique des anciens Mexicains; Représentation du Monde et de l'Espace.* Hermann, Paris, 1940.

SOWERBY, A. DE C. (1). *Nature in Chinese Art* (with two appendices on the Shang pictographs by H. E. Gibson). Day, New York, 1940.

SPALDING, K. J. (1). *Three Chinese Thinkers* [Chuang Tzu, Mo Tzu, Hsün Tzu]. Nat. Centr. Library, Nanking, 1947.

SPEERT, H. (1). 'Supernumerary Mammae, with special reference to the *Rhesus* Monkey.' *QRB*, 1942, **17**, 59.

SPINDEN, H. J. (1). *Ancient Civilisations of Mexico and Central America.* Amer. Mus. Nat. Hist., New York, 1946.

SPIZEL, G. (1). *De Re Litteraria Sinensium Commentarius.* Leiden, 1660.

STADELMANN, H. (1). *Lao Tzu und die Biologie.* Geneva, 1935. (Schriftenreihe d. Bibliothek Sino-International Genf, no. 2.)

STANTON, W. (1). *The Triad Society or Heaven-and-Earth Association.* Kelly & Walsh, Shanghai, 1900.

STAUNTON, SIR GEORGE T. (1) (tr.). *'Ta Tsing Leu Lee'* [*Ta Chhing Lü Li*]; *being the fundamental Laws, and a selection from the supplementary Statutes, of the Penal Code of China.* Davies, London, 1810.

STCHERBATSKY, T. (SHCHERBATSKOY, F. I.) (1). *Buddhist Logic.* 2 vols. (Vol. 2 contains a translation of the short treatise on Logic by Dharmakīrti and of its commentary by Dharmottara, with notes, appendices and indexes.) Acad. Sci. U.S.S.R., Leningrad, 1930-2. (Biblioth. Buddhica, no. 26.)

STCHERBATSKY, T. (2). *The Conception of Buddhist Nirvāṇa.* (With reference to the Mādhyamika logic.) Acad. Sci. U.S.S.R., Leningrad, 1928.

STCHERBATSKY, T. (3). (a) *La Théorie de la Connaissance et la Logique chez les Bouddhistes Tardifs* (partly rewritten for the French ed.), tr. from Russian by I. de Manziarly & P. Masson-Oursel. Geuthner, Paris, 1926. (*BE/AMG*, no. 36.) (b) *Erkenntnistheorie und Logik nach der Lehre der späteren Buddhisten* (not rewritten), tr. O. Strauss. München, 1924.

STCHERBATSKY, T. (4). *The Central Conception of Buddhism, and the Meaning of the Word 'Dharma'.* Royal Asiat. Soc. London, 1923. (Prize Publ. Fund Ser. no. 7.)

STCHERBATSKY, T. (5). *Madhyānta-Vibhanga; Discourse on Discrimination between Middle and Extremes, ascribed to the Bodhisattva Maitreya and commented by Vasubandhu and Sthiramati....* Acad. Sci. U.S.S.R., Leningrad, 1936. (Biblioth. Buddhica, no. 30.)

STEELE, R. & SINGER, D. W. (1). 'The Emerald Table' [*Tabula Smaragdina*]. *PRSM*, 1928, **21**, 41.

STEIN, L. (1). *Leibniz und Spinoza.* Berlin, 1890.

STEIN, R. A. (2). 'Jardins en Miniature d'Extrême-Orient; le Monde en Petit.' *BEFEO*, 1943, **42**, 1–104.

STEINSCHNEIDER, M. (1). 'Die europäischen Übersetzungen aus dem Arabischen bis mitte d. 17 Jahrhunderts.' *SWAW/PH*, 1904, **149**, 1; 1905, **151**, 1; *ZDMG*, 1871, **25**, 378, 384.

STERN, B. J. (1). 'Engels on the Family.' *SS*, 1948, **12**, 42.

STEWART, J. & KEMP, J. (1) (ed. and tr.). *Diderot, Interpreter of Nature; Selected Writings.* Lawrence & Wishart, London, 1937.

STONE, JULIUS (1). *The Province and Function of Law.* Assoc. Gen. Pub., Sydney, 1946; Stevens, London, 1947.

VON STRAUSS, V. (1) (tr.). *Lao-Tzu's 'Tao Tê Ching'.* Fleischer, Leipzig, 1870.

STREETER, B. H. (1). *The Buddha and the Christ.* Macmillan, London, 1932.

STUART, G. A. (1). *Chinese Materia Medica; Vegetable Kingdom* (extensively revised from Dr F. Porter Smith's work). Presbyterian Mission Press, Shanghai, 1911.

STUBBE, HENRY (1). *Legends No Histories; or, A Specimen of some Animadversions upon the History of the Royal Society...together with the 'Plus Ultra' of Mr Joseph Glanvill reduced to a Non Plus.* London, 1670.

SUGIURA, S. (1). *Hindu Logic as preserved in China and Japan.* Univ. of Pennsylvania, Philadelphia, 1900. (Pub. Univ. Penn. Philos. Series, no. 4.)

SUMNER, W. G. (1). *Folkways; a study of the sociological importance of Usages, Manners, Customs, Mores and Morals.* Ginn, Boston, 1907.

SUZUKI, B. L. (1). *Mahāyāna Buddhism.* Buddhist Lodge, London, 1938; 2nd ed. 1948.

SUZUKI, D. T. (1). *Outlines of Mahāyāna Buddhism.* Luzac, London, 1907.

SUZUKI, D. T. (2) (tr.). *The 'Laṅkāvatāra Sūtra'.* Routledge, London, 1932.

SUZUKI, D. T. (3). *Studies in the 'Laṅkāvatāra Sūtra'.* Routledge, London, 1930.

SUZUKI, D. T. (4). *Manual of Zen Buddhism.* Kyoto, 1935.

SWANN, N. L. (1) (tr.). *Food and Money in Ancient China; the Earliest Economic History of China to A.D. 25*—'[*Chhien*] *Han Shu*' ch. 24, with related texts '[*Chhien*] *Han Shu*' ch. 91 and '*Shih Chi*' ch. 129—translated and annotated.... Princeton Univ. Press, 1950. Revs. J. J. L. Duyvendak, *TP*, 1951, **40**, 210; C. M. Wilbur, *FEQ*, 1951, **10**, 320; Yanglien-Shêng, *HJAS*, 1950, **13**, 524.

SZCZESNIAK, B. (1). 'The Penetration of the Copernican Theory into Feudal Japan.' *JRAS*, 1944, 52.

SZCZESNIAK, B. (2). 'Notes on the Penetration of the Copernican Theory into China from the 17th to the 19th Centuries.' *JRAS*, 1945, 30.

TAI KUAN-I (TAI KWEN-IH) (1). *An Enquiry into the Origin and Early Development of Thien and Shang-Ti.* Inaug. Diss., Chicago.

TAKAKUSU, J. (1) (tr.). *A Record of the Buddhist Religion as practised in India and the Malay Archipelago* (+671 to +695), by I-Tsing (I-Ching). Oxford, 1896.

TAKAKUSU, J. (2). *The Essentials of Buddhist Philosophy* (particularly with reference to China and Japan). Ed. Chhen Jung-Chieh & C. A. Moore. Univ. of Hawaii, Honolulu, 1947.

TAKAKUSU, J. & WATANABE, K. (1). *Tables du 'Taishō Issaikyō' (nouvelle édition (Japonaise) du Canon Bouddhique Chinoise).* [Index to the *Tripiṭaka*; cf. Nanjio.]. Fascicule Annexe de *Hobogirin (Dictionnaire Encyclopédique du Bouddhisme d'après les sources Chinoises et Japonaises)*, ed. S. Lévi, J. Takakusu & P. Demiéville. Maison Franco-Japonaise, Tokyo, 1931.

TANNERY, P. (1). *L'Histoire de la Science Hellène.* Paris, 1887.

TATOJAYA, YATODHARMA (1) (tr.). *The 'Kokkokam' of Ativira Rama Pandian* [a Tamil prince at Madura, late +16th cent.]. Med. Book Co., Calcutta, 1949. Issued with R. Schmidt (3), *q.v.*

TAWNEY, C. H. (tr.) & PENZER, N. M. (ed.) (1). *The Ocean of Story [Somadeva's 'Kathā Sarit Sagara'].* 10 vols., Sawyer, London, 1925.

TEICHER, J. L. (1). 'Laws of Reason and Laws of Religion; a Conflict in Toledo Jewry in the +14th Century.' In *Essays and Studies presented to Stanley A. Cook*, ed. D. W. Thomas, p. 83. Taylor, London, 1950.

TEMKIN, O. (1). 'Metaphors of Human Biology.' In *Science and Civilisation*, ed. R. C. Stauffer, p. 167. Centennial Celebration Volume of the Univ. of Wisconsin. Univ. of Wisconsin Press, Madison, 1949.

TEMPLE, SIR WILLIAM (1). 'Upon the Gardens of Epicurus, or Of Gardening' (1685). In *Essays*, vol. 2, pt. 2, p. 58. London, 1690.

TEMPLE, Sir WILLIAM (2). *Miscellanea.* Simpson, London, 1705. (Contains the essays 'On Ancient and Modern Learning' (1690) and 'Of Heroick Virtue', both of which deal with Chinese questions.)

THAN PO-FU, WÊN KUNG-WÊN, HSIAO KUNG-CHÜAN & MAVERICK, L. A. (tr.). *Economic Dialogues in Ancient China; selections from the 'Kuan Tzu (Book)'...* Pr. pub. Carbondale, Illinois, and Yale Univ. Hall of Graduate Studies, New Haven, Conn. 1954.

THANG YUNG-THUNG (1). 'Wang Pi's New Interpretation of the *I Ching* and *Lun Yü*' (tr. W. Liebenthal). *HJAS*, 1947, **10**, 124.

THANG YUNG-THUNG (2). 'On "Ko-Yi", the earliest Method by which Indian Buddhism and Chinese Thought were synthesised.' Art. in *Radhakrishnan; Comparative Studies in Philosophy presented in honour of his 60th Birthday*, ed. W. R. Inge *et al.* Allen & Unwin, London, 1951.

THIEN CHHIH-KANG (1). (TIEN TCH'EU-KANG.) *L'Idée de Dieu dans les huits Premiers Classiques Chinois; ses Noms, son Existence et sa Nature, étudiée à la Lumière des Découvertes Archéologiques.* Œuvre St Justin, Fribourg, Switzerland, 1942.

THIERENS, A. E. (1). *Astrology in Mesopotamian Culture.* Brill, Leiden, 1935.

THOMAS, E. J. (1). *The History of Buddhist Thought.* Kegan Paul, London, 1933.

THOMPSON, D'ARCY W. (1). 'Excess and Defect; or the Little More and the Little Less.' *M*, 1929, **38**, 43.

THOMPSON, R. C. (1). *Reports of the Magicians and Astrologers of Nineveh and Babylon* (in the British Museum on cuneiform tablets). 2 vols. Luzac, London, 1900.

THOMSON, GEORGE (1). *Aeschylus and Athens; a Study in the Social Origins of Drama.* Lawrence & Wishart, London, 1941.

THORNDIKE, L. (1). *A History of Magic and Experimental Science.* 6 vols. Columbia Univ. Press, New York: Vols. 1 and 2, 1923; 3 and 4, 1934; 5 and 6, 1941.

TIEN TCH'EU-KANG. *See* Thien Chhih-Kang.

TJAN TJOE-SOM. See Tsêng Chu-Sên.

TOGAN, ZAKI VALIDI (1). 'Kritische Geschichtsauffassung in d. Islamischen Welt d. Mittelalters.' *Proc. XXIInd Internat. Congress of Orientalists.* Istanbul, 1951 (1953).

TOMKINSON, L. (1). *Studies in the Theory and Practice of Peace and War in Chinese History and Literature.* Friends' Centre, Shanghai, 1940.

TRACEY, M. V. (1). *Principles of Biochemistry; a Biological Approach.* Pitman, London, 1954.

TRACEY, M. V. (2). *Proteins and Life.* Pilot Press, London, 1948.

TRIGAULT, NICHOLAS (1). *De Christiana Expeditione apud Sinas.* Vienna, 1615; Augsburg, 1615. Fr. tr.: *Histoirc de l'Expédition Chrétienne au Royaume de la Chine entrepris par les PP. de la Compagnie de Jésus, comprise en cinq livres...tiréé des Commentaires du P. Matthieu Riccius, etc.* Lyon, 1616; Lille, 1617; Paris, 1618. Eng. tr. (partial): 'A Discourse of the Kingdome of China, taken out of Ricius and Trigautius.' In *Purchas his Pilgrimes*, vol. 3, p. 380. London, 1625. Eng. tr. (full): see Gallagher (1).

TSÊNG CHU-SÊN (TJAN TJOE-SOM) (1). *'Po Hu Thung'; The Comprehensive Discussions in the White Tiger Hall; a Contribution to the History of Classical Studies in the Han Period.* Vol. 1, Brill Leiden, 1949. (Sinica Leidensia, no. 6.)

TSÊNG CHU-SÊN (2). 'The Date of Kao Tsu's first Court Ceremonial.' In *India Antiqua, a Volume of Studies presented by his friends and pupils to J. P. Vogel...*, p. 304. 1947.

Tucci, G. (1) (ed. & tr.). *Pre-Diṅnāga Buddhist Texts on Logic from Chinese Sources.* Orient. Instit. Baroda, 1929. (Gaekwad Orient. Ser. no. 49.)

Tucci, G. (2). 'Buddhist Logic before Diṅnāga.' *JRAS*, 1929, 451.

Tucci, G. (3). *Tibetan Painted Scrolls.* 2 vols. and 1 vol. plates. Libreria dello Stato, Rome, 1949.

Tulloch, J. (1). *Rational Theology and Christian Philosophy in England in the 17th Century.* 2 vols. Blackwood, Edinburgh and London, 1872.

Tustin, A. (1). (*a*) 'Automatic Control Systems.' *N*, 1950, **166**, 845. (*b*) 'Feedback.' *SAM*, 1952, **187** (no. 3), 48.

Tyrrell, G. N. M. (1). *Apparitions.* Duckworth, London, 1953; rev. E. J. Dingwall, *N*, 1954, **173**, 912.

Vacca, G. (8). 'Sulla Storia della Numerazione Binaria.' *Atti del Congresso Internazionale di Scienze Storiche.* Rome, 1903 (1904). Vol. 12 (sect. 8), p. 63.

Vacca, G. (10). 'Alcune Idee di un filosofo Cinese del 4° Secolo avanti Cristo, Chuang-Tse.' [Tr. chs. 8, 9, 10.] *L*, 1907, **5**, 68.

de la Vallée Poussin, L. (3) (tr.). *La Siddhi de Hiuen Tsang* (Hsüan-Chuang). Paris, 1928.

de la Vallée Poussin, L. (4). *Bouddhisme, Etudes et Matériaux.* Luzac, London, 1898.

de la Vallée Poussin, L. (5). 'Buddhist Tantrism.' *ERE*, vol. 12, p. 193.

de la Vallée Poussin, L. (6) (tr.). *Śāntideva's 'Bodhicaryāvatāra'.* Paris, 1907.

de la Vallée Poussin, L. (7) (tr.). *Troisième Chapitre de 'l'Abhidharmakoṣa', Kārikā, bhāṣya et vyā-khyā...Versions et textes établis (Bouddhisme; Etudes et Matériaux; Cosmologie; Le Monde des Êtres et le Monde-Réceptacle).* Kegan Paul, London, 1918.

de la Vallée Poussin, L. (8). *Le Dogme et la Philosophie du Bouddhisme.* Paris, 1930.

Veith, I. (1) (tr.). *'Huang Ti Nei Ching Su Wên'; the Yellow Emperor's Classic of Internal Medicine, chs. 1–34 translated from the Chinese, with an Introductory Study.* Williams & Wilkins, Baltimore, 1949. Crit. J. R. H[ightower], *HJAS*, 1951, **14**, 306. W. Hartner, *ISIS*, 1951, **42**, 265; J. R. Ware, *BIHM*, 1951, **24**, 487; reply: *BIHM*, 1951, **25**, 86.

Vidyabhusana, S. C. A. (1). 'History of the Mādhyamika Philosophy of Nāgārjuna.' *JBTS*, 1897, **5**, 3.

Vincent, I. V. (1). *The Sacred Oasis; the Caves of the Thousand Buddhas at Tunhuang.* Univ. of Chicago Press, 1953.

Vinogradov, Paul (1). *Outlines of Historical Jurisprudence.* 2 vols. Oxford, 1922.

van Vloten, J. & Land, J. P. N. (1) (ed.). *Benedict de Spinoza; Opera quotquot reperta sunt.* 3 vols. The Hague, 1882–95.

Vogel, W. (1). 'Die historischen Grundlagen des chinesischen Strafrechts.' *ZVRW*, 1923, **40**, 37–134.

Volpert, P. A. (1). 'Tsch'öng Huang [Chhêng Huang], der Schutzgott d. Städte in China.' *AN*, 1910, **5**, 991.

Waddington, C. H. et al. (1). *Science and Ethics.* Allen & Unwin, London, 1942.

Waley, A. (1) (tr.). *The Book of Songs.* Allen & Unwin, London, 1937.

Waley, A. (4). *The Way and its Power; a study of the 'Tao Tê Ching' and its Place in Chinese Thought* (tr. of the *Tao Tê Ching* with introduction and notes). Allen & Unwin, London, 1934. Crit. Wu Ching-Hsiung, *TH*, 1935, **1**, 225.

Waley, A. (5) (tr.). *The Analects of Confucius.* Allen & Unwin, London, 1938.

Waley, A. (6). *Three Ways of Thought in Ancient China.* Allen & Unwin, London, 1939.

Waley, A. (7). 'Observations on Karlgren's "Fecundity Symbols in Ancient China".' *BMFEA*, 1931, **3**, 61. Cf. Karlgren (9).

Waley, A. (8). 'The Book of Changes.' *BMFEA*, 1934, **5**, 121.

Waley, A. (9). 'Leibniz and Fu Hsi.' *BLSOAS*, 1921, **2**, 165.

Waley, A. (10) (tr.). *The Travels of an Alchemist; the Journey of the Taoist Chhang-Chhun from China to the Hindu-Kush at the summons of Chingiz Khan, recorded by his disciple Li Chih-Chhang.* Routledge, London, 1931.

Waley, A. (12). *The Life and Times of Po Chü-I (+772 to +846).* Allen & Unwin, London, 1949.

Waley, A. (16). *The Real Tripiṭaka* (life of Hsüan-Chuang, and other essays). Allen & Unwin, London, 1952.

Waley, A. (19). *An Introduction to the Study of Chinese Painting.* Benn, London, 1923.

Waley, A. (23). *The Nine Songs; a study of Shamanism in Ancient China* [the *Chiu Ko* attributed traditionally to Chhü Yuan]. Allen & Unwin, London, 1955.

Walleser, M. (1). *Die buddhistischen Philosophie in ihrer geschichtlichen Entwicklung.* Vol. 1: 'Die philosophische Grundlage des älteren Buddhismus.' Winter, Heidelberg, 1904; 2nd ed. 1925.

Walleser, M. (2). *Die buddhistischen Philosophie in ihrer geschichtlichen Entwicklung.* Vol. 2: 'Die mittlere Lehre (*Mādhayamika-Śāstra*) des Nāgārjuna, nach der Tibetischen Version übertragen.' Winter, Heidelberg, 1911. Vol. 3: 'Die mittlere Lehre des Nāgārjuna, nach der Chinesischen Version übertragen' (*Chung Lun*). Winter, Heidelberg, 1912.

WALTER, E. J. (1). 'Warum gab es im Altertum keine Dynamik?' *Actes du Ve Congr. Internat. d'Hist. des Sci.* Lausanne, 1947. p. 53.

WALTER, H. (1) (tr.). '*Hathayoga Pradīpikā' of Swatmeram Swami.* Inaug. Diss. Munich, 1893.

WANG CHHANG-CHIH (1). *La Philosophie Morale de Wang Yang-Ming.* T'ou-Se-Wei, Shanghai, 1936 (*VS*, no. 63).

WANG KUO-WEI (1). 'Archaeology in the Sung Dynasty.' *CJ*, 1927, **6**, 222.

WARD, J. S. M. & STIRLING, W. G. (1). *The Hung Society, or the Society of Heaven and Earth.* 3 vols. London, 1925-6.

WARE, J. R. (1). 'The *Wei Shu* and the *Sui Shu* on Taoism.' *JAOS*, 1933, **53**, 215. Corrections and emendations in *JAOS*, 1934, **54**, 290. Emendations by H. Maspero, *JA*, 1935, **226**, 313.

WARE, J. R. (3). 'Notes on the History of the *Wei Shu*.' *JAOS*, 1932, **52**, 35.

WARE, J. R. (4) (tr.). 'Wei Shou on Buddhism [tr. of ch. 114 of the *Wei Shu*].' *TP*, 1933, **30**, 100.

WARREN, G. G. (1). 'Was Chu Hsi a Materialist?' *JRAS/NCB*, 1924, **55**, 28.

WATTERS, T. (2). *A Guide to the Tablets in the Temple of Confucius.* Presbyt. Miss. Press, Shanghai, 1879.

WATTERS, T. (3). *Lao Tzu, a Study in Chinese Philosophy.* China Mail, Hong Kong, 1870.

WENSINCK, A. J. (1). 'The Refused Dignity.' In E. G. Browne Commemoration Volume, *A Volume of Oriental Studies*, p. 491. Ed. T. W. Arnold & R. A. Nicholson. Cambridge, 1922.

WERNER, E. T. C. (2). *Descriptive Sociology* [Herbert Spencer's]: *Chinese.* Williams & Norgate, London, 1910. See also art. 'Law' in Couling's *Encyclopaedia Sinica.*

WHEELER, W. M. (1). 'Termitodoxa' and 'Animal Societies'. In *Essays in Philosophical Biology*, ed. G. H. Parker, pp. 71 and 233. Harvard Univ. Press, Cambridge, Mass, 1939.

WHEWELL, W. (2). *Philosophy of the Inductive Sciences.* 2 vols. Parker, London, 1847.

WHITEHEAD, A. N. (1). *Science and the Modern World.* Cambridge, 1926.

WHITEHEAD, A. N. (2). *Adventures of Ideas.* Cambridge, 1933. Repr. 1938.

WHITEHEAD, A. N. (3). *Nature and Life.* Cambridge, 1934.

WHITEHEAD, A. N. (4). *Process and Reality; an Essay in Cosmology.* Gifford Lectures, 1927-8. Cambridge, 1928.

WHITEHEAD, A. N. (5). Autobiographical essay in *The Philosophy of Alfred North Whitehead*, ed. P. A. Schilpp. Northwestern Univ. Press, Chicago, 1941.

WHITEHEAD, A. N. (6). 'Mathematics and the Good.' In *The Philosophy of Alfred North Whitehead*, ed. P. A. Schilpp, p. 676. Northwestern Univ. Press, Chicago, 1941.

WHITNEY, L. (1). *Primitivism and the Idea of Progress in English Popular Literature of the Eighteenth Century.* Johns Hopkins Univ. Press, Baltimore, 1934.

WIEGER, L. (1). *Textes Historiques.* 2 vols. (Ch. and Fr.) Mission Press, Hsienhsien, 1929. Tr. many passages from the *Thung Chien Kang Mu.*

WIEGER, L. (2). *Textes Philosophiques.* Mission Press, Hsienhsien, 1930. Repr. Belles Lettres, Paris, 1953.

WIEGER, L. (4). *Histoire des Croyances Religieuses et des Opinions Philosophiques en Chine depuis l'origine jusqu'à nos jours.* Mission Press, Hsienhsien, 1917. Repr. Belles Lettres, Paris, 1953. Eng. tr. E. T. C. Werner, Hsienhsien, 1927.

WIEGER, L. (6). *Taoisme.* Vol. 1. *Bibliographie Générale*: (1) *Le Canon (Patrologie)*; (2) *Les Index Officiels et Privés.* Mission Press, Hsienhsien, 1911. Repr. Belles Lettres, Paris, 1953. (Crit. P. Pelliot, *JA*, 1912 (10e sér.), **20**, 141.)

WIEGER, L. (7). *Taoisme.* Vol. 2. *Les Pères du Système Taoiste* (tr. selections of *Lao Tzu, Chuang Tzu, Lieh Tzu*). Mission Press, Hsienhsien, 1913. Repr. Belles Lettres, Paris, 1953.

WIEGER, L. (8). *Folklore Chinois Moderne.* Mission Press, Hsienhsien, 1909.

WIEGER, L. (9). (a) *Bouddhisme.* Vol. 1, *Monachisme*; Vol. 2, *Les Vies Chinoises du Bouddha.* Mission Press, Hsienhsien, 1913. (b) *Amidisme Chinois et Japonais.* Mission Press, Hsienhsien, 1928. Repr. Belles Lettres, Paris, 1953.

WIENER, N. (1). (a) *Cybernetics; or Control and Communication in the Animal and the Machine.* Wiley, New York, 1948. (b) 'Cybernetics...Processes common to Nervous Systems and Mathematical Machines.' *SAM*, 1948, **179** (no. 5), 14.

WIENER, P. P. (1). 'Notes on Leibniz' Conception of Logic and its Historical Context.' *PHR*, 1939, **48**, 567.

WIGMORE, J. H. (1). *Panorama of World Legal History*, vol. 1, pp. 141ff. West, St Paul, Minn., 1928.

WILHELM, HELLMUT (1). *Chinas Geschichte; zehn einführende Vorträge.* Vetch, Peiping, 1942.

WILHELM, HELLMUT (2) (tr.). 'Schriften und Fragmente zur Entwicklung der Staatsrechtlichen Theorie in der Chou-zeit' (incl. transl. of *Têng Hsi Tzu*). *MS*, 1947, **12**, 41.

WILHELM, HELLMUT (3). *Gesellschaft und Staat in China.* Vetch, Peiping, 1944. Crit. E. Balazs, *ER*, 1946, 119.

WILHELM, HELLMUT (4). *Die Wandlung; acht Vorträge zum 'I-Ging'* (*I Ching*). Vetch, Peiping, 1944.
WILHELM, HELLMUT (5). 'Leibniz and the *I Ching*.' *CCS*, 1948, 16, 205.
WILHELM, HELLMUT (6). 'Eine Chou-Inschrift über Atemtechnik.' *MS*, 1948, 13, 385.
WILHELM, RICHARD (1). *Short History of Chinese Civilisation*, tr. J. Joshua. Harrap, London, 1929.
WILHELM, RICHARD (2) (tr.). '*I Ging*' [*I Ching*]; *Das Buch der Wandlungen*. 2 vols. (3 books, pagination of 1 and 2 continuous in first volume). Diederichs, Jena, 1924. Eng. tr. C. F. Baynes (2 vols.). Pantheon, New York, 1950. (See note *a* on p. 308 above.)
WILHELM, RICHARD (3) (tr.). *Frühling u. Herbst d. Lü Bu-We* (the *Lü Shih Chhun Chhiu*). Diederichs, Jena, 1928.
WILHELM, RICHARD (4) (tr.). '*Liä Dsi*' [*Lieh Tzu*]; *Das Wahre Buch vom Quellenden Urgrund; 'Tschung Hü Dschen Ging'; Die Lehren der Philosophen Liä Yü-Kou und Yang Sschu*. Diederichs, Jena, 1921.
WILHELM, RICHARD (5). *Confucius and Confucianism*, tr. G. H. & A. P. Danton from the Stuttgart ed. of 1925. London, 1931.
WILHELM, RICHARD (6) (tr.). '*Li Gi*', *das Buch der Sitte des älteren und jungeren Dai* [i.e. both *Li Chi* and *Ta Tai Li Chi*]. Diederichs, Jena, 1930.
WILHELM, RICHARD & JUNG, C. G. (1). *The Secret of the Golden Flower; a Chinese Book of Life*. [Incl. tr. of the *Thai I Chin Hua Tsung Chih*.] Eng. ed. tr. C. F. Baynes. Kegan Paul, London, 1931.
W[ILLIS], R[ICHARD] (1). *Certain reports of China, learned through the Portugals there imprisoned, and chiefly by the relation of Galeote Pereira, a gentleman of good credit, that lay prisoner in that country many years. Done out of Italian into English by R[ichard] W[illis]. From Nuovi Avisi delle Indie di Portogallo, Venuti novamente delli R. padri della compagnia di Giesu & tradotti dalla lingua Spagnola nella Italiana.* Venice, 1565. Printed in *History of Travayle in the West and East Indies.* London, 1577. Repr. in Hakluyt and Purchas. See Boxer (1).
WILSON, H. H. (1). *Sketch of the Religious Sects of the Hindus*. Calcutta, 1846.
WILSON, J. A., SPEISER, E. A., GÜTERBOCK, H. G., MENDELSOHN, I., INGALLS, D. H. H. & BODDE, D. *Authority and Law in the Ancient Orient* (presence or absence of god-kings, and relative roles of good custom or codified law in Egypt, Mesopotamia, Hatti, Israel, India and China). *JAOS*, 1954, 74, Supplement no. 17, 1–55.
WINSTANLEY, GERRARD (1). (*a*) *The Works of Gerrard Winstanley*, ed. G. H. Sabine. Cornell Univ. Press, Ithaca, 1941; (*b*) *Selections from the Works of Gerrard Winstanley*, ed. L. Hamilton. Cresset, London, 1944.
WINTERNITZ, M. (1). 'Notes on the *Guhyasamāja-tantra* and the Age of the Tantras.' *IHQ*, 1933, 9, 1.
WITHINGTON, E. (1). 'Dr John Weyer and the Witch Mania.' In *Studies in the History and Method of Science*, ed. C. Singer, vol. 1, p. 189. Oxford, 1917
WITTFOGEL, K. A., FÊNG CHIA-SHÊNG et al. (1). *History of Chinese Society* (*Liao*), +907 to +1125. *TAPS*, 1948, 36, 1–650. Crit. P. Demiéville, *TP*, 1950, 39, 347; E. Balazs, *PA*, 1950, 23, 318.
WITTGENSTEIN, L. (1). *Tractatus Logico-Philosophicus*. Kegan Paul, London, 1922.
WOODGER, J. H. (1). *Biological Principles*. Kegan Paul, London, 1929.
WOODROFFE, SIR J. (pseudonym: A. Avalon) (1). *Śakti and Śakta*. Ganesh, Madras, 1929; Luzac, London, 1929.
WOODROFFE, SIR J. (pseudonym: A. Avalon) (2). *The Serpent Power* (Kuṇḍalinī Yoga). Ganesh, Madras, 1931; Luzac, London, 1931.
WOODS, J. H. (1). 'The Yoga System of Patañjali.' Cambridge, Mass., 1914. (Harvard Orient. Ser. no. 17.)
WORTLEY, B. A. (1). 'François Gény.' In *Modern Theories of Law*, ed. W. I. Jennings, p. 139. Oxford, 1933.
WOTTON, WILLIAM (1). *Reflections upon Ancient and Modern Learning*. Leake & Buck, London, 1697.
WRIGHT, A. F. (1). Eng. résumé of A. A. Petrov's monograph on Wang Pi. See Petrov (1).
WRIGHT, A. F. (2). 'Fo-Thu-Têng; a Biography.' *HJAS*, 1948, 11, 321.
WRIGHT, A. F. (3). 'Fu I and the Rejection of Buddhism.' *JHI*, 1951, 12, 33.
WU CHING-HSIUNG (JOHN) (1). Translation of the *Tao Tê Ching*. *TH*, 1939, 9, 401, 498; 1940, 10, 66.
WU CHING-HSIUNG (JOHN) (2). 'The Struggle between Government of Laws and Government of Men in the History of China.' *CHLR*, 1932, 5, 53.
WU KHANG (1). *Les Trois Politiques du Tchouen Tsieou interprétée par Tong Tchong-Chou d'après les principes de l'école de Kong-Yang*. Leroux, Paris, 1932.
WU LU-CHHIANG & DAVIS, T. L. (1) (tr.). 'An Ancient Chinese Treatise on Alchemy entitled *Tshan Thung Chhi*.' *ISIS*, 1932, 18, 210.
WU LU-CHHIANG & DAVIS, T. L. (2) (tr.). 'An Ancient Chinese Alchemical Classic; Ko Hung on the Gold Medicine, and on the Yellow and the White; being the fourth and sixteenth chapters of *Pao Phu Tzu*,' etc. *PAAAS*, 1935, 70, 221.
WU SHIH-CHHANG (1). 'A Short History of Chinese Prose Literature.' In the press.

Wu Tsê-Ling (Charles) (1). 'The Social Thought of Confucius.' *CSPSR*, 1927, **11**, 432, 594; 1928, **12**, 100, 294, 381.

Wulff, K. (1). 'Acht Kapitel des Tao-Te-King' (*Tao Tê Ching*). *KDVS/HFM*, 1942, **28**, no. 4.

Wylie, A. (1). *Notes on Chinese Literature.* 1st ed. Shanghai, 1867. Ed. here used, Vetch, Peiping, 1939 (photographed from the Shanghai 1922 ed.).

Wylie, A. (2). 'History of the Hsiung-Nu' (tr. of the chapter on the Huns in the *Chhien Han Shu*, ch. 94). *JRAI*, 1874, 3, 401; 1875, **5**, 41.

Wylie, A. (3). 'The History of the South-western Barbarians and Chao Sëen' (Chao-Hsien, Korea) (tr. of ch. 95 of the *Shih Chi*). *JRAI*, 1880, **9**, 53.

Wylie, A. (10) (tr.). 'Notes on the Western Regions, translated from the "Ts'een Han Shoo" [*Chhien Han Shu*] Bk. 96.' *JRAI*, 1881, **10**, 20; 1882, **11**, 83. (Chs. 96A and B, as also ch. 61, pp. 1–6, being the biography of Chang Chhien, and ch. 70, the biography of Chhen Thang.)

Yang Chin-Shun (1). *Drevnekitaiskie Philosoph Lao-Tzu i ego Uchenye* [The Ancient Chinese Philosopher Lao Tzu and his Ideas] (in Russian). Academy of Sciences, Moscow, 1950.

Yao Shan-Yu (4). 'The Cosmological and Anthropological Philosophy of Tung Chung-Shu.' *JRAS/NCB*, 1948, **73**, 40.

Yetts, W. P. (4). 'Taoist Tales; III, Chhin Shih Huang Ti's Expeditions to Japan.' *NCR*, 1920, **2**, 290.

Yuan Cho-Ying (1). *La Philosophie Morale et Politique de Mencius.* Geuthner, Paris, 1927. (Etudes et Doc. pub. Inst. Franco-Chinois, Lyon, no. 2.)

Yule, Sir Henry (2). *Cathay and the Way Thither; being a Collection of Medieval Notices of China.* Hakluyt Society Pubs. (2nd ser.) London, 1913–15. (1st ed. 1866.) Revised by H. Cordier. 4 vols. Vol. 1 (no. 38), *Introduction; Preliminary Essay on the Intercourse between China and the Western Nations previous to the Discovery of the Cape Route.* Vol. 2, (no. 33), *Odoric of Pordenone.* Vol. 3 (no. 37), *John of Monte Corvino and others.* Vol. 4 (no. 41), *Ibn Baṭṭuṭah and Benedict of Goes.* (Photographically reproduced, Peiping, 1942.)

von Zach, E. (1) (tr.). 'Aus dem *Wên Hsüan*; Lu Chi's "Erweitete Perlenkette" (*Yen Lien Chu*) in 50 Abschnitten.' *Jubiläumsband herausgeg. v.d. deutsch. Gesellsch. f. Natur- und Volkerkunde Ostasiens*, 1933, vol. 1, p. 1.

von Zach, E. (4). 'Einige Verbesserungen zu Giles' *Chinese Biographical Dictionary*.' *AM*, 1926, **3**, 545.

von Zach, E. (5) (tr.). 'Yang Hsiung's *Fa Yen* (Sinologische Beiträge, IV).' Drukkerij Lux, Batavia, 1939.

Zeller, E. (1). *Stoics, Epicureans and Sceptics.* Longmans Green, London, 1870.

Zen, P. J. See Chhen Tai-O.

Zenker, E. V. (1). *Geschichte d. Chinesischen Philosophie.* 2 vols. Stiepel, Reichenberg, 1927.

Zilsel, E. (1). 'The Genesis of the Concept of Physical Law.' *PHR*, 1942, **51**, 245. Comment by M. Taube, *PHR*, 1943, **52**, 304.

Zimmer, H. (1). *Myths and Symbols in Indian Art and Civilisation*, ed. J. Campbell. Pantheon, New York, 1947.

补 遗

Bielenstein, H. (1). 'An Interpretation of the Portents in the *Ts'ien Han Shu* [*Chhien Han Shu*].' *BMFEA*, 1950, **22**, 127.

Jung, C. G. (1). *Psychologie und Alchemie.* Rascher, Zürich, 1944.

Li An-Chê (1). 'Bon; the Magico-Religious Belief of the Tibetan-speaking Peoples.' *SWJA*, 1948, **4**, 31.

Pohlenz, M. (1). 'Nomos.' *PL*, 1948, **97**, 135.

Soymié, M. (1). 'L'Entrevue de Confucius et de Hsiang Tho.' *JA*, 1954, **242**, 311.

索 引[*]

说 明

1. 本卷原著索引系穆里尔·莫伊尔(Muriel Moyle)女士编制。本索引据原著索引译出,个别条目有所改动。

2. 本索引按汉语拼音字母顺序排列。第一字同音时,按四声顺序排列;同音同调时,按笔画多少和笔顺排列。

3. 各条目所列页码,均指原著页码。数字加*号者,表示这一条目见于该页脚注。

4. 在一些条目后面所列的加有括号的阿拉伯数码,系指参考文献;斜体阿拉伯数码,表示该文献属于参考文献 B;正体阿拉伯数码,表示该文献属于参考文献 C。

5. 除外国人名和有西文论著的中国人名外,一般未附原名或相应的英译名。

---

* 索介然、鹿通据原著索引编译。

A

G

H

K

M

N

X